中国马铃薯周年种植

沈艳芬　方玉川　李树举
李英梅　张春强　吕　汰　主编

气象出版社
China Meteorological Press

内容简介

马铃薯是中国主要作物之一。中国幅员辽阔，地跨不同的纬度带，地势地形多样，气候类型复杂，在全国范围内，马铃薯可以春、夏、秋、冬周年种植。本书除前言外，由10章组成。第一章是全国马铃薯生产布局和种质资源；第二章是马铃薯种植的生物学基础（包括生长发育、块茎的分化与形成、碳代谢、氮代谢、水分代谢）；第三章是马铃薯脱毒种薯生产概况和技术操作过程；第四章至第八章分别是高纬度一熟区马铃薯种植；中纬度二熟区马铃薯种植；中纬度多熟区马铃薯种植；低纬度东南丘陵马铃薯种植；低纬度西南高原马铃薯种植。每章内容包括区域范围和马铃薯生产地位；马铃薯常规栽培技术；马铃薯特色栽培技术，结合研究成果和生产实际，理论与实践相结合，可读性和可操作性较强；第九章环境胁迫及其应对，包括马铃薯病害及其防治，马铃薯虫害及其防治，杂草及其防除；温度、水分等胁迫及其应对措施。第十章全面介绍了马铃薯营养品质与综合加工利用。本书可供农业科研人员和马铃薯种植户参考。

图书在版编目（CIP）数据

中国马铃薯周年种植/沈艳芬等主编 . —北京：气象出版社，2021.7

ISBN 978-7-5029-7477-0

Ⅰ.①中… Ⅱ.①沈… Ⅲ.①马铃薯—栽培技术

Ⅳ.①S532

中国版本图书馆 CIP 数据核字（2021）第 124594 号

中国马铃薯周年种植

Zhongguo Malingshu Zhounian Zhongzhi

沈艳芬　方玉川　李树举　李英梅　张春强　吕　汰　主编

出版发行：气象出版社			
地　　址：北京市海淀区中关村南大街 46 号		邮政编码：100081	
电　　话：010-68407112（总编室）　010-68408042（发行部）			
网　　址：http://www.qxcbs.com		**E-mail**：qxcbs@cma.gov.cn	
责任编辑：王元庆		终　审：吴晓鹏	
责任校对：张硕杰		责任技编：赵相宁	
封面设计：地大彩印设计中心			
印　　刷：北京建宏印刷有限公司			
开　　本：787 mm×1092 mm　1/16		印　张：27	
字　　数：691 千字			
版　　次：2021 年 7 月第 1 版		印　次：2021 年 7 月第 1 次印刷	
定　　价：126.00 元			

本书如存在文字不清、漏印以及缺页、倒页、脱页等，请与本社发行部联系调换。

本书编委会

陈家吉(湖北清江种业有限责任公司)

陈丽娟(榆林市农业科学研究院)

董文琦(河北省农林科学院遗传生理研究所)

窦俊焕(天水市农业科学研究所)

樊祖立(安顺市农业科学院)

高海宽(定边县堆子梁镇高海宽家庭农场)

高随润(榆林市现代农业培训中心)

郭天顺(天水市农业科学研究所)

郝　苗(湖北恩施中国南方马铃薯研究中心)

李芳弟(天水市农业科学研究所)

李旭辉(洛阳农林科学院)

李育红(洛阳农林科学院)

罗照霞(天水市农业科学研究所)

吕　军(榆林市农业科学研究院)

马春红(河北省农林科学院遗传生理研究所)

马红霞(河北省农林科学院遗传生理研究所)

万　薇(贵州省油菜研究所)

万国安(常德市农林科学研究院)

汪　奎(榆林市农业科学研究院)

王　甄(湖北恩施中国南方马铃薯研究中心)

王素华(常德市农林科学研究院)

卫勇强(洛阳农林科学院)

温之雨(河北省农林科学院遗传生理研究所)

闫　雷(湖北恩施中国南方马铃薯研究中心)

杨　晨(天水市农业科学研究所)

杨国才(湖北恩施中国南方马铃薯研究中心)

杨小琴(榆林市农业科学研究院)

杨艺炜(陕西省生物农业研究所)

叶兴枝(湖北恩施中国南方马铃薯研究中心)

张　圆(榆林市农业科学研究院)

张等宏(湖北恩施中国南方马铃薯研究中心)

张媛媛(榆林市农业科学研究院)

赵　璞(河北省农林科学院遗传生理研究所)

朱　江(安顺市农业科学院)

邹　莹(湖北恩施中国南方马铃薯研究中心)

作者分工

前　　言

粮食是人类赖以生存和发展的基础,始终影响着人类文明发展的进程。据联合国粮农组织(FAO)统计估算,2018年世界上有超7亿人处于粮食严重不安全状态,另有13亿人正遭受着中等程度的粮食不安全,且连续3年保持增加趋势。中国人口约占全世界的20%,而耕地面积仅占全世界的7%左右,且逐年缓慢递减。中国已经全面解决了温饱问题,但粮食安全问题依然不容忽视,备受政府关注。马铃薯是世界第三、中国第四大粮食作物,具有产量潜力大,环境友好度高,营养丰富,产业链长等优点。在全球性粮食危机愈演愈烈的大环境下,发展马铃薯产业对保障中国粮食安全,助力脱贫攻坚,促进乡村振兴和区域经济发展具有重要的战略意义。

马铃薯是中国重要的粮食作物和经济作物,据FAO统计,2017年全球马铃薯种植面积约1930万hm²,总产量约38819万t,平均单产约20 t/hm²。中国马铃薯种植面积约576万hm²,总产量约9915万t,平均单产约17 t/hm²。另外,中国马铃薯出口额2.81亿美元,占马铃薯全球贸易额的5.8%。数据表明,中国马铃薯平均单产和出口比例依然很低,经济效益尚未充分凸显,马铃薯单产还有很大的提升空间。

中国幅员辽阔,各马铃薯生产区域自然温光、海拔高度等条件的差异明显,这也直接导致不同区域马铃薯种植品种、生产模式、主推技术等方面各有千秋,也形成了中国一年四季都有马铃薯生产、周年都有鲜薯供应的状态。因此,一些志同道合的业内同仁达成共识,撰写本书供农业管理部门、农业院校、科研单位以及马铃薯生产等领域的人员参考,希望以此为促进马铃薯产业科学高质量发展贡献一点力量。

本书由湖北恩施中国南方马铃薯研究中心、榆林市农业科学研究院、常德市农林科学研究院、陕西省生物农业研究所、洛阳农林科学院、天水市农业科学研究所、吉林农业科技学院、吉林农业大学、安顺市农业科学院、河北省农林科学院遗传生理研究所等单位的科研人员共同完成。

全书共由十章组成,涵盖了从马铃薯生物学基础到种植生产布局,从种薯生产到加工利用的全产业链综合知识。第一章简述了中国马铃薯生产布局和种质资源;第二章马铃薯种植的生物学基础;第三章马铃薯脱毒种薯生产;第四章到第八章分别论述了高纬度、中纬度、低纬度地区马铃薯种植情况,基本包括了自然条件、种植制度、栽培技术等内容,具体对高纬度一熟区马铃薯种植、中纬度二熟区马铃薯种植、中纬度多熟区马铃薯种植、低纬度东南丘陵马铃薯种植、低纬度西南高原马铃薯种植进行了综合性论述。第九章论述了环境胁迫及其应对;第十章介绍了马铃薯品质及加工利用。

中国农业科学院作物科学研究所曹广才研究员为此书策划、统稿等做出了巨大的贡献。本书的出版还得益于气象出版社的全力配合和全体参编人员的共同努力。另外,本书出版得到了国家马铃薯产业技术体系(CARS-09)、陕西省榆林市榆阳区国家现代农业产业园(农办规〔2019〕3号)、陕西省农业协同创新与推广联盟示范推广(LM201905)、陕西省重点产业链项目

(2018ZDCXL-NY-03-01)、安顺市薯芋科技创新人才团队(安市科成〔2019〕2号)等项目的资助,也受到陕西省植物线虫学重点实验室、陕西省马铃薯工程技术研究中心、陕西省马铃薯产业技术体系、湖北省农业科技创新中心鄂西综合试验站(2016-620-000-001-061)、农业农村部华中薯类观测试验站等单位的支持。在此,表示由衷的感谢。

闻道有先后,术业有专攻。限于作者水平,如书中有叙述不当或纰漏之处,敬请业内专家和广大读者指正。

沈艳芬

2020年3月于湖北恩施

目　　录

第一章 中国马铃薯生产布局和种质资源

第一节 中国马铃薯生产布局

一、马铃薯是中国传统的农作物

(一)中国马铃薯的传播

马铃薯原产于南美洲的的喀喀湖(Lake Titicaca)附近,位于秘鲁和玻利维亚两国交界的科亚奥高原,至今已有 4000~4800 年的栽培历史。的的喀喀湖湖面海拔 3812 m,四季冷凉。所以,马铃薯不耐高温,喜温暖凉爽气候,传入中国后多在高海拔、冷凉地区种植。

关于马铃薯传入中国的时间,翟乾祥(1987)通过考证认为,明代与国外海运畅通,从海外引进不少植物,甘薯、玉米、向日葵、马铃薯等多半是这个时期由南美原产地经东南亚传入中国的,并指出马铃薯是通过各种途径广泛传播到中国各地,福建、广东的马铃薯是由荷兰殖民者从南洋经台湾省带来的;东北地区的马铃薯是从俄国引进的;德国殖民者将马铃薯带到了山东;陕西和甘肃是由法国和比利时的传教士带来的;四川是由美国、加拿大传教士带来的。翟乾祥(2004)进一步考证了 16—19 世纪马铃薯在中国的传播,认为马铃薯在明代万历年间传入中国,从东南沿海至北京。从乾隆三十年后开始引入西南、西北山区,尤其陕南高原(秦巴山地),四方来垦者百万,种植作物以洋芋、玉米为主。谷茂等(1999)通过对中国地方志资料的分析表明:川、鄂、陕、甘交界的山区是马铃薯的最早输入地和栽培区,并以此为中心向周围传播形成西南马铃薯主产区;从马铃薯名称的演变可说明中国马铃薯栽培走向成熟的过程,及以晋北为中心的华北马铃薯主产区和东北马铃薯主产区的形成;论证了台湾和闽粤沿海不是中国马铃薯最早或较早输入地的观点。

所以,马铃薯传入中国的确切时间一直有争议。以翟乾祥先生为代表的观点认为,马铃薯引入是在明万历年间(1573—1619),以谷茂先生为代表的观点则认为马铃薯最早引种于 18 世纪。前者的判断主要依据为《长安客话》(约 1600—1610)卷 2、徐光启《农政全书》(1628)、《畿辅通志》(1682)、《松溪县志·物产》(1700)卷 6、《天津府志》(1739)卷 5《物产》、《正定府志》(1762)等史料中有关土豆、香芋、黄独、土芋、马铃薯、芋的记载;后者观点的形成则主要依据对马铃薯的栽培进化过程的分析和对史料记载中马铃薯别名的考证。学者们争论的关键问题有两点:一是各史料中的"土豆"是否就是今天的土豆(即马铃薯)? 二是香芋、黄独、土芋与马铃薯的关系究竟如何? 因史料中描述香芋、黄独、土芋的特点与马铃薯和甘薯都有相似之处,将香芋、黄独、土芋理解为今天的马铃薯并就此推断出马铃薯的传入中国大陆的时间在明末需要进一步考证。由于马铃薯在栽培过程中有衰退、无性繁殖病害积累的问题,所以与其他作物如甘薯、玉米相比,它的传播链比较短、容易中断。而中国幅员辽阔,南北东西气候差别大,所以马铃薯由多条路径、分多次传入中国的可能性较大。

目前,学术界比较公认的马铃薯传入时间是明朝万历年间,传入途径有 3 种可能:一是由荷兰人从海路引入京津地区,最大可能由外国的政治家、商人和传教士将马铃薯作为珍品奉献给皇帝,而后推广开来;二是荷兰人从东南亚引种台湾省后传入东南沿海诸省,所以该地区称马铃薯为荷兰薯或爪哇薯;三是从陆上经西南或西北传入中国,所以西南和西北地区至今仍将马铃薯称为洋芋。考虑到明朝隆庆元年(1567 年)才解除海禁,另外四川、陕西、湖北等省 17世纪、18 世纪的地方志关于马铃薯记载最多,所以马铃薯从陆上丝绸之路传入中国的可能性更大。不管是以哪一种方式引进,可以肯定是沿着中国现在提出的"一带一路"传入的。经过400 多年的发展,中国马铃薯产业已在全世界占据了重要地位。

(二)中国马铃薯产业发展现状

据 2018 年《中国农业年鉴》统计,2017 年,中国马铃薯种植面积 7289.9 万亩*,鲜薯产量8848.5 万 t,平均单产 1213.8 kg/亩(详见表 1-1,因山东、河南两省将马铃薯作为蔬菜作物统计,不计入粮食作物面积与产量,所以中国马铃薯实际的种植面积与产量比表中数据要大)。从表 1-1 中可以看出,2017 年种植面积排名前 10 的省(区、市)分别为贵州、四川、甘肃、云南、内蒙古、重庆、陕西、湖北、山西和黑龙江,其中贵州省和四川省种植面积超过 1000 万亩,甘肃省、云南省、内蒙古自治区和重庆市种植面积超过 500 万亩。总产量排名前 10 的省(区、市)分别为四川、贵州、甘肃、云南、内蒙古、重庆、河北、黑龙江、陕西和湖北,其中四川省、贵州省总产量超过 1000 万 t,甘肃省、云南省、内蒙古自治区、重庆市和河北省总产量超过 500 万 t。平均单产排名前 10 的省(区、市)分别为新疆、吉林、河北、辽宁、安徽、西藏、江西、广东、黑龙江和湖南,其中新疆维吾尔自治区、吉林省、河北省和辽宁省平均单产达到 2000 kg/亩以上,安徽省、西藏自治区、江西省、广东省和黑龙江省平均单产达到 1500 kg/亩以上。

表 1-1　2017 年全国各地马铃薯播种面积、产量和单产(方玉川整理)

地区	播种面积(万亩)	总产量(万 t)	单产(kg/亩)
天津	2.5	3.0	1200.0
河北	244.2	513.5	2102.8
山西	252.1	204.5	811.2
内蒙古	648.1	687.5	1060.8
辽宁	95.3	197.5	2072.4
吉林	90.2	208.5	2311.5
黑龙江	246.2	400.0	1624.7
浙江	67.5	93.5	1385.2
安徽	3.6	7.0	1944.4
福建	68.4	94.0	1374.3
江西	55.5	96.5	1738.7
湖北	305.7	324.5	1061.5
湖南	112.8	156.5	1387.4

* 1亩 ≈ 666.67 m²

地区	播种面积(万亩)	总产量(万 t)	单产(kg/亩)
广东	76.7	125.0	1629.7
广西	83.0	69.0	831.3
海南	0.2		1368.5
重庆	502.5	588.0	1170.1
四川	1026.2	1419.0	1382.7
贵州	1049.7	1158.5	1103.6
云南	706.5	727.0	1028.7
西藏	1.5	2.5	1666.7
陕西	466.5	398.0	852.8
甘肃	847.9	957.0	1128.7
青海	130.2	174.0	1336.4
宁夏	178.1	176.0	988.2
新疆	28.9	68.0	2352.9
全国总计	7289.9	8848.5	1213.8

注：表中数据来自《中国农业年鉴(2018)》；马铃薯产量为鲜薯产量。

二、中国马铃薯生产布局

(一)全国马铃薯生产布局

1. 根据种植条件划分　滕宗璠等(1989)在全国各地调查资料的基础上，将中国马铃薯生产按气候和种植条件划分为 4 个栽培区域，即：北方一季作区，中原二季作区，南方二季作区，西南一季作和二季作垂直区。20 世纪末至 21 世纪初，南方广东省、广西壮族自治区、福建省等秋季晚稻收获利用冬闲田种植一季马铃薯的种植模式得到广泛推广，栽培季节与传统的南方二作区有所不同。

金黎平等(2003)根据各地栽培耕作制度、品种类型及分布，把中国马铃薯栽培区域划分为北方和西北一季作区、中原及中原二季作区、南方冬作区和西南一二季作垂直分布区 4 个区域。

王凤义(2004)把中国马铃薯产区分为四个类型：北方一季作区、西南单双季混作区、中原二季作区和南方冬作区。至此，中国马铃薯生产栽培区域划分为四个区域在马铃薯学术界达成共识，即：北方一季作区、中原二季作区、西南一二季混作区和南方冬作区：①北方一季作区包括东北地区的黑龙江、吉林两省和辽宁省除辽东半岛以外的大部分，华北地区的河北省北部、山西省北部、内蒙古自治区全部，西北地区的陕西省北部、宁夏回族自治区、甘肃省、青海省全部和新疆维吾尔自治区的天山以北地区。本区是中国重要的种薯生产基地，也是加工原料薯和鲜食薯生产基地，约占全国马铃薯总播种面积的 49% 左右。②中原二季作区位于北方一季作区以南，大巴山、苗岭以东，南岭、武夷山以北各省。包括辽宁、河北、山西三省南部，湖南、湖北二省东部，江西省北部，以及河南省、山东省、江苏省、浙江省和安徽省。受气候条件、栽培制度等影响，马铃薯栽培分散，其面积约占全国马铃薯总播种面积的 7%。③西南一二季混作区包括云南、贵州、四川、重庆、西藏等省(区、市)，以及湖南、湖北二省西部和陕西省南部。这些地区以云贵高原为主,湘西、鄂西、陕南为其延伸部分。该区马铃薯的种植面积占全国马铃薯总播种面积的39%左右,是仅次于北方一季作区的中国第二大马铃薯生产区。④南方冬作区位于南岭、武夷山以南的各省(区),包括江西省南部、湖南、湖北二省南部、广西壮族自治区大部、广东省大部、福建省大部、海南省和台湾省。大部分地区位于北回归线附近,即北纬26°以南。本区是目前中国重要的商品薯出口基地,也是目前马铃薯发展最为迅速的地区,面积约占全国马铃薯总播种面积的5%。

2. **根据地理区域划分** 钟鑫等(2016)根据全国综合农业区划10个一级农业区的划分,参考马铃薯种植特点,将马铃薯种植区域划分为东北、黄淮海、长江中下游、西北、西南、华南6个区域。其中,东北地区包括黑龙江、吉林、辽宁和内蒙古东部;黄淮海地区包括北京、天津、河北、河南、山东、安徽;长江中下游地区包括湖北、湖南、江西、江苏、浙江、上海;西北地区包括山西、陕西、宁夏、甘肃、新疆、青海;西南地区包括四川、重庆、贵州、云南、西藏;华南地区包括福建、广东、广西、海南。他们又运用综合比较优势指数法和灰色系统预测模型,对马铃薯主产区的比较优势及其变化趋势进行分析。结果显示:西北、西南地区是中国马铃薯生产最具综合比较优势的区域,种植主要集中在西南、西北和东北三大区域,重心逐步从东北、西北向西南地区转移,各马铃薯种植区域已形成各具特色的栽培模式;西北、西南和东北三个地区的马铃薯生产综合比较优势较高;经过GM(1,1)模型的预测发现,未来10年马铃薯生产优势区将进一步向西南、西北地区集中,中国马铃薯生产比较优势区个数也将增加。所以,《中国马铃薯优势区域布局规划(2008—2015)》根据中国马铃薯主产区自然资源条件、种植规模、产业化基础、产业比较优势等基本条件,将中国马铃薯主产区规划为五大优势区:①东北种用、淀粉加工用和鲜食用马铃薯优势区包括东北地区的黑龙江和吉林2省、内蒙古东部、辽宁北部和西部,为中国马铃薯种薯、淀粉加工用薯的优势区域之一。②华北种用、加工用和鲜食用马铃薯优势区包括内蒙古中西部、河北北部、山西中北部和山东西南部,适合二季马铃薯生产,是中国早熟出口马铃薯生产优势区。③西北鲜食用、加工用和种用马铃薯优势区包括甘肃、宁夏、陕西西北部和青海东部,马铃薯为区域的主要农作物,产业比较优势突出,生产的马铃薯除本地作为粮食、蔬菜消费、淀粉加工和种薯用外,大量调运到中原、华南、华东作为鲜薯。④西南鲜食用、加工用和种用马铃薯优势区包括云南、贵州、四川、重庆4省(市)和湖北、湖南2省的西部山区、陕西的安康地区。马铃薯种植模式多样,一年四季均可种植,已形成周年生产、周年供应的产销格局,是鲜食马铃薯生产的理想区域和加工原料薯生产的优势区。⑤南方马铃薯优势区包括广东、广西、福建3省(区)、江西南部、湖北和湖南中东部地区。适于马铃薯在中稻或晚稻收获后的秋冬作栽培,是中国马铃薯种植面积增长最快和增长潜力最大的地区之一。

(二)一些省区马铃薯生产布局

1. **贵州省马铃薯种植区划** 吴永贵等(2008)曾把贵州省马铃薯种植划分为4个一级区,8个二级区。杨昌达等(2008)再次介绍了贵州省马铃薯种植区划,与2006年报道的研究结果一致。4个一级区8个二级区的生产布局,符合全省春播、秋冬播马铃薯生产实际。

(1)春播一熟区 春播一熟区气候凉爽,适宜马铃薯生长期长,昼夜温差大,有利马铃薯块茎膨大,病虫害较轻,是马铃薯的最适宜区。本区春旱较重,早霜早、晚霜迟,应加强基本农田建设,加快农业机械化生产步伐,保持水土和供水,催芽、适期播种保证种植密度是高产栽培中特别需要重视的问题,也需要重视马铃薯晚疫病等重要病害的防治。该区包括两个二级区。

① 黔西北高原中山区 主要是指黔西北威宁、赫章等县及条件相似的乡镇,种植面积和

总产量分别约占全省的 11.1% 和 15.45%。标准是海拔高(1600~2200 m),年平均气温(简称均温)低(8~12 ℃),7 月平均气温低(16~20 ℃),≥10 ℃积温 2000~3000 ℃·d,霜期长(120 d 以上),年日照时数多(≥1200 h)。耕作栽培制度一年一熟,主要是马铃薯(或玉米),采用品种是晚熟、淀粉、加工型品种(或鲜食型)。一般 3 月、4 月播种,8 月、9 月、10 月收获,生产水平高,单产可达 2500 kg/亩,是种薯、加工型专用薯主要生产基地。

②黔西、黔中高原中山丘陵区　主要指黔西北盘县、纳雍、毕节、大方等县,种植面积和总产量分别约占全省的 25.63% 和 23.87%。标准是年均温低(12~14 ℃),7 月平均气温低(20~21 ℃),≥10 ℃积温 3000~4000 ℃·d,霜期长(110 d 左右),年日照时数较多(≥1000 h)。耕作制度一年一熟或一年两熟,主要是马铃薯或马铃薯套作玉米间大豆二熟。采用品种是中晚熟、晚熟,粮饲兼用型或淀粉加工型品种。一般 3 月前后播种,7 月、8 月收获,生产水平较高,单产可达 2000 kg/亩。

(2)春、秋播两熟区　两熟区生态类型复杂,气候变化大,病虫害重。春薯常发生初春旱或春雨,应注意抗旱防渍。特别要注意马铃薯晚疫病、早疫病、轮枝黄萎病、黑痣病、青枯病和马铃薯块茎蛾、地老虎等病虫害的防治。秋薯易遭秋旱,要采取抗旱播种,争取季节,避早霜。秋播不宜过早,过早土温高容易诱发病害,造成缺苗断垄。该区包括 3 个二级区。

①黔西南高原中山丘陵区　主要包括黔西、兴义、安龙、镇宁、长顺、紫云等县市,种植面积和总产量分别约占全省的 9.00% 和 7.29%。标准是海拔较高(800~1200 m)年均温较高(13~15 ℃),7 月平均气温较高(22~23 ℃),≥10 ℃积温 4000~5000 ℃·d,霜期较长(80 d 左右),年日照时数<1000 h。耕作栽培制度一年两熟。稻田:薯—稻,旱地:春薯—秋薯。采用品种是中、早熟,鲜食、菜用型品种,旱地春薯可搭配中晚熟品种。一般春薯 2 月播种,5 月前后收获;秋薯 8 月中下旬播种,11 月收获。单产可达 1500~2000 kg/亩,是中、早熟品种适宜区。

②黔北、黔东北中山峡谷区　主要指黔北、黔东北的道真、务川、正安、遵义、湄潭、德江、印江、铜仁、石阡等县市,种植面积和总产量分别约占全省的 35.92% 和 36.66%。标准是海拔较高(1000~1500 m),年均温较高(14~16 ℃),7 月平均气温较高(22~24 ℃),冬季气温低(3~5 ℃),≥10 ℃积温 3000~4000 ℃·d,霜期较长(70 d 左右),年日照时数<1000 h。耕作栽培制度,一年两熟。稻田:薯—稻,旱地:春薯—秋薯。品种以中、早熟,鲜食、菜用型品种为主。春薯 2 月前后播种,5 月收获;秋薯 8 月下旬播种,11 月收获。单产可达 1500 kg/亩左右,是早、中熟品种适宜区。

③黔中、黔东南高原丘陵区　主要指黔中、黔东南的贵阳、惠水、福泉、剑河、台江、雷山、凯里、天柱等县,种植面积和总产量分别约占全省的 14.93% 和 13.95%。标准是海拔较高(800~1200 m),年均温较高(16~18 ℃),7 月平均气温较高(24~26 ℃),≥10 ℃积温 5000~6000 ℃·d,霜期较短(60 d 左右),年日照时数<1000 h。耕作栽培制度为一年两熟。稻田:薯—稻,旱地:春薯—秋薯。采用品种主要有早、中熟搭配中晚熟鲜食、菜用兼用型品种。春薯 2 月播种,5 月前后收获;秋薯 8 月中旬播种,11 月前后收获,平均单产 1500 kg/亩以上。

(3)冬播区　包括黔南、黔西南低山丘陵区(主要指罗甸、册亨、望谟、荔波等县)、黔东南低山丘陵区(主要指榕江、从江、黎平等县市)和黔北低热河谷区(主要指赤水、仁怀等县市)等三个亚区,黔南、黔西南低山丘陵区种植面积和总产量分别约占全省的 0.49% 和 0.42%,黔东南低山丘陵区种植面积和总产量分别约占全省的 1.56% 和 1.03%,黔北低热河谷区种植面积和总产量分别约占全省的 1.32% 和 1.32%。冬播区地域分散,气候、生态条件、马铃薯生产特性、发展方向大同小异。其标准是海拔低(160~900 m),年均温高(17~18 ℃),7月平均气温高(26~29 ℃),≥10 ℃积温 5000~6000 ℃·d,霜期除黔东南低山丘陵区较长(60 d 左右)外,其余两区无霜期,年日照时数较少,<1000 h。耕作栽培制度为一年三熟。稻田:冬薯—稻—秋菜,旱地:冬薯—春菜—甘薯。采用品种主要是早熟鲜食、菜用、休闲食品型品种,通常12月下旬播种,收获期3月下旬,播种至收获 70~80 d,≥10 ℃积温 1300 ℃·d 以上,单产可达 1500 kg/亩以上。冬播区主要是施足肥,调节好种植密度条件下,掌握播种适期,播后使之低温时段后出苗(即在低温条件下,利用芽期在土里生长,避开冷害),早追肥,保早发快长,是高产栽培的关键。

(4)不适宜区　主要指海拔高度在 2200~2700 m 以上山区,气温低,年均温<8 ℃,7月平均温度<15 ℃,有霜期在 130 d 以上地区,不宜种植马铃薯。

2. 云南省马铃薯生产布局　桑月秋等(2014)通过调研云南省马铃薯种植区域分布和周年生产情况,对数据进行统计分析。其结果显示,马铃薯是云南省主要的优势农作物之一,分布在 16 个州市的 128 个县市区,总种植面积 48.58 万 hm²,总产量 950.8 万 t。以曲靖市、昆明市和昭通市为主产区,3 个主产市的合计生产面积和产量分别是 34.78 万 hm² 和762.1 万 t,占全省的 71.6%和 76.4%。全省十大马铃薯主产县生产面积为 25.92 万 hm²,总产量 547.6 万 t,分别占全省的 53.4%和 57.6%。从周年分布状态分析,大春(2—4 月播种)马铃薯主要集中在宣威市、会泽县、镇雄县和昭阳区等县(市)种植,种植面积和产量分别占全省的 66.1%和 66.3%;小春(12 月—次年 1 月播种)马铃薯主要集中在陆良、宣威市、广南县和腾冲县等县(市);种植面积和产量分别占全省的 18.5%和 19.6%;冬季马铃薯种植面积呈现逐年增加的态势,主要在巧家县、盈江县、建水县和泸水县等县,种植面积和产量分别占全省的 8.6%和 8.8%;秋作马铃薯种植面积变化不大,主要集中在宣威市和陆良县种植,种植面积和产量分别占全省的 6.8%和 5.3%。

王栋等(2017)认为,为了对云南省的马铃薯种植进行气候适宜性区划,以云南省境内 125个气象监测站测得的气温、降水、日照时数等气象数据和云南省地理信息数据为基础,结合前人对马铃薯生长的生理生态研究成果,通过专家打分法和层次分析法等技术手段建立了云南省马铃薯种植气候适宜性评价指标体系。该评价体系包括生育期平均气温、生育期降雨量、生育期日照时数、云南省 7月平均气温和云南省地理海拔高度 5 个评价指标,将每个指标划分为最适宜区、适宜区和次适宜区 3 个区域。在该评价体系的基础上构建了综合评价模型,运用地理信息系统(GIS)技术,对云南省马铃薯种植的气候适宜性进行了区域划分,可以分为最适宜种植区、适宜种植区和次适宜种植区。云南省种植马铃薯的最适宜气候区域主要分布在滇东北区域和滇西北高海拔生态区域以及滇西的部分区域,主要有宣威市、寻甸县、马龙县、富源县、陆良县、沾益县、腾冲县、石林县、会泽县等 36 个县域,根据区划的统计结果,此区域合计156.45 万亩,占云南省总面积的 24.6%。云南省种植马铃薯的气候适宜区域主要分布在滇东区域和滇西区域范围内,主要有禄劝县、禄丰县、昌宁县、凤庆县、云县、武定县、开远县等 55 个县域,根据区划的统计结果,此区域合计 357.15 万亩,占云南省总面积的 56.1%。除以上的最适宜区和适宜区之外,剩下的区域大都在次适宜范围内,其分布大都在滇中地区。主要有德钦县、香格里拉、维西县、盐津县、元谋县、洱源县等 29 个县域,统计结果显示,此区域合计122.55 万亩,占云南省总面积的 19.3%。

3. 河北省马铃薯生产布局　张希近(2000)介绍了河北省马铃薯产业种植区划。包括 7个种植区,即:坝上高原寒旱区(又分为坝头低温冷凉区、坝中温暖湿润区、坝北丘陵干旱区),

燕山山地丘陵区,冀西北间山盆地区,太行山山地丘陵区,燕山山麓平原区,太行山山麓平原区,低平原粮棉农区。

(1)坝上高原寒旱区 该区位于河北省的最北部,是全省的马铃薯集中产区。由于土质肥沃、质地疏松,有机质含量高达 3.0%~6.7%,雨季集中于马铃薯现蕾至盛花期,加之进入晚秋后昼夜温差大,所生产的马铃薯块茎不但大、中薯率高,而且表皮光滑,很受市场青睐。因品种各异对配套栽培技术的补偿截然不同,株型、地下块茎的膨大发育时期以及成熟期差异较大,对生产中的管理条件要求较为严格,如晚熟品种绝对不能在冀中平原二季作区种植,早熟品种在一季作区的播种期和单位面积上的有效株数确定以及地力上的选择又是非常重要的,因此按照生态区域特色规模化、产业化布局和选用品种是提高马铃薯产量的关键措施之一。

(2)燕山山地丘陵区 该区位于河北省的东北部,主辖唐山、秦皇岛、承德坝下各县,年降水充沛,湿润温暖,年降水 650~700 mm,且分布较均匀。土层深厚富含钾,近几年该区的马铃薯种植面积逐年扩大。播种期应在 3 月中旬。种植方式是地膜覆盖和"大垄集肥"栽培,收获期应在 6 月中旬,作为商品薯调剂补充市场菜用马铃薯淡季。

(3)冀西北间山盆地区 该区划分的依据系指张家口市的坝下川区和浅山丘陵区,全区包括宣化、蔚县、涿鹿和阳原、怀安县等。位于恒山、太行山、燕山交界处,海拔 780~1150 m。由于四周群山环抱,中间略有低洼,称间山盆地区。该区土层较厚,沙质壖润,有机质含量在 1.9%~2.6%,部分浅山区高达 5.8%。自然特点是光照充足,全区日照时数 2800~3100 h,年平均气温 4~10 ℃,降水量 450~520 mm,无霜期 120~155 d,属一季作区。

(4)太行山山地丘陵区 该区位于河北省中西部,包括保定、石家庄、邢台和邯郸等 8 个市所辖县。海拔 750~1800 m,自然特点是降水量较多,日照时数 2800~3000 h,年平均气温 8.5~13 ℃。本区历年以种植冬小麦、玉米和棉花为主,由于近几年这些作物多年连茬种植,投入不断加大,但单位面积效益不佳,随着种植结构调整,优化种植模式成为该区的一大特征。如马铃薯套种玉米、棉花和冬小麦,单作马铃薯覆膜种植面积逐年扩大。

(5)燕山山麓平原区 该区系指廊坊和衡水一带。特征是商品经济发展迅速,水土条件优越,不受干旱胁迫,土地疏松,土壤保水保肥能力较强,有机质含量 2.0%~6.1%,年平均气温 10~12 ℃,为两年三熟制。播种期应在 3 月上旬,收获期是 6 月上旬,尽量减少两种作物的共生期。

(6)太行山山麓平原区 该区位于太行山东麓两侧,主要指石家庄、保定、邢台、邯郸各市的城郊区,是河北省农业发展最优盛,粮棉生产集中区。人口稠密,人均占有土地 1.5 亩左右,全年降水量 650~750 mm,4~5 月份降水量充沛,气温在 20 ℃左右,非常适宜早熟马铃薯品种块茎膨大时对自然条件的要求。播种期在 2 月中旬,播种前进行催芽,力争提前播种,提前收获,躲过结薯期出现的高温影响块茎膨大和产量、产值。

(7)低平原粮棉农区 本区位于太行山山麓平原以东。主要包括沧州和衡水东部等 54 个县(市)。该区的特点是降水量偏少,且分布不均匀,土壤的有机质含量仅在 1.0%~2.5%,但热量充足,属一年两熟制耕作区。

4. 其他省区或地区马铃薯生产布局 唐红艳等(2010)介绍,利用 26 个气象观测站 1971—2000 年标准气候统计资料和 1:25 万地理信息资料,采用多元回归方法建立了兴安盟马铃薯种植气候区划因子与地理信息的推算模型,确定了兴安盟地区马铃薯种植综合气候区划指标,并依托 GIS 技术划分了马铃薯适宜、次适宜及不适宜种植地区。结果表明,内蒙古兴安盟西北部气候冷凉,昼夜温差大,湿润度较好,是兴安盟优质马铃薯种薯基地;而兴安盟东南部由于 7 月份气温过高,降水量偏少,加上昼夜温差相对其他地区小,不利于马铃薯高产优质;兴安盟中部偏东南地区由于热量资源居中,降水量相对较多,为马铃薯次适宜种植地区。苗百岭等(2015)介绍,利用阴山地区以及周边 34 个气象站近 30 年(1982—2010 年)的气象观测资料,采用相关和回归分析等方法,分区域分析了影响马铃薯产量的关键气象因子,在此基础上,确定以生长季平均温差、降水量为阴山旱作区马铃薯种植气候区划指标。基于 GIS 技术,利用小网格推算模型对区划指标进行空间插值,制作了阴山旱作区马铃薯气候区划图。结果表明:高产区主要位于前山的大部分地区和后山南部一带,中产区主要集中在后山中部和前山西北部地区,低产区集中在阴山北部;同时对马铃薯产量空间分布特征进行了分析,并用产量相对变率分析了阴山旱作区马铃薯生产的稳定性。

高永刚等(2007)利用黑龙江省 81 个气象站 1975—2004 年的逐日气象资料及相应插值的网格同期逐日气象资料,利用气候生产力的距平百分率、变异系数及与气候生产力密切相关的有关生育期的 4 个气候因子(平均气温、气温日较差、日平均日照时数、降水量),采用动态聚类分析方法,将黑龙江省马铃薯可能种植区初步划分为 9 类气候栽培区:①马铃薯高产非稳产区包括大兴安岭地区所属各市县,处于寒冷农业气候带,以种植早熟品种为宜。②马铃薯较高产非稳产区包括小兴安岭伊春市所属各市县、鹤岗市的北部和黑河地区的逊克县东南部,气候冷凉、湿润,以种植中熟品种为宜。③马铃薯较高产较稳产区包括黑河地区北部,气候冷凉、湿润,以种植中熟品种为宜。④马铃薯较高产稳产区包括牡丹江地区、鸡西地区东南部,气候适宜、湿润,以种植晚熟品种为宜。⑤马铃薯中产较稳产区包括黑河地区南部、鸡西地区东部及黑河地区北部的沿黑龙江边缘地带,气候条件以种植中熟和中晚熟品种为宜。⑥马铃薯中产稳产区包括哈尔滨东部和绥化地区东部,气候条件以种植中熟和中晚熟品种为宜。⑦马铃薯较低产非稳产区包括三江平原地区、佳木斯地区、双鸭山地区和七台河地区,气候条件以种植晚熟品种为宜。⑧马铃薯较低产稳产区包括齐齐哈尔地区北部和绥化地区(绥化地区东部除外),气候条件以种植中熟和中晚熟品种为宜。⑨马铃薯低产较稳产区包括齐齐哈尔地区南部和大庆地区,气候条件以种植晚熟品种为宜。

刘峰等(2007)介绍,吉林省马铃薯种植区均属北方一作区,年均温在 3~5 ℃,吉林省内按地理特点大致可分为三种生态类型:以吉林、延边、通化地区为代表的山地生态区,以长春、四平地区为代表的平原沃土生态区,以西部的白城地区为代表的沙质壤土生态区。吉林省的栽培方式为春大垄栽培,一般 4 月中下旬播种,依据品种不同 8—9 月份收获。康哲秀(2016)介绍,吉林现已初步形成西部平原鲜食型商品薯生产区与东部山区脱毒种薯繁育区的基本种植结构。吉林省马铃薯商品主产区主要集中在中部松辽平原,分布区域为松原地区辐射的扶余县和长岭县,长春地区辐射农安县、德惠市、九台市和榆树市,四平地区辐射的公主岭市和梨树县,还包括白城和舒兰市的部分地区。土壤类型及土质和当地的气候类型条件十分适合马铃薯种植,所生产商品薯稳定高产,商品薯率达 80% 以上。东部山区马铃薯生产分布于延边州境内的敦化市、安图县和汪清县等地,由于地处海拔较高,气候冷凉、昼夜温差大,所以适合马铃薯种植繁育。

吴正强等(2008)根据生产布局,将甘肃省马铃薯种植区域划分为中部高淀粉及菜用型生产区、河西及沿黄灌区全粉及薯片(条)加工型生产区、天水陇南早熟菜用型生产区等三大优势生产区域,优势产区种植面积占到了甘肃省马铃薯总面积的 70% 以上。①中部高淀粉及菜用型生产区包括定西、兰州、临夏、白银、平凉、庆阳 6 个市(州)的 15 个县(区)。该区是甘肃省马铃薯重点种植区域,气候较冷凉,年平均气温 5~9 ℃,年降水量 200~650 mm,最热的 7 月份平均气温 20 ℃左右，全年≥10 ℃积温 2000～3000 ℃·d，马铃薯生长期 130～177 d。年种植面积 375 万亩。②河西及沿黄灌区全粉及薯片(条)加工型生产区包括武威市和张掖市的凉州区、民乐、山丹和古浪等县(区)，是甘肃省近年新兴发展的优质马铃薯高产区。该区一年四季气候凉爽，年降水量 38～250 mm，但农业生产和灌溉条件较好。该区重点以培育食品加工专用型产品的生产优势区域为目标，每年优势区域种植面积达 75 万亩。③天水陇南早熟菜用型生产区主要包括天水市和陇南市的秦州、秦安、武山、甘谷、武都、宕昌、西和、礼县等县(区)。该区气候湿润，年降水量 450～950 mm，年平均气温 7～15 ℃，最热月份(7月)平均气温 22～24 ℃，≥10 ℃的积温 2200～4750 ℃·d，马铃薯生长期 130～246 d。该区近年以培育早春商品薯供应为主，结合种植生产加工专用薯，每年优势区域种植面积 225 万亩左右。

陈占飞等(2018)介绍，陕西省地势地形复杂，气候类型差异较大，熟制类型明显。马铃薯生产布局的区域特征突出。可划分为陕北一熟区、秦岭东段二熟区、陕南二至多熟过渡区。①陕北一熟区主要包括陕西省北部榆林和延安两市，是陕西马铃薯的主产区，播种面积占全省的 60% 以上。其中长城沿线风沙区平均海拔 1000 m 以上，年平均气温 8 ℃左右，无霜期 110～150 d，降水量 300～400 mm，地势平坦，地下水资源较为丰富，适宜发展专用化和规模化马铃薯生产基地，也是陕西省脱毒种薯繁育基地。陕北南部丘陵沟壑区，平均海拔 800 m 左右，年平均气温 8.5～9.8 ℃，无霜期 150～160 d，降水量 450～500 mm。适宜发展淀粉加工薯和菜用薯。②秦岭东段二熟区主要包括关中地区和陕南的商洛市。该区年平均气温 12～13.5 ℃，无霜期 199～227 d，降水量 600～700 mm，雨热条件可以保证一年两熟。生产上多与玉米、蔬菜等作物间作套种，主要种植早熟菜用型马铃薯品种。③陕南二至多熟过渡区主要包括陕南的安康和汉中两市。雨量充沛，气候湿润，年均气温 12～15 ℃，无霜期 210～270 d，年降水量 800～1000 mm，属一年两熟耕作。浅山区每年 11—12 月播种，通过保护地栽培，4—6月份上市，生产效益较高。高山区每年 2—3 月份播种，6—8 月份上市，大都是单作，也有间作套种。

吴焕章等(2018)介绍，2017 年河南省马铃薯种植面积 124.5 万亩，总产量 252.98 万 t，平均单产 2041 kg/亩。河南省马铃薯主要种植区域集中在商丘、开封、南阳、郑州、洛阳 5 个城市，总面积 59.8 万亩，其中商丘市 21.5 万亩、开封市 12.0 万亩、南阳市 16.1 万亩、郑州市 2.4 万亩、洛阳市 7.9 万亩。马铃薯种植主要是鲜食品种，2017 年主要种植品种为费乌瑞它，约占总种植面积的 30%，郑薯 6 号、郑薯 7 号和郑商薯 10 号约占 35%，中薯 3 号、中薯 5 号、中薯 8 号、郑薯 5 号、洛薯 8 号、商马铃薯 1 号约占 30%，早大白、大西洋等约占 5%。林献等(2018)介绍，河南省马铃薯能种植 2 季，春种商品薯(2～3 月播种，5～6 月收获)，秋种种薯(8 月内播种，11 月收获)，每年都会受气候条件的影响。陈焕丽等(2019)介绍河南省马铃薯生产仍以地膜覆盖栽培为主，露地栽培约占 30%，地膜覆盖约占 65%，设施栽培(地膜＋小拱棚、大棚)约占 5%。春季生产于 2 月下旬至 3 月上旬播种，5 月下旬至 6 月上旬收获，以生产商品薯为主，且多与其他作物间套作，其中马铃薯与粮、棉、菜、瓜多种形式的间作套种，约占 60% 以上，一小部分为单作。

谢从华等(2008)将湖北省马铃薯产区划分为三个优势区。①鄂西南主粮与饲料产业区主要包括恩施自治州和宜昌市除宜万铁路和沪蓉高速公路西段沿线 50 km 以外的海拔 1000 m 以上的马铃薯产区，含五丰、兴山、宣恩、咸丰及长阳、建始、巴东、恩施、利川部分高山地区，马铃薯种植约 160.5 万亩。该区域马铃薯生长季节长、产量高，品质好，适宜采用中晚熟抗晚疫病品种。主要与玉米间套作，是鄂西南地区夏粮主产区和生猪养殖的重要基地，马铃薯主要用作主食和生猪饲料。②鄂西种薯生产和加工产业区包括宜万铁路和沪蓉高速公路西段沿线周边 50 km 范围内的马铃薯产区和十堰交通便利的高海拔山区,包括长阳、巴东、建始、利川、竹山、竹溪的部分地区。该区马铃薯种植区域海拔高差从不足 100 m 到 1800 m,农业立体气候明显,马铃薯生产由低山的二季到高山的一季,种植模式多样。该区域马铃薯种植面积约 100 万亩,在海拔 1200～1800 m 地区,风速大、气候冷凉,除马铃薯外其他茄科作物少,马铃薯病毒传播媒介如桃蚜少,是理想的马铃薯繁殖基地。利用该区域立体气候优势,马铃薯收获时间从低山到高山可相差 6 个月,这有利于建立加工原料生产基地,延长原料供应时间,减少马铃薯贮藏成本和贮藏期间的损失。③平原商品薯产业区以江汉平原和汉江流域为主体,包括荆州市、武汉市城市圈、襄阳市、随州市。该区域经济发达,交通便利,市场流通快,马铃薯主要作为商品薯生产。1 月播种,5 月收获,利用季节差异,产品对中国南北方空档市场具有显著的调节优势。该区域有冬闲田和滩涂地 1000 万亩,冬作马铃薯已成为冬季农业开发的优势作物,是湖北扩大马铃薯种植的主要基础。

朱雅玲等(2009)选择马铃薯总产、单产、种植面积和品种等因素,以《湖南农业统计年鉴》数据为主要依据,对湖南省 2007 年各县市的生产布局进行研究分析。①根据单产水平现状划分。湖南 122 个县(市、区)单产属低等水平有 28 个县,占全省总数的 23%,中等水平的县(市、区)82 个,高水平的县(区)22 个。高水平的县(区)主要分布在湘东和湘南,如平江县、醴陵市、茶陵县和衡南县等,其中有 6 个县级区,如岳麓区、雁峰区等。②根据种植面积分布划分。综合各县(区)播种面积分三个等级,低等为播种面积<1.5 万亩的县区,中等为≥1.5 万亩和<4.5 万亩的县区,高等为≥4.5 万亩的县区。据统计,2007 年湖南省马铃薯播种面积低等水平有 91 个县,占比 75%,中等水平的县 20 个,高水平的县(区)11 个。高水平的县(区)主要分布在湘西的龙山、永顺、桑植、石门、慈利、宁乡、望城、溆浦、隆回和永兴。③根据季节分布。湖南境内由于独特的气候条件和土地资源条件,一年可以四季种植和收获马铃薯。种植面积较广的主要有春季马铃薯、夏季马铃薯,秋马铃薯也有零星种植。春季马铃薯主要分布在洞庭湖平原和环洞庭湖丘陵区,海拔较低的山区。夏季马铃薯主要分布在海拔较高一点的山区,如怀化、湘西、湘南等地市。秋马铃薯也能种植,但面积较少。湖南当前利用冬闲田种植马铃薯主要分布在益阳市的赫山区、资阳区、沿江、大通湖、津市、澧县等。

第二节　中国马铃薯种质资源

一、资源丰富

(一)马铃薯种质资源概述

马铃薯(*Solanum tuberosum* L.)别名很多,《中国植物志》上称其为阳芋,各地别名很多,如洋芋、土豆、山药蛋等,是茄科(*Solanaceae*)茄属(*Solanum*)一年生草本植物。

品种极多。普通马铃薯是马铃薯亚组(Potatoe)中能形成地下块茎的一年生 *Solanum tuberosum* L. 草本四倍体作物,马铃薯有多种倍性:二倍体(diploid),三倍体(triploid),四倍体(tetraploid),五倍体(pentaploid),六倍体(hexaploid),这来源于涉及 $2n$ 配子的杂化过程产生的异源多倍体,奇数倍性的多倍体通常是不育的,但可以通过块茎保持生长。

　　种质资源是植物育种与遗传学研究的基础,对种质资源进行保存、分类、评价是发掘其特性和价值的必要途径。拥有丰富的种质资源是进行种质创新和品质改良的物质保障,以往研究发现,在作物育种发展进程中,育种的突破性成就往往就在于对关键性种质资源的发掘和利用,因此,引进丰富多样的马铃薯种质资源,对拓宽我国马铃薯种质遗传背景具有十分重要的意义。

(二)国际马铃薯种质资源保存现状

　　据国际马铃薯中心(International Potato Center,CIP)2006 年统计,全球主要的马铃薯资源库近 30 家,保存有 6.5 万份材料。超过 2000 份材料的资源库 11 家,保存了其中 86 %的资源,保存的种类包括实生种子、块茎和试管苗。秘鲁、俄罗斯、德国、荷兰、美国和印度保存的野生种均超过 10 个种(表 1-2)。世界上主要马铃薯种质资源收集和保存的机构是:国际马铃薯中心、荷兰遗传资源中心(The Centre for Genetic Resources,the Netherlands,CGN)、英国马铃薯种质资源库(Commonwealth Potato Collection,CPC)、德国马铃薯种质资源库(The IPK Potato collections at Gross Luesewitz,GLKS)、俄罗斯瓦维洛夫植物栽培科学研究所(The Vavilov Institute of Plant Industry,VIR)、美国马铃薯基因库(National Research Support Project-6,NRSP-6)。

表 1-2　主要马铃薯资源库及其保存的资源(闫雷整理)

机构	野生种		地方品种		品种	其他材料	合计样本数
	物种数	样本数	物种数	样本数			
国际马铃薯中心(CIP)	151	2363	8	4461	314	3170	10308
阿根廷国家农业技术研究所(INTA)	30	1460	2	551	0	0	2011
玻利维亚教皇研究计划(PROINPA)	35	500	7	1400	7	300	2207
智利澳大利亚大学(UACH)	6	183	2	331	83	1500	2097
俄罗斯瓦维洛夫植物栽培研究所(VIR)	172	3100		3400	2100	200	8800
德国马铃薯种质资源库(IPK)	132	1349	7	1711	1989	845	5894
荷兰遗传资源中心(CGN)	125	1961	4	740	0	15	2716
法国国家农牧研究所(INRA)	25	600	3	250	1000	4600	6450
英国马铃薯种质资源库(CPC)	83	912	4	692	0	0	1604
美国农业部研究所(USDA/ARS)	130	3791	4	1022	312	534	5659
印度中央马铃薯研究所(CPRI)	134	395		924	1240	69	2628
日本农业生物资源研究所(NLAS)	35	127	1	25	1660	31	1843
合计	1058	16741	42	15507	8705	11264	52217

注:引自 CIP2006。

(三)中国马铃薯种质资源保存现状

　　中国马铃薯种质资源的引进、收集和整理工作起始于 20 世纪 30 年代,20 世纪 70 年代后期又一次开展了全国规模的品种征集、整理工作,使许多优良基因型地方品种得以保存,并确立了马铃薯种质资源保存研究单位。同时,为了丰富中国的马铃薯种质以满足育种工作的需要,开展了有目的的资源引进工作,先后引进各类品种、原始栽培种和野生种共 400 多份,为中国开展马铃薯杂交育种提供了丰富的种质资源。由于受当时条件限制,资源难以做到妥善保存,常处于可能得而复失的状况。20世纪80年代中期,国家将农作物种质资源研究列入重点攻关项目,在"七五""八五""九五"三个五年计划期间,马铃薯种质资源的研究被作为该项目的一个专题或子专题。在黑龙江省农业科学院马铃薯研究所的主持下,全国各单位协作并开展了包括资源的收集、整理、鉴定、评价、保存与利用等研究内容,从此,马铃薯种质资源研究工作走上了系统化、正规化的轨道,取得了可喜的进展。1983年编写出版了《全国马铃薯品种资源编目》,收录了全国保存的种质资源832份;将所保存的资源全部转育成试管苗,实现了马铃薯种质资源田间与试管苗库双轨制的妥善保存;经过对主要农艺、抗性、品种性状的鉴定,获得了一大批具有单项或多项优异的种质资源,并提供给育种单位利用;有的已成为马铃薯育种的主要亲本,部分综合性状好的种质直接在生产上利用,已产生和正在产生显著的经济效益和社会效益。

种质资源的引进、鉴定、创新和利用一直为中国育种者所重视。20世纪90年代以来,通过增加国际交往,引进了各类专用型品种、育种材料和杂交组合,如中国农业科学院蔬菜花卉研究所通过执行国际合作项目,分别从欧美国家和国际马铃薯中心引进各类专用型品种70多个、杂交组合600多个以及2n配子材料、野生种材料等200多份。中国从国际马铃薯中心共引进了抗病、抗干旱和加工等种质资源3900多份。

据估计,中国目前保存有5000余份种质资源,以国内外育成品种和品系为主,野生种资源偏少(见表1-3),其中含有大量具有优良性状的种质材料,这些工作为中国马铃薯育种改良和种质创新奠定了宝贵的基础。但中国马铃薯种质资源的引进和育种工作相对起步较晚,拥有种质资源数量有限,对种质资源的引进与利用仍滞后于世界先进水平。2009年有研究人员对中国88个马铃薯审定品种进行了遗传多样性分析,发现供试材料遗传基础非常狭窄,引进丰富的马铃薯种质资源并进行综合评价利用已十分迫切。

表1-3　中国农业科学院蔬菜花卉研究所资源库保存的马铃薯种质资源(汪奎整理)

类别	份数
国外品种/系	346
CIP资源	292
国内品种	384
二倍体/野生种	430
优良品系	720
地方品种	56

（四）中国主要马铃薯种质资源库

截至2020年,全国引进和创造的大量资源材料,主要分布在国家资源库以及其他开展马铃薯育种和研究的科研院所。其中,国家种质克山马铃薯试管苗库已收集保存了包括14个种的国内外马铃薯优良种质资源近1800份,所有资源均采用试管苗库与田间圃双轨保存;中国农业科学院蔬菜花卉研究所在常年的马铃薯育种和研究实践以及国际交流活动中,保存了国内外引进及创制的1500余份含有晚疫病水平抗性和垂直抗性、抗病毒病、抗低温糖化、耐寒、耐热、高淀粉含量、高花青苷含量以及其他优异农艺性状的离体资源材料,包括260余个中国育成并审定的品种,30余份国外优良品种,60余份改良的品系以及35个野生种的300多份资源;华中农业大学保存了马铃薯晚疫病抗性轮回改良群体 150 份,马铃薯抗青枯病体细胞融合材料 20 份,马铃薯青枯病二倍体分离群体品种 2 种、100 份,马铃薯水平抗体材料 B 群体 80 份。

二、中国马铃薯种质资源研究

(一)鉴定筛选了一批可直接生产的品种和优良亲本

20 世纪 40 年代管家骥先生从美国引入部分品种,经过鉴定选出火玛(Houma)、西北果(Sebago)、七百万(Chippewa)、红纹白(Red Warba)等品种,曾在四川、贵州、陕西等省推广种植。20 世纪 50—80 年代,中国先后从国外引入多份马铃薯资源,经过鉴定和区域试验,先后推广米拉(Mira)、爱波卡(Epoka)、安奎拉(Aquila)、白头翁(Anemone)、费乌瑞它(Favorita)、底西瑞(Desiree)、卡尔地那(Cardinal)等品种。

21 世纪初,中国马铃薯育种者通过国际马铃薯中心(以下简称 CIP)引进大量马铃薯种质资源,增加了马铃薯优良亲本的可选择性,加快了品种的选育进程。王芳等(2005)对从 CIP 引进 160 余个马铃薯资源进行了种植评价,从中筛选出优势资源 90 个,经田间种植试验筛选出 17 个适应性好的品种。张艳萍等(2008)从 CIP 引进 271 份马铃薯种质资源,在青海不同生态区种植观测,对其抗病、耐逆性、产量水平及品质指标等综合性状进行评价鉴定,筛选出 ZT、KW23、GS、KW24、Dd-111-19、T5、Dd-111-16 共 7 份综合性状优良、适应性好的材料。张艳萍等(2008)2001 年从 CIP 引进杂交组合(387521.3×APHRODITE)F1 材料成功选育出新品种青薯 9 号。谢开云等(2009)利用从 CIP 引进各种马铃薯种质资源,选育了中薯 2 号、川芋系列、CIP-24、合作 88 和冀张薯 8 号等 40 余个马铃薯品种。包丽仙等(2012)对引自 CIP 的 50 份彩色马铃薯资源的农艺性状表现和块茎性状进行研究,发现 36 份的肉色为红色或紫色,其中 G06-10 的皮色和肉色均为黑紫色,G06-5 块茎为白皮红肉,可作为马铃薯块茎色素分离规律的遗传研究材料。彭慧元等(2014)从 CIP 引进的 46 份茎尖脱毒苗,经扩繁和田间筛选,筛选出 18 份优异材料,其中 M-07 与 M-33 产量较高,M-33 淀粉含量高达 19.83%,干物质含量为 25.49%,其生长性状较优,株形和薯形良好。

(二)马铃薯遗传多样性研究

种质资源是育种的物质基础,是生物学理论研究的重要基础材料,特异种质资源对育种的成效意义重大。随着育种研究的深入发展,育种者开始从依靠亲本的农艺性状和系谱关系判断品种或品系间的遗传差异转向结合分子标记技术和基因测序技术从分子水平检验品种或品系间的遗传差异,现已取得了较好的成效。

种质资源遗传多样性研究的常用方法是对马铃薯表型性状的分析,叶玉珍(2017)对 24 份马铃薯种质资源的 13 个质量性状和 12 个数量性状进行调查及测定,并进行遗传多样性分析和聚类分析,发现 24 份马铃薯种质资源质量性状的遗传多样性指数均较高,数量性状变异系数和变异程度较大,易出现性状分离。余斌等(2018)采用 Shannon-Wiener's 多样性指数及综合得分(F 值)对从 CIP 引进的 119 份马铃薯材料的 10 个主要表型性状进行遗传多样性分析及综合评价,F 值与单株产量、商品率、干物质相关性显著,可作为马铃薯种质资源的主要评价指标。调查分析作物种质资源数量性状和质量性状的遗传多样性可以有效利用和保存新型种质资源,但利用效率有限,在特色育种远源亲本选择上存在一定缺陷。

近年来,众多育种者通过 SSR 分子标记,对引进的马铃薯品种进行群体结构性研究,从分子水平上揭示了品种之间的遗传相似性。刘文林等(2016)、吴立萍等(2017)、李建武等(2017)、段绍光等(2017)先后通过 SSR 分子标记得知引物位点的多态信息含量指数和品种资源间特异性指数,利用特异性引物有效地区分了马铃薯主栽品种和新育成品种的亲缘关系,从而更方便育种者了解品种资源的遗传基础,逐步弥补了田间调查分析马铃薯种质资源数量性状和质量性状遗传多样性的局限性,明确鉴定种质材料间的群体遗传结构及遗传多样性对构建核心种质库、准确筛选杂交亲本具有重要作用。

(三)马铃薯资源抗性鉴定及抗原应用

随着马铃薯育种进程和种质资源的扩大收集和深入研究,马铃薯原始栽培种和野生种在育种中的潜力越来越受到重视,金黎平等(2003)认为,野生资源的研究利用不够是中国马铃薯育种长期徘徊不前的主要原因,只有将二倍体野生资源的种质转育到四倍体栽培种中,才会有较大的品种改良。经过马铃薯种质资源的逐步挖掘和漫长的自然选择,新选育的马铃薯品种形成了抗各种病虫害、耐不良环境以及许多有价值的经济特性。

在马铃薯种质资源耐不良环境应用方面,徐建飞等(2011)对 42 个马铃薯材料(品种)进行了抗旱能力评价,发现虎头和高原 7 号、CE66 和 HS66 等抗旱特性好的材料,且高原 7 号和虎头在干旱胁迫下表现最好,适宜应用于抗旱育种。赵媛媛等(2018)通过抗旱系数、隶属函数对 12 份抗旱性较好的马铃薯材料进行抗旱性评价,较好地揭示了抗旱性与各指标之间的关系,全面综合评价马铃薯抗旱性。李青等(2018)利用适宜盐浓度胁迫 52 份马铃薯种质,采用隶属函数和聚类分析的方法进行耐盐性鉴定,得到陇薯 5 号和 LZ111 极端耐盐材料,以及青薯 9 号、陇薯 8 号、中薯 14 号和 04P48-3 极端盐敏感材料,为耐盐育种奠定材料基础。

娄树宝等(2017)对 57 份国外引进的马铃薯资源进行早疫病田间抗性鉴定,筛选出391180.6、395109.29、399049.22、399050.3、Early Gem 等 6 份抗性较好且稳定的材料。

晚疫病是造成马铃薯减产最严重的一种毁灭性病害,在绝大部分马铃薯栽培地区广泛传播。近 20 年来,马铃薯种质资源被广泛应用于抗晚疫病品种选育中,主要表现在三个方面:利用传统育种方法将优势抗性亲本杂交,在后代中选取抗病材料。例如田恒林等(1997)以 CIP 轮回选择材料 CFK-69.1 为父本,674-5 为母本杂交,育成了高抗晚疫病的鄂薯 1 号。利用体细胞融合技术将栽培种和野生种进行体细胞杂交,然后对体细胞杂种进行了离体培养,得到了具有晚疫病抗性植株。Iovene 等(2012)将普通栽培种 *S. tuberosum* 和野生种 *S. bulbocastanum* 进行体细胞杂交,Tarwacka 等(2013)将野生种 *S. villosum* 与栽培种 S. tuberosum 体细胞杂交,将两者体细胞杂种进行了离体培养,均得到了具有晚疫病抗性植株。此外,Szczerbakowa 等(2003)将野生种 *S. nigrum* 与栽培种 *S. tuberosum* 减倍的二倍体克隆 ZEL-1136 进行体细胞杂交融合,得到了具有晚疫病抗性的材料。Szczerbakowa 等(2010)利用 *S. tuberosum* 的二倍体克隆 DG81-68 与二倍体野生种 *S. Xmichoacanum* 进行体细胞杂交获得了对晚疫病具有抗性的四倍体杂种。通过上述方法,不少野生种的抗晚疫病基因被导入到栽培种中,所得材料均在常规抗晚疫病育种中得到很好应用。

随着现代生物技术和分子生物学的发展,利用基因工程的手段和特异种质资源载体进行马铃薯抗晚疫病抗性育种取得了良好的进展。近年来,随着对植物抗病及病原物致病机理的深入研究,发现了若干与植物防卫反应有关的基因和病原物的无毒基因,这些基因为目前通过基因工程手段开展植物抗病育种提供了物质基础。岳东霞等(2000)和金红等(2001)通过农杆菌介导法将非洲菊中的 TLP 基因转化到马铃薯中，筛选出的转基因株系对晚疫病菌表现出不同程度抑制作用。辛翠花等(2008)通过农杆菌介导的方法，将抗晚疫病基因 RB、R1 和 R3a 分别转化马铃薯感病栽培种 Desiree，并测定了转基因株系和野生型分别接种晚疫病菌后，体内防御酶活性的变化，发现 3 个抗晚疫病基因都成功转化到了马铃薯基因组中，并稳定表达，得到的转基因植株抗性均有不同程度的提高，大部分表现为高抗或抗病，有明显的 HR 反应。杨希才等(2001)将病原真菌的无毒基因 Elicitin 和病原细菌的无毒基因 avrD 一起，通过农杆菌介导的方法转入马铃薯中，成功表达的马铃薯中的大部分植株对晚疫病的抗性有较明显的提高。

此外，众多学者在有关马铃薯抗疮痂病种质资源的筛选方面也有研究，外国学者的研究相对较早，目前已筛选出了 Navajo、Blanca、Marcy、Aloakonohita、Emilia、Russet Burbank 等抗性较强的品种。近年来，中国有关抗疮痂病马铃薯种质资源筛选研究日益广泛，已选育出中薯 3 号、川芋 4 号、川芋 56 号等对疮痂病抗性较好的品种。杜魏甫(2013)从 23 个马铃薯资源中筛选出了 C88、紫云 1 号、靖薯 1 号、阿乌洋芋 4 个抗病品种。吴立萍等(2017)对 108 个马铃薯种质资源进行疮痂病抗性鉴定，筛选出 Marispeer-2、L08104-12、铃田红美等 9 个高抗种质资源及陇薯 14 号、翼张薯 8 号等 11 个中抗疮痂病种质资源。

王海艳等(2018)选用目前育种资源材料 275 份，通过测定褐化指数、褐化强度、煮后变褐 3 个指标来筛选抗褐变材料。通过 3 个指标最终筛选出云薯 501、CIP395109.29、CIP393615.6、云薯 401 共 4 份高抗褐变材料和讷河高淀粉、CIP397100.9、克 200950-3、s. goniocalyx 共 4 份抗褐变材料，这些材料可作为抗褐变马铃薯新品种选育的基础材料。

三、中国马铃薯种质来源

(一)中国马铃薯种质构成分析

张丽莉等(2007)介绍了中国马铃薯的种质来源，包括国内地方品种的搜集，国外品种的引进等，最基本的种质来源是 20 世纪 40—50 年代引自美国、德国、波兰和苏联等国，少数来自加拿大、CIP(国际马铃薯中心)，还有中国地方品种。

中国马铃薯种质资源大多数属于普通栽培种类型(S.T)，少数为近缘栽培种及野生种类型，绝大多数是从国外引入的，其中欧洲(如德国、波兰、苏联)和北美洲(如美国、加拿大)的种质资源所占比例很大，南美洲(如秘鲁)所占比例较小，其余为我国地方品种。

(二)地方品种的搜集

关于地方品种的搜集，1936—1945 年间，管家骥、杨鸿祖共搜集了 800 多份地方材料；1956 年组织全国范围内的地方品种征集，共获得马铃薯地方品种 567 份；1983 年编写出版了《全国马铃薯品种资源编目》，收录了全国保存的种质资源 832 份，为杂交育种提供了丰富的遗传资源。

以中国地方品种为亲本之一所育成的品种约占育成品种的 8%，其中最主要的亲本为牛头和紫山药。利用牛头为材料育成了高原 1 号、高原 3 号、高原 6 号及青 773 等品种。以紫山药为亲本之一育成了乌盟 616、乌盟 691 及虎头、抗病迟等品种。

（三）国外马铃薯种质资源的引进

由于马铃薯起源于南美洲安第斯山脉,在中国属于外来作物,种质资源缺乏,亲本来源有限,引种是丰富中国马铃薯种质,补充亲本资源,拓宽遗传背景的有效途径,因此种质资源的引进、鉴定和利用一直是中国马铃薯育种工作的重要内容。

中国从 20 世纪 30 年代开始有计划地从国外引进了大批的品种、近缘种和野生种;在 40 年代经历三次大量引种,分别从美国、日本等地引进品种(系)74 份,杂交组合 62 个,自交系 45 份,近缘种 16 份;50 年代中后期,从苏联及东欧一些国家引进品种(系)、野生种和近缘种 250 多份;70 年代从荷兰、原西德联邦农科院、CIP、加拿大和美国引进了野生种 *S. demissum*、*S. acaula*、*S. chacoens* 等一大批资源;到了 20 世纪 80 年代末至 90 年代初,中国与国际的交往活动日趋频繁,同时也促进了中国与其他国家马铃薯种质资源的引进和交流工作,期间累计引进群体改良无性系 1000 余份,杂交组合实生种子 140 余份,并从中筛选出了一批高抗晚疫病和抗青枯病的种质资源。据统计,迄今中国共从国外引进马铃薯种质资源 4000 余份,及时丰富了中国的马铃薯资源库。20 世纪 90 年代以来,国际交流合作日益频繁,马铃薯加工业逐渐发展壮大,中国从荷兰、美国、加拿大、俄罗斯、白俄罗斯等国和国际马铃薯中心引进了食品、淀粉加工和抗病等各类专用型品种资源、育种材料和杂交组合,如中国农业科学院蔬菜花卉研究所通过执行国际合作项目,分别从欧美国家和国际马铃薯中心引进各类专用型品种 70 多个、杂交组合 600 多个以及 $2n$ 配子材料、野生种材料等 200 多份;中国从国际马铃薯中心共引进了抗病、抗干旱和宜加工等种质资源 3900 多份。从 20 世纪 90 年代开始专用品种选育,将国外引进的各类专用型品种资源应用于育种中,育成了中薯、晋薯、鄂薯、春薯、郑薯、陇薯、青薯等系列品种 125 个。

1. 美国品种的引进及其衍生系　20 世纪 30—40 年代,前中央农业实验所从美国引入了卡它丁、小叶子、火玛、红纹白、西北果、七百万等品种,以及杂交实生种子。其中以卡它丁、小叶子及从杂交实生苗中选出的 292-20(多子白)等品种为杂交亲本,选育出了一大批马铃薯品种。如利用卡它丁为父本与一些品种(系)杂交育成了克新 3 号、克新 4 号、东农 303 等一批国家审定品种;以多子白为亲本之一育成了高原 1 号、高原 2 号、高原 4 号及克新 7 号、克新 9 号、坝薯 9 号、乌盟 601 等品种;用小叶子为亲本之一育成了虎头、跃进、丰收白等品种;近期育成推广的早大白、春薯 5 号也分别具有小叶子和多子白等品种的血缘,含有美国品种血缘的中国品种约占育成品种的 41.7% 。

2. 德国品种的引进及其衍生系　20 世纪 50 年代中后期,原东北农业科学研究所从东德引入了德友 1～8 号及白头翁、燕子等品种。其中以白头翁、燕子、德友 1 号(米拉,Mira)、德友 4 号(斯塔尔,Star)、德友 7 号(卡皮拉,Capella)和德友 6 号(阿尔果,Argo)等品种为亲本之一培育出了一大批马铃薯品种。例如以米拉为亲本之一育成克新 2 号、克新 3 号及高原 2 号、高原 3 号、高原 4 号等品种;近期育成的克新 13 号、超白等品种均具有米拉的血缘;以白头翁为材料育成了郑薯 2 号、东农 303、北薯 1 号、泰山 1 号、克新 4 号、克新 5 号等品种;利用燕子为亲本之一育成了内薯 2 号、内薯 3 号、晋薯 5 号、川芋早等品种。具有德国品种血缘的中国品种约占育成品种的 25% 。

3. 波兰品种的引进及其衍生系　1955 年,原东北农业科学研究所从波兰引入了波友 1 号(Epoka)、波友 2 号(Evesta)等品种。其中以波友 1 号为亲本之一育成了克新 2 号、克新 10 号、坝薯 9 号、坝薯 10 号及金坑白、抗病迟、新芋 3 号、新芋 4 号等品种;利用波友 2 号育成了临薯 2 号、临薯 3 号和藏薯 1 号等品种。具有波兰品种血缘的中国品种占育成品种的 18％。

4.CIP 及加拿大等国家品种的引进及其衍生系　近些年来,中国育种单位认识到基因来源狭窄是制约中国马铃薯育种发展的主要因素。他们纷纷从 CIP 及加拿大等引入了新的血缘,其中新型栽培种的引入已在育种中取得了很大的成绩(表 1-4)。

表 1-4　利用新型栽培种及 CIP 马铃薯资源育成的品种(陈火云整理)

育成品种	母本	父本
东农 304	S4-5-3-9-1-25-(6)	MS79-12-1
呼薯 6 号	呼自 77-7	MS79-511
呼薯 7 号	呼自 81-52	MS79-12-1
蒙薯 8 号	呼自 82-59	MS83-1
克新 10 号	CIP378177	Epoka
克新 11 号	CIP378176	Epoka
中薯 2 号	DTO-33	LT-2
中薯 3 号	京丰 1 号	B F-77A
晋薯 8 号	晋薯 2 号	MS78-7
怀薯 6 号	758-60	MS8312
尤金	MS80-31	8023-10
川芋 39	CIP379645.4	7XY-1
鄂马铃薯 1 号	674-5	CPK69.1
合作 -88	BLK-2	I1085

通过分析血缘关系表明,美国、德国、波兰等国的马铃薯种质资源在中国马铃薯育种中起了非常大的作用,这说明这些国家的品种资源在中国的适应性强且遗传性好,应该加强引种。同时,韩国、俄罗斯、日本等周边国家也有丰富的种质资源,在中国的适应性相对要好于其他国家,应加强与这些国家的合作与交流。

5.掌握马铃薯种质资源引种规律　马铃薯是适应性非常广泛的作物,引种较易成功。但每个品种都是在一定环境条件下培育出来的,只有在与培育环境条件一致或接近时引种才能成功。因此,引种时要详细了解马铃薯产地纬度、海拔、气候条件等情况,根据马铃薯引种规律,正确选择品种。引种时应掌握以下规律:

(1)气候　远距离地方引种要看引入地与产地两者在气候条件上是否接近,即同一季节两地气候是否相似或不同季节两地气候是否相似。气候有相似之处,气温接近,雨量也相差不多,引进品种容易获得成功。

(2)纬度与海拔　在纬度相同或相近地区间引种,由于地区间日照长度和气温条件相近,相互引种一般在生育期和经济性状上不会发生多大变化,所以引种易获成功。纬度不同的地区间引种时,由于处于不同纬度的地区间在日照、气温和雨量上差异很大,故引种的品种在这三个生态因子上得不到满足,引种就难成功。纬度不同的地区间引种,要了解所引品种对温度和光照的要求。通常由高海拔向低海拔、高纬度向低纬度引种容易成功,因为高海拔和高纬度马铃薯种茎病毒感染轻、退化轻,引种到低海拔、低纬度种植一般表现较好,成功率高。由于海拔每升高 100 m,日平均气温要降低 0.6 ℃,因此原高海拔地区的品种引至低海拔地区,植株比原产地高大,繁茂性增强;反之,则植株比原产地矮小,生育期延长。同一纬度不同海拔高度的地区引种要注意温度。

（3）温度 不同马铃薯品种对温度的要求不同,同一品种在各个生育期要求的最适温度也不同。一般温度升高能促进生长发育,提早成熟;温度降低,会延长生育期。但马铃薯的生长和发育是两个不同的概念,生长和发育所需的温度条件是不同的。温度因纬度、海拔、地形和地理位置等条件而不同。温度对马铃薯生长影响极大,特别是在结薯期,若土温超过 25 ℃,块茎就会停止生长。因此,引种时必须注意品种生育期长短,从北方向南方引种,要引进早熟和中早熟品种;而由南方向北方引种,早熟或晚熟品种均可。

（4）光照 马铃薯喜光,对光敏感。从长日照地区引种到短日照地区会导致不开花,但对地下块茎的生长影响不是太大;而短日照品种引种到长日照地区后,有时则不结薯。

（5）栽培水平、耕作制度、土壤情况 引入品种的栽培水平、耕作制度、土壤情况等条件与引入地区相似时,引种容易成功。只考虑品种不考虑栽培、耕作等条件往往会使引种失败,如将高水肥品种引种于贫瘠的土壤栽培,则会导致引种失败。

（四）引种工作亟待加强

截至 2020 年,国家马铃薯种质资源库收集和保存马铃薯种质资源 2200 多份,但马铃薯毕竟是中国的外来农作物,国内资源贫乏,虽然育种工作者一直重视马铃薯种质资源的收集与引进,但大规模资源引进尚属空白,通过对中国马铃薯主要育成品种的分析,都与少数几个具有野生马铃薯种缘的国外核心亲本相关,后代的遗传变异停留于近交水平。采用常规的杂交方法很难有大的突破,杂种优势差,抗逆性差,品质产量等性状有待于进一步提高。因此杂交亲本来源单一,遗传背景狭窄仍然是马铃薯育种难以取得重大突破的最大障碍。此外,随着人民生活水平的提高,市场上的需求多元化,马铃薯的全粉、精淀粉等加工产业发展迅速,更充分地显现出中国马铃薯加工专用型品种的缺乏,远远不能满足生产和生活的需要。因此,马铃薯育种要获得突破性的进展,如果只利用国内主要优良品种间的杂交几乎不可能,不断扩充马铃薯种质资源库,丰富中国马铃薯育种资源的遗传基础,重视种质资源研究利用,加强育种技术和育种方法研究,不断地改良和创新,才能满足市场上的需求,加快中国马铃薯产业的发展。

在资源的引进和利用过程中,应广泛收集、有目的和针对性地收集与引进,及时有效地评价与鉴定,深入研究、积极创新、防止丢失。随着马铃薯市场多元化的需求,明确育种目标,选育聚合多种性状、优质专用型品种,建立高效存种技术平台,应用多种育种技术,将各种种质的特异基因转育到综合农艺性状良好的育种材料中,培育创造综合性状优良的新品种,不断地改良和创新,在马铃薯种质资源利用的总体策略上,应采取在引进中发掘,在鉴定中改良和创新,在创新中加以有效利用,从而提高育种效率。

由于科研技术水平和条件的限制,中国对引入资源的利用率还比较低,尤其是野生种,自 20 世纪 50 年代引入中国,至今尚未得到充分利用。如何提高引入资源的利用率,是目前中国利用国外引入资源亟待解决的问题。

引入国外资源固然重要,但中国也有丰富的地方品种资源。据统计,中国地方品种资源有 100 余份,但可用做杂交亲本的尚不到 2%,仍有很大的潜力可挖。所以,在引入国外资源来改变目前基因狭窄对中国马铃薯育种限制的同时,也应当重视本国地方品种资源的筛选和利用。

四、中国马铃薯育种手段和方法

(一)引种鉴定

1. 引种的方法和原理　一般意义上的引种是指由外地或者外国引进作物新品种,通过适应性试验,在本地推广种植的过程。广义上包括引入高世代品系、相关育种材料用于生产或研究。气候相似性原理或者生态条件和生态型相似性原理是指导引种的基本原理,前者从气候方面论述引种成功的可行性,后者从生态条件和生态型方面论述成功的可行性。引种的基本步骤:①引种计划的制定和引种材料的收集;②引种材料的检疫;③引种材料的试验鉴定及评价;④引种材料的推广与应用。相较于其他育种方法引种具有效率高、见效快、资源节约等优点,但是引种不能完全满足当地马铃薯生产的需求,引进品种也不能对本地的环境资源充分利用。

2. 引种在马铃薯育种中的应用　引种是中国马铃薯育种最重要的手段,最早的引种应该始于明末,属于无意识引种,由传教士带入种薯,经民间或地方官府推广种植,大大缓解了当地粮食不足的问题。一些早期的地方洋芋品种就属于这一类。有明确记载的科学引种应该是20世纪40年代初期,管家骥、杨洪祖等从美国引进并推广的品种"七百万"和"小叶子"。随后几年,中国各个科研单位从欧洲、美国以及国际马铃薯中心引入大量的品种资源,极大丰富了中国马铃薯种质资源,其中"米拉"和"费乌瑞它"等品种目前在生产上仍然占有十分重要的位置。随着中国对育种的重视以及科研投入,近年来从国外引进的品种多用于育种材料,生产上的引种多为国内不同区域间的互相引种,例如中薯系列、鄂薯系列以及云薯系列中很多品种被多个地区引进推广。

(二)选择育种

1. 选择育种的方法和原理　选择育种是指利用现有品种群体中自交有性后代的变异进行的育种过程。多用于自花授粉作物,在马铃薯育种中也被称作天然籽实生苗育种。具体过程,首先将天然实生籽育苗收获实生薯并播种至田间,通过选择表现优良的单株,进行鉴定圃鉴定和预备试验比较,再进行品种比较试验、区域试验和生产试验,最后通过品种审定和推广就完成一个新品种的选育。自花授粉作物品种的自然变异现象和纯系学说是选择育种的理论基础。这种方法是比较原始的育种方法,有简单、易行、快速等众多优点。但也有其不足的一面:①利用自然变异,不能有目的进行品种改良;②利用自交产生变异,其后代基因型相对较为狭窄。

2. 选择育种在马铃薯育种中的应用　选择育种是马铃薯最原始的育种方法,中国各地利用该方法选育出了一批适合当地栽培的新品种(系),为中国马铃薯产业的发展做出了重要的贡献。黑龙江省农业科学院马铃薯研究所利用"Dorita""米拉"分别育成了"克新12号"和"克新13号";威宁研究所利用"克疫"的实生籽分别育成了"威芋1号""威芋3号"和"威芋4号"。中国农业科学院蔬菜花卉研究所利用"中薯3号"的实生籽选育出国审品种"中薯5号"。

(三)杂交育种

1. 杂交育种的方法和原理　杂交育种一般指不同品种间进行杂交,继而在杂交后代中进行选择,最终培育出符合育种目标新品种的一种方法。按照指导思想又可以将杂交育种分为组合育种和超亲育种,组合育种是以基因组重组和基因互作为理论基础,根据育种目标来选配亲本,通过人工杂交的手段,将分属在双亲中的、控制不同性状的基因随机组合分散到不同的杂种后代中,再对这些后代进行定向选择和鉴定来培育新品种的一种途径。超亲育种是以基因累加和基因互作为理论基础,按育种目标将分属于双亲中控制同一性状的不同微效基因集中于同一个体中,形成该性状方面超越双亲新品种的育种途径。一定程度上组合育种和超亲育种是没有严格界限的,他们是相辅相成,相互促进。

2. 杂交育种在马铃薯育种中的应用　品种间杂交是一种常用的育种手段,一般包括品种杂交、回交和杂种优势利用。中国从 20 世纪 40 年代中期便开始了马铃薯新品种的选育,品种间的杂交是主要的方式,人们利用该方法育成几百个品种。贵州省马铃薯研究所用"春薯 3 号"和"昆引 1 号"作亲本选育出"黔芋 7 号";威宁县农业科学研究所用"威芋 1 号"和"新引 8 号"选出"威芋 6 号";湖北恩施中国南方马铃薯研究中心利用"秦芋 30 号"培育出"鄂马铃薯 13"。回交方法主要用于亲本材料的改良,很少直接用于培育新品种,现阶段主要利用回交手段进行新型栽培种的群体改良工作。至于杂种优势的利用,马铃薯栽培种是高度杂合的四倍体,遗传基础极为复杂,而且连续自交多代会出现自交不亲现象,所以杂种优势在育种方面仍处于研究探索阶段,仅选出一些优秀的杂交亲本。中国马铃薯远缘杂交的研究起步较早,20 世纪 50 年代就有人开始研究,经过多年的努力在近缘栽培种和野生种利用上取得了一定的成绩。河北省坝上地区农业科学研究所利用 *S. stoloniferum* 与栽培品种进行杂交和回交,培育出高淀粉资源"坝薯 87-10-19"。黑龙江省农业科学院克山马铃薯研究所分别利用 *S. stoloniferum* 和 *S. acaule* 与普通栽培种的回交,选出抗 PVY 和 PVX 的育种材料。还应用这些中间材料培育出如"东农 304""克新 11 号""中薯 6 号""呼薯 7 号""中大 1 号"等。

(四)诱变育种

诱变育种技术已有多年发展历史,已渐趋成熟。主要有物理诱变、化学诱变,以及芽变育种。在马铃薯育种中,利用诱变已成为获得马铃薯育种材料的重要方法。其中应用最广、研究最多的是物理诱变,化学诱变和芽变育种在改良马铃薯品质性状方面报道较少。与常规育种相比,诱变育种具有操作方便、突变频率高、不受基因狭窄的限制、育种年限短、后代性状稳定快等优点,在创造单一性状如熟性、抗性、品质等方面有独特作用。它可以诱发产生自然界原来没有或一般常规方法难以获得的新基因、新种质、新材料、新性状,而马铃薯获得的有益突变可用无性繁殖的方法固定下来,具有特殊的应用价值,可在一定程度上丰富马铃薯基因库资源,提高育种水平,在马铃薯遗传改良方面占有重要地位。

1. 物理诱变

(1)物理诱变的方法及原理　物理诱变主要是指利用辐射等物理因子诱发基因突变和染色体变异,因其穿透力较强,易被染色体组吸收,所以对染色体结构产生一定的破坏。诱发植物发生变异的因素成为诱变剂,物理诱变剂一般包括电磁辐射、粒子辐射、电子束、激光以及离子注入等,还包括近年来发展起来的重离子及太空诱变。在马铃薯上应用比较广泛的是 X 射线、γ 射线、紫外线、重离子以及太空种育。X 射线是电子由高能级态跃迁至低能级态而产生的一种核外电磁辐射射线,γ 射线是原子核由高能级态跃迁至低能级态释放的一种核内电磁辐射射线。X 射线和 γ 射线在马铃薯育种中应用较为广泛,并已在实践中选育出一批有利用价值的新品种或者中间材料。紫外线是一种能量较低的电磁辐射,紫外线诱变育种具有方便、经济、成功率高的特点,作为应用广泛的诱变源已创造了许多新品种。重离子是近年来新兴的一种辐射源。所谓重离子就是比质子重的带电粒子,通常包含带电的氦、碳及氖离子等,可通过加速器将中性原子剥离部分或全部核外电子后加速而成。重离子的生物诱变作用强,诱发突变谱广,突变频率高,突变体易稳定,且在相同剂量辐照下,重离子比 X 射线和 γ 射线具有更多的相对生物学效应,使其在生命科学研究中具有光明的前景,为植物育种提供了新途径。太空诱变是一种新兴有效的育种技术,该技术利用航天飞船,将材料送入高辐射、微重力、大温差这样太空特有环境中,从而导致该物种可遗传的形态变异和 DNA 变异。随着科技的发展,太空育种越来越多地被应用于新品种的选育。

(2)物理诱变在马铃薯上的应用　$^{60}Co\gamma$ 射线在马铃薯育种中应用比较广泛,已经培育出高产、高抗晚疫病的新品种"辐深 6-3"和高产、抗晚疫病和干腐病、优质的"辐射高原号"等新品系,获得了显著的增产效果,并且审定了"鲁马铃薯 2 号"。邓宽平等(2008)研究 8000 伦琴的 $^{60}Co\gamma$ 射线照射处理"费乌瑞它",可以产生遗传稳定的变异,且其中有增产效果较好的品系。喻艳(2013)研究表明,紫外照射马铃薯原生质体,有利于细胞融合中染色体片段的插入。谢忠奎等(2008)利用重离子 $^{40}Ar^{17+}$ 对马铃薯杂交种子和微型薯进行不同处理,确定了 60Gy 为微型薯重离子辐射的最佳剂量,60~120Gy 为杂交种子辐射的适宜剂量范围,并且通过对后代的多年选育,获得了几个各方面表现优良马铃薯新品系。甘肃省兰州陇神航天育种研究所与甘肃陇神现代农业公司采用航天育种技术成功培育成了紫色马铃薯新品种"黑美人",被多个地区大面积种植。张桂芝等(2018)利用实践十号搭载紫色马铃薯种子,评价了处理后的种子发芽势、成苗能力、幼苗长势、茎叶颜色的变化情况,同时分析了幼苗叶中 SOD、CAT、POD 活性变化。2018 年,马铃薯成功入选月面微型生态圈计划种植计划,标志着马铃薯太空育种进入了一个新的发展阶段。

2. 化学诱变

(1)化学诱变方法及原理　化学诱变是通过化学诱变剂诱发植物发生变异,具有易操作、剂量易控制、应用成本低、突变率高等特点,是近年来应用较为广泛的诱变技术。常用的化学诱变剂的种类很多,大致可以分为四大类:第一类是烷化剂,常用的诱变剂包括甲基磺酸乙酯、硫酸二乙酯、乙烯亚胺、亚硝基乙基尿烷和亚硝基乙基脲;第二类是叠氮化物,常用的诱变剂是叠氮化钠;第三类为碱基类似物,常用诱变剂 5-BU 和 5BUdR 以及 2-AP;第四类其他化学诱变剂,常用的有秋水仙碱、抗菌素、亚硝酸以及羟胺等。在马铃薯化学诱变育种中,研究较多的是烷化剂类诱变剂,其他类诱变剂应用研究较少。烷化剂是栽培作物诱发突变的最重要的一类诱变剂,它与一个或多个核酸碱基起化学变化,因而引起 DNA 复制时碱基配对的转换而发生变异,诱发产生高频率的点突变。而在众多的烷化剂中,甲基磺酸乙酯(EMS)被认为是毒性最小且应用最好的诱变剂之一。但是 EMS 诱变也是随机发生的,其诱发产生有益突变的频率还不够高,目前尚难以控制变异的方向和性质,一般需要比杂交育种更大的选择群体,而且诱发产生的点突变只能使性状出现细小的变异,不易检测,使得很难有效地在大量的群体中确定突变的目的基因。秋水仙素在马铃薯育种中的应用也比较多,且多用染色体加倍,是马铃薯二倍体资源应用的主要途径。

(2)化学诱变在马铃薯育种上的应用　目前,主要利用化学诱变剂来进行育种方面的研究,而用于育成品种方面尚无报道。张洪亮等(2017)利用 EMS 对"克新 18"的试管苗以及继代苗进行诱变,表明 EMS 对试管苗生长发育有抑制作用,且可以遗传给后代。杨乾(2011)利用 EMS 对盐胁迫下:"甘农薯 2 号"和"青薯 2 号"进行处理,研究表明结合组织培养技术 EMS 诱导技术可以选育可遗传的耐盐性突变体,并且得出最佳带芽茎段的适宜浓度和时间组合以及致死剂量的浓度和时间。董颖苹等(2006)利用1‰的EMS处理"中薯2号"茎段,结果表明4小时以上的诱变处理效果最好。秋水仙素在马铃薯育种方面应用也比较多,且多用于倍性育种。刘磊(2019)采用秋水仙素诱导方法,研究了不同浓度对马铃薯多倍体诱导的效果,确定了秋水仙素的最佳浓度、预培时间以及诱导时间。张艳平等(2018)通过诱导野生种 *S. acaule* 的多倍体,获得的87株变异株有2株为多倍体植株。王清(1996)利用0.4%的秋水仙素处理双单倍体实生种子4 d,结果表明,其加倍效果显著高于对照。

3. 芽变育种

(1)芽变育种方法以及原理 芽变育种就是选择突变芽及其长成茎、枝等,经过无性繁殖技术培育新品种的方法。可以分为自然芽变和人工芽变。芽变源于体细胞自然发生遗传物质变异,是无性繁殖作物产生基因变异的重要来源。有学者认为,变异的体细胞发生于芽的分生细胞中或分裂发育进入芽的分生组织,从而形成变异芽。马铃薯茎尖的突变可以影响到分生组织,使突变的组织呈层状或扇形,由这种分生组织繁殖出来的植物,其相邻部位具有2个或多个遗传性状不同的组织,既嵌合体。马铃薯芽变育种程序一般包括以下几个步骤:首先,要确定芽变育种的时期以及目标;其次,选出变异优良株系进行标识,包括芽变、单株变异等变异株系,同时还要选择生态环境相同的对照植株进行比较分析;第三,对初选变异优良株系的无性繁殖后代作进一步的块茎比较筛选;最后,参加区域性试验并完成审定。

(2)芽变育种在马铃薯上的应用 由于马铃薯的芽变率低,芽变育种技术并未得到中国育种工作者的重视,在中国新品种选育中,仅"坝丰收"一个品种是河北省坝上农业科学研究所利用"沙杂1号"通过芽变方法选育而成。

(五)生物技术育种

1. 转基因育种

(1)转基因育种方法及原理 转基因育种是指根据育种目标从供体生物中分离目的基因,经过修饰和改造,导入受体作物并且获得可稳定表达的遗传工程体,最终经过田间试验鉴定选择育成新品种或者资源的方法。转基因技术的理论基础来源于进化论衍生来的分子生物学。基因片段的来源可以是提取特定生物体基因组中所需要的目的基因,也可以是人工合成指定序列的DNA片段。该方法更便捷地解决了常规育种无法解决的问题,从而增加生物产量,提高作物抗逆和抗病虫害环境的能力。转基因的方法有很多种,如基因枪法、农杆菌介导法、花粉管通道法、核显微镜注射法等。目前,较常用的方法是农杆菌介导法。植物转基因育种的具体步骤:基因分离获得目的基因→目的基因与载体结合→目的基因导入受体细胞→受体细胞转化为组织或者器官→相应的植株再生→转基因植株的筛选→植株田间筛选与鉴定→进行区域试验以及新品种审定。

(2)转基因育种在马铃薯上的应用 马铃薯是最早获得转基因的作物之一,也是投入大田试验品种最多的转基因作物之一。中国马铃薯转基因育种起步相对较晚,主要是针对抗逆、抗病毒病和品质改良进行的,已取得了很大的进展。宋艳茹等(1996)成功从PVY中克隆出外壳基因蛋白及载体构建,并利用农杆菌介导法转入费乌瑞它、虎头和克新4号中,成功获得表现较好的田间植株。贾士荣等(1998)通过农杆菌介导法将抗菌肽Cecropin B、Shiva A的单价基因Cecropin B、Shiva A及Cecropin B/Shiva A双价基因导入中国7个马铃薯主栽品种(系)中,获得了1050个转基因株系,并证明了目的基因在转化植株中的整合与表达,最终筛选得到了3个比起始品种抗病性提高1~3级、达到中抗的株系。另外,在转抗马铃薯纺锤体类病毒病、抗晚疫病、外源 DNA 导入也都取得了较好的进展，获得了相应的变异材料。利用转基因的方法成功育成"呼基因薯 1 号"、"呼基因薯 2 号"和"甘农薯 1 号"。

2. 染色体工程育种

(1)染色体工程育种方法及原理　染色体工程这一概念是最早由崔国惠等(1966)在番茄相关研究中提出的。植物染色体工程育种是指通过人工诱导致染色体变异进行植物改良的技术，在马铃薯育种上又叫倍性操作，在概念提出前已经有相关研究。马铃薯染色体工程育种一般操作流程为：①将四倍体的品种降为二倍体；②在二倍体水平上进行选育、杂交和选择；③然后再经过染色体加倍，使杂种恢复到四倍体水平；④田间试验鉴定，申请品种审定。

(2)染色体工程育种在马铃薯上的应用　如今，中国马铃薯染色体工程育种已在诱导双单倍体和一倍单倍体、染色体加倍及 2n 配子利用等方面获得了成功，已成功得到一些"双单倍体-野生种"四倍体杂株，这些杂株已在育种中应用，并且成功培育出"甘农 5""甘农 6""甘农 8"等优良品系，选育出新品种"甘农薯 2 号"。

3. 细胞工程育种

(1)细胞工程育种方法及原理　细胞工程育种主要是指利用花药组织培养、原生质体培养、体细胞融合与杂交等技术进行育种的方法，基本原理是细胞的全能性。作物细胞融合的具体方法：去细胞壁→细胞融合→组织培养。优点：能克服远缘杂交的不亲和性，有目的地培育优良品种。缺点：技术复杂，操作难度大。

(2)细胞工程育种在马铃薯上的应用　中国学者在马铃薯花药培养方面进行了广泛的研究，取得了一些重要的理论与实践成果。花药培养的最佳培养期为单核期的花药，最适合马铃薯花药培养的诱导培养基为 MS＋2 mg/L、NAA＋1 mg/L、2,4-D＋0.5 mg/L、K＋0.3％活性炭＋5％马铃薯块茎提取液。在诱导培养基中添加 1 mg/L 6-BA 和 0.5 mg/L IAA 有利于愈伤组织分化成苗，添加 50～100 μmol/L 的 $AgNO_3$ 可以显著促进四倍体花药和双单倍体花药的胚状体数量，同时也降低花药培养的褐化率。朱明凯等(1985)以早熟四倍体栽培种花药试验材料，进行诱导培养，胚状体诱导成苗比愈伤组织经再分化成苗率高。戴朝曦等(1993)首次报道以马铃薯的一个雄性不育双单倍体"甘花双 7 号"为试验材料，用花药培养方法获得一单倍体，最终获得 24 株一单倍体。冉毅东等(1996)以马铃薯为试验材料，在花药培养的前期对试验材料进行 3 个温度梯度的低温预处理，把诱导产生胚状体及再生植株频率分别提高到27.5％和 8.8％。梁彦涛等(2006)研究马铃薯花药培养影响因素时发现，马铃薯花药培养对基因型依赖性很大，褐化率受花药接种密度的影响也比较大。李霞等(2009)利用原始二倍体栽培种 *S. phureja-S. stenotomum* 杂种为材料，首次获得了二倍体马铃薯杂种的一倍单倍体。利用原生质体培养和体细胞融合与杂交技术均处在试验研究阶段，并且也已获得了相应的再生植株。

4. 定点诱变

(1)定点诱变方法和原理　定点诱变技术(site-directedmutagenesis)是近年来生物工程研究中发展迅速的一个领域，现已成为分子生物学研究的常用方法。定点诱变是在分子水平上进行操作，在体外特异性地取代、插入或缺失已知 DNA 序列中任何一个特定碱基的技术，可以根据实验者的设计而有目的地得到突变体。定点诱变的方法包括盒式取代诱变、寡核苷酸引物诱变以及 PCR 定点诱变等。盒式诱变又称为盒式取代诱变，是利用一段人工合成的含有突变序列的双链寡核苷酸片段去代替拟改良材料基因中的相应序列，从而达到定点突变的目的。该方法操作简单、突变效率接近 100％，但要求靶基因插入点两侧有合适的限制酶单一切点。寡核苷酸引物诱变是将化学合成的含有突变碱基的寡核苷酸片段作为引物,克隆到噬菌体载体中,转染大肠杆菌后获得带有突变 DNA 序列的突变体,再用突变的 DNA 片段置换未突变的 DNA 相应的区段,从而得到完整的 DNA 突变体。寡核苷酸引物诱变在对分布范围较广的多个核苷酸进行定点突变时,可以一次性对多个位点同时诱变。PCR 定点诱变是通过对通用引物和突变引物进行 PCR,在克隆基因中导入突变序列,以获得突变目的。PCR 定点诱变具有快速、简便、准确、成本低廉、突变体的回收率高等特点。

(2)定点诱变在马铃薯育种上的应用研究　随着基因组编辑技术在植物中的广泛开展和多领域的应用,在马铃薯多个研究方面也取得重要进展。如在低龙葵素、抗除草剂、抗低温糖化、淀粉和抗病毒侵染等方面。赵国超(2019)利用 CRISPR/Cas9 基因组编辑技术,以"大西洋"和"克新一号"为试验材料,通过土壤农杆菌转化株系,实现对靶基因的敲除,共获得 16 个龙葵素含量低、抗低温糖化或支链淀粉含量高的马铃薯新品系。叶明旺(2018)利用 CRISPR介导的基因编辑技术敲除了二倍体马铃薯自交不亲和基因,得到了二倍体马铃薯的自交群体。蒋继滨等(2019)研究建立了一套可以快速检测二倍体马铃薯基因编辑载体的转化体系,构建了 StCDF1-Cas9sp1 载体,并得到了一颗 StCDF1 基因缺失 5 bp 的突变体植株。另外,构建了As Cpf1 与 Lb Cpf1 这两种不同菌株的 Cpf1 蛋白介导的基因编辑系统,并且在 Cr RNA 表达上构建了 RIBO CSY4 TRNA DR 四种不同的表达模式还与 As 与 Lb 这两种不同菌种的Cpf1 蛋白相结合的八套方案的基因编辑载体模式。潘京(2017)利用 CRISPR 技术敲除两个SEB 基因,通过农杆菌遗传转化获得 44 个马铃薯转化株,其中 36 株显阳性,有 5 株在 SEB I靶位点上出现突变,1 株在 SEB II 靶位点上出现突变,共出现 10 种突变类型。郭志鸿等(2008)以 SEB I 和 SEB II 为靶标,应用 RNA 介导的基因沉默技术抑制其表达,获得了直链淀粉含量超过 80% 的高直链淀粉含量的马铃薯材料。陈明俊等(2018)利用基因编辑技术CRISPR/Cas9 分别对主要存在于马铃薯块茎中的多酚氧化酶基因 POT32 和 POT33 进行编辑,通过农杆菌遗传转化获得 54 个马铃薯转化株,成功构建靶点特异性 g RNA/Cas9 植物表达载体并遗传转化马铃薯,通过对突变体的研究发现马铃薯 PPO 基因编辑可致使 PPO 活力降低。

五、中国马铃薯品种演替

(一)中国马铃薯品种演替

新中国成立以来,根据中国马铃薯总产量、播种面积和单产变化,以及品种类型,中国马铃薯品种推广种植大致可以分为地方品种推广期、国外引进品种推广期、自育品种推广期、专用化品种推广期。

1. 地方品种推广期　地方品种也叫农家品种,是指在当地自然条件与生产条件下,由农民长期选择种植出来的体型外貌特征明显、生产性能稳定的品种,本节中的地方品种指 17 世纪至新中国成立前从外国引入中国的部分品种以及自己选育的品种成为适应当地条件的地方品种。20 世纪 50 年代初,百废待兴,中国马铃薯处于生产恢复期。据统计,全国马铃薯种植面积约 153 万 hm²,主要栽培品种是以"多子白""深眼窝""五台白""河坝洋芋""广灵里外黄"和"乌洋芋"等为主的地方品种。据调查,当时全国种植的地方品种有 567 个,品种繁杂,良莠不齐,缺乏优质马铃薯品种,致使马铃薯总产量低,稳产性差,品质不高。因此,国家开展了马铃薯育种协作,全国范围内搜集农家品种,并从苏联和东欧引进种质资源,筛选适合大面积推广的地方品种。20 世纪 30 和 40 年代引进筛选出"胜利""卡它丁""男爵"和"巫峡"等优异的品种逐渐替代一些地方品种成为 20 世纪 50 年代的主栽品种,其中"男爵"推广面积最大,遍及东北和华北地区,形成品种单一化情况,但也对当地马铃薯生产的发展起到了促进作用。

2. 引种品种推广期　20 世纪 60—70 年代,中国马铃薯处于缓慢发展期,外引品种逐渐替代地方农家品种。此时,全国马铃薯种植面积约 250 万 hm^2,产量约 2800 万 t,但是平均单产依旧不高。中国育种者以适应性强、优质、抗病和高产为育种目标育成了具有自主知识产权的马铃薯新品种,并从国外引进优质品种,逐渐替代了原本种植的农家品种,其中以引进品种为主,自育品种为辅。60 年代,在东北地区"白头翁""米拉""疫不加"和"疫畏它"被大面积推广;华北和中原地区"红纹白"和"白头翁"也替代了原本的主栽品种"男爵"和"大名红";"米拉"和"疫不加"在西南地区得到大面积推广,其中"米拉"至今依然是西南地区主要栽培品种,深受人们喜爱。70 年代,由中国自主育成的马铃薯新品种"虎头""跃进"和"晋薯 2 号"等品种也在一些地区被大面积推广,同上述外引品种一起成为当时主栽品种。

3. 自育品种推广期　20 世纪 80—90 年代,中国马铃薯生产处于快速发展期。据 2000 年统计,全国种植面积增加到约 400 万 hm^2,产量约 7000 万 t,平均单产得到一定增加。中国育种者开始针对抗病、高产、早熟、加工方面进行品种改良,其中加工专用品种仍然以国外引进为主。育成的"克新系列""高原系列""中薯系列""晋薯系列""郑薯系列"等系列品种中表现优异的逐步被推广种植,替代了原有品种,成为主栽品种。这段时间,晚熟品种"克新 1 号""坝薯 8 号"和"高原 7 号",早熟品种"东农 303""中薯 2 号""川芋早""郑薯 2 号""郑薯 4 号""郑薯 5 号""郑薯 6 号"和"坝薯 9 号",外引品种"费乌瑞它""台湾红皮""底西芮""中心 24",外引加工薯种"大西洋""夏波蒂""阿格瑞亚"和"斯诺登"逐渐成为主栽品种,被大面积推广应用,大大促进了马铃薯生产种植业的发展。

4. 专用化品种推广期　21 世纪以来,中国马铃薯处于全面发展期。据 2014 年统计,全国种植面积约 550 万 hm^2,总产约 9500 万 t,单产约 17 t/hm^2。高产、稳产、抗病、耐贮和优质依然是中国马铃薯最重要的育种目标,专用、品质好、薯形好、芽眼浅、早熟、高产、抗病、抗逆成为育种者的重要研究方向。这段时期,中国鲜食马铃薯以自主选育为主,加工品种仍然以国外的为主。由于马铃薯科研的全面发展,相关科研机构育种时间增加,不同的栽培区域形成有针对性的育种目标,马铃薯品种的更新换代逐渐以本区域育种单位的自育品种更新为主。北方一作区以中熟和晚熟品种选育为主,以青薯系列、郑薯系列、东农系列、克新系列等为主要栽培品种,东北地区尤其注重抗晚疫病和黑胫病,华北和西北地区注重耐旱、抗土传病害、晚疫病和病毒病;中原二季作区以早熟或块茎膨大快、对日照长度不敏感的品种选育为主,早熟、高产、休眠期短、抗病毒病和疮痂病是主要的育种目标,"中薯"早熟系列逐渐成为该地区的主要品种;对于西南一二季混作区的高海拔地区,主要是培育高抗晚疫病、癌肿病和粉痂病的中晚熟和晚熟品种,"鄂薯系列""云薯系列""黔芋系列"等成为主栽品种,而对于中低海拔地区,则为以抗晚疫病、病毒病的中熟和早熟品种选育为主,"中薯系列"和"华薯系列"成为主栽品种;在南方冬作区,品种选育聚焦日照长度反应不敏感、抗晚疫病和耐湿、耐寒和耐弱光的中、早熟品种,这一地区"闽薯系列""中薯系列",以及"费乌瑞它"成为主栽品种。近年来,随着品种专用化的进程,"黑美人""垦彩薯 1 号""紫玫瑰 2 号"等彩薯品种,"中薯 10 号""冀张薯 7 号"等炸片品种,"克新 12""克新 15"等淀粉加工品种,"中薯 16""冀张薯 4 号"炸条品种,被推广应用。

（二）中国马铃薯品种应用现状

1. **品种数量明显增多,单个品种面积下降** 近几年来,中国地区马铃薯种植面积趋于稳定,推广的品种数量逐年增加。目前种植面积在8000万亩以上,推广的主栽品种已由最初的几十个增加至100多个。品种种植面积也从最初的1个品种种植在几个主产区,到现在各主产区都以自己选育的系列品种为主,其他适应性好的品种共存的形式。2013年通过主栽品种种植面积调查,全国种植面积70万 hm^2 以上的品种为"克新1号";7万 hm^2 以上的品种16个,分别为"米粒""费乌瑞它""威芋3号""陇薯3号""会-2""鄂马铃薯5号""合作88""庄薯3号""青薯168""大西洋""鄂马铃薯3号""青薯9号""夏波蒂""中薯3号""陇薯6号"和"早大白";3.5万 hm^2 以上的品种有"冀张薯8号"等29个品种;0.35万 hm^2 以上的品种有75个。

2. **主栽品种以自育品种为主,外引品种为辅** 中国并非马铃薯原产地,而马铃薯育种工作起步又比较晚。因此,马铃薯主栽品种经历了全外引品种阶段,外引为主、自育品种为辅阶段,以及现在的以自育为主、外引品种为辅的阶段。2018年调查包括了23个省,80个县的107个马铃薯种植点,其中品种"费乌瑞它""兴佳2号""青薯9号"以及"冀张薯12号"种植区域最多,其余多为小区域性品种。并且,马铃薯主产区种植的品种主要是中国自育的品种,但外引品种"费乌瑞它""米拉""大西洋""夏坡蒂"等依旧占有很大的面积,其中加工薯更是以国外品种为主。

3. **品种丰富度增加,专用型品种逐渐兴起** 研究表明,一直以来,受传统饮食习惯的影响,中国的马铃薯消费以食用为主,约占马铃薯消费总量的60%～70%,大多地区以蔬菜食用,也有少数偏远地区用作主食,如中国西北和西南地区的一些贫困地区以马铃薯为主食。近年来,随着马铃薯产业的兴起,专用型品种的概念逐渐被大家认可,中国品种的丰富度越来越高。例如鲜食、淀粉加工、炸条加工、炸片加工、彩色专用等专用型品种逐渐得到大面积推广种植。

六、中国马铃薯品种名录

1. Katahdin(卡它丁) 20世纪30年代管家骥年从英国或美国引进。

2. Chippewa(七百万) 20世纪30年代管家骥年从英国或美国引进。

3. Houma(火玛) 20世纪40年代,T. P. Dyksira博士从美国引进。

4. RedWarba(红纹白) 20世纪40年代,T. P. Dyksira博士从美国引进。

5. 巫峡 20世纪40年代,杨鸿祖杂交育成,亲本:美国资源。

6. 多子白 20世纪40年代,杨鸿祖杂交育成,亲本:美国资源。

7. Kuannae(克疫) 20世纪50年代,中国农业科学院从捷克引入。

8. 苏联红 20世纪50年代四川省农业科学院从苏联引入。

9. Anemone(白头翁) 20世纪50年代东北农业科学研究所从民主德国引入东北。

10. Mira(米拉) 20世纪50年代东北农业科学研究所从民主德国引入。

11. Epoka(疫不加) 20世纪50年代东北农业科学研究所从波兰引入。

12. 克新1号 由黑龙江省农业科学院马铃薯研究所育成,1967年通过黑龙江省审定,1984年通过国审,亲本:374-128×Epoka

13. 克新3号 由黑龙江省克山马铃薯研究所育成,1968年通过黑龙江省审定,1986年通过国审,亲本:Mira×Katahdin。

14. 克新 4 号　由黑龙江省克山马铃薯研究所育成,1970 年通过黑龙江省审定,亲本:Anemone×Katahdin。

15. 晋薯 2 号(同薯 8 号)　由山西省雁北地区农业科学研究所/山西省农业科学院高寒区作物研究所育成,1973 年通过山西省审定,1991 年通过国审,亲本:Ebro×Industria。

16. 春薯 1 号　由吉林省蔬菜研究所育成,1977 年通过吉林省审定,亲本:RedWarba×Katahdin。

17. 坝薯 7 号　由河北省张家口地区坝上农业科学研究所育成,1977 年通过河北省审定,亲本:长薯 4 号天然实生种子。

18. 克新 6 号　由黑龙江省农业科学院马铃薯研究所育成,1978 年通过黑龙江省审定,亲本:S41956×96-56。

19. 沙杂 15　由河北省坝上农业科学研究所/陕西省榆林地区农业科学研究所育成,1979 年通过陕西省审定,亲本:Aranyalma×多子白。

20. 安农 5 号　由陕西省安康地区农业科学研究所育成,1979 年通过陕西省审定,亲本:哈交 25 号天然实生种子。

21. 宁薯 1 号　由宁夏固原地区农业科学研究所育成,1979 年通过宁夏回族自治区审定,亲本:甘 65-17-1×甘 65-15-7。

22. 晋薯 5 号　由山西省农业科学院高寒区作物研究所育成,1980 年通过山西省审定,1990 通过国审定,亲本:晋薯 2 号×Schwalbe。

23. 大西洋　1980 年由中国农业部种子局从美国引进,亲本:B5141-6(Lenape)×Wauseon

24. 东农 303　由东北农学院育成,1981 通过黑龙江省审定,1996 年通过国审,亲本:Anemone×Katahdin。

25. 高原 4 号　由青海省农林科学院育成,1981 年通过宁夏回族自治区审定,1990 年通过国审,亲本:多子白×Mira。

26. 费乌瑞它(Favorita)　1981 年由农业部中资局从荷兰引入,亲本:ZPC50-3535XZPC5-3。

27. 呼薯 1 号　由内蒙古自治区呼伦贝尔盟农业科学研究所育成,1984 年通过内蒙古自治区审定,亲本:克新 2 号×丰收白多子白。

28. 克新 8 号　由黑龙江省克山马铃薯研究所育成,1984 年通过黑龙江省审定,亲本:克新 4 号×克新 6 号。

29. 下寨 65　由青海省互助县农业科学研究所/红崖子乡下寨村农科队育成,1984 年同构青海省审定,亲本:高原 2 号×Star。

30. 高原 7 号　由青海省农林科学院育成,1984 年通过青海省审定,亲本:高原 4 号×高原 3 号。

31. 丰收白　由山东省农业科学院育成,1986 年通过山东省审定,亲本:未知。

32. 新芋 4 号　由湖北恩施中国南方马铃薯研究中心育成,1986 年通过湖北省审定,亲本:Aquila×Epoka。

33. 郑薯 2 号　由河南省郑州市蔬菜研究所育成,1986 年、1990 年通过山东省和河南省审定,亲本:Anemone×克新 2 号。

34. 东北白　由黑龙江省克山农业科学研究所育成,1987 年通过山西省审定,亲本:374-

128×Epoka。

35. 川芋 56 由四川省农业科学院作物研究所育成,1987 年通过四川省审定,亲本:36-150×Schwalbe。

36. 晋薯 7 号 由山西省农业科学院高寒区作物研究所育成,1987 年通过山西省审定,亲本:401-3-35×Schwalbe。

37. 鲁马铃薯 1 号 由山东省农业科学院蔬菜研究所育成,1987 年通过山东省审定,亲本:733×6302-2-28。

38. 宁薯 4 号 由宁夏西吉县良繁场育成,1988 年通过宁夏回族自治区审定,亲本:兰洋芋×Apta。

39. 夏坡蒂 由加拿大育成,河北省围场满族蒙古族自治县农业局 1987 年从美国引入,亲本:BakeKing×F58050。

40. 中心 24 由内蒙古自治区乌兰察布盟农业科学研究所引进,1988 年通过内蒙古自治区审定,引自 CIP。

41. 东农 304 由东北农学院育成,1990 年通过黑龙江省审定,亲本:s4-5-3-9-1-25-(5)×NS12-156-(1)。

42. 中薯 2 号 由中国农业科学院蔬菜花卉研究所育成,1990 年通过北京市审定,亲本:LT-2×DTO-33。

43. 坝薯 10 号 由河北省张家口地区坝上农科所育成,1990 年通过河北省审定,亲本:虎头×Schwalbe。

44. 安薯 56 由陕西省安康地区农业科学研究所育成,1990 通过陕西省审定,1994 年通过国审,亲本 175×克新 2 号。

45. 晋薯 8 号 由山西省农业科学院高寒区作物研究所育成,1990 年通过山西省审定,亲本:晋薯 2 号×NS78-7。

46. 坝薯 9 号 由河北省张家口地区坝上农科所育成,1990 年通过国审,亲本:多子白×Epoka。

47. 春薯 3 号 由吉林省蔬菜花卉研究所育种,1990 年通过吉林省审定,1997 年通过国审,亲本:SdemissumA6×克新 3 号

48. 克新 11 由黑龙江省农业科学院马铃薯研究所育成,1990 年通过黑龙江省审定,亲本:CIP378176×Epoka。

49. 川芋早 由四川省农业科学院作物研究所育成,1991 通过四川省审定,1998 年通过国审,亲本:7032-2×Schwalbe。

50. 晋薯 9 号 由山西省五寨试验站育成,1991 年通过山西省审定,亲本:胜利 2 号×Schwalbe。

51. 早大白 由辽宁省本溪市马铃薯研究所育成,1992 通过辽宁省审定,2004 年通过国审,亲本:五里白×74-128。

52. 克新 12 由黑龙江省农科院马铃薯所育成,1992 年通过黑龙江省审定,亲本:DORITA 自交果。

53. 青薯 168 由青海省农林科学院作物研究所育成,1993 通过宁夏回族自治区审定,1995 年通过国审,亲本:辐深 6-3×Desiree。

54. 鲁马铃薯 3 号 由山东省农业科学院蔬菜研究所育成,1993 年通过山东省审定,亲

本：BL61-74-167×And77-1347-280。

55. 超白　由辽宁省大连市农业科学研究所育成，1993 年通过辽宁省审定，亲本：374-128×克新 3 号。

56. 郑薯 5 号（豫马铃薯 1 号）　由河南省郑州市蔬菜研究所育成，1993 年通过河南省审定，亲本：高原 7 号×76293。

57. 武薯 8 号　由甘肃省陇南农业科学研究所育成，1994 年通过甘肃省审定，亲本：武薯 4 号×爱得嘉。

58. 宁薯 5 号　由宁夏固原地区农业科学研究所育成，1994 年通过宁夏回族自治区审定，亲本：甘 76-2-15 自交果。

59. 内薯 7 号　由内蒙古呼伦贝尔盟农业科学研究所育成，1994 年通过内蒙古自治区审定，亲本：呼单 80-298×呼 8206。

60. 中薯 3 号　由中国农业科学院蔬菜花卉研究所育成，1994 年通过北京市审定，2004 年通过国审，亲本：京丰 1 号×BF66A。

61. 陇薯 3 号　由甘肃省农业科学院育成，1995 年通过甘肃省审定，亲本：35-131×73-21-1

62. 春薯 4 号　由吉林省农科院蔬菜花卉所育成，1995 年通过吉林省审定，1997 年通过国审，亲本：文胜 4 号×克新 2 号。

63. 尤金　由辽宁省本溪市马铃薯所育成，1996 年通过辽宁省审定，亲本：NS80-31×8023-10。

64. 鄂马铃薯 1 号　由湖北省恩施中国南方马铃薯研究中心育成，1996 年通过湖北省审定，亲本 674-5×CFK-69.1。

65. 蒙薯 9 号　由内蒙古呼伦贝尔盟农业科学研究所育成，1997 年通过内蒙古自治区审定，亲本：543×呼单 81-149。

66. 川芋 4 号　由四川省农业科学院作物研究所育成，1997 年通过四川省审定，亲本：Clandia×7xy.1。

67. 中薯 4 号　由中国农业科学院蔬菜花卉研究所育成，1998 年通过北京市审定，2004 年通过国审，亲本：东农 3012×85T-13-8。

68. 宁薯 8 号　由宁夏西吉县种子公司育成，1998 年通过宁夏回族自治区审定，亲本：未知。

69. 克新 13　由黑龙江省农业科学院马铃薯研究所育成，1999 年通过黑龙江省审定，亲本：Mira 自交果。

70. 黄麻子　由黑龙江省望奎县东郊乡正白前二村选出，1999 年通过黑龙江省审定，亲本：未知。

71. 合作 88　由云南师范大学薯类作物研究所/云南会泽县农技中心育成，2001 年通过云南省审定，亲本：I-1085×BLK2。

72. 中薯 5 号　由中国农业科学院蔬菜花卉研究所育成，2001 年通过北京市审定，2012 年通过国审，亲本：中薯 3 号天然实生种子。

73. 中薯 6 号　由中国农业科学院蔬菜花卉研究所育成，2001 年通过北京市审定，亲本：85T-13-8×NS7-12-1。

74. 丽薯 1 号　由云南丽江市农业科学研究所育成，2001 年通过云南省审定，2006 年通过国审,亲本:Kuannae 天然实生种子。

75. 渝马铃薯 1 号　由重庆三峡农业科学研究所育成,2001 年通过重庆市审定,亲本:8911-3×狄西瑞。

76. 晋薯 11 号　由山西省农业科学院高寒区作物研究所育成,2001 通过山西省审定,亲本:H319—1×NT/TBULK。

77. 凉薯 17　由四川省凉山州西昌农业科学研究所高山作物研究站育成,2001 年通过四川省审定,亲本:105-16×Schwalbe。

78. 会-2(滇马铃薯 6 号)　由会泽县农业技术推广中心育成,2001 年通过云南省审定,亲本:印西克×渭会 2 号。

79. 威芋 3 号　由贵州省威宁县农科所育成,2002 年通过贵州省审定,亲本:Kuannae 天然实生种子。

80. 宁薯 9 号　由宁夏回族自治区西吉县马铃薯生产研究所育成,2002 年通过宁夏回族自治区审定,亲本:未知。

81. 克新 15 号　由黑龙江省农业科学院马铃薯研究所育成,2003 年通过黑龙江省审定,亲本:Belmont×呼 8342-36。

82. 晋薯 12 号　由山西省农业科学院五寨试验站育成,2003 年通过山西省审定,亲本:75-30-7×Schwalbe。

83. 宁薯 11 号　由宁夏固原市农业科学研究所育成,2003 年通过宁夏回族自治区审定,亲本:陇薯 3 号自交果。

84. 青薯 2 号　由青海省农林科学院作物所育成,2003 年通过青海省审定,亲本:高原 4 号×magura。

85. 克新 18 号(紫花 851)　由黑龙江省农科院马铃薯研究所育成,2004 年通过福建省审定,亲本:Epoka×374-128。

86. 云薯 101　由云南省农业科学院经济作物研究所/呼伦贝尔市农业科学研究所育成,2004 年通过云南省审定,2008 年通过国审,亲本:S95-105×内薯 7 号。

87. 同薯 23　由山西省农业科学院高寒区作物研究所育成,2004 年通过山西省审定,亲本 8029-[S2-26-13-(3)]/NS78-4×Favorita。

88. 晋薯 14 号　由山西省农业科学院高寒区作物研究所育成,2004 年通过山西省审定,亲本 9201-59×(6401-3-35 schwalbe)。

89. 同薯 24 号　由山西省农业科学院高寒区作物研究所育成,2004 年通过山西省审定,亲本:8029-NS78-4×荷兰 7 号。

90. 同薯 20 号　由山西省农业科学院高寒区作物研究所育成,2005 年通过山西省审定,亲本:Ⅱ-14×NS78-7。

91. 鄂马铃薯 5 号　由湖北省恩施中国南方马铃薯研究中心育成,2005 年通过湖北省审定,2008 年通过国审,亲本:393143.12×NS51-5。

92. 台湾红皮　由青海省种子管理站/青海省互助县农业技术推广中心引种,2005 年通过青海省审定。

93. 陇薯 6 号　由甘肃省农业科学院作物研究所育成,2005 年通过宁夏回族自治区审定,亲本:武薯 85-6-14×陇薯 4 号。

94. 延薯 3 号　由吉林省延边农业科学研究院引进,2005 年通过审定,亲本:未知。

95. 青薯 5 号 由青海省农林科学院作物研究所育成,2005 年通过青海省审定,亲本:93-5-1×92-32-42。

96. 青薯 6 号 由青海省农林科学院育成,2005 年通过青海省审定,2009 年通过国审,亲本:固 33-1×92-9-44。

97. 天薯 12 号 由天水市农业科学研究所育成,2005 年通过甘肃省审定,亲本:1-26-116×85-6-14。

98. 新大坪 由新疆奇台试验场选育,2005 年通过新疆审定,亲本:未知。

99. 克新 17 号 由黑龙江省农业科学院马铃薯研究所育成,2005 年通过黑龙江省审定,亲本:F81109×B5141-6。

100. 庄薯 3 号 由甘肃省庄浪县农业科技推广中心育成,2005 年通过甘肃省审定,亲本:87-46-1×85-5-1。

101. 威芋 4 号 由贵州省威宁县农科所育成,2006 年通过贵州省审定,亲本:Kuannae 天然实生种子。

102. 克新 19 号 由黑龙江省农业科学院马铃薯研究所育成,2006 年通过黑龙江省审定,2007 年通过国审,亲本:克新 2 号×KSP92-1。

103. 青薯 10 号 由青海省农林科学院作物研究所育成,2006 年通过青海省审定,亲本:387521.3×APHRODITE。

104. 冀张薯 8 号 由河北省高寒作物研究所育成,2006 年通过国审,亲本:720087×X4.4。

105. 滇薯 6 号 由云南农业大学育成,2006 年通过云南省审定,亲本:未知。

106. 中薯 10 号 由中国农业科学院蔬菜花卉研究所/加拿大农业部马铃薯研究中心育成,2006 年通过国审,亲本:F79055×ND860-2。

107. 黔芋一号 由贵州省生物技术研究所/贵州省马铃薯研究所育成,2006 年通过贵州省审定,亲本:S95-105×内薯 7 号。

108. 青薯 9 号。由青海省农林科学院生物技术研究所育成,2006 年通过青海省审定,亲本:3875213×APHRODITE。

109. 晋薯 15 号 由山西省农业科学院高寒区作物研究所育成,2006 年通过山西省审定,亲本:9341-14×9424-2。

110. 凉薯 8 号 由四川省凉山州西昌农业科学研究所高山作物研究站育成,2006 年通过四川省审定,亲本:凉薯 97×A17。

111. 中薯 7 号 由中国农业科学院蔬菜花卉研究所育成,2006 年通过国审,亲本:中薯 2 号×冀张薯 4 号。

112. 川芋 10 号 由四川省农业科学院作物研究所育成,2006 年通过四川省品种审定,亲本:44-4×凉薯 3 号。

113. 克新 20 由黑龙江省农业科学院马铃薯研究所育成,2007 年通过黑龙江省审定,亲本:Fortuna×克新 2 号。

114. 云薯 301 由云南省农业科学院经济作物研究所育成,2007 年通过云南省审定,亲本:93-92×C89-94。

115. 晋薯 16 号(同薯 19) 由山西省农业科学院高寒区作物研究所育成,2007 年通过山西省审定,亲本:NL94014×9333-11。

116. 晋薯 17 号　由山西省农业科学院高寒区作物研究所育成,2007 年通过山西省审定,亲本:晋薯 7 号×(7xy.1×R22-3-13)。

117. 宁薯 13 号　由西吉县马铃薯产业服务中心育成,2008 年通过宁夏回族自治区审定,亲本:高原 7 号作×宁薯 8 号。

118. 丽薯 6 号　由云南省丽江市农科所育成,2008 年通过云南省审定,亲本:A10-39×NS40-37。

119. 丽薯 7 号　由云南省丽江市农科所育成,2008 年通过云南省审定,亲本:肯德×AL-AMO。

120. 川凉薯 1 号　由四川省凉山州西昌农业科学研究所高山作物研究站育成,2008 年通过四川省审定,亲本:Serrana×Apta。

121. 云薯 505　由云南省农业科学院经济作物研究所/文山州农业科学研究所育成,2008 年通过云南省审定,亲本:Serrana×YAKHANT。

122. 毕薯 2 号　由贵州省毕节地区农业科学研究所育成,2008 年通过贵州省审定,亲本:合作 88×Mira。

123. 闽薯 1 号　由福建省龙岩市农业科学研究所/福建省农业科学院作物研究所育成,2008 年通过福建省审定,亲本:Favorita×Atlantic。

124. 威芋 5 号　由贵州省威宁县农业科学研究所/贵州省马铃薯研究所育成,2008 年通过贵州省审定,亲本:威芋 1 号×威芋 3 号。

125. 鄂马铃薯 6 号　由湖北省恩施中国南方马铃薯研究中心育成,2008 年通过国审,亲本:I-10×NS51-5。

126. 鄂马铃薯 7 号　由湖北省恩施中国南方马铃薯研究中心育成,2009 年通过湖北省审定,亲本:AJU-69.1×393140-4。

127. 鄂马铃薯 8 号　由湖北省恩施中国南方马铃薯研究中心育成,2009 年通过湖北省审定,亲本:393143.12×NS51-5。

128. 毕薯 3 号　由毕节地区农业科学研究所育成,2009 年通过贵州省审定,亲本:未知。

129. 中薯 15 号　由中国农业科学院蔬菜花卉研究所育成,2009 年通过国审,Shepody×中薯 3 号。

130. 底西芮　由内蒙古马铃薯脱毒种薯繁育中心/内蒙古正丰马铃薯种业股份有限公司引种,2009 年通过内蒙古自治区审定,亲本:未知(注:底西芮最早由农业部引入中国)。

131. 定薯 1 号　由甘肃省定西市旱作农业科研推广中心/甘肃农业大学育成,2009 年通过甘肃省审定,亲本:甘 3Y4×Ranger。

132. 陇 7 号　由甘肃省农业科学院马铃薯研究所育成,2009 年通过甘肃省审定,亲本:庄薯 3 号×菲多利。

133. 川凉薯 2 号　2009 年由四川省凉山州西昌农业科学研究所高山作物研究站选育,亲本:川芋 8 号×Apta126。

134. 川凉薯 5 号　由凉山州西昌农业科学研究所高山作物研究站育成,2010 年通过四川省品种审定,亲本:36-5×Schwalbe。

135. 毕薯 4 号　由贵州省毕节地区农业科学研究所育成,2010 年通过贵州省审定,亲本:春薯 3 号×昆引 1 号。

136. 中薯 17 号　由中国农业科学院蔬菜花卉研究所育成,2010 年通过国审,亲本:881-

19×中薯 6 号

137. 毕威薯 1 号　由贵州省毕节地区农业科学研究所/贵州省威宁农业科学研究所育成,2010 年通过贵州省审定,亲本:六引 519×昭绿 88。

138. 陇薯 8 号　由甘肃省农业科学院马铃薯研究所育成,2010 年通过甘肃省审定,亲本:Atlantic×L9705-9。

139. 陇薯 9 号　由甘肃省农业科学院马铃薯研究所育成,2010 年通过甘肃省审定,亲本:93-10-237×大同 G-13-1。

140. 福克 76　由福建省农业科学院作物研究所/龙岩市农业科学研究所育成,2010 年通过福建省审定,亲本:坝薯 9 号×Katahdin。

141. 云薯 103　由云南省农科院经济作物研究所育成,2010 年通过云南省审定,亲本:合作 23×昆引 6 号。

142. 天薯 10 号　由甘肃省天水市农业科学研究所育成,2010 年通过甘肃省审定,亲本:庄薯 3 号×郑薯 1 号。

143. 延薯 6 号,由吉林省延边农业科学研究院育成,2010 年通过吉林省审定,亲本:延薯 4 号×早大白。

144. 延薯 7 号　由吉林省延边农业科学研究院育成,2010 年通过吉林省审定,亲本:延薯 4 号×早大白。

145. 川芋 117　由四川省农业科学院作物研究所育成,2010 年通过四川省审定,亲本:65-ZA-5×DTO-28。

146. 中薯 18 号　由中国农业科学院蔬菜花卉研究所育成,2011 年通过内蒙古自治区审定,亲本:C91.628×C93.154。

147. 中薯 19 号　由中国农业科学院蔬菜花卉研究所育成,2011 年通过内蒙古自治区审定,亲本:92.187×C93.154。

148. 冀张薯 12,由河北省高寒作物研究所育成,2011 年通过河北省审定,亲本:Atlantic×99-6-36。

149. 德薯 2 号　由云南省德宏州农业科学研究所/云南省农业科学院经济作物研究所育成,2011 年通过云南省审定,亲本:会-2×PB06。

150. 克新 23　由黑龙江省农业科学院克山分院育成,2011 年通过黑龙江省审定,亲本:克新 4 号×Aula。

151. 延薯 8 号　由吉林省延边农业科学研究院育成,2011 年通过吉林省审定,亲本:延薯 4 号×早大白。

152. 鄂马铃薯 9 号　由湖北省恩施中国南方马铃薯研究中心育成,2011 年通过湖北省审定,亲本:NS51-5×鄂马铃薯 3 号。

153. 天薯 11 号　由甘肃省天水市农业科学研究所育成,2012 年通过甘肃省审定,亲本:天薯 7 号×庄薯 3 号。

154. 陇薯 10 号　由甘肃省农业科学院马铃薯研究所育成,2012 年通过甘肃省审定,亲本:固薯 83-33-1×119-8。

155. 达薯 1 号　由达州市农业科学研究所育成,2012 年通过四川省品种审定,亲本:秦芋 30 号×89-2。

156. 农天 1 号　由甘肃农业大学/天水市农业科学研究所育成,2012 年通过甘肃省审定,亲本:99-5-4×庄薯3号。

157. 宣薯2号　由贵州省马铃薯研究所/宣威市农业技术推广中心育成,2012年通过贵州省审定,亲本:ECSort×CFK69.1。

158. 宣薯5号　由云南省宣威市马铃薯种薯研发中心/云南省农业科学院经济作物研究所育成,2012年通过云南省审定,亲本:Vytok×387136.14。

159. 云薯401　由云南省农业科学院经济作物研究所/昭通市农业科学技术推广研究所/会泽县农业技术推广中心育成,2012年通过云南省审定,亲本:cip3258×白花大西洋。

160. 鄂马铃薯10号　由湖北省恩施中国南方马铃薯研究中心/湖北清江种业有限责任公司育成,2012年通过湖北省审定,亲本:文胜11×dorita5186。

161. 华恩1号　由华中农业大学/湖北恩施中国南方马铃薯研究中心育成,2012年通过湖北省审定,亲本:393075.54×391679.12。

162. 川芋彩1号　由四川省农业科学院作物研究所育成,2013年通过四川省品种审定,亲本:C92.140×C93.154。

163. 云薯202　由云南省农业科学院经济作物研究所育成,2013年通过云南省审定,亲本:Garant×合作003。

164. 丽薯10号　由丽江市农业科学研究所育成,2014年通过云南省审定,亲本:Serrana-inta×PB08。

165. 蓉紫芋5号　由成都市农林科学院作物研究所选育,2014年通过四川省审定,亲本:黑土豆×乌洋芋。

166. 农天2号　由甘肃农业大学/天水市农业科学研究所育成,2014年通过甘肃省审定,亲本:99-5-4×天薯7号。

167. 东农310　由东北农业大学育成,2015年通过国审,亲本:尼古林斯基×混合花粉。

168. 兴佳2号　由黑龙江省大兴安岭地区农业林业科学研究院育成,2015年通过黑龙江省审定,亲本:gloria×21-36-27-31。

169. 中薯20号　由中国农业科学院蔬菜花卉研究所育成,2015年通过国审,亲本:R93.050×92.187。

170. 鄂马铃薯13　由湖北省恩施中国南方马铃薯研究中心育成,2015年通过湖北省审定,亲本:秦芋30号×59-5-86。

171. 克新25　由黑龙江省农业科学院克山分院育成,2015年通过黑龙江省审定,亲本:克新4号×Aula。

172. 鄂马铃薯14　由湖北省恩施中国南方马铃薯研究中心育成,2015年通过湖北省审定,亲本:T962-25×Ⅸ-38-6。

173. 云薯304　由云南省农科院经济作物研究所/德宏州农科所育成,2016年通过云南省审定,亲本:yakhant×387136.14.。

174. 鄂马铃薯15　由湖北省恩施中国南方马铃薯研究中心育成,2016年通过湖北省审定,亲本:T962-25×Ⅸ-38-6。

注:本目录所录品种主要为目前国内种植面积较大的马铃薯品种,另外还有一部分在过去某一段时间起到过重要作用的品种。

参考文献

包丽仙,李山云,杨琼芬,等,2012.引进彩色马铃薯资源的农艺性状及块茎性状评价[J].西南农业学报,25(4):1187-1192.

蔡兴奎,谢从华,2016.中国马铃薯发展历史、育种现状及发展建议[J].长江蔬菜(12):30-33.

陈焕丽,张晓静,吴焕章,等,2019.河南省马铃薯生产现状及优势品种推荐[J].长江蔬菜(9):17-21.

陈明俊,2018.应用基因编辑技术抑制马铃薯多酚氧化酶的研究[D].贵阳:贵州大学.

陈珏,秦玉芝,熊兴耀,2010.马铃薯种质资源的研究与利用[J].农产品加工(学刊),(8):70-73.

陈占飞,常勇,任亚梅,等,2018.陕西马铃薯[M].北京:中国农业科学技术出版社.

崔国惠,吴晓华,1998.植物染色体工程在小麦品种改良上的研究进展[J].北方农业学报(5):34-37.

邓宽平,丁海兵,罗治霞,等,2008.^{60}Co-γ 射线辐照育种马铃薯新品系鉴定试验[J].农技服务,25(010):25-25.

丁晓蕾,2005.马铃薯在中国传播的技术及社会经济分析[J].中国农史,24(3):12-20.

戴朝曦,于品华,冉毅东,等,1993.用花药培养法由马铃薯雄性不育双单倍体诱导—单倍体植株的研究[J].遗传学报(2):141-146.

董颖苹,连勇,何庆才,2006.马铃薯四倍体栽培种茎段组织的 EMS 诱变研究[J].中国马铃薯(03):145-149.

杜魏甫,2013.云南省马铃薯疮痂病菌鉴定及品种资源抗性评价[D].昆明:云南农业大学.

段绍光,金黎平,李广存,等,2017.马铃薯品种遗传多样性分析[J].作物学报,43(5):718-729.

高永刚,那济海,顾红,等,2007.黑龙江省马铃薯气候生产力特征及区划[J].中国农业气象,28(3):275-280.

谷茂,马慧英,薛世明,1999.中国马铃薯栽培史略[J].西北农业大学学报,27(1):77-81.

谷茂,丰秀珍,2000.马铃薯栽培种的起源与进化[J].西北农业学报,9(1):114-117.

郭志鸿,张金文,王蒂,等,2008.用 RNA 干扰技术创造高直链淀粉马铃薯材料[J].中国农业科学,41(2):494-501

黑龙江省农业科学院马铃薯研究所,1983.全国马铃薯品种资源编目[M].哈尔滨:黑龙江科学技术出版社.

贾士荣,屈铭,冯兰香,等,1998.转抗菌肽基因提高马铃薯对青枯病的抗性[J].中国农业科学,31(3):5-12.

蒋继滨,高冬丽,朱曦鉴,等,2019.二倍体马铃薯基因编辑载体快速验证体系的建立[J].种子,38(10):29-33.

金红,岳东霞,周良炎,等,2001.利用类甜蛋白基因诱导表达提高马铃薯对晚疫病的抗性研究[J],华北农学报,16(1):67-72.

金黎平,屈冬玉,谢开云,等,2003.我国马铃薯种质资源和育种技术研究进展[J].种子(5):98-100.

康哲秀,2016.吉林省马铃薯产业发展现状及前景分析[J].中国马铃薯,30(6):376-379.

李建武,文国宏,李高峰,等,2017.甘肃省主栽马铃薯品种的 SSR 遗传多样性分析[J].分子植物育种,14(5):365-376.

李勤志,冯中朝,2009.我国马铃薯生产的区域优势分析及对策建议[J].安徽农业科学,37(9):4301-4302,4341.

李青,秦玉芝,胡新喜,等.2018.马铃薯耐盐性离体鉴定方法的建立及 52 份种质资源耐盐性评价[J].2018,19(4):587-597.

李霞,白雅梅,李文霞,等,2009.温度预处理对二倍体马铃薯花药培养诱导愈伤的影响[J].中国马铃薯,23(2):65-67.

梁彦涛,邸宏,卢翠华,等,2006.马铃薯花药培养影响因素的研究[J].东北农业大学学报,37(5):604-609.

林献,尹伊君,2018.河南省马铃薯产业发展的现状与对策研究[J].粮食科技与经济,43(11):25-29,36.

刘峰,张宇航,程宝忠,2007.吉林省马铃薯生产现状及发展对策[J].中国马铃薯,21(6):377-378.

刘磊,2019.秋水仙素对马铃薯多倍体诱导的初步研究[J].农业科技通讯,567(03):115-118.

刘文林,张举梅,盛万民,等,2016.52份俄罗斯引进马铃薯种质资源的遗传多样性与分子身份证构建[J].分子植物育种(1):251-258.

娄树宝,田国奎,王海艳,等,2017.国外引进马铃薯资源对早疫病的田间抗性评价[C]// 马铃薯产业与精准扶贫.

苗百岭,侯琼,梁存柱,2015.基于GIS的阴山旱作区马铃薯种植农业气候区划[J].应用生态学报,26(1):278-282.

潘京,2017.应用CRISPR/Cas9基因编辑技术获得高直链淀粉马铃薯[D].呼和浩特:内蒙古大学.

彭慧元,赵旭剑,雷遵国,等,2014.从国际马铃薯中心引进马铃薯种质资源的适应性筛选[J].种子,33(10):59-63.

冉毅东,王蒂,1996.提高马铃薯双单倍体花药培养产生胚状体及再生植株频率的研究[J].马铃薯杂志,10(2):74-74.

桑月秋,杨琼芬,刘彦和,等,2014.云南省马铃薯种植区域分布和周年生产[J].西南农业学报,27(3):1003-1008.

宋艳茹,彭学贤,1996.转PVY外壳蛋白基因马铃薯及其田间实验[J].植物学报,38(9):711-718.

唐红艳,牛宝亮,张福,2010.基于GIS技术的马铃薯种植区划[J].干旱地区农业研究(4):158-162.

滕宗璠,张畅,王永智,1989.我国马铃薯适宜种植地区的分析[J].中国农业科学,22(2):35-44.

田恒林,谢从华,1997.高抗晚疫病新品种鄂马铃薯1号选育与栽培[J].中国马铃薯(2):127-128.

王栋,李文峰,齐伟恒,2017.基于GIS的云南省马铃薯种植气候适宜性区划[J].江苏农业科学,45(15):185-189.

王芳,王舰,周云,等,2005.马铃薯资源适应性评价[J].青海科技(1):25-27.

王凤义,2004.发展马铃薯大有可为[J].农民科技培训(5):6-7.

王海艳,王立春,李凤云,等,2018.马铃薯抗褐变种质资源的鉴定与筛选[J].植物遗传资源学报,19(2):263-270.

王清,1996.利用秋水仙素结合组织培养对马铃薯双单倍体染色体加倍的研究[C]// 中国马铃薯学术研讨文集(1996).

吴焕章,陈焕丽,张晓静,2018.2017年河南省马铃薯产业发展现状、存在问题及建议.马铃薯产业与脱贫攻坚论文集[M].哈尔滨:哈尔滨地图出版社,73-76.

吴立萍,吕典秋,姜丽丽,等,2017.俄罗斯马铃薯种质资源遗传多样性的SSR分析[J].分子植物育种,15(10):4047-4053.

吴永贵,杨昌达,熊继文,等,2008.贵州马铃薯种植区划[J].贵州农业科学,36(3):18-25.

吴正强,岳云,赵小文,等,2008.甘肃省马铃薯产业发展研究[J].中国农业资源与区划,29(6):67-72.

谢从华,蔡兴奎,柳俊,等,2008.湖北省马铃薯产业现状与发展策略.马铃薯产业——更快、更高、更强论文集[M].哈尔滨:哈尔滨工程大学出版社,48-51.

谢开云,Tay D,王凤义,等,2009.国际马铃薯中心(CIP)马铃薯种质资源及其在中国的利用[C]// 马铃薯产业与粮食安全.

谢忠奎,王亚军,颉红梅,等,2008.马铃薯重离子辐射育种研究[J].原子核物理评论,25(2):187-190.

辛翠花,李颖,刘庆昌,等,2008.马铃薯抗晚疫病转基因材料的获得及活性氧清除酶系与抗病过程关系分析[J],中国农业科学,41(12):4023-4029.

徐建飞,刘杰,卞春松,等,2011.马铃薯资源抗旱性鉴定和筛选[J].中国马铃薯,25(1):1-6.

杨昌达,陈德寿,杨力,等,2008.关于贵州马铃薯种植区划和品种布局的几个问题[J].耕作与栽培,(3):48-50.

杨乾,2011.马铃薯耐盐突变体的EMS诱变和筛选[D].兰州:甘肃农业大学.

杨希才,刘国胜,王文慧,等,2001.转无毒基因马铃薯抗晚疫病研究[J],河北农业大学学报,24(2):69-73.

叶明旺,2018.二倍体马铃薯遗传转化体系的建立及S-RNase基因编辑的研究[D].昆明:云南师范大学.

叶玉珍,2017.不同马铃薯种质资源的遗传多样性分析[J].南方农业学报,48(11):1930-1936.

余斌,杨宏羽,王丽,等,2018.引进马铃薯种质资源在干旱半干旱区的表型性状遗传多样性分析及综合评价[J].作物学报(1):63-74.

喻艳,2013.马铃薯与茄子原生质体融合创制新资源研究[D].武汉:华中农业大学.

岳东霞,金红,周良炎,2000.外源类甜蛋白基因在马铃薯中的表达[J].华北农学报,15(1):12-16.

翟乾祥,1987.我国引种马铃薯简史[J].农业考古(2):270-273.

翟乾祥,2004.16—19世纪马铃薯在中国的传播[J].中国科技史料,25(1):49-53.

张桂芝,刘淑娜,于高波,等,2018.Effect of Space Mutagenesis on Seed and Seedling Traits of Purple Potato[J].中国林副特产(1):25-28.

张洪亮,许庆芬,张荣华,等,2017.EMS诱变马铃薯脱毒试管苗适宜剂量与效应的研究[J].现代化农业(3):36-38.

张丽莉,宿飞飞,陈伊里,等,2007.我国马铃薯种质资源研究现状与育种方法[J].中国马铃薯,21(4):223-225.

张希近,2000.河北省马铃薯产业种植区划[J].中国马铃薯,14(1):48-50.

张艳萍,王舰,2008.国际马铃薯中心马铃薯资源引进,评价及利用[J].中国种业(7):45-46.

张艳萍,蒲秀琴,2018.秋水仙素诱导马铃薯野生种 S. acaule 多倍体的初步研究[J].中国种业,279(06):72-74.

赵国超,2019.利用CRISPR/Cas9技术选育马铃薯低龙葵素,抗低温糖化和支链淀粉高的新品系[D].呼和浩特:内蒙古大学.

赵媛媛,石瑛,张丽莉,2018.马铃薯抗旱种质的评价[J].分子植物育种,16(2):633-642.

钟鑫,蒋和平,张忠明,2016.我国马铃薯主产区比较优势及发展趋势研究[J].中国农业科技导报,(2):1-8.

朱明凯,程天庆,高湘玲,等,1985.早熟马铃薯四倍体栽培种花药诱导成株[J].园艺学报(3):177-180,218.

朱雅玲,李继承,刘明月,2009.湖南省马铃薯生产区域布局探析[M]//马铃薯产业与粮食安全论文集.哈尔滨:哈尔滨工程大学出版社,377-382.

Adiwilaga K D,Brown C R,1991.Use of 2n pollen-producing triploid hybrids to introduce tetraploid Mexican wild species germ plasm to cultivated tetraploid potato gene pool[J].Tag. theoretical & Applied Genetics. theoretische Und Angewandte Genetik,81(5):645-652.

Iovene M,Aversano R,Savarese S,2012.Interspecific somatic hybrids between *Solanum bulbocastanum* and *S. tuberosum* and their haploidization for potato breeding[J].Biologia Plantarum,56(1):1-8.

Szczerbakowa A,Tarwacka J,Oskiera M,2010.Somatic hybridization between the diploids of S. [J].Acta Physiologiae Plantarum,32(5):867-873.

Tarwacka J,Polkowska-Kowalczyk L,Kolano B,2013.Interspecific somatic hybrids *Solanum villosum* (+)*S. tuberosum*,resistant to Phytophthora infestans[J].Journal of Plant Physiology,170(17):1541-1548.

Zimnoch-Guzowska E,Lebecka R,Kryszczuk A,2003.Resistance to Phytophthora infestansin somatic hybrids of *Solanum nigrum* L. and diploid potato[J].Theoretical and Applied Genetics,107(1):43-48.

第二章 马铃薯种植的生物学基础

第一节 生育进程

一、生育期

在田间生产中,通常将马铃薯生育期定义为从出苗期(75％的植株出苗)至成熟期(75％的植株枯黄)的天数,单位为 d。根据生育期天数多少,人为地按熟性划分为极早熟品种(≤60 d)、早熟品种(61～70 d)、中早熟品种(71～80 d)、中熟品种(81～90 d)、中晚熟品种(91～100 d)和晚熟品种(＞100 d)。生育期的长短主要由它本身的遗传性状决定,但马铃薯生长发育与环境有着密切的关系,其生育期因外界环境的变化会缩短或延长天数。不同品种马铃薯生育期长短见表 2-1。

表 2-1 常见马铃薯品种熟性表(方玉川整理)

熟性	品种
早熟	费乌瑞它、中薯 2 号、中薯 3 号、中薯 4 号、中薯 5 号、中薯 6 号、中薯 7 号、中薯 8 号、中薯 12 号、克新 4 号、克新 9 号、东农 303、东农 304、春薯 1 号、郑薯 3 号、郑薯 5 号、郑薯 6 号、郑薯 7 号、郑薯 8 号、郑薯 9 号、早大白、尤金、希森 3 号、希森 4 号、兴佳 2 号
中早熟	中薯 10 号、中薯 11 号、中薯 13 号、中薯 14 号、克新 21 号、青薯 7 号、LK99、鄂马铃薯 4 号、富金、秦芋 32 号、川芋 5 号、川芋 10 号
中熟	中薯 9 号、中薯 15 号、中薯 17 号、中薯 18 号、中薯 19 号、中薯 20 号、克新 1 号、克新 2 号、克新 3 号、克新 17 号、克新 18 号、克新 19 号、克新 20 号、青薯 8 号、陇薯 13 号、冀张薯 11 号、冀张薯 12 号、晋薯 13 号、同薯 22 号、延薯 9 号、夏波蒂
中晚熟	青薯 2 号、新大坪、陇薯 3 号、陇薯 6 号、陇薯 7 号、陇薯 8 号、陇薯 9 号、陇薯 10 号、天薯 10 号、天薯 11 号、丽薯 6 号、丽薯 7 号、冀张薯 8 号、晋薯 14 号、晋薯 15 号、晋薯 16 号、同薯 20 号、同薯 23 号、同薯 28 号、阿克瑞亚、维拉斯、底西芮、大西洋、内薯 7 号
晚熟	中薯 21 号、青薯 168、青薯 6 号、青薯 9 号、青薯 10 号、庄薯 3 号、天薯 9 号、宁薯 14 号、晋薯 7 号、布尔班克

二、生育时期

马铃薯从播种种薯到收获成薯的过程中,包括了植株地上和地下两部分。因此,马铃薯生育时期的划分也可分为地上部分和地下部分两套生育时期。本书根据实际生产经验,对地上部分和地下部分进行了划分。

(一)地上部分的生育时期

马铃薯地上部分被分为块茎播种期、出苗期、团棵期、现蕾期、开花期和成熟期 6 个时期。

1. 播种期　进行马铃薯种质资源形态特征和生物学特性鉴定时的播种日期,也就是种薯播种当天的日期。播种期应根据品种、栽培措施以及当地气候条件来确定。以"年、月、日"表示。

2. 出苗期　小区出苗株数达 75％ 的日期,开始出苗后隔天调查。幼芽破土并生长出 3～4 片微具分裂的幼叶时即为出苗。以"年、月、日"表示。

3. 团棵期　从幼苗出土至早熟品种第 6 片叶或晚熟品种第 8 片叶展平,即完成第一个叶序的生长时间为团棵期。以"年、月、日"表示。

4. 现蕾期　花蕾超出顶叶的植株占小区总株数 75％ 的日期,开始现蕾后隔天调查。以"年、月、日"表示。

5. 开花期　第一花序有 1～2 朵花开放的植株占小区总株数 75％ 的日期,开花后隔天调查。以"年、月、日"表示。当第一花序有 1～2 朵花开放的植株占小区总株数的 10％ 的日期称为始花期;当小区开花的植株达到 100％ 时称为盛花期。马铃薯为自花授粉作物,开花后形成浆果,果实为圆形或椭圆形。因品种遗传特性、外界环境等影响,有的品种不开花,有的品种开花后天然不结实。

6. 成熟期　全株有 50％ 以上叶片枯黄的植株占小区总株数 75％ 的日期,在生长后期每周调查两次。以"年、月、日"表示。

(二)地下部分的生育时期

植株地下部分生育时期分为块茎形成期、块茎膨大期、块茎成熟期。了解植株地下部分生育时期,需对匍匐茎以及块茎的分化和形成进行了解。

1. 匍匐茎的分化和形成　匍匐茎是地下茎的分枝,是由地下茎节上的腋芽发育而来,是形成块茎的器官。匍匐茎在地下生长过程中呈水平方向伸长,具有伸长的节间,顶端呈弯曲状,在匍匐茎伸长过程中对顶端内侧的茎尖(生长点)起保护作用。匍匐茎一般为白色,有的品种为紫红色。地下茎的节数多为 8 节,在每个节上先发生匍匐根 3～6 条,之后发生匍匐茎 1～3 个。匍匐茎的数目与品种和环境有关,通常每株可形成 20～30 条,多者可达 50 条以上,但并不是所有的匍匐茎均形成块茎,一般有 50％～70％ 的匍匐茎形成块茎,其余匍匐茎在生育后期便自行死亡。在生产中,大多数品种有 5～8 个匍匐茎形成块茎,少则 2 个,多则达 10 余个,其中早熟品种结薯较少,中晚熟品种结薯较多。在选用优良品种时,多选用形成块茎适中的品种。匍匐茎具有向地性和背光性,在黑暗潮湿的土壤中利于匍匐茎发育,入土不深,大部集中在地表 0～10 cm 的土层内。匍匐茎的长短也因品种而异,早熟品种较短,中晚熟品种较长,一般为 3～10 cm,长者可达 30 cm 以上,野生种可达 1～3 m。

匍匐茎的发生通常在种薯出苗后 7～10 d,出苗 15 d 左右多数匍匐茎开始形成,早熟品种形成匍匐茎的时间早于中晚熟品种。匍匐茎具有地上茎的一切特性,但比地上茎细弱得多,可以输送块茎所需的营养和水分,其形成与同植株的其他器官的生长发育密切相关,尤其是与叶片数目和叶片面积相关。幼茎叶是形成匍匐茎的物质基础,与匍匐茎同时期发生,两者之间对光合产物存在竞争关系,苗期叶片数目少,叶片面积大,更有利于匍匐茎的形成。外界环境对匍匐茎的形成也存在影响,增施 P 肥可以促进匍匐茎形成;N 肥过多造成地上部茎叶徒长而抑制地下部生长;培土不及时或干旱高温,造成匍匐茎数量减少,有的穿出地面而形成地上茎。

2. 块茎的分化和形成

(1)分化部位　马铃薯地下茎的叶腋间通常会发生 1～3 个匍匐茎,这些匍匐茎顶端膨大形成块茎。

（2）块茎的形成

① 块茎形成期　匍匐茎顶端停止极性生长后开始进入块茎形成期,从植株地上部生长变化来看,即为现蕾至开花期为块茎形成期,一般持续 20～30 d 左右。块茎形成是先从匍匐茎顶端以下弯钩处的一个节间开始膨大,接着是稍后的第二个节间也开始进入块茎的发育中。当匍匐茎的第二个节间进入膨大后,由于这两个节间的膨大,匍匐茎的钩状顶端变直,此时匍匐茎的顶端有鳞片状小叶。当匍匐茎膨大成球状,剖面直径达 0.5 cm 左右时,在块茎上有 4～8 个芽眼明显可见,并呈螺旋形排列,可看到 4～5 个顶芽密集在一起。当块茎直径达 1.2 cm 左右时,鳞片状小叶消失,表明块茎的雏形已经建成。该时期以块茎形成为生长中心,同时地上部主茎叶形成,分枝叶扩展,主茎现蕾至第一花序开始开花。同一植株的块茎多在此期形成,是决定单株结薯数的关键时期。

② 块茎膨大期　从开花期或盛花期至茎叶基部开始衰老为块茎膨大期,又叫块茎增长期。块茎的膨大是细胞分裂和细胞体积增大的结果,块茎膨大速率与细胞的数量和细胞增长速率呈直线相关。该时期以块茎膨大为生长中心,块茎的体积和重量急速增长,是决定块茎大小的关键时期。此期地上部茎叶全部形成,植株开花完成授粉后逐渐形成浆果,光合作用强,对水肥需求旺盛,光合产物从地上部转移至块茎,为块茎膨大持续提供营养物质。

③ 块茎成熟期　从茎叶开始衰老至茎叶枯萎、脱落为块茎成熟期。块茎膨大到一定体积后,便不再增大,开始进入淀粉积累期,光合产物不断向块茎输送,块茎重量则持续增加。该时期以淀粉积累为生长中心,随着淀粉不断积累,干物质、蛋白质、微量元素含量相应增加,糖分和纤维素逐渐减少,对产量和品质有着重要的影响。此期块茎皮层变厚,薯皮色泽正常,由成熟开始进入休眠期。

（三）地上与地下部分生育时期的对应关系

见图 2-1。

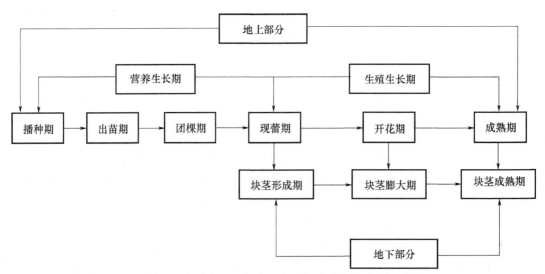

图 2-1　马铃薯地上部分与地下部分生育时期及对应关系(邢宝龙等,2016)

三、生育阶段

马铃薯的生育阶段通常划分为 6 个阶段,分别为芽条生长阶段、幼苗阶段、块茎形成阶段、块茎增长阶段、淀粉积累阶段和块茎成熟阶段。

(一)芽条生长阶段

芽条生长阶段为种薯(块茎)播种后芽眼萌芽至幼苗出土的阶段。播种时,种薯上的芽眼便有萌发迹象,播种后,芽眼萌芽,形成幼芽。幼芽是靠节间的连续发生并伸长扩展而生长。因此,随着幼芽的生长,幼根在幼芽基部的几个节上发育,同时幼芽基部形成地下茎,节数多为8节,在每个节上先发生匍匐根3~6条,之后发生匍匐茎1~3条。

该阶段主要进行芽条生长和根系生成,是保证马铃薯正常出苗、形成壮株和结薯的前提,生长时间从播种到出苗一般需3~4星期。其芽条生长和根系生成的关键因素取决于种薯本身,即种薯休眠解除的程度、种薯生理年龄的大小、种薯中营养成分及其含量和种薯是否携带病毒等。外界主要影响因素为温度,当土温稳定在5~7℃时才可播种,适宜温度为10~18℃。栽培措施在于选择优质种薯和地力肥沃的沙壤土田块,满足芽条生长阶段所需营养,适期播种,根据土壤墒情播种后适量浇水,苗前及时耙地松土,通过栽培措施充分调动种薯中的养分、水分以及内源激素,促进芽条生长、根系生成以及叶原基的分化和生长。

(二)幼苗阶段

幼苗阶段为幼苗出土至现蕾的阶段。幼苗出土后,仍从种薯中吸取养分,根茎生长很快,平均每2 d便长出一片新叶,匍匐茎在出苗后7~10 d伸长,再经10~15 d顶端膨大,开始现蕾时顶端停止极性生长,块茎开始形成,幼苗阶段结束。

该阶段主要进行茎叶生长和根系发育,匍匐茎的伸长、花芽以及侧枝茎叶的分化也在此阶段发生。此阶段决定着匍匐茎数量和根系的发达程度,关系着马铃薯产量的形成。生长时间一般为15~20 d。栽培措施在于及早中耕,注重肥水管理,促进根系向深扩展,增加匍匐茎数量,满足茎叶生长和根系发育所需的N、P元素和水分,保证茎叶和根系的协调生长,为后期块茎形成和高产打好基础。

(三)块茎形成阶段

块茎形成阶段为现蕾至开花初期(第一花序开始开花)的阶段。主茎现蕾并急剧伸长,株高达到最大株高的50%左右,主茎叶形成,分枝叶扩展,匍匐茎顶端膨大开始形成块茎,第一花序开始开花进入开花初期,块茎形成阶段结束。

该阶段主要进行茎叶生长和块茎形成,生长特点为由地上部茎叶生长(营养生长)转向地上部茎叶生长(营养生长)与地下部块茎形成(生殖生长)同时并行,是决定单株结薯数的关键阶段。生长时间一般为20~30 d。栽培措施在于满足生长所需的水肥条件,促进茎叶生长,防止N素过多造成茎叶徒长,与此同时结合中耕培土,合理调控温、光,控秧促薯,使茎叶生长转向块茎生长。

(四)块茎增长阶段

块茎增长阶段为开花期或盛花期至茎叶基部开始衰老的阶段。此时茎叶仍在增长,叶面积和株高逐渐达到最大值,植株的光合产物快速向块茎转移,块茎的体积和重量急速增加达到盛期,栽培条件适宜下,每窝可增加20~50 g。

该阶段主要进行块茎膨大,决定着块茎大小,进而决定着经济产量的形成,是马铃薯全生育过程极为关键的阶段。生长时间一般为 15～25 d,受品种、栽培季节、气候条件、管理措施以及病虫害的影响,其生长时间长短会有所变化。栽培措施在于满足水肥需求,及时追肥和灌水,注重增施 K 肥和病虫害的防治,加强田间管理,延长茎叶生长时间,增加光合产物,防止早衰。

(五)淀粉积累阶段

淀粉积累阶段为茎叶开始衰老至茎叶约 70% 开始枯黄的阶段。此时地上部茎叶不再生长,基部茎叶开始衰老枯黄,直至茎叶约 70% 开始枯黄,这时块茎易从匍匐茎顶端脱落,周皮加厚,薯皮易剥离,块茎由成熟逐渐转入休眠期。

该阶段主要进行淀粉积累,光合产物不断向块茎输送,块茎体积不变,块茎重量则持续增加,是马铃薯一生中淀粉积累速度最高的阶段。随着淀粉不断积累,干物质、蛋白质、微量元素含量相应增加,糖分和纤维素逐渐减少。生长时间一般为 20～30 d。栽培措施在于合理浇水和追施叶面肥,防止茎叶早衰,避免水分、N 肥过多,造成贪青晚熟或烂薯,影响产量和品质。

(六)块茎成熟阶段

块茎成熟阶段一般为茎叶枯萎至块茎开始收获的阶段。此时茎叶接近枯萎,块茎中的淀粉含量达到最高值,块茎充分成熟。该阶段生长时间变化很大,在生产实践中没有绝对的成熟期,会根据市场需求以及栽培目的有所变动。

四、生育进程的影响因素

(一)温度的影响

1. 块茎萌芽和出苗的三基点温度　马铃薯性喜凉,忌高温和霜冻,在生育期间温度过高或过低对马铃薯的正常生长和发育均有影响,以平均气温 17～21 ℃为宜。在播种前,块茎便有萌发迹象,块茎萌发的最低温度为 4～5 ℃,当土温稳定在 5～7 ℃时才可播种。播种后,芽条生长阶段所需适宜温度为 13～18 ℃,在此温度下芽条生长苗壮,发根少;最低温度不能低于 4 ℃,否则种薯不能发芽;最高温度不能超过 36 ℃,否则块茎不萌发且造成大量烂种。

幼苗阶段茎叶生长的适宜温度为 15～21 ℃,最低温度为 7 ℃,日平均气温达到 25～27 ℃时,茎叶生长就会受到影响,光合作用减弱,呼吸作用旺盛,蒸腾作用加强,当土温在 29 ℃以上时,茎叶生长停止。幼苗时,容易受倒春寒影响,当温度低于 -1 ℃时,出现明显的冻害,低于 -3 ℃时,幼苗全部冻死。

此外,块茎形成的适宜温度为 20 ℃,低温更有利于块茎形成,如在 15 ℃出苗后 7 d 块茎形成,25 ℃出苗后 21 d 块茎形成,温度高于 27 ℃时,块茎发生次生生长并形成畸形小薯。有研究表明,马铃薯块茎形成和干物质积累在较低的温度下会达到最优效果。块茎增长的适宜温度为 15～18 ℃,高于 20 ℃时块茎增长速度减缓,高于 25 ℃时块茎生长趋于停止,在 30 ℃左右时,块茎完全停止生长。块茎成熟时应及时收获,因为马铃薯抗低温能力较差,当气温降到 -4 ℃时,块茎易发生冻害。

2. 温度对马铃薯生长的影响　温度对马铃薯生长发育的影响是一个复杂的生态、生理问题,其影响是多方面的。大量试验和生产实践证明,在一定播季的不同播期中,以北方春播为例,随着播期的推迟,温度逐渐升高,生育期逐渐缩短。王晓宇等(2009)以不同遗传背景的马铃薯品种为试验材料,研究不同温度(15～10 ℃、20～15 ℃ 、25～20 ℃)对马铃薯生长及产量的影响,结果表明:随着培育温度的升高,马铃薯的株高和主茎叶片数增加,叶长、叶宽、茎粗降低;马铃薯开花现蕾对温度较敏感,一定高温有利于马铃薯叶绿素的积累,但温度过高会使马铃薯徒长,产量下降甚至引起不结薯;温度过低则使马铃薯生长缓慢,同样引起产量下降。肖国举等(2015)利用红外辐射器模拟田间变暖试验表明,温度在马铃薯生长期间上升 1.5～3.0 ℃,开花期延长,每穴的薯块数量减少,薯块重量增加,马铃薯产量呈上升趋势,但差异不显著。冯朋博等(2019)选用"青薯 9 号",设置自然温度(对照)、低温、高温 3 个处理,研究低温、高温对马铃薯光合及抗氧化特性的影响,结果表明:高温降低了马铃薯功能叶片的净光合速率(P_n)、荧光综合指标(P_I)、光能供应化学反应的最大效率(F_v/F_m)及潜在光化学活性(F_v/F_o);P_n 在马铃薯块茎形成后期高温较自然温度降低 34.55％,较低温处理降低53.15％,P_I 在块茎形成后期高温较低温降低了 42.22％;高温处理的根系活力、超氧化物歧化酶(SOD)及过氧化物酶(POD)活性也有所降低,丙二醛(MDA)、脯氨酸(Pro)和过氧化氢酶(CAT)均有不同程度的升高;相关性分析表明,除抗氧化系统中的 CAT 活性、MDA 和 Pro 含量与产量呈负相关外,其余指标与产量呈正相关,与根系活力的相关性最为显著。因此,在马铃薯块茎形成中期遇到高温天气会降低马铃薯的光合能力,降低马铃薯的根系活力,破坏马铃薯功能叶片的抗氧化系统,不利于营养元素的吸收及光合作用的进行,影响干物质积累,进而影响产量形成。

(二)光照的影响

1. 光周期的影响　马铃薯属于长日照植物,长日照条件促进植株地上部分的花芽分化、开花和结实。在长日照条件下,光照 16 h 左右,枝叶生长旺盛,植株健壮,芽的寿命变长,容易开花结果。在弱光条件下,如树荫下或与玉米等高秆作物间作套作时,光照不充足,植株矮小,茎叶嫩弱,开花少。张永成等(1996)以青薯 168 为试验材料,研究了日照时数对马铃薯生长发育的影响,发现日照时数与株高有着密切的关系,二者之间呈极显著正相关,随着日照时数的增加,植株高度也在增加;叶面积与日照时数也是呈显著正相关关系;茎叶重与日照时数关系为茎叶重先随着日照时数的增加而增加,但长到一定程度后则下降。李华鹏等(2018)以中早熟品种川芋 10 号为试验材料,在室内利用 LED 灯增加每日光照时间(12 h、14 h、16 h),研究了在成都平原地区增加光照时数对马铃薯开花的影响效果,结果表明延长光照时数增加了每日开花的数量、开花的周期,并且增强了马铃薯开花期对低温的抵抗能力。

马铃薯虽然是长日照植物,但大量实验和实践证明,短日照条件可以促进块茎的分化、形成和发育,有利于淀粉等的积累,也有利于一些内源激素的积累。王延波(1994)介绍,大多数马铃薯品种开花的光周期反应需要长日照,块茎形成则是中性的,农业上应用的马铃薯品种短日照通常加速块茎形成。刘梦芸等(1997)以晋薯 2 号为材料,进行长日照(自然光照长度)处理和短日照(每天 8 h 光照)处理,结果表明短日照处理使块茎形成显著提早,但使结薯数减少,植株茎叶生长受抑,块茎淀粉含量降低;同时短日照处理使叶片中脱落酸(ABA)含量提早增高,赤霉素(GA_3)含量提早减少,GA_3 与 ABA 的比值提早显著降低。马伟清等(2010)研究发现,在不添加任何激素的条件下,在短光照条件下培养试管苗,有利于前期试管薯的形成,但由于短光照条件下培养的试管苗较弱,易形成早衰,所以不利于后期试管薯的形成及膨大;长光周期培养的试管苗生长势强,则不利于试管薯的形成,然而一旦形成试管薯,则有利于营养物质的积累,形成大的试管薯。肖关丽等(2010)研究不同温光条件下马铃薯生长、块茎形成及其与内源赤霉素(GA_3)、脱落酸(ABA)和茉莉酸(JA)的关系,结果表明马铃薯不同品种对温度和光照的敏感性存在差异,内源 GA_3 是抑制块茎形成的重要因子,ABA 和 JA 含量升高与植株衰老的关系比与块茎形成的关系更为密切。张小川等(2017)以青薯 9 号脱毒苗为材料,研究了不同光周期(8 h/d、10 h/d、12 h/d 和 14 h/d)对试管薯形成的影响,结果发现不同光照周期对试管薯的形成影响效果显著,黑暗有助于试管薯的形成,与光照时间长的处理相比,光照时间短处理的试管薯结薯率、结薯个数和小薯率相对较高,但是单瓶产量和单粒薯重却相对较低。

不同马铃薯品种在不同生态区域对光周期反应敏感程度存在差异,早熟品种对日照长短的反应不敏感,在春季和初夏的长日照条件下,对块茎的形成和膨大影响不大,而晚熟品种相反,只有通过生长后期逐渐缩短日照,才能获得高产;在北方长日照地区,早、中、晚熟品种均对日照长短反应不敏感,在正常生育期播种,都能正常开花结实,而在南方短日照地区,不同品种对日照长短反应较为敏感,在引进种植中晚熟品种时,一定要进行 2～3 年的试验后才能进行推广。隋启君等(2003)研究表明,长日照条件下选育出的品种,可能不适宜在短日照下种植。如呼 8113-1 和大西洋,在云南 2 个点的试验中表现植株过早停止生长,块茎过早形成,产量不高等特点。一部分在长日照条件下选育出的品种对日照长短不敏感,完全可以在短日照条件下正常生长,获得满意的产量,如克新 1 号等。肖特等(2011)以内蒙古地区主栽的 3 个马铃薯品种费乌瑞它(早熟)、底西芮(中晚熟)、克新 1 号(中熟)为材料,采取分期播种、温室内遮阴、人工气候室内不同温光处理方式,通过测定株高、块茎淀粉含量、单株结薯数、块茎产量等主要农艺性状,研究了温度和光照对马铃薯品种块茎形成发育的影响,结果表明这三个品种均对光照长度反应不敏感。李婉琳等(2017)为筛选对光周期反应较为钝感,适应云南不同种植季节的马铃薯品系,对 12 份来自国际马铃薯中心的高代品系进行不同光照时间(8 h/16 h)的处理。结果表明,各引进品系间存在一定程度的光周期敏感性差异,D11、D102、D100 和 D158 对光周期的敏感性相对较强,D14、D48、D9 和 F71 对光周期反应相对钝感。张贵合等(2017)利用 LI-6400XT 便携式光合仪测定系统测定 5 个马铃薯品种(系)在不同生态条件种植的光合参数,在相同生态条件下,5 个马铃薯品种(系)间的光合性状存在明显差异;在不同生态条件下,相同马铃薯品种(系)的光合特性也存在较大差异。滇薯 701 相对其他品种(系)在弱光下具有较高的净光合速率;青薯 9 号具有较高的表观量子效率、最大净光合效率、较低的光补偿点和暗呼吸速率。所以,青薯 9 号和滇薯 701 为高光效的品种。

2. 光照强度的影响　马铃薯在不同生育期对光照强度要求不同,在幼苗期、团棵期和结薯期需要较强的光照。光照充足,其他条件得到满足,马铃薯便生长旺盛,茎秆粗壮,光合产物多,薯块大,产量高。因此在高海拔和高纬度地区,光照强并且温差大,适合马铃薯的生长和养分积累,通常可以获得较高的产量。光照强度也会因品种不同而有所变化。马伟清等(2010)以早熟品种费乌瑞它、中熟品种大西洋和晚熟品种克新 1 号为试验材料,在不同光照强度[20 μmol/($m^2 \cdot$ s)、40 μmol/($m^2 \cdot$ s)、60 μmol/($m^2 \cdot$ s)、80 μmol/($m^2 \cdot$ s)]处理下,研究了光照强度对试管薯诱导的影响,结果发现品种不同,对光照强度的反应不同,其中费乌瑞它和克新 1 号在 80 μmol/($m^2 \cdot$ s)的光照条件下产生的试管薯数量最多,大薯率和总重量也最高,而大西洋在 20 μmol/($m^2 \cdot$ s)的光照条件下试管薯数量、大薯率和总重量达到最优效果。李润等(2013)以青薯 9 号和黔芋 1 号试管苗为材料,研究了不同光照强度(14 h/d 光照,强度 2000 lx;自然光;黑暗条件)对马铃薯脱毒试管苗生长的影响,结果表明 14 h/d 光照、强度为 2000 lx,是马铃薯脱毒试管苗生长的最优光照条件,其次为自然光条件。刘钟等(2015)在不同生育时期采用人工模拟遮阴方法,研究不同马铃薯品种叶片抗逆生理生化指标的变化,结果表明:在块茎膨大期至收获期遮阴,马铃薯叶片相对电导率、丙二醛含量、叶绿素 a 和 b 的含量、叶绿素 a 与 b 的比值(Chla /Chlb)、过氧化物酶(POD)、过氧化氢酶(CAT)、超氧化物歧化酶(SOD)的活性都明显升高,而脯氨酸的含量则下降;随着遮阴时间的延长,上述各项生理生化指标也有不同程度的升高。

日长、光强和温度三者之间有互作效应。在强光照、较短日照下同一品种的植株高度较长日照条件下矮;高温、弱光和长日照会使茎叶徒长,块茎几乎不能形成;开花则需要强光、长日照和适当高温;高温短日照下块茎的产量往往要比高温长日照下高。

(三)其他环境因素和栽培措施的影响

1. **水分的影响**　马铃薯生长季节对水分的需求量很大,在其生育阶段中,仅靠降水量根本满足不了生长发育的需要,还需人工补足大量的水分,才能保证作物的良好发育,达到高产。王晨等(2017)研究表明,在同一灌水量下,开花期充分灌水会促进马铃薯株高、茎粗和块茎生长,增加产量,出苗后和淀粉积累期水分过量或不足均会对其生长和产量造成不良影响;在同一灌水时期,随着灌水量的增加株高与茎粗增大,而产量呈现先增加后减少趋势。Levy 等(2013)和 Cantore 等(2014)研究表明,马铃薯淀粉积累期在干旱条件下,马铃薯的株高降低,块茎产量与大薯比例明显受到抑制;而在马铃薯的整个生育期给予适当的灌溉将显著提高马铃薯的单株产量、单薯重与大薯比例。秦舒浩等(2009)研究表明,在旱区补灌能显著提高旱作马铃薯的产量、大中薯率、水分利用效率和经济系数,而苗期补灌效果更好。

2. **纬度和海拔的影响**　马铃薯普遍种植于不同纬度和海拔地区。纬度和海拔对其生育进程有明显影响,对于其量化关系,尚鲜见报道。罗擎擎等(2013)研究表明,因海拔高度的差异,同一熟期类型马铃薯品种的生育进程常相差十余天甚至一个月,高海拔地区的马铃薯在不同播期播种至出苗的时间均长于低海拔地区同期的播期处理。宿飞飞等(2009)将 8 个不同马铃薯品种分别种植在 8 个不同纬度生态区,分析纬度生态因子对马铃薯淀粉含量以及淀粉品质的影响,结果发现,马铃薯淀粉含量变化总趋势为东北和西北地区较高,华北地区较低;在 40°06′N～48°04′N 范围内,淀粉含量随纬度升高逐渐增加;在同纬度地区,淀粉含量随海拔的升高而增加;淀粉黏度随纬度的变化趋势与淀粉含量基本一致。阮俊等(2008)选择了 4 个海拔不同的试验点,研究川西南不同海拔条件对马铃薯产量的影响,发现随着海拔的升高,小区产量升高,出苗率、主茎数、单株薯块数有增加的趋势。

3. **栽培措施的影响**　在马铃薯生长发育过程中,栽培措施也是至关重要的影响因素。播期方面,吴炫柯等(2013)研究了不同播期对马铃薯生长发育和开花盛期农艺性状的影响,结果发现,随着播期的推迟,马铃薯全生育期明显缩短,不同播期下,各生育阶段相差最大的是出苗期和开花始期;不同播期对开花盛期的植株农艺性状影响显著,播期过早或过晚,都对植株生长不利,只有播期适宜,株高、匍匐茎数、叶面积指数等才能增大,产量增加。沈姣姣等(2012)研究表明,播种期对马铃薯生育期、株高和叶面积指数影响显著,随播期推迟,马铃薯生育期缩短,播期每推迟 10 d,生育期平均缩短 6 d,而生殖生长期在总生长期中的比例增加,超早播和超晚播处理下分别占比 45%和 59%;超早播和早播马铃薯地上部干物质积累显著低于其余播期,总产量、大薯产量和大薯率差异也均达到显著水平。施肥方面,董文等(2017)综合论述了马铃薯养分需求及养分管理技术研究进展,认为 N 素是影响马铃薯生长发育的重要因素,叶片的伸展、光合作用、块茎产量、干物质积累等都受其调控,N 素在马铃薯植株体内的分布因器官及生长发育阶段的不同而不同;马铃薯的生长发育、块茎中淀粉的积累以及光合产物的运输等都离不开 K,在生育期内,植株 K 浓度始终以茎最高,以促进光合产物的运输,保持地上茎的直立,增强抗倒伏、抗寒和抗病能力;马铃薯对 K 的吸收速率呈双峰曲线变化,峰值分别出现在块茎膨大初期和淀粉积累期,且以淀粉积累期的吸收速率最高,累积量最大;马铃薯各器官对 P 素的吸收、分配对其生长发育,尤其是对源库关系的调节作用十分明显。王素梅等(2003)综合论述了微肥对马铃薯生长发育、产量和品质的影响及施用方法,众多事实表明,施用适量的微肥可以提高植株长势和生理机能,使叶绿素含量增多、光合速率增加、植株抗病性能增强,从而提高产量与品质。栽培方式方面,吴利晓(2016)以青薯 9 号为试验材料,探讨 5 种栽培方式(高起垄覆膜垄侧种植、中起垄覆膜垄侧种植、双垄双沟全覆膜、平行行上覆膜、露地双垄双沟)以及 5 个种植密度(2000 株/亩、2800 株/亩、3600 株/亩、4400 株/亩、5200 株/亩)对马铃薯产量和品质的影响,结果表明覆膜栽培有利于播种至出苗期种薯芽条生长,使出苗期提前 5~6 d,可以促进马铃薯生育前期株高、茎粗、冠幅、叶面积指数等农艺性状的增长。杨相昆等(2012)以陇薯 3 号为试验材料,采用覆膜和露地栽培方式,在不同种植密度下研究不同栽培措施对马铃薯干物质积累与分配的影响,发现覆膜栽培可使马铃薯生育期提前,干物质积累显著高于露地栽培。郑元红等(2008)采取垄作和平作种植方式,发现起垄种植可以显著提高马铃薯产量,较平作增产 15.34% 以上。

第二节　马铃薯块茎的分化与形成

马铃薯块茎是地下变态茎的一种,它的形成包括两个阶段,一是匍匐茎的形成,二是匍匐茎顶端膨大形成块茎。

一、匍匐茎的形成

匍匐茎是由主茎地下节上的腋芽发育而成。匍匐茎可以在主茎的任意节位上形成。用块茎繁殖的植株,由于播种期、品种以及薯块状况的不同,匍匐茎的形成时间也会不同。一般情况下,匍匐茎的形成和出苗同时进行,而有些品种,在出苗后 7 d 左右才会形成匍匐茎。如果播种期较早,由于低温,出苗时间晚,在出苗前就会形成匍匐茎。经过催芽处理的种薯,匍匐茎也会提早形成。匍匐茎越多,形成的块茎也越多。然而,由于遗传因素、环境条件等因素的影响,并不是所有的匍匐茎都能形成块茎,一般情况下,形成块茎的匍匐茎为 50% 到 70%。

匍匐茎具有背光性。匍匐茎生长过程中,如果土层过浅,地下部分露出地面,可以转变为地上茎,长出新叶以及侧枝。相反,如果将地上茎埋入土中,也可以转变为匍匐茎。匍匐茎还具有向地性,略呈水平方向向下生长。匍匐茎入土不深,一般集中在 20 cm 之内的土层里。匍匐茎的长度一般为 3~5 cm,也有长的可以到达 30 cm。

王翠松等(2003)认为,当块茎作为种薯播种时,有些腋芽破除休眠萌发生长,长到一定阶段后,茎的叶腋处分化出侧生分生组织,其中地上部分的腋芽长成侧枝,地下部分的腋芽长成匍匐茎。在适宜的条件下,匍匐茎停止生长,其顶部区域的髓细胞和表皮层细胞开始膨大,而后进行纵裂,最终导致匍匐茎近顶端部的膨大。只有在黑暗条件下,匍匐茎横向生长,进而膨大成为块茎;在光照条件下,匍匐茎向上生长,转化成为正常的枝条,从而失去形成块茎的能力。

刘克礼等(2003a)通过试验,研究了马铃薯匍匐茎的形成。马铃薯植株一定光合面积的形成是匍匐茎形成的物质基础。幼苗期较大的叶面积利于匍匐茎的形成。马铃薯出苗后即有匍匐茎发生,此时植株正处于由异养到自养的过渡时期。在生产上,应采取合理的栽培措施,如施用速效磷肥作基肥,促进种薯中的养分迅速转化并供给幼芽和幼根的生长,促进发芽出苗,有利于叶片的早发与迅速伸展,因而有利于匍匐茎的形成。

(一)匍匐茎发育过程的形态学研究

马铃薯匍匐茎的发育过程在表观形态上具有明显变化。Viola 等(2001)在研究马铃薯块茎形态建成中,将匍匐茎发育从形态上划分为四个阶段:匍匐茎诱导和发生、匍匐茎伸长、匍匐茎纵向生长停止、块茎形成及膨大这四个阶段是连续而紧密的过程,但是并不是每个块茎的形成都会完整地经过这四个阶段,在一些特殊情况下,并不经过匍匐茎的伸长阶段,也不是每个匍匐茎都会形成块茎。匍匐茎的发育过程决定了在块茎形态建成后的匍匐茎长度。在马铃薯块茎形态建成以后匍匐茎不再伸长,仅作为营养运输器官存在。在匍匐茎诱导和发生阶段它的最顶端具有典型的钩状结构;在匍匐茎伸长阶段,顶端钩状结构消失后顶部及亚顶端开始增大发育成为块茎;在此之后,细胞开始分裂并进行淀粉的迅速积累。

1. 马铃薯匍匐茎的发生　马铃薯匍匐茎通常情况下呈平行方向生长,分布在土壤耕作层中,通常情况不会入土很深。马铃薯匍匐茎长短在品种间存在差异,短的在 3 cm 左右,长达30 cm 以上,其长度也会受耕作条件影响。在大规模田间生产中,会选择马铃薯匍匐茎较短,结薯集中的品种种植,有利于收获。但马铃薯匍匐茎的长短也会受外界环境中的日照长度和温度的高低所影响,同一品种在短日照条件下形成的马铃薯匍匐茎长度更短,温度较高时匍匐茎较长。

2. 马铃薯匍匐茎的分布及生长习性　马铃薯植株地下茎节可以形成匍匐茎的部分通常称为结薯层。结薯层次的多少是产量形成的基础,而且会因品种的熟性和栽培条件的不同而不同。早熟品种会有 5~6 层茎节形成匍匐茎,接近地表 2~3 层通常不能膨大形成马铃薯块茎;中晚熟马铃薯品种在结薯层次和可以形成块茎的层次上比早熟品种要多。播种的深浅、土壤肥力大小、温度高低、培垄及时与否均可影响马铃薯匍匐茎形成和块茎膨大。在马铃薯匍匐茎发生并伸长后,常因温度过高或中耕培土不及时使马铃薯匍匐茎暴露在空气中从而变成地上茎,形成地上侧枝,导致马铃薯产量下降。

在块茎膨大时期,植株需要较多水分和低温环境,高温缺水会导致马铃薯二次生长,块茎畸形。高温环境可能导致地上植株徒长而地下匍匐茎不膨大形成块茎,导致匍匐茎伸长生长时间增长,甚至长到地上发育成地上茎。

3. 匍匐茎形成与块茎膨大的关系　Vreugdenhil 等(1989)认为,马铃薯匍匐茎的形成过程和块茎的膨大是两个紧密联系的发育阶段,同时受外界环境因素和内源激素调控的影响。刘悦善(2014)也认为在适宜条件下,地下腋芽顶端区域的细胞发生横向分裂和伸长形成匍匐茎,细胞分裂和伸长使匍匐茎继续延伸生长。随后,在相关因子调控作用下匍匐茎停止伸长生长,开始膨大。Fujino 等(1995)观察离体培养块茎形成时发现,腋芽处长出匍匐茎并最终形成块茎,匍匐茎开始发生时,其亚顶端区域皮层微管的重新组排。Reeve 等(1973)研究也表明匍匐茎形成与块茎膨大作为两个相互独立而又密切联系的发育过程,匍匐茎形成过程的主要因素是细胞分裂,块茎膨大的主要因素则是细胞膨大,而在块茎整个发育过程中,细胞分裂也具有同等重要的作用。

(二)马铃薯匍匐茎发育的影响因素研究

马铃薯匍匐茎形成受到很多因子的影响,其中外界环境因素包括温度、光照、CO_2 浓度、氮素水平等。光照、温度、氮素是田间马铃薯匍匐茎正常发育的主要调控因素。匍匐茎在离体培养时,培养基的蔗糖含量也是很重要的影响因素。

1. 光照对马铃薯匍匐茎发育的影响　光照对马铃薯匍匐茎的影响主要表现在对地上部分光合作用的影响而反作用于匍匐茎。马铃薯属长日照植物,但短的光周期和较高的光照强度可诱导块茎的形成,相反长日照和较弱的光照强度会导致匍匐茎的徒长,也就是匍匐茎一直处于伸长时期不进行顶端膨大;这也归因于地上部分光合作用减弱,导致营养物质积累减少,不足以达到块茎膨大所需的干物质含量。

2. 温度对马铃薯匍匐茎发育的影响　马铃薯属于喜冷环境作物,高温对其匍匐茎形成和块茎形态建成有明显抑制作用。马铃薯最适结薯土壤温度为 $18\sim22$ ℃,低温是块茎形成和干物质累积的基础。高温不仅会延迟或者抑制匍匐茎的形成、伸长以及膨大发育形成块茎的过程,而且还影响植株地下部分干重和整个植株光合作用利用率。较大昼夜温差对块茎的形成有显著促进作用。

3. 激素对马铃薯匍匐茎发育的影响　马铃薯匍匐茎建成受多种激素的综合调控。研究表明:赤霉素(Gibberellin,GA)、脱落酸(Abscisic acid,ABA)、细胞分裂素(Cytokinin,CTK)、吲哚-3-乙酸(Indole-3-acetic acid,IAA)、茉莉酸(Jasmonic acid,JA)以及乙烯(Ethene,ETH)等激素均对匍匐茎发育有调控作用。

ABA 可阻碍匍匐茎伸长并且促进块茎的形成。在马铃薯块茎形成前,匍匐茎具有较低的内源 ABA 水平,在随后块茎膨大阶段 ABA 水平显著上升。Xu 等(1998)研究发现(1998)在匍匐茎离体条件下培养观察发现,含有 ABA 的诱导培养基(8％蔗糖)比正常诱导培养基提前结薯,并且在非诱导培养基(1％蔗糖)中添加 ABA 后可以明显促进块茎的形成,这说明外源施加 ABA 可以抑制匍匐茎伸长生长并促进块茎形成。此外,外源脱落酸(ABA)可诱导长日照条件下马铃薯块茎生长发育,可替代叶片促进茎切段形成块茎,具有抑制匍匐茎伸长使块茎形成提前、增加块茎数量,形成无柄块茎等作用。

CTK 作为一种参与植物生长发育的激素,可使块茎发生频率提高。Palmer 等(1969)研究发现:在含不同浓度 CTK 的培养基中,马铃薯植株块茎形成频率增加。外源 CTK 相关研究也证明了这一点。同时 Vreugdenhil 等(1989)也发现,高浓度 GA_3 存在时,CTK 促进匍匐茎发育为地上叶枝;较高的 ETH 与 GA_3 比例时,CTK 促进匍匐茎发育为块茎。

IAA 对马铃薯块茎发育调控机理还未见明确报道。Xu 等(1998)发现外源 IAA 可以使块茎在诱导条件下提前形成,并抑制匍匐茎在诱导和非诱导条件下的伸长生长,GA_3 和 IAA 同时存在与 GA_3 单独存在相比较,前者会形成更多的块茎并且全部为无柄块茎。Jackson(1999)研究证实 IAA 抑制腋芽的发生以及匍匐茎的伸长。另外,IAA 在抑制匍匐茎的伸长同时,还能促进无柄块茎的形成和块茎的膨大。

JA 和 MeJA 及其衍生物在马铃薯块茎发育过程中的调控作用非常关键。JA 和 MeJA 对马铃薯块茎细胞具有诱导扩张的作用,并有强烈的块茎诱导活性。Koda 等(2001)研究认为茉莉酸(JA)和赤霉素(GA)的综合配比使用可改变马铃薯的成熟期。在离体条件下培养马铃薯匍匐茎时,培养基中加入较高的 JA 和 MeJA 可以有效地提高匍匐茎的结薯率。

ETH 是植物自身产生的一种调节物质,对植物许多生长发育过程均产生影响,其中乙烯可以抑制细胞的纵向生长,促进细胞的横向膨胀。Catchpole 等(1969)通过将匍匐茎暴露在恒量的乙烯气体中,可以诱导匍匐茎的亚顶端区域发生膨大,但是在膨大部位却检测不到淀粉的存在。Garcia 等(1972)在土壤中施加乙烯利溶液可以增加马铃薯植株的单株结薯数。

二、块茎的分化与形成

(一)分化与形成过程

马铃薯块茎形成的早期阶段,决定着马铃薯的匍匐茎或腋芽发育的方向和数量,被视为马铃薯发育块茎的关键和重要时期。

Struik 等(1991)研究发现,当地下部分产生匍匐茎时,地上部分芽上的幼芽开始产生幼茎。通常植株长到团棵期开始有块茎发生,此时花芽分化于主茎顶端,匍匐茎出现生长停止。当地上茎继续生长的同时,匍匐茎停止伸长并在第一和第二节上开始膨大形成块茎。块茎形成始于开花前后,开花时期和块茎形成时期并无直接的相关性,但因品种熟性不同而存在差异。

自然条件下,马铃薯块茎形成包括两个相对独立的过程即匍匐茎发生和匍匐茎顶端膨大。匍匐茎的发生是块茎形成的开始。主茎任何节位都可以产生匍匐茎,匍匐茎的形成与叶片的数目和光合面积有关。敖孟奇等(2013)认为,具有一定大小的光合面积是形成匍匐茎的物质基础,幼苗期形成较大的叶面积对匍匐茎的形成有利。因为匍匐茎的发生和形成同地上幼茎叶的生长在同时期,因而对光合产物的分配存在竞争。所以匍匐茎因叶片数的增多而减少,但增加矿质养分供应可以促进匍匐茎生长;对块茎形成的过程研究,基于细胞水平的研究主要集中在细胞增大、细胞分裂、细胞骨架的变化上。

在块茎的发育过程中,许多区域和组织发生细胞增大和细胞增殖。冷冰等(2010)综述前人观点认为,原形成层活动导致块茎的最初膨大。原形成层活动产生新的韧皮部,在韧皮部边缘形成新的薄壁细胞。蒙美莲等(1994)研究认为,块茎的形成是由髓、皮层和环髓区域细胞在数目和大小上的增加引起的。谢婷婷等(2013)综述认为块茎形成始期,匍匐茎停止伸长,匍匐茎顶端因髓部、皮层部细胞伸长以及纵向分裂而膨大。膨大后顶端块茎直径生长至 0.8 cm 时,停止纵向分裂。自然生长状态时,环髓区域存在任意方向上的细胞分裂及细胞伸长,能够保持块茎发育达最终的直径大小;但组培试管苗条件下,继续培养切段发育的腋芽因为没有环髓区域,块茎直径达到 0.8 mm 后无法完成后续发育。故在块茎初具形态后环髓区域对块茎的次生生长起着关键作用。

块茎从刚形成到长成休眠是一个复杂过程。匍匐茎亚顶端弯曲表现膨大,其顶芽因受到抑制而生长停止,然后其顶芽及侧芽逐渐被包进不断膨大的块茎中,演变为块茎上顶芽和侧芽的芽眼。至块茎收获时芽眼和整个块茎进行休眠,此阶段块茎即使遇适宜环境也不会发芽生长,休眠结束块茎才开始萌发,万巧凤等(2006)也研究发现块茎中贮藏的淀粉将在淀粉酶的催化下降解,形成可以供幼芽生长的重要产物。

(二)块茎发育与地上茎叶生长的关系

马铃薯作为无性繁殖作物,地上植株由块茎萌发的茎发育而成,地上植株又可通过变态的地下匍匐茎膨大形成块茎。在田间生产中通过深耕培土的方式把地上植株的腋芽埋在地下,提供以黑暗潮湿的环境可以萌发匍匐茎并膨大形成块茎。当马铃薯地下匍匐茎受到高温或者外部损伤时,地下匍匐茎无法膨大形成块茎,地上部分光合作用所积累的养分无处分配,就可能在地上茎节处长出气生块茎。匍匐茎与地上茎相比茎节较长且无绿色叶片,有鳞片叶着生在茎结处。把地上侧枝采用蔓压的方式埋在地下时,叶片会逐渐退化,茎节不断增长失绿发育成匍匐茎。因此马铃薯地上茎与匍匐茎没有太大差异,可以在特定环境中彼此相互转化。

马光亮等(1999)通过在陕西北部的试验研究,根据主茎叶片数作为判断地下块茎的形成与膨大期具有相当重要的意义,方法简便,易于掌握。通过 3 年的试验研究得知,在该地区正常气候条件下,中熟品种田间管理的重点在 8 月上旬,晚熟品种在 8 月中旬。因此,在马铃薯生育期根据各个品种的熟性不同,以主茎叶片数为依据作为判断地下块茎的形成与膨大期,不失时机地做好田间管理工作,对夺取马铃薯丰产、稳产具有重要意义。

刘克礼等(2003a)认为,匍匐茎与块茎的形成是马铃薯产量形成的前提条件,二者的建成与植株其他器官的生长发育密切相关。匍匐茎和块茎的形成与叶片和地上茎形成时期并进,所以,马铃薯块茎的建成与地上营养器官的生长发育存在着光合产物的竞争,但地上部器官的建成依然是产量形成的物质基础。

(三)马铃薯块茎分化与形成的影响因素

块茎的形成受多种因素影响。研究表明,光照、温度、氮素、蔗糖、激素等都会对块茎的形成造成影响。马铃薯喜凉,短日照、低氮素条件下,都会促进块茎的发育,而赤霉素会阻碍块茎的发育,脱落酸、细胞分裂素、生长素、乙烯、矮壮素等则会促进块茎的发育。

1. 光周期的影响 光周期对于诱导块茎形成也是关键的环境因子之一。多年来,光周期如何进行调控马铃薯块茎形成机理的相关研究已取得重大进展。通常短日照较有利于块茎的形成。短日照能显著诱导和促进马铃薯块茎的形成。Gregory(1956)将短日照诱导马铃薯叶片嫁接到长日照的植株砧木上,长日照植株可以形成块茎,但长日照叶片嫁接到长日照的植株砧木上,则不能形成块茎。这说明短日照会促进马铃薯叶片产生一种块茎形成的刺激物。Mariana 等(2006)研究表明,在每天 8 h 短日照下,马铃薯就能形成块茎,而在每天 16 h 长日照下,马铃薯不能形成块茎。而短日照下,在长时间的暗期中给予一个短时间(15 min)的光照处理,马铃薯依然不能形成块茎。这预示着马铃薯块茎的形成,更依赖一个完整的长夜,而不是短日照。

刘梦芸等(1994)使马铃薯出苗后 1 个月内接受每日 8 h 短日照处理,并与当时自然光照长度进行比较,研究光照长度对块茎形成期内源激素的影响,探讨块茎形成与激素水平的关系。结果表明:短日照处理使块茎形成显著提早,但使结薯数减少,植株茎叶生长受抑,块茎淀粉含量降低;短日照处理使叶片中 ABA 含量提早增高,GA 含量提早减少,GA 与 ABA 的比值提早显著降低。

罗玉等(2011)以马铃薯"大西洋"单节茎段培养为实验体系,记录 8% 蔗糖处理不同时间及全黑暗、短日照(每日 8 h)、长日照(每日 16 h)下对结薯情况影响的差异。结果表明:全黑暗是诱导结薯的最佳处理,块茎生成百分率最高,诱导强度最高,薯块白色,多无柄。诱导结薯不同处理时间后转入短日条件下,能结薯,块茎生成率低,紫红色,多保龄球状。诱导结薯不同处理时间后转入长日条件下,没有块茎生成,全部长成匍匐茎。

许真等(2008)介绍了光周期调节马铃薯块茎形成的分子机制。综合了赤霉素(gibberellins,GA)、马铃薯 StCOL3(CONSTANS. LIKE3)基因和 StFT(FLOWERINGLOCUS)基因以及蔗糖运输载体(sucrose transporters,SUTs)在短日照调节马铃薯块茎形成中的作用。

谢婷婷等(2013)研究发现马铃薯形成块茎的过程与拟南芥等一些植物的开花过程相近似,马铃薯块茎形成机理不仅是植物发育生物学研究的重要内容之一,也是提高马铃薯产量、品质的重要保障。大量参与植物开花的重要基因,如光敏色素、CONSTANS(CO)、FLOW-ERING LOCUS T(FT)、LOV 蓝光受体蛋白家族及 CDF 转录因子等在马铃薯块茎形成过程中都起到重要的调控作用。此外,马铃薯中发现的同源异型框基因 POTH1 及其相互作用基因 StBEL5 也在光调控马铃薯块茎形成过程中扮演重要角色。马铃薯中发现的同源异型框基因 POTH1 及其相互作用基因 StBEL5 也在光调控马铃薯块茎形成过程中扮演重要角色。

总而言之,短日照有助于马铃薯块茎的形成,并对诸多内源激素(GA、ABA)和营养物质(淀粉、蔗糖)有显著影响。

2. 温光综合作用的影响　马铃薯喜好冷凉环境,在低温下,马铃薯结薯较早,而在高温下,结薯会延迟甚至被完全抑制。研究表明,马铃薯块茎形成的最适温度为 $15 \sim 20$ ℃。10 ℃下,块茎被诱导形成,而 30 ℃下则不能形成块茎。高温抑制马铃薯块茎形成,这是因为高温下呼吸作用增强,3-磷酸甘油酸(3PGA)含量降低,抑制了 ADP－葡萄糖焦磷酸化酶(ADPGlc)活性,导致淀粉合成受阻,从而抑制了块茎的形成和发育。

肖关丽等(2010)研究不同温光条件下马铃薯生长、块茎形成及其与内源 GA_3、ABA 和 JA 的关系,以云南主栽的 4 个马铃薯品种,即大西洋、合作 88、米拉和中甸红为参试材料,结果表明:马铃薯不同品种对温度和光照的敏感性存在差异,大西洋对温度反应较敏感,25 ℃高温条件下,8 h、12 h 和 16 h 三个光照处理后均无块茎形成,合作 88 对光照反应较敏感,在 16 h 长日光照条件下,15 ℃、25 ℃ 两个温度处理后均无块茎形成,中甸红在高温和长日照(25 ℃ 16 h)的共同作用下无块茎形成,米拉在所有温光处理下均有块茎形成。不同温光条件下马铃薯叶片内源 GA_3、ABA 和 JA 测定分析结果表明,GA_3 在无块茎形成的温光条件下含量较高而在块茎形成温光条件下含量显著降低,ABA 和 JA 含量无论在何种温光条件下都随马铃薯生育进程持续增高。GA_3 是抑制结薯的重要因子,ABA 和 JA 含量升高与植株衰老的关系比与块茎形成的关系更为密切。

肖特等(2011)通过试验,在温室遮阴和人工气候室温光处理条件下,适度降低光照强度和温度可明显促进马铃薯块茎的形成和发育,利于获得高产。肖特等(2015)为明确马铃薯块茎内微量元素积累受温光处理因素的影响机制,以内蒙古中西部地区常用马铃薯品种内农薯 1号、底西芮和费乌瑞它为试验材料。采取温室遮光和人工气候室长短日照处理,并研究了马铃薯块茎内 K、Fe、Zn、Se 四种元素含量变化情况。结果表明:在遮阳网遮光处理后能够较显著地降低温室内温度,减弱温室内光照强度,一层、两层遮光条件下温度降低值与自然条件比较平均为 1.9 ℃和 3.3 ℃;光照强度减少值为 27 840.5 lx 和 45 442.9 lx。K、Fe、Zn、Se 在 3 个马铃薯品种块茎内含量随发育时期不断降低,遮光在生育前期影响较小,生育后期响较大。块茎内 K 含量的积累在生育后期长日照处理能得到促进。同一品种块茎内 Fe、Zn、Se 的含量经过不同长、短日照光周期处理后差异不显著,块茎内对光周期变化不敏感元素为 Fe、Zn、Se。

3. 氮素的影响　氮素是马铃薯生长过程中吸收最多的营养元素之一。研究表明,高浓度的氮会推迟马铃薯块茎的形成,过量的氮肥会导致块茎形成推迟 $7 \sim 10$ d,而低浓度的氮则更有利于块茎的形成。连续供氮,会抑制块茎的形成,间断供氮,则会促进块茎的形成,然而在高温长日照的情况下,间断供氮也不能诱导块茎的形成。氮素是通过改变相关激素含量来影响块茎的形成,而不同的氮素形态对块茎形成的影响也不同,硝态氮对马铃薯匍匐茎分枝的生长有促进作用,铵态氮对块茎的膨大有促进作用。

郑顺林等(2013)通过随机区组试验研究了施氮水平对马铃薯块茎形成期叶片光合特性的影响。结果表明,施氮可促进叶绿素合成,提高气孔开闭变化幅度、光合响应灵敏度及光能转化效率;低氮对马铃薯块茎形成期光合特性的影响程度较中、高氮处理小,光合作用自身气孔调节能力以施中氮处理最高;随施氮水平提高,马铃薯块茎形成期光补偿点、表观量子效率、最大净光合速率、表观暗呼吸速率均逐渐提高,高氮处理具有更高光能转化效率。

高媛等(2012)强调,氮素不仅影响块茎的形成,还调控着地上部分生长,所以氮素涉及马铃薯植株整个生育期的调控,尤其在块茎形成以后,足够的光合面积是为块茎膨大提供物质来源的保障。

雷尊国等(2013)试验表明施放硫酸钾、尿素或复合肥,采用兑水或固体颗粒施放方式都能提高早熟马铃薯繁种时的匍匐茎数量。匍匐茎决定块茎的形成数量和大小,同时也是块茎发育的直接运输器官,但刚发生匍匐茎的时期为幼苗期,此时地上部幼苗也是快速生长和分枝时期,两者存在对叶片光合有机物的竞争关系。所以随着叶片数目的增多,匍匐茎发生数量在减少。因此,马铃薯幼苗期的肥水均衡供应以增加匍匐茎的发生尤为重要。

苏亚拉其其格等(2015)介绍,氮素形态对马铃薯块茎形成也有影响,但其机制尚未明确,根据其他环境因素影响马铃薯块茎形成的研究进展,推测激素可能介导了氮素形态对块茎形成的调控作用。

黄强等(2019)采用盆栽试验,在施入总氮一致条件下,探索硝化/脲酶抑制剂与不同施肥方式配施对春、秋季马铃薯生长及土壤矿质氮的影响。结果表明:追施氮肥及配施硝化/脲酶抑制剂能提高春、秋季马铃薯生育后期干物质量及产量,但春马铃薯增产效果大于秋马铃薯,一次追肥处理增产效果最好。

4. 植物激素的影响　植物激素对植物的生长发育一直起着重要的调控作用,而对马铃薯块茎的形成,植物激素的作用也至关重要。多种植物激素都对马铃薯块茎形成起调控作用,报道较多的有赤霉素(GA)、细胞分裂素(CTK)、生长素(LAA)、茉莉酮酸及其衍生物(JAs)、脱落酸(ABA)、乙烯。不同激素对马铃薯块茎形成都起着不同的调控作用,而激素之间也存在着复杂的相互作用,共同调控块茎的形成。

在马铃薯块茎形成过程中,研究最多的是 GA 的调控作用。GA 调控块茎形成是通过参与形成块茎时调整细胞分裂及细胞骨架、传递光周期诱导形成块茎的信号、影响参与糖分物质合成代谢多种酶的活性等过程实现的。蒙美莲等(1994)研究 GA 对马铃薯块茎的形成起抑制或延迟的作用。外源施加 GA_3 的种薯,结的块茎小,单株产量低。而在块茎形成过程中,已形成的块茎 GA_3 含量比未形成块茎前的匍匐茎 GA_3 含量低,这些都说明 GA_3 对块茎形成的抑制作用。研究表明,GA 可以通过参与马铃薯块茎发育过程中的光周期信号通路、碳水化合物的合成以及细胞分裂,从而影响块茎形成。GA 是茎形成的诱发剂,外源施加 GA,会刺激匍匐茎的生长,延缓块茎形成。马崇坚等(2003)报道当外源添加 GA 时却对马铃薯茎、叶和匍匐茎的生长起促进作用,而抑制块茎的形成。但当添加 GA 生物合成抑制剂时则使植株体内 GA 水平和活性降低,进而促进块茎的形成。

除了 GA 对马铃薯的块茎形成起到重要的调控作用,其他激素也参与了块茎形成的调控,但对于这些激素对块茎形成的作用,结论并不统一。

细胞分裂素能够促进细胞的分裂并扩大,可以促进马铃薯匍匐茎顶端膨大,形成块茎。但是宋占午(1992)的研究表明,CTK 不能促进块茎形成,玉米素(ZT)在低浓度下不影响块茎的形成,而高浓度的玉米素会抑制离体块茎的形成。因为他们认为 CTK 不能诱导块茎形成。

生长素是根形成的诱发剂。刘梦芸等(1997)研究发现,IAA 含量随着块茎的形成大幅增加,而外源施加 IAA 效果却不明显。Kumar 等(1974)研究表示高浓度的生长素会抑制块茎形成。茉莉酮酸及其衍生物是诱导块茎形成的一种新的植物激素,JA 的化学性质与块茎酸(TA)相似。Jackson 等(1994)研究发现 TA 可以促进块茎的形成,然而提高内源 JA 含量,对块茎的诱导却没有产生影响。

脱落酸对块茎形成的作用,促进和抑制的报道都有。刘梦芸等(1994)发现马铃薯块茎形成期,脱落酸含量显著增加,赤霉素含量则显著降低,赤霉素与脱落酸比值下降到一定水平是块茎开始形成的重要条件。外加脱落酸喷施叶面,使块茎形成提早,但结薯数并未增加;外加赤霉素喷施叶面,使植株细高,匍匐茎细长,块茎形成显著延迟,块茎显著减少。而研究发现,当有苄氨基嘌呤(BAP)时,各种浓度的 ABA 均抑制了块茎形成,当无 BAP 时,ABA 促进块茎形成。乙烯能引起匍匐茎加粗,促进马铃薯块茎的形成,但 Mingo-Gastel 等(1975)研究发现,离体培养的匍匐茎生长被乙烯抑制。

各个激素对块茎形成的研究结果存在差异,马铃薯块茎的形成可能与激素成分的比例变化有关。由此可见,马铃薯块茎的形成并不被单一激素调控,而是多种激素相互协调,共同调控。

5. 糖代谢及相关酶的影响　糖是植物生命的能源物质,是一种基因表达的重要调节物质。蔗糖对植物生长、发育作用举足轻重。植物体内的蔗糖主要来自于其自身的光合产物,是叶片源同化产物运输的主要形式、库器官代谢的重要基质,蔗糖浓度高低差成为由源向库运输的驱动力,叶片累积较高的蔗糖浓度更利于蔗糖向茎、根等部位运输。同时,库器官的不断分解利用使蔗糖浓度降低而形成蔗糖浓度差。块茎形成包括形态发生和同化物大量合成与累积两个过程,匍匐茎顶端的蔗糖和淀粉含量逐渐增加,植株叶片光合速率提高,加快同化产物的外运速度,迅速增加整株干物质量,块茎形成有关的特异蛋白会相继出现并含量增加,内源激素成分及其比值也发生明显的变化。

马铃薯块茎的形成会被高浓度的糖诱导,而蔗糖比其他单糖、双糖更加高效的诱导块茎的形成。高浓度的蔗糖促进块茎的形成,8%的蔗糖浓度是块茎形成的最佳浓度。在无光照或光周期短的条件下,当培养基中蔗糖浓度低于 4%时,马铃薯块茎无法形成。适宜的蔗糖浓度,不仅为马铃薯块茎形成提供能量,还维持了块茎生长所需的渗透压,此外,蔗糖还主要作为信号物质,诱导块茎形成中基因的表达,从而调控块茎的发育。

段晓艳(2008)研究表明,马铃薯块茎发育中蔗糖能够诱导其形态发生和形成,蔗糖还能够通过调控其相关基因表达进而诱导块茎的特异蛋白和淀粉的合成、积累。所以,蔗糖可能是通过其特异性信号的转导途径来实现对形成块茎的诱导作用,也就是说蔗糖本身可能具有诱导信号分子功能。

Tiessen 等(2003)报道证实,高浓度蔗糖可以诱导马铃薯块茎主要贮藏蛋白(如 patatin 和 Pin-Ⅱ)和淀粉合成相关酶(如 AGPase,BE 和 SPS)等基因的特异性表达和大量累积。关于糖代谢及相关酶的关系的研究在植物果实方面试验较多,如枸杞、梨、苹果、葡萄、菠萝等果树植物中已做过大量研究,表明不同种分果树中调节糖代谢的关键酶存在差异,各种果实糖积累的分型、种分、含量都有较大不同。

罗玉等(2011 年)试验表明在离体条件下马铃薯形成块茎需要高浓度的糖和适宜的光周期诱导,较之其他糖分,蔗糖可以高效诱导幼苗结薯。Riesmeier(2013)发现当蔗糖转运蛋白(transporter)的活性被抑制或可供利用的碳水化合物含量下降时,转基因马铃薯植株的块茎形成出现显著降低现象。当蔗糖和淀粉作为块茎的内含物时,可以刺激块茎的形成,说明一些营养物质如碳水化合物的转运对诱导块茎有重要的作用,但调节碳水化合物转移向匍匐茎顶端而促进块茎形成的基因还不明确。

第三节 马铃薯碳代谢、氮代谢、水分代谢

一、碳代谢

(一)光合作用

光合作用是绿色植物通过叶绿素吸收光能,利用 CO_2 和 H_2O 合成有机物,并将光能转换为化学能的过程。通常用下列公式表示:

$$6CO_2 + 6H_2O \xrightarrow[\text{绿色植物}]{\text{光}} C_6H_{12}O_6 + 6O_2$$

光合作用的意义在于把无机物转变为有机物;把光能转化为化学能,贮存在合成的有机化合物中;调解空气中的 CO_2 和 O_2 含量。光合作用是马铃薯植株生产的物质基础和能量基础,也是产量形成的物质基础和能量基础。马铃薯中的有机物质,都直接或间接来自光合作用,是产量形成的基础。马铃薯块茎中的干物质含量的95%以上来自光合作用的积累。从某种意义上说,马铃薯生产上的各种农业措施,最根本的出发点就是提高光合作用效率,有效地利用太阳能,产生较多的光合产物,获得较高的产量。

1. 光反应 光合作用可分为两个反应——光反应和暗反应。光反应是必须在光下才能进行的,由光所引起的光化学反应;暗反应是在暗处或光处都能进行的,由若干酶所催化的化学反应。光反应是在类囊体膜(光合膜)上进行的,而暗反应是在叶绿体的基质中进行的。光反应是叶绿素等色素吸收光能,将光能转化为化学能,形成 ATP 和 NADPH 的过程。如图 2-2 所示。

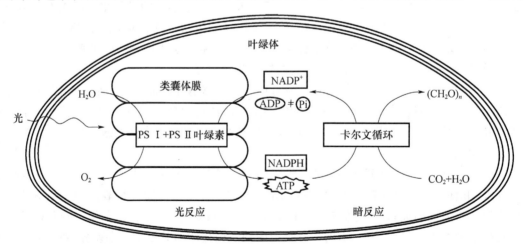

图 2-2 叶绿体中光合作用的光反应和暗反应(Taiz et al. ,2006)

在类囊体膜中,光通过 PSⅡ 和 PSⅠ 引进 ATP 和 NADPH 合成,在基质中,ATP 和 NADPH 在循环中通过卡尔文循环进行一系列酶促反应,还原 CO_2 为糖类(丙糖磷酸)。光反应又称为光系统电子传递反应(photosythenic electron-transfer reaction)。在反应过程中,来

自于太阳的光能使绿色植物的叶绿素产生高能电子从而将光能转变成电能。然后电子通过在叶绿体类囊体膜中的电子传递链间的移动传递，并将 H^+ 质子从叶绿体基质传递到类囊体腔，建立电化学质子梯度，用于 ATP 的合成。光反应的最后一步是高能电子被 $NADP^+$ 接受，使其被还原成 NADPH。光反应的场所是类囊体。准确地说光反应是通过叶绿素等光合色素分子吸收光能，并将光能转化为化学能，形成 ATP 和 NADPH 的过程。光反应包括原初反应（光能的吸收、传递和转换过程）、电子传递和光合磷酸化（电能转化为活跃的化学能过程）两个主要步骤。

原初反应。它是指光合作用中从叶绿素分子受光激发到引起第一个光化学反应为止的过程，其中包含色素分子对光能的吸收、传递和转换的过程。两个光系统（PSⅠ和PSⅡ）均参加原初反应。当波长范围为 $400 \sim 700$ nm 的可见光照射到绿色植物时，聚光色素系统的色素分子吸收光量子后，变成激发态。由于类囊体片层上的色素分子排列得很紧密（$10 \sim 50$ nm），光量子在色素分子之间以诱导共振方式进行传递，传递速度很快，一个寿命为 5×10^{-9} s 的红光量子，在类囊体中可把能量传递给几百个叶绿素 a 分子。能量可以在相同色素分子之间传递，也可以在不同色素分子之间传递。能量传递效率很高，类胡萝卜素所吸收的光能传给叶绿素 a 的效率高达 90%，叶绿素 b 所吸收的光能传给叶绿素 a 的效率接近 100%。这样，聚光色素就像透镜把光束集中到焦点一样，把大量的光能吸收、聚集，并迅速传递到反应中心色素分子。反应中心（reaction centre）是将光能转变为化学能的膜蛋白复合体，其中包含参与能量转换的特殊叶绿素 a（special-pair chlorophylla）、脱镁叶绿素（镁被氢取代的叶绿素）和酶等电子受体分子。当特殊叶绿素 a 对吸收由聚光色素传来的光能后，就被激发成激发态，交出一个电子给位于类囊体膜外侧的原初电子受体，使其带负电，转给另外一个色素分子（如脱镁叶绿素），再转给基质表面的非色素分子（如醌）等受体，而反应中心的特殊叶绿素 a 对则带正电，就产生一个不可逆的跨膜的电荷分离（charge separation）。这种叶绿素吸收光能后十分迅速地产生氧化还原的化学变化，称为光化学反应，它是光合作用的核心环节，能将光能直接转变为化学能。光化学反应实质上是由光引起的氧化还原反应，具体变化如下：当特殊叶绿素 a 对（P）被光激发后成为激发态 P^*，放出电子给原初电子受体（A）。叶绿素 a 被氧化成带正电荷（P^+）的氧化态，而受体被还原成带负电荷的还原态（A^-）。氧化态的叶绿素（P^+）在失去电子后又可从原初电子供体（D）得到电子而恢复原来的还原态。这样不断地氧化还原，原初电子受体将高能电子释放进入电子传递链，直至最终电子受体 $NADP^+$。同样，氧化态的电子供体（D^+）也要向前面的供体夺取电子，依次直到最终的电子供体水，将水分解成质子（H^+）和氧气。

2. 暗反应　光合作用是绿色植物最基本的生理活动。其全过程包括光反应和暗反应。光反应是水的光解；暗反应是 CO_2 的固定和循环，在一系列酶的参与下，完成循环过程，生成碳水化合物。

（1）暗反应的生理生化途径　马铃薯是 C_3 植物。暗反应的初始产物是 3 碳化合物。反应过程依卡尔文循环，在一系列酶的作用下，形成最终产物。卡尔文循环包括核酮糖-1,5-二磷酸（ribulose-1,5-bisphosphate，RuBP）的羧化、C_3 产物的还原和 RuBP 的再生三个阶段，共 14 步反应，所有反应在叶绿体基质中完成。

① RuBP 的羧化　进入叶绿体的 CO_2 与其受体 RuBP 结合后经水解生成 3-磷酸甘油酸（3-PGA），这是光合作用碳同化的第一步骤，CO_2 被固定，实现了无机物向有机物的转化。

反应分两步进行。第一步为羧化反应（carboxylation），即 RuBP 接受一分子 CO_2，其分子上部羧基化，形成一不稳定的中间化合物；第二步为水解反应，即该中间化合物水解形成 2 分子 3C 化合物。

催化羧化反应的酶是核酮糖-1,5-二磷酸羧化酶/加氧酶(ribulose-1,5-bisphosphate carboxylase/oxygenase,Rubisco)该酶含量丰富,约占叶片可溶性总蛋白的 40%,在叶绿体基质中,Rubisco 活性位点浓度高达 4 mmol/L,约为它催化的底物 CO 浓度的 500 倍以上。Rubisco 既能催化 RuBP 与 CO_2 的羧化反应,又能催化 RuBP 与 O_2 的加氧反应。它催化的羧化反应是光合作用中最基本的碳还原反应。

② C_3 产物的还原　在羧化反应中形成的 PGA 仅为有机酸,在叶绿体基质中,利用光合光反应生成的 ATP 与 NADPH 将 3-PGA 进一步还原为磷酸丙糖。

3-磷酸甘油酸激酶催化 3-PGA 的磷酸化反应形成 1,3-二磷酸甘油酸,再由 NADP-甘油醛-3-磷酸脱氢酶催化形成甘油醛-3-磷酸(GAP)。GAP 是光合碳同化的重要产物。至此,3-PGA 被还原为糖,光合作用光反应中形成的同化力 ATP 与 NADPH 携带的能量转贮于碳水化合物中。如图 2-3 和图 2-4 所示。

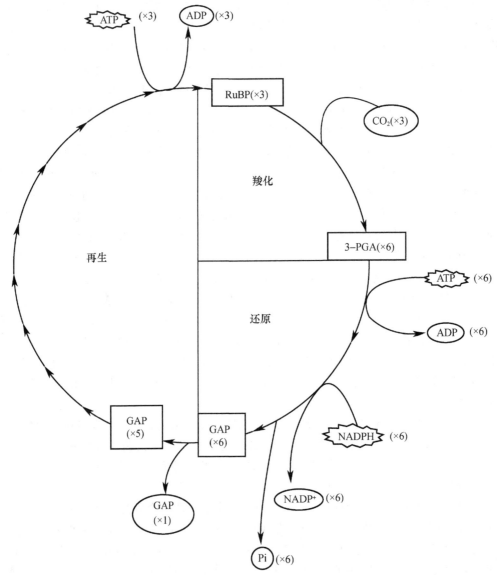

图 2-3　卡尔文循环中三个阶段示意图(武维华,2003)

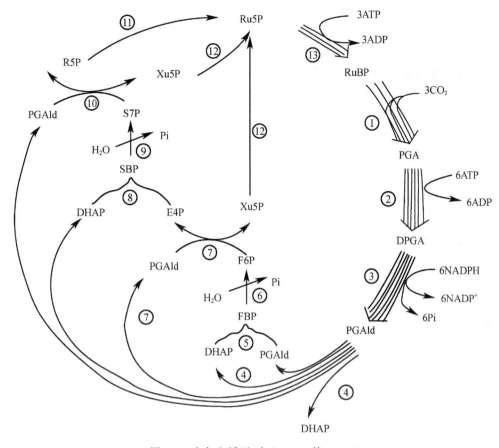

图 2-4 卡尔文循环（自 Bowyer 等,1997）

每一线条代表每 1 mol 代谢物的转变,①是羧化阶段;②和③是还原阶段;其余反应是更新阶段,DHAP,二羟丙酮磷酸;FBP,果糖－1,6－二硫酸;F6P,果糖－6－磷酸;E4P,赤藓糖-4-磷酸;Xu5P,木酮糖-5-磷酸;SBP,景天庚酮糖-1,7-二磷酸;S7P,景天庚酮糖-7-磷酸;R5P,核糖-5-磷酸,Ru5P,核酮糖-5-磷酸,循环中的酶如下:①Rubisco,②甘油酸-3-磷酸激酶,③甘油醛-3-磷酸脱氢酶,④丙糖磷酸异构酶,⑤果糖二磷酸醛缩酶,⑥果糖-1,6-二磷酸酶,⑦转酮酶,⑧果糖二磷酸醛缩酶,⑨景天庚酮糖-1,7-二磷酸酶,⑩转酮酶,⑪核糖磷酸异构酶,⑫核酮糖-5-磷酸差向异构酶,⑬核酮糖-5-磷酸激酶

③ RuBP 的再生　叶绿体中需保持 RuBP 不断再生去接受 CO_2,卡尔文循环才得以继续运转。经羧化反应和还原反应形成的甘油醛-3 磷酸经过 3C、4C、5C、6C、7C 糖的一系列反应转化,形成核酮糖-5-磷酸（Ru5P）,最后由核酮糖-5-磷酸激酶催化,消耗 ATP,再形成 RuBP。

再生过程自 GAP 始,最终形成 RuBP,再生过程的总反应可表示为:

$$5GAP+3ATP+2H_2O \rightarrow 3RuBP+3ADP+2Pi+3H^+$$

卡尔文循环的总反应式可表示为:

$$3CO_2+5H_2O+9ATP+6NADPH \rightarrow GAP+9ADP+8Pi+6NADP^-+3H^+$$

在卡尔文循环中,每同化 3 分子 CO_2,消耗 9 分子 ATP 与 6 分子 NADPH,形成 1 分子磷酸丙糖,以很高的能量转化效率（80％以上）将光反应中的活跃化学能转换为稳定的化学能,暂时贮存在磷酸丙糖中。

（2）完成暗反应的酶系统　C_3 途径的化学过程大致可分为三个阶段:即羧化阶段、还原阶段和再生阶段。在这一过程中的酶主要有羧化阶段的核酮糖二磷酸羧化酶（Rubpcase）和还

原阶段 β-磷酸甘油酸激酶。叶肉细胞含有大量磷酸丙酮酸双激酶和磷式丙酮酸羧化酶,而含1,5-二磷酸核酮糖羧化酶和乙醇酸氧化酶则较少。磷酸丙酮酸双激酶可以催化丙酮酸和三磷酸腺苷形成磷酸烯醇式丙酮酸,磷酸烯醇式丙酮酸羧化酶是卡尔文循环中最关键的酶,也是产生磷酸乙醇酸的酶,乙醇酸氧化酶是光呼吸的一种关键酶。高等植物的光合细胞中都有过氧化物体,其中 C_3 植物叶肉细胞含过氧化物较多,过氧化物体位于叶绿体附近,它含有乙醇酸氧化酶和过氧化氢酶,能把由叶绿体运来的乙醇酸分解;乙醇酸氧化酶的活性高,光呼吸较强。

卡尔文循环受光调节,光影响酶活性对卡尔文循环的调节有两种情况:

① 通过铁氧还蛋白-硫氧还蛋白系统 卡尔文循环中被光调节的酶有下列 5 种,Rubisco、甘油醛-3-磷酸脱氢酶、果糖-1,6-二磷酸酶、景天庚酮糖-1,7-二磷酸酶和核酮糖-5-磷酸激酶。除了 Rubisco 外,其他 4 种酶都含 1 个或多个二硫基(-S-S-),光通过铁氧还蛋白-硫氧还蛋白(Fd-Td)系统控制这 4 种酶活性。在暗中,它们的二硫基呈氧化状态(-S-S-),使酶不活化或亚活化。在光下,-S-S-基还原成巯基(-SH,HS-),酶就活化。

② 光增加 Rubisco 活性 Rubisco 的活性反映了 PSⅡ的光化学效率,最终限制 CO_2 的固定。在光照下,质子跨过类囊体膜进入内腔,pH 就降为 5.0,而基质的 pH 是 8.0,适合于 Rubisco 的活性。Rubisco 活性还需要 CO_2。CO_2 不只是作为 Rubisco 的底物,而且是它的活化剂。CO_2 首先与酪氨酸残基的-NH_2 缓慢反应,形成氨基甲酸衍生物,再与由类囊体派出的 Mg^{2+} 迅速结合,但此复合物仍无活性。后研究表明,在含有 Rubisco、RuBP 和 CO_2 的混合物中加入一种蛋白质,Rubisco 的活性就完全表现出来,这种蛋白质就称为 Rubisco 活化酶(Rubisco activase),它具有促进 Rubisco 依赖光活化作用。

3. 马铃薯的光饱和点和光补偿点 植物的光合作用,在一定的光照强度范围内,随着光照强度的增大,光合作用强度也增大,吸收的 CO_2 多于放出的 CO_2,光合产物增加。当光照强度增加到一定程度,光合作用强度不再增加,这时的光照强度称为光饱和点。在光饱和点以下,随着光照强度的减弱,光合作用强度下吸收的 CO_2 也减少,当光照强度减弱到一定程度时,植物吸收的 CO_2 量等于呼吸放出的 CO_2 量,这时的光照强度称为光补偿点。

各种作物的光饱和点和光补偿点是不同的。马铃薯的光饱和点为 1400 $\mu mol/(m^2 \cdot s)$。光照强度大,叶片光合强度高,块茎产量和淀粉含量均高。光补偿点在各种植物中也不一样,马铃薯的光补偿点一般为 50 $\mu mol/(m^2 \cdot s)$。

4. 影响马铃薯光合作用的因素 光合作用是植物叶片利用 CO_2 和 H_2O 合成有机物的过程,是生物量积累的过程,是马铃薯块茎积累的过程。影响马铃薯光合作用的因素,既有自然因素,也有人为因素。

(1)自然因素的影响 温、光、水、气等都是影响马铃薯光合作用的自然因素。

① 温度的影响 高温对马铃薯光合作用造成一定影响。王连喜等(2011)曾研究短期高温胁迫对不同生育期马铃薯光合作用的影响。选取在宁夏广泛种植的粉用马铃薯陇薯 3 号为试材,分析短期高温条件下不同生育期其气孔导度(G_s)、蒸腾速率(T_r)、叶室内外 CO_2 浓度差、净光合速率(P_n)以及叶片光合水分利用效率(WUE)的变化。结果是出苗期高温胁迫下的马铃薯净光合速率和叶室内外 CO_2 浓度差均出现滞后性,而气孔导度和蒸腾速率的变化趋势与常温下相一致,但数值均高于常温下,其中对净光合速率影响最大的因子是叶室内外 CO_2 浓度差。分枝期高温胁迫下净光合速率、叶室内外 CO_2 浓度、气孔导度和蒸腾速率虽然变化趋势与常温下相近,但是均在中午出现一次突变,达到峰值,而水分利用率变化与常温下

基本一致；其中对净光合速率影响最大的因子也是叶室内外 CO_2 浓度差，其次是蒸腾速率。结论是高温胁迫对不同生育期马铃薯光合作用均有影响，且分枝期大于出苗期，其中叶室内外 CO_2 浓度差是对净光合速率影响最大的因子。

马铃薯在同等光合有效辐射下的净光合速率随环境温度的下降而降低，不同生态型马铃薯材料对 10 ℃低温具有明显不同的适应性，耐寒性弱的马铃薯品种在 5 ℃低温条件下的净光合速率接近于零。马铃薯叶片气孔导度和蒸腾速率也出现低温抑制，这与对草莓、番茄和茄子的研究结果相同。随温度的降低，气孔对 CO_2 的扩散阻力增大，蒸腾速率降低，胞间 CO_2 浓度受到影响，进而对光合作用产生影响。

秦玉芝等（2013）曾研究了低温逆境对马铃薯叶片光合作用的影响。为评价低温胁迫下不同马铃薯品种的光合适应性，以 7 个马铃薯普通栽培品种和 2 个湖南马铃薯地方种为材料，分析低温（5 ℃、10 ℃，以 20 ℃为对照）对马铃薯光合作用的影响。结果表明：马铃薯净光合速率随环境温度的降低而下降，所有供试材料表现出相同的变化趋势，但不同材料之间的下降幅度存在差异，与 20 ℃相比，金山薯、中寨黄皮、中薯 3 号和中薯 5 号 10 ℃时最大净光合速率的下降幅度分别为 51.0％、33.4％、44.5％和 42.6％，费乌瑞它和湘马铃薯 1 号的下降幅度均为 14％～17％，以上供试材料与对照的差异均达显著水平（$P<0.05$），克新系列（1、3、4 号）的降幅在 4.5％以内，与对照的差异无统计学意义（$P>0.05$）；10 ℃下所有供试马铃薯材料的表观量子速率、光饱和点、光补偿点、气孔导度和蒸腾速率均显著低于对照（$P<0.05$），费乌瑞它、中薯 3 号和湘薯 1 号在 5 ℃时的最大净光合速率分别为 9.85、7.54、5.13 $\mu mol/(m^2/s)$，以上 3 种材料的气孔导度为对照的 25％～30％，其他供试马铃薯材料的光合作用则基本停止；随着环境温度由 20 ℃降到 5 ℃，马铃薯叶片胞间 CO_2 浓度先下降后升高。综合考虑，认为 5 ℃下马铃薯光合作用的特点可以作为对其进行耐寒性评价的依据。

② 光照的影响 植物的光合作用，受光照条件影响。在一定的光照强度范围内，随着光照强度的增大，光合作用强度也增大，反之亦然。秦玉芝等（2014）为探讨持续弱光对马铃薯幼苗光合生理特性的影响，进行了不同基因型对弱光适应性差异的植物学与细胞学性状的系统研究，为马铃薯耐弱光遗传资源的筛选和利用提供依据。以马铃薯原始栽培种 Yan（*Solanum tuberosum* subsp. *andigena* var. *yanacochense*）和普通栽培品种费乌瑞它（*Solanum tuberosum*）为供试材料，选用 50 g 马铃薯块茎播种，进行基质盆栽，萌芽后用人工气候箱进行 50 $\mu mol/(m^2 \cdot s)$ 的持续弱光处理[对照光强为 350 $\mu mol/(m^2 \cdot s)$]。1 个月后分析测定各处理的生长状况；采用 LI-COR 6400 便携式光合作用仪测定功能叶片的净光合速率、光合曲线参数、CO_2 曲线参数、叶绿素含量；功能叶片主脉两侧取取大小 1～2 mm 见方小块，处理后用 JEM-1200EX 型电镜扫描观察叶片气孔并照相，分析统计单位面积气孔数量、测量气孔长度与宽度；功能叶片经前处理后用 LKB-5 型超薄切片机切片，醋酸铀-柠檬酸铅双重染色，JGE-1200EX 型透射电镜观察叶绿体超微结构、测量并照相。结果是苗期持续弱光处理使马铃薯费乌瑞它植株明显徒长，叶片变小变薄，但枝叶分化不受影响；原始栽培种 Yan 则枝叶分化困难，处理过程中生长缓慢，处理后加强环境光照强度亦无法恢复其生长速度与长势；持续弱光处理使两种基因型马铃薯叶片光合作用的表观量子效率（AQE）、光合作用饱和点（LSP）、叶片最大净光合速率（Pnmax）、CO_2 饱和点（CSP）、叶绿素含量降低；表观羧化率（EC）、CO_2 补偿点（CCP）上升；Favorita 的光补偿点（LCP）、表观羧化率（EC）下降；Yan 的光补偿点（LCP）上升，表观羧化率（EC），CO_2 饱和点（CSP）与对照差异不显著。长期弱光胁迫使马铃薯叶片气孔密度，叶绿体数量下降。费乌瑞它的叶绿体基粒数、基粒片层数含量升高，Yan 的叶绿体基

粒片层数不增反降。得出结论是不同基因型枝叶分化对光的敏感性不同,差异明显。环境光照不足,敏感基因型的发育与生长都受到严重阻碍,伤害无法通过后期增强光照恢复。持续弱光胁迫使马铃薯叶片光合速率显著下降,对强光的利用能力减弱。适应强的材料(费乌瑞它)可利用最小光强下调,即对弱光的利用能力增强,同时暗呼吸速率降低;而适应弱的材料(Yan)可利用最小光强则上调,可利用光强范围变窄,暗呼吸速率仍然维持较高水平,致使有机物合成和积累困难。持续弱光胁迫改变了马铃薯叶肉细胞排列方式,使叶片气孔密度下降,气孔器变小,气孔器长宽比有增加的趋势,细胞叶绿体数量减少,叶绿素成分比例改变。适应性较强的基因型通过增加叶绿体基粒数、基粒片层数和叶绿素 b 的含量来提高胁迫下对有效光源的捕捉能力;敏感基因型叶绿体基粒的形成受到影响,基粒片层数,气孔密度显著减少,有效光源捕捉能力和 CO_2 亲和力显著下降。

③ 水分的影响 马铃薯叶片的净光合速率、蒸腾速率以及气孔导度均随水分胁迫程度增加而降低。马旭等(2013)曾通过试验,探讨了不同灌水处理对马铃薯光合性能和产量的影响。通过马铃薯覆膜滴灌大田试验,研究了灌溉定额、灌水次数对马铃薯光合性能影响;研究了马铃薯光合性能对产量的影响特性。试验结果表明:在整个生育期内,马铃薯光合性能(蒸腾速率、气孔导度和光合速率)均呈先增后减的变化规律,在马铃薯块茎形成期最大、块茎增长期开始逐步减小,到成熟期骤减,几乎停止光合作用;覆膜滴灌马铃薯时,灌溉定额越大,灌水次数越多,蒸腾速率、气孔导度、光合速率就越大;蒸腾速率、气孔导度均与产量呈显著相关关系,光合速率与产量呈极显著相关关系。

宿飞飞等(2014)以黑龙江省主栽品种克新 1 号为材料,进行盆栽比较试验,研究了分根交替干旱对马铃薯光合生理特性和抗氧化酶活性的影响。结果表明,分根交替干旱作为一种根系干旱信号刺激的处理手段并未给马铃薯植株造成胁迫,反而通过增强叶片净光合速率(PN)、过氧化物酶(POD)、过氧化氢酶(CAT)和超氧化物歧化酶(SOD)等抗氧化保护酶活性提高植株的抗逆性,并在复水后仍能维持较高的活性。而干旱处理则对马铃薯植株造成胁迫,对植株的生长带来负面影响。

王婷等(2010)以云南主栽培马铃薯品种会-2 和合作 88 为材料,进行盆栽比较试验,研究了水分胁迫对马铃薯光合生理特性和产量的影响。结果表明,水分胁迫处理会严重影响马铃薯的光合生理特性及产量,但不同品种对环境条件适应性不同,对水分胁迫反应不同。植物生长特征的变化是干旱过程中植物在外部形态上对水分胁迫的响应。水分胁迫降低了 2 个马铃薯品种的净光合速率、蒸腾速率、气孔导度、SPAD 值、叶面积和产量,均表现为:对照>中度处理>严重处理,其中光合速率、叶面积及产量变化较明显,限制了马铃薯的生长。会-2 品种以上各指标在水分胁迫处理下受影响程度没有合作 88 品种大,各处理表现均高于合作 88 品种。2 个马铃薯品种的气孔导度均明显低于对照,其净光合速率和蒸腾速率也相应降低。而 2 个马铃薯品种的细胞间 CO_2 浓度表现为先减后升,中度水分胁迫处理由于气孔关闭或部分关闭,进入叶肉细胞的 CO_2 减少,使净光合速率下降;严重水分胁迫处理,净光合速率的下降主要是由于水分胁迫加强引起光合结构的破坏或光合过程受阻所至,从而使植株对 CO_2 的同化能力明显减弱,表现为叶肉细胞间 CO_2 浓度的大幅度上升。会-2 品种细胞间隙 CO_2 浓度的降低及升高幅度均没有合作 88 品种的大,说明水分胁迫对合作 88 光合结构的破坏程度比会-2大,光合过程受阻更严重。

王雯等(2015)对膜下滴灌(MG)、露地滴灌(DG)、沟灌(GA)、交替隔沟灌(JG)、漫灌(CK)5 种灌溉方式下马铃薯的光合特性进行研究。结果表明,在马铃薯生长旺盛期,膜下滴灌处理的马铃薯叶片的 P_n、T_r、G_s 和 C_i 值均高于其他处理,且显著高于漫灌($P<0.05$);各处理的 P_n-C_i 以及 P_n-G_s 均表现为显著的正相关关系($R_2>0.89$,$P<0.05$);膜下滴灌处理的 α、Pmax、Isat 值均高于其他处理,且显著高于沟灌和漫灌($P<0.05$)。而其 I_c 和 R_d 值均低于其他处理,且 I_c 值显著低于漫灌($P<0.05$)。因此在榆林沙区,膜下滴灌处理的马铃薯光合特性优于其他灌溉方式。

④ 通气状况的影响 改善根际通气条件能促进马铃薯光合作用与光合代谢产物的转运和积累。20 世纪 90 年代以来,马铃薯脱毒小薯汽雾法栽培以其产量高和易于人工控制被广泛应用。孙周平等(2004)研究发现,这种栽培方式可以促进马铃薯生长发育和产量提高是与根际环境相关。该团队通过汽雾栽培方式对马铃薯根际连续 35 d 的 CO_2 处理表明:温室大气处理(CO_2 380—920 $\mu L/L+O_2$ 21%)和室外大气处理(CO_2 380 $\mu L/L+O_2$ 21%)马铃薯植株的形态特征非常接近,其株高、叶面积、根系质量、匍匐茎数量、块茎产量以及生物量均比根际高 CO_2 处理(CO_2 3600 $\mu L/L+O_2$ 21%)明显提高,叶片的气孔导度和胞间 CO_2 浓度增加,光呼吸速率与 CO_2 补偿点降低,叶片光系统Ⅱ功能改善,光合速率提高,植株生长发育旺盛,块茎产量增加,说明合适的根际 CO_2 浓度(CO_2 380—920 $\mu L/L+O_2$21%)可能是汽雾栽培马铃薯植株生长旺盛的重要原因。

孙周平等(2011)采用槽栽方法,以根际全基质栽培为对照(CK:3200~4500 $\mu L/L$ CO_2;20.1%~20.3%O_2),研究了根际自然扩散通气处理(T_1:2000~3000 $\mu L/L$ CO_2;20.35%~20.5%O_2)、根际管通气处理(T_2:800~1500 $\mu L/L$ CO_2;20.5%~20.75%O_2)和根际两端通气处理(T_3:380~820 $\mu L/L$ CO_2;20.8%~20.9%O_2)对马铃薯叶片叶绿素含量、净光合速率(P_n)、气孔导度(G_s)、胞间 CO_2 浓度(C_i)、PSⅡ 的潜在活性和原初光能转换效率以及光合代谢产物可溶性蛋白和可溶性糖含量的影响。结果表明,改善根际通气条件能促进马铃薯光合作用与光合代谢产物的转运和积累。其中 T_2 处理下马铃薯植株的生长效果最好,其次是 T_1 处理。

(2)栽培措施的影响

① 施肥的影响 马铃薯是一种营养全面的粮菜兼用,高产喜肥作物,对肥料的反应极为敏感,产量形成与土壤营养条件关系密切。马铃薯的生长发育和块茎产量、品质形成,最终取决于植株个体与群体的光合作用,因此增强马铃薯光合作用是提高其块茎产量和品质的基础。施肥可以对马铃薯的光合作用起到一定的调节作用。田丰等(2010)利用 4 因素 5 水平二次通用旋转组合设计分别对氮肥、磷肥、钾肥和密度进行 3 重复试验。结果表明,不同施肥密度组合与马铃薯叶片光合速率、小区产量之间有极显著的回归关系;施肥、密度对马铃薯光合速率的影响为钾肥>氮肥>磷肥>密度;马铃薯小区产量的影响为钾肥>磷肥>氮肥>密度;马铃薯叶片光合速率与小区产量呈显著的正相关。过低、过高的氮肥、磷肥、钾肥施用量均可以抑制马铃薯叶片光合速率。随着马铃薯密度的增加,马铃薯叶片光合速率逐渐降低,并且降低速率不断加快。氮和磷、氮和密度、钾和密度对马铃薯叶片光合速率的影响为正互作。氮和磷、氮和钾、磷和钾配合施用对块茎产量的影响为正互作。

郑顺林等(2013)介绍了氮肥水平对马铃薯光合及叶绿素荧光特性的影响。以 3 个品种为材料,采用随机区组设计,在田间试验条件下,研究了施氮水平对春、秋马铃薯光合和叶绿素荧光特性的影响,以期为合理氮肥运筹,提高马铃薯光能利用提供理论依据,结果表明:增施氮肥因提高了功能叶的叶绿素质量分数而显著影响春、秋马铃薯的净光合速率及其对光照强度和 CO_2 体积分数的响应,但影响的程度和趋势在春、秋马铃薯之间有一定差异。在试验的处理范围内,春马铃薯功能叶的最大净光合速率(A_m)、表观量子效率(Ψ)随施氮水平的增加而提高,而秋马铃薯的 A_m 和 Ψ 则随氮肥用量的增加先增后减,春薯光合作用的光饱和点和补偿点均大于秋薯,表明马铃薯光合作用的氮肥效应受栽培季节的影响;氮肥水平对马铃薯功能叶片叶绿素的荧光特性也有一定影响,适量的氮肥可以提高最大光化学效率(F_v/F_m)、实际光化学效率($\Phi ps\,II$)和电子传递速率(ETR),降低光化学猝灭系数(qP)和非光化学猝灭系数(qN),从而增加 $PsII$ 天线色素对光能的捕获效率,降低光能的热耗散,提高 $PsII$ 的光化学效率;不同马铃薯品种的光合与叶绿素荧光特性及其对氮肥的响应存在一定差异,在秋播和中高氮水平下,川芋 117 的 A_m、羧化效率(CE)、F_v/F_m、$\Phi psII$、ETR 和 qP 等光合和叶绿素荧光参数均高于青薯 2 号。

陈光荣等(2009)采用裂区试验设计,以施钾水平为主处理,补水时期为副处理,研究了补充供水和钾素处理对马铃薯光合特性及产量的影响。结果表明:施钾能明显增加马铃薯叶片气孔导度、蒸腾速率及光合速率($P<0.05$),但施钾提高叶片气孔导度、蒸腾速率、光合速率的程度还依赖于马铃薯受到土壤水分胁迫的程度。在施钾量 150 kg/hm²、苗期补水的条件下,产量达到 36324.97 kg/hm²,比不施钾、不补水处理产量提高了 32.24%。适量的增施钾肥,可有效提高了马铃薯的气孔导度、蒸腾速率和光合速率,有较大的增产、增收效应,在半干旱区马铃薯推荐施钾(氯化钾)量为 150 kg/hm²。施钾还应与磷肥配合,部分氮肥基施,最好在头年结合土地秋耕深施入土壤。

余凯凯等(2016)为探明适宜马铃薯生长的最佳施肥量和多效唑处理,在大田条件下,以晋薯 16 号为试材,SV 有机无机复合肥设 0、300 kg/hm²、600 kg/hm²、900 kg/hm²、1200 kg/hm²、1500 kg/hm² 6 个水平,多效唑设清水对照,现蕾期喷施 1 次,现蕾期和初花期各喷施 1 次,现蕾期、初花期和盛花期各喷施 1 次 4 个处理,二因素随机区组设计,探究肥料与多效唑互作对马铃薯叶片光合及叶绿素荧光特性的影响。结果表明,与对照相比,不同施肥水平和不同生育时期喷施不同次数多效唑以及二者互作均提高了马铃薯叶片的叶绿素总量(Chla + b)、类胡萝卜素(Car),净光合速率(P_n)、蒸腾速率(T_r)、气孔导度(G_s)、暗适应下最大荧光(F_m)、暗适应下 $PSII$ 的最大光化学效率(F_v/F_m)、$PSII$ 潜在活性(F_v/F_o)、光适应下 $PSII$ 实际光化学效率(Y(II))、$PSII$ 相对电子传递速率(ETR)、光化学猝灭系数(qP)、光能利用率(LUE)及块茎干物质含量和产量;降低了胞间 CO_2 浓度(C_i)和暗适应下最小荧光(F_o)。由此可知,增施有机无机复合肥和叶面喷施多效唑能显著改善马铃薯叶片的光合性能。综合各项指标的方差分析表明,二者的最佳组合为施肥水平 1200 kg/hm²,在现蕾期和初花期各喷施 1 次多效唑,该处理下有较高的光合荧光参数,可获得较高的光能利用率,促使马铃薯将捕获的光能更有效地用于光合作用,最终提高马铃薯产量。

贾景丽等(2009b)介绍,以马铃薯早熟品种早大白为材料,用不同浓度的微量元素锰浸种处理,研究锰对马铃薯光合性能的影响。结果表明:低浓度锰元素处理 M_1(MnSO₄ 0.05%)、M_2(MnSO₄ 0.15%)可促进马铃薯各生育时期植株的生长和叶面积的扩大,提高了叶片可溶性糖含量,在现蕾期和生育后期叶片净光合速率和蒸腾速率提高,气孔导度增加,促进光合产物的积累和运输,但高浓度锰元素处理 M_3(MnSO₄ 0.25%)对光合效率存在抑制作用。

② 其他措施的影响 雾培法喷施化调剂可以提高马铃薯净光合速率。杨伟力等(2006)介绍了他们于 2004 年做的试验。对雾培马铃薯植株叶片喷施 5 mg/L,10 mg/L,15 mg/L 和 20 mg/L 烯效唑处理,以清水为对照,研究了烯效唑对雾培马铃薯植株光合作用的影响。结果表明,叶面喷施 10 mg/L 烯效唑可增加雾培马铃薯叶片中叶绿素 a 和叶绿素 b 含量,同时马

铃薯植株的净光合速率最大,而 15 mg/L 和 20 mg/L 烯效唑处理不利于叶绿素 a 和叶绿素 b 含量增加以及净光合速率的提高。

不同的栽培模式对马铃薯的光合作用也会产生影响。黄承建等(2012)以单作马铃薯为对照,设置 2∶2 和 3∶2 两种马铃薯/玉米套作的行数比,研究大田套作条件下马铃薯光合特性的动态变化及其对产量的影响。结果表明:套作显著降低了马铃薯整个生育期叶面积指数(LAI)、比叶重(SLW)和叶绿素 a/b 值(Chla/b),提高了马铃薯叶绿素 a(Chla)、叶绿素 b(Chlb)、叶绿素总(Chla+Chlb)含量。整个生育期套作 3∶2 行数比 LAI 显著高于套作 2∶2 行数比,SLW 块茎形成期显著低于套作 2∶2 行数比,苗期、淀粉积累期高于套作 2∶2 行数比;Chla、Chlb、Chla+Chlb 块茎增长期显著高于套作 2∶2 行数比,淀粉积累期低于套作 2∶2 行数比;Chla/b 值块茎增长期和淀粉积累期显著高于套作 2∶2 行数比;套作降低了 3∶2 行数比 Chla 和 Chla+Chlb 随生育期递减的速率。套作显著降低了马铃薯净光合速率(P_n)、气孔导度(G_s)、蒸腾速率(T_r)、气孔限制值(L_s),提高了胞间 CO_2 浓度(C_i)和水分利用率(WUE),非气孔因素是套作马铃薯净光合速率降低的主要因素;套作 3∶2 行数比的 P_n、G_s、T_r、C_i 显著高于套作 2∶2 行数比,WUE 显著低于套作 2∶2 行数比。与单作相比,套作显著降低了两种行数比的大薯数量和大薯鲜重;套作 2∶2 行数比小薯数量和小薯鲜重显著降低,但套作 3∶2 行数比小薯数量显著增加,小薯鲜重差异不显著;套作 3∶2 行数比小薯数量和小薯鲜重显著高于套作 2∶2 行数比。总之,套作改变了马铃薯的光合特性,并显著降低了马铃薯块茎产量;2∶2 行数比无套作优势(LER 为 0.88),3∶2 行数比具有较强的套作优势(LER 为 1.24),在生产中宜采用套作 3∶2 行数比模式。

黄承建等(2013)还以马铃薯品种中薯 5 号(早熟,株型直立)和米拉(中晚熟,株型扩散)单作为对照,在大田条件下,调查马铃薯/玉米套作模式中 2 个品种光合指标的变化、块茎形成期至块茎增长期不同叶位气体交换参数的变化,分析光合指标对产量的影响。结果表明,整个生育期马铃薯叶绿素含量(Chl a+Chl b)套作高于单作,叶面积指数(LAI)、比叶重(SLW)和叶绿素 a/b 值(Chl a/b)套作低于单作。从块茎形成期至块茎增长期,群体光合有效辐射(PAR)、水分利用效率(WUE)、气孔限制值(L_s)呈下降趋势,净光合速率(P_n)、气孔导度(G_s)、胞间二氧化碳浓度(C_i)、蒸腾速率(T_r)呈上升趋势。PAR、P_n、G_s、T_r 均随叶位的降低显著下降,套作下降幅度低于单作。套作中、下层叶片 P_n 的下降受气孔因素和非气孔因素限制。套作降低了马铃薯上层叶 P_n,提高了中、下层叶 P_n。套作中薯 5 号的 Chl a+Chl b 生育前期高于米拉,生育后期低于米拉,SLW 则相反;LAI 和 Chl a/b 整个生育期高于米拉。套作中薯 5 号上层叶 PAR 高于米拉,中、下层叶 PAR 低于米拉;套作中薯 5 号上层叶 P_n 与米拉相近,中、下层叶 P_n 高于米拉;各层叶 WUE、L_s 高于米拉,G_s、C_i、T_r 低于米拉。总之,套作改变了马铃薯的光合特性,并显著降低了马铃薯块茎产量;套作恶化了中薯 5 号/玉米复合群体的光环境,改善了米拉/玉米复合群体的光环境,米拉/玉米套作体系土地当量比(1.40)大于中薯 5 号/玉米体系(1.24),显示了较强的套作优势,宜在生产中优先推广。

(二)呼吸作用

呼吸作用是将植物体内的物质不断分解的过程,是新陈代谢的异化作用方面。呼吸作用释放的能量供给各种生理活动的需要,它的中间产物在植物体各主要物质之间的转变起着枢纽作用。

1. 呼吸的生理意义

(1)呼吸作用提供植物生命活动所需要的大部分能量　呼吸作用释放能量的速度较慢,而且逐步释放,适合于细胞利用。释放出来的能量,一部分转变为热能而散失掉,一部分以 ATP 等形式贮存着。以后当 ATP 等分解时,就把贮存的能量释放出来,供植株生理活动的需要。植株对矿质营养的吸收和运输,有机物的运输和合成,细胞的分裂和伸长,植株的生长和发育等,无一不需要能量。任何活细胞都在不停地呼吸,呼吸停止则意味着死亡。

(2)呼吸过程为其他化合物合成提供原料　呼吸过程产生一系列的中间产物,这些中间产物很不稳定,成为进一步合成植物体内各种重要化合物的原料,也就是在植物体内有机物转变中起着枢纽作用。

2. 植物呼吸作用糖的分解代谢途径　包括糖酵解途径、三羧酸循环和戊糖磷酸途径。

(1)糖酵解途径　糖酵解亦称为 EMP 途径,指胞质溶胶中葡萄糖在一系列酶作用下逐步降解氧化形成丙酮酸的过程。糖酵解的化学反应如图 2-5,可分为 3 个阶段:

① 己糖的磷酸化　这个阶段是淀粉或己糖活化,消耗 ATP,将果糖活化为果糖-1,6-二磷酸,为裂解成 2 分子丙糖磷酸做准备。

② 己糖磷酸的裂解　这个阶段反应包括己糖磷酸裂解为 2 分子丙糖磷酸,即甘油醛-3-磷酸和二羟丙酮磷酸以及两者之间的相互转化。

③ ATP 和丙酮酸的生成　这个阶段甘油醛-3-磷酸氧化释放能量,经过甘油磷酸、烯醇丙酮酸磷酸,形成 ATP 和 NADH＋H$^+$,最终生成丙酮酸,因此这个阶段也称为氧化产能阶段。由于底物的分子磷酸直接转到 ADP 而形成 ATP,所以一般称之为底物水平磷酸化。

糖酵解过程中的氧化分解没有分子氧参与,其所需的氧是来自组织内的含氧物质,即水分子和被氧化的糖分子,因此糖酵解也称为分子内呼吸。

参加各反应的酶:①淀粉磷酸化酶,②葡糖磷酸变位酶,③己糖激酶,④葡糖磷酸异构酶,⑤果糖激酶,⑥果糖磷酸激酶,⑦醛缩酶,⑧丙糖磷酸异构酶,⑨甘油醛磷酸脱氢酶,⑩甘油磷酸激酶,⑪甘油酸磷酸变位酶,⑫烯醇酶,⑬丙酮酸激酶,⑭丙酮酸脱羧酶,⑮乙醇脱氢酶,⑯乳酸脱氢酶

根据上列反应,糖酵解的反应可归纳为:

葡萄糖＋2NAD$^+$＋2ADP＋2P$_i$→2 丙酮酸＋2NADH＋2H$^+$＋2ATP＋2H$_2$O

在无氧条件下糖酵解中形成的丙酮酸常脱羧形成乙醛,后者再被还原成乙醇(酒精),因而这个过程也称酒精发酵。

丙酮酸也可在乳酸脱氢酶作用下被还原成乳酸,这个过程称为乳酸发酵。

以上两种还原过程中所需的 NADH 都由糖酵解中甘油醛-3-磷酸脱氢氧化形成的 NADH 提供。丙酮酸也可从细胞溶质转移到线粒体衬质,在有氧条件下进一步氧化分解。

(2)三羧酸循环　三羧酸循环(tricarboxylic acid cycle,TCA 循环,TCA)是呼吸作用的主要代谢途径之一。三羧酸循环也称为柠檬酸循环(citric acid cycle),Krebs 循环。是用于将乙酰 CoA 中的乙酰基氧化成二氧化碳和还原当量的酶促反应的循环系统,该循环的第一步是由乙酰 CoA 与草酰乙酸缩合形成柠檬酸。反应物乙酰辅酶 A(Acetyl-CoA)是糖类、脂类、氨基酸代谢的共同的中间产物,进入循环后会被分解最终生成产物二氧化碳并产生 H,H 将传递给辅酶 I—尼克酰胺腺嘌呤二核苷酸(NAD$^+$)和黄素腺嘌呤二核苷酸(FAD),使之成为 NADH＋H$^+$ 和 FADH$_2$。NADH ＋ H$^+$ 和 FADH$_2$携带 H 进入呼吸链,呼吸链将电子传递给 O$_2$ 产生水,同时偶联氧化磷酸化产生 ATP,提供能量。

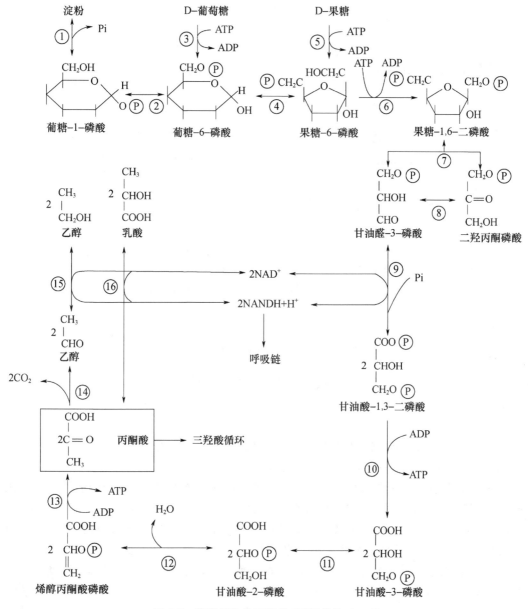

图 2-5　糖酵解和发酵的途径(潘瑞炽,2004)

反应式为:

Acetyl-CoA+3NAD+FAD+GDP+Pi+2H$_2$O→CoA-SH+3NADH+3H+FADH$_2$+GTP+2CO$_2$

循环过程如下(图 2-6):

① 乙酰-CoA 进入三羧酸循环　乙酰 CoA 具有硫酯键,乙酰基有足够能量与草酰乙酸的羧基进行醛醇型缩合。首先柠檬酸合酶的组氨酸残基作为碱基与乙酰-CoA 作用,使乙酰-CoA 的甲基上失去一个 H$^+$,生成的碳阴离子对草酰乙酸的羰基碳进行亲核攻击,生成柠檬酰-CoA 中间体,然后高能硫酯键水解放出游离的柠檬酸,使反应不可逆地向右进行。该反应由柠檬酸合酶催化,是很强的放能反应。由草酰乙酸和乙酰-CoA 合成柠檬酸是三羧酸循环的

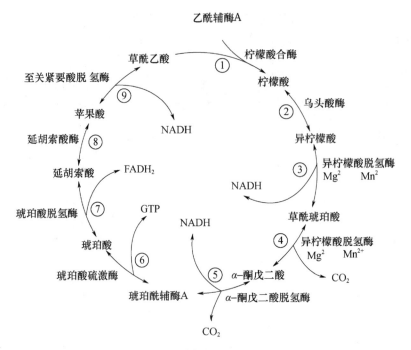

图 2-6 三羧酸循环(Taiz et al.,2006)

重要调节点,柠檬酸合酶是一个变构酶,ATP是柠檬酸合酶的变构抑制剂,此外,α-酮戊二酸、NADH能变构抑制其活性,长链脂酰-CoA 也可抑制它的活性,AMP可对抗 ATP 的抑制而起激活作用。

②异柠檬酸形成　柠檬酸的叔醇基不易氧化,转变成异柠檬酸而使叔醇变成仲醇,就易于氧化,此反应由顺乌头酸酶催化,为一可逆反应。

③第一次脱氢——异柠檬酸脱氢酶　在异柠檬酸脱氢酶作用下,异柠檬酸的仲醇氧化成羰基,生成草酰琥珀酸的中间产物,后者在同一酶表面,快速脱羧生成 α-酮戊二酸、NADH 和 CO_2,此反应为 β-氧化脱羧,此酶需要镁离子作为激活剂。此反应是不可逆的,是三羧酸循环中的限速步骤,ADP 是异柠檬酸脱氢酶的激活剂,而 ATP,NADH 是此酶的抑制剂。

④第二次脱氢——α-酮戊二酸脱氢酶　在 α-酮戊二酸脱氢酶系作用下,α-酮戊二酸氧化脱羧生成琥珀酰-CoA、NADH·H^+ 和 CO_2,反应过程完全类似于丙酮酸脱氢酶系催化的氧化脱羧,属于 α-氧化脱羧,氧化产生的能量中一部分储存于琥珀酰 CoA 的高能硫酯键中。α-酮戊二酸脱氢酶系也由三个酶(α-酮戊二酸脱羧酶、硫辛酸琥珀酰基转移酶、二氢硫辛酸脱氢酶)和五个辅酶(tpp、硫辛酸、hscoa、NAD^+、FAD)组成。此反应也是不可逆的。α-酮戊二酸脱氢酶复合体受 ATP、GTP、NADH 和琥珀酰-CoA 抑制,但其不受磷酸化/去磷酸化的调控。

⑤底物磷酸化生成 ATP　在琥珀酸硫激酶的作用下,琥珀酰-CoA 的硫酯键水解,释放的自由能用于合成 ATP,此时,琥珀酰-CoA 生成琥珀酸和辅酶 A。

⑥第三次脱氢——琥珀酸脱氢酶　琥珀酸脱氢酶催化琥珀酸氧化成为延胡索酸。该酶结合在线粒体内膜上,而其他三羧酸循环的酶则都是存在线粒体基质中的,该酶含有铁硫中心和共价结合的 FAD,来自琥珀酸的电子通过 FAD 和铁硫中心,然后进入电子传递链到 O_2,丙二酸是琥珀酸的类似物,是琥珀酸脱氢酶强有力的竞争性抑制物,所以可以阻断三羧酸循环。

⑦ 延胡索酸的水化 延胡索酸酶仅对延胡索酸的反式双键起作用,而对顺丁烯二酸则无催化作用,因而是高度立体特异性的。

⑧ 第四次脱氢——苹果酸脱氢酶(草酰乙酸再生) 在苹果酸脱氢酶作用下,苹果酸仲醇基脱氢氧化成羰基,生成草酰乙酸,NAD^+ 是脱氢酶的辅酶,接受氢成为 $NADH \cdot H^+$。

三羧酸循环实际是糖、脂、蛋白质等有机物在生物体内末端氧化的共同途径。三羧酸循环既是分解代谢途径,但又为一些物质的生物合成提供了前体分子。如草酰乙酸是合成天冬氨酸的前体,α-酮戊二酸是合成谷氨酸的前体。一些氨基酸还可通过此途径转化成糖。呼吸作用之所以能成为植物体内各种物质相互转变的枢纽,也是因此。

(3)戊糖磷酸途径 在细胞溶质内进行,是葡萄糖直接氧化,并通过 3 种戊糖磷酸降解的过程。

以上 3 条呼吸途径在植物体内可同时进行,但糖酵解-三羧酸循环途径在呼吸作用中常占较大比重。

3. 马铃薯的 CO_2 饱和点和补偿点 随着 CO_2 浓度的增高光合速率增加,当光合速率与呼吸速率相等时,外界环境中的 CO_2 浓度即为 CO_2 补偿点;当 CO_2 浓度继续提高,光合速率随着 CO_2 浓度的增加变慢,当 CO_2 浓度达到某一范围时,光合速率达到最大值(P_m),光合速率开始达到最大值时的 CO_2 浓度被称为 CO_2 饱和点。马铃薯叶片光合作用的 CO_2 饱和点为 2000 $\mu mol/mol$,在 CO_2 的饱和点以下,随着 CO_2 浓度的增加,气孔导度和蒸腾速率呈下降趋势,而胞间 CO_2 浓度持续增加。除了叶片以外,马铃薯根系也有吸收固定 CO_2 的作用,并且吸收的 CO_2 主要以苹果酸的形式存在地上叶部和根系中。孙周平等(2011)研究表明,根际 CO_2 3600 $\mu L/L$ 富积处理马铃薯植株的根际器官——根系/匍匐茎和块茎非常弱小/生长不良,而根际 CO_2 380-920 $\mu L/L$ 环境下马铃薯的根系良好,植株生长旺盛。说明马铃薯的根际存在一个最适 CO_2 气体浓度范围,在该适宜条件下,马铃薯的根系生长旺盛,可以吸收固定较多的根际 CO_2,从而为地上部叶片的光合作用提供大量的碳底物。该研究同时发现合适的根际气体环境可以降低马铃薯植株叶片的光呼吸速率和 CO_2 补偿点。

二、氮代谢

(一)氮素的吸收和同化

N 是马铃薯生长发育必需的营养元素之一,在马铃薯生长发育过程中发挥着重要作用,同时也是决定马铃薯块茎产量和品质的关键因素。

N 为马铃薯结构组分元素,主要构成蛋白质、核酸、叶绿素、酶和次级代谢物的组成成分。N 常以硝态 N、铵态 N 和酰胺态被马铃薯吸收。旱田作物以吸收硝酸盐为主,马铃薯吸收硝酸盐为主动吸收,受载体作用的控制,要有 H 泵、ATP 酶参与。铵态 N 的吸收机制目前还不太清楚。

1. 铵态氮的吸收与同化根系吸收的 N 通过蒸腾作用由木质部输送到地上部器官。马铃薯吸收的铵态 N 绝大部分在根系中同化为氨基酸,并以氨基酸、酰胺形式向上运输。

当植物吸收铵盐的氨后,或者当植物所吸收的硝酸盐还原成氨后,氨立即被同化。游离氨(NH_3)的量稍微多一点可能抑制呼吸过程中的电子传递系统,尤其是 NADH。氨的同化包括谷氨酰胺合成酶、谷氨酸合酶和谷氨酸脱氢酶等途径。如图 2-7 所示。

（1）谷氨酰胺合成酶途径　在谷氨酰胺合成酶（glutamine synthetase，GS）作用下，并以 Mg^{2+}、Mn^{2+} 或 Co^{2+} 为辅因子，铵与谷氨酸结合，形成谷氨酰胺。这个过程是在细胞质、根部细胞的质体和叶片细胞的叶绿体中进行的。

（2）谷氨酸合酶途径　谷氨酸合酶（glutamate synthase）又称谷氨酰胺-α-酮戊二酸转氨酶（glutamine α-ketoglutarate aminotransferase，GOGAT），它有 NADH-GOCAT 和 Fd-GOGAT 两种类型，分别以 NAD＋H^+ 和还原态的 Fd 为电子供体，催化谷氨酰胺与 α-酮戊二酸结合，形成 2 分子谷氨酸，此酶存在于根部细胞的质体、叶片细胞的叶绿体及正在发育的叶片中的维管束。

（3）谷氨酸脱氨酶途径　铵也可以和 α-酮戊二酸结合，在谷氨酸脱氢酶（glutamate dehydrogenase，GDH）作用下，以 NAD(P)H＋H^+ 为氢供给体，还原为谷氨酸。但是，GDH 对 NH_3 的亲和力很低，只有在体内 NH_3 浓度较高时才起作用。GDH 存在于线粒体和叶绿体中。

（4）氨基交换作用　植物体内通过氨同化途径形成的谷氨酸和谷氨酰胺可以在细胞质、叶绿体、线粒体、乙醛酸体和过氧化物酶体中通过氨基交换作用（transamination）形成其他氨基酸或酰胺。例如，谷氨酸与草酰乙酸结合，在天冬氨酸转氨酶（aspartate aminotransferase，Asp-AT）催化下，形成天冬氨酸；又如，谷氨酰胺与天冬氨酸结合，在天冬酸胺合成酶（asparagine synthetase，AS）作用下，合成天冬酰胺和谷氨酸。

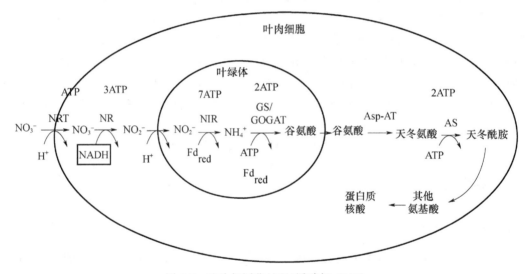

图 2-7　叶片氮同化过程（潘瑞炽，2004）

2. 硝态氮的吸收与同化　高等植物不能利用空气中的氮气，仅能吸收化合态的氮。植物可以吸收氨基酸、天冬酰胺和尿素等有机氮化物，但是植物的氮源主要是无机氮化物，而无机氮化物中又以铵盐和硝酸盐为主，它们广泛地存在于土壤中。植物从土壤中吸收铵盐后，即可直接利用它去合成氨基酸。如果吸收硝酸盐，则必须经过代谢还原（metabolic reduction）才能利用，因为蛋白质的氮呈高度还原状态，而硝酸盐的氮却是呈高度氧化状态。马铃薯吸收的硝态氮以硝酸根或在根系中同化为氨基酸再向上运输。马铃薯吸收的硝酸盐在根或叶细胞中利用光合作用提供的能量或利用糖酵解和三羧酸循环过程提供的能量还原为亚硝态氮，继而还原为氨，这一过程称为硝酸盐还原作用，在植株体内参与各种代谢物质的生成。

一般认为,硝酸盐还原是按下列几个步骤进行的,每个步骤增加两个电子。第一步骤是硝酸盐还原为亚硝酸盐,中间两个步骤(次亚硝酸和羟氨)仍未肯定,最后还原成氮。

硝酸盐还原成亚硝酸盐的过程是由细胞质中的硝酸还原酶(nitrate reductase)催化的,它主要存在于高等植物的根和叶子中。硝酸还原酶的亚基数目视植物种类而异,相对分子质量约为 $200 \times 10^3 \sim 500 \times 10^3$,也因植物种类而异。每个单体由 FAD、$Cytb_{557}$,和 MoCo(钼辅因子,molybdenum cofactor)等组成,它们在酶促反应中起着电子传递体的作用。在还原过程中,电子从 NAD(P)H 传至 FAD,再经 Cytb 传至 MoCo,然后将硝酸盐还原为亚硝酸盐。

硝酸还原酶整个酶促反应可表示为:

$$NO_3^- + NAD(P)H + H^+ + 2e^- \rightarrow NO_2^- + NAD(P)^+ + H_2O$$

硝酸还原酶是一种诱导酶(或适应酶)。所谓诱导酶(或适应酶),是指植物本来不含某种酶,但在特定外来物质的诱导下,可以生成这种酶,这种现象就是酶的诱导形成(或适应形成),所形成的酶便叫作诱导酶(induced enzyme)或适应酶(adaptive enzyme)。前人实验证明,水稻幼苗如果培养在硝酸盐溶液中,体内即生成硝酸还原酶;如把幼苗转放在不含硝酸盐的溶液中,硝酸还原酶又逐渐消失,这是高等植物内存在诱导酶的首例报道。亚硝酸盐还原成铵的过程,是由叶绿体或根中的亚硝酸还原酶(nitrite reductase)催化的,其酶促过程如下式:

$$NO_2^- + 6Fd_{red} + 8H^+ + 6e^- \rightarrow NH_4^+ + 6Fd_{ox} + 2H_2O$$

从叶绿体和根的质体中分离出亚硝酸还原酶,它含有两个辅基,一个是铁-硫簇(Fe_4S_4),另一个是特异化血红素。它们与亚硝酸盐结合,直接还原亚硝酸盐为铵。

(二)氨基酸的生物合成

氨基酸的生物合成是一种把氨转化为有机化合物的过程。植物从土壤中吸收的硝酸盐首先要被还原为亚硝酸盐,这一过程是在细胞质中由 NR(硝酸还原酶)催化进行的,NR 是植物氮同化的限速酶,是植物氮同化的关键步骤。亚硝酸盐进一步在亚硝酸还原酶的作用下转变为铵,该过程是在亚硝酸还原酶(NiR)的作用下在叶绿体和前质体中进行的,亚硝酸还原酶是由 2 个亚基铁硫簇(Fe_4S_4)和罗西血红素组成。在亚硝酸盐的还原过程中,来自光合链的 Fd_{ox} 是电子的供体,将 NO^{2-} 进一步还原为 NH_4^+。由亚硝酸盐转变而来的 NH_4^+ 立即进入谷氨酸合酶循环转变为可以被植物直接利用的有机态氮,该过程是在谷氨酰胺合成酶和谷氨酸合酶两个关键性酶的催化下进行的。首先,NH_4^+ 在谷氨酰胺合成酶的作用下与谷氨酸结合形成谷氨酰胺,该过程是在叶绿体、细胞质或根细胞质体中进行的。谷氨酰胺进一步在谷氨酸合酶的作用下与 a-酮戊二酸结合形成谷氨酸。谷氨酸合酶有 NADH-GOGAT 和 Fd-GOGAT 两种类型,前者主要存在于高等植物的光合细胞中,以 NADH 为电子供体,活性较高;后者在高等植物光合细胞和非光合细胞中均存在,以还原态的 Fd 为电子供体活性较低。除此之外,NH_4^+ 还可以由存在于叶绿体和线粒体中的谷氨酸脱氢酶由 NADH 提供电子还原为谷氨酸。但是,谷氨酸脱氢酶与 NH_4^+ 的亲和度较低,只有当植物细胞中 NH_4^+ 浓度较高时才会发挥作用。谷氨酸是植物体内其他氨基酸和酰胺的合成前体,它在植物中的过氧化物酶体、叶绿体、线粒体、细胞质等部位通过氨基交换作用合成其他氨基酸和酰胺,最终形成植物可以直接利用的氮素化合物。

(三)蛋白质的生物合成

蛋白质是基因表达的最终产物,它的生物合成是一个复杂的过程,主要包括:

1. 翻译的起始　核糖体与 mRNA 结合并与氨基酰-RNA 生成起始复合物。

2. 肽链的延伸　由于核糖体沿 mRNA5′端向 3′端移动,开始了从 N 端向 C 端的多肽合成,这是蛋白质合成过程中速度最快的阶段。

3. 肽链的终止及释放　核糖体从 mRNA 上解离,准备新一轮合成反应。

核糖体是蛋白质合成的场所,mRNA 是蛋白质合成的模板,转运 RNA(transfer RNA,RNA)是模板与氨基酸之间的接合体。此外,在合成的各个阶段还有许多蛋白质、酶和其他生物大分子参与。例如,在真核生物细胞中有 70 种以上的核糖体蛋白质,20 种以上的氨酰-RNA 合成酶(AA-tRNA synthetase),10 多种起始因子、延伸因子及终止因子,50 种左右 RNA 及各种 rRNA、mRNA 和 100 种以上翻译后加工酶参与蛋白质合成和加工过程。蛋白质合成是一个需能反应,要有各种高能化合物的参与。据统计,在真核生物中有将近 300 种生物大分子与蛋白质的生物合成有关,细胞所用来进行合成代谢总能量的 90% 消耗在蛋白质合成过程中,而参与蛋白质合成的各种组分约占细胞干重的 35% 在真核生物细胞核内合成的 mRNA,只有被运送到细胞质基质才能被翻译生成蛋白质。所谓翻译是指将 mRNA 链上的核苷酸从一个特定的起始位点开始,按每 3 个核苷酸代表一个氨基酸的原则,依次合成一条多肽链的过程。尽管蛋白质合成过程十分复杂,但合成速度却高得惊人,如大肠杆菌只需要 5 s 就能合成一条由 100 个氨基酸残基组成的多肽,而且每个细胞中成百上千个蛋白质的合成都是有条不紊地协同进行的。

三、水分代谢

水分是植物组织结构的主要成分,在植物所需水分中有大约 1% 用于代谢过程,其余的用于蒸腾,水分胁迫能抑制甚至完全停止一种或几种生理过程。马铃薯是喜湿作物,对水分非常敏感,干旱时不及时补充土壤水分或水分供应过少,某个或几个生育阶段植株遭受水分胁迫而不能正常发育,会造成显著减产。供水过量易致茎叶徒长,甚至倒伏,影响块茎产量。遇涝时土壤水分过多会造成烂薯减产。只有在马铃薯各生长发育阶段供应适宜的水分,才能获得较高的产量和较好的品质。

马铃薯是需水较多的作物。水对马铃薯的生长发育起着决定性作用。在马铃薯体内,水通常以束缚水和自由水两种状态存在。靠近胶粒并被紧密吸附而不易流动的水分,称为束缚水;距胶粒较远,能自由移动的水分称为自由水。细胞中蛋白质、高分子碳水化合物等能与水分子形成亲水胶体。在这些胶体颗粒周围吸附着许多水分子,已形成很厚的水层。水分子距离胶粒越近,吸附力就越强,反之,吸附力越弱。

自由水参与各种代谢活动,其数目的多少直接影响代谢强度,自由水含量越高,生理代谢越旺盛。束缚水不参与代谢活动,束缚水含量越高,代谢活动越弱,这时的马铃薯以微弱的代谢活动渡过不良的环境条件,如干旱、低温等。束缚水的含量与马铃薯的抗逆性大小密切相关。通常以自由水/束缚水的比值作为衡量马铃薯代谢强弱和抗逆性大小的指标之一。

(一)水的生理作用

水对马铃薯的生理作用主要表现在以下几个方面。

1. 水是马铃薯细胞原生质的主要组成成分　原生质含水量一般在 80% 以上。水是维持细胞原生质胶体状态及其稳定性的重要条件。细胞的生命旺盛程度与水分含量有直接的关系。例如,马铃薯的嫩叶、根尖等部分水分含量达到 70%~90%。

2. 水是马铃薯许多代谢过程的反应物质　水直接参与一些生理生化过程,如光合作用、呼吸作用等。缺水直接影响这些生理过程的进行。同时,一些蛋白质、淀粉和酶的合成都需要水作为原料直接参加反应。

3. 水是马铃薯生化反应和对物质吸收运输的溶剂　有机物和无机物只有溶解在水中才能被马铃薯吸收和利用。水分多少影响生化代谢的过程,当水分缺乏时,会抑制代谢强度。缺水还会引起原生质的破坏,导致细胞死亡。

4. 水能使马铃薯保持固有姿态　水通过保持细胞的膨压使得马铃薯保持一定姿态,保证生长发育过程的顺利正常进行。枝叶的挺立有利于充分接受光照和交换气体。马铃薯体内的水分缺乏时就会出现叶片卷曲、萎蔫和下垂等现象,都与特定部位的细胞吸水膨胀或失水有关。

5. 马铃薯的细胞分裂及伸长都需要水分　马铃薯生长发育与本身和环境的水分状况关系密切。细胞的分裂和扩大都需要比较充足的水分,植物的生长就是建立在细胞伸长的基础上。

水除了上述的生理作用之外,还可以通过水的理化性质调节马铃薯周围的环境。由于水的比热容、汽化热均较高,可以使得马铃薯的体温在外界环境温度变化较大时,保持较为稳定的状态,在强烈的日光照射下通过蒸腾失水降低温度,避免高温造成的灼伤。如通过蒸腾增加大气湿度,改善土壤及土壤表面大气的温度等,这些都是水对马铃薯的生理作用。

6. 在“源、流、库”的关系中离不开水　马铃薯产量的形成是源、库、流互作及协调的过程,水分在其中发挥了重要的调控作用。马铃薯是需水较多的作物,植株的含水量在70%~90%,块茎的含水量一般为75%~80%,每形成1 kg干物质需要耗水400~600 kg,每形成1 kg鲜块茎大约需水100~150 kg。马铃薯也是对水分非常敏感的作物,干旱时如果补水不及时或水分补充太少,植株就会遭受水分胁迫而不能正常发育,最终导致减产。在所有的环境因子中,干旱是影响马铃薯产量的主要限制因子之一。源强、库大和流畅是包括马铃薯在内所有作物高产的基础,这些指标的优化除了受作物本身遗传特性的决定外,很大程度上也取决于外界的环境条件,其中水分是其重要的调控因子之一。

(1)水分对马铃薯源的调控　源是生产并输出光合产物的组织或器官。马铃薯的源器官主要是功能叶片,源的强弱主要取决于叶面积的大小、功能叶片的光合时间和光合效率。有研究指出,绿叶数和叶片长度是其中两个对中度水分胁迫最敏感的指标,绿叶数在干旱胁迫下减少22%~25%,叶片长度减小幅度29%~53%。干旱对叶片大小的影响决定于叶片的扩展速率而非扩展的时间。开花后遇到干旱时,马铃薯植株从底部叶片开始萎蔫、变黄直到脱落,同时抑制新叶的形成,在衰老和成熟期干旱越严重,叶片的衰老速度越快。可见,适度的水分供应是维持合适的叶面积和功能叶片光合时间的重要保障。在水分对光合效率的影响方面也取得了许多重要成果。前人研究表明中度水分胁迫导致叶片扩散阻力增加,光合速率和地上部干物质积累量下降,块茎的生长减缓最终导致块茎产量下降。叶片的光合和呼吸速率决定了地上部的干物质积累量,而块茎的干物质积累来源于地上部的物质转移,所以对叶片光合及呼吸的调控就显得尤为重要,而受水分调控的气孔开闭在这一过程中起着至关重要的作用。研究表明,当马铃薯植株受到干旱胁迫时叶片的相对含水量(RWC)就会下降,当RWC达到92%~96%时气孔开始关闭,当下降到76%~80%时气孔则完全关闭。

水分亏缺对源的影响也不都是负面的,早在20世纪80年代,前人研究就提出干旱可以诱导产生根源信号物质脱落酸(ABA),根部产生的ABA通过木质部运输到叶片保卫细胞中调控气孔的开闭。基于这个理论提出了控制性分根交替灌溉节水技术,即通过对部分根系进行交替灌溉,改变根区上壤水分的分布来调控气孔的开闭,从而实现不大幅度减产的条件下增加水分利用效率的目的,这项技术已经在许多作物上得到了证实。对马铃薯的研究也得出了类似的结论,块茎形成期和块茎膨大期分别干旱处理 2 d 和 1 d 后根水势下降,木质部汁液中 ABA 积累,气孔导度下降。在控制性分根交替灌溉方式下,叶片的水势与充分灌溉条件差异不显著,但是由于干燥区根部产生的 ABA 向上运输,气孔导度间差异显著。控制性分根交替灌溉可以在不显著减少马铃薯产量的基础上节水 30％,水分利用效率提高 59％。以上的研究结果显示,通过适当控水影响地上部叶片气孔开闭进行调控,可以实现对马铃薯产量的调控。

(2)水分对马铃薯流的调控　流是指作物源器官形成的同化产物向库器官转移的过程,主要途径是韧皮部运输,主要产物是光合作用过程形成的非结构性碳水化合物(NSC),包括蔗糖在内的果聚糖、果糖及淀粉等。连接源库两端的输导组织的结构和性能,维管束的数目、大小、发育状况、联系方式和流转能力等均可作为流畅通程度的衡量指标。流的畅通程度影响了源库器官间同化物的运输与分配,进而影响马铃薯的产量和经济系数。NSC 在植物体内的含量可以反映植物的碳供应状态,其在植株体内的代谢在很大程度上影响着植株的生长及对环境的响应,可作为表征植物生长和存活能力以及应对外界胁迫干扰缓冲能力的一项重要指标。目前,普遍被接受的观点是植物茎中储藏的大量碳水化合物可以对不同生育时期和外界环境条件下源库协调中起到缓冲作用。研究显示,马铃薯块茎膨大期干旱条件下主茎的干物重和碳水化合物浓度均降低,与对照相比茎中碳水化合物减少对块茎干重的贡献增加 37％。当光合作用削弱时玉米茎中的 NSC 重新动员增强,从而加速籽粒的灌浆和成熟过程。在高投入的农业生产中茎中的碳水化合物不能直接增加玉米的产量潜力,但是当植株受到生物和非生物胁迫时(比如生长在干旱地区的植物)对稳定产量方面具有很大的贡献。干旱条件下茎中高浓度 NSC 的品种有利于提高小麦花的育性、籽粒的灌浆和产量的稳定性。部分根区干旱条件可以促进水稻茎中的 NSC 动员,加速籽粒的灌浆过程,从而提高产量和收获指数。可见,许多作物的茎是作物代谢流必经的器官,同时在产量形成过程中又扮演暂存库的作用,在水分胁迫条件下其动员能力表征了流畅的程度。马铃薯块茎除了作为收获器官外,还有匍匐茎和地上茎,这些不同结构的茎都可以储存和运输碳水化合物,但是在干旱条件下激素对碳水化合物的运输和分配的调控关系还不清楚。尽管如此,水分对 NSC 的运输和分配存在影响,即对代谢流存在调控作用是肯定的,更详细的调控机制还有待更进一步的研究。

(3)水分对马铃薯库的调控　库是消耗或贮藏同化产物的组织、器官或部位。在禾本科作物上胚乳细胞数或单位胚乳细胞内淀粉体数被用来衡量库容的大小。对于马铃薯而言,在生长的早期库器官包括幼嫩的根茎叶等器官,发育的后期主要是块茎,块茎的形成个数和生长速度可以作为表征库强的两个重要指标。关于块茎形成的研究很多,前人提出菌根真菌共生学说,后来被试验否定后科学家又先后提出了 C/N 假说和块茎形成刺激物假说。C/N 学说认为短日照抑制植株地上部枝条生长,导致碳水化合物在匍匐茎亚顶端积累,C/N 增加诱导块茎形成。而刺激物假说认为在短日照条件下,叶片中产生类似激素的刺激物,被运转到匍匐茎顶端而导致块茎形成。实际上,马铃薯块茎形成过程十分复杂且影响因素众多,光周期、温度、土壤机械阻力、氮素供应时间和数量、介质 pH 均与马铃薯块茎形成密切相关。

其中,水分供应状况是影响马铃薯块茎形成的一个重要因素。旱作马铃薯由于水分供应不足而产量较低,不同的覆膜处理均可以明显地增加土壤水分含量而提高马铃薯产量,通过产量形成因子的分析发现覆膜后马铃薯的单株结薯数、大薯个数和大薯重量都明显高于露地平作。采用起垄覆膜的方式可以有效收集雨水,变无效降雨为有效的作物用水,通过增加土壤贮水量而增加马铃薯的单株结薯数和大薯比例。苗期适度的水分并不会降低马铃薯单株结薯数,但是可以显著提高大薯比例。综上说明,马铃薯代谢库的建成与扩容均不同程度地受到水分的调控,通过集水和保水农艺措施可以调控马铃薯的库容。

关于水分对库的建成及库容调控机制的报道很少,基于马铃薯块茎形成的 C/N 假说和刺激物假说,推测水分可能通过匍匐茎或块茎中的 NSC 和相关激素对代谢库进行调控。在组织培养条件下,Xu 等(1998)研究发现施加外源 ABA 抑制匍匐茎的伸长,刺激块茎的形成,内源 ABA 含量在匍匐茎和块茎的发育过程中逐渐下降。蒙美莲等(1994)的研究结果显示,马铃薯块茎形成期 ABA 含量显著增加,外源喷施 ABA 促进块茎的提早形成,并指出赤霉素(GAs)与 ABA 比值下降到一定水平是块茎形成的重要条件。ABA 对块茎的促进主要表现在促进块茎的起始,增加块茎的数量等方面。而促进作用很可能是由于 ABA 对 GAs 活性的抑制,因为大量的研究认为 GAs 能够抑制块茎的形成。但是早期的一些报道认为 ABA 对块茎的形成起抑制作用,而抑制的效果依赖于品种、浓度以及与细胞分裂素的相互作用。综上来看,ABA 在匍匐茎的伸长及其块茎的发育方面起直接调控作用,而 ABA 作为对水分供应状态最敏感的激素已是植物生理学的常识,水分可能通过 ABA 调控了马铃薯块茎库的建成,但是调控效果及调控过程的生理机制还不明确。另外,水分是否也可以调控 NSC 在匍匐茎和块茎中的积累造成 C/N 的变化而调控库还有待进一步的研究。

(二)马铃薯需水量和需水节律

马铃薯是需水较多的作物,但不同生育期需水量明显不同,根据马铃薯生长发育规律,把马铃薯整个生育期分为发芽期、幼苗期、块茎形成期、块茎增长期和淀粉积累期。根据历史研究资料,马铃薯块茎增长期为需水关键期,其余 4 个时期为非需水关键期。发芽期芽条仅凭块茎内的水分便能正常生长,待芽条发生根系从土壤吸收水分后才能正常出苗,苗期耗水量占全生育期的 10%~15%;块茎形成期耗水量占全生育期的 28% 以上;块茎增长期耗水量占全生育期的 50% 以上,是全生育期中需水量最多的时期;淀粉积累期则不需要过多的水分,该时期耗水量约占全生育期的 10%。有关研究表明,马铃薯早熟品种费乌瑞它薯块形成期耗水强度最高,是马铃薯产量形成的水分临界期,膨大期耗水量最大占全生育期 30% 以上,是产量形成的水分最大效率期。田英等(2011)研究结果表明,马铃薯的需水敏感期为开花期,在开花期保持较高的水分,可提高马铃薯产量。马铃薯生长发育期最佳土壤水分下限指标为苗期 65%、块茎形成期 75%、块茎增长期 80%、淀粉积累期 60%~65%。也有报道表明,当土壤含水量为最大持水量的 50%~60% 时,早熟品种费乌瑞它的产量最高。田间持水量前期保持 60%~70%,后期保持 70%~80%,对丰产最为有利,其中田间持水量在幼苗期为 65% 左右为宜,在块茎形成和块茎增长期则以 70%~80% 为宜,在淀粉积累期为 60%~65% 即可。可见,马铃薯全生育期的需水规律总体上表现为前期耗水强度小、中期变大、后期又减小的近似正态曲线的变化趋势。马铃薯对土壤水分的需求规律与需水量规律基本相同,块茎形成至块茎增长期是需水高峰期和关键期。不同气候条件、不同品种马铃薯生长发育期间的耗水量表现较大差异。在贵州,早熟马铃薯品种费乌瑞它全生育期耗水量为 204~245.2 mm;在年平均降水量为 410 mm,平均蒸发量为 1800~2000 mm 地区,建薯 1 号马铃薯全生育期耗水量为 354.59~372.69 mm;在年平均降水量451.8 mm,平均蒸发量2103.8 mm 地区,建薯 1 号马铃薯全生育期耗水量达 379.7 mm;在年平均降水量为 501.3 mm,平均蒸发量为 2163.3 mm

的半干旱地区,黄皮马铃薯的耗水量为 450～500 mm。可见,马铃薯生长期间的耗水量与当地的降水量、蒸发量密切相关。其中,降水量是关键,在生产上应根据品种水分需求特性及种植期间气候条件尤其是降水状况做好补水或排水工作,为马铃薯生长提供适宜的土壤水分环境。

陈光荣等(2009)研究表明,在作物需水关键期的少量水补偿灌溉对旱地作物具有补偿或超补偿效应,能大幅度提高作物的产量水平,苗期为马铃薯的最佳补水时期,马铃薯苗期由于幼苗根系较弱,吸收能力差,补水可有效改变土壤水分蓄存量,抵御干旱胁迫,对确保苗齐、苗壮具有重要意义。一些研究认为,在作物需水期进行有限供水是提高水分利用效率、增加产量的有效措施。马铃薯对水分亏缺非常敏感,在生育期的各个阶段,对水分的需求及缺水对正常生长及产量的影响各不相同。在块茎形成期减少水分胁迫,可增加马铃薯块茎的数量。马铃薯块茎形成期到膨大期是决定马铃薯块茎产量和品质的最关键时期,此时水分亏缺将严重影响马铃薯的产量和品质。而在陇中半干旱区全年56%的降水集中在7月、8月、9月三个月,这恰好与马铃薯的需水关键期相吻合。因而,在此区马铃薯最佳补水时期应在生育前期。

王海丽等(2013)以新兴冬种马铃薯多年灌溉试验资料及广东省水科院前期研究成果为基础,分析了马铃薯需水量、需水变化规律、需水系数、水分生产率、灌溉制度及生长期雨水利用率等,结果表明:①冬种马铃薯需水量在 198.4～281.8 mm,多年平均为 241.3 mm,日平均为 2.01 mm/d。②以新兴试验多年平均值看,冬种马铃薯需水系数为:生产 1 kg 冬种马铃薯鲜薯所消耗的水量为 192.3 kg。③冬种马铃薯消耗 1 m³ 水生产马铃薯鲜薯的重量在 3.54～7.73 kg/m³,水分生产率多年平均为 5.20 kg/m³。④从马铃薯旬腾发量与 E601 蒸发量的比值(即 α 值)看,各旬变化在 1.03～1.42 之间,阶段波动不大,也没有很明显的峰值。⑤相关分析结果表明,马铃薯腾发强度与 E601 蒸发强度存在密切的正相关关系,各月相关系数 r 达 0.890～0.954,从中建立的估算模型可用于对马铃薯各月需水量的估算。⑥新兴 1991—1998 年的冬种马铃薯生长期间的降水量在 86.2～337.8 mm,平均为 199.9 mm,降水量与需水量之比小于1,降水利用量在 77.2～161.3 mm,平均为 122.6 mm,灌溉是必需的。雨水利用率在 36.5%～94.7%,平均 61.4%。⑦试验资料统计表明:冬种马铃薯生长期间灌溉用水量在 61.2～190.4 mm,平均为 121.3 mm。灌水次数为 4～9 次,平均为 6 次;每次灌水量在生长前期大约为 15～20 mm,中后期在 25～30 mm。⑧冬种马铃薯灌溉适宜的土壤水分为:生长前中期含水率范围在 70%～90% 之间,后期在 60%～80%。

武朝宝等(2009)介绍了 2007 年在山西省临县湫水河灌溉试验站进行了马铃薯需水量和灌溉制度试验,结果表明,马铃薯的耗水规律为发芽期 1.54～2.79 mm/d,幼苗期 1.67～3.14 mm/d,块茎形成期 2.84～5.59 mm/d,块茎增长期达到最大值 4.77～5.91 mm/d,淀粉积累期降为 3.49～4.89 mm/d。马铃薯耗水量与产量呈抛物线关系,为了取得高产和较高的水分利用率,全生育期的耗水量应在 450～500 mm。在当地气候、土壤及栽培模式下,马铃薯的灌溉制度为全生育期灌水 2 次,灌水定额 60～90 mm,灌溉定额 115～175 mm。

(三)马铃薯体内的水分循环与平衡

根系是马铃薯吸水的主要器官,它从土壤中吸收大量水分,以满足生命活动的需要。根系吸水的途径有 3 条,即质外体途径、跨膜途径和共质体途径等。质外体途径是指水分通过细胞壁、细胞间隙等没有细胞质的部分移动,这种移动方式速度快。跨膜途径是指水分从一个细胞移动到另一个细胞,要两次通过质膜,还要通过液泡膜,故称跨膜途径。共质体途径是指水分从一个细胞的细胞质经过胞间连丝,移动到另一个细胞的细胞质,形成一个细胞质的连续体,移动速度较慢。共质体途径和跨膜途径统称为细胞途径。这 3 条途径共同作用,使根部吸收水分。

1. 根系吸水的动力

根系吸水两种动力是根压和蒸腾拉力,后者较为重要。

(1)根压　在正常情况下,因根部细胞生理活动的需要。皮层细胞中的离子会不断地通过内皮层细胞进入中柱。于是中柱内细胞的离子浓度升高,渗透势降低,水势也降低。便向皮层吸收水分。这种由于水势梯度引起的水分进入中柱后产生的压力称为根压。根压把根部的水分压到地上部,土壤中的水分便不断补充到根部,这就形成根系吸水过程。这是由根部形成力量引起的主动吸水。各种植物的根压大小不同,大多数植物根压为 $0.05\sim0.5$ MPa。

(2)蒸腾拉力　叶片蒸腾时,气孔下腔附近的叶肉细胞因蒸腾失水而水势下降。所以从旁边细胞取得水分。同理旁边细胞又从另一个细胞取得水分,如此下去便从导管要水。最后根部就从环境吸收水分,这种吸水的能力完全是由蒸腾拉力所引起的。是由枝叶形成的力量传到根部而引起的被动吸水。

根压和蒸腾拉力在根系吸水过程中所占的比重,因植株蒸腾速率而异。通常蒸腾强的植物的吸水主要是由蒸腾拉力引起的。只有春季叶片未展时,蒸腾速率很低的植株,根压才成为主要吸水动力。

2. 马铃薯体内的水分循环与平衡　马铃薯植株鲜重约有 90% 由水组成,其中约 $1\%\sim2\%$ 用于光合作用。水通过植株根系吸收土壤中的有效水分来补充,土壤水分因土壤和植株的蒸发和蒸腾作用而逐渐消耗,当水分由田间最大持水量损失到植物生长开始受限制的水量时,这一水量称临界亏欠。临界亏欠值以降水量单位毫米(mm)表示,它相当于恢复到土壤最大持水量所需补充的水分。马铃薯的水分临界亏欠值约为 25 mm,相当于 250 m^3/hm^2。当土壤水分消耗超过这一临界值时,马铃薯叶片气孔就缩小甚至关闭,蒸腾速率随之下降,生理活动不能正常进行,生长受阻而导致减产。

(四)马铃薯水分代谢的影响因素

影响马铃薯水分代谢的因素主要包括影响根系吸水和影响蒸腾吸水两种类型,既有自然因素,也有人为因素。

1. 马铃薯根系吸水的影响因素　马铃薯植株鲜重的 $80\%\sim90\%$ 由水分组成,植株生长期间对水分的需求是通过根系吸收土壤中的有效水分来补充,土壤有效水分亏缺会引起植株代谢活动、生理活动和形态指标发生改变。因此,土壤水分是影响马铃薯水分代谢的因素之一。

水分供应状况是影响马铃薯块茎形成的一个重要因素,旱作马铃薯由于水分供应不足而产量较低。土壤水分含量可以通过采用栽培措施加以改善。不同的覆膜处理均可以明显地增加土壤水分含量而提高马铃薯产量。通过产量形成因子的分析发现覆膜后马铃薯的单株结薯数、大薯个数和大薯重量都明显高于露地平作。采用起垄覆膜的方式可以有效收集雨水,变无效降水为有效的作物用水,通过增加土壤贮水量而增加马铃薯的单株结薯数和大薯比例。研究表明,与充分灌溉相比,苗期适度的水分并不会降低马铃薯单株结薯数,但是可以显著提高大薯比例。综上说明,马铃薯代谢库的建成与扩容均不同程度地受到水分的调控,通过集水和保水农艺措施可以调控马铃薯的库容。

土壤通气状况也会影响根系吸水,从而影响水分代谢。土壤通气不良会导致根系吸水量减少。作物受涝时表现为缺水现象就是因为土壤空气不足,影响吸水。

土壤温度也是影响根系吸水的原因之一。低温能降低根系的吸水速率,其原因是水分本身的黏性增大,扩散速率降低;细胞质黏性增大,水分不易通过细胞质;呼吸作用减弱,影响吸水;根系生长缓慢,有碍吸水表面积的增加。土壤温度过高对根系吸水也不利。高温加速根的老化过程,使根的木质化部位几乎达到尖端,吸水面积减少,吸收速率也下降。同时高温使酶钝化,也影响根系主动吸水。

土壤溶液浓度也是影响根系吸水的因素之一。土壤溶液所含盐分的高低,直接影响其水势的大小。根系要从土壤中吸水,根部细胞的水势必须低于土壤溶液的水势。在一般情况下,土壤溶液浓度较低,水势较高,根系吸水;盐碱土则相反,土壤溶液中的盐分浓度高,水势很低,作物吸水困难。施用化学肥料时不宜过量,以免根系吸水困难,产生"烧苗"现象。

2. 马铃薯蒸腾作用的影响因素

(1)外界条件　蒸腾作用快慢取决于叶内外的蒸汽压差大小,所以凡是影响叶内外蒸汽压差的外界条件,都会影响蒸腾作用。

光照是影响蒸腾作用的最主要外界条件,它不仅可以提高大气的温度,同时也提高叶温,一般叶温比气温高 2~10 ℃。大气温度的升高增强水分蒸发速率,叶片温度高于大气温度,使叶内外的蒸汽压差增大,蒸腾速率更快。此外,光照促使气孔开放,减少内部阻力,从而增强蒸腾作用。

空气相对湿度和蒸腾速率有密切的关系。靠近气孔下腔的叶肉细胞的细胞壁表面水分不断转变为水蒸气,所以气孔下腔的相对湿度高于空气湿度,保证了蒸腾作用顺利进行。但当空气相对湿度增大时,叶内外蒸汽压差就变小,蒸腾变慢。所以大气相对湿度直接影响蒸腾速率。

温度对蒸腾速率影响很大。当相对湿度相同时温度越高,蒸汽压越大;当温度相同时相对湿度越大,蒸汽压就越大。叶片气孔下腔的相对湿度总是大于空气的相对湿度,叶片温度一般比气温高一些,厚叶更是显著。因此,当大气温度增高时,气孔下腔蒸汽压的增加大于空气蒸汽压的增加,所以叶内外的蒸汽压差加大,有利于水分从叶内逸出,蒸腾加强。

风对蒸腾的影响比较复杂。微风促进蒸腾,因为风能将气孔外边的水蒸气吹走,补充一些相对湿度较低的空气,扩散层变薄或消失,外部扩散阻力减小,蒸腾就加快。可是强风反而不如微风,因为强风可能引起气孔关闭,内部阻力加大,蒸腾就会慢一些。

蒸腾作用的昼夜变化是由外界条件决定的。在天气晴朗、气温不太高、水分供应充分的日子里,随太阳的升起,气孔渐渐张大;同时,温度增高,叶内外蒸气压差变大,蒸腾渐快,中午12时至下午1—2时达到高峰,之后随太阳的西落而蒸腾下降,以至接近停止。但在云量变化造成光照变化无常的天气下,蒸腾变化则无规律,受外界条件综合影响,其中以光照为主要影响因素。

(2)内部因素　气孔和气孔下腔都直接影响蒸腾速率。气孔频度(stomatal frequency)(每平方厘米叶片的气孔数)和气孔大小直接影响内部阻力。在一定范围内,气孔频度大且气孔大时,蒸腾较强;反之,则蒸腾较弱。气孔下腔容积大的,即暴露在气孔下腔的湿润细胞壁面积大,可以不断补充水蒸气,保持较高的相对湿度,蒸腾就快否则较慢。

叶片内部面积大小也影响蒸腾速率。因为叶片内部面积(指内部暴露的面积,即细胞间隙的面积)增大,细胞壁的水分变成水蒸气的面积就增大,细胞间隙充满水蒸气,叶内外蒸汽压差大,有利于蒸腾。

参考文献

敖孟奇,秦永林,陈杨,等,2013.农田土壤 Nmin 对马铃薯块茎形成的影响[J].中国马铃薯,62(5):302-305.
报,18(3):314-320.

陈光荣,高世铭,张晓艳.等,2009.施钾和补水对旱作马铃薯光合特性及产量的影响[J].甘肃农业大学学报
(44):74-78.

池再香,杜正静,杨再禹,等,2012.贵州西部马铃薯生育期气候因子变化规律及其影响分析[J].中国农业气
象,33(3):417-423.

董文,范祺祺,胡新喜,等,2017.马铃薯养分需求及养分管理技术研究进展[J].中国蔬菜,8:21-25.

段晓艳,2008.蔗糖诱导马铃薯块茎形成及相关基因的表达[D].昆明:云南师范大学.

冯朋博,慕宇,孙建波,等,2019.高温对马铃薯块茎形成期光合及抗氧化特性的影响[J].生态学杂志,38(9):
2719-2726.

高媛,秦永林,樊明,等,2012.马铃薯块茎形成的氮素营养调控[J].作物杂志,(6):14-18.

何长征,刘明月,宋勇,等,2005.马铃薯叶片光合特性研究[J].湖南农业大学学报(自然科学版),31(5):
518-520.

Haverkort A J,刘素洁,1992.与纬度和海拔有关的马铃薯栽培体系生态学[J].国外农学—杂粮作物(3):
36-39.

黄强,郑顺林,郭函,等,2019.尿素配施硝化/脲酶抑制剂对春季和秋季马铃薯产量及土壤矿质氮的影响[J].
西北农业学报,28(9):1499-1507

黄承建,赵思毅,王季春,等,2012.马铃薯/玉米不同行数比套作对马铃薯光合特性和产量的影响[J].中国生
态农业学报,20(11):1443-1450.

黄承建,赵思毅,王龙昌,等,2013.马铃薯/玉米套作对马铃薯品种光合特性及产量的影响[J].作物学报,39
(2):330-342.

黄冲平,王爱华,胡秉民,2003.马铃薯生育期和干物质积累的动态模拟研究[J].生物数学学报,18(3):
314-320.

黄冲平,张放,王爱华,等,2004.马铃薯生育期进程的动态模拟研究[J].应用生态学报,15(7):1203-1206.

贾景丽,周芳,赵娜,等,2009a.硼对马铃薯生长发育及产量品质的影响[J].湖北农业科学,48(5):1081-1083.

贾景丽,周芳,赵娜,等,2009b.微量元素锰对马铃薯光合性能的影响[J].江苏农业科学,(4):111-112.

雷尊国,黄团,邓宽平,等,2013.不同肥料及施肥方式对马铃薯繁种匍匐茎、块茎形态建成的影响研究[J].种
子,45(2):78-81.

冷冰,袁继平,胡成来,等,2010.马铃薯块茎形成的研究进展[J].广东农业科学,52(6):27-29.

李灿辉,龙维彪,1997.马铃薯块茎形成机理研究[J].中国马铃薯(3):182-185.

李发虎,贾立国,樊明寿,2015.水分对马铃薯源、库、流调控的研究进展[J].作物杂志(6):16-20.

李华鹏,彭小荷,王琳,等,2018.成都平原地区增加光照时数对马铃薯开花的影响[J].西南农业学报,31(1):
136-140.

李润,刘绍文,潘俊锋,等,2013.光照强度对马铃薯脱毒试管苗的影响[J].农业科技通讯,10:83-85.

李婉琳,宋洁,郭华春,2017.引自 CIP 的马铃薯新品系的光周期敏感性评价[J].云南农业大学学报(自然科
学),32(3):395-401.

李亚杰,石强,何建强,等,2014.马铃薯生长模型研究进展及其应用[J].干旱地区农业研究(2):126-136.

梁振娟,马浪浪,陈玉章,等,2015.马铃薯叶片光合特性研究进展[J].农业科技通讯(3):41-45.

刘静,孙周平,马艳,等,2012.不同 EBR 处理对低氧胁迫下马铃薯植株生长和光合作用的影响[J].湖北农业

科学,51(12):2426-2429.

刘静,孙周平,马艳,等,2012.不同EBR处理对低氧胁迫下马铃薯植株生长和光合作用的影响[J].湖北农业科学,51(12):2426-2429.

刘克礼,高聚林,张宝林,2003a.马铃薯匍匐茎与块茎建成规律的研究[J].中国马铃薯,17(3):151-156.

刘克礼,高聚林,张保林,等,2003b.马铃薯器官生长发育与产量形成的研究[J].中国马铃薯,17(3):141-145.

刘梦芸,蒙美莲,门福义,等,1994.光周期对马铃薯块茎形成的影响及对激素的调节[J].马铃薯杂志,8(4):193-197.

刘梦芸,蒙美莲,门福义,等,1997.GA3、IAA、CTK和ABA对马铃薯块茎形成调控作用的研究.内蒙古农牧学院学报,18(2):16-20

刘钟,薛英利,杨圆满,等,2015.人工遮阴条件下3个马铃薯品种耐阴性研究[J].云南农业大学学报,30(4):566-574.

刘悦善,2014.赤霉素调控的马铃薯块茎离体发育蛋白质组研究[D].兰州:甘肃农业大学.

罗孳孳,高阳华,江峰,等,2013.立体气候条件下马铃薯播种期试验研究[J].南方农业(7):79-81.

罗玉,李灿辉,2011.不同糖处理及光周期对马铃薯块茎形成的影响[J].红河学院学报,10(6):94-99.

马崇坚,谢从华,柳俊,等,2003.内源生长物质在马铃薯试管块茎形成中的作用[J].华中农业大学学报,22(4):389-394.

马光亮,王晓,李海潮,1999.马铃薯块茎发育与地上茎叶生长关系的研究[J].陕西农业科学(4):12-13.

马伟清,董道峰,陈广侠,等,2010.光照长度、强度及温度对试管薯诱导的影响[J].中国马铃薯,24(5):257-262.

马旭,尹娟,2013.不同灌水处理对马铃薯光合性能和产量的影响[J].节水灌溉,(8):22-24.

马艳红,于肖夏,鞠天华,等,2014.遮光处理对马铃薯内源激素的影响[J].内蒙古农业大学学报(自然科学版),35(2):28-34.

蒙美莲,刘梦云,门福义,等,1994.赤霉素和脱落酸对马铃薯块茎形成的影响[J].中国马铃薯,8(3):134-137.

潘瑞炽,2004.植物生理学[M].北京:高等教育出版社.

秦舒浩,张俊莲,王蒂,2009.集雨限灌对旱作马铃薯产量及水分利用效率的影响[J].灌溉排水学报,4(28):93-95.

秦玉芝,陈珏,邢铮,等,2013.低温逆境对马铃薯叶片光合作用的影响[J].湖南农业大学学报(自然科学版),39(1):26-30.

秦玉芝,邢铮,邹剑锋,等,2014.持续弱光胁迫对马铃薯苗期生长和光合特性的影响[J].中国农业科学,47(3):537-545.

全锋,张爱霞,曹先维,2002.植物激素在马铃薯块茎形成发育过程中的作用[J].中国马铃薯(1):29-32.

阮俊,彭国照,李达忠,等,2008.川西南不同海拔和播期对马铃薯产量的影响[J].现代农业科技,16:9-11.

沈姣姣,王靖,潘学标,等,2012.播种期对农牧交错带马铃薯生长发育和产量形成及水分利用效率的影响[J].干旱地区农业研究,30(2):137-144.

司凤香,贾丽华,2007.马铃薯不同生育阶段与栽培的关系[J].吉林农业(9):18-19.

宋占午,1992.细胞分裂素对块茎形成的影响.西北师范大学学报(自然科学版),28(1):55-60.

苏亚拉其其格,樊明寿,贾立国,等,2015.氮素形态对马铃薯块茎形成的影响及机理[J].土壤通报(2):209-512.

宿飞飞,陈伊里,石瑛,等,2009.不同纬度环境对马铃薯淀粉含量及淀粉品质的影响[J].作物杂志,14:27-31.

宿飞飞,陈伊里,徐会连,等,2014.分根交替干旱对马铃薯光合作用及抗氧化保护酶活性的影响[J].作物杂志(4):115-119.

隋启君,杨万林,任珂,等,2003.马铃薯品种适应性的评价探讨[J].安徽农业科学(Z1):82-90.

孙周平,郭志敏,王贺,2011.根际通气性对马铃薯光合生理指标的影响[J].华北农学报,23(3):125-128.

孙周平,李天来,姚莉,等,2004.雾培法根际CO_2对马铃薯生长和光合作用的影响[J].园艺学报,31(1):

59-63.

覃维治,熊军,郑虚,等,2017.冬种马铃薯生长发育规律观测[J].南方农业学报,48(6):985-990.

田丰,张永成,张凤军,等,2010.不同肥料和密度对马铃薯光合特性和产量的影响[J].西北农业学报,19(6):95-98.

田英,黄志刚,于秀芹,2011.马铃薯需水规律试验研究[J].现代农业科技,(8):91-92.

万巧凤,李珺,杨更生,2006.马铃薯匍匐茎发生过程中母块茎蔗糖含量动态变化[J].宁夏农林科技,27(2):11-12.

王晨,魏千贺,范春梅,等,2017.不同灌水时期与灌水量膜下滴灌对马铃薯生长及产量的影响[J].贵州农业科学,45(9):45-48.

王翠松,张红梅,李云峰,2003.马铃薯块茎发育过程中的影响因子[J].中国马铃薯,17(1):29-33.

王海丽,王小军,古璇清,等,2013.冬种马铃薯需水规律及适宜土壤水分调控技术研究[J].广东水利水电,11:8-12.

王连喜,金鑫,李剑萍,等,2011.短期高温胁迫对不同生育期马铃薯光合作用的影响[J].安徽农业科学,39(17):10207-10210,10352.

王素梅,王培伦,王秀峰,等,2003.简述微肥对马铃薯生长发育的影响及施用方法[J].中国马铃薯,17(4):236-238.

王婷,海梅荣,罗海琴,等,2010.水分胁迫对马铃薯光合特性和产量的影响[J].云南农业大学学报(自然科学版),25(5):737-742.

王雯,张雄,2015.不同灌溉方式对马铃薯光合特性的影响[J].安康学院学报,27(4):1-6.

王晓宇,郭华春,2009.不同培育温度对马铃薯生长及产量的影响[J].中国马铃薯,23(6):344-346.

王延波,1994.光周期对3个马铃薯种形态机能特征的影响[J].国外农学—杂粮作物(1):34-37.

韦冬萍,韦剑锋,吴炫柯,等,2012.马铃薯水分需求特性研究进展[J].贵州农业科学,40(4):66-70.

韦剑锋,韦巧云,梁振华,等,2015.施氮量对冬马铃薯生长发育、产量及品质的影响[J].河南农业科学,44(12):61-64.

吴利晓,2016.不同栽培方式和种植密度对马铃薯产量及品质的影响[D].银川:宁夏大学.

吴炫柯,韦剑锋,2013.不同播期对马铃薯生长发育和开花盛期农艺性状的影响[J].作物杂志(4):27-31.

武朝宝,任罡,李金玉,2009.马铃薯需水量与灌溉制度试验研究[J].灌溉排水学报,28(3):93-95.

武维华,2003.植物生理学[M].北京:科学出版社.

肖关丽,郭华春,2010.马铃薯温光反应及其与内源激素关系的研究[J].中国农业科学,43(7):1500-1507.

肖国举,仇正跻,张峰举,等,2015.增温对西北半干旱区马铃薯产量和品质的影响[J].生态学报,35(3):830-836.

肖继坪,颉炜清,郭华春,2011.马铃薯与玉米间作群体的光合及产量效应[J].中国马铃薯,25(6):339-341.

肖特,马艳红,于肖夏,等,2011.温光处理对不同马铃薯品种块茎形成发育影响的研究[J].内蒙古农业大学学报(自然科学版):32(4):110-115.

肖特,于肖夏,崔阔澍,等,2015.温光处理对马铃薯块茎钾及3种微量元素含量的影响[J].中国农业信息(15):8-10.

谢婷婷,柳俊,2013.光周期诱导马铃薯块茎形成的分子机理研究进展[J].中国农业科学,46(22):4657-4664.

邢宝龙,方玉川,张万萍,等,2017.中国高原地区马铃薯栽培[M].北京:中国农业出版社.

许真,徐蝉,郭得平,2008.光周期调节马铃薯块茎形成的分子机制[J].细胞生物学杂志,30(6):731-736.

鄢铮,王正荣,林怀礼,等,2013.覆盖方式对马铃薯叶片氮代谢的影响[J].农学学报,3(2):12-16.

杨建勋,张恒瑜,蔺永平,等,2007.土壤温度波动与马铃薯块茎发育的关系探讨[J].陕西农业科学(6):131-133.

杨伟力,刘涛,胡涛,等,2006.烯效唑对雾培马铃薯光合作用的影响[J].辽宁农业科学(3):12-14.

杨相昆,魏建军,张占琴,等,2012.不同栽培措施对马铃薯干物质积累与分配的影响[J].作为杂志,4:

130-133.

姚素梅,杨雪芹,吴大付,2015.滴灌条件下土壤基质对马铃薯光合特性和产量的影响[J].灌溉排水学报,34
(7):73-77.

余凯凯,宋喜娥,高虹,等,2016.不同施肥水平下多效唑对马铃薯光合及叶绿素荧光参数的影响[J].核农学
报,30(1):0154-0163.

袁海燕,李剑萍,曹宁,2011.马铃薯光合生理因子日变化研究[J].安徽农业科学,39(9):41-44.

张贵合,张光海,郭华春,2017.不同马铃薯品种(系)在不同生态条件种植的光合特性差异分析[J].西南农业
学报,30(11):2479-2484.

张小川,张建虎,郭志乾,等,2017.光照周期对马铃薯试管薯诱导的影响[J].现代农业科技,12:65-68.

张永成,田丰,1996.环境条件对马铃薯生长发育的影响[J].马铃薯杂志,10(1):32-34.

郑顺林,杨世民,李世林,等,2013.氮肥水平对马铃薯光合及叶绿素荧光特性的影响[J].西南大学学报(自然
科学版),35(1):1-9.

郑元红,王嵩,何开祥,等,2008.不同栽培方式对马铃薯产量影响的究[J].耕作与栽培,3:12-13,41.

周丽娜,于亚薇,孟振雄,等,2012.不同颜色地膜覆盖对马铃薯生长发育的影响[J].河北农业科学,16(9):
18-21.

Bowyer J B,Leegood R C,1997. Photosynthesis. In:Dey PM, Harborne JB(eds), Plant Biochemistry[M]. San
Diego:Academic Press.

Cantore V, Wassar F, Yamac S S,2014. Yield and water use efficiency of early potato grown under different
irrigation regimes[J]. International Journal of Plant Production, 8:409-428.

Catchpole A H, Hillman J,1969. Effect of ethylene on tuber initiation in Solanumtuberosum L[J]. Nature,223:
1387.

Fujino K, Koda Y, Kikuta Y,1995. Reorientation of cortical microtubules in the sub-apical region during tuber-
ization in single-node stem segments of potato in culture[J]. Plant and Cell Physiology,36:891-895.

Garcia L, Gomez C,1972. Increased tuberization in potatoes by ethrel(2-chloro-ethyl-phosphonic acid)[J]. Pota-
to Research,15:76-80.

Gregory L E,1956. Some factors for tuberization in the potato plant. [J]Am J Bot(43):281-288.

Iessen A, Prescha K, Branscheid A, et al,2003. Evidence that SNF1-related kinase and hexokinase are involved
in separate sugar-signalling pathways modulating post-translational redox activation of ADP-glucose pyro-
phosphorylase in potato tubers[J]. The Plant Journal,35(3):490-500.

Jackson S D,1999. Multiple signaling pathways control tuber induction in potato[J]. Plant Physiology,119:1-8.

Jackson S D, JamesP, PratS, et al,1994. Phytochrom B mediates the pohtoperiodic control of tuber formation in
potato[J]. The Plant Journal,9:159-166.

Koda Y, Kikuta Y,2001. Effects of jasmonates on in vitro tuberization in several potato cultivars that differ
greatly in maturity[J]. Plant Production Science,4:66-70.

Kumar P, Buijal B D,1974. The Influence of various degree of defloiation on stolon development, tuber initiation
and yield in potato (Solanumtuberosum L.)[J]. Agra University Journal of Research Science,28(2):41-45.

Levy D, Coleman W K, Veilleux R E,2013. Adaptation of potato to water shortage:Irrigation management
and enhancement of tolerance to drought and salinity[J]. Am J Potato Res, 90(2):186-206.

Mariana R F, Bou J, Prat S. Seasonal,2006. Control of tuberization in potato:Conserved elements with the flow-
ering response[J]. Plant Biol,57(3):151-180.

Mingo-Gastel A M, Smith O E, Kumamoto J,1975. Studies on the carbon dioxide promotion and ethylene inhi-
bition of potato explants cultured in vitro[J]. Plant physiol,57(4):480-485.

Palmer C E, Smith O E,1969. Cytokinins and tuber initiation in the potato Solanumtuberosum[J]. Nature,221:
279-280.

Reeve R M,Timm H,Weaver M L,1973. Parenchyma cell growth in penlargement [J]. America Potato Journal,50:71-79.

Riesmeier J,2013. BiologischbasierteBasismolekule [J]. Nachrichten Chemie,6(4):447-448.

Struik P C,Vreugdenhil D,Haverkort A J,et al,1991. Possible mechanisms of size hierarchy among tubers on one stem of a potato(Solanumtuberosum L.) plant[J]. Potato Research,34(2):187-203.

Taiz L,Zeiger E,2006. Plant physiology,4th edition[M]. USA:Sinauer Associates:Sunderland,MA.

Tiessen A,Hendriks J H M,Stitt M,et al,2003. Starch synthesis in potato tubers in regulated by post-translation redox modification of ADP-glucose pyrophosphorylase:A novel regulatory mechansim linking starch synthesis to the sucrose supply[J]. The Plant Cell,14:2191-2213.

Viola R,Roberts A G,Haupt S,et al,2001. Tuberization in potato involves a switch from apoplastic to symplastic phloem unloading[J]. The Plant Cell,13(2):385-398

Vreugdenhil D,Struik P C,1989. An integrated view of the hormonal regulation of tuberformation in potato (Solanumtuberosum) [J]. Physiologia Plantarum,75:525-531.

Xu X,van Lammeren A A,Vermeer E,et al,1998. The role of gibberellin, abscisic acid,and sucrose in the regulation of potato tuber formation in vitro[J]. Plant Physiology,117:575-584.

第三章　马铃薯脱毒种薯生产

第一节　中国马铃薯脱毒种薯研究与生产概况

一、南方低纬度高海拔地区马铃薯脱毒种薯研究与生产

西南地区是中国四大马铃薯生态区之一,该地区海拔和气候的多样性造就了独特的马铃薯耕作体系。目前生产上存在的主要问题是优良品种所占播种面积较少且混杂退化严重、常规种薯繁殖系数低(约为 8 倍)、耕作栽培和种薯体系不健全、特别是晚疫病常年发生等,给产量和品质造成了严重危害(何卫等,2007)。因此,解决马铃薯种薯问题,建立适宜南方低纬度高海拔地区的种薯体系,已经成为马铃薯产业发展的迫切需要。

赵恩学等(2008)总结了贵州马铃薯脱毒种薯生产的关键技术。生产程序如下:

第一年冬:工厂化生产试管薯和微型薯。

第二年春:大棚生产原原种。

第二年秋:大田生产原种。

以上为基础种。

第三年春:早种早收一级种薯。

第三年秋:大田生产二级种薯。

以上为合格种。

第四年春:大田生产商品薯。

虎彦芳(2009)介绍了低纬度高海拔滇东高原马铃薯脱毒种薯标准化生产技术,包括茎尖剥离、组培苗生产、原原种生产、种薯生产等内容。

蒋先林等(2013)总结了云南低纬高原马铃薯脱毒种薯标准化生产技术。根据低纬高原地区气候、土地等自然资源特点,经过多年生产实践和研究探索,从马铃薯茎尖剥离、组培苗生产、原原种生产、种薯生产等方面,总结并提出了适宜该类地区推广的马铃薯脱毒种薯标准化生产技术。其中,茎尖剥离从热处理、取材和消毒、剥离和接种、培养 4 个方面进行分析;组培苗生产从培养基制备、培养基及硫酸纸灭菌、无菌接种、组织培养 4 个方面进行分析;原原种生产从苗床准备、脱毒苗移栽、田间管理、采收 4 个方面进行分析;种薯生产从选地整地、种薯准备、科学播种、田间管理、适时收获 5 个方面进行分析。

敖毅等(2009)总结了云贵高原马铃薯脱毒种薯标准化生产技术。采用"茎尖剥离→组陪苗→原原种→一级原种→二级原种→一级种薯→二级种薯→商品薯"的流程繁殖种薯,推广三季串换轮作方式留种即冬作马铃薯所产块茎为秋作马铃薯作种薯,秋作马铃所产块茎为下一年春作马铃薯作种薯,春作马铃薯所产块茎又为冬作马铃薯作种薯,如此循环。

胡建军等(2008)对马铃薯脱毒试管苗快繁技术和脱毒试管苗周期性繁殖总量进行了详细的研究和分析。结果表明,马铃薯脱毒后可有效地提高产量和品质。而脱毒微型薯的生产,特别是雾化栽培技术的应用,较之常规基质栽培大大提高了种薯繁育效率并显著降低了生产成本。正规的马铃薯供种体系,可为种薯质量提供可靠的保证。种薯生产体系总的发展趋势是技术更加成熟稳定和简化、繁育年限更短、效益更高。选用脱毒马铃薯种薯较之一般种薯更能显著地提高经济效益。在脱毒试管苗快繁过程中,繁殖总代数比每代繁殖增大倍数更重要。所以,减少繁殖周期从而增加一年内繁殖总代数对增加繁殖总量更为有效。同样,起始脱毒苗量也很重要,是纯粹的总量繁殖系数,增加起始脱毒苗量同样对提高一年内脱毒苗产量有重要意义。

高文登(2017)总结以往经验,从各个环节提高马铃薯原种扩繁技术水平,选取海拔1200 m以上中高山区,有利于保持品种特性,提高产量。目前,巫溪县已成为西南地区最大的马铃薯脱毒种薯生产基地,年生产马铃薯脱毒原原种6000万粒,原种1.5万 t。种薯除满足重庆市各区县用种外,销往陕西省镇坪县,湖北省竹溪县、竹山县、巴东县等区县。通过提高马铃薯原种扩繁技术水平,达到种薯优质、高产、降低成本的目的。

覃大吉等(2012)介绍,对恩施州马铃薯脱毒种薯体系"111.2"工程设计(指年产1000万株脱毒苗、1亿粒微型薯,在1万亩标准薯生产基地年产2万 t脱毒标准薯的马铃薯脱毒种薯体系)进行了研究并进行放大设计,在此基础上,首次建立了马铃薯脱毒种薯体系的"拓扑星形"顶层设计模式,旨在为恩施州马铃薯脱毒种薯产业的可持续健康发展提供建设性的参考。

综上所述,在西南低纬度地区地形复杂,区域内海拔高度相差大,垂直立体气候差异明显,自然形成了高种低用的传统习惯,生产脱毒种薯不仅可以供应本区域生产,还可供应周边地区。

二、北方高纬度地区马铃薯脱毒种薯研究与生产

李霞等(2007)结合山西省实际,总结了马铃薯脱毒种薯繁育技术要点。包括脱毒苗扩繁,原原种生产,原种生产,良种生产四个环节,整个流程与南方低纬度高海拔地区所用的马铃薯脱毒种薯标准化生产技术流程基本相同。王拴福(2014)报道了山西省内已初步建立了脱毒种薯繁育推广体系,建成马铃薯微型薯、原种、一级种薯繁育基地1.07万 hm²,出现了岚县康农、方山隆盛、临县鑫田、蒲县昕源、五寨科园、河曲兴农、五台科丰、宁武高原、左云京奥、右玉丰华茂、娄烦惠农、山西省脱毒中心、古交良种场、阳高良种场等现代化的专业种薯生产企业,每年生产供应微型薯7000万粒、原种1.7万 t,一级种薯19万 t,可供15万 hm²大田用种薯,满足全省马铃薯一级种薯3年一轮换的基本需求,优质合格脱毒种薯推广率达到37%。目前的脱毒种薯繁育能力离全省对脱毒种薯的需求量还差一半,需要建设微型薯、原种、一级种薯繁育生产基地,尤其加大一级种薯高标准繁育基地、专业化繁育监测人员队伍建设力度,提高脱毒种薯质量,增加脱毒种薯生产供应量。梁秀芝等(2017)选择4个不同品种的马铃薯,进行了脱毒组培苗繁殖效率的研究。结果表明,实际繁殖总量较理论繁殖总量有较大差距,且随着快繁代数的增加,这种差距呈指数曲线迅速增加;在快繁过程中,当起始苗量和繁殖增大倍数恒定的情况下,增加繁殖总代数,能更加明显提高繁殖总量。建议在实际生产中,结合自身的生产能力,采用一些特殊的组培技术来增加快繁速度和快繁总代数,可显著增加脱毒苗的繁殖总量。

韩黎明(2009)总结了甘肃省定西地区脱毒马铃薯种薯生产基本原理和关键技术。利用马

铃薯幼苗生长点生长速度大于病毒繁殖速度进行茎尖组织培养可获得脱毒苗,由脱毒苗快速繁殖可获得脱毒种薯。马铃薯脱毒苗制取的关键技术是外植体消毒、茎尖剥离和培养、病毒检测、脱毒苗快繁;原原种生产主要采用防虫网隔离基质栽培或无基质栽培(雾培法)等技术;原种生产除满足一般栽培技术外,要注意防病毒、忌氯、休眠、水肥等特殊要求。李桂云(2015)调研得出 2014 年甘肃省马铃薯主产区的定西等 10 个市(州)53 个县(区)228 万个农户,共种植马铃薯脱毒种薯 62.53 万 hm²。在基本实现全省 66.67 万 hm² 马铃薯脱毒二级种薯全覆盖目标的基础上,一级种薯推广 24.85 万 hm²,占到全省马铃薯总种植面积的 30.8%,生产商品薯 1542.1 万 t,平均亩产 1644 kg,比 2007 年单产提高 300 多 kg,增产率达到 27% 以上,脱毒种薯的推广大幅度提高了马铃薯单产水平。并且定西市、各县都成立了马铃薯脱毒种薯质量检测机构,不断加大种薯质量检测检验力度,为种子管理提供技术支撑,以确保良种质量。

陕西省榆林市马铃薯常年播种面积约 20 万 hm²,是陕西省马铃薯主要产区。榆林市农业科学研究院对于马铃薯脱毒种薯的培育和生产有一套成熟的技术体系和理论依据,对于马铃薯脱毒种薯的研究、生产和推广做出了重要贡献。具体详见第二节。

三、影响马铃薯脱毒种薯繁育的因素

马铃薯脱毒种薯生产方式主要有设施基质栽培、雾化栽培、保护地隔离栽培、大田栽培 4 种。其中设施基质栽培、雾化栽培生产成本较高,故只限于脱毒微型薯的生产,脱毒微型薯在保护地隔离栽培或大田栽培 3~4 代以繁育脱毒种薯。影响马铃薯脱毒种薯繁育的因素除了栽培基质外,还有栽培环境、栽培方式,管理方式等。近年来研究的重点都是围绕如何高效、低成本繁育脱毒种薯。

门福义等(1992)试验表明,马铃薯单株薯块数量与主茎数有明显的正相关性。朱月清等(2018)试验了脱毒种薯小薯化栽培技术。脱毒微型薯通过脱毒马铃薯小种薯的快速高效繁殖方法繁育 1 代,再用小薯化栽培繁育 1 代的脱毒种薯繁育模式,不仅种薯繁殖系数可以超过常规种薯 3 代繁育模式,降低了种薯生产成本,并且减少了繁育代数,提高了种薯繁殖系数。

马伟清等(2010)介绍,通过一步法进行试管薯的诱导,不更换培养基,不添加任何外源激素,研究试管苗培养阶段光照周期、光照强度及温度对费乌瑞它、Atlantic 和克新 1 号 3 个马铃薯品种试管薯诱导的影响。结果表明:短光周期培养有利于试管薯的诱导,但产生的试管薯较小,适当的延长光照时间有利于诱导较大的试管薯;不同品种需要不同的适宜试管薯诱导的光照强度;变温处理最适于试管薯的诱导。不同品种需要做培养环境的筛选和品种结薯性评价,以筛选出最佳的诱导条件。徐志刚等(2018)介绍,光作为物理环境因子,能够驱动植物的生命活动,光密度与光谱对试管薯的诱导、膨大期积累以及光合产物的转运具有重要调节作用。探索光密度和光谱影响其生育进程的机制,有助于从物理光谱的角度,精细地获取光谱调控植物储藏器官发育的知识,有助于试管薯产量和质量的提高。

邹华芬等(2014)介绍,为了探讨不同钾肥水平对微型薯直播繁育原种的影响,为原种繁育提供科学合理的施肥依据,于 2011 年进行不同钾肥水平繁育原种的试验。试验结果表明:钾肥能显著提高原种的产量、单位面积 30~90 g 块茎的数量和重量及所占的比例。K_2SO_4 施用量为 600 kg/hm²(K_2O 300 kg/hm²)时,原种的繁殖效果最好,原种产量最高,单位面积 30~90 g 块茎的数量和比例、30~90 g 块茎重量和比例均达到最大值。

刘秀杰(2011)通过对马铃薯脱毒苗喷施烯效唑、矮壮素、膨大素 3 种不同植物生长调节

剂,测定脱毒苗的株高、茎粗、叶片颜色、植株鲜重和产量等指标,研究了其对马铃薯植株生长和种薯产量的影响。结果显示,喷施常用浓度的烯效唑、矮壮素、膨大素3种不同植物生长调节剂,都能在一定程度上控制植株生长,增加种薯产量,其中施用烯效唑效果最佳。

第二节　陕西省马铃薯脱毒种薯生产

一、脱毒苗生产

(一)病毒脱除

在马铃薯生产过程中,出现植株变矮、叶片皱缩、卷曲、叶片出现黄绿相间的斑驳,甚至叶脉坏死或块茎尖头龟裂等异常表现,使得块茎产量和品质逐年下降,以致失去利用价值的现象,被称为"马铃薯退化"。马铃薯退化的原因是多方面的,包括品种的衰老、气候变化的刺激及各种病害,如病毒性病害、细菌性病害、真菌性病害及由介于病毒与细菌之间的类菌质体等病原引起的病害。关于导致马铃薯退化的原因,国内外曾经产生了很多种学说,法国学者Morel(1955)用感染病毒的马铃薯进行茎尖培养,获得了无病毒幼苗和块茎,并证明马铃薯植株在无病毒的情况下,能完全恢复品种的特性和产量水平。1956年中国微生物研究所为明确各种因素与马铃薯退化的关系,通过一系列的试验,证明马铃薯的退化主要是由病毒侵染造成的,同时证明,在无病毒条件下,高温不会导致马铃薯退化(中国农业百科全书总编辑委员会农作物卷编辑委员会,1991)。

马铃薯是用营养体无性繁殖的一种作物。连续多年采用块茎切块繁殖,容易使块茎内的病毒通过世代繁衍积累和传播,造成不同程度的减产。Wang等(2011)认为,在中国,因为病毒病造成的减产为20%～60%,严重者减产80%以上。

马铃薯病毒脱除技术是一种积极而有效脱除植株体内病毒的途径,可使植株恢复原来的优良种性,生长势增强,改善块茎产量和品质。应用马铃薯脱毒技术,一般可增产30%左右。Palukaitis等(2012)研究发现,目前全世界范围内已发现的能够侵染马铃薯的病毒有40多种,而能够对中国马铃薯产业造成显著影响的有7种,包括6种病毒(PVX,PVY,PVA,PVM,PVS,PLRV)和一种类病毒(PSTVd)。

常见的马铃薯病毒病症状类型有花叶、卷叶、束顶、矮生四种。花叶类型中,又有各式各样花叶症状,其致病毒源复杂。由于品种抗病性不同,或者因温度条件等因素的影响,有时马铃薯症状相似,但其病原不同。而另三个类型(卷叶、束顶、矮生)的病原虽然较为单纯,但常常与花叶型的病毒复合侵染,呈现综合症状。其中,矮生型病株,除某种病原的特定症状外,有时一些抗病性弱的马铃薯品种,如果被多种病原侵染,发病严重,导致植株生育停滞,从而造成植株矮缩现象。

各种病毒的发生频率随年份及地域而有所不同。王晓明等(2005)和黄萍等(2009)研究发现,当仅有一种病毒单独侵染马铃薯时,PVS发病严重时可导致减产10.0%～20.0%,PVA最高可导致减产40.0%(胡琼,2005),PLRV最高可导致减产40.0%～60.0%(王晓明等,2005),PVX最高可导致减产10.0%～50.0%(王仁贵等,1995;王晓明等,2005),PVY最高可导致减产20.0%～50.0%(王仁贵等,1995;郝艾芸等,2007),PSTVd单独侵染可能导致马铃薯减产 35.0%～40.0%(崔荣昌等,1992;马秀芬等,1996)。当两种或多种病毒混合侵染时,马铃薯减产量往往比 ·种病害单独侵染时严重。比如,PVS 单独侵染时,对马铃薯产量影响很小,当 PVS 与 PVM 或 PVX 混合侵染时,可致减产 20.0%～30.0%(Wang et al.,1987);当 PVY 与 PVA 混合侵染时,发病严重时减产可达到 80.0%。侵染马铃薯的各种病毒因为致病病原物的不同,从症状表现到传播方式都存在较大差异(表 3-1)。

表3-1 马铃薯病毒病症状类型及其病原(李芝芳,2004)

类型	病名	病原	病原生物学特性					病原传播方式
			形态结构	稀释限点	致死温度(℃)	体外存活期(d)	血清反应	
花叶型	马铃薯普通花叶病及轻花叶病	PVX	病毒粒体弯曲长杆状,13.6 nm×515 nm	10^{-5}～10^{-6}	68～76	60～90	+	汁液传播
	马铃薯重花叶病、条斑花叶病、条斑垂叶坏死病、点条斑花叶病	PVY	病毒粒体弯曲长杆状,11 nm×730 nm	10^{-2}～10^{-3}	52～62	2～3	+	汁液、昆虫(桃蚜)非持久性传播
	马铃薯轻花叶病	PVA	病毒粒体弯曲长杆状,11 nm×730 nm	1:50～1:100	44～52	12～24 h	+	汁液、昆虫(桃蚜)非持久性传播
	马铃薯潜隐花叶病	PVS	病毒粒体轻弯曲平直杆状,12 nm×650 nm	10^{-2}～10^{-3}	55～60	2～4(20 ℃下)	+	汁液、昆虫(桃蚜)非持久性传播
	马铃薯副皱缩花叶病、卷花叶病、脉间花叶病	PVM	病毒粒体弯曲长杆状,12 nm×650 nm	10^{-2}～10^{-3}	65～70	2～4(20 ℃下)	+	汁液、昆虫(桃蚜)非持久性传播
	马铃薯黄斑花叶病,又名奥古巴花叶病	PAMV(F/G)	病毒粒体弯曲长杆状,11～12 nm×580 nm	F:5×10^{-2} G:10^{-3}	F:52～62 G:65	F:2～3 G:4	+	汁液、昆虫(桃蚜)非持久性传播
	马铃薯茎杂色病	TRV	病毒粒体平直杆状,由长短两种粒体组成,直径 25 nm,长的 188～197 nm,短的45～115 nm	10^{-6}	80～85	28～42(即 4～6 周)	+	昆虫(切根线虫)、汁液传播
	马铃薯黄绿块斑粗缩花叶病	TMV	病毒粒体直杆状,15～18 nm×300 nm	病毒浓度高达1 mg/mL	90～93(10 min)	1年以上(20 ℃下)	+	汁液、种子、土壤传播
	马铃薯杂斑病、马铃薯块茎坏死病	AMV	病毒粒体多组分杆状,直径 18 nm,含 5种不同长度粒体,最长的 60 nm	10^{-2}～10^{-5}	55～60	3～4	+	汁液、昆虫(桃蚜)非持久性传播
	马铃薯皱缩黄斑花叶病、马铃薯轻皱黄斑花叶病	CMV	病毒粒体球形,直径30 nm	10^{-4}	60～75	3～7	+	汁液、昆虫(桃蚜)非持久性传播

续表

类型	病名	病原	病原生物学特性					病原传播方式
			形态结构	稀释限点	致死温度(℃)	体外存活期(d)	血清反应	
卷叶型	马铃薯卷叶病	PLRV	病毒粒体球状,直径23～25 nm	10^{-4}	70	3～4	+	昆虫(桃蚜)持久性传播
束顶型	马铃薯纺锤块茎病、马铃薯纤块茎病、马铃薯块茎尖头病	PSTVd	无蛋白外壳的RNA,为双链RNA、链螺旋核酸	$10^{-2}～10^{-4}$	90～100	—	—	汁液带毒种子、昆虫(蚱蜢、马铃薯甲虫等)传播
	马铃薯紫顶萎蔫病	AYMLO(类菌原质体)	细胞圆形,无细胞壁,外有一层单位膜	—	—	—	—	昆虫(叶蝉)传播
矮生型	马铃薯黄矮病	PYDV	病毒粒体弹状,15 nm×380 nm	$10^{-3}～10^{-4}$	50～53	2.5～12 h		昆虫(叶蝉)、汁液传播
	马铃薯绿矮病	BCTV	病毒粒体杆状,20～30 nm×150 nm	$10^{-3}～10^{-4}$	75～80	7～28		昆虫(叶蝉)传播
	马铃薯丛枝病	PWBMLO(类菌原质体)	细胞椭圆形,无细胞壁,外面包单位膜,直径200～800 nm	—	—	—		昆虫(叶蝉)传播

马铃薯病毒脱除技术包括物理学方法、化学药剂处理、茎尖分生组织培养、花药培养法、生物学方法、原生质体培养法以及实生种子选育等。目前主要应用并取得良好效果的马铃薯脱毒技术有以下四种:茎尖分生组织培养、热处理钝化脱毒、热处理结合茎尖培养脱毒、化学药剂处理。主要方法如下:

1. 茎尖组织培养　早在1943年White发现,一株被病毒侵染的植株并非所有细胞都带病毒,越靠近茎尖和芽尖的分生组织病毒浓度越小(图3-1),并且有可能是不带病毒的。经过研究者多方面分析,导致这一现象的原因可能是:一是分生组织旺盛的新陈代谢活动。病毒的复制须利用寄主的代谢过程,因而无法与分生组织的代谢活动竞争。二是分生组织中缺乏真正的维管组织。大多数病毒在植株内通过韧皮部进行迁移,或通过胞间连丝在细胞之间传输。因为从细胞到细胞的移动速度较慢,在快速分裂的组织中病毒的浓度高峰被推迟。三是分生组织中高浓度的生长素可能影响病毒的复制。1957年Morel以马铃薯为材料进行茎尖组织培养得到了无病毒植株,自此,茎尖组织培养的方法在很多国家得到开展,并得到了普遍的肯定。但茎尖切割时是否带叶原基会大大影响茎尖的成活率和成苗率,一般以带1～2个叶原基为宜(图3-2)。

马铃薯茎尖分生组织培养脱毒技术,是根据植物细胞全能性学说和病毒在植物体内分布不均匀等原理,通过剥取茎尖分生组织进行离体培养而获得脱毒植株的方法,属于植物组织培养中的体细胞培养。通过茎尖分生组织培养来脱除病毒是最早发明的脱毒方法,该方法得到了研究者的普遍认可,一直沿用至今。

马铃薯茎尖分生组织培养,其主要技术步骤如下:首先挑选属性完整、健康的待脱毒薯块在室内暗光—散射光交替催芽;待芽长到合适的长度,取芽消毒处理;然后在超净工作台无菌条件下,切取 0.1~0.3 mm、带 1~2 个叶原基的茎尖分生组织,移植于装有 MS 培养基或添加有植物生长调节剂培养基的试管中培养,大约 90 d 后,茎尖分生组织直接长成试管苗,或者通过愈伤组织分化而形成再生植株。Mellor 等(1977)研究了茎尖大小对脱除马铃薯 PVX 病毒的影响,发现了一个明显的规律,茎尖长度越小病毒含量越少,脱毒效果越好,但不易成活。Faccioli 等(1988)通过进一步研究,选用带有马铃薯卷叶病毒的三个马铃薯品种进行茎尖组织培养脱毒,详细对比茎尖大小与成活率和脱毒率之间的关系,得出相同结论。此外,笔者通过多年的茎尖脱毒试验发现,在春季马铃薯刚刚结束休眠期的时候给予合适的光照和温度,所获得的马铃薯芽剥取的茎尖成活率是非常高的,所以在实际工作中,应尽量在这一时间段内进行茎尖剥离工作。

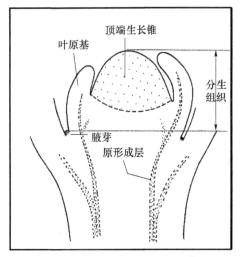

图 3-1　茎尖图示(Ouyang et al.,1980)

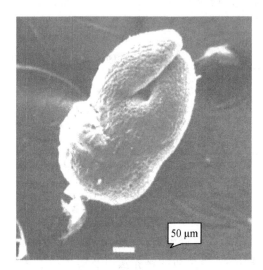

图 3-2　新鲜切割的马铃薯茎尖
(Grout,1999)

茎尖培养不仅可以去除病毒,还可除去其他病原体,如细菌、真菌、类菌质体。

2. **热处理钝化脱毒**　热处理脱毒法又称温热疗法,已应用多年,被世界多个国家应用。该项技术设备条件比较简单,操作简便易行。

热处理方法是根据高温可以使病毒蛋白变性而使得病毒失去活性的原理,利用寄主植物与病毒耐高温程度不同,对马铃薯块茎或苗进行不同温度不同周期的高温处理,来达到钝化病毒的目的。Dawson 和 Coworker 发现,当植株在 40 ℃ 高温处理时,病毒和寄主 RNA 合成都是较为缓慢的,但是当把被感染的组织由 40 ℃ 转移到 25 ℃ 时,寄主 RNA 的合成便立即恢复。不过病毒 RNA 的合成却推迟了 4~8 h,例如烟草花叶病毒的 RNA 需要 16~20 h 才能恢复。根据此原理,可以设计不同时间段及温度脱除马铃薯病毒。1950 年 Kassanis 第一次用 37.5 ℃ 高温处理马铃薯块茎 20 d 后,部分卷叶病毒被脱除,产生了无卷叶症状的植株。Chirkov 等(1984)研究发现,单一的茎尖组织培养对 PVY 和 PVA 的脱毒率达到 85%~90%,但对 PVX 和 PVS 的脱毒率却小于 1%,当经过热处理后,茎尖培养脱除 PVS 的脱毒率提高至 11.4%。在一定的温度范围内进行热处理,寄主组织很少受伤害甚至不受伤害,而植物组织中很多病毒可被部分地或完全钝化。

热处理方法的主要影响因素是温度和时间。在热处理过程中,通常温度越高、时间越长、脱毒效果就越好,但是同时植物的生存率却呈下降趋势。所以温度选择应当考虑脱毒效果和植物耐性两个方面。近年来,科学家们总结出了一些脱除不同病毒的热处理操作温度,如用 37.5 ℃的高温处理患有卷叶病毒的马铃薯块茎 25 d,种植后不能出现卷叶病(PL-RV);或采用高低温度交替,如采用 40 ℃(4 h)和 20 ℃(20 h)也可脱除卷叶病毒。茎尖培养前,对发芽的块茎采取 32～35 ℃的高温处理 32 d 可脱去 PVX 和 PVS 病毒。实践中处理的天数越多脱毒率越高,处理 41 d 能脱去 PVX 病毒 72.9%。另外采用高温处理不适用于纺锤块茎病毒(PSTVd),因为高温适合类病毒的繁殖。国际马铃薯中心的科学家对患有这种病毒的块茎,在 4 ℃下保存 3 个月后,再在 10 ℃下生长 6 个月的植株,采用茎尖培养后脱毒效果较好。

热处理法的缺点是脱毒时间长,脱毒不完全,热处理只对球状病毒和线状病毒有效,而且球状病毒也不能完全除去,而对杆状病毒则不起作用。

3. 热处理结合茎尖脱毒　茎尖培养脱毒法脱毒率高,脱毒速度快,能在较短的时间内得到合格种苗。但此种方法的缺点是植物的存活率低,且有些病毒通过单一的茎尖脱毒方法脱除率较低。为了克服这一局限,许多研究者把高温处理与茎尖组织培养相结合,这种方法也成为较常见的马铃薯脱毒方法。Pennazio(1978)首先将带有马铃薯 X 病毒的植株进行 30 ℃不同周期的热处理,处理后再进行茎尖分生组织培养,获得无毒植株并发现无毒植株数量与处理周期长度正相关,处理时间越长获得的无毒植株越多。Lozoya-Saldana 等(1996)将促进分生组织细胞分裂的激动素(Kinetin)以不同浓度加入培养基中,同时对试管苗进行 28 ℃和 35 ℃的高温处理。结果发现,温度越高马铃薯脱毒率越高,但脱毒苗成活率越低。而激动素含量的改变只对马铃薯生长的快慢产生明显影响,对脱毒率几乎没有产生任何影响。为平衡高温对马铃薯脱毒率和成活率的影响,Lopez-Delgado 等(2004)将微量的水杨酸加入到茎尖培养基中,培养 4 周后再进行热处理,结果发现,水杨酸的加入使马铃薯的耐热性得到了显著提高,其成活率提高了 23%。盖琼辉(2005)经过研究,发现以每天 40 ℃(4 h)和 25 ℃(20 h)变温处理 4 周的方法脱毒效果最好,然后剥取带 1～3 个叶原基的茎尖进行脱毒可获得脱毒苗率高达 71.26%。

选择一个合适的热处理温度是马铃薯脱毒的重要因素。热处理与茎尖培养相结合的方法能有效提高脱毒效果,其机理是,热处理可使植物生长本身所具有的顶端免疫区得以扩大,有利于切取较大的茎尖(1 mm 左右),从而提高茎尖培养的成活率和脱毒率。茎尖培养与热处理方法相结合脱除病毒的热处理一般是在 35～40 ℃条件下处理几十分钟甚至数月,也可采用短时间高温处理。如何在最高温度、最低温度以及处理时间中间找到一个平衡点,既能很好地脱除病毒又不会对植株造成损伤、影响植株生长,这是热处理结合茎尖脱毒能否成功的关键所在。

4. 药剂脱毒　化学药剂法是一种新的脱毒方法,其作用原理是化学药剂在三磷酸状态下会阻止病毒 RNA 帽子的形成。在早期破坏 RNA 聚合酶的形成;在后期破坏病毒外壳蛋白的形成。药剂能抑制病毒繁殖,有助于提高茎尖脱毒率。Barker 等(1965)曾指出,嘌呤和嘧啶的一些衍生物如 2-硫脲嘧啶和 8-氮鸟嘌呤等能和病毒粒子结合,使一些病毒不能繁殖。德国学者 Kluge 等(1987)证明硫代脲嘧啶类化合物能使红色苜蓿花叶病毒(RCMV)明显减少。Schuster 等(1991)在 17 种嘌呤和嘧啶衍生物中发现了 8-氮杂腺嘌呤、8-氮杂鸟嘌呤和 6-丙基-2-硫代脲嘧啶对马铃薯 X 病毒(PVX)具有抑制活性。Schulze 等(2010)则发现 6-氨胸腺嘧啶和 9-(2,3-二羟基丙基)腺嘌呤能抑制 TMV 和 PVX 复制酶的活性,从而抑制病毒在植物体内复制。

研究实践中常用的脱病毒化学药剂有三氮唑核苷（病毒唑）（Ribavirin），5-二氢尿嘧啶（DIIT）和双乙酰-二氢-5-氮尿嘧啶（DA-DHT）。

嘌呤碱基代谢类似物病毒唑（Ribavirin）是溶于水、稳定、无色核苷，化学名称为 1-β-D-呋喃核糖基-1H-1,2,4,-三氮唑-3-羧酰胺。最初是作为抗人体和动物体内病毒的药物被研究和开发出来的，又称为利巴韦林、三氮唑核苷、尼斯可。病毒唑能强烈抑制单磷酸嘌呤核苷（IMP）脱氢酶的活性，从而阻止病毒核酸的合成，除了对人和动物体内 20 多种病毒有良好的治疗作用外，还对马铃薯 X 病毒、马铃薯 Y 病毒、烟草坏死病毒（TNV）等植物病毒均有不同的预防和治疗作用，因此有人尝试把它以一定浓度加入到培养基中，与茎尖分生组织培养相结合从而提高脱毒率。Sidwell（1972）通过实验证实了仅仅单一的把病毒唑加入培养基中只能临时性的抑制 PVS 在马铃薯中的复制，并不能彻底脱除病毒。Klein 等（1983）验证了可以通过加入病毒唑与茎尖组织培养相结合脱除马铃薯 X 病毒和 Y 病毒。Cassel 等（1982）又相继报道了同种方法成功脱除马铃薯 X 病毒、Y 病毒、S 病毒和 M 病毒，在培养基中加入 10 mg/L 病毒唑培养马铃薯茎尖（腋芽）20 周，除去了 Y 病毒和 S 病毒，其中用 20 mg/L 病毒唑加入培养基中，可脱掉 Y 病毒 85%，脱去 S 病毒 90%以上。Bittner（1989）等在把病毒唑、DHT、GD、E30、Ly 以一定的浓度相互混合加入到培养基中对他们的脱毒效果进行对比试验，发现把病毒唑和 DHT 同时放入培养基中可以提高马铃薯的脱毒率，并且在不同梯度下对病毒唑的含量进行对比，发现当病毒唑的浓度为 0.003%时脱毒率最高。用病毒唑处理患病毒的材料，都有良好的效果，特别是病毒唑是一种核苷结构的类似物，加入培养基中对病毒有抑制作用，培养的茎尖长度可达 3~4 cm 仍有较高的脱毒率，是很有应用前途的药剂。宋波涛等（2012）将感染病毒的马铃薯苗接种于含有病毒唑浓度为 75~150 mg/L 的培养基上培养 45~135 d，发现这种方法对几种常见的马铃薯病毒均具有极高的脱除效率，可以在生产过程中使用，便于大批量处理材料，是一种高效的马铃薯病毒脱除技术。但病毒唑对许多作物具有不同程度的药害，在某种程度上限制了它在防治植物病毒上的应用。

此外，还有一些化学药剂可以脱除马铃薯病毒。刘华等（2000）采用不同梯度高锰酸钾、过氧化氢、新洁尔灭、尿素稀释液对马铃薯浸种，病毒钝化明显，发芽正常，田间试验出苗齐全，病毒再感染种类少，产量明显提高，例如，0.1%新洁尔灭、0.05%高锰酸钾、3%过氧化氢、5%尿素。

（二）病毒检测

经过脱毒处理的植株必须经过病毒检测才能确定是否脱毒成功。鉴定马铃薯病毒过去大多采用肉眼观察病毒株生物学特性的差异而进行的，如所致症状类型、传播方式、寄主范围等；近年来，随着生物科学的迅猛发展，免疫学方法、分子生物学方法等的应用，促进了病毒检测技术的改进与发展，现在又发展出了病毒核酸、蛋白分子生物学、生物化学等方面的方法。发展至今，主要采用的病毒检测方法有生物学法（指示植物鉴定法）、电子显微技术、血清学法（酶联免疫吸附测定法）、生物化学法（往返双向聚丙烯酰胺凝胶电泳法）、分子生物学法（NASH，RT-PCR 法等），现分别介绍如下：

1. 指示植物鉴定法　指示植物测定法是发展最早的一种方法，可用来鉴定病毒和类病毒，是美国病毒学家 Holmes 在 1929 年发现的。指示植物是用来鉴别病毒或其株系的具有特定反应的一类植株。凡是被特定的病毒侵染后能比原始寄主更易产生快而稳定、并具有特征性症状的植物都可以作为指示植物。

指示植物鉴定法是以对某种病毒十分敏感的植物为指示物,根据病毒侵染指示植物后表现出来的局部或系统症状,对病毒的存在与否及种类做出鉴别。不同的病毒往往都有一套鉴别寄主或特定的指示植物,鉴别寄主是指接种某种病毒后能够在叶片等组织上产生典型症状的寄主。根据试验寄主上表现出来的局部或系统症状,可以初步确定病毒的种类和归属。而这种指示植物检测法根据鉴别寄主种类又分为木本指示植物检测法和草本指示植物检测法两种。对于草本植物,接种方法有汁液摩擦接种法,媒介昆虫(桃蚜)接种法;对于木本植物,则用嫁接接种法。

(1)汁液摩擦接种法 先在鉴别寄主叶片上用小型喷粉器轻轻喷洒一层金刚砂(细度400目),然后用已消毒的棉球蘸取待鉴定的马铃薯汁液(添加1/2汁液量的pH 7.0的磷酸缓冲液),在鉴别寄主叶片上沿叶脉顺序轻轻摩擦接种后,即时用无菌水冲掉接种叶片上的杂质,置于防虫网室内培养,待2~3 d后可逐日观察症状反应,并做好文字、图片记录。

(2)昆虫媒介(桃蚜)接种法 接种用的桃蚜必须是无毒蚜,预先在白菜上饲育4~5代,即可得无毒桃蚜。先将蚜虫用针挑至试管里饿1~2 h,然后放在马铃薯病株的叶片上饲毒(蚜虫口器刺吸叶片)。饲毒时间长短依鉴定的病毒种类不同而异,按昆虫不同传播方式分别对待,例如,马铃薯病毒PVY的蚜虫传毒为非持久性,时间只有10~20 min,而马铃薯卷叶病毒(PLRV)为蚜虫持久性传毒,饲毒时间长达24~48 h。饲毒后将带毒蚜虫放在无毒的鉴别寄主的叶片上放毒,放毒时间亦按照病毒种类而异。以后用杀虫剂灭蚜。经5~7 d后逐日观察症状并做记录。

(3)嫁接接种法 将马铃薯病枝作为接穗嫁接到寄主植物上,利用作为砧木的寄主植物和作为接穗的马铃薯病枝之间细胞的有机结合,使病毒从接穗中进入砧木体内,然后观察砧木上新生的叶片发病症状反应。其主要做法是用常规的劈接法。

不同宿主所用的指示植物也不同,例如甘薯是巴西牵牛,马铃薯是烟草,番茄是番杏。目前,侵染马铃薯的病毒有40种之多,只有少数病毒对马铃薯危害严重。这些对马铃薯的产量和品质造成严重影响的病毒类型,在指示植物上接种后,反应有很大差别(表3-2)。

指示植物鉴定法简单易行,优点是反应灵敏,成本低,无须抗血清及贵重的设备和生化试剂,只需要很少的毒源材料,但工作量比较大,需要较大的温室培养供试材料,且比较耗时,不适合对大批量的脱毒苗进行检测。有时因气候或者栽培的原因,个别症状反应难以重复,难以区分病毒种类。

表3-2 马铃薯几种主要病毒及类病毒在特定鉴别寄主上的症状(李芝芳,2004)

病毒名称	接种方式	在特定鉴别寄主上的症状
PVX	汁液摩擦	千日红:接种5~7 d后叶片出现紫红环枯斑。 白花刺果曼陀罗:接种10 d后系统花叶病。 指尖椒:接种10~20 d后接种叶片出现褐坏死斑点,以后系统花叶病。 毛曼陀罗:接种10 d后,接种叶片出现局部病斑及心叶花叶
PVY	汁液摩擦 (或桃蚜)	普通烟:接种初期明脉,后期有沿脉绿带症。 洋酸浆:接种10 d后,接种叶片出现黄褐色枯斑,以后系统落叶症(16~18 d)。 枸杞:接种10 d后接种叶片出现褐色环状枯斑,初侵染呈绿环斑
PVS	汁液摩擦	千日红:接种14~25 d后,接种叶片出现橘红色小斑点,略微凸出的小斑点。 昆诺瓦藜:接种10 d后接种叶片出现局部黄色小斑点。 德伯尼烟:初期明脉,以后系统绿块斑花叶

病毒名称	接种方式	在特定鉴别寄主上的症状
PVM	汁液摩擦	千日红:接种 15～20 d 后,接种叶片沿叶脉周围出现紫红色斑点。 毛曼陀罗:接种 10 d 后,接种叶片出现失绿小圆斑至褐色枯斑,以后系统发病。 豇豆:在子叶上接种 14～21 d 后叶片上出现红色局部病斑。 德伯尼烟:接种 10 d 后接种叶片上出现红色局部病斑
PVA	汁液摩擦	直房丛生番茄:接种 10 d 后接种叶片出现褐坏死斑,以后由下至上部叶片系统坏死。 枸杞:接种 5～10 d 后接种叶片出现不清晰局部病斑。 马铃薯 A6:接种 3～5 d 后接种叶片出现星状斑点。 香料烟:接种初期微明脉
PAMV	汁液摩擦	千日红:接种后无症
(G 株系)	汁液摩擦	指尖椒:接种 10 d 后接种叶片出现灰白色坏死斑,以后系统褐色坏死斑,心叶坏死严重。 心叶烟:接种 15 d 后系统明显白斑花叶症。 洋酸浆:接种 15 d 后出现系统黄白组织坏死或褐色坏死斑
PLRV	桃蚜	白花刺果曼陀罗:蚜虫接种后叶片明显失绿,呈脉间失绿症,叶片卷曲。 洋酸浆:接种 20 d 后,植株叶片卷曲,因病毒株系不同,其植株高度有明显差别
AMV	汁液摩擦	千日红:接种 7～10 d 后叶片出现紫红环枯斑以后系统黄斑花叶症。 洋酸浆:接种 15 d 后系统黄斑花叶症。 心叶烟:接种 7～10 d 后,系统黄色斑驳,黄色组织变薄,呈轻皱状
TRV	汁液摩擦	千日红:接种 4～5 d 后接种叶片出现红晕圈病斑,7 d 后呈红环枯斑,无系统症。 白花刺果曼陀罗:接种后发病初期,后期呈褐色圆枯斑。 心叶烟:接种 3～5 d 后接种叶片出现褐圆枯斑。 毛曼陀罗:接种 5～6 d 后接种叶片出现褐环枯斑,以后茎上出现褐色坏死,甚至全株枯死
TMV	汁液摩擦	千日红:接种叶片发病初期失绿晕斑,后期呈红环枯斑无系统症状。 心叶烟:接种叶片褐环小枯斑,无系统症。 普通烟:接种叶片发病后干枯,后全株系统浓绿与淡绿相间皱缩花叶症
CMV	汁液摩擦	鲁特格尔斯番茄:接种 30 d 后全株呈丝状叶片。 毛曼陀罗:接种 30 d 后系统叶片畸形,并呈浓绿疱斑花叶症
PSTVd	汁液摩擦	鲁特格尔斯番茄:成株在接种 20 d 后,病株上部叶片变窄小而扭曲。番茄幼株接种后易矮化 (27～30 ℃和强光 16 h 以上条件下)。 莨菪:接种 7～15 d 后接种叶片出现褐坏死斑点(400 lx 弱光下)

2. 电子显微技术　电子显微镜以电磁波为光源,利用短波电子流,因此分辨率达到 9.9×10^{-11} m(0.99Å),比光学显微镜要高 1000 倍以上。但是电子束的穿透力低,样品厚度必须在 10～100 nm 之间。所以电镜观察需要特殊的载网和支持膜,需要复杂的制样和切片过程。

(1)电镜负染法　电镜负染技术的原理是一些重金属离子能绕核蛋白体四周沉淀下来,形成一个黑暗的背景,而在核蛋白体内部不会沉积形成一个清晰的亮区,衬托出样品的形态和大小,因此人们习惯地称为负染色。通过此方法可以观察到病毒粒子形态。此方法的主要操作步骤是:把有支持膜的铜网直接放在新鲜组织叶片的浸渍液滴上孵育 5 min,用滤纸吸干载网,放入 pH7.0 的 2‰磷钨酸染剂上漂浮 15 min,干燥后即可放在电镜下观察病毒粒子形态。

负染色技术不仅快速简易,而且分辨率高,目前广泛应用于生物大分子、细菌、原生动物、亚细胞碎片、分离的细胞器、蛋白晶体的观察及免疫学和细胞化学的研究工作中,尤其是病毒的快速鉴定及其结构研究所必不可少的一项技术。

(2)超薄切片法(正染色技术)　将样品经固定、脱水、包埋、聚合、超薄切片和用染色剂染色,在电镜下观察。此方法是观察病毒在寄主细胞内分布以及细胞病变的主要方法。用来观察各种病毒引起的寄主细胞病变和内含体特征。

(3)免疫电镜法　免疫电镜技术是将免疫学和电镜技术结合,将免疫学中抗原抗体反应的特异性与电镜的高分辨能力和放大技术结合在一起,可以区别出形态相似的不同病毒。在超微结构和分子水平上研究病毒等病原物的形态、结构和性质。配合免疫胶体标记还可进行细胞内抗原的定位研究,从而将细胞亚显微结构与其功能、代谢、形态等各方面研究紧密结合起来。主要的操作步骤为:把有支持膜的铜网在病毒抗血清液滴上孵育 30 min,用滤纸吸干后,放在新鲜组织叶片的浸渍液滴上孵育 30 min,用 20 滴 0.01％磷酸缓冲液冲洗载网,吸干后,在 pH7.0 的 2％磷钨酸染色剂上漂浮 15 min,干燥后即可放在电镜下观察病毒粒子的形态。

朱光新等(1992)首次应用免疫电镜技术筛选出高纯度、高浓度的马铃薯毒源试管苗,为制作效价高、活性好的抗血清提供良好的抗原,论述了 PVX,TMV 和 PVY 3 种毒源在烟草寄主上繁殖时的拮抗关系,从而为马铃薯毒源繁殖和保存提供了科学依据。张仲凯等(1992)利用电镜负染色技术,对存在于寄主中的主要病原进行初步的分类和诊断。周淑芹等(1995)应用电镜技术鉴定试管保存的马铃薯毒源,经过多次切段繁殖,观察植株中病毒浓度和纯度的变化,为定期跟踪检测,明确病毒在试管内增殖、递减与植物体生长发育的关系,掌握试管植物体病毒含量的高峰期,根据高峰期的长短,确定毒源最佳的更新与利用时间提供了研究依据。朱光新等(1992)又同时利用电子显微镜技术和血清学方法,对采自云南省马铃薯产区的 2000 多份马铃薯病毒病样品及试管苗、微型薯样品进行了检测鉴定,检出了包括 PVX,PVY,PVM,PLRV 在内的 7 种马铃薯病毒,并利用电子显微技术和 DAS-ELISA 技术建立了脱病毒核心种苗的检测筛选技术体系。吴兴泉等(2005)为明确福建省马铃薯 S 病毒(PVS)的发生与分布情况,对福建省马铃薯主要种植区的 PVS 进行了鉴定和普查,在利用电镜技术和传统生物学方法鉴定的基础上,克隆了 PVS 外壳蛋白(cp)基因,依据 PVS 外壳蛋白氨基酸序列建立了 PVS 不同分离物的系统进化树。依据此序列,可准确鉴定 PVS,同时可分析不同分离物间的分子差异。

3.酶联免疫吸附测定　酶联免疫吸附测定(Enzyme Linked Immuno Sorbent Assay,ELISA)是一种免疫酶技术,它是 20 世纪 70 年代在荧光抗体和组织化学基础上发展起来的一种新的免疫测定方法。是不影响酶活性和免疫球蛋白分子共价结合成酶标记抗体。酶标记抗体可直接或通过免疫桥与包被在固相支持物上待测定的抗原或抗体特异性的结合,再通过酶对底物作用产生有颜色或电子密度高的可溶性产物,借以显示出抗体的性质和数量。常用的支持物是聚苯乙烯塑料管或血凝滴定板。该方法利用了酶的放大作用,提高了免疫检测的灵敏度。优点是灵敏度高、特异性强,对人体基本无害,但价格昂贵,检测灵敏度在病毒量较少时会相对降低。

1977 年 Casper 首次用 ELISA 方法鉴定了 PLRV 病毒,后应用逐渐广泛。双抗夹心法(DAS-ELISA)在 ELISA 方法中应用最多,其又包括快速 DAS-ELISA 和常规 DAS-ELISA。后者操作程序依次为包被滴定板、样品制备和加样、加入酶标抗体、进行反应、读数。相对于常规 DAS-ELISA,快速 DAS-ELISA 在振摇状态下,缩短了抗体、抗原、酶标的孵育时间,操作更为简便,时间和材料更为节省,重复性好,结果可靠。仲乃琴(1998)曾用常规 DAS-ELISA 方法对 PVX、PVY 和 PLRV 进行了检测。刘卫平(1997)采用快速 DAS-ELISA 法对 PVX、PVY 进行了检测。白艳菊(2000)等改良了快速 DAS-ELISA 方法(图 3-3),在同一块板上几种酶同时对应标记几种抗体,同时检测了 PVX、PVY、PVS、PVM 和 PLRV 5 种病毒,检测速度大大提高。常规 DAS-ELISA 方法的操作步骤为:

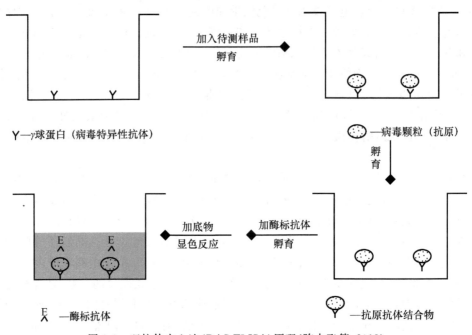

图 3-3　双抗体夹心法(DAS-ELISA)原理(陈占飞等,2018)

(1)制样及点样

① 取样。在无菌条件下,从瓶苗上剪下长 2 cm 茎段,或可仅取植株中下部的叶片,放在研样袋内,在研样袋上将样品编好号,以便检测结果决定取舍。

② 向研样袋内加样品缓冲液。加入液量依每个样品上样的孔数而定,例如每个样品准备上样一个样品孔时,可加入 0.4 mL 样品缓冲液,研磨后可得到匀浆,转入离心管内离心,取 200 μL 上清液点样。

③ 向编好号的微量滴定板(已包被)的样品孔内,按样品编号,逐个加入提取的样品液 200 μL,每一块微量滴定板上,可设两个阳性对照孔、两个阴性对照孔和两个空白对照孔。

(2)滴定板处理　把加完样品的微量滴定板,在 37 ℃条件下孵育 2 h,或在 4 ℃条件下过夜,然后用自动洗板机洗涤酶联板 8 次。

(3)加酶标抗体　把酶标记抗体用样品缓冲液按 1∶1000 稀释,向每个样品孔中加入 200 μL 稀释的酶标记抗体。将酶联板置于 37 ℃条件下孵育 2 h,或在 4 ℃条件下过液。之后在自动洗板机上洗涤酶联板 8 次,以除掉未结合的酶标记抗体。

(4)加底物　将底物片加入配制好的底物缓冲液内溶解,之后将底物缓冲液加入酶联板的每个孔内,避光放置,等待显色反应。

(5)结果判定

① 目测观察　显现颜色的深浅与病毒相对浓度呈正比。显现无色为阴性反应,记录为"-";显现黄色即为阳性反应,记录为"+",依颜色的逐渐加深记录为"+"和"++"。

② 用酶标仪测光密度值　样品孔的光密度值大于阴性对照孔光密度值的 2 倍，即判定为阳性反应（阴性对照孔的光密度值应≤0.1）。

③ 计算结果：

$$I = \frac{m}{n} \times 100\%$$

式中：I 为马铃薯病毒检出率，%；m 为呈阳性反应样品数量；n 为实验室样品数量。

结果用两次重复的算术平均值表示，脱毒苗病毒检出率修约间隔为 1，并标明经舍进或未舍未进。

4. 往返双向聚丙烯酰胺凝胶电泳检测类病毒　目前，对马铃薯纺锤块茎类病毒（PSTVd）还没有治疗的方法，唯一的途径就是淘汰染病植株。因此，有效的控制这种类病毒就需要一种快速、准确、灵敏、低价，便于操作和判断，并且对人无危害的检测方法。类病毒不具有外壳蛋白，不能用免疫学方法来检测它们，用指示植物检测，需要占用大面积温床，费力费时，而且灵敏度也不高。

20 世纪 80 年代初期，Morris 等（1977）建立了检测类病毒的聚丙烯酰胺凝胶电泳法，但灵敏度较低。之后，Schumacher 等（1978）和 Singh 等（1987）利用类病毒核酸高温变性迁移率变慢这一特点，建立了反向聚丙烯酰胺凝胶电泳法，提高了鉴定类病毒的准确性。崔荣昌等（1992）用反向电泳法成功地检测了 PSTVd，与常规电泳法相比，反向电泳法进行两次电泳，第一向电泳由负极到正极，室温，非变性条件下电泳；第二向电泳是正极到负极，高温，变性条件下电泳。反向电泳法灵敏度和准确性都高于常规法。李学湛等（2001）对聚丙烯酰胺凝胶电泳技术进行了改进，不采取割胶的方式，只利用加热，同样取得了较好的效果。

往返双向聚丙烯酰胺凝胶电泳法（R-PAGE）的操作步骤为：

(1)样品总核酸 RNA 的提取　取样品（脱毒苗、薯块的薯肉）0.5 g 左右放入干燥的研钵中，加入液氮冷冻，再加入少许 SDS 粉（十二烷基磺酸钠）、皂土进行研磨。研碎后向小研钵中加入 1 mL 核酸提取缓冲液，20 μL β-巯基乙醇，2 mL 水饱和酚/氯仿（1∶1），研磨。

高速冷冻离心机 4 ℃、10000r/min 离心 15 min，用移液器将上层水相（样品粗提液）吸取 350 μL 转移到另一清洁的离心管中，或冻存（−20 ℃）。

(2)核酸纯化　将上步获得的上清液的离心管去除，加 3 倍体积的冰乙醇（1 mL），置于 −20 ℃冰箱 1.5 h 以上；用高速冷冻离心机 4 ℃、10000 r/min 离心 15 min；弃上清，沉淀用 70%～75%乙醇洗盐三次；弃掉洗液，沉淀真空干燥；加入 100 μL 1×TAE 回融，放置冰箱内备用。

(3)电泳

① 制备　5%聚丙烯酰胺，室温下凝固半小时。

② 上样　制备好的核酸试样在振荡器上混匀，用溴酚蓝和二甲苯兰做示踪指示剂，上样量为 15 μL/孔（总核酸），指示剂为 2 μL/孔。

③ 预电泳　上样前，先将空白胶通电（电压 200 V），预电泳 10～15 min。

④ 正向电泳　电极缓冲液为 1×TBE，电压 200 V，待二甲苯兰跑到距胶板底部 1 cm 处停止电泳，将电泳槽中缓冲液倒掉。

⑤ 反向电泳（变性条件下进行）　电泳槽在 75 ℃的恒温箱中，放置 30 min，再将预热 75 ℃的 1×TBE 缓冲液加入槽内，变换电极进行电泳，电压 200 V，电泳电流为 75 mA，待指示剂接近点样孔时停止电泳。

⑥ 固定　把凝胶片放在置有 400 mL 核酸固定液的培养皿中,轻轻振荡 10 min,固定 0.5～1 h,然后用 50 mL 注射器吸净固定液。

⑦ 染色　向培养皿中加入 400 mL 染色液,轻轻振荡 10 min,染色 30～40 min,然后吸出染色液(可重复使用)。

⑧ 洗板　用蒸馏水洗板 3 次,每次用水 400 mL,每次冲洗 15 s。

⑨ 显色　加入核酸显影液 400 mL,轻轻摇荡,直到核酸带显现清楚为止。

⑩ 增色　将胶板放在 0.75％碳酸钠溶液中增色 5 min 左右,吸掉增色液拍照。

(4)计算结果及判定　与阳性对照相同位置有谱带出现者为阳性。

$$马铃薯纺锤块茎类病毒(PSTVd)检出率 = \frac{呈阳性反应样品数量}{实验室样品数量} \times 100\%$$

结果用两次重复的算术平均值表示,修约间隔为 1,并标明经舍进或未舍未进。

阳性对照(PSTVd 的 RNA)泳道下方约 1/4 处应有拖后的黑色核酸带。

用全数值比较法,标准规定各级别种薯马铃薯纺锤块茎类病毒(PSTVd)允许率应为零,检出率大于零或经舍弃为零者均不合格。

5. 聚合酶链式反应诊断技术　反转录-聚合酶链式反应(Reverse polymerase Chain Reaction,RT-PCR)的基本原理:以需要检测的病毒 RNA 为模板,反转录合成 cDNA,使病毒核酸得以扩增,以便于检测。具体操作步骤如下:提取病毒 RNA→设计合成引物→反转录合成 cDNA→PCR 扩增→用琼脂糖凝胶电泳对扩增产物进行检测。该方法不需要制备抗体,病毒量较 ELISA 方法也大大减少,仅需 ELISA 方法用量的 1/1000 倍,灵敏度极高,国内外学者已用 RT-PCR 技术检测了马铃薯卷叶病毒、番茄斑萎病毒等主要病毒。

PCR 与酶学、免疫学等相结合,产生了诸如免疫捕捉 PCR 技术、简并引物 PCR 技术、生物素引物模板 PCR 技术、多重 PCR 技术、PCR-ELISA 定量分析技术、Real-time PCR 技术等一系列改良的检测技术。可同时检测多种马铃薯病毒,且对纯化的 RNA 检测灵敏度大大提高,甚至可达到 fg(femtogram,1×10^{-15} g)水平。

类病毒是没有外壳蛋白的裸露闭合环状 RNA 分子,RNA 分子大小在 246～399 bp,马铃薯纺锤块茎类病毒(PSTVd)的序列在 356～360 bp 之间。根据 PSTVd 序列设计特异性引物,进行扩增,扩增片段大小为 359 bp 左右。采用反转录-聚合酶链式反应(reverse-transcription polymerase chain reaction,RT-PCR)方法检测马铃薯类病毒。其检测原理是,将类病毒的核酸 RNA 在反转录酶的作用下转录为 cDNA,再以此 cDNA 为模板,在 Taq DNA 聚合酶的催化作用下进行 PCR 扩增,最后根据判断 PCR 产物中是否有目标特异性条带,从而达到鉴定类病毒的目的。主要操作步骤为:

(1)对照的设立　实验分别设立阳性对照、阴性对照和空白对照(即用等体积的 DEPC 水代替模板 RNA 做空白对照)。在检测过程中要同待测样品一同进行后续操作。

(2)样品制备　取马铃薯试管苗、块茎芽眼及周围组织或茎叶组织 0.05～0.1 g,现用现取或 4 ℃条件下保存,最多存放 3 d。

(3)RNA 提取　用 RNA 提取试剂盒提取样品 RNA。

(4)cDNA 的合成　在 200 μL PCR 反应管中依次加入:引物 Pc(0.6 μL),模板 RNA (1 μL),dNTPs(1 μL),无菌 ddH₂O(9.4 μL),轻轻混匀,将该反应管在 65 ℃水中加热 5 min,放在冰上 5 min,低速离心(以 4000 r/min 离心 10 s)。再加入:5×反转录反应缓冲液(4 mL),

0.1 M DTT(2 μL);2 M RNA 酶抑制剂(1 μL)(40 u/μL)。轻轻混匀,42 ℃孵育 2 min,再加入 1 μL 反转录酶(200 u/μL),42 ℃孵育 50 min,然后在 70 ℃下失活 15 min。

(5)聚合酶链式反应(PCR) 将以上获得的产物 cDNA 进行 PCR 扩增。扩增程序:94 ℃ 2 min,30 次扩增反应循环(94 ℃ 1 min,55 ℃ 1 min,72 ℃ 1 min);然后 72 ℃ 延伸 10 min。

(6)PCR 产物的电泳检测 将 100 bp DNA 分子量标记取 10 μL 点入第一孔,将 20 μL PCR 产物与 20 μL 加样缓冲液混合,注入琼脂糖凝胶板的其他加样孔中。点好样后,盖上电泳仪,插好电极,在 5 V/cm 电压条件下电泳 30~40 min。电泳结束后,将胶板平放到凝胶成像系统内,扫描成像图片并保存。

(7)结果判定 RT-PCR 扩增产物大小应在 359 bp 左右,用 100 bp DNA 分子量标记比较判断 PCR 片段大小。如果检测结果的阴性样品和空白样品没有特异性条带,阳性样品有特异性条带时,则表明 RT-PCR 反应正确可靠。如果检测的阴性样品或空白样品出现特异性条带,或阳性样品没有特异性条带,说明在 RNA 样品制备或 RT-PCR 反应中的某个环节存在问题,需重新进行检测。待测样品在 359 bp 有特异性条带,表明样品为阳性样品,含有马铃薯纺锤块茎类病毒(PSTVd);若待测样品在 359 bp 没有该特异性条带,表明该样品为阴性样品,不含有马铃薯纺锤块茎类病毒(PSTVd)。

(三)脱毒苗繁殖

应用茎尖组织培养技术获得的、经检测确认不带马铃薯卷叶病毒(PLRV)、马铃薯 Y 病毒(PVY)、马铃薯 X 病毒(PVX)、马铃薯 S 病毒(PVS)、马铃薯 M 病毒(PVM)、马铃薯 A 病毒(PVA)等病毒和马铃薯纺锤块茎类病毒(PSTVd)的再生试管苗,即为脱毒苗。脱毒苗的繁殖包括基础苗繁殖和生产苗繁殖两个过程。脱毒苗培养应用的培养基为 MS 培养基(表 3-3)。

表 3-3 MS 培养基贮备液的配制(陈占飞,2018)

贮备液	成分	用量(mg/L)	每升培养基取用量(mL)
大量元素	硝酸铵(NH_4NO_3)	33000	
	硝酸钾(KNO_3)	38000	
	磷酸二氢钾(KH_2PO_4)	3400	50
	硫酸镁($MgSO_4 \cdot 7H_2O$)	7400	
	氯化钙($CaCl_2 \cdot 2H_2O$)	8800	
铁盐	硫酸亚铁($FeSO_4 \cdot 7H_2O$)	5570	5
	乙二胺四乙酸二钠($Na_2 \cdot EDTA$)	7450	
微量元素	碘化钾(KI)	166	
	钼酸钠($Na_2MoO_4 \cdot 2H_2O$)	50	
	硫酸铜($CuSO_4 \cdot 5H_2O$)	5	
	氯化钴($CoCl_2 \cdot 6H_2O$)	5	5
	硫酸锰($MnSO_4 \cdot 4H_2O$)	4460	
	硫酸锌($ZnSO_4 \cdot 7H_2O$)	1720	
	硼酸(H_3BO_3)	1240	

续表

贮备液	成分	用量(mg/L)	每升培养基取用量(mL)
有机物	盐酸硫胺素(VB$_1$)	20	5
	盐酸吡哆素(VB$_6$)	100	
	甘氨酸	400	
	烟酸	100	
	肌醇	20000	
糖	蔗糖	30000	
	琼脂	7	

注:在配制大量元素贮备液时,最后加氯化钙;在配制铁盐贮备液时,分别溶解 FeSO$_4$·7H$_2$O 和 Na$_2$·EDTA 在各自的 450 mL 蒸馏水中,适当加热并不停搅拌。然后将两种溶液混合在一起,pH 值到 5.5,最后加蒸馏水定容到 1000 ml。培养基 pH 值 5.8。

1. 基础苗繁殖　基础苗的繁殖要求相对高温、弱光照、拉长节间距、降低木质化程度,以利于再次繁殖早出芽及快速生长,加快总体繁殖系数。在每一代快繁中,切段底部(根部)的脱毒苗转入生产苗进行繁殖,其他各段仍作为基础苗再次扦插繁殖。脱毒基础苗的整个生产流程主要包括培养基配制灭菌、试管苗切段及试管苗培养。

(1)培养基制备　将 MS 培养基配制成液,装入器皿(一般用组培专用的具盖罐头瓶或者三角瓶盛装培养基),置于 121 ℃高压蒸汽灭菌锅灭菌 20 min,之后置于无菌室内冷却备用。

(2)试管苗切段　严格按照无菌操作程序,将组培苗置于超净工作台上,器皿表面用 75% 的酒精擦拭消毒,取出组培苗,按单茎切段,每个段带一片小叶摆放在培养基面上。一般每瓶可摆放 30～40 个茎段。

(3)试管苗培养　保存用基础苗一般要求相对低温,中等光照,使其节间短,尽量使其生长缓慢,以减少扩繁保存的次数。近年来很多学者针对试管苗的低温保存进行了研究。刘一盛等(2015)用不同浓度的山梨醇处理马铃薯品种川 117,对其在 4 ℃低温下的保存时间、生理变化以及保存后再生植株的遗传稳定性进行了研究,在 Ms 培养基内添加 20 g/L 山梨醇,结合 4 ℃低温处理,以抑制马铃薯试管苗的株高,效果较好。即将投入生产的基础苗一般要求强光照,以使植株强壮、节间长、木质化程度高,这一结果利于移栽,成活率高。适宜的培养温度为 25～27 ℃,光照强度 2000～3000 lx,光照时间 10～14 h,采用人工智能光照培养室培养。

2. 生产苗繁殖　生产用苗由基础苗扩繁数代而来,扩繁的流程与基础苗基本相同,不再赘述。不同之处是生产苗的培养条件要求相对较低。强光照能使植株强壮、节间长、木质化程度高,这一结果利于移栽,成活率高。适宜的培养温度为 22～25 ℃,光照强度 3000～4000 lx,光照时间 14～16 h,在以自然光为主要光源的培养室内培养。20～25 d 为一个周期,待苗长出 5 叶大约 5 cm 以上,即可打开瓶盖炼苗,进行下一步的移栽。

二、脱毒种薯生产

(一)脱毒种薯等级

脱毒种薯指从繁殖脱毒苗开始,经逐代繁殖增加种薯数量的种薯生产体系生产出来的符合质量标准的各级种薯。根据《马铃薯种薯》(GB18133-2012)划分,马铃薯脱毒种薯分为四级:原原种、原种、一级种和二级种。

1. 原原种(G1) 利用组培苗在防虫网室和温室条件下生产出来的、不带马铃薯病毒、类病毒及其他马铃薯病虫害的、具有所选品种(品系)典型特征特性的种薯。一般情况下所生产的种薯较小,重量在 10 g 以下,所以通常称之为微型薯,或称之为脱毒微型薯。

根据国标,脱毒原原种属于基础种薯,是用脱毒苗在容器内生产的微型薯(Microtuber)和在防虫网、温室条件下生产的符合质量标准的种薯或小薯(Minituber)。因此它们是不带任何病害的种薯,而且它们的纯度应当是 100%。只有发现带任一病害的块茎或有一块杂薯均可认为是不合格。

微型薯生产是将无土栽培技术、植物组织培养技术、雾培技术和扦插快繁技术相结合,大规模、高标准生产马铃薯脱毒种薯的新技术。由于微型薯体积小,重量轻,便于运输,解决了马铃薯调种运输难的问题。因此,微型薯生产发展很快,已成为中国脱毒种薯生产的主要措施之一。

2. 原种(G2) 用原原种作种薯,在良好的隔离环境中生产的,经质量检测不带检疫性病虫害,非检疫性限定有害生物和其他检测项目应符合表 3-4、表 3-5、表 3-6 的最低要求,用于生产一级种的种薯。

表 3-4 各级别种薯田间检查植株质量要求(白艳菊等,2012)

项目		允许率[a](%)			
		原原种	原种	一级种	二级种
混杂		0	1.0	5.0	5.0
病毒	重花叶	0	0.5	2.0	5.0
	卷叶	0	0.2	2.0	5.0
	总病毒病[b]	0	1.0	5.0	10.0
青枯病		0	0	0.5	1.0
黑胫病		0	0.1	0.5	1.0

[a]表示所检测项目阳性样品占检测样品总数的百分比。
[b]表示所有有病毒症状的植株。

表 3-5 各级别种薯收获后检测质量要求(白艳菊等,2012)

项目	允许率(%)			
	原原种	原种	一级种	二级种
总病毒病(PVY 和 PLRV)	0	1.0	5.0	10.0
青枯病	0	0	0.5	1.0

表 3-6 各级别种薯库房检查块茎质量要求(白艳菊等,2012)

项目	允许率(个/100 个)	允许率(个/50 kg)		
	原原种	原种	一级种	二级种
混杂	0	3	10	10
湿腐病	0	2	4	4
软腐病	0	1	2	2
晚疫病	0	2	3	3
干腐病	0	3	5	5

项目	允许率(个/100 个)	允许率(个/50 kg)		
	原原种	原种	一级种	二级种
普通疮痂病[a]	2	10	20	25
黑痣病[a]	0	10	20	25
马铃薯块茎蛾	0	0	0	0
外部缺陷	1	5	10	15

[a]病斑面积不超过块茎表面积的1/5。

[b]允许率按重量百分比计算。

3. 一级种(G3)　在相对隔离环境中,用原种作种薯生产的,经质量检测不带检疫性病虫害,非检疫性限定有害生物和其他检测项目应符合表3-4、表3-5、表3-6最低要求的,用于生产二级种的种薯。

4. 二级种(G4)　在相对隔离环境中,由一级种作种薯生产的,经质量检测不带检疫性病虫害,非检疫性限定有害生物和其他检测项目应符合表3-4、表3-5、表3-6最低要求的,用于生产商品薯的种薯。

5. 种薯批　来源相同、同一地块、同一品种、同一级别以及同一时期收获、质量基本一致的马铃薯植株或块茎作为一批。

(二)脱毒种薯批量生产

1. 脱毒试管苗生产

(1)材料选择　母体材料应当根据脱毒材料的品种典型性进行选择,这关系到脱毒以后的脱毒苗是否保持原品种的特征特性;同时应选感病轻、带毒量少的健康植株作为脱毒的外植体材料,这样更容易获得脱毒株。若条件允许,选材应该进行大田选株,在植株生长期间在土壤肥力中等的地块,于现蕾至开花期,选择生长势强、无病症表现、具备原品种典型性状的植株,做好标记;生育后期提前收获所标记植株的块茎。待获得块茎发芽后,取其芽通过表面消毒的方法转入到试管里,得到第一批茎尖组培苗。每个茎尖放入一个试管,成苗后,不断扩繁,每个茎尖为一个株系,单独扩繁。利用 ELISA 或指示植物鉴定等病毒检测方法,按株系进行病毒检测,并利用 PAGE、NASH 等方法进行复检,筛选出无 PLRV、PVY、PVX、PVS、PVM、PVA 和 PSTVd 的株系。所得到的组培苗,就是需要的脱毒组培苗。利用组织培养技术,很快可以得到进行原原种生产所需要的苗数。若供试材料只有若干薯块,应当至少进行类病毒的检测,在排除了类病毒侵染的前提下对薯块进行催芽剥离。

(2)设计适宜的培养基

① 培养基配制　基本培养基有许多种,其中 MS 培养基适合于多数双子叶植物,B_5 培养基和 N_6 培养基适合于多数单子叶植物,White 培养基适合于根的培养。设计特定植物的培养基首先应当选择适宜的基本培养基再根据实际情况对其中某些成分做小范围调整。MS 培养基的适用范围较广,一般植物的培养均能获得成功。针对不同植物种类、外植体类型和培养目标,需要确定生长调节剂的浓度和配比。确定方法是用不同种类的激素进行浓度和比例的配合实验。在比较好组合基础上进行微调整,从而设计出新的配方,经此反复摸索,选出一种最适宜培养基或较适宜培养基。

② 器皿及培养基消毒 装培养基的器皿置于高压蒸汽灭菌锅 121 ℃高压灭菌 20 min。做好的培养基分装到瓶子或者试管里面,拧紧盖子或塞好塞子,整齐码放在灭菌锅内,1.1 kg/cm²、121 ℃高压灭菌 20 min,冷却后在无菌贮存室放置 3～5 d,无污染的培养基即可放到超净工作台上备用。放之前须用 75%酒精擦拭瓶子的外表面。

(3)环境消毒及外植体材料准备

① 环境消毒 组培室用甲醛溶液熏蒸后,用紫外线灯照射 40 min。工作人员用硫黄皂洗手,75%酒精擦拭消毒,操作用具置烘箱 180 ℃消毒。

② 催芽处理 块茎可通过自然方法萌芽或人工催芽(用 1%硫脲＋5 mg/L 赤霉素溶液均匀喷湿,结合适宜的温度打破休眠)。若时间条件充足,建议自然萌芽以获取健壮、容易操作的芽子。赤霉素催芽易获得细弱的芽,操作过程中难度大且容易折断。

③ 病毒钝化 将马铃薯薯块在温度 37 ℃,光照强度 2000 lx,12 h/d 条件下处理 28 d 后制取脱毒材料,用紫外线照射脱毒材料 10 min,或在培养基中加入病毒唑,使病毒失活钝化。

④ 材料消毒 待芽萌发至 2～3 cm 时,选取粗壮的芽,用解剖刀切下,剥去外叶,自来水下冲洗 40～60 min,之后用 75%酒精均匀喷湿静置 10 min 后用无菌水冲洗一遍,再用体积比 6%的次氯酸钠溶液浸泡 10 min,无菌水冲洗 3～4 次。再用无菌滤纸吸干水分备用。

(4)茎尖剥离和接种 茎尖剥离的整个过程都需要无菌操作,在超净工作台上进行。将消毒过的马铃薯芽放在 40 倍体视显微镜下,一手持镊子将其固定,另一手用解剖针将叶片一层一层剥掉,露出小丘样的顶端分生组织,之后用解剖针将顶端分生组织切下来,为了提高成活率,可带 1～2 个叶原基,接种到培养基上。用酒精灯烤干容器口和盖子并拧紧盖子,在瓶身上标明品种名称、接种序号、接种时间等信息。

剥茎尖时必须防止因超净台的气流和解剖镜上碘钨灯散发的热而使茎尖失水干枯,因而操作过程要快速,以减少茎尖在空气中暴露的时间。超净工作台上采用冷源灯(荧光灯)或玻璃纤维灯更好。在垫有无菌湿滤纸的培养皿内操作也可减少茎尖变干。解剖针使用前后必须蘸 75%酒精,并在酒精灯外焰上灼烧,或者直接插入灭菌器内消毒 10 min,冷却后即可使用。

(5)茎尖培养 将接种外植体后的培养瓶置于 20～25 ℃、光照强度 2000～2500 lx,每天光照 16 h,相对湿度 70%的条件下培养。待茎尖长成明显的小茎、叶原基形成明显的小叶片时,转移到 MS 培养基中培养。大约 90 d 后能长成完整植株。经笔者试验,不同的品种茎尖生长速度和成苗速度极为不同,如克新 1 号、荷兰 15 号和陕北红洋芋等品种茎尖接种后 20 d 就可见小叶片展出,而夏波蒂和大多数彩色薯的茎尖成活率就偏低,即便成活了的茎尖长势也比较弱,相应的成苗率也就很低。

除了品种差别的因素外,在茎尖培养过程中往往出现茎尖生长缓慢,茎尖黄化、水渍化甚至死亡等现象,其产生原因主要与剥离茎尖的大小,切割位置,接种的角度和培养基中生长调节剂的配比,温度、光照等有关。需要具体摸索以避免死亡。

(6)试管苗生根与扩繁 待茎尖长至 1～2 cm 高的无根苗时应及时转入生根培养基,生长 10～30 d 生根。转接不及时容易造成无根苗营养供给不足而死亡。生根后的脱毒苗扩繁至足够的数量就可进行病毒和类病毒的检测,合格的苗子就可移栽入网室内观察品种表现型与原供体品种是否一致。如若一致就可作为脱毒核心苗大批量扩繁投入生产使用。

2. 脱毒原原种(微型薯)生产

(1)无土基质栽培生产原原种

① 炼苗 脱毒组培苗在室内转接后 2～3 周(苗高约 5～10 cm),可以从室内培养架取出

放置在防虫温室或温室里,打开或半打开瓶(或管)口放置 2～3 d 炼苗,炼苗温度 20～25 ℃,相对湿度 80%,之后从培养瓶(或试管)中取出移栽于育苗盘内或其他基质里,密度 3 cm×5 cm,在温室内 20 ℃左右条件下培育壮苗。

② 建立隔离网室　选择四周无高大建筑物,水源、电源、交通便利,通风透光的地方建网室。周围 2km 内不能有马铃薯、其他茄科、十字花科作物和桃树。

建设要求隔离网室用热镀锌钢管作支撑,高 3～3.5 m,宽 6～10 m。网室内地表及网室四周 2 m 内,应建成水泥地面,网室周围 10 m 范围内不能有其他可能成为马铃薯病虫害侵染源或可能成为蚜虫寄主的植物。严防网室内地表积水和网室外水流入。用于隔离的网纱孔径要达到 60～80 目。

③ 移栽前准备　温室下覆聚乙烯薄膜,均匀喷洒高锰酸钾溶液。生产原原种以蛭石作为主要基质,铺基质前,先用甲拌磷(2400 g/亩),硫酸钾(20 kg/亩),二铵(30 kg/亩)与基质充分混匀,移栽前一天,使基质充分吸水浸透。每茬薯收后基质必须严格蒸煮消毒,可以反复使用 3～4 年。为了严格控制土传病害发生,生产中基质一般每年一换。

消毒工作人员进出棚必须更换鞋和工作服,并用硫黄皂净手。扦插工具每次使用前均应蒸煮消毒,不能蒸煮的用硫黄皂认真清洗后用 75%酒精浸泡消毒。

掏苗时将经炼苗的脱毒试管苗用镊子轻轻取出,洗净根部残留的培养基,根部蘸取生根粉溶液,供移栽用。

④ 移栽　按株行距 6 cm×7 cm 栽入基质 2～2.5 cm 深,栽后小水细喷,保持基质湿润。若当天气温较低,可在苗床加盖薄膜,以保温保水,提高成活率,7 d 揭去薄膜。初移栽的苗子拱棚外罩一层遮阳网,以防强光照使弱苗干枯失水,待苗缓过来可直立时撤去遮阳网。

⑤ 管理

喷水:拱棚盖膜脱毒苗移栽好后,轻细均匀喷水,使基质充分饱和吸水。初期小拱棚内相对湿度保持在 95%～100%,蛭石基质持水量达到饱和;移栽苗生长前期创造 19～22 ℃的茎叶生长适温;生育后期调低温度至 15～18 ℃,并设法扩大昼夜温差。

施肥:从小苗生根成活(插后 7～10 d)及时撤拱棚和遮阳网,根据苗情喷施 0.2%～0.3% N∶P∶K＝2∶1∶3 的营养液 4～6 次(出拱棚后喷第一次肥浓度应减半,每 7～10 d 喷一次)。

浇水:勤浇、细浇、少浇,保持基质湿润,持水量 50%～60%,收前 7～10 d 停止浇水。

病虫害防治:定植 30 d 后防治晚疫病,每隔 7 d 喷施代森锰锌、甲基异硫磷、农用链霉素等药剂。

后期管理:当苗子生长 2 个月后,微型薯可长到 2～5 g,这时就可以进行收获了。为保证收获的微型薯不易受到机械损失和便于长期存放,收获前逐渐减少水分和养分的供应,使植株逐渐枯黄至死亡后再收获。

⑥ 原原种收获　早熟品种在插后 60～65 d,中熟品种 65～70 d,晚熟品种在插后 75～80 d 即可收获。收获时避免机械损伤和品种混杂。收后摊晾 4～7 d,剔除烂薯、病薯、伤薯及杂物。

⑦ 原原种分级　原原种质量应符合国家标准《马铃薯种薯》(GB 18133-2012)的相关规定,马铃薯原原种应符合下列基本条件:

——同一品种;

——无主要病毒病(PVX、PVY、PVS、PVM、PVA、PLRV);

——无纺锤块茎类病毒病(PSTVd);

——无环腐病(*Clavibacter michiganensis* subspecies *sepedonicus*);

——无青枯病(*Ralstonia solanacearum*);

——无软腐病(*Erwinia carotovora* subspecies *atroseptica*,*Erwinia carotovora* subspecies *carotovora*,*Erwinia chrysanthemi*);

——无晚疫病(*Phytophthora infestans*);

——无干腐病(*Fusarium*);

——无湿腐病(*Pythium ultimum*);

——无品种混杂;

——无冻伤;

——无异常外来水分。按种薯个体重量大小依次分为 1 g 以下、2～4 g、5～9 g、10 g 以上四个规格分级包装,拴挂标签,注明品种名称,薯粒规格,数量。

在符合基本要求的前提下,原原种分为特等、一等和二等,各相应等级符合下列规定:

特等:无疮痂病(*Streptomyces scabies*)和外部缺陷;

一等:疮痂病≤1.0%,外部缺陷≤0.5%,圆形、近圆形原原种横向直径超过 30 mm 或小于 12.5 mm 的,以及长圆形原原种横向直径超过 25 mm 或小于 10 mm 的≤1.0%;

二等:1.0＜疮痂病≤2.0,0.5＜外部缺陷≤1.0,圆形、近圆形原原种横向直径超过 30 mm 或小于 12.5 mm 的,以及长圆形原原种横向直径超过 25 mm 或小于 10 mm 的≤2.0%;

不合格:达不到以上基本要求中任一项,或疮痂病≥2.0%,或外部缺陷≥1.0%,或圆形、近圆形原原种横向直径超过 30 mm 或小于 12.5 mm 的,以及长圆形原原种横向直径超过 25 mm 或小于 10 mm 的≥3.0%。

⑧ 原原种包装 原原种包装之前应该过筛分级,按照原原种的不同级别分类进行包装。原原种规格分为一级、二级、三级、四级、五级、六级、七级。圆形、近圆形原原种的规格要求(见表 3-7);长形原原种的规格要求(见表 3-8)。

表 3-7 圆形、近圆形原原种的规格要求(白艳菊等,2012)

级别	大小(mm)						
	一级	二级	三级	四级	五级	六级	七级
横向直径	≥30	≥25,＜30	≥20,＜25	≥17.5,＜20	≥15,＜17.5	≥12.5,＜15	＜12.5

表 3-8 长形原原种的规格要求(白艳菊等,2012)

级别	大小(mm)						
	一级	二级	三级	四级	五级	六级	七级
横向直径	≥25	≥20,＜25	≥17.5,＜20	≥15,＜17.5	≥12.5,＜15	≥10,＜12.5	＜10

包装采用尼龙网袋包装,每袋 2000 粒左右,按等级和收获期分品种装袋,做好标记,双标签,袋内袋外各一。

⑨ 原原种贮藏和质量控制

贮藏方式:新收获的微型薯水分含量较高,需要在木框或塑料框内放置数天,减少部分水分,使表皮老化或使小的伤口自然愈合,此过程中应避免阳光直晒。收获后在通风干燥的种子库预贮 15～20 d 后入窖。入窖后按品种、规格摆放。

贮藏条件:低温贮存 5～8 ℃。相对湿度 80%～90%。

贮藏(包装)量:晾干后的微型薯要按大小进行分级,例如小于 1 g 的,2～4 g、5～9 g、10 g 以上的,每种大小的微型薯分别装入尼龙纱袋中,每袋注明数量、大小规格、生产地点、收获时间等。装袋不超过网袋体积的 2/3,平堆厚度为 30 cm 左右。

质量控制:原原种是从脱毒试管苗的隔离栽培收获而来的,所以对试管苗的质量控制是对原原种源头上的质量保证。原原种的质量控制应包括试管苗生产质量控制,原原种生产过程中检测,收获后检测及出库前检测。原原种质量控制包括试管苗生产质量控制、原原种生产过程质量控制、收获后检验、库房检验、质量认证及溯源五个环节。

(2)雾培生产原原种

① 育苗　筛选 5～8 cm 的马铃薯脱毒试管苗在温度 20～22 ℃、光照强度为 2000～3000 lx 的温室条件下放置 3～5 d;将炼苗后的脱毒苗从组培瓶中取出,剪掉原有的根系,用清水洗净残留的培养基,再将根部浸泡在 pH 值为 5.8,浓度为 100 mg/L 的萘乙酸溶液中 10～20 min。

② 定植和管理　选择健壮的浸泡好的脱毒苗或株高达到 10 cm 的试管苗进行定植。定植前要用清水将根部培养基冲洗干净,摘除已结的小块茎。留 2 叶 1 心,其余叶片全部剪掉,防止叶片因长期喷水而腐烂。用海绵将植株固定到栽培板的定植孔中。后放入有支撑的盛装营养液的水培器皿中,栽培密度 1111～2500 株/㎡,株距 2～3 cm,行距 2～3 cm;上方搭上透明的塑料薄膜,使其处于温度 20～22 ℃,湿度 90%,光照强度为 2000～3000 lx 的干净、无虫的室内环境中 2～3 d,脱毒苗生根后,逐渐撤掉塑料薄膜;当脱毒苗长到≥10 cm 时候将其移栽到蛭石或珍珠岩基质中。

③ 配置雾培营养液　营养液的管理是喷雾栽培管理的重要工作。脱毒苗从定植开始就需要从营养液中获取水分和养分,它的组成比例和使用管理直接影响植株的生长发育和产量。根据马铃薯营养生长和生殖生长阶段的不同需肥特点,配制不同配方的营养液。马铃薯需钾量最大,配方中要有较高的钾氮比值,现蕾前以茎叶生长为主,氮的比例要稍高一些,现蕾后以结薯为主,磷钾比例要相对高些,配方确定后要经过试验才能用于生产。

④ 采收与贮藏　喷雾栽培微型薯可以分批采收。采收标准根据具体要求而定,凡是达到标准的薯块,要及时采收。采收时要小心操作,尽量减少伤根和碰掉匍匐茎以及没有成熟的小薯块,碰掉的薯块和匍匐茎要及时捡出,以免腐烂后污染营养液。采收的薯块含水量较高,薯皮幼嫩,耐贮性差,需要在阴凉地方进行充分晾晒,待薯块绿化,薯皮木栓化后,再进行常规贮藏。贮藏期间也要经常检查、翻动,及时将烂薯、坏薯捡出,以免病原菌传播影响其他薯块的正常贮藏。

(3)试管薯生产原原种　试管薯与试管苗一样是马铃薯脱毒原原种薯生产的基础。通过试管薯诱导获得马铃薯脱毒原原种是原原种生产的另一种途径。利用试管薯生产脱毒种薯,可以提高脱毒苗的成活率,保证了脱毒薯的产量和质量,是比较优良的生产方式。运用试管薯保存种质资源,可以减少转接次数,降低病毒病的累加概率,提高了苗源质量,是一种较为实用和保存时间长的方法。

① 试管薯母株培养　培育健壮的母株试管苗是试管薯诱导成败的关键,只有在诱导结薯前一个阶段中培养出根系发达、茎秆粗壮、叶色浓绿的试管苗,才能获得高产、优质的试管薯。一般选用培养基为 MS＋蔗糖 3%＋活性炭 0.15%,pH5.8,将带有 1～2 个茎节的试管苗,去

掉顶芽及根部的根系。在白天 23～25 ℃,夜间 16～18 ℃,光照强度 3000～4000 lx,光照 16 h/d 的条件下培养 15～18 d,有利于试管苗的健壮生长,培养瓶最好选用透气性好的封口物,以利气体交换,促进壮苗的形成。

② 试管薯诱导　试管苗培养至茎段发育成 5～7 个节的健壮苗,换成诱导结薯培养基。试管薯诱导培养基一般选用 MS＋6-BA5 mg/L＋CCC500 mg/L,蔗糖 8％,pH5.8。在更换诱导培养基时,最好将培养瓶内原有的壮苗培养基倒干净,再将诱导培养基倒入有利于试管薯形成。继续在 3000～4000 lx,16 h/d 光照条件下培养 3 d 后转入暗培养,培养温度 18 ℃。诱导周期一般为 45～60 d。

③ 试管薯收获贮藏　待试管薯长成需要的大小,轻轻摘取,并分类编号。收获的试管薯要用清水完全冲洗干净其上的培养基成分,用纱布迅速吸去表皮的水,稍微风干后置于 4 ℃ 冰箱保存,待其自然通过休眠后或用赤霉素催芽后才能播种。由于试管薯体积小,水分含量较大,在贮藏过程中应注意保持水分。

④ 试管薯播前准备与播种　将通过休眠期的试管薯放于 4 ℃ 的黑暗条件下催芽 15 d 左右,当芽长到 1～1.5 cm 时,将带芽的试管薯用镊子拣出放入培养皿中,置于散射光的室内,3～5 d 可使芽变成紫绿的壮芽,即可播种。

选择疏松肥沃的土壤,结构良好、排灌方便的地块作为试管薯种植田。整地前每亩施 2000 kg 的腐熟有机肥,浇透低后晾干,深翻 25 cm 后整垄,行距 30 cm,每亩沟内施二铵 20 kg,硫酸钾 20 kg。为防地下害虫,播种沟内施入磷丹粉 1 kg/亩,然后覆盖一层土。

播种时按 5 cm 株距在土上播种试管薯,播后上覆 5 cm 厚的细土。

⑤ 田间管理、收获、分级、贮藏　播种试管薯后,要及时遮盖防虫网,同时注意防治地下害虫,一般春季播种后 30 d 出全苗,秋播由于气温高,20 d 左右就可出全苗。按需浇水,当苗高 10 cm 时进行第一次锄苗中耕培土,此时可进行叶面喷肥,每亩用尿素 1 kg＋KH$_2$PO$_4$ 1 kg＋水 50 kg 叶面喷肥。整个生育期注意防治蚜虫、飞虱危害,并注意喷施甲霜灵锰锌 1～2 次防治晚疫病的发生。收获的前一周即停止浇水,收获时边收边分级,收获后置于通风干燥又可调节温、湿度的条件下保存。

3.脱毒原种繁殖

(1)原种生产田选择　原种田应选择肥力较好、土壤松软、给排水良好的地块,土壤 pH 值 ≤8.5。平均海拔 1200 m 以上,具有良好的自然隔离条件,要求 3 年以上没有种植过茄科农作物,1～2 年没有种植过十字花科和块茎、块根类作物。

(2)种薯来源　脱毒原原种(微型薯)是生产脱毒原种的种薯来源。脱毒原原种可以是自己生产的,也可以是从其他生产单位购买的。但无论原原种的来源如何,都应当注意以下几个方面的问题。

① 纯度　用于原种生产的原原种(微型薯),其纯度应当为 100％,即不应当有任何混杂。由于微型薯块茎较小,一些品种间的微型薯差别很难判断。如果从其他生产单位购买原原种,一定要有质量保证的合同书。

② 大小　一般说来,只要微型薯的大小在 1 g 左右就能用于原种生产。即使这样,播种前也应当将微型薯的大小进行分级。因为大小差别较大的微型薯播种在一起,由于大微型薯的生长势较强,很可能会造成小微型薯出苗不好或长势较差。此外,大小分级后,还便于播种。因为一般微型薯较大时,播种的株行距可以适当地增加一些,而微型薯较小时,株行距可以适当地减少一些。

③ 休眠期 对同一个品种而言,其微型薯的休眠期要远远地超过正常大小的块茎。因此,在播种微型薯前,一定在留足其打破休眠的时间。一般微型薯自然打破休眠的时间应当在3 个月左右。如果收获到播种的时间不能使其自然度过休眠期,则应当采取一些措施打破休眠。常用的方法有变温法和激素处理方法。

(3)播种

① 种薯处理 播种前 10～15 d,将原原种出库,置于 15～20 ℃条件下催芽,当种薯大部分芽眼出芽时,即可播种。播种前催芽,有利于种薯尽快结束休眠,确保全苗壮苗,促进早熟,提高产量。

② 适期播种 一般当土壤 10 cm 深处地温稳定达到 7～8 ℃就可以播种,为了保证脱毒种薯质量,原种生产时提倡适当晚播。

③ 播种深度和密度

A. 播种深度 受土壤质地、土壤温度、土壤含水量、种薯大小与生理年龄等因素的影响。当土壤温度低、土壤含水量较高时,应浅播,盖土厚度 3～5 cm。如果土壤温度较高、土壤含水量较低时,应适当深播,盖土厚度 8～10 cm。原原种一般个头较小,适宜浅播,但当原原种单粒超过 10 g,也可适当深播。老龄种薯应在土壤温度较高时播种,并比生理壮龄的种薯播得浅一些。土壤较黏时,播种深度应浅一些,而土壤沙性较强时,应适当深播一些。

B. 播种密度 取决于品种和施肥水平等因素。作为脱毒种薯生产,播种密度应当比商品薯生产大一些。一般说来,播种密度每亩应当在 5000 株以上;早熟品种可达到 6000 株/亩,晚熟品种可以降到 4000 株/亩。同样的品种,如果在土壤肥力较高或施肥水平较高的条件下,可适当增加密度,反之,则应适当降低密度。具体的株距和行距,应根据品种特征特性和播种方式来确定。如果用机械播种和收获,则应考虑到播种机、中耕机和收获的作业宽度来决定其株距和行距。

④ 播种方式

A. 人工播种 适合于农户小面积繁育马铃薯原种用,陕南秦巴山区因地形复杂,这种情况比较普遍;陕北南部丘陵区由于春季播种时,土壤墒情不好,为保墒一般不用畜力开沟播种,采用人工挖穴种植。

B. 畜力播种 当马铃薯播种面积较大,地形复杂难以利用播种机械时,利用畜力开沟种植马铃薯是一种较好的选择。播种时可开沟将肥料与种子分开,然后再用犁起垄。

C. 机械播种 陕北北部风沙区地势平坦、平均海拔高,是陕西省主要的繁种基地,利用机械播种是当地马铃薯生产的主要播种方式。根据播种机械的不同,每天播种面积不同,小型播种机械播种 20～30 亩/d,中型机械播种 50～80 亩/d,大型机械可播种 100～200 亩/d。采用机械播种可以将开沟、下种、施肥、施除地下害虫农药、覆土、起垄一次完成。但一定要调整好播种的株、行距(播种密度),特别是行距必须均匀一致。播种机行走一定要直,否则在以后的中耕、打药、收获作业过程中容易伤苗、伤薯。

(4)保证隔离条件 原种田周围应具备良好的防虫、防病隔离条件。在无隔离设施的情况下,原种生产田应距离其他级别的马铃薯、茄科及十字花科作物和桃园 5000 m 以上。当原种田隔离条件较差时,应将种薯田设在其他寄主作物的上风头,最大限度地减少有翅蚜虫在种薯田降落的机会。

在同一块原种生产田内不得种植其他级别的马铃薯种薯,邻近的田块也不能种植茄科(如辣椒、茄子和番茄等)及开黄花的农作物(如油菜和向日葵等)。

(5)加强田间管理

① 严格消毒 原种生产过程中,使用专用机械(牲畜)、工具(农具)进行施药、中耕、锄草、收获等一系列田间作业时,应采取严格的消毒措施。如果一个生产单位(种薯生产户)同时种植了不同级别的种薯和商品薯,田间作业要按高级向低级种薯田、商品薯田的顺序进行操作,操作人员严格消毒,避免病害的人为传播。生产过程中,一般不要让无关人员进入田块中,如果必须进入田间,如领导检查、检验人员抽检等,应当采取相应的防范措施,例如将汽车轮胎进行消毒,人员经过消毒池后再进入,或穿干净的鞋套和防护服等。

② 灌溉 为了避免人员频繁进入原种田,原种生产时不提倡大水漫灌,多采用喷灌和滴灌。

A. 喷灌:喷灌是把由水泵加压或自然落差形成的有压水通过压力管道送到田间,再经喷头喷射到空中,形成细小水滴,均匀地洒落在农田,达到灌溉的目的。喷灌明显的优点是灌水均匀,少占耕地,节省人力,对地形的适应性强;主要缺点是受风影响大,设备投资高。喷灌的方式较多,陕西北部采用的大都是中心支轴式喷灌,有一个固定的中心点,工作时像时钟一样运动,所以也称之为指针式喷灌。安装时将支管支撑在高 2~3 m 的支架上,最长可达 400 m,支架可以自己行走,支管的一端固定在水源处,整个支管就绕中心点绕行,像时针一样,边走边灌,可以使用低压喷头,灌溉质量好。自动化程度很高。

B. 滴灌:滴灌较地面灌每亩节水 40%~48%,提高肥料利用率 43%,增产 15%~25%,省工 6~10 个,节省占地 5%~10%,同时可减少地下水超采,保护生态环境,减少地面灌溉所造成的深层渗漏(包括肥料)所带来的环境污染问题。其优点一是不受地形地貌的影响,当土壤易渗漏、易产生径流,或地势不平整,其他灌溉形式无法采用时,非常适合采用此灌溉方法。二是在水源稀少和珍贵的地方,需要精确计算用水量时,就需要应用滴灌。因为滴灌可以减少蒸发、径流和水分下渗,灌溉更均匀,不会因为保证整块田充分灌溉而出现局部灌过头的现象。三是可以精确地施肥,可减少氮肥损失,提高养分利用率。还可以根据作物的需要,在最佳的时间施肥。四是通过合理设计和布置,可以将机械作业的行预留出来,保证这些行相对干燥,便于拖拉机在任何时候都可以进入田间作业。因此可及时打除草剂、杀虫剂和杀菌剂。五是由于滴灌可减少马铃薯冠层的湿度,可降低马铃薯晚疫病发生的机会。与喷灌相比,可降低农药的开支,减少农化产品对环境的污染。

③ 施肥 马铃薯生长需要十多种营养元素,其中氮、磷、钾三种营养元素马铃薯生长发育需要量较多,一般生产 1000 kg 马铃薯块茎需要纯氮 5 kg、纯磷 2 kg、纯钾 11 kg。另外,马铃薯生长还需要补充硫、钙、镁、铁、锰、锌、硼等中量元素和微量元素。

施肥方法撒施或条施均可,但需掌握以下原则:A. 施肥要均匀、不能有多有少或者漏施,在同一块地上肥力好的地方适当少施,肥力差的地方适当多施一些。地边地头都要施到肥料。B. 用机械撒施肥要按撒肥机的撒幅宽度的 50% 宽度重复行走,如撒肥机的撒幅宽度是 24 m,那么拖拉机的往返行走宽度为 12 m。这样有利于将不同比重的肥料撒施的更均匀。C. 施肥时,要将肥料和芽块隔离开,避免因肥料烧芽造成缺苗。D. 播种和中耕时氮、钾肥要施入 2/3,磷、镁肥全部施入,剩余的 1/3 氮、钾肥和锰、锌等微量元素在出苗 20 d 后每间隔 7~10 d 左右,根据田间马铃薯长势分 3~4 批次用喷灌机喷施在田间植株叶面或用滴灌施入。E. 生长期追肥目的是进一步补充植株的养分,延长叶片的功能期。氮肥的使用量要依据田间植株表现每次 1~1.5 kg/亩为宜。

④ 中耕 待 2/3 马铃薯出苗时要进行中耕,中耕时要保持土壤湿润,如果土壤表层干燥,

应该浇水后在进行中耕作业,以利于耕后保持垄型。中耕能杀死苗期的大部分杂草,后期杂草危害严重时,需人工除草,一般不提倡用化学药剂除草。

⑤ 去杂去劣 为了保证种薯质量,在生育期间,进行 2～3 次拔除劣株、杂株和可疑株(包括地下部分)。

⑥ 病虫害防治 原种田一般从出苗后 3～4 周即开始喷杀菌剂,每周 1 次,直至收获。同时,应根据实际情况,施用杀虫剂以防治蚜虫和其他地上部分害虫的危害。因为害虫除了影响马铃薯植株的生长外,还会传播病毒,降低种薯质量,后者的危害更大(具体防治措施详见第九章)。

(6)质量控制

① 田间检查 采用目测检查,种薯每批次至少随机抽检 5～10 点,每点 100 株(见表 3-9),检验标准见表 3-10。目标不能确诊的非正常植株或器官组织应马上采集样本进行实验室检验。

表 3-9 每种薯批抽检点数(白艳菊等,2012)

检测面积(亩)	检测点数(个)	检查总数(株)
≤15	5	500
>15,≤600	6～10(每增加 150 亩增加 1 个检测点)	600～1000
>600	10(每增加 600 亩增加 2 个检测点)	>1000

整个田间检验过程要求 40 d 内完成。第一次检查在现蕾期至盛花期,第二次检查在收获前 30 d 左右进行。

当第一次检查指标中任何一项超过允许率的 5 倍,则停止检查,该地块马铃薯不能作种薯生产与销售。

第一次检查任何一项指标超过允许率在 5 倍以内,可通过种植者拔除病株和混杂株降低比率,第二次检查为最终田间检查结果。

表 3-10 脱毒种薯田间检验带病植株及混杂植株允许率(尹江等,2006)

种薯级别	第一次检验(现蕾期) 病害及混杂株(%)					第二次检验(盛花期) 病害及混杂株(%)					第三次检验(枯黄期前两周) 病害及混杂株(%)				
	类病毒植株	环腐病植株	病毒病植株	黑胫病青枯病植株	混杂植株	类病毒植株	环腐病植株	病毒病植株	黑胫病青枯病植株	混杂植株	类病毒植株	环腐病植株	病毒病植株	黑胫病青枯病植株	混杂植株
原原种	0	0	0	0	0	0	0	0	0	0	0	0	0	0	0
一级原种	0	0	≤0.25	≤0.5	≤0.25	0	0	≤0.1	≤0.25	0	0	0	≤0.1	≤0.25	0
二级原种	0	0	≤0.25	≤0.5	≤0.25	0	0	≤0.1	≤0.25	0	0	0	≤0.1	≤0.25	0

② 块茎检验

A. 收获后检测 种薯收获和入库期,根据原种检验面积在收获田间随机取样,或者在库房随机抽取一定数量的块茎用于实验室检测,抽样数量≤600 亩取样 200 个,每增加 150～600 亩增加 40 个块茎。块茎处理:块茎打破休眠栽植,苗高 15 cm 左右开始检测,病毒检测采用酶联免疫(ELISA)或逆转录聚合酶链式反应(RT-PCR)方法,类病毒采用往返电泳(R-PAGE)、RT-PCR 或核酸斑点杂交(NASH)方法,细菌采用 ELISA 或聚合酶链式反应(PCR)方法。以上各病害检测也可以采用灵敏度高于推荐方法的检测技术。

B. 库房检测　种薯出库前应进行库房检查。原种根据每批次总产量确定扦样点数(见表3-11),每点扦样25 kg,随机扦取样品应具有代表性,样品的检验结果代表被抽检批次。同批次原种存放不同库房,按不同批次处理,并注明质量溯源的衔接。

表 3-11　原种块茎扦样量(白艳菊等,2012)

每批次总产量(t)	块茎取样点数(个)	检验样品量(kg)
≤40	4	100
>40,≤1000	5～10(每增加 200 t 增加 1 个检测点)	125～250
>1000	10(每增加 1000 t 增加 2 个检测点)	>250

采用目测检验,目测不能确诊的病害也可采用实验室检测技术,目测检验包括同时进行块茎表皮和必要情况下一定数量内部症状检验。

4. 脱毒一级、二级种薯繁殖

(1)种薯来源　用于繁育脱毒一级、二级种薯的原种可由研究单位自行生产或外购。品种纯度为100%,不带病,退化株率为0。

(2)生产过程

① 种薯田选择　一级种繁育应选择高海拔自然隔离条件好,500 m 内无茄科和十字花科作物,无高代薯种植的地块。二级种繁育应选择有自然隔离条件,300 m 内无茄科和十字花科作物的地块。

② 播种前准备　播前进行种薯催芽。30～50 g 小薯整薯直播,50 g 以上块茎切种,单块重 25～30 g,每块带 1～2 个芽眼,刀具用高锰酸钾溶液消毒。

③ 播种　当 10 cm 地温稳定在 5 ℃的时候确定适宜播期,播种深度 9～10 cm。早熟品种播种密度为 5000～5500 株/亩,中、晚熟品种播种密度为 4000～4500 株/亩。

④ 田间管理　整个生育期中耕一次,培土两次,田间持水量保持在 60%～70%,现蕾期追施尿素 10～15 kg/亩。现蕾至盛花期,两次拔除混杂植株与块茎。

(3)质量控制　马铃薯一级种和二级种的田间检验,全生育期共进行三次,分别在现蕾期、盛花期、枯黄期前两周。检验方法与检出允许率见表3-9 和表3-10。块茎检验根据每批次总产量确定扦样点数(见表3-11),每点扦样 25 kg,随机扦取样品应具有代表性,样品的检验结果代表被抽检批次。

(三)获得马铃薯脱毒种薯的途径

1. 购买马铃薯脱毒种薯

(1)选择适合品种　应根据自己的生产目的和所在的生态区域选择适合的品种。在大规模引进新品种前,必须进行引种试验。因为一个品种在别的地区表现良好,不等于其他地区也会表现良好。此外,所选品种必须通过省级以上品种审定委员会审定(登记)的品种,未经审定(登记)的品种不允许大面积推广。因此,在选购马铃薯种薯时还应了解你所要购买的品种是否已经通过审定(登记)。

(2)选用优质脱毒种薯　马铃薯在生长发育过程中很容易感染多种病毒而导致植株“退化”。采用退化植株的块茎做种薯出苗后植株即表现退化,不能正常生长产量非常低。因此,目前生产中一般都要采用脱毒种薯。种薯脱毒与否,以及脱毒种薯质量如何,是影响产量的主要因素。如果大量调种,必须在生产季节到田间进行实地考察,看当地是否发生过晚疫病,田间是否有青枯病和环腐病的感病植株,确认种薯是否达到质量标准。

(3)选择可靠的种薯生产单位 目前马铃薯种薯市场十分混乱,鱼目混珠现象非常严重,因此购买不可靠的单位和个体农户生产种薯很容易上当。虽然有的也号称是脱毒种薯,但繁殖代数过高,导致种薯重新感染病毒而退化。这样的种薯不仅产量低,而且质量也不好。

(4)检查种薯外观 主要是检查种薯是否带有晚疫病、青枯病、环腐病和黑痣病等病害的病斑。此外,还要检查种薯是否有严重的机械伤、挤压伤等。对可疑块茎可以用刀切开,检查内部是否表现某些病害的症状。晚疫病、青枯病、环腐病等病害在块茎内部均有明显的症状。其他一些生理性病害,如黑心病、空心、高温或低温受害症状均可通过切开块茎进行检查。病害的块茎内部症状请参考本书第九章。

2.自繁马铃薯脱毒种薯 由于难以购买合适的脱毒种薯,一些地区的农民尝试自繁脱毒种薯,供自己生产用,即从可靠的种薯生产单位或科研单位购买一定数量的脱毒苗、原原种(微型薯)、原种,自己再扩繁一次,作为自己的生产用种。此法既可以节省购买脱毒种薯的费用,而且可以保证脱毒种薯的质量。

(1)基础种薯的质量 无论购买哪一级的基础种薯,都要考虑其质量是否可靠。以微型薯为例,目前国内生产微型薯的单位和个人不计其数,价格相差较大,但真正质量有保证的单位很少。因此购买微型薯时,一定要选择可靠的单位和个人,不能一味贪图价格便宜。

(2)自繁种薯的生产条件 在自繁种薯时,一定要有防止病毒再侵染的条件。不能将种薯生产田块与商品薯田块相邻。如有可能,最好将自繁种薯种植在隔离条件好的简易温室、网室或小拱棚中。所选的田块,不能带有马铃薯土传性病害,如青枯病、环腐病和疮痂病等。生长过程中一定要注意防治蚜虫等危害植株的害虫,同时还要特别注意防治晚疫病。

(3)自繁种薯的数量 一般马铃薯商品薯生产每亩种薯需要量为150 kg左右,如果用微型薯来生产这些种薯,则需要300粒(每粒微型薯生产块茎约0.5 kg)。如果用原种生产,则需要原种15 kg左右(繁殖系数按10计算)。

参考文献

敖毅,黄吉美,钟文翠,等,2009.云贵高原马铃薯脱毒种薯标准化生产[J].中国园艺文摘(6):167-169.
白艳菊,卞春松,李学湛,等,2012.马铃薯种薯:GB18133-2012[S].
白艳菊,李学湛,等,2000.应用DAS-ELISA法同时检测多种马铃薯病毒[J].中国马铃薯,14(3):143-145.
陈占飞,等,2018.陕西马铃薯[M].北京:中国农业科学技术出版社.
崔荣昌,李芝芳,李晓龙,等,1992.马铃薯纺锤块茎类病毒的检测和防治[J].植物保护学报(3):263-268.
邓根生,宋建荣,2015.秦岭西段南北麓主要作物种植[M].北京:中国农业科学技术出版社.
方贯娜,庞淑敏,李建欣,2009.中原二作区大棚马铃薯喷雾栽培技术[J].长江蔬菜(19):23-25.
方玉川,白银兵,李增伟,等,2009.布尔班克马铃薯高产栽培技术[J].中国马铃薯,23(3):182-183.
冯五平,张淑青,康银清,等,2002.试管薯大田生产微型薯效果好[J].中国马铃薯,16(6):357-358.
盖琼辉,2005.马铃薯茎尖脱毒技术体系优化研究[D].重庆:西南农业大学.
高文登,2017.巫溪县马铃薯脱毒原种优质高产扩繁技术初探[J].农技服务,34(4):52.
古川仁朗,谢晓亮,1994.病毒的检测[J].河北农林科技,4(12):50-51.
顾尚敬,王朝海,白永生,等,2013.贵州毕节马铃薯脱毒种薯繁育与应用[J].中国种业(1):47-48.

韩黎明,2009.脱毒马铃薯种薯生产基本原理与关键技术[J].金华职业技术学院学报,9(6):71-74.

韩忠才,张胜利,孙静,等,2014.气雾栽培法生产脱毒马铃薯营养液配方的筛选[J].中国马铃薯,28(6):
　　328-330.

郝艾芸,张建军,申集平,2007.马铃薯病毒病的种类及防治方法[J].北方农业学报(2):62-63.

郝智勇,2017.马铃薯微型薯生产技术[J].黑龙江农业科学(8):142-144.

何卫,Struik P C,胡建军,等,2007.马铃薯种薯质量对生长和产量的影响[J].西南农业学报,20(3):146-149.

胡建军,何卫,王克秀,等,2008.马铃薯脱毒种薯快繁技术及其数量经济关系研究[J].西南农业学报,21(3):
　　737-740.

胡琼,2005.马铃薯 A 病毒病及其防治[J].现代农业科技(5):21-21.

虎彦芳,2009.滇东高原马铃薯脱毒种薯标准化生产技术[J].现代农业科技(15):105-106.

黄萍,颜谦,丁映,2009.贵州省马铃薯 S 病毒的发生及防治[J].贵州农业科学,37(8):88-90.

黄晓梅,2011.植物组织培养[M].北京:化学工业出版社.

蒋先林,杨惠生,丁云双,等,2013.低纬高原马铃薯脱毒种薯标准化生产技术[J].安徽农业科学,41(35):
　　13506-13509.

金兆娟,2015.马铃薯脱毒薯种薯培养及其在生产中的应用[J].农业开发与装备(9):121.

李东方,张爱萍,陈英,等,2013.马铃薯脱毒快繁及工厂化生产技术[J].黑龙江农业科学(7):31-33.

李桂云,2015.甘肃脱毒种薯扩繁体系发展现状分析与对策思考[J].甘肃农业(18):8-9.

李霞,王天明,2007.马铃薯脱毒种薯繁殖生产技术要点[J].种子科技(3):46-47.

李晓宁,颉瑞霞,王效瑜,2014.浅谈宁南山区马铃薯脱毒种薯繁育技术[J].科技视界(5):15.

李学湛,吕典秋,何云霞,等,2001.聚丙烯酰胺凝胶电泳方法检测马铃薯类病毒技术的改进[J].中国马铃薯,
　　15(4):213-214.

李芝芳,2004.中国马铃薯主要病毒图鉴[M].北京:中国农业出版社.

梁秀芝,李荫藩,郑敏娜,等,2017.4 种马铃薯脱毒组培苗繁殖效率分析[J].山西农业科学,45(5):756-758.

刘华,冯高,2000.化学因素对马铃薯病毒钝化的研究[J].中国马铃薯,14(4):202-204.

刘介民,余柏胜,袁明山,等,2001.恩施州马铃薯连年增产原因及潜力分析[J].中国马铃薯,15(1):34-36.

刘京宝,刘祥臣,王晨阳,等,2014.中国南北过渡带主要作物栽培[M].北京:中国农业科学技术出版社.

刘卫平,1997.快速 ELISA 法鉴定马铃薯病毒[J].中国马铃薯,11(1):11-13.

刘秀杰,2011.植物生长调节剂对马铃薯种薯繁育的影响[J].黑龙江农业科学(3):45-46.

刘一盛,何卫,王西瑶,等,2015.山梨醇延长马铃薯试管苗低温保存的效应研究[J].西南农业学报,28(3):
　　1038-1041.

卢雪宏,薛玉峰,2015.脱毒马铃薯种薯高产优质扩繁技术研究[J].农业与技术(8):131.

卢艳丽,周洪友,张笑宇,2017.马铃薯茎尖脱毒方法优化及病毒检测[J].作物杂志(1):161-167.

陆春霞,梁贵秋,唐燕梅,等,2008.关于建立广西马铃薯脱毒种薯繁育体系的探讨[J].广西园艺,19(6):
　　26-28.

罗彩虹,孙伟势,徐艳,2014.马铃薯脱毒试管薯温室无土栽培生产微型薯技术[J].陕西农业科学,60(2):
　　113-114.

马伟清,董道峰,陈广侠,等,2010.光照长度、强度及温度对试管薯诱导的影响[J].中国马铃薯,24(5):
　　257-262.

马秀芬,刘莉,张鹤龄,等,1996.中国流行的马铃薯纺锤块茎类病毒(PSTVd)株系鉴定及其对产量的影响[J].
　　内蒙古大学学报:自然科学版(4):562-567.

门福义,刘梦芸,1992.马铃薯高产群体穴茎数与产量的形成[J].中国马铃薯,6(2):92-94,101.

聂峰杰,张丽,巩檑,等,2015.三种方法对马铃薯脱毒种薯病毒检测比较研究[J].中国种业(4):39-39.

覃大吉,向极钎,李卫东,等,2012.恩施州马铃薯脱毒种薯体系项层工程设计研究[J].湖北民族学院学报:自
　　然科学版,30(4):424-427.

Salazar L F,2000.马铃薯病毒及其防治[M].北京:中国农业科技出版社,183-184.

宋波涛,杨立杰,柳俊,2012.采用病毒唑脱除马铃薯病毒的方法[P],CN102599057A.

孙海宏,2008.马铃薯雾培微型薯营养液筛选试验[J].中国种业(S1):80-81.

唐洪明,王林萍,李文刚,等,1997.内蒙古西部区马铃薯脱毒种薯快速繁育的研究——Ⅰ.脱毒小薯快速繁育技术的研究[J].中国马铃薯,11(2):129-137.

田波,裴维蕃,1985.植物病毒学[M].北京:科学出版社,320-337.

王长科,张百忍,蒲正斌,等,2010.秦巴山区脱毒马铃薯冬播高产配套栽培技术[J].陕西农业科学,56(4):218-219.

王仁贵,刘丽华,1995.PSTV 与 PVY 的互作及其对马铃薯产量影响[J].马铃薯杂志,9(4):218-222.

王拴福,2014.马铃薯退化与脱毒种薯应用[J].种子,33(2):125-126.

王素梅,王培伦,王秀峰,等,2003.营养液成分对雾培脱毒微型马铃薯产量的影响[J].山东农业科学(4):32-34.

王晓明,金黎平,尹江,2005.马铃薯抗病毒病育种研究进展[J].中国马铃薯,19(5):285-289.

韦威泰,韦本辉,唐荣华,等,2004.广西高海拔地区春夏繁育马铃薯脱毒种薯试验研究[J].中国农学通报,20(5):196-198.

吴凌娟,张雅奎,董传民,等,2003.用指示植物分离鉴定马铃薯轻花叶病毒(PVX)的技术[J]中国马铃薯,17(2):82-83.

吴兴泉,陈士华,魏广彪,等,2005.福建马铃薯 S 病毒的分子鉴定及发生情况[J].植物保护学报,32(2):133-137.

吴艳莉,薛志和,吕军,等,2007.脱毒试管苗移栽大田栽培技术[J].中国马铃薯,21(4):244.

吴艳霞,徐永杰,2008.高纬度地区早熟脱毒马铃薯无公害栽培技术[J].现代农业科技(13):47-47.

谢开云,金黎平,屈冬玉,2006.脱毒马铃薯高产新技术[M].北京:中国农业科学技术出版社.

邢宝龙,方玉川,张万萍,等,2017.中国高原地区马铃薯栽培[M].北京:中国农业出版社.

徐志刚,李瑞宁,黄文文,2018.光谱与光密度影响马铃薯试管薯诱导发育的研究进展[J].南京农业大学学报,41(2):195-202.

尹江,张希近,姚瑞,等,2006.马铃薯脱毒种薯繁育技术规程[S].中华人民共和国农业部发布.

张鹤龄,宋伯符,Salazar L F,1989.中国马铃薯病毒鉴定技术进展(英文)[J].CZP Planing Conference on Virology,November.

张健,2012.马铃薯试管薯生产技术[J].吉林蔬菜(4):8-8.

张蓉,1997.关于马铃薯种薯的病毒检测技术[J].宁夏农林科技(3):36-37.

张延丽,达琼,谢婉,等,2011.马铃薯试管薯的诱导和应用[J].中国马铃薯,25(4):11-13.

张仲凯,李云海,张小雷,等,1992.马铃薯病毒原种类电镜研究初报[J].马铃薯杂志,6(3).156-159.

赵恩学,何昀昆,黄萍,等,2008.贵州马铃薯脱毒种薯生产的关键技术[J].种子,27(1):105-108.

中国科学院遗传研究所组织培养室三室五组,1976.离体培养马铃薯茎顶端(或腋芽)生长点的初步研究[J].遗传学报,3(1):51-55.

中国农业百科全书总编辑委员会农作物卷编辑委员会,1991.中国农业百科全书作物卷[M].北京:农业出版社.

仲乃琴,1998.ELISA 技术检测马铃薯病毒的研究[J].甘肃农业大学学报(2):178-181.

周淑芹,朱光新,1995.应用电镜技术对试管保存马铃薯毒源效果的鉴定研究[J].黑龙江农业科学(3):41-42.

朱光新,李芝芳,肖志敏,1992.免疫电镜对马铃薯主要毒源的鉴定研究[J].植物生理学报,2(3):222-379.

朱述钧,王春梅,等,2006.抗植物病毒天然化合物研究进展[J].江苏农业学报,22(1):86-90.

朱月清,宋岳杰,沈升法,等,2018.马铃薯脱毒种薯小薯化栽培的特征特性[J].浙江农业科学,59(006):889-892.

邹华芬,金辉,陈晨,等,2014.不同钾肥水平对马铃薯原种繁育的影响[J].现代农业科技(15):83-84.

Barker G R,Hollinshead J A,1965. Ribosomes from the cotyledons of Pisumarvense[J]. BBA Section Nucleic Acids And Protein Synthesis,108(2):323-325.

Bittner H,Schenk G,Schuster G,et al,1989. Elimination be chemotherapy of potato virus S from potato plants grown in vitro[J]. Potato Research(32):175-179.

Casper P,1977. Detection of potato leafroll virus in potato and in Physalis floridana by enzyme-linked immunosorbent assay(ELISA)[J]. Phytopathol Z(96):97-107.

Cassels A C,Long R D,1982. The elimination of potato virus X,S,Y and M inmeristem and explant cultures of potato in the presence of virazole[J]. Potato Res(25):165-173.

Chirkov S N,Olovnikov A M,Surguchyova N A,et al,1984. Immunodiagnosis of plant viruses by a virobacterial agglutination test[J]. Annals of Applied Biology,104(3):477-483.

Faccioli G,Rubies-Autonell C and Resca R,1988. Potato leafroll virus distribution in potato meristem tips and production of virus-free plant[J]. Potato Research:511-520.

Grout B,1999. Meristem-Tip Culture for Propagation and Virus Elimination[J]. Methods in Molecular Biology,111:115-125.

Hense T J,French R,1993. The polymerase chain reaction and plant disease diagnosis[J]. Annu Rev Phytopathol(31):81-109.

Joung Y H,Jeon J H,Choi K H,et al,1997. Detection of potato virus S using ELISA and RT-PCR technique [J]. Korean J Plant Pathology,3(5):317-322.

Kassanis B,1957. The use of tissue culture to produce virus free clones from infected potato varieties[J]. Appl Biology,459(3):422-427.

Klein R E and Livingston C H,1983. Eradication of potato viruses X and S from potato shoot tip cultures with ribavirin[J]. Phytopathology,73:1049-1050.

Kluge S,Gawrisch K,Nuhn P,1987. Loss of infectivity of red clover mottle virus by lysolecithin. [J]. Acta Virologica,31(2):185-8.

Lopez-Delgado H,Mora-Herrera M E,2004. Salicylic acid enhances heat tolerance and potato virus X(PVX) elimination during thermotherapy of potato microplants [J]. Amer J of Potato Research,81:171-176.

Lozoya-Saldana H,AbelloJ F,Garcia de la R G,1996. Electrotherapy and shoot tip culture eliminate potato virus X in potatoes[J]. American Potato Journal,73:149-154.

Mellor F C,Smith S,1977. In applied and fundamental aspects of plant cell[A]. tissue and organ culture[C]. J. Reinert,Y. P. S. Bajai. Spring-Verlag Beidelberg,New York:616-635.

Morel G,1955. Recherchessur la culture associée de parasites obligatoires et de tissus végétaux [J]. Ann. Epiphyt(1):123-234.

Morris T J,Smith E M,1977. Potato spindle tuber disease:Procedures for the rapid detection of viroid RNA and certifeication of disease-free potato tuber[J]. Phytopathology,67:145-150.

Neil B,Kathy W,Sarah P,et al,2002. The detection of tuber necrotic isolates of virus,and the accurate discrimination of PVYO,PVYC and PVYN strain using RT-PCR[J]. Journal of virological methods,102:103-112.

Ouyang C,Wang J P,Teng C M,1980. A potent platelet aggregation inducer purified from Trimeresurusmucrosquamatus snake venom[J]. BBA-General Subjects,630(2):246-253.

Palukaitis P,Palukaitis P,2012. Resistance to Viruses of Potato and their Vectors[J]. Plant Pathology Journal,28(3):248-258.

Pennazio S,1978. Manuela vecchiati. Potato virus X eradication from potato meristem tips held at 30 ℃[J]. Potato Research,21:19-22.

Saldana H L,Vargas A M,1985. Kinetin,thermotherapy,and tissue culture to eliminate potato virus(PVX)in potato[J]. American potato journal,62:339-345.

Schulze S,Kluge S,2010. The Mode of Inhibition of TMV- and PVX-Induced RNA-Dependent RNA Polymerases by some Antiphytoviral Drugs[J]. Journal of Phytopathology,141(1):77-85.

Schumacher M ,Gilsbach J ,Friedrich H ,et al,1978. Plexiform neurofibroma (Rankenneurofibrom) of the caudaequina[J]. Neuroradiology,15(4):221.

Schuster G,Huber S,1991. Evidence for the Inhibition of Potato Virus X Replication at Two Stages Dependent on the Concentration of Ribavirin,5-Azadihydrouracil as well as 1,5-Diacetyl-5-azadihydrouracil[J]. Biochemie Und Physiologie Der Pflanzen,187(6):429-438.

Schuster,G,1987. Inhibition of plant-viruses by membrane lipid analogs under special regard of alkane monosulfonates[J]. Journal of Phytopathol,119(3):262-271.

Sidwell R W ,Huffman J H ,Khare L ,et al,1972. Broad-Spectrum Antiviral Activity of Virazole: 1-f8- D-Ribofuranosyl- 1,2,4-triazole- 3-carboxamide[J]. Science,177(4050):705-706.

Singh R P,Boiteau G,1987. Control of aphid bome diseases:nonpersistent viruses[M]. Pages 30-53 in:Potato Pest Management in Parry,eds. Proc. Symp. Improving Potato Pest Protection. (l):27-29.

Singh M,Singh R P,1996. Factors affecting detection of PVY in dormant tubers by reverse transcription polymerase chain reaction and nucleic acid spot hybridization[J]. J Virol Methods,(60):47-57.

Wang B,Ma Y,Zhang Z,et al,2011. Potato viruses in China[J]. Crop Protection,30(9):1117-1123.

第四章　高纬度一熟区马铃薯种植

第一节　区域范围和马铃薯生产地位

一、区域范围、自然条件和熟制

(一)区域范围

本区基本上包括中国北方马铃薯的主产区,是中国马铃薯的重要产区。主要在黑龙江、吉林、辽宁(辽东半岛除外)、河北北部、山西北部、内蒙古、陕西北部、宁夏、甘肃、青海东部和新疆天山以北等地。具体而言,覆盖东北平原的黑龙江省、吉林省、辽宁省,内蒙古高原的内蒙古自治区和河北省西北部的坝上高原,黄土高原的山西省、陕西省北部、甘肃省北部,宁夏回族自治区,青海省和新疆维吾尔自治区北部。其中,河北省北部、山西省和陕西省北部、内蒙古自治区等地在农业上属于干旱半干旱雨养农业区。

(二)自然条件

本区地处高纬度和中高纬度地带。从昆仑山脉由西向东经唐古拉山,巴彦喀拉山脉,沿黄土高原海拔 700~800 m 一线到古长城为本区南界。气候涵盖了寒温带和温带地区。无霜期 110~170 d,年平均气温−4~10 ℃,最热月份平均气温不超过 24 ℃,最冷月平均温度在−8~2.8 ℃,大于 5 ℃积温在 2000~3500 ℃·d,一般年降水量 50~1000 mm,分布很不均匀。东北地区的西部、内蒙古自治区东南部及中部狭长地区、宁夏回族自治区中南部、黄土高原东南部为干旱地带,雨量少而蒸发量大,干燥度(K)在 1.5 以上;东北和中部以及黄土高原东南部则为半湿润地带,干燥度多在 1~1.5;黑龙江的大、小兴安岭地区的干燥度只有 0.5~1.0,可见本区的降水量极为不均衡。一年只栽培一季。由于春季蒸发量大,易发生春旱,尤其西北地区气候干燥,局部地区马铃薯生育期间降雨量偏少,时呈旱象,马铃薯产量不够稳定。

1. 黑龙江省　黑龙江省位于全国经度最东、纬度最北的地区,是全国热量最少的中高纬度省份。黑龙江省在东经 121°11′~135°05′,北纬 43°25′~53°33′,土地总面积(含加格达奇和松岭区)47.3 万 km²。黑龙江省地势大致是西北部、北部和东南部高,东北部、西南部低,主要由山地、台地、平原和水面构成。海拔为 50~1690 m。

黑龙江省农用地面积 3950.4 万 hm²,其中耕地面积 1187.07 万 hm²、园地 6.0 万 hm²,共占农用地面积的 30.2%。黑龙江省黑土、黑钙土和草甸土等占耕地的 60% 以上,土壤有机质含量高。常年降水量 400~700 mm,80% 左右集中于 5—9 月,全省平均气温−4~5 ℃,不低于 10 ℃的积温在 2000~3000 ℃·d,约 100~160 d 的无霜期,光照充足,气候温凉,十分适合马铃薯生长。可见,从土质资源、积温、光照、降水、无霜期等自然环境和条件看,与吉林和内蒙古两省(区)马铃薯生产环境接近,相比黔、滇、陇、鲁等主产省的干旱少雨、土壤贫瘠、光照饱满、积温偏高环境,黑龙江省特别是松嫩平原地带更适宜马铃薯种植,尤其生产单季马铃薯优质品种的自然资源条件优势得天独厚。

马丽亚等(2018)介绍,黑龙江省内适合规模化种植的高产稳产优质薯的产地主要分布在西部和北部的黑土、黑钙土等松嫩平原地带,包括齐齐哈尔市、黑河市、绥化市、大庆和大兴安岭地区等。该区域内适合深松深耕,土质比较肥沃,气候干旱少雨,光照时间较短,积温相对较低,空气干冷清凉,是优质马铃薯高产区。牡丹江市、鸡西市也有一定数量马铃薯生产,但多以食用薯为主,商品薯主要出口俄罗斯。

2. 吉林省 吉林省地处北半球的中纬度地带和欧亚大陆的东部。地跨东经121°38′~131°19′、北纬40°50′~46°19′,吉林省土地面积18.74万 km²。吉林省地貌形态差异明显,地势由东南向西北倾斜,呈现明显的东南高、西北低的特征;以中部大黑山为界,可分为东部山地和中西部平原两大地貌区;东部山地分为长白山中山低山区和低山丘陵区,中西部平原分为中部台地平原区和西部草甸、湖泊、湿地、沙地区。

吉林省土壤是世界著名的三大黑土带之一,土壤肥沃,有机质含量高。根据2016年度土地变更调查数据,主要地类面积为耕地699.3万 hm²,林地885.3万 hm²,园地6.6万 hm²,草地67.5万 hm²,属于接近亚寒带的最北部的温带地区,比较干燥少雨、多风沙,具有明显的四季之分。全省年平均气温5.4 ℃左右,最冷的1月份平均气温为-18 ℃左右,最热的7月份平均气温为20 ℃左右。年平均降水量610.6 mm,年平均日照时数2484 h。降雪期从10月至翌年4月,长达7个月。

康哲秀(2016)介绍,吉林省马铃薯产业发展起步较晚,时间短,但地域广阔,土壤疏松而肥沃,加之气候条件极适合马铃薯生长,适宜马铃薯种植,所生产商品薯稳定高产,商品薯率达80%以上,薯形佳、腐烂少,这也为吉林省的马铃薯生产提供了先决条件;马铃薯商品薯生产的分布区域为松原地区辐射的扶余县和长岭县,长春地区辐射农安县、德惠市、九台市和榆树市,四平地区辐射的公主岭市和梨树县,还包括白城和舒兰市的部分地区。而东部长白山高寒山区,具有海拔高,气候冷凉,昼夜温差大,传毒媒介少等特点,可作为马铃薯脱毒种薯繁育基地;分布区域为延边州境内的敦化市、安图县和汪清县等地;现已在敦化市和汪清县建立了多家脱毒种薯繁育基地。吉林省的马铃薯产业发展凭借优越的地理区域分布、适宜的气候,以及国家的政策扶持,必将有更广阔的发展空间。

3. 辽宁省 辽宁省地处欧亚大陆东岸、中纬度地区,地处东经118°53′~125°46′、北纬38°43′~43°26′,辽宁省土地面积14.80万 km²。地势大致为自北向南,自东西两侧向中部倾斜,山地丘陵分列东西两厢,向中部平原下降,呈马蹄形向渤海倾斜。辽东、辽西两侧为平均海拔800 m和500 m的山地丘陵;中部为平均海拔200 m的辽河平原。耕地面积409.29万 hm²,占辽宁省土地总面积的27.65%,其中有80%左右分布在辽宁中部平原区和辽西北低山丘陵的河谷地带。

辽宁省属于温带大陆性季风气候区,境内雨热同季,日照丰富,积温较高,雨量不均,东湿西干。年日照时数2100~2600 h。春季大部地区日照不足;夏季前期不足,后期偏多;秋季大部地区偏多;冬季光照明显不足。全年平均气温在7~11 ℃,最高气温30 ℃,极端最高可达40 ℃以上,最低气温-30 ℃。受季风气候影响,各地差异较大,自西南向东北,自平原向山区递减。年平均无霜期130~200 d,一般无霜期均在150 d以上,由西北向东南逐渐增多。辽宁省是东北地区降水量最多的省份,年降水量在 600～1100 mm。

辽宁省马铃薯的种植可分为两大农业栽培区,第一是辽西和辽北一季作区:包括铁铃的北部,阜新、朝阳等,种植面积占辽宁省的 30%;第二是辽南、辽中和辽东二季作区,种植面积占全省的 70%。按地区划分,大连市播种面积位居全省首位,约 2 万 hm²,占全省播种面积的 25%,其次为沈阳、铁铃、朝阳、葫芦岛、锦州,这 6 个市的播种面积占全省的 75%。而且辽宁省各市之间单产差异也很大,铁岭市以 24.7 t/hm²,位居全省首位,而阜新市平均单产只有 7.76 t/hm²。

4. 内蒙古自治区　内蒙古自治区属于亚洲中部蒙古高原的东南部及其周沿地带,位于中国北部边疆,东经 126°04′～97°12′、北纬 37°24′～53°23′,面积 118.3 万 km²。全区地势较高,平均海拔高度 1000 m 左右,其中高原约占总面积的 53.4%,山地占 20.9%,丘陵占 16.4%,平原与滩川地占 8.5%,河流、湖泊、水库等水面面积占 0.8%。内蒙古土壤在分布上东西之间变化明显,土壤带呈东北-西南向排列,最东为黑土壤地带,向西依次为暗棕壤地带、黑钙土地带、栗钙土地带、棕壤土地带、黑垆土地带、灰钙土地带、风沙土地带和灰棕漠土地带。其中黑土壤肥力最高,结构和水分条件良好,易耕作,适宜发展农业;黑钙土肥力次之,适宜发展农林牧业。

内蒙古自治区东部是温带草原气候,西部是温带大陆性气候。年平均气温为 0～8 ℃,气温年较差平均在 34～36 ℃,日较差平均为 12～16 ℃。年总降水量 50～450 mm,东北降水多,向西部递减。东部的鄂伦春自治旗降水量达 486 mm,西部的阿拉善高原年降水量少于 50 mm,额济纳旗为 37 mm。蒸发量大部分地区都高于 1200 mm,大兴安岭山地年蒸发量少于 1200 mm,巴彦淖尔高原地区达 3200 mm 以上。日照充足,光能资源丰富,大部分地区年日照时数都大于 2700 h,阿拉善高原的西部地区达 3400 h 以上。全区气候总特点是春季气温骤升,多大风天气,夏季短促而炎热,降水集中,秋季气温剧降,霜冻往往早来,冬季漫长严寒,多寒潮天气。

内蒙古自治区是世界公认的马铃薯种薯繁育黄金地带。大部分土壤具有热量高、透性好、质地轻、地势平的优点;土壤肥沃,有机质、N、P、K 含量高,其含量分别高于全国平均水平,年平均化肥使用量仅是全国平均水平的 1/3。全区的纬度较高,高原面积大,气候以温带大陆性季风气候为主,日照充足,光能资源非常丰富,大部分地区年日照时数都大于 2700 h,气候条件决定了有效积温利用率高,利于绿色植物的光合作用,可缩短植物生长期;6 月、7 月、8 月正是马铃薯开花结实和薯块膨大期,充足的光、热、水条件奠定了高产稳产的基础;9 月份降水减少,秋高气爽,有利于干物质形成和积累,种薯不易发生晚疫病,且收获时薯块洁净、泥土少、色泽好,相对含水量低,有利于调运、贮藏和加工。高纬度、高海拔、气候冷凉,昼夜温差大,蚜虫稀少,作物单一,形成了减少病虫害发生、防止种性退化的天然屏障,具备生产优质种薯的良好生态条件。一年一熟的耕作制度有效保证了各项条件,适于马铃薯生长,薯块商品性好,成为中国马铃薯种薯、淀粉加工用薯的优势区域之一。

5. 河北省　河北省属于华北地区,东经 113°27′～119°50′、北纬 36°05′～42°40′,总面积 18.85 万 km²。河北省地势西北高、东南低,由西北向东南倾斜。地貌复杂多样,高原、山地、丘陵、盆地、平原类型齐全,有坝上高原、燕山和太行山山地、河北平原三大地貌单元。坝上高原属蒙古高原一部分,地形南高北低,平均海拔 1200～1500 m,占河北省总面积的 8.5%。燕山和太行山山地,包括中山山地区、低山山地区、丘陵地区和山间盆地 4 种地貌类型,海拔多在 2000 m 以下,占河北省总面积的 48.1%。

河北省属温带大陆性季风气候,大部分地区四季分明。年日照时数 2303 h,年无霜期 81~204 d,年均降水量 484.5 mm;1 月平均气温在 3 ℃以下,7 月平均气温 18~27 ℃。坝上地区光照充足,温度适宜,昼夜温差大,自然降水较充足,年日照时数 2500~3050 h,光照资源非常丰富。马铃薯是喜长光照作物,长日照有利于马铃薯生长和绿色体进行光合作用,利于营养转化和淀粉积累。坝上地区年平均气温 2~3 ℃,≥5 ℃积温 1800~2500 ℃·d,而马铃薯是喜欢冷凉作物,既怕霜冻,又怕高温,生长期所需活动积温 1700~2000 ℃·d,本地区热量资源完全能满足马铃薯生育期需要。马铃薯块茎生长适宜温度为 16~18 ℃,最高不超过 21 ℃,坝上地区马铃薯生长关键期 6 月、7 月、8 月、9 月平均气温分别为 13.0~16.5 ℃、16.0~18.5 ℃、14.5~16.5 ℃、8.9~11.5 ℃,在这样温度条件下,块茎发育正常。坝上地区 6—9 月平均日温差 10.5~13.1 ℃,不仅温差大,而且降温速度快,夜间低温持续时间长,马铃薯光合作用强,消耗少,积累多,薯块产量高,淀粉含量高。坝上年降水量 340~450 mm,但季节性变异较大,夏季(6—8 月)降水量占 70%~80%,而 7 月中旬至 8 月中旬正值马铃薯现蕾至开花期,是植株生长的旺盛阶段,对水分要求达到最高点,所以最高降水量和马铃薯需水关键期相吻合,故能充分利用降水,有利于马铃薯生长正常需水要求。坝上地区土壤类型多为栗钙土,该土壤养分特点是缺氧、少磷、钾丰富。

乔海明等(2015)介绍河北省马铃薯的年种植面积约 17 万 hm²,其中约 15 万 hm² 分布在坝上地区,即张家口、承德两地,每年春种秋收,与东北、西北、内蒙古的收获季节相同(9—10 月份);种植的有商品薯和种薯,其中商品薯有菜用型及加工型两大类。除张家口、承德以外的其他 10 个地市为全省的马铃薯二季作区,每年春种夏收(5—6 月),与山东等地的收获季节相近,种植比较分散,大致在 2 万 hm² 左右,相对集中的地市有唐山、保定、秦皇岛、邯郸等;二季作区主要种植菜用商品薯。

6. 山西省　山西省也属于华北地区,是典型的黄土广泛覆盖的山地高原。介于北纬 34°34′~40°44′、东经 110°14′~114°33′,总面积 15.67 万 km²。地势东北高西南低,境内大部分地区海拔在 1500 m 以上,属于温带大陆性季风气候,年降水量 468.30 mm,平均气温 9.8 ℃,平均日照时数为 2449.4 h。山西省土壤类型有棕壤(包括有棕壤性土)、褐土(包括有淋溶褐土、石灰性褐土、潮褐土、褐土性土)、栗钙土(包括有草甸栗钙土、栗钙土性土、栗褐土、淡栗褐土、潮栗褐土)、初育土(包括黄绵土、风砂土、红黏土、新积土、火山灰土、石质土、粗骨土)。

何真等(2014)介绍目前山西马铃薯产业初步形成 3 个产区,即一季作区、晋中一二季混作区和晋南二季混作区。一季作区(春作区):其分布在晋北高寒地区和东西两山(吕梁山和太行山)的丘陵山区,主要包括大同、朔州、吕梁、忻州等地市。该区由于纬度(大同北纬 40°)或海拔(多数山区在 1200 m 以上)较高,气候冷凉,属高寒区,传毒媒介少,昼夜温差大,无霜期短,一般 100~140 d,年平均气温 5~7 ℃,最冷月均温-8~2.9 ℃,最热月均温 22~26 ℃,年降水量为 380~500 mm。该区 5 月中旬播种,9 月中旬收获,以晋薯 7 号、同薯 23 号等高产、高淀粉中晚熟品种为主,除当地食用和加工外,主要销往京津地区和南方省份,是山西乃至全国主要的商品薯生产供应基地和种薯繁殖最佳区域,播种面积占山西省的 85% 以上,产量占 75% 以上。近年中早熟品种的种植呈上升势头,7 月份就可上市,补淡季之需,经济效益较好。晋中一二季混作区:其主要包括晋中、长治和晋城等地市,该区气候较温暖,年均气温 8~10 ℃,无霜期 140~160 d,年降水量 500 mm 左右,种植马铃薯一年一作有余,两作不足,生产上多采用与玉米、蔬菜等作物间作,以增加单位面积产量和效益。品种为中早熟型,3 月上旬种植,7 月份高温来临前收获,不耽误下茬种植,目前主栽品种有郑薯 5 号、郑薯 6 号、晋薯 7 号、同薯

23 号、紫花白等。晋南二季混作区：其包括运城、临汾两地市。气候温和，夏季高温多雨，年平均气温 10～14 ℃，年降水量 500～650 mm，无霜期 180～220 d。该区以前种植马铃薯很少，近年随着市场的需求、设施栽培和间作套种的发展，平川水地种植早熟马铃薯成为可能，生产上主要利用春秋季的凉爽气候和昼夜温差大的自然条件，早熟品种推广较快，春季生产优势更突出，效益最高，且多为地膜覆盖栽培，主栽品种有晋南 2 号、郑薯 6 号和中薯 3 号等。

7. 陕西省　陕西省地处中国中部黄河中游地区，南部兼跨长江支流汉江流域和嘉陵江上游的秦巴山区，东经 105°29′～111°15′，北纬 31°42′～39°35′，总面积 20.56 万 km²。陕西省的地势南北高、中间低，有高原、山地、平原和盆地等多种地形。北山和秦岭把陕西分为三大自然区：北部为海拔 900～1900 m 的陕北黄土高原区，约占陕西省土地面积的 40%；中部是关中平原区，海拔 460～850 m，约占陕西省面积的 24%；南部是秦巴山区，海拔 1000～3000 m，约占陕西省面积的 36%。

陕西省纵跨三个气候带，南北气候差异较大。秦岭是中国南北气候分界线，陕南属北亚热带气候，关中及陕北大部属暖温带气候，陕北北部长城沿线属中温带气候。年平均气温 9～16 ℃，自南向北、自东向西递减。陕北年平均气温 7～12 ℃，关中年平均气温 12～14 ℃，陕南年平均气温 14～16 ℃。年平均降水量 676 mm，降水南多北少，陕南为湿润区，关中为半湿润区，陕北为半干旱区。陕西省地带性自然土壤包括粟钙土、黑垆土、褐土、黄褐土和棕壤等，由于长期耕种和自然力的侵蚀，已演变成复杂多样的农业土壤。

陕西省发展马铃薯产业有着得天独厚的自然条件。陕北是全国马铃薯五大优势产区之一，具有海拔高、无污染的优势；年均气温 10 ℃，年降水量 400～600 mm，无霜期 150 d 左右，年日照 240 d 以上，雨热同季、昼夜温差大、利于干物质等生物营养积累；土层深厚，土质疏松，富含马铃薯生长需要的钾素，具备了马铃薯优生区的自然、气候条件。陕南有近似于马铃薯原产地的生态条件，也有利于马铃薯生长发育。

8. 甘肃省　甘肃省地处黄土高原、青藏高原和内蒙古高原三大高原的交汇地带。地处北纬 32°31′～42°57′，东经 92°13′～108°46′，总面积 45.37 万 km²。境内地形复杂，山脉纵横交错，海拔相差悬殊，高山、盆地、平川、沙漠和戈壁等兼而有之，是山地型高原地貌。地势自西南向东北倾斜，地形狭长。大致可分为各具特色的六大区域，即包括有陇南山地，陇东、陇中黄土高原，甘南高原，河西走廊，祁连山地，河西走廊以北地带。

甘肃省属大陆性很强的温带季风气候，海拔在 550～5547 m。年平均气温 0～16 ℃，各地海拔不同，气温差别较大，日照充足，日温差大。年降水量在 36.6～734.9 mm，大致从东南向西北递减，乌鞘岭以西降水明显减少，陇南山区和祁连山东段降水偏多。受季风影响，降水多集中在 6—8 月份，占全年降水量的 50%～70%。甘肃省无霜期各地差异较大，陇南河谷地带在 280 d 左右，甘南高原最短，只有 140 d。甘肃省的土壤类型较为丰富，大致可按区划分为陇南黄棕壤、棕壤、褐土地区；陇东黄绵土、黑垆土地区；陇中麻土、黄白绵土区；甘南草甸土、草甸草原土地区；河西漠土、灌溉土区和祁连山栗钙土、黑钙土区，共 6 个地区及 19 个土坡区。

吴正强等（2008）介绍甘肃省马铃薯生产布局上，初步形成了中部高淀粉及菜用型；河西及沿黄灌区全粉及薯片（条）加工型；陇南天水早熟菜用型三大优势生产区域，优势产区种植面积占到了甘肃省的 70% 以上，以下为 3 个产区的具体情况：

中部高淀粉及菜用型生产区，包括定西、兰州、临夏、白银、平凉、庆阳 6 个市（州）的安定、渭源、陇西、临洮、通渭、岷县、漳县、榆中、皋兰、东乡、永靖、会宁、静宁、庄浪、环县 15 个县（区）。该区是甘肃省马铃薯重点种植区域，气候较冷凉，年平均气温 5～9 ℃，年降水量 200～

650 mm,最热的 7 月份平均气温 20 ℃左右,全年大于 10 ℃积温 2000～3000 ℃·d,马铃薯生长期 130～177 d。年种植面积 25 万 hm²。生产上应用的主要有高淀粉品种陇薯 8 号、天薯 10 号、陇薯 3 号、陇薯 10 号等,菜用型品种陇薯 7 号、陇薯 6 号、庄薯 3 号、天薯 11 号、青薯 9 号、青薯 168、新大坪等,薯条、薯片、粉丝加工型品种冀张薯 8 号、大西洋、布尔斑克及适宜外销的菜用红皮等品种。

河西及沿黄灌区全粉及薯片(条)加工型生产区,包括武威市和张掖市的凉州区、民乐、山丹和古浪等县(区),是甘肃省新兴发展的优质马铃薯高产区。该区一年四季气候凉爽,年降雨量 38～250 mm,但农业生产和灌溉条件较好。随着一些大型马铃薯加工企业的投产,该区发展优质加工型马铃薯表现出巨大潜力和优势。该区重点以培育食品加工专用型产品的生产优势区域为目标,每年优势区域种植面积达 5 万 hm²,主推品种主要是克新 2 号、陇薯 10 号、甘农薯 2 号和加工型品种大西洋、夏波蒂等。

天水陇南早熟菜用型生产区,主要包括天水市和陇南市的秦州、秦安、武山、甘谷、武都、宕昌、西和、礼县等县(区)。该区气候湿润,年降水量 450～950 mm,年平均气温 7～15 ℃,最热月份(7月)平均气温 22～24 ℃,大于 10 ℃的积温 2200～4750 ℃·d,马铃薯生长期 130～246 d。该区近年以培育早春商品薯供应为主,结合种植生产加工专用薯,每年优势区域种植面积 15 万 hm² 左右。生产上主要应用的菜用型品种陇薯 7 号、青薯 9 号、天薯 11 号、冀张薯 12 号、天薯 9 号等,适宜于加工的大西洋、夏波蒂及粮菜兼用、冬播上市早的品种费乌瑞它、克新 1 号、克新 2 号、早大白等。

9. 宁夏回族自治区 宁夏回族自治区地处中国西部的黄河上游地区,介于北纬 35°14′～39°23′、东经 104°17′～107°39′,总面积为 6.6 万多 km²,海拔 1112～3556 m。全区按地形大体可分为黄土高原,鄂尔多斯台地,洪积冲积平原和六盘山、罗山、贺兰山南北中三段山地。按地表特征,还可分为南部暖温带平原地带,中部中温带半荒漠地带和北部中温带荒漠地带。

全区属典型的大陆性半湿润半干旱气候。1 月平均气温在 -8 ℃以下,极端低温在 -22 ℃以下。气温日较差大,日照时间长,太阳辐射强,大部分地区昼夜温差一般可达 12～15 ℃。平均气温在 5～9 ℃,引黄灌区和固原地区分别为全区高温区和低温区。降水量南多北少,大都集中在 6～9 月,干旱山区年平均降水量 400 mm,引黄灌区年平均降水量 157 mm。土壤类型是南部为黑垆土,中北部为灰钙土,北端地区为灰漠土。

王效瑜等(2019)介绍全区根据气候特征和品种布局需要,共布置四个马铃薯主产区,首先在中部干旱、南部山区河谷川道区布局优质早熟菜用薯产区,主要品种有费乌瑞它、夏波蒂、克新 1 号等,且呈现扩大趋势;其次在南部山区半干旱、半阴湿区布局淀粉加工薯产区,主要有庄薯 3 号、宁薯 4 号、陇薯 6 号、宁薯 16 号等;再次在南部山区阴湿区周边地区布局晚熟优质菜用薯产区,主要有青薯 9 号、青薯 168、冀张薯 12 号、天薯 11 号等;最后在全区马铃薯高产示范基地及企业、合作社示范基地布局主食化品种,主要有大西洋、夏波蒂、陇薯 14 号和宁薯 16 号等。基于实际情况及市场导向,品种多元化发展,庄薯 3 号、青薯 9 号面积逐步下降,布局日趋合理。尤其是宁南山区光照充足,热量低欠,昼夜温差大,年均降水量 250～650 mm,季节分布不均,70%～80% 集中在 7 月、8 月、9 月三个月,海拔在 2000 m 以上,土层深厚,土质疏松,通透性好,富含钾素。宁南山区气候生态特点正与马铃薯生物学特性相吻合,种植马铃薯相对其他作物高产稳产,经济效益好,具有显著比较优势。特别是降水集中期与马铃薯需水高峰期高度同步,使其降水利用率和水分生产率居各作物之首;光照充足、日照时间长、昼夜温差大,十分有利于干物质制造和积累,致使马铃薯块茎淀粉含量高,品质优。

10. 青海省　青海省位于青藏高原的东北部,介于东经 89°35′～103°04′、北纬 31°9′～39°19′,总面积 72.23 万 km²。青海省地势自西向东倾斜,最高点(昆仑山的布喀达坂峰6860 m)和最低点(民和下川口村约 1650 m)海拔相差 5210 m。青海省地貌以山地为主,兼有平地和丘陵。东北部由阿尔金山、祁连山数列平行山脉和谷地组成,平均海拔 4000 m 以上。位于达坂山和拉脊山之间的湟水谷地,海拔在 2300 m 左右,地表为深厚的黄土层,是青海省主要的农业区。西北部的柴达木盆地,是一个被阿尔金山、祁连山和昆仑山环绕的巨大盆地,海拔 2600～3000 m,盆地南部多为湖泊、沼泽、并以盐湖为主。南部是以昆仑山为主体并占青海省面积一半以上的青南高原,平均海拔 4500 m 以上。

青海省属于高原大陆性气候,各地区气候有明显差异,东部湟水谷地,年平均气温在 2～9 ℃,无霜期为 100～200 d,年降水量为 250～550 mm,主要集中于 7—9 月,热量水分条件皆能满足一熟作物的要求。柴达木盆地年平均气温 2～5 ℃,年降水量近 200 mm,日照长达3000 h 以上。东北部高山区和青南高原气温低,除祁连山、阿尔金山和江河源头以西的山地外,年降水量一般在 100～500 mm。青海地处中纬度地带,太阳辐射强度大,光照时间长,年总辐射量可达 690.8～753.6 kJ/cm²,直接辐射量占辐射量的 60% 以上,年绝对值超过 418.68kJ。青海气象灾害较多,主要为干旱、冰雹、霜冻、雪灾和大风。土壤类型主要有黑钙土、栗钙土、灰钙土、灌淤土、棕钙土及潮土等。

马铃薯是青海的主要农作物之一,种植历史悠久,分布区域广阔,从黄河湟水谷地、海南台地、柴达木盆地到青南地区小块农业区都可种植,海拔在 1600～4200 m,年种植面积在 9 万hm² 以上。由于日照时间长、光照充足、太阳辐射强等因素,有利于马铃薯耐寒、耐旱、耐瘠薄和高产等优良性状表现,使马铃薯成为青海省种植面积继油菜之后位居第二的农作物。尤其是东部湟水流域和柴达木绿洲农业灌溉区,其地域环境有海拔高、日照长、气候冷凉、昼夜温差大等特点,生产的马铃薯具有商品薯率高、整齐、干物质含量高、无污染和病烂薯少,而从农业生态学的角度看,异地调种、高海拔向低海拔调种、能够在一定范围内提高作物产量,从时间上,湟水灌溉区一般马铃薯收获季节为 8 月中旬,与西南冬季马铃薯种植区种植时间吻合,能够提供优质的马铃薯种薯,而山旱区的马铃薯收获为 10 月上旬,种植面积大,依托青海省马铃薯优良的种薯资源,可以为周边省份提供大量的优质种薯。

11. 新疆维吾尔自治区　新疆维吾尔自治区位于中国的西北部,地处欧亚大陆中心,位于东经 73°40′～96°18′、北纬 34°25′～48°10′,面积 166 万 km²。新疆北部有阿尔泰山,南部有昆仑山、阿尔金山和天山。天山作为新疆象征,横贯中部,形成南部的塔里木盆地和北部的准噶尔盆地。

新疆具有明显的温带大陆性气候。气温温差较大,日照时间充足(年日照时间达 2500～3500 h),降水量少,气候干燥。年平均降水量为 150 mm 左右,但各地降水量相差很大,南疆的气温高于北疆,北疆的降水量高于南疆。最冷月(1 月)平均气温在准噶尔盆地为 −20 ℃ 以下,该盆地北缘的富蕴县绝对最低气温曾达到 −50.15 ℃,是全国最冷的地区之一。最热月(7 月)在号称"火洲"的吐鲁番平均气温为 33 ℃ 以上,绝对最高气温曾达至 49.6 ℃,居全国之冠。由于新疆大部分地区春夏和秋冬之交日温差极大。土壤类型有属于温带和暖温带半湿润半干旱至干旱地区的草原土壤系列的钙层土,主要包括温带的黑钙土、栗钙土、棕钙土和暖温带的栗褐土、黑垆土、灰钙土 6 个土类;漠境地区的地带性土壤荒漠土,主要包括灰漠土、灰棕漠土和棕漠土;草甸土和沼泽土;人为土,包括灌淤土、灌漠土和水稻土。

新疆地域辽阔,气候差异大,自然生态类型多样,马铃薯种植分散、面积较小,但近几年由于新疆各地马铃薯消费量增加,种植比较效益高于其他作物,面积增加迅速。古丽米拉·热合木土拉等(2016)介绍,新疆北部的阿勒泰、昆仑山及天山南北坡,是新疆的马铃薯主产区之一,与哈萨克斯坦、蒙古、俄罗斯等国接壤,人均耕地多、自然降雨少,但灌溉条件好,马铃薯产业发展潜力优势明显,并将阿勒泰地区的吉木乃县、布尔津县、福海县确定为马铃薯生产的重点县。

（三）熟制

本区种植马铃薯为一年一熟,一般4月中下旬至5月上中旬播种,7月中下旬至10月上旬收获。块茎贮藏时间可长达半年以上。适于本区的品种类型,以中熟、晚熟为主,要求休眠期长,贮藏性好,抗逆性强的品种,并搭配种植早熟品种。种植面积占全国的50%左右。

该区是中国种薯生产基地,在种薯繁育体制上,早熟品种,采用早收留种的栽培方式,即春季适当早播,夏季提前收获。中晚熟抗晚疫病品种,有时采用夏播留种的栽培方式,即7月中下旬播种,9月下旬收获。马铃薯需进行中耕,块茎在地表下15~20 cm处膨大,同时需要疏松、有机质含量高的土壤条件。所以,本区域耕作上通常采用秋翻结合撒施有机肥,然后耙耢整平,待翌年春季播种。栽培上通常采用垄作,但在干旱地区则为平作后起垄的方式。近年来,较南的省份和地区结合当地气候特点,充分利用光热和土地资源,以马铃薯为主,搭配相应的作物进行间种、套种和复种,面积逐年扩大,形成了本区的另一种栽培模式。现根据地理区域的不同,将黑龙江、吉林、辽宁（辽东半岛除外）、河北北部、山西北部、内蒙古、陕西北部、宁夏、甘肃、青海东部和新疆天山以北地方,划分为三个区域进行论述:

1. 东北种用、淀粉加工用及鲜食用马铃薯区 该区包括黑龙江、吉林、辽宁及内蒙古东部。年均气温在4~10 ℃,地处高寒区、日照充分、昼夜温差大,适于马铃薯生长。土壤以黑土为主。该区马铃薯种植为一年一季,一般春季4月下旬至5月上中旬播种,9月收获。黑龙江可选择的鲜食用品种有尤金885、克新13号、克新18号、早大白、费乌瑞它等;加工淀粉、粉条等品种有克新13号、克新18号、黄麻子等;加工薯片有大西洋;加工薯条有夏波蒂、抗疫白、布尔斑克、麦肯1号;速冻薯条薯片品种有克新18号;早熟品种有尤金885、早大白、费乌瑞它、东农303、克新21号等品种。吉林可选择的早熟品种有东农303、早大白、富金、尤金、费乌瑞它、中薯5号等;中熟、中晚熟品种有延薯4号、春薯3号、克新13号、克新18号等。辽宁可选择的有东农303、早大白、费乌瑞它,生育期65 d以内的,收后种一茬秋白菜;晚熟品种有延薯4号为主,它既可食用也可用于淀粉加工。

2. 华北种用、加工用及鲜食用马铃薯区 地处蒙古高原,该区包括内蒙古中西部、河北北部、山西北部。年均气温4~13 ℃,天气凉爽、日照充分、昼夜温差大,适合马铃薯出产。土壤以粟钙土为主。该区大部马铃薯出产为一年一熟。春季4月中下旬至5月上中旬播种,9—10月收获。内蒙古可以选用费乌瑞它、冀张薯12号、思凡特、希森6号、紫花白、大西洋等。河北可以选用夏波蒂、荷薯14号、荷薯15号、冀张薯12号、中薯18号、早大白等,这些品种在坝上地区较有优势;山西可选择抗逆性强、产量高、品质优良的马铃薯品种,如晋薯16号、青薯9号、冀张薯8号、冀张薯12号等。

3. 西北种用、鲜食用及加工用马铃薯区 该区包括甘肃、宁夏、陕西北部、青海东部及新疆。年均气温4~8 ℃,天气冷凉、日照充分、昼夜温差大,出产的马铃薯品质优良,单产进步潜力大。土壤以黄土、黄棉土、黑垆土、粟钙土、沙土为主。该区一般4月中下旬至5月上旬播种,7—10月收获。甘肃可选择的早熟品种有费乌瑞它、冀张薯12号、LK99等;晚熟品种有青薯9号、陇薯7号、庄薯3号、陇薯6号、陇薯10号、新大坪及天薯11号等。宁夏可选择的早熟品种有津引 8 号、费乌瑞它、夏波蒂、早大白、中薯 3 号、克新 1 号、冀张薯 12 号等；晚熟品种有庄薯 3 号、宁薯 4 号、陇薯 6 号、宁薯 16 号、青薯 9 号、青薯 168、天薯 11 号等。陕西可选择的早熟品种有费乌瑞它、早大白、中薯 5 号等；中熟品种有克新 1 号、夏波蒂、秦芋 30 号、秦芋 32 号、晋薯 16 号等；晚熟品种有冀张薯 8 号、青薯 9 号、陇薯 7 号等；特色品种有红美、黑美人、黑金刚等。青海可选择的早熟品种有早大白、费乌瑞它等品种；晚熟品种有青薯 168、大西洋、青薯 9 号等。新疆可选择的早熟品种有费乌瑞它、早大白等；晚熟品种有陇薯 7 号、青薯 9 号、冀张薯 12 号等。

（四）农作物种类

现根据地理区域的不同,将高纬度一熟区的与马铃薯交替种植农作物种类划也分为三个区进行论述：

1. 东北种用、淀粉加工用及鲜食用马铃薯区 以小麦、玉米、谷子、杂粮茬为好,其次是大豆、高粱、麻类、地瓜茬,忌用甜菜、向日葵、茄子、辣椒、番茄、白菜、甘蓝等与马铃薯有共同病害的地块。

栽培早熟马铃薯要在收获后种植第二茬秋菜,多播种大白菜,个别条件好的地区也可种萝卜。前茬 3 年以上未种过马铃薯和茄科作物,切忌重茬和迎茬。实行 3～5 年轮作制,选择与禾谷类、豆类等作物进行轮作。

2. 华北种用、加工用及鲜食用马铃薯区 适合与禾谷类作物轮作,诸如小麦、玉米和其他作物；其次是高粱和大豆轮作；与亚麻、甜菜、甘薯和蔬菜等作物轮作很差；轮作周期 2～4 a。由于谷类作物和马铃薯在疾病发生条件上不一致,并且相关的田间杂草种类不同,因此可以列为首选的前后茬作物,这可将马铃薯的病虫害降至最低并有助于消除杂草。

3. 西北种用、鲜食用及加工用马铃薯区 旱作区前茬以小麦、豆类、胡麻、棉花、药材、玉米等为好；河谷川道地区前茬以种植大蒜、白菜或鲜食玉米、豆类等作物的地块为宜；但马铃薯忌湿地、重茬地种植,忌与烟草、番茄、辣椒等茄科类倒茬；马铃薯土传病害发病地块切忌连作,要进行多年轮作或休耕。

二、马铃薯生产地位

马铃薯是茄科茄属一年生草本。因其可食用的块茎生在土中,形似豆状,故北方人称其为"土豆",其他区域又称之洋芋、山药蛋,香港、广州一带则惯称之为"薯仔"等。它富含膳食纤维,热量低,有利于预防高血压、高胆固醇、糖尿病和控制体重增长,被誉为"地下苹果"和"第二面包",具有延缓衰老和提高免疫功能的保健作用,是世界各国尤其是欧洲百姓喜闻乐见的重要粮蔬兼用作物。同时,马铃薯产业链较长,从粮食、蔬菜到食品加工以及医药、造纸、纺织等多种工业的延伸,目前马铃薯已经成为一熟区的优势产业。

马铃薯生长的自然环境要求相对较低,生长适应性强,具有"四耐四省"特性,既耐寒、耐旱、耐贫瘠、耐储藏,又省水、省肥、省药、省劳力,所以被全国各地农业生产者和广大居民所钟爱。在世界各国和联合国粮农组织,马铃薯均列为粮食作物种植,位居水稻、玉米、小麦、高粱之后并列五大粮食主要作物。伴随粮食生产安全战略全面推进,农业部"关于加快马铃薯产业发展的意见"（农发〔2016〕9 号）出台,决定全国大力发展马铃薯产业。2016 年 2 月,农业部关于推进马铃薯产业开发的指导意见（农发〔2016〕1 号）,要求到 2020 年马铃薯种植面积扩大到

666.67 万 hm² 以上,适宜主食加工的品种种植比例达到 30%,主食消费占马铃薯总消费量的 30%;还进一步明确将马铃薯作为主粮纳入种植结构调整的重要作物,重点在"镰刀湾"地区和北方干旱半干旱区域发展马铃薯种植和产业开发,充分发挥其主食使用价值。这意味着 2015 年国家提出的马铃薯主粮化战略有了明确的政策依据和发展规划,并正式与联合国粮农组织 2008 年确定马铃薯为仅次于稻谷和玉米种植的世界第三大粮食作物农业发展目标相接轨。2016 年 4 月农业部薯类专家指导组全国农业技术推广服务中心发布了《2016 年全国马铃薯生产指导意见》,立足全国各农业主产区的资源禀赋,就马铃薯的生产区域范围、自然条件、生产状况和技术路径(含关键技术和耕作模式等两项)做了科学指导,从而减少了生产和投资盲目性和技术制约问题,成为国家指导马铃薯主粮生产计划实施的重要纲领性文件。

(一)黑龙江省

黑龙江是粮食生产大省,也是全国马铃薯主产省区之一,有着悠久的种植历史和生产传统,"克山土豆"全国闻名,"黑河土豆"远销海外。省域内黑河、齐齐哈尔、绥化、牡丹江、大庆等地是马铃薯主产区,其中齐齐哈尔的克山县和黑河市,已经成为全国著名的"土豆之乡",这与其拥有独特的自然条件等优势密不可分。在建有加工产业和毗邻俄罗斯口岸的齐齐哈尔和黑河等市的马铃薯产业发展主导地区,加工薯和商品薯种植也比较普遍。随着农业部实施马铃薯主粮化战略,黑龙江省如何发扬马铃薯种植传统,积极挖掘自身优势,寻找马铃薯种植差距和不足并积极调整改进,在黑龙江省大力推行"玉米改土豆"结构调整战略,成为政府和学术理论界急需研究解决的重要课题。目前从最新的《中国农业年鉴》(2016、2017)可知,黑龙江省 2016 年马铃薯播种面积为 21.40 万 hm²,总产量 99.9 万 t,平均单产在 4671 kg/hm²。2017 年播种面积为 21.58 万 hm²,总产量 100.4 万 t,平均单产在 4651 kg/hm²。

(二)吉林省

吉林省马铃薯产业要与实际地理区域分布、当地耕作制度相结合,充分发展种薯扩繁基地的引导作用,扩大脱毒种薯播种面积,保证马铃薯种薯的纯度,提高种薯产量和质量。大力推广商品薯种植的区域化、机械化、营销策略化,响应政策扶持,积极契合市场需求。积极选育新品种,并结合高产配套栽培技术,促进新产品开发,加强市场营销策略。预期达到普及脱毒种薯播种面积,保证产量同时提高质量,增加经济收入的目标。预期实现商品马铃薯的区域化布局,统一种植管理,种-耕-收全程机械化操作,销售经营结合市场,形成马铃薯产业链协调发展的好格局。2016 年吉林省马铃薯播种面积 6.69 万 hm²,总产量 55.9 万 t,平均单产在 8355 kg/hm²。2017 年全省马铃薯播种面积 7.38 万 hm²,总产量 50.0 万 t,平均单产在 6772 kg/hm²。

(三)辽宁省

辽宁省位于东北地区南部,光照、温度、降水量和土壤等自然条件非常适合马铃薯生长。同时优越的区位条件、发达的交通运输、较高的工业化和城市化水平也奠定了辽宁省发展马铃薯产业的独特竞争优势。在过去辽宁省马铃薯产业取得了较大的发展,在农业结构调整中占有重要地位。目前,马铃薯已成为辽宁省重要的粮食、蔬菜及经济作物,但与国内先进省份比较,仍有较大的差距。2016 年辽宁省马铃薯播种面积 5.86 万 hm²,总产量 34.2 万 t,平均单产在 5837 kg/hm²。2017 年辽宁省马铃薯播种面积 7.48 万 hm²,总产量 50.0 万 t,平均单产在 6772 kg/hm²。

(四)内蒙古自治区

内蒙古是中国马铃薯的优势主产省(区),常年种植面积 53.3 万~66.7 万亩,约占全国马铃薯总播面积的 10% 左右;本区马铃薯产业的发展,对推进中国马铃薯产业升级意义重大。近年来,通过政策推动、科技促动、市场拉动和效益驱动,全区马铃薯产业进入良性发展的关键时期。生产实践表明,只有立足发展现状,总结成功经验,针对问题和制约因素,转变观念,以科技创新为支撑,以市场为导向,着眼全产业链各环节,调优产业结构和资源配置,强化信息服务,密切产销衔接,才能实现马铃薯产业的持续健康发展。2016 年内蒙古自治区马铃薯播种面积 51.22 万 hm^2,总产量 146.3 万 t,平均单产在 2856.3 kg/hm^2(折粮)。2017 年内蒙古自治区马铃薯播种面积 54.57 万 hm^2,总产量 167.0 万 t,平均单产在 2857 kg/hm^2。

(五)河北省

河北省的马铃薯产业近几年发展较快,在品种、技术和产量方面均取得了长足的进步,其中坝上地区的集约化、机械化生产基地面积快速增加,一改过去马铃薯低投入低产出的路子。由于引进了大型喷灌、播种机、打药机、中耕机等先进的设备,同时加大了水、肥、药及技术的投入,使得平均产量达到 3 t/hm^2 左右,显著提高了马铃薯产业的水平。2016 年河北省马铃薯播种面积 17.83 万 hm^2,总产量 58.3 万 t,平均单产在 3272 kg/hm^2。2017 年河北省马铃薯播种面积 18.13 万 hm^2,总产量 59.5 万 t,平均单产在 3282 kg/hm^2。

(六)山西省

山西省的地形、气候、土壤等条件,非常适宜马铃薯生产,是全国公认的马铃薯优势产区和脱毒种薯繁育优势区。2016 年山西省马铃薯播种面积 16.71 万 hm^2,总产量 29.8 万 t,平均单产在 1785 kg/hm^2。2017 年山西省马铃薯播种面积 18.28 万 hm^2,总产量 41.7 万 t,平均单产在 2280 kg/hm^2。目前山西省马铃薯生产区域化布局初步形成。兰惊雷等(2011)提出山西省马铃薯种植面积 3333 hm^2 以上的主产县达到 20 个,基本形成雁门关、太行山、吕梁山三大马铃薯优势产业带。建立完善了脱毒种薯繁育推广体系,建立了马铃薯微型薯、原种、一级种薯繁育基地 8000 hm^2,山西省优质合格脱毒种薯推广率达到 37%。完成四次大的品种更新更换,基本实现了品种区域化种植布局,商品化发展局势。马铃薯加工企业、专业合作社和农民经纪人队伍不断发展壮大,加工营销能力进一步提高,山西省马铃薯商品率达到 60%,加工转化率达到 30%。山西省马铃薯已经具备了规模化生产、产业化经营的产业条件。

(七)陕西省

方玉川(2015)介绍陕西省马铃薯常年种植面积 30 万 hm^2 左右,主要集中在陕北和陕南。陕北北部 19 县(区)素来为马铃薯传统种植区,占陕西省马铃薯种植面积的 60% 左右,是陕西省秋薯生产以及鲜薯出口、淀粉(油炸)加工专用型马铃薯的重点区域,适于规模化经营,马铃薯收入已占到陕北 19 个县农民人均纯收入的 1/4。陕南马铃薯面积占全省总播种面积 35% 左右,是陕西省早春上市菜用马铃薯的生产集中区,适于集约经营,涌现出每亩收入上万元的增收典型。

在陕北榆林市和陕南安康市,马铃薯分别是第一大粮食作物和第二大粮食作物,在当地粮食总产中的比重分别达到 30% 和 25%,马铃薯也是当地农民收入的重要来源。2016 年陕西省马铃薯播种面积 29.68 万 hm²，总产量 73.8 万 t，平均在 2487 kg/hm²。2017 年陕西省马铃薯播种面积 29.59 万 hm²，总产量 74.7 万 t，平均单产在 2526 kg/hm²。

（八）甘肃省

马铃薯是甘肃省三大作物之一，得天独厚的自然生产条件和艰苦努力，使产业得到了快速发展，目前甘肃省初步形成了以中部干旱区、高寒阴湿区为中心，连接陇南湿润山区、陇东塬区、河西灌区的马铃薯种植格局。这些局域海拔在 1700～2800 m，土壤疏松、土层深厚、耕地养分富钾，气候凉爽、昼夜温差大、雨热（7 月、8 月、9 月三个月降雨量占全年的 60％以上）与马铃薯块茎膨大期同步，非常适宜于马铃薯生产，在安定、皋兰、景泰、临夏、临洮、渭源、岷县、陇西、通渭等县（区），马铃薯已经成了当地的优势产业。甘肃省也已基本形成了中部高淀粉菜用型、河西食品加工型、陇南早熟菜用型及脱毒种薯繁育四大优势生产区域，优势产区种植面积占到了甘肃省的 70％以上。马铃薯产业已成为促进甘肃省农业农村经济发展和支撑农民致富奔小康的支柱产业。2016 年甘肃省马铃薯播种面积 66.49 万 hm²，总产量 22.53 万 t，平均单产在 3388 kg/hm²。2017 年甘肃省马铃薯播种面积 67.39 万 hm²，总产量 226.1 万 t，平均单产 3355 kg/hm²。

（九）宁夏回族自治区

马铃薯是宁夏高产、稳产、抗灾、增产潜力大、经济收益高的多用途粮经菜兼用优势作物，已成为农业经济稳定发展的重要支柱产业。近年来，针对马铃薯生产中长期存在的病毒侵染导致品种退化、产量降低等问题，自治区建立了较为完善的马铃薯病毒检测、脱毒种薯繁育体系，在马铃薯品种引进、选育、栽培技术、病虫危害等方面进行了开发研究，大面积推广马铃薯优良品种及脱毒种薯、平种垄植、坑种垄植、蓄水覆盖丰产沟、立体复合种植等综合栽培技术。因地制宜地引进了几十个国内外品种进行筛选，还开展了加工工艺、新产品开发、技术设备引进、废品综合利用、鲜薯贮藏等方面的研究。年种植面积基本稳定在 8 万～10 万 hm²，年总产鲜薯约 11 亿～13 亿 kg，平均单产 1425～1575 kg/hm²，最高 6000 kg/hm²，最低 750 kg/hm² 左右。2016 年宁夏马铃薯播种面积 17.05 万 hm²，总产量 37.2 万 t，平均单产在 2181 kg/hm²。2017 年宁夏马铃薯播种面积 16.89 万 hm²，总产量 35.4 万 t，平均单产在 2097 kg/hm²。

（十）青海省

马铃薯是青海种植的主要粮食作物之一，已成为青海省农业和农村经济发展的一大重要支柱。由于青海省的自然降水、气温和土壤等条件与马铃薯生长发育规律基本一致，在青海是仅次于小麦的高产粮菜兼用优势作物。2016 年青海省马铃薯播种面积 9.01 万 hm²，总产量 34.8 万 t，平均单产在 3857 kg/hm²。2017 年青海省马铃薯播种面积 9.31 万 hm²，总产量 36.3 万 t，平均单产 3903 kg/hm²。虽然具有发展马铃薯生产的多种有利条件，近年来随着马铃薯消费市场的看好，种植面积也逐年扩大，总产大幅度增加，但马铃薯生产依旧是以鲜食为主，部分作为淀粉企业的加工产品，仅仅有极小部分作为商品种薯，马铃薯生产种植较为分散，集约化程度不高，生产的马铃薯附加值不高，不仅挫伤了农民种植马铃薯的积极性而且造成资源优势的极大浪费。因此发展青海省的马铃薯产业，需依托本省优势，发展种薯生产，升级马铃薯产业是一条必经之路。

（十一）新疆维吾尔自治区

为保障粮食安全，国家启动马铃薯"主粮化"战略，马铃薯成为玉米、小麦、水稻后的第四大主粮作物,预计 2020 年,50％以上马铃薯将作为主粮消费。近几年,新疆加大力度发展经济作物,林果、蔬菜、瓜果种植面积逐年加大,压缩棉花种植面积;马铃薯具有耐旱、耐瘠薄、高产稳产、适应性广、营养成分全等特点,随着"主粮化"战略的启动,其替代、补充作用凸显,预计种植面积将大幅增加。2016 年新疆马铃薯播种面积 2.73 万 hm^2,总产量 18.3 万 t,平均单产在 6712 kg/hm^2。2017 年新疆马铃薯播种面积 2.87 万 hm^2,总产量 17.1 万 t,平均单产在 5960 kg/hm^2。

第二节　马铃薯常规栽培技术

一、选地整地

(一)选地

马铃薯属茄科作物,忌与其他茄科作物连作或集中混作,不宜与茄科作物(茄子、辣椒、番茄、烟草等)进行轮作,也不宜与白菜、甘蓝等作物连作,还不宜与红薯、胡萝卜、甜菜等块根作物轮种;因为它们与马铃薯有同源病害。种植过马铃薯的田地中,残留的带病块茎、地下害虫、病菌、晚疫病卵孢子等在土壤里都能存活。有些病害如粉痂病、癌肿病、青枯病、晚疫病等都可通过土壤传播。马铃薯连作会出现病虫害加重、生育状况变差、产量降低以及品质变劣等现象。同时马铃薯对土壤肥力的反应也比一般作物敏感,尤喜钾,连作地引起土壤养分失调,特别是钾等微量元素缺乏,使马铃薯生长不良,植株矮小,产量低,品质差。马铃薯种植的地块最好选择地势平坦向阳,土质疏松、耕层深厚、通气性好的壤土、梯田地或缓坡地(坡度≤15°),土壤酸碱度在 pH 5～8 的范围内。切忌选用土壤黏重、低洼地、透气性和排水性较差的土壤。前作收获后,要及时进行旋耕灭茬、深松细耙、镇压保墒,达到田间平整、无坷垃、无残茬,土壤细绵,为马铃薯生长创造良好的土壤环境条件。

(二)深耕整地

1. 整地时间　为改善耕层土壤结构,使土壤纳雨蓄水、易于贮存养分、改善土壤水分、养分、空气、热量等状况,提高土壤肥力,减少病虫草危害,利于春季播种,保墒保苗,提高农作物效益等,要实行整地。北方旱作农业区普遍进行秋整地或春整地,秋整地效果明显优于春整地;秋整地时间农历八月至九月,春整地农历二月至三月。未进行秋整地或需清理地块,疏松土壤,增加土温,耙、耢、压连续作业等,要进行春翻春整。春整地易失墒,形成土坷垃,影响播种质量。近年来,北方春季普遍干旱少雨,春播时土壤墒情较差,为保证春播时及时播种、苗齐苗全苗壮,最好实行秋整地。

2. 整地方法和标准

(1)整地标准　翻耕深度 25～40 cm 为宜,要求灭茬清理,无漏耕立垡,耕层土块疏松细碎,耙磨整平,同时施入农家肥、化肥。

(2)整地方法　秋季整地、春季整地、全面整地、局部整地。

(3)秋整地作业标准

① 旋耕灭茬　前茬为深翻或深松基础的旱地,深度 12～15 cm,土壤细碎平整,耕层土块

小于 5 cm,耕茬破碎长度小于 5 cm,其合格率应大于 80%,均匀一致,无漏耕。

② 翻地　耕层深度要一致,误差不超过 1.5 cm,耕垡直,耕幅一致,幅宽误差不超过 5 cm,立垡与回垡小于 5%,不漏耕,不重耕,地头整齐。

③ 旱作深松　深松 40 cm 以上,耕深一致,各行深度误差小于 2 cm,不漏松,深松后地面平整细碎,残茬覆盖率大于 80%。

④ 耙地　耙深 15 cm 左右,耙后地表平整,土块内直径小于 5 cm,耙深耙透,不漏耙,相邻两作业幅宽重叠量为 15 cm 左右。

⑤ 起垄　要求垄形直,垄体达到农艺要求标准,垄距误差小于 5 cm,垄高一致,20～22 cm,各垄高度误差小于 2 cm,垄顶宽小于 80 cm;垄型整齐,地头整齐,到边。

⑥ 镇压　及时镇压,防止跑墒,不拖堆,不重压,不露压,土块要压碎压实。

3. 起垄

(1)黑龙江、吉林及辽宁　通常采用大垄栽培。深松 35～40 cm,垄距 80～90 cm,垄底宽 90 cm,垄顶宽 40 cm,垄体高 25 cm。播深 12 cm 左右,一般用种量 2000 kg/hm² 左右,保苗 6000 株左右。

(2)内蒙古　采用膜下滴灌栽培:耕翻 30～35 cm。宽窄行播种,宽行行距 60～110 cm,窄行行距 40 cm,株距 25～38 cm 左右,播种深度 8～10 cm,垄高 20 cm,覆土厚度 2～3 cm 左右。

(3)其他省(区)　河北、陕西、山西、宁夏、甘肃及青海采用一般垄作栽培、绿肥聚垄地膜覆盖栽培、绿肥聚垄栽培、地膜覆盖栽培、黑膜半膜垄沟栽培、大垄双行覆膜栽培、黑膜全膜双垄垄侧栽培、黑膜全膜大垄"∧∧"形垄播栽培、普通翻耕栽培等方式。地膜覆盖栽培有两种类型:一是种薯播种后起垄再盖地膜。二是先起垄覆膜后再打孔播种。地膜可选用窄地膜(75 cm)或宽地膜(120 cm)。一般垄高 30 cm,种薯播深 10 cm,株距 33～40 cm。其具体起垄方式分为覆膜和未覆膜两类:

① 未覆膜起垄方式

普通翻耕栽培:翻耕时在沟中播种后盖土。马铃薯行距 60 cm,株距 40 cm,播深 10 cm。

绿肥聚垄栽培:绿肥放在马铃薯播薯后的沟中和种薯的上方,起垄后不盖地膜。垄距 60 cm,株距 28～30 cm。

大垄双行栽培:垄宽 80 cm,垄高 30 cm,按"△"形在垄上种植两行马铃薯。

② 覆膜起垄方式

绿肥聚垄地膜覆盖栽培:绿肥收割后随即整地播种,绿肥放在马铃薯播薯后的沟中和种薯的上方,起垄后盖地膜。垄距 60 cm,株距 28～30 cm。

黑膜半膜垄沟栽培:垄宽 70 cm,垄高 20 cm,用 90 cm 宽的黑地膜覆盖,按"△"形在垄沟种植马铃薯。大垄双行覆膜栽培,垄宽 80 cm,垄高 30 cm,用 120 cm 宽的黑地膜覆盖,按"△"形在垄上种植两行马铃薯。

黑膜全膜双垄垄侧栽培:覆膜时期为秋覆膜或顶凌覆膜,按大垄 70 cm,小垄 40 cm 的间距用划行器划行,然后沿地块长边走向在距地边 35 cm 处划第一个大垄的外线,尽可能垄长且直。划好第一垄后,用步犁沿划线向大垄中间翻耕拱成大弓形垄,垄高 15 cm,将起大垄时的犁壁落土用手耙刮至两大垄间,整理成小垄,小垄高 10 cm。垄做好后覆膜,用厚 0.01 mm,幅宽 120 cm 的黑地膜以大垄为中线全地面覆盖。覆膜时将地头处和外边线的地膜压实压严,内边膜可先在小垄上点压固定,待下一垄膜合垄后在用土压严,每隔 3 m 横压土腰带,以防风揭膜。覆膜10天左右待膜与地面充分紧贴后,在垄沟内每隔50 cm打直径为3 cm的渗水孔,以便降雨入渗。

黑膜全膜大垄"〰"形垄播栽培:按120 cm间距用划行器划行,然后沿地块长边走向在距地边20 cm处划第一个大垄的外线,尽可能垄长且直。划好第一垄后,用步犁沿划线向大垄中间翻耕拱成大弓形垄,大垄垄宽80 cm,垄高20 cm,起垄后在垄中间开宽15 cm,高8 cm的集雨浅沟,呈"〰"形,然后覆膜(秋覆膜或顶凌覆膜),用厚0.01 mm,幅宽120 cm的黑地膜全地面覆盖,膜间不留空隙。每隔3 m横压土腰带,隔天待膜紧贴地面后,在浅垄沟间隔60 cm处打直径3 cm、深度5 cm的渗水孔以便纳雨。

北方干旱半干旱地区降雨稀少,分布时空不均,马铃薯生产一般采用地膜覆盖栽培。地膜覆盖改善了土壤的理化性状,加强了土壤微生物活性及有机质分解,有效抑制杂草和减轻病虫害的发生及危害,为马铃薯生长发育创造良好条件。马铃薯覆膜后,开花期提前,生长时间增加,在生长前期有明显保水效应和抗旱效果。马铃薯播种前覆膜可以优化土壤环境,而在块茎增长时期后揭膜可以创造适宜的土温以利马铃薯生长。王连喜等(2011)研究表明,马铃薯使用播前覆膜并适时揭膜,能有效提高粉用马铃薯的品质及商品性。马铃薯播种后至封行前,绿肥聚垄/覆膜栽培、地膜覆盖栽培的田间土壤(0～20 cm)含水率比普通翻耕栽培方式均提高;封行后,覆膜阻止了水分下渗,田间含水率比未覆膜的低,在马铃薯生长后期有一定的水分胁迫。范士杰等(2012)研究表明,绿肥聚垄覆膜栽培方式显著提高了苗期耕层土壤含水率,增加了块茎产量;地膜覆盖栽培可采取前期覆膜、中后期撤膜的栽培技术措施。颉炜清等(2014)研究表明,马铃薯黑地膜覆盖相比露地栽培出苗期提早4～9 d、成熟期提早6～12 d,生育期提早4～16 d;黑地膜覆盖栽培的产量高于露地栽培,表现出较好的抗旱保墒性和增产效应。刘五喜等(2018)在甘肃省陇中黄土高原半干旱农业区,开展了马铃薯不同覆膜方式对土壤水分、温度及产量的影响试验。结果表明,马铃薯全膜垄沟栽培和全膜双垄垄播栽培,较露地种植(CK)增产10523～12675 kg/hm²,增幅在26.1%～31.4%;起垄单沟秸秆覆盖、起垄双沟秸秆覆盖、黑色全膜垄作侧播种植较露地种植(CK)增产3092～4932 kg/hm²,增幅在7.7%～12.2%。地膜覆盖、秸秆还田较露地种植(CK)显著提高了单株结薯数和单株薯块重,大中薯率也明显增加,单株结薯数增加0.8～1.5个,单株薯重、大中薯重增加60～230 g,大中薯重量比增加1.1～4.6个百分点。马铃薯全膜垄沟栽培和全膜双垄垄播栽培2种模式适宜在半干旱地区推广。石有太等(2013)在西北半干旱区旱作梯田中对马铃薯不同垄播覆膜方式进行对比试验,结果表明,覆膜栽培的马铃薯出苗早,生长发育较快,营养生长期延长,尤其双垄全膜黑膜覆盖能优化马铃薯农艺性状,提高马铃薯的产量,降低地温,有利于马铃薯薯块的生长,在多年高温少雨的地方,覆白色地膜栽培的马铃薯不利于其产量的增加。

二、选用良种

(一)选用适宜熟期类型的品种

根据当地气候环境条件、生产水平、栽培技术及病虫害情况等为依据,选择适宜熟期垄作的品种。高纬度一熟区应选择高产、抗病的中晚熟品种为主,且以旱作为主,除黑龙江和吉林以外,都属于干旱或半干旱地区雨养农业区,应注意品种的抗旱性、耐瘠性,有灌溉条件的地区可根据市场需求选择早熟或中熟、抗病、高产及加工型优质品种。

马铃薯优良品种的标准为,抗逆性和耐性强,适应性广,抗病虫害;丰产性强,稳产性好;品质优良,食用性好,商品性好;单株生产能力强,块茎个大,薯形好,芽眼浅,效益高,耐贮藏等。经多年试验示范推广,目前生产上适宜广泛种植的中早熟马铃薯品种有克新 1 号、费乌瑞它、夏波蒂、大西洋、荷薯 15 号、希森 6 号、冀张薯 12 号、华颂 7 号、中薯 5 号、早大白等;晚熟品种有陇薯 7 号、青薯 9 号、中薯 19 号、天薯 11 号、陇薯 10 号、宁薯 16 号、晋薯 16 号等。

(二)选用脱毒种薯

"脱毒种薯"是指马铃薯种薯经过一系列物理、化学、生物或其他技术措施清除薯块体内的病毒后,获得的经检测无病毒的种薯。脱毒种薯是马铃薯脱毒快繁种薯生产体系中,各种级别种薯的统称。马铃薯脱毒种薯及各级种薯的标准应符合相关的规定。

脱毒种薯生产是通过特定的种薯繁殖体系,在具备一定气候环境条件的基础上,生产高质量的健康无病的种薯。它不是简单地扩繁,而是由脱毒、鉴定、快繁、原种生产基地、生产体系、栽培技术及种薯检验和定级等各个环节组成的系统工程。完整的脱毒快繁供种体系是把茎尖脱毒和无病毒种薯繁育相结合。脱毒试管苗和微型薯称为脱毒核心材料和零代薯,可用于生产原原种;原原种扩大繁殖依次生产一级原种和二级原种;用二级原种生产的种薯为一级良种,一级良种再繁殖一次,得到二级良种。生产上常用的优质脱毒种薯为一级良种。

(三)品种来源

品种来源为自育和外引品种,有 30 余个。外引品种为费乌瑞它、布尔班克、夏坡地、荷兰 15 号、大西洋等。自育品种为:克新 1 号、克新 2 号、克新 19 号、尤金、东农 308、东农 310、东农 311、中薯 5 号、中薯 19 号、早大白、兴佳 2 号、延薯 4 号、冀张薯 12 号、华颂 7 号、华颂 34 号、希森 3 号、希森 5 号、希森 6 号、天薯 11 号、天薯 12 号、天薯 13 号、陇薯 6 号、陇薯 7 号、陇薯 8 号、陇薯 10 号、陇薯 13 号、晋薯 16 号、庄薯 3 号、青薯 9 号、青薯 168、青薯 10 号、宁薯 16 号等。

(四)良种简介

1. 费乌瑞它

(1)选育单位:1989 年天津市农业科学院蔬菜花卉所引入,取名"津引 8 号",又名"荷兰薯""晋引薯 8 号""荷兰 15"。

(2)品种来源:ZPC50-3535×ZPC5-3。

(3)审定年代:1981 年由国家农业部中资局从荷兰引入,原名为 Favorita(费乌瑞它)。

(4)熟期类型和生育天数:极早熟,生育期 60～70 d。

(5)特征特性:株高 60 cm,植株直立,繁茂,分枝少,茎粗壮,紫褐色,株型扩散,复叶大,叶绿色,侧小叶 3～5 对,叶色浅绿,生长势强。花冠蓝紫色,花粉较多,易天然结果。块茎长椭圆形,皮色淡黄,肉色深黄,表皮光滑,芽眼少而浅,结薯集中 4～5 个,块茎大而整齐,休眠期短。

(6)产量和品质:一般单产 30000 kg/hm²,高产可达 45000 kg/hm²。块茎淀粉含量 12.5%～14.6%,粗蛋白质含量 1.67%,维生素 C 含量 13.6 mg/100 g,品质好,适宜鲜食和出口。

(7)抗性表现:植株对 A 病毒和癌肿病免疫,抗 Y 病毒和卷叶病毒,易感晚疫病,不抗环腐病和青枯病。

(8)种植地区:适宜性较广,黑龙江、辽宁、内蒙古、河北、北京、山东、江苏和广东等地均有种植,是适宜于出口的品种。

2. 大西洋

(1)选育单位:1980 年由国家农业部种子局从美国引进。

(2)品种来源:B5141-6(Lenape)×旺西(Wauseon)。

(3)审定年代:2004 年通过广西农作物品种审定委员会审定,审定编号为桂审薯 2004001 号。

(4)熟期类型和生育天数:中晚熟,生育期 90 d 左右。

(5)特征特性:株形直立,茎秆粗壮,分枝数中等,生长势较强。株高 50 cm 左右,茎基部紫褐色。叶亮绿色,复叶大,叶缘平展,花冠淡紫色,雄蕊黄色,花粉育性差,可天然结实。块茎卵圆形或圆形,顶部平,芽眼浅,表皮有轻微网纹,淡黄皮白肉,薯块大小中等而整齐,结薯集中。耐贮藏。

(6)产量和品质:2002 年在南宁和那坡县进行冬种筛选试验,产量为 22284.0 kg/hm²,比本地对照品种思薯 1 号增产 134%。2003 年 3—6 月在那坡、上林进行春夏繁种试验,折合产量分别为 33750 kg/hm² 和 35640 kg/hm²。蒸食品质好,块茎干物质含量 23.0%,淀粉含量 15.0%~17.9%,还原糖含量 0.03%~0.15%,是主要的炸片品种。

(7)抗性表现:该品种对马铃薯普通花叶病毒(PVX)免疫,较抗卷叶病毒病和网壮坏死病毒,不抗晚疫病。

(8)种植地区:适宜在桂南、桂中地区冬种;桂北地区秋冬种;甘肃、陕西等地也有种植。

3. 克新 1 号

(1)选育单位:黑龙江省农业科学院马铃薯研究所。

(2)品种来源:374-128×Epoka。

(3)审定年代:1967 年经黑龙江省农作物品种审定委员会审定,1984 年经全国农作物品种审定委员会审定为国家级品种。

(4)熟期类型和生育天数:中熟,生育期 95 d 左右。

(5)特征特性:株型直立,分枝数量中等,茎粗壮,叶片肥大,株高 70 cm 左右。茎粗壮、绿色,复叶肥大、绿色。花淡紫色,有外重瓣,花药黄绿色,花冠淡紫色,雌雄蕊均不育,不能天然结实和作杂交亲本。块茎椭圆形,大而整齐,白皮白肉,表皮光滑,芽眼中等深。结薯早而集中,块茎膨大快。

(6)产量和品质:平均产量为 24000 kg/hm²,高产者可达 39000 kg/hm²。块茎淀粉含量 13.2%,维生素 C 含量 14.4 mg/100 g,还原糖 0.25%。食用品质中等。

(7)抗性表现:高抗环腐病、卷叶病、抗 PVY 和 PLRV 病毒;植株抗晚疫病,耐束顶病。较耐涝,耐贮藏。

(8)种植地区:适宜于黑龙江、吉林、辽宁、内蒙古、陕西、山西及甘肃等省(区)种植。

4. 克新 2 号

(1)选育单位:黑龙江省农业科学院马铃薯研究所。

(2)品种来源:Mira×Epoka(米粒×疫不加)。

(3)审定年代:1986 年经全国农作物品种审定委员会审定为国家级品种。

(4)熟期类型和生育天数:中熟,生育期 90 d 左右。

(5)特征特性:株型直立,茎粗壮,株高 70 cm 左右。茎绿色,有极淡的紫褐色素,茎翼基部波状,叶上部平直,复叶大。花冠淡紫色,开花正常,花粉孕性较高,可天然结实。块茎圆形至椭圆形,大而整齐,表皮较光滑,薯皮黄色,薯肉淡黄色,芽眼较浅,顶芽有淡红色素。结薯集中,块茎休眠期长。

(6)产量和品质:平均产量22500 kg/hm²,高达37500 kg/hm²。块茎淀粉含量13.5%,维生素C含量14.4 mg/100 g,还原糖含量0.25%。食用品质中等。

(7)抗性表现:抗晚疫病,轻感卷叶病,抗病毒病,抗旱。耐贮藏,田间及窖藏腐烂率低。

(8)种植地区:适于黑龙江、吉林、辽宁、陕西及甘肃等地种植。

5. 克新19号

(1)选育单位:黑龙江省农业科学院马铃薯研究所。

(2)品种来源:克新2号×KPS92-1。

(3)审定年代:2007年通过第二届国家农作物品种审定委员会第一次会议审定通过,审定编号为国审薯2007004。

(4)熟期类型和生育天数:中晚熟,生育期95 d。

(5)特征特性:植株直立,株高53 cm,分枝中等,茎粗壮、绿色、有淡褐色斑纹,叶深绿,复叶肥大,花冠淡紫色,天然结实少,匍匐茎中等,结薯较集中,块茎椭圆形,薯皮光滑,白皮、白肉,芽眼中等深,商品薯率67.9%。

(6)产量和品质:2004—2005年参加中晚熟东北组品种区域试验,平均产量32895 kg/hm²,比对照克新2号增产43.2%。2006年生产试验,平均产量33435 kg/hm²,比对照克新2号增产68.9%。块茎干物质含量19.1%,淀粉含量12.7%,还原糖含量0.66%,粗蛋白含量1.74%,维生素C含量12.2 mg/100 g。

(7)抗性表现:人工接种鉴定:植株抗马铃薯X病毒病、马铃薯Y病毒病,轻感晚疫病。

(8)种植地区:适宜在内蒙古东部、辽宁、吉林、黑龙江等一季作区种植。

6. 尤金

(1)选育单位:黑龙江省农业科学院马铃薯研究所。

(2)品种来源:NS88-31×8023-10。

(3)审定年代:1992年年通过了省级品种审定委员会审定。

(4)熟期类型和生育天数:早熟,生育期70 d左右。

(5)特征特性:株高65 cm左右,茎色紫褐,花冠白色,结薯集中,薯块椭圆形,黄皮黄肉,芽眼平浅,两端丰满。

(6)产量和品质:中等以上肥力的地块一般产量为10000~30000 kg/hm²。块茎干物质含量20%左右,淀粉含量14.3%,还原糖含量0.02%。适口性好,品质佳,宜烹调;油炸薯片成品率高,色泽金黄均一,外观食欲感强,品味香脆可口,适合鲜薯出口和加工炸薯片、薯条,是休闲食品的最佳选择。

(7)抗性表现:高抗马铃薯A病毒、Y病毒,抗马铃薯卷叶病毒,抗晚疫病。

(8)种植地区:适宜于哈尔滨地区及以早熟鲜食、加工薯为主的地区栽培。在黑龙江的中南部地区地膜覆盖的情况下,下茬可复种白菜、萝卜等秋菜作物。

7. 东农308

(1)选育单位:东北农业大学

(2)品种来源:W4×Ns79-12-1

(3)审定年代:2013年10月18日经第三届国家农作物品种审定委员会第二次会议审定通过,审定编号为国审薯2013003。

(4)熟期类型和生育天数:中晚熟淀粉加工品种,生育期90 d左右。

(5)特征特性:株型直立,株高 50 cm 左右,分枝中等,生长势强。茎叶绿色,茎横断面多菱形,叶缘平展,花冠白色,花药橙黄色,子房断面无色,天然结实中等。块茎圆形,黄皮淡黄肉,芽眼深度中等,结薯集中。商品薯率可达 75％以上。单株主茎数 3.6 个,结薯数 10.4 个,单薯重 71 g。

(6)产量和品质:2010—2011 年参加国家中晚熟东北组品种区域试验,2010 年平均产量为 34710 kg/hm²,比对照克新 12 号增产 25.5％。2011 年平均产量为 29550 kg/hm²,比对照克新 12 号增产 35.4％;两年平均亩产 32130 kg,比对照增产 29.9％。2012 年进行生产试验,平均产量为 31605 kg/hm²,比对照克新 12 号增产 36.5％。块茎干物质含量 26.8％,淀粉含量 17.2％,还原糖含量 0.26％,粗蛋白含量 2.23％,维生素 C 含量 13.2 mg/100 g。

(7)抗性表现:中抗马铃薯轻花叶病毒病(PVX),抗马铃薯重花叶病毒病(PVY),抗晚疫病,田间有晚疫病发生。

(8)种植地区:适宜在黑龙江、吉林和内蒙古等东北一季作区种植。

8. 中薯 5 号

(1)选育单位:中国农业科学院蔬菜花卉研究所。

(2)品种来源:中薯 3 号天然结实后代。

(3)审定年代:2004 年国审薯 2004002,京审菜 2001024,湘审薯 2016003。

(4)熟期类型和生育天数:早熟,生育期 60 d 左右。

(5)特征特性:株型直立,分枝较少,株高 55 cm 左右,茎秆粗壮,生长势强。茎绿色,叶深绿色,复叶大小中等,叶缘平展,叶色深绿。花冠白色,天然结实性中等,有种子。块茎扁圆形,块大且较整齐,表皮光滑,芽眼极浅,薯皮、薯肉淡黄色。结薯集中,单株结薯 5~6 个。商品薯率可达 97.6％以上。

(6)产量和品质:平均产量为 30000 kg/hm² 左右。块茎干物质含量 16.7％、淀粉含量 10.9％、粗蛋白质含量 1.8％、还原糖含量 0.46％、维生素 C 含量 29.1 mg/100 g。适合鲜薯食用和加工,炸片色泽浅。

(7)抗性表现:中抗马铃薯轻花叶病毒病(PVX),抗马铃薯重花叶病毒病(PVY),不抗疮痂病。

(8)种植地区:适宜河北、陕西、山西及甘肃等地早熟栽培种植。

9. 中薯 19 号

(1)选育单位:中国农业科学院蔬菜花卉研究所。

(2)品种来源:92.187×C93.154。

(3)审定年代:2015 年 1 月 19 日经第三届国家农作物品种审定委员会第四次会议审定通过,审定编号为国审薯 2014002。

(4)熟期类型和生育天数:中晚熟,生育期 99 d。

(5)特征特性:株型直立,生长势强,茎绿色带褐色,叶深绿色,花冠紫色,天然结实中等,匍匐茎短,薯块椭圆形,淡黄皮淡黄肉,芽眼浅。株高 69.2 cm,单株主茎数 2.0 个,单株结薯 6.7 个,单薯重 110.9 g,商品薯率 75.2％。

(6)产量和品质:2011—2012 年参加国家马铃薯中晚熟华北组品种区域试验,2011 年、2012 年产量依次为 35730 kg/hm² 和 38415 kg/hm²,分别比对照紫花白增产 17.1％和 40.1％,两年平均产量为 37065 kg/hm²,比对照增产 28.6％;2013 年生产试验,产量为 37065 kg/hm²,比紫花白增产 34.1％。块茎干物质含量 22.9％,淀粉含量 14.8％,还原糖含量 0.29％,粗蛋白含量 2.25%,维生素 C 含量 20.7 mg/100 g。

(7)抗性表现:中抗轻花叶病毒病、重花叶病毒病,高抗晚疫病。

(8)种植地区:适宜河北北部、陕西北部、山西北部和内蒙古中部等一季作区种植。

10. 早大白

(1)选育单位:本溪市农业科学研究所。

(2)品种来源:五里白×74-128。

(3)审定年代:1992 年通过辽宁省农作物品种审定委员会审定。1996 年通过黑龙江省农作物品种审定委员会认定。1998 年通过全国农作物品种审定委员会审定,审定编号为国审薯98001。

(4)熟期类型和生育天数:极早熟,生育期 60 d 左右。

(5)特征特性:植株直立,繁茂性中等,株高 50 cm 左右,茎基部浅紫色,茎节和节间绿色;叶绿色,叶缘平展,复叶较大,侧小叶五对;花序总梗绿色,花冠白色,大小中等;自然结实性弱,果实较小,绿色。单株结薯 3~5 个。薯块扁圆形,白皮白肉,表皮光滑,薯块好看,结薯集中,芽眼数和深度中等,芽眉弧形,脐部较浅。休眠期中等,散射光生芽绿色。商品薯率 90% 以上。

(6)产量和品质:平均产量为 37500 kg/hm², 高产可达 60000 kg/hm² 以上。块茎干物质含量 21.9%,淀粉 11.2%~13.5%,还原糖含量 1.2%,粗蛋白质含量 2.13%,维生素 C 含量 12.9 mg/100 g,食味中等。

(7)抗性表现:对病毒病耐性较强,较抗环腐病和疮痂病,植株较抗晚疫病,块茎感晚疫病。

(8)种植地区:全国各地均可栽培种植。

11. 延薯 4 号

(1)选育单位:延边朝鲜族自治州农业科学研究院。

(2)品种来源:用品种"莫斯科列思基"茎尖剥离组织培养过程中产生的自然芽变单株,系统选育而成。

(3)审定年代:2007 年通过第二届国家农作物品种审定委员会第一次会议审定通过,审定编号为国审薯2007005。

(4)熟期类型和生育天数:中晚熟,生育期 95 d。

(5)特征特性:植株直立,生长势强,株高 68 cm,茎绿带褐色,分枝中等,叶浅绿色,复叶较大,花冠白色,天然结实性弱;块茎圆形,薯皮淡黄色、有网纹,薯肉黄色,芽眼深浅中等,商品薯率 73.3%。

(6)产量和品质:2004—2005 年参加中晚熟东北组区域试验,平均产量为 37545 kg/hm²,比对照克新 2 号增产 63.5%。2006 年生产试验,平均产量为 31290 kg/hm²,比对照克新 2 号增产 58.0%。块茎干物质含量 21.2%,淀粉含量 14.0%,还原糖含量 0.53%,粗蛋白含量 1.93%,维生素 C 含量 14.0 mg/100 g。

(7)抗性表现:中抗马铃薯 X 病毒病、抗马铃薯 Y 病毒病,重感晚疫病。

(8)种植地区:适宜内蒙古东部、辽、吉林、黑龙江北方一季作区种植。

12. 冀张薯 12 号

(1)选育单位:河北省高寒作物研究所。

(2)品种来源:大西洋×99-6-36。

(3)审定年代:2015 年 1 月 19 日经第三届国家农作物品种审定委员会第四次会议审定通

过,审定编号为国审薯2014004。

(4)熟期类型和生育天数:中晚熟,生育期96 d。

(5)特征特性:株型直立,生长势中等,茎绿色,叶绿色,花冠浅紫色,天然结实少,薯块长圆形,淡黄皮白肉,芽眼浅,匍匐茎短,结薯集中。株高68.8 cm,单株主茎数2.2个,单株结薯5.2个,单薯重184.9 g,商品薯率82.3%。

(6)产量和品质:2011—2012年参加国家马铃薯中晚熟华北组品种区域试验,2011年、2012年平均产量分别为41040 kg/hm² 和33660 kg/hm²,分别比对照紫花白增产33.9%和22.7%,两年平均产量为37350 kg/hm²,比对照增产28.3%。2013年生产试验,平均产量为36420 kg/hm²,比对照紫花白增产26.7%。块茎干物质含量20.6%,淀粉含量13.2%,还原糖含量0.82%,粗蛋白含量2.05%,维生素C含量17.9 mg/100 g。

(7)抗性表现:中抗轻花叶病毒病,抗重花叶病毒病,抗晚疫病。

(8)种植地区:适宜河北北部、陕西北部、山西北部和内蒙古中部等一季作区种植。

13. 希森6号

(1)选育单位:乐陵希森马铃薯产业集团有限公司。

(2)品种来源:Shepody×XS9304。

(3)审定年代:2017年9月3日经省级农业主管部门审查,全国农业技术推广服务中心复核,符合《非主要农作物品种登记办法》的要求,登记编号为GPD马铃薯(2017)370005。蒙审薯2016003号。

(4)熟期类型和生育天数:中熟,生育期90 d左右。

(5)特征特性:株型直立,株高60～70 cm,生长势强。茎叶绿色,花冠白色,天然结实性少,单株主茎数2.3个,单株结薯数7.7块,匍匐茎中等。薯型长椭圆,黄皮黄肉,薯皮光滑,芽眼浅,结薯集中,耐贮藏。

(6)产量和品质:2013年参加区域试验,平均产量为32866.5 kg/hm²,比对照夏波蒂增产49.3%。2014年参加区域试验,平均产量为40894.5 kg/hm²,比对照夏波蒂增产44.1%。2015年参加生产试验,平均产量为54265.5 kg/hm²,比对照夏波蒂增产33.1%。块茎干物质含量22.6%,淀粉含量15.1%,蛋白质含量1.78%,维生素C含量14.8 mg/100 g,还原糖含量0.14%,菜用品质好,炸条性状好。

(7)抗性表现:抗马铃薯Y病毒病,中抗马铃薯X病毒病,高感晚疫病。

(8)种植地区:适宜在内蒙古、黑龙江、河北北部、山西北部、陕西北部、宁夏等北方一季作区。

14. 庄薯3号

(1)选育单位:甘肃省庄浪县农业技术推广中心

(2)品种来源:87-46-1×青85-5-1。

(3)审定年代:2011年通过国家品种审定委员会审定。

(4)熟期类型和生育天数:晚熟,生育期130 d。

(5)特征特性:品种株型直立,株丛繁荣,生长势强,株高82.5～105 cm,茎绿色,单株主茎数2.7个,叶片深绿色,叶片中等大小,分枝数3～5个,复叶椭圆形,对生,花淡蓝紫色,天然结实性差,植株生长整齐,结薯集中,单株结薯数为5～7个,平均单薯重120 g,商品薯率高达90%以上,薯块圆形,黄皮黄肉,芽眼淡紫色,薯皮光滑度中等,块茎大而整齐。

(6)产量和品质:在全国西北组马铃薯区域试验中,2009—2010年两年平均单产

26677.5 kg/hm²,较对照陇薯 3 号增产率 41.9%。2005—2010 年在甘肃、宁夏、青海三省区 45 个县示范推广平均单产 32605. kg/hm²,较对照增产 26.7%。薯块干物质含量 26.38%,淀粉含量 20.5%,粗蛋白 2.15%,维生素 C 含量 16.2 mg/100 g,还原糖含量 0.28%。

(7)抗性表现:中抗晚疫病;抗 PVX、PVY 病毒病。

(8)种植地区:适宜在一季作区的青海东部、甘肃中东部、宁夏中南部种植。

15. 天薯 11 号

(1)选育单位:天水市农业科学研究所。

(2)品种来源:天薯 7 号×庄薯 3 号。

(3)审定年代:2015 年 1 月 19 日经第三届国家农作物品种审定委员会第四次会议审定通过,审定编号为国审薯 2014006。以及甘审薯 2012003、宁审薯 2015001。

(4)熟期类型和生育天数:中晚熟,生育期 116 d。

(5)特征特性:株型直立,生长势强,分枝少,枝叶繁茂,茎绿色,叶深绿色,花冠浅紫色,落蕾,天然结实少,薯块扁圆形,淡黄皮黄肉,芽眼浅,匍匐茎短,结薯集中。株高 71.7 cm,单株主茎数 2.7 个,单株结薯 5.7 个,单薯重 137.5 g,商品薯率 79.9%。

(6)产量和品质:2011—2012 年参加中晚熟西北组区域试验,平均产量分别为 37830 kg/hm² 和 30645 kg/hm²,分别比对照陇薯 6 号增产 5.8% 和 6.6%,两年平均产量为 34230 kg/hm²,比陇薯 6 号增产 6.2%;2013 年生产试验,平均产量为 33960 kg/hm²,比陇薯 6 号增产 7.6%。块茎干物质含量 24.6%,淀粉含量 16.0%,还原糖含量 0.25%,粗蛋白含量 2.36%,维生素 C 含量 35.6 mg/100 g。

(7)抗性表现:抗马铃薯轻花叶病毒病、马铃薯重花叶病毒病,感晚疫病。

(8)种植地区:适宜甘肃中部、东部,宁夏中南部、青海东部等地种植。

16. 陇薯 7 号

(1)选育单位:甘肃省农业科学院马铃薯研究所。

(2)品种来源:庄薯 3 号×菲多利。

(3)审定年代:2008 年甘肃省农作物品种审定委员会审定。2009 年 7 月 28 日经第二届国家农作物品种审定委员会第三次会议审定通过,审定编号为国审薯 2009006。2017 年广东省农作物品种审定委员会审定,审定编号为粤审薯 20170001。

(4)熟期类型和生育天数:中晚熟,生育期 115 d 左右。

(5)特征特性:株高 57 cm 左右,株型直立,生长势强,分枝少,枝叶繁茂,茎、叶绿色,花冠白色,天然结实性差;薯块椭圆形,黄皮黄肉,薯皮光滑,芽眼浅。薯块整齐度中等;区试平均单株结薯数为 5.8 个,平均商品薯率 80.7%。

(6)产量和品质:2007—2008 年参加西北组区域试验,两年平均产量为 28681.5 kg/hm²,比对照陇薯 3 号增产 29.5%。2008 年生产试验,平均产量为 26341.5 kg/hm²,比对照品种陇薯 3 号增产 22.5%。块茎干物质含量 23.3%,淀粉含量 13.0%,还原糖含量 0.25%,粗蛋白含量 2.68%,维生素 C 含量 18.6 mg/100 g。

(7)抗性表现:抗马铃薯轻花叶病毒病(PVX),中抗马铃薯重花叶病毒病(PVY),轻感晚疫病。

(8)种植地区:适宜在一季作区的青海东部、甘肃中东部、宁夏中南部种植。

17. 陇薯 10 号

(1)选育单位:甘肃省农业科学院马铃薯研究所。

(2)品种来源:固薯 83-33-1×119-8。

（3）审定年代：2012年甘肃省农作物品种审定委员会审定，审定编号为甘审薯2012001。

（4）熟期类型和生育天数：晚熟，生育期110 d左右。

（5）特征特性：株型半直立，株高60 cm，幼苗生长势较强，植株繁茂，茎绿紫色，叶片深绿色，花冠浅紫色，天然不结实。结薯集中，单株结薯3～5个，商品薯率90%以上。薯形椭圆，薯皮光滑，黄皮黄肉，芽眼极浅。薯块休眠期长，耐贮藏。

（6）产量和品质：在2004—2006年度甘肃省马铃薯品种区试中，平均产量为29679 kg/hm²，比统一对照渭薯1号增产76.5%，比当地对照品种增产30.0%。省区试产量达到37249.5 kg/hm²，比统一对照渭薯1号平均增产28.5%。2012年以来在渭源、临洮、安定、通渭、榆中、永登等县得到较大面积示范，表现良好，单产达到45000 kg/hm²。块茎干物质含量22.16%，淀粉含量17.21%，粗蛋白含量2.39%，维生素C含量21.57 mg/100 g，还原糖含量0.57%。适合作精品菜用薯。蒸煮食味优，经马铃薯全粉加工企业加工鉴定，其全粉产品质量达到行业标准。

（7）抗性表现：抗旱，抗晚疫病，对卷叶病毒病具有较好的田间抗性。

（8）种植地区：适宜在一季作区的青海东部、甘肃中东部、宁夏中南部种植。

18. 陇薯13号

（1）选育单位：甘肃省农业科学院马铃薯研究所。

（2）品种来源：K299-4×L0202-2。

（3）审定年代：2014年甘肃省农作物品种审定委员会审定，审定编号为甘审薯2014004。

（4）熟期类型和生育天数：晚熟，生育期120 d左右。

（5）特征特性：株高67 cm左右。茎绿色，叶片绿色，花冠紫色，无天然结实。单株结薯3～6个，大中薯重率93%。薯块圆形，薯皮有网纹，芽眼浅，皮肉淡黄。

（6）产量和品质：在2011—2012年甘肃省马铃薯品种区域试验中，平均产量为20565 kg/hm²，比对照陇薯6号减产5.5%。2013年生产试验平均亩产23632.5 kg/hm²，比陇薯6号减产3.7%。块茎干物质含量22.16%，淀粉含量17.21%，粗蛋白含量2.39%，维生素C含量21.57 mg/100 g，还原糖含量0.57%。

（7）抗性表现：中抗晚疫病，对花叶、卷叶病毒病具有田间抗性。

（8）种植地区：适宜在甘肃渭源和天水等地高寒阴湿、二阴及半干旱区种植。

19. 晋薯16号

（1）选育单位：山西省农业科学院高寒区作物研究所。

（2）品种来源：NL94014×9333-11。

（3）审定年代：2006年通过山西省品种审定委员会审定。

（4）熟期类型和生育天数：中晚熟，生育期110 d左右。

（5）特征特性：株型直立，株高106 cm左右，分枝数3～6个。叶形细长，叶片深绿色；花冠白色，天然结实少，浆果绿色有种子。薯形长扁圆，薯皮光滑，黄皮白肉，芽眼深浅中等。植株整齐，结薯集中，单株结薯4～5个，大中薯率达95%左右。

（6）产量和品质：2004—2005年参加山西省马铃薯中晚熟组区域试验，2004年平均产量为28336.5 kg/hm²，比对照晋薯14号增产11.5%；2005年平均产量为27364.5 kg/hm²，比对照晋薯14号增产23.3%。两年平均产量为27850. kg/hm²，比对照晋薯14号增产17%。块茎干物质含量22.3%、淀粉含量16.57%、还原糖含量0.45%、维生素C含量12.6 mg/100 g，粗蛋白含量2.35%。

(7)抗性表现:高抗晚疫病,抗环腐病、黑茎病、抗退化、抗旱性较强。

(8)适宜种植地区:适宜在中国北方一季作区种植。

20. 青薯 9 号

(1)选育单位:青海省农林科学院生物技术研究所。

(2)品种来源:3875213×Aphrodite。

(3)审定年代:2006 年通过青海省国家农作物品种审定委员会审定,编号为青审薯2006001。2011 年 10 月 8 日经第二届国家农作物品种审定委员会第五次会议审定通过,审定编号为国审薯 2011001。宁审薯 2014004。渝审薯 2016001。

(4)熟期类型和生育天数:晚熟,生育期 115 d 左右。

(5)特征特性:株高 89.3 cm 左右,植株直立,分枝多,生长势强,枝叶繁茂,茎绿色带褐色,基部紫褐色,叶深绿色,复叶挺拔、大小中等,叶缘平展,花冠紫色,天然结实少。结薯集中,块茎长圆形,红皮黄肉,成熟后表皮有网纹、沿维管束有红纹,芽眼少而浅。区试单株主茎数 2.9个,结薯 5.2 个,单薯重 95.9 g,商品薯率 77.1%。

(6)产量和品质:2009—2010 年参加中晚熟西北组品种区域试验,两年平均产量为26460 kg/hm²,比对照平均增产 40.7%。2010 年生产试验,平均产量为 28815 kg/hm²,比对照陇薯 3 号增产 17.3%。块茎干物质含量 23.6%,淀粉含量 15.1%,还原糖含量 0.19%,粗蛋白含量 2.08%,维生素 C 含量 18.6 mg/100 g。

(7)抗性表现:中抗马铃薯 X 病毒,抗马铃薯 Y 病毒,抗晚疫病。

(8)种植地区:适宜在青海东南部、宁夏南部、甘肃中部一季作区种植。

三、播前准备

(一)催芽晒种

播前 15~20 d,剔除病、烂、伤、萎蔫、畸形的块茎。用 38%唑醚・啶酰菌胺水分散粒剂50 g、50%春雷・王铜可湿性粉剂 50 g,兑水 50 L,浸种 15~20 min,或晾晒种时喷湿种薯。在 15~20 ℃暗处放置 15 d,堆放 2~3 层为宜,在催芽过程中淘汰病、烂薯和纤细芽薯,期间注意通风透气。待种薯变绿发芽,芽长约 0.5~1 cm 时,将种薯逐渐放在通风散射光处进行练芽,每隔 5 d 翻动一次,芽颜色浓绿粗壮时播种。

(二)种薯切块

种薯经剔除病烂薯后晒种 2~3 d 后进行切块或整薯播种。以小整薯播种为宜。对较大种薯进行切块,每个切块大小为 30~50 g,带 2~3 个健芽。50~100 g 的种薯从中间顶芽处切开一分为二;100~150 g 种薯采用纵斜切法,先将尾部三分之一处切去,剩余顶部三分之二从顶芽处剖开一分为二,把种薯切成四瓣;150 g 以上根据薯块形状和芽眼分布情况确定,但原则上以剖顶芽为主,若顶部较大,将尾部三分之一切除,剩余部分从顶芽 40%处下刀,最后剩余 60%部分再从顶芽处一切为二,依芽眼沿纵斜方向将种薯斜切成立体三角形的若干小块,每个薯块要有 2 个以上健全的芽眼。从尾部根据芽眼多少,切块时应充分利用顶端优势,使薯块尽量带顶芽。切块时应在靠近芽眼的地方下刀,以利发根。切块时应注意使伤口尽量小,而不要将种薯切成片状和楔状。薯块大小为每千克种薯切 25 块左右,一般单块重 35~40 g。

（三）刀具消毒

配备多把切刀，用 75% 医用酒精或 0.5% 高锰酸钾溶液浸泡切刀 10 min，切薯时做到一薯一沾，轮换消毒使用。消毒液每 2 h 换一次，现配现用。

（四）种薯处理

种薯处理采用药剂拌种。拌种药剂用 50% 烯酰吗啉 35 g＋70% 甲基托布津 35 g＋枯草芽孢杆菌 50 g＋48% 毒死蜱乳油 100 mL＋95% 滑石粉混合物 1 kg 兑水 10 L 拌种；或用 70% 甲基托布津 35 g＋100 g 80% 大生 M-45＋强兴枯草芽孢杆菌 50 g ＋50% 辛硫磷乳油 100 mL＋95% 滑石粉混合物 1 kg 兑水 10 L 拌种薯 100 kg。药剂充分粘在马铃薯切面上后装袋，注意防止脱水及太阳暴晒，保存好种薯。

四、播种

（一）适期播种

通常在晚霜前 30 d 左右播种，华北（内蒙古中部和河北坝上）以 4 月底至 5 月中旬播种为宜，西北甘肃和青海 4 月中旬至 5 月中旬，陕西榆林 4 月下旬至 6 月上旬，东北地区一般 4 月中旬至 5 月中旬。华北和西北具备浇水条件地块提倡膜下滴灌水肥一体化种植。根据北方气候环境特点，马铃薯春季播种。当 8～10 cm 土壤温度稳定通过 6 ℃，土壤水分含量在 50% 以上时即可播种。河谷川道灌溉区早熟马铃薯 2 月底至 3 月初播种，旱作区马铃薯一般在 3 月中旬至 4 月下旬播种。

张凯等（2012）介绍，在气候变化的背景下，为了探寻陇中黄土高原半干旱区马铃薯的适宜播种期，2010 年在甘肃定西进行了马铃薯分期播种试验，并对不同播期条件下马铃薯生长发育及产量形成进行了分析。结果表明：随着播期的推迟，马铃薯全生育期缩短，株高出现明显变化，单株干物质最大积累速率提前；从不同播期来看，5 月 27 日播种的植株高度、叶面积指数、单株干物质积累量和最大积累速率均最大，马铃薯块茎鲜重的增长过程呈"慢-快-慢"S 形曲线；块茎鲜重最大积累速率出现的时间随播期的推迟而提前；产量数据的方差和多重比较分析结果表明，播期是影响产量的主要因素，其中 5 月 27 日播期的丰产性最好；对各播期不同生育期的气候条件进行比较表明，5 月底或 6 月初是陇中黄土高原半干旱区马铃薯的适宜播种时间。

沈姣姣等（2012）介绍，为了研究不同播种期对农牧交错带马铃薯生长发育和产量形成以及水分利用效率的影响，为农牧交错带马铃薯适期播种和高产栽培提供科学依据，2010 年采用随机区组排列设计，分析了超早播（4 月 28 日）、早播（5 月 8 日）、中播（5 月 18 日）、晚播（5 月 28 日）和超晚播（6 月 8 日）五个播期下马铃薯生育期、形态指标、产量形成和水分利用效率的变化情况。结果表明：播种期对马铃薯生育期、株高和叶面积指数影响显著。随播期推迟，马铃薯生育期缩短，播期每推迟 10 d，生育期平均缩短 6 d，而生殖生长期在总生长期中的比例增加，超早播和超晚播处理下分别为 45% 和 59%。超早播和早播马铃薯地上部干物质积累显著低于其余播期，不同播期处理薯块鲜重增长符合 Logistic 生长曲线，不同播期间马铃薯总产量、大薯产量和大薯率差异均达显著水平，其中中播、晚播和超晚播产量差异不显著，平均达 21593 kg/hm²，超早播和早播产量平均为 15181 kg/hm²。马铃薯水分利用效率随播期推迟增加,超早播为 45.2 kg/(hm² · mm),超晚播为 86.3 kg/(hm² · mm)。农牧交错带马铃薯适宜播种期应安排在 5 月中下旬。

（二）合理密植

1. 早熟马铃薯播种时期和密度　早熟马铃薯栽培一般实行单垄双行种植,露地和地膜栽培垄距 90～100 cm,垄高 15～20 cm,垄面小行距 30～40 cm,垄沟大行距 55～60 cm,株距 25～28 cm,亩播种 5000～5500 株。大棚栽培垄距 80～90 cm,垄高 20～30 cm,垄面小行距 25～30 cm,垄沟大行距 55～60 cm,株距 22～25 cm,亩播种 6000～6500 株。

2. 晚熟马铃薯播种时期和密度　根据一熟地区的气候环境特点,马铃薯春季播种。当 8～10 cm 土壤温度稳定通过 6 ℃,土壤水分含量在 40% 以上时即可播种。河谷川道灌溉区早熟马铃薯 2 月底至 3 月初播种,采用单垄覆膜栽培方式。播种密度 3500～4445 株/亩。山区马铃薯一般在 3 月中旬至 4 月下旬播种,采用露地平播后培土栽培方式、半膜垄沟栽培方式、全膜双垄垄播或侧播栽培方式,亩播量 3333～4000 株。马铃薯播种时按"△"形点播两行,行距 60 cm,株距 25～33 cm,亩播量 3333～4000 株。一熟制春播条件下,灌溉区马铃薯适宜播种密度为 3333～5000 株/亩,马铃薯行距 80 cm,株距 15～25 cm;旱作区亩播量 3333～4000 株,马铃薯行距 50～60 cm,株距 30～35 cm。

侯贤清等(2018)对宁南半干旱偏旱区覆膜垄作马铃薯合理的种植密度进行研究。结果表明,不同种植密度可显著影响马铃薯生育前期和中期 0～100 cm 层土壤水分状况,以 3000 株/亩和 3500 株/亩处理土壤贮水量最高,均显著高于 2500 株/亩和 4500 株/亩处理。3000 株/亩和 3500 株/亩处理较其他处理均显著提高马铃薯出苗率,促进马铃薯生育前期和中期的生长,而在马铃薯生育后期各处理间差异不显著。马铃薯产量和商品率均随种植密度的增加呈先增加后下降的变化趋势,3000 株/亩和 3500 株/亩处理两年平均降水利用效率分别较 2500 株/亩处理显著提高 15.3% 和 17.6%,作物水分利用效率分别提高 11.1% 和 15.0%。在宁南半干旱偏旱区,旱作覆膜垄作马铃薯密度为 3412 株/亩～3420 株/亩时,水分利用效率和块茎产量最高。

金光辉等(2015)研究种植密度对马铃薯农艺性状及产量影响试验。结果表明,马铃薯主茎数、结薯数、小薯率和产量随种植密度减小呈递减趋势,大中薯率呈递增趋势;各行距下主茎数、结薯数、小薯率和产量均是种植密度为 8080 株/亩最高,大薯率均是种植密度为 4846 株/亩最高;总体来看,不同种植密度间对主茎数、结薯数、产量影响存在显著差异;种植密度 8080 株/亩小薯率较高,适合生产种薯,其中以株行距 15 cm×20 cm 最适合生产种薯;种植密度 4846 株/亩大中薯率较高,适合生产商品薯,其中株行距 25 cm×20 cm 最适合生产商品薯。

（三）播种方式

高纬度一熟区马铃薯播种方式主要有垄作直播、单垄覆膜栽培、露地平播后培土栽培、半膜垄侧栽培、全膜双垄垄播或侧播栽培、全膜大垄双行栽培、全膜覆盖垄上微沟栽培方式。

五、种植方式

（一）单作

单作指在同一块田地上种植一种作物的种植方式,也称为纯种、清种、净种。这种方式作物单一,群体结构单一,全田作物对环境条件要求一致,生育比较一致,便于田间统一管理与机械化作业。单作是马铃薯的主要种植方式。

1. 平作　平作是指按一定的行株距挖窝点播或耕种后盖土。一般马铃薯行距 60 cm,株距 25～40 cm。

2. 垄作　垄作包括一般垄作栽培、绿肥聚垄地膜覆盖栽培、绿肥聚垄栽培、地膜覆盖栽培及普通翻耕栽培。

一般垄作栽培:深耕 40 cm,生育期三次分层培土成垄状。垄底宽 60～80 cm,一般垄高 25～30 cm,种薯播种于垄中央,种薯播深 12～15 cm,行距 60 cm,株距 25～40 cm。

地膜覆盖栽培有两种类型:一是种薯播种后起垄再盖地膜。二是先起垄覆膜后再打孔播种。地膜可选用窄地膜(75 cm)或宽地膜(120 cm)。一般垄高 30 cm,种薯播深 10 cm,株距 33～40 cm。

普通翻耕栽培:翻耕时在沟中播种后盖土。马铃薯行距 60 cm,株距 40 cm,播深 10 cm。

绿肥聚垄地膜覆盖栽培:绿肥收割后随即整地播种,绿肥放在马铃薯播薯后的沟中和种薯的上方,起垄后盖地膜。垄距 60 cm,株距 28～30 cm。

绿肥聚垄栽培:绿肥放在马铃薯播薯后的沟中和种薯的上方,起垄后不盖地膜。垄距 60 cm,株距 28～30 cm。

黑膜半膜垄沟栽培:垄宽 70 cm,垄高 20 cm,用 90 cm 宽的黑地膜覆盖,按"△"形在垄沟种植马铃薯。

大垄双行栽培:垄宽 80 cm,垄高 30 cm,按"△"形在垄上种植两行马铃薯。

大垄双行覆膜栽培:垄宽 80 cm,垄高 30 cm,用 120 cm 宽的黑地膜覆盖,按"△"形在垄上种植两行马铃薯。

(二)间套作

间作是在同一块田地上于同一生长期内,分行或分带相间种植两种或两种以上作物的种植方式。套作在同一块田地上,在前季作物生长后期的株行间播种或移栽后季作物的种植方式,套作共生期不超过作物全生育期的一半。混作是指在同一田地上,同期混合种植两种或两种以上作物的种植方式。立体种植是在同一农田上,从平面、时间上多次利用空间种植两种或两种以上作物的种植方式。

马铃薯具有性喜冷凉,生育期较短,植株矮,根系分布较浅,播种和收获期伸缩性较大等特点,适于多种形式的间作套种。北方地区,主要有薯粮、薯豆、薯菜等间套种模式。

1. 与粮食作物间作　间作模式主要为黑膜全膜马铃薯与白膜全膜玉米二间二栽培,早春小拱棚地膜覆盖马铃薯间作玉米(2:2)栽培模式。

黑膜全膜马铃薯与白膜全膜玉米二间二栽培:按大垄 80 cm,小垄 30 cm 的间距用划行器划行,然后沿地块长走向在距地边 35 cm 处划第一个大垄的外线,尽可能垄长且直。划好第一垄后,用步犁沿划线向大垄中间翻耕拱成大弓形垄,大垄垄面宽 80 cm,垄高 18 cm,将起大垄时的犁壁落土用手耙刮至两大垄间,整理成小垄,小垄宽 30 cm,高 10 cm。每幅垄对应一大一小、一高一低两个垄面。要求垄和垄沟宽窄均匀,垄脊高低一致。垄做好后覆膜,覆膜时期为秋覆膜(10月下旬至土壤封冻前)或顶凌覆膜(3月上中旬土壤昼消夜冻时)。第一个垄用厚 0.008～0.01 mm,幅宽 120 cm 的黑地膜以大垄为中线全地面覆盖,第二个垄用白膜全地面覆盖,按黑白膜相间依次覆完地块,覆膜时将地头处和外边线的地膜压实压严,内边膜可先在小垄上点压固定,待下一垄膜合垄后再用土压严,每隔 3 m 横压土腰带,以防风揭膜。覆膜 10 d 左右待膜与地面充分紧贴后,在垄沟内每隔 50 cm 打直径为 3 cm 的渗水孔,以便降雨入渗。覆膜后避免揭膜、践踏。地膜有破损时及时用细土盖严。

早春小拱棚地膜覆盖马铃薯栽培:马铃薯 3 月初播种,双行垄作,垄宽 0.4 m,垄间距 0.5 m,垄距 0.9 m。4 垄做一小拱棚,用 4 m 宽棚膜,棚宽 3.6 m,棚高 1 m 左右。种前先在平地上划 0.9 m 的平行线作为起垄依据,起垄前先沿线开沟条施化肥,施肥后沿线培土起垄,垄高 0.3 m。垄要拍紧实,土块要拍碎拍细,垄上挖窝播种,一窝一籽,株距 0.3 m,种后覆盖 5~6 cm 厚的细潮土,压实留浅窝,以防出苗时新芽被地膜烫伤。覆膜用宽 75 cm 超薄膜最好。覆膜完成后,再做小拱棚。一般 5 月上旬可视气温情况去棚。玉米 4 月中下旬播种,采用双行垄作覆膜种植,垄距 1 m,垄宽 0.4 m,垄间距 0.6 m,株距 0.33 m,种植密度每亩 4000 株。播前先在平整地面上划 1 m 宽的平行线,沿线开沟;条施化肥,亩施尿素 20 kg,过磷酸钙 50 kg;然后沿沟起垄,垄高 0.2 m 以下,垄要拍实,土要拍细,垄上双行穴播,播玉米种子 2~3 粒/穴,播种后覆土 3 cm 厚,压实留浅窝,以防出苗时地膜烫苗。播种后 7 d 左右放苗。

牛秀群等(2008)介绍小拱棚地膜马铃薯套种甜糯玉米栽培技术是一项周期短、效益高的农业实用技术,又有效解决城郊种植早熟马铃薯连作障碍的实用农业技术。

马铃薯间套种玉米可有效地利用水、热、光等自然资源,是一项节水抗旱、增收增效的农业技术。天水中梁地区天薯 11 号间套作玉米登海 3521 中,二套二收入最高,达 2236.24 元/亩,四套四次之,为 1878.61 元/亩,净作玉米最低,为 650.90 元/亩。刘丽燕(2004)研究表明,马铃薯套种玉米比单种玉米纯收入每亩增加 1148 元,比小麦套种玉米增收 993 元。马铃薯套作后块茎产量显著比单作低,套作行比不同,复合产量差异明显。套作复合群体的优势与套作马铃薯产量并不呈正向相关。黄承建等(2013)研究表明,马铃薯套作的生物产量(干质量和鲜质量)、块茎产量和商品薯产量明显低于单作。套作总产值高于单作玉米产值,但与单作马铃薯产值相比存在品种及套作行比间的差异。

李彩虹等(2005)研究表明,玉米采用间套作能够改善田间小环境,提高作物光、热、水、气的利用效率,增加复种指数,能够从生态的角度防治田间病虫草的危害,为可持续农业的发展创造条件。玉米与马铃薯间作有明显的产量优势。刘英超等(2013)研究表明,全生育期的间作玉米水分利用率、水分捕获量均高于单作;苗期和成熟期水分利用率更高。间作马铃薯根际土壤全氮、全磷、速效磷和速效钾含量显著低于单作,根际土壤速效磷降幅最大,土壤 pH 值明显下降。汪春明等(2013)研究表明,间作栽培模式改变了马铃薯根际土壤微生物群落结构,降低了根际土壤真菌的数量,微生物群落的碳源利用能力也有明显影响。间作蚕豆明显促进了马铃薯根际土壤微生物群落的碳源代谢强度,而且能维持较稳定的产量,因而可能是一种有利于改善马铃薯连作栽培根际微生态环境、缓解连作障碍的栽培模式。

2. 与蔬菜作物间套作 早春马铃薯与甘蓝套种,主要应用地区为土壤肥力较高、光热充分、灌溉方便的地区,一般采用拱棚种植,充分利用拱棚保护设施,提高土地和设施利用率,提早上市,增收增效。马铃薯品种可选用荷薯 15 号、费乌瑞它、华颂 34 号、克新 1 号、希森 6 号等;甘蓝可选用株型紧凑、长势强的秦甘 68、中甘 21、金典等品种。拱棚内种植 1 行马铃薯和 2 行甘蓝,带宽 2 m。垄沟式种植,垄高 20~25 cm,垄背宽 20 cm,垄沟宽 60 cm。垄上种 1 行马铃薯,株距 20 cm,亩播量 4000 株;垄沟内种两行甘蓝,行距 40 cm,株距 40 cm,亩播量 4000 株。马铃薯亩产量一般 3000 kg 左右,亩增收 2800 元;甘蓝亩产量 2500 kg 左右,亩增收 2000 元。两种作物共增收 4800 元。

西瓜与马铃薯套种栽培模式,采用双膜(棚膜+地膜)或三膜(棚膜+小拱棚膜+地膜)栽培。西瓜一般3月上旬播种,马铃薯4月下旬播种。西瓜栽培选择5~6年未种过瓜类作物的沙壤土,实行半高垄栽培。垄宽90 cm,高20~30 cm,水沟宽40 cm。西瓜每垄播两行,植株呈"丁"字形排列,株距70 cm,行距80 cm,亩保苗1200株左右。马铃薯在西瓜行内穴播,株距20 cm,行距80 cm,亩保苗4000~4500株。西瓜品种选早熟、优质、丰产、抗病的京欣1号、科丰6号、超甜珍等品种,马铃薯选希森6号、费乌瑞它、华颂34号、荷薯15号等中早熟品种。陈其兵(2003)介绍甘肃省武威市塑料大棚西瓜套种马铃薯高产栽培技术,经济效益分析表明,西瓜套种马铃薯比单种西瓜亩增加纯收入196.7元,增幅8.8%,比单种马铃薯纯收入增加2046.2元,增幅为533.8%。

3. 幼龄果树间作马铃薯 幼龄果树栽植后,由于枝量少,树体间空间较大,在果树生长的前3年期间,可充分利用果园内温、光、肥、空间、时间等自然资源进行间作,以充分利用土地,增收、培肥、减轻果园病虫草害发生等。经多年的生产实践,幼龄果园能与多种作物进行间作,是一项切实可行的增产增效技术。要求间作的作物为生育期较短的一季作物,植株低秆且根系浅。种植间作作物时应留足营养带,1年生树留1 m的营养带。2年生树留1.2 m的营养带,3年生树留1.5 m的营养带,4年生树留1.8 m的营养带;作物与苹果树需肥需水的高峰期要错开,间作作物对苹果树的影响要小;作物与果树没有共同的病虫害。较为普遍的是苹果与马铃薯间作模式。苹果间作早熟马铃薯。春季马铃薯以地膜覆盖栽培为主,栽培管理要点如下:①合理选种。选用抗逆优势的荷薯15号、希森6号、华颂7号、华颂34号、费乌瑞它、克新1号等早熟品种。选用高产、抗病、商品性好的晚熟品种天薯11号、13号、陇薯7号、10号、青薯9号、中薯19号、晋薯16号、陇薯13号等;②秋季前茬作物收获后进行深耕整地;③科学施肥,农家肥、有机肥配合施用化肥,中后期追肥,喷施叶面肥及微量元素肥;④起垄覆膜,用宽120 cm、厚0.01 mm黑地膜,以全膜双垄侧或全膜垄上微沟方式较好,时期以秋覆膜或顶凌覆膜较佳;⑤种子处理,以种薯催芽、药剂拌种、切刀消毒为宜;⑥适期播种,以3月中旬至4月下旬为宜,在垄侧或垄上按"△"形点播两行马铃薯,行距60 cm,株距25~33 cm,亩播量3300~4000株;⑦田间管理,注意查苗补苗、破膜放苗、除杂、病虫鼠草害防治等;⑧适时收获(块茎完全成熟)。早熟马铃薯一般亩产2000 kg,纯收益2600元,晚熟马铃薯一般亩产1500 kg,纯收益1200元。

张彪等(2019)研究幼龄果园间作马铃薯不同间作密度对马铃薯产量和果树根系的影响。结果表明,马铃薯单位面积产量表现为T1>T2>T3,各处理间均存在显著差异。T1处理由于营养带宽度小,马铃薯根系与果树根系养分竞争激烈,果树根系表现出明显的向深层土壤生长现象;T1和T2处理直径为5~10 mm的粗根和直径<2 mm的细根根系数量显著少于T3处理和CK,果树营养带较窄时,可显著抑制果树新根发生和根系增粗生长;T3处理果树营养带宽,与清耕相比,对果树根系生长无显著的抑制作用。果树单侧营养袋宽1.25 m,马铃薯种植密度为0.50 m×0.35 m,每条膜上种两行马铃薯处理是幼龄果园间作马铃薯的最佳间作模式。

崔晓兰等(2013)实地走访调查分析甘谷县幼龄果园间作套种模式。在不影响果树生长的前提下,果树+马铃薯+白菜(甘蓝)模式收益好,马铃薯产量为30000~37500 kg/hm²,大白菜(甘蓝)60000~75000 kg/hm²,产值45000~52500 元/hm²,纯收入为22500~30000元/hm²。

（三）轮作

1. 轮作的意义　轮作是指同一块田地上在不同年际之间有计划地按顺序轮换种植不同类型的作物和不同类型的复种形式称为轮作。同一块地上长期连年种植一种作物或一种复种形式称为连作，又叫重茬；两年连作称为迎茬。连作常引起减产，导致病原物积累，土壤养分失衡，根系分泌物产生拮抗作用，土壤生态恶化等。实行轮作，可实现农作物持续高产优质，具体特点如下：

（1）协调均衡利用土壤中的养分和水分，把用地和养地结合起来　各种作物的生物学特性不同，从土壤中吸收养分的种类、数量、时期及利用率也不相同。将营养生态位不同而又具有互补作用的作物轮作，可以协调前后茬作物养分供应和均衡利用土壤养分。不同作物需水量、时期及吸收能力有差异，将水分适应性不同的作物轮作能充分合理利用全年自然降水和土壤贮存的水分，达到农田高效用水。不同作物的根系深度和发育程度不同，土壤上层的养分和水分主要由浅根系吸收利用，深层的则由深根系吸收利用。将不同深浅根系的作物轮换，可全面地分层利用土壤养分和水分。

（2）改变农田生态条件，改善土壤理化特性，增加生物多样性　田地里余留的作物秸秆、残茬、根系及落叶是补充土壤有机质和养分的重要来源，禾豆轮作可利用豆科作物的生物固氮维持土壤的氮素平衡，利用谷类作物和绿肥作物残留的茎叶、根茬维持和提高土壤有机质平衡，增进土壤肥力。密植作物的根系细密，数量较多，分布均匀，土壤疏松结构良好。深根系作物和多年生豆科牧草的根系对下层土壤有明显的疏松作用。在水土流失地区，用多年生牧草作物轮作，可增加土壤团粒结构，有效保持水土。

（3）免除和减少某些连作所特有的病虫草的危害　利用前茬作物根系分泌的灭菌素，可以抑制后茬作物上病害的发生，如甜菜、胡萝卜、洋葱、大蒜等根系分泌物可抑制马铃薯晚疫病发生，小麦根系的分泌物可以抑制茅草的生长。

（4）抑制病虫　合理轮作换茬，因食物条件恶化和寄主的减少而使那些寄生性强、寄主植物种类单一及迁移能力小的病虫大量死亡。腐生性不强的病原物如马铃薯晚疫病菌等由于没有寄主植物而不能继续繁殖；轮作可以促进土壤中对病原物有拮抗作用的微生物的活动，从而抑制病原物的滋生。

（5）合理利用农业资源，提高经济效益　根据作物的生理生态特性，轮作中前后作物合理搭配，茬口衔接紧密，既有利于充分利用土地、光、热、水等自然资源，又有利于合理均衡的使用农机具、肥料、农药、灌溉用水等社会资源；还能错开农忙季节，均衡投放劳动力和蓄力，做到不误农时和精细耕作。合理轮作能培肥地力、减轻病虫草害，减少肥料、农药、劳力等资源的过多投资，降低了生产投资成本，提高了经济效益。

2. 应用地区和条件　马铃薯种植中基本上要遵循轮作倒茬的原则和茬口特性，茬口的安排要与轮作相结合，防止同科作物的连作，以合理利用土壤肥力，减轻病虫害的发生，保证每茬都能丰产、增收。

（1）合理安排茬口　在安排多茬、立体、周年栽培的茬口时，要考虑作物对环境条件的要求，尽量使产品器官的形成期在最适宜的季节或条件下。作物生长发育和产品器官的形成，都需要光照、温度、空气、水分、肥料等条件。而目前光照、温度受技术、成本的限制，较难以控制，所以光照、温度是茬口安排的主要限制因素。因此，根据作物生育期应尽量安排在光照、温度适宜的季节。春、夏季温度适宜时，应安排黄瓜、番茄、马铃薯等喜温作物；早春和晚秋冷凉季节应安排套种菠菜、芹菜等。耐寒蔬菜;甘蓝、莴苣等耐阴蔬菜应安排在黄瓜、番茄等高秆蔬菜之下。

(2)突出重点,合理搭配主、副茬　作物种类繁多,必须分清主次,保主茬,兼顾副茬,合理搭配,主副茬全面考虑,以利于全面增产。把主茬安排在一年中最适宜的季节,优先安排产量高、效益好的优质粮食作物、经济作物。在主茬作物不减产、不减收益的前提下,穿插搭配种植好副茬。如北方地区大棚蔬菜栽培中,主茬为黄瓜、番茄等;副茬间、套作芹菜、甘蓝、花椰菜等。

(3)用养结合,避免病虫草害　前作要为后作尽量创造良好的土壤环境条件,应尽量避开相互间有障碍的作物,尤其是相互感染病、虫、草害的作物。要处理好不同年间和上下季作物的用养结合。一般含富氮作物轮作在前,含富碳耗氮作物轮作在后,以利碳氮互补,充分发挥土地生产力。

(4)注意茬口的时间衔接　及时合理安排好茬口衔接尤为重要。一般是先安排好年内的接茬,再安排年间的轮换顺序。茬口衔接时要合理选择搭配作物及其品种,采取育苗移栽、间套种、地膜覆盖及化学催熟等措施可促使作物早熟,以利及时接茬。

3. 与马铃薯轮作的作物种类和轮作周期(年际轮作)　轮作周期是指轮作实施一周所需要的年数。轮作周期 2～5 年为短周期轮作,轮作周期 6 年以上为长周期轮作。

李杰(2018)在内蒙古阴山丘陵地区研究了不同作物的轮作结合施肥试验,探究最合理的轮作结合施肥模式。结果表明,以轮作处理结合施入有机肥处理效果最佳,黑豆作为前茬作物的处理效果也显著优于其他轮作模式;马铃薯作为前茬作物的处理对降低土壤容重效果明显;轮作结合不同施肥处理的土壤微生物生物量和酶活性均高于不施肥处理;化肥结合轮作处理的微生物生物量氮最高;轮作结合施有机肥的处理较其他轮作施肥模式效果好;轮作结合施肥可以不同程度地提高作物的产量;施入有机肥结合轮作对产量的提高效果显著。不同轮作模式中,黑豆作为马铃薯的前茬作物结合有机肥 A-D 对产量提升效果最明显,且较其连作不施肥处理增产 41.7%。

牛小霞等(2017)为探讨不同轮作制度对定西地区农田杂草群落的影响,采用倒置"W"九点取样法,调查了定西地区 7 种不同轮作制度下田间杂草的种类、数量、地上生物量等,结果发现 11 个科共 15 种杂草;从杂草发生密度、地上生物量上看,苦苣菜、藜是农田优势杂草,防除的目的杂草;不同轮作田的杂草群落由优势杂草组成;从不同轮作田杂草群落的物种多样性来看,马铃薯胡麻轮作＞马铃薯小麦轮作＞胡麻小麦轮作＞胡麻连作＞小麦胡麻轮作＞小麦马铃薯轮作＞胡麻马铃薯轮作;对不同轮作田杂草群落进行聚类,可分为四类。通过对不同轮作田中杂草的密度、地上生物量和综合优势度比的综合分析,可以看出胡麻连作、小麦胡麻轮作、马铃薯胡麻轮作、小麦马铃薯轮作中杂草的危害性较大。马铃薯小麦轮作、胡麻小麦轮作和胡麻马铃薯轮作对杂草有一定的控制作用。

4. 效益分析　曹莉等(2013)在甘肃省陇中半干旱区试验研究了轮作不同种类豆科牧草对连作马铃薯田土壤微生物菌群、数量分布及酶活性的影响。结果表明,通过轮作箭筈豌豆、天蓝苜蓿和陇东苜蓿 3 种豆科牧草,对连作马铃薯田土壤可培养细菌和真菌数量分布,微生物活性,土壤脲酶活性,碱性磷酸酶活性及过氧化氢酶活性均有明显的促进作用,与种植牧草前相比,轮作牧草后土壤中真菌/细菌最高可降低 50.72%,说明真菌数量下降,通过轮作不同连作年限马铃薯田土壤微生物菌群从真菌型向细菌型转化;与种植牧草前相比好气型固氮菌数量最高增加 283.69%;脲酶活性最高增加 6.4 倍;碱性磷酸酶活性和过氧化氢酶活性均显著提高。但是对连作土壤的改良作用高低还与豆科牧草种类及土壤连作年限有关,不同连作年限的土壤对不同种类的豆科牧草表现出不同的敏感性。

秦舒浩等(2014)试验表明,合理轮作天蓝苜蓿(*Medicago lupulina* L.)、陇东苜蓿(*Medicago sativa* L.)和箭筈豌豆(*Vicia sativa* L.)3种豆科植物对马铃薯连作田土壤速效氮、速效磷及速效钾含量有不同程度的促进作用。对于马铃薯2年以上连作田,轮作3种豆科植物均能起到提高土壤氮素有效性的作用,速效氮含量最高提高476%,且可显著提高3年以上连作田速效磷含量,增幅最高可达207%。对于3~4年连作田,轮作天蓝苜蓿可提高土壤速效钾含量,其他连作年限及轮作箭筈豌豆和陇东苜蓿均没有提高土壤速效钾含量。轮作豆科植物后,不同连作年限马铃薯连作田土壤电导率值均显著下降,与对照相比,土壤的电导率值最大降低69.7%,说明实施马铃薯—豆科植物轮作对防止马铃薯连作田土壤盐渍化有显著效果。轮作豆科植物使连作田土壤脲酶、碱性磷酸酶和过氧化氢酶活性均显著提高。从第2年连作开始,轮作豆科植物对后茬马铃薯产量产生明显影响,第3~4年连作期间,轮作天蓝苜蓿和箭筈豌豆对后茬马铃薯增产效果较明显。

牛小霞等(2017)为探讨不同轮作制度对定西地区农田杂草群落的影响,采用倒置"W"九点取样法,调查了定西地区7种不同轮作制度下田间杂草的种类、数量、地上生物量等。结果发现11个科共15种杂草;从杂草发生密度、地上生物量上看,苦苣菜、藜是农田优势杂草,防除的目的杂草;不同轮作田的杂草群落由优势杂草组成;从不同轮作田杂草群落的物种多样性来看,依次为马铃薯胡麻轮作、马铃薯小麦轮作、胡麻小麦轮作、胡麻连作、小麦胡麻轮作、小麦马铃薯轮作、胡麻马铃薯轮作;对不同轮作田杂草群落进行聚类,可分为四类。通过对不同轮作田中杂草的密度、地上生物量和综合优势度比的综合分析,可以看出胡麻连作、小麦胡麻轮作、马铃薯胡麻轮作、小麦马铃薯轮作中杂草的危害性较大。马铃薯小麦轮作、胡麻小麦轮作和胡麻马铃薯轮作对杂草有一定的控制作用。

王丽红等(2016)在连续种植2年马铃薯的土壤上进行不同轮作方式田间试验。结果表明:与对照(裸地)相比,小麦—豌豆—马铃薯轮作时土壤过氧化氢酶活性有增加的趋势;豌豆—马铃薯—豌豆轮作条件下,土壤的蔗糖酶活性提高,且在马铃薯成熟期提高幅度最大,为47.95%。轮作条件下土壤多酚氧化酶活性低于连作;轮作方式不同,土壤脲酶活性变化明显,在马铃薯块茎膨大期,豌豆—马铃薯—豌豆轮作方式的土壤脲酶活性比小麦—马铃薯—小麦高14.73%。马铃薯块茎膨大期根区土壤微生物数量测定结果显示:随着连作年限的增加,细菌数量及微生物总量降低,真菌数量升高了54.66%;小麦—豌豆—马铃薯轮作后,土壤中的细菌、放线菌数量最高,分别为6.40×10^6 CFU/g和2.22×10^5 CFU/g。

张海斌等(2019)在内蒙古阴山北麓地区开展定点试验,对比分析不同轮作模式对马铃薯干物质积累、病害发生和产量的影响。结果表明,绿肥春翻→绿肥夏翻→马铃薯轮作模式(LcLxM)的马铃薯各器官干物质积累量、全株最大干物质积累速率、全株最大干物质积累量和产量最大,叶片、茎和块茎干物质积累量较向日葵→向日葵→马铃薯的轮作模式分别增加了22.57%、24.83%和23.42%,全株最大干物质积累速率增加28.09%,全株最大干物质积累量增加33.07%,产量增加15.46%。其次是绿肥春翻→绿肥春翻→马铃薯LcLcM的轮作模式较好;马铃薯几种病害病情指数和发病率以向日葵→向日葵→马铃薯的轮作模式最低,其中早疫病病情指数和植株枯萎病发病率较LcLxM轮作模式分别降低了39.99%和76.40%,块茎黑痣病和疮痂病病情指数较LcLcM的轮作模式分别降低了93.38%和87.98%。燕麦→向日葵→马铃薯轮作模式病害发生程度居中,LcLcM和LcLxM两种轮作模式的病害发生程度最高。综合分析各方面性状得出:在内蒙古阴山北麓的气候和土壤条件下,马铃薯生产中比较适宜的轮作模式是绿肥春翻→绿肥夏翻→马铃薯,其次是绿肥春翻→绿肥春翻→马铃薯。

六、田间管理

(一)适时中耕

中耕是指疏松土壤的作业。在作物栽培生长过程中,因降雨、灌溉、施肥等因素的影响,常出现土壤板结,影响其正常生长。

1. **中耕的时期**　马铃薯中耕时期一般在现蕾初期匍匐茎顶端开始膨大时,进行第一次浅培土,培土厚度为5~8 cm,防止匍匐茎窜出地面,形成新的枝条;第二次在盛花膨大期要高培土,培土高达10~15 cm,促使块茎膨大,并防止外露晒绿。

2. **中耕的作用**　中耕能细碎土块,疏松土壤,使空气流通,有利于根系呼吸和土壤好气性微生物活动,促进土壤有机质的分解,增加土壤肥力;中耕能切断毛细管水上升,减少土壤中水分蒸发,保持土壤水分;能使土壤中的热量不易散失,提高土壤温度;冬季及早春,疏松的表土层可起保温的作用;中耕利于消灭杂草及害虫,减少土壤中水肥消耗,防止病虫的滋生和蔓延。防止倒伏,马铃薯植株地上部生长茂盛时,适时进行培土壅根,可加固植株基部,防止倒伏。

3. **中耕具体做法**　中耕次数和深度需根据植物的生长及土壤的情况,因地、因时制宜。马铃薯第一次中耕宜浅,黏土容易板结,中耕宜勤;沙质土不易形成板结,中耕次数可减少。天气干旱时,要适时中耕保墒,大雨后土表易板结应及时中耕。

(二)科学施肥

1. **按需平衡施肥**　根据土壤肥力状况,平衡施肥。平衡施肥,即配方施肥,是依据作物需肥规律、土壤供肥特性与肥料效应,在施用有机肥的基础上,合理确定N、P、K和中、微量元素的适宜用量和比例,并采用相应科学施用方法的施肥技术。在马铃薯生产中,人们对马铃薯的生长发育及需肥特点并不十分清楚,受传统施肥习惯的影响,盲目施肥、偏施N肥、轻施或不施中微量肥等现象还十分普遍。根据马铃薯对土壤养分的需求规律、土壤养分供应能力和肥料效应进行肥料配方,开展科学合理施肥技术研究,提出切实可行的施肥技术。据当地生产实践经验总结,马铃薯的科学施肥技术应遵循以有机肥或农家肥为主、化肥及控、缓释肥为辅,适当追肥的原则(增施有机肥,少施化肥,以基肥为主,追肥为辅,控N、稳P和补K),实行平衡施肥,基肥中N肥量的70%先施入,30%作为追肥。有机肥或农家肥做基肥,充分提供养分并改善土壤理化结构。

俞凤芳(2010)为了解平衡施肥对马铃薯的效果,就马铃薯产量和品质性状进行了平衡施肥和传统施肥的比较。结果表明,平衡施肥较传统施肥大薯率高,达73.9%,产量达31011.15 kg/hm²;平衡施肥较传统施肥马铃薯粗蛋白质和淀粉含量分别提高14.13%和15.78%;且平衡施肥经济效益好。

王国兴等(2013)曾采取田间试验,探讨不同施肥处理对马铃薯生长发育及干物质积累的影响。结果表明,N1PKM处理(N 300 kg/hm²,P 200 kg/hm²,K 200 kg/hm²,有机肥17.5 t/hm²)的马铃薯叶片叶绿素含量最高,比对照处理的叶片叶绿素a、b、总量分别高出15.12%、18.18%和36.37%。施用P肥有效促进了叶面积的增加,N1PKM、N1P、N1PK、P处理的叶面积比对照分别高出27.78%、24.57%、20.26%和20.16%。其中施用P肥促进马铃薯根系生长的效果最明显,而单施 K 肥、有机肥对根长发育的影响不明显。N、P、K、有机肥配比施用可以促进马铃薯地上及地下部的生长,采用 N、P、K 与有机肥配合施用时,马铃薯干物质累积总量 N1PKM＞N1PK＞N1K＞N1P。N1PKM 处理的马铃薯生物量较对照显著提高了 117.1%,可以作为旱地马铃薯的施肥方案。

段玉等(2014)在内蒙古整理分析马铃薯施肥田间试验。结果发现,马铃薯 N、P、K 吸收积累量呈"S"形生长曲线变化规律,即前期慢、中期快、后期又慢,吸收积累的高峰期在出苗后 60 d 左右,之后积累量逐渐放缓,到收获时日积累量有小幅下降,特别是 P 和 K 的积累。吸收的 N、P、K 前期主要供给叶片的生长,在收获时 70%～80% 的 N 素,80%～90% 的 P_2O_5 和 K_2O 转移到了块茎中。出苗后 60 d 是马铃薯水肥需要关键期,此时期保证水肥供应是获得高产的关键。马铃薯施用 N、P、K 肥分别增产 26.3%、22.8% 和 20.1%,每千克 N、P_2O_5、K_2O 增产马铃薯 40.7 kg、70.4 kg 和 44.7 kg。施肥增产效果:施用 N、P、K 肥的 N、P_2O_5 和 K_2O 的养分利用率分别为 35.9%、15.6%、50.4%。生产 1 t 马铃薯块茎吸收 N、P_2O_5、K_2O 分别为 5.32 kg、1.42 kg、6.01 kg。缺素区全株马铃薯吸收 N、P_2O_5、K_2O 养分量分别为 126.3 kg/hm^2、38 kg/hm^2、152.1 kg/hm^2。马铃薯可采用基于产量反应和农学效率的方法进行推荐施肥,尤其是 N 肥的施用,而对于 P、K 肥的推荐,除考虑肥效外,还要考虑土壤养分平衡,主要基于产量反应和一定目标产量下作物的移走量给出推荐施肥量。

张舒涵等(2018)研究不同土壤水分条件和不同 K 肥、P 肥增施量对马铃薯植株根系抗性生理、形态特征、生物量积累以及块茎产量的影响,结果表明,随着土壤水分亏缺的加剧,马铃薯地上部生长和干物质积累皆受到不同程度的抑制,而不同干旱条件下增施适量 P、K 肥可通过提高马铃薯植株的根系含水量和根系活力;干旱胁迫影响干物质在马铃薯地上、地下部的分配,导致地下部生物量增加,同时增加根冠比。增施 K 肥、P 肥可显著提高植株地下部干重。马铃薯施 N 应采取基、追肥并重的方式,N 肥一次性基施和全部于生育期内追施均不利于根系生理活性的提高和块茎产量的形成;在不同 N 肥基追比作用效果的对比研究中,以 65%N 肥作基肥,35%N 肥作追肥(即 N 肥基追比为 1:0.54)最有利于马铃薯根系的建成,在保证植株地上、地下部分协调、均衡发育的同时还能获得更大产量,收获指数更高。

2. 施足基肥　基肥主要为农家肥。农家肥是所有自然的有机肥,种类繁多,有绿肥、厩肥、沤肥、堆肥、牲畜粪肥、家禽粪肥、人尿粪肥、草木灰、饼肥、沼气池肥等。按肥料的 N、P、K 含量从高到低依次为:饼肥、家禽粪肥(鸡粪)、家畜粪肥(牛粪)、人尿粪肥、草木灰、绿肥、沤肥、堆肥、沤肥、沼气池肥。农家肥来源广、数量大、成本低、肥效长,有利于疏松土壤,促进土壤团粒结构形成。农家肥虽含营养成分种类多,但含量比较少,而且肥效较慢,不利于作物的直接吸收,需与化肥一起使用,营养元素才会被充分吸收。

(1)基肥来源　马铃薯种植田基肥主要施鸡粪、牛粪、人尿粪、草木灰、绿肥、沤肥、堆肥、厩肥、沼气肥。家畜粪是通过牲畜摄食野草、农作物幼苗和粮食等产生的粪肥,其 N、P、K 含量低于家禽粪肥,与人尿粪肥力相当。人尿粪属优质的粪肥,因含尿液较多使 N、P、K 浓度下降。草木灰主要成分是 K,含有一定量的 N、P、Ca、Mg、Zn、S、Fe 等中、微量元素肥分,是优质的 K 肥。绿肥、沤肥、沤肥、堆肥、沼气池肥,都是杂草、农作物废弃物、树叶和少量的动物粪便等经过发酵腐烂产生各种植物生长发育所需要的营养成分,含有大量的有机质,属普通农家有机肥。

(2)施用时期和作用　马铃薯的科学施肥技术应遵循以有机肥或农家肥为主、化肥为辅,适当追肥的原则(增施有机肥,少施化肥,以基肥为主,追肥为辅,控 N、稳 P 和补 K),实行平衡施肥。基肥中 N 肥量的 70％先施入,30％作为追肥。有机肥或农家肥做基肥,充分提供养分并改善土壤理化结构。施用时期一般为土壤解冻后,3 月份开始,结合深翻整地一般每亩一次性施有机肥 2000 kg 或充分腐熟的优质农家肥 2000 kg;配施撒可富等马铃薯专用肥 60～80 kg,或高 N 高 K 型复合肥 50 kg;或亩施尿素 30 kg,普通过磷酸钙 50 kg,硫酸钾 30 kg。在马铃薯封垄前或现蕾期视植株长势情况追施尿素 8～10 kg/亩,现蕾至开花期定期喷施 2～3次有机全营养液体肥,一般隔 7～10 d 喷一次。

(3)基肥的作用　①基肥大多是完全肥料,可以全面供应作物生长所需的养分,补充化肥中没有的养分;②可以减少养分固定,提高肥效。基肥可以减少化肥与土壤的接触面,从而减少有些养分被土壤吸收固定的机会,提高养分的有效性;可以保蓄,减少养分流失,改善作物对养分的吸收条件。基肥可以减轻化肥施用对土壤造成较高的渗透压,增强作物对养分和水分的吸收;③可以调节土壤酸碱性,改良土壤结构。基肥中微生物活动促进肥料分解,改良土壤环境状况。

(4)施用方法　基肥一般是在马铃薯播种前施用。依用量及质量而定,肥量少时可顺播种沟条施或穴施在种薯块上,然后覆土。肥量多时应撒施,耕翻时埋入土中。

3. 适时追肥　追肥是指在植物生长期间为补充和调节植物营养而施用的肥料。根据马铃薯苗的长势情况决定施肥时期和施肥量,不宜过迟,尤其在后期,以避免茎叶徒长和影响块茎膨大及品质。马铃薯适宜的施肥时期主要因气候、肥料种类、肥料数量和品种的需肥特性而异。在多雨地区,化肥应分期作追肥,以减少淋溶损失;少雨地区则可用作底肥。有机肥适宜作基肥或种肥,并可与化肥混合施用。在肥料充足的情况下,基肥可在秋季或春季结合耕翻整地将肥料翻入土中,这对提高土壤肥力和改善土壤物理性状是有益的。

追肥种类主要为 N 肥和 K 肥及微量肥。一般按亩施用 6 kg 尿素分为 2～3 次施用。齐苗时进行第一次追肥,土壤含水量较高时,促早发,增加光合作用面积。现蕾时进行第二次追肥,促茎叶持续生长,增加光合作用面积,有利于块茎的膨大。追肥宜在下午进行,结合浅培土和除草追施于苗旁,应避免肥料沾上叶片。块茎膨大期喷施马铃薯膨大素与 0.5％磷酸二氢钾 200 g 混合液 2～3 次,增加植株 K 的吸收和提高植株抗性。

追肥方法一般有冲施、埋施、撒施、滴灌、叶面喷施等。主要作用是补充基肥的养分不足,满足作物中后期生长的营养需求。可以根据作物生长的不同时期所表现出来的元素缺乏症进行对症追肥,如微量元素缺乏时可以及时进行叶面喷施。

N 肥的施用从生理需要角度,应以基肥、种肥和追肥相结合的方式,以满足不同生育期的需要。但具体应用中应视条件而定。高炳德(1988)试验表明,在生育期中有灌溉条件的地方,N 肥用作现蕾期追肥,结合灌溉,比作种肥平均增产 4800 kg/hm^2,利用率达 47％,比作种肥提高 22％;生育期中不浇水时,则 N 肥以作种肥较好。P 与 N 不同,P 素易固定,其吸收利用率低,因而一般多作基肥和种肥,以作种肥效果最好。

在同一时期、相同用量条件下,施用方法不同肥效也各异。一般认为,肥料应施于根系附近为好,这能提高肥料的利用率和经济效益。人们对深施碳酸氢铵一般比较重视,但尿素等深施也会提高效果。据高炳德(1988)报道,尿素深施比表施平均增产 1695 kg/hm^2,N 素利用率达 53％,比表施提高 10％;P 肥集中穴施比表面撒施提高产量 30％左右,肥料利用率提高 7％。同为穴施,又以穴内全层(5～15 cm)分布比穴内集中分布(5 cm)产量提高 15％～42％。碳酸氢铵、尿素作种肥时,应特别注意肥料与种薯不能直接接触,要相隔 5 cm 以上,以防烧种。

4. 钾肥的应用　钾肥指含 K 或 K$_2$O 肥料,分二元复合 K 肥、三元复合 K 肥。其肥效的

大小决定于 K_2O 含量。主要有氯化钾、硫酸钾、磷酸二氢钾等,大都能溶于水,肥效较快。并能被土壤吸收,不易流失。根据 K 肥的化学组成可分为含氯钾肥和不含氯钾肥。钾盐肥料均为水溶性,但也含有某些其他不溶性成分。

(1)钾肥施用时期　耕地时作底肥施入土中,后依植株长势情况进行追施。作物缺 K 时通常是老叶和叶缘发黄,进而变褐,焦枯似灼烧状;叶片上出现褐色斑点或斑块,但叶中部、叶脉和近叶脉处仍为绿色。随着缺 K 程度的加剧,整个叶片变为红棕色或干枯状,坏死脱落;根系短而少,易早衰,严重时腐烂,易倒伏。马铃薯生长期间,缺 K 生长缓慢,节间短,叶面积缩小,小叶排列紧密,与叶柄形成较小的夹角,叶面粗糙、皱缩并向下卷曲。早期叶片暗绿,以后变黄,再变成棕色,叶色变化由叶尖及边缘逐渐扩展到全叶,下部老叶干枯脱落,块茎内部带蓝色。K 肥施用适量时,能使作物茎秆长得坚强,防止倒伏,促进开花结实,增强抗旱、抗寒、抗病虫害能力。能提高土壤供 K 能力和植物的 K 营养水平。

(2)施用方法　K 肥可用作基肥,也可用作追肥,还可以作为叶面肥,作基肥和叶面肥施用效果较好。作基肥可满足农作物全生育期对 K 元素的需求,对生长期短的作物和明显缺 K 的土壤尤为重要。当马铃薯地块土壤速效 K 含量低于 160 mg/kg 时需施 K 肥,高于 180 mg/kg 时,可不施或少施。

(3)钾肥作用　改善作物产品品质提高粮食作物蛋白质的含量、油料作物的粗脂肪和棕榈酸含量、薯类和糖料作物淀粉和糖分含量;增加纤维作物及棉花的纤维长度、强度、细度;调整水果的糖酸比,增加其维生素 C 的含量;改善果菜的形状、大小、色泽和风味,增强其耐贮性。促进酶的活化。现已发现 K 是 60 多种酶的活化剂。K 与植物体内的许多代谢过程密切相关,如光合作用、呼吸作用和碳水化合物、脂肪、蛋白质的合成等。

① 促进光合作用和光合产物的运输　可以提高光合效率;调节气孔的开闭,控制 CO_2 和水的进出;促进碳水化合物的合成,加速光合产物的流动。

② 促进蛋白质合成　可以促进蛋白质合成的关键成分 NO_3 的摄取和运转;与蛋白质的合成过程密切相关。

③ 增强植物的抗逆性　K 能使作物体内可溶性氨基酸和单糖减少,纤维素增多,细胞壁加厚;K 在作物根系累积产生渗透压梯度能增强水分吸收;K 在干旱缺水时能使作物叶片气孔关闭以防水分损失。因此,K 能增强作物的抗病、抗寒、抗旱、抗倒伏及抗盐能力。

作物体内的 K 含量仅次于 N。K 的营养生理功能为促进光合作用和提高 CO_2 的同化率,促进光合产物的运输,促进蛋白质合成,影响细胞渗透调节作用,调节作物的气孔运动与渗透压、压力势,激活多种酶的活性,促进有机酸的代谢,增强作物的抗逆性,改良作物品质等。K可加强植株体内的代谢过程,延缓叶片衰老。增施 K 可促进植株体内蛋白质、淀粉、纤维素及糖类的合成、转运和分配及产量形成,使茎秆增粗、抗倒,并能增强植株抗寒性,逐渐成为作物产量及品质提高的限制因素之一。由于 K 具有提高作物品质和适应外界不良环境的能力,因此它有"品质元素"和"抗逆元素"之称。

马铃薯缺 K 品质差,生长缓慢节间短,叶面粗糙皱缩,且向下卷曲,小叶排列紧密,与叶柄形成夹角小,叶尖及叶缘开始呈暗绿色,随后变为黄棕色,并渐向全叶扩展。老叶青铜色,干枯脱落,切开块茎时内部常有灰蓝色晕圈。薯块多呈长形或纺锤形,食用部分呈灰黑色。土壤中的钾供应量,影响增加块茎的大小,一般建议在不同的气候环境和品种条件下制定一般的钾肥推荐量(Bansal et al. ,2011)。郭志平(2007)研究表明,不同生育期追施 K 肥能提高了马铃薯产量、大中薯率和块茎淀粉含量,以及生育后期净同化率、根系活力和叶绿素含量。块茎形成期追施 K 肥效果最佳,产量提高与商品薯率提高相关极显著。

5.控、缓释肥的施用　控释是指以各种调控机制使养分释放按照设定的释放模式(释放率和释放时间),与作物吸收养分的规律相一致。缓释是指化学物质养分释放速率远小于速溶性肥料施入土壤后转变为植物有效态养分的释放速率。控、缓释肥是指养分由化学物质转变成植物可直接吸收利用的有效形态的过程(如溶解、水解、降解等)。肥料施用时期主要在春季播前,结合整地时作基肥。控、缓释肥优点主要是可减少肥料用量,提高利用率较常规水肥减10%～20%,节约肥料成本;而且施用方便,可以与速效肥料配合作基肥一次性施用,肥效稳长、安全、省工、防肥害、抗病抗倒、减少环境污染、提高农作物产品品质,增产增收等。

田丰等(2017)研究了不同缓释肥对全膜马铃薯产量和品质的影响,在青海荣泽缓释肥用量为 750～1050 kg/hm² 的情况下,马铃薯生物学产量、块茎总产量、商品薯产量以及种植纯收益最高,并能提高马铃薯块茎品质。

张萌等(2016)采用田间试验方法,研究贵州冬作区马铃薯专用肥施用技术对马铃薯产量、生物性状、品质和土壤肥力的影响。结果表明,与不施肥相比,施肥显著增加马铃薯产量,不同施肥处理较习惯施肥增产 4.28%～17.24%,以 85%专用肥(50%基施)＋有机肥＋追施尿素产量最高,为 28411 kg/hm²;与不施肥和习惯施肥相比,各施肥处理株高提高 33.27%～44.81%和 2.31%～8.66%,茎粗增加 30.14%～58.90%和 5.26%～22.11%,增加株高和茎粗有利于马铃薯产量的提升;不同施肥处理与不施肥相比,马铃薯块茎 N、P、K 养分含量提高,增幅分别为 8.01%～69.02%、15.55%～55.66%和 2.63%～42.69%,但与习惯施肥相比 N 含量有所降低;马铃薯专用肥对马铃薯粗蛋白、淀粉、还原性糖和维生素 C 含量等品质均有所改善,以 100%缓释专用肥的综合效果最佳;施用马铃薯专用肥可一定程度上改善土壤的肥力状况,尤其是土壤全 P、全 K、碱解 N、速效 P 和速效 K 的含量。

(三)合理补充灌溉

一熟制马铃薯产区基本上属于雨养农业区。但生长季节的关键生育时期发生季节性缺水,则需进行补充灌溉。

1.灌溉水源　从地面水系、地下水、降雨径流等方面获取水源。

2.节水灌溉方式　马铃薯在整个生育过程需要有充足的水分。它的茎叶含水量约占90%,块茎中含水量也达 80%左右。生育过程的需水量,与植株大小、叶的蒸腾量、土壤蒸发量、温度等有密切关系。马铃薯生育不同阶段需水量差别很大。

(1)发芽期　所需水分主要由种薯自身供应。土壤墒情保持"潮黄墒"(土壤含水量 15%左右)即可以保证正常出苗。

(2)苗期　气温较低,叶片较少,叶的蒸腾量小,土壤蒸发量小,需水量少,耗水量占全生育期总耗水量的 10%。若苗期土壤水分含量较少,植株发育受阻,生长缓慢,棵矮叶小,应及时进行深中耕保墒,提高地温,有利于根系向深处下扎,增强根系的吸收能力,使幼苗苗壮生长。苗期过早浇水,往往降低地温,土壤板结,幼苗生长缓慢,叶片发黄。

(3)块茎形成期　气温逐渐升高,茎叶逐渐开始旺盛生长,根系和叶面积生长逐日激增,植株蒸腾量迅速增大。此时,植株需要充足的水分和营养,以保证植株各器官的迅速建成,为块茎的增长打好基础。这一时期耗水量占全生育期总耗水量的 30%左右,田间持水量在 70%左右为宜。该期如果水分不足,植株生长迟缓,块茎数减少,块茎产量形成受影响。

(4)块茎膨大期　即从初花到落花后 1 周,是需水最敏感的时期,也是需水量最多的时期。

茎叶的生长速度明显减缓,块茎迅速膨大,棵间蒸发和叶面蒸腾均达到峰值。这一阶段的需水量占全生育期需水总量的50%以上,田间持水量75%左右为宜。如果这个时期缺水干旱,块茎几乎停止生长。以后如有降雨或水分供应,块茎容易出现二次生长,形成串薯等畸形薯块,品质下降。如果水量供应过大,茎叶易出现徒长的现象,为病害的侵染造成了有利的条件。

(5)淀粉积累期 需要适量的水分供应,以保证养分向块茎转移,该期耗水量约占全生育期需水量的10%左右,田间持水量保持60%左右即可。切忌水分过多,易造成薯块腐烂,种薯不耐储藏。

马铃薯各生育时期对水分的需求不同,土壤水分含量低于需水量指标时必须及时灌水补充。依据当地常年降水分布情况,适当采取一些有效的农艺措施,进行合理灌水。灌水时期主要是幼苗期和块茎增长期,灌水后当土壤微干板结时要及时锄地松土。同时,应注意雨后及时排除田间积水,尤其是生长后期避免积水时间过长造成烂薯。种植马铃薯要尽量选择灌排方便的田地;在干旱或雨水较多的地方,采取适宜的栽培技术,如全膜覆盖集雨方式,高垄种植方式等。北方常用的节水灌溉方式主要有漫灌、沟灌、滴灌等。灌溉时期主要是马铃薯出苗和结薯期。沟灌跑马水,灌水至沟高的1/3~2/3。土壤湿度85%,注意排水。灌水效果较好,水分利用效率较高。

康跃虎等(2004)研究表明,灌水频率越低,灌水前的表层土壤干燥的范围越大,灌水后的土壤湿润范围越大。在华北地区,采用滴灌对马铃薯进行灌溉,土壤基质势以−25 kPa左右为好,灌水频率以每天1次最优。王凤新等(2005)研究表明,在滴灌条件下,马铃薯水分腾发量(ET)受土壤基质势下限的影响要比灌水频率大。土壤基质势降低时,会导致马铃薯腾发量的下降;马铃薯腾发量明显低于更高灌水频率。20 cm蒸发皿的蒸发量与马铃薯腾发量之间有非常好的相关性,用20 cm蒸发皿的蒸发量作为灌溉计划的参考量是可行的。江俊燕等(2008)研究表明,灌水量越大,周期越短,株高越高。在相同的灌水量下,灌水间隔时间越短,马铃薯淀粉含量越高。灌水定额越小,灌水周期对产量的影响就越大。当灌水定额一定时,灌水周期越短,产量越高。马铃薯达到最高产量时,灌水定额为90 m³/hm²,灌水周期为3 d。陕北地区可以通过少量多次的灌水方式进行马铃薯灌溉,以达到节水、高产的目的。武朝宝等(2009)研究表明,马铃薯耗水量与产量呈抛物线关系,全生育期的耗水量应在450~500 mm。马铃薯获得丰产,整个生育期前期保持60%~70%田间持水量,后期保持70%~80%田间持水量。其中幼苗期在65%田间持水量左右为宜,块茎形成和块茎增长期则以保持70%~80%田间持水量为宜,淀粉积累期保持60%~65%田间持水量即可。王乐等(2013)于2012年针对宁夏中部干旱区水资源短缺状况和马铃薯需水规律,在充分利用自然降水的基础上,采用限额灌溉技术开展了马铃薯田间滴灌试验研究,得出保证马铃薯正常产量条件下的滴灌限额灌溉制度。王雯等(2015)介绍了他们于2014年做的试验,比较了膜下滴灌、露地滴灌、交替隔沟灌、沟灌、漫灌5种灌溉方式对陕北榆林沙区马铃薯生长和产量的影响。从试验结果总体看,膜下滴灌是榆林沙区马铃薯生产中最有效的节水灌溉方式。

3. 水肥耦合 水肥耦合就是在农田生态系统中,根据不同水分条件,提倡灌溉与施肥在时间、数量和方式上合理配合,促进作物根系深扎,扩大根系在土壤中的吸水范围,多利用土壤深层储水,并提高作物的蒸腾和光合强度,减少土壤的无效蒸发,以提高降雨和灌溉水的利用效率,达到以水促肥,以肥调水,增加作物产量和改善品质的目的。水肥耦合技术则是在考虑水分和养分对作物生长的影响,在不同水分、养分基础条件下,所使用的因水施肥、以水定肥、以肥调水等技术。

目前国内外就水肥耦合对作物的生长、品质以及水肥利用率的影响已经做了大量研究。设施农业水肥耦合效应的研究主要集中在黄瓜、番茄、甜瓜等作物上,试验中养分因素多以 N 肥为主,水肥因素多是定额灌水,有些以土壤相对含水量或绝对含水量为指标。

Cabello 等(2009)研究了不同水氮处理对甜瓜产量及品质的影响,表明当水量与实际腾发量相同、施氮量为 90（kg N）/hm^2 时其水分利用效率最高,在中度水分亏缺条件下(灌水量为90％实际腾发量),其对产量和品质影响较小。

栗丽等(2013)研究表明,随灌水量的增加,冬小麦水分利用效率增加,灌溉水利用效率降低;随施 N 量的增加,水分利用效率和灌溉水利用效率先增加后降低。

王军等(2010)研究表明,适度水分亏缺在产量影响较小的情况下,可提高甜瓜的水分利用效率并改善果实的品质,而适宜的施 N 量可增加甜瓜产量、提高水分利用效率以及改善果实品质,施肥量过高或过低均可能限制作物的正常发育,进而影响产量和品质。

贾彩建等(2008)对滴灌施肥研究试验表明,滴灌施肥可节水 28.9％～31.0％,节肥 17.9％～58.9％,且滴灌施肥中番茄产量达 94860.0 kg/hm^2,比对照增产20.8％,还可有效提高果实品质。

王鹏勃等(2015)研究表明,单株施肥量、灌水量以及水肥交互作用对番茄硝酸盐含量的影响都达到了极显著水平,且肥料作用＞水分作用＞水肥交互作用;施肥量和灌水量对番茄维生素 C 和可溶性糖含量的影响均达到了极显著水平,且水分作用＞肥料作用;灌水量和水肥交互对各处理番茄红素含量的影响达到了极显著水平,且水分作用＞水肥交互作用;施肥量、灌水量及水肥交互作用对各处理番茄可溶性蛋白的影响都达到了极显著水平,且水分作用＞肥料作用＞水肥交互作用。

（四）防病治虫除草和应对环境胁迫

具体见第九章。

七、收获和贮藏

（一）适时收获

马铃薯收获方法主要是人工和机械收获。马铃薯植株茎叶大部分枯黄时,生长停止,块茎易与匍匐茎分离,周皮变厚,块茎干物质含量达到最大值,为块茎的最适收获期。马铃薯的收获时间范围为 7 月下旬至 10 月中旬。收获前十天左右将地里马铃薯茎秆和杂草清理干净。

在晴天用人工、牲畜或马铃薯挖掘机进行收获。收获时尽量避免碰伤块茎,减少机械损伤,并要避免块茎在烈日下长时间暴晒而降低种用和食用品质。块茎经晾晒、“发汗”,严格剔除病烂薯和伤薯后入窖贮藏。

（二）贮藏

科学贮藏是保证马铃薯保存的重要方式,通常贮藏窖打扫干净后,用生石灰、5％来苏水喷洒地面和墙壁消毒。窖内相对湿度保持 80％～90％,温度 3 ℃左右。块茎入窖应该轻拿轻放,防止大量碰伤。严格选去烂薯、病薯和伤薯,将泥土清理干净,堆放于避光通风处;入窖后用高锰酸钾和甲醛溶液熏蒸消毒杀菌(用 5 g/m³ 高锰酸钾兑 6 g 甲醛溶液),每月熏蒸一次,防止块茎腐烂和病害的蔓延。并且每周用甲酚皂溶液将过道消毒一次,以防止交叉感染。另外,种薯储存期,防止老鼠为害。此外,还要严格控制窖温、湿度,保持通风等达到马铃薯种薯储存对环境的要求,降低储存期间的自然损耗。

1. 贮藏方式　马铃薯贮藏方式主要有窖藏、堆藏、库藏、冷藏、沟藏、气调贮藏、化学贮藏等。

(1)窖藏　窖藏是北方普遍采用的方法。用井窖或窑窖贮藏马铃薯,在地下挖窖,温度稳定在 0 ℃以上。在严冬条件情况下,马铃薯能够安全过冬储藏;缺点是每个储藏窖受体积限制,储存的数量较少,每窖可贮 3000～3500 kg,由于只利用窖口通风调节温度,所以保温效果较好。但入窖初期不易降温,马铃薯窖不能装得太满,并注意窖口的启闭。使用棚窖贮藏时,窖顶覆盖层要增厚,窖身加深,以免冻害。窖内薯堆高度不超过 1.5 m,否则入窖初期易受热引起萌芽及腐烂。

(2)堆藏　贮藏窖里马铃薯堆高不超 2 m,堆内设置通风筒。另采用袋装垛藏,袋重 30～35 kg,袋整齐码垛,以堆 6 层高为宜,垛与垛间留 1 m 宽的走道。

(3)库藏　将种薯装在木箱、塑料周转箱或其他容器内,叠层放置在见散射光的库房内,在散射光的照射下,芽转成绿色,生长缓慢、粗壮,种薯的水分损失较慢。在库房内可以采用自然通风或气调,气调可以长时间储存。装筐码垛贮放,更加便于管理及提高库容量。

(4)气调贮藏　气调仓库包括鲜食商品马铃薯储存气调库,气调库建有自动调控温、湿度、监测库内块茎发芽、转化程度及库房运转的专用马铃薯原料的气调贮存库,储存期可以达到 180 d。根据储藏期需要,气调库温度控制在 4～7 ℃,低于 4 ℃容易发生冻害和低温真菌病害。温度高块茎呼吸增加,水分损失大,发芽速度快。相对湿度控制在 80%～90%,与块茎水分相近,减少块茎水分蒸发。加工用马铃薯储存气调库,长期储存温度 7～10 ℃,在马铃薯休眠期内 15～18 ℃,因为低温会造成块茎还原糖增加。2 周左右降低还原糖含量处理的相对湿度控制在 80%～90%。

(5)冷藏　出休眠期后的马铃薯转入冷库中贮藏可以较好地控制发芽和失水,在冷库中可以进行堆藏,也可以装箱堆码。将温度控制在 3～5 ℃,相对湿度 85%～90%。

(6)沟藏　7 月中旬收获马铃薯,收获后预贮在荫棚或空屋内,直到 10 月份下沟贮藏。沟深 1～1.2 m,宽 1～1.5 m,沟长不限。薯块堆积厚度 40～50 cm,寒冷地区可达 70～80 cm,上面覆土保温,要随气温下降分次覆盖。沟内堆薯不能过高。否则沟底及中部温度易偏高,薯块受热会引起腐烂。

(7)化学贮藏　在马铃薯贮藏前用多菌灵、甲霜灵锰锌等药剂处理块茎来预防,也可在贮藏期间,使用 0.2%甲醛溶液均匀喷雾,使病薯病害部位表层干枯,可有效防止病菌向邻近块茎侵染。另外,使用二氧化氯(ClO₂)消毒和保鲜。贮藏中采用青鲜素或萘乙酸甲酯等药剂处理,可以抑制或减少发芽,能抑制病原菌微生物的繁殖,还能防腐。

2. 贮藏期间的条件管理　马铃薯种薯入窖后,应有专人负责管理,每天掌握窖内温湿度,根据温湿度的变化随时采取相应的措施。如果发现有烂薯,应及时进行翻窖、倒垛,防止薯块腐烂蔓延感染。马铃薯贮藏期间窖内前期管理应以降温、防冻为主;中期主要进行防冻、保鲜;后期主要是保持窖内低温;末期 3 月初至种薯出窖时,块茎已度过休眠期。郑军庆等(2011)研究认为,窖温升高易造成块茎发芽,最好将窖温控制在 1～4 ℃,发现病烂薯及时剔除。

(1)温度　马铃薯在储存期间与温度的关系最为密切。作为种薯,一般要求在较低的温度条件下储存。储存初期应以降温散热、通风换气为主,最适温度应在 4 ℃;储存中期应防冻保暖,温度控制在 1～3 ℃;储存末期应注意通风,温度控制在 4 ℃。

(2)湿度　保持窖内适宜的湿度,可以减少自然损耗和有利于块茎保持新鲜度。当储存温度在 1～3 ℃时,湿度最好控制在 85%～90% 之间,湿度变化的安全范围为 80%～93%,在这样的湿度范围内,块茎失水不多,不会造成萎蔫,同时也不会因湿度过大而造成块茎的腐烂。

(3)光照　贮藏条件不好,适当创造一定光照条件,使表皮变绿。Gachango 等(2008)研究表明,块茎贮藏在黑暗条件下的重量较直接光照条件下重量损失小,不同品种在不同光照下失去的重量不同,发芽活力不同。直接光照和散射光照下,马铃薯块茎蛾发病率比黑暗条件下高。块茎储存时,采用漫射光(612.2～1000 kW)可形成短壮芽并减少块茎重重。

(4)通风　调节窖内空气流通,保证有清洁新鲜空气,增加氧气,减少窖内集聚的 CO_2。种薯长期储存时,窖内 CO_2 较多会影响种薯的生活力,导致植株发育不良,田间缺株率增加,产量下降。

(5)病虫害　贮藏期间可用灰力奇烟熏剂点燃处理 3～4 次,每月熏蒸 1 次,以杀菌防腐;或每 10 m^3 用 55 g 高锰酸钾兑 70 g 甲醛溶液熏蒸消毒。一周入窖检查一次,要防冻,防止热窖、防止烂窖,保证安全贮藏。

(6)热　贮藏期热源包括原有热(块茎自身原有热量)、呼吸热(块茎呼吸产生的热量)、外来热(窖外空气流入窖内的热量)和土地热(从地下传导到土壤中的暖流)。其中土地热是贮藏窖利用热量的主要来源。

第三节　马铃薯特色栽培技术

一、垄作覆膜

垄作栽培技术是对传统栽培技术进行改进,具有悠久的历史,大多数作物均采用垄作技术,但发展缓慢。近年来,垄作技术已由干旱半干旱地区扩大到多雨的热带平原,由中耕作物扩大到禾本科类作物,由旱地农业扩展到灌溉农业。马铃薯多采用垄作栽培技术生产,可取得良好的效果。相对于传统平作,垄作将土壤平面形成垄面垄沟相间的波浪状态,土壤与近地表大气层之间接触面积扩大,作物种植在垄上。马铃薯种植在垄上,既增加了结薯层,又改善了通风透光条件,施肥、灌水、除草等管理措施便于进行,水分集中在垄沟,以渗透形式进入垄体。与传统平作相比,垄作形成的土壤结构上虚下实,熟化土壤层明显加厚,土壤孔隙度增加,耕层温度提高,酶活性得到增强,土壤呼吸强度提高,土壤微生物活动增加,土壤容重降低,在根系生长最旺盛的耕层有利于吸收水分和养分。地膜覆盖是用农用塑料薄膜覆盖地表的一种农艺措施。地膜覆盖能保持最佳的土壤水热条件,降低蒸腾提高水分利用效率及获得高产等。覆膜技术是通过农膜设施使作物御寒、防旱等不利的气候条件,以达到增温保墒,减少土壤水分蒸发、提高土壤贮水量,创造较佳的生态环境条件,提高作物产量。垄作覆膜栽培是垄作与薄膜覆盖的有机结合,是将地面修整成垄台、地膜覆盖于垄台之上,在双垄之间或双垄之上种植作物的一种栽培方式。马铃薯垄作覆膜是中国北方一熟制地区大面积应用的主要有效模式。

朱占录(2010)介绍甘肃省定西市的早熟马铃薯半膜垄作栽培技术规程,该技术是促进马铃薯由扩大面积、扩充总量向依靠科技、提高品质转变的新技术,是马铃薯高产、优质、高效的新途径,其主要优点是早成熟、早上市,提高价格,增加收入,可以在定西及类似地区示范推广。王跃兵等(2010)对黑龙江省大田马铃薯扣膜高产高效栽培技术,着重对扣膜栽培的栽培方法进行了研究,应用这种栽培方法种植马铃薯,种植人员首先需要将栽培环境条件设置好,以免受到不良的栽培环境的影响,从而导致马铃薯的产量降低,应用良好的栽培方法可以使马铃薯被提前输送进蔬菜销售市场中,从而使其创造更高的经济收益。对于黑龙江省马铃薯种植人员使用的这种扣膜栽培的方法,其他区域的种植者可以根据具体的区域特点来进行改进。

薛俊武等(2014)介绍了2012年在大田设置不同覆盖方式和沟垄种植试验。以露地平作为对照,通过测定不同处理下马铃薯的出苗率、产量和土壤含水量等指标,分析覆膜和垄作的影响效果。结果表明,覆膜处理马铃薯出苗率和株高明显高于对照($P<0.05$),其中,覆膜垄作效果最明显,比对照高出 11.72%～14.94% 和 10.65～12.35 cm;与对照相比,覆膜处理均能提高马铃薯田的土壤含水量和水分利用效率($P<0.05$),覆膜垄作比覆膜平作效果更显著($P<0.05$);覆膜处理可明显提高马铃薯产量($P<0.05$),再加上垄作对马铃薯薯块的增产效果更明显。所有处理均提高了马铃薯的商品率($P<0.05$),覆膜垄作处理比覆膜平作提高幅度更大。因此,在黄土高原旱地采用覆膜垄作方式种植马铃薯可显著增加产量并提高水分利用效率,而全覆单垄种植方式的经济效益更高。

张耀奎等(2014)介绍了宁夏中部干旱带旱地覆膜免耕马铃薯栽培模式的研究情况。试验采用二次正交旋转设计对旱地覆膜免耕马铃薯栽培关键因素,即种植密度、N、P、K肥用量进行计算机寻优模拟预测,结果表明:宁夏中部干旱带在旱地覆膜免耕栽培模式下,实现马铃薯单产鲜薯 19500 kg/hm²、投资效益高于 5.0 元/kg、薯块淀粉含量高于 13% 的优化农艺方案为:密度 32265～41850 株/hm²,施纯 N 93.6～104.1 kg/hm²,P_2O_5 31.20～46.05 kg/hm²,K_2O 81.75～100.05 kg/hm²。在可控栽培因子中,应重点把握合理密植,适量施 N 肥,并注重 K 肥的施用。

李吉有(2011)介绍的马铃薯全膜覆盖双垄集雨栽培技术规范,集成选地、整地、施肥、覆膜、品种选择、播种时间、播种密度、田间管理等技术。本规范适用于海拔在 2200～2800 m 的旱作区马铃薯栽培。

张辉(2013)介绍了双膜、三膜覆盖栽培马铃薯的效益情况,通过近四年试验、示范发现,上茬覆膜马铃薯比露地马铃薯亩增产 509 kg,亩增纯收入 932.6 元,下茬种植蔬菜、油料作物、粮食作物平均亩增纯收入 1240 元,两茬合计每亩比种植一茬玉米增收 2172.6 元,取得了良好的经济效益和社会效益。

包开花等(2015)为了探讨内蒙古阴山北麓地区旱作马铃薯生产中适宜的覆膜种植方式,以克新 1 号马铃薯品种为试验材料,采用田间小区试验的研究方法,研究了露地平播(CK)、平作行上覆膜种植(PZHS)、双垄全膜覆盖沟播(QFM)、起垄覆膜膜侧种植(QLMC)4 种不同覆膜方式和保水剂对旱作马铃薯土壤水热效应及出苗的影响。结果表明,QLMC 和 PZHS 两种覆膜方式有利于升温,而 QFM 有利于保温,且施用保水剂的昼夜温差较不施保水剂的各处理小。0～10 cm 土层含水量表现为 QFM＞QLMC＞PZHS＞CK,其他土层均表现为 QLMC＞QFM＞PZHS＞CK;同种覆膜方式下,0～40 cm 土层,施保水剂的土壤含水量均高于不施保水剂的土壤含水量,但 40 cm 以下土层呈相反变化。覆膜种植和施保水剂均可提高旱作马铃薯出苗率,缩短出苗时间。相关分析表明,马铃薯出苗率与 0～20 cm 土壤含水量呈极显著正相关关系,与 0～20 cm 土壤温度呈正相关关系。本试验条件下,起垄覆膜膜侧种植可作为旱作马铃薯覆膜栽培中首选的种植方式。

王东等(2015)介绍了他们于 2013 年的试验研究结果。以当地主栽马铃薯品种"新大坪"为试验材料，研究平畦不覆膜(CK)、平畦覆膜(T1)、全膜双垄垄播(T2)、全膜双垄沟播(T3)、半膜沟垄垄播(T4)、半膜沟垄沟播(T5)6 种栽培模式连作种植，对马铃薯产量及土壤理化性质的影响。结果表明，与 CK 相比，处理 T2、T3、T4 和 T5 显著提高连作马铃薯根区地温；在连作马铃薯全生育期内，各处理土壤电导率总体呈下降趋势，pH 呈上升趋势；与 CK 相比，沟垄覆膜处理土壤电导率提高，pH 降低，但差异不显著；除 T5 外，其他沟垄覆膜处理均能提高连作马铃薯出苗率，T4 最高且与 CK 间差异达到显著水平；沟垄覆膜处理明显提高连作马铃薯产量，增产幅度为 1.5%～29.8%，其中 T2 处理产量最高且与 CK 间差异显著。

孙梦媛等(2017)介绍，为明确全膜垄作对黄土高原旱作马铃薯土壤保水改土效果及产量形成的影响，设全膜双垄垄上播(A1)、全膜单垄垄上播(A2)、全膜单垄垄上微沟播(A3)和露地常耕平作(CK)4 种方式进行田间试验，分析了不同耕作方式对马铃薯田间土壤含水率、土壤酶活性和产量的影响。结果表明，全膜垄作均能提高各生育阶段 0～100 cm 土层土壤含水率，特别是对 0～20 cm 土层影响最为显著，在马铃薯需水关键期块茎形成期和块茎膨大期，0～100 cm 土层土壤含水率 A1、A2、A3 处理较 CK 分别提高了 27.93%、19.23%、34.93% 和 25.12%、26.94%、57.00%；全膜垄作均能显著提高马铃薯 0～60 cm 土层土壤蔗糖酶、脲酶、过氧化氢酶、磷酸酶活性，以 0～10 cm 土层酶活性最高，随马铃薯生育期推进，土壤酶活性呈先增加后降低趋势，在块茎膨大期达到最大；同时，全膜垄作均能增加马铃薯产量，由高到低次序为 A3 处理＞A1 处理＞A2 处理＞CK，其中 A3 处理比 A1 处理增加 5.53%，比 A2 处理增加 14.23%；A1、A2、A3 处理的产量分别较 CK 提高了 75.77%、66.56%、53.88%；与 CK 相比，全膜垄作不仅提高了马铃薯产量，而且降低马铃薯烂薯率和青薯率，其中全膜单垄垄上微沟播(A3)优于其他处理，可作为内蒙古黄土高原旱作区节水高产栽培模式。

念淑红等(2018)介绍了环县旱地脱毒马铃薯黑膜全覆盖垄上栽培技术，从 2013 年国家提出马铃薯主食化战略以来，马铃薯在甘肃省庆阳市环县种植面积逐年增加，并且由环县北部乡镇向南部乡镇逐年扩大。2015 年 1 月国家农业部正式启动马铃薯主粮化战略后，环县积极实施脱毒马铃薯全覆盖工程，马铃薯常年种植面积 1.5 万 hm² 以上。但由于环县春旱和初夏旱普遍发生，严重影响着马铃薯的生长，使马铃薯产量低而不稳，经济效益差。通过多年试验和生产示范，总结出了环县干旱山区脱毒马铃薯黑色地膜全膜覆盖垄上丰产栽培技术，地表覆盖率达到 100%，最大限度地保蓄自然降水和减少蒸发，显著提高了水分利用率。同时既能提高土壤温度，有利于马铃薯前期生长发育，又能抑制杂草，减少病虫害发生，调节薯块膨大期土壤温度，减少青头薯。

柴生武等(2019)介绍山西马铃薯旱地机械化垄作高效栽培技术，马铃薯旱地机械化垄作栽培技术可以有效克服旱地垄作容易干旱的缺点，实现了合理密植，改善田间通风透光条件，商品薯率显著提高，平均每亩产量较传统平作栽培提高 500～1000 kg，增收 500～1000 元。该技术已在山西地区示范推广近 133.3 hm²。

靳乐乐等(2019)认为，起垄覆膜栽培技术能抑制地表蒸发，通过集雨、水汽凝结提高土壤含水量；能够提高土壤温度，尤其是作物苗期的土壤温度，增加出苗率、成苗率，促进作物生长发育；提高昼夜温差，降低高温期地温，有利于作物产量的提高；改善土壤理化性质，改善土壤结构，调整土壤酶的活性，为作物生长提供良好的土壤环境。

二、垄上覆膜沟播栽培

垄上覆膜沟播技术是集农田微域集水技术与地膜覆盖两大旱作栽培技术优点于一体的作物栽培新技术。该项技术在覆盖方式上从半膜覆盖向全膜覆盖转变,在播种方式上从平铺穴播向沟垄种植转变,集成膜面集雨,覆盖抑蒸、垄沟种植技术为一体,不仅能最大限度地保蓄降雨,减少土壤水分的无效蒸发,而且能利用垄面进行集流,充分接纳作物生长期间的全部降雨,特别对 10 mm 以下的微小降雨能够有效拦截,集雨、保墒、增加地表温度,提高肥水利用率的效果,增产效果较显著。旱作马铃薯垄作覆膜沟播栽培技术是在推广玉米全膜双垄沟播技术上改进形成的。

王红梅等(2012)介绍了马铃薯双垄全膜覆盖沟播技术:全膜双垄沟播技术是一项集覆盖抑制蒸发、垄面集流、垄沟种植为一体的旱作节水农业技术;马铃薯双垄全膜覆盖沟播技术使土壤水分、地积温增加,为马铃薯生长发育创造了更好的条件,还探讨了马铃薯适宜的种植密度,提高双垄全膜覆盖沟播技术增产的效益。

杨泽粟等(2014)介绍,于 2011 年在黄土高原半干旱地区以平地不覆膜为对照,研究了不同沟垄和覆膜方式对马铃薯叶片和土壤水势的影响。结果表明:不同沟垄和覆膜方式在不同土层和不同生育期对土壤和叶片水势的影响差异显著。土壤水势日变化趋势:0～20 cm 土层,土垄处理在开花期为先下降后上升型,土垄和覆膜垄处理在块茎膨大期为先下降后上升型,覆膜垄和全膜双垄沟播处理在成熟期为先下降后上升型,其余为逐渐下降型;20～40 cm 土层,各处理土壤水势呈逐渐下降趋势。叶片水势日变化趋势:开花期和块茎膨大期表现为双低谷型,双低谷分别在 13:00 时和 17:00 时,成熟期为"V"型,即单低谷型,低谷出现在 17:00。各处理变化趋势相同,但水势存在差异。土垄处理在水分关键期(开花期和块茎膨大期)叶片水势显著高于其他处理,而全膜双垄沟播处理在成熟期最高。生育期土壤水势和叶片水势均表现为先减小后增大的趋势。20～40 cm 土层对叶片水势影响较大,土垄处理在该土层具有较好的水分状态,蒸腾作用较强加速了水分运移速率,是导致覆膜垄和全膜双垄沟播处理水势低于土垄的主要原因。在前期降雨较少的年份,由于较小的蒸腾作用,土垄处理可以保证马铃薯承受较小的水分胁迫;在前期降雨量较多的年份,覆膜垄和全膜双垄沟播处理则可以凭借其较大的蒸腾作用发挥较大的增产效果。

梁锦秀等(2015)对宁南旱地土壤水分、马铃薯产量及水分利用效率的影响进行研究。结果表明,垄覆沟播栽培方式生育期较 CK 提前 4 d,淀粉累积延长 5 d,提高了马铃薯生育期内干物质累积量。垄覆集雨有效提高了马铃薯现蕾期～盛花期 40 cm 以下土壤含水率,并增加了 1 m 土体贮水量($P<0.05$)。垄覆沟播处理马铃薯产量最高为 34908.0 kg/hm²,较 CK 增产 39.1%,差异显著,同时增加马铃薯单株个数,提高单株产量和单薯重。垄覆沟播处理马铃薯水分利用效率为 69.0 kg/(hm²·mm),较 CK 增加 43.5%,但与覆膜垄作无显著差异,其趋势为垄覆沟作＞覆膜垄作＞裸地垄作＞裸地平作。垄覆沟播可作为宁南旱地解决马铃薯高产高效的技术途径。

赵元霞等(2016)介绍了旱作马铃薯微垄覆膜侧播栽培模式的集雨效果。微垄覆膜侧播栽培模式是最近提出的旱作区马铃薯集雨栽培技术,研究的目的是通过设置 5 mm、10 mm、15 mm 和 20 mm 4 个模拟降雨量水平,与传统平作模式进行比较以检验微垄覆膜侧播栽培模式在内蒙古阴山北麓地区的集雨效果。试验在马铃薯出苗后 16 d 进行模拟降水处理。结果表明,在微垄覆膜侧播栽培模式下,5 mm 降雨即可显著提高马铃薯根际 0～20 cm 土层土壤含水量,10 mm时微垄覆膜侧播的贮水效果最好。随着模拟降雨量的增加,微垄覆膜侧播马铃薯的干物质积累速率、各器官干物质积累、叶面积指数及水分利用效率均呈现增加的趋势。

郑有才等(2016)在西北旱区旱作马铃薯生产中,研究全膜双垄沟播对马铃薯经济性状和土壤耕层温度的影响规律。结果表明,全生育期覆膜处理产量最高,达 27957.27 kg/hm²,与露地栽培相比,增产23.17%,差异显著。全生育期覆膜、现蕾期揭膜、膨大期揭膜处理间差异不显著。现蕾期揭膜处理商品率最高,为85.43%,与对照相比,差异显著。全膜双垄沟栽培技术较露地栽培技术可显著缩短马铃薯生育期,实现提早成熟。全膜双垄沟马铃薯栽培技术使马铃薯生长发育加快,长势旺盛,全膜双垄沟栽培处理含水量最高。整个生育期内各部干物质积累全膜双垄栽培模式显著高于对照露地。

三、深旋松耕作栽培

深旋松耕作栽培技术是近年来在深松耕技术基础上发展起来的一项新型耕作技术。该方法采用专用耕作机械,通过旋磨深松土壤,在打破犁底层的同时还能不乱主体土层而使土壤松软,结合了深松、旋耕和翻耕3种耕作方法的优点。深旋松耕作打破犁底层,降低表层土壤容重,增加耕层土壤孔隙度,改善土壤通透性,提高土壤蓄水能力,达到抗旱增产的目的。在甘肃旱作农业区马铃薯耕作上示范应用,具有省时省力、节约成本、改良土壤环境、增产增收效果,具有明显的技术创新性和先进性。目前,该项技术累计在定西、会宁、甘谷、民乐等地区推广应用面积约10万亩左右,有力促进了当地特色优势产业发展和农民精准脱贫。该技术适用于甘肃省特别是中东部旱作区,同时适用于内蒙古、宁夏、青海、山西、陕西等省份的旱作区,推广应用前景十分广阔。

梁金凤等(2010)通过种植前对土壤进行不同耕作处理试验,探讨不同耕作方式和耕作深度(30 cm,35 cm,45 cm)对土壤理化性状及玉米(*Zea mays* L)根系生长的影响。结果表明,三种耕作方式对土壤容重、土壤含水量、土壤微生物总量、玉米根系生长的影响表现为:深松耕作对表层土壤(0~25 cm)容重降低作用大于深层土壤(25~45 cm);对增加土壤含水量、增加土壤微生物总量、促进玉米根系生长方面的作用,深层土壤大于表层土壤;从不同耕作深度进行比较,深松45 cm>深松35 cm>深松30 cm>传统耕作,即耕作越深,对土壤物理性状和作物根系生长影响越大。不同耕作处理间玉米产量无显著性差异。综合研究区的土壤性质、作物生长、自然环境等因素,雨养农区可采用免耕—深松的循环耕作模式,改良土壤性质,提高经济效益。

孙仕军等(2010)在雨养农业区,探讨了玉米田间土壤水分和生长状况在不同耕作深度(15 cm和25 cm)条件下的变化情况。结果表明,全生育期内两种不同耕作深度条件下,土壤水分随时间的波动趋势相似,但在较大降雨后(15 mm以上),深耕区土壤水分增加值比浅耕区多,连续干旱时深耕区比浅耕区土壤水分消耗更快。整个生育期的土壤含水率,深耕区的最大值和最小值差值比浅耕区大,在0~40 cm深处相差3.04%,40~80 cm深处相差最高达到4.75%。这说明深耕更利于降雨入渗和土壤水分调蓄。生长状况指标差异不大,浅耕区略好于深耕区,产量为浅耕区略高于深耕区。

李华等(2013)探讨深旋松耕作法在东北地区玉米生产上的可行性。结果表明,深旋松可有效打破犁底层,显著改善土壤某些物理性状。四组深旋松处理的土壤容重均低于对照,深旋松50 cm+地膜覆盖(DRS50P)最低,R最高。DRS50P和深旋松30 cm+地膜覆盖(DRS30P)土壤温度、土壤含水量高于其他处理;深旋松50 cm(DRS50)和深旋松30 cm(DRS30)苗期含水量低于其他处理,其他时期高于对照。DRS50P 与 DRS30P、DRS50 与 DRS30 土壤某些物理性状差异显著。深旋松促进了玉米根系生长。拔节期和灌浆期,DRS50P 和 DRS30P 的根数、根长、根体积及根冠比显著高于 DRS50 和 DRS30,DRS50 和 DRS30 高于对照,R 最低;成熟期 DRS50P 和 DRS30P 的根长和根数最大,根体积和根冠比略低于其他处理。DRS50P 与 DRS30P、DRS50 与 DRS30 植株性状差异较小。深旋松促进了玉米地上部生长发育,增加了籽粒产量。

以上例证可供马铃薯栽培参考。

四、间作、套作、轮作及复种栽培

俞学惠等(2005)在宁夏平罗县推广应用的地膜马铃薯套种玉米、地膜马铃薯复种大白菜、地膜马铃薯收获后移栽甘蓝 3 种种植模式的地膜马铃薯产量在 3.75 万 kg/hm² 左右,玉米、大白菜、甘蓝产量分别为 8250 kg/hm²、9.00 万 kg/hm²、7.50 万 kg/hm²,两茬作物合计产值达 24675~35250 元/hm²。并重点从选地、整地、施肥,选择适宜品种,适期规范播种,田间管理及收获等方面介绍了各种模式的配套栽培技术。

冉权等(2008)介绍了乌鲁木齐地区的春马铃薯—耐贮结球甘蓝冬绿 1 号高效一年两季栽培模式,结果表明:春马铃薯—甘蓝两季种植模式投资少,产量高,效益好。经试验种植,可产马铃薯 1500~2000 kg/亩、甘蓝 5000~7000 kg/亩,现已在乌鲁木齐北郊、米东区两地推广。2006 年示范推广 4.2 亩,2007 年推广 150 亩,两茬产值合计 6000 元/亩左右。

王托和等(2010)通过对河西灌区大豆生产现状调查及田间栽培试验研究,制定了本生态区域及同类地区"大豆/马铃薯/白菜"种植模式的高产高效栽培技术规范。其产量结构水平大豆 3450 kg/hm²、马铃薯 18 t/hm²、白菜 28.5 t/hm²,收入达 4.5 万元/hm²。

段玉等(2010)介绍了关于在内蒙古阴山北麓马铃薯与绿肥作物轮作的研究,结果表明,苕子和豌豆增施 N、P 化肥均有显著的增产效果,增产可达 13.0%~36.0%。箭筈豌豆增产效果好于蒙苕一号。尽管马铃薯平衡施肥的茬口后效最好,但与绿肥作物各施磷酸二铵处理之间没有显著差异。毛叶苕子和箭筈豌豆两种绿肥作物茬口对后茬马铃薯产量基本没有影响。绿肥后茬减少施 N 量 30%,减产不明显,说明在干旱地区种植绿肥后可以减少 N 肥用量 30%。

张忠学等(2010)介绍了早熟菜用马铃薯复种糯玉米高效栽培技术,甘肃省金昌市农业生产长期为"一年一熟制"模式,土地利用率不高,为提高农业生产效益,多次开展"一年二熟制"模式试验并获得成功,农业生产效益翻一番,该模式在城郊推广示范面积达 300 hm² 以上。在早熟菜用马铃薯复种糯玉米高效栽培技术模式下,马铃薯平均产量 30 t/hm²,产值 4.8 万元/hm²;产糯玉米 4000 穗/亩,产值 4.8 万元/hm²;全年合计总产值逾 9.6 万元/hm²。

孟庆忱(2010)介绍了三膜覆盖马铃薯复种玉米高产栽培技术。种植马铃薯投资少、周期短、效益高。在种植业结构调整中发挥着重要作用。辽宁省的自然光热资源,对于粮食作物而言,种植一季热量有余,种植两季又不足。三膜覆盖马铃薯复种玉米可有效地利用当地的光热资源,在不增加耕地面积的情况下,对于提高农民种植效益,稳定粮食产量,具有重要的意义。辽宁省不少地区当前生产上存在着品种选择不当、栽培措施不合理等诸多问题,导致上茬马铃薯不能适时收获,严重影响下茬作物的种植,造成整体效益下降。通过对本地区复种模式的探索,总结出一套成熟的三膜覆盖马铃薯复种玉米高产栽培技术模式。尤其是对马铃薯的困种、催芽、炼芽、选地、整地、覆膜、施肥、栽种、田间管理及复种玉米的关键环节进行了详细的分析研究。

姚震等(2012)介绍了宁夏银北地区菜用马铃薯套(复)种栽培技术,从经济效益、套(复)种栽培技术等方面论述了菜用马铃薯套种玉米、菜用马铃薯套种甘蓝、菜用马铃薯套种辣椒、菜用马铃薯套种青萝卜、菜用马铃薯复种大葱、菜用马铃薯复种甘蓝、菜用马铃薯复种油葵、菜用马铃薯复种大白菜、菜用马铃薯复种香菜、菜用马铃薯复种菠菜等10种套（复）种模式及技术。

李秀娟（2013）介绍了辽宁省绥中县三膜马铃薯复种水稻机直播栽培技术，其中包括品种选择、整地施肥、播种、田间管理和收获等方面内容。绥中县的自然光热资源，对于粮食作物而言，种植1季热量有余，种植2季又不足。三膜覆盖马铃薯即大拱棚套小拱棚，再覆盖地膜的栽培模式，可提早播种1个多月，复种水稻有效利用当地的光热资源。为了不断提高绥中县塬区农民种植业收入，结合当地的实际情况，总结出一套成熟的三膜覆盖马铃薯复种水稻机直播栽培技术，以为马铃薯、水稻种植提供参考。

曲振权（2016）介绍了哈尔滨郊区覆膜马铃薯复种绿菜花高产栽培技术，该技术通过马铃薯催大芽和扁铲栽培技术使前茬马铃薯抢早分期分批上市；后茬绿菜花提前育苗，马铃薯收获后按期定植。两茬蔬菜具有可观的经济效益，2014年亩纯利润8155元，2015年亩纯利润9005元。

李亚军等（2016）介绍了延安地区早熟地膜马铃薯—玉米间套模式关键技术，为了充分合理地利用延安地区内光热资源和土地资源，解决当地农作物生产当中两季不足，一季有余的问题，于2012年开展早熟地膜马铃薯和玉米间套种植模式探索试验，并逐步示范推广。通过连续四年的推广应用证实，早熟地膜马铃薯和玉米间套种植模式是一项合理挖掘自然资源，通过提高复种指数，实现农业增产增效、农民增收致富的成熟有效途径，具有重要的推广价值。

管青霞等（2019）介绍了甘肃省陇西县的马铃薯复种黄瓜—草三膜覆盖栽培技术规程的情况，该规程规定了马铃薯复种黄瓜—草三膜覆盖的地块选择、建棚、春茬马铃薯种薯选择与处理、备草、播种、田间管理、病虫害防治、收获以及秋茬黄瓜的育苗、嫁接、定植、病虫害防治、采收等技术规程。

五、配套绿肥栽培

利用植物生长过程中所产生的全部或部分绿色体，直接翻耕到土壤中作绿肥，或者是与主体作物间进行间套作与轮作，起到促进主体作物生长，改善土壤生长环境状况等作用。马铃薯花期间作绿肥间作技术是由甘肃省农业科学院旱地农业研究所经5年中试成熟的一项绿色增产增效技术，在旱作农业区试验示范，具有较好的增产增收效果。

王婷等（2010）在河西绿洲生态条件下，研究了马铃薯与不同绿肥的间作模式。结果表明，马铃薯产量为根茬处理高于压青处理，以马铃薯间作针叶豌豆（根茬）的折合产量最高，为27515.15 kg/hm²，较单作马铃薯增产14.7%。马铃薯间作箭豌豆混播毛叶苕子，绿肥鲜草产量最高，根瘤数最多，且明显高于其他处理。马铃薯间作针叶豌豆无论是根茬还是压青处理，不同层次土壤的含水量变化相对其他处理稳定；马铃薯间作甜豌豆的土壤速效磷、速效钾、硝态氮、铵态氮含量根茬处理高于压青处理，间作箭豌豆混播毛叶苕子（根茬）和（压青）处理土壤速效钾、速效磷、硝态氮、铵态氮含量均低于单作马铃薯。

张久东等（2011）在河西地区田间试验研究表明，马铃薯间作毛叶苕子或箭舌豌豆，可产鲜草1500~2250 kg/hm²，并使马铃薯增产13.6%~14.7%，提高单位面积产出率，减少杂草为害。

六、其他

马福莲（2011）介绍了西吉县马铃薯设施拱棚早熟栽培技术，内容包括选地建棚、品种选择、种薯处理、施肥、种植、田间管理、收获等方面。随着设施农业在西吉县的逐渐兴起,西吉县政府高度重视,并把设施农业作为增加农民收入、促进县域经济不断发展的支柱产业。利用设施拱棚生产马铃薯,是马铃薯提高产量和产值的一项新技术。对株行距均为 30 cm、密度为 4700 株/亩的早熟拱棚马铃薯田测产得知,早熟拱棚马铃薯产量可达 22.5 t/hm^2 以上,售价 6.0 元/kg,纯收入可观,很受群众欢迎,具有良好的发展前景和推广价值。

张丽华等(2013)介绍了辽宁省绥中县的冷棚三膜马铃薯栽培技术,从大棚建设、选用优良脱毒种薯、催芽、作床沙埋育苗、整地、施肥、移栽、田间管理及收获等方面进行了描述,该技术可在辽宁及相似地区进行示范推广。

吴迪等(2018)介绍了辽宁地区马铃薯日光温室秋冬茬栽培技术,将早熟马铃薯配套使用日光温室栽培虽然成本较春播马铃薯高,但可使马铃薯上市时间正处于春节前,市场行情好,经济效益高,又可弥补当地当季马铃薯的不足,减少外贸引进,进而降低成本,增加农民收入;而且栽培技术相对于其他秋冬茬蔬菜栽培,技术上操作可行,管理上又省时省力,便于农民掌握,故深受种植户欢迎。

参考文献

安颖蔚,史书强,袁立新,等,2012.辽宁省马铃薯高效复种栽培技术[J].中国马铃薯(4):213-216.

包开花,蒙美莲,陈有君,等,2015.覆膜方式和保水剂对旱作马铃薯土壤水热效应及出苗的影响[J].作物杂志(4):102-108.

曹莉,秦舒浩,张俊莲,等,2013.轮作豆科牧草对连作马铃薯田土壤微生物菌群及酶活性的影响[J].草业学报,22(3):139-145.

柴生武,苗耿志,邓利爱,等,2019.山西马铃薯旱地机械化垄作高效栽培技术[J].中国蔬菜(6):95-97.

车文利,庞国新,阚玉文,等,2014.春播马铃薯与夏播青贮玉米两种两收高产栽培技术[J].现代农业科技(22):12-13.

陈光荣,高世铭,张晓艳,2009.施钾和补水对旱作马铃薯光合特性及产量的影响[J].甘肃农业大学学报,44(1):74-78.

陈国保,夏小曼,李永平,2010.两种类型的低温对冬季免耕马铃薯的影响[J].气象研究与应用,31(增刊2):225-227.

陈其兵,2003.塑料大棚西瓜套种马铃薯高产栽培技术[J].中国西瓜甜瓜(2):30-31.

崔晓兰,蒋旭明,2013.甘谷县幼龄果园间作套种模式初探[J].农业科技与信息(17):15-16.

丁济文,2015.寒地马铃薯高产栽培技术[J].农民致富之友(5):30-30.

董桂平,2011.我国北方地区雨养旱地高产栽培技术模式浅议[J].科技情报开发与经济,21(36):124-127.

段玉,曹卫东,妥德宝,等,2010.内蒙古阴山北麓马铃薯与绿肥作物轮作研究[J].内蒙古农业科技(2):26-28.

段玉,张君,李焕春,等,2014.马铃薯氮磷钾养分吸收规律及施肥肥效的研究[J].土壤,46(2):212-217.

范宏伟,曾永武,李宏,2015.马铃薯垄作覆膜套种豌豆高效栽培技术[J].现代农业科技(13):105.

范士杰,王蒂,张俊莲,等,2012.不同栽培方式对马铃薯土壤水分状况和产量的影响[J].草业学报,21(2):271-279.

方玉川,2015.陕西省马铃薯产业发展现状及思考[J].陕西农业科学(10):4-6.

付业春,顾尚敬,陈春艳,等,2012.不同播种深度对马铃薯产量及其外构成因素的影响[J].中国马铃薯,26(5):281-283.

高炳德,1987.马铃薯施用磷肥技术研究[J].马铃薯杂志,1(8):17-24.

高炳德,1988.马铃薯氮肥施用技术的研究[J].马铃薯杂志,2(2):85-91.

高淑杰,王丽军,郝艳娟,2007.高垄双行栽培马铃薯[J].农民致富之友(11):8.

龚强,2011.鹤乡之城—齐齐哈尔(一)[J].黑龙江史志(16):28-29.

古丽米拉·热合木土拉,杨茹薇,罗正乾,等,2016.新疆马铃薯种植现状、存在问题及发展对策[J].新疆农业科技(5):7-9.

管青霞,李圆,李城德,等,2019.马铃薯复种黄瓜一草三膜覆盖栽培技术规程[J].甘肃农业科技(8):91-94.

郭志平,2007.马铃薯不同生育期追施钾肥增产提质效果[J].长江蔬菜(11):44-45.

何三信,2008.甘肃省马铃薯生产优势区域开发刍议[J].中国农业资源与区划(6):66-68.

何真,杨光宗,朱俊菲,等,2014.山西马铃薯产业现状与发展浅析[J].山西农业科学,42(9):1019-1022.

侯慧芝,王娟,张绪成,等,2015.半干旱区全膜覆盖垄上微沟种植对土壤水热及马铃薯产量的影响[J].作物学报,41(10):1582-1590.

侯贤清,牛有文,吴文利,等,2018.不同降雨年型下种植密度对旱作马铃薯生长、水分利用效率及产量的影响[J].作物学报,44(10):1560-1569.

黄承建,赵思毅,王龙昌,等,2013.马铃薯/玉米套作不同行比对马铃薯不同品种商品性状和经济效益的影响[J].中国蔬菜,(4):52-59.

黄芳芳,2017.粮食安全进入新的考验期[J].经济(22):28-31.

黄飞,2015.喷灌马铃薯高产栽培技术[J].现代农业(2):46-47.

黄廷祥,徐文果,岩所,等,2013.甘蔗套种马铃薯宽窄行栽培耕作模式及经济效益分析[J].热带作物学报(5):22-25.

贾彩建,周海燕,刘新渠,等,2008.滴灌施肥对温室番茄产量及品质的影响[J].山东农业科学(8):70-72.

江俊燕,汪有科,2008.不同灌水量和灌水周期对滴灌马铃薯生长及产量的影响[J].干旱地区农业研究(2):121-125.

颉炜清,李燕山,王鹏,等,2014.山旱地不同栽培方式对马铃薯天薯11号生长及产量的影响[J].西北农业学报,23(7):80-86.

金光辉,高幼华,刘喜才,等,2015.种植密度对马铃薯农艺性状及产量的影响[J].东北农业大学学报,46(7):16-21.

金红梅,宗颖生,2008.山西马铃薯产业发展状况的初步研究[J].中国农学通报,25(2):225-229.

靳乐乐,乔匀周,董宝娣,等,2019.起垄覆膜栽培技术的增产增效作用与发展[J].中国生态农业学报,27(9):1364-1374.

康跃虎,王凤新,刘士平,等,2004.滴灌调控土壤水分对马铃薯生长的影响[J].农业工程学报,20(2):66-72.

康哲秀,2016.吉林省马铃薯产业发展现状及前景分析[J].中国马铃薯,30(6):376-379.

兰惊雷,贾彬良,戴静,等,2011.山西马铃薯产业现状与发展对策[J].种子科技(8):1-3.

雷刘功,袁惠民,2016.各地区马铃薯播种面积和产量[J].中国农业年鉴,211.

李彩虹,吴伯志,2005.玉米间套作种植方式研究综述[J].玉米科学,13(2):85-89.

李华,逄焕成,任天志,等,2013.深旋松耕作法对东北棕壤物理性状及春玉米生长的影响[J].中国农业科学,46(3):647-656.

李吉有,2011.马铃薯全膜覆盖双垄集雨栽培技术规范[J].青海农技推广,2011(3):15,57.

李杰,2018.不同作物轮作结合施肥对土壤性状的影响[D].呼和浩特:内蒙古农业大学.

李沛文,2016.加快推进马铃薯主食化战略对我国粮食安全的意义与建议[J].发展(3):6-7.

李荣,2019.陇南市冬播马铃薯三膜栽培技术[J].现代农业科技(21):83-85.

李秀娟,2013.绥中县三膜马铃薯复种水稻机直播栽培技术[J].现代农业科技(2):31-32.

李亚军,卢小钰,刘向军,等,2016.延安地区早熟地膜马铃薯一玉米间套模式关键技术[J].陕西农业科学,62(5):123-124.

李永祥,2015.黑龙江省马铃薯高产栽培技术要点[J].吉林农业(6):49.

栗丽,洪坚平,王宏庭,等,2013.水氮处理对冬小麦生长、产量和水氮利用效率的影响[J].应用生态学报(75):1367-1373.

梁金凤,齐庆振,贾小红,等,2010.不同耕作方式对土壤性质与玉米生长的影响研究[J].生态环境学报,19(4):945-950.

梁锦秀,郭鑫年,张国辉,等,2015.宁南旱地垄覆沟作对土壤水分及马铃薯产量的影响[J].灌溉排水学报,34(7):67-73.

林妍,狄文伟,2015.钾肥对马铃薯营养元素吸收的影响[J].新农业(21):16-18.

刘德祥,邓振镛,2000.甘肃省农业与农业气候资源综合开发利用区划[J].中国农业资源与区划(5):35-38.

刘丽燕,2004.马铃薯套种玉米节水试验[J].宁夏农学院学报,25(4):99-100.

刘五喜,董博,张立功,等,2018.半干旱区马铃薯不同覆膜方式对土壤水分、温度及产量的影响[J].中国马铃薯(1):13-18.

刘星,张书乐,刘国锋,等,2015.土壤熏蒸-微生物有机肥联用对连作马铃薯生长和土壤生化性质的影响[J].草业学报,24(3):122-133.

刘学翠,2013.不同播期对秋覆黑全膜马铃薯产量的影响[J].现代农业科技(19):85-86.

刘英超,汤利,郑毅,2013.玉米马铃薯间作作物的土壤水分利用效率研究[J].云南农业大学学报,28(6):871-877.

刘玉艳,2014.马铃薯地膜加小拱棚栽培技术[J].现代农业科技(11):91,93.

卢肖平,2015.马铃薯主粮化战略的意义、瓶颈与政策建议[J].华中农业大学学报(3):6-12.

马苍江,张剑民,刘志宏,2013.浅析脱毒种薯繁育补贴政策如何促进马铃薯产业发展和农民增收[J].种子科技(2):47-48.

马福莲,2011.西吉县马铃薯设施拱棚早熟栽培技术[J].现代农业科技(22):152.

马丽亚,刘浩莉,2018.黑龙江省马铃薯生产优势与差距探析[J].黑龙江八一农垦大学学报,30(3):86-92.

马敏,2014.陕北马铃薯水地高产栽培技术[J].农民致富之友(20):169.

蒙忠升,2014.马铃薯不同种植方式比较试验[J].现代农业科技(21):68-69.

孟庆忧,2010.三膜覆盖马铃薯复种玉米高产栽培技术[J].杂粮作物,30(2):120-121.

牟丽明,谢军红,杨习清,2014.黄土高原半干旱区马铃薯保护性耕作技术的筛选[J].中国马铃薯,28(6):335-339.

念淑红,李宗保,2018.环县旱地脱毒马铃薯黑膜全覆盖垄上栽培技术[J].甘肃农业科技(6):53-56.

牛建中,弓玉红,2012.早熟马铃薯两季栽培技术研究及推广[J].现代农业科技(10):8-9.

牛小霞,牛俊义,2017.不同轮作制度对定西地区农田杂草群落的影响[J].干旱地区农业研究,35(4):223-229.

牛秀群,李金花,王蒂,2008.甘肃省小拱棚地膜马铃薯复种甜糯玉米栽培技术[J].作物杂志(5):89-90.

乔海明,侯志臣,陶国锋,等,2015.河北坝上马铃薯产业优势分析及产业化发展方向[J].中国马铃薯,15(2):116-118.

秦军红,陈有军,周长艳,等,2013.膜下滴灌灌溉频率对马铃薯生长、产量及水分利用率的影响[J].中国生态农业学报,21(7):824-830.

秦尚云,安文正,2004.马铃薯—阴山北麓丘陵区的优势作物[J].中国农业资源与区划(6):33-36.

秦舒浩,曹莉,张俊莲,等,2014.轮作豆科植物对马铃薯连作田土壤速效养分及理化性质的影响[J].作物学报,40(8):1452-1458.

曲振权,2016.哈尔滨郊区覆膜马铃薯复种绿菜花高产栽培技术[J].农业科技通讯(10):199-200.

冉权,冯世强,张丽荣,2008.春马铃薯-耐贮结球甘蓝冬绿1号高效一年两季栽培模式[J].新疆农业科学(1):26.

任稳江,任亮,刘学彬,2014.马铃薯旱地垄上微沟种植密度试验[J].甘肃农业科技(6):43-44.

任稳江,任亮,刘士学,2015.黄土高原旱地马铃薯田土壤水分动态变化及供需研究[J].中国马铃薯,29(6):
　　355-361.

汝甲荣,2012.不同垄作栽培方式对马铃薯土壤环境和产量性状的影响[J].农业科技通讯(11):38-39.

沈姣姣,王靖,潘学标,等,2012.播期对农牧交错带马铃薯生长发育和产量形成及水分利用效率的影响[J].干
　　旱地区农业研究,30(2):137-144.

石有太,陈玉梁,刘世海,等,2013.半干旱区不同覆盖方式对土壤水分温度及马铃薯产量的影响[J].中国马铃
　　薯,27(1):19-24.

宋树慧,何梦麟,任少勇,等,2014.不同前茬对马铃薯产量、品质和病害发生的影响[J].作物杂志(2):
　　123-126.

粟丽,洪坚平,王宏庭,等,2013.水氮处理对冬小麦生长、产量和水氮利用效率的影响[J].应用生态学报,24
　　(5):1367-1373.

孙梦媛,刘景辉,赵宝平,等,2017.全膜垄作对旱作马铃薯土壤含水率、酶活性及产量的影响[J].灌溉排水学
　　报,36(4):1-8.

孙仕军,闫瀛,张旭东,等,2010.不同耕作深度对玉米田间土壤水分和生长状况的影响[J].沈阳农业大学报,
　　41(4):458-462.

田丰,卢九斤,盛海彦,等,2017.不同缓释肥用量对全膜马铃薯产量和品质的影响[J].青海大学学报,35(4):
　　61-65.

汪春明,马琨,代晓华,等,2013.间作栽培对连作马铃薯根际土壤微生物区系的影响[J].生态与农村环境学
　　报,29(6):711-716.

王东,李健,秦舒浩,等,2015.沟垄覆膜连作种植对马铃薯产量及土壤理化性质的影响[J].西北农业学报,24
　　(6):62-66.

王凤新,康跃虎,刘士平,2005.滴灌条件下马铃薯耗水规律及需水量的研究[J].干旱地区农业研究,23(1):
　　9-15.

王国兴,徐福来,王渭玲,等,2013.氮磷钾及有机肥对马铃薯生长发育和干物质积累的影响[J].干旱地区农业
　　研究,31(3):106-111.

王红梅,刘世明,2012.马铃薯双垄全膜覆盖沟播技术及密度试验[J].内蒙古农业科技(3):34-35.

王军,黄冠华,郑建华,2010.西北内陆旱区不同沟灌水肥对甜瓜水分利用效率和品质的影响[J].中国农业科
　　学,43(15):3168-3175.

王乐,张红玲,2013.旱区马铃薯田间滴灌限额灌溉技术研究[J].节水灌溉(8):10-12.

王丽红,郭晓冬,谭雪莲,等,2016.不同轮作方式对马铃薯土壤酶活性及微生物数量的影响[J].干旱地区农业
　　研究,34(5):109-113.

王连喜,钱蕊,曹宁,等,2011.地膜覆盖对粉用马铃薯生长发育及产量的影响[J].作物杂志(5):68-72.

王鹏勃,李建明,丁娟娟,等,2015.水肥耦合对温室袋培番茄品质、产量及水分利用效率的影响[J].中国农业
　　科学,48(2):314-323.

王婷,包兴国,舒秋萍,等,2010.河西绿洲灌区马铃薯间作绿肥高效种植模式研究[J].甘肃农业科技(10):
　　12-15.

王托和,赵紫普,姜青龙,等,2010.河西走廊早熟马铃薯大豆白菜间套作栽培技术[J].农业科技通讯(3):
　　126-127.

王雯,张雄,2015.不同灌溉方式对榆林沙区马铃薯生长和产量的影响[J].干旱地区农业研究,33(4):
　　153-159.

王晓霞,2017.全膜垄作栽培对马铃薯产量及土壤水分利用效率的影响[J].甘肃农业科技(1):12-14.

王效瑜,魏国宁,张国辉,等,2019.宁夏马铃薯产业特点及存在问题及对策[J].农业科技通讯(6):7-11.

王秀忠,姜倩,2017.内蒙古马铃薯产业的特点、问题及对策[J].农产品价格(3):22-23.

王跃兵,霍昌亮,2010.黑龙江省大田马铃薯扣膜高产高效栽培技术[J].内蒙古农业科技(2):124-125.

魏玉琴,姜振宏,陈富,等,2014.包膜控释尿素对马铃薯生长发育及产量的影响[J].中国马铃薯,28(4):
    219-221.

吴迪,王永柱,2018.辽宁地区马铃薯日光温室秋冬茬栽培技术[J].农业经济与科技,29(11):74-75.

吴艳霞,徐永杰,2008.高纬度地区早熟脱毒马铃薯无公害栽培技术[J].现代农业科技(13):47-47.

吴正强,岳云,赵小文,等,2008.甘肃省马铃薯产业发展研究[J].中国农业资源与区划,32(6):67-72.

武朝宝,任罡,李金玉,2009.马铃薯需水量与灌溉制度试验研究[J].灌溉排水学报(3):93-95.

谢从华,2012.马铃薯产业的现状与发展[J].华中农业大学学报(社会科学版)(1):1-4.

谢伟松,2014.马铃薯播前良种选择及种薯准备[J].农业开发与装备(5):115.

徐文果,黄廷祥,岩所,等,2015.宿根甘蔗套种马铃薯宽窄行栽培技术研究[J].热带作物学报(2):258-262.

薛俊武,任穗江,严昌荣,2014.覆膜和垄作对黄土高原马铃薯产量及水分利用效率的影响[J].中国农业气象,
    35(1):74-79.

杨胜先,张绍荣,龙国,2015.施肥水平和栽培密度对马铃薯主要农艺性状的影响[J].黑龙江农业科学(7):
    43-47.

杨泽粟,张强,赵鸿,2014.黄土高原旱作区马铃薯叶片和土壤水势对垄沟微集雨的响应特征[J].中国沙漠,
    34(4):

姚玉璧,张秀云,王润元,等,2010a.西北温凉半湿润区气候变化对马铃薯生长发育的影响——以甘肃岷县为
    例[J].生态学报,30(1):100-108.

姚玉璧,王润元,邓振镛,等,2010b.黄土高原半干旱区气候变化及其对马铃薯生长发育的影响[J].应用生态
    学报,21(2):379-385.

姚玉璧,王润元,赵鸿,等,2013.甘肃黄土高原不同海拔气候变化对马铃薯生育脆弱性的影响[J].干旱地区农
    业研究,31(2):52-58.

姚震,黄立君,2012.宁夏银北地区菜用马铃薯套(复)种栽培技术[J].宁夏农林科技,53(12):23-24.

依米尼姑丽·买买提,王志贤,2018.移栽方式对马铃薯农艺性状及产量的影响[J].新疆农垦科技(1):10-12.

叶立梅,张红艳,陈军,等,2015.地膜脱毒马铃薯育苗移栽技术[J].吉林蔬菜(3):13-13.

于婷婷,王凤新,2015.内蒙古地区不同品种马铃薯适水种植研究[J].中国农学通报,31(36):70-77.

余帮强,张国辉,王收良,等,2012.不同种植方式与密度对马铃薯产量及品质的影[J].现代农业科技(3):
    169,172.

余斌,杨宏羽,王丽,等,2018.引进马铃薯种质资源在干旱半干旱区的表型性状遗传多样性分析及综合评价
    [J].作物学报,44(1):63-74.

俞凤芳,2010.平衡施肥对马铃薯产量和品质的影响[J].湖北农业科学,49(8):1839-1840.

俞学惠,刘立峰,李建如,等,2005.地膜马铃薯套种玉米复种大白菜移栽甘蓝栽培技术[J].甘肃农业科学
    (12):16-18.

张彪,李续荣,梁建勇,等,2019.幼龄苹果园间作马铃薯最佳栽培密度研究[J].安徽农业科学,47(20):41-45.

张朝巍,董博,郭天文,等,2011.施肥与保水剂对半干旱区马铃薯增产效应的研究[J].干旱地区农业研究,29
    (6):152-156.

张海斌,蒙美莲,刘坤雨,等,2019.不同轮作模式对马铃薯干物质积累、病害发生和产量的影响[J].作物杂志
    (4):170-175.

张辉,2013.双膜、三膜覆盖栽培马铃薯效益高[J].吉林蔬菜(11):27-28.

张建成,闫海燕,刘慧,等,2014.榆林风沙滩区秋马铃薯高产栽培技术[J].南方农业(21):19-20.

张久东,包兴国,杨文玉,等,2011.马铃薯间作绿肥高效栽培技术[J].甘肃农业科技(12):52-53.

张凯,王润元,李巧珍,等,2012.播期对陇中黄土高原半干旱区马铃薯生长发育及产量的影响[J].生态学杂
    志,31(9):2261-2268.

张丽华,董玉军,2013.冷棚三膜马铃薯栽培技术[J].农业工程(温室园艺)(10):25-26.

张路线,2013.山西马铃薯产业现状及发展探讨[J].中国农技推广,29(7):10-12.

张茂南,李建国,杨孝辑,2003.秦巴山区马铃薯优质高产技术推广[J].中国马铃薯,17(2):108-110.

张萌,赵欢,陈龙,等,2016.贵州冬作马铃薯专用肥高效施肥技术[J].西南农业学报(1):109-115.

张明娜,刘春全,2015.马铃薯复种油葵两茬生产技术[J].新农业(7):16-17.

张培增,2007.马铃薯生产机械化技术在山西的实践与思考[J].农业技术与装备(7):12-14.

张庆霞,宋乃平,王磊,等,2010.马铃薯连作栽培的土壤水分效应研究[J].中国生态农业学报,18(8):1212-1217.

张软斌,兰惊雷,王慧兰,等,2005.山西马铃薯产业化开发的影响因素与对策思考[J].山西农业科学,33(3):8-11.

张舒涵,张俊莲,王文,等,2018.氯化钾对干旱胁迫下马铃薯根系生理及形态的影响[J].中国土壤与肥料(5):77-84.

张文忠,2015.马铃薯的生长习性及需肥特点[J].农业与技术,35(22):28-28.

张武,杨谋,柳永强,等,2014.陇东旱塬区麦后抢墒夏播马铃薯栽培模式研究[J].灌溉排水学报,33(1):87-89.

张耀奎,赵启鹏,罗忠有,等,2014.宁夏中部干旱带旱地覆膜免耕马铃薯栽培模式研究[J].宁夏农林科技,55(11):3-5.

张玉红,2016.马铃薯机械化垄作栽培技术[J].现代农业科技(9):86-87.

张忠学,陈海洲,2010.早熟菜用马铃薯复种糯玉米高效栽培技术[J].现代农业科技(20):124-125.

赵年武,郭连云,赵恒和,2015.高寒半干旱地区马铃薯生育期气候因子变化规律及其影响[J].干旱气象,33(6):1024-1030.

赵元霞,樊明寿,贾立国,等,2016.旱作马铃薯微垄覆膜侧播栽培模式的集雨效果[J].中国马铃薯(2):80-86.

郑军庆,赵多长,韩晓荣,等,2011.天水市马铃薯窖藏病害调查[J].中国蔬菜(1):33-34.

郑有才,赵贵宾,熊春蓉,2016.全膜双垄沟播对土壤温度及马铃薯经济性状的影响[J].甘肃农业(21):29-31.

中国农业年鉴编辑委员会,2018.中国农业年鉴[M].北京:中国农业出版社.

朱占录,2010.早熟马铃薯半膜垄作栽培技术规程[J].甘肃农业(6):90.

邹蓝,2009.马铃薯与中国西部发展[J].贵州财经学院学报(3):108-110.

Bansal S K and Trehan S P,2011.Effect of potassium on yield and processing quality attributer of potato[J].Karnataka J Agric Sci,24(1):48-54.

Cabello M J,Castellanos M T,Romojaegaro F,M et al,2009.Yield and quality of melon grown under different irrigation and nitrogen rates[J].Agricultural Water Management,96:866-874.

Gachango E,Shibairo S I,Kabira J N,et al,2008.Effects of light intensity on quality of potato seed tubers[J].African Journal of Agricultural Research,3(10):732-739.

第五章　中纬度二熟区马铃薯种植

第一节　区域范围和马铃薯生产地位

一、区域范围、自然条件和熟制

(一)区域范围

中纬度二熟区基本上覆盖了黄淮海平原,是中国粮食作物的重要产区,也是马铃薯的重要产区,气候上属于国内暖温带地区,地理位置上处在中纬度带。

黄淮海平原是中国东部大平原的重要组成部分。位于北纬 32°～40°,东经 114°～121°。北起长城,南至桐柏山、大别山北麓,西倚太行山和豫西伏牛山地,东濒渤海和黄海,其主体为由黄河、淮河与海河及其支流冲积而成的黄淮海平原(即华北平原),以及与其相毗连的鲁中南丘陵和山东半岛,跨越京、津、冀、鲁、豫、皖、苏 7 省(市),面积 30 万 km²。平原地势平坦,河湖众多,交通便利,经济发达,自古即为中国政治、经济、文化中心,平原人口和耕地面积约占中国 1/5。

(二)自然条件

黄淮海平原是中国第二大平原,地势低平,多在海拔 50 m 以下,是典型的冲积平原,是由于黄河、海河、滦河等所带的大量泥沙沉积所致,多数地方的沉积厚度达 700～800 m,最厚的开封、商丘、徐州一带达 5000 m。见图 5-1。

黄河下游天然地横贯中部,分南北两部分:南面为淮北平原,北面为海河平原。百年来,黄河在这里填海造陆面积 2300 km²。平原还不断地向海洋延伸,黄河三角洲地区平均每年延伸 2～3 km。地势低平,大部分海拔 50 m 以下,东部沿海平原海拔 10 m 以下。自西向东微斜。主要属于新生代的巨大坳陷,沉积厚度 1500～5000 m。平原多低洼地、湖沼,集中分布在黄河冲积扇北面保定与天津大沽之间。由于黄河挟带大量泥沙以致黄河决溢、泛滥、改道频繁。1949 年后进行了改造治理。由于春季蒸发量上升,降水量较少,河流径流量较少,加之人为原因,华北平原常会出现春旱的问题。

华北平原地带性土壤为棕壤或褐色土。平原耕作历史悠久,各类自然土壤已熟化为农业土壤。从山麓至海滨,土壤有明显变化。沿燕山、太行山、伏牛山及山东山地边缘的山前洪积—冲积扇或山前倾斜平原,发育有黄土(褐土)或潮黄垆土(草甸褐土),平原中部为黄潮土(浅色草甸土),冲积平原上分布有其他土壤,如沿黄河、漳河、滹沱河、永定河等大河的泛道有风沙土;河间洼地、扇前洼地及湖淀周围有盐碱土或沼泽土;黄河冲积扇以南的淮北平原未受黄泛

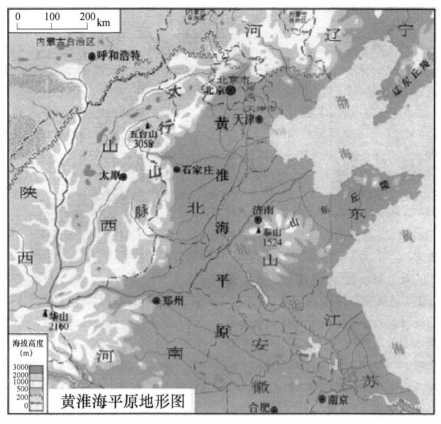

图 5-1　黄淮海平原地形图（《中国地理》1956 年）

沉积物覆盖的地面,大面积出现黄泛前的古老旱作土壤——青黑土;淮河以南、山东南四湖及海河下游一带尚有水稻土。黄潮土为华北平原最主要耕作土壤,耕性良好,矿物养分丰富,在利用、改造上潜力很大。平原东部沿海一带为滨海盐土分布区,经开垦排盐,形成盐潮土。

本区属暖温带季风气候,四季变化明显,冬季寒冷干燥,部分地区两年三熟。华北平原大部在淮河以北属于暖温带湿润或半湿润气候,冬季干燥寒冷,夏季高温多雨,春季干旱少雨,蒸发强烈,春季旱情较重,夏季常有洪涝,年均温和年降水量由南向北随纬度增加而递减。

本区热量资源较丰富,可供多种类型作物一年两熟种植,≥0 ℃积温为 4100～5400 ℃·d,≥10 ℃积温为 3700～4700 ℃·d,不同类型冬小麦以及苹果、梨等温带果树可安全越冬。≥0 ℃积温 4600 ℃·d 等值线是冬小麦与早熟玉米两熟的热量界限。≥0 ℃积温大于 4800 ℃·d 的地区可以麦棉套种,大于 5200 ℃·d 地区可麦棉复种。

本区无霜期 190～220 d。平原年降水量 500～1000 mm。黄河下游平原 600～700 mm,京、津一带 500～600 mm。

本区光资源丰富,增产潜力大。本区年总辐射量为 4605～5860 MJ/(m^2·a),年日照时数北部为 2800 h,南部为 2300 h 左右。7—8 月光、热、水同季,作物增产潜力大。9—10 月光照足,有利于秋收作物灌浆和棉花的吐絮成熟。

（三）熟制

本区基本上属于二熟制地区。粮食作物有小麦、水稻、玉米、高粱、谷子和甘薯等,经济作物主要有棉花、花生、芝麻、大豆和烟草等,是中国的重要粮棉油生产基地,马铃薯种植面积占全国总面积比例较低。

本区二熟制主要类型有小麦—玉米、小麦—大豆、小麦—花生、小麦—甘薯、马铃薯—蔬菜等。实行两熟制的主要技术是根据当地光热条件,选择适宜二茬种植的作物种类,使二茬作物既能适时成熟,又充分利用了光热资源。

本区马铃薯二熟制应选用早熟或极早熟休眠期短的品种,春播前应实行催芽处理,提早播种。本地区马铃薯栽培面积不足全国总栽培面积的5%,但近些年来,随着种植马铃薯效益及栽培技术的提高,种植面积有逐年扩大的趋势。本区拥有"中国马铃薯之乡"称号的有山东省滕州市。

以河南省为例。河南省具有优越的自然资源条件。河南地处亚热带向暖温带过渡地区,气候兼有南北之长,气候温和,四季分明。南部地区属北亚热带湿润气候,日照充足,热量充沛,降水丰富,年降水量800～1200 mm,自南向北递减。北部地区属于暖温带半湿润气候,年降水量600～800 mm,自东向西递减。无霜期为190～230 d,日照时数1740～2310 h。河南省耕地面积为792.6万 hm²,居全国第三位。境内有黄河、淮河、汉水、海河四大水系,大小河流1500多条,水资源丰富,河南省水资源总量年平均达430亿 m³,人均水资源量占有量570 m³,但是如果按耕地面积计算,每亩水资源为39.5 m³,相当于全国亩均水量的1/6。从土地开发利用的现状看,2007年底河南省耕地资源792.6万 hm²,实有耕地面积720.1万 hm²,人均占有耕地低于全国平均水平。

由于气候、地貌、水文等自然条件的影响,加以农业开发历史悠久,因而土壤类型繁多,主要土壤类型有黄棕壤、棕壤、褐土、潮土、砂姜黑土、盐碱土和水稻土7种。若以质地分类,它们占总耕地的百分比是:黏质47.1%、沙质19.9%、壤质15.1%、沙壤质底层加胶泥14.0%、砾质3.9%。

在河南省中纬度二熟区,因夏季长,气温高,不利于马铃薯生长,为了躲过夏季的高温,故实行春秋两季栽培,春季生产于2月下旬至3月上旬播种,扣地膜或棚栽播种期可适当提前,5月至6月中上旬收获;秋季生产则于8月中旬播种,到11月份收获。春季多为商品薯生产,秋季主要是生产种薯,多与其他作物间套作。

(四)农作物种类

河南省是农业大省,粮棉油等主要农产品产量均居全国前列,是全国重要的优质农产品生产基地。根据地形地貌特点,以及由此形成的作物布局和耕作制度的类似性,可以将河南划分为8个农业类型区:太行山农业区、豫北山前平原农业区、豫东豫北大平原农业区、淮北平原农业区、淮南山地丘岗农业区、南阳盆地农业区、豫西山地农业区、豫西黄土丘陵农业区。根据灌溉设施等农业基本条件,可以将河南划分为4个类型区:豫北高产灌区、豫中补灌区、豫南雨养区、豫西旱作区。

河南省是全国重要的粮食主产省份之一,作物种类繁多,种植模式复杂,栽培技术研究与应用在全国居先进行列。小麦、夏玉米一年两熟是河南省最主要的种植模式,两大作物的播种面积、总产量和每年提供的商品粮均位居全国前列。河南地处亚热带向暖温带过渡地带,适宜于多种农作物生长,是全国小麦、玉米、棉花、油料、薯类等农产品重要的生产基地之一。粮食产量约占全国的1/10,油料产量占全国的1/7,牛肉产量占全国的1/7,棉花产量占全国的1/6,小麦、玉米、烟叶、豆类、芝麻等农产品和肉类、禽蛋、奶类等畜产品产量也都居全国前列。2017年全年粮食产量6524.2万 t,比2016年增长0.4%。原阳大米、开封西瓜、杞县及中牟大蒜、信阳毛尖和板栗、西峡猕猴桃、灵宝苹果、内乡山茱萸、洛阳牡丹、鄢陵花卉、焦作四大怀药等,都已成为国内知名品牌。商丘市睢阳区郭村马铃薯于 2019 年获得地理标志产品。

截至 2017 年,河南省完成农林牧渔业增加值 4310.5 亿元,粮食播种面积 1091.5 万 hm²,其中小麦 571.5 万 hm²;全年粮食总产量 6524.2 万 t,其中小麦产量 3705.2 万 t,油料产量 586.9 万 t,蔬菜及食用菌产量 8331.7 万 t,薯类播种面积 11.27 万 hm²,产量 88.0 万 t。

目前,河南食用小麦已经实现了成功出口,标志着河南农业生产水平有了很大提高,并有实力参与国际竞争,为缓解国家粮食供需紧张局面做出了应有的贡献。但作为中国粮食作物的优势产区,还存在着许多影响马铃薯生产持续稳定发展的技术问题:一是高产灌区产量和技术没有新的突破,超高产典型集成技术成果的重演性差;二是部分地区春秋增产不均衡,粮食生产的科技含量低、农民种植的效益差;三是水资源不足和农业需水量增加的压力还没有从技术上真正解决。在不断提高马铃薯生产能力的同时,必须重视农田保持和提高土壤肥力,减缓基于保护土壤、水、生物资源等问题的多重压力。把保障粮食安全(马铃薯为国家粮食作物)与增加农民收入、保护生态安全紧密结合起来,加强农业战略研究,对全面提升河南省综合粮食生产水平,全面推进农村小康社会建设,奋力实现中原崛起,从而带动全国粮食生产发展不仅具有深远的战略意义,而且有重要的现实意义。

近几年随着种植业结构调整,马铃薯面积在黄淮海地区发展很快。各地因地制宜,精耕细作,通过茬口巧妙安排,最大限度发挥土地效益。在茬口选择上,应结合当地的气候条件和耕作制度来选择茬口。大体上,种植马铃薯适宜的前茬以大白菜、萝卜、甘蓝、大葱、黄瓜、菜豆、棉花、大豆、玉米等作物为好,切忌茄科植物如番茄、辣椒、茄子、烟草为前茬或连作,要尽量避免重茬。在选择大豆茬时一定要避开近 3 年内用过豆磺隆、甲磺隆、绿磺隆、普施特等药剂的地块,因为这些药剂是长效残留,易对马铃薯产生药害。

主要茬口安排有:一是马铃薯+休闲+马铃薯。春季生产于 2 月下旬至 3 月上旬播种(扣地膜或棚栽播种期可适当提前 10~20 d),5 月至 6 月中上旬收获。之后土地在高温期休闲 2 个月左右,秋季生产则于 8 月中旬播种,到 11 月份收获;二是与其他粮菜进行立体种植,经济效益十分显著。通常安排有马铃薯、早春玉米、夏豆角、大青菜、秋西葫芦间作套种。马铃薯于 2 月中旬至 3 月上旬播种,采用深沟高垄地膜覆盖、宽窄行种植,宽行 0.8 m,窄行 0.2 m,株距 0.2~0.28 m。3 月上旬进行玉米小拱棚育苗,待玉米 5~6 片叶时在垄沟内地膜边缘处栽种。一沟一行,株距 0.25 m,5 月下旬,马铃薯收获后,要及时对玉米进行施肥、浇水、培土。6 月中下旬,嫩玉米开始采收上市。此时在玉米行间垄上点种无架豆角。玉米收后,立即清茬,撒播大青菜。8 月上旬,遮阴营养钵育西葫芦苗,9 月上旬豆角、青菜收后,按 0.5 m×0.5 m 株行距定植西葫芦,10 月中上旬开始采收,下霜前收完。马铃薯、夏玉米、夏豆角、青蒜苗茬口安排采取夏玉米在马铃薯收获前 1 个月 5~6 片叶时,4 月上旬播种于垄沟,80 天后收获嫩玉米,此时正好春玉米下去,麦茬玉米没成,销路极好。玉米收前 20 天套种夏豆角,玉米收后立即清茬追肥浇水,7 月底收完豆角。8 月中旬种蒜苗,株行距 0.1 m×0.07 m,10 月上旬至 11 月上旬收蒜苗。

二、马铃薯生产地位

(一)马铃薯种植情况

据不完全统计(部分是当地农业部门数据,部分是当地技术人员估计),河南省近 5 年来马铃薯种植面积、总产和单产水平如表5-1。2012年来马铃薯种植面积逐年降低,2016年马铃薯种植面积略有增加,马铃薯单产水平除2013年外,单产水平逐年升高。2016年河南省多数地区整个马铃薯生长季节气候比较正常,较适宜马铃薯生长;且脱毒种薯普及率提高,病虫害的综合防控及时,高产、高效栽培技术进一步得到推广,整体生产水平提高,单产明显增加。

马铃薯种植面积不稳定,波动的原因分析,首先是一些年份马铃薯销售形势不好,市场不稳定。例如2015年、2016年马铃薯销售市场较好,小麦、玉米市场价格不理想,2018年马铃薯种植面积有所回升。其次是打工收入普遍增加,一部分人员外出务工,放弃了马铃薯种植,种植管理相对简单的大粮作物(小麦、玉米等)。第三是部分年份单产较低,影响了一部分种植户的积极性。如2013年河南多数地区早春持续低温时间过长,且干旱,造成出苗时间普遍延迟,缺苗,早期生长缓慢,生长中期进入膨大期急速高温(28 ℃以上),不适宜薯块膨大。同时在4月上旬出苗后遭遇2次晚霜冻害,有的地方遇到3次,造成马铃薯严重减产,导致2014年马铃薯面积降低8%。第四是马铃薯生产成本大幅增加(种薯、农资、用工等),相对收益降低,外出打工收入普遍增加,很多种植户觉得不划算,改种其他作物。

表 5-1　河南省马铃薯生产情况(张春强整理)

	2012 年	2013 年	2014 年	2015 年	2016 年
种植面积(万亩)	120	107.4	98.8	93	95.27
单产(kg/亩)	1805	1495	1928.2	1974.2	2183.6
总产(万 t)	216.6	160.6	190.6	183.6	207.79

(二)马铃薯生产发展前景

黄淮海平原作为粮食主产区,小麦、玉米种植面积巨大,马铃薯面积相对较少,但发展空间大,前景较好。以河南为例,马铃薯生产存在如下优势:

1. 种植面积增加潜力大　马铃薯除纯作外,可在不与小麦、玉米争地的情况下进行间作套种,扩大种植面积,中原二季作地区适于和马铃薯间作套种的粮、棉、菜等作物面积约为100万 hm²,大大提高了土地和光能作用率,增加了单位面积产量和效益。河南作为粮食生产大省,由于薯棉、薯粮、薯菜、薯果等间作套种面积有逐渐扩大的趋势,据不完全统计,2016年与玉米、辣椒、大葱等套种模式在河南省马铃薯生产中占70%以上,做到一年三熟,取得了很好的种植效益,故马铃薯的栽培面积增加有一定的潜力。

2. 马铃薯生产区位优势优越　该区地处中原,具有横贯南北、承东启西的地理优势,铁路、公路四通八达,运输便利,生产的马铃薯可随时运往全国各地。

3. 市场和价格优势明显　该区马铃薯生产季节主要收获上市一般在5月下旬—6月上中旬,近年来利用大棚、拱棚、地膜覆盖等设施和保护性栽培措施,使种植面积增加,提前和拉长了上市时间,单位面积产量和产值高,价格较高,效益好。此时正是主产区马铃薯淡季,有较好的市场及价格优势。

4. 单产水平不断提高　近三年,河南省马铃薯生产单产逐渐升高,河南省马铃薯种植一般亩产在2000 kg左右,高产可达4000多 kg。这在目前全国是较高的产量,达到了世界平均水平,但与发达国家产量(3 t/亩以上)尚有差距。

5. 马铃薯种植有较好的收益　据统计调查,马铃薯亩纯收入平均在1500元左右,而小麦亩纯收入在 600 元左右,玉米亩纯收入在 800 元左右。因此发展该区马铃薯生产,对于保障国家粮食安全,农业产业结构调整,增加农民收入,农业增效具有较大的潜力。

6. 河南省马铃薯生产存在问题

(1)规模化种植少,机械化程度低 目前河南省马铃薯生产主要是一家一户分散种植,规模种植很少。一方面抵御市场风险能力差,另一方面机械化难以发挥作用。

(2)种植品种单一,缺乏加工品种和特色品种 目前河南省马铃薯生产主要是鲜食品种,缺少理想的加工专用型品种,生产中几乎没有加工品种和特色品种。

(3)栽培措施不当 一是有机肥用量严重不足。生物菌肥、有机肥、中量微量元素肥使用量极少,不足 1%,化学肥料特别是氮肥使用量大且结构不合理,盐碱化程度加重;二是连作障碍严重,重茬面积大,难以取得高产;三是土传性病害愈来愈严重,缺乏病虫害预警系统;四是耕层浅、深耕面积小,92% 的种植面积没有深耕,只是旋耕后即播种;五是起垄低,绝大多数垄高为 10~15 cm,中耕培土施肥面积小,培一次土面积不足 45%,培二次面积不足 10%,中耕追肥面积不足 1%;六是浇水多采用大水漫灌,水肥一体化面积几乎为零。

(4)优质脱毒种薯覆盖率低 一方面是种薯市场混乱,监管不到位,鱼目混珠,购种者难以辨别,种薯质量难以保证,真正脱毒种薯普及率不足 40%;另一方面脱毒种薯价格高,种植者难以接受。

(5)缺乏规范的交易市场 一是销售市场不稳定,信息不对称,一旦市场价格不好,严重挫伤种植者的积极性;二是没有规范的马铃薯销售市场,销售混乱,多是自由交易,缺乏长效稳定的机制,与农与商均不利;三是储藏设施简陋,包装粗放,不能满足商户需求。

(6)种植模式单一 河南省马铃薯生产多数为地膜覆盖或露地栽培,其他种植模式如保护地面积相对较少。这样就造成了一是收获上市时间集中,形不成市场竞价,影响销售价格;二是出苗、生长时间一致,抗灾能力弱。一旦出现晚霜冻或非正常天气,容易大面积遭受损失。

(7)信息渠道不畅,农户种植具有一定的盲目性。

7. 河南省马铃薯产业发展建议

(1)尽快实行对马铃薯的政策性补贴和加大扶持力度 各主产区要加强马铃薯产业规划。引导规模种植,积极推进马铃薯产业机械化进程。

(2)加强马铃薯良种繁育体系建设 尽快规范种薯市场和加强监管;尽快实行马铃薯良种补贴,加大脱毒种薯的推广力度,进一步提高优质种薯覆盖率。

(3)在马铃薯主产区,建立规范的马铃薯交易市场 建立和完善马铃薯市场信息体系和销售网络;培养高素质营销队伍。

(4)加强对马铃薯科研的支持力度 目前河南省马铃薯科研力量薄弱,研究经费不足。所以,要加强马铃薯科研人员的培养和科研力量的壮大,尽快培养一支马铃薯科研队伍和基层技术推广人员队伍。研究重点是:①河南省是标准春秋二季作区,在重点发展优质高产鲜食马铃薯同时,应加强适宜加工品种的选育和引进工作,同时适当扶持和培育加工企业。②加强马铃薯高产高效先进配套栽培技术的研究、引进和集成推广,大力发展保护地防寒早熟高效栽培及间作套种,进一步提高单产水平及单位面积收益。包括配方施肥、克服连作障碍、综合防控、设施栽培、间作套种、小型机械化技术等技术组装配套,真正做到科学管理,实现高产高效,而不是凭经验习惯。③加强马铃薯储藏保鲜技术研究和推广应用,特别是家庭式小型储藏保鲜技术。

第二节　马铃薯常规栽培技术

一、选地整地

(一)选地

选择土层深厚、疏松、肥力中上等的地块。注意茬口关系。马铃薯忌重茬。疏松深厚的土层,利于马铃薯的产品器官生长。在选地应选前茬非茄科作物,地块平坦疏松,耕层肥厚,排灌方便,以黄绵土、沙壤土为佳。冬前深耕(20 cm 以上)冻垡,使土壤透气疏散,增强蓄水能力,同时可杀死部分病菌和害虫。春季及早耙耱保墒,播前再次耱耙平整,如土壤干旱宜在整地前灌水一次,以保证足墒下种。

受耕地面积限制,马铃薯重茬现象非常严重,重茬马铃薯普遍出苗迟、生长不良、根活性低、抗逆性差,薯块生长缓慢、产量低。重茬减产通常是一个或者多个因素造成的,因此,要解决问题必须采取综合办法。选择抗病品种,使用抗重茬药剂,平衡施肥,为土壤补充有机质等措施。常用的土壤处理方法是:精耕细耙,并施有机肥,化肥肥料按最优 N、P、K 配方,和抗重茬剂一齐于播种时集中沟施,然后起垄、播种、覆盖地膜。

(二)深耕整地

1. 地块选择　马铃薯为地下块茎作物,块茎膨大需要疏松透气肥沃的土壤,要使马铃薯多结薯、结大薯,就必须要有深厚的土层和疏松的土壤,富含有机质。因此,马铃薯生长发育最好选择地势平坦,灌排方便,微酸性壤土和沙壤土为宜,并进行垄作栽培。在 pH 4.8~7 的土壤,种植马铃薯生长比较正常。最适宜马铃薯生长的土壤 pH 5~5.5,在 pH 4.8 以下的酸性土壤上有些品种表现早衰减产。多数品种在 pH 5.5~6.5 的土壤中生长良好,块茎淀粉含量有增加的趋势。pH>7 时产量下降。在强碱性土壤上种植马铃薯,有的品种播种后不能出苗。

2. 春播冬前深耕冻土　春播马铃薯的前茬作物一般为白菜、棉花、萝卜、胡萝卜等。要在前茬作物收获后,即 11 月中下旬及时灭茬并进行深耕 30 cm 左右,这样可以风化土壤,使深层土壤进行冬冻,冻死部分在土壤中越冬的害虫或虫卵及病菌,减少翌年的病虫危害。同时根据黄淮海平原马铃薯播期再进行耙平整地。以黄河为界,黄河以南为 2 月下旬,黄河以北为 3 月上旬,由南向北,整地播种时间略微后推,一般在气温稳定在 5~7 ℃以上、10 cm 地温达到 7~8 ℃时进行整地播种,各地可结合当地气候特点确定整地播种时间。豫南马铃薯早春地膜覆盖栽培,1 月开始整地播种,地温低,薯块在地下不出苗,利于不定根的生长,3 月上旬陆续出苗。部分丘陵地区如栾川地区可适宜推迟至 4 月上中旬整地播种。山东约在 3 月上旬"惊蛰"前后播种,山东胶州半岛地区有特殊的海洋性气候,可以适当晚整地播种。保护地栽培(双膜、三膜、四膜)整地播种时间提前 15~30 天左右。

3. 夏、秋播前深耕晒土　夏秋播前茬作物一般为小麦、水稻、西瓜、黄瓜,葱蒜类等作物,作物收获后正值夏季高温,一般 6 月中下旬深耕起到土壤暴晒,杀死地下害虫虫卵及病菌的作用,并于播种前浸水耙平。夏秋播马铃薯生产上一般处于次要地位,多采用整薯播种,整地播种时间应根据当地的初霜期向前推算 75 天左右,如河南郑州地区可于 8 月中上旬进行整地播种,山东省可于8月初到立秋前后整地播种。播种过早,植株易发病,播种过晚,则会因生长期不够,而不能获得理想的产量。豫西洛阳栾川、河北部分地区则为一季作区,不进行秋播马铃薯。

(三)整地标准

马铃薯播种整地前,一定要考虑土壤的墒情如何,尤其冬季少雪、春季干旱年份,土壤墒情不够,在整地前几天要浇地以补充土壤中的水分,等水渗下后再深耕耙地,结合深耕可撒施农家肥,将农家肥深翻入土,提高土壤肥力。根据土壤肥力,确定相应施肥量和施肥方法。农家肥和化肥混合施用,提倡多施农家肥。要求亩施农家肥4000～5000 kg。农家肥结合耕翻整地施用,与耕层充分混匀,化肥做基肥或追肥,播种时开沟施。每生产1000 kg薯块的马铃薯需肥量:氮肥(N)5～6 kg,磷肥(P_2O_5)1～3 kg,钾肥(K_2O)12～13 kg。深耕后的土地要及时耙平,要求随耕随耙,达到整块地高度一致,位于一个水平线上,上松下实,无坷垃,为马铃薯生长、结薯、高产创造一个良好的土壤条件。土地深耕耙平后,要就墒及时起垄播种。此时,土壤处于"抓起成团,落地即散"效果最好。

二、选用良种

(一)选用适宜熟期类型的品种

河南马铃薯种植品种主要选择早熟品种,出苗后65 d左右成熟。代表品种有郑薯系列的郑薯7号,郑商薯10号。中薯系列的中薯5号,以及费乌瑞它系列的品种。

白肉代表品种有早大白,郑薯8号等。加工类型的品种大西洋,中熟品种克新6号也有少量种植。

晚熟品种在河南地区不适宜,引种过程中发现,河南春季干燥,气温回升快的气候特点,直接导致了晚熟品种只长秧子不结薯的现象。在部分山区也有种植青薯168,陇薯8号,夏坡地等品种。河南省马铃薯常见品种如表5-2。

表5-2　河南省常用品种(张春强整理)

品种名称	熟性	面积(亩)	亩产	适应区域	重点应用地区
郑薯7号	早熟	3万	2.5 t	二季作区	商丘、开封、驻马店、新乡
郑薯6号	早熟	1万	2 t	二季作区	焦作、洛阳、开封、商丘
郑商薯10号	早熟	7万	2.5 t	二季作区	全省
郑薯8号	极早熟	1万	2 t	二季作区	南阳、信阳、驻马店
郑薯9号	极早熟	1万	2 t	二季作区	南阳、信阳、驻马店
费乌瑞它	早熟	10万	2.5 t	二季作区	全省
洛马铃薯8号	早熟	5万	2 t	二季作区	洛阳、商丘、开封、安阳
中薯5号	早熟	1万	2.5 t	二季作区	南阳、洛阳、平顶山、新乡
郑薯5号	早熟	1万	2 t	二季作区	焦作、洛阳、漯河、驻马店

(二)选用脱毒种薯

河南省自20世纪70年代引进克新4号,80年代末引进东农303开始马铃薯规模化种植,

80年代末90年代初,马铃薯呈现种薯品种名称及质量混杂,退化严重,生产中因种薯质量原因造成的减产绝收现象时有发生。实际调查中,危害马铃薯的病毒主要有五种:PVX、PVY、PVS、PVM、PLRV,以洛阳一地为例,在洛阳均有不同程度的发生,其发生频率为:PVX为24.18%,PVY为23.67%,PVS为12.09%,PVM为4.4%,PLRV为9.9%。在带毒植株中一种病毒单独侵染的为32.0%,两种以上病毒复合侵染的占68.0%。在复合侵染的植株中两种病毒共同侵染的占32.35%,三种以上病毒复合侵染的占67.65%。为此,洛阳农林科学院、郑州蔬菜研究所先后启动了马铃薯脱毒快繁工程,通过政府推动、企业、市场的共同需求,在科研单位的技术支持与引领下,目前,河南脱毒马铃薯覆盖率约占30%左右,与2018年相比有所减少,如2019年洛阳脱毒种薯应用面积达8.7万亩,较同期增加11%,但脱毒种薯覆盖率下降5%。2019年土传病害比例增加,最近几年,繁种面积的扩大,种源有余无缺,因种薯质量发生的纠纷案件极少,而洛阳种薯质量及纠纷情况增加5%。但田间植株生长高低不一致,叶色有深有浅的现象仍然存在。特别是近几年,马铃薯黑胫病普遍发生。

(三)品种来源与简介

1. 郑薯5号(豫马铃薯1号) 郑州市蔬菜研究所育成。1993年河南省品种审定委员会审定。

该品种早熟高产,生育期65 d左右,休眠期45 d左右。株型直立粗壮,株高60 cm左右。块茎椭圆形,脐部稍小,黄皮黄肉,芽眼浅而稀,块茎大而整齐,商品薯率极高,适宜外贸出口。耐储性较好,退化轻。轻感卷叶病毒,较抗霜冻、抗茶黄螨及疮痂病。春季一般亩产2250 kg,秋季1500 kg/亩左右,高产可达4000 kg/亩以上,增产潜力大。

2. 郑薯6号(豫马铃薯2号) 郑州市蔬菜研究所育成。1995年河南省品种审定委员会审定。

该品种生育期65 d左右,休眠期45 d左右。株型直立,茎粗壮,株高55 cm左右,分枝2～3个,生长势较强。花白色,单株结薯3～4块。块茎椭圆形,黄皮黄肉,薯皮光滑,芽眼浅而稀,块茎大而整齐,商品薯率高,适宜外贸出口。耐储性中等。退化轻,轻感卷叶病毒病,较抗霜冻、抗茶黄螨及疮痂病。春季亩产2000～2250 kg,秋季亩产1500 kg,高产可达4000 kg/亩。

3. 郑薯7号 郑州市蔬菜研究所育成。2005年通过河南省品种审定委员会审定。

早熟品种,生育期68 d左右,休眠期45 d左右。株型直立,株高55 cm左右,分枝2～3个;花冠白色。块茎椭圆形,黄皮黄肉,芽眼浅而稀,表皮光滑,块茎大而整齐。抗病毒病、早疫病、晚疫病。一般亩产2000～2500 kg。

4. 郑薯8号 郑州市蔬菜研究所育成。2009年通过河南省品种审定委员会审定。

早熟品种,生育期58 d左右。高产。植株长势旺,株高约38.28 cm,主茎数1.2个左右,匍匐茎短。块茎圆形,浅黄皮白肉,薯皮光滑,芽眼浅。薯块整齐,单株薯块数2.8个,商品薯率高。抗卷叶病毒病、花叶病毒病、环腐病、晚疫病。一般亩产约2000 kg。

5. 郑薯9号 郑州市蔬菜研究所育成。2009年通过河南省品种审定委员会审定。

早熟品种,生育期56 d左右。生长势强,株高44 cm左右,单株主茎数1.2个左右,匍匐茎短。花白色,少花,有结实。块茎椭圆形,黄皮白肉,薯皮光滑,芽眼浅。块茎整齐,单株块茎数2.2个左右,商品薯率高。抗卷叶病毒病、花叶病毒病、环腐病和晚疫病。一般亩产约2000 kg。

6. 郑商薯 10 号　由郑州蔬菜研究所、商丘市金土地马铃薯研究所选育,2014 年河南省审定,审定编号豫审马铃薯 2014003。

早熟,出苗后 61 d 可收获,适宜鲜食、加工、出口。株型直立,生长势强,株高 48.5 cm,主茎数 1～3 个。茎绿色带紫色斑点,叶绿色,花紫色,花繁茂性中等,结实多。薯块长椭圆形,黄皮黄肉,薯皮光滑,芽眼浅,结薯集中,薯块大而整齐。淀粉含量为 12.1%,蛋白质含量为 1.86%,每 100 g 鲜薯维生素 C 含量 25.6 mg,还原糖含量为 0.06%。抗卷叶病毒病、花叶病毒病、抗环腐病、抗早疫病、晚疫病。费乌瑞它后代高产变异株。一般亩产 1500～1999 kg,最高亩产 5108 kg。商品薯率可达 88.4%。适宜河南省二季作栽培及一季作区早熟栽培。

7. 商马铃薯 1 号　商丘市金土地马铃薯研究所选育,2014 年河南省审定,编号:豫审马铃薯 2014001。

早熟,出苗后 65 d 可收获。适宜鲜食、加工、出口。株型直立,生长势强,株高 56.6 cm,茎绿色,叶深绿,单株主茎数 1.4 个;花冠白色,花繁茂性中等,无结实。结薯集中,薯块较齐;薯块长椭圆形,黄皮黄肉,薯皮光滑,芽眼浅。淀粉含量为 11.4%,还原糖含量为 0.07%,蛋白质含量为 1.76%,每 100 g 鲜薯维生素 C 含量 26.4 mg。抗卷叶病毒病、花叶病毒病、晚疫病、早疫病和环腐病。一般亩产 2000 kg,适宜河南省二季作区纯作或间作套种栽培。

8. 商马铃薯 2 号　商丘市睢阳区农业技术推广中心选育。2014 年河南省审定,审定编号:豫审马铃薯 2014002。

早熟,出苗后 64 d 可收获。适宜鲜食、加工、出口。株型直立,生长势强,平均株高 51.4 cm,单株主茎数 2.2 个。茎绿色,叶深绿,花白色,少花,无结实。薯块扁圆形,浅黄皮浅黄肉,薯皮光滑,芽眼浅,薯块整齐。淀粉含量为 11.0%,蛋白质含量为 1.70%,还原糖含量为 0.12%,每 100 g 鲜薯维生素 C 含量 27.2 mg。抗卷叶病毒病、花叶病毒病、晚疫病、早疫病和环腐病。2011—2013 年河南省区试和生产试验亩产 1767～2052 kg,比对照增产 12.8%～46.5%,商品薯率可达 80.0%。适宜河南省二季作区纯作或间作套种栽培。

9. 费乌瑞它　1980 年农业部由荷兰引入,又名鲁引 1 号、津引 8 号、荷兰 15、荷兰薯等,为鲜食和出口品种。经江苏省南京市蔬菜研究所、山东省农业科学院等单位鉴定推广。

该品种早熟,生育期 60 d 左右。高产,株型直立,分枝少,株高 60 cm 左右,茎紫色,花紫色,生长势强。块茎长椭圆形,顶部圆形,皮淡黄色,肉鲜黄色,表皮光滑,块大而整齐,芽眼少而浅,结薯集中,块茎膨大速度较快;块茎休眠期短,较耐储藏。植株易感晚疫病,块茎中感晚疫病,轻感环腐病和青枯病,抗马铃薯 Y 病毒坏死株系和卷叶病毒。

10. 洛马铃薯 8 号　洛阳农林科学院育成。2009 年通过河南省品种审订委员会审定。

早熟品种,生育期 66 d。株型扩散,生长势强,平均株高 57.22 cm,枝叶繁茂,茎绿色,单株主茎数 1.4 个。花冠白色,花粉较少,开花少,不易天然结实。块茎形成早、膨大快、结薯集中、薯块整齐。薯形卵圆,黄皮黄肉,薯皮光滑,芽眼浅。抗卷叶病毒病、花叶病毒病、环腐病、晚疫病,高产。

11. 鲁马铃薯 1 号　山东省农业科院蔬菜研究所于 1986 年育成。

属极早熟品种,出苗后 60 d 成熟。株型开展,分枝数中等,株高 60～70 cm;茎叶绿色,茸毛中等多,复叶大,叶缘开展,侧小叶 4 对。生长势中等。花冠白色,花粉量极少,天然不结实,易落花蕾。块茎椭圆形,顶部平,皮黄色,肉浅黄色,表皮光滑,芽眼中等,结薯集中,抗皱缩花叶病毒病,耐卷叶病毒病,较抗疮痂病。一般亩产 1500 kg,最高亩产达 4000 kg 左右。

12. 中薯 3 号　中国农业科学院蔬菜花卉研究所育成。1994 年通过北京市农作物品种审定委员会审定。2005年通过国家农作物品种审定委员会审定。

该品种株高55~60 cm,株型直立,茎绿色,分枝较少。花冠白色,能天然结实。块茎大而均匀,皮肉均为黄色,薯皮光滑,芽眼浅。匍匐茎短,结薯集中,单株结薯4~5个。块茎休眠期较短,春薯收获后55~65 d即可通过休眠,比较耐储藏。田间表现抗重花叶病毒,较抗普通花叶病毒和卷叶病毒,不感疮痂病。一般亩产1500~2000 kg。

13. 中薯4号 中国农业科学院蔬菜花卉研究所育成。1998年通过北京市农作物品种审定委员会审定。2004年通过国家农作物品种审定委员会审定。

早熟品种,出苗后生育期67 d左右,常温条件下块茎休眠期60 d左右。株型直立,株高50 cm左右,枝叶繁茂性及生长势中等,茎绿色,基部紫褐色,分枝少。花冠紫红色,能天然结实。结薯集中,块茎长圆形,大而整齐,淡黄皮淡黄肉,表皮光滑,芽眼少而浅,商品薯率71.3%。抗轻花叶病毒病,中抗重花叶病毒病,感卷叶病毒病。

14. 中薯5号 中国农业科学院蔬菜花卉研究所育成。2001年通过北京市农作物品种审定委员会审定。2004年通过国家农作物品种审定委员会审定。

早熟品种,出苗后生育期67 d左右,常温条件下块茎休眠期50 d左右。株型直立,株高50 cm左右,生长势较强。花冠白色,天然结实性中等。块茎略扁圆形,大而整齐,淡黄皮淡黄肉,表皮光滑,商品薯率高,芽眼极浅,结薯集中。抗重花叶病毒病,中抗轻花叶病毒病、卷叶病毒病。

15. 中薯6号 中国农业科学蔬菜花卉所育成。2001年通过北京市农作物品种审定委员会审定。

该品种早熟,出苗后65 d收获。株型直立,株高50 cm左右,生长势强,茎紫色,分枝数少,开花繁茂性好,花冠白色,天然结实性强。块茎椭圆形,粉红皮,薯肉淡黄色和紫红色均有,储藏后紫红色加深、增多。表皮光滑,大而整齐,芽眼浅,结薯集中;植株田间抗晚疫病、花叶和卷叶病毒病。北京地区春季一般亩产1900 kg左右。

16. 中薯7号 中国农业科学院蔬菜花卉研究所育成。2006年通过国家农作物品种审定委员会审定。

早熟品种,出苗后生育期64 d左右。株型半直立,生长势强,株高50 cm左右,叶深绿色,茎紫色,花冠紫红色。块茎圆形,淡黄皮、乳白肉,薯皮光滑,芽眼浅,匍匐茎短,结薯集中,商品薯61.7%。中抗轻花叶病毒病,高抗重花叶病毒病,轻度至中度感晚疫病。

17. 中薯8号 中国农业科学院蔬菜花卉研究所育成。2006年通过国家农作物品种审定委员会审定。

早熟品种,出苗后生育期63 d左右。植株直立,生长势强,株高52 cm左右,分枝少,枝叶繁茂,花冠白色。块茎长圆形,淡黄皮淡黄肉,薯皮光滑,芽眼浅,匍匐茎短,结薯集中,块茎大而整齐,商品薯率77.7%。高抗轻花叶病毒病,抗重花叶病毒病,轻度至中度感晚疫病。

18. 东农303 东北农业大学农学院农学系1978年育成。1986年通过国家农作物品种审定委员会审定。

该品种极早熟,生育期60 d以内。休眠期短,耐储藏。株型直立,分枝数中等,株高45 cm左右,叶绿色,花白色,生长势强。结薯集中,且部位高,易于采收。块茎卵圆形,淡黄皮黄肉,表皮光滑,芽眼浅。薯块大而整齐。植株中感晚疫病,抗环腐病,高抗花叶病,轻感卷叶病毒病,耐束顶病,耐涝性强。春播亩产薯1800~2000 kg,秋播亩产薯900~1000 kg。

19. 克新4号 黑龙江省农业科学院马铃薯研究所1968年育成,1970年通过黑龙江省农作物品种审定委员会审定。1984 年通过国家农作物品种审定委员会审定。

该品种早熟,生育期 70 d 左右。株型直立,株高 60 cm 左右,分枝较少,茎绿色,生长势中等。结薯集中,匍匐茎较短。块茎圆形,黄皮淡黄肉,表皮有细网纹,芽眼浅。植株感晚疫病,块茎较抗晚疫病;感环腐病,对 Y 病毒过敏,轻感卷叶病毒,耐束顶病毒病。块茎休眠期短,极耐储藏。一般亩产 1500 kg 左右。

20. 早大白　辽宁省本溪市马铃薯研究所育成。1992 年辽宁省农作物品种审定委员会审定,1997 年黑龙江省农作物品种审定委员会审定,1998 年通过国家农作物品种审定委员会审定。

极早熟品种,从出苗到成熟 65 d 左右。植株直立,繁茂性中等,株高 50 cm 左右。单株结薯 3～5 个。块茎扁圆形,白皮白肉,表面光滑,结薯集中,芽眼深度中等,大中薯率高,商品性好。苗期喜温抗旱,耐病毒病,较抗环腐病和疮痂病,感晚疫病。一般亩 2000 kg,高产可达 4000 kg 以上。

21. 尤金　辽宁省本溪市马铃薯研究所育成。1996 年通过辽宁省品种审定委员会审定。

早熟品种,从出苗到成熟 65～70 d。株型直立,株高 60 cm 左右,茎紫褐色,叶深绿色,花冠白色。块茎椭圆形,黄皮黄肉,芽眼平浅。植株较抗病毒病和晚疫病,块茎抗腐烂,耐储运。块茎大而整齐,大中薯率高。适合油炸薯片。一般亩产 2000 kg 以上。

22. 富金　辽宁省本溪市马铃薯研究所育成。2005 年通过辽宁省农作物品种审定委员会审定。

该品种属早中熟品种,从出苗到成熟 55～60 d。植株属中间型,株高 50 cm 左右。花冠白色,开花少,花期短,不结实。块茎圆形,黄皮黄肉,表皮平滑,老熟后薯皮细网纹状,芽眼浅,块茎大而整齐。休眠期中等。匍匐茎短,结薯集中,单株结薯 4～6 个,丰产性和稳定性好。较抗病毒病,抗真菌、细菌性病害,耐湿性强,较抗晚疫病,抗腐烂、耐贮运。

23. 鄂马铃薯 4 号　湖北恩施南方马铃薯研究中心育成。2004 年通过湖北省审定。

早熟品种,全生育期 76 d。株型半扩散,生长势较强,茎叶绿色、白花。结薯早而集中,薯形扁圆,黄皮黄肉,表皮光滑,芽眼浅,休眠期短,耐贮藏。株高 54.9 cm,单株主茎数 6.4 个,单株结薯 12.2 个,大中薯率较高。田间鉴定较抗晚疫病和轻花叶病毒病。

三、播前准备

催芽播种是一项有效的增产措施,可使马铃薯苗齐、苗全、苗壮,提高产量。黄淮海平原马铃薯生产春季一般切块催芽播种,秋季整薯浸种催芽播种。

(一)种薯消毒

播种前 20～30 天种薯剔除病烂薯块后晒种 1～2 d,采用适乐时 10 mL、农用链霉素 3 g、高巧 20 mL、磷酸二氢钾 5 g、兑水 1 kg 均匀地喷施在 100 kg 种薯上,晾干药液后切块。

(二)种薯切块

一般每千克种薯可以切 40～50 块。切块要大小均匀,每个切块带 1～2 个芽眼。根据薯块大小确定切块方法。25 g 以下的薯块,仅切去脐部,刺激发芽;50 g 以下的薯块,纵切 2 块,利用顶芽,生长势强;80 g 左右的薯块,可上下纵切成 4 块;较大的薯块,先从脐部切,切到中上部,再十字上下纵切;大薯块也可以先上下纵切两半,然后再分别从脐部芽眼依次切块。切刀应尽量靠近芽眼。切刀要求快、薄、净,切刀每使用 10 min 后或在切到病、烂薯时,用 5% 的高锰酸钾溶液或 75％酒精浸泡 1～2 min 或擦洗消毒或高温消毒。切块后,应将其摊在 17～18 ℃、80％～85％相对湿度条件下使伤口愈合,不要堆积过厚烂种。

(三)种薯包衣

切块后的种薯用甲基托布津 100 g＋多菌灵 100 g＋农用链霉素 25 g＋滑石粉 2.5 kg 充分拌匀,然后均匀地与 100 kg 刚切好的种薯混合,使之完全粘在种块上。

(四)室内催芽

播前 30 天左右,将种薯放到温度 15～18 ℃的室内处理。种薯开始发芽时切块,按 1∶1 比例与湿沙(或湿土)混合均匀,摊成宽 1 m,厚 30 cm,上面及四周用湿沙(或湿土)覆盖 7～8 cm。另一方法是将湿沙(或湿土)摊成 1 m 宽、7 cm 厚,长度不限的催芽床,然后摊放一层马铃薯块盖一层湿沙(或湿土),厚度以看不见切块为准,可摊放 3～4 层,然后在上面及四周盖湿沙(或湿土)7～8 cm。温度保持在 15～18 ℃,最高不超过 20 ℃。待芽长到 1～2 cm 左右时扒出,放在散射光下晾种(保持 15 ℃低温),使芽变绿,变粗壮后即可播种。

(五)室外催芽

选择背风向阳处挖宽 1 m、深 50 cm 的催芽沟,按室内催芽方法将切块摆放在沟内催芽,沟上搭小拱棚以提高温度,下午 5 时盖上草苫保温,上午 8 时揭去草苫提高温度。

催芽的适宜温度是 15～20 ℃,在水分管理上要注意避免湿度过大,否则易引起薯块腐烂。在催芽期间要经常进项检查,发现湿度过大或有腐烂薯块时,及时扒出薯块晾晒,然后继续催芽,当芽长至 3 cm 左右时,将薯块拣出晾在室内,使之变绿后再播种。

(六)整薯浸种

种薯播种前如果没有过休眠期,必须进行人工催芽,河南春季一般不进行浸种催芽,秋季一般整薯浸种催芽,郑薯 5 号、郑薯 6 号、中薯 3 号、洛薯 8 号用百万分之五赤霉素溶液浸泡 5 min,费乌瑞它、早大白整薯用百万分之十赤霉素溶液浸泡 5 min,费乌瑞它切块浸种用百万分之一赤霉素溶液浸种 5 min,浸种后捞出进行 15～20 ℃沙埋催芽。

四、播种

马铃薯在黄淮海平原区域分布广泛,马铃薯种植历史久远,栽培季节灵活性强,根据播种时间的不同,以河南为例细分如下:

(一)播种时期

1. 春播　马铃薯露地栽培以 3 月 7 日为分界线,3 月 7 日前播种的马铃薯需要覆盖地膜,称为春露地覆膜种植模式,该种植模式是黄淮海平原马铃薯种植的主要栽培方式。3 月 7 日以后种植的马铃薯不需要覆盖地膜,称为春露地直播模式。

以河南省为例,据近几年统计,春露地覆膜种植模式主要在平原地区以及海拔低于 400 m 的地区种植。在安阳、濮阳等河南北部区域种植时间一般为 3 月初,黄河南北两岸区域的新乡、鹤壁、焦作、洛阳、郑州、开封、商丘、许昌、漯河、周口等地在 2 月中下旬种植,平顶山、南阳、信阳等地在 1 月中旬到 2 月上旬间种植。河南省春季气候特点是春季干旱,升温快,一般在 4

月底 5 月初高温达到 30 ℃以上,春露地直播模式马铃薯病害严重、产量低,因此这种模式没有大规模应用的地区,只在洛阳、安阳、三门峡等地的丘陵或低海拔山区小面积种植。

一般情况下,气温稳定在高温 0～15 ℃,10 cm 下土壤温度 7～8 ℃就可以种植。整体上讲,马铃薯种植一定要选择晴好天气,刮风雨雪天气一定要延期。春播宜早不宜迟,注意霜冻。

2. 秋播　秋播马铃薯生产上一般处于次要地位,一部分地区主要是用来生产来年春季所需的种薯。实际上,秋季的气温和光照都适合马铃薯块茎的形成和膨大。只要选择适宜的品种,秋季照样可以高产。河南省周口、漯河、许昌、平顶山以北,焦作、鹤壁、新乡以南的平原地区都可以进行秋播,其中焦作温县,新乡长垣以及商丘地区种植较多。以郑州为例,秋播在 7 月下旬至 8 月 20 日间播种,在 9 月中旬出苗,11 月中旬收获。郑州以北地区适当提前,郑州以南地区可以延迟。

秋播马铃薯播种多采用小整薯催大芽播种,根据品种不同,马铃薯种薯需要用赤霉素处理打破休眠。秋季马铃薯的收获期受天气因素影响,植株被秋霜冻死后就可收获,只要不下霜,植株就可生长,就不必收获,也有通过加盖薄膜延迟收获。

(二)合理密植

黄淮海平原地区,春季栽培的适宜密度为每亩 4500～5500 株(根据品种而定)。秋播马铃薯出苗后气温逐渐降低,光照时间也逐渐缩短,因而植株生长较弱,植株高度比春季降低 30％左右。因此,栽培密度应比春季大,一般密度为 5000～5500 株/亩。栽培密度大小直接影响到单个块茎的大小,密度大,单位面积上结的块茎数多,但个头小;密度小,单位面积结薯数少,块茎个头大。因此要根据土壤肥水条件进行合理密植。土壤肥水条件好的应适宜稀植,土壤瘠薄或施肥浇水少的地块应适当密植;生长势强的品种适当稀植,生长势弱的则宜密植。

河南地区一般种植密度为 4800 株/亩(70 cm×20 cm)或 5000 株/亩(65 cm×20 cm),保护地早上市者应密些,露地晚上市者可稀些。

(三)播种方式

黄淮海地区播种方式主要有露地高垄栽培和地膜覆盖栽培,常采用单垄单行或单垄双行切块种植。马铃薯播种深度因土壤条件和气候条件而异。一般来说,沙壤土和气候干旱地区,宜适当深播,播种深度为 10～12 cm,黏壤土和气候湿润地区,则宜适当浅播,深度为 8 cm。河南洛阳地区,春季播种郑薯 6 号、郑薯 7 号、中薯 5 号,播种深度为 10～13 cm,费乌瑞它播种深度为 12～15 cm。于向阳面播种薯块切块。

马铃薯播种后覆盖地膜较不盖地膜相比,不但地温升高 2～3 ℃,而且盖地膜可防止土壤水分蒸发,起到保墒的作用。播种后,在垄面上亩均匀喷 33％二甲戊灵 50～60 mL 或都尔、菜草通、己草胺等封闭性除草剂后,覆盖 0.004～0.006 mm 的地膜。为防止薄膜被风刮起,盖膜时要贴紧垄面,拉紧、押平、盖严,垄的两边要用土压严,膜面紧贴垄面,垄两端的薄膜要埋入土中 10 cm,踩实,在垄面上每隔一段压些土。露地种植,大行距 80～90 cm,小行距 60 cm、株距 20～25 cm。

五、种植方式

(一)单作

该区马铃薯生产单作面积较小,春播多采用单垄单行纯作栽培,即行距 70 cm,株距 20 cm

左右。也可进行单垄双行播种,即垄宽 80～90 cm,每垄播种两行(两行之间 15～20 cm),小行距 60 cm,株距 30～33 cm,两行之间薯块成三角形插空播种。秋季适当增加密度,株行距为 19 cm×65 cm。也可采用宽垄双行种植方式。即垄宽 80～90 cm,每垄播种两行,行距 20～30 cm,株距 25～30 cm。

(二)间套作

1. 与玉米间套作 马铃薯喜光,高产、稳产性较好。玉米和马铃薯二者间作可显著提高土地的利用率。间作模式多为 1.6 m 一带(也有 133 cm 一带的,该模式玉米株、行距为 33.3 cm×66.6 cm),盖膜种玉米窄行带为 70 cm(双行),大背垄种马铃薯带 90 cm(1 行或双行),一般马铃薯早于玉米播种 7～10 d,玉米、马铃薯平均株、行距为 26.6～30 cm×79.9 cm,亩密度平均 2800 株左右(马铃薯为单行的其密度为 1400 株/亩)。

该模式的技术要点为:地膜覆盖、良种(玉米上主要是中晚熟杂交良种;马铃薯上主要是新品种或脱毒良种)、配方施肥、间作套种、病虫防治等综合配套技术措施。

地膜覆盖具有增加地温(可升高 3～4 ℃)和提墒的作用,这对高寒山区积温不足推广中晚熟杂交良种起着决定性的作用。多为玉米覆盖(也可玉米、马铃薯双覆盖),亩用量 4 kg 左右,地膜幅宽多为 70 cm。玉米盖膜多在 4 月上、中旬进行。

良种是增产增效的基础和保障,一般良种的增产作用可达 30% 以上。一是玉米上主要是选用中晚熟杂交良种。其生育期一般为 125～150 d,≥10 ℃积温要求 2700 ℃·d 左右,生育期较长,品质好,高产潜力大,是实现高产优质的决定因素。主要推广的品种有:强盛 12、金玉 28、新单 22、长城 28、中玉 9 号、浚单 20 等。地膜玉米一般 4 月上、中旬播种,9 月上、中旬收获,生育期一般在 140 d 以上。否则,不盖膜中晚熟良种不能正常成熟。这是因为玉米出苗要求 10～12 ℃气温,灌浆期日均气温 16 ℃以下不利灌浆,三川等高寒山区海拔在 1000 m 以上,年均温不足 9 ℃,积温严重不足。县城所在地海拔约 750 m,年均温 12.1 ℃,其中日均温≥10 ℃初日至≥16 ℃终日期间的积温为 2330～3784 ℃·d(三川等高海拔区此界限积温一般不足 2500 ℃·d)。二是马铃薯上主要是选用新品种或脱毒良种 新品种尤其是脱毒良种产量高、品质好(主要是薯形好、芽眼浅)、商品价值高,因此,采用良种是马铃薯栽培上实现高产优质的重要一环。目前适宜推广的良种主要有:荷兰 3 号、早大白、津引 8 号、鲁引 1 号、郑薯 5 号、中薯 5 号等。三是配方施肥。肥料是形成作物产量的基础,作物需肥规律及土壤供肥水平不一,而配方施肥技术可以解决以最少的肥料投入成本产生最大的肥料效应这一问题(一般该技术模式亩用肥量为碳铵 50～80 kg、二铵等复合肥 30～50 kg、硫酸钾 30 kg)。四是病虫防治。这是确保优质高产的有效措施。玉米上主要是防治黏虫、玉米螟、大小斑病等;马铃薯上主要是防治地下害虫、蚜虫、28 星瓢虫及晚疫病等。具体增效情况:亩增产玉米按 120 kg、马铃薯按 200 kg 计算,玉米价按 1.4 元/kg,土豆价按 0.9 元/kg,增产部分折效益为 168＋180 ＝348 元,再加上玉米加工成糁子亩增值为 380 元(糁子出粉率为 70%,糁子价 2.8 元/kg),累计亩增效为 720 多元。

2. 与蔬菜作物间套作 马铃薯作为一种很好的间套种作物,为充分利用土地资源和光能资源,马铃薯生产主要以间作套种栽培为主。

(1)春马铃薯—韭菜—秋马铃薯 利用棚室保温,保证在韭菜畦埂上套种的春播马铃薯能提早上市。秋季可以进行种薯繁育,经济效益高,可在淡季生产 4 茬青韭,每亩产量 8000 kg,产值 24000 元;每亩春季套种马铃薯 1400 株左右,鲜薯产量 750 kg 左右,产值 2250 元左右;

秋季套种马铃薯1500株左右,产量600 kg/亩左右,亩产值3000元。扣除生产成本,每亩净产值25000元以上。

该模式以2 m为一种植带,150 cm做平畦种植韭菜,50 cm做垄,定植马铃薯,韭菜行距为25 cm,即6∶1套种行数比。

马铃薯可选择费乌瑞它、东农303、洛马铃薯8号、中薯3号等早熟品种,采用地膜覆盖垄上单行套种。韭菜可选用平韭4号、平丰8号、嘉兴白根等,育苗移栽,5～6片叶时及时定植,当年霜降前后扣棚,收割鲜韭2茬。翌年2月下旬播种马铃薯,5月中下旬采收上市。马铃薯收获后撤膜,韭菜进入露地生产。秋季套种马铃薯,则7月下旬进行种薯处理,8月下旬播种。种植密度以每亩植5000株为宜。韭菜按一般棚栽韭菜栽培技术管理。

(2)早春拱棚马铃薯套种甘蓝　早春采用拱棚种植马铃薯套种甘蓝,可以充分利用土地和拱棚保护设施,提高土地和设施利用率,使马铃薯、甘蓝都可提早上市,提高经济效益。该模式一般亩产马铃薯1500 kg,甘蓝1500 kg。甘蓝4月20日左右即可上市,马铃薯5月上旬上市,效益可观。

马铃薯品种可选用豫马铃薯1号、豫马铃薯2号、费乌瑞它、中薯3号等,既早熟又高产。甘蓝可选用早熟、抗寒性强的8398、中甘11。

① 套种模式　1行马铃薯套种2行甘蓝。垄沟式种植,垄距70 cm,垄高15～18 cm,垄背宽40 cm,垄沟宽80 cm。垄上种1行马铃薯,株距22 cm,亩栽苗2500株左右;垄沟内栽2行春甘蓝,行距40 cm,株距33 cm,亩栽苗3300株左右。

② 整地与播种　整地前马铃薯催芽,甘蓝育苗。甘蓝育苗设施最好采用温床,单坡面塑料大棚,阳畦或日光温室空闲地进行,苗龄一般70～80 d。施足基肥:亩施优质土杂肥3000～5000 kg,硫酸钾25 kg,过磷酸钙40 kg,冬前深耕,翌春解冻后细耙2遍,整平土地。

③ 播种时间　棚内气温3 ℃以上,10 cm地温0 ℃以上时,在2月上旬,选无大风、无寒流的晴天播种马铃薯,并于当天扣棚提高地温,为甘蓝定植作准备。

④ 马铃薯播种　高垄栽培,在垄顶开沟种植,覆土前亩用10%辛硫磷颗粒剂2 kg撒入沟内,防治地下害虫。覆土10～15 cm。拱棚马铃薯从播种到出苗30天左右,3月下旬可以出齐苗。3月初定植甘蓝,因此在管理上要考虑到两者的需要。

⑤ 精细管理　当气温达到30 ℃时开棚通风,促进棚内气体交换,保证结球甘蓝光合作用所需要的CO_2,棚温18 ℃左右关闭风口。4月上旬可酌情半揭膜或全揭膜,终霜期全揭膜。

马铃薯是喜光作物,生长期间常用竹竿拍打棚膜,以利膜上水珠抖落透光。

肥水管理:在马铃薯团棵期、甘蓝莲座期,可结合浇水施尿素20 kg促进茎叶生长,甘蓝结球初期第2次施肥,亩施三元素复合肥25 kg,或腐熟的人粪尿700～800 kg。此后5～7 d浇1次水。

病虫害防治:马铃薯主要防治晚疫病、蚜虫、蛴螬、地老虎等。甘蓝主要防治黑腐病、软腐病及霜霉病,可于发病初期叶面喷77%可杀得可湿性粉剂600倍液,或72%农用链霉素可湿性粉剂4000倍液。蚜虫可选用10%吡虫啉可湿性粉剂2000倍液进行喷雾茎叶防治。

适时收获:甘蓝在4月20日左右叶球基本紧实后,及时采收。采收前5 d不浇水,以免出现炸球现象。拱棚马铃薯一般在5月中下旬视当地市场行情,收获上市。

(3)"马铃薯+小萝卜—大葱—秋马铃薯—秋延迟菠菜"高效栽培技术　早春拱棚"马铃薯+小萝卜—大葱—秋马铃薯—秋延迟菠菜"一年五种五收高效栽培模式是河南省商丘的一种种植模式。该模式土地利用率高,操作方便,经济效益高。一般亩产马铃薯4000 kg,小萝卜

1800 kg,大葱 3500 kg,菠菜 4000 kg。根据近年市场平均价格计算,年亩产值总计可达 12000元左右,扣去成本 3000 元左右,纯收入 9000 元左右。

① 品种选择　马铃薯选用早熟、优质、抗病、薯形好的品种,如洛马铃薯 8 号、豫马铃薯 2号、荷兰 15 号等品种;小萝卜选用耐低温品种,如小 5 樱品种;大葱选用耐热、抗病、高产品种,如日本实心大葱;菠菜选用圆叶品种,如全能、秋绿等品种。

② 种植方式　2 月上旬,播种马铃薯和小萝卜,加盖拱棚;3 月下旬收获小萝卜;4 月下旬至 5 月上旬收获马铃薯;5 月上半旬定植大葱;8 月上中旬收获大葱后,种植秋马铃薯,于 10 月下旬收获;10 月下旬撒播菠菜,视上市期扣棚。

③ 栽培技术要点　1 月上旬亩施腐熟好的鸡粪 6000 kg,复合肥 50 kg,同时深耕 35～40 cm,亩按穴点施复合肥 150 kg。马铃薯垄距 80 cm,垄底宽 25 cm,隔垄于垄底种植小萝卜,亩用种 0.5 kg,撒种后盖 0.5 cm 厚的细土。小萝卜出苗后,2～3 片真叶时,选无风晴天定苗,3 月后气温渐升,要加强棚内温度控制,并注意及时通风,先通头风,后通腰风,逐渐加大通风量,一般保持白天 18～25 ℃,夜间 10～15 ℃为好,外界最低气温在 10 ℃以上可通夜风,直至撤棚,但需防寒潮发生冻害。马铃薯生长期喷叶面肥 0.2%磷酸二氢钾 1～2 次,视土壤墒情浇水保持土壤含水量在 60%～80%,以利结薯。大葱在 3 月上旬采用小拱棚育苗,定植后,追 2～3 次速效肥,每次亩追施尿素 20 kg。菠菜出苗后,追一次速效 N 肥,亩追施尿素 20 kg。

④ 主要病虫害防治　采用"预防为主,综合防治"的方针防治病虫害。马铃薯、大葱地下害虫可选用 5%辛硫磷微粒剂。发现马铃薯青枯病、环腐病株立即挖除,病穴撒生石灰消毒,同时可选用 72%农用链霉素可溶性粉剂每亩 30 g 兑水 200 kg 灌根,这两种病虫害主要由薯块带菌引起,在防治上应选用无菌种薯,做好切刀消毒。晚疫病选用 52.5%抑快净水分散粒剂 1500 倍液喷雾。大葱软腐病可选用 77%可杀得可湿性粉剂每亩 100 g,疫病选用 72%克露可湿性粉剂 800 倍液喷雾,叶霉病可选用 36%甲基硫菌灵悬浮剂 500 倍液喷雾。菠菜灰霉病、黑斑病经常发生,可选用 50%的扑海因可湿性粉剂 1500 倍液喷雾防治。葱蓟马可用 21%灭杀毙乳油 1500 倍或 50%辛硫磷乳油 1000 倍液喷雾。蚜虫用 10%吡虫啉可湿性粉剂每亩 10 g 喷雾防治。

(4)豫西南马铃薯—玉米—白菜一年三熟高效栽培技术　豫西南马铃薯—玉米—白菜一年三熟的栽培模式,每亩产马铃薯 1700 kg、玉米 600 kg、大白菜 6000 kg,亩收入 5000 元。与传统的玉米连作白菜相比,多收获一季马铃薯,大大提高了经济效益。虽然白菜移栽时间向后推迟了半月左右,但是只要加强管理,仍能取得较高的产量和效益。

① 茬口安排　前一年 12 月下旬地膜覆盖栽培马铃薯,翌年 5 月中旬收获,4 月下旬在马铃薯垄边套种玉米,8 月中旬收获后,整地平栽大白菜。

② 品种选择　三种作物均选用当前当地推广面积较大的品种。马铃薯选用菜用脱毒马铃薯品种,如早大白。玉米品种选用先玉 335,白菜选用高产杂交品种,如秋早 55。

③ 选地与整地　马铃薯是忌连作作物,应选择排灌方便、耕层深厚、中等以上肥力,3 年内没有种过马铃薯和其他茄科作物(如烟草、番茄等)的地块。秋作物收获后,每亩施优质农家肥 3000 kg,深耕 20～25 cm 后再施入碳铵 200 kg、过磷酸钙 25 kg、硫酸钾 20 kg,耙碎土垡、耙平地面。起垄,垄宽 90 cm,高 20 cm,垄沟宽 20 cm。

④ 播种模式　马铃薯南北向带状种植,垄距 90 cm。12 月中下旬在垄上穴播 2 行,行距 60 cm,穴距 25 cm,播深 6～8 cm,并随穴每亩施三元复合肥 20 kg、草木灰 100 kg,肥与穴土混匀垫于穴底,然后播种。播后浇透水、盖土、喷洒除草剂,然后覆膜封严。

⑤ 马铃薯栽培要点

(a)浇水:12 月下旬,马铃薯播种后要进行条灌,可起到促进发芽和防治冻害的作用。马铃薯生长进程中必须供应足够的水分才能获得高产,通常土壤水分保持 60%～80%。豫西南越冬覆膜马铃薯中后期一般需浇 4 次水,分别在齐苗时、团棵期、现蕾期、结薯期各浇 1 次。(b)助苗出膜:2 月底 3 月初幼苗出土后及时破膜出苗。选择晴朗无风天,在幼苗正上方将塑料膜划一小口,小心将幼苗掏出后用土把幼苗基部塑料膜封严,以免进风降低地温、跑墒。(c)中耕、培土:马铃薯出苗后,应及时除草松土并保护塑料膜的完整。马铃薯发棵后期去膜,结合中耕进行培土。去膜、中耕、培土时应注意不损伤功能叶片。(d)控制马铃薯徒长:当马铃薯植株有节间长、叶片大、枝叶显著有徒长趋势时,在发棵中期和现蕾期每亩用 30 g 多效唑兑水 600 kg 进行喷雾。(e)病虫害防治:中后期要及时控制 28 星瓢虫和诱杀地下害虫。对易发生晚疫病田块,应及早防治。

⑥ 玉米栽培要点　玉米播种深度 4～5 cm,出苗后要及时间苗、定苗。玉米生长前期适当控制肥水,促根系生长,缩短下部节间间距;拔节后加强中耕除草培土;大喇叭口期重施氮肥,后期注意喷施"玉米健"防倒伏;注意田间排水,防止涝灾。

⑦ 大白菜栽培要点　定植后一周内一般不再浇水,以促进蹲苗发根。当白菜开始生长时,进行一次中耕、晒土 1～2 d,培土起垄,以后不再中耕。进入莲座期后应进行 1～2 次穴追肥,根据虫情、病情,及时防治用药喷施,确保病虫害消灭在始发阶段。

(5)早春马铃薯—夏西瓜—秋大蒜高效栽培技术　早春马铃薯—夏西瓜—秋大蒜的一年三熟露地种植模式具有典型性、灵活性和广泛适应性,已在河南、河北、山东、安徽等多个省份和地区推广,得到大面积应用。一般每亩收获马铃薯 2000 kg 左右,收益约 1800 元;西瓜 4000 kg,收益约 4800 元;青蒜苗 2000 kg,收益 6000 元。每亩年收益可达 1.2 万元左右,效益可观。

① 茬口安排　春马铃薯 2 月下旬播种,4 月下旬到 6 月初收获。西瓜 3 月份育苗,4 月中下旬定植,6 月中旬至 7 月中旬分批采收上市。清茬后 7 月底至 8 月初播种青大蒜,10 月份陆续采收。

② 品种选择　马铃薯品种选择早熟或早中熟品种为宜。以鲜销为主可选择费乌瑞它、中薯 3 号、豫马铃薯 2 号等,以加工为主可选择大西洋。西瓜品种应选择西农 8 号、庆发 8 号、京欣 1 号等品种。大蒜品种应选择山东金乡大蒜、河南中牟大蒜。

③ 马铃薯间套种西瓜模式　马铃薯地膜覆盖栽培。起畦,畦宽 2 m,畦高 30 cm,畦面宽 165 cm,每畦种 3 行马铃薯,空 1 行,留种西瓜,行距 50～55 cm,株距 25 cm,覆土厚度 8～10 cm,整平垄面后镇平,喷除草剂覆盖地膜。田间管理详见中原二季作区春播马铃薯栽培技术。

④ 夏西瓜栽培技术要点　2 月下旬温室育苗播种。浸种前晒种 1 d,用 50～55 ℃温水浸种 1.5 h,洗净后放在 30 ℃处催芽。西瓜种子有 80%露白时即可播种。西瓜 4 月中下旬定植到预留的空行中,5 月中旬每亩追施尿素 20 kg、硫酸钾 15 kg 和饼肥 100 kg。当主蔓长至 70 cm 左右时,应及时整枝压蔓。在坐果后 25 天时,应及时翻果,以促使果实均匀成熟,色泽一致。西瓜病害主要有枯萎病和蔓枯病,发病初期在病株根部可用 10%苯醚甲环唑 1500 倍液加多菌灵 600 倍液。蚜虫可用 20%氰戊菊酯乳油 2000 倍液,红蜘蛛选用 20%达螨酮乳油 3000 倍液。

⑤ 秋大蒜栽培技术要点　大蒜采用蒜瓣直播。以青蒜为栽培目的,于 7 月份开始播种。播种密度较大,每亩用种量 250～300 kg,一般行株距为 12 cm×4～7 cm。当苗出土 3～6 cm

时，要开始追肥，以氮肥为主。在青蒜生长期间，从8—9月份到11—12月份，要追肥2～3次，促进地上部的生长。因为以收获青蒜为目的，于是在播种后蒜苗有30～40 cm高时，抽薹以前，即从当年10月份至翌年春季均可采收。

(6)马铃薯—夏秋黄瓜—大蒜高效栽培技术　山东省费县马铃薯、夏秋黄瓜、大蒜高效栽培模式，产量高，经济效益好，具有较为广阔的发展前景。

① 茬口安排　马铃薯采用保护地栽培，2月下旬播种，5月上中旬收获；夏秋黄瓜6月中旬直播，9月初采收完；大蒜9月中下旬地膜覆盖栽植，翌年5月下旬至6月上旬收获。

② 品种选择　马铃薯选择鲁引1号、费乌瑞它、早大白等品种。黄瓜选用津春5号、津绿5号、津育21等适宜露地栽培的优良品种。大蒜选用品种纯正的苍山大蒜。

③ 栽培技术要点

马铃薯：在2月下旬播种，高垄栽培，垄面70 cm，垄沟宽30 cm，深15～20 cm，整平垄面，理顺垄沟。在垄面上按行距30 cm开沟，深10～15 cm，株距20～25 cm，肥水在沟底，芽向上按入土中，两行间薯块交叉相对，呈三角形，覆土、搂平，之后喷乙草胺除草剂，覆盖地膜。生长期间植株出现徒长时，可喷0.1%矮壮素或50～100 mg/L多效唑。现蕾时摘去花蕾。结合喷药喷施0.2%～0.3%磷酸二氢钾溶液，促使植株健壮、提高产量。前期一般不需浇水，薯块膨大时浇水，保持土壤湿润。5月上中旬，选晴天收获，用箩筐分级，装运供出口。

夏秋黄瓜：采用高畦或高垄种植，大行距80 cm，小行距50 cm，垄高15～20 cm，同时要做好排水沟。播期可根据前茬作物腾茬早晚，安排在6月中旬至7月上旬，多采用直播。幼苗长出真叶时间苗，3～4片真叶定苗。出苗后及时中耕。定苗浇水后插架，按正常田间管理进行。

大蒜：选无霉变、无机械损伤、充实饱满的种子，用50%多菌灵可湿性粉剂500倍液浸种0.5～1 h，用40%辛硫磷乳油800～1000倍液喷畦。10月上旬播种，使其冬前长至5～6片叶。南北做畦，畦宽1.5～2 m，畦面宽1.2～1.7 m，埂宽0.3 m，播种时按20～23 cm行距开沟，沟深12 cm左右，把蒜种直立放在沟内，株距10 cm左右。按正常田间管理进行。

3. 幼龄果树间作马铃薯(林下经济)　幼龄果树间作马铃薯是一种效益显著且切实可行的间作栽培模式。能够最大程度利用了土地资源，新植的幼龄梨树由于枝少冠矮。占地面积仅为全园面积的1/5～1/3。2～4年生的幼龄梨树树冠投影面积为5.5%～30.5%。在幼龄梨园间作马铃薯，可使果园土地的覆盖面积增加55%～75%，从而提高了果园土地利用率。果树树冠距离地面为70～80 cm，马铃薯株高仅25～30 cm，因此，在幼龄梨园间作马铃薯具有良好的通风透光效果，可以充分地利用果园空间，果树与马铃薯两者之间互不影响。辽西地区的果园土壤多为沙壤土，很适合马铃薯的生长，因此在幼龄梨园间作马铃薯是发展山区立体农业的好模式。提高了肥水利用率，马铃薯的播种期较晚，其生育前期避开了梨树的新梢生长旺期，解决了水分、养分相争夺的矛盾。同时，由于梨树属于深根性植物，吸收土壤里的深层养分，而马铃薯属浅根性植物。只分布在土壤表层30 cm处，吸收浅层土壤里的养分、水分。果树与马铃薯两者之间在土壤里的合理分布，减少了养分、水分的浪费，提高了肥水利用率。

具体做法是根据果树树龄和生长长势合理安排薯用地比例，以5 m×3 m的梨树为例，新种果园除去人行道、水渠可利用的2.5 m土地，可安排种植3行马铃薯。需适地种植。一般沙壤土通透性好，有利薯块膨大生长，黏重土壤通透性差，不利薯块膨大，生产中应选择通透性良好的土壤栽培，为薯块充分生长打好基础。

深翻整地：春季种植马铃薯的地块，在前作收获后，要及时深翻，以利土壤充分熟化，改善土壤团粒结构，创造疏松的土壤结构，为薯块生长打好基础，深翻深度25～30 cm为宜。

施足基肥:肥料是马铃薯生长结果的物质基础,生产中每亩施肥量为:优质农家肥 3500～4000 kg,过磷酸钙 120 kg 左右,硫酸钾 35 kg 左右,尿素 20 kg 左右,结合播前整地一次性施入。

合理选种:应选择抗逆性强品种,如费乌瑞它、米拉、中薯 2 号等,这类品种播后出苗快,长势强、结薯集中、早实性好。

高垄地膜覆盖栽培:通过起垄可将地表熟土层集中,使土壤有机质的供给利用率提高,垄作覆膜后,受光面积增加,有利地温升高,有利早播。春马铃薯播种时,一般采用白色地膜覆盖,有利吸热、升温快,一般按垄高 25 cm 左右,垄宽 100 cm 左右,垄沟 20 cm 左右的标准整地,地整好后及时覆膜,烤地升温。

适期播种:春播马铃薯一般在春分前后(3月下旬)播种每垄播种两行,行距 30～40 cm、株距 25～30 cm,每亩播种 6000～7000 株。播种时实行小整薯播种,降低病害发生概率。

生长期管理:春马铃薯的生长期管理主要应抓好四方面的工作:除草、摘花、追肥、浇水。

病虫害防治:春马铃薯生产中的病虫害有晚疫病、青枯病、病毒病、环腐病、蚜虫、粉虱等。晚疫病喷施 25％瑞毒素可湿性粉剂 800 倍液,细菌性病害可喷 72％的农用硫酸链霉素可湿性粉剂 2000 万单位兑水 50～70 kg 防治。蚜虫可喷 0.38％苦参碱乳油 500 倍液防治。

适期采收:春播马铃薯一般生长期在 90 天左右,收获期应据市场行情灵活掌握,在薯块充分膨大,市场行情好时,应及早收获,供应市场,以提高生产效益。

六、田间管理

(一)适时中耕

通常播种后 20 d 左右出苗,要及时查苗,地膜覆盖栽培时要及时破膜放苗,使幼苗顺利出土。放苗要求放大不放小,放绿不放黄。破膜时间一般选在晴天上午 10 时以前和下午 16 时以后,阴天可全天放苗。

马铃薯苗出齐后,要及时进行间苗定苗,有缺苗的及时补苗,以保证全苗。间苗时一定要按压住保留幼苗的根部,将要去除的幼苗连根拔出,每穴留 1～2 个健壮幼苗。间苗的原则是去小留大、去弱留强,不能伤根,不能掘动薯块。

一般结合中耕除草培土 2～3 次,植株封垄前培完。第一次培土要早,有利于促进早结薯,幼苗出齐后,应及时进行第一次中耕除草。行间中耕深 4～5 cm,靠近幼苗应逐渐由深变浅,以免伤根。此次中耕,可消除杂草,疏松土壤,提高地温,促进根系下扎。中耕可结合追肥进行。在现蕾期进行第二次培土,在植株开花期封垄前培完。培土尽量高,以利于块茎生长发育和膨大,并防止块茎外露变绿,影响食用品质和商品性。

(二)科学施肥

肥料是施于土壤或植物的地上部分,能改善植物的营养状况,提高作物产量和品质,改良土壤性质,预防和防止植物生理性病害的有机或无机物质。通常,生产上按照化学成分、生物活性、作用效果可分为有机肥料、无机肥料、生物肥料三大类。

1. 有机肥料　是指肥料中含有较多有机物的肥料,也称农家肥,是一种速效性缓效性兼有的肥料,一般作基肥施用,适用于各类土壤和各种作物。主要作用有以下四个方面:

有机肥是植物矿质营养的主要来源;能为植物提供有机养分(如氨基酸、抗生素、维生素等);在微生物的分解中能生成腐殖质,改善土壤理化生物性状和保水保肥、供水供肥能力;是活化土壤中的缓效性或难溶性养分。

有机肥料有机质含量多,有显著的改土培肥作用;所含养分种类全面,但含量低,肥劲小;供肥时间长,肥效慢而持久;能与土壤充分融合,形成有机复合体,故损失少,利用率高。

2. 无机肥料 是指工厂制造或自然资源开采后经过加工的各种商品肥料,或是作为肥料用的工厂的副产品,是不包含有机物的各种矿质肥料的总称。在农作物生长发育所必不可缺少的 16 个元素中,C、H、O 三大元素由大气中源源不断供给而不需要人为地多去施用。无机肥料共占作物体干重的 95% 以上,而要人为大量施入和大量提供的无机物矿质元素约占植物总量的 4%~5%,它们是:

(1)氮、磷、钾"三要素"(约占 2.75%)

① 氮 需要量占 1.55%。它是促进叶片生长的主要元素,缺 N 马铃薯植株生长缓慢且矮小。缺 N 症状首先出现在基部叶片,并逐渐向上部叶片扩展,叶面积小,淡绿色到黄绿色,叶片褪绿变黄先从叶缘开始,并逐渐向叶中心发展,中下部小叶边缘向上卷曲,有时呈火烧状,提早脱落。缺 N 马铃薯植株茎细长,分枝少,生长直立。

N 素肥分为铵态氮、硝态氮、酰胺态氮三种,它们性质有明显的区别,施有方法也不尽相同。

铵态氮:即氮素以 NH_4^+ 或 NH_3 的形成存在,如氨水、硫酸铵、碳酸氢铵、氯化铵等。易被土壤吸附,流失较少,既可做基肥又可作追肥。

硝态氮:即氮素以 $NO^3\text{-}N$ 的形态存在,如硝酸钠、硝酸钙、硝酸铵等。不能为土壤所吸附,施入土壤后,只能溶于土壤溶液中,随土壤水移动而移动,灌溉或降雨时容易淋失,一般只适宜作追肥,不适宜做基肥。

酰胺态氮:即氮素以 -CO-NH_2 的形态存在或水解后能生成酰胺基的氮肥,如尿素,氰氨化钙等。适宜于各种土壤和作物,既可作基肥,也可作追肥。

② 磷 需要量占 0.2%。它是保证结果、结籽作物生长出好产品的主要元素。缺 P 马铃薯植株瘦小、僵立,严重时顶端停止生长,叶片、叶柄及小叶边缘稍有皱缩,下部叶片向上卷,叶缘焦枯,叶片较小,叶色暗绿,无光泽,老叶提前脱落,块茎有时产生一些锈棕色斑点,块茎品质变差。

有效磷(中性柠檬酸铵溶性磷)分为水溶性磷、枸溶性磷(也称为 EDTA 溶性磷)、难溶性磷 3 种。水溶性磷肥效快,适用于各种作物各种土壤,既可以作基肥,又可作追肥。枸溶性磷也称为弱酸溶性磷肥,适宜于中性或酸性土壤上施用,在石灰性土壤上施用效果较差,一般只作基肥,难溶性磷的溶解度低,只能溶于强酸,因此只在土壤酸度和作物根的作用下,才可逐渐溶解为作物吸收,但过程十分缓慢。

③ 钾 需要量占 1%,它是保证作物茎秆生长的元素。施用 K 元素,可以增强作物的抗倒伏性和抗旱性。马铃薯缺 K 时生长缓慢,缺 K 症状一般到块茎形成期才呈现出来,上部节间缩短,叶面积缩小。小叶排列紧密,与叶柄形成的夹角小,叶面粗糙、皱缩并向下卷曲。缺 K 早期叶尖和叶缘暗绿,以后变黄,再变成棕色,逐渐扩展到整个叶片;接着老叶的脉间褪绿,叶尖、叶缘坏死,下部老叶干枯脱落。严重缺 K 时植株呈"顶枯"状,茎弯曲变形,叶脉下陷,有时叶脉干枯,甚至整株干死。块茎内部带蓝色。

K 肥主要有硫酸钾、氯化钾、碳酸钾,其中硫酸钾和碳酸钾适用于各种作物和土壤,而氯化钾不宜在忌氯作物和盐渍土上施用。

(2)钙、镁、硫"三中素"(约含 0.8%)

① 钙 需要量占 0.5%。它是细胞壁的组成成分,主要作用是促使长根和抑制根病的发

生。缺 Ca 马铃薯植株幼叶变小,叶边缘出现淡绿色条纹,叶片皱缩或扭曲,叶缘卷曲,其后枯死。茎节间缩短。严重时顶芽死亡,侧芽向外生长,呈簇生状。块茎的髓中有坏死斑点,易生畸形成串小块茎。

钙肥的主要品种是石灰,包括生石灰、熟石灰和石灰石粉;石膏及大多数磷肥,如钙镁磷肥、过磷酸钙等和部分氮肥如硝酸钙、石灰氮。

② 镁　需要量占 0.2%。Mg 元素是农作物生长发育的一主要元素。缺 Mg 作物生长缓慢,会出现小老苗现象。马铃薯轻度缺 Mg 时,症状表现为从中、下部节位上的叶片开始,叶脉间失绿而呈"人"字形,而叶脉仍呈绿色,叶簇增厚或叶脉间向外突出,厚而暗,叶片变脆。随着缺 Mg 程度的加大,从叶尖、叶缘开始,脉间失绿呈黄化或黄白化,严重时叶缘呈块状坏死、向上卷曲,甚至死亡脱落。

Mg 肥分水溶性 Mg 肥和微溶性 Mg 肥。前者包括硫酸镁、氯化镁、钾镁肥;后者主要有磷酸镁铵、钙镁磷肥、白云石和菱镁矿。不同类型土壤的含 Mg 量不同,因而施用 Mg 肥的效果各异。通常,酸性土壤、沼泽土和沙质土壤含 Mg 量较低,施用 Mg 肥效果较明显。

③ 硫　需要量占 0.1%。S 能促进叶绿素的形成;S 参与固氮过程,提高肥料利用率。缺 S 马铃薯植株生长缓慢,叶片、叶脉普遍黄化,与缺 N 类似,但叶片并不提前干枯脱落,黄化首先出现在上部叶片上,缺 S 严重时,叶片上出现褐色斑点。

S 肥主要的种类有硫黄(即元素硫 S)和液态 SO_2。它们施入土壤以后,经氧化硫细菌氧化后形成硫酸,其中的硫酸根离子即可被作物吸收利用。其他种类有石膏、硫铵、硫酸钾、过磷酸钙以及多硫化铵和硫黄包膜尿素等。

在田间,作物除从土壤和硫肥中得到 S 外,还可通过叶面气孔从大气中直接吸收 SO_2(来源于煤、石油、柴草等的燃烧);同时,大气中的 SO_2 也可通过扩散或随降水而进入土壤—植物体系中。在决定 S 肥施用量时须考虑这些因素。

(3)硼、锰、锌、铜、钼、铁、氯"七微素"(约占 0.03%)　作物所需要的七微素用量极微,而且过量还会有毒害。虽然一般各占植物干重的 0.001%～0.00001%,但也缺乏不得。例如,缺 Fe 则叶绿素不能合成,影响光合作用,进而影响马铃薯产量;缺 B 马铃薯植株生长点及分枝尖端死亡,节间缩短,侧芽呈丛生状,根部短粗呈褐色,易死亡,块茎矮小而畸形,维管束变褐、死亡,表皮粗糙有裂痕。

无机肥料的特性及施用:一是化肥一般不含有机质,只能供给作物养分,改土培肥作用较缓;二是养分种类比较单一,但养分含量高;三是化肥(特别是 N 肥)肥效快,肥劲猛,但有效作用时间短,肥效不能持久;四是化肥容易挥发、流失、淋洗或被土壤固定造成损失,利用率较低。

在施用化肥要因时因地因肥制宜:在土壤酸性条件下,作物吸收阴离子多于阳离子,土壤碱性条件下正好相反,南方的土壤呈中性或偏酸性,在酸性土壤上硫(S)表现短缺,而 Fe、Mn、Zn、Cu、Co 有效含量较多,当 pH 小于 5 过酸时,铁离子过多,往往会造成毒害,铝离子也会游离出来,还会使土壤中的 P 难以利用,植物细胞内外的 P 也会变为沉淀。酸性土壤使 K、Ca、Mg 含量急剧减少。故酸性土壤应施有机质和碱性或生理碱性的肥料。例如磷肥选用钙镁磷肥可提高肥效。当 pH 6～8 时土壤中有效氮含量最多,pH 6～7.5 时磷的有效性较高,pH 7.5 以上的石灰性土壤中,可使水溶性磷转变为难溶性磷,难溶性磷变得更加难溶,并且影响硼的有效性,但有效铜的含量增加。故石灰性土壤应施酸性或生理酸性肥料,所以生产上应根据作物需求和肥料特点有针对性地施肥。

3. 生物肥料　狭义的理解是指微生物肥料,而广义的理解是指利用生物技术制造的对农作物有特定肥效的生物制剂。

生物肥料的种类很多,按其所含的微生物可分为细菌性肥料(如根瘤菌)、真菌类肥料(如5406菌肥)等;按其作用机理,可分为根瘤菌类肥料,固氮菌类肥料,解磷菌类肥料,解钾菌类肥料等;按其制品中所含菌的种类双可分为单一菌类肥料,复合菌类肥料等。

生物肥料与化学肥料、有机肥料一样也是农业生产上常用的一种肥料。随着化肥和农药使用量的日益增加,农产品产量不断上新台阶,但同时也伴随着土壤结构破坏,土壤肥力降低,农业污染越来越严重的社会现实。为解决这种矛盾,从未来绿色农业、无公害农业的发展趋势看,没有环境污染的无公害肥料——生物肥料,将会在未来农业生产上起到非常重要的作用。

另外,农业生产上常用的还有复合肥以及控释肥等。

复合肥:在一种化学肥料中,同时含有N、P、K等主要营养元素中的两种或两种以上成分的肥料,称为复合肥料。含两种主要营养元素的叫二元复合肥料(如磷酸一铵、磷酸二铵、磷酸二氢钾等),含三种主要营养元素的叫三元复合肥料,含三种以上营养元素的叫多元复合肥料。

缓释肥料:是施入土壤中养分释放速度较常规化肥大大减慢肥效延长的一类肥料。

控释肥料:是指以各种调控机制使养分释放按照设定的释放模式(释放时间和释放率)与作物吸收养分的规律相一致。

马铃薯对N、P、K的需求量因栽培地区、产量水平及品种等因素而略有差别,每生产1000 kg鲜薯约需氮(N)4.4~5.5 kg,磷(P_2O_5)1.8~2.2 kg,钾(K_2O)7.9~10.2 kg,其养分需求比例大致为1:0.4:2,可见马铃薯是典型的喜钾作物。马铃薯在苗期和淀粉积累期对三要素的吸收量均较少,而块茎形成期和块茎增长期是对三要素吸收最多的时期,在这两个时期的吸收量占全生育期吸收总量的70%左右,其中块茎增长期是全生育期吸收养分最多的时期,但就吸收速率而言,K以块茎增长期最高,N、P以块茎形成期最高。马铃薯对Ca、Mg、S的吸收与N、P、K吸收规律是一致的。马铃薯吸收微量元素较少,块茎产量1340 kg/亩,吸收的Cu、Mn、Mo、Zn分别为44 g、42 g、0.74 g、99 g,但生产中B、Zn等微量元素的缺乏常影响产量。

4. 马铃薯施肥存在的主要问题　化肥利用率低,N肥施用量偏高而K肥投入不足,N、P、K肥搭配不合理,有机肥施用不足,肥料施用偏重基肥而忽视追肥。基于这些问题提出以下施肥原则:控制氮肥用量,调整氮、磷、钾肥搭配比例;广泛施用有机肥,提倡有机无机相结合;把握最佳施肥时间,掌握前轻、中重、后补的原则,可采用长效肥和控释肥。高产田施用中量及微量元素。高产田产量限制因子通常是中量及微量元素,因此重视并适量地施用中量及微量元素。

产量水平2500 kg/亩以上:氮肥(N)16~18 kg/亩,磷肥(P_2O_5)7~8 kg/亩,钾肥(K_2O)15~18 kg/亩。氮肥50%、钾肥40%、全部磷和有机肥作基肥,齐苗、现蕾时分别追施氮肥30%、20%和钾肥20%、40%。提倡施用有机肥,建议每亩施有机肥200~300 kg或农家肥1000~2000 kg作基肥,若基肥施用了有机肥,可酌情减少化肥用量。在土壤缺硼区域需增施硼肥,硼砂施用可结合病虫害防治进行根外追肥,每隔7天1次,连续3次,浓度为0.5%左右。

(三)合理补充灌溉

1. 补充灌溉　黄淮海平原是中国最重要的粮食生产区,同时也是缺水较严重的地区之一,多年平均降水量在500 mm左右,且呈现夏季丰水、冬季枯水、春秋过渡的特点,并不能满足作物需水量。随着地表水量的逐年下降,地下水已经成为黄淮海平原的主要灌溉水源。

漫灌灌水量大,灌溉水深层渗漏严重,导致水肥流失、土壤盐碱化,已逐步被节水灌溉所取代。黄淮海平原常用的节水灌溉方式有滴灌、喷灌、膜下暗灌等。而水肥一体化技术是将节水灌溉与施肥融为一体的农业新技术,其优点是水肥均衡、省肥节水、降低湿度、减轻病害、并且有利于环境保护。

2. 节水灌溉方式　气候变暖,降水量减少,干旱程度加剧,进一步加剧水资源短缺和水资源供需矛盾。

20世纪90年代以来,整体上自然降水呈减少的趋势,以洛阳市为例,1961—2006年间的降水变化呈现有规律的波动,年降水平均值为613.9 mm。年降水量呈明显下降趋势,年降水量递减率为2.5538 mm/a,大于全国40年降水量递减率1.269 mm/a。年际间降水分布不匀,最大年降水1035.4 mm,最小年降水量315.2 mm。

洛阳市降水总的来说十年九旱雨量多变,近十年来降水量减少趋势明显,1971—2007年37年平均降水量597.4 mm,1992年以来平均降水量下降为537.0 mm,近10年降水量下降为528.9 mm,其中2003年为特殊年份,不仅降水量总体减少,而且分布不均。70%的降雨量集中在6—9月,超过60%的降水集中在南部山区,农业区的降水占有量十分有限。

温度和降水对马铃薯生产的影响相对较大,气象因子对二熟制春马铃薯产量的影响有3个关键时段,一个是3月初,一个是4月中旬,一个是5月上旬。日照时数对马铃薯生产的影响较小。据此马铃薯补充灌溉尤其重要。

王丽霞等(2013)为了探索华北地区棉花与马铃薯套作模式下节水高效的灌溉制度,2011—2012年,连续两年研究了不同滴灌定额(75 mm、90 mm、105 mm 和 120 mm)对棉花/马铃薯模式中马铃薯产量及水分利用效率的影响。结果表明,马铃薯的产量与滴灌定额呈正比,且与块茎形成期和块茎膨大期的降水、灌溉定额显著相关,2011年和2012年其相关系数分别为 $r=0.960(P<0.05)$、$r=0.998(P<0.01)$。2011年不同处理的马铃薯产量差异不显著,2012年滴灌120 mm处理的马铃薯产量最高,达到24 921.2 kg/hm^2,比滴灌75 mm处理提高了15.2%,差异显著;马铃薯的耗水量随滴灌定额的增加而增加,不同处理之间差异显著,但不同处理的马铃薯水分利用效率差异不明显。初步表明,适当增加滴灌定额、合理调整灌溉时间结构有利于马铃薯产量和水分利用效率的提高。

3. 水肥一体化

水肥一体化是一项综合技术,涉及农田灌溉、作物栽培和土壤耕作等多方面,其主要技术要领须注意以下四方面:

(1)建立一套滴灌系统　可采用喷灌、滴灌等。

(2)施肥系统　在田间要设计为定量施肥,包括蓄水池和混肥池的位置、容量、出口、施肥管道、分配器阀门、水泵肥泵等。

(3)选择适宜肥料种类　可选液态或固态肥料,如氨水、尿素、硫铵、硝铵、磷酸一铵、磷酸二铵、氯化钾、硫酸钾、硝酸钾、硝酸钙、硫酸镁等肥料;固态以粉状或小块状为首选,要求水溶性强,含杂质少,一般不应该用颗粒状复合肥(包括中外产品)。

(4)灌溉施肥的操作

① 肥料溶解与混匀　施用液态肥料时不需要搅动或混合,一般固态肥料需要与水混合搅拌成液肥,必要时分离,避免出现沉淀等问题。

② 施肥量控制　施肥时要掌握剂量,注入肥液的适宜浓度大约为灌溉流量的0.1%。例

如灌溉流量为 50 m³/亩,注入肥液大约为 50 L/亩;过量施用可能会使作物致死以及环境污染。

③ 灌溉施肥的程序　第一阶段,选用不含肥的水湿润;第二阶段,施用肥料溶液灌溉;第三阶段,用不含肥的水清洗灌溉系统。

马铃薯块茎形成期和膨大期是产量形成的关键时期,该时期的降水、灌溉定额与马铃薯产量显著相关。适当增加滴灌定额、合理调整灌溉时间结构,减少苗期灌溉量,增加块茎形成期和块茎膨大期的灌溉量,既可以提高马铃薯的产量,又可以降低水资源的浪费,达到节水高产的目的。

马铃薯具有生长周期短,耐旱、耐贫瘠、高产稳产、区域适应性广、营养成分全、产业链长等诸多优点,自引入中国以来,已经成为西北干旱和半干旱地区的主要种植作物之一,黄淮海平原也有广泛种植,特别是河北北部、中南部平原地区曾是较早种植马铃薯的地区之一,目前仍有大面积种植。有研究报道称,在水资源较匮乏的黄淮海平原,马铃薯替代小麦的节水效益是可观的。而小麦作为传统四大主粮之一,对于国家粮食安全战略的影响是巨大的,马铃薯在黄淮海地区主要作为菜用,其采后加工及食用习惯等问题均需进一步研究与改变。

（四）防病治虫除草

详见第九章。

七、收获和贮藏

马铃薯在生理成熟期收获产量最高,其生理成熟的标志有 3 点:叶色由绿逐渐变黄转枯,这时茎叶中养分基本停止向块茎输送;块茎脐部与着生的匍匐茎容易脱离,无须用力拉即与匍匐茎分开;块茎表皮木栓化、皮层较厚、色泽正常。

一般同品种的马铃薯块茎膨大期,每天每亩增加产量 40～50 kg。采收时期直接影响着产品的质量,采收时期过早,由于块茎干物质积累不够,不仅直接影响食用品质和加工品质,还会影响块茎的贮藏品质;采收过晚,也会影响块茎质量,还会导致块茎 2 次生长、块茎裂口或者发芽等。适宜的采收时期在植株 1/3～1/2 叶片开始变黄,这时块茎干物质积累达到高峰。但对一般的商品薯来说,市场规律以少为贵,早收获的马铃薯往往价格较高,因此,应根据生长情况、块茎用途与市场需求适时采收。

在黄淮海平原许多马铃薯主产区,雨季多集中在 7—8 月,一旦晚疫病发生、流行,很难防治。因此,可根据天气预报进行早收获,虽然对产量有一些影响,但却减少了块茎感染晚疫病和腐烂的概率,实际上起到了稳产、保品质的作用。二季作区的春马铃薯,在 6 月中旬高温和雨季来临之前需收获,以保证商品薯的质量和耐贮性。秋马铃薯一般在植株叶片全部黄化、外界最低气温降至 -2 ℃以前,块茎已完全膨大,表皮木栓化后及时收获。

收获时以土壤干散为宜,如果收获时土壤湿度过大,块茎气孔和皮孔开张较大,容易被各种病菌侵染,同时块茎水分含量过高,因而导致块茎不耐贮运。因此,收获前 7 d 不要浇水,如果遇上下雨天,要等土壤适当晾干后再收获,或割秧以加速土壤水分蒸发,以免土壤湿度长期过大而引起腐烂。块茎刨出后应在田间稍行晾晒,表皮水分晾干后再装运,但要严防块茎在田间阳光下暴晒。收获后,在田间要将病虫伤害及机械损伤的薯块剔除,进行分级。

马铃薯的收获方法因种植规模、机械化水平、土地状况和经济条件而不同。收获的顺序一般为除秧、挖掘、拣薯装袋、运输、预贮等过程。机械收获可直接挖掘,无须除秧,节省大量人工。收获时应注意以下事项:选择晴朗天气和土壤干爽时收获,在收获的各个环节中,尽量减少块茎的破损率;收获要彻底,避免大量块茎遗留在土壤中,用机械收获后,应复收复拣,确保收获干净彻底;先收获种薯,后收商品薯,不同品种、不同级别的种薯以及不同品种的商品薯都要分别收获,分别运输,单存单放,严防混杂;注意避光,鲜食用的商品薯或加工用的原料薯,在收获和运输过程中应注意避光,避免长期暴露在光下薯皮变绿、品质变劣;块茎在收获、运输和贮藏过程中,应尽量减少转运次数,避免机械损伤,减少块茎损耗和病菌侵染。

新收获的马铃薯呼吸作用旺盛,水分蒸发量大,块茎散发出大量热量,如立即下窖贮藏,薯堆内温度过高,造成烂薯,增加损耗。因此,新收获的块茎要放在通风凉爽的库房中,经过10~15 d 的预贮,块茎表皮木栓化,损伤的伤口愈合,呼吸强度由强转弱,才可贮藏。商品薯应避光预贮,以免薯皮变绿,影响品质。在此期间,要剔除病、烂薯,食用和加工原料薯要淘汰青皮、虫口和伤口块茎,才可入窖贮藏。

八、马铃薯规模化机械化生产现状和发展趋势

河南省马铃薯年生产面积 110 万亩,年产 203.5 万吨鲜薯,是全国重要的菜用薯生产大省。随着马铃薯产业化水平不断提高,马铃薯长期以来存在着播种速度慢与农时季作短、劳动效率低与人力短缺、劳动强度大与劳务费快速增长的矛盾,以及增产显著的农艺措施与工具不配套的问题。

马铃薯机械化栽培技术是基于配套栽培技术革新的,其采用播种机等机械完成整地、开沟、施肥、播种、喷药、起垄、铺膜、压膜等多道工序的技术。随着马铃薯产业化的调整,中原地区马铃薯种植面积逐年扩大,机械化栽培也成为越来越多农户的选择。实践证明,实现马铃薯机械化栽培技术,不仅能降低劳动强度、降低成本、提高单产水平和经济效益,而且是今后马铃薯种植发展的方向,也是实现现代马铃薯产业化的必由之路。通过简化综合栽培技术有效整合,每亩人工投入不高于 15 个工,人工缩减 40% 以上,效率提高 50% 以上,每亩可节支 240 元。

马铃薯生产全程机械化技术工艺路线包括机械深松耕整地(包括旋耕施肥)—机械化种植(包括种薯选择处理、上土)—机械化植保(包括中耕、除草、喷药)—机械化收获(包括播前杀秧)—机械化残膜回收。主要技术内容,一是机械化深松整地技术:前茬作物收获后及时深松(耕)、灭茬、旋耕等作业,深松深度一般为 25~40 cm,深松作业时间应根据当地降雨时空分布特点选择,更多地纳蓄自然降水,每隔 2~4 年进行一次。主要机具 IGQN160 型、IGQN250 型、ISQ-240 型、ISQ-340 型、IS-200 型等深松整地机。二是机械化播种技术:机械化种植技术是马铃薯生产全程机械化中的关键环节,根据需要选择覆膜种植或露地种植。目前,在河南省马铃薯种植机主推机型是与拖拉机配套的单行或双行播种机,可一次完成开沟、播种、施肥、起垄、覆膜、镇压等作业工序,作业质量满足当地农艺技术要求,抢农时,效率高。主要机具 2CMF-2 型、2CM-1/2 型、2BFM-2 型、1220A 型、1220 型等马铃薯种植机。三是机械化上土技术:机械化上土技术是马铃薯播种一周后,在膜面上均匀地抛撒 3~50 mm 厚土,以解决马铃薯出苗过程中播种穴与幼苗错位的问题,避免了人工放苗,提高了作业效率。主要机具 2TD-S2 型马铃薯上土机。四是机械化植保技术:机械化植保技术是利用喷雾机进行马铃薯杂草及病虫害防治。根据当地马铃薯病虫草害的发生规律,按植保要求选用药剂、用量及机械化高效植保技术操作规程进行防治作业。主要机具 3WX—200、650、1000 和 3WQ—3000 系列产品等植保机具。五是机械化杀秧技术:马铃薯收获前,进行马铃薯机械化打秧技术,可一次性完成马铃薯秧苗的清理工作,将垄沟倒伏的秧苗也能吸起粉碎。打秧机作业前,应先将打秧机提

升至锤爪离地面 20~25 cm 高度,接合动力输出轴运转 1~2 分钟,再挂挡作业时禁止锤爪打土,若发现锤爪时,应调整地轮离地高度或拖拉机上悬挂拉杆长度。主要机具 1JH-100 型马铃薯打秧机。六是机械化收获技术:机械化收获技术是马铃薯生产全程机械化的关键环节,可一次完成马铃薯的挖掘、升运分离等多项作业工序,在河南省宜采用小型振动式马铃薯收获机,可提高收获效率,减少马铃薯损伤率。主要机具 4U-83 型、4U-800 型、4JW-830 型等马铃薯收获机。七是机械化残膜回收技术:马铃薯收获后及时清除田间废膜,以防造成白色污染。主要机具 1MFJS-125A 型等废膜捡拾机。

参考文献

陈焕丽,吴焕章,郭赵娟,2013.河南省春播马铃薯品种引种比较试验[J].长江蔬菜(22):33-36.

陈显耀,2014.马铃薯育苗移栽密度试验报告[J].蔬菜(2):15-16.

代明,侯文通,陈日远,等,2014.硝基复合肥对马铃薯生长发育、产量及品质的影响[J].中国土壤与肥料(3):84-87,97.

郭燕枝,王小虎,孙君茂,2014.华北平原地下水漏斗区马铃薯替代小麦种植及由此节省的水资源量估算[J].中国农业科技导报,16(6):159-163.

韩战敏,2012.中原二季作区秋马铃薯高产栽培技术[J].现代农业科技(5):148-149.

军伟,陈焕丽,郭赵娟,等,2015.河南省马铃薯规模化种植误区及改进措施[J].中国蔬菜,1(1):70-72.

林梓烨,刘先彬,张金荣,2015.间作玉米对连作马铃薯光合作用的调节作用[J].农业与技术,35(14):7-7.

刘世菊,2015.早熟马铃薯与夏秋大白菜轮作经济效益高[J].农业开发与装备(12):129-129.

刘宗立,应芳卿,2006.中原二季作区马铃薯秋植栽培技术[J].安徽农学通报,12(7):93,156.

庞淑敏,方贯娜,李建欣,2008.豫南地区冬种马铃薯栽培技术[J].现代农业科技(19):60-61.

裴旭,2010.早秋马铃薯高产栽培经验[J].农村实用技术(8):52-53.

王丽霞,陈源泉,李超,等,2013.不同滴灌制度对棉花/马铃薯模式中马铃薯产量和 WUE 的影响[J].作物学报,39(10):1864-1870.

王银玲,2010.土壤条件对马铃薯种植的影响分析[J].中国新技术新产品(8):188-188.

韦剑锋,韦巧云,梁振华,等,2015.施氮量对冬马铃薯生长发育、产量及品质的影响[J].河南农业科学,44(12):61-64.

魏玉琴,姜振宏,陈富,等,2014.包膜控释尿素对马铃薯生长发育及产量的影响[J].中国马铃薯,28(4):219-221.

邢宝龙,方玉川,张万萍,等,2018.中国不同纬度和海拔地区马铃薯栽培[M].北京:气象出版社.

邢海燕,2016.冀东地区马铃薯/玉米/香菜一年三种立体栽培模式[J].中国园艺文摘,32(1):180-180.

易九红,刘爱玉,王云,等,2010.钾对马铃薯生长发育及产量、品质影响的研究进展[J].作物研究,24(1):60-64.

张高强,2012.马铃薯育苗移栽技术[J].安徽农学通报(下半月刊),18(14):65,186.

张玉红,2016.马铃薯机械化垄作栽培技术[J].现代农业科技(9):86-87.

张运胜,邓正春,孙冰,等,2015.马铃薯轻简富硒栽培技术[J].作物研究(S1):752-753.

赵新晓,2012.马铃薯大拱棚四膜覆盖高产栽培技术[J].蔬菜(10):22-24.

赵永秀,蒙美莲,郝文胜,等,2010.马铃薯镁吸收规律的初步研究[J].华北农学报,25(1):190-193.

郑元红,潘国元,刘文贤,等,2007.玉米-马铃薯间套作不同分带平衡丰产技术研究[J].中国马铃薯,21(6):346-348.

第六章 中纬度多熟区马铃薯种植

第一节 区域范围和马铃薯生产地位

一、区域范围、自然条件和熟制

(一)区域范围

中国耕地主要分布在中纬度和低纬度地区,而中纬度地区一般指北纬30°以北至40°以南的气温、降雨适量的地区,包括陕西省南部,浙江省、安徽省、湖北省、湖南省等地属多熟制地区。

(二)自然条件

马铃薯中纬度种植区域气候主要包括温带季风性气候、亚热带季风气候和高原气候;地形以山地和平原为主,还包括丘陵、高原和盆地以及其他面积较小的地形地貌,海拔在7～2100 m;无霜期较长,为180～300 d,年均日照2000 h左右;年平均气温在10～18 ℃,≥10 ℃积温在3000 ℃·d以上;年降水量在500～2000 mm,水资源丰富,但降水分布不均,且西南地区雨热同季;主要土壤类型包括沙壤土、水稻土、黄潮土、黄壤土、棕壤土、红壤土、黄棕壤、紫色土、砂黄泥土、栗钙土、砂姜黑土、两合土、沙壤土、灰潮土、栗褐土等。

(三)熟制

由于中纬度多熟区涵盖数省,地形地貌复杂,气候类型多变,导致光、温、水、热、土壤等环境因子差异明显,农业自然资源丰富,适合多产业全面发展。种植作物基本上为多熟制。本区域主要作物包括小麦、水稻、玉米、高粱、谷子、薯类、油菜、豆类、蔬菜、水果、烟叶、药材等。通过对中纬度多熟区马铃薯主产区进行调查分析,结果发现,该区域马铃薯播种集中在冬季和春季,一般在11月—翌年5月,仅有少数地方在夏季播种。例如,湖北地区以春马铃薯为主,有小面积的秋马铃薯,春马铃薯播种一般在12月—翌年3月,其中低山区域12月—翌年1月,二高山1—2月份,高山区2—3月,秋马铃薯一般在9月份前后播种。陕南地区以冬马铃薯和秋马铃薯为主,冬马铃薯一般在12月中下旬—翌年1中上旬播种,秋马铃薯一般在8月下旬—9月上旬播种。

(四)农作物种类

本区域作物种类繁多,包括水稻、玉米、马铃薯、小麦、大豆、棉花、烤烟、甜菜、花生、玉米、高粱、油菜、西瓜、蔬菜等。在茬口上,与马铃薯进行换茬的一般选择蔬菜、棉花、大豆、玉米、小麦、水稻。安徽省一般以水稻、西瓜、玉米、甘薯、蔬菜为主,福建省以水稻、大豆为主,湖北省包括水稻、玉米、豇豆、油菜、蔬菜、烟草,湖南省以水稻为主。

二、马铃薯生产地位

以湖北省为例。

(一)湖北省气候特征以及马铃薯生产地位

湖北省位于中国中部偏南、长江中游,洞庭湖以北,简称"鄂",介于北纬 29°05′～33°20′,东经 108°21′～116°07′,交通便利,东连安徽省,南邻江西省、湖南省,西连重庆市,北接河南省、陕西省。湖北省是中国马铃薯种植大省,种植历史悠久,1822 年在恩施州已有明确的县志记载,是很多地方的主要食物,还形成历史悠久的干洋芋火锅、炕土豆、干洋芋片、洋芋饭等特色小吃。湖北省具有得天独厚的立体气候条件,年平均实际日照时数为 1100～2150 h,年平均气温15～17 ℃,全省无霜期在 230～300 d,降水分布呈由南向北递减趋势,鄂西南地区降雨最多,1400～1600 mm,鄂西北地区最少,800～1000 mm。

2014—2017 年,湖北省马铃薯种植面积略有增加,但增幅不大,基本稳定在 25 万 hm² 左右,在农作物里仅次于水稻、小麦、玉米和油菜,位居第 5 位,是湖北省重要的粮食和经济作物;总产方面,近年来湖北省马铃薯总产和单产均呈增加趋势,总产在 70 万～80 万 t,单产在3 t/hm² 左右,如图 6-1、图 6-2 所示。湖北省现在主要生产应用的品种有米拉、鄂马铃薯号 10号、鄂马铃薯 13 号、青薯 9 号、费乌瑞它、中薯 5 号等,其中高海拔地区主要种植米拉、鄂马铃薯 10 号、鄂马铃薯 13 号中晚熟品种。低海拔区域以费乌瑞它、中薯 5 号等早中熟品种为主,商品薯市场价格为 2.60～3.40 元/kg。中高海拔区域以米拉、青薯 9 号、鄂马铃薯 10 号、鄂马铃薯 13 等中晚熟品种为主,商品薯市场价格为 1.8～2.6 元/ kg。初步形成以鲜食销售为主、种薯和加工薯为辅的发展格局,2017 年累计生产的各类马铃薯主食产品 1295.6 t。马铃薯已逐步成为山区精准扶贫和乡村振兴的支柱产业以及区域种植业结构性调整的重要作物。

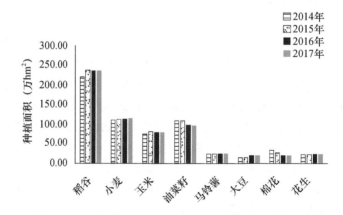

图 6-1　2014—2017 年湖北省主要作物种植面积(数据来源于湖北年鉴)

(二)发展前景

1. 马铃薯的重要性　马铃薯是世界重要非禾谷类作物,仅次于水稻和小麦。马铃薯产量

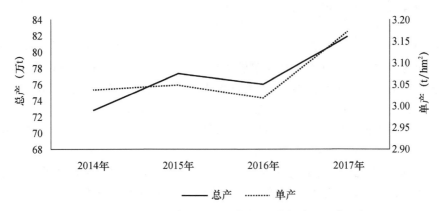

图 6-2　2014—2017 年湖北省马铃薯产量(数据来源于湖北年鉴)

高,环境适应性强,对环境影响小。单位面积生产干物质高于其他禾谷类作物,营养丰富,除大量碳水化合物,还有优质蛋白质、丰富矿物元素、膳食纤维及其他禾谷类作物所没有的维生素 C,口感美味,深受人们喜爱。当今社会,人口数量大、人均耕地面积少、农村劳动力少导致的粮食安全问题仍然是现阶段的主要问题,是社会各界关注的焦点。马铃薯作为粮食作物,和其他主粮作物共同保障粮食安全。

2. 湖北省马铃薯产业存在的问题　虽然湖北省是马铃薯种植大省,但也存在很多问题。首先,晚疫病发病严重。湖北省降水呈季节性不均,5 月中旬至 7 月中旬雨量最多,强度最大,是马铃薯晚疫病的高发期。而这段时间恰是马铃薯结薯膨大期,这就造成马铃薯商品薯率和产量不高。其次,湖北省马铃薯产业结构严重不合理。据 2014 年统计,湖北省鲜食马铃薯约占马铃薯总产量的 30%,饲料用马铃薯占 43%,加工用马铃薯占 17%,种薯占 10%。众所周知,在马铃薯产业发展中,加工比例越高,其创造的经济效益越好,然而湖北省马铃薯以鲜食和饲用为主,这是马铃薯产业效益低下的主要原因之一。第三,湖北省马铃薯种植结构存在不均的问题。湖北夏薯并不占有优势,其收获时间正是全国马铃薯大面积收获的季节。由于气候环境因素,湖北省秋薯或者冬薯具有很大的优势。但是,根据 2017 年统计,湖北省夏收马铃薯 23.091 万 hm²,而秋薯仅 2.704 万 hm²。夏薯种植比例过高,秋闲田利用率不高。

3. 湖北省马铃薯产业发展前景展望　近年来,虽然湖北省马铃薯新品种和晚疫病预警系统得到推广和应用,并且国家及地方政策对马铃薯产业的投入不断增加;但随着化肥、动力、农膜等生产资料价格上升,再者农村劳动力供给减少、价格上升,马铃薯生产的成本进一步增加,农户种植马铃薯的积极性受到一定影响。加上农村产业结构的调整,经济作物的发展加快。因此,湖北省马铃薯种植面积可能稳定在 25 万 hm² 上下,不会出现大的波动,但单产和总产会因为新品种和防马铃薯晚疫病品种的推广有所增加。

湖北省开始出现集中种植马铃薯早熟品种、加工品种及特色品种的地区,并取得较高的种植效益。种植早熟品种,不仅可以使鲜薯提前上市,而且可以避过马铃薯晚疫病高发时期,获得较高的产量。加工型品种在与加工企业进行订单生产后,在销售渠道和价格上具有较强的优势。特色马铃薯以彩薯、富硒薯等为重点,可以极大地提高马铃薯种植效益,最为典型的就是富硒小土豆,价格已经到 9.9 元/kg。因此,湖北省马铃薯生产在早熟、加工型及特色马铃薯品种种植上应该会得到加强。

湖北省马铃薯脱毒种薯的应用面积会增加,脱毒种薯的推广应用,会减少马铃薯的病虫害防治次数,降低农药施用量,有利于保护环境资源,具有明显的经济效益及社会效益。湖北省政府已对马铃薯产业的发展做出发展规划,明确提出全力支持省内马铃薯产业的发展,要在马铃薯龙头企业的带动下突破性发展马铃薯健康种薯体系。近年来由湖北省内多家科研单位研发的马铃薯脱毒种薯高效繁殖体系,是目前世界范围内领先的马铃薯种薯繁殖体系,可以带动湖北乃至全国种薯产业及相关产业的调整升级。随着脱毒标准种薯繁育示范基地、智能化种薯贮藏仓库以及先进种植技术推广体系的建设,繁育的脱毒种薯,与现行市场零售价相比,种薯价格将下调 40% 左右,农民种薯成本每亩下降 200 元左右。马铃薯脱毒种薯高效繁殖体系的建设,可彻底解决湖北马铃薯健康种薯的供求矛盾,推进湖北种薯生产体系的规范化建设,提升种薯产业的科技含量和市场竞争力。在这些地方政策及先进技术的推动下,湖北省脱毒种薯应用面积将逐渐增加。

第二节　马铃薯常规栽培技术

一、选地、选茬和整地

(一)选地

马铃薯属忌连作的作物,应选择 1～3 a 未种马铃薯和其他茄科作物,且 pH 值在 5.5～6.5 范围内的微酸性沙性土壤地块。马铃薯的根系主要分布于耕作层中,又是地下结薯,对水肥需要量较大,一个疏松深厚的土壤环境对马铃薯产量形成尤为重要。因此在耕作上必须采用深耕细整土以加厚活土层,提高土壤的通气性和保水保肥能力,促进微生物的繁殖活动,以利于土壤的分化和肥料的分解,增加土壤中的有效成分,提高抗旱抗涝能力,以保证马铃薯植株良好的生长发育,提高产量。

以湖北省恩施地区为例,雨水较多,山地居多,马铃薯地块应选择坡度 20°以上,坡向选取两边通风地块,利于排水、透风。对于盆地地区,要尽可能选择排水方便,周边有水沟,田间土壤要通气良好的田块。

(二)选茬

马铃薯作为茄科作物,栽培过马铃薯的田地中,收获时难免有少数块茎残留在土壤中,即使是高海拔地区,冬季土壤冰冻层一般也不超过 15 cm,残留的块茎不易冻坏,第二年又可萌发成为新的植株,俗称"隔生洋芋"。马铃薯一切病害都能通过带病种薯传播,其中也包括带病的隔生洋芋。有些病害如粉痂病、癌肿病、青枯病等和有晚疫病卵孢子存在的地方还可通过土壤传播。同时马铃薯对土壤肥力的反应也比一般作物敏感。因此要获得马铃薯稳产高产,应实行轮作,可与玉米、蔬菜、油菜及豆类等作物轮作。

稻茬地的选用。恩施由于山地多、水田少,水稻种植面积较少,冬春马铃薯生育时期与水稻生育期共用 2 个月左右,在海拔 500 m 以下地区可种植冬马铃薯早熟品种(如鄂马铃薯 4 号、鄂马铃薯 12、中薯 5 号、费乌瑞它、华薯 5 号等),在 4 月中下旬收获;或者在早熟水稻田里种植秋马铃薯,秋马铃薯种薯同样选取早熟马铃薯品种,其播种时间为 8 月下旬至 9 月上旬,在收获的水稻田里播种秋马铃薯可使用稻草覆盖免耕栽培技术。

（三）整地

1. 整地时间　在前作收获后尽早深翻晒垡，深度在 20 cm 以上，使土壤熟化，增加地温，减少病虫害。

2. 整地方法和标准　整地分为除草去杂及耕地两部分，在收获后的前茬作物地块中，留有杂草及残渣，对于田坎、田（土）壁可使用"百草枯"除草剂除草，待喷洒除草剂 3～4 d 后清除干净。清除的杂物杂草统一运出地块堆放发酵，堆放的杂物待干燥时依情况进行焚毁（禁止燃烧地区待杂物变干变脆时直接埋入土层中），作为有机肥料使用。整地时深耕，深耕的办法一是机耕，二是套犁（即后面的牛跟着犁沟再耕一铧）。深翻土地要早，这样土壤风化时间长，且有利来年减少病虫杂草。深耕是调节土壤水、肥、气、热的有效措施，是多结薯、结大薯、提高产量的重要因素。整地时要保证土地的平整性和细碎性。做到深耕、细耙、细磨，争取田间无大的坷垃。利于出苗快、出苗齐。为培育壮苗奠定基础。

整地时开好厢沟、腰沟、围沟，做到沟沟相通，明水能排，暗水能降，防止淹涝。如果土壤湿度过大，不仅影响产量，还会影响块茎品质。据研究报道，马铃薯生长在高湿度的土壤中时，因降低了土壤的通气性，对块茎的生长发育带来不良影响，也易引起块茎腐烂。研究表明，深耕 26 cm，细耙，比耕深 22 cm 的增产 25%，只深耕 26 cm 而不细耙的仅增产 10.1%；南方马铃薯中心的试验结果，深耕 23 cm 比耕深 17 cm 的增产 12%。

有稻草覆盖条件的可以免耕。用来进行稻田免耕马铃薯栽培的田块宜选择排水畅通不易积水，而且稻田又不会干燥，有较好保水保肥性能的塝田。且稻草要充足，施用有机肥。

3. 起垄　恩施地区起垄栽培分为单垄单行及单垄双行两种模式。单垄单行按 10 cm 宽开沟，单垄双行按 30 cm 宽开沟，将种薯种植于沟内，之后覆土，垄高度 15 cm 左右，垄呈等腰梯形，在地势平坦地区，起高垄栽培。在低海拔地区，如恩施市阳鹊坝，垄上覆双色膜，在三岔镇种植中存在膜上覆土栽培技术。在来凤旧司地区，播种时将 30 个左右种薯按 10 cm 窝距围成圆形，四周向种薯覆土，呈坟墓状，垄高 20 cm 左右，俗称"抱窝栽培"。

二、选用良种

（一）选用适宜熟期类型的品种

湖北省恩施州山区海拔差异大，地形复杂，气候差异大，马铃薯的播种季节多样，可春播，也可以秋播和冬播。从海拔 200 m 的低山河谷，到海拔 2000 m 以上的高寒地区，都可春播。秋播马铃薯一般分布在低海拔（700 m 以下）的低山河谷地区，充分利用秋、冬季的光热水资源，开发种植一季秋马铃薯。冬播马铃薯一般分布在海拔 100 m 以下的低山地区，利用冬闲田及秋冬季的光温条件，在 11 月至翌年 1 月播种。恩施州独特的地理和气候环境，马铃薯生产需要种植高抗晚疫病、病毒病的高产、优质的品种。具体来说，中、高海拔地区需要种植抗晚疫病、休眠期长、耐贮藏的高产鲜食及加工型中晚熟品种，低海拔地区需要种植抗晚疫病、休眠期短、耐低温的早熟鲜食品种。目前适宜在恩施州种植的马铃薯早熟品种有费乌瑞它、早大白、中薯 3 号、中薯 5 号、鄂马铃薯 12 等；中晚熟品种有鄂马铃薯 5 号、鄂马铃薯 7 号、鄂马铃薯 10 号、鄂马铃薯 14、鄂马铃薯 16、米拉等；晚熟品种有青薯 9 号。

陕南马铃薯是陕西省早春上市菜用马铃薯的生产集中区，陕南地区马铃薯品种以鲜食为主,要求生育期适中、商品性状好、抗晚疫病。目前,种植面积排名前五的品种分别是克新 1 号、早大白、秦芋 32 号、秦芋 30 号和费乌瑞它、鄂马铃薯 5 号,分别占陕南地区马铃薯种植总面积的 22.8%、21.5%、13.5%、13.0% 和 6.0%。鄂马铃薯 5 号是目前陕南浅丘川道地区,冬播地膜马铃薯栽培比较适合的中晚熟品种。安康盆地的中高山一作区,海拔为 800～1800 m,因降雨充沛,相对湿度大,是马铃薯晚疫病高发区,应选用高抗、高产、质优的中熟或中晚熟品种,适宜品种有安康市农业科学研究所近年来育成的国审品种秦芋 30 号、秦芋 31 号、秦芋 32 号及外引的鄂马铃薯 5 号、HB0462-16、青薯 2 号、丽薯 11 号、黔芋 6 号等。浅山、丘陵、平川二作区,海拔 300～700 m,应种植抗晚疫病、高产、质优、商品薯率高、薯形好、芽眼浅的早熟、中早熟品种,适宜品种有费乌瑞它、早大白、文胜 4 号、安农 5 号、安薯 56 号、0302-4(安康农科所育成的新品系)。

(二)选用脱毒种薯

具体见第三章。

(三)品种来源

自育和外引。

湖北地区生产上应用的马铃薯主要栽培品种,山区以自育鄂马铃薯系列(鄂马铃薯 5 号、鄂马铃薯 7 号、鄂马铃薯 10 号、鄂马铃薯 11 和鄂马铃薯 14)和米拉为主,低山平原地区以费乌瑞它、中薯 5 号、早大白、中薯 3 号、中薯 1 号、克新系列、东农 303、大西洋等外引品种为主。张远学等(2009)为筛选出适应在江汉平原地区种植的高产型品种,将近年来选育的 6 个马铃薯新品种在荆州进行生态适应性及丰产性鉴定,试验采用当地冬春季起垄覆双膜的方式种植马铃薯。试验结果表明,鄂马铃薯 3 号具有生育期较短、产量高及商品薯率高的特点,与其他品种相比生态适应性强、丰产性高,最适应在江汉平原地区种植。

陕西省内种植面积最大的克新 1 号、早大白和青薯 9 号等品种,均为外引品种。安康市农业科学研究所先后选育了文胜 4 号(175 号)、安农 5 号等系列品种(品系)12 个,选育出国审新品种安薯 56 号、秦芋 30 号、秦芋 31 号、秦芋 32 号 4 个品种。其中秦芋 30 号曾被列入国家 863 计划管理品种,目前这些新品种正在陕西南部及西南马铃薯主产区大面积应用。余天勇等(2014)通过陕南川道早熟马铃薯品种(系)比较试验,筛选出适宜陕南川道地区种植的早熟马铃薯自选新品种(系)0302-4,每亩产量 2070.7 kg,综合性状及商品性良好,是目前陕南川道地区早熟马铃薯比较好的接班品种(系),有很好的推广利用价值。

安徽省种植的马铃薯品种类型较为单一,以费乌瑞它、早大白以及中薯 5 号等早熟、菜用鲜食品种为主。虽然近年来安徽省农业科学院马铃薯研究团队也引进了黑金刚、红美等富含花青素的特色品种,以及适宜薯片、薯条加工的大西洋、夏波蒂等加工型品种,但生产规模还不大,每年安徽省种植面积尚不足 0.067 万 hm^2。廖华俊等(2010)通过对 11 个马铃薯品种熟性、产量、淀粉含量、还原糖含量、抗病性进行观测,结果表明鲜食品种中薯 3 号、费乌瑞它 2 个品种产量高、商品性好,综合性状优良,可以作为早熟鲜食马铃薯品种在安徽进行重点推广;薯片、薯条加工型品种 LK99 在试种过程中产量最高、薯形好、品质优,可作为安徽地区加工品种进行重点推广;彩色品种紫薯薯形整齐、商品性好。中薯 3 号、费乌瑞它、LK 99、紫薯较适合在安徽春季大面积种植与推广。

据孙亚伟等(2016)介绍,江苏省马铃薯种植时间较短,种薯品种单一,农民种植选择随意,盲目购种造成品种混杂,质量不齐,或大调大运,或自留种薯,至今没有筛选出适合江苏省种植的马铃薯主推品种进行推广。目前,种植品种以早大白、克新1号、荷兰十五、中圆5号、费乌瑞它、丰乐、特丰2号等为主。近年来,马铃薯在江苏的种植面积逐年减少,加上品种问题、自然灾害等原因,马铃薯的总产量也呈逐年下降态势。

(四)良种简介

1. 早大白　系辽宁省本溪市农业科学研究所选育,2004年通过青海省第六届农作物品种审定委员会审定。

早熟品种,生育期60 d左右。植株直立,繁茂性中等,株高50 cm左右,叶片绿色,花白色。结薯集中,薯块扁圆形,表皮光滑,白皮白肉,芽眼深度中等。一般亩产2000 kg,高产可达到4000 kg以上。块茎干物质含量21.9%,含淀粉11%~13%,还原糖1.2%,含粗蛋白质2.13%,维生素C含量12.9 mg/100 g鲜薯,食味中等。对病毒病耐性较强,较抗环腐病和疮痂病,感晚疫病;耐旱、耐寒性强,耐盐碱性强,薯块耐贮藏。中国南北方均可栽培种植,适宜马铃薯二季作区种植。

2. 费乌瑞它　1981年由农业部中资局从荷兰引入。

早熟品种,生育期60 d左右。株型直立,生长势强,株高60 cm左右,茎紫褐色,叶绿色,花冠蓝紫色。结薯集中,块茎长椭圆形,表皮光滑,芽眼少而浅,淡黄皮深黄肉。一般亩产1700 kg左右,高产可达3000 kg左右,块茎淀粉含量12%~14%,粗蛋白质含量1.67%,维生素C含量13.6 mg/100 g鲜薯,品质好,适宜鲜食和出口,蒸食品质较优。抗马铃薯Y病毒和卷叶病毒,轻感环腐病和青枯病,易感晚疫病。适宜性较广,是秋种的理想品种,适合在中原二季作区作早春蔬菜栽培,重庆等西南地区二季栽培,黑龙江、辽宁、内蒙古、河北、北京、山东、江苏和广东等地均有种植,是适宜于出口的品种。

3. 东农303　系东北农学院农学系选育,1986年通过国家农作物品种审定委员会审定。

极早熟品种,生育期60 d左右。株型直立,生长势强,分枝中等,株高45 cm左右,茎绿色,叶浅绿色,茸毛少,复叶较少,叶缘平展,花冠白色,不能天然结实。结薯集中,薯块整齐,薯块卵圆形,表皮光滑,芽眼浅,黄皮黄肉。一般亩产1500 kg~2000 kg,干物质20.5%,淀粉13.1%~14%,还原糖0.03%,粗蛋白2.52%,维生素C含量14.2 mg/100 g鲜薯,鲜薯蒸食品质优,口感好,淀粉质量好,适于食品加工。抗病性强,高抗花叶病,抗环腐病,轻感卷叶病毒病,耐束顶病,中感晚疫病,耐涝性强,适应性广。适宜一、二季作区及冬作区。

4. 中薯3号　系中国农业科院蔬菜花卉研究所选育,2005年通过国家农作物品种审定委员会审定。

早熟鲜食品种,生育期67 d左右。株型直立,分枝少,株高55 cm左右,茎叶绿色,茸毛少,叶缘波状,花冠白色,天然结实。结薯集中,薯块大而均匀,椭圆形,淡黄皮淡黄肉,薯皮光滑,芽眼少而浅。一般亩产1500~2000 kg,商品薯率80%~90%,干物质19.8%,还原糖0.35%,粗蛋白1.82%,维生素C含量22.8 mg/100 g鲜薯,薯块粗纤维少,蒸煮食味好。植株抗重花叶病毒,较抗普通花叶病毒和卷叶病毒,不感疮痂病,不抗晚疫病。适于二季作区春、秋两季栽培和一季作区早熟栽培,以及贵州、湖南、湖北等冬季栽培。

5. 中薯5号　系中国农业科学院蔬菜花卉研究所选育,由湖北省农业技术推广总站、华中农业大学引进,2012年通过湖北省农作物品种审定委员会审定,审定编号为:鄂审薯2012002。

早熟品种,生育期 67 d 左右。株高 50 cm 左右,株型直立,生长势中等,茎绿色,叶深绿色,叶缘平展,复叶中等大小,花冠白色,天然结实性中等。薯块扁圆形或圆形,淡黄皮淡黄肉,表皮光滑,芽眼极浅,结薯集中。区试平均亩产 1622.2 kg,商品薯率 68.1%,干物质含量21.7%,淀粉含量 15.9%,还原糖含量 0.51%,粗蛋白质含量 2.0%,维生素 C 含量20.0 mg/100 g 鲜薯,薯块性状好,适合鲜食。抗重花叶病毒病、中抗轻花叶病毒病和卷叶病毒病。适宜湖北省平原及丘陵地区种植,山东、河南等中原二季作区春秋两季种植、重庆等西南山区二季栽培。

6. 鄂马铃薯 12   系湖北恩施中国南方马铃薯研究中心选育,2014 年通过湖北省农作物品种审定委员会审定,审定编号为:鄂审薯 2014001。

早熟品种,生育期 70 d 左右。株型半直立,生长势强,株高 50 cm 左右,茎绿色,下部浅紫色,叶绿色,叶片较小,花冠白色,开花繁茂。结薯集中,块茎短椭圆形,表皮光滑,芽眼浅,黄皮黄肉。一般亩产可达 1800 kg,高产可达 2400 kg,比对照品种南中 552 增产 21.3%,商品薯率70% 左右,干物质含量 22.11%、淀粉含量 14.69%、还原糖含量 0.08%,粗蛋白含量 2.26%,维生素 C 含量 17.44 mg/100 g 鲜薯,食味较好。较抗晚疫病、病毒病,抗青枯病。适宜在海拔700 m 以下低山、丘陵、河谷地区种植。

7. 郑薯七号   系郑州市蔬菜研究所选育,2005 年通过河南省农作物品种审定委员会审定。

早熟品种,生育期 68 d 左右。株高 55 cm 左右,2～3 个分枝,叶片较大,浅绿色,花冠白色。薯块大而整齐,椭圆形,黄皮黄肉,芽眼浅而稀,表皮光滑,商品性状极佳。一般亩产可达2000 kg 左右,高产可达 2500 kg 以上,商品薯率 95.0% 左右,淀粉含量 12.2 %,还原糖含量为 0.81 %,粗蛋白含量为 2.48%,维生素 C 含量 15.8 mg/100 g。对病毒病、早疫病、晚疫病的抗性强于郑薯 5 号。适宜河南省二季作区及一季作区早熟栽培种植。

8. 郑商薯 10 号   系郑州市蔬菜研究所、商丘市金土地马铃薯研究所选育。2014 年通过河南省农作物品种审定委员会审定,审定编号为:豫审马铃薯 2014003。

早熟品种,春播生育期 60～66 d。平均株高 48.5 cm,株型直立,生长势强,茎绿色带紫色斑点,叶绿色,花紫色,花繁茂性中等,结实多。薯块长椭圆形,黄皮黄肉,薯皮光滑,芽眼浅,结薯集中,薯块整齐。一般亩产 1500～1999 kg,商品薯率 88.4%,淀粉含量 12.1%,还原糖含量0.06%,蛋白质含量 1.86%,维生素 C 含量 25.6 mg/100 g 鲜薯,适合鲜食。抗卷叶病毒病、花叶病毒病、晚疫病、早疫病和环腐病。适合河南二季作区和一季作区早熟栽培。

9. 鄂马铃薯 7 号   系湖北恩施中国南方马铃薯研究中心选育,2009 年通过湖北省农作物品种审定委员会审定,审定编号为:鄂审薯 2009001,2016 年被农业部确定为国家马铃薯主导品种。

中熟品种,生育期 79 d 左右。植株扩散,生长势较强,株高 60 cm 左右,分枝较少,茎叶绿色,复叶较大,花冠白色,天然结实性差。匍匐茎短,结薯集中,块茎圆形,表皮光滑,芽眼浅,黄皮白肉。区域试验中平均亩产 1892.6 kg,比对照增产 25.2%,商品薯率 85.4%,干物质含量20.7%,淀粉含量 11.8%,还原糖含量 0.10%,粗蛋白含量 2.72%,维生素 C 含量 13.4 mg/100 g 鲜薯。抗晚疫病、马铃薯 X 病毒和马铃薯 Y 病毒,耐青枯病。适宜在湖北西部、云南北部、贵州毕节、四川西昌、重庆万州、陕西安康种植。

10. 克新 1 号   系黑龙江省农业科学院马铃薯研究选育,1967 年通过黑龙江省农作物品种审定委员会审定,在黑龙江省推广;1984 年通过全国农作物品种审定委员会审定为国家级品种,在全国推广。

中熟品种,生育期 90 d 左右。株型直立,株高 70 cm 左右,茎叶绿色,复叶肥大,花冠淡紫色,雌雄蕊均不育。结薯早而集中,块茎椭圆形,白皮白肉,表皮光滑,芽眼中等深。一般亩产 2000 kg 左右,高产可达 3000 kg 左右,块茎淀粉含量 13%,还原糖 0.25%,粗蛋白质含量 0.65%,维生素 C 含量 14.4 mg/100 g 鲜薯,食味一般。植株高抗环腐病,抗马铃薯 Y 病毒、马铃薯卷叶病毒和晚疫病,较耐涝。适宜黑龙江、吉林、辽宁、山西种植,在中原二作区、西南作区及南方有些省份也能种植,是中国目前种植面积较大的品种之一。

11. 鄂马铃薯 5 号 系湖北恩施中国南方马铃薯研究中心选育,2005 年通过湖北省农作物品种审定委员会审定,审定编号为:鄂审薯 2005001;2008 年通过国家农作物品种审定委员会审定,审定编号为:国审薯 2008001,2011—2012 年定为国家马铃薯主导品种。

中晚熟品种,生育期 93 d 左右。株型半扩散,生长势较强,株高 60 cm 左右,分枝较多,枝叶繁茂,复叶小,茎叶绿色,叶片较小,花冠白色,开花繁茂。结薯集中,大薯为长扁型,中薯及小薯为扁圆形,表皮光滑,芽眼浅,黄皮白肉。区域试验中平均亩产 2177 kg,比对照增产 38.5%,商品薯率 84.4%,块茎干物质含量 22.7%,淀粉含量 14.5%,还原糖含量 0.22%,粗蛋白含量 1.88%,维生素 C 含量 16.6 mg/100 g 鲜薯。植株高抗马铃薯 X 病毒、抗马铃薯 Y 病毒、抗晚疫病。适宜在湖北、云南、贵州、四川、重庆、陕西南部等西南马铃薯产区种植。

12. 鄂马铃薯 10 号 系湖北恩施中国南方马铃薯研究中心选育,2012 年通过湖北省农作物品种审定委员会审定,审定编号为:鄂审薯 2012004。

中晚熟品种,生育期 85 d 左右。株型直立,生长势较强,株高 70 cm 左右,茎绿色,叶深绿色,复叶中等大小,花冠白色,开花繁茂。匍匐短茎,结薯集中,块茎长筒形,表皮较光滑,芽眼略深,黄皮淡黄肉。一般亩产可达 2000 kg,高产可达 2500 kg,商品薯率 69.5%,块茎干物质含量 24.50%,淀粉含量 18.73%,还原糖含量 0.30%,粗蛋白含量为 1.78%,维生素 C 含量 15.0 mg/100 g 鲜薯。高抗马铃薯 X 病毒和马铃薯 Y 病毒,抗晚疫病。适宜在海拔 700 m 以上地区种植。

13. 米拉 1956 年引入中国。

中晚熟品种,生育期 110 d 左右。株型开展,分枝数中等,生长势较强,株高 60 cm,茎绿色基部带紫色,叶绿色,茸毛中等,花冠白色,天然结实性弱,浆果绿色、小,有种子。结薯较分散,块茎长筒形,大小中等,表皮较光滑,但顶部较粗糙,芽眼较多,深度中等,黄皮黄肉,休眠期长,耐贮藏。一般亩产 1000~2500 kg,块茎干物质含量 25.6%,淀粉含量 17.5%~18.2%,还原糖含量 0.25%,粗蛋白含量 1.1%,维生素 C 含量 10.4 mg/100 g 鲜薯,可鲜薯食用和加工利用。高抗癌肿病,抗晚疫病,感粉痂病,轻感卷叶病和花叶病。适于无霜期较长、雨多湿度大、晚疫病易流行的西南一季作山区,不适于二季作;主要分布在湖北、贵州、四川、云南、重庆等地区。

14. 鄂马铃薯 16 系湖北恩施中国南方马铃薯研究中心选育,2016 年通过湖北省农作物品种审定委员会审定,审定编号为:鄂审薯 2016004。

中晚熟品种,生育期 83 d 左右。株高 97 cm 左右,生长势强,茎叶淡绿色,花冠白色,开花较多。结薯集中,块茎圆形,表皮光滑,芽眼较深,黄皮黄肉。一般亩产 2000 kg,高产可达 2500 kg,商品薯率 67.4%,干物质含量 24.64%,淀粉含量 18.21%,还原糖含量 0.11%,粗蛋白质含量 2.46%,维生素 C 含量 26.0 mg/100 g 鲜薯,食味优良。植株抗晚疫病及青枯病。适宜在湖北西南部、贵州西北部、四川西南部、重庆东北部、云南东北部及西部等地春作区种植。

15. 青薯 9 号 系青海省农林科学院生物技术研究所选育,2006 年通过青海省国家农作物品种审定委员会审定,审定编号为:青审薯 2006001(国审薯 2011001)。

晚熟品种,生育期 125 d 左右。株高 97 cm 左右,茎紫色,叶深绿色,较大,叶缘平展,复叶大,花冠浅红色,无天然果。结薯集中,较整齐,薯块椭圆形,表皮红色,有网纹,芽眼较浅,芽眼红色,薯肉黄色。一般亩产 2200 kg,高产可达 3000 kg,块茎干物质含量 25.72%,淀粉含量 19.76%,还原糖 0.253%,维生素 C 含量 23.03 mg/100 g 鲜薯,块茎鲜食品质好,适宜加工全粉。植株耐旱,耐寒,抗晚疫病、环腐病。适宜中国大部分省区种植。

三、播前准备

(一)种薯挑选

在选用良种的基础上,选择薯形规整,具有本品质典型特征特性,薯皮光滑、色泽鲜明的健康种薯。剔除病薯、烂薯、杂薯、畸形薯、纤细芽薯及老龄薯。

(二)种薯处理

1. 种薯催芽
(1)催芽晒种 催芽播种有提早出苗,延长生育期,提早结薯的作用。晒种可提高种薯体温,供给足够氧气,促使解除休眠,促进发芽,统一发芽进度,使出苗整齐一致。晒种还可在芽周围形成原始根状突起,晒种期芽不再长长,反而变得粗壮,播种后比不催芽者早发根早出苗,且根系强大,提高马铃薯整个生育期对水分和养分的吸收能力。催芽晒薯过程中及时淘汰病薯、烂薯及严重感染病毒的纤细芽薯,保证全苗。

播前 20 d 左右,将未萌动发芽的种薯置于 15~18 ℃、有散光的地方进行催芽晒种。催芽时将种薯平铺 2~3 层,不宜堆放太厚,以便发芽均匀,以防下部芽长得太长。催芽期要经常翻动,让每个薯块都充分见光,使全部幼芽见光变绿,形成短粗坚实不易碰掉的绿芽,基部出现根突起时,即可结束。

(2)药剂催芽 对休眠期长或休眠强度大的品种也可采取赤霉素催芽,切种后每升水加入 1~2 mg 75% 赤霉素浸种 10 min(为给薯皮表面消毒,可添加杀菌剂),捞出后随即置于湿润沙中催芽。沙床设在阴凉通风处,铺湿沙 10 cm,一层种薯一层沙,摆 3~4 层,经 6~8 d 后,当大部分薯块萌发出幼芽后,适当晾种炼芽,使芽见光绿化后,根据芽的长短及粗壮程度分级播种。

2. 种薯切块 种薯切块种植,能促进块茎内外氧气交换,打破休眠,提早发芽出苗。但切块时,易通过切刀传播病菌,引起烂种、缺苗或增加田间发病率,加快品种退化。有下列情况之一时,种薯不宜切块:播种地块土壤太干或太湿、土温太冷或太热时;当种薯发蔫发软、薯皮皱缩、发芽长于 2 cm 时,切块易引起腐烂;夏播或秋播温湿度高,切块极易腐烂;小于 50 g 种薯不切块。

(1)切块时间 种薯受生理年龄、贮藏时间、环境因素等影响,不同品种对外界刺激的反应程度不同,愈伤组织形成的速度各异,因而切块时间也不同。通常在催芽后,播种前 3~5 d 进行切块,不宜过早切块,以防苗芽多长或水分流失。将切好的种薯置于避光、通风处,不可堆放过厚,以防高温下通风不良氧气不足呼吸旺盛而造成黑心。如不能及时播种应用遮阳网遮挡,防止阳光暴晒灼伤,影响幼芽生长。

(2)切刀消毒 切块时刀具一定要消毒,避免因切块引起病害传播,导致薯块腐烂而缺苗。可用火烤切刀,或用 75% 酒精反复擦洗切刀,或用 1% 高锰酸钾浸泡切刀 20~30 min。切到病薯时,应将其销毁,同时将切刀严格清洗消毒,否则会传播病菌。在切块过程中刀具要不断地用酒精擦拭或用高锰酸钾消毒,阻止病害传播。

(3)切块方法　50 g(鸡蛋大小)以下种薯,宜小整薯播种,既省工、省力、省时,避免切刀传染病菌,且母薯营养充足,具有顶端优势,活力及抗旱力强,虽播种出苗较晚,但能保证苗全苗壮,中后期长势强,有显著的防病增产效果。

51～100 g 种薯,纵向从顶芽处一切两瓣,充分利用顶端优势;101～150 g 种薯,采用纵斜切法,把种薯切成四瓣;150 g 以上的种薯,从尾部根据芽眼多少,依芽眼沿纵斜方向将种薯斜切成若干立体三角形,每块要有 2 个以上健全的芽眼。切块应在靠近芽眼的地方下刀,以利于发根。

(4)切块大小　切块过大,用种量大,不够经济;切块过小、过薄,所带水分、养分越少,播后种薯易干缩,影响早出苗、出壮苗,且过小的薯块,其抗旱性差,播种后易出现缺苗现象。种薯切块应充分利用顶端优势,使薯块尽量带顶芽,伤口尽量小,不要把种薯切成片状或楔状。一般干旱少雨地区,适宜种植短生育期马铃薯品种的地区、需早上市的蔬菜区种薯宜大些,以薯重不超过 50 g 为宜。相反,适宜种植长生育期马铃薯品种而雨水又充足的地区,种薯宜小些,以 25～35 g 为宜。

(5)切后处理　切好后的薯块在阴凉处摊开彻底晾干,再装袋堆放。若不彻底晾干就堆成一堆,不久切口发黑,易腐烂。也不可边播边切,若伤口未愈合就播种,出苗率下降一半。马铃薯切块后,只要愈合的条件合适,伤口可以自己愈合。愈伤所需时间与块茎温度有关,5 ℃时7～14 d 形成木栓层,21～42 d 生成新的周皮;20 ℃时 1～2 d 形成木栓层,3～6 d 形成新的周皮。周皮形成后,就与整薯播种没有区别。因此,最好切块后室内阴干,至切面木栓化后再播种。另外,切后薯块要保持合适的湿度,否则水分会从未愈合的伤口处快速散失。若太干燥,可在周边放置湿润的秸秆。

3. 切块拌种　种薯在装卸、运输、储存期间很容易侵染病菌或病毒,如果不进行种子处理,会造成交叉传染。而切块时人为地给马铃薯带来创伤,其切面潮湿,如果切刀消毒不好,很容易交叉感染病菌。最常用的处理办法就是晾晒和拌种。拌种可以防治地下害虫及马铃薯疫病、疮痂病等,促进薯块发芽,苗齐苗壮。阴雨天不适合拌种,薯块不易晾干,易霉烂。

(1)草木灰拌种　切块后每 50 kg 种薯用 2 kg 草木灰和 100 g 甲霜灵＋2 kg 水进行拌种,拌种后不积堆、不装袋,置于通风阴凉处摊开晾干后即可播种。

(2)药剂拌种　用 2 kg 70％甲基托布津＋1 kg 72％农用链霉素均匀拌入 50 kg 滑石粉成为粉剂,切后 30 min 内,用 2 kg 混合药剂均匀拌于 50 kg 切块的切面,注意剔除杂薯、病薯和纤细芽薯;或用高巧 15 mL、农用链霉素 20 g、安泰生 100 g,兑水 1 kg 喷于 50 kg 切块,形成保护膜,防止伤口感染;或不同杀真菌剂的推荐用量＋不同杀晚疫病菌药剂的推荐用量＋50 kg 水,配制成推荐浓度的杀菌溶液,将切块种薯浸泡其中,3～5 min 后捞出晾干。

(三)育芽带薯移栽

育芽带薯移栽具有投资少、易操作、收益大等优点。其增产原因:一是经苗床育芽可进一步淘汰病薯、纤芽薯,可保苗全、苗齐、苗壮;二是能充分发挥顶芽优势,提早出苗 7 d 以上,发苗快,现蕾开花、结薯期比直播提早 10 d 左右,大中薯率提高 13.5％～23.0％。具体操作方法如下:

马铃薯收获后,精选 40～50 g 重、纯度高的健康块茎作种薯;选择多年没有种过茄科作物、向阳滤水、土质肥沃疏松又便于管理的土地作为苗床,苗床宽 1 m,长度按需种量而定,先将床土挖松整细备用。

低山区于 12 月底,高、中山区于 1 月上旬(1500 m 以上高山区于开春后),挑选尚未萌芽或刚开始萌芽的种薯,顶端朝上,一个挨一个摆播,表面保持平整,上盖 1 cm 厚的细土,使芽子生长整齐。

架低棚覆膜,四周用土盖严,开好排水沟。床土要稍干,湿度大了出芽快而细长,难以形成壮芽。

幼芽刚破土、顶端呈绿色时,及时连同种薯挖起,保留每个种薯顶端 3～4 个壮芽,抹掉多余的芽,将整薯移栽至大田。

四、播种

(一)适期播种

各区域间马铃薯的播期不一致,主要受到当地气候条件、马铃薯品种以及目标市场的影响。一般来说,在中纬度多熟区,马铃薯既可春播,也可秋(冬)播,因地域、海拔差异和生产条件而异。具体播种时期依据各地土壤温度而定,15 cm 处土壤温度稳定达到 7 ℃以上时即可播种,但当土温超过 19 ℃时,也会对马铃薯生长发育产生不利影响。以湖北地区为例,海拔 800 m 以下低山地区以冬播为主,春播次之,秋播最少,主要种植早熟品种;海拔 800 m 以上的高山和二高山地区主要是冬播,部分极寒地区采取春播,种植的品种多为中晚熟品种,具体情况如下。

1. 春播 春播的关键在于"早",尽可能做到断霜时齐苗、适宜光温条件下块茎形成及膨大以及高温高湿等不利条件到来之前基本形成产量。

春播马铃薯分布范围较广,适宜于海拔 200～2000 m 的高山、二高山和低山地区,且海拔越低播种期越早,海拔越高播种期越晚。在低山地区(海拔 800 m 以下),一般在 1 月中上旬播种,以早熟马铃薯鄂马铃薯 4 号、费乌瑞它、中薯 5 号、川芋早等为主要播种品种;二高山地区(海拔 800～1500 m),播期范围较广,从 12 月上旬至第二年 3 月中下旬均可播种,就春播而言,一般在 2 月上旬至 3 月下旬均可,此区域种植品种以中晚熟马铃薯品种如米拉、鄂马铃薯 10 号、鄂马铃薯 13 号、青薯 9 号等为主;高山地区(海拔 1500 m 以上),马铃薯种植时间在 3 月底到 4 月中旬,部分地区可以延迟到 4 月下旬,这部分区域大部分用于生产脱毒种薯,为较低海拔区域提供种薯,涉及品种为中晚熟品种及少量早熟品种。同一地域同一海拔条件下,采用棚膜覆盖技术播种时,播种时间可提前 7～10 d。

2. 秋(冬)播 湖北省秋播马铃薯主要分布在低山地区(海拔 700 m 以下),以早熟品种为主,充分利用秋冬两季的空茬期种植一期马铃薯,提高田块的复种指数,增加粮食产量和农民收入,但在生产上处于次要地位。秋播时天气炎热,会对喜凉的马铃薯产生高温胁迫,切块播种后容易出现死苗烂种的现象,播种越早受胁迫越强,灾害越严重。晚播虽然有利于保苗,但由于距霜冻期较近,马铃薯生长期较短,导致产量较低。所以秋播的关键在于解决好种薯打破自然休眠以及播种后顺利出苗的问题。

马铃薯秋(冬)播需要茎叶见光生长 60 d 以上,这和一些早熟品种的生育期相近,湖北低山地区枯霜期在 12 月中下旬,因此,理论上在种薯打破自然休眠的情况下,9 月中下旬为最佳的马铃薯秋播时间。王开昌等(2011)的研究与之一致,在低海拔区,秋播马铃薯于 9 月 13 日播种,出苗率和成苗率最高;高海拔区播期应在 8 月 28 日至 9 月 10 日。余文畅等(2009b,2011)也发现,以湖北省为例,宜昌东部江汉平原和西部山区马铃薯以冬播为主。8 月下旬至 9 月初为秋马铃薯的最佳播种时间。胡杰等(2012)连续三年在荆州进行秋播马铃薯三高模式示范,于 8 月底到 9 月初进行播种,取得较好的示范效果。

在该过渡区域的其他省份对秋播马铃薯播期也有研究,赵怀清等(2013)研究发现陕西省渑池县适合的播期为 8 月中旬。王媛媛等(2006)研究表明秋马铃薯高产栽培的播期在 9 月中上旬。

冬播既可以缓解春忙时节劳动力压力,又可以避免种薯因丛生暗芽、营养损耗而引起种性退化,保证马铃薯播种质量,同时延长了结薯期,从而提高马铃薯产量和品质。湖北省冬播马铃薯面积约占周年马铃薯播种面积的 70% 以上,余文畅等(2009b,2011)发现,以湖北省为例,宜昌东部江汉平原和西部山区马铃薯以冬播为主。熊汉琴(2014)介绍,在秦巴地区,平川有地膜覆盖条件的农田于 12 月底播种,有双膜覆盖条件的,于 11 月下旬播种。冬播适合二高山地区(海拔 800～1200 m)11 月中旬至 12 月中上旬播种为宜;海拔 1200 m 以上的高山地区,冷冻期来得早,为了防止播种后种薯受冻,应提前播种,11 月初播种为宜;海拔 800 m 以下的低山区 12 月上中旬冬播最为适合,张艳霞(2013)在湖北省荆州市、罗田县、广水县低山区利用费乌瑞它进行播期、密度、施肥量(尿素、过磷酸钙、硫酸钾、锌肥)六因素五水平正交试验,发现播期和密度是影响马铃薯产量的主要因素,在 12 月 10 日、12 月 20 日、12 月 30 日、1 月 9 日和 1 月 19 日这五个播期中,12 月 10 日为最适宜的播期。

(二)合理密植

种植密度是获取马铃薯理想产量的重要因素。关于密度试验研究资料和生产经验甚多。各地的密度范围与多种因素有关。

余文畅等(2009b)介绍,在类似宜昌市东部平原丘陵地区种植秋马铃薯,每公顷种植 9.0 万穴的密度商品薯率最高,能够以最少的投入得到最大的产投比而获得较高的净收益,是生产商品薯的最佳密度;每公顷 15.0 万穴的密度投入最多,产量和净收益也最高,但小薯比例高,用于种薯扩繁比较合适;若要兼顾商品薯和秋薯留种两种生产,种植密度以 12.0 万穴/hm² 为宜,既可以获得较高的产量和较多的商品薯,又可以获得较高的净收益。

陈永伟等(2013)研究不同种植密度对脱毒马铃薯微型薯影响结果表明,种植密度对单位面积收获总粒数有显著差异,呈正相关,与单株结薯数呈负相关。

王志信(2013)介绍,安徽早熟马铃薯的适宜种植密度为 7.2 万株/hm²(行株距为 70 cm×20 cm)或 7.5 万株/hm²(65 cm×20 cm)。在该密度条件下,可视地力和施肥情况适当增减,即肥地宜稀些,以发挥单棵的增产潜力;地力较差时,可适当密些,发挥群体的增产潜力。当土壤肥力好时,可采用一穴双株播种方式,即行距 70 cm,穴距 30～35 cm,每穴播 2 个切块,两切块之间相距 3～5 cm,两切块应顺垄播,这种方式可协调密植造成的株群郁闭与植株须通风透光的矛盾,比同样密度单株等距播种增产 20% 左右。

雷昌云等(2013)试验研究了江汉平原马铃薯秋播密度对农艺性状及产量的影响。随着播种密度增加,马铃薯株高增加,但出苗率、主茎数、单株块茎数和商品薯率均随之下降。当密度小于 12838/亩时,马铃薯产量随着播种密度的增加而增加;当密度大于 12838/亩时,马铃薯产量随着播种密度的增加而降低。当密度小于 11087 穴/亩时,商品薯产量随着播种密度的增加而增加;当密度大于 11087 穴/亩时,商品薯产量随着播种密度的增加而降低。播种密度为

10000 穴/亩的马铃薯单产、商品薯产量均居首,综合性状优良,13000 穴/亩的效果次之。

陈功楷等(2013)通过比较试验得出,不同栽植密度处理间产量呈极显著差异($P<0.01$),63000 株/hm^2>69000 株/hm^2>78000 株/hm^2,在栽植 63000~78000 株/hm^2 范围内,马铃薯产量与栽植密度呈负相关,理论最佳栽植密度为 63000 株/hm^2。

高幼华(2015)介绍,随种植密度的降低,株高、茎粗和大中薯率呈递增趋势;主茎数、结薯数、小薯率和产量呈递减趋势;淀粉含量的变化规律不明显,大部分淀粉含量维持在 15%～16%。种植密度为 9 株/m^2 和 7.2 株/m^2 的株高分别与种植密度为 12 株/m^2 的株高存在显著差异,3 个种植密度间对马铃薯茎粗和淀粉含量的影响无显著差异,对马铃薯主茎数、结薯数和产量存在显著差异。种植密度为 12 株/m^2 的产量与种植密度为 9 株/m^2 和 7.2 株/m^2 的产量存在极显著差异。种植密度在 12 株/m^2 下的小薯率较高,适合种薯生产;其中以行距为 20 cm 的小薯率最高,为 37.41%,最为适宜生产种薯;以种植密度在 7.2 株/m^2 下的大中薯率较高,适合生产商品薯;其中以行距为 20 cm 的大中薯率最高,为 75.61%,最为适宜商品薯生产。

(三)播种方式

1. 垄作直播 李艳等(2012)通过试验比较不同种植方式对马铃薯产量性状的影响,垄作种植的栽培方法效果最好,平作种植次之,堆作种植最差。垄作种植,厢体土层深厚,保水能力强,土壤墒较好,以便根系能从土壤中吸收足够的水分和养分,供幼苗正常生长,使之早生快发,苗齐苗壮,分枝数多。

2. 育苗移栽 刘介民(1998)介绍了湖北低海拔地区春马铃薯高产栽培技术马铃薯育芽带薯移栽是恩施市沙地乡农民邓祥光从生产实践中摸索出来的一项投资少、易操作、收效大、深受农民欢迎的适用增产技术。育芽带薯移栽不论海拔高低均表现增产,尤以低山区增产幅度最大,一般在 20% 以上。具体操作技术是:马铃薯收获后,精选 40～50 g 重、纯度高的健康块茎作种薯。种薯一定要薄摊于楼板上或架藏,藉散射光的作用抑制白色纤细长芽滋长,寒冬注意防冻。选择向阳土质肥沃疏松又便于管理的土地作为苗床,苗床宽 1 m,长度按需种量而定,先将床土挖松整细备用。12 月下旬或元月上旬再挑选尚未萌芽或刚开始萌芽的种薯播种育芽,种薯顶端朝上,一个挨一个摆播,表面一定要保持平整,上盖 1.5 cm 厚的细土,使芽子生长整齐。尔后架低棚覆膜,四周用土盖严,开好排水沟,床土要稍为干些,湿度大了出芽快而细长,难以形成壮芽。2 月份芽子刚破土长到 1.5 cm 长,顶端呈绿色时,及时连同种薯挖起,严格剔除病、烂、线芽薯,每个种薯保留顶端 3 个壮芽,多余芽子全部抹掉,移栽到大田,同时追头道肥,每公顷施尿素 150 kg,再覆盖 2 cm 厚的细土。大田于冬季先行深耕整土,打窝施农家肥(或开沟条施)备用。育芽移栽虽然要多花点工,但由于移栽到大田覆土浅,加之结的薯块少而大,收获时省工,实际上每公顷地还可节省 15～30 个工。

邬金飞等(2007)介绍了奉化市马铃薯育芽移栽技术,选择薯块大、营养物质丰富、顶芽优势明显、潜伏芽多的品种。苗床选择坐北朝南向阳、高燥、肥沃的田块,制成东西向、宽 1 m、长数米(随种薯多少而定)的苗床,先挖 5～8 cm 深的坑,然后铺上 3～5 cm 厚的茎秆、厩肥等富含腐殖质、易发酵增热的肥料为基底肥,用水泼湿,撒上尿素 60 g/m^2(或碳铵 180 g/m^2)、过磷酸钙 60 g/m^2、硫酸钾 20 g/m^2,再覆上 2～3 cm 的泥拌焦泥灰,并充分浇透水,平整后待下种育苗。马铃薯传统种植前 15 d 左右为适宜育苗时期。苗床前期以保温、保湿为主,促进早日出苗,出苗后以通风透光、炼苗促粗壮为主。前期两头揭膜、通风,到有一定温度后,全天揭膜炼苗,出现霜冻的晚上应覆膜保温,日均温度高于 15 ℃后应防止高温烧苗。天气晴燥时应常浇水,保持床土湿润。待苗长到 10 cm 以上,可选择晴好天气移栽。第 1 次起苗后应加强苗床管理,继续做好覆土、施肥、浇水、盖膜、炼苗等措施,促进再次早出苗、多出苗,增加期数,提高分苗指数。

张高强(2012)介绍了上蔡县马铃薯育芽移栽技术,育苗时间一般在 1 月 20 日前后播种育苗,即马铃薯传统种植前 15 d 左右为适宜育苗时期。适宜移栽期为 2 月 20 日至 3 月 20 日。确定第一期移栽时间要慎重,在不受霜冻危害的前提下越早越好。当苗长达到 12 cm 以上时,即可带根掰苗移栽,移植起苗应把根全部掰下,避免伤断根,以促进早返青发根,早结薯。移栽后苗叶会出现收缩,即苗叶水分减少,叶色变暗绿、皱缩。该现象会产生抗冻防寒作用,因此,尽量早些移栽。

陈显耀(2014)在平利县马铃薯育苗移栽密度试验,结果表明密度为 8000 株/亩产量最高。繁殖系数、晚疫病和退化株发生以每移栽 7000 株为折点。亩种薯育苗移栽应在 5000～8000株。在此种植密度范围内,若品种植株高大要适量少栽,反之可多栽,以获得最高的产量及繁殖率。

游昭雁等(2017)等研究发现,马铃薯育苗移栽技术应用于双江自治县冬作马铃薯种植,相比薯块直播效果明显,降低了马铃薯晚疫病的发生流行率,育苗移栽植株的农艺性状与直播相比也表现优异。

五、种植方式

(一)单作

马铃薯的单作称净作、纯作。在同一田地上,一个完整的生长季内只种植马铃薯的一种栽培方式。其优点是便于种植、管理和机械化作业。平地行向东西向为主,坡地行向主要以坡的方向作为行向;马铃薯高海拔地区(800 m 以上)单垄单行种植时,行距 50 cm,株距 33 cm,密度 4000 株/亩;单垄双行种植时,马铃薯小行距 35 cm,大行距 65 cm,株距 33 cm,密度 4000株/亩;低海拔地区单垄单行种植时,行距 50 cm,株距 28 cm,单垄双行时,小行距 35 cm,大行距 65 cm,株距 28 cm。恩施地区平地以单垄双行为主,坡地以单垄单行为主。

(二)间套作与轮作

1. 与粮食作物间套、连作

(1)与玉米套作 恩施山区常见的种植模式为双套双(2 行马铃薯之间套种 2 行玉米)。种植时选用鄂马铃薯 4 号、鄂马铃薯 12 号、中薯 5 号、费乌瑞它等早熟马铃薯品种,以减轻对玉米的荫蔽程度。采用 1.67 m 的宽行,播种 2 行马铃薯(马铃薯窄行距 40 cm,株距 30～33 cm,2400～2600 株/亩),2 行玉米(玉米窄行距 40 cm,株距 23～27 cm)。马铃薯和玉米的共生期控制在 40 天时效益较好。黄承建等(2012)在马铃薯/玉米套作对马铃薯品种光合特性及产量的影响研究中认为与单作相比,套作显著降低了马铃薯块茎产量,降幅为 30%左右,但马铃薯/玉米套作的土地当量比大于 1,套作具有较强的产量优势。

(2)地膜马铃薯—玉米—大豆轮套作 马铃薯、玉米收获后种植大豆。马铃薯玉米选用早熟品种,种植于恩施低海拔地区,播种时开沟,沟深 3～4 cm,行距 60 cm,穴距 30 cm,每穴 3粒,盖土 3 cm 左右。播后芽前化学除草:播种盖土后用大豆除草剂进行地面喷雾化除杂草。

间苗时拔除小苗病苗,留足基本苗。为提高产量,可在大豆花荚期结合防病虫根外喷施磷酸二氢钾 0.2 kg/亩、尿素 0.3 kg/亩、钼酸铵 20 g/亩,兑水 30 kg/亩,一般喷 2～3 次,每次相隔 10～15 d。为控制下部早期大分枝出现旺长,可视植株长势用 40% 多效唑 40 g/亩,兑水 40 kg/亩喷施。胡应锋等(2009)效益分析表明,马铃薯—玉米—大豆轮套作,每亩纯收益在 3000 元以上。

(3)水稻马铃薯种植模式 王良军等(2014)介绍了在恩施低山两熟区,种植一季水稻,连作秋马铃薯,形成稻薯连作。水稻为一季中早熟品种,秋马铃薯进行免耕栽培。水稻栽插宽窄行,栽插规格(39.6+19.8)cm×5.2 cm;马铃薯按宽窄行摆种,宽行 39.6 cm,窄行 26.4 cm,株距 26.4 cm。马铃薯除去生产投资纯收益为 1942 元/亩。稻薯连作稻谷和马铃薯总产值为 4853 元/亩,生产总投资为 1821 元/亩,纯收益为 3032 元/亩。生产周期 244 d,日均产值为 12.43 元,比油稻日均产值 5.84 元高出近 2.13 倍。

2. 与蔬菜作物轮作

(1)与萝卜轮作 萝卜在 9 月 8—13 日播种,生育期 60～90 d,根据市场行情决定收获时间,行情好、效益佳可以提前收获。冬马铃薯在 12 月 23 日至次 1 月 8 日播种,采用深沟高垄全程地膜覆盖栽培技术,垄距 90～95 cm,垄高 35 cm,播种采用宽窄行双株播种,两行之间要错株播种。3 月 5—12 日破膜出苗,每亩种植 4000～4200 株较为合理,5 月上旬上市;萝卜每亩成本 736 元。马铃薯每亩成本 950 元。投入 1686 元。每亩萝卜收入 2500 元,马铃薯 3012 元,总收入 5512 元,减去成本 1686 元,纯收入 3826 元。但需注意蔬菜市场价格波动较大。

(2)与花菜轮作 马铃薯 1 月中旬播种,株行距 35 cm×50 cm,每亩栽 4000～4500 株,播种后用地膜覆盖。每亩穴施复合肥(16:16:16)50 kg 作基肥。7 月底收获。花菜 8 月初播种,9 月初移栽,12 月底收获。马铃薯亩产量为 2000 kg,产值为 2000 元,农资、土地、人工、机械成本共 800 元,净收入为 1200 元;花菜产量为 2150 kg,产值为 3800 元,农资、土地、人工成本为 2000 元,净收入 1800 元;合计全年产值为 5800 元,净收入为 3000 元。

(3)与大葱、芥菜轮作 马铃薯、大葱均属于块茎类作物,宜选择土地肥沃的中壤土质地块进行。元旦前后播种马铃薯,马铃薯选用早熟、抗病、高产品种,如费乌瑞它、鄂马铃薯 4 号、鄂马铃薯 12 号等,播前 15～20 d,选择薯块完整、表皮光滑、芽眼明显、具有本品种特性的薯块,整好地后搭建大棚。大棚以南北向为宜,防止冬季及早春北风掀起大棚膜造成冻害。大棚宽度 8 m,长度可根据地块长度而定,一般在 100～120 m;高度 3.8 m,每隔 1.2 m 栽植一支架;每隔 15 m 栽植一个二棚膜的支架,二棚膜的高度为 2～2.5 m。马铃薯采用起垄种植垄面宽 40 cm,垄高 20 cm,沟宽 20 cm 起垄;用开沟机在垄中间开好 15 cm 深、宽 25 cm 的沟,在沟内施硫酸钾复合肥 60 kg/亩;施肥后向沟内覆盖 5 cm 厚的土,避免马铃薯种块接触引起烧苗,在沟底交错播种 2 行马铃薯种块,株距 33 cm;马铃薯于 5 月中旬收获;收获后选择抗寒、耐热、抗病虫害、抗逆性强、生长速度快、商品性好的大葱品种,一般选用日本铁秆大葱。大葱育苗需在前一年 10 月开始,当年 5 月中旬移栽,8 月中旬收获;芥菜播种及定苗在 8 月 20 日前后,选好种子,在垄中间按距 20 cm 开穴点种,每穴播 3 粒,播种深度 1 cm;当芥菜苗长出 4 片真叶时进行定苗,密度 11000 株/亩,10 月中旬收获。通过马铃薯—大葱—芥菜轮作可产马铃薯 2000 kg/亩、大葱 1500 kg/亩、芥菜 3000 kg/亩,产值 7000 元/亩。

3. 幼龄果树、药材间作马铃薯 适合与马铃薯间套作的幼龄果树和药材主要有茶树、桃子、梨、橙子、西大黄、玄参、独活、云木香等。在秋季马铃薯播种前,在空闲地锄草、松土,首先便于果树与药材吸收养分,其次利于马铃薯播种。在春季时适量地在果树、药材芽间喷洒一些杀虫、杀菌的农药,可有效降低当年病虫危害程度。栽种果树、药材要求以农家肥为主,尽量少施最好不施化肥,以免影响品质。利用幼龄果树、茶树行间套种一季马铃薯,不仅可多收一季薯,还可以收到培肥改良土壤的效果,有利果树、茶树的生长,值得推广。马铃薯与经济作物、经济林木的间套潜力很大,需进一步开展试验研究和调查总结群众的经验,以发展一些新的间套组合和不断提高栽培技术,获得更大的经济效益,为马铃薯间套作制开辟更广阔的前景。

六、田间管理

(一)适时中耕

马铃薯是浅根作物,匍匐茎横向生长,利用中耕可以加速植株生长、追施肥料、减轻病虫害、铲除杂草以及为膨大的块茎覆盖足量土壤。马铃薯生长期间需要中耕1~3次,具体次数由种植田块土壤质地、气候状况、种植年份马铃薯长势、杂草危害情况等因素决定。第一次中耕一般在齐苗时进行,要点是选择晴朗的天气深锄(10~15 cm),同时按需追施氮肥或其他肥料,锄后耙尽杂草,做到土松草尽,不需额外培土,马铃薯根系不外露即可。第二、第三次中耕在马铃薯封行之前完成,主要是铲除新长出的杂草和培土,具体时期视杂草长势情况和前期土层厚度而定,不能锄太深,否则易伤匍匐茎,造成马铃薯减产。

(二)科学施肥

1. 按需平衡施肥　平衡施肥技术,即测土配方施肥,是依据作物需肥规律、土壤供肥特性与肥料效应,在施用有机肥的基础上,合理确定N、P、K和中、微量元素的用量、比例和施用时期,并采用相应科学施用方法的施肥技术,包括测土、配方和施肥三个步骤。通过对土壤有效养分的测定,按照"养分归还说"原理,根据目标产量植物生长周期所需养分量进行配方,再按配方要求(肥料种类、用量、施肥方法和施肥时期)施用,降低实际生产中盲目施肥的现象。

马铃薯测土配方施肥量确定采用养分平衡法,首先确定当年种植马铃薯的目标产量,它由耕地的土壤肥力高低情况而确定,也可根据地块前3年马铃薯的平均产量,再提高10%~15%作为马铃薯的目标产量;依据马铃薯产量所需养分量计算出马铃薯目标产量所需养分总量。然后计算土壤养分供应量,测定单位面积深20 cm土壤中有效养分含量。最后根据马铃薯全生育期所需要的养分量、土壤养分供应量及肥料利用率即可直接计算马铃薯的施肥量。配方肥中施用有机肥时,由于有机氮的当季利用率只有尿素氮的一半,因此要从总氮量中扣除有机肥含N量的一半。有机肥中的P、K不必在P、K总量中减去。

通过测土配方施肥技术,可增加肥料养分利用率和马铃薯产量。李明真等(2018)在陆良县进行马铃薯测土配方施肥效果研究,结果表明与施用普通复合肥相比,采用测土配方施肥的马铃薯产量明显提高,且产量相对稳定。赵忠东等(2012)研究发现与习惯施肥比较,采用测土配方施肥使N肥利用率提高6.13%,P肥利用率提高8.35%,K肥利用率达到81.02%;平均亩产增产率达17%。姜巍等(2013)汇总全国马铃薯测土配方施肥试验结果发现:土壤碱解N、有效P和有效K的含量分别为50~140 mg/kg、10~30 mg/kg和30~90 mg/kg时,氮肥(纯N)、钾肥(K_2O)和磷肥(P_2O_5)的合理施用范围分别为190~300 kg/hm²、100~190 kg/hm²

和 130～400 kg/hm²，其中氮肥(纯 N)、磷肥(P₂O₅)和钾肥(K₂O)的比例大约为 1:(0.34～0.86):(0.97～1.93)。湖北省测土配方施肥技术应用率较高，截至 2014 年，湖北省测土配方累计推广面积达农作物总推广面积的 75.01%(徐能海等，2015)。

2. 施足基肥　马铃薯生育期短，且从幼苗期到结薯期马铃薯对各元素的需求逐渐增加，因此在施肥上应以基肥为主，基肥的施用量占到总施肥量的 60%～70%。传统种植过程中，马铃薯所需的养分以基肥的形式一次性施入，每亩施用充分腐熟的猪牛粪、堆肥等优质农家肥 2000～2500 kg，配施硫酸钾化肥 30～50 kg，有的另外施用一定量的草木灰或者过磷酸钙 15～20 kg。这种施肥方式既可以较为全面且连续地提供植株生长发育所需的各种养分，又能够有效改良土壤，从而对马铃薯营养生长和生殖生长起到促进作用。但由于农村青壮年劳动力缺乏，散户养殖牲畜存栏量大量降低，有机肥来源大大减少，山地机械化程度不高，禁烧秸秆、封山育林等政策的实施，这种需要耗费较多的人力物力的施肥方式在大部分马铃薯主产区已经不盛行。随着测土配方技术的发展和大力推行，当前湖北省马铃薯主产区基肥施用以三元复合肥为主，配施一定比例的商用有机肥或微生物增效肥。部分区域根据当地的土壤气候状况和马铃薯品种特性，施用养分科学配比的有机无机复混肥料。

3. 适时追肥　追肥可以补充马铃薯生长过程中所需的养分，适时适量追肥能提高肥料利用率，达到增产增效的目的。Rens 等(2016)研究施肥时期对 N 肥利用率的影响，发现基肥的 N 吸收率为 11%，而苗期追肥和块茎形成期追肥的 N 吸收率达 62%。Kelling 等(2015)研究的结果与之类似，同块茎形成早期和块茎形成 20 d 后施 N 肥相比，苗期施肥的 N 利用率较高。

中纬度过渡地区马铃薯全生育期内通常追肥 1～2 次，第一次追施芽肥或苗肥，为植株营养生长提供足够的养分。在马铃薯即将破土出苗或零星出土时追施的肥料叫芽肥，每亩追施人畜粪尿 20～30 担*或尿素 10 kg，同时中耕覆土以减少 N 的挥发和淋失；芽肥的追肥效果较苗肥好，每亩可增产 10%以上，但施肥期较短且较难掌握。在马铃薯快齐苗时追施的肥料叫苗肥，更为速效的硫酸铵、碳酸氢铵等在苗期施用效果更好。第二次追蕾肥，在马铃薯现蕾期进行，以提供生殖生长所需的大微量营养元素，实验表明追肥 2 次比只追 1 次的肥料利用率高(韦剑锋等，2016)。追肥种类及用量应根据植株的长势、叶色、田块状况、气候条件等判定，一般每亩追施人畜粪尿 10～20 担或尿素 5～8 kg，但在植株生长不良、阳山、土质瘠薄、降雨不足等情况下要适当多追，否则就少追或者不追。

4. 氮肥的施用　N 素是影响马铃薯块茎形成的重要可控条件之一，同 P 肥和 K 肥相比，N 肥的增产效果最好。但由于 N 素资源具有来源多样性、转化复杂性、去向多向性、作物产量与品质反应敏感性、对环境的易危害性等特点(樊明寿等，2008)，所以在施肥过程中要掌握好度，严防"过犹不及"的现象发生。

马铃薯 N 肥效果受到多重因素的影响，除了环境和土壤肥力情况，还受到施肥量(韦剑锋等，2016)、施用时期(Rens et al.，2016；Kelling et al.，2015)、施肥方式(韦剑锋等，2016)、肥料 N 素形态(焦峰等，2012；苏亚拉其其格等，2016)影响。每生产 1 t 马铃薯需要纯 N 4.4～6 kg，且马铃薯在苗期、发棵期和结薯期对 N 的需求分别为 6%、38%和 56%，所以 N 肥的施用应注意少量多次，施足底肥，勤施追肥。底肥 N 素来源主要以充分腐熟的有机肥为主，每亩施优质农家肥 2000～2500 kg，辅施硫酸钾复合肥 30～50 kg 或其他 N 素化肥 20～30 kg，在苗

---

* 1 担≈50 kg

期和蕾期每亩分别追施尿素 10 kg 和 5~8 kg 或等量纯 N 的其他 N 肥。

5. 钾肥的应用 马铃薯是喜 K 作物，K 对提高马铃薯块茎重、增加干物质含量、促进淀粉形成、减轻黑化现象、提升耐储能力和抗机械损伤度有重要作用，并且在植株抗病、抗虫、抗旱、抗冻等方面发挥积极作用（Khan et al，2012）。马铃薯对 K 的需求远高于其他大微量元素（姜巍等，2013），据报道每生产 1 t 马铃薯需要吸收 K_2O 2~12 kg（康文钦等，2013）。与其他大量元素一致，在马铃薯整个生育期内，K 的吸收速率呈先增加后降低的趋势，吸收峰值出现在淀粉积累期（刘克礼等，2003；张鑫等，2016），这可能是因为马铃薯块茎淀粉含量是各种酶综合作用的结果（甘晓燕等，2017；唐宏亮等，2015），K 能提高各种酶的活性（雷晶等，2014）。K 肥用量会对马铃薯的生长发育、产量乃至收益产生影响。陈功楷等（2013）为了解施 K 量与栽植密度对马铃薯产量及商品率的影响，在地膜覆盖条件下进行了不同 K 肥量和密度试验，发现不同施 K 量处理间产量呈极显著差异（$P<0.01$），A2（硫酸钾 375 kg/hm^2）＞A3（硫酸钾 225 kg/hm^2）＞A1（硫酸钾 525 kg/hm^2），理论最佳施钾量为硫酸钾 367.5 kg/hm^2。湖北马铃薯产区，K 肥主要以基肥的形式施入，每亩施硫酸钾复合肥 50~100 kg，肥料穴施，以不沾马铃薯种薯为宜。

6. 控、缓释肥的施用 缓释肥料是指通过养分的化学复合或物理作用，使其对作物的有效态养分随着时间而缓慢释放的化学肥料。控释肥料，是缓释肥料的高级形式，主要通过包膜技术来控制养分的释放，以达到安全、长效、高效等目的。马铃薯大田生产时，控、缓释肥于播种时作为基肥一次性施入，施入量小于或等于常规肥用量。因为施用控、缓释肥能够减少追肥次数、提高肥料养分利用率、降低肥料用量以及提高马铃薯产量，最终提高经济效益和环境效益。董亮等（2012）通过田间试验，研究了包膜尿素减量化施用对马铃薯产量、品质及土壤硝态氮含量的影响。结果表明，与习惯施肥处理相比，施用控释肥可以提高马铃薯的产量、一级品率、品质和 N 素利用率，并且能降低硝态 N 在土壤中的累积。陈日远等（2014）研究发现与农民习惯施肥及普通控释肥相比，硝基控释肥能明显促进马铃薯生长发育、叶片 SPAD 值及干物质量累积，从而提高了马铃薯大薯率、单株薯重和经济产量，同时改善马铃薯块茎品质，增加块茎中淀粉、粗蛋白、还原糖、维生素 C 含量。刘飞等（2011）研究结果表明，与普通肥料相比，控释肥处理的植株长势、叶绿素含量、产量、氮素表观利用率、产投比等指标均有显著提高。

（三）防病治虫除草和应对环境胁迫

具体见第九章。

七、收获和贮藏

（一）适时收获

张远学等（2014）介绍了西南山区马铃薯收获方法，采收是马铃薯生产的最后一个环节，也是储藏的最初环节和非常关键的一个环节。适时采收不仅有利于马铃薯储藏，还能最好地保持马铃薯的品质，防止马铃薯产生病害、烂薯。马铃薯采收过早不仅马铃薯的重量和大小达不到标准，而且马铃薯的表皮未成熟，容易在收获的过程中损伤，导致马铃薯晚疫病、环腐病、干腐病等病菌入侵。收获过早还可能导致马铃薯风味、品质、色泽不好，马铃薯商品性下降。采收过晚，马铃薯已经过度成熟和衰老，不仅品质发生变化，而且不耐储藏和运输。马铃薯叶片大部分枯黄。达到生理成熟阶段，即可进行收获。

依栽培目的确定收获期,这是主要的收获期确定标准。鲜食用薯块和加工薯块以达到成熟期收获为宜,最好在马铃薯成熟后7~10 d收获,让马铃薯表皮充分成熟、硬化,避免在收获时马铃薯表皮破损,而且这时收获马铃薯产量最高,干物质含量最高,还原糖含量最低,品质最好。种用薯块应适当早收,在马铃薯刚刚成熟时立即收获,以利提高其种用价值,减少病毒侵染。市场行情好时,为了马铃薯提早上市,或因轮作需安排下茬作物时,可适当早收。依气候确定收获期,低山平原地区下霜迟,无霜期长,可等茎叶完全枯黄成熟时收获,甚至可延迟15~30 d收获,以适当保持马铃薯的鲜活度,延长马铃薯上市时间。中高海拔地区下霜早,无霜期短,为防止薯块受冻,可在枯霜来临前收获。依品种确定收获期早、中熟品种依成熟度收获。晚熟品种常常不等茎叶枯黄成熟即遇早霜,所以在不影响后作和不受冻的情况下,适当提早收获,提高土地的经济效益。依市场确定收获期,虽然马铃薯在生理成熟时产量最高,但此时的价格由于受市场影响有可能不能够获得最高的经济效益。因此,应根据市场价值和预测价值比较,全面衡量早收或晚收的经济效益,在效益最大时期收获,以提高马铃薯生产经济效益。

张希太(2011)认为中原二作区春薯收获应视市场需求,掌握在高温和雨季到来前进行。王志信(2013)认为早熟马铃薯一般11月底即可采收,但产量较低,品质差。一般情况下,在12月份中旬后,薯块膨大缓慢,茎叶全部枯萎时即可大量采收,产量高,品质好。也可以留在土中,下年开春按市场需求采收随时上市。

马铃薯收获方法也是马铃薯储藏前预处理的关键环节。正确的收获方法不会造成马铃薯表皮过多损伤,收获的马铃薯破薯少、杂物少,保护马铃薯不受晚疫病、干腐病、环腐病等病菌的直接侵染,不至于在收获环节造成直接的较大损失。正常地块提前1~3 d把薯秧割除;田间湿度大或土湿黏重地块,收前3~7 d割除秧苗,以利土壤水分蒸发。晴天收获时必须注意掌握好每天的收获时间,尽量避开中午前后的高温和阳光暴晒。

(二)贮藏

发达国家的农场和加工厂都设有马铃薯贮藏设施,贮藏设施大多为地上建筑,库内具有现代化的通风系统,还具备与通风系统相配套的制冷系统、加热加湿系统、抑芽设备及自动化控制系统。中国大部分地区仍沿用当地传统的贮藏方式,只能满足粗放的生产和消费需求,缺乏科学的库房设计、必要的控温和控湿设备及制冷通风设备。

马铃薯贮藏与热、光、温度、湿度、通风等因素有关,同时与贮前处理因素密切相关。薯块在收获后,含水量多,组织脆嫩,在生理上呼吸与蒸腾作用也都很旺盛,直接入库必使库内湿度增大,引起微生物繁殖而导致腐烂。因此,可进行必要的储前晾晒,晾晒时间一定要适宜,晾晒时间过长或过短都不适宜。晾晒时间过长,薯块将失水萎蔫,降低马铃薯的商品品质。晾晒时间过短,水分未充分散发,在储藏期间易引发腐烂、病害。同时要注意晾晒方式、方法,才能达到理想的储藏条件。

徐烨等(2018)对马铃薯贮藏技术研究进展作了详细的论述,贮藏温度:马铃薯的最佳贮藏温度范围为:2~5 ℃,如果温度过低,马铃薯块茎就会发生冻害,甚至薯块的细胞间隙会结冰。温度不仅对马铃薯休眠期长短有一定的影响,而且对芽的生长速度有较大的影响,贮藏温度越高,通过休眠后的马铃薯发芽越快,芽子生长就越快。贮藏期间的温度在4 ℃以下时马铃薯通过休眠后芽生长较慢,但容易感染低温病害而导致损失,也因低温下还原糖升高而影响加工品质,种薯和商品薯一般贮藏在4 ℃以下,加工薯在加工前回暖温度在15~18 ℃保持1~2周。外界气温降至−5 ℃时封闭气孔,保持窖内温度恒定至来年开窖。若随时要进入,应及时闭门或盖窖,以防冷空气侵入,而使马铃薯受冻。贮藏湿度:马铃薯贮藏的最适相对湿度在大约85%。马铃薯在贮藏期间应保持表面干燥,但也必须将马铃薯因失水而导致的重量损失降到最低,避免薯块或贮藏窖内壁的水分凝结,尽量减少制冷或换气的通风时间,控制好窖内的湿度。通风条件:马铃薯贮藏要求窖内空气循环流动,流速均匀,通风设备是贮藏窖中的基本设备,常设有自然通风和机械通风两种方式。光照条件:散射光照对于种薯的长期贮藏有帮助,不仅能抑制发芽和芽的生长速度,而且能使种薯产生具有杀菌和抑制病菌入侵的物质,如龙葵素等,萌发短壮芽利于提高产量,因此在种薯贮藏中常需散射光照,特别对小薯和微型薯尤为重要。食用块茎在直射光、散射光或长期照射的灯光下表皮变绿而降低品质,应尽量避免光照贮藏,因此种薯和商品薯、加工薯应分开贮藏。

田甲春等(2017)论述了马铃薯贮藏期间的发芽问题和解决方法,马铃薯贮藏期间的发芽、腐烂给马铃薯产业和广大农民造成了巨大的经济损失,因此,贮藏期间施用防腐剂、抑芽剂或相应的技术处理十分必要。低温贮藏、化学药剂处理、辐照处理等技术在马铃薯抑芽防腐保鲜中已有一些应用。虽然低温贮藏是一种较好的贮藏方式,但长期的低温会造成马铃薯块茎糖化,严重影响其加工品质,还会使丙烯酰胺等潜在致癌物质增加,不利于马铃薯深加工产业的发展。相比之下,化学药剂处理可有效地抑制薯块发芽,起到杀菌防腐的作用。目前最常用的抑芽化学药剂主要为氯苯胺灵(CIPC),CIPC在马铃薯抑芽方面的使用历史已超过50 a。近年的研究发现,在马铃薯贮藏期间施用外源乙烯以及1-甲基环丙烯(1-MCP)均有较好的抑芽作用。一些学者还研究了天然提取物对马铃薯抑芽效果的影响,如西伯利亚花楸提取、葛缕子、丁香中提取出的精油及其主要成分香芹酮、丁香酚、香芹酮等。

八、马铃薯规模化机械化生产现状和发展趋势

李紫辉等(2019)论述了中国马铃薯种植机械化现状。中国马铃薯机械化技术研究起步较晚,1966年在研学苏联机械基础上,开始仿制马铃薯种收机械。1978年12个具有马铃薯机械生产优势的国家参加北京国际马铃薯机械化大会后,将参展的全部马铃薯机械赠送给了中国,标志着中国马铃薯机械化研究的起点,马铃薯种植机械化有了快速的发展。1987年黑龙江省农业机械工程科学研究院研制了4U-2型马铃薯挖掘机;1996年黑龙江省农业机械工程科学研究院参考西德卡拉姆的舀勺式马铃薯播种机研制了2ZZ-2型马铃薯播种机,在2001年完成了马铃薯播种机的样机试制并推广应用;2004年,黑龙江八一农垦大学设计的2CM-2型马铃薯播种机,采用勺链式排种器,与普通钩形勺链式排种器相比,因作业环境恶劣引起的排种器堵塞现象明显减少,润滑方便,作业速度有所提高;2011年东北农业大学研发团队研制成功了2CMB2型马铃薯播种机,并得到了大面积的推广应用。中国马铃薯播种机械已经从被动仿制进入基础理论研究、产品创新研发并举时期,适应不同作业区域的低、中端马铃薯播种机械正逐步形成规模。

目前,中国马铃薯机械化种植分为整薯种植和切块薯种植。按种植规模程度分:小区实生薯育种整薯种植、规模化田间生产种植和丘陵山地轻简型种植3类机械化种植形式。规模化田间生产种植主要包括微型薯、分级不需切块的小型马铃薯种薯种植,以及切块种薯的种植。具有规模化、标准化、适合大型机械的特点,机械化程度较高,基本以机械式播种技术及装备为主。区别于微型薯和不需切块的小型马铃薯种薯种植,切块薯种植还包括分级整列切块、喷润滑剂、喷药等种薯预处理过程。

北方一季作区与中原二季作区基本实现了全程机械化,种植机械化约为95%,主要机械

均采用机械式播种机播种切块薯(约占播种面积的95%)或整薯(不足5%)。南方冬作区及西南单双季混作区多为丘陵山地,由于地块狭小,栽培模式多、杂等原因,机械化水平较低,耕种播收综合机械化水平不足3%,种植机械化水平不足5%。目前中国马铃薯切块仍处于人工切种、人工切刀消毒、人工背负式喷药机进行种薯喷药的状态,马铃薯种薯预处理技术及其装备在中国目前处于初步研制阶段。目前国内外具有代表性的种薯分离整列拾取技术与装置有带(链)勺式、差动输送带式、气吸式、针刺式等。国内采用带勺式种薯分离整列拾取技术的播种机,具有代表性的是中机美诺公司生产的1240A型马铃薯播种机。陈孟超(2019)概述了马铃薯播种机发展现状,东北农业大学田忠恩等研制的2CMR系列半自动马铃薯播种机,包括2CMR2和2CMR4两种机型,作业行数分别为2行和4行,均采用取种转盘式排种器。该机需人工辅助取种、放种,可播种不同尺寸规格及形状的种薯,整个种植过程中基本没有卡种、伤种现象和种薯机械式破损,降低了重播率与漏播率。但未能完全实现自动化播种,且人工劳动量较大,作业效率低,不适合大地块规模化作业。

中国马铃薯种植区域广泛,地理条件和农艺的多样性决定了在今后相当长的一段时间内,工艺原理、机械结构简单的小型马铃薯播种机与自动化程度、作业效率高的大型马铃薯播种机将长期并存,以适应不同种植区域的需求。根据中国地域种植特点,未来中国马铃薯机械化种植技术和装备的发展将以精量、高速、智能化大型马铃薯播种技术及装备为核心,同步研发经济、轻简型马铃薯机械化种植技术及装备为主要发展方向。

九、特色栽培

(一)设施栽培

马铃薯多膜覆盖设施栽培,胡杰等(2012)采取以大棚、小弓棚和地膜覆盖等多种形式薄膜覆盖为中心的冬播马铃薯保温栽培技术,可以充分利用冬、春马铃薯有效生长季节,增加积温,提早生育期和上市时间,提高马铃薯产量。要下足底肥,开沟整厢,大棚栽培方式,70 cm开厢,厢中间种植4行马铃薯;小弓棚栽培方式,70 cm开厢,厢中间种植4行马铃薯;地膜覆盖栽培方式,60 cm开厢,厢中间种植两行马铃薯。并适时播种,大棚栽培马铃薯,11月中下旬播种;小弓棚栽培马铃薯,12月中下旬至翌年1月播种;地膜覆盖马铃薯大田,12月中下旬至翌年1月播种。注意抢墒覆膜,清理沟路,加强田间管理,出苗70%后,要及时破膜放苗,细土壅根。

(二)稻田免耕稻草全程覆盖

李卫琼(2007)介绍了云南省稻田免耕稻草全程覆盖秋马铃薯栽培技术,在水稻收获后稻田不翻耕,将马铃薯种薯直接摆放在稻田中的一种特殊播种方式。马铃薯在8—9月播种,11—12月收获,在免耕的稻田土面上摆放马铃薯种,然后覆盖稻草,收获时在地上捡薯的一项全新栽培方法。

具体做法为:

1. 开沟排水做墒,适时播种　水稻收获后及时开沟排水,利用1～2周的时间使田块表面适当干燥。播种前在免耕的稻田上,按宽1.6 m为一厢,开挖墒沟,沟宽30～35 cm,深15 cm,挖出来的沟土不可堆在沟沿上,需均匀撒在墒面上,并使墒面呈微弓背形,以免积水。待畦面基本干透后即可播种。

2. 选择早熟品种　秋季种植一般选用30～50 g的小种薯整薯播种效果最好,种薯播种时以带 1 cm 长的壮芽为佳。

3. 播种　播种时每墒播 4～5 行，行距 30～40 cm、株距 25 cm。墒面上摆放种薯，墒边各留 20 cm 不播种。播种后及时覆盖稻草，稻草应整齐排列，以利出苗，厚度为 8～10 cm，稻草应铺满整个墒面不留空。盖好稻草后再次清理墒沟，将墒沟挖深 10 cm 左右，挖出的土块压在稻草上，防止大风吹跑、吹乱稻草。稻草覆盖时需要注意的是，覆盖厚度不能过厚、过薄，如果稻草过厚，不但出苗迟缓，而且茎基细长软弱；如果覆盖过薄容易漏光而形成绿薯，降低品质。

4. 加强田间水肥草管理和适时收获　余文畅等(2008)曾介绍，稻田免耕稻草全程覆盖秋马铃薯因其时间短、效益高，加上省工省时、节本环保、用地养地等诸多优点，在中南地区的平原和丘陵中稻产区发展前景十分广阔。自 2009 年起湖北省已把这项栽培技术作为加快发展秋马铃薯生产的主要措施进行推广。宜昌市于 2007 秋在枝江市示范种植稻田免耕稻草全程覆盖秋马铃薯 36.67 hm²，举办核心示范样板 3.33 hm²，平均每公顷产鲜薯 19695 kg、纯收入 19997.4 元，整个示范区平均每公顷纯收入 15000 元以上。其主要栽培要点是备好种薯、适时播种、施足底肥、保证密度、盖好稻草、精心田管、搞好化调。稻田免耕稻草全程覆盖秋马铃薯栽培，底施有机肥，生育期明显提早，苗早、苗齐、苗壮，抗逆能力明显增强，这与有机肥能全面提供养分和增湿调温、快速促进根系发育有关，根深叶茂是获得高产的基础。陈文良等(2005)在贵州惠水县示范效果显示，稻田免耕技术较常规栽培平均增产 165 kg/亩，增幅 8.9%。

朱丹玉等(2005)等通过多点试验示范，使稻田免耕及稻草全程覆盖种植秋马铃薯新技术获得成功。选择水源较好、排灌方便的中稻田或一季晚稻田，尤以沙性较强的稻田最好。一般选 25～30 g 的小整薯作种。播种前 10～15 d(即 8 月中下旬)，用湿润黄土或湿沙堆催芽，催好芽即芽长 1 cm 左右时为止，力争芽齐芽壮。马铃薯生育期短，且由于覆盖稻草操作不便，因此，应一次性施足基肥，不追肥。每亩盖干稻草 1000 kg 左右，盖草厚度 8～10 cm。稻草应整齐、均匀地铺满整个厢面，不留空。田间管理以水的排灌为工作重点，一般不再施肥、用药和施用除草剂。正常情况下，12 月上中旬开始收获。因薯块生长在土地表面，很少入土，拨开稻草即可拣收马铃薯。

参考文献

陈功楷，权伟，朱建军，2013. 不同钾肥量与密度对马铃薯产量及商品率的影响[J]. 中国农学通报，29(6)：166-169.

陈孟超，2019. 马铃薯播种机发展现状及趋势展望[J]. 农业科技与装备(04):63-64.

陈日远，代明，侯文通，等，2014. 硝基控释肥对马铃薯生长、产量及品质的影响[J]. 山东农业科学，46(03)：64-68.

陈文良，曾华，梁黔，2005. 稻田马铃薯全程免耕稻草覆盖技术示范效果分析[J]. 耕作与栽培(04):63.

陈显耀，2014. 马铃薯育苗移栽播期试验报告[J]. 蔬菜(03):11-13.

陈永伟，沈振荣，王奇，等，2013. 种植密度对脱毒马铃薯微型薯的影响研究[J]. 宁夏农林科技，54(8):1-3.

董亮，张玉凤，张昌爱，等，2012. 包膜尿素减量施用对马铃薯产量及品质的影响[J]. 华北农学报，29(S1)：284-287.

樊明寿，逯晓萍，蒙美莲，等，2008. 养分资源综合管理理论在马铃薯生产中的应用[C]//中国作物学会马铃薯专业委员会. 中国作物学会马铃薯专业委员会 2008 年马铃薯大会论文集. 中国作物学会马铃薯专业委员会.

方玉川,张万萍,白小东,等,2019. 马铃薯间、套、轮作[M]. 北京:气象出版社.

甘晓燕,巩橹,张丽,等,2017. 马铃薯块茎淀粉积累及相关酶活性的研究[J]. 分子植物育种,15(11):4625-4628.

高幼华,2015. 大垄双行整薯播种行距及密度对马铃薯农艺性状及产量的影响[D]. 大庆:黑龙江八一农垦大学.

胡杰,罗时勇,立大勇,2012. 荆州市冬播马铃薯多膜覆盖保温栽培技术[J]. 中国园艺文摘,28(3):140,150.

胡应锋,王余明,王西瑶,2009. 马铃薯大豆间作模式效益分析[J]. 中国农学通报,25(04):111-114.

黄承建,赵思毅,王龙昌,等,2012. 马铃薯/玉米套作对马铃薯品种光合特性及产量的影响[J]. 作物学报,39(02):330-342.

黄明举,2019. 不同栽培密度对马铃薯生长及产量的影响[J]. 现代农业科技(16):64,66.

姜巍,刘文志,2013. 马铃薯测土配方施肥技术研究现状[J]. 现代化农业(03):11-13.

焦峰,王鹏,翟瑞常,2012. 氮肥形态对马铃薯氮素积累与分配的影响[J]. 中国土壤与肥料(02):39-44.

康文钦,石晓华,敖孟奇,等,2013. 马铃薯的钾素需求及营养诊断[J]. 中国土壤与肥料(02):1-4.

雷昌云,张艳霞,羿国香,等,2013. 江汉平原马铃薯秋播密度对农艺性状及产量的影响[J]. 长江流域资源与环境,22(12):1653-1656.

雷晶,郝艳淑,王晓丽,等,2014. 植物钾效率差异的营养生理及代谢机制研究进展[J]. 中国土壤与肥料,(01):1-5.

李明真,张英杰,2018. 陆良县马铃薯测土配方施肥效果研究[J]. 现代农业科技(22):55-56.

李卫琼,2007. 稻田免耕稻草全程覆盖秋马铃薯栽培技术[J]. 云南农业,7(06):15.

李雪光,田洪刚,2013. 不同播期对马铃薯性状及产量的影响[J]. 农技服务,30(6):568.

李艳,余显荣,吴伯生,等,2012. 马铃薯不同种植方式对产量性状的影响[J]. 中国马铃薯,26(6):341-343.

李紫辉,温信宇,吕金庆,等,2019. 马铃薯种植机械化关键技术与装备研究进展分析与展望[J]. 农业机械学报,50(3):1-16.

廖华俊,江芹,董玲,等,2010. 安徽沿淮地区春马铃薯品种引进比较研究[J]. 安徽农业科学,38(33):18724-18727.

刘飞,诸葛玉平,王会,等,2011. 控释肥对马铃薯生长及土壤酶活性的影响[J]. 水土保持学报,25(02):185-188,202.

刘介民,1998. 湖北低海拔地区春马铃薯高产栽培技术[J]. 湖北农业科学(1):28-32.

刘克礼,张宝林,高聚林,等,2003. 马铃薯钾素的吸收、积累和分配规律[J]. 中国马铃薯(04):204-208.

苏亚拉其其格,秦永林,贾立国,等,2016. 氮素形态及供应时期对马铃薯生长发育与产量的影响[J]. 作物学报,42(04):619-623.

孙川川,郑元红,郭国雄,等,2013. 不同播期对留茬膜侧马铃薯产量的影响[J]. 上海蔬菜(2):48-49.

孙亚伟,胡新燕,冯营,等,2016. 江苏省马铃薯产业现状·问题及研发对策[J]. 安徽农业科学,44(25):214-215.

唐宏亮,石瑛,田洵,等,2015. 马铃薯淀粉合成关键酶与块茎淀粉积累的关系[J]. 中国农学通报,31(27):88-93.

田甲春,田世龙,葛霞,等,2017. 马铃薯贮藏技术研究进展[J]. 保鲜与加工,17(4):108-112.

王开昌,陈新举,李全敏,等,2011. 不同播期、海拔和种薯处理对秋播马铃薯产量的影响[J]. 现代农业科技(2):130-131.

王良军,姜兰,陈烨,等,2014. 中稻-秋马铃薯模式效益与关键技术[J]. 安徽农业科学,42(24):8127-8128,8151.

王媛媛,杨培培,郭小朋,等,2006. 秋播马铃薯高产栽培技术[J]. 现代农业科技(02):47.

王志信,2013. 早熟马铃薯栽培技术[J]. 农技服务(4):325.

韦冬萍,宋书会,韦剑锋,等,2015. 施氮量对冬马铃薯生理性状及产量的影响[J]. 江苏农业科学(11):

122-124.

韦剑锋,宋书会,韦冬萍,等,2016. 施氮量对马铃薯磷钾利用和土壤磷钾含量的影响[J]. 湖北农业科学,55 (15):3842-3845.

邬金飞,曹亚波,2007. 马铃薯育苗移栽技术[J]. 上海农业科技(01):85-86.

邢宝龙,方玉川,张万萍,等,2018. 中国不同纬度和海拔地区马铃薯栽培[M]. 北京:气象出版社.

熊汉琴,2014. 秦巴地区马铃薯高产高效生产技术[J]. 陕西农业科学,60(7):113-114.

徐能海,鲁明星,2015. 湖北省测土配方施肥工作进展与展望[J]. 湖北农业科学,54(12):2871-2873.

徐烨,高海生,2018. 国内外马铃薯产业现状及贮藏技术研究进展[J]. 河北科技师范学院学报,32(4):24-31,47.

游昭雁,董光美,阿瑶,2017. 双江自治县马铃薯育苗移栽技术田间应用研究[J]. 农业与技术,37(20):128.

余天勇,赵欣,王祖桥,等,2014. 陕南川道早熟马铃薯品种(系)比较试验报告[J]. 陕西农业科学,60(3):3-5.

余文畅,陈振华,刘克荣,等,2008. 稻田免耕稻草全程覆盖秋马铃薯的效果及技术[J]. 湖北农业科学,47(3):277-278.

余文畅,余贵先,刘云发,等,2009a. 无公害马铃薯种植技术[M]. 武汉:湖北科学技术出版社.

余文畅,陈振华,刘克荣,等,2009b. 秋马铃薯不同栽培密度对产量和效益的影响[J]. 湖北农业科学,48(9):2082-2083.

余文畅,余贵先,刘克荣,等,2011. 湖北省秋马铃薯播种时期探讨[J]. 湖北农业科学,50(16):3266-3267.

张高强,2012. 马铃薯育苗移栽技术[J]. 安徽农学通报(下半月刊),18(14):65,186.

张希太,2011. 中原二作区脱毒马铃薯温室育苗移栽技术[J]. 现代农业科技(07):130,134.

张鑫,陈杨,秦永林,等,2016. 马铃薯钾素营养研究进展及营养诊断[J]. 北方农业学报,44(01):109-112.

张艳霞,2013. 江汉平原马铃薯高产栽培技术研究[D]. 荆州:长江大学.

张远学,沈艳芬,田恒林,等,2014. 小型马铃薯通风贮藏库种薯贮藏效果试验[C]//中国作物学会马铃薯专业委员会. 马铃薯产业与小康社会建设. 中国作物学会马铃薯专业委员会.

张远学,田恒林,沈艳芬,等,2009. 江汉平原地区马铃薯冬春季适应性及丰产性鉴定试验[J]. 中国马铃薯,23 (6):352-353.

赵怀清,杨宗伟,王秀云,等,2013. 渑池县马铃薯秋季栽培技术研究初报[J]. 安徽农学通报,19(09):54,60.

赵忠东,杨杰,李文兵,等,2012. 不同施肥量对马铃薯产量和肥料利用率的影响[J]. 陕西农业科学,58(04):42-44,85.

朱丹玉,张建武,2005. 湖南澧县秋马铃薯稻田免耕及稻草全程覆盖栽培新技术[J]. 中国马铃薯(06):375-376.

Kelling K A,Arriaga F J,Lowery B,et al,2015. Use of hill Shape with various nitrogen timing splits to improve fertilizer use efficiency[J]. American Journal of Potato Research,92(1):71-78.

Khan M Z,Akhtar M E,Mahmood-ul-Hassan M,et al,2012. Potato tuber yield and quality as affected by rates and sources of potassium fertilizer[J]. Journal of Plant Nutrition,35(5).

Rens L,Zotarelli L,Alva A,et al,2016. Fertilizer nitrogen uptake efficiencies for potato as influenced by application timing[J]. Nutrient Cycling in Agroecosystems,104(2):175-185.

第七章 低纬度东南丘陵马铃薯种植

第一节 区域范围和马铃薯生产地位

一、区域范围、自然条件和熟制

(一)区域范围

东南低山丘陵平原区域是指北至长江,南至南海,东至东海,西至云贵高原,地处北纬 20°~28°,东经 105.89°~122.15°,包括江西、广东、福建、台湾、海南省的全部,湖北长江以南、湖南、广西等省(区)的中东部,浙江的中南部,以及安徽省南部,土地总面积约 113.3 万 km²,占全国面积的 11.8%。东南低山丘陵区域是中国重要农业种植区,地形地貌多样,山脉、盆地、丘陵和平原交错分布,多呈东北—西南走向相间排列。低山丘陵地带海拔在 500 m 以下,约占总面积的 82%,主要有浙闽中低山丘陵、长江中游低山丘陵、华南低山丘陵和台湾平原山地丘陵。山地海拔在 1000~1500 m,主要有黄山、九华山、衡山、丹霞山、武夷山、南岭、幕阜山、庐山、井冈山、大别山、雪峰山、武陵山、巫山等。平原、盆地海拔在 50 m 以下,主要集中在长江中下游一带。

以湖南省为例,湖南地处北纬 24°39′~30°08′,东经 108°47′~114°15′,位于长江中游、洞庭湖以南,东以幕阜、武功山连江西,南以南岭相接广东、广西,西以武陵山脉毗邻贵州、重庆,北以滨湖平原接壤湖北,全省土地面积 21.18 万 km²,占全国国土面积的 2.2%,是中国东南腹地。湖南省地形复杂多样,以山地、丘陵为主,山地丘陵占湖南省总面积的 80.5%。全省东、南、西三面环山,中间丘陵起伏,北部低平,山脉多东北—西南走向,海拔多在 1000 m 以上,整体地势呈南高北低,顺势向中部、北部倾斜,呈敞口的马蹄形盆地。海拔高低悬殊,最高 2174 m,位于西部罗翁八面山,最低在北部城陵矶河湖面,仅 24 m。山地集中于湘西、湘南和湘东北地区,东有幕阜山、罗霄山脉,西有雪峰山、武陵山脉,南有南岭山脉,平原集中在湘北区域的洞庭湖平原。湘中丘陵与河谷相间。湘、资、沅、澧四大水系串联众多山地盆地由南向东北汇于洞庭湖,经城陵矶流入长江。湖南省 5 km 以上河流 5300 多余条,可通航 1.5 万 km,内河航线贯通 95% 以上县市河和 30% 以上的乡镇。

(二)自然条件

1. 气候 东南丘陵区气候上地跨中湿润亚热带、南湿润亚热带和热带,分布有北亚热带季风落叶常绿阔叶林气候、中亚热带季风常绿阔叶林气候、南亚热带含季雨林的常绿阔叶林气候和热带季风季雨林气候。全区自北向南年均温由 16 ℃上升至 24 ℃,最冷月平均气温 0~

18 ℃,最热月平均气温 27～30 ℃,≥10 ℃积温 5000～7000 ℃·d,最高可达 9000 ℃·d。年无霜期 230～350 d,其中北边无霜期 250 d 以上,南边达 350 d。自西向东南,年太阳总辐射量从 400 kJ/(cm²·a)增加到 540 kJ/(cm²·a)。年降水量 1200～1600 mm,最高可达 2800 mm,具有南多北少的特点。降雨主要集中在春夏两季,雨量丰沛,多以暴雨形式出现,大部分地区日最大降雨量可达 100～250 mm,雨期长,年降水日数多为 140～200 d,具春多雨、夏酷热的气候特征。

浙闽中低山丘陵和长江中游低山丘陵属于中亚热带,年平均气温 18.2 ℃,年最高气温 36.5～38.9 ℃,年最低气温 -5.2～5 ℃,≥10 ℃积温 5398～7550 ℃·d。年平均降水量 1200～1928.4 mm,降水主要集中在春夏季,占全年降水量的 70.1%,年平均可利用降水量为 1131.8 mm,年平均日照时数为 1700～2300 h,年太阳辐射总量为 376～418 kJ/(cm²·a),年无霜期 260～320 d。该区域降水充沛,热量丰富,是中国林、农、矿产资源开发、利用潜力很大的地区。

华南丘陵属于南亚热带,年均温 21 ℃左右,最冷月气温 12～14 ℃,低温平均值为 2 ℃,≥10 ℃积温 7300～8300 ℃·d,无霜期 360 d 左右,年降水量 1700～2000 mm,具"四时皆是夏,一雨便成秋"的气候特征。

2. 土壤　地层类型主要有花岗岩、片麻岩、砂岩、石灰岩、第四纪红土和红砂岩,还有少量紫砂岩。土壤分布类型依次为黄棕壤、红壤、黄壤、赤红壤和砖红壤。此外,在石灰岩地区分布着石灰岩土,在紫色岩上发育着紫色土,平原及低洼地带分布着水稻土和潮土。

该区域整体高温多雨,受东南季风影响,矿物风化和土壤淋溶作用强烈,阳离子交换量低,土壤多呈酸性,保肥供肥性能差。据土壤普查资料,该区 68% 的农田耕地普遍缺少有机质和 N,全部旱地和 60% 的水田缺 P,耕地中 58% 缺 K,80% 缺 P,64% 缺 Mo,49% 缺 Zn。孙波等(1995)对该区域土壤肥力调查发现其肥力水平大多处于中低水平,高、中、低肥力土壤面积分别是 29.3 万 km²、46.2 万 km² 和 37.6 万 km²,分别占 25.9%、40.8% 和 33.3%,其中水田土壤肥力水平相对较林旱地水平高。从分布区域来看,两湖平原、安徽沿江平原、珠江三角洲平原、湘西武陵山区和广西河池地区等地土壤肥力水平较高,主要是水稻土、黄壤和一些自然红壤。而桂、粤的赤红壤区、桂西的百色地区、闽南和浙东等地区肥力水平较低,主要是赤红壤和砖红壤,普遍缺少 K、N 元素。其余地区属于中等肥力区。

湖南地形复杂,母岩母质多样,光热充足,降水丰富,生物繁多,土壤类型较多,主要由红壤、水稻土、黄壤土、紫色土和红色石灰土组成,面积分别为 863.72 万 hm²、275.58 万 hm²、210.64 万 hm²、131.27 万 hm²、54.73 万 hm²,分别占湖南省土壤总面积的 51.00%、16.5%、12.62%、7.86%、3.28%。红壤主要分布在武陵、雪峰山及洞庭湖环湖丘陵、岗地及海拔 700 m 以下的低山地区,发育于板页岩、砂岩、石灰岩、花岗岩等风化物和第四纪红土母质上,一般土层深厚,但具有肥力低、呈酸性、黏性大等缺点,是湖南最主要的旱地土壤和园地土壤。水稻土土类广泛分布于洞庭湖平原和湘、资、沅、澧四水系的河谷平原及山丘谷地,由河湖与谷底沉积物发育而成,土层深厚,土壤肥力较高,是主要的农业土壤资源之一。黄壤土分布在湘南、湘西和湘西北地区的中、低山区。紫色土主要分布于湘中衡阳盆地和湘西沅麻谷地等丘陵河谷地区,矿物养分丰富,但土层浅薄,适宜发展各种粮食和经济作物果木等多种经营生产。

(三)熟制

多熟制。生产上,马铃薯以冬播为主。

多熟种植是指一年内在同一块土地种植两种或两种以上的农作物,是作物种植在空间和时间上的集约化。一般包括复种和间混套作两个方面。东南丘陵地带具有"温光资源丰富、热量充足、雨量充沛、雨水集中和无霜期长"等特点,是中国多熟种植最广泛的区域之一,形成了多元多熟的高效种植模式,大部分地区以一年两熟/一年三熟为主,热带地区海南省及台湾南部适宜种植一年三熟模式,少部分地区有一年四熟模式。自 20 世纪 60 年代以来,该区耕地复种指数不断提升,其中广西提升潜力最大,为 44.0%。以不同作物种类搭配的多熟耕作模式主要有以下 3 种。①以粮食作物为主体的多熟模式有水稻—水稻、玉米—双季稻、马铃薯—水稻;②以粮食和蔬菜、经济作物搭配的模式有油菜—水稻、蔬菜/小麦—水稻、烤烟/油菜—水稻等模式;③以粮食和绿肥作物搭配的模式有绿肥—双季稻、豌豆—双季稻等。

浙闽中低山丘陵地区高产高效多熟种植模式有蚕豆—春玉米—夏玉米—秋马铃薯、春马铃薯—春玉米—秋马铃薯—秋玉米、马铃薯—西瓜—杂交稻—冬菜等。热带地区高产高效多熟种植模式有春烟草—水稻—蔬菜、玉米—晚稻—蔬菜、花生—晚稻—马铃薯、早稻—再生稻—蔬菜、春烟草/玉米/甘薯—蔬菜、春花生—秋玉米—冬马铃薯、冬马铃薯—早稻—晚稻、菜心—甜瓜—芹菜—马铃薯等种植模式,稻田多熟模式以冬作物—双季稻为主,冬季作物主要有马铃薯、油菜、蔬菜和绿肥等。

其中湖南省含有多元化的优质高效、节本增收的多熟种植模式,以水稻为主的模式有油菜(绿肥)—双季稻、春玉米//春大豆—晚稻、烤烟—晚稻、马铃薯—双超杂、西瓜//春玉米—晚稻、西瓜—晚稻等。丘陵旱地多熟模式有油菜—玉米、蔬菜—玉米、蔬菜—大豆、马铃薯—玉米、夏玉米—蚕豆—马铃薯等。棉田有菜—棉、油—棉—菜(瓜)、菜—菜—棉等复种模式和油菜/棉花、油菜/棉花/春玉米、蔬菜/棉花/春玉米、蔬菜/马铃薯/棉花等套作模式。

(四)农作物种类

湖南省农作物结构以粮油为主,经济作物为辅。主要粮食作物有水稻、玉米,油料作物包含油菜和大豆,经济作物主要是棉花、烟草和马铃薯。

水稻一直是湖南省第一大优势作物,在湖南粮食生产中占绝对重要地位,其种植遍及各个市、州。湖南省播种面积约 830 万 hm²,其中粮食约占 60%,而水稻则占总播种面积的 50.6% 左右,占粮食播种面积的 85.1% 左右,总产量居全国首位,约为 2700 万 t,占粮食总产量的 90%。湖南省约有 106.33 万 hm² 冬闲田可以开发利用,但目前湖南省冬闲田冬种覆盖率仅为 40% 左右(程凯凯等,2016)。马铃薯冬季播种时间在 11—12 月份,常与中稻或晚稻轮作,在不影响水稻生产的情况下提高了土地利用率,减少了病害的发生,提高了水稻产量。玉米是湖南省第二大粮食作物,近 5 年来湖南省种植面积稳定在 36 万 hm² 左右,产量呈逐渐上升的趋势,近几年稳定在 200 万 t 左右,主要种植模式为玉米/马铃薯套间作,种植方式有"二套二",即两垄马铃薯套种两行玉米。

表 7-1　湖南省 2008—2018 年主要农作物播种面积(李璐整理)

单位:万 hm²

年份	2008	2009	2010	2011	2012	2013	2014	2015	2016	2017	2018
水稻	396.829	410.337	410.525	416.079	420.956	421.853	427.496	428.776	427.758	423.871	400.900
油菜	99.491	101.891	111.903	113.966	118.269	120.591	120.832	118.861	117.616	118.891	122.222
棉花	18.3	15.26	17.5	19.24	17.27	15.96	13.01	10.36	10.65	9.567	6.39

续表

年份	2008	2009	2010	2011	2012	2013	2014	2015	2016	2017	2018
大豆	8.945	9.119	9.235	9.559	9.439	9.559	10.107	9.675	9.853	9.971	10.650
烟草	18.737	14.089	19.981	21.353	22.663	20.476	19.632	19.734	19.639	18.793	17.193
玉米	24.409	28.690	29.981	33.663	35.399	35.835	36.191	36.685	37.047	36.581	35.920
马铃薯	7.044	8.925	9.208	8.714	8.416	9.165	10.133	9.303	7.16	7.52	6.986

数据来源：湖南省农业统计年鉴。

　　油菜是湖南省第二大作物，第一大油料作物，不管是种植面积还是总产量均居全国首位，湖南省种植面积一直保持在 110 万～120 万 hm^2，占总播种面积的 14.46%，占油料作物种植面积的 90% 以上，近十年来总产量呈递增趋势，2018 年产量相比 2008 年翻一番，为 204.17 万 t，占油料总产量的 87.08%。油菜属于冬季作物，与冬季马铃薯在土地使用上形成了竞争关系，但可与秋马铃薯轮作。湖南大豆有春、夏、秋三种类型，主要以春大豆为主，播种面积整体呈缓慢上升趋势，近 5 年来种植面积稳定在 10 万 hm^2 左右，总产量在 21 万～24 万 t 波动，2018 年产量增加至 26.51 万 t，可与马铃薯间套作，薯豆行比 2：1 效益较好，且在一定程度上降低晚疫病发病率。

表 7-2　湖南省 2008—2018 年主要农作物产量（李璐整理）

单位：万 t

年份	2008	2009	2010	2011	2012	2013	2014	2015	2016	2017	2018
水稻	2551.28	2614.29	2551.77	2634.2	2704.26	2645.27	2732.68	2756.75	2724.61	2740.35	2674.01
油菜	116.76	149.1	155.13	173.6	168.77	182.2	187.95	193.69	191.3	195.7	204.17
棉花	24.7	21.2	22.7	23.6	25.1	19.8	12.9	12.3	12.6208	10.9503	8.569
大豆	21.2	22.16	22.72	24.38	22.37	21.32	22.53	21.96	22.78	23.21	26.51
烟草	37.46	41.9	31.67	46.36	46.37	48.13	43.32	41.91	42.56	41.28	37.88
玉米	129.61	162.67	172.69	193.9	204.43	192.59	197.49	198.87	200.02	199.17	202.82
马铃薯	27.79	30.92	34.53	33.33	33.51	33.56	36.02	36.03	30.15	31.3	35.4

数据来源：湖南省农业统计年鉴。

　　棉花曾经是湖南省一大优势经济作物，2011 年种植面积达到顶峰为 19.24 万 hm^2，产量 25.1 万 t，自此后不断萎缩，至 2018 年面积仅 6.39 万 hm^2，下降了 66.79%，总产量 8.56 万 t。洞庭湖区棉田土壤肥沃，土层深厚，土质疏松，大多在冬春季都处于闲置状态，特别适合与冬种马铃薯轮作。如表 7-1 和表 7-2 所示。

二、马铃薯生产地位

（一）东南低山丘陵马铃薯生产概况

　　近年来，东南丘陵地区各省主动积极调整农业生产结构，发挥地理气候条件优势，大力发展马铃薯产业。东南低山丘陵马铃薯生产面积、总产和单产持续稳步增加。21 世纪初全区生产面积约 27.53 万 hm^2，主要集中在湖南、福建、浙江和广东四省。近年种植面积增长了 13.22%，约 31.137 万 hm^2，其中广西和江西马铃薯种植实现了较大的突破，广西种植面积逐年增加,目前面积达 5.29 万 hm²,是东南低山丘陵片区第二大种植省。全区总产量从 103.45 万 t 增长至 128.37 万 t,增长了 24.14%,鲜薯单产由 16785.65 kg/hm² 提高至 22053.75 kg/hm²,增加了 31.38%。

(二)湖南省马铃薯生产现状

湖南省薯类作物是湖南省综合比较优势表现较明显的经济作物,主要包括甘薯和马铃薯,薯类种植面积整体呈下降趋势,但湖南省是东南低山丘陵区马铃薯种植第一大省,生产区主要集中在武陵山区,近年来生产面积呈先升后降的波动变化趋势,见图 7-1。2006 年种植面积 6.670 万 hm²,此后面积逐年稳步扩大,2014 年达 10.133 万 hm²,相比于 2006 年增加了 51.87%,占薯类种植面积的 43.88%。2018 年播种面积相对较低,仅 6.98 万 hm²,占湖南省薯类种植面积的 37.05%。鲜薯总产量为 35.4 万 t,与 2014 年相比仅降低了不到 1 万 t,虽然马铃薯种植面积有所减少,但总产量并没有减少,且单产是稳步递增的趋势,2018 年鲜薯单产为 25336.4 kg/hm²,相比 2014 年增加了 10% 以上。可见,湖南省发展发展马铃薯产业不仅有生产面积的增长优势,在大规模种植方面提升了栽培技术,创造了良好的发展条件。

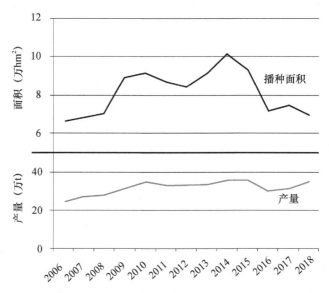

图 7-1　湖南省 2006—2018 年马铃薯播种面积及产量趋势图(李璐,2018)
数据来源:中国农业统计年鉴。

李亚庆(2017)通过调研湖南马铃薯生产区域分布,认为湖南省主产区主要分布在西北部 5 个县(龙山县、芷江县、桑植县、凤凰县和古丈县)、东北部的宁乡县与岳阳市和中部的邵东县,还有小部分分布在西南部的靖州县。其中生产面积最大的是永顺县,播种面积为 1.025 万 hm²,播种面积较大的还有龙山县、祁阳县、长沙市、张家界市、桑植县、慈利县和石门县等地区,播种面积均在 0.4 万 hm² 以上。

按播种季节可分为春播、秋播和冬播。春播多集中在湖南西部的湘西土家族苗族自治州、张家界和怀化市的高海拔山区,种薯多为自留种,面积约占 40%,种植方式多为露地栽培,种植较粗放;秋播多分布在城镇周边,由于种薯多为非脱毒种薯,且受"秋老虎"的影响,产量较低,面积约为 10%;冬播种薯多从北方调种,种植技术主要是高垄覆膜栽培,面积分布相对较大,约占 50%。

（三）湖南省马铃薯发展前景

湖南省具备良好的马铃薯种植自然优势。该地区约有超过 200 万 hm² 水稻田在冬季闲置,利用水旱轮作,晚稻收割后的冬闲田种植马铃薯,不仅能够提高复种指数和土地利用率,还可以减少作物病虫害的发生,马铃薯的茎叶还田还能提高土壤的肥力水平,改善土壤环境,显著提高轮作水稻的产量。湖南省高校、科研院所等单位通力合作,不仅在马铃薯良种培育与引进方面取得突破,并且在栽培技术方面有了较大的提升,通过推广的高垄地膜覆盖、稻田免耕稻草直播覆盖、机械化生产等高产栽培技术,大大地提高了生产水平,降低了生产成本。可见,在湖南大力发展马铃薯产业,具有增产增收的巨大潜力。

第二节　马铃薯常规栽培技术

一、选地、选茬和整地

（一）选地

低纬度东南丘陵区马铃薯在水田和旱地均有种植,种植地宜选择地势高、平坦、排灌便利、耕作层深厚、土壤疏松、富含有机质的中性或微酸性的沙壤土或壤土,肥力中等,两年以上没有种植过烟草、番茄、茄子、辣椒等茄科作物。

马铃薯忌水,切忌在涝洼地种植。低洼地、涝湿地和黏重土壤,排水通气不良,影响根系生长,不利于块茎膨大,产量明显降低。而轻沙肥沃的土壤有利于马铃薯根系发育和块茎膨大,马铃薯栽培在轻沙土壤上,发芽快,出苗齐,植株生长旺,结薯大而光洁美观,品质好(吴仁明等,2011),此外,沙土地温度回升较快,易管理,收获比较容易。

（二）选茬

马铃薯忌连作,前茬作物应避免选择茄科、亚麻以及其他块根、块茎作物,前茬作物以水稻、玉米、豆类较好。东南丘陵区马铃薯种植以水旱轮作为主,前茬为一季中稻或晚稻,其中江南丘陵与浙闽丘陵的山区与玉米轮作也较多,浙闽丘陵马铃薯种植前茬还有冬季叶菜(白菜、甘蓝)、丝瓜、四季豆、大豆、蚕豆等。

东南丘陵区马铃薯前茬以水稻种植为主,但马铃薯忌水,稻茬地宜选择地势平坦,排灌方便,耕层深厚、疏松的壤土田块,低洼、易淹水的水稻田不适合种植马铃薯,收获时稻桩不宜过高,以齐泥留桩为好。

（三）整地

1. 整地时间　在马铃薯播种前,选择晴好天气整地,深翻土壤。土壤翻耕后,应充分晒田,降低土壤的含水量,增加土壤透气性,使土壤的固、液、气三相比趋于合理,有利于改善土壤的结构和提高土温,满足种薯发育需要的氧气和温度,促进早发芽。

前茬收获后,尽早整地。冬马铃薯种植 10—12 月整地,早春马铃薯种植 12—翌年 2 月整地,秋马铃薯整地时间在 7—8 月。前茬为水稻的田块,待水稻收获后,只要天气晴好,立即整地,排水、深翻晒田。敖礼林等(2016)介绍,在江西,秋马铃薯延迟栽培,翻耕整地最晚在播种前 3~5 d 开始。

2. 整地方法和标准　马铃薯常规起垄栽培,在前茬收获后采用犁耕机深翻土壤,深耕 20~30 cm,晒田。在播种前再进行旋耕细耙,将地整平或旋耕同时开沟起垄,尽量使土壤细碎,提高土壤通透性,保持土壤疏松,松土层达 20~30 cm。吴早贵等(2018)在浙北地区薯稻轮作栽培技术中介绍,水稻收获后,抓住晴好天气,采用大型犁耕机进行大田深翻晒土,播种前一天再进行旋耕,耙细整平,不需开沟。梁节谱(2018)在福建春播马铃薯优质高产栽培技术中介绍,在冬天中稻收割后进行深耕晒白,在整地前进行耕耙碎土晒垄,达到细碎、平整无根茬,创造良好的深厚、疏松土层条件,保住墒情,以待播种。陈丽娟(2018)介绍,在渗水能力较差的水稻田里种植马铃薯,要采用高畦栽培,水稻收割后要铲除稻桩,冬翻晒白,深度 25~30 cm,将土耙碎耙细整平,再开深沟起高畦。

马铃薯稻草覆盖免耕栽培,是一种稻田种植马铃薯的轻简化栽培模式,在福建、广西推广应用较多,人们形象地将该技术概括为九个字:"摆一摆、盖一盖、捡一捡"。该模式省去整地环节,直接在畦上摆种,然后盖草、开沟盖土。免耕栽培要求在水稻收割时把稻桩截短至 15 cm 以下,以便于播种,保留秸秆用于覆盖种薯。及时开好田间排水沟,防止长期积水。

3. 起垄　低纬度东南丘陵区马铃薯种植一般起垄栽培,常见的起垄规格为:垄面宽(包沟)100~120 cm,垄高 20~35 cm。在稻田免耕栽培技术中常采用宽畦多行播种,不用起垄,一般直接开沟整畦,畦宽 1.5~2 m。

各地有不同的规格和模式:林永忠(2008)介绍,在闽东南,采用拖拉机旋耕碎土,起垄机按畦宽 120 cm、畦高 35~40 cm 规格起垄,然后人工整成土壤细碎疏松、畦面中凹的高标准垄畦。

胡亮等(2012)在江西地区冬季马铃薯栽培技术要点中介绍,前作收获后及早深耕,精细整地,1.2 m 包沟起垄做畦,畦宽 0.9 m,畦高 0.18~0.25 m,沟宽 0.3 m。整地要求土碎,垄面沟底平直。曾小林等(2018)介绍,鄱阳湖植棉区马铃薯棉花连作时,南北做畦,有利通风透光。畦宽 1.2 m 或 2.5 m(含厢沟 0.3 m),种植 2 行或 4 行。陈健萍等(2018)介绍,秋马铃薯露地高产种植时,深耕细整(地下约 30 cm),起垄种植,按厢宽 100~110 cm 分厢起垄,垄面宽 80 cm 左右,厢沟宽 20~30 cm。沟深 15~20 cm。

王中美等(2014)在湖南省中薯 5 号深沟高垄覆膜栽培技术的应用中介绍,长江流域冬季雨水较多,为利于排水,降低土壤湿度和提高土壤温度,应采用高垄栽培。高垄以垄宽 80 cm,垄高 25 cm,垄沟宽 40 cm 为宜,垄面呈龟背性,垄沟排水流畅。

谢小聪(2018)在浙南山区马铃薯稻草覆盖优质高效栽培改良技术探讨中介绍,马铃薯稻草覆盖栽培,稻田需分畦开沟,开沟时挖出的泥土要均匀铺于畦面,将畦面整成龟背形,以利沥水、爽土、防渍。杨巍(2019)在浙江春马铃薯-玉米-秋马铃薯栽培技术中介绍,春马铃薯在播种前进行精耕细整,做成畦宽 170 cm,沟宽 30 cm,沟深 10~13 cm,排灌方便、防止积水、畦面呈龟背形。秋马铃薯机耕应做到畦面宽 120 cm 左右,沟宽 20~30 cm,深 15~20 cm,围沟(稻田)深 30 cm,开沟时取出来的泥土要均匀地抛撒在畦面中间,畦面整成龟背形。

杨国荣(2017)在福建稻茬马铃薯冬季无公害栽培技术初探中介绍,采用拖拉机旋耕碎土,按畦带沟宽 110~120 cm(其中沟宽 30 cm)、高 30~40 cm 规格起垄,然后人工整地,整成土壤细碎疏松、畦面中凹的垄畦。李成忠(2016)在闽东山区冬种马铃薯高产栽培技术中介绍,马铃薯冬种要开深沟做高畦,畦高 30 cm 左右、畦宽 100～120 cm,务必做到沟沟相通,排灌通畅,以防积水。

邱平有等(2019)在广东省冬季马铃薯栽培管理措施中介绍,前茬作物收获后,整地起垄,垄面宽 60～70 cm,垄底宽(包沟)100 cm,垄高 25 cm,垄向尽量保持同一个方向,不要出现横垄。要求垄面、沟底平直,土块细碎,垄沟做到中间略高,两头略低,靠近田埂的沟要在培土时深挖,以利于排水。黄显良等(2016)在"稻—稻—马铃薯"三熟轮作种植模式中介绍,小垄做畦,垄高 25 cm 以上、垄面宽 70 cm、垄底宽(包沟)110 cm,要求垄面、沟底平直,土块细碎,并且垄向和垄距以方便排灌和田间管理为原则。洪旭宏等(2016)在粤红一号马铃薯地膜覆盖高效栽培技术中介绍,按 130～140 cm 包沟起畦,畦宽 105～110 cm,畦面高 35～40 cm,沟宽 25～30 cm。先撒施或条施有机肥和化肥作为基肥,然后用微耕机犁翻,覆土起垄做畦,畦面呈龟背形。

唐洲萍等(2015)在广西冬种马铃薯黑地膜覆盖栽培技术中介绍,旋耕后用整畦机按畦带沟宽 110～120 cm,垄畦高 20～25 cm,宽 70～80 cm,沟宽 40 cm,畦中间开一条宽 35 cm、深 15 cm 的施肥施药沟,在施肥沟两边做双行种植,形成畦面上小行距 35 cm,株距 25 cm 的宽窄行。覃庆芳等(2017)在桂南地区冬作马铃薯高产栽培技术探讨中介绍,地块在耕松后要起垄,垄高 30 cm 为宜,宽度控制为 55 cm,垄沟宽为 45 cm。韦本辉等(2011)介绍了一种稻田粉垄冬种马铃薯栽培技术。专业粉垄机将土壤垂直旋磨粉碎并自然悬浮成垄,双行垄宽 1.4 m,耕层深度为 20 cm、松土厚度达 30 cm,分别比传统整地增加 5 cm 和 10 cm。粉垄栽培的马铃薯株高增加 33.03％,根系数量和长度分别增加 37.56％、52.04％,产量增加 25.05％。

二、选用良种

(一)选用适宜熟期类型的品种

低纬度东南丘陵区马铃薯种植以冬播为主,在品种选择上,宜选用早中熟高产、抗性强的品种。其中早熟品种有费乌瑞它、中薯 5 号、中薯 3 号、东农 303、早大白、华薯 1 号、红美等;中熟品种有兴佳 2 号、闽薯 1 号、大西洋、紫花白、克新系列、荷兰薯系列等;也有部分晚熟品种能够满足生产需要,如丽薯 6 号、鄂薯 10 号等(郑书文,2018),具体各省情况如下。

湖南地区马铃薯以冬播为主,而冬播马铃薯宜选择早熟、中早熟品种种植,目前主要推广品种有中薯 5 号(王中美等,2014)、兴佳 2 号(李树举等,2019)、费乌瑞它(刘明月等,2011)、中薯 3 号、华薯 1 号等。

江西冬播马铃薯主要推广品种有荷兰 7 号、中薯 3 号(胡亮等,2012);秋延后马铃薯优质品种有中薯 2 号、郑薯 5 号、克新 1 号和费乌瑞它等(敖礼林等,2016);鄱阳湖植棉区马铃薯棉花连作模式宜选用马铃薯品种有荷兰 15、中薯 3 号、兴佳 2 号等(曾小林等,2018)。加工型马铃薯品种主要是大西洋(潘熙鉴等,2018)。

在浙江地区,春马铃薯主要品种有东农 303(杨巍,2019;王立明,2019)、兴佳 2 号(邵国民等,2019;王立明,2019);秋马铃薯宜选用本地品种小黄种。此外,吴早贵等(2018)认为兴佳 2 号、中薯 3 号、中薯 5 号、荷兰十五、东农 303 等品种适合用于薯稻轮作全程机械化栽培。

安徽省目前种植的脱毒马铃薯品种主要有:中薯 5 号、克新 6 号、荷兰 15 号、郑薯 6 号等(李礼,2019)。廖华俊等(2017)介绍,安徽省稻田马铃薯以早熟菜用品种为主,品种逐步更新为费乌瑞它、中薯 3 号、中薯 5 号,还有部分特色品种如黑金刚、红美。

福建冬种马铃薯的品种一般要求商品性好,但对晚疫病抗性要求不高,熟期多以中熟或早熟为主。费乌瑞它、兴佳2号是南安市(王志明,2018)、厦门(陈春松,2016)和福安市(张祖金,2015)主要推广种植品种。山区马铃薯推荐选择对晚疫病抗性能力较强、早熟高产品种,如中薯3号、克新3号、紫花851(陈秀平,2017),兴佳2号、中薯3号、闽署1号(郑书文,2018)。

广东主栽品种是费乌瑞它系列品种(粤引85-83、鲁引1号、津引8号、荷兰7号、荷兰15号)、中薯3号、金冠、东农303和大西洋等。中薯18号作为优质品种在广东地区存在较大推广潜力(张新明等,2019)。

广西主栽品种主要有早熟品种:费乌瑞它、东农303、早大白、克新4号、中薯3号、中薯5号等;中熟品种:克新1号、克新13号、克新18号、延薯4号、丽薯6号、滇薯6号、大西洋等;晚熟品种:合作88、青薯168、冀张薯8号等(刘文奇等,2013)。在上述品种中,菜用品种费乌瑞它、中薯3号、中薯5号、克新13号、克新18号;加工型品种大西洋、克新系列表现较为突出(唐洲萍等,2015)。

(二)选用脱毒种薯

具体见第三章。

(三)品种来源

品种来源为自育和外引。南方冬季播种马铃薯用的种薯通常从北方调入,地方自育品种很少,一般从黑龙江、内蒙古、河北、甘肃或者恩施、云南引进。秋季种植马铃薯种薯一般为上半年收获的小薯。生长上常用的国内自育品种有:中薯5号、兴佳2号、东农303、中薯3号、鄂薯10号、红美、早大白、丽薯6号、合作88、克新系列等。国外引进品种有费乌瑞它(荷兰薯系列)、大西洋、夏波蒂。

(四)良种简介

1. 兴佳2号 由黑龙江省大兴安岭地区农业林业科学研究院以Gloria为母本,21-36-27-31为父本,通过有性杂交的方法选育而成。2015年通过黑龙江省及广西壮族自治区农作物品种审定委员会审定。

属中早熟马铃薯品种,生育期75~83 d。该品种株型直立,分枝较少,株高50~60 cm。茎绿色,茎横断面三棱形。叶深绿色,湖南种植一般不开花不结实。块茎椭圆形,淡黄皮淡黄肉,芽眼浅,结薯集中,单株结薯4~5个,商品薯率90%以上,产量达30000~37500 kg/hm²左右。块茎干物质含量18.6%,淀粉含量12.6%,蛋白含量2.42 g/100 g,还原糖含量0.57 g/100 g,维生素C含量25.6 mg/100 g。田间鉴定中抗晚疫病、PVX、PVY和PLRV花叶和卷叶病毒病,中感疮痂病。适宜在江南丘陵和浙闽丘陵种植。

2. 中薯3号 中薯3号系中国农业科学院蔬菜花卉研究所以"京丰1号"作母本,"BF67A"作父本经有性杂交育成的中熟鲜食马铃薯,2007年通过湖南省农作物品种审定委员会审定,审定编号为2007003。

在东南丘陵低纬度地区春播种植从出苗至收获约60 d左右。株型直立,分枝较少,株高60 cm左右,茎粗壮、绿色,复叶大,侧小叶4对,叶缘波状,叶色浅绿,生长势较强。花白色而繁茂,花药橙色,雌蕊柱头3裂,易天然结实。在东南丘陵低纬度地区因气候原因开花结实现象不明显。匍匐茎短,结薯集中,单株结薯数3~5个,块茎大小中等、整齐,大中薯率可达

90％以上。块茎椭圆形,顶部圆形,皮、肉浅黄色,表面光滑,芽眼少而浅。春种产量为 22500 ～37500 kg/hm²,秋栽产量为 15000～22500 kg/hm²。鲜食品质佳,干物含量 17.6％,淀粉含量 11.5％,维生素 C 含量 18.8 mg/100 g 鲜薯,还原糖含量 0.35％。该品种田间表现抗重花叶病,较抗轻花叶病毒和卷叶病,不感疮痂病,退化慢,不抗晚疫病。

3. 中薯 5 号　中薯 5 号是中国农业科学院蔬菜花卉所从中薯 3 号天然结实后代中选择优良单株经无性繁育而成的早熟马铃薯品种,分别于 2012 年和 2016 年通过湖北省与湖南省农作物品种审定委员会审定,审定编号分别为鄂审薯 2012002 和湘审薯 2016003。

生育期 60 d 左右。株型直立,株高 50 cm 左右,茎粗壮,绿色,分支较少,叶深绿色,复叶大小中等,叶缘平展,花冠白色,但在本地区不开花结实。块茎扁圆形,薯皮薯肉淡黄色,表皮光滑,芽眼浅,结薯集中,单株结薯 5～6 个。炒食品质优,炸片色泽浅,鲜薯块茎干物质含量 16.7％、淀粉含量 10.9％、粗蛋白质含量 1.8％、还原糖含量 0.46％、维生素 C 含量 29.1 mg/100 g。植株较抗晚疫病、花叶和卷叶病毒病,生长后期轻感卷叶病毒病,不抗疮痂病。产量在 30000 kg/hm² 左右。该品种耐肥水,不耐旱,在我区适合与棉花、玉米等作物间、套作。

4. 中薯 18 号　由中国农业科学院蔬菜花卉研究所以 C91.628 为母本、C93.154 为父本杂交选育而成。2011 年和 2014 年分别通过内蒙古自治区和农业部品种审定,审定编号分别是蒙审薯 2011004 号和国审薯 2014001。

中晚熟鲜食品种,从出苗到收获 99 d。株型直立,生长势强,茎绿色带褐色,叶深绿色,花冠紫色,天然结实少,匍匐茎短,薯块长圆形,淡黄皮淡黄肉,芽眼浅。株高 68.5 cm,单株主茎数 2.3 个,单株结薯 6.1 个,单薯重 120.5 g,商品薯率 72.8％。接种鉴定,抗轻花叶病毒病、重花叶病毒病,感晚疫病;田间鉴定对晚疫病抗性高于对照品种紫花白。块茎品质:淀粉含量 15.5％,干物质含量 23.7％,还原糖含量 0.43％,粗蛋白含量 2.34％,维生素 C 含量 17.3 mg/100 g 鲜薯。产量 30000～33000 kg/hm²。田间注意防控晚疫病,适宜在华北一季作区和广西种植。

5. 华薯 1 号　由华中农业大学从加拿大引进的马铃薯地方品种"Pink Fir Apple"的自然变异株中,经系统选育而成的马铃薯品种,2014 年通过湖北省农作物品种审定委员会审定,审定编号是鄂审薯 2014002。

属早熟马铃薯品种,生育期 60 d。株型直立,生长势强,分枝较少,茎绿色,叶片深绿色,复叶中等大小,花冠浅紫色,开花繁茂性中等,匍匐茎短。薯型短椭圆形,红皮黄肉,表皮光滑,芽眼浅,顶芽中深。株高 48.1 cm,单株主茎数 3.6 个,单株结薯数 8.2 个,平均单薯重 71.3 g,商品薯率 80.8％。田间早疫病、晚疫病、花叶病毒病中等发生,轻感卷叶病毒病。干物质含量 23.43％,淀粉含量 16.89％,还原糖含量 0.24％。产量在 30000 kg/hm² 左右,适于湖南湖北丘陵、平原地区种植。

6. 红美　由内蒙古农牧业科学院马铃薯研究中心和内蒙古铃田生物技术有限公司共同杂交选育而成。以 NS-3 做母本,LT301 做父本,通过有性杂交后代的系统选育而成,2014 年通过内蒙古自治区品种审定,审定编号是蒙审薯 2014001。

属中早熟马铃薯品种,生育期 80 d 左右,植株株型半直立,分枝较少,株高 55 cm 左右。茎略带紫色,节结呈红紫色标记。叶浅绿色,叶柄深紫色,小叶基部微紫色,叶形为长椭圆形、顶端尖、本地一般不开花不结实。块茎长椭圆形,红皮红肉,薯皮光滑,芽眼浅,结薯集中,平均单株结薯 6 个,薯块整齐度高,商品薯率 90％以上,产量在 27000 kg/hm² 左右。块茎干物质 21.9％、淀粉含量 13.8％、还原糖含量 0.26％、粗蛋白 2.56％、维生素 C 含量 23.2 mg/100 g、花青素含量 35.9 mg/100 g。田间鉴定感病毒病,高感晚疫病。适宜在≥10 ℃积温 1900 ℃·d 的地区种植。

7. 费乌瑞它 费乌瑞它(Favorita),荷兰 ZPC 公司用 ZPC50-35 作母本,ZPC55-37 作父本杂交育成,1980 年由国家农业部种子局从荷兰引入中国。通过青海、广西等地审定。审定编号:青审薯 2007001、桂审薯 2004002 号等。

该品种为鲜薯食用和出口型品种,早熟,生育期从出苗到成熟 60 d 左右。株型直立,分枝少,株高 65 cm 左右,茎紫褐色,生长势强。叶绿色,复叶大、下垂,叶缘有轻微波状。花冠蓝紫色、大,花药橙黄色,花粉量较多,天然结实性较强,浆果大、深绿色,有种子。块茎长椭圆形,皮淡黄色肉鲜黄色,表皮光滑,块茎大而整齐,芽眼少而浅,结薯集中。块茎休眠期短,贮藏期间易烂薯。蒸食品质较优。该品种耐水肥,适于水浇地高水肥栽培。一般产量在 22500 kg/hm²,高产可达 45000 kg/hm² 以上。鲜薯干物质含量 17.7%,淀粉含量 12.4%～14%,还原糖含量 0.3%,粗蛋白质含量 1.55%,维生素 C 含量 13.6 mg/100 g 鲜薯。易感晚疫病,感环腐病和青枯病,抗卷叶病毒病,植株对 A 病毒和癌肿病免疫。适宜在低纬度东南丘陵种植。

8. 东农 303 由东北农业大学选育,以白头翁作母本,卡它丁作父本杂交而成,1981 年经黑龙江省农作物品种审定委员会审定,编号为黑审薯 1981001。

生育期 60 d 左右。株型直立,分枝数中等,茎秆粗壮,株高 45 cm 左右,生长势强,叶绿色,复叶大,花白色,雌蕊淡黄绿色,柱头无裂,不能天然结实。块茎扁圆形,黄皮黄肉,表皮光滑,结薯集中,薯块中等大而整齐,芽眼多而浅,薯块休眠期短,耐贮藏。品质优良,适于食品加工,干物质 20.5%,淀粉 13.1%～14%,还原糖 0.3%,维生素 C 含量 14.2 mg/100 g 鲜薯,粗蛋白 2.52%。植株抗病性强,抗坏腐病、高抗花叶病,耐涝性强,轻感卷叶病毒病,中感晚疫病,一般产量 30000 kg/hm² 左右。适宜冬作。

9. 克新 4 号 由黑龙江省农业科学院克山分院选育,以白头翁作母本,卡它丁作父本经有性杂交育成,2012 年通过湖北省农作物品种审定委员会审定,编号为鄂审薯 2012003。

早熟菜用型品种,生育期约 63 d。株型直立,长势中等,茎绿色,叶浅绿色,复叶中等大小,花白色,无蕾,匍匐茎较短。块茎圆形,黄皮淡黄肉,表皮有细网纹,芽眼中浅。结薯整齐而集中。休眠期短,耐贮藏。田间感晚疫病、环腐病和花叶病毒病,耐束顶病。产量为 22500 kg/hm² 左右,干物质含量 19.7%～21.4%,淀粉含量 12%～13.9%,还原糖含量 0.4%,粗蛋白含量 2.23%,维生素 C 含量 14.8 mg/100 g 鲜薯。适于丘陵地区种植。

10. 大西洋 1978 年由国家农业部和中国农业科学院引入中国。用 B5141-6(Lenape)作母本,旺西(Wauseon)作父本杂交选育而成,2004 年通过广西农作物品种审定委员会审定,编号为桂审薯 2004001 号。

属中晚熟品种,生育期从出苗到植株成熟 90 d 左右。株形直立,株高 50 cm 左右,茎秆粗壮,分枝数中等,生长势较强。茎基部紫褐色。叶亮绿色,复叶大,叶缘平展,花冠淡紫色,雄蕊黄色,可天然结实。块茎卵圆形或圆形,顶部平,芽眼浅,表皮有轻微网纹,淡黄皮白肉,薯块大小中等而整齐,结薯集中。块茎休眠期中等,耐贮藏。蒸食品质好。干物质 23%,淀粉含量 15%～17.9%,还原糖含量 0.03%～0.15%,是主要的炸片品种。田间对普通花叶病毒(PVX)免疫,较抗卷叶病毒病和网壮坏死病毒,不抗晚疫病,一般产量 22500 kg/hm²。适宜在两广丘陵、福建、江西、安徽种植。

11. 早大白 由辽宁省本溪市农业科学研究所选育,五里白作母本,74-128 作父本进行有性杂交,在子代实生系中选择优良单株经无性繁殖而成的极早熟菜用型品种,1992 年经辽宁省农作物品种审定委员会审定命名,编号辽审薯[1992]7号。

早熟,生育期60 d。株型直立,分枝少,株高48 cm左右,茎绿色,繁茂性中等。叶绿色,茸毛少,复叶中等大小,侧小叶4对;花冠白色,能自然结实,果实绿色,有种子。薯块扁圆,大而整齐,大薯率达90%,白皮白肉,表皮光滑,结薯集中、整齐,薯块膨大快,芽眼较浅,休眠期中等,耐贮性一般。块茎干物质含量21.9%,淀粉含量11%～13%,还原糖含量1.2%,粗蛋白2.13%,维生素C含量12.9 mg/100 g,蒸食品味中等。一般产量为24900～30000 kg/hm² 左右。适宜丘陵地区、二季作区种植。

12. 闽薯1号　由福建省龙岩市农业科学研究所和福建省农业科学院作物研究所共同研究选育,以费乌瑞它作母本,大西洋为父本杂交而成。

属中早熟品种,生育期85 d左右。叶片绿色,茎绿色,有落蕾,薯型长圆形,薯皮黄色光滑,薯肉淡黄色,芽眼浅。株高38.93 cm,单株块茎数6.0个,单株薯重0.571 kg,大中薯率86.10%,干物质含量17.83%,无裂薯、空心、二次生长,食用品质较好。一般产量在27000～30000 kg/hm²,适合在福建种植。

三、播前准备

(一)选用脱毒种薯

选用3代以内的脱毒种薯,种薯选择应符合GB18133和NY/T1066规定,要求无病虫、无冻害、表皮光滑、新鲜、大小适中。低纬度东南丘陵区冬季和春季马铃薯种植所用的种薯一般为外购,如费乌瑞它、中薯5号、兴佳2号等,少部分自育品种,如湖南的湘马铃薯1号,福建的闽薯1号。秋播马铃薯所用种薯一般为当年春季生产,整薯催芽播种,宜选择质量30～100 g、表面无破损、无病虫害的小薯作种薯。

(二)种薯处理

种薯运回后,立即分散到各种植户贮藏保管,将种薯放在阴凉、干燥、通风的室内保存。空间大,可均匀摊开(厚度约2～3层薯即可),剔除烂薯;空间小,可以"井"字形码垛,错层码垛堆高,一般高度以5～6层为宜,垛与垛之间要留20～30 cm空隙,以利于通风。贮藏保管过程中,及时清理腐烂薯。

1. 切块　切薯块播种的主要目的是为了节约种薯,打破休眠。马铃薯芽眼的萌发具有明显的顶端生长优势,顶端芽眼较密集,首先发芽,如顶端幼芽遭受损伤或被切除,则其他芽眼即迅速萌发。生产上为了促使提早发芽和发芽一致,提倡将薯块纵切,平分顶芽,如薯块大,1个马铃薯需要多次分割时,也应尽量利用靠近顶端的芽。

一般对50 g以上种薯进行切块。切块方法如下:51～100 g薯块,纵向一切两瓣;100～150 g薯块,一切三开纵斜切法,即把薯块纵切三瓣;150 g以上,根据芽眼多少依芽眼螺旋排列纵斜方向向顶斜切成立体三角形的若干小块(倪玮,2018)。每个切块应含有1～2个芽眼,尽量使其连有顶端部位,平均切块重30～50 g。切块应在靠芽眼的地方下刀,以利发根。王启斌(2018)介绍了一种新的切块方法,切块时要先切尾底部(脐部),消去皮0.5 cm,易发现病薯,易打破休眠。充分利用顶端优势,采用螺旋式斜切法,使每块切块都能带有顶部芽眼。

切块时间安排较灵活,如不催芽,提前1～3 d切块即可,如切块后还要催芽,可以提前15 d(胡亮等,2012)进行切块与催芽。

准备两把切刀交替使用,切到病薯后,切刀用 75% 的酒精或 0.5% 的高锰酸钾溶液消毒,防止病菌在种薯间传播。

2. 催芽　马铃薯收获后须渡过休眠期芽眼才能萌发。休眠期的长短因品种不同而异,对于播种时未发芽的品种,为了茬口的顺利衔接,缩短土地占用时间,提早出壮苗,使出苗整齐,马铃薯可进行催芽处理。低纬度东南丘陵区秋马铃薯种植一般需要催芽,冬播马铃薯是否催芽,各地存在差异,广东、广西、福建、浙江一般有催芽。对于播种时已过休眠期的种薯,为了减少用工,可以不催芽,如湖南冬播马铃薯种植时为了防止出苗过早,遇到倒春寒,一般没有催芽。对于需要催芽的种薯,可以切块拌种后催芽,也可以整薯催芽后切块。

对于还处在休眠期的种薯,在催芽前需要打破休眠,如秋季播种的马铃薯。打破种薯休眠期一般用赤霉素处理,不同大小的种薯和不同贮藏期的种薯所使用的赤霉素浓度不同。一般重量小于 50 g 且收获贮藏不久的种薯,可用 10~20 mg/L 浓度的赤霉素浸泡 20~30 min;种薯较大和贮藏期较长且未度过休眠的种薯,可用 5~10 mg/L 浓度的赤霉素浸泡 15 min。赤霉素浓度越高,浸泡时间越短。种薯彻底风干后进行催芽(马江黎等,2016)。赤霉素浸薯块要严格控制浓度,浓度太低,作用小,催芽后出芽不整齐;浓度太高,会抑制发芽或致苗纤弱、大田期的枝蔓徒长等。配制赤霉素溶液时,先用少量酒精或高度白酒溶解赤霉素,然后兑水(1 g 赤霉素兑水 100 kg,这个浓度即为 10 mg/L)(敖礼林等,2016)。吴仁明等(2011)指出,播种前 10~15 d 种薯还未通过休眠的一般需进行切块、浸种和催芽处理。赤霉素浸种,分整薯浸种和切块浸种 2 种。冬(春)季采用湖南省秋季自繁种薯一般应进行催芽处理,整薯用 10 mg/kg 的赤霉素浸种 10~15 min;切块用 5 mg/kg 的赤霉素浸种 5~10 min。秋季整薯用 5 mg/kg 的赤霉素浸种 10~15 min;切块用 2 mg/kg 的赤霉素浸种 5~10 min。浸种前用清水将切口处淀粉清洗干净,浸后捞出薯块放在阴凉处晾 4~8 h,防止阳光曝晒造成烂种。整薯浸种浓度宜大,切块浸种浓度宜小;中晚熟品种浸种浓度宜大,早熟品种浸种浓度宜小;春季浸种浓度宜大,秋季浸种浓度宜小。赤霉素溶液可重复浸种 4~5 次,切忌浓度过大,造成徒长苗。

对于已经渡过休眠期或已经打破休眠的种薯置于避光、温度为 15~25 ℃、相对湿度为 70% 的环境中催芽,以获得整齐、健壮的马铃薯苗。生长上常采用湿沙层积法,也有利用稻草、薄膜、草帘、湿麻袋等其他遮盖物覆盖的简单方法。薯芽长度在 1 cm 左右时,可在光下炼苗,使芽转绿变粗后再播种,或摊晾后直接播种。催芽所需提前的时间因种薯情况和催芽方法存在一定差别,一般提前 10~20 d 催芽。各催芽方法如下:

沙藏法催芽(陈家旺等,2006),在干净地上先铺上干净的河沙,而后密集平铺一层经药剂处理过的马铃薯切块,再在其上铺盖河沙,一层马铃薯切块,一层湿河沙(注意河沙不要太干或太湿,捏能成团,摊开松撒即可)。一般秋植、早冬植催芽,由于温度高、厚度不能太厚,放 4~5 层切块薯即可,春植催芽可铺 7~8 层切块薯。铺好薯块和河沙后,在其上面用湿的麻包袋围盖好,每天检查湿度和温度情况,经 7~10 d,当薯块芽眼长出黄豆大的芽时即可栽植。由于基部切块较难出芽,催芽时应顶部块和基部块分开催芽。

播种前 20 d,将种薯从贮藏处移至 20 ℃ 左右有散射光的室内催芽,芽长到 0.5 cm 时切块。切块后盖草帘或湿麻袋保温,隔几日翻动 1 次,当芽长 1~2 cm 时,揭去草帘或湿麻袋,见光 2~3 d,芽变绿后即可播种(赵明明等,2017)。

秋马铃薯种植一般播种前 10~15 d 催芽,赤霉素浸种风干后,将种薯平摊在室内通风处,用黑色遮盖物覆盖避光催芽,每袋种薯不超过 40 kg,每天检查袋内种薯情况,防止烂。芽长 1~2 cm 时进行炼苗,撤除覆盖物,加大通风量,准备播种(马江黎等,2016)。

3. 种薯消毒 为有效预防黑胫病、环腐病及其他病害的发生,减少种薯间病害传播或田间腐烂,提高出苗率,对种薯进行消毒处理。切块一般采用药剂拌种、药剂喷雾方式消毒杀菌,整薯一般采用药剂浸种方式消毒。倪玮(2018)采用3‰克露+2‰甲托+95%滑石粉处理种薯,每1 kg混合药剂处理100 kg种薯。王启斌(2018)用施乐时80 mL+农用链霉素20 g+高巧20 mL,兑水1000 mL,喷100 kg种块,晾干后催芽或播种。陈丽娟(2018)用0.1%~0.2%高锰酸钾溶液浸种15 min,整薯消毒。郑书文(2018)将切好的种薯放进0.5%的福尔马林溶液中,浸泡25 min左右。为了有效防止种薯所携带的环腐、青枯、晚疫等病菌,还建议捞出后用薄膜盖闷种6~8 h。陈家旺等(2006)介绍了4种消毒方法,将切好的薯块,切口向上,平铺于地面,用1000~1500倍瑞毒霉或托布津或百菌清喷雾,使薯块及伤(切)口均匀地接受喷雾产生一层药膜,隔1~2 d后即可催芽。或用6 g瑞毒霉与1 kg干泥粉混合后拌种100 kg,使薯块及伤口均匀拌有药粉,然后进行催芽。或用1份多菌灵+1份百菌清+50份石膏粉的混合粉均匀拌切块后催芽。为有效预防黑胫病、环腐病及其他病害的发生,建议在切块前将马铃薯置于3000倍农用链霉素+1000倍瑞毒霉药液中浸种15 min,实行整薯消毒,取出晾干后再进行切块催芽。

四、播种

(一)适期播种

低纬度东南丘陵马铃薯生产适应当地种植制度,以冬播为主。低纬度多熟区马铃薯可分为冬播、春播、秋播,以冬播面积最大。福建、广东、广西冬种马铃薯生产的时间范围为10月下旬至次年1月上旬播种,以11月播种最普遍。福建冬种马铃薯一般11月中旬至翌年1月下旬播种,主要分布在闽东、闽南沿海的平原地带;广东冬播在11月至12月上旬,主要在无霜区域轻微霜冻地区种植;广西冬种优势产业带主要是桂南双季稻地区,10月下旬至11月中、下播种。湖南、江西、浙江冬播时期在12月中下旬至1月中下旬,主要分布在平原丘陵区以及海拔较低的山区。冬播马铃薯主要与水稻轮作,选择早熟、中早熟品种,如费乌瑞它、中薯3号、中薯5号、兴佳2号、东农303、大西洋等。

低纬度东南丘陵区春播马铃薯一般在1—3月下旬播种,福建春种马铃薯一般2月中旬至3月下旬播种,主要分布在闽东、闽北山区。海拔在300~500 m的半山区播种期安排在2月上旬(宋景雪,2008),500 m以上山区的播种期为2月中下旬(马雄华,2016)。广东省春播马铃薯主要在北部或一些海拔较高的山区种植,种植期于12月下旬至翌年的1月份,纬度低、海拔高度在100 m以下地区,可安排在12月下旬,纬度高、海拔高度在200~300 m的地区,应安排在1月上旬。纬度高、海拔在400 m以上地区,为避免苗期霜冻,种植期应安排在1月下旬。广西春种优势产业带主要是桂北及部分桂中地区,包括桂林、柳州、贺州等北回归线以北地区,实行避霜栽培,12月下旬至次年1月下旬播种。还有浙中南山区、湘北西山区均有春马铃薯种植,安徽省稻作区春马铃薯1月中下旬播种,江苏省春马铃薯一般在2月播种。

低纬度多熟区马铃薯,秋播时间一般在8月下旬至9月中旬。福建秋种马铃薯主要分布在海拔500 m左右的高山地带;广东省的北部或一些海拔较高的山区种植,而广西秋种优势产业带主要是柳州、桂林、百色、河池等地的中稻地区。高海拔早播种,低海拔迟一点播种;如果气温很高,可推迟几天,不可过早播种,否则易出现烂薯缺苗和较严重的病虫害,产量难以提高;过迟播种,马铃薯生育期缩短,后期易遭霜冻的影响,从而影响产量和品质。秋种薯繁育体系尚不健全,种薯多为春收自留种或从海拔较高地区调入,品种比较单一,多为早熟鲜食品种(李璐等,2018)。

(二)合理密植

马铃薯种植密度与栽培方式、土壤条件、品种特征特性以及产品需求有关。一定范围内,马铃薯产量随马铃薯种植密度的提高而增产,但马铃薯种植密度降低,有利于形成大薯,平均单个薯重增加,提高商品性。一般长势强的品种,种植密度不宜过大;晚熟品种密度低于中熟、早熟品种,秋马铃薯可以适当密植。

王铁忠等(2006)提出稻田免耕稻草覆盖马铃薯最低密度不宜少于 60000 穴/hm²,高肥下可适当降低播种密度,低肥下应适当增加播种密度,在不同密度处理下马铃薯产量随马铃薯种植密度的提高而增产,马铃薯种植密度降低有利于形成大薯,平均单个薯重增加,提高商品性。陈小苑等(2011)提出冬种马铃薯种植密度应掌握在 4500～5000 棵/亩为宜,适宜种植规格为40 cm×(26～28)cm。王俊良等(2014)以中薯 3 号为试验材料,种植密度设株行距 20 cm×50 cm、25 cm×50 cm、30 cm×50 cm,结果表明株行距 20 cm×50 cm 时马铃薯产量最高、商品薯个数最多、商品薯最重、商品薯率最高。株行距 30 cm×50 cm 时,单株产量最高,单株产量随着密度的加大降低。刘明月等(2011)研究表明种植密度明显影响马铃薯植株长势与植株发病率,种植密度增加,植株高度随之增高,茎粗随之减小;行株距小于 50 cm×20 cm 时,马铃薯发病率显著提高。与南方冬闲田马铃薯生长季节雨水多、高密度种植下土壤湿度和空气湿度大密切相关。最大产量的适宜种植密度与最大商品薯率的适宜种植密度并不一致,因此,只根据商品薯率来确定最适种植密度是不合适的。特定大小薯块的最大产量不一定能获得最高产量和最大收益。各地马铃薯种植的最适栽培密度不能一概而论,必须根据当地市场对马铃薯大小的需求来确定合适的商品薯大小,再据此确定马铃薯的种植密度。

低纬度东南丘陵区冬播、春播马铃薯播种密度大部分在 4000～5000 株/亩以内,推荐4500～5000 株/亩;秋马铃薯的密度较高,推荐在 4500～5500 株/亩。山区种植密度偏低,晚熟品种,密度较低,一般为 3000～3500 株/亩。

(三)播种方式

1. 垄作直播　低纬度东南丘陵区马铃薯种植以单垄双行种植为主,垄面宽(包沟)100～120 cm,垄高 20～35 cm,垄上薯块小行距 25～40 cm,株距 20～35 cm。在稻田免耕栽培技术中常采用宽畦多行播种,畦宽 1.5～2 m,每畦种 3～5 行。其次还有单垄单行种植,垄面宽70 cm(包沟),垄高 25 cm(潘熙鉴等,2018)。各地垄作规格和模式如下:

湖南省主推深沟高垄覆膜双行种植,在宽 75～80 cm 的垄面开两条播种沟,播种沟深10 cm 左右,薯块直接摆放在播种沟内,芽眼朝下,薯块小行距 25～40 cm,株距 22～25 cm。采用机械或人工清沟、覆土,盖住种薯,覆土 10～12 cm 左右,清沟覆土后垄高 35 cm 左右。主推马铃薯轻简化栽培,旋耕后,先按 100～110 cm,小型机械开播种沟,沟宽 25～30 cm,沟深10 cm,沿沟边摆两行种薯,株距 20～25 cm,再在两条播种沟中间,用小型机械开沟覆土 1～2 次,垄面 70～80 cm,垄沟 30 cm 左右。

江西省秋马铃薯露地高产种植,按厢宽 100～110 cm 分厢起垄,垄面宽 80 cm 左右,厢沟宽 20～30 cm,沟深 15～20 cm。播种沟或穴挖深些,种薯在沟或穴内,随开沟、随播种、随覆土,覆土厚度约 10 cm 左右,垄面整成龟背形,并挖好排水沟,每厢种两行,行距 40 cm 左右、株距 20～24 cm(陈健萍等,2018)。鄱阳湖区马铃薯与棉花连作时,畦宽 2.28 m,每畦摆 3 行,行距 0.6 m 左右,株距 0.25 m;或畦宽 1.2 m,每畦摆 2 行,行距 0.5 m 左右,株距 0.3 m(曾小林等,2018)。

浙北地区薯稻轮作,采用马铃薯专用播种机,大垄双行覆膜种植,垄距 100～110 cm,行间距 20～25 cm,株距 27～30 cm(吴旱贵等,2018)。浙江三门推广春马铃薯玉米秋马铃薯栽培技术中,春马铃薯在翻耕作畦后播种,畦宽 170 cm,每畦播 4～5 行,4500 穴/亩左右。秋马铃薯机耕,畦面宽 120 cm 左右,1 畦种 2 行,5000 棵/亩左右,沟宽 20～30 cm,深 15～20 cm(杨巍,2019)。

福建山区冬春马铃薯一般采用单畦双行种植,畦带沟宽 1.2 m,行距 60 cm,株距 35 cm,每亩种植 3000 穴左右(陈秀平,2017);稻茬马铃薯冬季栽培按畦带沟宽 110～120 cm(其中畦宽 80～90 cm、沟宽 30 cm)、高 30～40 cm 规格起垄,畦面中凹,在畦面两侧挖穴播种,播深 5～8 cm,行距 30 cm,株距 20～25 cm(杨国荣,2017)。陈丽娟(2018)介绍,在渗水能力较差的水稻田里种植冬马铃薯,要深沟起高畦,畦宽 90～100 cm、畦高 30 cm,两畦间的沟宽 25 cm,每畦种两行,株距 25～30 cm,行距 60 cm。马铃薯稻草覆盖栽培技术播种前做好开沟成畦工作,一般按照畦面宽 1.6 m、沟宽 30 cm、沟深 25 cm 的规格做畦,每畦种 4 行,行距 40 cm,株距 30 cm,畦边各留 20 cm 不播种(林媛,2018)。

广东省冬季马铃薯采用单垄双行种植,垄底宽(包沟)100 cm,垄面宽 60～70 cm,垄高 25 cm,以 5000～5500 株/亩为宜,垄内行距 18 cm,株距 20 cm,芽眼朝下,深度在 5～6 cm(邱平有等,2019)。中薯 18 号冬作优质高产高效栽培关键技术要求按 110 cm 包沟起畦,其中畦面宽 85～90 cm,畦面高 20～25 cm,垄间沟宽 20～25 cm,播种密度一般为 5000～5500 株/亩为宜,垄内行距 30 cm 左右,株距 25～30 cm(张新明等,2018)。

广西冬种马铃薯主推黑地膜覆盖栽培技术,畦带沟宽 110～120 cm,垄畦高 20～25 cm,畦宽 70～80 cm,沟宽 40 cm,中间开一条宽 35 cm、深 15 cm 的施肥施药沟,在施肥沟两边做双行种植,形成畦面上小行距 35 cm,株距 25 cm 的宽窄行(唐洲萍等,2015)。广西玉林市秋冬种马铃薯高产栽培技术要求垄面宽 60～70 cm,垄底宽(包沟)100～110 cm,垄高 25 cm,在垄面以"品"字形两边摆种,双行植,垄内行距 18 cm,株距 20 cm,芽眼朝下,深度在 5～6 cm(黄翠流等,2018)。

2. 育苗移栽 张贵景(2004)曾介绍了秋马铃薯育苗移栽高产栽培技术,主要是容器育苗,适时移栽。

育苗移栽,出苗早,延长了生育期,可使马铃薯充分成熟,具有调节作物种植时间,节约用种,抵御不良环境危害,提高复种指数等优势。严泽湘(1997)介绍,采用育苗移栽不仅可节约用种 40%左右,而且可增产 30%以上,育苗移栽可保证全苗壮苗,并有顶芽增产的优势,中大薯块明显增多,基本无小薯。但育苗移栽所需人工较多,生产上应用较少,低纬度东南丘陵马铃薯种植以冬季播种为主,多采用薯块直播方式,育苗移栽在福建秋马铃薯种植、湖北春马铃薯种植中有应用。

(1)秋马铃薯育苗移栽 张贵景(2004)介绍了在福建德化县应用概况。海拔 500～800 m 选择 9 月上旬育苗,海拔 500 m 以下在 9 月中下旬育苗,过早育苗受高温的影响,过迟育苗遭霜冻的影响,应根据地区的气候特点,掌握好播种最佳时机,在中稻收割后及时移栽到大田中。为便于马铃薯苗期管理,在大田种植地就近育苗;东西朝向搭架,棚架上盖遮阳网或稻草遮阳;棚内做畦,畦宽 120 cm,畦高 30 cm,畦面整平;配制营养土,将 40%肥沃疏松的水稻田土,

30%优质腐熟畜粪,20%火烧土(或草木灰),10%红土,每50 kg营养土加复合肥1 kg或过钙1 kg+尿素0.5 kg,充分混合均匀配制成营养土,然后再装袋(或规格高10 cm×宽12 cm的容器),约需用营养土1100 kg/亩;育苗时将塑料袋底部打通3个小孔,防止积水造成烂种,装入1/3的营养土,放入薯种,芽向上,再装入营养土离袋口1 cm左右,再将装好的苗袋放在大棚内的畦面上,整齐排列,排好后适当浇水,保持土地湿润有利于早生快发。整个苗期要保持土壤湿润,大晴天阳光强,温度高,要及时喷水,必要时要盖上稻草减少蒸发,或灌沟底水,遇上雨天,要及时排水,防止浸渍。齐苗后施人粪尿200~300 kg/亩,移栽前3 d,再施300~500 kg/亩人粪尿,苗期一般掌握在20~25 d,移栽前去掉遮阳网或稻草炼苗3~5 d。移栽时要选苗,保证齐苗,移栽时把塑料袋剥离,连土带苗移栽到穴中,用细土覆盖并要尽量减少苗的损伤,有利于马铃薯苗快速生长。双行或三行种植,密度3000~4000穴/亩。

(2)春马铃薯育苗移栽技术 严泽湘(1997)介绍了在湖北荆州的应用。选用50 g左右的薯块作种用。苗床选用土质肥沃疏松、向阳滤水的地块,精细耕整,施足底肥(亩施灰渣肥700~900 kg、磷肥50 kg、钾肥35 kg)、开厢作畦(畦宽1.5~1.7 m)。在大寒潮期间播种育苗。种薯入土前,将少数已萌发的芽子抹除。在畦上用锄头开沟进行播种,沟间距25~30 cm,以利移栽时起苗。种薯入土时,芽眼多的一端朝上,一个一个地排放,每个间距10 cm左右。种薯表面保持平整一致,以便出苗整齐。播种后上盖3 cm细土,然后低棚覆盖薄膜保温保湿以利出苗。值得重视的是:苗床含水量不要太重,以稍干燥为宜。如果土壤含水量大,出苗就较快,苗细而弱,不利壮苗。移栽时间为翌年春分前后,当芽子长到3 cm左右长,顶端显现绿色时,即可连种薯一道起苗移栽大田。大田需在冬季耕整、打窝、施肥、开厢,提前做好移栽准备。移栽时,每个种薯只留3根壮苗,多余的剔除,然后一窝一窝移栽随即浇灌1次定窝水(最好用清水粪加适量氮肥和钾肥混合施用),覆盖3 cm左右厚的细土,以利及时返青成活生长。其他管理要求同常规。

五、种植方式

(一)单作

单作是主要种植方式,农田结构单一,便于管理。

低纬度东南丘陵区马铃薯种植以单作为主,便于种植和管理,便于田间机械化作业。前后茬主要是水稻,一年两熟或三熟种植模式。一年两熟,马铃薯与一季中稻、晚稻轮作,主要分布在湖南、江西,利用冬闲田种植;一年三熟,马铃薯单作,主要分布在浙江和广西,如浙江"薯稻薯"模式,春马铃薯、水稻、秋马铃薯(蔡仁祥,2015)轮作,广西"稻薯稻"模式,冬马铃薯与双季稻轮作(陈耀福等,2007);一年三熟,马铃薯单作前后茬还有玉米、冬季叶菜、豆类等,如广西有春花生—秋甜糯玉米—冬马铃薯(黄春东等,2015),水稻—四季豆—冬马铃薯(黄恒掌等,2012)栽培模式;浙江有白菜—春马铃薯—单季晚稻(刘雪芬等,2018)、棒菜—马铃薯—露地西瓜/春玉米(马加瑜等,2013),春马铃薯—玉米—甘蓝(何爱珍,2013)栽培模式。此外,在广西贵港市还有菜心—甜瓜—芹菜—马铃薯一年四熟栽培模式(蒙全等,2015)。

马铃薯单作主要采用单垄双行种植,南北向起垄,垄宽包沟1.0~1.2 m,高0.25~0.35 m,垄内小行距25~40 cm,株距20~30 cm,以露地栽培、地膜覆盖、黑膜覆土(黑膜夹心)、稻草包芯(稻草混土)栽培技术为主。地膜覆盖栽培技术在湖南、江西、浙江、福建、广东、广西均有应用;稻草覆盖免耕栽培在2009年以前在福建、广西得到大力推广,现在逐渐被稻草包芯栽培、黑膜覆土(黑膜夹层)栽培替代;秋马铃薯种植一般露地栽培。宽畦多行种植一般在免耕栽培中应用较多,畦宽1.5~2 m,每畦播种3~5行。

低纬度东南丘陵区马铃薯主要在稻田种植,稻茬马铃薯种植模式在水稻收割时把稻桩截短至15 cm以下,以齐泥留桩为好,以便于旋耕播种,秸秆可留在田边,用于后期覆盖种薯。马铃薯稻草覆盖免耕栽培技术,省去旋耕整地环节,直接开沟作畦,开沟时挖出的泥土要均匀铺于畦面,将畦面整成龟背形,以利沥水、爽土、防渍。马铃薯深沟高垄覆膜栽培,在水稻收获后,要及时排水,深翻土壤,晒田,再旋耕,使土壤疏松、细碎、平整。

(二)间套作

1. 与粮食作物间套作　是一种普遍的种植方式。

林梓烨等(2015)于2013年的试验表明,间作玉米对马铃薯土壤微生物群落多样性调节作用明显,利于马铃薯稳产高产。

间套作是一种高效利用农业自然资源的集约种植模式,能提高复合群体总产量,增加土壤肥力,增加农田生态系统生物多样性。马铃薯和玉米是重要的粮饲作物,马铃薯与玉米间套作是常见的栽培模式,低纬度东南丘陵地区,马铃薯与玉米间套作,在浙江、湖南、广西有应用。广西,冬马铃薯与甜玉米间种(梁丽萍,2011),湖南春马铃薯与春玉米套种(向应煌,2015),浙江春马铃薯与鲜食春玉米、秋马铃薯与鲜食秋玉米套种(江志伟等,2006;张素娥等,2016)。

马铃薯与玉米间套作可改变马铃薯的光合特性,降低马铃薯块茎产量,为改善复合群体的光环境,充分发挥整个复合群体的产量优势,马铃薯与玉米间套作宜选择早熟、扩散株型的马铃薯品种,如米拉、费乌瑞它、中薯3号、中薯5号、鄂薯10号等。

合理的马铃薯、玉米间套配置可以最大限度地发挥立体种植优势。使玉米和马铃薯获得双丰收,提高总体生产能力。马铃薯与玉米间套作常见的行比套作模式有3∶2、2∶2、2∶1。陈志辉等(2014)介绍,马铃薯玉米宽窄行间套种模式,宜适当早播马铃薯、晚播玉米,如以马铃薯为主的间套种,可按2 m分厢,厢面1.6 m,沟宽0.4 m,在厢面两边距厢边0.1 m各种植一行玉米,玉米宽行之间栽马铃薯。如对以玉米为主的间套种,按1.4 m分厢,沟宽0.6 m,厢面0.8 m,厢面栽种2行玉米,玉米窄行之间距离为0.4 m,玉米距厢边0.2 m,玉米宽行之间(含沟)距离为1 m,厢边栽种一行马铃薯。

秋马铃薯与秋玉米间套作(张素娥等,2016),浙西南山区应用,秋玉米7—9月,秋马铃薯8月中下旬—11月中下旬。畦宽1.2 m、沟深0.25 m、沟宽0.3 m。在畦两边和中间各播1行秋玉米。中间留空带种植马铃薯。秋玉米畦中开穴播种秋马铃薯,行株距40 cm×35 cm。秋马铃薯650~750 kg/亩,纯收入800~900元/亩,秋玉米鲜穗1100~1200 kg/亩,收入可达1000~1100元/亩,秋马铃薯与秋玉米间套作,纯收入2000元/亩。

春马铃薯与春玉米套种(向应煌,2015),湖南湘西山区应用,马铃薯12月下旬至次年1月上旬播种,按160 cm宽划线开沟施肥播种,沟宽40 cm,深5~8 cm,在沟两边排种,株距20 cm,在两薯之间点施复合肥,覆土做垄压平,垄高15~20 cm,垄面宽50 cm,预留行宽110 cm,玉米4月上旬播种育苗,4月下旬至5月初选壮苗在预留行中间栽双行,行距40 cm,株距25 cm,5月中下旬马铃薯收获时,边收边给玉米培土保蔸。马铃薯平均产量22852.5 kg/hm²,纯收入18805.5元/hm²,玉米平均产量6784.5 kg/hm²,纯收入7725元/hm²。马铃薯、玉米合计纯收入26524.5元/hm²。

冬种马铃薯与甜玉米间种(梁丽萍,2011),广西应用马铃薯双行种植、甜玉米单行种植。

10月中下旬至11月上中旬播种,畦宽110 cm,畦面宽70 cm、沟宽40 cm,畦中间开肥沟,马铃薯品字形摆在肥沟两边,行距18 cm、株距22 cm。甜玉米每畦种1行,株距30 cm,在种好马铃薯的畦面边内约10 cm处,挖穴深3~4 cm,种双粒甜玉米或移栽玉米苗。平均增利润1000元/亩左右,高者可达1500元/亩以上。

2. 与蔬菜作物间套作　在低纬度东南丘陵区,马铃薯可与蚕豆、大蒜、毛芋、冬瓜间套作,应用较多的模式有湖南夏玉米—蚕豆/马铃薯(刘芳等,2019),浙江蚕豆/春玉米—夏玉米—秋马铃薯(蔡仁祥,2015),马铃薯/毛芋—秋马铃薯(林清华,2014),马铃薯/冬瓜—晚稻(李挺,2000),广西大蒜/马铃薯间作(黄子乾等,2009)。

冬马铃薯和蚕豆间作,蚕豆具有固氮效应,与蚕豆间作能够增加马铃薯土壤中有效养分含量,增产优势明显。如夏玉米—蚕豆/马铃薯周年三熟(刘芳等,2019)栽培模式在湖南应用,蚕豆播种期为10月中下旬,冬马铃薯播种期为12月中上旬,采收期分别为4月中上旬、5月上旬。垄面宽1.2 m,在垄中间播种1行蚕豆,株距35 cm,种植2.1万株/hm² 左右,每穴播1粒种子。马铃薯一垄双行种植,摆种不少于6万株/hm²,播种深度10~12 cm,芽眼向上,覆土厚7~8 cm。玉米—蚕豆—马铃薯周年三熟高效种植模式,玉米产量6000~7500 kg/hm²,马铃薯产量15.0~22.5 t/hm²,蚕豆产量6000~7500 kg/hm²;根据2017年的市场价格,玉米为1.92元/kg,蚕豆为4元/kg,马铃薯为4元/kg,平均总产值可达9.6万~13.5万元/hm²,除去成本与人工投入,纯收益可达4.50万~6.75万元/hm²。

3. 幼龄果树间作马铃薯　果园一般种植环境较好,不旱不涝不渍,非常适应旱粮种植。利用秋春果树空闲季节及马铃薯秋春种植特性,进行幼龄果树与马铃薯间作,可有效提高土地利用率,增加产出,补贴果园前期费用的投入。马铃薯与梨、桃、柑橘幼龄果树以及葡萄、火龙果间套种模式在浙江、广西应用较多。

幼龄果树与冬马铃薯间作,黄婕等(2016)认为果树林龄宜在2年内,未挂果或刚开始挂果。在间距3~4 m的果树行间起单垄或双垄,垄的边缘要求离果树基部100 cm以上。选择早熟高产品种,12月底播种,5月中下旬收获,种植株数1800~2500株/亩。幼龄果树/马铃薯套种模式平均产量22.5 t/hm²(莫静玲等,2019)。章永根等(2016)认为,马铃薯可与树龄3年以上的桃树、梨树套种,春秋季均可种植,春播套种在12月下旬至1月上旬进行、秋播在8月底至9月上旬。宜选择中熟桃树、早熟梨树以及早熟高产的马铃薯品种进行套种。果树株、行距4 m×4.5 m,在果树两边离果树1.5 m处各开一纵向、深约10 cm的浅槽进行马铃薯套种。马铃薯株距20 cm。而树林3年以下、树冠还未封行的,可在畦面离树主干0.8~1 m处开横向浅槽播种,未挂果园施肥量比挂果树可适当减少。幼龄果树与冬马铃薯间作种植,选择早熟高产的品种,效益较好,可达到1800元/亩。

马铃薯和火龙果套种,在浙江、广西应用。火龙果12月到翌年5月是过冬管理期,处于生产休闲期。与冬马铃薯套种,可弥补果园第一年空白收入。火龙果种植株行距2 m×3 m,在距离火龙果主干大于60 cm行间起垄,栽双行种植马铃薯,10月中旬播种,翌年3月初收获,株行距为22 cm×35 cm。何虎翼等(2017)研究表明,红肉火龙果桂香红间种马铃薯兴佳2号土地当量较高,经济效益最好,增产率最高。这种栽培模式的马铃薯商品薯产量达35163.7 kg/hm²,火龙果产量达35586 kg/hm²,总产值达319726.7元/hm²,纯收入达184326.2元/hm²。

葡萄园套种马铃薯,主要在浙江应用较多。葡萄园9月中下旬采收结束,到翌年3月中旬开始春管,近6个月大棚都处于冬闲状态,可利用葡萄园良好设施和冬闲季节套种马铃薯。设施葡萄一般在12月下旬开始盖棚膜,然后开始播种马铃薯,3月下旬起陆续采收,到4月中旬马铃薯收获完毕后,葡萄园各项管理工作开始。浙江海盐县葡萄棚宽 8 m,马铃薯主要套种在大棚中央的沟两边,距离葡萄 1.5 m 以上,种植 2 行,免翻耕,用锄头开挖 10 cm 左右的播种槽即可,株距 20～25 cm。平均马铃薯产量 250～300 kg/亩(沈卫月,2016)。浙江嘉兴县保温设施葡萄地畦宽 2.7 m,葡萄栽于畦中央,马铃薯播于畦一侧中央,另一侧不播作走道。大棚 10 月初揭膜,小耕机翻耕施肥,12 月中旬播种,株距 25 cm,1 月初覆盖薄膜封闭大棚。葡萄生长期间施肥、病虫防治、棚内温湿度控制等管理措施与其他棚栽葡萄相同,马铃薯生长期间则不单独施肥、病虫防治等(章永根等,2016)。浙江长兴县葡萄园的畦面宽 160 cm 左右,套种的春马铃薯种植在葡萄植株两侧,各种 2 行马铃薯,马铃薯种植距葡萄主干 40 cm 左右,行距 25～30 cm、株距 20～25 cm,品字形播种,以采收小薯为主,2012 年亩产量 550 kg,时价 3.0 元/kg,效益 1650 元/亩(解静,2014)。

六、田间管理

田间管理因栽培模式存在差异,低纬度东南丘陵区冬播马铃薯常采用地膜覆盖或黑膜覆土(黑膜夹层)栽培、稻草覆盖免耕栽培,底肥一次施足,后期一般可免中耕培土;而稻草包芯栽培、苗后揭膜与露地栽培,后期视情况进行中耕培土、追肥、灌溉。

(一)覆盖及其管理

1. 覆膜栽培 播种除草后,在垄面覆盖宽 140 cm、厚 0.008～0.01 mm 无色地膜,地膜平贴垄面,边缘用土压实。地膜的使用应符合 GB13735-2017 的规定。当马铃薯出苗时,将地膜破口引出幼苗。对于结薯浅的品种(如湘马铃薯 1 号、费乌瑞它等)如播种不深,在幼苗出土后揭去地膜,便于培土(刘明月等,2006)。春马铃薯播种到出苗要防止低温影响,尽量小口引苗,以增加保温性,破膜前如天气预报有冷空气时则可适当推迟 2 d 左右(杨巍,2019)。福建高海拔山区马铃薯地膜覆盖可适当提前 5～10 d 出苗,幼苗出土后要及时剪破地膜,将幼苗扒出地膜外,同时用细土压严压实苗孔边的地膜,防温度过高影响块茎生长,播种后 50 d 左右要及时揭膜,便于后期培土(江宗安,2017)。

地膜覆盖是一种防寒早熟栽培技术,能提高土壤温度,提早出苗,缩短生育期,减少水分蒸发,避免雨水冲刷垄面造成土壤板结,保持土壤疏松透气的环境,抑制杂草生长。

2. 膜上覆土栽培 广西冬种马铃薯在播种施肥后,覆盖黑地膜,土壤墒情好比较湿润的,直接用 1 m 宽、0.008 cm 厚的全新黑地膜,用人工或者覆膜机将黑地膜覆盖在上面,周围少量压土绷紧黑地膜,以免风吹掀翻黑地膜。利于马铃薯及时出苗和保证全苗。在覆盖绷紧黑地膜后,人工或者覆土机,在黑地膜上面覆盖细碎土壤,厚度在 8 cm 左右。由于在压土绷紧黑地膜的时候,如有少量不够绷紧,则会出现幼苗无法顶破地膜的现象,在半数幼苗出土后就需要开始田间巡查,对不能顶破地膜的幼苗,进行人工辅助破膜,将地膜破口,让幼苗能够及时露出地面(唐洲萍等,2015)。广东省冬季马铃薯栽培播种覆土后,覆盖一层马铃薯专用薄膜,厚度 0.015 cm,宽度 70 cm,用培土机将沟里的泥土放在薄膜上面,厚度 5 cm 左右,土块要细碎,厚薄均匀,不露膜(邱平有等,2019)。也可选用厚 0.012～0.015 mm、宽 70 cm、拉力性能良好的马铃薯全生物降解地膜,用量 105.0～112.5 kg/hm²,最好降解时间能够控制在 90 d 后(黄瑶珠等,2018)。浙北地区薯稻轮作,在播种覆膜后 45 d 左右,在大部分芽长到 5～8 cm 即将出膜时,用开沟覆土机结合清沟将垄沟土均匀覆于垄顶,覆土厚度一般 2 cm 左右(吴早贵等,2018)。

膜上覆土,利用泥土的压力,使植株可以自行破地膜出苗,而不需用人工破膜,可大大减轻劳动强度。还具有不烧苗,保温保墒,抑制膜下杂草。清沟覆土,加深加宽垄沟,利于排水。

3. 稻草覆盖免耕栽培　林媛(2018)介绍,种薯摆放后,用稻草均匀覆盖 20 cm,稻草应铺满整个畦面,厚薄均匀,不留空隙。一般 1 亩马铃薯地需 5～6 亩稻草。新覆盖稻草相对比较干燥,如果气候较为干旱,可以在稻草铺盖完后的 3～5 d 内洒一次水。连文颀(2008)认为稻草覆盖厚度以 8～10 cm 为好,然后在稻草上压土块,以防稻草被风吹走,造成种薯外露,每亩用稻草 1000 kg。

稻草覆盖免耕栽培优点:能减轻劳动强度,节省人工,免去了翻耕整地、挖穴下种、中耕除草和挖薯收获等工序,一般每亩可节省 6～8 个用工;薯块光滑,商品性好;促使稻草间接还田,控制杂草生长,提高土壤肥力,有利农田生态环境;具有一定的保温保湿防霜防冻效果。但该方式也存在弊端:稻草用量过大,在稻草紧缺区、多用途区发展受限;出苗管理难度加大,盖草太厚不利于出苗,太薄则水分易蒸发,造成种薯失水;绿薯率高,在生育后期稻草腐烂后,极易被刮跑,薯块容易外露转绿。

4. 稻草包芯栽培　播种后,每亩盖干稻草 150～200 kg,顺着畦方向均匀覆盖于畦面,再往覆盖好的稻草畦面上培土 8～10 cm(汤浩等,2006)。

稻草包芯栽培有助于保水增温,疏松土层,有效减少绿薯率和裂薯,提高商品率,通过包芯栽培能大大提高土壤的细菌等微生物的数量,有利于改善土壤物质循环,并起到稻草返田改良土壤的目的。稻草需要量仅 2250～3000 kg/hm²,1 hm² 稻田的稻草足以保证 1 hm² 的包芯栽培所需,栽培措施简便,农民易接受。

(二)适时中耕培土

中耕培土是马铃薯丰产栽培的主要措施之一。露地种植的马铃薯在出苗到封行过程中一般中耕培土 2～3 次。可使表土疏松,增强土壤的通透性,有利于土壤养分的吸收与利用,促进根系生长和块茎膨大,增加结薯层、提高产量,防止薯块膨大后见光变绿,影响品质。一般在齐苗后(株高 10～20 cm)和植株封行前(株高 30 cm 左右),结合中耕,除去杂草,将土培在植株茎基部周围,培宽培厚,每次培土厚度约 5 cm。各地中耕培土方法:

广东地区马铃薯中耕培土一般分两次进行,第一次是苗高 10～15 cm,培 4～5 cm,如有稻草覆盖的,则应把稻草全部覆盖好。第二次培土属于轻培土,在第一次培土后 15～20 d 进行,培土结合施肥进行(陈家旺等,2006)。

桂南地区冬作马铃薯一般会进行 3 次中耕培土。第一次在幼苗期,结合追肥、除草。第二次,先松土后追施钾肥,钾肥散播在植株根部的周围,然后再培土,这一次的培土要比第一次厚一些。第三次则在植株封行前开展中耕培土追肥,根据苗的长势来合理选择,如长势较好,则无须追肥;如长势较差,适当地补肥(覃庆芳等,2017)。

张新明等(2018)介绍中薯 18 号整个生育期培土 2 次,第 1 次在齐苗后 5～10 d,苗高 15～20 cm 时重培土,厚度约 5～8 cm,垄面不留空白,第 2 次在封行前进行,重点是对第 1 次培土厚度不够的部位补土,使种薯以上的土层厚度达到 20 cm,培土时应尽量避免泥土把叶片盖住或伤害茎秆。张东荣等(2014)介绍,大西洋在出苗达 70% 时可进行第一次培土,深度 5～6 cm,并结合除草,第一次中耕后 12～15 d,需要进行第二次培土,约 6～8 cm 为宜。

秋马铃薯一般中耕松土 2～3 次。齐苗后至封行前,马铃薯田块杂草生长迅速,应进行 1～2 次中耕除草;苗高 16～20 cm 时,中耕结合培土,有利于结薯,防止"露头青"以及避免后期薯块受冻(杨巍,2019)。

（三）科学施肥

1. 按需平衡施肥 根据土壤肥力状况，平衡施肥。谭乾开等（2012）试验提出"少磷、追氮、补钾"模式，适于稻田冬种马铃薯高产栽培。不同地区土壤基础肥力不同，不同品种对养分的需求不同，生产中施肥量应根据作物品种营养特性、田块土壤肥力、施肥方式进行测土配方施肥，才能满足不同作物正常生长发育的需要。测土配方施肥是以土壤测试和肥料田间试验为基础，根据作物需肥规律、土壤供肥性能和肥料效应，在合理施用有机肥的基础上，提出 N、P、K 及中微量元素等肥料的施用量、施用时期和施用方法的技术措施。应用测土配方施肥的地块供肥平稳，肥效持续时间长，有利于作物正常生长发育，提高产量、增加效益。相关研究表明平衡施肥能提高肥料的利用率，提高冬作马铃薯产量，提升块茎的营养品质，提高综合经济效益（张新明等，2013；陈永兴，2007）。

马铃薯平衡施肥首先应掌握最基本的两点：第一，土壤肥力水平。不同地区、不同土壤肥力水平有一定差异，马铃薯施肥量应因地施肥。姚宝全（2008）认为低肥力等级土壤施用 N 肥增产效果最高，P、K 肥的增产幅度较低，但高产田则反之，推荐施肥量随土壤碱解氮、有效磷、速效钾含量的升高而降低。不同土壤类型种植马铃薯施肥水平存在差异，湖南地区的紫色土石灰岩红壤、第四纪红土和板页岩红壤适宜的复合肥水平为 100 kg/亩，河流冲积土为 125 kg/亩（刘燕等，2012；朱杰辉等，2009）。第二，马铃薯的需肥规律。每生产 1000 kg 马铃薯需吸收纯 N 4.4～6 kg、P_2O_5 1～3 kg、K_2O 7.9～13 kg，三者比例约为 1：0.4：2。实际吸收养分量和比例受种植区域、栽培品种、栽培方式等影响，所以生产中需要采用不同的施肥量和施肥方式，才能满足不同马铃薯品种正常生长发育的需要。三要素中马铃薯对 K 的吸收量最多，其次是 N，对 P 需求量最少。马铃薯全株中养分含量在各生育时期均表现为：K＞N＞P（姜巍等，2013）。

马铃薯平衡施肥还要遵循以下四个原则：第一，施肥技术要与当地的种植品种和栽培措施相配合。谭乾开等（2012）试验结果表明冬作马铃薯最佳施肥量 N、P、K 配比为 1：0.54：1.11，提出南方稻田冬种马铃薯高产栽培的"少磷、追氮、补钾"模式。王素华等（2018）研究表明常德稻区兴佳 2 号深沟高垄覆膜栽培中肥效水平 N 肥＞P 肥＞K 肥，N、P、K 推荐施肥比例为 1：0.50：0.15，施肥 N 水平为 226.5 kg/hm^2。王凯（2016）在施用 9000 kg/hm^2 有机肥的基础上，推荐冬作马铃薯费乌瑞它 N、P、K 肥施肥比例为 1：0.3：1.95，施肥 N 水平为 195 kg/hm^2。何荫飞等（2010）推荐马铃薯稻草覆盖免耕栽培施肥量为 N 225.00 kg/hm^2、P_2O_5 112.50 kg/hm^2、K_2O 450.00 kg/hm^2。第二，遵循马铃薯的生长特性，采取前促、中控、后保的施肥原则。刘东生等（2015）认为马铃薯幼苗期吸肥量较少，发棵期吸肥量迅速增加，到结薯初期达到最高峰，而后吸肥量急剧下降，前中期需肥量约占总吸收量的 70% 以上。第三，以有机肥为主、化肥为辅，基肥为主、追肥为辅，大量元素为主、微量元素为辅的原则。将盲目施肥转变为定量施肥，将单一施肥转变为以有机肥为基础，配合施用化学肥料，实现作物增产、改善品质、节肥、增收和平衡土壤养分。有机肥与复合肥配施能够显著提高马铃薯产量和经济效益，改善土壤理化性质，代启贵等（2019）研究表明，适宜于冬作马铃薯高产高效的"1 基 0 追"施肥模式为施用马铃薯专用肥 1500 kg/hm^2＋商品有机肥 9000 kg/hm^2。但有机肥施用过量不仅成本增加，增产效果不佳，降低块茎营养品质，且土壤和块茎中重金属含量显著增加，单施有机肥用量应控制在 24000 kg/hm^2 以下（李淑仪等，2007）。推荐冬作马铃薯有机肥用量 5250～9000 kg/hm^2（陈振于，2019；王凯，2016；陈洪等，2010；代启贵等，2019）。第四，养分全面及平衡。施用不同配比的 N、P、K 肥,可使马铃薯产量发生明显变化,增产效果则随用量的增加呈近似抛物曲线型变化。在同等栽培条件下,N、P、K 肥的适宜用量和最佳配比,可获得马铃薯最高产量,表现在结薯个数多,大中薯比例高等特性。福建冬作马铃薯主产区产量和经济效益俱佳的 N、P、K 三要素推荐用量比 1:(0.3~0.5):(1.08~1.5)(戴树荣,2010;洪彩志等,2010;林万树等,2015;曹榕彬,2012;陈艳,2007)。广东冬作马铃薯三元素最佳施肥比例为 1.0:(0.3~0.6):(1.0~2.0)(李小波等,2011;谭乾开等,2012;龙增群等,2012;王凯,2016)。

2. 施足基肥 马铃薯常用基肥分为有机肥、复合肥、生物肥料;有机肥包括商品有机肥和传统有机肥(腐熟的农家粪肥、草木灰、秸秆、菜籽饼肥等);无机肥主要有三元复合肥(硫酸钾型),缓控释肥,尿素、过磷酸钙、钙镁磷肥、硫酸钾等。生物肥料包括复合微生物肥料(付华军等,2018)、腐殖酸有机肥(叶民等,2009)、金针菇菌糠啤酒糟有机肥(曹雪莹 等,2017)等。

基肥一般在整地、旋耕起垄、播种三个时期施用。其中有机肥一般在整地时结合旋耕撒施,也可起垄后开沟条施;复合肥和其他 N、P、K 肥一般在起垄后开沟条施或播种时点施在种薯之间(李树举等,2019)。覆膜栽培后期较少追肥,基肥施用量占施肥总量的 100%。免耕栽培、稻草包芯栽培、露地栽培基肥一般占施肥总量的 50%~100%。P 肥一般全部作基肥,N、K 基肥占肥料总量的比例各地有差别,如广东冬作马铃薯氮钾基肥比例分别为 40%、50%(王凯,2016),广西基施 N 肥占 N 肥总量的 55%(韦剑锋等,2016b),基施 K 肥占 K 肥总量的 40%。低纬度东南丘陵区马铃薯基肥施用方法如下:

湖南冬作马铃薯一般选择马铃薯专用复合肥或硫酸钾型复合肥为基肥,亩施 75~100 kg 表现最佳,播种时点施在种薯间(慕云,2006;李树举等,2019)。

江西冬作马铃薯若以复合肥为基肥,亩施 100 kg 左右,均匀地撒施在种薯中间;亦可每亩施农家肥 1500~2000 kg 与复合肥 50~75 kg 配合施用做基肥(柳焕新等,2018)。秋马铃薯基肥亩施腐熟鸡栏肥 200 kg、优质三元复合肥 50 kg 结合精细整地,进行集中开沟施入,施在距种薯 5~8 cm 的行间(陈健萍等,2018)。

浙北地区在播种时作为基肥一次性施入,一般要求亩施高钾高氮复合肥 150 kg 或三元复合肥 125 kg 加硫酸钾 25 kg(吴早贵等,2017;黄洪明等,2019),浙南地区以腐熟的农家肥、草木灰为主,化肥为辅。整畦前亩用三元复合肥 40~50 kg、钙镁磷肥 50 kg 和硼砂 1.5 kg 撒施畦面作基肥,肥力差的田块还要结合翻耕亩施 500~1000 kg 腐熟有机肥(吴剑锋,2018)。

福建冬种马铃薯基肥以有机肥和复合肥为主,一般亩施 750~1200 kg 有机肥加三元复合肥 45~100 kg,复合肥与种薯保持 5 cm 以上间距(林媛,2018;许国春等,2018;陈秀平,2017;雷丽花等,2014),有时会增施硫酸钾 10~25 kg(陈华赞,2016),部分地区在播种后每亩加盖 1000 kg 火烧土与 500 kg 家畜粪于种薯上(陈丽娟,2018;梁节谱,2018)。有些地区整地前亩施有机肥 600 kg、48%三元复合肥 50 kg,硫酸钾 25 kg(阮芳菲,2017)。单施复合肥作基肥施用量一般为 50~100 kg/亩,多为播种时点施在种薯中间(陈少珍,2011)。

广东地区施肥为一次性基施复合肥和有机肥(李成晨等,2019),亩施有机肥 300~800 kg 加复合肥 100 kg,可整地、起垄时撒施或条施 40%~50%肥料,余下的 50%~60%播种时点施在两种薯之间(邱平有等,2019;洪旭宏等,2016;张新明等,2013)。

广西冬种马铃薯基肥施放于施肥沟内,有机肥每亩 250 kg,三元复合肥 50 kg,尿素 10 kg,硫酸钾 30 kg(唐洲萍等,2015),亦有亩施马铃薯专用肥(18-6-21)100~150 kg,有机肥 300~400 kg,全田撒施(黄翠流等,2018)。

3. 适时追肥　基肥用量、土质和天气等因素决定追肥的施用量。低纬度东南丘陵区马铃薯露地栽培或苗后揭膜培土栽培有追肥习惯,而免耕栽培和全程覆膜栽培一般不追肥。追肥时间一般为苗后、现蕾期(块茎形成期)、开花期(块茎膨大期),共 2～3 次。追肥一般以 N 肥、K 肥和三元复合肥为主,追施 N 肥一般占 N 肥总量的 50%～60%,以尿素为主,追施 K 肥一般占 K 肥总量的 50%～70%,以硫酸钾为主。还有喷施的叶面肥,如大量元素、中量元素、微量元素水溶肥以及有机叶面肥(主要成分为腐殖酸、黄腐酸)、微生物叶面肥、氨基酸叶面肥等。

陈哲明(2016)研究表明,追施 N 肥可显著提高马铃薯植株的株高,单独追施 N、K 肥能提高马铃薯产量、商品薯率和块茎中 Zn 含量,N、K 肥配施能显著提高块茎中维生素 C 含量。N肥基追分配模式对冬作马铃薯产量的影响较 K 肥基追分配模式的显著(陈洪等,2012)。但韦剑锋(2016a)研究表明 N 肥全部基施与分次追施,马铃薯干物质积累总量及叶、块茎干物质积累量差异不显著,说明追施 N 肥未能促进马铃薯生长和增产,但肥料 N 利用率、肥料 N 残留率更高,从经济效益和环境效益考虑,N 肥按 55%基施＋30%在齐苗期追施＋15%在现蕾期追施的效果较好。低纬度东南丘陵区马铃薯种植各地追肥情况如下:

湖南稻田马铃薯覆膜栽培一般不追肥。部分地区冬种会进行适当的培土与追肥,当田间达 80%幼芽出土时及时浅中耕松土,结合亩施稀粪水 750～1000 kg,以利苗齐苗壮,齐苗后结合第二次中耕培土,亩施碳酸氢铵 25～30 kg,硫酸钾 6～8 kg,做到弱苗多施,以粪水为好。盛花期喷施 0.2%～0.3%的磷酸二氢钾溶液 50 kg,也可用稀释至 67%的沼液补充肥力,促薯块膨大(张绍艳,2017)。

江西部分地区冬季马铃薯栽培会进行 3 次追肥,第一次在出苗 70%～80%时,亩施复合肥 10 kg,兑水淋施。苗高 15～20 cm 时进行第二次追肥,亩施复合肥 10 kg 左右于畦中间,并进行松土、除草和重培土;封行前进行第三次追肥,每亩撒施复合肥 7.5～10 kg,硫酸钾0.17 kg,轻培土。根外追肥:根据长势结合喷药防病,添加 0.3%～0.5%尿素和 0.2%～0.3%磷酸二氢钾,促进生长和养分转移(胡亮等,2012)。宜春地区秋马铃薯生育期间,一般在苗期和现蕾期进行追肥,苗肥在齐苗后进行,以 N 肥(尿素)为主,亩施 20 kg 左右,促苗壮;现蕾期看苗补施膨大肥,以 K 肥为主,亩施尿素 10 kg、硫酸钾 15 kg(陈健萍等,2018)。

浙江春马铃薯一般不追肥,秋马铃薯种植当幼苗长至 3～5 片叶时,根据苗势追施 1 次,每亩施 20 kg 尿素作提苗肥。诸暨市马铃薯双膜覆盖设施栽培技术中采取叶面追肥,在马铃薯初花期喷施硼酸盐,薯块膨大期喷施磷酸二氢钾溶液(杨巍,2019)。

福建地区马铃薯稻草覆盖免耕栽培和黑色地膜覆盖栽培技术一般施足基肥后不再追肥(阮芳菲,2017);或仅在生长后期进行 1 次叶面追肥,喷施 0.25%磷酸二氢钾溶液及 3%的尿素,防止植株早衰(陈春松,2016)。部分地区追肥 2 次,第一次在出苗 80%～90%时或齐苗时,一般施用速效肥,以尿素和过磷酸钙为主,促早生快发。第二次在现蕾期,以少量复合肥与硫酸钾为主,促进结薯膨大(陈丽娟,2018;梁节谱,2018;陈秀平,2017;李成忠,2016;陈华赞,2016)。罗文彬等(2019)建议冬作马铃薯种植时在苗齐后及时追施尿素 150 kg/hm²,薯块膨大期喷施 2～3 次含钾和微量元素的叶面肥。

广东冬季马铃薯栽培施足基肥后一般不追肥,后期若出现缺肥现象,再酌情追肥(邱平有等,2019),或根据植株长势在根外追肥,在花期喷施 0.2%磷酸二氢钾溶液和叶面肥 2～3 次(洪旭宏等,2016),部分地区采用基肥加 2～3 次追肥的模式,第一次在出苗达 60%～70%时,第二次在齐苗时,第三次则在封行时,以 N 肥和 K 肥为主(张新明等,2013;谢河山等,2017;张洪秀等,2011)。如在稻草包芯栽培中,P 肥不追肥,N、K 追肥比例分别为 60%、50%,N 肥三次追肥比例为 20％、20％、20％，K 肥三次追肥比例为 10％、15％、25％(王凯,2016)。

广西冬种马铃薯地膜覆盖栽培技术一次施足基肥,后期一般不追肥(唐洲萍等,2015;吴而炬,2019;黄翠流等,2018)。少部分地区也有追肥习惯,如桂北地区冬种马铃薯出苗后,用清粪水＋少量 N 素化肥追施芽苗肥,以促进幼苗迅速生长,结合病虫防治,苗期喷施尿素,中后期喷施磷酸二氢钾(秦忠明等,2014)。韦冬萍等(2013)研究表明,不同叶面追肥对马铃薯及土壤的影响有较大差异,现蕾期喷施三次 0.5％尿素或 0.5％尿素＋0.3％KH$_2$PO$_4$ 处理能明显提高马铃薯干物质积累量、生物产量、鲜薯经济产量及叶片 N 含量,但明显降低了土壤有机质、N 及 P 含量;喷施 0.3％KH$_2$PO$_4$ 处理对马铃薯叶片和土壤 K 含量提高作用最为明显,但显著降低块茎 N、P 及 K 含量。

4. 氮肥的施用　韦冬萍等(2015)介绍了他们于 2013—2014 年的试验结果。以马铃薯品种费乌瑞它为试材,设施氮量 0、80 kg/hm^2、160 kg/hm^2、240 kg/hm^2 共 4 个水平,研究施 N 量对冬马铃薯生长中后期若干生理指标及产量的影响。结果表明,随着施 N 量的增加,马铃薯叶片中叶绿素含量、可溶性蛋白含量及硝酸还原酶活性均不同程度地增加,根系活力和块茎产量也明显增加,但叶片可溶性糖含量则先增加后下降。当施氮量达 160 kg/hm^2,继续增加施 N 量,马铃薯一些生理指标值和块茎产量则增加不显著。试验条件下,冬种马铃薯施 N 量为 160 kg/hm^2 较为适宜。

韦剑锋等(2015)为确定冬马铃薯的合理施 N 量,采用田间试验,研究施 N 量(0、80 kg/hm^2、160 kg/hm^2、240 kg/hm^2)对马铃薯费乌瑞它出苗率、干物质积累、产量及品质的影响。结果表明,随着施 N 量增加,马铃薯出苗率总体降低;在块茎膨大期至收获期,马铃薯茎干物质积累量先升高后降低,以施 N 160 kg/hm^2 处理最高,马铃薯叶、块茎及总干物质积累量升高,均以施 N 240 kg/hm^2 处理最高;马铃薯商品薯比率、商品薯产量及鲜薯产量均总体提高,以施 N 240 kg/hm^2 处理最高,其中鲜薯产量较不施 N 肥处理提高 51.28％,施 N 160 kg/hm^2 处理次之,两者差异不显著;马铃薯可溶性糖含量、粗蛋白含量、粗蛋白产量、淀粉产量均升高,以施 N240 kg/hm^2 处理最高,施 N 160 kg/hm^2 处理次之,两者差异不显著(粗蛋白产量除外)。综上,费乌瑞它适宜施氮量为 160 kg/hm^2。

N 素是马铃薯生长发育的重要因素,韦冬萍等(2015)研究表明,随着施 N 量的增加,马铃薯叶片中叶绿素含量、可溶性蛋白含量及硝酸还原酶活性均不同程度地增加,根系活力和块茎产量也明显增加,但叶片可溶性糖含量则先增加而后下降。当施 N 量达 160 kg/hm^2,继续增加施 N 量,马铃薯一些生理指标值和块茎产量则增加不显著。韦剑锋等(2015)研究表明,随着施 N 量增加,马铃薯出苗率总体降低,马铃薯叶、块茎及总干物质积累量升高,马铃薯商品薯比率、商品薯产量及鲜薯产量均提高。马铃薯全 P 及全 K 积累总量随施 N 量的增加而递增,但施 N 量达 160 kg/hm^2 以上时再增施 N 肥增产不显著;增加施 N 量,P 肥和 K 肥的肥料效率略呈上升趋势,但 P 肥和 K 肥的收获指数、经济效率及生理效率略呈下降趋势(韦剑锋等,2016b)。张西露(2010)研究表明,N 肥在一定范围内对马铃薯块茎产量有促进作用,N 肥施用量达到 270 kg/hm^2 后,马铃薯块茎产量增长趋于平缓。

氮肥的施用方法:低纬度东南丘陵区马铃薯种植以冬播为主,覆膜栽培较多,为了方便、省工,N 肥作为基肥,一般一次性施足。为了防止马铃薯生长后期养分不足,提高 N 肥利用率,马铃薯露地栽培,特别是山区,N 肥常采用基肥加追肥的方式,出苗后结合中耕培土再追施 1～3 次。各地 N 肥施用量和方法如下:

相关研究表明广西地区冬种马铃薯施氮量为 160 kg/hm^2 较为适宜(韦冬萍等,2015;韦剑锋等,2015)。从经济效益和环境效益考虑,N 肥按 55%基施＋30%在齐苗期追施＋15%在现蕾期追施的效果较好(韦剑锋等,2016a),或 70%N 肥作基肥、30%N 肥作苗肥施用(梁宁珠,2013)。温桂春等(2013)研究表明在纯 P、K 钾施用量分别为 75 kg/hm²、180 kg/hm² 的条件下,马铃薯产量随着 N 肥施用量的增加呈先升高后降低的态势,N 肥施用量为 172.32 kg/hm² 时,产量表现最佳。

黄继川等(2014)研究了珠三角区不同 N 肥用量对冬种马铃薯产量、品质和 N 肥利用率的影响,结果表明 N 肥用量在 240 kg/hm² 时产量和经济效益最高,N 素农学利用率和 N 素生理利用率最大。建议珠三角地区冬种马铃薯 N 用量以 240 kg/hm² 为宜。

邬刚等(2019)研究表明安徽稻茬田马铃薯生长中适宜施 N 量应控制在 130～150 kg/hm²。种植品种为费乌瑞它时,施氮量为 137.6 kg/hm² 时,马铃薯产量表现最好,比对照增加了 19.8%,N 素吸收利用率最高,为 37.1%。

福建稻区冬种马铃薯施 N 量对马铃薯产量影响较小,亩施纯 N 10 kg 即可满足马铃薯生育需求(罗胜奎,2008)。

董文(2018)研究表明湖南省春马铃薯施 N 量在 225 kg/hm² 时各处理平均产量最高,为 28707.25 kg/hm²。马铃薯块茎产量、单株块茎重、单株块茎数与施 N 量呈显著正相关,干物质含量与施 N 量呈显著负相关。

5. 钾肥的应用　马铃薯属于喜 K 作物,植株生长发育、块茎中淀粉的积累以及光合产物的运输等都离不开 K。K 肥能促进马铃薯植株生长健壮,增强抗病、抗寒能力。郭志平(2007)研究表明,增施 K 肥,提高了马铃薯产量、块茎淀粉含量、干物质含量和商品率,提高了叶面积系数、叶绿素含量和净同化率。随着生长发育,块茎逐渐形成,淀粉等物质不断积累,大量的 K 素转移到块茎中,用于块茎的形成和营养物质的积累,到生育末期,有 80%左右的 K 素分配到块茎中(曹先维等,2013)。翁定河等(2010)研究表明,马铃薯全株及块茎的 K 素积累呈 Logistic 曲线动态,吸 K 盛期在现蕾前 14 d 至成熟前 15 d,后期块茎新增 K 素主要来自叶片的转移。马铃薯产量与施 K 量呈抛物线形相关。曹先维(2013)研究表明,湿冷年型,每生产 1000 kg 块茎需要吸收 K 素 5.82 kg;干凉年型,每生产 1000 kg 块茎需要吸收 K 素 7.28 kg(曹先维,2013)。翁定河等(2010)研究表明闽东马铃薯经济施 K 量为 201.6 kg/hm²,平均每生产 1000 kg 块茎需施 K 5.4 kg。

低纬度东南丘陵区马铃薯种植覆膜栽培较多,为了方便、省工,K 肥作为基肥,一般一次性施足,现蕾期、开花期可根据植株长势叶面喷施磷酸二氢钾促进块茎生长。为了防止马铃薯生长后期养分不足,提高马铃薯产量品质,提高肥料利用率,马铃薯露地栽培,特别是山区种植时,K 肥常采用基肥加追肥的方式,出苗后至现蕾时结合中耕培土追施 1～2 次,广东部分地区追施 3～4 次。追施 K 肥的时期对马铃薯增产提质的效果有显著影响,郭志平(2007)、夏更寿等(2008)研究发现,块茎形成期追施 K 肥最能改善马铃薯植株的生理活性,以苗期＋块茎形成期分两次追施 K 肥的效果最佳,其次是块茎形成期一次追施 K 肥,产量分别较对照提高 32.1%、27.1%。各地 K 肥研究如下:

施春婷等(2015)研究了不同 K 肥用量对广西冬种马铃薯费乌瑞它产量和相关性状的影响,结果表明:在当地习惯施肥基础上增施 K 肥,明显促进了马铃薯的生长发育,提高了产量和商品薯率,K 肥施用量为 450 kg/hm² 时,马铃薯产量最高,以后再增加 K 肥用量,马铃薯产量不增反而下降。陆昆典等(2013)研究了冬种马铃薯黑膜夹层覆盖栽培 K 肥用量影响,N 施用量在 225 kg/hm² 以下时,马铃薯的产量随着 K 肥施用量的增大而提高,N 施用量达到

300 kg/hm² 时,马铃薯的产量反而随着 K 肥施用量增大而降低。

黄继川等(2014)研究了 K 肥用量对珠三角地区冬种马铃薯生长、产量、K 素利用率和品质的影响。结果表明,施用 K 肥能够提高马铃薯叶绿素含量和叶面积,起到较好的壮苗效果。K₂O 施用量为 300 kg/hm² 时产量和经济效益最高,淀粉含量显著提高。K₂O 施用量为 225 kg/hm² 时块茎粗蛋白和可溶性糖含量显著提高,K 素吸收利用率达最大值。建议珠三角地区冬种马铃薯 K 用量以 225~300 kg/hm² 为宜。

叶庆成(2012)研究不同施 K 量对福建马铃薯产量和经济效益的影响,结果表明 K₂O 施用量为 315~375 kg/hm² 时马铃薯的产量和经济效益较高。闽东南冬种马铃薯在目标产量为 37500~40500 kg/hm² 时,适宜施 K 量为 195~210 kg/hm²(赵雅静等,2011;翁定河等,2010;李小萍等,2010)。

徐德钦(2007)研究了浙江马铃薯主产区马铃薯增施 K 肥增产效果。结果表明随着 K 肥量的提高增产提质效果逐渐提高,当增施 K 肥到一定水平时(180 kg/hm²),继续提高 K 肥量增产提质效果下降。根据增产提质效果及实际效益,推荐施肥量为:N 110 kg/hm²、P₂O₅ 75 kg/hm²、K₂O 180 kg/hm²、农家肥 1 万 kg/hm²。

传统观念认为,马铃薯是"喜钾忌氯"作物,不适宜使用氯化钾,最好选用硫酸钾作为冬作马铃薯的主要钾源。张新明等(2013)用氯化钾替代硫酸钾,产量、经济效益和氮素表观利用率会降低,特别是商品薯产量和 N 素表观利用率显著下降(P<0.05)。但邓兰生等(2011b)研究表明,在盆栽试验条件下,滴施 KCl 或在 K₂SO₄/KCl 比例为 1:1 处理时有较好的增产作用,比滴施 K₂SO₄ 处理增产 10.1%~13.6%,滴施 KCl 有利于马铃薯块茎对 K 的累积,而滴施 K₂SO₄ 更有利于提高马铃薯的淀粉含量。黄美华等(2016)研究也表明,用氯化钾部分替代硫酸钾可提高经济效益。

6. 氮、磷、钾肥的综合使用 姚宝全(2008)介绍,通过田间试验和土壤养分分析,研究冬季马铃薯施用 N、P、K 肥料的效应。结果表明,冬季马铃薯施用 N、P、K 分别增产 38.7%、10.7% 和 23.6%,增产效果是 N>K>P;不同土壤肥力等级的 N、P、K 肥增产幅度与土壤速效养分含量呈负相关关系;N、P、K 肥的平均产投比分别为 10.8、5.9 和 5.7,N 肥在低肥力土壤的产投比最高,P、K 肥则在中高肥力土壤的产投比较高。N、P、K 的平均推荐施用量为 N 241 kg/hm²、P₂O₅ 96 kg/hm² 和 K₂O 290 kg/hm²,三要素最佳比例为 1:0.4:1.2。

N、P、K 肥对马铃薯产量形成起着重要作用。伍壮生(2008)研究发现 N、P、K 三因素对马铃薯单株产量贡献最大的是 K 肥,其次为 N 肥,P 肥效果不显著。马铃薯单薯重受 K 肥影响最大,其次为 P 肥,N、P 之间存在明显的交互作用。黄艳岚等(2018)研究表明影响马铃薯产量的主要因素是施 K 量,其次是施 P 量,再次是施 N 量;影响马铃薯养分吸收的限制因子是施 N 量,其次是施 P 量,当季各种肥料利用率 N 肥 29.85%、P 肥 1.64%、K 肥 50.39%,肥料综合利用率为 78.16%。张西露(2010)研究表明,N 肥在一定范围内对马铃薯块茎产量有促进作用,N 肥施用量达到 18 kg/亩后,马铃薯块茎产量增长趋于平缓;P 肥施用量与马铃薯块茎产量呈曲线相关,当施肥比例超过 6 kg/亩之后,其产量反而下降;K 肥供应则与马铃薯块茎产量呈直线正相关,块茎产量随着 K 肥施用量的增加而增加。吴秋云等(2011)采用无土栽培研究了 N、P、K 配施对冬种马铃薯产量及硝酸盐积累的影响,结果表明 N 肥增加,马铃薯产量增加,当 N 肥达到一定量后,N 肥增加,产量增加不明显;P 肥增加,马铃薯产量增加,当 P 肥达到一定量后,P 肥增加,产量不增反减;低 K 水平时,K 肥增加,马铃薯增产效果不明显,当 K 肥达到一定量后,K 肥增加,产量明显增加,N、P、K 互作对马铃薯产量影响复杂,硝酸盐积累随 N 肥增加而上升,低 P 时 P 肥增加,硝酸盐含量上升,P 肥达到一定量后,P 肥增加硝酸盐积累下降,K 肥增加硝酸盐积累下降。合理的 N、P、K 配施为 N 270 kg/hm²,P_2O_5 86 kg/hm² 和 K_2O 585 kg/hm² 时,三要素最佳比例为 1:0.32:2.17。

在一定施肥范围内,随着施肥水平的提高,虽然马铃薯的产量随之增加,但马铃薯农田纯收益并没有随着施肥水平的提高而增加,单位肥料马铃薯生产量随着施肥水平的提高反而逐渐降低(梁金莲等,2009)。陆昆典等(2013)以费乌瑞它为试材,研究了广西冬种马铃薯黑膜夹层覆盖栽培不同 N 肥、K 肥施用水平对植株生长特性及产量的影响,结果表明:N 施用量在 15 kg/亩以下时,马铃薯产量随施 K 量增大而提高,N 施用量达到 20 kg/亩时,马铃薯产量随施 K 量增大而降低,说明施肥量不宜高于 N 20 kg/亩+K_2O 10 kg 亩;施 N 15 kg/亩、K_2O 30 kg/亩的产量最高,但与施 N 15 kg/亩、K_2O 20 kg/亩的差异不大。姚宝全(2008)研究表明,冬季马铃薯施用 N、P、K 分别增产 38.7%、10.7% 和 23.6%,增产效果是 N>K>P;不同土壤肥力等级的 N、P、K 肥增产幅度与土壤速效养分含量呈负相关关系;N、P、K 肥的平均产投比分别为 10.8、5.9 和 5.7,N 肥在低肥力土壤的产投比最高,P、K 肥则在中高肥力土壤的产投比较高。N、P、K 的平均推荐施用量为 N 241 kg/hm²、P_2O_5 96 kg/hm² 和 K_2O 290 kg/hm²,三要素最佳比例为 1:0.4:1.2。林万树等(2015)研究了福建古田冬种马铃薯 N、P、K 肥料施用效果表明:在现有土壤养分肥力水平下,施用 N、P、K 肥料分别增产 24.0%、10.8% 和 22.1%,增加单产的效果依次是 N>K>P。增加经济效益依次是 P>N>K。N、P_2O_5、K_2O 的产投比分别为 12.6、13.7 和 9.3。马铃薯平均最高产量的 N、P、K 施用量分别为:(205.1±31.3)kg/hm²、(88.5±40.5)kg/hm² 和(302.1±57.3)kg/hm²;取得最佳经济产量的 N、P、K 施用量分别为:(178.4±42.8)kg/hm²、(68.2±37.3)kg/hm² 与(265.2±79.1)kg/hm²;三要素最佳比例为 1:0.4:1.5。

N、P、K 肥对马铃薯品质的影响:K 肥对块茎干物质形成影响最大,其次为 N 肥,P 肥影响较小,但 N-P 肥和 N-K 肥之间交互作用显著;对块茎维生素 C 含量影响最大的是 N 肥,其次为 K 肥和 P 肥,但 P 肥施用过量对维生素 C 的形成有抑制作用;影响块茎蛋白质含量最大是 P 肥,其次为 N 肥,K 肥的效应较小,P、K 肥间有交互作用存在(伍壮生,2008)。淀粉含量随施 N 量呈下降趋势,增施 N 肥降低块茎 K 的含量,增加 Zn 的含量;复合肥搭配有机肥块茎中维生素 C 增加效果显著(陈哲明,2016)。

7. 控、缓释肥的施用 马铃薯覆膜栽培生长期间不易追肥,马铃薯中后期如 N 肥不足,常造成脱肥早衰,直接影响生长而造成减产。控缓释 N 肥具有肥效长、养分利用率高、环境污染小、使用方便等特点。根据作物生长期对养分的需要,适量地、一次性施肥提供所需养分。可节省追肥所需人工,降低种植成本,增加效益;减少肥料用量,提高肥料利用率;施用控释肥还可以改善土壤性状,改善土壤保水、释水性能,提高土壤养分有效性,为持续增产奠定基础。

秦忠明等(2012)筛选出适宜桂北早熟马铃薯栽培的肥料种类,控释肥和恩泰克长效复合肥都可提高马铃薯产量及商品薯率,较普通复合肥增产分别为 10.0%、26.6%;较普通复合肥增收 4001.60 元/hm²、3903.89 元/hm²。

唐拴虎等(2008)研究发现马铃薯施用蔬菜缓释肥能明显增产、增收节支,较常规肥每亩增收节支 68.6～640.0 元。施用缓释肥不仅可以改善马铃薯品质,明显提高马铃薯维生素 C 及可溶糖含量,还能明显提高养分利用率,N、P、K 养分利用率分别提高 0.8%～19.6%、10.7%～29.0%、30.2%～46.7%。

李钟平等(2014)研究了稻草覆盖条件下冬马铃薯不同控释 N 肥用量对产量、叶绿素含量、N素利用率的影响。结果表明,与传统施肥相比,20%、40%、60%比例的缓释肥用量均提高了马铃薯产量,其中20%比例缓释肥产量最高,N肥利用率最大;在马铃薯成熟期,缓释肥施用比例越大,马铃薯叶绿素含量越高;由缓释N肥比例与马铃薯产量的二次拟合曲线得出,稻草覆盖条件下冬马铃薯缓释N肥的最佳比例为37.29%,马铃薯产量最高。

(四)合理补充灌溉、及时清沟排水

马铃薯是喜湿作物,对水分非常敏感,水分是决定马铃薯块茎产量和品质的关键因素(韦冬萍等,2012)。马铃薯生长发育过程中对水分的需求量较多,但必须供给适量才能满足其正常生长需要,才能获得较高的产量和较好的品质。东南丘陵,水资源非常丰富,降雨多,冬马铃薯种植以雨养为主,特别是在江南丘陵地区,冬马铃薯很少灌溉,在生育后期3—5月雨水较多时,要注意及时清沟排水。但华南丘陵3—10月雨水充沛,而11月至次年2月易出现季节性干旱,对作物影响较大,2月正是马铃薯块茎形成和膨大的需水关键期,此阶段对马铃薯进行灌溉,可明显提高马铃薯的单产量(李小波等,2011)。

1. **灌溉水源** 灌溉水源主要有河川径流和汇流过程中拦蓄起来的地面径流以及浅层地下水。中国南方地区降水量大,利用当地地面径流发展灌溉十分普遍。山区及丘陵盆地区的水源,以水库、山塘、堰坝为主,是"长藤结瓜"式的多水源灌溉。平原区的地下水、河水、湖泊水、池塘水是主要的灌溉水源,利用小型提水泵和机井站进行灌溉,蓄、引、提有机结合。

南方地区大多数为多水源型灌区,灌区内水源工程既有水库、山塘等具有调蓄能力的蓄水工程,也包括堰坝引水工程,还有提水泵站工程。如浙江省中部某灌区,溪流较多,有中型水库1座,总库容6000余万立方米,以供水为主,兼顾灌溉、发电;小型水库14座,正常库容为1100余万立方米,其中两座小型水库供水和灌溉功能兼顾;山塘443座,总容积280余万立方米,主要功能是灌溉,部分具有供水功能;引水堰坝2座,灌溉功能;提水泵站91座,装机1014 kW,功能为灌溉(王士武等,2016)。

中国南方多水源灌区不同水源之间存在不同程度的互联互通,属于库、塘、渠结合的"长藤结瓜"灌溉系统。如湖北武汉通济桥水库灌区的作物灌溉水源以通济桥水库、浦阳江为骨干水源,灌区内小型水库、塘堰及河流为辅,骨干水源以4条干渠贯穿整个灌区,构成典型的南方多水源"长藤结瓜"灌溉系统。通济桥水库灌区的作物灌溉主要由通济桥水库供水,其次是子流域内部塘堰、河道以及浦阳江,小型水库供水最少(崔远来等,2018)。广东省德庆县北部莫村镇,河涝坪水库灌区地形属丘陵地带,地势北高南低,灌区农作物主要有早稻、晚稻和冬种作物,一年三熟制。灌溉水源主要是河涝坪水库及陂头和塘坝引水,灌区主要水系为悦城河支流富源水和蓬脚水,灌区内干渠总长度为34.483 km(王晓蕾等,2017)。浙江省降雨充沛,水资源量丰富,受地形条件影响,逐渐形成了山丘区自流灌区、平原河网提水灌区及混合型灌区。自流灌区主要分布在山区及丘陵盆地区,由于降雨多,山丘多,水源就近开发利用,建成了众多的水库、山塘、堰坝。如横锦水库灌区,位于浙江东阳市,设计灌溉面积1.06万 hm²,多年平均降雨量1419 mm,灌溉水源有水库48座、山塘302处、堰坝22处,水源众多,渠首横锦水库灌溉供水量不足40%,其他灌溉用水均由其他水源补充。平原河网提水灌区由众多的小型提水泵站组成,一个小型泵站具有独立的灌溉系统,控制灌溉面积多为20~40 hm²,相当于一个小微型灌区,因此平原河网提水灌区是由众多小微型灌区组成的较大灌区。如浙江钱塘江灌区,处于浙江杭嘉湖平原区,设计灌溉面积4.2万 hm²,河道密度2.3 km/km²,水域面积率7.0,农业灌溉均由1500多个小型泵站从河网提水灌溉。混合型灌区横跨丘陵盆地和平原区,上游

往往是水库、山塘和堰坝形成的"长藤结瓜"灌溉系统,下游则延伸为以小型提水泵站为主的平原河网提水灌片(贾宏伟,2016)

2. 排灌时期和方式　过多的水分会使茎叶徒长,减少养分向地下部运输,使土壤含氧量下降,不利于块茎的生长和膨大,后期土壤水分过多易造成薯块腐烂和不耐储藏。因此,补水过多或过少都不利于马铃薯的营养生长和产量及品质的形成。在生产上应根据品种水分需求特性及种植期间气候条件尤其是降雨状况做好补水或排水工作,为马铃薯生长提供适宜的土壤水分环境(韦冬萍等,2012)。

马铃薯不同生育期需水量明显不同,发芽期芽条仅凭块茎内的水分便能正常生长,待芽条发生根系从土壤吸收水分后才能正常出苗,苗期耗水量占全生育期的 10%～15%;块茎形成期耗水量占全生育期的 23%～28% 以上;块茎增长期耗水量占全生育期的 45%～50% 以上,是全生育期中需水量最多的时期;淀粉积累期则不需要过多的水分,该时期耗水量约占全生育期的 10%。马铃薯生长期间土壤含水量宜保持在田间最大持水率的 60%～85% 为宜。

低纬度东南丘陵区马铃薯以冬种为主,因降雨量丰富,一般很少灌溉,后期多雨水,需要及时清沟排水,防涝排渍,以免雨涝或湿度过大会造成块茎不耐贮藏或腐烂。但广东、广西冬播马铃薯播种较早,苗期易缺水。王海丽等(2013)根据广东省新兴站连续 8 年灌溉试验资料,研究表明马铃薯全期需水量在 198.4～281.8 mm,平均为 239.6 mm。而冬季马铃薯生长期间降雨量在 86.2～337.8 mm,平均为 199.9 mm,冬种马铃薯生长期间降雨量与需水量之比小于 1,且因降雨分布的不均匀性,雨水利用率并不高,因此必须灌溉。传统灌水有畦灌、沟灌、浇灌等方法。

湖南、浙江地区春马铃薯一般不用灌溉,注意清沟排水;但秋薯生长季节常会遇到干热天气,气温高、蒸发量大,薯块会因大气及土壤过分干燥而失水干瘪,影响生长,因此,须及时灌水,时间避开中午高温,不要漫上畦面(杨巍,2019)。

江西地区冬季马铃薯应该掌握水分原则是:前期湿润,中期多水,后期少水。苗期应根据生长情况适量灌水,现蕾至开花期马铃薯需水高峰期结合追肥进行灌水,灌水时只需灌脚背水,然后等土壤自然吸收,防止烂薯、病害传播和养分流失。采收前 7～10 d 停止灌水(胡亮等,2012)。遇连续干旱天气,应向大田灌溉,水深约 10 cm,不可高过薯种位置,以免烂种,影响植株生长(潘熙鉴等,2018)。秋马铃薯种植时如遇到高温干旱天气,应在播后及时浇水,保持厢沟湿润,但水量不应太大;在开花和块茎形成期,这两个时期要勤浇少浇。10—11 月份是秋马铃薯块茎快速膨大期,而江西省正处于秋季少雨季节,要做好旱季灌水工作。11 月份以后可减少浇水次数,霜前浇 1 次小水防霜冻。如遇暴雨则要及时排水,尤其结薯期遇连阴雨天气,要及时排除田间积水,以防烂薯(陈健萍等,2018)。遇连续干旱时,每隔 7～10 d 要给沟(或穴)灌水一次,不可漫灌或串灌;灌水在早晨或傍晚为好,烈日高照时严禁灌水,以免引起大量植株死亡。马铃薯收获前的 10 d 不要再灌水,雨天注意及时清沟排水(敖礼林等,2016)。

福建部分地区冬种马铃薯生长期间一般不需要灌溉(陈丽娟,2018;阮芳菲,2017),但生长前期容易干旱,需及时供水,后期多雨水,注意排涝(罗文彬等,2019)。播种期到现蕾期,沟灌"跑马水",随灌随排;现蕾期到开花期,沟灌底水,保持土壤湿润;开花期到茎叶落黄期,及时灌畦高 1/3 的沟水,畦面吸收后排干,保持畦面湿润状态;成熟期保持畦面干燥,特别是后期遇雨,要及时开沟排积水(王志明,2018)。闽东山区冬种马铃薯出苗时期需水量少,一般在播种后 25 d 左右浇 1 次水,不宜大水漫灌,应采用沟灌方式或勤浇小水,后期严格控制水分以防出现烂薯,在收获前 10 d 左右停止浇水(李成忠,2016)。春播马铃薯应注意及时排灌水,出苗前若遇干旱,应灌一次全沟"跑马水"以湿润土壤;出苗后若遇干旱,则只需灌半沟"跑马水"即可(梁节谱,2018)。秋马铃薯如果遇到干旱天气,要增加灌溉次数,并采取小水顺厢沟灌,使水分充分渗入,多雨的年份,或是一些低洼地方,应注意排水防渍(林媛,2018)。

广东冬种马铃薯播种前如果秋冬季节天气干旱,应先灌水后整地播种,一般不要播后灌水。播后芽条生长期土壤含水量保持在田间最大持水量的 60%~70% 为宜;苗期正值秋冬干旱季节,要及时灌溉,出苗后,天气无雨应灌半沟"跑马水",保持土壤在田间持水量的 70%~80% 为宜。结薯期若遇干旱,要及时灌水或留沟底水,以保持土壤湿润,保持土壤在田间持水量的 65%~85% 为宜;块茎增长期块茎迅速膨大,需水量最多,应维持土壤水分占田间持水量的 75%~90% 为宜;成熟期保持田间最大持水量的 60%~70% 即可,后期水分过多,易造成烂薯和降低耐贮性,影响产量和品质。生长期间灌溉用水量平均为 121.3 mm,平均次数为 6 次。灌水时期主要在 11 月中旬,平均需灌水 2 次;其次为 11 月下旬、12 月下旬、2 月上旬,平均灌水 1 次以上,而 12 月中旬、2 月下旬、3 月上旬基本上不用灌水。马铃薯每次灌水量在生长前期大约为 15~20 mm,中后期每次灌水量在 25~30 mm 之间(王海丽等,2013)。邱平有(2019)介绍,广东冬种马铃薯整个生长期一般灌水 5 次左右。播种后一个星期内灌第一次水,以灌 10 cm 浅沟水为宜,最好是切块已长芽长根后才灌水,不易烂种,以沟灌方式灌水润土,保证畦上的泥土充分湿透,水位约占垄高的 1/3 左右,让水分慢慢渗透进去,直至土壤湿润即可,有积水排干,若有大北风天,可多灌水。但结薯期要少灌水,防止苗徒长,收获前半个月不浇水。在寒流降温来临前 1~2 d,往畦沟内灌半沟水,使畦面保持湿润,以提高近地表层空气湿度,减少地面辐射热的散失,防止冻害的发生,寒流过后要排干水。

广西冬作区马铃薯干旱少雨,土壤过于干旱时,可以采取沟灌的办法湿润土壤,灌水高度达到畦高的 1/3~1/2,保持灌水 1~2 h 后及时排水,防止田间积水。遇到雨水过多的时候,要及时将沟水排掉,不要浸泡超过半天。

3. 水肥耦合　水肥一体化水肥供应模式,可以科学合理控制马铃薯全生育期的水肥供应,确保马铃薯各生长时期所需的水分和养分通过滴灌管道输送到马铃薯的根系,做到水肥供应适量、不浪费,确保马铃薯均衡生长(李越文,2017)。低纬度东南丘陵区马铃薯水肥一体化技术在广东、福建、广西有应用,以广东应用较多。宋丹丽等(2011)指出,广东马铃薯种植主要在秋冬季节,传统的马铃薯栽培是通过大水大肥来实现增产,但由于广东降雨分布不均匀,秋冬季节雨水较少,干旱时有发生,马铃薯灌溉问题突出,加上封行后人工施肥较为困难,因此马铃薯生产极易受到影响,产量很不稳定。通过滴灌施肥的水肥一体化技术,可很好地解决马铃薯生长各个时期的水肥供应问题,达到节水、节肥、省工、增产的效果。

(1)马铃薯水肥一体化技术优势　一是均衡供水。保持土壤水分处于马铃薯生长的最适宜状态,湿度和通气良好,减少了烂种烂薯。二是均衡施肥。按照马铃薯的生长规律施肥,采用"前期少、中期多、后期也有"的合理搭配,达到适量、平衡和精准施肥的效果,比传统施肥节省肥料 40%~60%(石玫莉等,2012)。三是节省人工。肥水作业是在田间固定的点进行,只要将田间布置的阀门打开,将肥料倒入施肥池,人不需下地,提高了种植效率。四是防止病害的传播,减少杂草危害。由于采用的是滴灌,没有地表径流,切断了作物真菌的传播途径,降低了病害发病率(石玫莉等,2012)。五是增加产量与效益。滴灌施肥处理在节约 10% 的生产成本的同时,显著增加马铃薯块茎产量,增幅达 37.31%~47.39%,经济效益显著提高(邓兰生等,2011a;林阿典等,2012;陈康等,2011)。六是保护环境。科学施肥可使肥料流失大幅度减少,减少了对土壤及水体的污染,病害草害减少,也减少了农药和除草剂的使用,有利于生态环境保护(黄进明,2015)。

(2)水肥一体化灌溉系统 冬种马铃薯地块多为冬闲田,翌年还要种植水稻,为不影响轮作,田间管道设计为可回收的,在马铃薯收获时将滴灌带回收,供翌年再用,不影响下茬作物种植,也不会产生田间污染。布置形式为水源—首部—主管—支管—0.10滴灌带,每2行马铃薯中间铺设1条滴灌带,管径16 mm,滴头间距20~30 cm,滴头流量1.0~1.5 L/h,工作压力0.1 MPa。滴灌带铺设应尽量放松扯平,自然畅通,不宜拉得过紧,不宜扭曲。滴灌带铺设与马铃薯播种同时进行。如果场地允许,可在田头建一泵房,将首部安装在泵房里,如果没有场地,可将柴油机水泵或汽油机水泵和过滤器组装在一起成移动式。灌溉以少量多次为原则,每次灌溉面积5~10亩,时间为2~3 h(宋丹丽等,2011)。

(3)水肥一体化肥料管理 适合于滴灌的肥料类型主要是水溶性肥料,如尿素、硝酸钾、氯化钾、磷酸二氢钾、工业级磷铵、硝酸钙、硝酸镁、硫酸镁、马铃薯专用水溶性配方肥以及其他液体肥料。由于滴灌施肥肥料利用率较高,在没有土壤数据和不了解作物养分规律的情况下,防止因施肥过多而导致的过旺营养生长,对初次应用此技术的用户,肥料用量可以按传统用量的40%~50%确定,保证基肥和追肥比例在1:3左右。各种肥料最好采取单独施用的方式,保证肥料不发生反应(宋丹丽等,2011)。李越文(2017)根据测土配方施肥原则,在推荐施肥量定为纯N 168 kg/hm²、P_2O_5 37.5 kg/hm²、K_2O 225 kg/hm² 时,滴灌肥料及用量为:尿素(纯N46%)180 kg/hm²、液体磷铵(含$P_2O_5$29%、纯N10%)150 kg/hm²、硫酸钾(含K_2O50%)450 kg/hm²、硝酸镁(含Mg9.4%、纯N10.9%)315 kg/hm²、硝酸钙(含Ca16.9%、纯N11.8%)270 kg/hm²,氨基酸水溶肥料30 kg/hm²。每10 d追施一次,分8次施入。追肥通过灌溉设施进行,施肥时先开始滴灌清水,待滴灌20 min后开始施肥,整个施肥时间持续0.5~1.0 h,滴完肥料后要继续滴清水20~30 min,保证设备畅通不堵塞。

(4)水肥一体化水分管理 土壤含水量满足马铃薯生长发育的需求,大部分情况下土壤相对含水量为60%~80%有利于作物的正常生长。灌溉要科学适宜,忌过量或不足。沙壤土由于养分吸附能力差,过量灌溉更容易导致肥料淋溶损失。灌溉时间要以灌溉至土壤表层至深度40 cm处于湿润状态为准。可以边滴边挖土层观察湿润深度,湿润深度达到40 cm就停止灌溉。然后隔天观察土壤湿度情况,变干再开始下一次灌溉。正确掌握灌溉时间,防止造成土壤水分不足或过量(李越文,2017)。李小波等(2011)研究了广州地区不同灌溉量对马铃薯生物学特性的影响,结果表明,400 m³/hm² 滴灌处理不仅可显著提高马铃薯的出苗率、产量及商品薯率,而且还能降低田间植株发病率。

(五)植株生长调控

当马铃薯植株出现疯长时,生产上一般使用植物生长调节剂来调控马铃薯植株地上部与地下部的生长,抑制植株地上部的生长,促进植株地下部块茎的膨大。也可以通过整枝、摘心摘花方式调控植物生长。

1. 植物生长调节剂处理 常用的植物生长调节剂有多效唑、烯效唑、矮壮素、丙环唑等。一般在现蕾期、初花期或接近封行时进行叶面喷雾。防止马铃薯植株徒长,促进植株横向生长,使植株矮化,叶片厚茎秆粗,叶色加深,可促进地下部生长,加速块茎膨大,提高产量。还可增强植株的抗寒力,提高作物的抗逆性,有效减轻霜冻寒害。此外,还可喷施浓度为0.2%~0.3%的磷酸二氢钾溶液防止早衰,促进植株健壮。各地喷施方法如下:

马铃薯施N过多,易发生徒长,在现蕾期每亩可用15%多效唑可湿性粉剂15 g兑水

45 kg 喷施,可控制地上部徒长,有助于多结薯块(梁节谱,2018)。张绍艳(2017)介绍,当苗高 33~35 cm 时,可亩用 50 g 多效唑兑水 60 kg 叶面喷施,调节作物生长;洪旭宏等(2016)认为在初花期,每亩用 15% 多效唑可湿性粉剂 50 g 兑水 30 kg 叶面喷雾可控制植株徒长。邱平有(2019)在广东省冬季马铃薯栽培中介绍,播种后 40 d 左右,当马铃薯茎叶接近封行时,每亩用 15 mL 丙环唑兑 45 kg 水喷雾。根据马铃薯生长情况,50 d 左右每亩再用同样的量,15 mL 丙环唑兑 45 kg 水喷一次,可防止马铃薯植株徒长,提高产量。黄显良等(2016)在稻—稻—马铃薯三熟轮作种植模式中介绍,种后 50 d,当马铃薯茎叶接近封行时,用扬彩(丙环•嘧菌酯) 10 mL 兑水 15 kg 喷雾,可有效控制茎叶生长,促进薯块膨大。黄翠流等(2018)建议秋冬种马铃薯在种后 30 d 左右,根据马铃薯生长情况、茎叶接近封行时,用丙环唑药剂进行压苗,过 7~10 d 左右再打一次丙环唑。

2. 摘花、摘心　马铃薯在旺长期和初花期摘除顶心和花蕾,可使块茎增大,增产 10%~15%,特别是花芽较多、生长旺盛的,摘心摘花后增产幅度更为明显。马铃薯摘心后,减少地上部分的生长量,增加地下部分积累,有利于根系生长。马铃薯初花期是块茎膨大旺盛期,摘除花蕾,可减少养分消耗,营养物质可集中到块茎上,促进生长,为增产创造条件。如在摘除花蕾后,叶面喷施 0.2%~0.3% 浓度的磷酸二氢钾,增产效果更显著(刘景春,2001)。李成忠(2016)在闽东山区冬种马铃薯高产栽培技术中建议,现蕾期每隔 15 d 左右摘除花蕾,使养分集中于地下,促进块茎膨大。

3. 整枝　植株营养生长过旺会影响块茎的膨大,分枝太多,形成的匍匐茎多,结薯多,大薯减少。一般每株结 4~5 个薯为好,可根据植株生长情况进行整枝,每株保留两条健壮枝,后期出现的分枝全部去掉(陈家旺等,2006)。

(六)防病治虫除草和应对环境胁迫

低纬度丘陵地区马铃薯以冬种、稻薯轮作为主,生育期短,水旱轮作,病虫害较轻,主要病害有晚疫病、黑胫病、青枯病、疮痂病等,主要虫害有地下害虫、蚜虫等。

具体防治方法见第九章。

七、收获

要适时采收。如过早采收,块茎较小,产量低,薯块发育不够完全,龙葵素含量较成熟期高,未成熟的马铃薯见光更易绿变。过熟采收,会出现烂薯、青薯、裂薯等,影响产量和质量,不耐贮运。低纬度丘陵地区冬种马铃薯收获一般以广东、广西最早,2 月下旬至 3 月收获,湖南、江西、浙江在 4 月中下旬至 5 月中上旬收获,福建 3—5 月均有收获。各地秋马铃薯收获时间一般为 11 月下旬至 12 月下旬。

(一)收获时期的确定

马铃薯叶片大部分枯黄,即达到生理成熟阶段,典型特征为植株茎叶由绿转黄,并逐渐枯萎,块茎脐部易与匍匐茎分离,块茎表面形成较厚的木栓层,块茎停止生长发育,干物质含量达最高限度。一般生理成熟阶段为最适收获期,但最佳收获时期并不完全看成熟期,还要看商品薯用途、市场行情、天气状况、轮作要求确定。

1. 根据成熟期确定收获期　茎叶 70%~80% 呈现枯黄时表明薯块已成熟,即可收获。鲜食用薯块和加工薯块以达到成熟期收获为宜,最好在马铃薯成熟后 7~10 d 收获,让马铃薯表皮充分成熟、木质化，避免在收获时马铃薯表皮破损，而且这时收获马铃薯产量最高，干物质含量最高，还原糖含量最低，品质最好。低纬度东南丘陵区马铃薯种植以鲜食为主，少量用于加工。黄显良等（2016）在"稻—稻—马铃薯"三熟轮作种植模式的特点及高效栽培技术中提到，由于大西洋品种主要用途是深加工，为了实现经济效益最大化，应在马铃薯大部分茎叶枯黄充分成熟后抢晴采收。张东荣等（2014）认为，当马铃薯植株茎叶自然生长达到70％～75％黄化老熟，地上茎叶有三分之二枯黄出现，这个时候马铃薯的干物质含量已达到最大的量值，这个时间是马铃薯的最适收获期。

2. 根据市场情况确定收获期　马铃薯生产不仅追求高产，更重要的是取得较高的经济效益。因此，有时不一定要等到生理成熟时才收获，当薯块达到销售要求，市场行情好，就可收获。

马铃薯收获期可持续较长时间，根据市场行情的变化，产量最高的收获时期不一定是经济效益最好的时期。虽然马铃薯在生理成熟时产量最高，但此时的价格由于受市场影响有可能不能够获得最高的经济效益。因此，需要结合市场价格的走向和马铃薯产量全面衡量早收或晚收的经济效益，在效益最大时期收获，以提高马铃薯生产经济效益。湖南地区冬种马铃薯，部分农户会提早收获上市，尽管产量不是最高，但由于价格高，经济效益也好（吴仁明等，2011）。杨巍（2019）在秋马铃薯种植技术中也指出，秋马铃薯不耐严霜，但可耐轻霜，初霜损伤部分嫩茎、嫩叶时，块茎尚能利用地上健壮茎叶中的养分继续膨大，可适当晚收，视行情陆续采挖上市。

3. 根据天气情况确定收获期　收获时宜选择在无雨、土壤较干时进行。便于挖取，薯块不易沾泥，含水量低，便于贮运；不要在阴雨天采收，易烂薯。秋马铃薯的收获需考虑下霜时间，低山平原地区下霜迟，无霜期长，可等茎叶完全枯黄成熟时收获，甚至可延迟15～30 d收获，以适当保持马铃薯的鲜活度，延长马铃薯上市时间。中高海拔地区下霜早，无霜期短，为防止薯块受冻，可在霜降来临前收获。

4. 根据轮作制度确定收获期　收获期还需考虑下茬作物的种植时间，不能太晚收获。低纬度东南丘陵区马铃薯种植以冬播为主，稻薯轮作，为了不影响后茬水稻种植，一般需要在6月前完成收获，如种植结薯早的中晚熟品种，常常不等茎叶枯黄成熟即要提早收获。

（二）收获方法

正确的收获方法不会造成马铃薯表皮过多损伤，可以减少马铃薯的烂薯率、破损率。马铃薯损失率应小于5％、伤薯率应小于5％，保护马铃薯不受晚疫病、干腐病、环腐病等病菌的直接侵染。

1. 提前割秧　割秧，即在挖薯前几天采用人工或机械割去地上茎叶部分，有利于土壤水分蒸发，加速马铃薯的成熟，使薯表皮变硬，水分减少，降低马铃薯在收获时的机械损伤。正常地块提前1～3 d把薯秧割除；田间湿度大或土湿黏重地块，收前3～7 d割除秧苗。雷玉明等（2011）研究，最适割期为提前5～10 d，最适留茬高度为0～5 cm，烂薯率明显下降。谢河山等（2017）指出采收前若植株未自然枯死，可提前7～10 d杀秧。实际生产中，很多农户没有割秧习惯。

为了避免田间杂物过多，便于收获，要求将收割的秧苗运走，但当遇到收获的马铃薯不能及时包装、运走，又将遇到较强的阳光照射时，在不影响收获的情况下，可把秧苗就近放置，以便随时用其覆盖马铃薯，避免暴晒。

2. 避免机械损伤　收获时应注意减少马铃薯块茎被人为或机械损伤。人工挖薯时,要看准马铃薯主茎位置,锄头从主茎两侧15～20 cm处挖,避免锄头直接损伤薯块,减少破薯。薯块挖出后,不能用锄头分离薯块与土块,要用手分离薯块与土块,避免损伤薯块表皮,导致病菌侵染。装捡薯块时,要轻拿轻放,防止薯块擦伤、撞伤。采用条筐或塑料筐装运马铃薯,最好不用麻袋或草袋,以免新收的块茎表皮擦伤。

3. 适度晾晒　薯块在收获后,含水量多,组织脆嫩,在生理上呼吸与蒸腾作用也都很旺盛,直接装袋,会使湿度增大,引起微生物繁殖而导致腐烂。收获时不要即挖即捡,可在田间就地稍加晾晒,晾干薯块表面水分,经过晾晒,薯皮不易损伤,也更利于储运。但晾晒时间一定要适宜,晾晒时间过长,薯块将失水萎蔫,降低马铃薯的商品品质。晾晒时间过短,水分未充分散发,在储运期间易引发腐烂、病害。田间晾晒时间在2～4 h,只要多余的水分、热量充分散失就可。

4. 避免暴晒　收获时选择晴天便于捡拾、包装等田间操作,但收获后的马铃薯经阳光暴晒后,薯块易变绿,更容易腐烂变质。因此,晴天收获时需尽量避开中午前后的高温和阳光暴晒。正确的收获时间是晴天的11:00前、15:00后。同时,对于已经收获而当天不能包装的马铃薯以及已经包装好而不能及时运走的马铃薯,也要注意不能被阳光直射,及时采用避光覆盖物遮挡,或选择温度较低的地方避光放置。研究表明,在15 ℃条件下,块茎在有光照时,2 d后即开始绿化,以后逐渐加深,叶绿素含量增加,龙葵素与叶绿素几乎同时增加。而在黑暗条件下则未见绿化,也未见叶绿素含量增加(李春禄,1994)。

5. 分批收获　常规栽培一般收获时一次全收,稻草覆盖栽培和保护地栽培可以根据薯块大小分次收获。先把大薯块挖出来早上市,让小薯块继续生长(李礼,2019)。谢小聪等(2018)在浙南山区马铃薯稻草覆盖优质高效栽培改良技术中也提到,在采收时,根据市场需求,将覆盖的土草掀开先选取较大的马铃薯采收,然后将土草再覆盖到表面,使小的马铃薯继续成长,不要将马铃薯不分大小全部采收。通过这种方式,能够更好地掌握市场需求而进行采收,既可以获得高产丰收,又提高经济效益。林媛(2018)介绍稻草覆盖种植的马铃薯70%以上都在土面上,只要将稻草拨开捡收即可,十分方便。也可进行分批采收,将大薯采收完后,继续将稻草覆盖好,让小薯继续生长。这样就能根据市场需求,选择不同时间上市,既能提高马铃薯产量又能保证价格。曾小林等(2018)在鄱阳湖植棉区马铃薯棉花连作轻简高效栽培技术中也提到,如果市场行情好,可从即将成熟的马铃薯植株旁拔开覆盖物取出大点马铃薯后将覆盖物复原,使小的马铃薯继续生长。

6. 清除薄膜　覆膜栽培,在收获前、割秧后要将田间的膜清理干净,做无害化处理,切忌乱扔在田里造成污染。

八、马铃薯规模化机械化生产现状和发展趋势

马铃薯是东南低山丘陵地区冬季重点发展的经济作物之一,主要利用冬闲田和旱坡地进行种植,在生育期3个月左右的时间内快速上市,填补冬季与春季新鲜马铃薯供应的空白期。东南低山丘陵地区土地田块面积小,以零星种植为主,机械化发展一直难以取得突破性发展,栽培技术以高垄双行覆膜或稻草覆盖为主,且收获时正值梅雨时节,土壤具有含水量高、黏性大、易板结等特点,对马铃薯机械要求较高,目前市面上暂时没有能满足该地区冬种马铃薯特点与要求的机械,所以一直以来以人工种植为主,劳作强度大,成本高,效益不稳定,很大程度上影响了农民种植马铃薯的积极性。农业机械化是马铃薯种植规模化发展的重要基础和措

施,据估计,通过马铃薯机械化生产,每亩可增产约 400 kg,增效约 1200 元,能够有效地调动农户种植马铃薯的积极性。为充分发挥机械在马铃薯生产中的积极作用,减轻劳动强度,降低成本,增加农户收入,科研院所在引进和研发适宜当地马铃薯生产作业机械、配套相应栽培技术等方面做了大量工作。

(一)马铃薯机械化应用现状

马铃薯机械化种植关键在播种与收获两大部分,也是劳动强度最大与人工成本比例高的环节,提升马铃薯种植机械化水平即主要解决好机械化播种与收获的问题。高明杰等(2017)在两广及福建地区调研马铃薯机械应用现状,发现中耕和收获环节基本全靠人工操作,每亩人工成本约在 1000 元以上,约占总成本的 40%。目前马铃薯机械化播种可以进行整地、开沟、起垄、播种、覆土、覆膜等种植工序,应用的机械有山东华兴公司生产的小型耕整机,很适合稻草包心或黑膜覆盖栽培技术模式的起沟和覆土;勺链式垄作机型机械可一次性完成开沟、起垄、施肥、播种、喷药和覆膜等作业;2TD-S2 型培土机可实现马铃薯覆膜后的培土工作,且上土均匀;2CM-2/1 型种植机配套单垄单行种植技术增产效果较好等。

市场上现有的马铃薯收获机械主要分两种:一种是联合收获机,可一次完成杀秧、收获、分离和装车等多项操作;二是中小型单项挖掘机,薯块挖掘与薯土分离可机械实现,但分拣装袋则需人工操作。南方冬种马铃薯种植规模小、配套拖拉机动力小,较适合推广中小型收获机。肖军委等(2009)调研广东省常见的冬种马铃薯收获机械主要有 3 款:洪珠 4U-60 型马铃薯收获机,能将薯土经摆动后分离,但需人工分拣装袋垄上的马铃薯;金凤 4UM-2 型马铃薯挖掘机是一种以手扶拖拉机为配套动力的挖掘机,可根据垄高和种植深度随时方便调整操作深度;鸿发 4UMS-700 型收获机,亦可实现薯土分离,还能用于红薯和胡萝卜等作物的收获。江立凯等(2016)介绍有中机美诺 1520 型双行挖掘机、富邦 4U-2 型收获机、天成 4UQ-165 型、4UX-80 型收获机和光明农机 4UM-1 型马铃薯收获机。1 JH-110 型杀秧机在收获前 7 d 左右杀秧可使薯皮变厚、老化;洪珠 4U-83 型加长收获机可减少薯皮损伤,提高收获效率。通过马铃薯种植与收获机械的应用示范,显著地提高了产量,同时降低了生产成本。

(二)马铃薯机械化存在的问题

现有的马铃薯机械多针对北方马铃薯垄作或平作种植工艺及种植环境研制,虽然近年来已有部分农机公司自主研发了从耕种开沟、施肥、播种、覆膜、喷药和收获适合南方种植特点的分段操作机械,但耕地田块分散、面积小,流转的田块不能打破田埂边界,很大程度上限制了机械的应用,尤其冬种马铃薯收获时正值雨季,土壤含水量大,导致整体效果并不好,机械化生产存在许多问题。

1. 生产环境限制　东南低山丘陵地区多数马铃薯种植在山区,面积规模小且形状不规则,土地平整性差,机械播种时机具易走弯,使得垄面弯曲。即使人工种植,为最大化土地利用率,农户亦会采取弯曲走向,导致马铃薯机械化收获时工况不一致。其次,丘陵地带地块面积普遍偏小,机械收获时需频繁掉头,这要求马铃薯收获机配套动力底盘尺寸尽可能小,同时由于种植农艺对垄距的要求,很大程度上限制了马铃薯机械的功率。东南低山丘陵地带雨水多,土壤黏度大,且马铃薯播种多在冬季,收获在次年春季梅雨季节,使得马铃薯机械播种和收获难度加大。中国马铃薯机械研发主要针对北方马铃薯主产区,在土地平整、地块大和沙性土壤条件下能获得良好的效果,但是缺乏针对丘陵地区黏性土壤条件下适宜操作的马铃薯机械。

2. 种植农艺多样性的制约　冬种马铃薯多采用高垄双行覆盖栽培模式,播深一般在 10～15 cm,行距在 55～65 cm,株距在 20～25 cm,垄高 30～40 cm,与北方种植农艺存在一定差异,致使马铃薯机械播种和收获在实际操作中出现重播、漏播、压碎薯块、挤伤薯块等问题。东南低山丘陵地区马铃薯生育期较短,从出苗至收获时间约为 2～3 个月,种植的多为鲜食型马铃薯,收获时间一般根据市场行情而定,使得马铃薯收获时不一定成熟,薯块含水量较大,薯皮鲜嫩,极易在收获过程中造成薯皮损伤。

3. 经济效益不明显　东南低山丘陵区种植规模小,机械作业时间短,设备的成本均摊较大,投入回收期长,个人或合作组织投资购置马铃薯生产机械资金压力大;其次,机械的环境适应性较差,使得薯块破损率和漏收率较高,商品薯产量的下降给农户造成了直接的经济损失;第三,财政对农机化推广的投入有限,用于推广马铃薯生产机械化的资金相对不足,这些问题严重制约了马铃薯生产机械化的大面积推广。

4. 专业型人才缺乏　丘陵地区农机使用者大多是种植户,机械操作基本依靠自己累积的经验,没有经过专门的机械技术培训,缺乏专业的操作技术知识,经常出现操作不当或因维护不力使得机械利用率低和使用寿命下降的情况。

(三)规模化机械化生产的建议与对策

1. 加大政策支持力度,实现产业快速发展　产业的发展需要各级政府的支持。在农作物规模化机械化生产方面,各地相关政府应当大力支持。在规模化生产方面,通过减免地租,设置规模补贴等的方式鼓励有能力的农户扩大种植面积,鼓励马铃薯种植户之间成立合作社,进行统一管理。在机械研发方面,对相关中小型企业在贷款、税收等方面进行扶持,同时严格把关新型机械的质量,保证马铃薯生产机械的有效供给。在机械流通上,对农户购买机械给予一定补贴,引导银行提供购置农用机械的低息贷款和保险担保等,来促进东南低山丘陵地区马铃薯规模化、机械化的快速发展。

2. 以实际需求为导向,促进农机农艺融合　东南低山丘陵地区马铃薯机械的研发应当着眼于当地的地形地貌、土壤状况有针对性的研发,必须要保证机械的实用性。因此建议农机生产方与农业科研人员相结合,依据东南低山丘陵地区的马铃薯种植特点,在保证机械质量的同时,开发出操作简便,设备轻便小巧且适用于当地马铃薯生产的机械,先示范后推广,在提高效率的同时保证农户实实在在享受机械化带来的好处。

3. 完善服务链条,保证机械化的可持续性发展　目前在东南低山丘陵地区机械的运用上,已有小型机械。但是由于部分机械的适用性差,质量参差不齐,有一部分机械存在买而不能用、坏而不能修的状况,导致大量资源闲置,机械化发展大打折扣。针对这类问题,建议机械生产厂家在保证质量的同时对存在较大马铃薯种植面积区域实行分区域定制,量身打造适合当地的机械。在机械构造方面应当作详尽的说明,并保证各机械零件的充足供应,保证马铃薯机械的使用寿命。在旧机械回收再利用方面多下功夫,避免资源的闲置与浪费。

4. 培养专业人才,加快机械化推广　马铃薯机械化的推广离不开专业人才的培养,各级农业学校、农业部门、各机械生产厂商应当适时开展机械使用的培训,着力培养基层农技人员和种植大户,让他们先行学会,再向本区域内推广。同时,有要求的区域、合作社可以自发设置机械服务队,将机械的使用交给专业的人来操作,从而提高马铃薯机械的使用效率,保证马铃薯机械化的大力推广。

（四）规模化机械化生产的前景与展望

农业机械化生产是转变农业发展方式、提高农村生产力的重要基础，是实施乡村振兴战略的重要支撑。没有农业机械化，就没有农业农村现代化。随着农村人口比重逐年下降，人力资源成本的上升，马铃薯产业上需促进农机农艺融合、机械化信息化融合，保证农机服务模式与农业适度规模经营相适应、机械化生产与农田建设相适应，加快全程机械化生产的推广步伐。可以说，全程机械化生产是马铃薯产业实现现代化的必由之路。

参考文献

敖礼林，邹珠妹，2016.秋马铃薯增产增效延迟栽培技术[J].科学种养(9):17-17.

蔡仁祥，2015.浙江省鲜食马铃薯春、秋季高效栽培技术[J].浙江农业科学,56(6):862-863.

曹榕彬，2012.马铃薯3414施肥试验研究[J].福建农业科技(7):45-49.

曹先维，汤丹峰，陈洪，等，2013.高产冬种马铃薯的钾素吸收、积累、分配特征研究[J].热带作物学报,34(1):33-36.

曹雪莹，陈智毅，唐秋实，等，2017.金针菇菌糠啤酒糟有机肥对土壤及马铃薯品质的影响[J].食品安全质量检测学报,8(6):2140-2145.

陈春松，2016.脱毒马铃薯"兴佳2号"特性及栽培技术[J].农业工程技术,36(5):54-54.

陈洪，张新明，全锋，等，2012.适于冬作马铃薯的氮钾基追肥分配模式研究[J].热带作物学报,33(8):1384-1388.

陈华赘，2016.马铃薯兴佳2号稻草包心高产栽培示范小结[J].福建稻麦科技,34(4):39-40.

陈家旺，陈汉才，潘荣新，2006.广东地区马铃薯栽培技术[J].广东农业科学(1):87-89.

陈健萍，张萍，孙亮，等，2018.宜春地区秋马铃薯露地高产种植技术[J].农业科技通讯(3):213-214.

陈康，邓兰生，涂攀峰，等，2011.不同水肥调控措施对马铃薯种植土壤养分运移的影响[J].广东农业科学,38(20):51-54.

陈丽娟，2018.顺昌县冬种马铃薯优质高产栽培技术探讨[J].基层农技推广(7):82-83.

陈少珍，2011.冬种马铃薯不同施肥量比较试验[J].福建农业科技(1):77-78.

陈小苑，罗伟中，曾志，2011.不同种植方式与种植密度及施肥量对冬种马铃薯产量的影响[J].农业科技通讯(10):45-47.

陈秀平，2017.山区优质马铃薯栽培技术[J].福建农业科技(3):56-57.

陈艳，2007.冬季马铃薯平衡施肥效果初探[J].福建农业科技(5):77-78.

陈耀福，黎保序，张远秋，2007.冬种马铃薯＋双季稻一年三熟三免耕栽培新模式[J].广西农学报,22(2):19-21.

陈永兴，2007.冬种马铃薯测土配方施肥试验[J].中国马铃薯,21(5):283-284.

陈哲明，2016.施肥和种植模式对马铃薯生长、产量与品质和土壤肥力的影响[D].长沙:湖南农业大学.

陈振于，2019.马铃薯配方施肥效益对比试验研究[J].上海蔬菜(6):78-79.

陈志辉，宋志荣，2014.玉米立体间套种植技术[J].湖南农业(2):27-27.

程凯凯，李超，汪柯，等，2016.湖南省稻田农作制度的问题与发展[J].湖南农业科学(2):107-110.

崔远来，吴迪，王士武，等，2018.基于改进SWAT模型的南方多水源灌区灌溉用水量模拟分析[J].农业工程学报,34(14):94-100.

代启贵，张帆，徐鹏举，等，2019.冬作马铃薯商品有机肥适宜用量研究[J].广东农业科学,46(3):57-57.

戴树荣，2010.应用"3414"试验设计建立二次肥料效应函数寻求马铃薯氮磷钾适宜施肥量的研究[J].中国农学通报,26(12):154-159.

邓兰生,林翠兰,龚林,等,2011a.滴灌施用不同氮肥对马铃薯生长的影响[J].土壤通报,42(1):141-144.

邓兰生,涂攀峰,齐庆振,等,2011b.滴施不同比例的 K_2SO_4/KCl 对马铃薯生长的影响[J].安徽农业科学,39
   (1):166-168.

董文,2018.施肥水平对湖南春马铃薯生长、产量及养分积累与分配的影响[D].长沙:湖南农业大学.

付华军,肖广江,简营,等,2018.复合微生物肥料在大西洋马铃薯上的应用效果研究[J].现代农业科技(24):
   67-68.

高明杰,罗其友,张萌,等,2017,2017年中国南方冬作区马铃薯产销形势分析——基于广东、广西和福建的调
   研[J].农业展望,13(4):37-39.

郭志平,2007.克新4号马铃薯高产施肥技术的研究[J].中国土壤与肥料(5):29-31.

郭志平,夏更寿,2007.克新12号马铃薯高产施肥措施的研究[J].丽水学院学报,29(2):40-42.

何爱珍,2013.马铃薯—玉米—甘蓝周年三茬连作栽培模式[J].中国果菜(3):19-21.

何虎翼,谭冠宁,何新民,等,2017.红肉火龙果间种马铃薯栽培技术研究[J].热带作物学报,38(3):478-481.

何荫飞,廖丽丽,黄云年,2010.广西马铃薯稻草覆盖免耕栽培种植密度和施肥量比较试验[J].河北农业科学,
   14(12):16-19.

洪彩志,戴树荣,2010.南安市马铃薯测土配方施肥指标的研究[J].江西农业学报,22(9):6-6.

洪旭宏,魏洁贤,蔡细芬,等,2016.粤红一号马铃薯地膜覆盖高效栽培技术[J].农业科技通讯(8):203-205.

胡亮,王婷,2012江西地区冬季马铃薯栽培技术要点[J].黑龙江农业科学(7):157-158.

黄春东,李兰青,周灵芝,等,2015.春花生—秋甜糯玉米—冬马铃薯一年三熟高产高效栽培技术[J].现代农业
   科技(19):60-61.

黄翠流,肖军委,孙贵强,等,2018.秋冬种马铃薯高产试验示范及其栽培技术[J].广西农学报,33(3):16-19.

黄恒掌,秦祖臻,谢恒,等,2012.水稻—四季豆—马铃薯"吨粮万元田"高产高效栽培技术[J].中国农技推广,
   28(3):27-29.

黄洪明,吴美娟,吴早贵,等,2019.肥料类型与用量对春马铃薯产量性状及效益的影响[J].浙江农业科学,60
   (8):1450-1452.

黄继川,彭智平,于俊红,等,2014.不同钾肥用量对冬种马铃薯产量、品质和钾肥利用率的影响[J].中国农学
   通报,30(19):167-171.

黄婕,李红松,2016.桂北地区幼龄果园套种马铃薯冬种栽培技术[J].现代农业科技(14):79-79.

黄进明,2015.水肥一体化技术在马铃薯栽培中的应用[J].南方农业,9(24):55-55.

黄美华,冯剑,徐鹏举,等,2016.氯化钾与硫酸钾配施对马铃薯干物质及产量效益的影响[J].广东农业科学,
   43(3):101-105.

黄显良,姜先芽,陈茂妥,等,2016.浅析"稻—稻—马铃薯"三熟轮作种植模式的特点及高效栽培技术[J].农业
   科技通讯(6):202-204.

黄艳岚,张超凡,张道微,等,2018.马铃薯氮磷钾效应试验分析初报[J].中国农学通报,34(27):39-44.

黄瑶珠,高旭华,谢东,等,2018.生物降解地膜田间应用降解效果及对后茬早稻产量的影响[J].现代农业科技
   (23):1-3.

黄子乾,赖廷锋,韩宗岚,2009.大蒜间作马铃薯免耕测土配方施肥栽培技术[J].中国园艺文摘,25(8):
   167-167.

贾宏伟,2016.南方行政区域农业灌溉用水总量测算技术方案探讨[J].中国农村水利水电(5):65-67.

江立凯,马旭,武涛,等,2016.南方冬种马铃薯收获机的应用现状与研究展望[J].农机化研究(7):263-268.

江志伟,柳春美,林敏莉,等,2006"春马铃薯/鲜食春玉米—秋马铃薯/鲜食秋玉米"四熟高产高效栽培技术
   [J].北方农业学报(S1):136-137.

江宗安,2017.高海拔山区马铃薯高产栽培技术[J].上海农业科技(1):68-68.

姜巍,刘文志,2013.马铃薯测土配方施肥技术研究现状[J].现代化农业(3):11-13.

康玉珍,刘朝东,陈仕军,等,2011.江门市冬种马铃薯生产现状与发展对策[J].广东农业科学,38(14):20-22.

雷丽花,赵希城,2014.南方马铃薯高效栽培技术[J].北京农业:下旬刊(11):50-50.

李炳元,潘保田,程维明,等,2013.中国地貌区划新论[J].地理学报(3):5-20.

李成晨,安康,索海翠,等,2019.广东省冬种马铃薯施肥现状调查与施肥对策[J].热带作物学报,40(10):2054-2060.

李成忠,2016.闽东山区冬种马铃薯高产栽培技术[J].福建农业科技(6):34-36.

李春禄,1994.光照与温度对马铃薯绿化及龙葵素含量的影响[J].中国马铃薯,8(2):124-125.

李礼,2019.春播马铃薯高产栽培新技术[J].农家参谋(4):98-98.

李璐,李树举,杨丹,等,2018.秋马铃薯产业现状与发展对策[J].中国马铃薯,32(6):379-382.

李淑仪,邓许文,陈发,等,2007.有机无机肥配施比例对蔬菜产量和品质及土壤重金属含量的影响[J].生态环境:生态环境学报,16(4):1125-1134.

李树举,王素华,杨丹,等,2019.马铃薯新品种"兴佳2号"在湖南的引种表现及配套栽培技术[J].中国马铃薯,33(3):140-140.

李挺,2000.马铃薯/冬瓜—晚稻新3熟特点及高产高效栽培技术[J].耕作与栽培(1):10-54.

李小波,涂攀峰,刘晓津,等,2011.不同灌溉量对广州地区马铃薯生物学性状的影响[J].中国马铃薯,25(5):282-285.

李小萍,陈少珍,王惠珠,等,2010.马铃薯氮钾肥适宜施用量研究[J].福建稻麦科技,28(3):19-21.

李新文,2015.蚕豆/春玉米-夏玉米-秋马铃薯四熟高产高效栽培技术分析[J].农民致富之友(14):77-77.

李亚庆,2017.湖南省马铃薯产业发展问题研究[D].长沙:湖南农业大学.

李越文,2017.梅州市梅县区马铃薯水肥一体化技术应用探讨[J].现代农业科技(9):112-112.

李钟平,成艳红,孙永明,等,2014.稻草覆盖条件下冬马铃薯控释氮肥肥效研究[J].江苏农业科学,42(9):75-77.

连文顼,2008.山区春马铃薯—超级稻—秋马铃薯栽培技术[J].中国马铃薯,22(5):312-313.

梁节谱,2018.春播马铃薯优质高产栽培技术要点[J].南方农业,12(14):46-46.

梁金莲,刘永贤,黄艳珠,等,2009.不同施肥水平对冬种免耕马铃薯产量及经济效益的影响[J].广东农业科学(12):92-94.

梁丽萍,2011.冬种马铃薯少耕稻草夹心间种甜玉米技术[J].农业研究与应用(5):67-68.

梁宁珠,2013.不同氮肥施用量与施肥方式对冬种马铃薯产量的影响[J].中国园艺文摘,29(7):26-28.

廖华俊,江芹,闫冲冲,等,2017.安徽省稻茬田马铃薯产业发展思考与实践[C]//屈冬玉,陈伊里.马铃薯产业与精准扶贫.哈尔滨:哈尔滨地图出版社.

林阿典,黄玉芬,黄沛深,等,2012.广东冬种马铃薯水肥一体化技术研究[J].广东农业科学,39(7):46-47.

林清华,2014.地膜覆盖马铃薯和毛芋——秋马铃薯高效栽培及技术[J].农业与技术(2):141-141.

林万树,黄功标,曹榕彬,等,2015.古田马铃薯氮磷钾肥料效应及其施肥指标体系的研究[J].热带作物学报,36(5):865-871.

林永忠,2008.闽东南冬马铃薯的气候生态与标准化栽培[J].江西农业学报,20(8):14-16.

林媛,2018.柘荣县马铃薯稻草覆盖栽培技术[J].农民致富之友(12):123-123.

林梓烨,刘先彬,张金荣,2015.间作玉米对连作马铃薯光合作用的调节作用[J].农业与技术,35(14):7-7.

刘东生,龙曼丽,李正美,2015.马铃薯平衡施肥技术[J].湖南农业:下半月(11):15-15.

刘芳,李飞,王文龙,等,2019.夏玉米-蚕豆-马铃薯周年三熟高效种植技术[J].现代农业科技(7):36-37.

刘景春,2001.马铃薯摘心摘花增产[J].农村新技术(加工版)(12):5-5.

刘明月,秦玉芝,何长征,等,2011.南方冬闲田马铃薯播种技术[J].湖南农业大学学报(自然科学版),37(2):156-160.

刘文奇,徐世宏,马善团,等,2013.广西马铃薯产业发展现状和潜力分析与对策思考[J].南方农业学报,44(3):535-539.

刘雪芬,林杏,刘小铃,等,2018.白菜—马铃薯—单季晚稻高效栽培模式[J].江西农业(16):10-10.

刘燕,李炎林,余泓,等,2012.不同栽培土壤条件下土壤肥力和马铃薯植株营养动态的变化研究[J].中国农学通报,28(7):243-250.

柳焕新,邵庭,陈朱侃,等,2018.马铃薯"兴佳2号"在兰溪市的种植表现及配套栽培技术[J].上海农业科技(4):82-83.

龙增群,贾兴娜,钟春燕,等,2012.不同密度和施肥水平对马铃薯产量的影响[J].现代农业科技(7):114-115.

陆昆典,李春光,韦小贞,2013.冬种马铃薯黑膜夹层覆盖栽培氮肥和钾肥不同用量和组配对植株及产量的影响[J].江西农业学报,25(2):10-13.

罗胜奎,2008.密度、栽植方式与施氮量对马铃薯产量的影响[J].耕作与栽培(5):33-33.

罗文彬,李华伟,许泳清,等,2019.南方冬作区马铃薯新品种"闽薯2号"[J].园艺学报,46(10):2067-2068.

马加瑜,陈坚平,何贤超,2013.棒菜—马铃薯—露地西瓜/春玉米高效栽培技术[J].现代农业科技,(11):99-99.

马江黎,杨丽,李晓旭,等,2016.秋季马铃薯栽培技术规程[J].中国园艺文摘,32(10):159-160.

马雄华,2016.闽东地区春马铃薯栽培技术[J].上海蔬菜(3):33-34.

莫静玲,陈雪芳,赵倩欣,2019.武宣县冬种马铃薯产业发展现状及对策[J].现代农业科技(6):65-66.

慕云,2006.湖南冬闲田马铃薯栽培关键技术研究[D].长沙:湖南农业大学.

倪玮,2018.沿海不同栽培方式对马铃薯生长和产量的影响[J].农业科技通讯(1):85-87.

潘熙鉴,丁成清,王能喜,2018.马铃薯全程机械化栽培技术[J].江西农业(20):4-4.

覃庆芳,苏伟东,2017.桂南地区冬作马铃薯高产栽培技术探讨[J].南方农业,11(36):14-15.

秦忠明,王鹏,陈辉云,等,2012.不同肥料种类及种植密度对早熟马铃薯费乌瑞它产量的影响[J].现代农业科技(6):124-125.

秦忠明,周思菊,吴艳艳,等,2014桂北地区冬种马铃薯高产栽培技术[J].现代农业科技(13):85-86.

邱平有,郑丹丹,邱元金,2019.广东省冬季马铃薯栽培管理措施[J].中国果菜,39(1):75-77.

阮芳菲,2017.马铃薯兴佳2号黑色地膜覆盖栽培增产增收技术[J].中国农技推广,33(5):29-30.

邵国民,吴列洪,朱华丽,2019.诸暨市马铃薯双膜覆盖设施栽培技术[J].武汉蔬菜(17):31-33

沈卫月,2016.葡萄园套种马铃薯省力化栽培技术[J].武汉蔬菜(19):35-36.

施春婷,黄勇,叶建春,等,2015.不同钾肥用量对冬种马铃薯产量和相关性状的影响研究[J].中国农技推广,31(7):34-36.

石玫莉,陆兴伦,宾士友,等,2012.马铃薯水肥一体化技术应用试验研究[J].广西农学报,27(2):11-14.

宋丹丽,林翠兰,张承林,等,2011."水肥一体化"技术在马铃薯栽培中的应用[J].广东农业科学,38(15):46-48.

宋景雪,2008.闽北马铃薯生产优势及栽培技术[J].福建农业(12):12-13.

孙波,张桃林,赵其国,1995.我国东南丘陵山区土壤肥力的综合评价[J].土壤学报,32(4):362-369.

谭乾开,黎华寿,林洁,等,2012.不同施肥配方对冬种马铃薯农艺性状和产量质量的影响研究[J].中国农学通报,28(33):166-171.

汤浩,翁定河,杨立明,等,2006.福建冬种马铃薯生产技术研究[J].福建农业学报,21(3):198-202.

唐拴虎,黄旭,解开治,等,2008.马铃薯应用缓释肥效果研究[J].广东农业科学(6):7-9.

唐洲萍,何虎翼,覃少军,等,2015.冬种马铃薯黑地膜覆盖栽培技术[C]//屈冬玉,金黎平,陈伊里.马铃薯产业与现代可持续农业.哈尔滨:哈尔滨工程大学出版社.

王海丽,王小军,古璇清,等,2013.冬种马铃薯需水规律及适宜土壤水分调控技术研究[J].广东水利水电(11):8-12.

王俊良,龙启炎,吕慧芳,2014.不同施钾量和种植密度对保护地马铃薯的效应研究[J].上海蔬菜(6):44-46.

王凯,2016.冬作马铃薯氮磷钾营养特性与合理施肥的研究[D].广州:华南农业大学.

王立明,2019.冬播大棚马铃薯—鲜食玉米—八棱丝瓜一年三熟高效栽培技术模式[J].中国农技推广,35(7):

43-44.

王启斌,2018.马铃薯高产栽培集成技术[J].农民致富之友(10):151-151.

王士武,郑世宗,2016.南方多水源型灌区灌溉水利用系数确定方法研究[J].中国农村水利水电(8):109-112.

王素华,段慧,万国安,等,2018.常德稻区马铃薯肥料效应模型研究[J].广东农业科学,45(11):68-73.

王铁忠,项雄,郑元煦,2006.稻田免耕稻草覆盖马铃薯的产量及商品性研究[J].中国农学通报,22(9):167-169.

王晓蕾,陈子平,孙春敏,2017.利用降雨量资料计算德庆县河涝坪水库灌区水量平衡的方法研究[J].广东水利水电(6):1-6.

王志明,2018.费乌瑞它在南安市的示范种植表现及高产栽培技术要点[J].南方农业,12(23):34-34.

王中美,李树举,王素华,等,2014.湖南省"中薯5号"深沟高垄覆膜栽培技术的应用[C]//屈冬玉,陈伊里.马铃薯产业与小康社会.哈尔滨:哈尔滨工程大学出版社.

韦本辉,甘秀芹,陈耀福,等,2011.稻田粉垄冬种马铃薯试验[J].中国马铃薯,25(6):342-344.

韦冬萍,韦剑锋,吴炫柯,等,2012.马铃薯水分需求特征研究进展[J].贵州农业科学,40(4):66-70.

韦冬萍,宋书会,韦剑锋,等,2015.施氮量对冬马铃薯生理性状及产量的影响[J].江苏农业科学,43(11):122-124.

韦剑锋,韦巧云,梁振华,等,2015.施氮量对冬马铃薯生长发育、产量及品质的影响[J].河南农业科学,44(12):61-64.

韦剑锋,宋书会,梁振华,等,2016a.供氮方式对冬马铃薯氮肥利用效率及氮素去向的影响[J].核农学报(1):178-183.

韦剑锋,宋书会,韦冬萍,等,2016b.施氮量对马铃薯磷钾利用和土壤磷钾含量的影响[J].湖北农业科学,55(15):3842-3845.

温斌生,2009.马铃薯平衡施肥试验[J].福建农业科技(1):53-54.

温桂春,黄寿镰,邓连英,2013.马铃薯"3414"肥效试验[J].农民致富之友(8):103-103.

翁定河,李小萍,王海勤,等,2010.马铃薯钾素吸收积累与施用技术[J].福建农业学报,25(3):319-324.

邬刚,廖华俊,袁嫚嫚,等,2019.不同施氮量对稻茬田马铃薯干物质·氮素累积及产量的影响[J].安徽农业科学,47(16):184-184.

吴而烜,2019.马铃薯地膜覆盖高产栽培技术[J].现代农业科技(18):54-54.

吴秋云,黄科,宋勇,等,2011.氮磷钾配施对冬种马铃薯产量及硝酸盐积累的影响[C]//陈伊里,屈冬玉.马铃薯产业与科技扶贫.哈尔滨:哈尔滨工程大学出版社.

吴仁明,刘国平,陈德清,2011.常德市脱毒马铃薯高产栽培技术[J].现代农业科技(15):129-130.

吴早贵,黄洪明,吴美娟,等,2018.不同播种期和收获期对地膜覆盖春马铃薯产量及效益的影响[J].湖南农业科学(12):28-31.

伍壮生,2018,氮磷钾施肥水平对马铃薯产量及品质的影响[D].长沙:湖南农业大学.

夏更寿,郭志平,2008.不同生育期追施钾肥对高淀粉马铃薯增产提质的效果[J].福建农林大学学报(自然科学版),37(5):449-452.

向应煌,2015.龙山县马铃薯套种玉米高产栽培技术[J].现代农业科技(3):84-84.

肖军委,胡成来,袁继平,2009.南方冬种马铃薯机械化起垄机械的比较和效益分析[J].现代农业装备(5):54-56.

谢河山,任淑梅,沈汉国,等,2017.珠海地区冬种马铃薯高产栽培技术[J].农业科技通讯(1):161-162.

谢小聪,黄铮铮,林爱真,2018.浙南山区马铃薯稻草覆盖优质高效栽培改良技术探讨[J].南方农业,12(20):38-39.

解静,2014.葡萄园套种春马铃薯立体栽培技术[J].上海蔬菜(3):90-90.

邢宝龙,方玉川,张万萍,等,2018.中国不同纬度和海拔地区马铃薯栽培[M].北京:气象出版社.

徐德钦,2007.马铃薯增施钾肥增产效果的研究[J].上海交通大学学报(农业科学版),25(2):147-149.

许国春,罗文彬,李华伟,等,2018.福建省泉州地区冬种马铃薯不同覆盖类型比较试验[C]//屈冬玉,陈伊里.马铃薯产业与脱贫攻坚.哈尔滨:哈尔滨地图出版社.

严泽湘,1997.马铃薯育苗移栽省种增产[J].农家科技(1):15-15.

杨国荣,2017.稻茬马铃薯冬季无公害栽培技术初探[J].上海农业科技(4):86-86.

杨巍,2019.春马铃薯玉米秋马铃薯栽培技术[J].农业与技术,39(21):97-99.

姚宝全,2008.冬季马铃薯氮磷钾肥料效应及其适宜用量研究[J].福建农业学报,32(2):191-195.

叶民,姜波,池超伦,等,2009.纽翠绿腐殖酸液肥对冬种马铃薯产量的影响.马铃薯产业与粮食安全论文集[M].哈尔滨:哈尔滨工程大学出版社:327-329.

叶庆成,2012.马铃薯施用钾肥试验初报[J].福建农业科技(10):65-66.

曾小林,孙亮庆,刘光荣,等,2018.鄱阳湖植棉区马铃薯棉花连作轻简高效栽培技术规程[J].棉花科学,40(6):39-42.

张东荣,张杨辉,2014.罗定市马铃薯"大西洋"栽培技术[J].福建热作科技,39(3):34-36.

张贵景,2004.秋马铃薯育苗移栽高产栽培技术[J].中国马铃薯,18(2):122-123.

张洪秀,陈洪,曹先维,等,2011.惠东县冬作马铃薯施肥状况调查分析[J].广东农业科学,38(22):53-55.

张绍艳,2017.吉首市冬马铃薯+一季超级稻种植模式推广与效益分析[J].低碳世界(19):273-274.

张素娥,麻晓云,雷晶,2016.马铃薯-鲜食玉米春秋4熟高产高效栽培技术[J].中国农业信息(2):107-108.

张西露,2010.冬闲田马铃薯需肥规律与肥料效应研究[D].长沙:湖南农业大学.

张新明,全锋,陈琳,等,2019.2018年广东省马铃薯产业现状、存在问题及发展建议.[C]//屈冬玉,金黎平,陈伊里.马铃薯产业与健康消费.哈尔滨:黑龙江科学技术出版社.

张新明,伍尤国,徐鹏举,等,2013.平衡施肥与常规施肥对冬作马铃薯肥效的比较[J].华南农业大学学报,34(4):475-479.

张祖金,2015.福安市马铃薯新品种"兴佳2号"高产栽培技术[J].上海农业科技(3):90-90.

章永根,徐建强,徐建良,等,2016.果园套种马铃薯栽培技术及经济效益[J].中国农技推广,32(10):24-25.

赵明明,胡新燕,冯营,等,2017.徐淮地区马铃薯与棉花间套种植技术[J].棉花科学,39(4):43-45.

赵雅静,李小萍,姜照伟,等,2011.马铃薯的钾肥积累运转特性及合理施用[J].福建稻麦科技,29(3):19-22.

郑书文,2018.南方高海拔地区马铃薯高产栽培技术[J].农家参谋(22):51-51.

朱杰辉,何长征,宋勇,等,2009.不同类型土壤中施肥量对马铃薯产量与品质的影响[J].湖南农业大学学报(自然科学版),35(4):423-426.

第八章 低纬度西南高原马铃薯种植

第一节 区域范围和马铃薯生产地位

一、区域范围、自然条件和熟制

(一)区域范围

低纬度西南高原包括云贵高原和川西高原。

1. 云贵高原 云贵高原位于中国西南部,为中国四大高原之一。大致位于东经100°～111°,北纬22°～30°。西起横断山、哀牢山,东到武陵山、雪峰山、东南至越城岭,北至长江南岸的大娄山,南到桂、滇边境的山岭,东西长约1000 km,南北宽400～800 km,总面积约50万km²。包括云南省东部,贵州全省,广西壮族自治区西北部和四川、湖北、湖南等省边境,是中国南北走向和东北-西南走向两组山脉的交汇处,地势西北高,东南低。大致以乌蒙山为界分为云南高原和贵州高原两部分,海拔在400～3500 m。

云贵高原属亚热带湿润区,为亚热带季风气候,气候差别显著。

2. 川西高原 川西高原为青藏高原东南缘和横断山脉的一部分,地面海拔4000～4500 m,分为川西北高原和川西山地两部分。川西高原与成都平原的分界线便是雅安的邛崃山脉,山脉以西便是川西高原。

川西北高原地势由西向东倾斜,分为丘状高原和高平原。丘谷相间,谷宽丘圆,排列稀疏,广布沼泽。川西山地西北高、东南低。根据切割深浅可分为高山原和高山峡谷区。

(二)自然条件

1. 气候 以云贵高原为例。

云贵高原属亚热带湿润区,为亚热带季风气候(西双版纳地区为热带季风气候),在地形上虽为高原,由于海拔高度、大气环流条件不同,气候差别显著。太阳辐射年总量经向分布差异大,西部大于东部,由于海拔高,热量差异大,紫外线强烈。日照时数偏少,是中国日照较少的地区之一。年平均气温为5～24 ℃。作为高原型亚热带季风区,年平均气温呈现出南高北低,西南最高,西北最低的分布。云贵高原热量垂直分布差异明显,从河谷至山顶分别出现热带、亚热带、温带、寒带的热量条件。热量资源的地区分布南多北少,≥10 ℃的积温,元江、河口地区在8000 ℃·d以上,滇西北、滇东北的高海拔地区在1400 ℃·d以下,金沙江干热河谷出现南亚热带的"飞地",为7000～8000 ℃·d。热量资源年内各月分配相对均匀,冬季温暖,夏无酷暑。由北向南年平均气温为3.0～24.0 ℃,最冷月1月平均气温为6.0～16.6 ℃,最热月7

月平均气温为 16.0～28.0 ℃,日平均气温≥10 ℃的积温一般为 4500～7500 ℃•d。

云贵高原年降水量一般在 600～2000 mm,降水在时间及空间上分布极不平衡,东部、西部及南部降水量大,可达 1500～2000 mm,中部及北部减少为 500～600 mm。雨季出现在 5—10 月,干季出现在 11 月至翌年 4 月,雨季的降水量占全年的 80%左右。

以贵州省为例,贵州位于云贵高原斜坡上,属于亚热带季风气候。四季分明、春暖风和、冬无严寒、夏无酷暑、雨量充沛、雨热同季、多云寡照、湿度较大、降雨日数多、季风气候明显、无霜期长、垂直差异较大,立体气候明显。从光能资源来看,省内大部分地区的云量均在 8 成左右,日照百分率在 25%到 35%之间,日照时数 1100～1600 h,近五年贵州省平均日照时数最低为 2015 年(1049.4 h),最高为 2016 年(1217.9 h)。年太阳总辐射只有 3349～3767 J/m²,在全国属光能低值区。但在 4—9 月集中了全年 70%以上的日照和太阳辐射。所以基本上能满足作物对光能的需求。从热量资源来看,除西北高寒地区较差外,其余大部分地区年平均气温在 14.0～18.0 ℃,贵州省年平均气温都在 16 ℃左右,最冷的 1 月平均气温在 4.0～10.0 ℃,最热的 7 月平均气温在 22 ℃以上,积温 4000～6000 ℃•d,持续日数长达 220～300 d。从水分资源来看,大部分地区年降水量在 1100～1300 mm,贵州省近五年平均降水量在 1221.7～1362 mm 之间,4—9 月集中了全年降水量的 75%以上,基本能满足马铃薯生长的需要(表 8-1)。

表 8-1 贵州省近五年月平均气温、日照时数、降雨量情况表(樊祖立等整理)

项目	年份	月份												平均	总和
		1	2	3	4	5	6	7	8	9	10	11	12		
气温 (℃)	2015	7.3	9.0	12.6	17.5	21.0	23.5	23.2	22.9	20.9	17.6	13.7	7.0	16.35	196.2
	2016	5.5	7.4	12.2	17.4	20.1	23.6	25.6	24.3	21.5	18.0	12.3	8.8	16.39	196.7
	2017	7.9	8.3	10.5	17.5	20.1	21.6	24.9	25.0	22.7	17.0	12.2	7.4	16.26	195.1
	2018	5.1	7.4	14.2	17.8	21.5	22.6	25.7	24.4	21.1	15.1	11.4	6.1	16.03	192.4
	2019	5.5	6.6	12.2	18.2	18.9	23.2	24.1	25.0	21.6	17.2	12.0	7.9	16.03	192.4
日照 时数 (h)	2015	42.9	62.7	71.1	133.1	113.1	95.5	132.2	128.5	53.0	118.3	66.6	32.4	87.45	1049.4
	2016	34.6	91.7	80.3	81.9	116.8	124.8	192.7	159.0	114.9	86.7	68.9	65.6	101.49	1217.9
	2017	26.9	56.5	42.8	112.1	148.2	67.8	191.0	181.4	107.3	77.7	81.1	71.0	96.98	1163.8
	2018	31.6	54.8	111.5	135.2	134.7	96.2	193.8	175.9	94.4	39.9	83.1	31.9	98.57	1182.8
	2019	21.7	48.6	84.6	120.1	64.3	94.4	122.6	201.2	152.4	89.4	60.4	95.9	96.30	1155.6
降雨量 (mm)	2015	36.2	24.2	34.5	67.3	208.8	272.6	152.0	222.8	124.1	106.3	51.0	62.2	113.50	1362
	2016	33.8	14.5	74.3	161.4	180.3	232.8	159.9	178.9	53.7	95.4	60.7	22.9	105.72	1268.6
	2017	25.7	36.5	54.3	65.1	116.7	350.0	133.4	180.3	154.8	74.6	16.0	14.1	101.81	1221.7
	2018	44.6	9.4	82.0	91.2	200.9	209.8	112.3	168.2	169.6	68.4	47.7	28.8	102.74	1232.9
	2019	51.7	26.8	53.9	124.3	149.7	270.6	215.9	111.8	102.7	131.9	33.4	19.6	107.68	1292.2

2. 土壤　云贵高原地质地貌复杂,不同区域气候和植被差异明显,土壤类型也呈水平地带性和垂直性差异分布。主要土壤类型有:黄壤、红壤、黄棕壤、石灰土、紫色土、水稻土等。其中红壤、黄壤、黄棕壤等土壤类型是贵州省的地带性土壤,其面积约占土壤总面积的 60.29%,贵州省是典型的喀斯特岩溶地貌,受母岩特性制约的岩性土壤石灰土、紫色土占土壤总面积的 23.14%,人工耕种熟化的水稻土等及其他约 16.57%。由调研结果显示,贵州省内有 15 个土类,36 个亚类。

黄壤集中分布在黔北、黔东和黔中的海拔 500～1400 m 和黔西南、黔西北海拔 1000～1900 m 的山原地区,占贵州省土壤总面积的 46.51%。由于处于温和湿润、间有落叶树种的常绿阔叶林物候条件,有机质含量较为丰富,铁铝含量高,缺 P 素,酸性强,Ca、Fe、K 等盐基离子少,土体湿润,耐旱保肥。是贵州省主要土壤类型。

黄棕壤面积占贵州全省土壤总面积的 6.21%。黄棕壤又可划分为黄棕壤、暗黄棕壤、黄棕壤性土三个亚类。主要分布于黔西北海拔 1800～2200 m 的高原山地和黔北、黔东海拔 1400～1600 m 以上的山地。例如贵州省西部的威宁、赫章、六盘水等。主要成土母质为砂岩、砂页岩、页岩、玄武岩等风化物。

红壤是贵州省分布的主要土壤类型之一,占全省土地总面积的 7.22% 左右。红壤分布于铜仁市和黔东南州海拔 500～600 m 以下地区和黔南州、黔西南州南部海拔 800 m 以下地区以及西部 1100 m 以下的河谷地区,处于温暖湿润常绿阔叶林下。主要成土母质为砂岩、砂页岩、页岩、沙砾岩、板岩、玄武岩等风化物以及第四纪黏土。

石灰土遍布于贵州省南方岩溶地貌区域,岩溶区域分布广泛,所以石灰土众多,可分为黑色石灰土、黄色石灰土、红色石灰土和棕色石灰土 4 个亚类,占土壤总面积的 17.55%。除黔东南轻变质岩,砂页岩地区外,贵州省内凡有石灰岩的地方都有石灰土分布。

水稻土是指发育于各种自然土壤之上,经过人为水耕熟化、淹水种稻而形成的耕作土壤。贵州水稻土占土壤总面积的 9.77%。水稻土在贵州省各地均有分布,以黔中、黔北、黔东、黔南较为集中。

土壤肥力方面,通过贵州省耕地地力评价指标体系,利用累加模型计算贵州耕地地力综合指数,依据《全国耕地类型区、耕地地力等级划分标准》(NY/T3091996)将贵州耕地地力划分为 8 个等级,最高为三等,最低为十等。贵州省各个市、州耕地地力等级见表 8-2。在同一地区内,三级地至七级地以上面积之和占本地区耕地面积比例较大的,说明该地区耕地地力较好,反之则较差。

表 8-2　贵州省各市、自治州耕地地力情况表(樊祖立等整理)

		三级地	四级地	五级地	六级地	七级地	八级地	九级地	十级地	合计
安顺市	面积(hm²)	16283.92	42849.43	56201.62	72457.70	61291.08	30397.06	13090.89	2884.93	295456.65
	占本地区(%)	5.51	14.50	19.02	24.52	20.74	10.29	4.43	0.98	100.00
毕节市	面积(hm²)	19236.14	61997.46	138181.97	232788.66	263536.76	172501.01	76361.08	33890.98	998494.07
	占本地区(%)	1.93	6.21	13.84	23.31	26.39	17.28	7.65	3.39	100.00
贵阳市	面积(hm²)	26542.86	44921.77	6171856	61669.73	43548.10	24020.61	5943.13	1248.23	269613.00
	占本地区(%)	9.84	16.66	22.89	22.87	16.15	8.91	2.20	0.46	100.00
六盘水市	面积(hm²)	3627.84	1011174	32681.78	81751.19	89774.35	66039.92	21753.40	5139.02	310879.24
	占本地区(%)	1.17	3.25	10.51	26.30	28.88	21.24	7.00	1.65	100.00
黔东南州	面积(hm²)	23015.99	70310.28	130140.44	125403.71	60985.72	13273.60	2149.28	433.99	425713.01
	占本地区(%)	5.41	16.52	30.57	29.46	14.33	3.12	0.50	0.10	100.00
黔南州	面积(hm²)	24728.33	61891.46	103744.00	112298.01	89545.93	50581.00	27430.16	10747.14	480966.04
	占本地区(%)	5.14	12.87	21.57	23.35	18.62	10.52	5.70	2.23	100.00
黔西南州	面积(hm²)	12041.22	37359.06	100910.95	135310.21	105735.97	44953.08	9810.88	1293.87	447415.24
	占本地区(%)	2.69	8.35	22.55	30.24	23.63	10.05	2.19	0.29	100.00

续表

		三级地	四级地	五级地	六级地	七级地	八级地	九级地	十级地	合计
铜仁市	面积(hm²)	22307.36	55463.73	97564.27	135946.95	114720.99	49532.28	9329.70	684.69	485549.96
	占本地区(%)	4.59	11.42	20.09	28.00	23.63	10.20	1.92	0.14	100.00
遵义市	面积(hm²)	22643.05	81892.63	187571.04	237801.22	193554.3	287894.78	29335.16	4672.72	845364.92
	占本地区(%)	2.68	9.69	22.19	28.13	22.90	10.40	3.47	0.55	100.00

* 数据来源于贵州省土壤肥料工作总站《贵州耕地质量分析及利用策略问题研究》,2015。

(三)熟制

本区为中国重要的马铃薯主产区,立体气候决定马铃薯主要依据海拔高度在不同季节种植,周年生产特点突出。以贵州省为例,可分为一季作(大春作)区,春秋作两熟区以及冬作区。

1. 一季作区 主要地理气候特点为海拔较高(1600~2200 m),霜期长(110 d左右),春秋两季温度较低,日照充沛。分为两个子区,一是黔西北高原高中山区,主要指黔西北威宁、赫章等县及条件相似的县区。一般3月、4月播种,8—10月收获,产量较高,单产量可达2500 kg/亩左右,是种薯、加工型专用薯的主要生产基地。二是黔西、黔中高原中山丘陵区,主要包括黔西北盘县、水城、纳雍、七星关、大方等县区。采用品种是中晚熟、晚熟,鲜食或淀粉加工型品种。一般3月前后播种,7月、8月收获,单产可达2000 kg/亩以上。

2. 春、秋作两熟区 主要地理气候特点为中高海拔(200~1500 m),霜期较长(60~80 d),初霜期较晚(不早于11月下旬),秋季平均气温普遍高于16 ℃,分为三个子区,一是黔西南高原中山丘陵区,主要包括黔西、兴义、兴仁、安龙、镇宁、长顺、紫云等县、市。栽培制度为一年两熟,水田为薯—稻,旱地为春薯—秋薯。采用的马铃薯品种是中、早熟鲜食、菜用型品种,旱地春薯可搭配中晚熟品种。一般春薯2月播种,6月前后收获。秋薯8月中、下旬播种,11月底收获。单产可达1500—2000 kg/亩,是早、中熟品种适宜区。二是黔北、黔东北中山峡谷区,主要包括黔北、黔东北的道真、务川、正安、遵义、湄潭、德江、印江、铜仁、石阡等县市。栽培制度为一年两熟,水田为薯—稻,旱地为春薯—秋薯。采用的马铃薯品种以早、中熟鲜食、菜用型种为主,春薯2月前后播种,5月收获。秋薯8月下旬播种,11月收获,单产可达1500 kg/亩左右,是早、中熟品种适宜区。三是黔中、黔东南高原丘陵区。主要包括黔中、黔东南的贵阳、惠水、福泉、剑河、台江、雷山、凯里、天柱等县、市。通常水田为薯—稻,旱地为春薯—秋薯。采用品种主要有早、中熟搭配中晚熟鲜食、菜用或兼用型品种,春薯2月播种,6月前后收获,秋薯8月中旬播种,11月底前后收获。平均单产在1500 kg/亩以上。

3. 冬作区 主要地理气候特点为低海拔(800 m以下),霜期短(初霜期不早于12月上旬,终霜期不晚于2月上旬),有的地区甚至全年无霜,热量条件丰富,12月至翌年1月平均气温10 ℃左右,能满足马铃薯播期要求,3—4月平均气温20 ℃左右。有三个子区,一是黔中、黔南、黔西南低山丘陵区。主要包括兴义市的洛万、沧江、巴结等乡镇;安龙县的德沃乡与坡脚乡以南;关岭县的城关、断桥、板贵;镇宁县的六马、良田、简嘎等乡镇;紫云县的火花、达帮;贞丰县的城关、白层、连环、鲁贡、沙坪;册亨县除威旁乡外的其他乡镇;望谟县除打易、郊纳、乐旺、麻山外的其他乡镇;平塘县的克度、塘边、西凉等乡镇;荔波县除播尧、甲良、方村外的其他乡镇。二是黔东南低山丘陵区包括三都县的塘州、廷牌、恒丰等乡镇,榕江县除栽麻外的其他乡镇,从江县除碉乡外的其他乡镇,黎平县的肇兴、龙额、地坪等乡镇,锦屏县除平秋、彦洞、河口、固本、启蒙、隆里的其他乡镇,天柱县的竹林、地湖、远口等乡镇,镇远县的清溪,岑巩县的羊坪、城关、思阳,玉屏县除朱家场外的其他乡镇,铜仁市除川硐滑石、桐木坪、鱼塘、大屏、茶店外的其他乡镇。三是黔北低热河谷区包括仁怀市的沙滩、合马、二合、茅台,赤水市的赤水、宝源、大同等低热河谷地区。冬播区栽培制度均为一年两熟到三熟,水田为冬薯—稻—秋菜,旱地为冬薯—春菜—甘薯。采用马铃薯品种主要是早熟鲜食、菜用休闲食品型品种,通常在 11—12 月播种,次年 3—5 月收获上市,单产可达 1500 kg/亩以上。冬作马铃薯由于病虫害特别是晚疫病易防治,洪涝灾害影响小,利于夏季换茬,商品薯上市早、价格高,目前种植面积逐年增加,产业发展迅速。2016 年,贵州省冬作马铃薯种植面积已达 15.22 万 hm² 以上。

4. 不适宜区　主要地理气候特点是海拔高度在 2200~2700 m 以上的山区。常年温度较低,年均气温<8 ℃,7 月平均气温<15 ℃,有霜期在 130 d 以上,此区不宜种植马铃薯。区域包括威宁海拉镇、双龙乡与哈喇河乡交界、秀水乡、雪山镇、双营、羊街、板底乡;赫章朱市乡、兴发乡及邻近的盘县四格乡、营盘乡与坪地乡交界的局部地区;雷山县方祥乡的雷公山附近和江口县德旺、太平,印江县永义及新业四乡交界的凤凰山与梵净山的局部海拔较高的地区。

从上述马铃薯熟制分区可以看出,多熟制中马铃薯的生产优势集中表现在种植季节的多季节性(春、秋、冬薯),品种的多样性(早、中、晚熟),上市的均衡性(一熟春薯 8 月、9 月、10 月,两熟秋薯 11 月、12 月,冬薯 3 月、4 月,两熟春薯 5 月、6 月上市)等方面。以冬作马铃薯为例,冬薯上市正值全国马铃薯供应淡季,售价高效益好,经济收入远超小麦、油菜等秋冬大田作物。且冬作马铃薯一般在水稻收获后播种,插秧前收获,并不影响水稻生育期,这样既保证了主粮生产,又增加了额外的经济收入。多熟制中马铃薯能够调剂粮食丰缺,生产作用突出;地位日益重要,是确保粮食安全的有效措施之一。从整体上讲,云贵高原得天独厚的综合自然资源条件,可以周年生产马铃薯,确保鲜薯周年供应,减少运输成本,减少仓储和资金量,对发展马铃薯产业十分有利。

（四）农田布局

以贵州省为例。贵州省土地资源以山地、丘陵为主,平原较少。山地面积为 1087 万 hm²,占贵州省土地总面积的 61.7%,其中 25°以上坡耕地 84.6 万 hm²,占耕地总量的 18.00%。丘陵面积为 54.2 万 hm²,占贵州省土地总面积的 31.1%;山间平坝区面积为 1.3 万 hm²,仅占贵州省土地总面积的 7.5%。可用于农业开发的土地资源不多。由于人口增多,非农业用地增多,耕地面积不断缩小。人均耕地面积不到 0.05 hm²,远低于全中国平均水平。土层厚、肥力高、水利条件好的耕地所占比重也比较低。如图 8-1。

（五）农作物种类

以贵州省为例,贵州粮食作物主要有水稻、玉米、马铃薯、小麦、荞麦等。2017 年粮食种植面积 4576.85 万亩,比 2016 年减少 93.05 万亩。其中,水稻种植面积 991.92 万亩,减少 19.47 万亩;玉米种植面积 1072.91 万亩,减少 37.58 万亩。随着贵州省农业产业革命,调减玉米种植面积政策出台,玉米种植面积呈急剧下降趋势,相反是经济作物种植面积显著提高,相较 2016 年,蔬菜及食用菌种植面积 1721.96 万亩,增加 146.30 万亩;园林水果种植面积 593.79 万亩,增加 107.55 万亩;茶叶种植面积 715.30 万亩,增加 55.57 万亩;中草药材种植面积 285.93 万亩,增加 33.48 万亩。马铃薯作为贵州省第三大粮食作物,其种植面积仅次于水稻

图 8-1　贵州省山地马铃薯种植（樊祖立摄）

和玉米，一季作区域全年只种植马铃薯一种作物，春秋二季作及冬作区域换茬模式有马铃薯—玉米、马铃薯—水稻、马铃薯—蔬菜等。

二、马铃薯生产地位

西南区是全国马铃薯生产的主产区和优势区，2017 年贵州省马铃薯种植面积 1116 万亩，鲜薯产量 1210 万 t，平均产量 1084 kg/亩。面积和总产量均居全国第 3 位。2017 年云南省马铃薯种植面积为 844.2 万亩，同比增长 26.5 万亩，增幅 3.2%；产量 1046 万 t，同比增长 10.2 万 t 吨，增幅 5.2%；单产 1239 kg/亩，云南省马铃薯面积和总产均居全国第四位。

贵州省的黔西北乌蒙山区的威宁、毕节、水城、纳雍和赫章等县市，云南省的昭通、会泽、宣威、丽江等地气候温凉，与马铃薯原产地非常相似，再加上良好的植被、优越的生态环境，为马铃薯生长创造了得天独厚的条件。贵州、云南两省约 150 个县市都有马铃薯种植，其中 80 余个县市被农业部规划为全国马铃薯优势产区。国家越来越重视马铃薯产业发展。2016 年农业部 1 号文件《关于推进马铃薯产业开发的指导意见》提出：到 2020 年，马铃薯种植面积扩大到 1 亿 hm² 以上，适宜主食加工的品种种植比例达到 30%，主食消费占马铃薯总消费量的 30%。马铃薯主粮化发展战略的出台，给马铃薯产业带来了快速发展的机遇。粮食安全问题是关系经济安全和国计民生的重大问题，《国家粮食安全中长期发展规划纲要（2008— 2020 年）》明确将马铃薯作为保障粮食安全的重点作物，摆在关系国民经济和"三农"稳定发展的重要地位。这些都给西南马铃薯产业发展带来了千载难逢的历史机遇。随着西南交通网的日臻完善，优质马铃薯走出高原深山变得越来越便捷，马铃薯的单产潜力还很大。

在马铃薯加工方面，马铃薯淀粉、变性淀粉和全粉作为天然高分子化合物，具有良好的安全性、营养性、功能性，市场潜力较大，将在食品加工领域得到越来越广泛的应用，满足消费者日益增长的健康安全需求。《中国马铃薯产业 10 年回顾》数据显示,目前美国马铃薯加工比重已达到 69％,中国马铃薯加工比重占 10％左右,而贵州、云南两省均不足 5％,发展空间显而易见。可以预见,在国家马铃薯主粮化发展战略的带动下,马铃薯主粮产品的加工将得到长足的发展。以马铃薯粉占比 40％的主食产品为例,未来 10 年,以 20％的速度推进,马铃薯传统主食产品的消费能力可达 2000 万 t 左右,休闲型产品的消费能力达 800 万 t 左右,马铃薯产品市场将是广阔的海洋。

第二节　马铃薯常规栽培技术

一、选地、选茬和整地

(一)选地

马铃薯生长适应性较广,而土地土质是影响马铃薯产量、品质(营养品质、商品性)的重要因素。种植马铃薯的地块,以土壤疏松肥沃、土层深厚,涝能排水、旱能灌溉,土壤沙质、中性或微酸性的平地与缓坡地块最为适宜。这样的地块土壤质地疏松,保水保肥、通气排水性能好,土壤本身能提供较多营养元素,另外,春季地温上升快,秋季保温好,不仅利于马铃薯发芽和出苗,也利于地上部和地下部的生长。马铃薯生产不宜在低洼地、涝湿地和黏重土壤上进行。这样的地块,在多雨和潮湿的环境下晚疫病危害严重,同时土壤透气性不好,水分过多,不仅影响块茎生长,还常造成块茎皮孔外翻,起白泡,使病菌易于侵染而造成块茎腐烂,且不耐储藏。特别是一季作春马铃薯,由于马铃薯生长的关键时期在 5—8 月,这时正值全年降雨最多的时期,一定要注意排涝。

(二)选茬

马铃薯为忌连作作物,不能在茄果类(番茄、茄子、辣椒、烟草等)作物以及十字花科(白菜、油菜等)为前茬的地块上种植,以防共患病害的发生。为了经济有效地利用土壤肥力和预防土壤传播的病虫害及杂草,应与谷类作物,豆类作物轮作,轮作年限 3 年以上。以水稻、小麦、玉米为好,其次是大豆以及非茄科作物、非十字花科蔬菜茬。

(三)整地

1. 整地时间　整地质量好坏与马铃薯生长有直接的关系。马铃薯是地下结块茎的作物,只要土壤中的水分、养分、空气和温度等条件有良好的保障,马铃薯的根系就会发达,植株就能健壮地生长,地下匍匐茎就能多结薯,结大薯。而整地是改善土壤条件最有效的措施。整地过程主要是深翻(深耕)和碎整(整地)。马铃薯是浅根作物,用块茎播种后须根大多分布在 30～40 cm 深的土层中。深耕不仅使土壤疏松,有利于根系发育,而且可以增强土壤的蓄水和保肥能力,深翻地要达到 20～25 cm,整地要做到细、碎、平。不同熟制区域采取不同整地标准:一季春作区及冬作区深翻在秋天前茬收获完毕后进行,因为秋天翻地,利于土壤熟化,可以接纳冬春雨雪,有利于保墒,并能冻死害虫。整地在播种前 7～10 d 内进行,整地要做到地平、土细、上实下虚,以起到保墒的作用。秋作整地应该在前茬收获后紧接着整地,因为秋作时间较紧,越早播种越有利于增加马铃薯初霜前的生长时间,利于丰产。

2. 整地方法和标准　深耕不能太深也不能太浅,太深会带起营养物质含量较少的深层死土,减少土壤整体肥力,太浅则起不到疏松、熟化土壤的作用。一般 20～25 cm,最深不能超过 30 cm。另外,针对土壤肥力较差、板结严重的地块提倡多施农家肥。要求亩施农家肥 4000～5000 kg。整地要达到整块地高度一致,位于一个水平线上,上松下实,无坷垃,为马铃薯生长、结薯、高产创造一个良好的土壤条件。土地深耕耙平后,要就墒及时起垄播种。此时,土壤处于"抓起成团,落地即散"效果最好。

贵州省低海拔地热河谷地区稻田可以采用免耕稻草覆盖的马铃薯生产模式。稻田免耕是一种低劳动力投入、高产高效的新型栽培模式。稻田免耕不用深耕整地和整地,只需要在播种前开沟,开沟土翻到两边,沟距 1.20 m 左右,沟宽 30 cm,沟深 25～30 cm。播种时一次性施足基肥,基肥与种薯间隔 5～8 cm。播种施肥后,立即用稻草均匀覆盖,覆盖厚度以 8～10 cm 为宜。稻草覆盖后应立即灌溉水,可促进出苗。后期注意水分管理及病虫害防治即可。

3. 起垄　有播前整地起垄、平播后起垄等多种方式。

张定红(2007)介绍了马铃薯高墒垄作栽培。打塘—下种(切过的薯块,其切口向下)—施农家肥—施化肥—盖土(沿墒面两边挖土盖上,盖土时要求土细,垄高 30 cm 左右,墒面平整)。

钟素泰(2007)介绍了大春马铃薯高垄双行栽培技术。即宽窄行种植,把宽行的土培到窄行上,使窄行形成墒,使墒高出 25 cm 以上的种植方法。

王绍林等(2015)的马铃薯平播后起垄栽培技术中介绍,单垄单行密植平播。现蕾期(株高 15～30 cm)结合追肥培土起垄,垄高约 25 cm,有利于排水和结薯。

贵州、四川马铃薯种植一般不采取播前先起垄的模式,云南昭通、宣威等地部分地区为防止春旱跑墒,整地时采取先起垄后开沟或打孔播种的栽培模式,垄宽 50 cm 左右,垄高 25 cm 左右,垄距 1.0～1.2 m。

二、选用良种

(一)选用适宜熟期类型的品种

1. 按照熟制及不同地理区域选种　在低纬度高海拔(1600～2200 m)高原地区春播一熟区,夏季气候凉爽,昼夜温差大,光照充足,生育期短,一年只种一季马铃薯。为了充分利用生长季节光热资源和天然降水,除生产种薯以外,要因地制宜地选择耐贮藏的中熟或中晚熟品种,如青薯 9 号、威芋 3 号、宣薯 5 号、宣薯 6 号、宣薯 2 号、黔芋 7 号、黔芋 8 号、中薯 19 号等。在低海拔冬作区要求早收获早上市,一般选用中早熟品种如费乌瑞它、中薯 3 号、中薯 5 号、兴佳 2 号等,而秋作马铃薯由于需要规避初霜也要选择中早熟品种,春作区则比较灵活,但是由于生长周期多数在雨季,一般选择中晚熟抗晚疫病品种,如中薯 7 号、云薯 304、中薯 8 号等。

2. 按照用途选种　马铃薯分为鲜食菜用马铃薯、加工型马铃薯(高淀粉型,炸片型)以及饲用型,这就要求按照不同用途进行选种。一般西南区鲜食菜用型马铃薯有费乌瑞它、兴佳 2 号、宣薯 2 号、宣薯 5 号、威芋 3 号等,淀粉炸片加工型品种有大西洋、云薯 304、合作 88 等。

（二）选用脱毒种薯

脱毒种薯是指马铃薯种薯经过系列技术措施清除薯块体内的马铃薯卷叶病毒(PL-RV)、马铃薯 Y 病毒(PVY)、马铃薯 X 病毒(PVX)、马铃薯 A 病毒(PVA)、马铃薯 S 病毒(PVS)及马铃薯纺锤块茎类病毒(PSTVd)后获得的无病毒或极少有病毒侵染的种薯。马铃薯的产量和质量与种薯密切相关。种薯不良,产量和质量就会大打折扣,病毒侵入马铃薯植株和块茎,就会引起马铃薯严重退化,并产生各种病症,导致马铃薯产量大幅下降。因此,要经过一系列物理、化学、生物等技术清除薯块体内病毒。通过使用脱毒种薯可以实现大田平均增产 30％～50％。

根据不同的种植目的,马铃薯脱毒种薯要选用脱毒原种、一代、二代种薯。为了确保马铃薯种性,不能一味自行留种,要随时更换,选购适合自己栽培目的的脱毒种薯。如果马铃薯种植时间过长,病毒通过蚜虫、操作工具和人的衣物碰撞等传播病毒,健康植株受感染后,病毒会在植株体内繁殖,数量增加,并在体内活动,引起不同症状,并世代传递,逐代增加积累,以致大大降低品种质量和产量。据估计,西南区脱毒种薯使用率不到 30％,所以购买种薯时要购买正规厂家通过病毒检测的种薯。

（三）品种来源

品种来源分为自育和外引,部分地区常年种植农家品种,但是面积较小,基本可以忽略。自育品种主要有:贵州省的黔芋系列、威芋系列、毕薯系列;云南省的云薯系列、昭薯系列、丽薯系列、会薯系列、宣薯系列、合作系列等;四川省的川芋系列、川凉薯系列等。外引品种主要有青薯 9 号、兴佳 2 号、大西洋、费乌瑞它、中薯系列、鄂马铃薯系列等。唐虹等(2015b)于 2013年在黔中山区对 9 个马铃薯品种进行品种筛选比较试验。结果表明,兴佳 2 号和中薯 3 号的产量高,薯块以大、中薯为主,商品率较高;块茎圆、椭圆形,表皮光滑;综合性状表现好,适合在干旱地区大面积推广种植。

（四）良种简介

1. 威芋 3 号　由贵州省威宁县农业科学研究所选育。2002 年通过贵州省及云南省审定。全生育期 100 d 左右。株高 60 cm 左右,株型半直立,茎粗 11 mm 左右,分枝 6 个左右,叶色淡绿,花冠白色,天然结实性弱。结薯集中,薯块长圆形,黄皮黄肉,芽眼浅,表皮较粗。大中薯率 80％以上,淀粉含量 16.24％,还原糖 0.33％,食味中上等,抗癌肿病,轻感花叶病毒,耐贮藏。亩产 2000 kg 左右,适宜贵州、云南中海拔地区种植。

2. 威芋 5 号　由贵州省威宁县农业科学研究所选育。2008 年通过贵州省审定。生育期 90～95 d。株型直立,株高 80～85 cm。茎叶绿色,长势强,花冠白色。块茎椭圆形,黄皮黄肉,表皮微网纹,芽眼深浅度中等,结薯集中,耐储藏。微感晚疫病,高抗青枯病,高抗癌肿病。一般每亩产 2500～2600 kg,最高可达 3200 kg。适宜贵州、云南大部分地区种植。

3. 合作 88　由云南师范大学薯类作物研究所和会泽县农技中心选育。2001 年通过云南审定。生育期 130 d 左右。结薯集中,薯块商品率高,薯形为长椭圆,块茎红皮、黄肉,表皮光滑,芽眼浅少,休眠期长,蒸煮品味微香,适口性较好。干物质含量 25.8％,淀粉含量 19.9％,还原糖含量为 0.296％。亩产量 1700 kg 左右。适宜云南大部分地区种植。

4. 白花大西洋　由贵州省农业科学院生物技术研究所选育。2004 年通过贵州省审定。生育期 104 d。株高约 70 cm,株型直立,植株紧凑,茎秆绿色,生长势较强。花白色,块茎中等大小,椭圆形,芽眼浅,白皮白肉。抗晚疫病和早疫病,抗青枯病,耐旱性和耐瘠性较强,干物质 19.93%~20.63%,淀粉含量 17.2%~18.29%,还原糖 0.049%~0.05%。属于油炸薯片形加工品种。亩产量 1900 kg 左右。适宜贵州、云南大部分地区种植。

5. 会-2 由云南省会泽县农技中心选育。1994 年通过云南省审定。生育期 100 d。株高 60~90 cm。花冠浅紫红色,薯芽微红色,薯块椭圆至长椭圆形,白皮白肉。芽眼浅,特大薯易畸形,耐旱力较强,休眠期比米拉长 30 d;比米拉抗晚疫病;薯块含干物质 18.68%、淀粉 12.928%、还原糖 0.254%。亩产 2000 kg 左右,适宜云南省海拔 1600~3000 m、日照时数近似会泽县的地区中上等肥力地块春季种植。

6. 黔芋 7 号 由贵州省农科院生物技术研究所选育。2004 年通过贵州省审定,生育期 92 d。株型直立,生长势强,茎绿色,叶绿色,花冠浅紫色,天然结实少,匍匐茎短,薯块扁圆形,淡黄皮白肉,芽眼中等深。株高 69.5 cm,单株主茎数 4.3 个,单株结薯 9.0 个,单薯重 65.4 g,商品薯率 75.1%。经接种鉴定,抗轻花叶病毒病、抗重花叶病毒病,中抗晚疫病;块茎品质:淀粉含量 15.1%,干物质含量 22.2%,还原糖含量 0.12%,粗蛋白含量 2.34%,维生素 C 含量 16.3 mm/100 g 鲜薯。亩产 2100 kg 左右,适宜贵州西部、西北部,湖北西部,四川中部及西南部,重庆东北部,云南东北部及西部。

7. 丽薯 6 号 由丽江市农业科学研究所选育。2008 年通过云南省审定。生育期 112 d 左右。株高 67 cm,茎粗 1.2 cm,茎色微紫绿,叶绿色,花白色,天然结实性弱,有种子;薯形椭圆,白皮白肉,芽眼浅而少,表皮光滑,单株结薯 5.8 个,平均单薯重 99.0 g,薯块大而整齐,商品率高,大中薯率 83.9%,结薯集中,匍匐茎较短,薯块休眠期长,耐贮性好;品质检测结果,干物质含量为 20.0%,淀粉含量 14.24%,蛋白质含量 2.06%,16 种氨基酸总量 1.44%,还原糖含量 0.16%,维生素 C 含量 17.5 mg/100 g。亩产 2100 kg 左右,适合云南省全省种植。

8. 丽薯 7 号 由丽江市农业科学研究所选育。2008 年通过云南省审定。生育期 115 d。植株田间长势强,株型半直立,株高 70.1 cm,茎粗 1.4 cm,茎色紫,叶浓绿,花色紫红,天然结实性弱,有种子;结薯集中,匍匐茎较短,薯形卵圆,红皮,肉淡黄,芽眼深度中,表皮光滑,单株结薯 5.5 个,平均单薯重 126.0 g,商品薯率 86.2%,大块茎休眠期长,耐贮性好。品质检测结果,干物质含量为 20.1%,淀粉含量 14.42%,蛋白质含量 1.77%,16 种氨基酸总量 1.35%,还原糖含量 0.20%,维生素 C 含量 27.2 mg/100 g。亩产 2100 kg 左右,适合云南省中、高海拔大春马铃薯产区种植。

9. 云薯 503 由云南省农业科学院经济作物研究所、文山州农业科学研究所合作选育并于 2008 年通过云南省审定。生育期 77 d。株型直立,株高 42.4 cm;叶绿色,茎浅绿色,花冠白色,有较强的生长势,天然结实率差。结薯集中,薯块大,椭圆形,皮淡黄色,肉淡黄色,芽眼浅而少。蛋白质含量 1.8%,维生素 C 含量 16 mg/100 g;总淀粉含量 18.75%;干物质含量 24.6%。商品率 90% 左右,较抗晚疫病。品质优(蒸食品质优,口感优)。亩产 1800 kg 左右,适合文山州冬作、小春种植。

10. 宣薯 2 号 宣威市农业技术推广中心选育并通过云南省审定,生育期 90 d 左右。平均株高 79.5 cm,株型直立,生长势强,单株平均主茎数 2.95 个。平均单株结薯数 8.2 个,块茎圆形,黄皮黄肉,薯皮光滑,芽眼浅,匍匐茎短,块茎整齐,平均商品率 66.0%。茎叶绿色,白色花冠,天然结实无。食味佳。经农业部农产品质监督检验测试中心(昆明)检测:干物质 21.2%、蛋白质 2.14%、还原糖含量 0.16%、淀粉含量 16.24%、维生素 C 含量 22.1 mg/100 g。经贵州省植保站鉴定高感晚疫病。亩产 1650 kg 左右,适合贵州省、云南省 800 m 以上中、高海拔地区种植。

11. 毕薯2号　由贵州省毕节地区农业科学研究所选育。2008 年通过贵州省审定。全生育期 90～100 d。株型直立,株高 75 cm 左右,主茎数 4～5 个,分枝 9～10 个,茎淡紫色、叶绿色,花淡紫色,花量少,天然结实低。块茎椭圆形,结薯集中,芽眼浅,芽眼数中等,表皮光滑,红皮淡黄肉,薯块大而整齐。单株结薯数 5～6 个,平均单薯重 115 g 左右,大中薯率72.7%,商品薯率高,耐贮藏。亩产 1900 kg 左右。适合贵州省海拔 800 m 以上马铃薯生产区域种植。

12. 宣薯6号　由宣威市农业技术推广中心、云南省农业科学院经济作物研究所合作选育。云南省 2015 年审定。生育期平均 119 d 左右。生长势强,株型直立,株高 83 cm,茎粗1.3 cm,叶色绿,茎色绿,花冠白色,开花性繁茂性中等,天然结实性弱。匍匐茎中等长,块茎大小整齐度整齐,田间现场评价好。块茎椭圆形,白皮白肉,薯皮光滑,芽眼浅,大中薯率68.6%。平均单薯重 70.7 g,休眠期 53 d,耐贮性好。亩产 2100 kg 左右。适宜云南省春作马铃薯种植区域推广种植。

13. 云薯401　由云南省农业科学院经济作物研究所选育。2014 年通过云南省审定。全生育期 112 d。植株中等,株型半直立,长势中等,茎无色,茎秆细,茎翼微波状,叶绿色。开花繁茂,花冠大,花冠紫红色,柱头无裂,花药橙色。块茎长形,白皮白肉,光滑,芽眼浅、少、淡粉色。2011 年抗病性鉴定抗晚疫病、感轻花叶病毒病和重花叶病毒病。品质检测:总淀粉含量19.58%、维生素 C 含量 25.7 mg/100 g,蛋白质含量 2.09%、还原糖含量 0.15%、水分含量78.4%。亩产 2300 kg 左右,适宜云南省中北部大春马铃薯区域。

14. 云薯304　由云南省农业科学院经济作物研究所、德宏州农业科学研究所选育。2016年通过云南省审定。生育期 85 d。生长势强,株型扩散,株高 45.1 cm,茎粗 1.18 cm,叶色浓绿色,茎色绿色,花冠浅紫色,天然结实性弱。结薯集中,块茎扁圆形,黄皮淡黄肉,薯皮光滑,芽眼中等深,大中薯率 82.42%。高抗晚疫病;抗 X 花叶病毒、抗 Y 花叶病毒。总淀粉含量16.16%、维生素 C 含量 14 mg/100 g、蛋白质含量 2.2%、还原糖含量 0.053%、干物质含量22.5%。亩产 2450 kg 左右,适合在云南马铃薯早春作区种植。

15. 青薯9号　由青海省农林科学院选育。2011 年通过国家审定。生育期 115 d 左右。株高 89.3 cm 左右,植株直立,分枝多,生长势强,枝叶繁茂,茎绿色带褐色,基部紫褐色,叶深绿色,花冠紫色,天然结实少。结薯集中,块茎长圆形,红皮黄肉,成熟后表皮有网纹、沿维管束有红纹,芽眼少而浅。区试单株主茎数 2.9 个,结薯 5.2 个,单薯重 95.9 g,商品薯率 77.1%。经室内人工接种鉴定:植株中抗马铃薯 X 病毒,抗马铃薯 Y 病毒,抗晚疫病。区试田间有晚疫病发生。块茎品质:淀粉含量 15.1%,干物质含量 23.6%,还原糖含量 0.19%,粗蛋白含量2.08%,维生素 C 含量 18.6 mg/100 g 鲜薯。亩产 2300 kg 左右,高产可达 3000 kg 以上,适宜在西南区作为晚熟鲜食品种种植。

16. 兴佳2号　由黑龙江省大兴安岭地区农业林业科学研究院以 gloria 为母本,21-36-27-31 为父本,通过有性杂交的方法选育而成。2015 年通过黑龙江省及广西壮族自治区农作物品种审定委员会审定。全生育 83～85 d。株型直立,株高 70 cm,分枝中等。茎绿色,茎横断面三棱形。叶深绿色,花冠白色,花药黄色,子房断面无色。块茎椭圆形,淡黄皮淡黄肉,芽眼浅,结薯集中,单株结薯 3～5 个,50 g 以上商品薯率 93%;块茎(鲜薯)干物质含量 18.1%,淀粉含量 13.4%,还原糖含量 0.57 g/100 g,维生素 C 含量 25.6 mg/100 g,蛋白含量 2.92 g/100 g。亩产 1900 kg 左右。适合贵州、云南中低海拔区域种植。

17. 中薯5号　由中国农业科学院蔬菜花卉研究所 1998 年育成。生育期 60 d 左右。株型直立,株高 55 cm 左右,生长势较强。叶色深绿。花冠白色,天然结实性中等,有种子。块茎略扁圆形,淡黄皮淡黄肉,表皮光滑,大而整齐,春季大中薯率可达 97.6%,芽眼极浅,结薯集中。炒食品质优,炸片色泽浅。田间鉴定调查植株较抗晚疫病、PVX、PVY 和 PLRV 花叶和卷叶病毒病,生长后期轻感卷叶病毒病,不抗疮痂病。苗期接种鉴定中抗 PVX、PVY 花叶病毒病,后期轻感卷叶病毒病。干物质含量 18.5%,还原糖含量 0.51%,粗蛋白 1.85%,维生素 C 含量 29.1 mg/100 g 鲜薯。一般亩产 2000 kg 左右。适合贵州、云南两省中低海拔区域种植。

18. 中薯 7 号　由中国农业科学院蔬菜花卉研究所选育。2006 年通过国家审定。生育期 64 d。株型半直立,生长势强,株高 50 cm,叶深绿色,茎紫色,花冠紫红色。块茎圆形,淡黄皮、乳白肉,薯皮光滑,芽眼浅,匍匐茎短,结薯集中,商品薯率 61.7%。接种鉴定:中抗轻花叶病毒病,高抗重花叶病毒病,轻度至中度感晚疫病。块茎品质:鲜薯维生素 C 含量 32.8 mg/100 g,淀粉含量 13.2%,干物质含量 18.8%,还原糖含量 0.20%,粗蛋白含量 2.02%。亩产 1900 kg 左右,适合西南区中低海拔区域种植。

19. 中薯 19 号　由中国农业科学院蔬菜花卉研究所选育。2014 年通过国家审定。从出苗到收获 99 d。株型直立,生长势强,茎绿色带褐色,叶深绿色,花冠紫色,天然结实中等。匍匐茎短,薯块椭圆形,淡黄皮淡黄肉,芽眼浅。株高 69.2 cm,单株主茎数 2.0 个,单株结薯 6.7 个,单薯重 110.9 g,商品薯率 75.2%。接种鉴定,中抗轻花叶病毒病、重花叶病毒病,高抗晚疫病;田间鉴定对晚疫病抗性高于对照品种紫花白。块茎品质:淀粉含量 14.8%,干物质含量 22.9%,还原糖含量 0.29%,粗蛋白含量 2.25%,维生素 C 含量 20.7 mg/100 g 鲜薯。亩产 2500 kg 左右,适宜西南区中高海拔一季作区域种植。

20. 中薯 3 号　由中国农业科学院蔬菜花卉研究所育成。生育期 80 d 左右。株高 60 cm 左右,茎粗壮、绿色、分枝少,株型直立,叶色浅绿,生长势较强。花白色而繁茂,易天然结实。匍匐茎短,结薯集中,单株结薯数 3～5 个,薯块大小中等、整齐,大中薯率可达 90% 以上。田间表现抗重花叶病毒,较抗普通花叶病毒和卷叶病毒,不感疮痂病。夏季休眠期 60 d 左右,适于二季作区春、秋两季栽培和一季作区早熟栽培。春播从出苗至收获 65～70 d,一般每亩产 1500～2000 kg,大中薯率达 90%。薯块椭圆形,顶部圆形,浅黄色皮肉,芽眼少而浅,表皮光滑,淀粉含量 12%～14%,还原糖含量 0.3%,维生素 C 含量 20 mg/100 g 鲜薯,食味好,适合作鲜薯食用。植株田间表现抗马铃薯重花叶病(PVY),较抗轻花叶病(PVX)和卷叶病,不感疮痂病,退化慢,不抗晚疫病。亩产 1800 kg 左右,适宜西南区低海拔冬作及春作区域种植。

21. 费乌瑞它　1981 年由中央农业部中资局从荷兰引入。生育期 60～70 d。株高 60 cm,植株直立,繁茂,分枝少,茎粗壮,紫褐色,株型扩散,叶绿色,生长势强。花冠蓝紫色,花粉较多,易天然结果。块茎长椭圆形,皮色淡黄,肉色深黄,表皮光滑,芽眼少而浅,单株结薯集中为 4～5 个,块茎大而整齐,休眠期短,一般单产 2000 kg/亩,高产可达 3000 kg/亩。块茎淀粉含量 12%～14%,粗蛋白质含量 1.67%,每 100 g 鲜薯维生素 C 含量 13.6 mg,品质好适宜鲜食和出口。植株对 A 病毒和癌肿病免疫,抗 Y 病毒和卷叶病毒,易感晚疫病,不抗环腐病和青枯病,适宜西南区冬作、早春作区域种植。

三、播前准备

(一)种薯准备

种薯的级别、质量是增产的重要因素。种薯的处理可以有效地防治病害发生的初侵染源。

切种也是现阶段节省成本的重要手段之一。在生产上,重 50 g 以下的种薯可整薯播种,50～100 g 的种薯,应纵向保留顶芽切成两块;重 100 g 以上的种薯,采用纵斜切法,把种薯切成 2～4 瓣,尽量保留顶芽。切到病薯时,应将其销毁,同时应将切刀消毒,避免因切块引起病害传播和薯块腐烂而导致缺苗。如马铃薯晚疫病、青枯病、环腐病等可通过刀具传相。用 0.3% 高锰酸钾溶液浸泡,两把刀交替使用。存在以下情况之一时,种薯不宜切块:一是播种地块的土壤太干或太湿、土太冷或太热时。二是种薯生理年龄太老的不宜切块,当种薯发芽长于 2 cm 时,切块容易引起腐烂。三是种薯小于 50 g 的不宜切块。四是夏播和秋播因温、湿度高,种薯切块后极易腐烂。切块时注意剔除杂薯、病薯。

(二)种薯处理

樊祖立等(2017)开展马铃薯种薯切块芽位＋赤霉素(GA)催芽试剂浓度＋薯块拌种方法组合对马铃薯农艺性状和产量的影响。结果说明马铃薯产量与出苗率和主茎数有显著正相关关系,与单株块茎重有极显著正相关关系,与株高有不显著的负相关关系,种薯切块方式显著影响种薯出苗率,极显著影响马铃薯单株块茎重,种薯拌种方式显著影响出苗率,赤霉素催芽浓度显著影响植株主茎数。种薯处理的最优方式为:确保顶芽优势的纵切切块作为种薯,用 10 mg/L 浓度的赤霉素处理 15 min,草木灰＋多菌灵＋农用链霉素拌种播种,可显著提高马铃薯单产产量,减少种薯成本投入,提高经济效益。

四、播种

(一)适期播种

低纬度西南高原特别是云贵高原,马铃薯种植具备四季播种的条件。适期播种的标准是适应当地气候、农田分布、种植制度的垂直地带性和海拔特征,马铃薯生产即可秋、冬播,也可春播,还可夏播。

1. 播种季节　影响马铃薯的生长发育主要还是适宜生态气候环境条件(尤其是温度)。通常以 7 月月平均温 21 ℃为标准,即<21 ℃至>15 ℃之间,为春播一熟区,海拔普遍较高,一般在 1600～2200 m,主要为种用薯、加工用薯、淀粉型薯、兼用型薯、鲜食薯的适宜区,多选用晚熟品种。>21 ℃和≤26 ℃的为春、秋播两熟区,海拔多在 1000～1200 m,主要为兼用型薯的适宜区,多选用早、中熟品种;>26 ℃的为冬播区,海拔一般在 400～800 m,主要为冬季鲜食商品薯的适宜区,多选用早熟品种。杨英武等(2015)通过试验分析、对比马铃薯不同播种季节在生育期、植株与产量性状、田间发病率及经济效益的表现,以确定当地最佳种植季节。结果表明,冬播与春播相比,单产增加 8350.5 kg/hm², 产值增加 20985 元/hm², 且田间自然发病率明显低于春播。

2. 播种时间　在选择播种时间上,春播一熟区一般在 3—4 月播种,7—9 月收获。春秋两作区的春播在 1—2 月播种,5—6 月收获。秋播在 8—9 月播种,11—12 月收获,正好错开北方一季作马铃薯大量上市及南方冬作马铃薯成熟上市的时间,且春秋播种、收获正是农闲时节,劳动力成本较低。发展春、秋两季马铃薯经济效益高、资金周转快、市场前景好,是近年来贵州省农业产业结构调整,增加农民收入的重要措施。冬作区一般为 10—12 月进行播种,2—4 月进行收获。而夏种马铃薯一般较少。近年来,贵州省黔西北高海拔区域、云南省红河州及文山州等地在 5 月、6 月、7 月份有零星马铃薯夏繁。

有些地方晚霜期会在2月上旬,这些地方早春播种时间就不能太过提前,因为马铃薯不抗霜冻,一旦出苗遇到霜冻天气,植株将很快萎蔫死亡,极大影响马铃薯产量,一般最早也要等到1月上旬。秋种也是同样道理,如果播种时间太晚,马铃薯在还没有到成熟期就被初霜冻死。所以在选择播种时间的时候一定要注意,不仅要考虑接茬,而且还要考虑本地区气候特点,避免损失。

(二)合理密植

合理密植就是科学处理马铃薯个体与群体之间的关系,既要注意单位面积上有足够的株数,充分利用光能和土地资源,又要注意密度大小对单株植株生长的影响,找到平衡点就能有效提高马铃薯的单产产量。要根据实际情况确定合理的密度,包括品种性状、熟制等因素确定。对于品种而言,不同品种的植株繁茂性、株丛形态也有不同,对于植株繁茂的品种,密度不宜过大,一般每亩4000株左右,而植株矮小的品种则可以适当提高密度,一般每亩5000株左右。对于熟制而言,一季作区由于马铃薯生长期基本处于光、温、水较充足的时期,密度需要控制在4000株左右,而秋作或者冬作区马铃薯生长时期光温水则相对较差,同一品种植株长势明显差于春作,则可以适当提高种植密度。提高密度时宜只减行距,而不减株距,例如云南省宣威、贵州省威宁等地区马铃薯生产采用大垄双行种植,垄距一般在1.20~1.40 m左右,株距0.25~0.30 m。而在贵州省普定县进行的冬作马铃薯生产,同样采用大垄双行种植,垄距则一般为1.10 m左右,株距同样为0.25~0.30 m。

(三)播种方式

马铃薯一般采用种薯或者切块直播的栽培方式。一般有先开沟播种后起垄、先起垄后开沟播种、平播起垄、平作不起垄等方式,不同方式各有特点。李艳等(2012)通过垄作、平作、堆作三种不同方式对马铃薯产量、商品薯率、植株性状表现等作了分析讨论。结果表明,垄作种植产量最高,为2251 kg/亩,比堆作种植增产65.76%,增产达极显著水平,比平作种植增产21.82%,增产达显著水平;平作种植产量为1848 kg/亩,位居第二,比堆作种植增产36.08%,增产达极显著水平。大中薯率垄作种植第一,为89.03%,比堆作种植高20.37个百分点;平作种植位居第二,为86.62%,比堆作种植高17.96%。

1. 开沟播种起垄　先开沟,然后在沟内播种、施肥,再起垄。此法的优点是保墒好,利于幼苗发育,土层深厚利于结薯,新薯不易露出地层形成绿薯,易于施入基肥。缺点是覆土易过厚,土温较低,影响出苗速度。可根据实际情况使用覆膜等方法提高地温,促进出苗。

2. 平播后起垄　在上年秋翻秋耙平整,土壤结构疏松,土层较深的地块上,可采用平播后起垄的播种方法。先在平地上摆种施肥,然后起垄。此方法简单易行,节约劳动力投入,但是种薯处于垄中部,干旱地区容易缺水,同时,在土壤结构较差的地区,由于覆土较浅,新薯容易长出地外形成绿薯,所以后期还要根据实际情况进行中耕覆土。

3. 起垄后播种　在相对缺水地区,一般需要整地后迅速整地起垄以保水保墒。此种一般采用起垄后在垄上播种的方式,特点是垄体高,种薯在上,覆土薄,土温高,能促早出苗、苗齐、苗壮。但因覆土薄,垄体大,不抗旱,如春旱严重,易缺苗断垄。由于覆土浅,不易加厚培土,易形成绿薯。优点是在涝害出现频率高的地区,因垄上播种的薯位高,可防止结薯期因涝灾而烂薯的问题。此外,高山寒冷地区,此法利于保墒、提温,利于出苗。垄上播应秋整地、秋施基肥、秋起垄,为第二年春播创造良好播种条件。

4. 平作不起垄　在气温较高,降水量较少而蒸发量较大,气候干燥又缺乏灌溉条件的地区,栽培马铃薯时为降低蒸发量、尽可能保持土壤水分,可采取平作的形式。在前作物收获后,即对土地进行耕翻整地。使土地平整。播种方式有隔沟播种和逐沟播种两种。播种时开沟,沟深 10～15 cm,株距 25～35 cm,然后照种上肥,随即开第二沟,开沟泥土给第一沟覆土,再开第三沟播种。

五、种植方式

(一)单作

单作指在同一块田地上种植一种作物的种植方式。单作是低纬度西南高原马铃薯主要的种植方式。相对于间作和套作,单作马铃薯生态结构单一,播种、病虫草害防控和收获等农事操作较为简单。

因种植习惯、管理方式和马铃薯品种的不同,单作的种植模式分为单垄单行栽培模式、大垄双行栽培模式、抱窝栽培模式、平地栽培苗后覆土模式、起垄覆膜打孔栽培模式等。

1. 单垄单行栽培模式　适合地块较小的坡地种植。要求种植行方向与坡方向一致,便于排水。行距 0.60～0.70 m,株距 0.25～0.30 m,垄高 0.20～0.25 m,垄宽 0.40～0.50 m,每亩种植 3176～4446 株。一般不采取覆膜栽培。如图 8-2 所示。

2. 大垄双行栽培模式　适合地块较大的平地种植。行距 1.00～1.20 m,株距 0.25～0.30 m,小行距 0.20～0.25 m,垄高 0.25～0.30 m,垄宽 0.80～1.00 m,每亩种植 3705～5336 株。播种起垄后,垄上可覆膜或覆膜盖土。如图 8-3 所示。

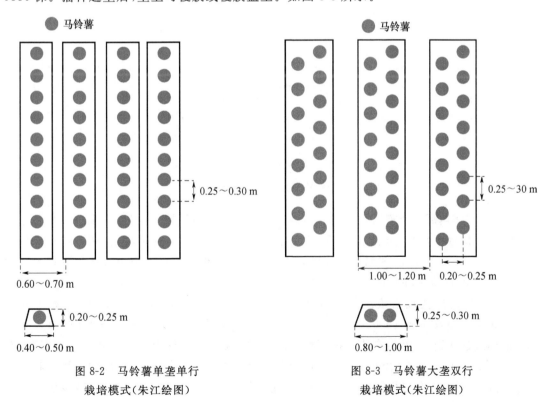

图 8-2　马铃薯单垄单行　　　　　图 8-3　马铃薯大垄双行
　　栽培模式(朱江绘图)　　　　　　栽培模式(朱江绘图)

3. 抱窝栽培模式 抱窝栽培相对于单垄单行栽培模式和大垄双行栽培模式应用面积相对较小,在云南省昭通市马铃薯种植区域应用得比较多。抱窝栽培采取大种薯(100 g 左右)+深耕+高培土+农家肥+化肥+严控晚疫病模式,窝距 1.20 m,窝直径 0.50~0.60 m,培土高 0.30~0.40 m,每窝种植马铃薯 6~8 株,均匀分布在窝内四周,每亩种植 2779~3705株。每窝放农家肥 3~5 kg,硫酸钾型复合肥(N∶P∶K=15∶15∶15)0.10~0.15 kg。如图8-4 所示。

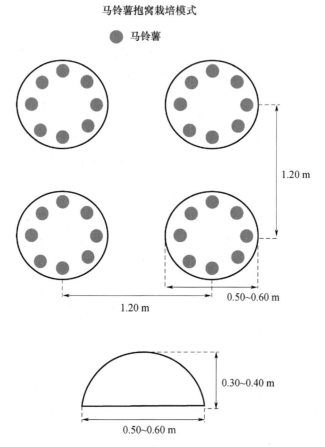

图 8-4 马铃薯抱窝栽培模式(朱江绘图)

4. 平地栽培苗后覆土模式 在贵州省威宁县马铃薯种植区域,一些农户采取平地栽培的方式,即马铃薯播种盖土后不起垄,等马铃薯植株长到 0.30 m 左右时,再在马铃薯植株根际覆一层厚 0.25~0.30 m 的细泥土的栽培方式。马铃薯平地栽培苗后覆土大多采取单行种植模式,每亩种植 3800~4500 株。

5. 起垄覆膜打孔栽培模式 先按照行距 1.20 m,垄高 0.25~0.30 m,垄宽 0.80~1.00 m,每亩沟施农家肥 1500~2500 kg,硫酸钾型复合肥(N∶P∶K=15∶15∶15)50~80 kg 的模式起垄覆膜,然后在膜上按照小行距 0.25~0.30 m,株距 0.25~0.30 m 在膜上开孔,孔深 0.20~0.25 m,直径 0.05 m 左右。将马铃薯种薯放入孔洞中,然后用细泥土将孔填满。该模式相对于大垄双行覆膜栽培模式,其优点是出苗率比较高,比较整齐,减少破膜人工成本,出苗时幼苗不易被太阳灼伤。其缺点是保温保墒效果相对较差,打孔放薯填土人工成本高,工序复杂。

以上简单地介绍了在低纬度西南高原马铃薯种植区域马铃薯单作的几种模式。有关马铃薯单作的文献资料很多,如马惠等(2018)开展了净作马铃薯"2+X"氮肥总量控制试验田间试验研究,结果表明,不同氮肥施用量对马铃薯的株高、长势、单株结薯重和产量均有较大的影响;全生育期施尿素 450 kg/hm² (底施 80%、盛花期施 20%)、普通过磷酸钙 600 kg/hm² (一次性作底肥施用)、硫酸钾 150 kg/hm² (现蕾期一次性施用),马铃薯的经济性状、产量及经济效益均达最佳,鲜薯产量达到 41370 kg/hm²;氮肥施用量过高或过低都会引起产量下降。同时,不同施肥条件下,地膜覆盖栽培马铃薯产量均高于不覆膜。肖莉等(2003)开展了净作条件下马铃薯不同密度群体产量初探的田间试验研究,结果表明,马铃薯高产适宜密度为 5000～6000 株/亩,产量达到 2322～2450 kg/亩;叶面积系数随密度增加而增大,低密度群体叶面积系数较低,高密度群体叶面积系数过大,均不是理想产量的密度;总光合势随密度增加而增大,与马铃薯产量的关系并非正相关,表明光合势发展动态符合总量要求合理和适度。郑元红等(2007a)开展了净作条件下毕节地区脱毒马铃薯高产栽培模式研究,结果表明,各试验因子对马铃薯产量的影响为:密度>钾肥>氮肥>磷肥,增加密度,增施钾肥与氮肥,酌施磷肥是实现净作条件下马铃薯高产的技术关键。通过计算机模拟寻优,得出毕节地区脱毒马铃薯大于 37500 kg/hm² 的高产技术模式为:密度 75960～81180 穴/hm²,平均 78570 穴/hm²、N 肥(N) 230.1～243.0 kg/hm²,平均为 236.6 kg/hm²、P 肥(P_2O_5)72.3～79.1 kg/hm²,平均为 75.6 kg/hm² 和 K 肥(K_2O)236.1～259.5 kg/hm²,平均为 247.8 kg/hm²,N∶P∶K 施肥比例平均为 1.00∶0.32∶1.05。

(二)间套作

间作指在同一田地上于同一生长期内,分行或分带相间种植两种或两种以上作物的种植方式,通用符号"‖"。中国早在公元前 1 世纪西汉《氾胜之书》中已有关于瓜豆间作的记载。公元 6 世纪《齐民要术》叙述了桑与绿豆或小豆间作、葱与胡荽间作的经验。明代以后麦豆间作、棉薯间作等已较普遍,其他作物的间作也得到发展。20 世纪 60 年代以来间作面积迅速扩大,有高、矮秆作物间作和不同作物种类间作,如粮食作物与经济作物、绿肥作物、饲料作物的间作等多种类型;尤以玉米与豆类作物间作最为普遍,广泛分布于东北、华北、西北和西南各地。此外还有玉米与花生间作,小麦与蚕豆间作,甘蔗与花生、大豆间作;高粱与粟间作等。林粮间作中以桑树、果树或泡桐等与一年生作物间作较多。在印度和许多非洲国家,豆类、玉米、高粱、粟、木薯等采用间作的也较普遍。

间作可提高土地利用率,由间作形成的作物复合群体可增加对阳光的截取与吸收,减少光能的浪费;同时,两种作物间作还可产生互补作用,如宽窄行间作或带状间作中的高秆作物有一定的边行优势,豆科与禾本科间作有利于补充土壤氮元素的消耗等。但间作时不同作物之间也常存在着对阳光、水分、养分等的激烈竞争。因此对株型高矮不一、生育期长短稍有参差的作物进行合理搭配和在田间配置宽窄不等的种植行距,有助于提高间作效果。当前的趋势是旱地、低产地、用人畜力耕作的田地及豆科、禾本科作物应用间作较多。

套作又称套种。是指在前季作物生长后期的株、行或畦间播种或栽植后季作物的一种种植方式。套作在中国起源甚早,公元前 1 世纪的《氾胜之书》已有黍和桑套种的记载,公元 6 世纪《齐民要术》中记载了大麻套种芜菁,明代麦、棉套种和早、晚稻套种等已有一定发展。中国是世界上实行套作最普遍的国家之一。主要的方式有:小麦套玉米,麦、油菜或蚕豆套棉花,稻套紫云英以及水稻套甘蔗、黄麻、甘薯,小麦套种玉米再套甘薯或大白菜等。套作也见于亚洲、非洲、拉丁美洲的一些国家。

套作是解决前后季作物间季节矛盾的一种复种方式，可争取时间提高光能和土地利用率；有利于后作的适时播种和栽植；有些地区可避旱、涝或冷害；能缓和农忙期间的用工矛盾。不同作物的共生期只占生育期的一小部分时间，如小麦行间套种玉米，水稻行间套播绿肥等。不同的作物在其套作共生期间也存在着相互争夺日光、水分、养分等的矛盾，易导致后季作物缺苗断垄或幼苗生长发育不良。套作共生期作物间，宜选配适当的作物，采用适当的田间配置方式（预留套种行的宽窄、作物的行比等）和合适的套种时间，以协调其相互间的关系。

马铃薯在与其他作物间套作时，应先充分了解马铃薯和间套作作物的生长发育特点，根据马铃薯和间套作作物对生长环境的要求，结合当地实际和生产的目的，提前设定好间套作时马铃薯的品种、间套作作物的类型和品系、播种时间、播种密度、播种方式，播种前做好土壤的翻耕、消毒，播种时做好种植空间布局、基肥施用、覆膜盖土，苗后做好水肥和病虫草害的管理等。

1. 与粮食作物间套作 粮食作物是对谷类作物（包括水稻、小麦、大麦、燕麦、玉米、高粱等）、薯类作物（包括甘薯、马铃薯等）及食用豆类作物（包括大豆、蚕豆、豌豆、绿豆、小豆等）的总称。在中国西南高原，马铃薯常常与玉米、大豆等作物进行间套作，马铃薯与玉米的间套作应用范围较为广泛，在贵州省中西部、云南省东北部和四川省西南部的山区常常作为一种重要的种植方式。

(1) 马铃薯与玉米间套作 在西南高原山区，因其独特的气候特点和土壤成分，马铃薯可以实现周年生产。玉米比较耐旱耐瘠，在西南高原山区种植广泛，是当地重要的作物。马铃薯是一年生矮秆植物，玉米是一年生的高秆植物，马铃薯与玉米的间套作，可以充分地利用土地上的光照、空间和时间，提高土地利用率和种植经济效益。马铃薯与玉米的相遇，形成了西南高原山区马铃薯与玉米多种多样的间套作模式。

① 马铃薯与玉米间作 马铃薯与玉米间作是指同一生长季节，在同一地块同时种植马铃薯和玉米。马铃薯主要选择早中熟品种，包括费乌瑞它、中薯3号、中薯5号、大西洋、宣薯2号、昆薯2号、云薯801、威芋3号、威芋5号、靖薯4号、黔芋5号、红宝石、兴佳2号等。玉米选择茎秆较矮的中晚熟品种，包括安单3号、红单6号、中单808等。间作模式主要包括马铃薯1行—玉米1行、马铃薯1行—玉米2行、马铃薯2行—玉米1行、马铃薯2行—玉米2行四种模式。

马铃薯1行—玉米1行间作模式：马铃薯采用单垄单行栽培模式，行宽0.60 m，株距0.25~0.30 m，垄高0.20~0.25 m，垄宽0.40~0.50 m，每亩种植2223~2668株；玉米采用单行栽培模式，行宽0.40 m，株距0.25 m，平地栽培，每亩种植2668株。这种间作模式适合西南高原较小的地块。如图8-5所示。

马铃薯1行—玉米2行间作模式：马铃薯采用单垄单行栽培模式，行宽0.60 m，株距0.25~0.30 m，垄高0.20~0.25 m，垄宽0.40~0.50 m，每亩种植1852~2223株；玉米采用双行栽培模式行宽0.60 m，小行距0.20~0.25 m，株距0.25 m，平地栽培，每亩种植4446株。这种间作模式适合西南高原中等大小的地块。如图8-6所示。

马铃薯2行—玉米1行间作模式：马铃薯采取大垄双行栽培模式，行宽1.20 m，株距0.25~0.30 m，小行距0.20~0.25 m，垄高0.25~0.30 m，垄宽0.80~1.00 m，每亩种植2779~3335株；玉米采用单行栽培模式，行宽0.40 m，株距0.25 m，平地栽培，每亩种植1667株。这种间作模式适合西南高原中等大小的地块。如图8-7所示。

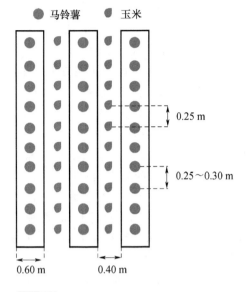

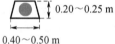

图 8-5 马铃薯 1 行—玉米 1 行
间作模式(朱江绘图)

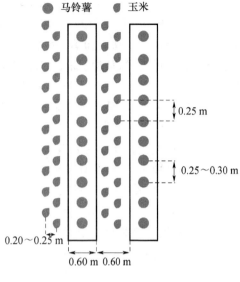

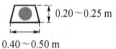

图 8-6 马铃薯 1 行—玉米 2 行
间作模式(朱江绘图)

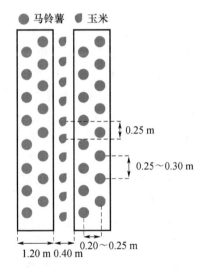

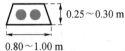

图 8-7 马铃薯 2 行—玉米 1 行
间作模式(朱江绘图)

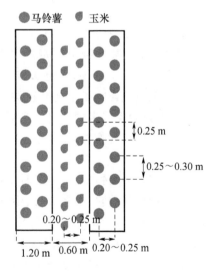

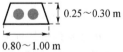

图 8-8 马铃薯 2 行—玉米 2 行
间作模式(朱江绘图)

马铃薯 2 行—玉米 2 行间作模式:马铃薯采用大垄双行栽培模式,行宽 1.20 m,株距 0.25～0.30 m,小行距 0.20～0.25 m,垄高 0.25～0.30 m,垄宽 0.80～1.00 m,每亩种植 2470～2964 株;玉米采用双行栽培模式,行宽 0.60 m,小行距 0.20～0.25 m,株距 0.25 m,平地栽培,每亩种植 2964 株。如图 8-8 所示。这种间作模式适合西南高原较大的地块,马铃薯与玉米间作的四种模式,马铃薯和玉米在播种时间、水肥管理和病虫草害防控方面基本相同,在低纬度西南高原海拔 1500 m 以下区域,马铃薯 12 月下旬至 1 月中旬播种,马铃薯出苗后,约 2 月中上旬播种玉米,马铃薯 5 月中上旬收获,玉米 7 月中下旬收获,在 1500 m 以上区域,马铃薯一般 3 月中上旬开始播种,4 月上旬马铃薯出苗后播种玉米,马铃薯 7 月中上旬收获,玉米 9 月中下旬收获。马铃薯和玉米生长期间,对马铃薯和玉米进行正常的水肥管理和病虫草害防控等农事操作,以确保马铃薯和玉米植株正常生长,使产量和品质达到预期目标。

② 马铃薯与玉米套作 马铃薯与玉米的套种是指在马铃薯与玉米的生活史中有一部分共生期。马铃薯与玉米套种效益受到马铃薯和玉米生育期、形态特征、套种时间、播种密度等方面的影响,根据马铃薯和玉米对生长环境的需求,马铃薯与玉米的套种主要有两种模式,一是马铃薯生长后期套种玉米,二是玉米生长后期套种马铃薯。

马铃薯生长后期套种玉米:马铃薯品种选择早熟品种,适合种植的品种主要包括费乌瑞它、中薯 3 号、中薯 5 号、大西洋、黔芋 5 号、兴佳 2 号等。套作玉米选择早中熟品种。在西南高原海拔 1500 m 以下低热河谷坝区,每年 1 月中上旬开始播种马铃薯,2 月中上旬出苗,5 月中上旬开始收获,在 4 月中下旬马铃薯成熟期,于马铃薯行间播种玉米,9 月中下旬收获;海拔 1500 m 以上区域,每年 2 月下旬至 3 月上旬开始播种马铃薯,3 月下旬出苗,6 月中下旬收获,在 5 月中下旬马铃薯成熟期,于马铃薯行间播种玉米,10 月中上旬收获。马铃薯采取大垄双行栽培模式,行距 1.20 m,株距 0.25～0.30 m,小行距 0.30～0.35 m,垄高 0.30～0.35 m,垄宽 0.80～1.00 m,每亩种植 3705～4446 株,出苗后对马铃薯进行正常的水肥管理和病虫草害防控等农事操作,以确保马铃薯产量和品质达到预期目标。玉米采取双行栽培模式,行距 1.20 m,小行距 0.20～0.25 m,株距 0.25 m,平地栽培,每亩种植 4446 株。玉米出苗后,对马铃薯进行杀秧处理以免影响玉米苗的正常生长,对后期玉米进行正常的水肥管理和病虫草害防控等农事操作,以确保玉米的产量和品质达到预期目标。马铃薯收获后,可在栽种马铃薯的区域种植生长周期较短的作物,如大蒜、白菜、葱等,以提高土地利用率。如图 8-9 和图 8-10 所示。

玉米生长后期套种马铃薯:玉米品种选择早中熟品种,马铃薯品种选择早熟品种,适合种植的品种主要包括费乌瑞它、中薯 3 号、中薯 5 号、大西洋、黔芋 5 号、兴佳 2 号等。在西南高原海拔 1500 m 以下区域,玉米 3 月中下旬播种,7 月下旬收获,于玉米灌浆期(约 6 月中下旬),在玉米行间种植马铃薯;海拔 1500 m 以上区域,玉米 4 月中下旬播种,9 月中上旬收获,于玉米灌浆期(约 8 月中上旬),在玉米行间种植马铃薯。玉米采取双行栽培模式,行距 0.60 m,小行距 0.20～0.25 m,株距 0.25 m,平地栽培,每亩种植 8893 株,玉米生长期间进行正常的水肥管理和病虫草害防控等农事操作,以确保玉米的产量和品质达到预期目标;马铃薯采取单行平地栽培模式,行距 0.60 m,株距 0.25 m,每亩种植 4446 株,马铃薯出苗后,将玉米中下部老叶摘除,以便通风透光,使马铃薯苗正常生长,玉米收获后,铲除玉米剩余秸秆,对马铃薯苗进行覆土,覆土厚 0.15～0.20 m,马铃薯生长期间进行正常的水肥管理和病虫草害防控等农事操作,以确保马铃薯产量和品质达到预期目标。如图 8-11 所示。

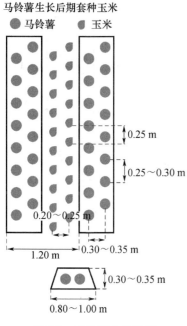

馬铃薯生长后期套种玉米

● 马铃薯　● 玉米

0.25 m
0.25~0.30 m
0.20~0.25 m
1.20 m
0.30~0.35 m
0.30~0.35 m
0.80~1.00 m

图 8-9　马铃薯生长后期
套种玉米（朱江绘图）

图 8-10　马铃薯生长后期
套作玉米（朱江摄）

（2）马铃薯与大豆间套作　在西南高原，马铃薯与大豆间套作并不像马铃薯与玉米间套作那样的应用广泛，但在西南高原的一些地区，是重要的种植模式。马铃薯和大豆都是矮秆作物，在进行间套作的布局时应注重种植密度、播种时间等。

① 马铃薯与大豆间作　马铃薯与大豆的间作，主要有两种间作模式，一是马铃薯行间间作大豆种植模式，二是马铃薯与大豆分带种植模式。

马铃薯行间间作大豆：马铃薯品种选择早熟品种，适合种植的品种主要包括费乌瑞它、中薯 3 号、中薯 5 号、大西洋、宣薯 2 号、昆薯 2 号、云薯 801、威芋 3 号、威芋 5 号、靖薯 4 号、黔芋 5 号、红宝石、兴佳 2 号等。大豆品种选择早熟鲜食矮秆品种，如安豆 5 号、云黄 12 号等。马铃薯采取大垄双行栽培模式，行间距 1.20 m，株距 0.28 m，小行距 0.25~0.30 m，垄高 0.25~0.30 m，垄宽 0.60~0.80 m，每亩种植 3970 株。大豆种植在马铃薯行间，每

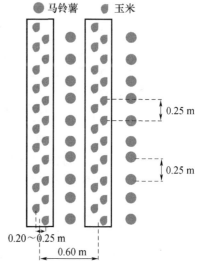

● 马铃薯　● 玉米

0.25 m
0.25 m
0.20~0.25 m
0.60 m

图 8-11　玉米生长后期
套种马铃薯（朱江绘图）

个马铃薯行间种植大豆 2 行，行间距 1.20 m，小行距 0.10 m，株距 0.15 m，每亩种植 7411 株。在西南高原海拔 1300 m 以下区域，马铃薯和大豆于 3 月上旬同时播种，马铃薯和大豆生长期间进行正常的水肥管理和病虫害防治等农事操作。在大豆结荚可鲜食时，对大豆进行采收，大豆采收后再进行中耕覆土。如图 8-12 所示。

马铃薯与大豆分带种植：马铃薯与大豆分带种植对马铃薯和大豆的品种要求不太严格，种植的模式因地制宜，以马铃薯和大豆种植带宽为 1∶1 最为适宜。马铃薯采取大垄双行栽培模式，行距 1.20 m，株距 0.25 m，小行距 0.25～0.30 m，垄高 0.25～0.30 m，垄宽 0.80～1.00 m，每亩种植 2223 株，每个种植带种植两个大行；大豆采取双行种植模式，行距 0.40 m，小行距 0.15 m，株距 0.15 m，平地开沟栽培，种植深度 0.05～0.10 m，每个种植带种植 6 个大行，每亩种植 11116 株。在西南高原海拔 1500 m 以下区域，马铃薯和大豆在 2 月中下旬进行播种，6 月中下旬收获；海拔 1500 m 以上区域，马铃薯和大豆在 4 月上旬进行播种，8 月中下旬收获。马铃薯和大豆生长期间进行正常的水肥管理和病虫害防治等农事操作，以确保马铃薯和大豆的产量和品质达到预期目标。马铃薯或大豆收获后，可补栽生育期较短的白菜、大蒜、葱等，以提高土地利用率和种植经济效益。如图 8-13 和图 8-14 所示。

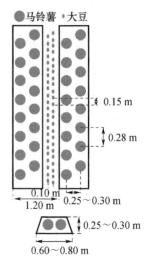

图 8-12　马铃薯行间间作大豆（朱江绘图）

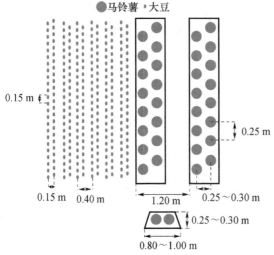

图 8-13　马铃薯与大豆分带种植（朱江绘图）

图 8-14　马铃薯与大豆分带种植（何大智摄）

② 马铃薯与大豆套作

冬春马铃薯生长后期套作大豆：在西南高原海拔 1500 m 以下区域，马铃薯 1 月上旬播种，5 月中下旬收获，在 4 月中下旬，于马铃薯行间播种大豆，8 月中旬收获；海拔 1500 m 以上区域，马铃薯 3 月上旬播种，6 月下旬收获，在 5 月中下旬，于马铃薯行间进行播种大豆，10 月上旬收获；马铃薯采取大垄双行栽培模式，行距 1.20 m，株距 0.25 m，小行距 0.25～0.30 m，垄高 0.25～0.30 m，垄宽 0.80～1.00 m，每亩种植 4446 株。大豆采取双行栽培模式，行距 1.20 m，小行距 0.10 m，株距 0.15 m，每亩种植 7411 株。大豆出苗后，对马铃薯进行杀秧处理，以保证大豆苗正常生长。马铃薯收获后，可在马铃薯种植区域补栽生育期较短、植株矮小的作物，如白菜、萝卜、大蒜、葱等，以提高土地利用率和种植经济效益。如图 8-15 所示。

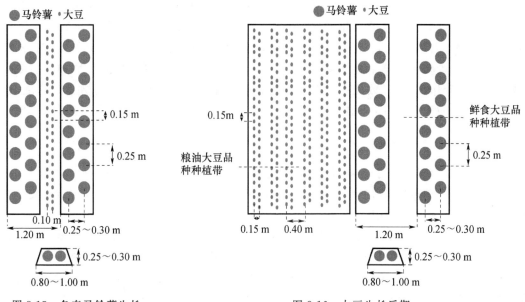

图 8-15　冬春马铃薯生长
后期套作大豆（朱江绘图）

图 8-16　大豆生长后期
套作马铃薯（朱江绘图）

　　大豆生长后期套作马铃薯：大豆采取分带种植鲜食大豆品种和粮油大豆品种的模式，每个种植带宽 2.40 m，每个种植带内种植大豆 12 行。鲜食大豆收获后，在鲜食大豆区域内种植马铃薯。在西南高原海拔 1500 m 以下区域，大豆于 3 月中上旬开始种植，约 6 月上旬可对鲜食品种进行收获，在鲜食大豆品种收获的区域内种植马铃薯，马铃薯于 6 月下旬进行播种，10 月中旬收获；海拔 1500 m 以上区域，大豆于 4 月中下旬开始种植，约 7 月上旬可对鲜食品种进行收获，在鲜食大豆品种收获的区域内种植马铃薯，马铃薯于 7 月下旬进行播种 11 月中下旬收获；大豆采取双行栽培模式，行距 0.40 m，小行距 0.15 m，株距 0.15 m，每亩大豆共计种植 22233 株。马铃薯采取大垄双行栽培模式进行，行距 1.20 m，株距 0.25 m，小行距 0.25～0.30 m，垄高 0.25～0.30 m，垄宽 0.80～1.00 m，每亩种植 2223 株。马铃薯和大豆生长期间进行正常的水肥管理和病虫草害防控等农事操作，以确保大豆和马铃薯的产量和品质达到预期目标。在粮油大豆品种收获后，可在其种植区域补栽生育期较短的白菜、大蒜、葱等，以提高土地利用率和种植经济效益。如图 8-16 所示。

　　以上主要介绍了马铃薯与玉米和马铃薯与大豆之间间套作的几种常用的种植模式，适用于西南高原区域。在实践应用时不能机械地照搬，应因时因地制宜，制定适合当地实情的种植方法。

　　马铃薯与经济作物间的间套作模式还有很多，如郑元红等（2007b）在贵州省毕节地区威宁县海拔 2200 m 和海拔 1600 m 处，对玉米—马铃薯分带及密度在中低产旱地上的平衡丰产技术措施进行研究。结果表明，影响马铃薯和玉米产量的关键因素是种植密度，其次是带距。通过统计分析，得出马铃薯最大产量的带距平均为 1.79 m，平均密度是 57465 穴/hm²，最大平均产量可达 18930.2 kg/hm²；玉米最大产量的带距平均为 1.69 m，平均密度是 52815 株/hm²，最大平均产量可达 6007.2 kg/hm²；马铃薯—玉米间套作模式的最佳栽培农艺措施为：带距 1.72 m，马铃薯 49065 穴/hm²，玉米 52200 株/hm²。

　　黄承建等（2012）试验研究了马铃薯/玉米不同行数比套作对马铃薯光合特性和产量的影

响。以单作马铃薯为对照,设置 2∶2 和 3∶2 两种马铃薯/玉米套作的行数比,研究大田套作条件下马铃薯光合特性的动态变化及其对产量的影响。结果表明,套作显著降低了马铃薯净光合速率,与单作相比,套作显著降低了两种行数比的大薯数量和大薯鲜重;套作 2∶2 行数比小薯数量和小薯鲜重显著降低,但套作 3∶2 行数比小薯数量显著增加,小薯鲜重差异不显著;套作 3∶2 行数比小薯数量和小薯鲜重显著高于套作 2∶2 行数比。总之,套作改变了马铃薯的光合特性,并显著降低了马铃薯块茎产量,在生产中宜采用套作 3∶2 行数比模式。

杨朝亮等(2015)介绍了大理市马铃薯、玉米、大荚豌豆间套作旱作组合技术。第一茬,马铃薯,12 月中旬至翌年 1 月上旬(大寒节令)播种,5 月上中旬收获,第二茬,玉米,4 月下旬至 5 月上旬套种在马铃薯垄间,10 月上旬收获,产量可以达到 750～800 kg/亩。第三茬,大荚豌豆于 8 月上中旬套种,3 月中上旬收获。

2. 与蔬菜作物间套作 蔬菜是指可以做菜、烹饪成为食品的一类植物或菌类。中国普遍栽培的蔬菜约有 20 多个科,常见的一些种或变种主要集中在 8 大科。十字花科:包括萝卜、芜菁、白菜(含大白菜、白菜亚种)、甘蓝(含结球甘蓝、苤蓝、花椰菜、青花菜等变种)、芥菜(含根介菜、雪里蕻变种)等。伞形科:包括芹菜、胡萝卜、小茴香、芫荽等。茄科:包括番茄、茄子、辣椒(含甜椒变种)。豆科:包括菜豆(含矮生菜豆、蔓生菜豆变种)、豇豆、豌豆、蚕豆、大豆、扁豆、刀豆等。葫芦科:包括黄瓜、西葫芦、南瓜、笋瓜、冬瓜、丝瓜、瓠瓜、苦瓜、佛手瓜等。百合科:包括韭菜、大葱、洋葱、大蒜、韭葱、金针菜(即黄花菜)、石刁柏(芦笋)、百合等。菊科:包括莴苣(含结球莴苣、皱叶莴苣变种)、莴笋、茼蒿、牛蒡、菊芋、朝鲜蓟等。藜科:包括菠菜、甜菜(含根甜菜、叶甜菜变种)等。

马铃薯与蔬菜的间套作,对于蔬菜的品种特性要求较高,一般要求蔬菜生长周期短、植株较矮小,易于管理等。马铃薯是茄科植物,一般不与茄科作物进行间套作。在西南高原地区,常见的与马铃薯间套作的蔬菜主要有白菜、甘蓝、蚕豆、韭菜、大蒜等。以下以甘蓝和韭菜为例,介绍马铃薯与蔬菜的间套作模式。

(1)马铃薯与甘蓝间套作

① 马铃薯与甘蓝间作 马铃薯与甘蓝都是植株较为矮小的作物,在进行间作时,因充分考虑到它们对于光照、水肥和生长空间的竞争关系进行设置。

马铃薯与甘蓝分带间作模式:马铃薯主要选择早中熟品种,适合种植的品种主要包括费乌瑞它、中薯 3 号、中薯 5 号、大西洋、宣薯 2 号、昆薯 2 号、云薯 801、威芋 3 号、威芋 5 号、靖薯 4 号、黔芋 5 号、红宝石、兴佳 2 号等。甘蓝主要选择中晚熟品种。在西南高原海拔 1500 m 以下区域,马铃薯和甘蓝分别在 7 月下旬至 8 月上旬进行播种和育苗,马铃薯 12 月中下旬可以收获,甘蓝 1 月中下旬可收获;海拔 1500 m 以上区域,马铃薯和甘蓝分别在 3 月中上旬和 4 月上旬进行播种和育苗,马铃薯 6 月下旬至 7 月上旬收获,甘蓝 7 月中下旬可收获。马铃薯采用大垄双行栽培模式,行距 1.20 m,株距 0.25 m,小行距 0.25～0.30 m,垄高 0.25～0.30 m,垄宽 0.80～1.00 m,每个种植带宽 2.40 m,种植马铃薯两个大行,每亩种植马铃薯 2223 株。甘蓝采用苗盘进行育苗,待苗高 0.10 m 左右时进行移栽,移栽行距 0.40 m,株距 0.40 m,每个种植带宽 2.40 m,种植甘蓝 6 行,每亩种植甘蓝 2084 株。如图 8-17 所示。

② 马铃薯与甘蓝套作 马铃薯与甘蓝的套种,主要是马铃薯生长后期套作甘蓝,以冬春马铃薯生长后期套作甘蓝为主。

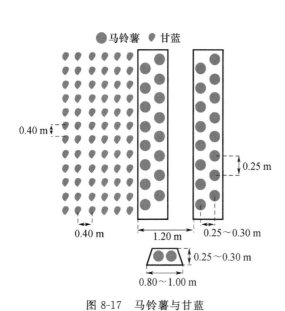

图 8-17　马铃薯与甘蓝
分带种植（朱江绘图）

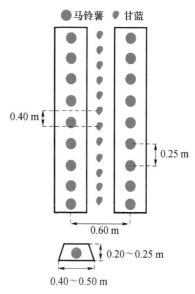

图 8-18　冬春马铃薯生长
后期套作甘蓝（朱江绘图）

冬春马铃薯生长后期套作甘蓝：马铃薯主要选择早中熟品种，适合种植的品种主要包括费乌瑞它、中薯 3 号、中薯 5 号、大西洋、宣薯 2 号、昆薯 2 号、云薯 801、威芋 3 号、威芋 5 号、靖薯4 号、黔芋 5 号、红宝石、兴佳 2 号等。马铃薯采用单垄单行栽培模式，行距 0.60 m，株距0.25 m，垄高 0.20～0.25 m，垄宽 0.40～0.50 m，每亩种植 4446 株。在西南高原海拔1500 m 以下区域，马铃薯 12 月下旬至 1 月上旬播种；海拔 1500 m 以上区域，3 月上旬播种。马铃薯膨大期进行甘蓝育苗，待苗高 0.10 m 左右时，此时马铃薯进入成熟期，对马铃薯植株进行杀秧处理，于马铃薯行间种植 1 行甘蓝，株距 0.40 m，每亩种植甘蓝 2779株。马铃薯收获后，对甘蓝种植区进行覆土，厚度 0.10 m 左右，宽 0.30～0.40 m。如图 8-18 所示。

（2）马铃薯与韭菜间套作　因韭菜是多年生宿根草本植物，植株矮小且生长旺盛，马铃薯与韭菜间套作，主要是在韭菜的行间间作马铃薯，马铃薯选择早中熟品种，适合种植的品种主要包括费乌瑞它、中薯 3 号、大西洋、宣薯 2 号、昆薯 2 号、云薯 801、威芋3 号、威芋 5 号、靖薯 4 号、黔芋 5 号、兴佳 2 号等，以免因马铃薯植株生长旺盛影响韭菜的正常生长。

马铃薯与韭菜间作：韭菜采取大垄双行栽培模式，行距 1.50 m，小行距 0.40 m，株距0.40 m，每亩种植韭菜 2223 株。每个韭菜种植行间间作一垄马铃薯，马铃薯以冬春播为主，采取大垄双行栽培模式，株距 0.25 m，小行距 0.25～0.30 m，垄高 0.25～0.30 m，垄宽0.80～1.00 m，每亩种植马铃薯 3557 株。在西南高原 1500 m 以下区域，马铃薯 1 月上旬播种，5 月中下旬收获；海拔 1500 m 以上区域，马铃薯 3 月上旬播种，7 月上旬收获。在马铃薯和韭菜生长期间，进行正常的水肥管理和病虫草害防控等农事操作，以确保马铃薯和韭黄的产量和品质达到预期目标。如图 8-19 所示。

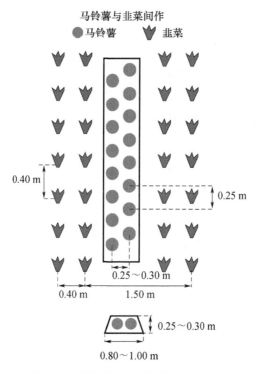

图 8-19　马铃薯与韭菜间作（朱江绘图）

　　在贵州省安顺市普定县，韭菜是该县一县一业的主导种植产业，马铃薯与韭菜的间作，可以提高土地利用率和种植的经济效益。2014年普定县化处镇化新村，合作社在其栽种的500亩韭菜中套作马铃薯，马铃薯选择早熟品种兴佳2号脱毒种薯，于当年1月上旬播种，采取大垄双行覆膜盖土栽培模式，行距1.50 m，株距0.25 m，小行距0.30 m，每亩种植马铃薯3557株，马铃薯生长期间进行正常的水肥管理和病虫草害防控等农事操作，在当年5月中下旬收获上市，5月20日进行田间测产，平均每亩产量1758.32 kg，商品薯率达95％以上，当年马铃薯田间批发价格3.0元/kg，该村合作社韭菜套作马铃薯毛收入250万元左右，净利润170万元左右，经济效益显著。如图8-20所示。

图 8-20　贵州省安顺市普定县化处镇化新村马铃薯与韭菜间作（樊祖立摄）

　　以上介绍了几种常见的马铃薯与甘蓝、马铃薯与韭菜的间套作模式，在实际应用时，应因时因地制宜，制定符合当地实际的种植方案和种植模式。马铃薯与蔬菜的间套作模式还有很多,如张圆等(2014)研究了芜菁甘蓝与马铃薯间作体系,以芜菁甘蓝单作、马铃薯单作为对照,芜菁甘蓝与马铃薯间作为研究对象,分析不同种植模式芜菁甘蓝与马铃薯的相对产量及产值。结果表明,芜菁甘蓝与马铃薯间作的芜菁甘蓝产量相比单作提高38.40%,具有间作产量优势。

3. 幼龄果树间作马铃薯 在西南高原,由于玉米种植面积的政策性调减,加之种植结构的改变,许多的地区都以种植经济效益较高的果树代替种植玉米,如贵州省以种植樱桃树、李树、火龙果、葡萄等果树代替种植玉米。由于果树从种植到丰产需要3~5年的时间,在这期间,果园处于幼龄果园阶段,种植的果树是没有经济效益的。果树种植一般行间距比较大,果园幼龄果树阶段果树植株树体较小,在果树之间留有很大的空间可以种植其他经济作物,以提高土地利用率和种植经济效益,减小幼龄果园阶段果园的资金压力。在幼龄果园中间作的经济作物以生产周期短、植株矮小、易于管理的作物为主,如大豆、马铃薯、辣椒、茄子、白菜、萝卜、甘蓝等,以下主要介绍幼龄果树间作马铃薯。

以李树为例。在西南高原一般李树种植行距4.00 m,株距3.00 m,每亩种植李树55株。于幼龄李树行间间作马铃薯,马铃薯品种一般选择早中熟品种,适合种植的品种主要包括费乌瑞它、中薯3号、中薯5号、大西洋、宣薯2号、昆薯2号、云薯801、威芋3号、威芋5号、靖薯4号、黔芋5号、红宝石、兴佳2号等,当然,种植晚熟品种也可。马铃薯有两种种植模式,一是单垄单行栽培模式,及行距0.60 m,株距0.25~0.30 m,垄高0.20~0.25 m,垄宽0.40~0.50 m,每个李树幼龄果树行间种植6垄马铃薯,每亩种植马铃薯3335~4002株(图8-21);二是大垄双行栽培模式,行间1.2 m,株距0.25~0.30 m,小行距0.25~0.30 m,垄高0.25~0.30 m,垄宽0.80~1.00 m,每个李树幼龄果树行间种植3垄马铃薯,每亩种植马铃薯3335~4002株(图8-22)。在西南高原海拔1500 m以下区域,马铃薯于12月下旬至1月上旬播种,5月中下旬收获;海拔1500 m以上区域,马铃薯于12月下旬至3月上旬播种,7月上旬收获。也可在7月下旬至8月中旬播种,12月下旬至1月上旬收获。

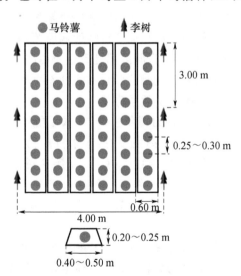

图8-21 幼龄果树(李树)
间作马铃薯(单垄单行)(朱江绘图)

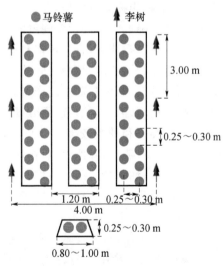

图8-22 幼龄果树(李树)
间作马铃薯(大垄双行)(朱江绘图)

在贵州省安顺市镇宁、普定等县区,在李树行距间作马铃薯,品种为兴佳2号,采取大垄双行栽培模式,每亩种植约4000株马铃薯,收获时折合亩产为1857.18 kg,其中约95%为商品薯,当时马铃薯批发价为2.6元/kg,除去生产成本,2亩马铃薯净利润在3000元左右。

幼龄果树与马铃薯间作模式还有很多,在进行种植时,应该根据果树与马铃薯的生长发育特点进行设置,同时在马铃薯生长期间,要注重晚疫病和地下害虫等病虫害的防控,以及对果树进行适时的施肥、修剪和病虫草害防控,以确保幼龄果树生长健壮和马铃薯产量和品质达到预期目标。

(三)轮作

轮作是指在同一块田地上,有顺序地在季节间或年间轮换种植不同的作物或复种组合的一种种植方式。轮作是用地养地相结合的一种生物学措施,合理的轮作是综合防治病虫草害的重要途径,特别是对于一些土传病害、地下害虫和寡食性昆虫具有较好的防治效果。轮作可以均衡利用土壤养分,各种作物从土壤中吸收各种养分的数量和比例各不相同,如禾谷类作物对氮和硅的吸收量较多,而对钙的吸收量较少,豆科作物吸收大量的钙,而吸收硅的数量极少,因此两类作物轮换种植,可保证土壤养分的均衡利用,避免其片面消耗。轮作还可以调节土壤肥力,谷类作物和多年生牧草有庞大根群,可疏松土壤、改善土壤结构;绿肥作物和油料作物,可直接增加土壤有机质来源;另外,轮种根系生长深度不同的作物,深根作物可以利用由浅根作物溶脱而向下层移动的养分,并把深层土壤的养分吸收转移上来,残留在根系密集的耕作层;同时轮作可借根瘤菌的固氮作用,补充土壤氮素,如花生和大豆每亩可固氮6.00~8.00 kg,多年生豆科牧草固氮的数量更多;水旱轮作还可改变土壤的生态环境,增加水田土壤的非毛管孔隙,提高氧化还原电位,有利土壤通气和有机质分解,消除土壤中的有毒物质,防止土壤次生潜育化过程,并可促进土壤有益微生物的繁殖。

马铃薯一般是不与茄科作物进行轮作的,因为茄科植物之间许多植物病害的病原菌是一样的,马铃薯与茄科作物进行轮作,会加重一些病害的发生和为害程度,使马铃薯和其他茄科作物的产量和品质降低。如马铃薯晚疫病、番茄疫病、辣椒疫病和茄子疫病的病原菌都是致病疫霉,马铃薯青枯病、番茄青枯病、辣椒青枯病和茄子青枯病的病原菌都是青枯假单胞菌,如果实行马铃薯与番茄、马铃薯与辣椒之间的轮作,会加重晚疫病(疫病)和青枯病的发生和为害程度,致使马铃薯、番茄、辣椒和茄子的产量和品质下降,种植经济效益降低。

在西南高原地区,因气候适宜,部分区域可以实现马铃薯的周年生产,形成了能与马铃薯实现轮作的作物类型和种类较多。常与马铃薯进行轮作的作物主要有:禾本科作物,包括玉米、水稻、高粱、小麦、燕麦、青稞等;豆科作物,包括大豆、豇豆、豌豆、蚕豆等;十字花科作物,包括萝卜、白菜、甘蓝、油菜等。葫芦科作物,包括黄瓜、南瓜、笋瓜、冬瓜、丝瓜、苦瓜等。百合科作物,包括大葱、洋葱、大蒜、金针菜(即黄花菜)、石刁柏(芦笋)、百合等。

1. 马铃薯与禾本科作物轮作

以马铃薯与玉米轮作,马铃薯与水稻轮作为例,介绍马铃薯与禾本科作物的轮作特点。

(1)马铃薯与玉米轮作 马铃薯品种选择早中熟品种,适合种植的品种主要包括费乌瑞它、中薯3号、中薯5号、大西洋、宣薯2号、昆薯2号、云薯801、威芋3号、威芋5号、靖薯4号、黔芋5号、红宝石、兴佳2号等。玉米品种选择早中熟品种。在西南高原海拔1500 m以下区域,马铃薯与玉米的轮作采取"马铃薯(12月—翌年5月上旬)+玉米(5月下旬—10月)"的轮作模式,马铃薯于12月下旬至1月上旬播种,5月中上旬收获,玉米5下旬播种,10月中上旬收获；海拔 1500 m 以上区域，马铃薯与玉米的轮作采取"马铃薯（2—6 月）＋玉米（6—10 月）"的轮作模式，马铃薯 2 月中下旬播种，6 月上旬收获，玉米 6 月中旬播种，10 月下旬收获。马铃薯采取大垄双行覆膜盖土栽培模式，行距 1.20 m，株距 0.25～0.30 m，小行距 0.25～0.30 m，垄高 0.25～0.30 m，垄宽 0.80～1.00 m，马铃薯每亩播种 3705～4446 株，马铃薯种薯摆放好后，先覆土 0.25 m 左右，土壤湿润，墒情较好时覆膜，膜上盖土 0.03～0.05 m。玉米采取双行栽培模式，行距 0.60 m，小行距 0.20～0.25 m，株距 0.25 m，平地栽培，每亩种植 8893 株。玉米收获后，下一茬可以种植油菜。也可使地闲置，下一茬继续播种马铃薯，或在这期间种植生育期较短的作物，如大蒜、葱等。

（2）马铃薯与水稻轮作　马铃薯与水稻的轮作，马铃薯和水稻均选择早熟品种，其中马铃薯选择的适合种植品种主要包括费乌瑞它、中薯 3 号、中薯 5 号、大西洋、黔芋 5 号、兴佳 2 号等。马铃薯与水稻的轮作采取"马铃薯（12 月—翌年 5 月）＋水稻（6—10 月）"的轮作模式，该模式适合西南高原低海拔 1500 m 以下地区。马铃薯于 12 月下旬至 1 月上旬播种，采取大垄双行覆膜盖土栽培模式，行距 1.20 m，株距 0.25～0.30 m，小行距 0.25～0.30 m，垄高 0.25～0.30 m，垄宽 0.80～1.00 m，每亩播种 3705～4446 株，马铃薯种薯摆放好后，先覆土 0.25 m 左右，土壤湿润，墒情较好时覆膜，膜上盖土 0.03～0.05 m。马铃薯 2 月中上旬开始出苗，5 月上旬可收获上市。水稻采取双行（宽行＋窄行）栽培模式，宽行行距 0.40 m，窄行行距 0.30 m，株距 0.18 m，每亩种植 10587 株，4 月中上旬开始育苗，5 月下旬至 6 月上旬移栽，9 月下旬至 10 月上旬收割。水稻收割后，后茬作物可种植油菜和小麦等，也可使地闲置至 12 月下旬或 1 月上旬，再一次播种马铃薯，或在这期间种植生育期较短的作物，如大蒜、葱等。

2. 马铃薯与豆科作物轮作　豆科作物与根瘤菌共生，具有固氮作用，马铃薯与豆科作物的轮作，对于活化土壤具有重要作用。下面以马铃薯与大豆轮作为例，介绍马铃薯与豆科作物的轮作特点。

马铃薯与大豆轮作：马铃薯和大豆均选择早熟品种，其中马铃薯选择的适合种植的品种主要包括费乌瑞它、中薯 3 号、中薯 5 号、大西洋、黔芋 5 号、兴佳 2 号等。马铃薯与大豆的轮作采取"大豆（3—7 月）＋马铃薯（8 月—翌年 1 月）"的轮作模式，该模式适合西南高原海拔 1500 m 以下区域。大豆采取双行种植模式，于 3 月中下旬播种，行距 0.40 m，小行距 0.15 m，株距 0.15 m，平地开沟栽培，种植深度 0.05～0.10 m，每个种植带种植 6 个大行，每亩种植 11116 株，7 月中下旬可收获。马铃薯于 8 月中上旬播种，采取大垄双行栽培模式，行距 1.20 m，株距 0.25～0.30 m，小行距 0.25～0.30 m，垄高 0.25～0.30 m，垄宽 0.80～1.00 m，每亩播种 3705～4446 株，8 月下旬至 9 月上旬出苗，1 月中上旬可收获上市。马铃薯成熟后，可留在土里，到 2 月中上旬市场价格较好时再收获上市。马铃薯收获后，可在 3 月中下旬继续种植大豆，也可种植其他作物。

3. 马铃薯与十字花科作物轮作　以马铃薯与油菜轮作为例，介绍马铃薯与十字花科作物轮作的特点。

马铃薯与油菜轮作：马铃薯与油菜轮作，对马铃薯和油菜的品种熟性要求不严格，马铃薯以早中熟品种为主，适合种植的品种主要包括费乌瑞它、中薯 3 号、中薯 5 号、大西洋、宣薯 2 号、昆薯 2 号、云薯 801、威芋 3 号、威芋 5 号、靖薯 4 号、黔芋 5 号、红宝石、兴佳 2 号等，种植晚熟品种也可，适合种植的晚熟品种主要包括青薯 9 号、丽薯 10 号、丽薯 11 号、丽薯 12 号、丽薯 13 号、黔芋 8 号、合作 88 等。在西南高原海拔 1500 m 以下区域，采取"马铃薯（1—5 月）＋油菜（9 月中下旬—翌年 4 月中旬）"的轮作模式。马铃薯品种以早中熟为主，于 1 月中上旬播种,5 月中上旬收获;油菜 9 月中下旬播种,第二年 4 月中旬收获;海拔 1500 m 以上区域,采取"马铃薯(2—8 月)+油菜(10 月上旬—翌年 4 月下旬)"的轮作模式,马铃薯品种以中晚熟品种为主,于 2 月中上旬开始播种,8 月中上旬收获;油菜 10 月上旬播种,第二年 4 月下旬收获。马铃薯采取大垄双行覆膜盖土栽培模式,行距 1.20 m,株距 0.25~0.30 m,小行距 0.25~0.30 m,垄高 0.25~0.30 m,垄宽 0.80~1.00 m,每亩播种 3705~4446 株,马铃薯种薯摆放好后,先覆土 0.25 m 左右,土壤湿润,墒情较好时覆膜,膜上盖土 0.03~0.05 m。甘蓝型油菜采取双行栽培模式,行距 0.40 m,小行距 0.30 m,株距 0.20~0.25 m,每亩种植 7622~9528 株;白菜型油菜和芥菜型油菜采取撒播栽培,行距 0.40~0.50 m,每亩种植 20000~25000 株。

4. 马铃薯与葫芦科作物轮作　以马铃薯与南瓜轮作为例,介绍马铃薯与葫芦科作物的轮作特点。

马铃薯与南瓜轮作:马铃薯与南瓜轮作,马铃薯以早中熟品种为主,适合种植的品种主要包括费乌瑞它、中薯 3 号、中薯 5 号、大西洋、宣薯 2 号、昆薯 2 号、云薯 801、威芋 3 号、威芋 5 号、靖薯 4 号、黔芋 5 号、红宝石、兴佳 2 号等。南瓜品种以蛇南瓜、小磨盘南瓜、大磨盘南瓜、蜜本南瓜、奶油南瓜、牛腿南瓜、黄狼南瓜、黑皮南瓜、黄金南瓜、锦红一号等食用型南瓜品种为主。在西南高原 1500 m 以下区域,采取"马铃薯(1—5 月)+南瓜(6—10 月)"的轮作模式,马铃薯以早熟种为主,1 月上旬播种,5 月中下旬收获;南瓜 5 月上旬育苗,6 月上旬移栽,10 月上旬收获。1500 m 以上区域,采取"马铃薯(2—6 月)+南瓜(5—10 月)"的轮作模式,马铃薯以中熟品种为主,2 月上旬播种,6 月中旬收获;南瓜 5 月下旬育苗,6 月下旬移栽,10 月中旬收获。马铃薯采取大垄双行覆膜盖土栽培模式,行距 1.20 m,株距 0.25~0.30 m,小行距 0.25~0.30 m,垄高 0.25~0.30 m,垄宽 0.80~1.00 m,每亩播种 3705~4446 株,马铃薯种薯摆放好后,先覆土 0.25 m 左右,土壤湿润,墒情较好时覆膜,膜上盖土 0.03~0.05 m。南瓜根据品种特性的不同采取不同的栽培方式,长藤南瓜品种以平地栽培为主,行距 2.00 m,穴距 0.80~1.00 m,每穴种植 2 株,每亩种植 667~833 株;短藤南瓜品种单行栽培模式为主,行距 1.50 m,株距 0.50~0.70 m,每亩种植 635~889 株。

5. 马铃薯与百合科作物轮作　以马铃薯和大葱轮作为例,介绍马铃薯与百合科作物轮作特点。

马铃薯与大葱轮作:马铃薯与大葱轮作,马铃薯选择中早熟品种,适合种植的品种主要包括费乌瑞它、中薯 3 号、中薯 5 号、大西洋、宣薯 2 号、昆薯 2 号、云薯 801、威芋 3 号、威芋 5 号、靖薯 4 号、黔芋 5 号、红宝石、兴佳 2 号等;大葱以栽培盖平大葱、高脚白、谷葱、鸡腿葱和对叶葱等普通大葱为主。在西南高原 1500 m 以下区域,采取"马铃薯(1—5 月)+大葱(3—10 月)"的轮作模式,马铃薯以早熟种为主,1 月上旬播种,5 月中下旬收获;大葱 3—5 月育苗,6—7 月分苗定植,10 月上旬收获。1500 m 以上区域,采取"马铃薯(3—8 月)+大葱(5 月—12 月)"的轮作模式,马铃薯以中熟品种为主 3 月上旬播种,8 月中旬收获;大葱 5—7 育苗,9—10 月分苗定植,12 月收获。马铃薯采取大垄双行覆膜盖土栽培模式,行距 1.20 m,株距 0.25~0.30 m,小行距 0.25~0.30 m,垄高 0.25~0.30 m,垄宽 0.80~1.00 m,每亩播种 3705~4446 株,马铃薯种薯摆放好后,先覆土 0.25 m 左右,土壤湿润,墒情较好时覆膜,膜上盖土 0.03~0.05 m。大葱选择土质肥沃、土层深厚且 3 年内未种过葱蒜类的微酸性沙壤土,精细整地,做到畦平、土细、肥足。1.00 m² 苗床用当年新种子 0.05~0.06 kg,加 5~10 倍细土和匀后撒播。盖 0.005~0.01 m 厚的过筛细粪土,浇透出苗水,再加盖松毛或稻草,至出苗时撤除。分苗定植时,将幼苗拔起,分为大、中、小 3 级,采用株距 0.03~0.05 m、行距 0.10~

0.15 m分级开沟定苗,浇足定根水。葱苗长到 0.30 m 左右时,再起苗,按株距 0.03～0.05 m,行距0.30～0.35 m定植。

六、田间管理

(一)适时中耕覆土

1. 中耕覆土的意义　马铃薯生长期间,适时中耕覆土,可以使土壤疏松,增加土壤通透性;可以减少马铃薯块茎绿头薯出现的概率,增加马铃薯块茎的商品性。另一方面,可以防除杂草,提高马铃薯田间的通透性,降低病虫害发生为害的程度。

2. 中耕覆土的时间　马铃薯中耕覆土,因马铃薯品种、栽培方式、栽培时间、土壤类型和气候生态环境的不同而不同。一般情况下,露地栽培的马铃薯,中耕覆土要在马铃薯封行前进行,早熟品种在块茎膨大期进行,中晚熟品种在块茎形成期进行。覆膜盖土栽培的马铃薯,一般在行间杂草植株株高 0.03～0.10 m 时进行中耕覆土。早播(12月下旬至 1 月中上旬播种)马铃薯中耕覆土时间可以推迟 1～2 周,待杂草植株株高 0.03～0.10 m 时进行中耕覆土,晚播(2 月下旬—3 月上旬)马铃薯中耕覆土时间可以提前 1～2 周,待杂草植株株高 0.03～0.10 m时进行中耕覆土。秋播马铃薯一般在杂草植株株高 0.03～0.10 m 时进行中耕覆土。

3. 中耕覆土的方式　在西南高原地区,马铃薯中耕覆土的方式主要有两种,一是人工进行中耕覆土,二是机械进行中耕覆土,以人工进行中耕覆土为主。

人工进行中耕覆土,对于马铃薯种植模式和种植地块大小的要求不严格,在西南高原马铃薯种植区域,大多都还在利用人力来进行马铃薯的中耕覆土田间管理。在人工进行中耕覆土时,应选择晴朗天气,杂草较少且植株较小时,直接进行覆土,杂草较多且植株较大时,先进行除草,再进行覆土,除草时尽量连杂草的根一起除掉,置于阳光下暴晒,使杂草萎蔫枯死。覆土时应根据马铃薯品种结薯特性设定覆土的厚度,对于结薯集中且结薯较浅的品种,覆土厚度应厚一些,一般在 0.10～0.15 m 为宜,对于结薯比较分散且结薯较深的品种,覆土厚度应薄一些,一般在 0.05～0.10 m 为宜。

机械中耕覆土主要适合地块较大且较为平整,种植较为规范的地块,机械主要是一些小型中耕覆土机。马铃薯要求净作,采取大垄双行栽培模式,行距 1.20 m,株距 0.25～0.30 m,小行距 0.25～0.30 m。在马铃薯植株封行前,杂草较多,杂草植株株高在 0.03～0.10 m 时,利用田园管理机(设备型号:LH XGJ)于马铃薯行间进行中耕覆土操作,根据实际情况,调节好覆土的宽度和厚度等。如果杂草植株较大较多时,先人工除草,再用田园管理机进行覆土。马铃薯机械中耕覆土的厚度控制在 0.05～0.15 m,土层较疏松,马铃薯结薯集中,结薯较浅的品种,覆土厚度应厚一些,一般在 0.10～0.15 m 为宜,对于结薯比较分散且结薯较深的品种,覆土厚度应薄一些,一般在 0.05～0.10 m 为宜。

(二)科学施肥

1. 科学施肥的概念　科学施肥又叫养分管理,在养分管理中,有一个"4R"原则,"4R"是指在养分管理中选择正确的肥料品种(Right source)、采用正确的肥料用量(Right rate)、在正确的施肥时间(Right time)、施用在正确的位置(Right place)。"4R"是肥料科学养分管理方法,已被全世界化肥企业普遍采用,其兼顾养分管理中的经济、社会和环境效益,对于农业系统的可持续发展极为重要。"4R"理念是提高作物施肥科学性、高效性的有力措施,是每一特定的田块特定的作物施肥是否合理进行判断的依据。

马铃薯养分管理应根据马铃薯生长发育需肥特点、品种特性以及农户的种植目标、肥料种类、种植制度、土壤条件等来进行科学决策。在马铃薯种植管理过程中,肥料品种、施肥量、施肥时间和施肥位置四者之间的关系是对立统一的,即相互抑制,又相互促进,关键是如何解决好选择什么样的肥料品种和施肥量,在什么时间施在什么位置。

在选择肥料品种时,应根据肥料提供马铃薯植株可吸收利用的有效态养分,肥料的可掺混性,肥料陪伴元素对马铃薯植株生长发育的益处和敏感性,肥料非营养元素对马铃薯植株和生态环境的影响,肥料与土壤间物理化学性质以及施肥量、施肥时间和施肥位置等,综合考虑,科学选择适合的肥料品种。

在选择肥料用量时,应根据马铃薯植株对养分的需求,土壤养分供应水平,有效养分来源,肥料利用率和经济效益,施肥对土壤养分的影响以及肥料品种、施肥时间和施肥位置等,综合考虑,科学判断肥料施肥量。

在选择施肥时间时,应根据马铃薯种植时间、马铃薯植株需肥特性,土壤养分供给动态变化,土壤养分流失动态变化以及肥料品种、施肥用量和施肥位置等,综合考虑,科学选择施肥时间。

在选择施肥位置时,应根据马铃薯栽培方式,马铃薯根系生长位置,肥料与土壤间的化学反应,土壤养分空间变异性以及肥料品种、施肥量和施肥时间等,综合考虑,科学选择施肥位置。

马铃薯的"4R"养分管理是马铃薯种植产业可持续发展必不可少的一项措施。马铃薯"4R"养分管理在具体应用中,4个因素应该共同考虑,协同工作,同时也必须与作物系统和环境的管理方式协同一致。"4R"养分管理系统强调各种管理措施组合对系统结果或者效率的影响,有助于提高系统可持续性。

2. 马铃薯按需平衡施肥 生产 1000 kg 的马铃薯块茎大约需要 5.00 kg 氮(N)、2.00 kg 五氧化二磷(P_2O_5)和 10.60 kg 氧化钾(K_2O)。马铃薯田间施肥量的确定可以用养分平衡法进行确定。马铃薯的养分吸收量等于土壤与肥料二者养分供应量之和,因为投入农田的养分仅有一部分被马铃薯植株吸收利用,马铃薯施肥量与肥料养分供应量并不完全相同。马铃薯田间施肥量可通过以下公式进行计算:

计划马铃薯施肥量(单一养分)=(目标产量所需养分总量-土壤养分供应量)÷(单一养分在肥料中含量×肥料利用率)。

实际马铃薯化肥用量(kg)=计划马铃薯施肥量(kg)÷有效成分含量(%)

其中:目标产量所需养分总量(kg)=(目标产量/1000)×每形成 1000 kg 产量所需养分数量。计划产量则是当地作物 3 年平均产品产量再增加 10%~15%。

土壤养分供应量(kg)=(无肥区产量/1000)×每形成 1000 kg 产量所需养分数量

土壤供肥量一般通过土壤取样化验来估算。在没有化验条件的情况下,也可通过不施肥时的产量(空白产量)来进行估算。一般情况下,化肥的当季利用率为:氮肥 30%~35%,磷肥 20%~25%,钾肥 25%~35%。

以马铃薯目标产量每亩 3000 kg,无肥区产量 1500 kg,肥料利用率氮肥 30%,磷肥 25%,钾肥 35%,单一养分在肥料中含量均为 95%,有效成分含量均为 45% 为例,要使每亩马铃薯产量达到 3000 kg,实际马铃薯化肥用量为氮肥 58.48 kg、磷肥 35.09 kg、钾肥 106.27 kg。

3. 施足基肥 基肥的类型和施用量,对于马铃薯出苗和植株生长发育影响较大,基肥施用量不足,基肥不易吸收,流失快,马铃薯植株生长瘦弱,产量和品质等较差。基肥施用量太多,常造成马铃薯种薯腐烂、烧苗等症状。只有施用适量的基肥,马铃薯植株才能生长健壮,产量和品质才会提高。

马铃薯基肥主要来源有三个,一是人畜的粪便、沼气池残渣等腐熟后的农家肥,二是作物杂草灌木等燃烧后的草木灰,三是肥料厂生产的复合肥、有机肥、缓释肥、尿素、磷肥、钾肥等。农家肥和草木灰因生活习惯、种养殖结构的改变和政策法规的约束限制等,目前在西南高原马铃薯种植区域作为基肥应用范围和面积都比较小,肥料厂生产的复合肥主要选择适合块根块茎类作物的高钾型硫酸钾型复合肥,因携带方便、施用方法简单、见效快和肥效期较长而被广泛应用于西南高原马铃薯种植区域作为马铃薯播种时基肥,其他肥料厂生产的肥料在西南高原马铃薯种植区域应用得比较少。在马铃薯播种时,一般每亩地沟施农家肥 2000～3000 kg 左右,草木灰 1000～1500 kg,复合肥 50～85 kg,缓释肥 60～80 kg,有机肥 100～150 kg,尿素 25～35 kg,磷肥 15～25 kg,钾肥 35～50 kg。马铃薯播种基肥的用量,应根据土壤养分含量、基肥种类、马铃薯植株需肥特性和目标产量的不同,而制定不同的基肥施肥方案。一般施用农家肥或草木灰后,复合肥或缓释肥可以少施一些;施用复合肥或缓释肥后,有机肥、尿素、磷肥和钾肥等其他肥料,根据实际情况可以少施或者不施。

4. 适时追肥　适时追肥,不仅使作物生长健壮,提高抗逆性和对病虫草害的忍受能力,还能使经济器官产量和品质增加,提高种植经济效益和农民种植的积极性。

马铃薯播种以后,一般半个月左右开始出苗,出苗后马铃薯植株的生长发育特点,与马铃薯苗后管理关系密切,其中马铃薯植株适时追肥最为重要。马铃薯的追肥因品种、栽培方式、种植密度、基肥、土壤养分等的不同而选择不同的肥料品种、追肥量、追肥时间和追肥方式。

对于早熟品种,因植株生育期较短,马铃薯结薯比较早,一般马铃薯植株出苗后植株株高 0.20 m 左右时就开始结薯。在马铃薯植株长到 0.20～0.30 m 时,若植株长得比较健壮,基肥肥效期较长且基肥施肥量比较多的情况下,每亩采取根际追施钾肥(硫酸钾)10～15 kg,尿素 5～10 kg,或者根际追施高钾型复合肥 20～25 kg;若植株长得比较瘦弱,基肥肥效期较短且基肥施肥量比较少的情况下,每亩采取根际追施钾肥(硫酸钾)15～20 kg,尿素 10～15 kg,或者根际追施高钾型复合肥 25～30 kg,同时马铃薯植株茎叶喷施磷酸二氢钾 600～800 倍液,或者喷施尿素 500～600 倍液,或者喷施其他叶面肥,每亩喷施 50～80 L 溶液。

对于中晚熟品种,因生育期较长,结薯比较晚,一般在封行前或开花期开始结薯,中晚熟马铃薯的追肥可分多次进行。在马铃薯植株长到 0.20～0.30 m 时,若植株长得比较健壮,基肥肥效期较长且基肥施肥量比较多的情况下,每亩采取根际追施尿素 5～10 kg,或者根际追施高钾型复合肥 20～25 kg;若植株长得比较瘦弱,基肥肥效期较短且基肥施肥量比较少的情况下,每亩采取根际追施尿素 10～15 kg,钾肥(硫酸钾)10～15 kg,或者根际追施高钾型复合肥 25～30 kg,同时马铃薯植株茎叶喷施磷酸二氢钾 600～800 倍液,尿素 500～600 倍液,或喷施其他叶面肥,每亩喷施 50～80 L 溶液。马铃薯植株封行前,若马铃薯植株比较健壮,每亩施钾肥(硫酸钾)10～15 kg;若植株长得比较瘦弱,每亩追施尿素 5～10 kg,钾肥(硫酸钾)10～15 kg。马铃薯块茎膨大期,每亩采取根际追施钾肥(硫酸钾)10～15 kg。

以上介绍的是常见的马铃薯追肥技术,关于马铃薯追肥技术方面的文献资料很多。吴巧玉等(2015)介绍了他们于 2012 年在贵州省中部地区的田间试验结果,以每亩施 N 8 kg、P_2O_5 9 kg、K_2O 16 kg,密度 5000 株/亩为佳。杨胜先等(2015)介绍,2014 年在贵州喀斯特冷凉山区不同种植密度和 N、P、K 配施对马铃薯产量的影响。结果表明,种植密度是影响马铃薯产量的主要控制因子,各因子对马铃薯产量的影响程度依次为种植密度>钾肥施用量>磷肥施用量>氮肥施用量。只有合理密植并结合氮肥的适量施用,种植马铃薯才能获得高产。通过对模型模拟优化,得到马铃薯产量≥1700 kg/亩的农艺措施:种植密度5209～5422 株/亩;尿素(N 含量≥46.4%)28.16～32.18 kg/亩;过磷酸钙(P_2O_5 含量≥12.0%)61.10～66.67 kg/亩;硫酸钾(K_2O 含量≥51.0%)28.75～33.99 kg/亩。高兴锦等(2018)介绍了他们在云南2017年开展的马铃薯推荐施肥方法氮肥梯度试验,他们通过田间试验研究了氮肥4个施肥水平对马铃薯(合作88)产量及产值、养分利用率、土壤铵态氮、硝态氮和容重的影响。结果表明,专家推荐系统(NE)推荐 N、P_2O_5 和 K_2O 施肥量分别为150 kg/hm²、150 kg/hm² 和150 kg/hm²。其中 NE 处理产量、产值、肥料养分利用率均最高,分别为22966.70 kg/hm²、35236.02 元/hm² 和59.68%,极显著($P<0.01$)高于不施氮肥处理和农民习惯施肥处理,显著($P<0.05$)优于 NE 推荐氮肥减量40%和 NE 推荐量增氮40%处理。一季施用不同梯度氮肥对土壤铵态氮、硝态氮和容重影响不大,但由于2017年降雨较多,土壤铵态氮、硝态氮均随土层深度加深而增大。

(三)合理灌溉

1. 灌溉时期和需水规律 马铃薯植株生长发育受降雨、土壤含水量和空气湿度的影响较大,一般灌溉选择马铃薯播种后、苗期、块茎形成期和块茎膨大期这几个时期进行。在马铃薯播种时,若土壤墒情较差,土壤含水量较低,马铃薯的出苗时间会延迟,且出苗不整齐,缺水严重时,马铃薯种薯因缺水变得干瘪或腐烂,不能出苗;若土壤墒情较好,土壤湿润,土壤含水量和空气湿度适宜,马铃薯的出苗时间会提前,且出苗比较整齐;若田间长时间积水,会使马铃薯种薯腐烂而造成缺苗断垄。马铃薯苗期,若土壤墒情较差,土壤含水量较低,马铃薯植株生长受到影响,植株长势较差,缺水严重时造成植株萎蔫,甚至枯死;若土壤墒情较好,土壤湿润,土壤含水量适宜,马铃薯植株生长健壮,长势旺,抗逆性较强;若田间长期积水,会使马铃薯植株根部因缺氧腐烂,植株死亡。马铃薯块茎形成期和块茎膨大期,若土壤墒情较差,土壤含水量较低,马铃薯植株单株结薯数和单株薯重都会降低,使马铃薯产量和品质都会较大程度降低,缺失严重时,马铃薯植株萎蔫和枯死,马铃薯植株不能正常结薯和块茎不能正常膨大,使马铃薯严重减产,甚至绝收;若土壤墒情较好,土壤湿润,土壤含水量适宜,马铃薯能正常地结薯,块茎能正常膨大,马铃薯植株单株结薯数和单株薯重都会有较大程度的提升,马铃薯产量和品质也会得到较大程度的提升;若田间长期积水,会使马铃薯植株根部和已经结的块茎腐烂,马铃薯产量严重减产,甚至绝收。马铃薯成熟期和收获期,若田间墒情较差,土壤含水量较低,马铃薯块茎表皮木质化程度较深,利于收获、运输和贮藏;若土壤墒情较好,土壤比较湿润,马铃薯块茎表皮木质化程度较差,在收获、包装、运输和贮藏时,容易使马铃薯表皮破损,从而使马铃薯块茎商品性降低,不耐贮藏,块茎易感染病菌而腐烂;若田间长期积水,会使马铃薯块茎因软腐病、环腐病等细菌病害而大量在土中腐烂,收获的马铃薯块茎不耐贮藏,易发生软腐病而使块茎在贮藏场所腐烂。

马铃薯的合理灌溉与马铃薯种植区域的气候条件关系密切,特别是雨季和旱季出现的时间、长短,对于马铃薯种植田间水分管理技术的影响较大,马铃薯灌溉一般选择在旱季,马铃薯生长发育需水较多时进行。

低纬度西南高原马铃薯种植区域属于具有高原特性的亚热带季风气候,总体表现为夏季炎热多雨,冬季低温少雨。在夏季,受东南风(来自太平洋)、西南风(来自印度洋)的影响,降水较多,由于地处高原,气温比同纬度偏低。在冬季,受昆明准静止锋影响,西侧(云南)被暖气团控制,温和晴朗,而东侧(贵州)阴冷多雨。云贵高原受西南季风的影响,形成冬干夏湿、干湿季节分明的水分资源特征。夏半年暖湿气流沿着山间河谷地吹向内陆,滇西南、滇南边境、怒江河谷以及南北盘江、都柳江上游的部分地区,全年降水量在1500~1750 mm,高黎贡山西南迎风坡的盈江达到4000 mm以上,但楚雄、大理仅为500~700 mm。4—10月降水量占全年总降水量的85%~95%。雨季常出现山洪暴发,发生洪涝灾害。而旱季时间长,季节性干旱,特别是春旱十分严重。贵州东部因受东南季风影响,各季较湿润。云贵高原年降水量一般在600~2000 mm,降水在时间及空间上分布极不平衡,东部、西部及南部降水量大,可达1500~2000 mm,中部及北部减少为500~600 mm。雨季出现在5—10月,干季出现在11月至翌年4月,雨季的降水量占全年的80%左右。云贵高原海拔一般在1000 m左右,冬半年经常受到北方冷空气影响,势力相当的冷空气与暖空气相接触,形成气候上有名的"昆明准静止锋"。

在低纬度西南高原马铃薯种植区域,因年降水量较大,水资源丰富,土壤含水量较高,一般露地栽培的冬作马铃薯、夏作马铃薯和秋作马铃薯不进行灌溉。只有春作马铃薯因季节性干旱影响,在春旱严重的地区,马铃薯播种后、苗期、块茎形成期等才需要进行灌溉。保护地栽培的马铃薯不管在什么季节种植都需要灌溉,且在马铃薯播种后、苗期、开花期、封行期、结薯期和块茎膨大期都需要进行灌溉,马铃薯成熟期和收获期不需要灌溉。在进行灌溉时,使土壤湿润即可,浇水过多或过少,马铃薯植株都不能正常生长发育。

以上是对马铃薯灌溉时期和需水规律的概况。关于马铃薯水分管理方面的文献资料很多,如陈秋帆等(2016)2013年在云南开展的"云南春作马铃薯作物系数及需水规律研究"的试验研究,结果表明,在云南地区,春作马铃薯生长初期、中期、后期作物系数分别为0.33、1.13、0.75,马铃薯需水量为300.265 mm。肖厚军等(2011b)在贵州开展的"不同水分条件对马铃薯耗水特性及产量的影响"的试验研究,结果表明,当土壤含水量为最大持水量的50%~60%时,马铃薯产量最高,薯块形成和膨大期是费乌瑞它产量形成的需水关键时期。王婷等(2010)在云南开展了"水分胁迫对马铃薯光合生理特性和产量的影响"的试验研究,结果表明,会-2和合作88两种马铃薯品种的叶片净光合速率、蒸腾速率、气孔导度、叶面积、SPAD值和产量随干旱胁迫强度增强而降低。两种马铃薯品种水分胁迫处理结果存在差异。随干旱胁迫强度增强,会-2品种光合生理指标、叶面积下降程度较合作88品种小,但合作88品种产量下降程度较会-2品种小。尹智宇等(2018)在云南开展了"干旱胁迫及复水对冬马铃薯苗期光合特性的影响"的试验研究,结果表明,在干旱胁迫下,4个马铃薯品种的蒸腾速率、气孔导度、胞间CO_2浓度、净光合速率均较对照低,但气孔限制值、瞬时水分利用效率增加;复水后,植株产生补偿生长效应,蒸腾速率、净光合速率、气孔导度较干旱处理增加,但均未高于对照,胞间CO_2浓度、气孔限制值与干旱处理数值几乎一致,瞬时水分利用效率降低。综合各光合指标表明,干旱胁迫下,供试的4个马铃薯品种光合响应有差异,会-2可维持较好的光合效率,宣薯2号次之,丽薯6号及合作88光合效率受影响较大。

2. 灌溉方式

(1)膜下滴灌　马铃薯膜下滴灌主要适用于马铃薯覆膜栽培的田间水分管理,具有节水增效的特点。马铃薯采取大垄双行覆膜栽培方式,行距1.20 m,株距0.25~0.30 m,小行距0.25~0.30 m,垄高0.25~0.30 m,垄宽0.80~1.00 m,每亩种植马铃薯3705~4446株。马铃薯播种起垄后,在田间安装地下固定式滴灌系统,与马铃薯垄顶端铺设一条塑料管,塑料管上每隔 0.25～0.30 m 开一个 0.01 m 左右的出水口,安装毛管和灌水器(主要是滴头),将毛管和灌水器均匀分布在垄上,然后覆膜,或覆膜后在膜上盖土,盖土厚度 0.05 m 左右(图 8-23)。露地覆膜栽培的马铃薯,在马铃薯播种后到马铃薯块茎膨大期,每隔 2～3 周滴灌一次,每次滴灌使土壤湿润即可,不宜过多或过少,每亩累计滴灌用水量控制在 100 m^3 左右为宜,马铃薯成熟期和收获期不进行滴灌。保护地覆膜栽培的马铃薯,在马铃薯播种后到马铃薯块茎膨大期,每隔 2～3 周滴灌一次,每次滴灌使土壤湿润即可,不宜过多或过少,每亩累计滴灌用水量控制在 150 m^3 左右为宜,马铃薯成熟期和收获期不进行滴灌。

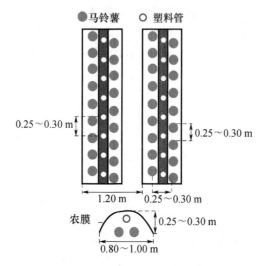

图 8-23　马铃薯膜下滴灌(朱江绘图)

在低纬度西南高原马铃薯种植区域,膜下滴灌适合土地较大且比较平整,水源较近,且易发生季节性干旱的区域,因低纬度西南高原水资源丰富,降雨较多,大部分地区降雨就能满足马铃薯生长发育需要的水分,所有膜下滴灌在低纬度西南高原应用范围比较小。

以上介绍的是常见的马铃薯膜下滴灌的方式。在低纬度西南高原地区,关于马铃薯膜下滴灌的文献资料还有很多,如李燕山等(2015)研究了不同灌水量对膜下滴灌冬马铃薯生长和水分利用效率的影响,结果表明,膜下滴灌马铃薯生长发育快,株高、单株茎叶鲜重、单株结薯数、单株块茎鲜重高于常规沟灌,膜下滴灌较沟灌增产 6416.08 kg/hm^2,增产 21.29%,水分利用率高。膜下滴灌下不同灌水量马铃薯水分利用率随灌水量增加呈降低趋势,产量和耗水量随灌水量增加而增加,滴灌 1950 m^3/hm^2 的产量最高,为 39732.0 kg/hm^2,当灌水量增加到 2250 m^3/hm^2 时,产量较滴灌 1950 m^3/hm^2 处理的下降 6624.50 kg/hm^2,下降 16.67%。从产量提高和节水方面考虑,在生育期间有效降雨量在 70 mm 左右时,灌水量在 1650～1950 m^3/hm^2 较为适宜。贾振华等(2014)研究了覆膜补灌对云南春作马铃薯耗水特性及生长的影响。结果表明,覆膜补灌处理极显著降低了蒸散量,提高了水分利用效率,促使马铃薯提早出苗,增加了马铃薯生长时间,避免了晚疫病的危害,从而提高了马铃薯淀粉、干物质、蛋白质质量分数。每次 1 L/株、补灌 4 次处理下水分利用效率、灌水利用效率和产量最高,产量达到 33 335.10 kg/hm^2,增产效果和经济效果显著。王晨等(2017)研究了不同灌水时期与灌水量膜下滴灌对马铃薯生长及产量的影响,结果表明,膜下滴灌较对照(自然生长)最高增产 7644 kg/hm^2,增产率为 12.75%,商品率高达 98.4%;在同一灌水量下,开花期充分灌水会促进马铃薯株高、茎粗和块茎生长,增加产量,出苗后和淀粉积累期水分过量或不足均会对其生长及产量造成不良影响;在同一灌水时期,随着灌水量的增加株高与茎粗增大,产量呈先增加后减少趋势,其中灌水量为 96 m³/hm²,出苗后与开花期各灌水 1 次的产量最高,达 67575 kg/hm²,比灌水量 96 m³/hm²,出苗后、开花期与淀粉积累期各灌水 1 次高 9645 kg/hm²,节省 96 m³/hm²。灌水量 96 m³/hm²,出苗后与开花期各灌水 1 次可作为云南冬春季马铃薯大田生产的适宜灌水量。

(2)其他节水灌溉方式 在低纬度西南高原马铃薯种植地区,马铃薯生长发育期间的节水灌溉方式除了膜下滴灌外,主要还有喷灌,喷灌主要适用于保护地种植马铃薯,一般马铃薯播种后,喷灌一次,使土壤湿润,其后每隔 2~3 周喷灌一次,马铃薯生长发育期间累计喷灌用水量每亩在 200~250 m³ 为宜,马铃薯成熟期和收获期不进行喷灌。

3. 水肥一体化 水肥一体化技术,指灌溉与施肥融为一体的农业新技术。水肥一体化是借助压力系统(或地形自然落差),将可溶性固体或液体肥料,按土壤养分含量和作物种类的需肥规律和特点,配兑成的肥液与灌溉水一起,通过可控管道系统供水、供肥,使水肥相融后,通过管道和滴头形成滴灌,均匀、定时、定量浸润作物根系发育生长区域,使主要根系土壤始终保持疏松和适宜的含水量;同时根据不同作物的需肥特点,土壤环境和养分含量状况,作物不同生长期需水、需肥规律情况进行不同生育期的需求设计,把水分、养分定时定量,按比例直接提供给作物。

目前在中国马铃薯种植区域内,许多地区都采用了水肥一体化技术来管理马铃薯生长发育期间的养分和水分。马铃薯水肥一体化技术适宜于有井、水库、蓄水池等固定水源,且水质好、符合微灌要求,并已建设或有条件建设微灌设施的区域推广应用。马铃薯水肥一体化的优点是灌溉施肥的肥效快,养分利用率提高,可以避免肥料施在较干的表土层易引起的挥发损失、溶解慢,最终肥效发挥慢的问题;尤其避免了铵态和尿素态氮肥施在地表挥发损失的问题,既节约氮肥又有利于环境保护。据华南农业大学张承林教授研究,灌溉施肥体系比常规施肥节省肥料 50%~70%;同时,大大降低了设施蔬菜和果园中因过量施肥而造成的水体污染问题。由于水肥一体化技术通过人为定量调控,满足作物在关键生育期"吃饱喝足"的需要,杜绝了任何缺素症状,因而在生产上可达到作物的产量和品质均良好的目标。

马铃薯水肥一体化技术是一项综合技术,涉及农田灌溉、作物栽培和土壤耕作等多方面。其主要技术要领有 4 个方面,一是建立一套滴灌系统。在设计方面,要根据地形、田块、单元土壤质地、马铃薯种植方式、水源特点等基本情况,设计管道系统的埋设深度、长度、灌区面积等。水肥一体化的灌水方式可采用管道灌溉、喷灌、微喷灌、渗灌、小管出流等。忌用大水漫灌,因为容易造成氮素损失,同时也降低水分利用率。二是建立施肥系统。在田间要设计为定量施肥,包括蓄水池和混肥池的位置、容量、出口、施肥管道、分配器阀门、水泵肥泵等。三是选择适宜肥料种类。可选液态或固态肥料,如氨水、尿素、硫铵、硝铵、磷酸一铵、磷酸二铵、氯化钾、硫酸钾、硝酸钾、硝酸钙、硫酸镁等肥料;固态以粉状或小块状为首选,要求水溶性强,含杂质少,一般不建议使用颗粒状复合肥;如果用沼液或腐殖酸液肥,必须经过过滤,以免堵塞管道。四是掌握灌溉施肥的操作技术,主要包括 3 个技术要点,①肥料溶解与混匀:施用液态肥料时不需要搅动或混合,一般固态肥料需要与水混合搅拌成液肥,必要时分离,避免出现沉淀等问题。②施肥量控制:施肥时要掌握剂量,注入肥液的适宜浓度大约为灌溉流量的 0.1%。例如灌溉流量为 50 m³/亩,注入肥液大约为 50 L/亩;过量施用可能会使作物致死以及环境污染。③灌溉施肥的程序分3个阶段:第一阶段,选用不含肥的水湿润;第二阶段,施用肥料溶液灌溉;第三阶段,用不含肥的水清洗灌溉系统。

马铃薯水肥一体化技术是节水节肥增产增效的技术,对于农田基础设施和相关专业知识和技能的要求比较高,在实际应用时,应结合自身实际,在掌握马铃薯生长发育特点和需水需肥特性的基础上,设置符合当地实情的技术方案,并加以论证后才去实施。关于马铃薯水肥一体化的研究比较多,如肖石江等(2018)在云南省陆良县开展了"冬马铃薯水肥一体化施肥技术研究"田间试验,结果表明,在膜下滴灌及肥料相同用量条件下,与常规施肥处理(T1)相比,采用滴灌施肥的T2、T3、T4和T5处理马铃薯生育期提前、出苗率高、长势好、单株结薯数和单株薯重高,增产增效明显。其中以配方肥70%做基肥+苗期滴单质肥料15%+现蕾期滴单质肥料15%和配方肥50%做基肥+苗期滴水溶肥25%+现蕾期滴水溶肥25%处理效果最好,比常规施肥处理出苗率提高了1.5%～4.7%、单株结薯数增加了0.7个以上、单株薯重显著增加了33.6～47.3 g,商品薯率提高了0.2%～0.5%,同时在产量上与常规施肥处理之间有极显著差异,分别显著增产10.7%和9.3%,增效15.6%和9.7%。在实际生产中,可以优先选择应用这两种施肥方式。陆龙平等(2019)在云南省文山县开展了"冬马铃薯膜下滴灌水肥一体化种植模式研究"田间试验,结果表明,冬马铃薯膜下滴灌方式较传统灌溉(漫灌及浇灌)不仅省水、省肥、省药,并且还省劳动力,还能提高产量,膜下滴灌处理分别比漫灌、浇灌处理增产97.33%、106.51%;冬马铃薯膜下滴灌水肥一体化适宜用水量为157.73～176.63 m³/亩,过高和过低都会影响产量;80%氮钾肥和全部磷肥作基肥,20%氮钾肥作追肥,有利于提高马铃薯产量。

有一些地区还开展了马铃薯水肥药一体化的技术研究,在水肥一体化的基础上,针对土传性病害和地下害虫,利用地下滴灌系统,将相应的药剂运输到种植垄中,对靶标生物(地下害虫和病原菌)发挥效果,在减少农药使用量的前提下,不仅能提高防效,增加马铃薯的产量和品质,还能节约人工施药成本和药剂成本,减少种植投入,提高种植马铃薯的经济效益和减少农药对生态环境的破坏。

(四)防病治虫除草和应对环境胁迫

在低纬度西南高原马铃薯种植区域,因独特的气候生态环境,马铃薯病虫草害发生和为害程度较其他地区严重,给马铃薯种植产业带来较大经济损失。特别是规模化种植马铃薯的区域,其马铃薯病虫草害较零星种植的更为严重,带来的经济损失也更大。所以在低纬度西南高原马铃薯种植区域,马铃薯病虫草害的防治是马铃薯种植田间管理工作中的重点。马铃薯病虫草害的防治遵循"预防为主,综合防治"的植保方针,在严格执行植物检验检疫的基础上,采取以农业防治、物理防治、生物防治为主,化学防治为辅的防治策略,进行统防统治。

在马铃薯生长发育过程中,会因受到极端环境的胁迫而使马铃薯植株不能正常的生长和发育。影响马铃薯植株正常生长发育的极端环境包括干旱、水灾、冰雹、低温、日灼和大风等。在应对环境胁迫时,应时时关注天气变化,提前采取相关措施,准备相应的物资和设备,制定相应的应急预案,做到"预防为主,综合防治"。

具体见第九章。

七、收获和贮藏

（一）收获

1. 收获时间　根据市场行情，适时收获，若市场行情较好，可提前至马铃薯成熟期进行收获上市，若市场行情不好，可待马铃薯叶片变黄完全成熟后进行收获贮藏，等市场价格较好时再进行销售。

2. 收获方法　收获的方法分为人工收获和机械收获。人工收获不受地块限制，但收获效率低、破薯率高、收获成本较高。机械收获适合地块较大，且交通方便的区域，收获效率高、破薯率低、收获成本较低，但对机械的配置和操作技术水平要求较高。

（二）贮藏

马铃薯收获后因销售或留种等原因，需要进行贮藏。按照贮藏时间的长度马铃薯的贮藏分为短期贮藏（1个月以内）、中期贮藏（1～2个月）和长期贮藏（2个月以上）。按照贮藏场所的不同分为室内常温贮藏、地窖贮藏和恒温库贮藏。

室内常温贮藏适合商品薯短期贮藏，一般马铃薯采用网袋包装后站立均匀分布在室内，或直接散放在地上，要求保持室内通风遮光。

地窖贮藏适合中长期贮藏，可贮藏商品薯，也可贮藏种薯。一般用网袋包装"井"字形叠放在窖内，贮藏体积约为地窖容积的2/3，每隔半个月左右通风一次。

恒温库贮藏适合中长期贮藏，可贮藏商品薯和种薯，以贮藏种薯为主，一般用网袋包装"井"字形叠放在窖内，贮藏体积约为地窖容积的2/3，库内温度控制在4℃左右，空气湿度保持在80%左右，机械通风。

一些地区马铃薯在贮藏期间用保鲜剂、抑芽剂等使马铃薯块茎保持较好的商品性，适用于商品薯的贮藏，马铃薯种薯的贮藏要求较高，一般不用抑芽剂等处理。

八、马铃薯规模化机械化生产现状和发展趋势

近年来，由于国家马铃薯主粮化战略的提出和各级政府的重视，在低纬度西南高原马铃薯种植区域，马铃薯种植面积逐渐增大，马铃薯生产规模化、机械化得到一定的发展。马铃薯的规模化、机械化生产主要集中在合作社、种植大户和种植企业，整体上马铃薯规模化机械化程度仍然较低，大部分地区只是实现了土壤翻耕机械化，部分交通方便、地块比较大、较平整，且土壤比较疏松的区域，实现了土壤翻耕、播种、覆膜、中耕除草和收获的全程机械化，但这种全程机械化只是零星的，要想实现大部分地区马铃薯全程机械化，任重而道远。

制约低纬度西南高原马铃薯种植区域马铃薯全程机械化的原因主要三点，一是农业基础设施（特别是机耕道）缺失，导致马铃薯生产机械进不了山，到不了地；二是种植马铃薯的土地大多比较破碎，不规整，且面积较小，坡度较大，土壤较黏重，不适合机械化生产；三是当前马铃薯全程机械化所研究开发的农用机械（特别是播种和收获的机械）主要适用于地块较大、较平整，且土壤较疏松的土地，缺少适合山地小地块的小型机械，在这方面的科研经费投入和研究都比较少。

随着国家和政府在农业基础设施和农业科研上投入的资金逐渐增多，加之农业产业结构

调整,玉米调减,500亩以上坝区建设等。在低纬度西南高原马铃薯种植区域,马铃薯规模化和机械化水平将会越来越高。

第三节　免耕和覆盖栽培

一、免耕栽培

宋碧等(2008)于2006—2007年在贵州省册亨县开展了"密度与施钾量对稻田免耕稻草覆盖马铃薯产量的影响"田间试验研究,结果表明,种植密度为4000~5000株/亩,施钾量为10~20 kg/亩时马铃薯产量较高,同时大、中薯率及所占重量比例高,经济性状好;对贵州稻田免耕栽培马铃薯干物质积累与分配规律进行了研究,结果表明,稻田免耕栽培马铃薯全株干物质积累过程符合S形曲线,全株干物质积累量、干物质最大积累速率以及后期块茎干物质占全株比重等指标均高于常规稻田翻耕栽培马铃薯。稻田免耕栽培马铃薯在全生育期有较好的物质积累基础,因而能获得较高产量。杨绍堂等(2019)在贵州省铜仁市碧江区开展了"稻草覆盖免耕栽培对马铃薯产量的影响"田间试验研究,结果表明,稻草不同覆盖量对马铃薯费乌瑞它的产量影响极显著。其中,以覆盖稻草1000 kg/亩的效果最好,费乌瑞它的产量达1763.40 kg/亩。陈丽萍等(2014a)在云南省玉溪市开展了马铃薯稻田免耕稻草覆盖栽培试验,结果表明,在云南省玉溪市以秋播为宜、改单一稻草覆盖为草土覆盖,用未腐烂稻草进行免耕种植。稻草、泥土双重覆盖,更有利于增温保湿,改善了出苗环境,使马铃薯出苗快而齐;马铃薯薯块在生长过程中不容易接触阳光照射,减少青头薯产生的概率。王有成等(2012)在云南省牟定县开展了"马铃薯玉米秸秆覆盖免耕栽培技术"田间试验研究,结果表明,马铃薯玉米秸秆覆盖免耕栽培,改变传统种薯为放薯,变挖薯为拣薯,且薯块不破损,色泽鲜嫩,商品性好。王怀勇等(2009)试验表明,稻草覆盖厚度对马铃薯免耕栽培产量的影响不大,根据试验的观察记载,稻草覆盖的厚薄对薯块的外观品质有影响,稻草覆盖太薄,薯块容易形成绿薯,马铃薯免耕稻草覆盖以0.08 m为优。具体方法如下。

(一)马铃薯稻田免耕稻草覆盖栽培

1. **概念**　马铃薯稻田免耕稻草覆盖栽培是指以水稻为前茬的马铃薯种植,在水稻收获后,水稻田不经过翻耕,直接将马铃薯种薯按照一定的株行距摆放在田间,撒施复合肥、农家肥等肥料以后,在马铃薯种薯上覆盖一层稻草的栽培方式。

2. **优缺点**　马铃薯稻田免耕稻草覆盖栽培具有操作简单、栽培管理技术要求相对较低、生产成本低,马铃薯在生长、结薯的同时,可进行多次收获上市等优点;其缺点是覆盖的稻草需求量较大,一般3~5亩水稻的稻草,只能用着1亩地马铃薯免耕栽培,极大限制了马铃薯免耕栽培的应用和推广,且对于结薯比较浅的品种,容易产生青头薯。

3. **栽培技术要点**

(1)品种选择　在低纬度西南高原马铃薯种植区域,马铃薯稻田免耕稻草覆盖栽培一般选择中晚熟品种,要求结薯比较集中,且结薯相对较深,如青薯9号,丽薯10号、丽薯11号、威芋5号、威芋3号、黔芋8号、黔芋7号、中薯19号、云薯304、云薯902、宣薯2号等。当然根据需求,也可选择早熟品种,如兴佳2号、费乌瑞它、中薯3号、中薯5号、中薯7号等。

（2）播种时间　在低纬度西南高原海拔 1500 m 以下区域,在 1 月中上旬进行播种,在海拔 1500 m 以上区域,在 3 月中上旬进行播种。

（3）栽培模式　根据马铃薯稻田免耕稻草覆盖栽培株行距的不同,马铃薯免耕栽培分为双行栽培模式和箱式栽培模式。

① 双行栽培模式　水稻收获时,将稻草置于阳光下晒干后,捆绑起来备用,待水稻田晾干后,马铃薯按照行距 1.20 m,株距 0.25～0.30 m,小行距 0.25～0.30 m,每亩种植 3705～4446 株进行摆种,摆放好种薯后,撒施农家肥、复合肥等肥料,在马铃薯种薯上覆盖一层稻草,稻草覆盖厚度约 0.30～0.40 m,稻草茎秆方向与行垂直,宽 0.80～1.00 m,可在稻草上再覆盖一层土,厚度 0.05 m 左右。

② 箱式栽培模式　水稻收获时,将稻草置于阳光下晒干后,捆绑起来备用,待水稻田晾干后,马铃薯按照箱距 2.00 m,箱宽 1.50 m,株距 0.30～0.35 m,小行距 0.30～0.35 m,每个箱面种植 4 行,每亩种植 3811～4446 株进行摆种,摆放好种薯后,撒施农家肥、复合肥等肥料,在马铃薯种薯上覆盖一层稻草,稻草覆盖厚度约 0.30～0.40 m,稻草茎秆方向与箱面垂直,宽 1.50 m,可在稻草上再覆盖一层土,厚度 0.05 m 左右。

（4）田间管理

① 养分管理　马铃薯稻田免耕稻草覆盖栽培对于养分管理的要求相对较高,一般每亩施用 1500～2500 kg 农家肥、45～65 kg 硫酸钾型复合肥(N∶P∶K＝15∶15∶15)作为基肥。马铃薯出苗后,每隔 2～3 周,马铃薯植株茎叶均匀喷施 98％磷酸二氢钾 300～500 倍液 1 次,每次每亩喷施溶液 50～80 L。马铃薯结薯期,每亩追施 10～15 kg 钾肥、10～15 kg 硫酸钾型复合肥(N∶P∶K＝15∶15∶15)。马铃薯稻田免耕稻草覆盖栽培容易因缺少矿质元素而引起的马铃薯植株的缺素症,在发现马铃薯植株发生缺素症时,应通过马铃薯植株茎叶喷施叶面肥等方式补充相应的矿质元素,使植株尽快恢复正常生长。

② 水分管理　水分的管理在马铃薯免耕栽培中至关重要,水分管理的水平关系着马铃薯免耕栽培马铃薯块茎的产量和品质。在马铃薯免耕栽培前,要求田间土壤湿润即可,不可积水,以免使马铃薯种薯腐烂,马铃薯播种后,对覆盖稻草及土壤进行浇水 1 次,其后根据稻草水分含量情况进行管理,稻草干燥时进行浇水,每次浇水不宜过多,保持底层稻草湿润即可。

马铃薯稻田免耕稻草覆盖栽培的养分和水分管理可以结合在一起,实现水肥一体化管理,即在马铃薯免耕栽培的基础上,在田间安装滴灌系统,将要追施的可溶性肥料分多次,在马铃薯生长发育的重要时期,与水分一起,滴施在马铃薯根际,在保障马铃薯产量和品质的前提下,节水节肥,减少生产成本,提高水肥利用率和减少肥料对土壤和周边生态环境的影响。

③ 中耕除草覆土　马铃薯稻田免耕稻草覆盖栽培田间管理过程中,在马铃薯结薯期或块茎膨大期,于马铃薯封行前,对马铃薯植株进行中耕覆土,覆土厚度在 0.05 m 左右,以减少后期马铃薯绿头薯出现的概率,并结合中耕进行田间除草,马铃薯生长期间,保持田间清洁和通风透光。

④ 病虫草害及环境胁迫管理　在马铃薯稻田免耕稻草覆盖栽培管理过程中,田间病虫草害的防治也是比较重要的一个环节。马铃薯稻田免耕稻草覆盖栽培的主要病害包括青枯病、软腐病、环腐病、疮痂病等细菌性病害,晚疫病、早疫病等真菌性病害。马铃薯稻田免耕稻草覆盖栽培的主要虫害包括地老虎、蛴螬、金针虫、蝼蛄、蚂蚁地下害虫和蚜虫、蓟马、叶蝉、粉虱、红蜘蛛、小菜蛾等为害植株茎叶的害虫。马铃薯稻田免耕稻草覆盖栽培的主要草害是禾本科杂草和阔叶杂草。同时,马铃薯稻田免耕稻草覆盖栽培的植株容易受到极端环境胁迫而使植株

正常生长发育受到影响。马铃薯稻田免耕稻草覆盖栽培的主要的病虫草害综合防治及环境胁迫管理科参照本章第二节第六部分第四点和第九章。

⑤ 收获 马铃薯稻田免耕稻草覆盖栽培的收获可根据马铃薯品种特性和市场价格行情进行收获。有两种收获方式,一是分段收获,针对结薯性较好的品种,在马铃薯块茎膨大期或成熟期,当市场行情较好时,可以先掀开马铃薯植株根际稻草和土壤,将块茎较大,可以当作商品薯销售的马铃薯块茎取出进行销售,留下较小的块茎,将稻草和土壤重新覆盖马铃薯植株根部的较小块茎,让其继续生长,待部分较小块茎长大后,继续取出销售,留下较小块茎继续生长,实现马铃薯植株生长结薯的同时,马铃薯块茎分多次收获上市销售,以此来提高马铃薯免耕栽培种植的经济效益。二是一次性收获,在市场行情不好时,马铃薯生长发育期间不进行块茎的收获上市销售,待马铃薯完全成熟后,于晴朗天气进行一次性全部收获,收获的马铃薯销售或贮藏后待市场价格较好时进行销售。

(二)免耕浅播套种栽培

在低纬度西南高原马铃薯种植区域,马铃薯免耕浅播套种栽培主要适用于秋作马铃薯。秋作马铃薯于立秋前后播种,12月上旬收获,生长期处于秋季至冬初降雨充沛、光照充足、太阳辐射强的时期。可充分利用秋季充沛的光热水资源,并在增产增收的同时有效保护土壤,节约投入。以下将从品种选择、播种时间、播种密度、水肥管理、中耕覆土除草、病虫草害综合防治、收获和贮藏等方面介绍以免耕浅播套种为主的秋马铃薯高产高效栽培技术模式。

1. 品种选择 马铃薯免耕浅播套种栽培套种模式下玉米的大田生长期为3—9月,秋马铃薯大田生长期为8—12月,为确保前后茬合理衔接,马铃薯宜选用品种优质、高产、抗病、生育期适中的中早熟品种,如兴佳2号、费乌瑞它、威芋5号、威芋3号、黔芋8号、宣薯2号、丽薯6号、合作88号、青薯9号等。

2. 播种时间 在免耕套种技术模式下,为确保前后茬的合理衔接,播种时间是关键。在低纬度西南高原2000 m以下区域,播种时间为8月上旬,海拔2000～2200 m区域,播种时间为7月中下旬,海拔2200 m以上区域不建议种植秋马铃薯。为确保秋马铃薯适期播种,前作玉米的播种期需尽早,播种时间为3月下旬至4月上旬。可以通过玉米育苗移栽,尽可能地提早玉米播期;也可栽种青贮玉米、鲜食玉米等生育期短的品种。

3. 播种密度 马铃薯免耕浅播套种栽培采取双行栽培模式。玉米行间土壤不进行翻耕,直接打塘浅播或开孔塞种,深度为0.05～0.08 m,播种行距0.80 m,小行距0.30～0.35 m,株距0.30～0.35 m,每亩播种4764～5558株。

4. 水肥管理 一般每亩施用1500～2500 kg农家肥、45～65 kg硫酸钾型复合肥(N:P:K=15:15:15)作为基肥。马铃薯结薯期,每亩追施10～15 kg钾肥、10～15 kg硫酸钾型复合肥(N:P:K=15:15:15)。马铃薯苗期到块茎膨大期,根据土壤干湿情况,及时浇水或排水,保持田间土壤湿润,马铃薯成熟期和收获期,停止浇水,使田间土壤含水量下降,利于收获。

5. 中耕覆土除草 在马铃薯结薯期和块茎膨大期,对马铃薯植株进行中耕覆土2～3次,累积覆土厚度在0.20～0.25 m,并结合中耕覆土进行除草,保持田间清洁和通风透光。

6. 病虫草害综合防治 马铃薯免耕浅播套种栽培田间管理过程中,重点防治晚疫病、青枯病、地老虎、蛴螬、小菜蛾、蚜虫、禾本科杂草、阔叶杂草等病虫草害。具体防治方法见第九章。

7. 收获和贮藏　马铃薯叶片自然变黄完全成熟后，选择晴朗天气，采取人工或机械作业对种植的马铃薯进行收获，并将收获的马铃薯进行销售或贮藏。

二、覆盖栽培

马铃薯覆盖栽培主要包括稻草覆盖栽培和马铃薯地膜覆盖栽培。稻草覆盖栽培前面已经介绍，下面介绍马铃薯地膜覆盖栽培。低纬度西南高原马铃薯地膜覆盖栽培主要适用于冬作和春作，一般夏作和秋作不进行地膜覆盖栽培。马铃薯地膜覆盖栽培具有保温保水、提早出苗、成熟和上市，同时还具有提高马铃薯产量和品质，防除杂草，增加马铃薯植株抗逆性和减少病虫害为害的程度等优点。其缺点是增加生产成本和残留的地膜污染土壤和生态环境，若操作不当，反而起到降低马铃薯出苗率，推迟出苗、成熟和上市的时间，使马铃薯产量和品质大幅度减产等。在进行具体的马铃薯覆膜栽培时，应结合自身实际和当地土壤气候生态环境，选择和制定适合自己的栽培方案。

周进华等（2017）开展了"膜上覆土栽培对云南春作马铃薯生长、产量及品质的影响"田间试验研究。结果表明，膜上覆土栽培能够达到抗旱、保湿，均衡土壤水分的效果，同时还可适当抑制覆膜带来的增温，有效促进出苗，提高出苗速度，膜上覆土栽培增高了株高、增粗茎粗和增多分枝数，延长生育期，提高块茎单株产量，提高了干物质含量、总淀粉含量和蛋白质含量。另外，膜上覆土栽培可以减少出苗破膜需要的用工，便于收获。膜上覆土是一种高效增产的栽培模式，其中以覆 0.008 mm 透明膜并在膜上覆 4～6 cm 土的处理效果最佳。张萌等（2019）开展了"保水剂用量对贵州旱作覆膜马铃薯生长及土壤肥力的影响"的田间试验研究。结果表明，施用保水剂马铃薯出苗率最高可达 93.37%，且较对照（不施用保水剂）相比，产量提高 7.96%～13.37%，单株结薯数提高 6.81%～45.45%，单株产量提高 34.92%～83.31%；显著提高马铃薯淀粉含量 2.49～5.35 百分点，但对马铃薯块茎中氮、磷、钾、水分和还原糖含量无明显影响。从土壤养分变化看，与对照相比，施用保水剂能使土壤有机质、全氮、全磷、有效磷、速效钾含量分别增加 4.61%～27.01%、0%～19.01%、7.83%～15.65%、5.73%～22.49% 和 5.08%～25.42%。在贵州高海拔地区覆膜栽培马铃薯，推荐施用保水剂 52.5～82.5 kg/hm²，有利于高产及提高土壤肥力。黄团等（2012）以早熟马铃薯品种费乌瑞它为材料，研究起垄黑膜覆盖栽培模式对冬马铃薯物候期、株高、叶面积及产量的影响效果。结果表明：与未覆膜对照相比，黑膜覆盖栽培模式可以提早出苗时间、现蕾期和成熟期，但对生育期影响不明显；对现蕾期株高、叶面积影响显著，叶面积可增加 25.34%；对冬马铃薯的总产量及大薯产量影响极显著，总产量增产 33.34%，大薯产量增产 20.15%，认为该栽培模式是一种值得在西南地区冬闲田马铃薯生产中进行较大面积的示范推广的模式。牛力立等（2013）开展了"黔中地区覆膜盖土对马铃薯商品薯产量及经济性状的影响"田间试验研究。结果表明，黔中地区覆白膜和白膜盖土栽培在出苗前、苗期具有增温保湿的效果，土壤温度比对照高 0.42～6.84 ℃，湿度比对照提高 1.64%～18.95%，出苗快、成熟早；中后期覆膜盖土栽培能有效降低土层湿度和温度，特别是成熟期土层湿度比对照降低了 5.93%～6.4%，有效降低了烂薯率，商品薯产量比对照增产 25.96%；采用 30 g 左右小薯能大幅度降低种薯用量，降低生产成本，取得最大经济效益。

具体栽培方法如下。

（一）品种选择

马铃薯地膜覆盖栽培对马铃薯品种的生育期、结薯性等要求不严格，目前在低纬度西南高原主栽的马铃薯品种均可进行地膜覆盖栽培，如兴佳2号、费乌瑞它、云薯304、云薯902、宣薯2号、青薯9号、威芋5号、威芋3号、黔芋8号、丽薯10号、丽薯11号、丽薯12号、合作88等。

（二）播种密度

马铃薯在进行覆膜栽培时，推荐使用的是大垄双行栽培模式，行距1.20 m，株距0.25～0.30 m，小行距0.25～0.30 m，垄高0.25～0.30，垄宽0.80～1.00 m，每亩种植3705～4446株。

（三）地膜覆盖栽培模式

马铃薯地膜覆盖栽培，根据地膜颜色的不同，主要分为黑膜覆盖栽培、白膜覆盖栽培和双色膜（白膜＋黑膜）覆盖栽培；根据地膜可降解性的不同，分为降解膜覆盖栽培和非降解膜覆盖栽培；根据覆膜的层数不同，主要分为单膜覆盖栽培、双膜覆盖栽培和三膜覆盖栽培。

1. 黑膜覆盖栽培　主要适应于马铃薯冬作和春作。以春作为优势，其优点是马铃薯出苗率高、出苗较整齐，且可以防除部分杂草，减少青头薯的产生；其缺点是土壤保温效果没有白膜好，马铃薯出苗时间相对于白膜要晚一些，马铃薯出苗时，幼苗不易被发现，外界环境温度较高，太阳直射时，黑膜的温度较高，容易使马铃薯幼苗灼伤。

2. 白膜覆盖栽培　主要适用于马铃薯冬作和早春作。要求在马铃薯播种起垄后，土壤墒情较好时进行覆膜，其优点是具有较好的土壤保温保墒功能，能使马铃薯的出苗时间提前2～3周，且幼苗出土时易被发现，及时破膜使植株暴露在外界环境中避免被高温灼伤；其缺点是防除杂草效果没有黑膜好，产生青头薯的概率比黑膜高。

3. 双色膜（白膜＋黑膜）覆盖栽培　主要适用于马铃薯冬作和春作，其结合了黑膜覆盖和白膜覆盖的优势，一般双色膜（白膜＋黑膜）的中间是白膜，两端是黑膜。具有较好的土壤保温保墒功能，能使马铃薯提前出苗，幼苗出土时易被发现，及时破膜使植株暴露在外界环境中避免被高温灼伤，同时还具有防除杂草、减少青头薯的产生等特点。

4. 降解膜覆盖栽培　在马铃薯栽培中使用的降解膜类型包括黑色降解膜、白色降解膜和双色降解膜（白膜＋黑膜），不同类型的降解膜具有相应的功能。相对于非降解膜，降解膜具有降解快，对土壤及周边生态环境残留影响较小。但其价格昂贵，增加了生产成本，在实际使用中应用的面积比非降解膜少得多。

5. 非降解膜覆盖栽培　非降解膜就是普通的农用薄膜。在马铃薯栽培中使用的非降解膜主要包括白膜、黑膜、双色膜（白膜＋黑膜）。相对于降解膜，非降解膜降解慢，农膜残留对土壤和周边生态环境的影响较大，但因价格便宜，在实际使用中应用的面积比降解膜大得多。

6. 单膜覆盖栽培　单膜覆盖栽培是指在马铃薯栽培过程中，只覆盖一层农用薄膜的栽培方式，主要适用于露地覆膜栽培，在实际生产中应用得比较广。

7. 双膜覆盖栽培　在一些低纬度西南高原海拔比较高的一些地区，如贵州省威宁县，为了使马铃薯提前出苗，提早上市，当地马铃薯种植户在单膜覆盖栽培的基础上，用塑料薄膜在单膜的上面搭建一个小拱棚，或在温室大棚中单膜覆盖栽培马铃薯。利用两层膜的增温保墒作用，使马铃薯提前出苗。

8. 三膜覆盖栽培 在温室大棚中单膜覆盖栽培的基础上,用塑料薄膜在地膜的上面搭建一个小拱棚的栽培方式,其效果比双膜覆盖好,但因生产成本相对较高,管理要求较高,应用的面积和范围都比较小。

在马铃薯覆膜栽培过程中,为了避免膜表面高温灼伤幼苗,减少破膜成本,常常采取在膜上盖一层厚 0.05 m 左右的细泥土,因泥土覆盖栽膜上,外界天晴阳光直射时,膜的温度达不到灼伤马铃薯幼苗的程度,膜被泥土压实,马铃薯幼苗不需要人工破膜,就能直接利用植株生长将膜顶破,减少了破膜成本。马铃薯覆膜盖土栽培出苗率高、出苗整齐、不易烧苗。

(四)养分管理

每亩施用 1500～2500 kg 农家肥、45～65 kg 硫酸钾型复合肥(N∶P∶K＝15∶15∶15)作为基肥,马铃薯出苗后,追肥选用可溶解的叶面肥对马铃薯植株茎叶进行均匀喷雾,每隔 2～3 周喷施 1 次,根据马铃薯生长势和不同生育期需肥性的不同,苗期重点喷施尿素 300～500 倍液,以促进植株茎叶的生长,块茎结薯期和膨大期重点喷施 98% 磷酸二氢钾 600～800 倍液,以促进块茎的生长膨大。

(五)水分管理

马铃薯播种起垄后,在覆膜前,应确保土壤墒情较好,土壤湿润后再覆膜,若田间土壤墒情较差,土壤比较干燥,应采取浇水或等降雨使土壤湿润后,再进行覆膜。马铃薯苗期、结薯期和块茎膨大期,及时浇水或排水,避免田间土壤过于干旱或积水太多,以确保马铃薯植株正常生长发育,马铃薯成熟期和收获期,应减少或停止浇水,使田间土壤湿度降低,利于收获和贮藏。

(六)中耕覆土除草

在马铃薯结薯期和块茎膨大期,对马铃薯植株进行中耕覆土 2～3 次,累积覆土厚度在 0.20～0.25 m,并结合中耕覆土进行除草,保持田间清洁和通风透光。

(七)病虫草害综合防治

马铃薯免耕浅播套种栽培田间管理过程中,重点防治晚疫病、青枯病、地老虎、蛴螬、小菜蛾、蚜虫、禾本科杂草、阔叶杂草等病虫草害。具体防治方法见第九章。

(八)收获和贮藏

马铃薯叶片自然变黄成熟后,选择晴朗天气,采取人工或机械作业对种植的马铃薯进行收获,并将收获的马铃薯进行销售或贮藏。

参考文献

陈丽萍,李继红,2014a.稻田免耕稻草覆盖种植马铃薯存在的问题及对策[J].中国农业信息(12):83-84,88.

陈丽萍,王国伟,王远丽,2014b.马铃薯稻田半免耕覆盖高产栽培技术[J].农技服务(10):31.

陈秋帆,陈劲松,代兴梅,等,2016.云南春作马铃薯作物系数与需水规律研究[J].湖北农业科学(3):564-566.

樊祖立,牛力立,唐兴发,等,2017.种薯切块芽位及不同催芽、拌种方式对马铃薯农艺性状的影响[J].耕作与栽培(5):2-13.

高兴锦,任习荣,高朝双,等,2018.马铃薯推荐施肥方法氮肥梯度试验[J].云南农业科技(5):13-15.

黄团,段宽平,彭慧元,等,2012.贵州冬闲田马铃薯覆黑膜栽培模式研究[J].农技服务,29(9):1015-1016,1072.

黄承建,赵思毅,王季春,等,2012.马铃薯/玉米不同行数比套作对马铃薯光合特性和产量的影响[J].中国生态农业学报,20(11):1443-1450.

贾振华,郭华春,白磊,等,2014.覆膜补灌对云南春作马铃薯耗水特性及生长的影响[J].灌溉排水学报(2):138-140.

李艳,余显荣,吴伯生,等,2012.马铃薯不同种植方式对产量性状的影响[J].中国马铃薯,26(6):341-343.

李燕山,白建明,许世坤,等,2015.不同灌水量对膜下滴灌冬马铃薯生长及水分利用效率的影响[J].干旱地区农业研究,33(6):8-13.

梁平,胡家敏,王洪斌,等,2011.制约黔东南马铃薯产量形成的气候因子分析[J].安徽农业科学,39(16):9913-9915,9995.

刘德林,2014.浅谈马铃薯冬季丰产栽培技术[J].四川农业科技(2):23.

刘世菊,2015.早熟马铃薯与夏秋大白菜轮作经济效益高[J].农业开发与装备(12):129-129.

陆龙平,徐玲,任齐燕,等,2019.冬马铃薯膜下滴灌水肥一体化种植模式研究[J].基层农技推广(9):16-19.

马惠,黄平,2018.昭通市昭阳区靖安镇净作马铃薯"2+X"氮肥总量控制试验[J].现代农业科技(15):79-80.

倪石建,王跃翔,马仲飞,等,2016.马铃薯育苗移栽技术研究进展及冬作区应用前景分析[J].中国马铃薯(1):46-51.

牛力立,赵佐敏,唐虹,等,2013.黔中地区覆膜盖土对马铃薯商品薯产量及经济性状的影响[J].中国农学通报(21):109-115.

牛力立,张鹏,范金华,等,2016.不同覆膜方式对马铃薯产量性状的影响[J].中国种业(11):40-42.

平秀敏,朱润云,2015.云南省马铃薯不同种植模式的产量及效益分析[J].生物技术世界(6):46-47.

桑得福,1999.高海拔地区马铃薯全生育期地膜覆盖栽培技术[J].中国马铃薯,13(1):38-39.

宋碧,刘桂华,李斌,等,2008.密度与施钾量对稻田免耕稻草覆盖马铃薯产量的影响[J].耕作与栽培(2):18-19.

宋碧,张军,李斌,2009.稻田免耕栽培马铃薯干物质积累与分配规律研[J].江苏农业科学(1):86-88.

孙川川,郑元红,郭国雄,等,2013.不同播期对留茬膜侧马铃薯产量的影响[J].上海蔬菜(2):48-49.

唐虹,范金华,谭体琼,等,2015a.黔中地区秋季脱毒马铃薯高产栽培技术[J].中国园艺文摘(2):164-166.

唐虹,范金华,牛力立,等,2015b.黔中干旱缺水山区马铃薯新品种筛选[J].中国园艺文摘(9):9-11.

唐维民,覃金鼓,蒙懿,等,2014.覆盖方式对早熟马铃薯"滇黔芋23号"产量与性状影响[J].中国农学通报,30(12):249-252.

王晨,魏千贺,范春梅,等,2017.不同灌水时期与灌水量膜下滴灌对马铃薯生长及产量的影响[J].贵州农业科学(9):45-48.

王强,2010.中国马铃薯产业10年回顾1998-2008[M].北京:中国农业科学技术出版社.

王怀勇,覃金鼓,2009.不同播期及稻草覆盖厚度对马铃薯免耕栽培产量影响[J].耕作与栽培(5):50-51.

王绍林,和平根,张凤文,等,2015.马铃薯平播后起垄栽培技术[J].云南农业科技(5):30-31.

王婷,海梅荣,罗海琴,等,2010.水分胁迫对马铃薯光合生理特性和产量的影响[J].云南农业大学学报(自然科学版)(5):737-742.

王有成,柳建明,2012.马铃薯玉米秸秆覆盖免耕栽培技术[J].现代农业科技(13):91-92.

吴巧玉,夏锦慧,李其义,等,2015.氮磷钾及密度对贵州中部马铃薯产量及淀粉含量的影响[J].贵州农业科学,43(2):43-46.

肖关丽,龙雯虹,郭华春,2010.云南主栽马铃薯品种化学调控研究[J].西南农业学报,23(6):1836-1841.

肖厚军,孙锐锋,苟久兰,等,2011a.贵州不同海拔地区马铃薯施用氮磷钾肥的效应[J].贵州农业科学,39(9):

58-60.

肖厚军,孙锐锋,何佳芳,等,2011b.不同水分条件对马铃薯耗水特性及产量的影响[J].贵州农业科学(1)：73-75.

肖莉,胡建风,潘国元,等,2003.净作条件下马铃薯不同密度群体产量初探[J].贵州农业科学(3):46-47.

肖石江,吴琼芬,梁淑敏,等,2018.冬马铃薯水肥一体化施肥技术研究[J].节水灌溉(1):67-72.

杨朝亮,杨晓利,2015.大理市马铃薯、玉米、大荚豌豆间套作旱作组合模式栽培技术[J].种子科技(2):43-44.

杨兰兰,2010.毕节地区稻田马铃薯高产栽培技术[J].现代农业科技(5):91-91.

杨绍堂,向红梅,2019.碧江区稻草覆盖免耕栽培对马铃薯产量的影响[J].农技服务(6):36,38.

杨胜先,龙国,张绍荣,等,2015.喀斯特冷凉山区不同种植密度及氮、磷、钾配施对马铃薯产量的影响[J].江苏农业科学,43(7):85-88.

杨英武,腾安旺,2015.不同播种季节对马铃薯产质量的影响[J].现代农业科技(8):87.

杨志萍,2015.秋马铃薯垄作高产高效栽培技术[J].四川农业科技(7):27-27.

尹智宇,封永生,肖关丽,2018.干旱胁迫及复水对冬马铃薯苗期光合特性的影响[J].中国马铃薯(2):74-80.

张定红,2007.马铃薯高墒垄作栽培技术[J].云南农业(7):18-18.

张萌,魏全全,徐永康,等,2019.保水剂用量对贵州旱作覆膜马铃薯生长及土壤肥力的影响[J].西南农业学报(5):1087-1091.

张时军,王世敏,胡明成,2014.云南省昭通市烤烟后期套作秋马铃薯播期研究[J].安徽农业科学,42(35):12437-12439.

张圆,熊先勤,陈超,等,2014.芜菁甘蓝-马铃薯间作体系土壤水分动态变化[J].贵州农业科学,42(11):87-91.

郑元红,胡建风,潘国元,等,2007a.净作条件下毕节地区脱毒马铃薯高产栽培模式研究[J].中国马铃薯(2):92-94.

郑元红,潘国元,刘文贤,等,2007b.玉米-马铃薯间套作不同分带平衡丰产技术研究[J].中国马铃薯,21(6):346-348.

钟素泰,2007.大春马铃薯高垄双行栽培技术[J].云南农业(1):20.

周从福,段德芳,胡玉霞,等,2013.贵州低海拔地区早熟马铃薯丰产栽培技术[J].农技服务,30(6):570-577.

周进华,唐文军,杨子芬,等,2017.膜上覆土栽培对云南春作马铃薯生长、产量及品质的影响[J].云南农业大学学报(自然科学)(6):999-1005.

第九章 环境胁迫及其应对

第一节 马铃薯病害及其防治

一、病害种类

病害是马铃薯生产中的重要生物灾害,做好其防治是确保马铃薯优质高产的重要措施之一。由于中国马铃薯种植区范围大、分布广,各种植区气候变化、土壤类型、种植制度差异大,病害种类及发生特点也不尽相同。发生普遍且危害严重的病害有 11 种真菌性病害:早疫病、黑痣病、干腐病、枯萎病、黄萎病、粉痂病、银腐病、灰霉病、炭疽病、坏疽病、黑粉病;1 种卵菌性病害:晚疫病;5 种细菌性病害:疮痂病、黑胫病、环腐病、软腐病、青枯病;4 种病毒性病害:X 病毒病、Y 病毒病、卷叶病毒病、帚顶病毒病;1 种类病毒病害:纺锤块茎病。

(一)真菌性病害

1. 马铃薯早疫病(early blight)

(1)分类地位 马铃薯早疫病俗称夏疫病、轮纹病、干斑病等,是马铃薯上仅次于晚疫病的第二大病害。其致病菌为茄病交链孢霉(*Alternaria solani* Sor.),属真菌半知菌亚门(Deuteromycotina),丝孢纲(Hyphomycetes),丛梗孢目(Moniliales),暗色孢科(Dematiaceae),链格孢属(*Alternaria*)真菌。

(2)传播途径 病菌主要以分生孢子、菌丝体在病残体或带病薯块上过冬,成为翌年田间发病的初侵染源。病菌既可以从植株的气孔或伤口侵入,也可由表皮直接侵入。病原菌潜育期极短,条件适宜时,病菌侵入 3～5 d 就能形成病斑,5～7 d 后病部即可长出新的分生孢子,通过风雨的传播,引起再侵染,造成病害流行。

(3)影响发生因素 气候因素对马铃薯早疫病的发生和流行影响十分明显,其中以温度和湿度的影响最大。病原菌分生孢子萌发与生长的最适温度为 26～28 ℃,当叶片上有结露或水滴时,即使很短的时间病菌也能够成功侵入植株。

(4)危害症状 主要危害叶片,其次危害茎和薯块。病斑首先出现在马铃薯中下部老叶上。叶片受侵染时,先在叶尖或叶缘形成水浸状、绿褐色、凹陷的小斑点,后逐渐扩大呈圆形或近圆形的具有多圈同心轮纹黄褐色坏死斑。田间湿度大时,病斑外缘会产生黄色晕圈,正面产生黑色霉层;干燥时,病斑变褐干枯,质脆易裂,扩展的速度也会减慢。发病严重的叶片病斑之间彼此相连,叶片萎蔫下垂、卷缩,整体枯死甚至脱落。茎和叶柄上发病会形成条状褐色病斑,常出现在分节处,逐渐向周围扩大,呈灰褐色、长椭圆形病斑,具有同心轮纹。块茎染病,常出现褐色或紫褐色大块圆形或近圆形病斑,稍凹陷,病部皮下薯肉呈浅褐色海绵状干腐,向四周扩大或腐烂。

(5)对马铃薯生长发育的影响 早疫病在中国各马铃薯产区常年均有不同程度发生,南方地区发生重于北方马铃薯产区,其发生程度呈逐年上升趋势。该病菌除影响马铃薯正常生长发育外,还产生链格孢毒素等 70 多种有毒代谢产物,这些毒素不仅是重要的植物致病因子,影响马铃薯的产量与品质,同时一旦被人畜食用,还可引起急性或慢性中毒,部分还有致畸、致癌、致突变作用。

(6)产量损失 一般年份造成马铃薯减产 5%～10%,严重发生年份减产可达 50%以上。早疫病不仅可在田间造成产量损失,采收后贮藏过程中也会造成品质降低,部分地区,贮藏过程中损失可高达 30%以上。

2. 马铃薯黑痣病(black scurf)

(1)分类地位 马铃薯黑痣病又称立枯丝核菌病、茎基腐病、茎溃疡病、丝核菌溃疡病或黑色粗皮病,是马铃薯上一种严重的土传真菌病害。其致病菌为立枯丝核菌(*Rhizoctonia solani* Kühn),属于半知菌亚门(Deuteromycotina),丝孢纲(Hyphomycetes),无孢目(Agonomycetales),无孢科(Agonomycetaceae),丝核菌属(*Rhizoctonia*)真菌。其有性态属于担子菌门亡革菌属(*Thanatephorous cucumeris*),是一种不产生无性孢子的土壤习居菌,在自然界中一般以菌丝或菌核的形态存在。田间一般表现为无性态。立枯丝核菌种内存在着丰富的遗传多样性,因此通常被界定为一个遗传差异很大的复合种。

(2)传播途径 马铃薯黑痣病主要有两种传播方式,一种是病菌以菌核或者菌丝体在块茎或土壤中的植株残体上越冬,待到第二年温湿度等条件适宜时,对马铃薯进行侵染,这是一种近距离传播方式;另一种是带病种薯传播,即从病区引种过程中,所用种薯本身带病,这是一种远距离传播方式。当温度、湿度等条件适宜时,立枯丝核菌菌核在土壤中萌发菌丝,在遇到马铃薯植株时,主要通过茎尖和芽尖进行侵染。

(3)影响发生因素 目前,该病在全世界范围内普遍发生。立枯丝核菌菌丝在 5～33 ℃都可以生存,25 ℃最适宜其生长,在偏酸性环境下比在碱性环境下生长更快。菌核在 12～15 ℃开始形成,温度达到 40 ℃或更高时不再形成菌核,菌核最适形成温度区间为 23～28 ℃。后期菌丝体变褐,菌核萌发时可从萌发孔伸出。菌核萌发与温度有关,在适宜温度范围内,一般温度越高,萌发率越高。另外,菌核在干燥的环境下可以保存很长时间,病原体在土壤中可存活 2～3 年。

(4)危害症状 病原菌侵入马铃薯幼芽后,幼芽顶部出现褐色病斑,生长点坏死,种芽在未出土时腐烂,形成芽腐,也有的坏死芽从下边节上再长出一个芽条,田间表现为缺苗断垄或出苗晚,生长弱;苗期和成株期主要侵害地下茎,茎基部产生褐色凹陷斑,直径 1～5 cm,病斑及其周围常覆有紫色菌丝层,使地下茎形成褐色溃疡斑,因输导组织受阻,植株生长减弱,地上部表现出叶片萎蔫、枯黄卷曲,植株容易斜倒死亡,此时常在土表部位再生气根,产出黄豆大的气生块茎;匍匐茎感病形成淡红褐色病斑,匍匐茎延伸受阻,顶端停止膨大。成熟的块茎感病时,在其表面形成大小形状不规则的、坚硬的、土壤颗粒状的黑褐色或暗褐色的菌核,不易冲洗掉,菌核下边的组织完好,也有的块茎因受侵染而造成破裂、锈斑和末端坏死、薯块龟裂、变绿、畸形等。

(5)对马铃薯生长发育的影响 危害马铃薯时,阻碍匍匐茎的延伸,不能形成薯块;或匍匐茎疯长,薯块较小,并伴随畸形薯的产生。严重时会使薯块表面形成不规则状的菌核,影响马铃薯品质。

(6)产量损失　目前,该病在全世界范围内普遍发生,在中国部分地区也发生严重。据报道,马铃薯黑痣病在部分田块发病率可达70%～80%,严重的高达90%,一般年份可造成15%左右的产量损失,大发生年份,损失可达50%以上,甚至灭种毁田。

3.马铃薯干腐病(dry rot)

(1)分类地位　干腐病是马铃薯贮藏期常见主要病害。其致病菌隶属于半知菌亚门(Deuteromycotina),丝孢纲(Hyphomycetes),瘤座菌目(Tuberculariales),镰刀菌属(*Fusarium*),也称镰孢菌属。目前已报道的致病种及变种主要有茄病镰孢菌[*F. solani*(Mart.)Sacc.]、茄病镰孢菌蓝色变种[*F. solani* var. *coeruleum*(Sacc.)Booth]、接骨木镰孢菌(*F. sambucinum* Fuckel)、半裸镰孢菌(*F. semitectum* Berk. & Ravenel)、锐顶镰孢菌(*F. acuminatum* Ellis & Everh.)、层生镰孢菌[*F. proliferatum*(Matsush.)Nirenberg]、串珠镰孢菌(*F. moniliforme* Sheldon)、串珠镰孢菌中间变种(*F. moniliforme* var. *intermedium* Neish et Leggett)、串珠镰孢菌浙江变种(*F. moniliforme* var. *zhejiangensis* Wang & Chen)、拟丝孢镰孢菌(*F. trichothe-cioides* Wollenw.)、拟枝孢镰孢菌(*F. sporotri-chioides* Sherb.)、尖孢镰孢菌(*F. oxysporum* Schlecht.)、尖孢镰孢菌芬芳变种[*F. oxysporum* var. *redolens*(Wolle.)Gordon]等。其中,茄病镰孢菌、接骨木镰孢菌和串珠镰孢菌是优势种群且致病力较强。

(2)传播途径　马铃薯干腐病是典型的土传病害,以分生孢子或菌丝体在土壤和病残组织中越冬,通过空气、水流、机械设备传播,从块茎皮孔、芽眼等自然孔口或其他病害造成的伤口侵染薯块,被侵染的薯块发病腐烂,污染土壤,进而再次附着在收获的块茎表面。

(3)影响发生因素　在马铃薯不同种植区均有发生,且随着连作年限的延长,其发生有逐年加重的趋势。病害在5～30℃温度范围内均可发生,以15～20℃为适宜。在温度较低湿度较高的环境薯块受伤时,不利于伤口愈合,会使病害迅速发展。通常在块茎收获时表现耐病,贮藏期间感病性提高。早春种植时达到高峰。播种时土壤过湿易于发病。收获期间造成伤口多则易受侵染。贮藏条件差,通风不良利于发病。马铃薯不同品种间存在抗性差异。

(4)危害症状　薯块内部自然发病时多以脐部为主,发病较轻时,块茎表面呈暗褐色,发病部位略有凹陷,并逐渐扩大使得薯块表皮呈现皱缩且形成不规则的同轴褶叠。发病较重时,薯块像泡发状,颜色变黑,病变组织部位有褶皱或者各种颜色的斑点,有白色或淡黄色菌丝,甚至有粉红色或白色的多泡状突起。块茎颜色变深的病变部位,薯肉多为颗粒状,病组织呈现褐色有空腔,干燥后薯块内的空腔充满白色菌丝。最后,薯肉变为灰褐色、褐色或暗褐色,呈现僵缩、变轻、变硬的症状。在湿度相对较大时,发病部位多为无气味的深红褐色糊状物。

(5)对马铃薯生长发育的影响　被侵染后的薯块自身会逐渐腐烂,如果被作为种薯,就会污染生长的土壤,进而对下茬收获的薯块形成新一轮侵染。将侵染后的薯块贮藏后,随着贮藏时间的延长发病的程度也会更加严重。如果贮藏条件比较差,通风不畅,窖温的温度较高、湿度较大时,翻倒薯块的次数多,就更易造成薯块新的损伤,加重薯块的发病。病原菌的侵染不仅会对马铃薯薯块造成破坏,而且会影响马铃薯的口感以及质量,更重要的是病菌还可产生大量毒素,对人体及家畜可造成中毒等致命危险。

(6)产量损失　马铃薯干腐病常年发病率为10%～30%,严重时可导致整个薯窖腐烂。每年由马铃薯干腐病造成的产量平均损失可达6%,最高时可达60%。

4.马铃薯枯萎病(wilt)

(1)分类地位　马铃薯枯萎病的致病菌为镰刀菌(*Fusarium* spp.)。据资料报道,能够引起马铃薯枯萎病的镰刀菌共有 8 种,分别为尖孢镰刀菌($F.oxysporum$)、茄病镰刀菌($F.solani$)、接骨木镰刀菌($F.sambucinum$)、雪腐镰刀菌($F.nivale$)、串珠镰刀菌($F.moniliforme$)、三线镰刀菌($F.tricinctum$)、锐顶镰刀菌($F.acuminatum$)和燕麦镰刀菌($F.avenaceum$)。

(2)传播途径 马铃薯枯萎病的病菌主要通过土壤传播,病菌以菌丝体或厚垣孢子随病残体在土壤或在带菌病薯上越冬,翌年病部产生的分生孢子借雨水或灌溉水传播,从伤口侵入。

(3)影响发生因素 在温度方面,一般来说是在土壤温度高于 28 ℃的时候容易感染。在地势土壤方面,主要是在地势低洼,土质黏重的地带种植的作物容易被其侵染,其基本原理是在地势低洼的地带容易积水。而在雨水中存在大量的有害物质,在长时间的浸泡之下,就容易造成枯萎病的发生。在降水方面,对于适宜种植马铃薯的地区,其降水多少也会影响其发病率的高低。一般降水较多的地带,发病率高,为害重。

(4)危害症状 在被侵染初期,叶片出现萎蔫下垂,与正常叶片有区别明显,肉眼可辨。尤其在阳光强烈照射的时间段更加严重,在光照弱的清晨和晚上又会恢复正常。随着枯萎病的不断发展,叶片自下而上逐渐枯萎而死,并且在马铃薯块茎部分,剖开可以清晰地看到内部颜色变色,一般为褐色或者黑褐色,并且在病变的部位,会伴有白色或者粉红色菌丝。从马铃薯的发病症状上来看,其外部表现相当明显,但在初期时,在不同时间段上会有不同的外部表现,中午萎蔫,早晚恢复到正常生长状态的现象。

(5)对马铃薯生长发育的影响 该病菌侵染马铃薯在生长初期可能会造成整个植株枯萎死亡,从而造成产量骤减;侵染马铃薯还会导致块茎出现褐色病变,且在病变部位伴随白色或粉红色菌丝,严重影响马铃薯品质。

(6)产量损失 在重茬地发病严重,植株死亡率高达 70％以上,直接影响马铃薯产量及其经济效益,对马铃薯生产造成威胁,一般造成减产 30％。

5. 马铃薯黄萎病($Verticillium$ wilt)

(1)分类地位 马铃薯黄萎病又叫马铃薯早死病,是马铃薯较为严重的土传病害,病原菌属于半知菌亚门(即无性态真菌,Imperfect Fungi),丝孢纲(Hyphomycetes),丝孢目(Moniliales),单色孢科(Moniliaceae),轮枝菌属($Verticillium$),黑白轮枝菌($V.alboatrum$ Reinke&Berthold)和大丽轮枝菌($V.dahliae$ Kelb)。

(2)传播途径。黄萎病是一种典型的维管束病害,以休眠菌丝或微菌核在土壤中越冬,是第二年的主要初侵染源,病原菌主要分布在 15～30 cm 的耕作层,可存活 5～6 年。病菌在生长期可反复产生大量的分生孢子,通过风、雨水及人为因素进行再侵染。在马铃薯幼苗期到薯块膨大期均可侵染,萌发后从根毛侵入,在维管束中进行繁殖,造成马铃薯早期萎蔫甚至死亡。

(3)影响发生因素 病害在 5～35 ℃范围内均可发生,土壤温度达到 20～25 ℃,湿度达80％以上,有利于病害的发生和流行。在马铃薯生长期特别是结薯中期,久雨后高温或久旱后遇暴雨发病较为严重。

(4)危害症状 马铃薯整个生育期均有发生,不同生育期病害的症状不尽相同,病原菌可以侵染叶片、匍匐茎、地下茎及块茎等。典型的症状是植株变黄、萎蔫。发病初期,植株下部叶片开始显症,逐渐向上部蔓延,病叶边缘和主脉间呈现黄色斑块,斑块变为不规则形状,后期病斑颜色逐渐变深,呈黄褐色,病叶边缘向上卷曲,单主脉及其附近的叶肉保持绿色,呈西瓜皮状。久旱遭暴雨后或积水浸泡后可出现急性型症状,病株根茎皱缩,叶片突然萎蔫下垂,呈水烫状,叶柄及根茎的维管束变褐,并向上部延伸。晴天日光暴晒后,病株急速焦枯,湿度大时,枯死的病茎表皮可被一层灰白色霉层覆盖。病薯从脐部开始变色,并造成薯块维管束变褐,端部很少变色。

(5)对马铃薯生长发育的影响 马铃薯黄萎病菌侵染是造成马铃薯田间植株早期枯死的主要原因之一,直接影响马铃薯的产量及品质。

(6)产量损失。马铃薯黄萎病在中国各马铃薯产区发生极为广泛,但是在不同地区发生和危害程度不同,轻者损失20%~30%,重者损失达50%以上。

6. 马铃薯粉痂病(Powdery scab)

(1)分类地位 马铃薯粉痂病是由马铃薯粉痂菌(*Spongospora subterranean f. sp. subterranea*)侵染引起的一种真菌性病害,该菌属鞭毛菌亚门(Mastigomycotina),根肿菌纲(Plasmodiophoromycetes),粉痂菌属(*Spongospora* Brunch)。

(2)传播途径 病菌以休眠孢子囊球的形式在病薯、土壤以及植株残体上越冬越夏,是来年初次侵染的主要来源,病土和土中带菌残留物也是来年初次侵染的重要来源。休眠孢子囊球在土壤中可存活五年之久。在马铃薯现蕾前后,在适合条件下,病菌休眠孢子囊球产生变形体,从马铃薯的匍匐茎、细根和新薯上的表皮、皮孔或伤口侵入细胞内,营寄生生活。

(3)影响发生因素 马铃薯粉痂病的发生蔓延与土壤、气候以及马铃薯的品种和栽培条件有密切关系。土壤低温、高湿、酸性较重是此病蔓延为害的最有利条件。其发病的最适土壤温度为12~18 ℃。在海拔1400 m左右地区,当平均土温达17 ℃左右,病害发展达到高峰;土温达20 ℃以上,病害停止发展,此时新长出的块茎很少受害。发病的最适土壤湿度为田间最大持水量的60%~90%。随着地势、坡度、排灌条件、土质等不同,发病程度差异很大。一般情况是高山重于低山,阴坡重于阳坡,肥沃田块重于贫瘠田块。

(4)危害症状 主要危害块茎及根部,有时茎部也可染病。块茎染病初期在表皮上现针头大的褐色小斑,外围有半透明的晕环,后小斑逐渐隆起、膨大,成为直径3~5 mm不等的"疱斑",其表皮尚未破裂,为粉痂的"封闭疱"阶段。后随病情的发展,"疱斑"表皮破裂、反卷,皮下组织现橘红色,散出大量深褐色粉状物(孢子囊球),"疱斑"下陷呈火山口状,外围有木栓质晕环,为粉痂的"开放疱"阶段。根部染病于根的一侧长出豆粒大小单生或聚生的瘤状物。细根上染病也会出现疱疮,病株地上部叶腋处多长新枝,特别茂盛、浓绿,植株迟迟不枯死。

(5)对马铃薯生长发育的影响 马铃薯感病后,薯块变小,品质变劣,煮不熟。

(6)产量损失 马铃薯感染粉痂菌后直接影响马铃薯的产量和质量,特别是对鲜食型马铃薯品质影响较大。马铃薯粉痂病能使马铃薯产量减少10%~20%,重者可达50%,严重影响商品薯的生产。

7. 马铃薯银腐病(silver rot)

(1)分类地位 马铃薯银腐病是由茄长蠕孢(*Helminthosporium solani*)侵染引起的一种真菌性病害,该菌属半知菌亚门(Deuteromycotina),丝孢纲(Hyphomycetes),丛梗孢目(Moniliales),暗色孢科(Dematiaceae),长蠕孢属(*Helminthosporium*)。

(2)传播途径 马铃薯银腐病的初侵染发生在大田和贮藏期,贮藏中的病薯是主要初侵染来源。在大田中,病原菌主要由土壤传播,也可由种薯带菌传播。马铃薯块茎形成4~6周以后即可被侵染。在收获前浇水或连续降雨,会增加马铃薯银腐病的严重度,造成银腐病的流行。

(3)影响发生因素 分生孢子形成的温度范围是2~27 ℃,相对湿度在85%~100%时产生大量的分生孢子。马铃薯贮藏在温度4~5 ℃、相对湿度85%~95%的条件下,一旦病原菌存在,即可产生大量分生孢子,可以通过通风系统扩散到邻近的马铃薯块茎上,经皮孔或直接侵染健康的马铃薯。

(4)危害症状　病原菌主要危害块茎,坏死斑首先出现在茎基部的块茎上,呈现小的、苍白色的病斑,但病斑下面的组织健康。银腐病菌在白皮和黄褐色皮的马铃薯上出现典型的银色坏死斑,使表皮部分或全部褪色,严重者皱缩,病斑覆盖块茎表面大部分面积。再侵染对马铃薯块茎表皮细胞结构的影响不如初侵染期明显,但对块茎外观影响很大,在贮藏期间块茎上多处形成黑色坏死斑,病斑逐渐扩散、联合,最后覆盖大部分块茎。再侵染可产生分生孢子和菌丝,在贮藏期间引起病害的传播。

(5)对马铃薯生长发育的影响　马铃薯银腐病在块茎表面造成的污损会降低马铃薯的食用价值和经济价值。

(6)产量损失　马铃薯银腐病是一种贮藏期常见病害,对马铃薯产量影响不大。

8. 马铃薯灰霉病(gray mold)

(1)分类地位　马铃薯灰霉病是由灰葡萄孢菌(*Botrytis cinerea*)侵染引起的一种真菌性病害,该菌属子囊菌亚门(Ascomycotina)、盘菌纲(Discomycetes)、柔膜菌目(Hymenoscyphus)核盘菌科(Sclerotiniaceae)盘菌属(*Sclerotinia*)。

(2)传播途径　病菌以菌丝体及分生孢子在土壤、种薯、病残体上越冬,成为初侵染源。翌年条件适宜时借助气流、雨水、灌溉水、昆虫、农事活动进行传播,从伤口、病残组织侵入,可多次再侵染,引发病害的蔓延流行。

(3)影响发生因素　适宜发病的温度为 $16 \sim 20 ℃$,相对湿度 95% 以上,连茬连作、过于密植、低温高湿、冷凉阴雨等情况下,发病快且发病较重。

(4)危害症状　叶片发病时,叶尖或叶缘出现褐色水渍状病斑,多呈 V 字逐渐向内扩展,有的病斑上隐约有环纹,茎秆发病后,出现条状褪绿色病斑,湿度大时病斑上密生大量灰霉层,发展后病斑碎裂、穿孔。块茎发病后,通常收获前不十分明显,但在贮藏期时迅速蔓延发展,发病组织皱缩萎蔫,病部逐渐变为灰黑色,后期病部腐烂,呈褐色,伤口、芽眼处有霉层,湿度较低时呈干燥性腐烂。

(5)对马铃薯生长发育的影响　马铃薯块茎被灰霉菌侵染后块茎本身出现霉层,马铃薯品质受到很大影响,而且在贮藏期,病薯会快速传染周边薯块,甚至烂窖。

(6)产量损失　马铃薯灰霉病无论侵染叶片或者块茎,都会造成马铃薯产量下降。

9. 马铃薯炭疽病(Black dot)

(1)分类地位　马铃薯炭疽病是马铃薯生产上的毁灭性病害之一,由半知菌亚门(Deuteromycotina),腔孢纲(coelomycetes),黑盘孢目(Melanconiales),黑盘孢科(Melanconiaceae),炭疽菌属(*Colletotrichum*)的球炭疽菌(*Colletotrichum coccodes*)引起。

(2)传播途径　病菌以菌丝体或分生孢子随病残体越冬。带病种薯亦可成为重要的初侵染源。条件适宜时分生孢子引起侵染,发病后在病部产生分生孢子,借风雨传播,形成再侵染。

(3)影响发生因素　高温潮湿有利于发病。马铃薯生长中后期遇雨、露、雾天气,有利于病害扩展蔓延。田间管理粗放,土壤贫瘠,排水不良,病害较重。在轻沙质土、低氮、干旱以及高温的条件下容易发病。半干旱气候,生长季节频繁的暴风雨也成为散布该病原菌的潜在途径。

(4)危害症状　发病马铃薯块茎、茎部、根部、匍匐根等以及地下部分出现大量黑色的斑点状小菌核,块茎变色,呈褐色或灰色,或形成约 0.5 cm 的大圆斑。叶部发病早期颜色变淡,顶端叶片稍反卷,在叶片上形成圆形至不规则形坏死斑点,赤褐色至褐色,后期变为灰褐色,边缘明显,病斑相互结合形成不规则的坏死大斑,至全株萎蔫枯死。植株下部茎秆感病,其上形成梭形或不规则形白色病斑,病斑边缘明显,匍匐枝感病后也会变色。放大镜下,小的、褐色的、针状的斑点在马铃薯块茎表面或匍匐枝上清晰可见。叶柄、小叶和茎上也形成褐色斑点,黑色斑点还出现在植株衰老部分及坏死的腐烂根部和茎部、匍匐枝以及子块茎上。地面至地下茎的皮层组织腐朽,易脱落,侧根局部变褐、须根坏死,引起植株萎蔫,病株易拔出。与银屑病症状类似,区别在于该病的变色斑边缘非常不清晰,而银屑病的变色斑边缘清晰。

(5)对马铃薯生长发育的影响　该病菌侵染马铃薯块茎可使块茎产生黑色斑点和褐色菌核,严重影响马铃薯的正常生长发育和品质。

(6)产量损失　该病菌侵染马铃薯时,会造成马铃薯田间早死,引起贮藏期烂窖,对马铃薯的产量造成严重损失。

10. 马铃薯坏疽病(gangrene)

(1)分类地位　马铃薯坏疽病又名茎点霉腐烂病、纽扣状腐烂病。由马铃薯坏死病菌(*Phoma eximgua* var. *foveata* (Foister) *Boerema*)侵染引起的真菌性病害,属半知菌亚门(Deuteromycotina),腔孢纲(Coelomycetes),球壳孢目(Sphaeropsidales),茎点霉属(*Phoma*)。

(2)传播途径　该病主要以菌丝体或分生孢子器在病薯和土壤中的马铃薯残体上越冬,在马铃薯块茎上可长时间存活,在缺少寄主的情况下,在土壤中可存活 2 年。种薯带菌及包装材料、病薯表面泥土是远距离传播的主要途径,田间还可通过土壤或耕作机械等传播。病菌主要通过机械伤口、皮孔、芽眼入侵。生长期间茎秆上的病斑产生的分生孢子借风、雨水进行再侵染,引起病害流行。

(3)影响发生因素　马铃薯坏疽病是典型贮藏病害,在不同的温度条件下,症状表现不尽相同,危害程度也不相同,15 ℃条件下薯块受害较 5 ℃下严重;在马铃薯生长的中后期,7—9 月降雨量多,土壤含水量高,田间湿度大,有利于病害的发生;马铃薯在收获、运输、贮藏过程中形成的伤口多,贮藏期块茎腐烂率高;与同科作物茄子、番茄等连作,或者田间藜属杂草多的地块发病重。

(4)危害症状　贮藏期块茎发病时,在薯块脐部、芽眼、伤口处形成圆形、椭圆形或不规则形凹陷病斑,病斑边缘与健康组织界限明显,随病斑扩大,病斑中央凹陷越来越明显。块茎表皮皱缩,呈土黄色,肉眼可见有皱缩的同心轮纹,病斑边缘褐色且不连续,中央逐渐发展成灰黑色或黑色,并可见黑色小点,逐渐形成密集的黑色颗粒状物。带病种薯出土较健康种薯晚 7～10 d,节间缩短,植株矮化,幼叶小而卷缩,茎叶黄化,似缺氮症状;种薯发病严重的,幼芽顶端褐色枯死,不能出土。叶片受害时,出现褪绿的不规则形黄色斑点,随斑点扩大,叶面出现褐色、大小不等的斑点,且多出现于马铃薯植株的中下部叶片。当田间湿度较小时,叶片沿主脉向上卷曲,并出现失水萎蔫症状。茎秆受害时,在中下部叶柄基部出现长条状褐色病斑,并向叶柄扩展,在叶片上出现失水状、边缘不清晰的病斑,植株出现萎蔫,随后叶片和茎秆呈枯黄色,植株枯死而立于地面、不倒伏。茎秆开始缢缩发黑,在病部表面可见黑色颗粒状物,即病菌的分生孢子器。

(5)对马铃薯生长发育的影响　该病菌主要危害种薯,从而影响马铃薯的正常生长发育,并且严重危害贮藏期薯块。

(6)产量损失　中国 23 个省(区)均为该病原菌的适生区,大面积的适生范围使其潜在风险性较大,严重受害的种薯种植后可使产量降低 20%～30%,人工接种可造成损失 60%。

11. 马铃薯黑粉病(potato smut)

(1)分类地位　马铃薯黑粉病菌学名马铃薯楔孢黑粉菌(*Thecaphorasolani* Barrus),属担子菌亚门(Basidiomycotina),冬孢菌纲(Teliomycetes),黑粉菌目(Ustilaginales),黑粉菌科(Ustilaginaceae),楔孢黑粉菌属(*Thecaphora*)。

(2)传播途径　马铃薯黑粉病在土壤及感病薯块里越冬,是来年田间最初侵染源。当马铃薯播种发芽后,侵染幼苗,是一种土传病害,一旦传入无法根治。

(3)影响发生因素　马铃薯黑粉病 1943 年首次在秘鲁发现,已成为秘鲁山区最严重的马铃薯病害,随后在委内瑞拉的安第斯山区也有发生。有学者认为在很大程度上该病局限在海拔 2500~3000m 的高山地区,但 1954 年在秘鲁利马附近里马克河流域的灌溉田就引起马铃薯 50% 以上的损失。由此可以看出,马铃薯黑粉病从山区到近海平面的平谷地区都有流行发生,说明其具有广泛适生性,目前主要分布于哥伦比亚、巴拿马、墨西哥、委内瑞拉、厄瓜多尔、玻利维亚、智利等国家。马铃薯黑粉病目前是包括中国在内的许多国家的重要对外检疫性有害生物,在中国尚未发现该病害发生。

(4)为害症状　马铃薯黑粉病菌主要危害马铃薯地下茎、匍匐茎和块茎,病菌侵入后刺激寄主组织过度生长。植株的早期症状是病菌集中在种薯的新芽,种薯随即变成一个坚硬的组织小块。后期病菌可以侵染马铃薯地下茎的任何部分,导致侵染的块茎表面形成瘤状突起,甚至畸形,质地坚硬,有时薯块开裂。整个侵染块茎内部组织出现大量浅褐色至黑褐色斑点,叶面有时也受到危害,产生瘤状或疮状突起,内生褐色小点。

(5)对马铃薯生长发育的影响　马铃薯黑粉菌通常在幼苗生长期侵染马铃薯植株,通过地下茎、匍匐茎,最后侵染块茎,前期影响幼苗生长,后期导致薯块畸形。

(6)产量损失　据国外报道,马铃薯黑粉病导致的产量损失可达 30%~50%,发病严重田块甚至超过 80%。

(二)卵菌性病害

马铃薯晚疫病(late blight)又称马铃薯瘟,是马铃薯上的一种毁灭性病害,具有流行性强、蔓延速度快、致病程度严重等特点,被视为马铃薯生产的头号杀手,也是 19 世纪 40 年代爱尔兰大饥荒事件的直接原因。

(1)分类地位　尽管在过去很长一段时间内将马铃薯晚疫病归为真菌性病害,但其病原物为藻物界卵菌门(Oomycota),霜霉科(Peronosporaceae),疫霉属(*Phytophthora*),致病疫霉菌[*Phytophthora infestans* (Mont.) de Bary],因此应当归属于卵菌性病害。

(2)传播途径　马铃薯晚疫病致病疫霉菌菌丝无色,没有隔膜,寄生专化性强,基本只寄生于茄科植物,靠吸器吸取营养物质,同时具有有性世代和无性世代两种繁殖方式。有性生殖过程中会产生圆形卵孢子,萌发后在芽管上出现孢子囊,可成为晚疫病的初侵染源;无性繁殖过程中会产生纤细、无色的孢囊梗和单胞、无色的孢子囊,在 5 d 内即可完成全部生活史实现增殖。无性繁殖是致病疫霉菌在田间的主要增殖方式,通常 7~10 d 内就可以在大面积范围内广泛传播。致病疫霉菌侵染过程主要分为两个步骤,是典型的半腐生生活病原菌:初始阶段为活体营养侵染阶段,植物在该阶段病症不明显;第二阶段为死体腐生阶段,且伴随着病原菌菌丝生长和孢子产生。当发病时,中心病株先在田间出现,之后在中心病株上会产生孢子囊。之后大量孢子可以通过气流传播,进而在更大范围内造成危害。

(3)影响发生因素　目前该病害在全世界马铃薯种植区内普遍发生,一般湿度越大,发生越重。研究表明,孢子囊的萌发与温湿度有关。在低温(18~23 ℃)、高湿(湿度超过 85%)环境下,孢子囊萌发,当叶子有水滴或水膜时,病菌便开始侵入。除此之外,病株上的病菌还可通过雨水和灌溉水传播到其他薯块上,使薯块发病,病薯上的病菌又通过土壤里水分的扩散作用传播到健薯,使得健薯感病受害,一般块茎有伤口时病菌更容易侵染发病。在田间,不论是降雨、冷凝水还是灌溉水都有利于孢子囊传播、萌发以及孢子的形成和成功侵染。在连续低温多雨的自然条件下,晚疫病极易暴发流行。

(4)危害症状 马铃薯晚疫病症状最先在叶片上显现,其次在叶柄、茎和块茎上都可以显现发病症状。在侵染叶片初期,叶尖或者叶缘处出现淡褐色水渍状病斑,当遇到空气湿度较高时,病斑快速蔓延扩大,在病斑边缘处可见白色稀疏的菌丝形成的霉轮,叶片背面的霉层更为明显。侵染中期,病原常扩散到叶柄、主脉和主茎,受害部通常表现为褐色条斑,潮湿时会产生稀疏的白霉,病部组织逐渐坏死、软化甚至崩解,植株全部叶片萎蔫下垂;侵染后期,整个植株变为焦黑湿腐状,最后腐烂死亡。

(5)对马铃薯生长发育的影响 当薯块感病时,病薯首先出现茶色或紫褐色病斑,后期在表皮处会形成灰褐色不规则的凹陷病斑,病斑下的薯肉切开时可看到褐色坏死,感病严重时薯块田间腐烂,感病轻时在贮藏时薯块腐烂,腐坏变烂的病薯成稀软状,有脓状物流出,发出腥臭难闻的味道,整个薯块完全失去商品价值。

(6)产量损失 一般湿度越大,发生越重,在一般流行年份,可导致 20%~40%的产量损失,重发年份往往绝收。

(三)细菌性病害

1. 马铃薯疮痂病(common scab)

(1)分类地位 马铃薯疮痂病是在世界范围内广泛发生的土传病害。其主要病原物为马铃薯疮痂病链霉菌(*Streptomyces scabies*(Thaxter)Waks. et Henrici),是丝状革兰氏阳性菌,其次还有链霉属其他致病种,如(*S. acidiscabies*)、(*S. turgidcabiesis*)等也可导致马铃薯疮痂病。

(2)传播途径 病菌主要以孢子形式繁殖及传播,新生孢子可以在植物种子、土壤和泥水中存活,并随节肢动物或线虫等动物携带传播。带菌肥料、带菌土壤、带病种薯等是马铃薯疮痂病远距离传播的主要途径。病菌主要侵染块茎,通过植物伤口、气孔、皮孔等部位侵入植物组织内。有研究表明,在块茎开始形成到膨大四周这一时间范围内,马铃薯块茎最容易受到病菌的侵染。当块茎暴露于疮痂病链霉菌时,病原体可以穿过外部细胞层在种皮和质体间生长。

(3)影响发生因素 马铃薯疮痂链霉菌不但能在薯块上寄生,也可以在土壤中营腐生生活。在 pH 范围为 5.5~7.5 的土壤中病害发生程度最为严重,pH 低于 5 的土壤中几乎不发生。此外,适合该病发生的温度为 22~30 ℃,最适生长温度为 24 ℃,当土壤温度为 22~23 ℃时,薯块发病率最高。一旦疮痂病链霉菌进入土壤中,在没有马铃薯的情况下存活很长时间。

(4)危害症状 在感染初期,块茎表面首先产生小的近圆形至不定形木栓化疮痂状淡褐色细小隆起的斑点;随着薯块的生长膨大,病斑逐渐扩大形成褐色圆形或不规则大斑,侵染点周围的组织坏死,块茎表面变粗糙,质地木栓化,几天后形成直径 0.5 cm 左右的圆斑,病斑表面形成硬痂,疮痂内含有成熟的黄褐色病菌孢子球,一旦表皮破裂、剥落,便露出粉状孢子团;后期中央凹陷或凸起呈疮痂状硬斑块。病斑有平状、凸起、开裂及凹陷四种类型,也可以在块茎上集聚形成一片大的结痂区域。不同症状类型主要与不同的病原菌类型和马铃薯不同品种有关,但病斑仅限于皮层,不深入薯肉。

(5)对马铃薯生长发育的影响　马铃薯疮痂病严重影响马铃薯的产量和商品薯的美观及价格,块茎表面出现近圆形至不定形木栓化疮痂状淡褐色病斑或斑块。

(6)产量损失　由于中国早期种植者对该病害不够重视,目前该病在中国各马铃薯产区广泛发生,且发生形式日趋严重,已经带来了严重的经济损失。

2. 马铃薯黑胫病(black leg)

(1)分类地位　马铃薯黑胫病又称黑脚病,是以马铃薯茎基部变黑的症状而命名的。其病原菌为果胶杆菌属黑腐果胶杆菌(*Pectobacterium atrosepticum*)[原欧文氏杆菌属胡萝卜软腐欧文氏菌马铃薯黑胫病亚种,*Erwinia carotovora* subsp. *atroseptica*(van Hall)Dye],是一种可运动的革兰氏阴性致病菌。

(2)传播途径　初侵染源主要有带病种薯与残留在田间的染病病薯未完全腐烂遗留的病菌残留物。由于马铃薯黑胫病的症状在薯块上通常不易发现,因此病组织带菌的情况时有发生。田间病菌还可通过灌溉水、雨水或昆虫传播,经伤口侵入致病,后期病株上的病菌又从地上茎通过匍匐茎传到新长出的块茎上。贮藏期病菌通过病健薯接触经伤口或皮孔侵入使健薯染病。

(3)影响发生因素　窖内通风不好或湿度大、温度高,利于病情扩展。带菌率高或多雨、低洼地块发病重。

(4)危害症状　幼苗发病一般植株在 15 cm 左右,常表现为植株矮小,节间缩短,叶片上卷,叶色褪绿,被侵染茎部维管束呈现典型的黑褐色腐烂,最终萎蔫而死,且根系不发达,易从土中拔出。通过横切植株茎蔓,可见 3 条主要维管束变为褐色。病菌从脐部开始侵染薯块,呈放射状向髓部扩展,被感染部位变为黑褐色,通过横切观察,维管束也变为黑褐色。外力挤压薯块,皮肉不会分离。

(5)对马铃薯生长发育的影响　较为潮湿时,薯块变为黑褐色,腐败并散发异常气味。相较于感病严重的薯块而言,感病较轻的薯块内部则无明显肉眼可观察到的症状。在生产中容易造成大田缺苗断垄、块茎腐烂等现象。贮藏时,如果通风不好,窖温偏高,较潮湿也极易引起烂窖。

(6)产量损失　近年来,马铃薯黑胫病通过带菌种薯传播,发生面积不断扩大,且发病早、发病快、死亡率高,防治困难,最终造成商品薯减产现象严重,薯块大量腐烂变质,带来了严重的直接经济损失。田间马铃薯黑胫病的植株发病率不一,轻者可在 2%～5%,严重情况下可达 40%～50%。

3. 马铃薯环腐病(ring rot)

(1)分类地位　马铃薯环腐病又称轮腐病,俗称转圈烂、黄眼圈,是一种低温型细菌性病害。病原菌为棒形杆菌属密执安棒形杆菌马铃薯环腐致病亚种,学名为 *Clavibacter michiganensis* subsp. *sepedonicus*(Spieckermann & Kotthoff)Davis et al. ,是革兰氏阳性菌。

(2)传播途径　马铃薯环腐病是一种维管束细菌病害,该病菌自身不能从气孔、皮孔等侵入,主要靠切刀传播,经伤口侵入。病薯播种后,病菌在块茎组织内繁殖到一定数量后,沿维管束进入植株茎部,引起地上部发病。

(3)影响发生因素　在马铃薯生长期和贮藏期均能发生危害,在冷凉地区流行尤为猖獗。最适生长温度 20～30 ℃,田间土壤温度在 18～22 ℃时病情发展快,而在高温(31 ℃以上)和干燥气候条件下则发展停滞,症状推迟出现。最适酸碱度为 pH 6.8～8.4。马铃薯环腐病最先在中国北方地区发生,目前已遍及全国马铃薯栽培区。

(4)危害症状　植株症状因环境条件及品种抗性存在差异,可分为枯斑型和萎蔫型两种。有的品种兼有两种症状类型,而有的品种仅以某一种为主。枯斑型最常见,即初期叶脉间褪绿变黄,但叶脉仍为绿色,呈斑驳状。之后随着病情发展,叶片边缘或全叶黄枯,同时叶尖渐枯干并向内纵卷,植株矮缩,分枝少。植株下部叶片先发病,后逐渐向上发展至全株,最后整株枯死,而萎蔫症状不明显。另一种症状类型是植株急性萎蔫,初期从顶端复叶开始萎蔫,似缺水状,叶缘卷曲萎垂,后逐步向下发展。发病较轻的仅部分叶片和枝条萎蔫,发病严重的则大部分叶片和枝条萎凋,甚至全株倒伏、枯死。从薯皮外观不易区分病、健薯,感病轻者病薯仅在脐部皱缩凹陷变褐色。在薯块横切面上可看到维管束颜色变深,呈黄褐色,周围组织轻度透明,有时轻度腐烂,用手挤压会出现一种黄色乳脂状物质,为菌脓,无气味;重者病菌从脐部扩展到整个薯块维管束环,维管束变黄或褐色,呈环状腐烂,甚至形成空腔,用手挤压时,受害部分内外皮层和髓即可分离,但无恶臭。环腐病还可在贮藏期继续危害块茎,病薯芽眼干枯变黑,表皮龟裂,严重时引起烂窖。

(5)对马铃薯生长发育的影响　马铃薯受环腐病菌危害后,常造成马铃薯烂种、死苗、死株。

(6)产量损失　一般减产 10%～20%,重者达 30%,最严重可减产 60%以上。贮藏期间病情发展会造成烂窖,导致相当大的产量损失和经济损失。

4. 马铃薯软腐病(soft rot)

(1)分类地位　目前,公认的引起马铃薯软腐病的病原菌主要有三种:胡萝卜果胶杆菌(*Pectobacterium carotovorum*),隶属于果胶杆菌属(*Pectobacterium*);黑腐果胶杆菌(*Pectobacterium atrosepticum*),隶属于果胶杆菌属(*Pectobacterium*);菊迪基氏菌(*Dickeya chrysanthemi*),隶属于迪基氏菌属(*Dickeya*)。在这三种病原菌中,胡萝卜果胶杆菌为引起马铃薯软腐病的主要病原菌,也是中国马铃薯软腐病的优势致病菌,是一种革兰氏阴性菌。

(2)传播途径　带菌的种薯是该菌远距离和季节间传播的重要侵染来源。病原菌可在病残体上或土壤中越冬,在种薯发芽及植株生长过程中可经皮孔、伤口、幼根或自然裂口侵入新薯块,也可借雨水飞溅或昆虫传播蔓延。

(3)影响发生因素　该病害分布比较广泛,每年在中国几乎所有马铃薯种植区均有发生。一般地温在 20 ℃以上,且收获过晚时,收获的块茎会高度感病。贮窖温度在 5～30 ℃范围内均可发病,以 15～20 ℃为适宜条件,而当温度升至 25～30 ℃并伴以潮湿条件,易于引起薯块腐烂。马铃薯块茎染病多由皮层伤口引起,病原菌潜伏在薯块皮孔内及表皮,遇高温、高湿、缺氧,尤其是薯块表面有薄膜水,薯块伤口愈合受阻,病原菌就会大量繁殖,并在薯块薄壁细胞间隙中扩展,进而分泌果胶酶降解细胞中胶层,引起软腐。腐烂组织又可在冷凝水的传播下导致其他薯块被危害,最后导致成堆腐烂。窖内堆积过厚、温度高、湿度大、通风不良等情况下造成大量软腐烂薯。

(4)危害症状　近地面老叶先发病,病部呈不规则暗褐色病斑,湿度大时腐烂。茎部染病,多始于伤口,再向茎干蔓延,后茎内髓组织腐烂,散发恶臭,病茎上部枝叶萎蔫下垂,叶变黄。被侵染的块茎,气孔轻微凹陷,棕色或褐色,周围呈水浸状,后迅速扩大,并向内部扩展,呈现多水的软腐状。在干燥条件下,病斑变硬、变干,坏死组织凹陷。发展到腐烂时,软腐组织呈潮湿的奶油色或棕褐色,其上有软的颗粒状物。被侵染组织和健康组织界限明显,病斑边缘有褐色或黑色的色素。腐烂早期无气味,二次侵染后有臭气和黏稠状的黏液物质。

(5)对马铃薯生长发育的影响　感染病菌的薯块先出现水渍状,并形成轻微凹陷病斑,呈乳白色,随后变成淡褐色或褐色,且心髓组织出现腐烂症状呈灰色或浅黄色,在感病初期腐烂组织无明显臭味,但随着侵染时间的延长,后期会出现恶臭味。此外,茎叶部位也可表现病状。

(6)产量损失　一般年份减产 3%～5%,严重可达 40%～50%,在田间常导致缺苗断垄及块茎腐烂。贮藏期如果管理不善,窖温偏高,则容易引起烂薯,造成更加严重的经济损失。

5. 马铃薯青枯病(Potato bacterial wilt)

(1)分类地位　马铃薯青枯病又称为细菌性枯萎病、褐腐病、洋芋瘟,病原物为青枯假单胞菌或茄假单胞菌(*Pseudomonas solanacearum*(Smith)Smith)。

(2)传播途径。病菌主要通过雨水、灌溉水、肥料、病菌、昆虫、人畜以及生产工具等传播,从茎基部或根部伤口侵入,也可透过导管进入相邻的薄壁细胞,导致茎部出现不规则水浸状斑,同时病株和健壮株根系间的接触也可发生侵染。病菌侵入维管束后迅速繁殖并堵塞导管,妨碍水分正常运输导致萎蔫。而且病菌当年可重复多次传播和侵染,造成病害流行。

(3)影响发生因素　病原细菌主要随病株残体在土壤中越冬,侵入薯块的病菌在窖里越冬,无寄主时可在土中腐生 14 个月至 6 年。该菌在 10～40 ℃均可发育,最适为 30～37 ℃,最适 pH 值为 6.6。因此田间土壤含水量高、连续阴雨或大雨后转晴气温急剧升高发病重;发病轻重与海拔、温湿度、降雨量有直接关系。种植带菌种薯,或种植在连作地、地势低洼、土壤偏酸的地块,易发病。随着海拔的升高,发病逐渐减轻;降雨量、雨日逐渐增多,发病逐渐加重。耕作粗放、连作、平作,不处理病株残株,施用未腐熟的圈肥等,易发病。一般在 6 月中、下旬开始发病,7 月上、中旬为发病高峰,8 月上旬基本结束。

(4)危害症状　病原细菌侵染马铃薯植株时,病株较矮,开始只有部分主茎上叶片变浅,从下部叶片开始后全株萎蔫,开始早晚恢复,持续 4～5 d 后,全株茎叶全部萎蔫死亡,但仍保持青绿色,叶片不凋落,叶脉褐变,病株叶片一般不脱落。茎出现褐色条纹,纵剖病茎可见维管束有暗褐色至黑色线条,横剖可见维管束变褐,若将病茎切下一段,垂直浸泡于玻璃杯内的蒸馏水中,静置数分钟,可以看到从茎秆的切口处流出乳白色黏稠菌液。病菌从匍匐茎侵入块茎。轻的不明显,重的脐部呈灰褐色水渍状,切开薯块,维管束圈变褐,挤压时溢出白色黏液,但皮肉不从维管束处分离,严重时外皮龟裂,髓部溃烂如泥。有些薯块、芽眼被侵害,不能发芽,全部腐烂。

(5)对马铃薯生长发育的影响　青枯病菌严重影响马铃薯植株正常生长发育,尤其是对其细小根茎与块茎部分,从而导致马铃薯植株坏死或者无法形成马铃薯块茎。且青枯病菌会影响马铃薯的品质,使其产生明显的褐变,并伴随着白色浑浊液流出,影响马铃薯的销售。

(6)产量损失　马铃薯患青枯病后会形成显著的减产,北方地区零星发病,局部较重。此病造成的损失在不同地区、品种、年度间差异较大,重病田损失可达 30%以上。

(四)病毒性病害

马铃薯病毒病是影响马铃薯产量的主要原因之一,能够引起马铃薯病毒病的病毒类别多达 40 余种,其中以马铃薯命名的病毒就有 20 多种,占总病毒种类的 50%。根据病毒感染后表现的症状不同,将马铃薯病毒病分为轻花叶病毒病、重花叶病毒病和马铃薯卷叶病毒病等。此外,马铃薯田间生产过程中,两种以上病毒复合侵染的现象非常普遍,也使得马铃薯植株病害症状更为复杂,识别更加困难。

1. 马铃薯 X 病毒(Potato virus X,PVX)

(1)分类地位　属于甲型线形病毒科(Alphaflexiviridae),马铃薯 X 病毒属

(*Potexvirus*),是马铃薯上发现最早、传播最广的一种病毒。其引起的病害一般被称为马铃薯普通花叶病或轻花叶病。

(2)传播途径　马铃薯 X 病毒主要传播途径有种薯传播、汁液摩擦传播、蚜虫以非持久性方式传播。另外寄生植物菟丝子及内生集壶菌也能传播。马铃薯植株内的病毒浓度以花期最高，以后逐渐降低，但块茎内的浓度则逐渐增高。

(3)影响发生因素　该病毒广泛分布于马铃薯种植区，是马铃薯生产上常发病害。侵染速度与植株老化程度和气温有关，植株叶片越嫩，被侵染后病毒的扩展速度越快，叶片越老被侵染后病毒的扩展速度越慢，气温较低时病症表现明显，气温较高时症状表现不明显甚至隐症。

(4)危害症状　目前推广的马铃薯品种都较抗马铃薯 X 病毒。感染后植株一般生长较正常，叶片基本不变小，仅中上部叶片叶色减退，浓淡不均，表现出明显的黄绿花斑。在阴天或迎光透视叶片，可见黄绿相间的斑驳。有些品种的植株叶片感染马铃薯 X 病毒之后，植株会表现出矮化，叶片上出现轻花叶、坏死斑叶脉、斑驳或环斑等症状。有的严重的可出现皱缩花叶，植株老化，植株由下向上枯死，块茎变小。有些马铃薯品种感染了马铃薯 X 病毒后叶片没有肉眼能观察到的典型特征。此病毒的株系主要分 4 个，各株系对不同寄主和不同马铃薯品种的毒性和引致的症状不同，有的不引致症状（隐症），有的引致轻微花叶，个别引起过敏反应，还有个别可引致严重的坏死症状。当马铃薯 X 病毒与马铃薯 Y 病毒复合侵染植株时，植株叶片表现出明显的皱缩且带有花叶症状，称之为皱缩花叶病，叶尖向下弯曲，叶脉下陷，叶缘向下弯折，严重时植株极矮小，呈绣球状，下部叶片早期枯死脱落。

(5)对马铃薯生长发育的影响　由于马铃薯在生产上主要通过无性繁殖，因此马铃薯在受到病毒侵染后，除当年受害造成的产量损失之外，已经感染病害的马铃薯中，病毒会通过块茎逐代积累、世代传递，致使新栽植株体内病毒持续存在并逐年增加，引起马铃薯种薯逐渐退化，植株无法正常生长，进一步导致马铃薯的品质和产量受到更大程度的影响。

(6)产量损失　马铃薯 X 病毒单独侵染叶片后引起的马铃薯产量损失不足 10%，但其本身可以与其他马铃薯病毒复合侵染，从而给马铃薯的生产造成严重危害。对马铃薯产量的影响远比单独感染病毒的影响大。

2. 马铃薯 Y 病毒(Potato virus Y，PVY)

(1)分类地位　马铃薯 Y 病毒科(Potyviridae)，马铃薯 Y 病毒属(*Potyvirus*)的代表种，是马铃薯花叶病害中最严重的一类病毒，也是引起马铃薯退化最重要的病毒之一。其引起的病害一般被称为马铃薯重花叶病、条斑花叶病、垂叶条斑坏死病、点条斑花叶病等。

(2)传播途径　此类病毒的主要传播途径是通过蚜虫以非持久方式传播，在田间也可通过摩擦进行汁液传播、随嫁接及机械等农事操作传播。此外，该病的远距离传播主要依赖带毒种薯调运。作为主要传毒媒介，蚜虫主要集聚在带毒植株新叶、嫩叶和花茎上，以刺吸式口器刺入植物组织内吸取带病毒的汁液后获得病毒，随即在取食健康植株时即可传毒。但该病毒仅在短时间内保留其侵染性，一般不超过 1 h，因此蚜虫介体仅能在短距离内传播病毒，如遇强风也可传播较远。

(3)影响发生因素　马铃薯 Y 病毒分布十分广泛，几乎所有马铃薯种植区均有该病的发生。在天气较为干旱的地区，由于蚜虫数量多、传毒效率高，马铃薯 Y 病毒感染率较高。此外，马铃薯 Y 病毒的感染与当地气候和海拔有一定的关系，在海拔高的地区，温度高且风较大，不适合蚜虫的生长繁殖，马铃薯 Y 病毒的检出率相对也较低。

(4)危害症状　PVY 病毒存在多个株系，且不同株系在不同品种马铃薯上引起的症状不同：普通株系(PVYO)侵染引起马铃薯严重的皱缩；脉坏死株系(PVYN)侵染马铃薯栽培叶片无症状或很轻度的斑驳病症；点条纹株系(PVYC)侵染马铃薯引起条痕花叶症状等过敏性反应，一般不表现花叶或皱缩。近年来，不断有新的基因重组株系，如 PVYNS、PVYNTN、PVYNTN-NW、PVYN-Wi、PVYN-HcO 等，并在全球不同地区蔓延。此外，此病的症状也因马铃薯不同品种的抗感性及不同株系间毒力不同而异。有的马铃薯品种当年感病后植株顶部叶片叶脉产生斑驳黄化，叶片变形、出现坏死斑或卷曲，叶脉坏死，严重时沿叶柄扩展至主茎，主茎上产生褐色条纹斑，叶片进一步坏死萎蔫下垂，可倒挂在马铃薯植株上，形成所谓垂叶条斑。有些品种虽不坏死，但植株矮小，茎叶变脆，节间短，叶片呈普通花叶状，并集生成丛。带毒种薯长成的植株，矮化皱缩严重。有的品种呈现花叶或皱缩，有时出现小坏死斑；有的品种出现条纹花叶，茎部倒伏等症状；也有的品种完全隐症。如果温度高于 25 ℃ 或者低于 10 ℃，花叶的表现形式就会消失。

(5)对马铃薯生长发育的影响　病毒侵染马铃薯植株后在块茎中潜伏核积累，通过无性繁殖世代遗传，表现出各种畸形薯，最终失去利用价值。

(6)产量损失　病毒感染过的马铃薯植株会导致产量逐年降低，品质变劣，一般可使马铃薯减产 20％～30％，重者减产 50％以上。

3. 马铃薯卷叶病毒(Potato leafroll virus，PLRV)

(1)分类地位　属于黄症病毒科(Luteoviridae)，黄症病毒属(*Luteovirus*)，也是马铃薯的一种重要病毒病害，可以引起马铃薯退化。

(2)传播途径　马铃薯卷叶病毒主要通过种薯进行远距离传播，在田间病毒依赖蚜虫以持久方式传播，不能通过摩擦进行汁液传播，也不能通过种子、花粉、机械操作传播。桃蚜作为马铃薯卷叶病毒传播效率最高，最重要的传播介体，病毒可以在其体内进行增殖。蚜虫可以终生带毒，但不传给后代。

(3)影响发生因素　广泛分布于马铃薯各种植区。在气温较低且环境较潮湿的地区，发病较轻。环境温度较高且周围干燥的条件，适合蚜虫的生长繁殖，就扩大了病毒传播的范围，也加快了病毒传播速度，会加重马铃薯植株染病概率。病毒在寄主体内含量低，主要集中于寄主维管束中。

(4)危害症状　马铃薯卷叶病毒分为五个不同株系，不同株系间存在交叉保护作用，在马铃薯上均可表现出卷叶症状。采集叶片的时候用手指轻轻挤压叶片，会听到叶片发出很脆的声音，被卷叶病毒感染的叶片会变硬，叶片呈现革质化，且颜色也比正常叶片的颜色浅。此外，患病植株表现出的症状随感染的类型和程度不同而存在差异。初侵染植株为首次被病毒侵染的植株，典型症状为幼叶卷曲直立、褪绿变黄，小叶沿中脉向上卷曲，小叶基部呈紫红色，严重时呈筒状，但不表现皱缩，叶质厚而脆，稍有变白。有些品种叶片可能产生红晕状，主要发生在小叶边缘。继发性侵染为二次侵染，即用上年马铃薯卷叶病毒已经初侵染的块茎，在下年做种薯再发病。继发性侵染的病株表现为全株病状较为严重，一般在马铃薯现蕾期以后，病株叶片由下部至上部，沿叶片中脉卷曲直立，呈匙状，叶片干燥、变脆呈革质化，叶背有时候出现紫红色，上部叶片可能出现褪绿症状，严重时植株全株直立矮化、僵直、发黄，叶片卷曲、革质化。

(5)对马铃薯生长发育的影响　严重侵染的马铃薯植株通常生长一段时间之后会提前死亡，使得马铃薯块茎变瘦小，薯肉呈现锈色网纹斑。初侵染病株减产程度小于继发性侵染病株。

(6)产量损失 一般可使马铃薯减产 20%～30%,重者减产 50%以上。

4. 马铃薯帚顶病毒病(Potato mop-top furovirus,PMTV)

(1)分类地位 属于 Virgaviridaae 科,是马铃薯病毒属(*Pomovirus*)典型成员之一,属真菌传杆状病毒。

(2)传播途径 汁液接种可传播马铃薯帚顶病毒,病毒也可随土壤中的马铃薯粉痂菌进行传播。1966 年首次在苏格兰和北爱尔兰发现了通过土壤传播的马铃薯帚顶病毒。一般的病毒能够通过马铃薯块茎进行传播,但马铃薯帚顶病毒不一样,由感染马铃薯帚顶病毒的马铃薯块茎长出来的植株可能不会出现感病症状,其接触的薯块也不一定感病,所以带病毒的马铃薯块茎只是传播病毒的方式之一。马铃薯帚顶病毒在没有马铃薯块茎的情况下也能通过一些寄主进行传播。马铃薯帚顶病毒的发生依赖于粉痂菌的传播,而粉痂菌适宜在阴凉和沙质土壤的条件下生长,湿度对其没有影响,这是马铃薯帚顶病毒常发生在冷凉地区的主要原因。马铃薯帚顶病毒主要通过马铃薯粉痂病真菌游动孢子传播,因此冷凉潮湿气候条件有利于粉痂病游动孢子传播马铃薯帚顶病毒病。

(3)影响发生因素 马铃薯帚顶病毒首次在苏格兰和北爱尔兰被发现,同时在秘鲁也发现了马铃薯帚顶病毒,随后在比较寒冷的国家和地区,如爱尔兰、丹麦、英国、挪威、芬兰、捷克、日本、美国和加拿大都有发现马铃薯帚顶病毒的报道。虽然多篇文献报道了中国发现马铃薯帚顶病毒,但是相关研究缺乏血清学与分子鉴定及症状观察,马铃薯帚顶病毒仍是中国一类检疫性危险病毒。

(4)危害症状 大田里由病薯长成的马铃薯植株,常表现为帚顶、奥古巴花叶和褪绿 V 形纹 3 种主要症状类型。帚顶症状表现为节间缩短,叶片簇生,一些小的叶片具波状边缘,其结果是植株矮化、束生。奥古巴花叶:即植株基部叶片表现为不规则的黄色斑块、环纹和线状纹,在约 30 个马铃薯品种上观察到这种症状。褪绿 V 型纹:常发生于植株的上部叶片,这种症状不常出现,也不明显。早些时候生长于大田的植株,其下部叶片表现为奥古巴花后易于出现褪绿 V 形纹症状。薯块上的症状常因品种而异,某些品种上明显,在另些品种上则不甚明显,且有初生和次生症状之分。初生症状即当年侵染薯所表现出的症状,一般表现为薯块表面轻微隆起,产生坏死或部分坏死,直径为 1～5 cm 的同心环纹,这种环纹并不局限于某一部分,常聚在一起或分开。薯块切开内部表现为坏弧纹或条纹,它们向薯块内部延伸,但这种延伸并不一定来自薯块表面的环纹,其延伸程度似乎与薯块表面的症状严重程度有关。由病的母薯长成的植株所结的薯块其症状称次生症状,和初生症状有很大不同。常表现为:畸形、大的龟裂、网纹状小龟裂和薯块表面的一些斑纹。横切面上,有的品种表面坏纹环绕薯块,内部的坏纹与之相连接,髓部的坏斑常延伸至薯块端部的生殖根上。另外,植株症状表现为帚顶的薯块,其次生症状常比那些植株叶片表现为奥古巴花叶的薯块更为严重。

(5)对马铃薯生长发育的影响 马铃薯帚顶病毒不仅可以影响马铃薯植株生长发育,引起叶片畸形,导致马铃薯产量下降,而且可以直接导致薯块畸形龟裂,严重影响薯块商品性。

(6)产量损失 马铃薯帚顶病毒对马铃薯品质影响大于产量影响,由于该病害导致的成薯商品率下降严重影响经济效益。

(五)类病毒性病害 马铃薯纺锤块茎病(spindle tuber)

(1)分类地位 马铃薯纺锤块茎病是由马铃薯纺锤块茎类病毒(Potato spindle tuber viroid,PSTVd)引起的病害,分布十分广泛。该类病毒是马铃薯纺锤块茎类病毒科

(Pospivirodae)马铃薯纺锤块茎类病毒属(*Pospiviroid*)的代表种。

（2）传播途径　马铃薯纺锤块茎类病毒可以通过接触传播，在田间主要通过机械和农事操作传播。在切割马铃薯种薯时，切刀也可以在感病块茎和健康块茎之间摩擦传播类病毒。在马铃薯生产中，通过带毒种薯传播马铃薯纺锤块茎类病毒是非常重要的传播方式。类病毒还可以通过受感染的花粉或者卵细胞传递给实生种子，并能够在马铃薯野生种和栽培种的实生种子内存活多年。田间由蚜虫、蝽象、叶甲等传播。

（3）影响发生因素　植株采收的实生种子带毒率约 6%～89%。带毒种子发芽慢，幼苗生长缓慢，植株黄化、矮化，甚至束顶。播种带毒种薯，长出带毒株，昆虫加快传播，加重危害。高温利于类病毒繁殖、蚜虫的繁殖和活动，不利薯块的生长发育，易使病害发生和流行。反之，温差较大的年份和地区，发病较轻。种薯带毒率关系到田间初期病株数量，影响病情轻重。马铃薯品种间抗病差异明显。

（4）危害症状　马铃薯纺锤块茎类病毒侵染马铃薯后的症状与环境条件、病原的致病株系、侵染类型（初侵染、次侵染）以及品种有关，轻者甚至不表现症状。一般马铃薯纺锤块茎类病毒侵染马铃薯后会引起植株僵直，病株茎秆直立，分枝很少。叶片上举，叶柄与茎的夹角变小；叶缘呈波状或向上卷，叶片僵硬变脆，叶色深绿；叶片变小，卷曲呈半闭合的扭曲状。现蕾期植株生长明显迟缓，叶色变浅，有时黄化，重病株矮化。块茎伸长，或一端较尖，呈纺锤状，有的呈梨形或畸形；芽眼增多、平浅，有时突起，芽眉突出。红、紫皮品种病者褪色，表皮较健薯光滑，有时龟裂。有的品种芽眼附近出现褐色斑，有的块茎上出现肿瘤，表现畸形。块茎由圆形伸长变为长形或畸形，多呈纺锤状。

（5）对马铃薯生长发育的影响　马铃薯纺锤块茎类病毒侵染后的马铃薯块茎多变小或畸形，产量降低，严重降低其商品薯率。

（6）产量损失　马铃薯纺锤块茎病对中国马铃薯产量的影响，随着病原株系和马铃薯品种不同而异。在大田中，马铃薯纺锤块茎病可以造成严重减产，强系可造成减产达 60%，弱系减产约 20%～35%，常造成较大经济损失。在中国，一些感病的地方品种的减产幅度高达 80%。

二、防治措施

由于马铃薯在田间生长的各个阶段及贮藏期都面临着多种病害的威胁，因此生产上需要本着"预防为主，综合防治"的植保方针，从产前、产中、产后等各个环节综合应用多种防治措施，从而保障马铃薯的生产安全。同时考虑到"肥药双减，质效双增"的农业发展理念，在防治措施的选择上应当优先选择农艺措施、物理措施、生态措施，以化学防治为辅的防治办法。

（一）农艺综合防治

1. 选用抗病品种　培育和种植抗病品种是最经济有效的病害防治措施。各地有条件的部门应当结合种植区域的气候环境、地质特征及主要发生病害类型等因素来选育抗病品种。对于种植户来说，选用良种是保证马铃薯高产的一个重要环节。适宜品种应当高产、稳产，综合抗病性较强，品质较好。在加强马铃薯品种选择控制力度的同时，可以根据各地具体气候条件及病害发生规律，合理调整播期、采收期，避免病害造成较大损失。此外，在从外地调运种薯的过程中，应当加强植物检验检疫工作，严把调种检疫关。对调运的马铃薯一般应重点进行细菌学、真菌学及病毒学检验。抗晚疫病马铃薯品种主要有丽薯 6 号、合作 88 号、青薯 9 号、靖薯 2 号、郑薯 5 号、中薯 3 号、加湘 1 号和 2-2（刘甜甜等，2018；李宗红，2014；朱富春，2015）。

2. 选用无病种薯　种薯是大多数病害的最初侵染源,特别是病毒病害,因此在生产中应选择无病种薯或脱毒种薯进行种植。在种植前,最好能够按照要求进行马铃薯种子的筛选和检测。在种薯的选择上应当选择自身无病,并且表皮没有明显冻伤、机械擦伤等伤痕的种薯或采用茎尖脱毒培养的试管苗进行培植。种薯应进行合理晾晒,提高抗病性同时兼具催芽作用。种薯切块催芽技术可以促进块茎内外氧气交换,破除休眠,提早发芽和出苗。但切块时,易通过切刀传病,引起烂种、缺苗或增加田间发病率,加快品种退化。因此,切块时要注意剔除病薯,切块的用具也要严格消毒,以防传病。为了避免切刀传染,也可采用幼壮薯、小整薯播种,此技术可大大减轻为害。研究表明,小整薯播种可比切块播种减轻发病率50%～80%,提前出苗率70%～95%,增产2～3成。幼壮薯、小整薯播种过程中,仍应注意进行药剂浸泡种薯。之后,催芽的过程当中,可以将烂薯、病薯等进行淘汰,将播种后田间病株率减少到最低程度,避免缺苗断垄的出现,从而促使全苗壮苗目标的顺利实现。为培育无病壮苗,应建立无病留种地,采用高畦栽培,从而减少病源。此外,为避免带有病毒的马铃薯种薯出现,可建立无毒种薯繁育基地,原种田应设在高纬度或高海拔地区,并通过各种检测方法淘汰病薯,进一步推广茎尖组织脱毒。

3. 轮作倒茬　由于马铃薯是忌连作的作物,因此在马铃薯种植过程中应注意选地整地,种植马铃薯的地块要选择三年内没有种过马铃薯和其他茄科作物的地块。地块应选择远离高山、树林等雾气较密集、持续时间较长、通风不良的环境,宜选择较高或平坦的地块,土质疏松、土层深厚、排水方便、肥沃的沙壤土或壤土最佳,同时通风透光良好,保水保肥能力强,排灌便利,易于进行培土作业,运输方便。在对马铃薯进行倒茬轮作时,要尽量避免选取茄科类草本植物,例如辣椒、茄子等,可选取油菜、小白菜、甘蓝类等十字花科或禾本科作物,如水稻、玉米等进行4年以上轮作,有条件的地区最好与水稻进行水旱轮作。

4. 深耕灭茬　在马铃薯种植过程中,由于马铃薯是地下茎作物,为使植株苗生长健壮,结薯多而大,可以采取封冻前整地,加强土壤熟化,增加土壤活土层,调节土壤中水、肥、气和热状况,从而保障马铃薯的稳定健康生长。有研究表明,采用平地开浅沟,然后破垄台的种植方式,可以提高地温,有利于健壮苗的形成,从而减少病害发生。在马铃薯收获完成后,必须采取深耕灭茬处理措施,耕地深度达到35～40 cm最佳。深翻后将土壤裸露,晾晒土壤,可以有效破坏土壤中病原菌的生存环境,从而防止下一年种植过程中因为病菌的出现而影响到马铃薯的正常生长。

5. 加强田间管理　在马铃薯生长期,可通过多种田间管理措施防止马铃薯各种病害的发生及蔓延。根据不同品种马铃薯生育期长短、结果习性不同,可以采用不同的种植密度。合理密植,可改善田间通风透光条件,降低田间湿度,减轻病害的发生。马铃薯种植过程中推荐高垄栽培,出苗后及时封垄。灌水要采取起垄沟灌、喷灌和滴灌,避免大水漫灌,低洼田要注意排水,降低土壤湿度。雨后、连日阴雨时,要及时清沟,使排水保持畅通,防止露水凝结于叶面,降低田间湿度。

6. 合理施肥与控制传毒昆虫　在马铃薯生长繁殖周期需要大量的K元素,而K元素自身也能有效防治马铃薯早疫病,因此科学施肥能有效防治病害发生。合理施用肥料,增施N、K肥,避免N肥过多、过量,有条件的建议测土配方施肥,从而促进植株生长,提高作物自身抗性。在日常田间管理过程中,除了上述水肥管理及注意通风透光和降低田间湿度外,还应注意在出苗前后及时防治蚜虫,可以通过网棚控制蚜虫的危害,避免蚜虫传毒。在马铃薯开花前后,密切关注天气变化情况,如有必要,可采取相应措施,避免马铃薯生长环境湿度过大,创造适合马铃薯生长的温湿度环境。及时中耕除草,清除田间杂草时,注意勿伤及马铃薯根系,减少根部受伤而感病。如在田间发现病株时,应立即全株拔除并带离田外集中销毁,并对病穴及周边用生石灰杀菌处理,避免病原菌大面积传染。

7. 适时采收 为减少贮藏期发病、传染而造成的巨大损失,应选择晴天适时收获,收获前5~7 d马铃薯田不宜浇水。对田间病株应连同薯块提前收获,避免同健壮植株同时收获,防止薯块之间病害传播。对病害发生严重的地块,在收获前应先将地上茎叶全部割除,减少病菌侵染薯块的机会。对留种田应摘除病株,单独采收、单独储存。收获后,要将块茎在阴凉通风的地方平摊铺散 3 d 左右,使块茎表面水分充分蒸发,使一部分伤口愈合,形成木栓层、防止病菌的侵入。在通风透气散热散湿过程中,要经常检查,随时剔除烂薯。

8. 贮藏期防治 入窖前可用45%的曝菌灵悬浮剂400~600倍液或25%的咪鲜安乳油500~1000倍液喷雾对薯块进行处理,药液晾干后即可入窖贮藏。新薯贮藏前清理窖藏室,防止残留病原菌。薯窖应晾晒通风 7 d 以上,同时用石灰水或者用1%高锰酸钾溶液消毒,也可用硫黄粉、或高锰酸钾与甲醛、或百菌清烟剂等熏蒸剂进行消毒处理。贮藏早期应适当提高温度,做好通风透气工作,促进伤口愈合,控制环境温度在1~4 ℃。封窖后,还应在贮藏期间定期查窖,适时通风换气,降温降湿,合理调整温度和湿度,特别是当外界气候发生变化时,要及时开关通风孔或窖口,防止窖内出现 CO_2 积存和 O_2 缺乏的状况。

(二)化学防治

由于马铃薯田间病害发生种类众多,因此在病害集中爆发时期需要及时因病施治,合理施用农药。

1. 马铃薯早疫病防治 早疫病的化学药剂主要有百菌清、代森锌、喹啉铜、丙森锌、甲霜灵、啶酰菌胺、吡噻菌胺、肟菌酯、咪唑菌酮、唑菌胺酯、啶氧菌酯、恶唑菌酮、嘧菌酯等。除了有机杀菌剂外,还有 Cu、Zn 和 B 等无机物制剂及氢氧化铜、氧氯化铜、硫酸铜等铜制剂。由于在马铃薯整个生长季节发生时间长,用药次数多,因此注意轮换用药或混合用药,既可提高防治效果,又能延缓病原菌抗药性的产生,延长药剂的使用寿命。

2. 马铃薯黑痣病防治 马铃薯黑痣病的药剂主要有咯菌腈、氟唑菌苯胺、唑醚·氟酰胺、噻呋·嘧菌酯、噻呋酰胺、克菌丹、嘧酯·噻唑锌、嘧菌酯、嘧菌·噁霉灵等。

3. 马铃薯干腐病防治 马铃薯干腐病主要药剂有:甲霜灵锰锌可湿性粉剂、戊唑醇悬浮剂、咯菌腈悬浮剂、噻菌灵悬浮剂、农用硫酸链霉素可湿性粉剂、霜疫净烟雾剂、戊唑醇悬浮剂、噁霉灵、苯醚甲环唑、氟硅唑、百菌清、甲基硫菌灵、异菌脲等。

4. 马铃薯枯萎病防治 在田间生产难以杜绝枯萎病的初侵染来源,并且缺乏有效的化学药剂,只能在花期前进行预防,或植株出现萎蔫症状及时用药剂预防。可选用的药剂有"云大120"、农用硫酸链霉素可湿性粉剂、络氨铜水剂、氢氧化铜可湿性微粒粉剂、百菌通可湿性粉剂、春雷霉素可湿性粉剂等。

5. 马铃薯黄萎病防治 防治马铃薯黄萎病药剂有苯菌灵、硫菌灵、福美双、克菌丹、嘧菌酯苯并噻二唑、敌克松、甲霜铜、咪鲜胺水乳剂、甲霜·噁霉灵、丙硫唑等。

6. 马铃薯粉痂病防治 防治马铃薯粉痂病主要药剂有:丙森锌可湿性粉剂、霜脲氰锰锌可湿性粉剂、甲基硫菌灵可湿性粉剂等。

7. 马铃薯灰霉病防治 马铃薯灰霉病主要药剂有菌核利·唑醇·菌胺可湿性粉剂、乙烯菌核利可湿性粉剂、甲霉灵可湿性粉剂等,8~10 d喷一次,连喷2~3次。

8. 马铃薯炭疽病防治 马铃薯炭疽病的主要药剂有：苯醚甲环唑水分散粒剂、苯醚甲环唑水分散粒剂、嘧菌酯悬浮剂、甲基硫菌灵可湿性粉剂、甲基硫菌灵、苯醚甲环唑、丙环唑·苯醚甲环唑、苯醚甲环唑·嘧菌酯、肟菌·戊唑醇、咪鲜胺锰盐和噻霉酮等，间隔 7 d 喷 1 次，连喷 3 次。

9. 马铃薯坏疽病防治 马铃薯坏疽病需尽早发现，及时防治。可选用的药剂有：丙环唑·苯醚甲环唑乳油、多菌灵磺酸盐可湿性粉剂、菌毒清水剂、苯醚甲环唑水分散粒剂、苯醚甲环唑·嘧菌酯悬浮剂等，每隔 7 d 喷 1 次，连喷 2~3 次，特别是收获前 15~20 d 喷 1 次，降低种薯带菌率。

10. 马铃薯晚疫病防治 马铃薯晚疫病常用的化学药剂可以分为保护性和治疗性两种类型。其中保护性杀菌剂包括硫酸铜钙、全络合态代森锰锌、克菌丹、百菌清、丙森锌、双炔酰菌胺等；治疗性杀菌剂包括波尔多液＋霜脲氰、波尔多液＋甲霜灵、甲霜灵＋锰锌、百菌清＋甲霜灵、三乙膦酸铝等几种类型。保护性药剂是在病菌侵染马铃薯之前进行喷施，预先对植株形成保护从而避免受侵染，对发病植株没有治疗效果；治疗性药剂则可以贯穿于晚疫病病害发生前、发病中进行喷施，对晚疫病症状有一定的治疗作用。在预警监测系统的指导下，将保护性药剂和治疗性药剂组合或者交替使用，可以有效预防和治疗田间马铃薯晚疫病的流行。

11. 马铃薯疮痂病防治 疮痂病主要药剂有：氢氧化铜、波尔多液、噻菌铜悬浮剂、春雷·王铜、噻菌铜悬浮剂、对苯二酚、0.1% $HgCl_2$、农用链霉素、喹啉酮。

12. 马铃薯黑胫病防治 马铃薯黑胫病主要药剂有：农用链霉素、氢氧化铜、喹菌酮可湿性粉剂、噻菌铜、波尔多液、春雷霉素可湿性粉剂等。

13. 马铃薯环腐病防治 马铃薯环腐病可选用药剂有：甲基硫菌灵＋叶枯唑（或春雷霉素）＋滑石粉进行拌种，亦可以用铜制剂（噻菌铜、松脂酸铜、氢氧化铜等）＋春雷霉素＋氨基寡糖素进行黏薯块处理，可以控制病菌的蔓延。发病初期用农用链霉素可湿性粉剂，每隔 7~10 d 喷 1 次，共喷 2~3 次。

14. 马铃薯软腐病防治 马铃薯软腐病的防治有效药剂有：琥胶肥酸铜、络氨铜水剂、噻菌铜、噻霉酮水乳剂、中生菌素可湿性粉剂、噻唑锌悬浮剂、噻菌铜悬浮剂、喹啉铜悬浮剂、氢氧化铜水分散粒剂、碱式硫酸铜悬浮剂、辛菌胺醋酸盐水剂、溴菌腈·壬菌铜乳剂等。

15. 马铃薯青枯病防治 马铃薯青枯病可选用药剂有硫酸链霉素可溶性粉剂、新植霉素、络氨铜水剂、氢氧化铜可湿性微粒粉剂、松脂酸铜乳油、春雷霉素可湿性粉剂、琥胶肥酸铜悬浮乳液、琥铜·乙膦铝可湿性粉剂、甲霜·铝·铜可湿性粉剂、叶枯唑可湿性粉剂、代森锌可湿性粉剂、甲基硫菌灵可湿性粉剂、代森锰锌可湿性粉剂等。

16. 马铃薯病毒病防治 马铃薯病毒病常用的药剂主要有病毒克星可溶性粉剂、病毒必克可湿性粉剂等。除此之外要注意防治传毒昆虫。

第二节　马铃薯虫害及其防治

一、害虫种类

虫害是影响马铃薯产业持续、稳定和健康发展的重要因素。马铃薯作为块茎类作物，害虫种类多、危害重。近年来，尤其是马铃薯地下害虫发生日趋严重，对马铃薯产量及品质造成严重影响。在马铃薯全生育期，从播种至收获，都面临严重的虫害风险。有多种马铃薯虫害在中国广泛发生，严重威胁马铃薯的生产安全。马铃薯常见地下害虫主要有地老虎类（包括小地老虎、黄地老虎、大地老虎、白边地老虎等）、蛴螬类即金龟子的幼虫（包括暗黑鳃金龟、铜绿丽金龟、大黑鳃金龟等）、金针虫（包括沟金针虫、褐纹金针虫、细胸金针虫等）、蝼蛄（华北蝼蛄、东方蝼蛄）等。

（一）地下害虫

1. 地老虎类

（1）分类地位　属鳞翅目（Lepidoptera）夜蛾科（Noctuidae），又名切根虫、土蚕、地蚕等，有记载的地老虎有 170 余种，其中对农作物造成危害的有 20 多种，危害严重的为 5 种，即小地老虎（*Agrotis ypsilom* Rottemberg）、黄地老虎（*Agrotis segetμm* Denis et Schiffermüller）、白边地老虎（*Euxoa oberthuri* Leech）、警纹地老虎（*Agrotis exclamationis* Linnaeus）和大地老虎（*Agrotis tokionis* Butler）。其中小地老虎是为害马铃薯的主要优势种群。

（2）形态特征

卵：半球形，直径约 0.6 mm，初产时为乳白色，随后颜色变为淡黄色，孵化前顶部出现黑点，整体呈棕褐色。

幼虫：老熟幼虫体长 37～47 mm，黄褐色至黑褐色，体表密布大小不一的黑色突起的小颗粒，背面有淡色纵带，腹末臀板有 2 条深褐色纵带。

蛹：体长 18～24 mm，红褐色或黑褐色，有光泽，具有 1 对臀棘。

成虫：体长 16～23 mm，翅展 42～54 mm，前翅为黑褐色，有肾形纹、环状纹、棒状纹和两个黑色剑状纹，后翅为淡灰白色。

（3）生活史　小地老虎无滞育现象，只要条件适宜，可连续繁殖。在中国每年发生代数和发生期因地区气候条件而异，总体上发生代数由北向南，由高海拔到低海拔依次增加。一般地老虎每年可发生 3～4 代，以少量幼虫和蛹越冬。3～4 月气温回升，越冬幼虫开始活动，幼虫多数为 6 龄，少数为 7～8 龄，于土壤中化蛹，4～5 月为羽化盛期，通常 4 月初即见到成虫。

（4）生活习性　地老虎成虫白天潜伏于土缝中、杂草丛、屋檐下或其他隐蔽处，取食、飞翔、交配和产卵等活动多发生在夜晚先后的三个活动高峰。第 1 次在天黑前后数小时内，第 2 次在午夜前后，第 3 次在凌晨前，有的一直延续到上午，其中以第 3 次高峰期活动虫量最多。地老虎对黑光灯有强烈的趋性。成虫有强烈的趋化性，对糖蜜的趋性很强，喜欢取食带酸、甜、酒味的发酵物、泡桐叶和各种花蜜。对食糖、蜜发酵物有明显的趋性。幼虫具有假死性，在活动时受惊或被触动即蜷缩成环形。1～2 龄幼虫对光不敏感，昼夜活动，4～6 龄表现出明显的避光性，夜晚出来危害。3 龄以上幼虫具有自相残杀习性。具有远距离南北迁飞习性，春季由低海拔向高海拔以及由南向北迁飞，秋季则沿着相反方向飞回低海拔和南方；微风有助于其扩散，风力在 4 级以上时很少活动。

（5）危害症状　主要以幼虫为害，1～2 龄幼虫主要为害马铃薯幼苗顶心的嫩叶，被咬食的叶片呈半透明的白斑或小孔。3 龄后白天潜伏在地表下，啃食马铃薯块茎，夜间到地面危害，咬断近地面的嫩茎，并将嫩茎拖入穴内取食。5～6 龄幼虫食量最大，危害最为严重，可将近地面的茎全部咬断，造成整株死亡，形成缺苗断垄现象。

（6）发生地区和条件　成虫的活动性与温度有关，在春季夜间气温达 8 ℃以上时即有成虫出现，适宜生存温度为 -25～15 ℃。地老虎喜湿，在沿湖、沿河流域和低洼内涝、雨水充足及常年灌溉的地区易暴发。管理粗放、田间杂草多、附近有荒地的地块易受害。马铃薯幼苗期与3龄以上幼虫发生期一致时,受害重,反之则轻。春季田间蜜源植物丰富,越冬代成虫营养充分,产卵量高,发生量大,危害重。而夏季蜜源少,产卵量少,发生量就小,为害轻。

(7)对马铃薯生长和产量的影响　地老虎类可以对马铃薯植株带来多种形式的危害,并最终影响马铃薯的产量。其典型危害特点一是幼虫在贴近地面的地方咬断幼苗根茎,导致整株幼苗死亡,二是幼虫低龄时,咬食嫩叶,使叶片出现缺刻和孔洞。三是幼虫咬食马铃薯块茎,伤口比蛴螬咬食的小一些,影响马铃薯品质。

2. 蛴螬类

(1)分类地位　鞘翅目(Coleoptera)金龟总科(Scarabaeoidea)幼虫的总称。蛴螬俗称壮地虫、白土蚕、地漏子等。蛴螬能够为害马铃薯块茎和幼苗,是马铃薯生产上的重要地下害虫,广泛分布于各个马铃薯主产区。危害马铃薯的蛴螬包括大黑鳃金龟子(*Holotrichia diomphalia* Bates)、暗黑鳃金龟子(*Holotrichia parallela* Motschulsky)和铜绿金龟子(*Anomala corpulenta* Motschulsky)等。

(2)形态特征

卵:椭圆形,长约 2 mm 左右,宽约 1.5 mm 左右,孵化前近圆形。

幼虫:身体肥大弯曲呈 C 形,3 龄幼虫体长 30～40 mm,头宽 4.9～6.1 mm。体色多白色,有的黄白色,体壁较柔软,多皱,体表有疏生细毛,头部较大且呈圆形,黄褐色或红褐色,左右生有对称的刚毛,有三对胸足,后足较长,腹部 10 节,第 10 节称为臀节,上面着生有刺毛(大黑鳃金龟和暗黑鳃金龟无刺毛)。

蛹:体长 18～25 mm,宽 10～12 mm。

成虫:以大黑鳃金龟为例,体长 16～21 mm,宽 8～11 mm,黑色或黑褐色,具光泽。鞘翅每侧具 4 条明显的纵肋,前足胫节外齿 3 个,内方有距 1 根;中、后足胫节末端具端距 2 根。臀节外露,背板向腹部下方包卷。前臀节腹板中间,雄性为一明显的三角形凹坑,雌性为枣红色菱形隆起骨片。

(3)生活史　蛴螬年发生代数因种、因地而异。一般一到两年发生 1 代,幼虫及成虫都能在土中越冬,一般是成虫在地下 40 cm,幼虫在 90 cm 以下越冬,当春季 10 cm 深土层温度上升到 14～15 ℃时幼虫开始活动。不同种类的蛴螬生活史稍有不同,大黑鳃金龟子 5 月中旬为成虫盛发期,6 月上旬至 7 月上旬是产卵盛期,卵期 10～15 d。6 月下旬进入化蛹盛期,蛹期约20 d,7 月下旬至 8 月中旬为成虫羽化盛期,羽化的成虫不出土,即在土中越冬。暗黑鳃金龟子5 月中、下旬为化蛹盛期,蛹期 15～20 d。6 月上旬开始羽化,盛期在 6 月中旬,7 月中旬至8 月中旬为成虫交配产卵盛期,7 月初田间始见卵,7 月中旬为卵盛期,卵期 8～10 d。初孵幼虫即可为害,8 月中、下旬是幼虫危害盛期,9 月末幼虫陆续下潜进入越冬状态。铜绿金龟子5 月上旬进入预蛹期,化蛹盛期在 6 月上、中旬,6 月为下旬成虫羽化和产卵盛期,8—9 是幼虫为害盛期,10 月中、下旬潜入土中越冬。

(4)生活习性　蛴螬具有分布区域广,食性杂,种类多的特点,按其食性可分为植食性、粪食性、腐食性三类,其中危害马铃薯的主要为植食性蛴螬。成虫昼伏夜出,白天潜伏于土中或作物根际、杂草丛中,傍晚开始出土活动,飞翔、交配、取食等。尤其以晚上 20～23 时活动最盛,占整个夜间活动量的 90 % 以上。成虫具有趋光性、假死性和趋化性,并对未腐熟的粪肥有趋性。

(5)危害症状　金龟子幼虫和成虫均可为害马铃薯,以幼虫为害时间最长。成虫具有飞行能力,主要通过取食为害马铃薯地上部幼嫩茎叶。幼虫主要取食地下部的块根、纤维根和地下茎。危害幼苗根茎部时,造成缺垄断苗,植株枯黄死亡。为害块根时会造成大而浅的孔洞。

(6)发生地区和条件 马铃薯各种植区均有分布,并造成严重危害。近年来由于高毒土壤处理药剂的禁用及土壤深翻面积的减少,其发生有逐年加重趋势。蛴螬幼虫始终在地下活动,与土壤温湿度关系密切。当 10 cm 土温度到达 5 ℃时开始上升土表,13~18 ℃时活动最盛,23 ℃以上则往深土层中移动,至秋季土温下降到其活动适宜范围时,再移向土壤上层。土壤潮湿活动加强,尤其是连续阴雨天气,春、秋季在表土层活动,夏季时多在清晨和夜间上移到表土层。

(7)对马铃薯生长和产量的影响 蛴螬啃食块根时,造成的孔洞会造成病原菌的侵染,诱发薯块发生病害,加重田间和贮藏期薯块腐烂。蛴螬大面积发生时,对马铃薯的外观品质及产量都会造成较大的经济损失。

3. 金针虫类

(1)分类地位 金针虫是鞘翅目(Coleoptera)叩头甲科(Elateridae)幼虫的统称,金针虫又名铁丝虫、姜虫、金齿虫、节节虫等,成虫俗称叩头虫,常年在地下活动和危害,具有隐蔽性强、发生周期长,且能随着温度、湿度等外部环境变化而改变在土壤中分布深度的特点,杀灭难度大,是马铃薯生产中的重要地下害虫,主要包括沟金针虫(*Pleonomus canaliculatus* Faldermann)、细胸金针虫(*Agrotes fus cicollis* Miwa)、宽背金针虫(*Selatosomus latrs* Fabricius)和褐纹金针虫(*Melanotus caudex* Lewis)。

(2)形态特征

卵:为乳白色,近圆形,体长 0.5~0.7 mm,产于土中。

幼虫:为浅黄色,较亮。老熟幼虫体长约 32 mm,宽约 1.5 mm。幼虫第 1 胸节比第 2 胸节和第 3 胸节相对较短。1~8 腹节几乎等长。头部较扁,口器呈重褐色。其尾部呈圆锥形,顶部有 1 个圆形且突起,接近基部的两面各有 1 个褐色圆斑与 4 条褐色纵纹。

蛹:体长 8~9 mm,暗黄色,藏于土中,体长接近成虫。

成虫:体长 8~9 mm,宽约 2.5 mm,呈黑褐色,密被灰色短毛,十分光亮。雄成虫前胸背面后缘角上部的隆起线不十分明显,触角超过成虫前胸,前板后缘略短于后缘角。雌成虫体形相对于雄虫较大,其后缘角有条较明显隆起线,翅鞘略显浅褐色,触角仅及前胸背板后缘处,前胸背板呈暗褐色。

(3)生活史 金针虫多数为 2~3 年完成一代,世代重叠,以不同龄期的幼虫在 20~50 cm 土层越冬,卵期为 35~45 d,幼虫期为 1~3 年,蛹期为 10~30 d,成虫期为 80~100 d,全育期为 2~3 年。通常越冬幼虫在早春时期即上升活动危害,当 10 cm 土温达到 7~12 ℃时是危害盛期,超过 17 ℃停止为害。在田间表现为 3 月下旬至 6 月上旬产卵,卵期平均约 42 d,5 月上中旬为卵孵化盛期,孵化幼虫开始为害,咬食刚播下的块茎至 6 月底下潜越夏。待 9 月中下旬又上升到表土层活动,危害至 11 月上中旬,开始在土壤深层越冬。第 2 年 3 月初,越冬幼虫开始活动,3 月下旬至 5 月上旬危害最重。

(4)生活习性 越冬成虫,春季天气转暖后开始活动,成虫昼伏夜出,在夜晚爬出土面活动并交配,白天躲藏在表土中或田边石块、杂草等阴暗而较湿润的地方。雌成虫行动迟缓,不能飞翔,无趋光性;雄成虫飞翔力较强。雌雄成虫稍有假死性,但未见成虫危害作物。成虫寿命约 220 d 左右。雄虫交配后 3~5 d 即死亡,雌虫产卵后不久也死亡。

(5)危害症状 金针虫主要以幼虫危害,幼虫危害新播种的种薯块茎,钻蛀块茎及萌发的幼芽,取食薯块的须根、主根等地下部分,受害秧苗根部形成不整齐的伤口。成虫的危害普遍较轻。主要危害马铃薯薯苗的地上部鲜嫩茎叶,因为成虫在地上活动时间不长,对马铃薯块茎危害性较小。

(6)发生地区和条件 广泛分布于马铃薯各种植区。金针虫类与蛴螬相似,随土温变化而上下移动,但临界的温度不同,春季地下 10 cm 土温达 6 ℃左右时开始活动,10.8~16.6 ℃是危害盛期,比其他地下害虫危害期早。每年 3—4 月间,是防治的关键时期。夏季地下 10 cm 土温上升到 21~26 ℃时,就向深土层下移,停止危害;秋季又上升危害,10 月中、下旬,气温下降到 6 ℃以下又蛰伏越冬。除温度外,湿度对金针虫活动危害影响也很大。沟金针虫的适宜土壤含水量为 15.0%~28.0%。在干旱的平原地区,春季雨水较多,对其有利,危害较重;但如表土过于潮湿,呈饱和状态,金针虫也向土壤深层转移,故浇水可暂时减轻危害。耕作制度和耕作技术对金针虫的危害有密切关系。在精耕细作地区,一般发生危害较轻,初垦的育苗地块往往受害比较严重,应特别注意。

(7)对马铃薯生长和产量的影响 幼虫啃食嫩芽使得种薯不能正常发芽。通过取食薯块地下部分使得马铃薯秧苗受害后逐渐萎蔫至枯萎死亡。伤口会加重其他病原菌侵染,造成巨大的经济损失。严重时,幼虫不断取食块茎,在块茎内部形成蛀道,使得马铃薯失去商品价值。

4. 蝼蛄类

(1)分类地位 属于直翅目(Orthoptera)蝼蛄科(Grylloidea)。蝼蛄又名拉拉蛄、地拉蛄,土狗子。主要种类有华北蝼蛄(*Gryllotalpa unispina*)、台湾蝼蛄(*Gryllotalpa formosana* Shiraki)、金秀蝼蛄(*Gryllotalpa jinxiuensis* Youet Li)、河南蝼蛄(*Gryllotalpa henana* Caiet Niu)、东方蝼蛄(*Gryllotalpa orientalis* Burmeister)、非洲蝼蛄(*Gryllotalpa Africana* Palisot de Beauvois)等。为害马铃薯的主要种类为华北蝼蛄、东方蝼蛄、非洲蝼蛄。东方蝼蛄在中国各地均有分布,南方为害较重;华北蝼蛄主要分布在北方各地;非洲蝼蛄主要分布在黄河以南地区。

(2)形态特征

卵:为较小的椭圆形,初产为乳白色,有光泽,后变为黄褐色,孵化前颜色进一步加深。卵初产长 1.6~1.8 mm,宽 1.1~1.3 mm。孵化前长 2.0~2.8 mm,宽 1.5~1.7 mm。

若虫:初孵化时为乳白色,头胸较细,腹部较大,体长 2.6~4 mm。二龄以后变为浅黄褐色,以后随着脱皮次数的增加,颜色不断加深,到五、六龄时与成虫同色。

成虫:体黄褐色,雌虫大雄虫小,雌虫体长约 45~66 mm,雄虫体长约 39~45 mm。腹部近圆筒形,颜色较浅,为浅黄褐色。背部颜色较深为黑褐色,头部为圆形的暗褐色。前胸背板呈现盾形,中央有一块心脏形的暗红色斑点。前翅短小,长 14~16 mm,后翅较长为 30~35 mm。后足胫节背面内侧有棘 1 个或者消失。

非洲蝼蛄卵较大,初产为黄白色,有光泽,后变为黄褐色,孵化前呈现暗紫色。初产长 2.0~2.4 mm,宽 1.4~1.6 mm。孵化前长 3.0~3.3 mm,宽 1.8~2.2 mm。

若虫初孵化时全身为乳白色,头胸特别细,腹部较大,腹部为淡红色。18 h 以后,全身逐渐变为浅灰褐色,二、三龄以后,颜色加深与成虫同色。

成虫体黑褐色,全体密被细毛,体长 28~43 mm。腹部呈纺锤形,前胸背板呈卵形,中央有一个凹陷明显的暗红色心脏形斑点。后足胫节背面内侧有能动的棘 3~4 根。

(3)生活史 蝼蛄类生活史一般较长,3 年完成一代,通常以若虫形态在土壤中越冬。华北蝼蛄越冬成虫 6 月上中旬开始产卵,7 月孵化。孵化后的若虫在秋季可达 8~9 龄,并深入土中越冬。第二年春季,越冬若虫恢复活动继续危害,至秋季时,则以 12～13 龄若虫越冬。越冬后,在第三年,若虫陆续羽化为成虫,并交配产卵,10～28 d 后孵化。蝼蛄的成虫和若虫,可以在地下随土温的变化而上下活动。越冬时,下潜 1.2～1.6 m 筑洞休眠。春天,地温上升,又上移到 10 cm 深的耕作层危害。白天在地下,夜间到地面活动。

(4)生活习性　蝼蛄昼伏夜出,在夜晚活动、取食危害和交尾,以 21—22 时为其活动取食高峰期。蝼蛄对产卵地点有严格的选择性。蝼蛄在产卵前,先挖隐蔽室,而后在隐蔽室里产卵;初孵若虫有群集性,怕光、怕风、怕水、孵化后 3～6 d 群集一起,以后分散危害;具有强烈的趋光性;嗜好香甜食物,对煮至半熟的谷子,炒香的豆饼等较为喜好;对未腐烂的马粪,未腐熟的厩肥有趋性;喜欢在潮湿的土中生活,通常栖息在沿河两岸、渠道河旁、苗圃的低洼地、水浇地等处。

(5)危害症状　蝼蛄成虫及若虫均在地下活动,取食马铃薯地下块茎幼芽,幼苗根茎往往被咬断,受害幼苗的根部呈乱麻状,从而导致幼苗凋萎枯死。

(6)发生地区和条件　马铃薯各种植区均有分布。蝼蛄的活动受土壤温度、湿度的影响很大,气温在 12.5～19.8 ℃,20 cm 土温在 12.5～19.9 ℃是蝼蛄活动适宜温度,也是蝼蛄危害期,若温度过高或过低,便潜入土壤深处;土壤相对湿度在 20% 以上是活动最盛,低于 15% 时活动减弱;土中大量施入未充分腐熟的厩肥、堆肥,易导致蝼蛄发生,受害也就严重。

(7)对马铃薯生长和产量的影响　蝼蛄的成虫与若虫都可以直接对马铃薯造成危害。在取食过程中,蝼蛄会用口器和前足把马铃薯的地下茎或根撕成乱丝状,致使地上部分萎蔫或死亡,有时也咬食芽块使幼芽不能生长造成田间缺苗断垄现象。同时,蝼蛄取食后形成的孔洞有利于其他病原物的侵染,引起复合侵染现象。蝼蛄除咬食作物外,还会在土中串掘隧道,在土壤表层穿行,形成弯弯曲曲的纵横隧道,造成土壤松动、透风干旱,使幼根与土壤分离,幼苗根系悬空,透风,失水,不能吸收水分和养分,最终影响苗子生长甚至造成植株死亡。因此流传广泛的俗言,"不怕蝼蛄咬,就怕蝼蛄跑",说明蝼蛄在地表造成的纵横隧道对作物的危害性比咬食作物的危害性更大。

(二)地上害虫

1. 马铃薯二十八星瓢虫

(1)分类地位　属于鞘翅目(Coleoptera),瓢虫科(Coccinellidae),也称瓢甲科(Ladybirds),学名 *Henosepilachna vigintioctopunctata* Fabricius。马铃薯二十八星瓢虫又叫马铃薯瓢虫,俗称花牛,花大姐等。在中国南北方均有分布,主要发生在北方地区。

(2)形态特征

卵:子弹形状,长约 1.4 mm,初产为亮黄色,之后变为暗黄色,有纵纹。

幼虫:纺锤形,长约 9 mm,淡黄褐色,背部隆起,各节有黑色的枝刺。

蛹:椭圆形,长约 6 mm,背部出现较软且稀疏的细毛,有黑色斑纹出现。

成虫:半球形,长约 7～8 mm,初生是呈淡黄色,鞘翅有 6 个斑点,1 h 后变为赤褐色,密生黄褐色细毛,鞘翅共有 28 个黑斑,前胸背板中央有一个较大的剑状纹,两侧各有 2 个黑色小斑点,有时会合并成一个。

(3)生活史　二十八星瓢虫在东北、华北等地一年发生 1～2 代,江苏 3 代。以成虫群集在背风向阳的山洞、石缝、树洞、树皮缝、墙缝及篱笆下、土穴等缝隙中和山坡、丘陵坡地土内越冬。第二年 5 月中、下旬出蛰,先在附近杂草上栖息,再逐渐迁移到马铃薯、茄子上繁殖危害。

成虫产卵期很长,卵多产在叶背,常 20～30 粒直立成块。第一代幼虫发生极不整齐。幼虫共 4 龄,老熟幼虫在叶背或茎上化蛹。夏季高温时,成虫多藏在遮阴处停止取食,生育力下降,且幼虫死亡率很高。一般在 6 月下旬至 7 月上旬、8 月中旬分别是第一、二代幼虫的危害盛期,从 9 月中旬至 10 月上旬第二代成虫迁移越冬。东北地区越冬代成虫出蛰较晚,而进入越冬稍早。二十八星瓢虫在长江流域年发生 3～5 代,以成虫越冬。以散居为主,偶有群集现象。越冬代成虫产卵期长,故世代重叠。卵多产在叶背,也有少量产在茎、嫩梢上。幼虫的扩散能力较弱,同一卵块孵出的幼虫,一般在本株及周围相连的植株上危害。幼虫比成虫更畏强光,成、幼虫均有自相残杀及取食卵的习性,幼虫共 4 龄,多数老熟幼虫在植株中、下部及叶背上化蛹。该虫第二、三、四代为主害代,此期正值 6 月、7 月、8 月,成虫在每年的 5 月份开始活动,6 月份为产卵盛期,6 月下旬到 7 月上旬为第一代幼虫危害期,7 月中下旬为化蛹盛期,7 月底至 8 月初为第一代成虫羽化盛期,8 月中旬为第二代幼虫危害期,8 月下旬开始化蛹,羽化为成虫,9 月中旬开始寻找越冬场所,10 月上旬开始越冬。两代幼虫均会出现世代重叠,一代幼虫发育期较二代幼虫长,幼虫共有 4 龄。

(4)生活习性　瓢虫白天和晚上都可以进食,在上午 10 时至下午 4 时最活跃,白天进食较多,夜间进食较少,中午在叶背取食。瓢虫羽化后,2～4 d 进行交配,交配时间从几分钟到 4 d 不等。不交配的瓢虫可以产出少量的卵,瓢虫可以通过多次交配来增加产卵的数量。成虫具有假死性,成、幼虫均有取食卵的习性,成虫有一定趋光性,畏强光。

(5)危害症状　成虫和幼虫主要在叶面背部啃食叶肉,仅留叶脉和上表皮,形成不规则的透明凹纹,之后变为褐色的斑痕,导致叶片萎缩,严重时整个植株枯死;成虫和幼虫还会啃食茎表皮,使养分输送受阻,增加植株染病机会。

(6)发生地区和条件　在中国南北方均有分布,主要发生在北方地区。二十八星瓢虫生存环境相对喜高温高湿。在同样气候环境下,湿润田发生重于旱地,平地发生重于坡地。在相同的播种田,播种早比播种晚害虫数量大,受到的危害程度也重。

(7)对马铃薯生长和产量的影响　马铃薯瓢虫对马铃薯有较强的依赖性,若幼虫和成虫不取食马铃薯,则不能正常发育和繁殖,因此马铃薯瓢虫对马铃薯危害十分严重。成、幼虫在叶背剥食叶肉,仅留表皮,形成许多不规则半透明的细凹纹,状如箩底。也能将叶吃成孔状或仅存叶脉,严重时,受害叶片干枯、变褐,全株死亡。受害马铃薯表面会形成许多凹纹,逐渐变硬,品质下降。

2. 蚜虫

(1)分类地位　属于半翅目(Hemiptera),蚜总科(Aphidoidea),蚜科(Aphididae)。危害马铃薯的蚜虫有很多种,包括桃蚜(*Myzus persicae*)、萝卜蚜(*Mustard aphid*)、甘蓝蚜(*Brevicoryne brassicae*)、菜豆根蚜(*Smynthurodes betae* Westwood)、棉蚜(*Aphis gossypii* Glover)等,其中以桃蚜为优势种群。桃蚜,又名烟蚜、菠菜蚜、波斯蚜、桃赤蚜、桃绿蚜,俗称腻虫、旱虫、油旱虫等。

(2)形态特征

卵:椭圆形,长 0.5～0.7 mm 左右,初产时淡黄色,后变黑色,有光泽。

若蚜:共 4 龄,体型、体色与无翅成蚜相似,个体较小,尾片不明显,有翅若蚜 3 龄起翅芽明显,且体型较无翅若蚜略显瘦长。

有翅胎生雌蚜,体长 2 mm 左右,头部黑色,额瘤发达显著,向内倾斜,复眼赤褐色。触角黑色,共 6 节,第 3 节有一列感觉孔,9～17 个,第 5 节端部和第 6 节基部有感觉孔各 1 个。胸部黑色,腹部体色多变,有绿色、黄绿色、褐色或赤褐色,在腹部背面中部有一黑褐色方形斑纹。尾片黑色,较腹管短,圆锥形,中部缢缩,着生 3 对弯曲的侧毛。

有翅雄蚜,与有翅雌蚜相似,但体型较小,腹背黑斑较大,触角的第 3～5 节生有感觉孔,数目较多。

无翅胎生雌蚜,成虫长 2 mm,体型较肥大,近似卵形,体色多变,有绿色、黄绿色、橘红色或褐色;额瘤、腹管与有翅型相似。体侧有较显著的乳突,触角 6 节,黑色,第 3 节无感觉孔,基部淡黄色,第 5 节末端与第 6 节基部各有 1 个感觉孔。尾片较尖,两侧也各有侧毛 3 根。

无翅有性雌蚜,体长 1.5～2 mm,赤褐色或者灰褐色,头部额瘤向外方倾斜。触角 6 节,腹管端部略有缢缩。

(3)生活史　桃蚜繁殖速度极快,一般每年发生 10～20 代。在北方地区,10 月底至 11 月中下旬有翅雄蚜与无翅有性雌蚜在越冬寄主上交配、产卵后越冬。早春,越冬卵孵化为无翅胎生雌蚜(干母),干母在越冬寄主上孤雌生殖,繁殖数代皆为干雌,5 月上中旬,随着气候和食源的变化,干雌产生有翅的迁移蚜,即(有翅胎生雌蚜)。当环境不利于桃蚜生存时,会产生有翅性雌蚜,迁飞至越冬寄主上产生无翅有性雌蚜与有翅雄蚜交配。

(4)生活习性　蚜虫食性较广,包括 300 多种作物,是马铃薯病毒病传播的重要介体。桃蚜起飞时需要充足的光线,在黑暗条件下不起飞。

(5)危害症状　桃蚜的刺吸式口器可从马铃薯地上部分中吸取大量汁液,使叶片皱缩、卷曲、畸形,严重时引起枝叶枯萎甚至整株死亡。桃蚜唾液侵入组织后也会引起叶片出现斑点、卷缩、虫瘿等症状。桃蚜排泄物为透明黏稠的蜜露,较严重时会影响植株的光合作用,蜜露中糖分高,招引很多种昆虫。

(6)发生地区和条件　在中国具有广泛性分布,是常发性害虫。通常栽培条件好的地块发生较重,一般水地重于旱地。杂草丛生的地块蚜虫发生较重。温暖干旱天气对蚜虫发生有利,随着空气湿度的增加,有翅蚜数量逐渐减少。持续降水或阵雨造成的低温、高湿不利于有翅蚜迁飞和无翅蚜繁殖,且对蚜虫有较强的冲刷作用,持续强降水能在短时间内降低田间蚜虫数量,对蚜虫的影响较温度影响的程度大。

(7)对马铃薯生长和产量的影响　桃蚜通过刺吸式口器从地上植株中取食大量汁液,从而造成植株体内营养和水分的损失。若长期处在桃蚜持续为害的条件下,会使植物组织提前老化、早衰,最终导致马铃薯生长不良,产量下降。桃蚜是一种典型的病毒病传播介体,其中桃蚜传播的马铃薯病毒包括:马铃薯 Y 病毒(PVY)、马铃薯 A 病毒(PVA)、马铃薯 M 病毒(PVM)、马铃薯卷叶病毒(PLRV)、马铃薯奥古巴花叶病毒(PAMV)。在生产中,桃蚜传播病毒病和引起的煤污病所造成的间接为害往往大于刺吸植株汁液造成的直接危害。

3. 马铃薯块茎蛾

(1)分类地位　马铃薯块茎蛾属于鳞翅目(Lepidoptera),麦蛾科(Gelechiidae)。马铃薯块茎蛾学名为 *Phthorimaeaoperculella* Zeller,又名烟草潜叶蛾,是世界性重要害虫,也是重要的检疫性害虫之一。

(2)形态特征

成虫:雌虫体长 5～6.5 mm,雄虫体长 5～5.6 mm 灰褐色,稍带银灰色光泽。触角为黄褐色丝状,前翅狭长,披针形,无斑纹,鳞毛黄褐色,杂有黑色鳞毛。后翅前缘基部具有一束长毛,雄虫具有 1 根翅缰,雌虫翅缰 3 根。下唇须 3 节,向上弯曲超过头顶,第 1 节短小,第 2 节下方被有浓密分开的刷状鳞片。前翅狭长,有黄褐色鳞片组成的 4 个斑纹。雄虫后翅前缘基部具有 1 束长毛,翅缰 1 根,雌虫翅缰 3 根。

卵:椭圆形,微透明,长约 0.5 mm,宽约 0.4 mm,表面无明显刻纹。初产时为乳白色,后变为淡黄色,孵化前变为黑褐色,带有蓝紫色光泽。

幼虫:末龄幼虫体长 8～15 mm,灰白色,头部棕褐色,前胸、腹部末节背板以及胸足为暗褐色,背部呈粉红色或暗绿色,其余部分大体为白色和淡黄色。

蛹:棕褐色,圆锥形,体长约 5～7 mm,宽约 1.8～2 mm。臀棘短小而尖,向上弯曲,周围有刚毛 8 根,生殖孔为一细形纵纹,雌虫位于第 8 腹节,雄虫位于第 9 腹节。发育后期蛹的复眼、翅芽、胸足等均变为黑褐色,腹部为黄褐色,有稀生刚毛。蛹体外有土褐色的薄茧。

(3)生活史　马铃薯块茎蛾无滞育现象,每年发生世代数因种植区地理位置、作物种类及播种次数存在差异。在我国大部分地区通常发生 4～5 代,有世代重叠现象。主要以幼虫在田间残留的薯块内以及贮藏期的马铃薯块茎上越冬,或者以蛹的虫态越冬。幼虫可随风、调运工具等落在附近植株叶片上潜入蛀食危害。幼虫老熟后,从叶片、薯块中爬出,在土表、枯叶、薯堆上结茧化蛹。羽化第二天雌雄虫进行交配,交配第二天即可产卵,产卵高峰期为 4～5 天,单头雌虫产卵量为 50～100 粒。

(4)生活习性　马铃薯块茎蛾分布于中国西部及南方,以西南地区发生最重。成虫夜出,有趋光性。卵产于叶脉处和茎基部,薯块上卵多产在芽眼、破皮、裂缝等处。幼虫孵化后四处爬散,吐丝下垂,随风飘落在邻近植株叶片上潜入叶内危害,在块茎上则从芽眼蛀入。卵期 4～20 d,幼虫期 7～11 d,蛹期 6～20 d。海拔 2000 m 以上仍有发生,随海拔高度降低危害程度相应减轻,沿海地区未发生。危害田间的烟草、马铃薯及茄科植物,也危害仓储的马铃薯。成虫昼伏夜出,具有趋光性、趋化性,成虫的交配行为受性激素引诱。

(5)危害症状　田间马铃薯以 5-11 月受害严重,贮藏期马铃薯以 7—9 月受害严重。危害叶片时,以幼虫潜入叶内,经叶脉蛀食叶肉,叶片被害初期,出现线形隧道,以后叶肉被食尽仅留上下表皮,呈半透明状。严重时,嫩茎、叶芽全部枯死,植株茎叶萎蔫甚至死亡。危害田间或贮藏马铃薯薯块时,成虫多将卵产在薯块芽眼、伤口处,初孵幼虫多由芽眼处蛀入块茎,形成弯曲虫道,蛀孔外有深褐色粪便排出。

(6)发生地区和条件　马铃薯块茎蛾分布比较普遍,其发生与耕作条件有密切关系,一般前茬或附近有烟草、茄子、辣椒、曼陀罗等茄科植物的马铃薯地块受害较重;靠近水稻的地块或前茬为水稻的地块受害轻;山坡红壤土、沙壤土地块受害重。

(7)对马铃薯生长和产量的影响　幼虫潜叶蛀食叶肉,严重时导致植株死亡,蛀食马铃薯块茎,严重时吃空整个薯块,对马铃薯带来毁灭性危害,是我国重要的植物检疫性害虫。

4. 马铃薯甲虫

(1)分类地位　马铃薯甲虫属鞘翅目(Coleoptera),叶甲科(Chrysomeloidea),学名为 *Lematrilineata*,主要以马铃薯叶片为食的重要检疫性害虫。

(2)形态特征

成虫:体长 9～11.5 mm,短卵圆形,体背显著隆起。口器淡黄色至黄色。触角 11 节。前胸背板隆起,基缘呈弧形。小盾片光滑。鞘翅卵圆形,显著隆起。足短,转节呈三角形。卵长圆形,长 1.5～1.8 mm,淡黄色至深枯黄色。离蛹,椭圆形,长 9～12 mm,橘黄色或淡红色。

卵:椭圆形,长 1.5～1.8 mm,宽 0.7～0.8 mm,淡黄色至深橘黄色,少数为橘红色。

幼虫:1 龄、2 龄幼虫体色暗褐色,3 龄以后逐渐变为粉红色或橙黄色。头部黑色,头为下口式,两侧各有 6 个疣状小眼,分为两组,上方 4 个、下方 2 个,上唇半圆形,中间有缺刻。前胸明显大于中胸和后胸,后缘有褐色宽带。中胸和后胸各有 3 个斑点,每侧各有 1 个,中间 2 个。

蛹:离蛹,长 9.49 ± 0.37 mm,宽 6.24 ± 0.25 mm,黄色或橘黄色,体侧各有一排黑色小斑点。

(3)生活史　马铃薯甲虫以成虫在土壤内越冬。在中国,马铃薯甲虫一年发生 1～2 代,以 2 代居多,少数区域可发生不完全的 3 代,欧洲及美洲,马铃薯甲虫 1 年可发生 1～3 代,个别年份个别地区可多达 4 代。当处在不适宜温度或者营养不良的环境中时,越冬出土后的成虫还可以利用再次的滞育来度过不良环境,减少死亡。当 4—5 月份,越冬处地温上升到 14～15 ℃时,越冬成虫开始出土,成虫出土后就开始取食,3～5 d 后鞘翅变硬就开始交尾,未取食者鞘翅不能变硬也不能进行交尾,数天内死亡。成虫交尾 2～3 d 后就可以产卵,产卵期内可多次交尾。所以成虫一般出土 1～2 周后就可以开始产卵。有的个体交尾发生在前一年的秋天,雌虫在第二年不需要再次交尾,取食几天之后直接产卵。马铃薯甲虫的幼虫孵化后开始取食,幼虫分为 4 个龄期,共 15～34 d。4 龄幼虫末期停止进食,大量幼虫在被害植株附近入土化蛹。发育 1 代需要 30～70 d。马铃薯甲虫发育 1 代需要 30～70 d。

(4)生活习性　马铃薯甲虫是一种寡食性害虫,专性取食茄科植物,主要是马铃薯,也可取食番茄、茄子、辣椒、烟草等植物,成虫和幼虫都以叶片为食。马铃薯甲虫主要通过自然传播,即风、水流和气流携带传播,自然爬行和迁飞,以及人工传播,包括随货物、包装材料和运输工具携带,等方式进行传播。该虫极强的适应能力使它能从时间(滞育)和空间(迁移、扩散)两个方面来传播后代,这非常适合在高度不稳定的农业环境中生存。

(5)危害症状　马铃薯甲虫成虫和幼虫贪食,种群一旦失控,成、幼虫可以直接将马铃薯叶片、嫩尖等直接吃光,尤其是马铃薯始花期至薯块形成期,对产量影响最大,甚至造成绝收。

(6)发生地区和条件　马铃薯甲虫于 1811 年在密西西比河上游初次被发现。随后在内布拉斯加州边境和落基山脉东边约 800 km 的地方也被发现,当时主要以刺萼龙葵为食。目前,该虫在北美的发生范围约 800 万 km^2,相当于亚欧大陆的面积。马铃薯甲虫在世界上主要分布于美洲北纬 15°～55°,以及欧亚大陆北纬 33°～60°,包括亚洲的哈萨克斯坦、吉尔吉斯斯坦、土库曼斯坦、格鲁吉亚、伊朗、土耳其等;欧洲的丹麦、芬兰、瑞典、立陶宛、俄罗斯、白俄罗斯、乌克兰、波兰、捷克、匈牙利、德国、奥地利、瑞士、荷兰、比利时、英国、法国、西班牙、葡萄牙、意大利等;美洲的加拿大、美国、墨西哥、哥斯达黎加、古巴及非洲的利比亚。20 世纪 70 年代,马铃薯甲虫入侵到了亚洲的中部,威胁到了中国的新疆地区。该虫通过哈萨克斯坦传入中国,于 1993 年 5 月在新疆伊犁地区霍城县、察布查尔县和塔城地区塔城市首次被发现。

(7)对马铃薯生长和产量的影响　马铃薯甲虫是马铃薯的毁灭性害虫。在许多国家可以造成 30%～50% 的减产,在条件适宜的情况下,甚至可以造成 90%～100% 的产量损失,是我国重要的植物检疫性害虫。

二、防治措施

马铃薯害虫种类多,常为几种害虫混合发生,发生和危害时期不尽一致。防治时,要在掌握虫情的基础上,根据害虫发生的种类、密度等因素,因地制宜采取相应的综合防治措施,才能收到良好的防控效果。生产中常用的马铃薯虫害防治措施如下。

(一)农艺综合防治

1. 合理安排茬口　在马铃薯种植过程中应合理安排轮作换茬,通过与其他非寄主作物间作也可以减少虫害对马铃薯的危害。在马铃薯种植过程中要避免与其他茄科作物套作、间作、轮作,在薯田附近也应当尽量避免种植茄科作物。

2. 土壤处理　秋季播种前对土地进行深翻。通过深翻地来破坏害虫的越冬环境,冻死准备越冬的幼虫、蛹和成虫等,从而减少越冬害虫数量,减轻下年危害,是消灭地下害虫的有效措施。春季播种马铃薯前,有条件的进行深耕灌水,能够破坏害虫越冬或产卵环境,减少土中的卵及幼虫数量。此外结合不同害虫的生活规律,如在地老虎产卵至孵化盛期,及时进行中耕,可大大降低卵的孵化率;当小地老虎发生后,根据马铃薯长势,适当加大灌水量,能够在一定程度上淹死或者逼迫幼虫外逃,然后进行人工捕杀减少危害;在蛴螬越冬前的秋季,进行深翻土壤并大水灌溉,能够破坏害虫越冬环境,减少虫量,从而减轻下年危害;斑潜蝇虫害发生初期深耕土地,幼虫化蛹时期大量灌水或者延长田间存水时间,可直接淹灭部分幼虫;马铃薯瓢虫发生初期也可通过深耕灌水的方式减少虫源基数。

3. 清洁田园　马铃薯收获后及时处理残株、田间地头枯枝、杂草等,做到田间无遗薯,无枯叶、无植株。杂草是地老虎的产卵场所,也是马铃薯跳甲等的越冬场所,同时还是多种害虫迁移到作物的中介桥梁寄主。通过在卵和1~2龄幼虫盛期彻底铲除田间地头的杂草,集中销毁或沤肥,可减少幼虫早期食料来源,达到消灭部分卵或幼虫的目的。

4. 人工捕杀　防治蝼蛄时,可通过深耕时人工捡除,并且通过隧道捣毁蝼蛄的栖息场所,从而大大减少虫源基数;也可利用药剂熏蒸等方式杀死部分蝼蛄。防治马铃薯瓢虫时,可利用成虫假死性的特点,拍打植株叶片,集中杀灭,也可根据卵块颜色鲜明的特点,人工摘卵。防治蚜虫时,可及时修剪枝叶除蚜,摘除有蚜虫的底叶和老叶。

(二)物理防治

1. 灯光诱杀　利用地老虎、金针虫、蝼蛄、斑潜蝇、马铃薯块茎蛾、马铃薯跳甲、叶蝉等害虫的趋光性,在田间架设黑光灯、太阳能频振式杀虫灯等设备,通过灯光对成虫进行诱杀,从而大量消灭成虫,降低虫口密度。此外,在黑光灯下放清水,水中滴入少料煤油,该种措施在温度高,天气闷热,无风的夜晚,诱杀效果最好。需要注意的是,该种措施应用防治叶蝉时,主要用于防治第1、2代,第3代成虫产卵时气温低,活力小,诱杀效果较差。

2. 黄板诱杀　利用斑潜蝇、蚜虫、马铃薯跳甲等害虫的趋黄性,在田间使用黄色粘虫板对成虫进行诱杀,平均每亩地悬挂20张黄板,最适高度为距离地面30 cm,每10天更换一次,能够有效降低成虫的种群密度,达到防治目的。

3. 蓝板诱杀　利用蓟马对蓝色的较强趋向性,将色板悬挂于马铃薯田,起到诱杀成虫,减少产卵的危害。

4. 糖醋液诱杀　利用地老虎,蛴螬等害虫的趋蜜糖性,通过蜜糖诱杀器或者糖醋液进行诱杀。糖醋液是用红糖6份、醋3份、白酒1份、水10份,另加1份敌百虫配制而成。也可用发酵变酸的红薯、胡萝卜、烂水果等加入适量敌百虫替代糖醋液。盛糖醋液的容器放置于地头距离地面1 m高的三脚架上,傍晚摆出,天亮收回,每7天更换一次糖醋液。

5. 堆草诱杀　利用地老虎、蛴螬、金针虫、蝼蛄等害虫对顶部叶片的趋嫩性,选择害虫喜食的灰菜、刺儿菜、苜蓿等鲜嫩杂草、杨树枝叶制成草堆,可人工捕杀,或拌入药剂进行集中毒杀幼虫。

6. 畜粪趋诱　利用蛴螬、金针虫、蝼蛄等害虫对畜粪的趋避性和趋向性,通过在田间操作道左右各挖小坑,在坑内放置畜粪可趋避成虫或诱杀成虫,从而减少虫源。其中,金针虫对羊粪具有较强趋避性,蝼蛄对马粪具有趋向性。

7. 泡桐叶诱捕　利用地老虎幼虫对泡桐叶有趋向性特点,将较老的半萎蔫泡桐叶用清水或者敌百虫浸湿,于傍晚放入田间,次日揭开树叶进行人工捕杀或者毒杀。

(三)化学防治

1. 毒饵诱杀　用90％的晶体敌百虫 0.5 kg,50％辛硫磷乳油 500 mL,兑水 3～4 L,与50 kg 碾碎炒香的棉籽饼、豆饼或者麦麸拌匀制成毒饵,在傍晚撒到幼苗根际附近,或每隔一定距离一小堆,每亩用量 5 kg;或者用 50％辛硫磷乳油每亩 200～250 mL 拌细土 25 kg;或者48％地蛆灵乳油每亩 200 mL 拌细土 10 kg 撒在田间;或者50％杀螟丹可溶性粉剂与麦麸按照 1:50 比例拌成毒饵。上述方法均可以引诱地老虎、蛴螬、金针虫、蝼蛄等地下害虫。

2. 地面喷洒或灌根处理　地下害虫大发生时,可将 50％辛硫磷乳油 1000 倍液,或90％晶体敌百虫 1000 倍液,或 50％二嗪农乳油 500 倍液,或 20％氰戊菊酯 1500 倍液在防治适期地面喷洒;虫口数量较多时,可用 5％溴氰菊酯乳油 2000 倍液,或 20％速灭杀丁乳油 4000 倍液灌根处理,顺着马铃薯植株基部浇根。上述除 20％氰戊菊酯安全间隔期为 2 d 外,其他药剂的安全间隔期均为 7 d,连续 2～3 次。

3. 拌种　防治蚜虫时可用 70％吡虫啉种衣剂 23 g,兑水 4 kg,喷洒在 100 kg 的种薯上进行拌种,阴干后播种;或用 70％噻虫嗪干种衣剂 1.8～2.5 g,加 1 kg 滑石粉,洒在 100 kg 种薯上,阴干后播种。

4. 熏蒸　马铃薯贮藏期防治块茎蛾,对进库的马铃薯进行杀虫剂消毒,也可用溴甲烷($35 g/m^3$)熏蒸 3 h。

5. 叶面喷雾　由于害虫的卵期短、高龄幼虫的抗药性强,在利用农药防治时,要注意科学用药,避免长期单一用药,防止害虫产生抗性。用药时期应选在成虫高峰期至卵孵化盛期,幼虫未分散期用药。喷药时注意叶片均匀受药。另外,害虫天敌较多,在利用药剂防治时要充分考虑天敌种群数量,慎重用药,用药应尽可能使用高效低毒药剂,在马铃薯生长期最多施用2～3 次。

防治斑潜蝇、蓟马、马铃薯块茎蛾、马铃薯瓢虫、蚜虫、叶蝉等害虫,拟除虫菊酯类杀虫剂可选用 2.5％溴氰菊酯、2.5％氟氯氰菊酯乳油、20％氰戊菊酯乳油、10％甲氰菊酯乳油、10％氯氰菊酯乳油 1000～2000 倍液,2.5％三氟氯氰菊酯乳油 2500 倍液,4.5％高效氯氰菊酯乳油、20％氰戊菊酯乳油 4000～5000 倍液等。注意喷药时叶背叶面均匀见药。

有机磷类杀虫剂可选用 20％甲基异硫磷乳油、40％二嗪农乳油、40％辛硫磷乳油、40％乙酰甲胺磷乳油、48％毒死蜱乳油、90％敌百虫 1000～2000 倍液;烟碱类杀虫剂可选用 20％吡虫啉可湿性粉剂 1000 倍液、或 10％吡虫啉可湿性粉剂 2000 倍液,或 22％氟啶虫胺腈 5000 倍液;氨基甲酸酯类杀虫剂可选用 25％西维因可湿性粉剂 300～400 倍液,20％丁硫克百威乳油1000 倍液,50％叶蝉散、50％异丙威乳油 1000～1500 倍液,50％抗蚜威可湿性粉剂 3000倍液。

(四)生物防治

1. 植物次生代谢物　金针虫幼虫对油桐叶、蓖麻叶、牧荆叶、马醉木、苦皮藤、臭椿、乌药、差皂和芫花等的茎、根部分粉状物极为敏感,以上都具有较理想的驱杀效果;坡柳皂苷、印楝素、滇杨提取物、烟草提取物及马铃薯块茎蛾幼虫粪便等可抑制马铃薯块茎蛾成虫产卵;鱼藤酮能抑制马铃薯跳甲卵的孵化;马缨丹提取物的石油醚、丙酮等提取物和萃取物,番茄的甲醇提取物对马铃薯跳甲成虫均有较强的拒食作用。

2. 生物制剂　白僵菌、绿僵菌、苏云金芽孢杆菌、云菊素等生物制剂混合土壤撒施于表面然后施肥盖土,对蛴螬、金针虫、蓟马、马铃薯瓢虫等具有一定的防治效果。利用白僵菌可以防治贮藏期马铃薯块茎蛾成虫,利用苏云金杆菌可湿性粉剂1000倍液防治贮藏期马铃薯块茎蛾幼虫。

3. 引诱剂　利用含有桉叶油醇、α-蒎烯、β-蒎烯、α-石竹烯、β-石竹烯、柠檬烯等植物,诱集马铃薯块茎蛾成虫产卵,从而减少其在马铃薯上的产卵量;利用烟碱乙酸酯、苯甲醛、茴香醛等混合成引诱剂也可以大量诱杀蓟马成虫;利用壬醛、月桂烯、P-聚伞花素、松油烯和烟碱类引诱剂对马铃薯块茎蛾成虫具有显著引诱作用。通过性信息素诱捕器来防治马铃薯田间的蚜虫。

4. 天敌治虫　是利用害虫在自然界中所存在的自然天敌进行生物防治。如马铃薯田捕食性天敌主要有瓢虫、草蛉、蝽象、蜘蛛等,这些天敌昆虫对二十八星瓢虫、蚜虫等多种马铃薯害虫有显著的控制效果。此外,无毛小花蝽、美洲小花蝽、刺小花蝽、淡翅小花蝽、狡小花蝽等自然天敌对蓟马有一定的控制作用。烟蚜茧蜂、丽蚜小蜂、赤眼蜂等的生产使用相关技术已经十分成熟,可广泛应用。

三、线虫

(一)根结线虫

马铃薯根结线虫病是典型的土传性病害,是由根结线虫(*Meloidogyne* spp.)引起的,在马铃薯根部及块茎上形成瘤状根结,严重影响马铃薯块茎的产量及外观品质。

1. 分类地位　根结线虫归属于线虫门(Nematoda),侧尾腺纲(Secernentea),垫刃目(Tylenchida),垫刃亚目(Tylenchina),异皮科(Heteroderidae),根结线虫亚科(Meloidogyninae),根结线虫属(*Meloidogyne*)。至今,根结线虫属在世界上共报道了80多个种,其中南方根结线虫(*Meloidogyne incognita*)、爪哇根结线虫(*Meloidogyne javanica*)、花生根结线虫(*Meloidogyne arenaria*)和北方根结线虫(*Meloidogyne hapla*)是热带、亚热带和温带地区分布最广的种群。

2. 形态特征

成虫:根结线虫成虫为雌雄异型,雌成虫寄生于植物根系内,呈梨形,整体乳白色,前端尖,尾部退化,肛门和阴门位于虫末端,有环纹,这种特殊的会阴花纹是该属分种的重要依据之一。最重要特征是口针向背部弯曲,长为 $15\sim17$ μm,针锥前半部呈圆柱状,后半部呈圆锥状,口针后部略宽。基球部与口针结合处缢缩,前部锯齿状,横向伸长(有的标本,基部球明显锯齿状,似有2个球)。雄成虫呈圆筒形,无色透明,尾部短,尾尖钝圆,体表环纹清楚,侧线多为4条。唇区稍凸起,无缢缩,头区常有2~3个不完全的环纹,也可能平滑,头区与虫体无明显缢缩。口针长为 $18\sim27$ μm,基球部至背食道腺开口,距离为 $2\sim4$ μm。

幼虫:二龄幼虫呈线形,无色透明。尾尖狭窄,外观不规则,唇区具有明显唇盘。口针纤细,长为 $10\sim17$ μm,排泄孔位于半月体后方。中食道球卵圆形,内有瓣膜。三龄幼虫及四龄幼虫膨大呈囊状,有尾突,寄生于植物根系内。

卵:呈肾形或长椭圆形,常聚集成卵囊,卵囊为褐色,表面粗糙,附着于植物根系表面,单粒长为 $(12\sim86)\mu m\times(34\sim44)\mu m$。

3. 生活史　根结线虫生活史分为三个阶段,卵、幼虫和成虫,由幼虫到成虫经过 5 个不同的龄期,前 4 个龄期每期末都会蜕皮一次,生活周期为 3～4 周。根结线虫的卵由全部或部分寄生于植物根内的雌成虫产生,产卵时分泌的胶质可将卵粒包裹起来形成卵囊。卵囊中的卵孵化出来后即为二龄幼虫,可直接侵入植物根的根尖位置不再移动,保持在二龄阶段。二龄幼虫永久性定居在根内并生长,蜕皮两次后变为四龄幼虫,线虫形态也会随之发生改变,从线形变成一头尖的长椭圆形,体内的生殖腺也逐步发育成熟。在第四次蜕皮前,雄虫变为细长线形,离开植物根进入土壤,因其食道腺体发育不完全,一般只能存活几周。雌虫仍然寄生在植物根内,形状变为梨形,并具有完整的消化系统及生殖系统,可在根内进行孤雌生殖形成卵囊,或阴门暴露在根外与雄虫交配进行有性生殖在根表面形成卵囊。有的雄虫成熟后未进入土壤,在根内与雌虫交配进行有性生殖。

4. 生活习性　根结线虫的生活习性在很大程度上受温度和湿度的影响,极端潮湿或干燥条件下的土壤都会抑制根结线虫的活动,但不一定会对线虫致死。95％的根结线虫分布于 3～30 cm 的土壤层中,土壤含水量 50％～80％是线虫虫瘿形成的最佳湿度,土壤温度在 25～30 ℃,是根结线虫最适生长发育温度。文献记载,40 ℃以上高温或 5 ℃以下低温对南方根结线虫的生长发育都有一定抑制作用。任何湿度条件下的低温和 35 ℃以上的高温高湿(含水量 30％)对南方根结线虫都具有抑制作用。活动状态的根结线虫对环境的适应能力较差,不耐高温、低温、淹水、干旱、缺氧、高或低 pH 值和高渗透压等,未孵化的卵囊适应恶劣环境的能力较强,以休眠状态存活在土壤中。0～5 ℃的低温能杀死南方根结线虫幼虫,但不能杀死卵,在根结线虫在土壤里无寄主存在的条件下,仍可存活 3 年之久。一般情况下根结线虫在春季气温逐渐回暖后开始活动,初夏时温湿度等达到其最佳生长条件,因此根结线虫数量迅速增加,在植物生长季节结束时达到顶峰。冬季到来生长条件逐渐恶化,根结线虫数量也会随之减少,在早春时到达最低值。

5. 危害症状　根结线虫为害马铃薯后,在其根部形成大小不一的根结状虫瘿,大量侧根形成突起。块茎被根结线虫危害后,表面形成球形、近球形或不规则的瘤状虫瘿。受危害植物地上部分生长矮小、缓慢、叶色异常,干旱时极易萎蔫,由于根结线虫的为害常会伴随细菌性褐腐病的发生。

6. 发生地区和条件　根结线虫最早于 1892 年发现于印度尼西亚的烟草上,目前广泛分布于世界各国,尤其在热带、亚热带、温带地区发生最为严重。中国首次发现于台湾省,由于中国大部分地区属于温带气候,很适宜根结线虫生存,因此近几年中国病区不断扩大,为害非常严重。根结线虫成虫适宜的温度条件是 25～30 ℃,温度高于 55 ℃或低于 5 ℃时,活动减弱。在 27 ℃的条件下,根结线虫完成一代需要 25～30 天,一年可发生 5～8 代。春季温度低时,"线虫病"发病晚、轻、慢,定植一个月后,才见零星病株出现;秋茬栽培,气温高时,发病早、重、快,定植后 11 d 即可发病。根结线虫主要以卵遗留在土壤中的寄主植物的根结内越冬。到春季平均气温在 10 ℃以上时,越冬卵开始陆续孵化为第 1 代幼虫;当平均地温为 12 ℃时,可发育成为第 2 龄幼虫;当平均地温为 13～15 ℃时,开始以口针穿刺侵入根内,此后在寄主植物上可发现根结。

7. 防治方法

(1)植物检疫　严禁从根结线虫发生地区引种和调种。

(2)农业防治　选育抗病品种,种植不带线虫的种薯。

(3)物理防治　加强田间管理,合理轮作。以禾本科作物为茬口实行 3 年以上轮作。

（4）化学防治　使用每亩有效成分约 5 kg 的棉隆 98％～100％微粒剂，或每亩有效成分约 0.6 kg 的丰索磷与 15 kg 细土搅拌均匀，撒施或 20 cm 沟施，施药后立即覆土并浇水，当气温在 20～35 ℃时，7 d 后即可松土种植。

（二）腐烂茎线虫

1. 分类地位　腐烂茎线虫归属于线虫门（Nematoda），侧尾腺纲（Secernentea），垫刃目（Tylenchida），粒线虫科（Heteroderidae），粒亚科（Anguininae），茎线虫属（*Ditylenchus* Filipjev），是垫刃目中一类重要的多食性植物病原线虫，已报道的植物寄主多达 90 多种，马铃薯是其主要寄主。如马铃薯腐烂茎线虫（*Ditylenchus destructor*）、水稻茎线虫（*D. angustus*）、洋葱茎线虫（*D. allii*）、起绒草茎线虫（*D. dipsaci*）等。

2. 形态特征

雌虫：虫体线形，热杀死后虫体略向腹面弯，侧线 6 条，角质环纹不明显。唇区低平、略缢缩、常无环纹，口针长 10～14 μm，有明显的基部球。中食道球呈纺锤形有瓣，食道狭窄，神经环包围处开始膨大为棒状的食道腺体，从背部覆盖肠，后食道腺短覆盖肠的背面（偶尔缢缩）。阴门清晰，单卵巢、向前延伸有时可达食道，卵母细胞在前部双行排列，靠近子宫处呈单行排列。后阴子宫囊长在肛阴距的 40％～98％。尾圆锥形，略向腹部弯，前端偏圆，尾长是肛门处虫体直径的 3～5 倍。

雄虫：虫体前部形态及尾部形态与雌虫相似，热杀死后虫体僵直或腹面弯曲，尾部末端尖且圆。交合伞从交合刺前部向尾部延伸，约伸到尾部 50％～90％处，交合刺长 24～27 μm。

3. 生活史　腐烂茎线虫是一类迁移性植物内寄生线虫，主要寄生于马铃薯的地下部分，基本不侵染地上部分，以卵、幼虫、成虫在病薯内越冬，或成虫在土壤中越冬。腐烂茎线虫的生长发育温度为 5～35 ℃，最适温度为 20～27 ℃，在 27～28 ℃、20～24 ℃、6～10 ℃下，完成一个世代分别需要 18 天、20～26 天、68 天。－28 ℃时仍可存活。当温度在 15～20 ℃时，相对湿度为 80％～100％时，腐烂茎线虫对马铃薯的危害最严重。腐烂茎线虫不会形成"线虫毛"不耐干燥，在干旱情况下难以生存。

4. 生活习性　腐烂茎线虫一般从种薯苗的着生点入侵，沿皮层或内髓向上移动。带病种薯苗移栽土里后，腐烂茎线虫便顺着根系逐步向薯块表面移动，在薯块生长的最后一个月，是其危害最严重的阶段。无病种薯苗移栽土里后，腐烂茎线虫可从薯苗的新生根末端侵入。当条件适宜时，茎线虫会不断产卵繁殖，由于世代重叠，同一时期卵、幼虫、成虫均可发生，虫态发育不整齐。马铃薯收获时，各个虫态均可存活于薯块内，在窖藏或加工前可以持续危害，造成更严重损失。腐烂茎线虫可以在病薯内和土壤中越冬或渡过寄主非种植期，田间还可通过农事操作、农具及水流等传播。

5. 危害症状　腐烂茎线虫主要危害马铃薯的地下部分，通过刺穿皮孔侵入块茎，导致马铃薯初期表皮产生小的白色粉状斑点，肉眼可见。随着侵染部位不断扩大，颜色也由白色变为淡褐色，组织软化中心变空。侵染严重时，病表皮发生皱缩破裂，病变部位逐渐变成深褐色或黑色，内部有干的颗粒状组织，通常有螨类、真菌、细菌等的二次侵染。植株表现出长势弱甚至死亡的现象。在潮湿条件下贮藏时会引起马铃薯腐烂，并扩展到周围临近的薯块上，贮藏量过大时，会大量产生呼吸热而导致温度升高，腐烂茎线虫的发生加剧，青霉、曲霉等会对薯块造成二次伤害。

6. 发生地区和条件　腐烂茎线虫主要发生在温带地区，集中在北美洲及欧洲的大部分地区，是中国对外检疫性有害生物。自 20 世纪 80 年代初开始，发现侵染马铃薯、甘薯等线虫为马铃薯腐烂茎线虫,现已在东北、华东、西北等地均有发生。马铃薯是腐烂茎线虫的模式寄主,其他已报道的腐烂茎线虫寄主多达 90 多种,如番茄、黄瓜、洋葱、大蒜、甜菜、燕麦、南瓜、小麦、人参等,作物一旦被为害,即造成严重损失。

7. 防治方法

(1)植物检疫 对马铃薯种薯、种苗、块茎进行严格检疫,绝不能从发病区调运种薯、种苗。

(2)农业防治 因腐烂茎线虫食性杂,轮作防治较困难,因此最有效方法就是选用抗病品种,建立无病留种地,确保种薯不带线虫。

(3)物理防治 加强田园管理,及时清理病残体,对于感病薯块、茎蔓要进行集中晒干、烧毁或高温处理,以减少线虫数量。

(4)化学防治 使用 98%棉隆粉剂进行土壤熏蒸处理,移栽薯苗前一个月开沟撒施药剂于沟底,立刻压土盖实,栽苗前 3 d 松土放气。还可用含福尔马林 0.5%的溶液进行温汤浸种,43 ℃保持 3 小时。或用 20%噻唑膦颗粒剂 2.0~2.5 kg,在播种前随播种沟撒施。

(三)马铃薯白线虫

1. 分类地位 马铃薯白线虫属于线虫门(Nematoda),侧尾腺纲(Secernentea),垫刃目(Tylenchida),异皮线虫科(Lteteroderidae),球胞囊属(*Globodera Skarbilovich*),也叫马铃薯胞囊线虫。

2. 形态特征

雌虫:口针长 $26.0\pm1.6\ \mu m$,背食道腺开口距口针基部 $6.0\pm1.1\ \mu m$,唇区至排泄孔 $143.9\pm21.9\ \mu m$,阴门裂长 $11.1\pm1.6\ \mu m$,肛门至阴门盆距离 $43.2\pm8.8\ \mu m$,肛阴间轴线上的角质层脊数 8~12 条。成熟雌虫虫体近球形,为白色,死后呈褐色有光泽,有些种群变褐色前经过 4 周左右的米黄色阶段。虫体有突出的颈和头部,末端钝圆无阴门锥,角质层有网状花纹。头架骨化弱,口针强壮,针锥占口针长的一半。中食道球发达,球瓣大且呈新月形。食道腺宽,位置不定,有 3 个核。排泄孔位于颈基部。双生殖腺,阴门横裂位于略凹陷的阴门盆内,阴门两边为小瘤状突起形成的新月形区,肛门和阴门盆之间角质层上约有 12 条隆起的脊,其中有些交织成网状。

雄虫:L=$1197\pm100\ \mu m$,口针长=$25.8\pm0.9\ \mu m$,背食道腺开口至口针基部距离=$5.3\pm0.9\ \mu m$,交合刺长=$35.5\pm2.8\ \mu m$,引带长=$10.3\pm1.5\ \mu m$。虫体呈蠕虫形,热杀死后呈"C形"或"S形"。角质层环纹清楚,侧区有 4 条侧线,头部圆且缢缩,有 6~7 个环纹,头骨架高度硬化,口针发达,基球部后斜,口针导管延伸到口针 70%处。中食道球椭圆形,有明显的瓣,食道腺从腹面覆盖肠,末端接近排泄孔。单精巢,泄殖腔小,泄殖腔唇突起,交合刺发达呈弓形,末端尖引带小。

胞囊:长(不包括颈)=$510\pm69\ \mu m$,宽=$451\pm76\ \mu m$,颈长=$111\pm26\ \mu m$。褐色有光泽,形状呈近球形且有突出的颈。角质层花纹比雌虫更清晰,角质层下无亚结晶层,阴门区有 1 个环形膜孔,无阴门桥及其他内生殖器残留物,无泡囊,但有类似泡囊状物存在。

二龄幼虫:L(除颈长)=$482\pm1.8\ \mu m$,体宽=$23.4\pm0.6\ \mu m$,尾透明部长=$26.6\pm3.4\ \mu m$,口针基部球到背食道腺口=$2.9\pm0.9\ \mu m$,尾长=$52.6\pm4.1\ \mu m$。虫体呈蠕虫形,角质层环纹清楚,侧区有 4 条侧线、虫体两端侧线为 3 条。头部圆、略缢缩,头部环具有 4~6 个。口针发达,针锥部约为口针长的 50%,基部球前面向前突出。排泄孔在体长的 20%处。尾部呈圆锥形、末端细圆到尖,尾后部的透明区长约为尾长的 50%。

3. 生活史　马铃薯白线虫生长发育最适宜的温度是 10～18 ℃,20 ℃的温度对它们发育的影响没有明显差别。马铃薯白线虫一生中经过卵、幼虫和成虫,雌虫死亡后形成胞囊。卵一般不排出体外,一龄幼虫在卵壳内,蜕皮后二龄幼虫破卵壳,从胞囊进入土壤中,从寄主植物的近根尖端处入侵。三龄幼虫寄生于植物根系内,四龄雌幼虫体后部露出根表面,四龄雄幼虫仍在根内。最后第 4 次蜕皮,雄成虫从根内进入土壤,不再取食,寻找雌虫交配。生活 10 d 左右死亡,雌虫大部分附着于根表面,可以释放引诱雄虫的物质,因而一条雌虫可以诱来许多雄虫,可能与多条雄虫交配。雌虫老熟后,体内充满卵,最多 1 个雌虫体内有卵 500 粒,变成胞囊后,壁粗糙且厚,比较坚硬,保护内部的卵,成熟胞囊落于土壤中度过冬天。一般一年一代,有时有不完全的两代。

4. 生活习性　通气透气良好的沙土、粉沙土和泥炭土有利于线虫自由生活阶段的生存、移动和侵入,土壤保水量 50%～70% 最适合线虫蠕动、侵入危害。线虫群居量的增长随气候和季节而有很大变化。温带的低平地区、热带的高海拔或沿海地区适宜生育。一般土温达到 10 ℃时,线虫开始活动,18～25 ℃为发育和侵入寄主的最适温度,在这种温度范围内,湿度达 50%～70% 发生较重,30 ℃以上和高温,干燥条件下病害发生轻。在土壤内越冬的胞囊,第二年春天当土壤温度达到 10 ℃以上时,内部的线虫开始活动,但必须在有寄主植物根分泌的物质刺激下,二龄幼虫才能从卵内孵出,并逸出胞囊后进入土中,从马铃薯幼根近尖端处侵入内部,取食于中柱鞘、皮层或内皮层细胞,在取食的部位形成合胞体,从而破坏、瓦解根的输导组织,造成地上植株水分紧张和地下根系发育不良,在地上部表现出明显的病状。胞囊中卵特别抗干燥,田间污染的金线虫能在土壤中长期存活。在寒冷地区缺乏寄主的情况下,卵可在胞囊内存活 28 a。另外,马铃薯的品种对该线虫显示了抗性差异,在欧洲及其他国家都找到或培育出了比较抗病的马铃薯品种。

5. 危害症状　马铃薯白线虫群体密度低时,危害很小,但每年重复种植马铃薯,使得线虫数量逐年累积,当数量达到一定程度时,会严重制约马铃薯产量,在极端的情况下,新生马铃薯少于播种的种薯。田间受侵染严重的马铃薯症状与形成胞囊的线虫危害症状相似,最初在小块引起生长不良,再扩大范围,增加不良的生长点。马铃薯的根部有轻微的膨胀,像根结线虫危害而造成的根结一样,对根的典型伤害是植株的萎蔫与矮化。马铃薯苗期受害后,一般减产 25%～50%,如果不进行防治,会造成 100% 的损失,英国曾因该病流行而造成改种其他作物,以后采用一系列措施进行防治,造成的产量损失降低到 9%。马铃薯种植前,如果每克土壤中含有 20 粒卵,1 hm² 减产 2.5 t,产量损失严重。马铃薯种苗直接受害部位是根系。地上首先表现出水分和无机营养缺乏症。病害初期叶片淡黄,茎秆纤细,进而基部叶片缩卷、凋萎,中午特别明显,受害重的植株矮小,生长缓慢,甚至完全停止发育。根系短而弱,支根增加,病根褐色。在马铃薯开花时期,仔细观察根部,可见到有梨形、白色未成熟的雌虫。雌虫成熟后逐步变成深褐色,拔起植株时,多数已离开根系落入土壤中。田间病株分布不均匀,有发病中心团,随着连续种植马铃薯和进行农事操作,使病团年年扩大,最后全田发病,并从一块田传到另一块田。

6. 发生地区和条件　马铃薯白线虫是中国对外检疫性有害生物。其在国外分布于欧洲的比利时、保加利亚、奥地利、白俄罗斯、斯洛伐克、芬兰、丹麦、法国、德国、希腊等国家,亚洲的印度、巴基斯坦、塞浦路斯等国家,非洲的南非、突尼斯、阿尔及利亚等国家,美洲的加拿大、阿根廷、智利、秘鲁、巴拿马、哥伦比亚等国家,大洋洲的新西兰有分布。马铃薯白线虫不仅可以侵染马铃薯,还会危害番茄、茄子等茄科作物。

7. 防治方法

(1)植物检疫　世界各国都将马铃薯白线虫作为检疫对象,从有疫情发生地调运种苗和地区引种时要进行非常严格的检疫措施。

(2)农业防治　选用抗病品种,抗病品种每年可减少线虫群体量 $80\%\sim85\%$,*Solanum tuberosum* ssp. Andigena CPC 无性系 167.3 对马铃薯金线虫具有抗性。后来证实这种抗性是单显性基因,称为 H1 基因。这种抗性稳定,能阻碍马铃薯金线虫致病型 Ro1 和 Ro4 的繁殖,对马铃薯金线虫其他致病型没有抗性。马铃薯的双倍体种(主要是 *S. vernei*)以及三倍体 *S. tuberosum* ssp. *andigena* 可作为培育抗马铃薯金线虫抗病品种的抗原。

(3)物理防治　白线虫的寄主范围比较窄,除了侵染马铃薯和其他茄科作物外,再无别的寄主。因此,可与非茄科作物进行 $6\sim7$ a 以上的轮作,田间线虫造成的损失即可达到允许水平以下。另外,早熟马铃薯生育期比较短,缩短轮作期。

(4)化学防治　许多杀线剂土壤处理能防治马铃薯白线虫。熏蒸剂如 1,3-二氯丙烯,D-D 混剂、非熏蒸剂如草肟威、克线磷、威百亩等,都有较好的防治效果。但杀线剂毒性一般较强,对人畜有害,应注意污染问题,同时价格也高,因此,大面积应用时应注意经济效益。

(四)马铃薯金线虫

1. 分类地位　马铃薯金线虫属线虫门(Nematoda),侧尾腺纲(Secernentea),垫刃目(Tylenchida),异皮线虫科(Lteteroderidae),球胞囊属(*Globodera Skarbilovich*)。

2. 形态特征

雌虫:虫体呈亚球形,颈突出;头上有 1 或 2 条明显的环纹,与颈上深陷且不规则的环交融在一起。球形身体的大部分被角质覆盖且表面具有网状脊的纹饰,无侧线,六角放射状的头轻度骨化。口针前部约为口针长的 50%,且有时轻度弯曲。食道腺位于一大的裂片上,常被已发育好的成对的块状卵巢覆盖。阴门区和尾区不缢缩,位于阴门盆的一个近圆形的轻度凹陷的区域。阴门盆外是肛门;在阴门和肛门间的表皮形成了约 20 条平行的脊,脊略之间有交叉。金线虫从根部的皮层突出时呈现白色,然后由于色素积累,经过 $4\sim6$ 周金黄色阶段后,雌虫死亡,角质随即变成深棕色。

胞囊:胞囊呈亚球形,上有突出的颈,没有突出的阴门锥。新胞囊上阴门区完整,但在老标本中,阴门盆的全部或部分丢失,只形成单一圆形的膜孔。无阴门桥、下桥、无泡状突,但在一些胞囊的阴门区可能存在小块不规则的黑色素沉积区及局部加厚。

雄虫:呈蠕虫形,温和热杀死时虫体强烈弯曲;体后部纵向扭曲 $90°\sim180°$,呈现"C"形或"S"形。尾短且末端钝圆。角质层表面有规则的环,尾末端侧区有 4 条侧线;环纹穿过外侧侧线,但不穿过内侧侧线。头圆,缢缩,有 $6\sim7$ 条环纹;口盘大,有 6 片小唇瓣环绕。中食道球与肠中间有一宽大的神经环环绕食道;无明显的食道—肠间瓣膜。食道腺位于腹面排泄孔附近一窄的裂片上。单精巢自身体中部开始,中间为具腔和腺壁的输精管,后部圆锥形。泄殖腔孔小,交合刺粗大、弓形,远末端有一尖的顶部,交合刺背面存在小的无纹饰的引带。

二龄幼虫:呈蠕虫形,尾圆锥形,逐渐变细,末端细圆。角质环纹明显,侧区有 4 条侧线,从 3 条侧线开始,偶尔以网状结束。头部轻度缢缩,圆形,有 $4\sim6$ 条环纹。口针发达,口针基球圆,略微向后倾斜。

3. 生活史　马铃薯金线虫具有休眠和滞育的特性,其生活史与寄主植物周期保持同步。当土壤温度在 10 ℃时,有寄主植物根分泌刺激下,马铃薯金线虫二龄幼虫从孢囊内孵化后侵入到寄主根内,在根的中柱鞘、皮层或内建立取食位点,开始寄生生活。在英国每年主要发生1代,4月上中旬和6月中旬种植时,2龄幼虫侵入90 d后即可完成1代。经第4次蜕皮后的雌虫后端膨大,撑破根表皮露出根外初为白色,后变黄色、金黄色。马铃薯金线虫雌虫死亡后,体壁鞣质化、变厚,变为褐色胞囊从根表面脱落掉入土中,孢囊内的卵成为下一季作物的初侵染源。在一个长季节内,马铃薯金线虫一般发生1代。

4. 生活习性 马铃薯金线虫是固定性内寄生线虫,以鞣质的胞囊在土壤内越冬、滞育及度过不良环境。棕褐色的胞囊内常含有300~500个卵。胞囊抗逆性很强,卵可在胞囊内越冬、滞育等度过不良环境,在土壤中最多可存活20a。如果土壤类型和温度适宜,金线虫胞囊内的卵可存活28a之久。在无寄主植物的情况下,冷冻土壤中马铃薯金线虫的年衰退率为18%左右。在生长季节、温湿度适宜的条件下,在寄主根部分泌物的刺激下,卵壳脂蛋白膜的渗透性发生变化从而打破卵的滞育,刺激卵孵化。感病和抗病品种中的根渗物有相似的刺激卵孵化作用。孵化的二龄幼虫从寄主植物根尖附近及新侧根侵入,进入植物根内并移动寻找适合取食位点。

5. 危害症状 马铃薯金线虫危害的症状主要表现在地上部矮化、发黄和其他失绿症状,病株茎细长、开花少或不开花。病株根系出现早衰和侧根增生现象,根表皮受损破裂,结薯少而小,开花期拔起根部可见许多白色或黄色的未成熟雌虫露于根表面。干旱条件下,叶片表现凋萎症状,中午表现尤为明显,田间病株分布不均匀,有发病中心团。随着连续种植和农事操作,病团年年扩大,最后全田发病。

6. 发生地区和条件 马铃薯金线虫目前在全世界五大洲72个国家有发生和分布。欧洲的奥地利、白俄罗斯、比利时、保加利亚、丹麦、捷克、芬兰、法国、德国、爱尔兰、荷兰、波兰、葡萄牙、西班牙、瑞典等国家有发生。非洲的阿尔及利亚、埃及、利比亚、摩洛哥(仅被截获)、南非、突尼斯等有分布,大洋洲的澳大利亚(两次暴发)、新西兰、诺福克岛有发生,美洲的美国、巴拿马、加拿大、阿根廷、智利、秘鲁、委内瑞拉、巴西等国家有发生,亚洲的菲律宾、印度、日本(北海道)、黎巴嫩、巴基斯坦等国有分布。中国的贵州、云南及四川已发现马铃薯金线虫的分布。透气性良好的沙土、粉沙土和泥炭土有利于金线虫的移动、侵入和危害。一般土温达到10 ℃时,金线虫开始活动,卵孵化的最适温度是20 ℃,侵入和发育的最适温度是20~25 ℃,湿度达到50%~70%时发生较重,30 ℃以上高温和干燥条件下发病轻。

7. 防治方法

(1)严格的检疫 对调进的马铃薯进行检疫是治理金线虫的第一道防线。

(2)种植抗病品种 近缘的野生型马铃薯 *S. tuberosum andigena*,*S. vernei*,*S. sucrense* 等含有抗性基因。尽管抗病品种可刺激线虫卵孵化,但根被侵染后可产生过敏性坏死反应。在抗病品种根系里,幼虫不能发育成成熟雌虫,而雄虫的发生却不受明显的抑制。一般来讲,种植抗病的或部分抗病的马铃薯常常阻碍线虫增多。越是抗病的品种和品系,降低线虫的密度越明显。但要注意利用抗性品种后出现破坏性的线虫新致病型和其他种线虫的增殖与蔓延问题。

(3)合理轮作 与非茄科作物进行10 a以上的轮作。

(4)阳光暴晒 对有感染的田块进行翻耕暴晒,为提高效果,可以在地面上加盖透明塑料膜利用太阳热力消除胞囊内的幼虫,可有效减少土壤中马铃薯金线虫的群体数量。

(5)药剂防治 按照每亩用10%克线磷颗粒剂1.5~2 kg或20%噻唑膦2~2.5 kg进行沟施,防治效果较好。

第三节　杂草及其防除

一、中国杂草区系

（一）杂草的危害

杂草由于根系发达、抗逆性强,对水、肥、光照具有很强的竞争性,往往会导致作物减产,农产品品质降低。李扬汉(1998)认为,世界上的植物约有 250000 种,其中约有 8000 种或 3% 是与农业有关的杂草,直接危害作物或传播病虫害、作为病虫宿主的杂草近 1200 种(中国也有 800 余种)。它们之中约有 250 种或 0.1% 在农业中造成危害,约有 25 种,或 0.01% 造成严重危害。

李扬汉(1998)调查发现,绝大部分杂草严重危害的原因,首先是由于其多实性,即其结实力高于作物的几倍或几十倍,而且种子随成熟随脱落,分期分批散落田间,因而造成了清除上的困难;其次,杂草具有多种繁殖方式,有的杂草不仅能用种子繁殖,还可以用无性繁殖器官进行繁殖,滋生众多;第三,杂草的传播途径很多,种子或果实有适应于散布的结构,可借风力、水力或在调运时与作物种子混杂而作远距离的传播;第四,杂草比作物具有更强的生活力。此外,不同的杂草,其萌芽与休眠有其各自的规律,发生的季节也各自而不同。

据李扬汉(1998)记载,全世界农作物每年遭受病虫草害,造成的产量损失为 30% ～ 35%,其中草害占 42%,病害占 27%,虫害占 28%,线虫占 3%,与病虫害造成的损失不同的是,所有作物田中都会受到杂草的危害,甚至会造成颗粒无收。中国农田蒙受杂草危害面积约 4000 万 hm², 损失产量 10% 以上,约有 5.60 亿个工作日耗费于除草,占全年作业量的 1/3。黑龙江省草害面积近 130 多万公顷,损失粮食达 10% 以上,黑龙江垦区的小麦,受到野燕麦 (*Avena fatua* L.)严重危害,面积约 26 万多公顷,个别田块竟使大豆减产 75.9%。新疆垦区的生产建设兵团有 75330 多公顷小麦受到野燕麦的危害。中国南方各省,虽然地少人多,但气温高,杂草生长快,复种指数高,劳动强度大,杂草危害也是同样严重。

不少杂草是多种病虫害的越冬场所和中间寄主,增加了病虫害的繁殖和传播。例如,蒲公英(*Taraxacum mongolicum* Hand.-Mazz.)是苹果叶螨[*Panonychus ulmi*(Koch)]的寄主;藜(*Chenopodium album* L.)是桃蚜(*Myzus persicae*)的中间寄主和媒介;打碗花(*Calystegia hederacea* Wall.)、马唐[*Digitaria sanguinalis*(L.)Scop.]等杂草为温室白粉虱[*Trialeurodes vaporariorum*(West wood)]的中间寄主;荠菜[*Capsella bursa-pastoris*(Linn.)Medic.]为霜霉病[*Peronospora parasitica*(Pers.)Fr.]的中间寄主;苣荬菜(*Sonchus arvensis* L.)、苍耳(*Xanthium strumarium* L.)等是红蜘蛛[*Panonychus ulmi*(Koch)]的寄主;有的杂草本身有毒或有害,能直接危害人类与牲畜。赵爱民(2013)研究表明,杂草可使春小麦蛋白质含量和向日葵的脂肪含量降低。吴明(2019)认为,有些杂草含有有毒成分,如苍耳(*Xanthium strumarium* L.)种子,收获时混入农产品中容易造成食物中毒。

（二）杂草分布与自然条件的关系

李扬汉(1998)认为,地面杂草类型的特点是各种生态因素综合作用的反映。在自然和人为的条件下,种植不同作物,同时也会发生伴随作物生长的杂草。施琳琳等(2013)在稻麦轮作条件下,研究肥料管理对杂草群落的影响特征与方式发现,杂草密度与优势种群受土壤养分决定,而氮磷亏缺会提高杂草群落多样性,对杂草群落影响最显著的为土壤含氮量。

冯秋红等(2008)研究表明,任何环境因子都会影响杂草的生长发育,但往往基础生态因子起重要作用,如降水、温度、光照、养分等。李扬汉(1998)认为,杂草与温度的关系以及其与光条件的关系,从杂草的分布和种类上表现得最为明显。杂草对于水资源是非常敏感的。土壤中矿物质如盐碱的含量多少,也明显地影响到杂草的分布和生长。生物因素对杂草的影响也十分明显。如昆虫对杂草的侵袭,菌类对某些杂草的感染,使杂草成为传播病虫害的中间寄主。此外,杂草与作物之间,杂草与杂草之间的相互关系,也是非常复杂的。寄生性杂草寄生在作物上,也有不同的类型,有的为半寄生性杂草,有的为全寄生性杂草。还有学者研究了密度制约、种间关联和物种与生境间的关系及其对群落动态和组成的影响,群落内物种的功能特征亦是影响物种共存和生态系统功能的重要因素,如冯秋红等(2008)认为,中国草原植物的功能特征主要受系统发育特征的影响,不同地域的气候因素也是导致植物功能特征变化的原因。

李扬汉(1998)认为,杂草种类的分布,能够很好地反映当地自然条件的特征。杂草的分布还与当地生态条件密切相关。中国幅员辽阔,区域间气候、地形和土壤的差异都很大,几乎包含了从热带到寒温带的所有生态系统类型,在地形上,应有尽有,有世界最高的山脉,青藏高原是世界最高和最大的高原。还有峡谷、盐地、低山丘陵,各地山川密布,平原广阔。在气候上,从最北的寒温带到最南的热带,跨越着温带、暖温带、亚热带和西南高寒气候带,处在太平洋季风和印度洋季风都起影响的地区,有多样的气候因素。在中国复杂的环境条件下,杂草种类和所形成的杂草组合,多种多样。

(三)主要杂草区系分布概况

李扬汉(1998)依照中国不同地区的地理位置及生态环境情况,对杂草分布进行了系统分类,将其分为八个区系,具体如下:

1. 寒温带主要杂草区系　包括大兴安岭北部山地。主要杂草有鼬瓣花(*Galeopsis bifida* Boenn.)、山莴苣[*Lactuca sibirica*(L.)Benth. ex Maxim.]、叉分蓼(*Polygonum divaricatum* L.)、野燕麦、苦荞麦[*Fagopyrum tataricum*(L.)Gaertn.]、刺藜[*Dysphania aristata*(Linnaeus)Mosyakin & Clemants]等分布。

2. 温带主要杂草区系　本区域包括东北松嫩平原以南、松辽平原以北的广阔山地,纬度较北,年平均气温较低。主要杂草有卷茎蓼[*Fallopia convolvulus*(L.)Love]、柳叶刺蓼(*Polygonum bungeanum* Turcz.)、野燕麦、狗尾草[*Setaria viridis*(L.)Beauv.]、问荆(*Equisetum arvense* L.)、大刺儿菜[*Cirsium setosum*(Willd.)MB.]、稗、胜红蓟(*Ageratum conyzoides* L.)等。

3. 温带(草原)主要杂草区系　该区域主要分布在东北松辽平原,以及内蒙古高原等地,一小部分在新疆北部,属于半干旱性气候,越至西部,干燥程度越是增加。杂草主要有藜、狗尾草、卷茎蓼、野燕麦、问荆、柳叶刺蓼、大刺儿菜等。

4. 暖温带主要杂草区系　包括东北辽东半岛,华北地区大部分,南到秦岭、淮河一线,略呈西部狭东部广宽的三角形。主要和常见杂草有:田旋花(*Convolvulus arvensis* L.)、酸模叶蓼(*Polygonum lapathifolium* L.)、荠菜[*Capsella bursa-pastoris*(Linn.)Medic.]、小藜(*Chenopodium serotinum* L.)、播娘蒿(*Descurainia sophia*(L.)Webb ex Prantl)、马唐、反枝

苋（*Amaranthus retroflexus*）、马齿苋（*Portulaca oleracea* L.）、牛筋草［*Eleusine indica* (L.)Gaertn.］、稗、藜、看麦娘（*Alopecurus aequalis* Sobol.）、鹅肠菜［*Myosoton aquaticum* (L.)Moench］等分布。

5. 亚热带杂草区系　主要为中国东南部，北起秦岭、淮河一线，南到南岭山脉间，西至西藏东南部的横断山脉，包括台湾省北部在内，四川、湖南、湖北及长江三角洲。主要杂草有：千金子［*Leptochloa chinensis*(L.)Nees］、马唐、稗、鳢肠［*Eclipta prostrata*(L.)L.］、牛筋草、鹅肠菜、看麦娘、棒头草（*Polypogon fugax* Nees ex Steud.）、春蓼（*Polygonum persicaria* L.）、播娘蒿、田旋花、刺儿菜［*Cirsium setosum*（Willd.）MB.］、空心莲子草［*Alternanthera philox-eroides*（Mart.）Griseb.］、碎米荠（*Cardamine hirsuta* L.）、凹头苋（*Amaranthus lividus*）、裸柱菊［*Soliva anthemifolia*（Juss.）R. Br.］、芫荽菊（*Cotula anthemoides* L.）、腋花蓼（*Polygonum plebeium* R. Br.）等分布。

6. 热带杂草区系　从台湾省南部至大陆的南岭以南到西藏的喜马拉雅山南麓。主要杂草有马唐、稗、千金子、胜红蓟、凹头苋、牛筋草、喜旱莲子草等分布。

7. 温带（荒漠）杂草区系　中国荒漠区域占全国面积 1/5 以上，位于西北部，包括新疆、青海、甘肃、宁夏和内蒙古等省（区）的大部或部分地区，包括沙漠和戈壁等部分。主要杂草有：野燕麦、卷茎蓼、问荆、狗尾草、藜、柳叶刺蓼等。

8. 青藏高原高寒带主要杂草区系　青藏高原位于中国西南部，平均海拔 4000 m 以上，东与云贵高原相接，北达昆仑山，西至国境线。主要及常见杂草有：野燕麦、卷茎蓼、田旋花、藜、大刺儿菜、猪殃殃［*Galium aparine* Linn. var. *tenerum*（Gren. et Godr.）Rchb.］、苣荬菜（*Sonchus arvensis* L.）等分布。

二、中国马铃薯田常见杂草种类

马铃薯田间杂草丰富多样，不同省（区、市）马铃薯种植区域，分布的杂草各不相同，地域杂草分布差别较大，为了更全面准确地描述马铃薯田间杂草种类，笔者将 10 a 以来在文献中各地所报道的马铃薯田间杂草进行整理分类，以供读者借鉴参考。

（一）马铃薯种植区域杂草分布情况

1. 安徽省马铃薯种植区域杂草类型　梁胖（2010）在安徽省蒙城县调查发现，马铃薯田间主要杂草有：禾本科杂草旱稗［*Echinochloa hispidula*（Retz.）Nees］、千金子、早熟禾（*Poa annua* L.），十字花科荠菜，马齿苋科马齿苋，藜科藜，玄参科婆婆纳（*Veronica didyma* Tenore）、苋科反枝苋，唇形科宝盖草（*Lamium amplexicaule* L.）。

2. 甘肃省马铃薯种植区域杂草类型　叶文斌等（2015）、谭岩等（2015）、雷仲潮等（2016）、邓成贵等（2016）、牛小霞等（2017）、马胜等（2017）、吴之涛等（2018）、高赟等（2018）、王文慧等（2019）分别在甘肃省马铃薯种植区域，西和县，山丹县，民乐县，定西市，兰州市，武威市，渭源县，陇西县，调查田间杂草。结果表明，甘肃省马铃薯田间的主要杂草有：禾本科狗尾草、马唐、野燕麦、画眉草［*Eragrostis pilosa*（L.）Beauv.］、冰草［*Agropyron cristatum*（L.）Gaertn.］、赖草［*Leymus secalinus*（Georgi）Tzvel.］，菊科鼠麹草（*Gnaphalium affine* D. Don）、千里光（*Senecio scandens* Buch. -Ham. ex D. Don）、刺儿菜［*Cirsium setosum*（Willd.）MB.］、牛膝菊（*Galinsoga parviflora* Cav.）、苦苣菜（*Sonchus oleraceus* L.）、蒲公英，石竹科雀舌草（*Stellaria uliginosa* Murr.）、鹅肠菜、繁缕［*Stellaria media*（L.）Cyr.］，蓼科绵毛酸模叶蓼（*Po-*

lygonum lapathifolium L. var. *salicifolium* Sihbth.)、卷茎蓼、酸模叶蓼,十字花科弯曲碎米荠(*Cardamine flexuosa* With.)、芝麻菜(*Eruca sativa* Mill.)、荠菜、风花菜[*Rorippa globosa*(Turcz.)Hayek],藜科藜、小藜、灰绿藜(*Chenopodium glaucum* L.)、菊叶香藜(*Chenopodium foetidum* Schrad.)、猪毛菜(*Salsola collina* Pall.)、碱蓬[*Suaeda glauca*(Bunge)Bunge],苋科反枝苋、凹头苋,马齿苋科马齿苋、旋花科田旋花、打碗花,茜草科猪殃殃,伞形科野胡萝卜(*Daucus carota* L.),锦葵科锦葵(*Malva sinensis* Cavan.),茄科曼陀罗(*Datura stramonium* Linn.)、龙葵(*Solanum nigrum* L.),大戟科地锦(*Euphorbia humifusa* Willd. ex Schlecht.)、泽漆(*Euphorbia helioscopia* L.)、斑地锦(*Euphorbia maculata* L.)、铁苋菜(*Acalypha australis* L.),唇形科宝盖草、香薷[*Elsholtzia ciliata*(Thunb.)Hyland.]、风轮菜[*Clinopodium chinense*(Benth.)O. Ktze.],罂粟科角茴香(*Hypecoum erectum*)。

3. 广西壮族自治区马铃薯种植区域杂草类型 梁玉娥等(2015)调查广西玉林市4个镇的冬植马铃薯田间杂草,发现主要杂草有:禾本科看麦娘,石竹科雀舌草、鹅肠菜,蓼科酸模叶蓼,藜科小藜,十字花科弯曲碎米荠、荠菜、碎米荠,茄科龙葵,苋科空心莲子草,菊科裸柱菊、鼠麴草、鬼针草、野茼蒿、稻槎菜、苦荬菜、鳢肠、刺儿菜,毛茛科石龙芮(*Ranunculus sceleratus* L.),唇形科风轮菜。

4. 贵州省马铃薯种植区域杂草类型 张斌等(2018)、李威等(2019),分别在贵州省马铃薯种植区域,修文县、开阳县、息烽县、习水县、水城县,贵州省东南部调查田间杂草,结果表明,贵州省马铃薯田间的主要杂草有:菊科粗毛牛膝菊(*Galinsoga quadriradiata* Ruiz et Pav.)、马兰[*Kalimeris indica*(L.)Sch. -Bip.]、野艾蒿(*Artemisia lavandulaefolia* DC.)、青蒿(*Artemisia carvifolia*)、刺儿菜、牛膝菊、白花鬼针草(*Bidens pilosa* L. var. *radiata* Sch. -Bip.)、豨莶(*Siegesbeckia orientalis* L.)、野茼蒿、苏门白酒草[*Conyza sumatrensis*(Retz.)Walker]、苦苣菜、黄鹌菜(*Youngia japonica*)、小蓬草[*Conyza canadensis*(L.)Cronq.]、鼠麴草,蓼科卷茎蓼、尼泊尔蓼(*Polygonum nepalense* Meisn.)、酸模叶蓼、头花蓼(*Polygonum capitatum* Buch. -Ham. ex D. Don)、水蓼(*Polygonum hydropiper* L.)、长刺酸模(*Rumex trisetifer* Stokes)、杠板归(*Polygonum perfoliatum* L.),禾本科马唐、棒头草(*Polypogon fugax* Nees ex Steud.)、看麦娘、牛筋草、早熟禾、荩草[*Arthraxon hispidus*(Thunb.)Makino]、狗尾草,石竹科繁缕、石生蝇子草(*Silene tatarinowii* Regel)、簇生卷耳[*Cerastium fontanum* Baumg. subsp. *triviale*(Link)Jalas],唇形科紫苏[*Perilla frutescens*(L.)Britt.]、风轮菜,车前草科车前(*Plantago asiatica* L.),天南星科半夏(*Pinellia ternata*),豆科白车轴草(*Trifolium repens* L.),旋花科打碗花,藜科藜,苋科凹头苋,鸭跖草科鸭跖草(*Commelina communis*),茜草科猪殃殃,玄参科阿拉伯婆婆纳(*Veronica persica* Poir.),毛茛科禺毛茛(*Ranunculus cantoniensis* DC.)、毛茛(*Ranunculus japonicus* Thunb.),葫芦科赤瓟(*Thladiantha dubia* Bunge),伞形科水芹[*Oenanthe javanica*(Bl.)DC.],十字花科蔊菜[*Rorippa indica*(L.)Hiern.]、荠菜,牻牛儿苗科老鹳草(*Geranium wilfordii* Maxim.),茄科龙葵。

5. 河北省马铃薯种植区域杂草类型 王宝地(2011)、张玉慧等(2014;2016),分别在河北省马铃薯种植区域,宣化县、康保县,调查田间杂草,结果表明,河北省马铃薯田间的主要杂草有:禾本科狗尾草,苋科反枝苋、凹头苋,马齿苋科马齿苋、蓼科卷茎蓼、酸模叶蓼、两栖蓼(*Polygonum amphibium* L.)、萹蓄(*Polygonum aviculare* L.),菊科草地风毛菊[*Saussurea amara*(L.)DC.]、苣荬菜、苦荬菜(*Ixeris polycephala* Cass.)、苍耳、刺儿菜、鹤虱(*Lappula myosotis* Moench),藜科藜、地肤[*Kochia scoparia*(L.)Schrad.]、猪毛菜、刺藜[*Dysphania*

aristata(Linnaeus)Mosyakin & Clemants]、沙蓬[*Agriophyllum squarrosum*(L.)Moq.]、中亚滨藜(*Atriplex centralasiatica* Iljin),伞形科野胡萝卜,唇形科香薷,旋花科田旋花,锦葵科锦葵,报春花科点地梅[*Androsace umbellata*(Lour.)Merr.]。

6. 河南省马铃薯种植区域杂草类型　张春强等(2010)、吴仁海等(2018),分别在河南省马铃薯种植区域洛阳市,原阳县调查田间杂草,结果表明,河南省马铃薯田间的主要杂草有:旋花科圆叶牵牛(*Ipomoea purpurea* Lam.)、打碗花,藜科小藜、藜,十字花科播娘蒿[*Descurainia sophia*(L.)Webb ex Prantl]、荠菜,苋科反枝苋,马齿苋科马齿苋。

7. 黑龙江省马铃薯种植区域杂草类型　邱广伟等(2009)、宫香余等(2012)、刘向东(2013)、丁俊杰(2013)、刘宇等(2015)、刘洋(2017),分别在黑龙江省马铃薯种植区域克山县、讷河市、集贤县、富锦市、哈尔滨市、齐齐哈尔市调查田间杂草,结果表明,黑龙江省马铃薯田间的主要杂草有:禾本科狗尾草、牛筋草、马唐,藜科藜、鸭跖草科鸭跖草,十字花科荠菜,大戟科铁苋菜(*Acalypha australis* L.),锦葵科苘麻(*Abutilon theoprasti* Medic),茄科龙葵,唇形科香薷,石竹科鹅肠菜,苋科反枝苋,蓼科刺蓼、柳叶刺蓼、卷茎蓼,木贼科问荆,菊科苍耳、茵陈蒿(*Artemisia capillaris* Thunb.)、猪毛蒿(*Artemisia scoparia* Waldst. et Kit.)、鼬瓣花、苣荬菜(*Sonchus arvensis* L.)。

8. 湖北省马铃薯种植区域杂草类型　张等宏等(2017;2018)、李芒等(2017),分别在湖北省马铃薯种植区域恩施州,南湖农场调查田间杂草,结果表明,湖北省马铃薯田间的主要杂草有:禾本科马唐、狗尾草、牛筋草,藜科藜,马齿苋科马齿苋,蓼科尼泊尔蓼、刺蓼、酸模叶蓼、丛枝蓼(*Polygonum posumbu* Buch.-Ham. ex D. Don)、杠板归、春蓼,鸭跖草科鸭跖草,菊科牛膝菊、野艾蒿、野茼蒿、鼠麴草、醴肠,石竹科鹅肠菜,苋科喜旱莲子草、反枝苋,唇形科紫苏,十字花科碎米荠,茜草科车轴草[*Galium odoratum*(L.)Scop.]。

9. 吉林省马铃薯种植区域杂草类型　金日等(2017)、闫嘉琦等(2017)在吉林省马铃薯种植区域龙井市调查田间杂草,结果表明,吉林省马铃薯田间的主要杂草有:鸭跖草科鸭跖草,藜科藜,蓼科酸模叶蓼,锦葵科苘麻。

10. 江苏省马铃薯种植区域杂草类型　季万红等(2012)在江苏省马铃薯种植区域宝应县调查田间杂草,结果表明江苏省马铃薯田间的主要杂草有:禾本科马唐,大戟科铁苋菜,苋科凹头苋。

11. 内蒙古自治区马铃薯种植区域杂草类型　程玉臣等(2011;2014;2015,)、刘秩汝等(2016),在内蒙自治区马铃薯种植区域呼和浩特市、呼伦贝尔市调查田间杂草,结果表明,内蒙古自治区马铃薯田间的主要杂草有:禾本科狗尾草、马唐,藜科藜、刺藜,苋科反枝苋,马齿苋科马齿苋,蓼科柳叶刺蓼、卷茎蓼、酸模叶蓼,菊科苍耳、刺儿菜、猪毛蒿、苣荬菜,十字花科荠菜,大戟科铁苋菜,茄科龙葵,旋花科打碗花,木贼科问荆。

12. 宁夏回族自治区马铃薯种植区域杂草类型　王喜刚等(2019a;2019b),在宁夏马铃薯种植区域原州区、红寺堡区、彭阳县、西吉县、同心县、盐池县、平罗县、海原县、泾源县、固原县、隆德县调查田间杂草,结果表明,宁夏古自治区马铃薯田间的主要杂草有:禾本科稗、牛筋草、芦苇(*Phragmites australis*)、野燕麦、狗尾草、金色狗尾草[*Setaria viridis*(L.)Beauv.]、拂子茅(*Calamagrostis epigeios*)、碱茅(*Puccinellia distans*)、星星草(*Puccinellia tenuiflora*)、马唐、虎尾草(*Chloris virgata*)、荻(*Triarrhena sacchariflora*),菊科蒲公英、蒙古蒿(*Artemisia mongolica*)、黄花蒿(*Artemisia annua*)、旋覆花(*Inula japonica*)、苍耳、毛连菜(*Picris hieracioides*)、刺儿菜、苦苣菜、蓟(*Cirsium japonicum*)、牛蒡(*Arctium lappa*)、乳苣(*Mulgedium*

tataricum)、阿尔泰狗娃花(*Heteropappus altaicus*)、蓼子朴(*Inula salsoloides*)、艾蒿(*Artemisia argyi*)、中华小苦荬(*Ixeridium chinense*)、中华蒲公英(*Taraxacum borcalisinense*)、多列蒲公英(*Taraxacum dissectum*),藜科灰绿藜、刺藜、小藜、藜、猪毛菜、地肤、碱蓬,豆科甘草(*Glycyrrhiza uralensis*)、苦马豆(*Sphaerophysa salsula*)、野大豆(*Glycine soja*),旋花科菟丝子(*Cuscuta chinensis*)、田旋花、打碗花,蓼科萹蓄、酸模(*Rumex acetosa*)、西伯利亚蓼(*Polygonum sibiricum*)、酸模叶蓼,锦葵科苘麻、冬葵(*Malva verticillata*),十字花科独行菜(*Lepidium apetalum*)、荠菜、播娘蒿、风花菜,苋科反枝苋、凹头苋,茄科龙葵、曼陀罗,车前科车前、平车前(*P. depressa*),毛茛科蓝堇草(*Leptopyrum fumarioides*)、黄花铁线莲(*Clematis intricata*),紫草科附地菜(*Trigonotis peduncularis*),唇形科宝盖草,马齿苋科马齿苋,茜草科猪殃殃,萝藦科鹅绒藤(*Cynanchum chinense*),木贼科问荆,蒺藜科蒺藜(*Tribulus terrester*),玄参科肉果草(*Lancea tibetica*),大戟科地锦。

13. 青海省马铃薯种植区域杂草类型　郭良芝等(2014)、谢春晖等(2016),在青海省马铃薯种植区域西宁、湟中县调查田间杂草,结果表明,青海省马铃薯田间的主要杂草有:唇形科密花香薷(*Elsholtzia densa* Benth.),锦葵科冬葵,藜科藜,禾本科野燕麦,木贼科问荆,茜草科猪殃殃,菊科乳苣、苣荬菜、刺儿菜,石竹科繁缕,十字花科荠菜,大戟科泽漆,蓼科卷茎蓼,罂粟科细果角茴香(*Hypecoum leptocarpum* Hook. f. et Thoms.)。

14. 山东省马铃薯种植区域杂草类型　路兴涛等(2011)、张淑敏等(2017),在山东省马铃薯种植区域泰安市调查田间杂草,结果表明,山东省马铃薯田间的主要杂草有:禾本科马唐、狗尾草,大麻科葎草[*Humulus scandens*(L.)Merr.],藜科藜,苋科反枝苋,鸭跖草科鸭跖草、饭包草(*Commelina benghalensis*),大戟科铁苋菜(*Acalypha australis* L.)。

15. 山西省马铃薯种植区域杂草类型　姚满生等(2009)、杨春(2011)、李斐等(2013)、张永福等(2014)、王兴涛等(2015)、李桂英等(2017)、刘巍等(2018),在山西省马铃薯种植区域太谷、南山农场、大同、朔州、大同、阳高县调查田间杂草,结果表明,山西省马铃薯田间的主要杂草有:禾本科狗尾草、稗草、画眉草、白茅[*Imperata cylindrica*(L.)Beauv.]、野青茅[*Deyeuxia pyramidalis*(Host)Veldkamp]、芦苇、金色狗尾草、牛筋草、看麦娘,菊科刺儿菜、乳苣、蒲公英、苍耳、鬼针草、江南山梗菜(*Lobelia davidii* Franch.),蓼科两栖蓼、西伯利亚蓼,藜科藜、沙蓬、刺藜、灰绿藜、小藜,旋花科田旋花(*Convolvulus arvensis* L.)、打碗花(*Calystegia hederacea* Wall. ex. Roxb.)、箭叶田旋花,木贼科节节草(*Equisetum ramosissimum* Desf.),锦葵科圆叶锦葵(*Malva pusilla* Smith),大戟科地锦,苋科反枝苋、碱蓬[*Suaeda glauca*(Bunge)Bunge],豆科甘草,蒺藜科蒺藜,马齿苋科马齿苋。

16. 陕西省马铃薯种植区域杂草类型　刘林峰等(2017)在陕西省马铃薯种植区域洛南县调查田间杂草,结果表明,陕西省马铃薯田间的主要杂草有:藜科藜、菊科刺儿菜、天南星科半夏(*Pinellia ternata*)、十字花科荠菜。

17. 四川省马铃薯种植区域杂草类型　陈庆华等(2011)在四川省马铃薯种植区域青神县调查田间杂草,结果表明,四川省马铃薯田间的主要杂草有:禾本科马唐、牛筋草,菊科牛膝菊、鼠麴草,莎草科碎米莎草(*Cyperus iria* L.),十字花科荠菜,石竹科繁缕,苋科凹头苋,大戟科铁苋菜。

18. 天津市马铃薯种植区域杂草类型　于金萍等(2019)在天津市马铃薯种植区域调查田间杂草,结果表明,天津市马铃薯田间的主要杂草有:禾本科马唐,藜科藜,苋科反枝苋。

19. 新疆维吾尔自治区马铃薯种植区域杂草类型　蔡春雷(2017)在新疆维吾尔自治区马

铃薯种植区域巴里坤县调查田间杂草,结果表明,新疆维吾尔自治区马铃薯田间的主要杂草有:禾本科狗尾草,苋科反枝苋,茄科龙葵,菊科苍耳、刺儿菜。

20. 云南省马铃薯种植区域杂草类型 武少春(2015)、李章田等(2019)在云南省马铃薯种植区域澜沧县、德宏傣族景颇族自治州调查田间杂草,结果表明云南省马铃薯田间的主要杂草有:禾本科马唐、牛筋草、狗尾草、早熟禾、硬草[*Sclerochloa dura*(L.)Beauv.],大麻科葎草,藜科藜,菊科刺儿菜、苣荬菜、破坏草[*Ageratina adenophora*(Sprengel)R. M. King & H. Robinson],旋花科田旋花。

21. 重庆市马铃薯种植区域杂草类型 李明聪(2017)在重庆市马铃薯种植区巫溪县调查田间杂草,结果表明重庆市马铃薯田间的主要杂草有:禾本科狗牙根[*Cynodon dactylon*(L.)Pers.],鸭跖草科鸭跖草,蓼科疏花篱首乌[*Fallopia dumetorum*(Linnaeus)Holub var. *pauciflora*(Maximowicz)A. J. Li],茜草科车轴草。

(二)马铃薯田间主要杂草介绍

在马铃薯田间分布最广泛的杂草有:禾本科杂草狗尾草、马唐分别分布在 11 个省份的马铃薯种植区域,十字花科杂草荠菜分布于 10 个省份的马铃薯种植区域,马齿苋科杂草马齿苋分布于 7 个省份的马铃薯种植区域,藜科杂草藜分布在 11 个省份的马铃薯种植区域,苋科杂草反枝苋、凹头苋分别分布在 12 个、6 个省份的马铃薯种植区域,菊科杂草刺儿菜、苍耳、苣荬菜、鼠曲草、牛膝菊分别分布在 10 个、6 个、5 个、5 个、4 个省份的马铃薯种植区域,石竹科鹅肠菜分布在 4 个省份的马铃薯种植区域,茜草科猪殃殃分布在 4 个省的马铃薯种植区域,蓼科杂草酸模叶蓼、卷茎蓼分别分布在 8 个、6 个省份的马铃薯种植区域,茄科龙葵分布在 7 个省份的马铃薯种植区域,旋花科的田旋花分布在 4 个省份的马铃薯种植区域,木贼科问荆分布在 4 个省份的马铃薯种植区域,鸭跖草科鸭跖草分布在 6 个省份的马铃薯种植区域,现将以上杂草分别进行介绍。

1. 木贼科问荆[*Equisetum arvense* L.]

分类地位:木贼科(Equisetaceae),木贼属(*Equisetum*)

形态特征:全株长 5～35 cm。根茎发达,黑褐色,入土深 1～2 m,并具有小球茎。地上茎直立,二型,当年枯萎,分为可育茎和不育茎,可育茎单一,黄棕色。不育茎绿色,多分枝。可育枝中部直径 3～5 mm,节间长 2～6 cm,无轮茎分枝,脊不明显,鞘筒栗棕色或淡黄色,鞘齿 9～12 枚,栗棕色,狭三角形,鞘背仅上部有一浅纵沟,孢子散后能育枝枯萎。

2. 蓼科酸模叶蓼[*Polygonum lapathifolium* L.]

分类地位:蓼科(Polygonaceae),蓼属(*Polygonum*)

形态特征:株高 40～100 cm。根分枝多,根系长,细毛多。茎直立,绿色,节间具紫斑,光滑无毛,上部具分枝,节部膨大。叶互生,披针形或宽披针形,先端急尖或渐尖至尾尖,基部楔形或宽楔形,上面绿色,常有黑褐色斑块,两面沿中脉被短硬伏毛,全缘,边缘具粗缘毛,下面有腺点。中脉常有伏贴硬粗毛,侧脉显著,7～30 对托叶鞘筒状,膜质,长 0.7～2 cm,被硬伏毛,顶端截形,无缘毛,具叶柄,被粗伏毛,托叶鞘筒状,膜质,淡褐色,无毛,具多数脉,顶端截形,无缘毛,稀具短缘毛。总状花序呈穗状,顶生或腋生,近直立,花紧密,苞片漏斗状,边缘具稀疏短缘毛;花被淡红色或白色,花被片椭圆形,外面两面较大,脉粗壮,顶端叉分,外弯,雄蕊通常 6 枚。瘦果宽卵形,双凹,长 2～3 mm,黑褐色,有光泽,包于宿存花被内。

生活习性:一年生草本,种子繁殖,多次开花结实,花期 6—8 月,果期 7—9 月。

3. 蓼科卷茎蓼[*Fallopia convolvulus*(Linnaeus)A. Love]

分类地位：蓼科(Polygonaceae)，蓼属(*Polygonum*)

形态特征：株高1~1.5 m。茎缠绕，具纵棱，自基部分枝，具小突起。叶卵形或心形，顶端渐尖，基部心形，两面无毛，下面沿叶脉具小突起，边缘全缘，具小突起。叶柄沿棱具小突起，托叶鞘膜质，偏斜，无缘毛。花序总状，腋生或顶生，花稀疏，下部间断，有时成花簇，生于叶腋；苞片长卵形，顶端尖，每苞具2~4花；花梗细弱，比苞片长，中上部具关节；花被5深裂，淡绿色，边缘白色，花被片长椭圆形，外面3片背部具龙骨状突起或狭翅，被小突起；果时稍增大，雄蕊8，比花被短，花柱3，极短，柱头头状。瘦果椭圆形，具3棱，长3~3.5 mm，黑色，密被小颗粒，无光泽，包于宿存花被内。

生活习性：一年生草本，花期5—8月，果期6—9月。

4. 藜科藜[*Chenopodium album* L.]

分类地位：藜科(Chenopodiaceae)，藜属(Chenopodium)。

形态特征：主根明显，分枝多，细根密布。茎直立，粗壮，有棱和绿色或紫红色的条纹，多分枝，株高60~120 cm。多分枝，具条棱及绿色条纹，幼时具白粉粒。叶片菱状卵形至宽披针形，长3~6 cm，宽2.5~5 cm，先端急尖或微钝，叶基部楔形至宽楔形，上面通常无粉，边缘常有不整齐的锯齿，下面生粉粒，灰绿色。具长叶柄。花两性，黄绿色，数个集成团伞花簇，多数花簇排成腋生或顶生的圆锥状花序。花被片5片，宽卵形或椭圆形，具纵隆脊和膜质的边缘，先端钝或微凹。雄蕊5枚。柱头2个，线形。胞果完全包于花被内或顶端稍露，果皮薄，和种子紧贴。种子横生，双凸镜形，直径1.2~1.5 mm，光亮，表面有不明显的沟纹及点洼，胚环形。

生活习性：一年生草本。春季出苗，4—5月生长旺盛。花期6—9月，果期8—10月。

5. 苋科反枝苋[*Amaranthus retroflexus* L.]

分类地位：苋科(Amaranthaceae)，苋属(*Amaranthus*)。

形态特征：株高20~80 cm。全株有短柔毛。根系深，主根明显，有分枝，细根多。茎直立，单一或分枝，淡绿色，有时带紫色条纹，稍具钝棱，密生短柔毛。叶互生，卵形至椭圆状卵形，长5~12 cm，宽2.5~4 cm，先端稍凸或略凹，有小芒尖，基部楔形，两面和边缘具柔毛。柄长3~5 cm，被短柔毛。花序圆锥状，顶生或腋生，由多数穗状花序形成，顶生花穗较侧生者长，花簇刺毛多。雌雄同株。花被5片或4片，倒卵状长圆形，长3 m，先端圆钝或截形，具短凸尖，薄膜质，白色，具浅绿色中脉1条。雄蕊与花被片同数，5枚或4枚。柱头2~3个。胞果扁球形，环状横裂，包裹在宿存花被片内。种子圆形至倒卵形，径1 mm，表面黑色。

生活习性：一年生草本，种子繁殖。4—5月出苗，6—7月开花，果期7—9月。种子陆续成熟，成熟种子无休眠期。适宜发芽温度为15~0 ℃，土层内出苗。

6. 苋科凹头苋[*Amaranthus blitum* Linnaeus]

分类地位：苋科(Amaranthaceae)，苋属(*Amaranthus* Linn.)。

形态特征：高10~50 cm，植株无毛。主根明显，细根发达。茎从基部分枝伏卧而上升，绿色或紫红色。子叶椭圆形，先端钝尖，顶端回缺、具1芒尖，基部宽楔形，具长柄，全缘或成波状，后生叶除叶缘略呈波状外，与初生叶相似。花簇腋生，直至下部叶腋，生在茎端或枝端者成直立桃状花序或圆锥花序。苞片和小苞片长圆形。花被片3片，膜质，长圆形或披针形，顶端急尖，向内弯曲，黄绿色。雄蕊3枚。柱头3个或2个。胞果近扁圆形、略皱缩而近平滑，不开裂。种子黑色，有光泽，边缘具环状边。

生活习性:一年生草本。种子繁殖。一年可完成 2 个生活周期。第一代 5 月上旬出苗,5 月下旬分枝,6 月中旬现蕾,6 月下旬至 7 月上旬开花、结果,7 月中、下旬成熟。第二代 8 月上中旬出苗,8 月下旬为出苗高峰,9 月开花结果,临冬植株枯死。

7. 马齿苋科马齿苋[*Portulaca oleracea* L.]

分类地位:马齿苋科(Portulacaceae),马齿苋属(*Portulaca*)。

形态特征:全株无毛。茎平卧或斜倚,伏地铺散,多分枝,圆柱形,长 10～15 cm 淡绿色或带暗红色。叶互生,有时近对生,叶片扁平,肥厚,倒卵形,似马齿状,长 1～3 cm,宽 0.6～1.5 cm,顶端圆钝或平截,有时微凹,基部楔形,全缘,上面暗绿色,下面淡绿色或带暗红色,中脉微隆起;叶柄粗短。花无梗,直径 4～5 mm,常 3～5 朵簇生枝端,午时盛开;苞片 2～6,叶状,膜质,近轮生;萼片 2,对生,绿色,盔形,左右压扁,长约 4 mm,顶端急尖,背部具龙骨状凸起,基部合生;花瓣 5,稀有 4,黄色,倒卵形,长 3～5 mm,顶端微凹,基部合生;雄蕊通常 8,或更多,长约 12 mm,花药黄色;子房无毛,花柱比雄蕊稍长,柱头 4～6 裂,线形。蒴果卵球形,长约 5 mm,种子肾状倒阔卵形或略呈是肾形,两侧稍扁,长 0.6～0.9 mm,宽 0.4～0.6 mm。种皮黑色,表面具极细微的颗粒突起,呈同心圆状排列。种圆形,其上覆盖着黄白色蝶翅状的脐膜。

生活习性:一年生草本,花期 5—8 月,果期 6—9 月。

8. 石竹科鹅肠菜[*Myosoton aquaticum*(L.)Moench]

分类地位:石竹科(Caryophyllaceae),鹅肠菜属(*Myosoton*)

形态特征:高 20～40 cm。具须根。茎带紫色,茎二叉状分枝,上部斜立,被腺毛,下部伏地生根、无毛。叶对生,叶片卵形或宽卵形,先端锐尖,基部稍心形,有时边缘具毛,上部叶常无柄或具短柄,疏生柔毛。二歧聚伞花序顶生,苞片叶状,边缘具腺毛;花梗细长,萼片 5 片,基部略合生,花瓣 5 片,白色,顶端 2 深裂达基部。雄蕊 10,稍短于花瓣,子房长圆形,花柱短,线形。蒴果卵形或长圆形。种子近圆形,深褐色。

生活习性:二年生或多年生草本,种子和匍间茎繁殖。花期 5—8 月,果期 6—9 月,平均一株结籽 1370 粒左右。

9. 十字花科荠菜[*Capsella bursa-pastoris*(L.)Medic.]

分类地位:十字花科(Cruciferae),荠属(*Capsella*)。

形态特征:根系浅,具分枝,须根不发达。株高 10～50 cm,茎直立,绿色,单一或基部分枝,具有白色单一、叉状分枝或星状的细茸毛。基生叶丛生呈莲座状,平铺地面,大头羽状分裂、深裂或不整齐羽裂,有时不分裂,长可达 12 cm,宽可达 2.5 cm,顶裂片卵形至长圆形,裂片 3～8 对,长三角状长圆形或卵形,向前倾斜,柄有狭翅。茎生叶叶片长圆形或披针形,长 1～3.5 cm,宽 2～7 mm,先端钝尖,基部箭形,抱茎,边缘具锯齿或近全缘。总状花序顶生和腋生,花后伸长可达 20 cm,萼片长卵形,膜质,近直立,长 1～2 mm。花瓣白色,倒卵形,有短柄瓣。短角果倒三角状心形,扁平,长 5～8 mm,宽 4～6 mm,果瓣无毛,具显著网纹,熟时开裂。种子长椭圆形,长 1 mm,淡褐色,表面具细小凹点。

生活习性:1 年生或 2 年生草本,种子繁殖,种子和幼苗越冬。华北地区 10 月(或早春)出苗,翌年 4 月开花,5 月果实成熟。种子经短期休眠后萌发。种子量很大,每株种子可达数千粒。

10. 旋花科田旋花[*Convolvulus arvensis* L.]

分类地位:旋花科(Convolvulaceae),旋花属(*Convolvulus*)

形态特征：全长 1～3 m。具有直根和根状茎，直根入土深，根状茎横走。茎蔓性，平卧或缠绕，有条纹及棱角，无毛或上部被疏柔毛。叶卵状长圆形至披针形，先端钝或具小短尖头，基部大多戟形，或箭形及心形，全缘或 3 裂，侧裂片展开，微尖，中裂片卵状椭圆形，狭三角形或披针状长圆形，微尖或近圆。叶柄较叶片短，长 1～2 cm；叶脉羽状，基部掌状。花序腋生，有花 1～3 朵，具细长梗，花柄比花萼长得多；苞片 2 枚，线形，长约 3 mm；萼片有毛，稍不等，2 个外萼片稍短，长圆状椭圆形，钝，具短缘毛，内萼片近圆形，钝或稍凹，或多或少具小短尖头，边缘膜质，花冠宽漏斗形，白色或粉红色，或白色具粉红或红色的瓣中带，或粉红色具红色或白色的瓣中带，5 浅裂；雄蕊 5 枚，雌蕊较雄蕊稍长，子房有毛。蒴果卵状球形，或圆锥形，无毛，长 5～8 mm。种子 4，卵圆形，无毛，长 3～4 mm，暗褐色或黑色。

生活习性：多年生草本，花期 5—8 月，果期 6—9 月。

11. 茄科龙葵 [Solanum nigrum L.]

分类地位：茄科(Solanaceae)，茄属(Solanum)

形态特征：株高 20～80 cm。根圆柱形，分枝多。茎直立，多分枝，无棱或棱不明显，绿色或紫色，近无毛或被微柔毛。卵形叶互生，顶端尖锐，基部楔形至阔楔形下延至叶柄，全缘或有不规则波状粗齿，光滑或两面均被稀疏短柔毛，叶脉每边 5～6 条。柄长 1～2.5 cm。短蝎尾状聚伞花序腋外生，每花序有 4～10 朵花，总花梗长 1～2.5 cm，花梗下垂，近无毛或具短柔毛，萼小，浅杯状，5 浅裂，齿卵圆形或卵状三角形，绿色。花冠无毛，白色，辐射状，筒部隐于萼内，长不及 1 mm，冠檐长 2.5 mm，5 深裂，雄蕊 5 枚，着生花冠筒口，花丝短而分离，内面有细柔毛，花药黄色，长 1 mm，顶孔向内，雌蕊 1 枚。浆果球形，径 4～6 mm，熟时紫黑色，有光泽。种子近卵形，扁平，长 1.5～2 mm，淡黄色，表面略具细网纹及小凹穴。

生活习性：1 年生草本，花期 6—9 月，果期 7—11 月。当年种子一般不能萌发，经越冬休眠后才能发芽。

12. 菊科鼠麴草 [Gnaphalium affine D. Don]

分类地位：菊科(Compositae)鼠曲草属(Gnaphalium Linn.)

形态特征：株高 10～50 cm，须状根。茎、枝、叶均密生白色绵毛。茎直立或斜升，簇生，自基部分枝，丛生状。叶互生，基部叶花期枯萎凋落，下部和中部叶匙形倒卵状披针形或倒卵状匙形，长 2～7 cm，宽 3～12 mm，先端钝圆或有小尖，基部渐狭并下延，无柄。头状花序多数，直径约 3 mm，在枝顶密集成伞房状，总苞球状钟形，总苞片 2～3 层，金黄色，膜质，有光泽，外围雌花花冠丝状中央两性花管状。瘦果椭圆形，冠毛粗糙、污白色。种子矩圆形，长约 0.5 mm，有乳头状突起。

生活习性：二年生草本。种子繁殖。秋季出苗，翌年春季返青，4—6 月为花、果期。当果实成熟后，种子自行脱落传播。

13. 菊科牛膝菊 [Galinsoga parviflora Cav.]

分类地位：菊科(Compositae)，牛膝菊属(Galinsog)

形态特征：高 10～80 cm。根具分枝，须根多数。茎纤细，直立，圆柱形，基部径约 4 mm，有细条纹，节膨大，不分枝或自基部分枝，分枝斜升，全部茎枝被疏散或上部稠密的贴伏短柔毛和少量腺毛，茎基部和中部花期脱毛或稀毛。单叶对生，草质，卵形或长椭圆状卵形，先端渐尖或钝，基部宽楔形至圆形，上面绿色，下面淡绿，边缘有浅圆齿，叶基出 3 脉或不明显 5 出脉，叶脉在上面平，下面稍凸起，全部茎叶两面粗涩，被白色稀疏贴伏的短柔毛，沿脉和叶柄上的毛较密，边缘浅或钝锯齿或波状浅锯齿。头状花序半球形，有长花梗，多数在茎枝顶端排成疏松的伞房花序,总苞半球形或宽钟状,管状花花冠长约 1 mm,黄色,下部被稠密的白色短柔毛。瘦果长 1～1.5 mm,圆锥形,3 棱或中央的瘦果 4～5 棱,上部粗而下部渐细,宽 0.4～0.5 mm,厚 0.3～0.4 mm,黑色,被白色微毛,顶端有鳞片。

生活习性:1 年生草本。花果期 7—10 月。

14. 菊科刺儿菜[*Cirsium arvense*(L.)Scop. var. *integrifolium* C. Wimm. et Grabowski]

分类地位:菊科(Compositae),蓟属(*Cirsium*)

形态特征:株高 20～100 cm。长匍匐根,先垂直向下生长,以后横长。茎直立具纵沟棱,无毛或被蛛丝状毛,上部有分枝。单叶互生,无柄,缘具刺状齿,基生叶花期调落,下部叶和中部叶椭圆形或长椭圆状披针形,两面被白色蛛丝状毛。雌雄异株,头状花序,通常单生或多个生枝端,成伞房状,雌株头状花序较大,雄株头状花序较小,总苞片多层,外层苞片较短,长圆状披针形,内层苞片披针形,顶端长尖,有刺。果皮浅黄色至黄色,两面各具 1 条明显的纵棱,表面光滑无毛,瘦果倒卵形或椭圆形,顶端截平,衣领状环窄,残存花柱伸出高于衣领状环 1 倍以上。果内含 1 粒种子。椭圆形或长卵形,略扁,表面浅黄色至褐状横皱纹,每面具 1 条明显纵脊。

生活习性:多年生草本。以根芽繁殖为主,种子繁殖为辅。3—4 月出苗,5—6 月开花结果,6—10 月果实渐次成熟,种子借风力飞散。

15. 菊科苍耳[*Xanthium strumarium* L.]

分类地位:菊科(Compositae),苍耳属(*Xanthium*)

形态特征:株高 30～90 cm。根粗壮,具分枝。茎直立或斜升,多分枝,被灰白色粗伏毛。叶三角状卵形或心形互生,具长柄,长 4～10 cm,宽 5～12 cm,先端锐尖或钝,叶缘不分裂或有 3～5 不明显浅裂,基出 3 脉。头状花序腋生或顶生,单性同株,雄性的头状花序为球形,密集枝顶径 4～6 mm,近无梗,密生柔毛,总苞片长圆状披针形,雄花花冠钟状,雌性头状花序椭圆形,外层总苞片披针形,被短柔毛,内层囊状,卵形或椭圆形。每苞内有 2 瘦果,果体呈椭圆形,两端尖,背面拱凸,腹面平直,果皮褐色,表面光滑,具细纵纹,内含 1 粒种子。种子与果实同形,呈淡黄色。

生活习性:一年生草本。种子繁殖。4—5 月萌发,7—8 月开花,8—9 月为果期。种子粗壮,生命力强,经休眠后萌发。

16. 菊科苣荬菜 [*Sonchus wightianus* DC.]

分类地位:菊科(Compositae),苦苣菜属(*Sonchus*)

形态特征:高 30～100 cm,全体含乳汁。地下根状茎匍匐,多数须根着生。地上茎少分枝,直立,平滑,上部分枝或不分枝。茎生叶互生,无柄,基部抱茎,叶片长圆状披针形或宽披针形,先端钝,基部耳状抱茎,边缘有稀疏缺刻或羽状浅裂,缺刻或裂片上有尖齿,两面无毛,绿色或蓝绿色,幼时常带红色,中脉白色,宽而明显。头状花序顶生,直径 2～4 cm,花序梗与总苞均被白色绵毛,总苞钟状,苞片 3～4 层,外层短于内层,花全为舌状花,鲜黄色。瘦果长椭圆形,有棱,侧扁,有纵肋。

生活习性:多年生草本。以根茎和种子繁殖。根茎多分布于 5～20 cm 的土层中,质脆易断,断后每段都能长成新的植株,耕作或除草能促进其萌发。4—5 月出苗,终年不断。花果期 6—10 月,种子 7 月即渐次成熟飞散。

生活习性:多年生草本植物,以根茎繁殖为主,孢子也能繁殖。

17. 禾本科狗尾草［*Setaria viridis*（L.）Beauv.］

分类地位：禾本科（Gramineae），狗尾草属（*Setaria*）

形态特征：须根系，茎疏丛生，直立或倾斜，高可达 100 cm，基部偶有分枝。叶片扁平线状披针形，顶端渐尖，基部略呈圆形或渐窄，长 4～30 cm，宽 2～18 mm，通常无毛或疏生疣毛，边缘粗糙。叶鞘松弛，光滑，鞘口具柔毛，两侧压扁。叶舌膜质，极短，具长 1～2 mm 的纤毛。圆锥花序紧密，直立或微倾斜，呈圆柱形，长 2～15 cm，直或稍弯曲，每簇刚毛约 9 条，长 4～12 mm，粗糙，绿色、黄色或带紫色，花序颜色变化很大；小穗轴脱节于颖之下，椭圆形，先端钝，长 2～2.5 mm，2 至数个簇生于缩短的分枝上，具明显的总梗，成熟后与刚毛分离而脱落。第 1 颖卵形，长约为小穗的 1/3，具 1～3 条脉；第 2 颖与小穗等长或稍长，具 5～7 脉；第 1 外稃与小穗等长，具 5～7 条脉，内稃狭窄。第 2 外稃长圆形，先端钝，较第 1 外稃短，边缘卷抱内稃，具细点状皱纹，熟时背部稍隆起。颖果灰褐色至近棕色，长圆形，腹面扁平。种子长 1.5～2 mm。

生活习性：一年生草本，种子繁殖。喜光、耐旱、耐瘠。4～5 月出苗，5 月下旬形成高峰，以后随降雨或灌水还会形成小高峰。5—10 月为花果期，7—10 月种子陆续成熟。种子借风、灌溉浇水及收获物进行传播，经越冬休眠后萌发。

18. 禾本科马唐［*Digitaria sanguinalis*（L.）Scop.］

分类地位：禾本科（Gramineae），马唐属（*Digitaria*）

形态特征：秆斜倚丛生，高 10～100 cm，基部展开或倾斜，着土后节易生根或具分枝。叶片线状披针形，宽 3～12 mm。叶鞘松弛抱茎，大部分短于节间。叶舌膜质，黄棕色，先端钝圆。总状花序 3～10 个，上部互生或呈指状排列于茎顶，下部近于轮生，小穗长 3～3.5 mm；第 1 颖小，但明显；第 2 颖长为小穗的 1/2～3/4，边缘有纤毛，第一外稃具 5～7 脉，脉上微粗糙，脉间距离不均匀，第二外稃色淡，边缘膜质，覆盖内稃。颖果披针形，长约 2.5 mm，呈乳白色透明状，胚体大，长约占果体的 1/3，脐微小褐色，位于果实基部。

生活习性：一年生草本，种子繁殖，繁殖力很强。4—6 月出苗，7—9 月抽穗、开花，8—10 月结实并成熟，种子边成熟边脱落。马唐在低于 20 ℃时，发芽慢，25～40 ℃发芽最快，种子萌发最适相对湿度 63%～92%，最适深度 1～5 cm。

19. 鸭跖草科鸭跖草［*Commelina communis* L.］

分类地位：鸭跖草科（Commelinaceae），鸭跖草属（*Commelina*）

形态特征：长可达 1 m。茎披散，多分枝，基部枝匍匐，节上生根，叶鞘及茎上部被短毛，其余部位无毛。叶互生，披针形至卵状披针形，叶无柄，基部有膜质短叶鞘。总苞片佛焰苞状，具长柄，与叶对生，心形折叠状，稍弯曲，顶端短急尖，基部心形。花两性，数朵花集成聚伞花序，略伸出苞外，花瓣深蓝色，3 枚，近圆形，雄蕊 6 枚，3 枚退化雄蕊顶端成蝴蝶状。蒴果椭圆形，长 5～7 mm，2 室，2 片裂，有种子 4 颗。种子长 2～3 mm，棕黄色，一端平截、腹面平，有不规则窝孔。

生活习性：一年生披散草本。4～5 月出苗，6—10 月果期。

三、防除措施

（一）农艺防除

1. 轮作倒茬　尹绍忠（2019）指出控制杂草的主要方法是对农作物与杂草之间的关系进行调节，为作物创造有利的环境，使作物的生长速度比杂草生长速度快。例如，采用合理轮作的方法,对时空差异合理利用,改变农田生态,改善土壤理化特性,使得生物呈现出多样性,作物得到保护。张翠梅等(2019)认为不同作物有不同的伴生杂草,这些杂草与作物的生存环境相同或相近,采取合理的轮作倒茬,破坏杂草的生态环境,可以有效减轻伴生杂草发生危害。张钰薇等(2019)研究发现杂草是农业生态系统的重要组成部分,与农作物竞争有限的光、水、肥、空间,是造成作物减产的主要因素之一。合理轮作是一项高效的生态控草措施,能够减轻杂草危害,改善杂草群落,也能降低存在于土壤表面和土壤中存活杂草种子库的密度,减轻杂草的潜在发生危害。

2. 田间管理　尹绍忠(2019)指出,作物播种和移栽前要做好田地的耕耘和灌溉工作,将杂草清除干净。采用堆肥技术对杂草进行控制,就是采用高温杀虫的方法,将杂草中的病虫休眠体杀死,同时还可以避免作物残体翻入土壤导致毒素危害。堆肥可以使得土壤的肥力增加,土壤的结构得到改善,提高作物的竞争能力,抑制杂草的生长,还可以保持土壤疏松,同时可以采用绿肥种植和休耕的方法有效地控制杂草,也可以使用秸秆覆盖的方法除草,或者采用机械除草的方法,但是不鼓励采用焚烧秸秆的方法。另外在作物收获后,要及时进行机械深耕或深松灭茬,将散落在地表的杂草种子翻埋到土壤深层,破坏杂草种子的萌发条件,使地表的杂草种子萌发条件受到破坏不能正常萌发,同时切断多年生杂草的地下根茎,翻上地表高温暴晒死亡,从而减轻杂草危害。周广鑫(2019)认为马铃薯地膜覆盖栽培技术具有保温、保水、保肥等特点,可促进马铃薯发芽出苗、生长发育、开花结果。种植实践表明,使用马铃薯地膜覆盖技术可以显著提高产量,出薯率也可以得到显著的提高,同时对杂草发生危害具有很好的控制作用。连彩虹(2019)经过多年生产实践,初步总结出马铃薯综合集成栽培技术,主要包括选地选茬、深耕改土、精细整地、精选种薯、种块处理、适期播种、合理密植、平衡施肥、适时追肥、加强田间管理、对症防治病虫害、及时收获、分级贮藏等,应用综合集成技术后对杂草的防治效果明显,马铃薯产量可提高15%以上。

(二)化学除草

1. 马铃薯播后苗前杂草防治　马铃薯直播田,在墒情较好肥水充足时,有利于杂草的发生,如不及时进行杂草防治,将严重影响幼苗生长。同时,地膜覆盖后田间白天温度较高,昼夜温差较大,苗瘦弱,对除草剂的耐药性较差,易产生药害,应注意选择除草剂品种和施药方法。

在马铃薯播后苗前,可以用下列除草剂:33%二甲戊灵乳油40~60 mL/亩;45%二甲戊灵微胶囊剂30~50 g/亩;72%异丙甲草胺乳油50~75 mL/亩;96%精异丙甲草胺乳油20~40 mL/亩。选择上述任一配方兑水40 kg均匀喷施,可以有效防治多种一年生禾本科杂草和部分阔叶杂草。施药后及时混土2~5 cm,防治药效挥发,混土不及时会降低药效。该类药剂比较适合于墒情较差时土壤封闭处理,但在冷凉、潮湿天气时施药易于产生药害,应慎用。

施用苗前除草剂时,除草剂药量过大、田间土壤过湿、温度过高或过低,遇到持续低温多雨条件下,马铃薯苗可能会出现暂时的矮化、生长停滞,低剂量下能恢复正常生长;当遇到膜内温度过高情况,严重时可能会出现死苗现象。

2. 马铃薯生长期杂草防治　对于苗前未能采取封闭除草或化学除草失败的马铃薯田,应在田间杂草基本出苗、且杂草处于幼苗时期及时施药防治,一年生禾本科杂草如:稗、狗尾草、牛筋草、马唐、千金子、野燕麦等,应在其3~5叶期进行防治,可选用的除草剂有:10%精喹禾灵乳油,40~60 mL/亩;10.8%高效氟吡甲禾灵乳油20~40 mL/亩;15%精吡氟禾草灵乳油40~60 mL/亩;24%烯草酮乳油20~40 mL/亩。选择上述任一配方兑水30 kg均匀喷施,可以有效防治多种禾本科杂草。在生长中后期,田间发生有马唐、狗尾草、马齿苋、藜、苋等杂草,可以用下列除草剂配方:10%精喹禾灵乳油 50 mL/亩+25%砜嘧磺隆水分散粒剂 5~6.7 g/亩;31%精喹·嗪草酮微乳剂 60~75 mL/亩;480 g/L 灭草松水剂 150~200 mL/亩。选择上述任配方兑水 30 kg 定向喷施,施药时要戴上防护罩,切忌将药液喷施到马铃薯茎叶上,否则会产生严重的药害。

在田间杂草较多、且处于雨季时,为了达到杀草和封闭双重功能,还可以喷施兼上述配方加入封闭除草剂,可用下列除草剂配方:10%精喹禾灵乳油 50 mL/亩+48%灭草松水剂 150 mL/亩+50%乙草胺乳油 150~200 mL/亩;10.8%高效吡氟氯禾灵乳油 20 mL/亩+50%乙草胺乳油 150~200 mL/亩;10%精喹禾灵乳油 50 mL/亩+50%乙草胺乳油 150~200 mL/亩;10%精喹禾灵乳油 50 mL/亩+48%灭草松水剂 150 mL/亩+72%异丙甲草胺乳油 150~250 mL/亩;10.8%高效氟吡甲禾灵乳油 20 mL/亩+72%异丙甲草胺乳油 150~250 mL/亩;10%精喹禾灵乳油 50 mL/亩+72%异丙甲草胺乳油 150~250 mL/亩。选择上述任一配方兑水 30 kg,定向喷施,施药时要戴上防护罩,切忌将药液喷施到马铃薯的茎叶上,否则会发生严重的药害。施药时视草情、墒情确定用药量。

第四节　非生物胁迫及应对

一、水分胁迫

(一)缺水

干旱是农业生产中最重要的非生物胁迫因素,同时也是世界上最常见、影响范围最广的自然灾害之一。中国马铃薯种植主要集中在西南、西北和东北三大区域,其中西南地区种植面积占全国种植面积的 41.76%、西北地区种植面积占比 22.56%、东北地区种植面积占比 17.93%,黄淮海、长江中下游和华南地区种植面积占比不足 10%。而西南、西北和东北种植区域大多属于雨养农业,自然降雨是马铃薯种植水分的主要来源,中国作为世界上严重干旱国家之一,干旱半干旱地区占国家土地面积的 47%,占总耕地面积的 51%,被世界水资源与环境发展联合会列为 13 个贫水国之一,干旱区域主要集中在西北、西南区域。马铃薯生产中水资源短缺和区域分布不均是典型的特征之一,尤其是春季降水整体呈现为南多北少、东多西少的分布特征。马铃薯周年种植中经常会遭遇季节性缺水和关键生育时期缺水,影响马铃薯生育进程和产量及品质。

1. 季节性缺水发生区域与特点　在北方一作区马铃薯种植一般在 5—9 月进行,发芽期一般为 5 月上旬到 6 月上旬,幼苗期为 6 月中旬到 6 月下旬,块茎形成期和块茎膨大期一般在 7 月上旬到 8 月中旬,其中块茎形成期和块茎膨大期是马铃薯生长发育的 2 个关键时期,同时也是耗水量最大的 2 个时期,此阶段缺水严重影响马铃薯单株结薯数和块茎的大小。张雷(2017)研究表明,1961—2016 年以来,东北地区夏季大部分区域降水量在 300~400 mm,总体呈现东南部多、西北部少的空间分布特征,夏季降水量整体呈减少趋势,在辽东半岛、长白山南部、吉林西北部以及黑龙江中部夏季降水量明显减少。内蒙古平均年降水量仅 300 mm 左右,且时空分布不均,十年九旱,春旱频发。

西南地区地处青藏高原东南部,由于纬度、地形等差异,具有独特的天气和气候特征,季节性降雨差异比较大,旱季时间长,每年的 11 月至次年 4 月为旱季,季节性干旱特别严重,特别是春旱十分严重。云南地区的春旱发生频率明显高于洪涝灾害,贵州夏、秋两季的降水量占到全年降水量的 68.6%。夏阳等(2016)研究表明,西南地区春季降水呈西北向东南逐渐增多,西南地区春季降水主模态在近 53 年来呈逐渐增多的趋势,但并不显著,此外还表现出明显的年(代)际变化特征,变化周期以 2.5~3.5 年及准 5 年为主。云南阶段性干旱时常发生,例如 2009 年秋季到 2010 年初,西南地区发生了历史罕见的重大旱灾,2010 年西南干旱时,云南地区平均降水量为 150.8 mm,较常年同期减少 39%,为 1952 年以来历史同期最少。此外,四川、重庆、贵州、广西等地也是西南地区春旱发生频率较高的地区。

地处西北的甘肃、陕西、宁夏、青海等黄土高原半干旱区属于典型的雨养农业区域,远离海洋、大部分地区年降水量不足 400 mm,部分地区甚至低于 50 mm,该地区降雨稀少,且年际和年内分配不均匀,降水主要集中在 7 月、8 月、9 月三个月。降水稀少和蒸发量大导致这一地区形成典型的干旱、半干旱区。柏庆顺等(2019)研究表明,近 5 年来,西北地区轻旱、中旱的年平均频次显著高于重旱和特旱,不同强度干旱频次均呈现显著减少趋势,1980 年以后旱情有所减轻,以轻旱为主。而不同强度干旱频次的空间分布存在一定的差异性,轻旱和中旱主要分布在西北地区西部,且在新疆东部、青海南部以及内蒙古中西部地区存在明显的互补性,重旱主要分布在西北地区西部,而特旱主要发生在西北地区东部。

中国南方地区是传统的丰水区,南方东部丘陵地区水热资源丰富,年降水量可达 1200~2500 mm,大部分地区年平均降水量均高于全国平均水平 20% 左右,但雨量分配不均,季节性干旱仍然频繁发生。该地区特有的红壤土独特的物理结构,使接纳的降水较易下行,在干旱季节时,表层土壤失水不能及时得到下层水分的补给,更加剧了季节性干旱的发生程度。低丘陵红壤区 7 月份的暴雨是造成 7 月份及其以后几个月干旱加剧的重要气候因素,伏旱、秋旱频发是这一地区马铃薯种植中的重要非生物胁迫因子。

总体来说,东北、西北、西南中国马铃薯的三大产区在 2—5 月均存在不同程度的春旱现象。

2. 关键生育时期缺水　马铃薯是需水较多的作物,植株的含水量在 70%~90%,块茎的含水量一般为 75%~80%,每形成 1 kg 干物质需要耗水 400~600 kg,每形成 1 kg 鲜块茎大约需水 100~150 kg,马铃薯生长的关键时期如果补水不及时或水分补充太少,植株就会遭受水分胁迫而不能正常生长发育。马铃薯在不同阶段的需水量不同,马铃薯发芽期对水分的需求较低,这是由于马铃薯块茎内的水分足以保证马铃薯出苗。从出苗到分枝期,苗小、气温低、需水少,这一阶段耗水量占全生育期的 10%~15%。花序期是地上部旺盛生长阶段、气温也逐渐升高,需水量大,这一阶段耗水量占全生育期的 25%~28%,开花期、植株地上部和地下部生长发育加快,对水分需求加大,该阶段耗水量占全生育期的 40%~45%,是全生育期需水量最多的时期,此时遇到干旱,马铃薯植株从底部叶片开始萎蔫、变黄直至脱落,同时抑制新叶的形成,对马铃薯产量影响较大。块茎形成期和膨大期如果遇到干旱,根系水势下降,木质部汁液中脱落酸(ABA)积累,气孔导度下降,干物质和碳水化合物浓度均降低。

3. 水分胁迫对马铃薯生长发育和产量及品质的影响

(1)干旱胁迫对生长发育和产量的影响　马铃薯生长发育对干旱反应十分敏感,干旱胁迫会导致植株正常生长发育受阻甚至严重受损,其具体表现因不同生育阶段而异。马铃薯下种或出苗遇到严重干旱会引起种薯直接腐烂、幼茎顶端膨大、幼茎干死,进而导致严重缺苗;苗期干旱会造成植株个体较小、匍匐茎数量和结薯数减少,薯块形成及膨大延后,并增加串薯比率;成苗后持续干旱胁迫会抑制并推迟块茎膨大;块茎膨大期干旱胁迫(最大田间持水量的40%～50%)会促进茎叶及根系中的水分及营养物质降解供应块茎生长。在整个生育期持续干旱胁迫(土壤相对含水量为30%～40%),马铃薯植株、根系、地下茎、匍匐茎、叶片等干物质积累、匍匐茎分枝数及叶面积均呈下降趋势。随着干旱胁迫(土壤含水量17.1%～47.8%)时间的延长和胁迫强度的增加,植株高度、茎粗、叶片长和宽、功能叶间距和干物质积累也随着降低,但根冠比 T/R 值呈增加趋势。在自然条件下,干旱胁迫会造成马铃薯出苗率降低,出苗推迟,植株生长弱小、生长缓慢及叶面积发育缓慢,茎叶干物质积累受抑制和干重显著降低,花芽分化受抑制,不现蕾或不开花,成熟期推迟;干旱胁迫还减少块茎形成数目,块茎生长发育受阻。可见,干旱胁迫会抑制马铃薯的出苗、植株生长、生殖生长、生育进程及光合产物向地下部器官分配。

(2)干旱胁迫对品质的影响 马铃薯不同生育期缺水均会对品质产生不良影响,马铃薯在干旱胁迫条件下,薯块停止生长或减缓膨大,当干旱胁迫缓解后薯块继续生长易形成串薯,串薯是销售和加工环节的不利因素,串薯比例是衡量马铃薯商品品质的重要指标。马铃薯不同生育时期干旱胁迫均会增加串薯的比例,其中以发棵期影响最为显著,该阶段是马铃薯营养生长的关键时期,该阶段缺水,不论什么品种,产量和品质均会受到较大影响。生育期较长的晚熟品种在薯块膨大期干旱胁迫对品质影响最大,生育期较短的中、早熟品种则是开花期影响最大。

焦志丽等(2011)以马铃薯品种美康1号原种一代为材料,研究了不同程度干旱胁迫对马铃薯幼苗生长和生理特性的影响。结果表明:苗期土壤含水量为田间最大持水量80%(CK)时,株高、茎粗、单株叶面积、地上部鲜重均最大,随土壤含水量的降低和时间的延长各生长参数的增幅逐渐降低;可溶性糖(SS)和丙二醛(MDA)含量随土壤含水量的降低和时间的延长呈逐渐增加的趋势;超氧化物歧化酶(SOD)和过氧化物酶(POD)在轻度胁迫下持续上升,而在中度和重度胁迫下呈现先升高后降低的趋势,并且在胁迫12 d后超氧化物歧化酶(SOD)低于同期对照。表明马铃薯幼苗可通过形态适应和生理适应提高抗旱性,具有一定的抗旱能力。

(3)对生理活动的影响 干旱胁迫对马铃薯地下部的影响主要表现为马铃薯根系生物量、根系含水量、根系活力、根系表面积等指标显著下降,严重影响植物根系对水分的吸收、运输能力。干旱胁迫对马铃薯生长发育及形态建成在地上部的表现为:叶片面积减小,叶片厚度增加,株高、茎粗、分枝数、匍匐茎数量等指标表现出明显下降。其内在机理在于轻度胁迫会导致植株叶绿素聚集,细胞生长和分裂受阻,体内分生组织发育缓慢,中度干旱胁迫进一步导致马铃薯叶片栅栏组织细胞发生形变,细胞空间变得疏松,表皮细胞大小不规则,细胞间隙变大,海绵组织厚度先增加后降低,叶片气孔关闭,从而造成光合速率下降。李建武等(2007)研究了马铃薯盛花期的干旱胁迫叶片保护酶系统的变化,结果表明,叶片相对含水量(RWC)、脯氨酸、可溶性蛋白、丙二醛(MDA)含量和过氧化氢酶(CAT)活性经干旱胁迫后均上升,而过氧化物酶(POD)活性均降低,SOD活性变化不一致。丁玉梅等(2013)对温室条件下干旱胁迫马铃薯叶片游离PRO含量和MDA含量的变化研究结果也得出了相同的结论,研究所选择的8个马铃薯品种马铃薯脯氨酸含量升高1.01～5.40倍,丙二醛含量升高1.10～1.91倍。

根系是植物的重要器官,不仅具有吸收输导土壤中的水分和养分的作用,还具有固持水土的功能,因此根系拉力常常被作为衡量植物抗旱能力以及固土护坡功能大小的生理指标。姚春馨等(2013)在水分胁迫条件下评价了马铃薯抗旱性表型性状。结果表明,根系拉力与植株高度、根鲜干重、茎鲜干重、叶鲜干重、单株块茎数、单块茎重量和小区产量呈极显著或显著直线正相关,根系拉力最高的品种永德紫皮洋芋、马尔科洋芋亦表现出根鲜干重、茎鲜干重、叶鲜干重以及产量显著高于其他品种,根系的干物质含量也较高。田伟丽等(2015)研究了干旱胁迫对脱落酸(ABA)含量和水分利用效率(WUE)的影响,结果表明,随着干旱胁迫程度的增加,脱落酸(ABA)含量不断增加。张丽莉等(2015)研究了费乌瑞它、东农 308、晋薯 2 号三个马铃薯品种干旱胁迫条件下马铃薯叶片超微结构和生理指标的变化,结果表明,叶绿体对干旱胁迫反应最为敏感且受损伤最重,胁迫后叶绿体外形肿胀变圆,片层开始松散,间隙增大,甚至出现孔洞;线粒体次之,外膜破坏,嵴减少;对细胞核的影响相对较小。3 个品种丙二醛(MDA)含量升高 48.89%~243.27%,并且都达到极显著水平。

综合多项研究结果,马铃薯叶片脯氨酸、可溶性蛋白、丙二醛含量、根系拉力、冠层覆盖度、叶片相对含水量、叶片水势等生理指标的变化程度与品种的抗旱能力有直接关系,可作为马铃薯抗旱、耐旱品种选育的依据。

4. 应对措施

(1)选用抗(耐)旱品种　掌握马铃薯的抗旱机理,开展抗旱、耐旱品种选育,种植时因地制宜选择抗旱性强、丰产性好的优良品种。赵媛媛等(2018)进行了 17 份抗旱性较好的无性系后代及 5 个抗旱性不同的品种为材料,筛选了马铃薯抗旱种质资源,结果表明,定薯 1 号、克新 1 号、冀张薯 8 号为高抗旱品种,东农 311 为中抗旱品种,此外还筛选出 6 份高抗旱材料。王燕等(2016)对全国主栽的 40 份马铃薯品种进行了抗旱性指标测定,筛选出高抗旱品种有晋早 1 号、晋薯 8 号、冀张薯 8 号、延薯 6 号,中抗旱品种有冀张薯 12 号、克新 19 号、东农 310、云薯 202、闽薯 1 号、延薯 8 号、丽薯 6 号、云薯 304、延薯 7 号。国际马铃薯中心通过长期筛选已获得大量抗旱且品质优良的种质资源,如冀张薯 8 号、冀张薯 15 号、冀张薯 19 等。

(2)使用保水剂　保水剂是一种超高吸水、保水能力强的高分子聚合物,能够迅速吸收自身重量数百倍甚至上千倍的水分,保水剂所持的水分 85% 以上可以被作物利用,应用保水剂可以增加土壤表层颗粒间凝聚力,防治水土流失,改良土壤结构,提高雨水的渗入率,从而促进作物生长发育。包开花等(2015)研究表明,覆膜条件下,施用保水剂可使马铃薯出苗提早 1 d,出苗率提高 6%~9%,且在覆膜施用保水剂情况下,耕作层昼夜温差变化小,即升温和降温均较为平缓。李倩等(2013)研究了保水剂、秸秆覆盖和行间覆膜的抗旱效果,结果表明,几种措施均能较好地缓解土壤旱情,尤其对马铃薯生育后期淀粉的积累,有效地增加了马铃薯的产量和商品薯率。

(3)采用覆膜栽培　地膜覆盖能明显减少土壤水分蒸发量,提高土壤温度,并集 5 mm 以下的无效降水为有效降水,从而提高降水的利用率,保证马铃薯充足的水分供应,尤其是膜下滴灌以高频率、小流量的方式能及时将水分供应到马铃薯根系分布范围的土壤中,有利于植物生长发育,提高产量,实现节水增效。李燕山等(2015)研究了云南采用膜下滴灌的水分利用效率,结果表明,膜下滴灌比常规沟渠灌水增产 21.29%,并且提出在马铃薯生育期有效降水 70 mm 左右时,1650~1950 m^3/hm^2 为最宜灌水量。江俊艳等(2008)研究表明膜下滴灌用水量和地表蒸发量小,不向深层渗漏,能维持根区最佳土壤含水量,比传统灌溉节水 70%~80%,比喷灌节水 20%~30%。

(4)施用生物炭　生物炭是指在缺氧条件下把生物质进行高温处理,将生物质中的气和油燃烧掉,剩下的物质称为生物炭。生物炭富含微孔结构,不仅可以有效保存土壤中的水分和养料,提高土壤保水保肥能力,还可以补充土壤中的有机质含量,提高土壤养分供应能力。付春娜等(2016)研究表明,马铃薯在受到干旱胁迫时,施用生物炭能有效提高马铃薯叶片的蒸腾速率和气孔开度,降低细胞间的 CO_2 浓度,增强光合作用,提高马铃薯植株、主茎数等器官对干物质的积累;Jeffery 等(2011)等研究表明,生物炭能够有效缓解沙壤土的水分胁迫,对植物的生长发育具有积极的作用,同时生物炭能够促进甘薯地上部分的生长速度和干物质的累积,对叶片的衰老具有一定的延缓作用。

(5)适时节水补充灌溉　根据土壤田间持水量决定是否灌水,土壤持水量低于各生育时期最大持水量5%时,就应立即灌水。每次灌水量要达到适宜持水量指标或地表干土层湿透并与下部湿土层相接即可。随着水资源短缺的加剧以及季节性干旱的频繁发生,合理利用水资源开展节水灌溉至关重要。马铃薯生产中补充灌水要注意灌水匀、用水省、进地快几个因素。在无条件使用地膜覆盖和保水剂等措施时,应用节水效果较好的喷灌和滴灌。滴灌可有效湿润根系,减少马铃薯冠层的湿度,降低马铃薯晚疫病的发生。此外,灌水时还应结合土壤类型、降雨量分配时期、马铃薯生育时期等多种因素,正确确定灌水时间和灌水量。

(二)渍涝

渍涝胁迫是渍害和涝害的统称,渍害是指土壤水分长时间达到饱和而对马铃薯产生的危害,渍害属于缓变型水害,不易被发现,甚至被忽略。涝害主要由降雨形成,当降雨量形成地表径流超过田间排水量,引起积水,田间积水的时间与水层深度超过了马铃薯的忍受能力,造成马铃薯一系列的不良反应,甚至死亡。渍涝灾害导致土壤水分过多,造成土壤密度和张力提高、孔隙度下降、土壤缺氧,进而使整个土壤生态系统失调,土温降低,养分流失或有效性改变,并使土壤厌氧微生物代谢活跃,产生多级次生胁迫,包括还原性毒物积累、离子胁迫以及气体胁迫等,引起马铃薯根系活力下降,叶片生理代谢发生紊乱、叶片出现不同程度的萎蔫、下部叶片逐渐泛黄、严重时枯死。

1. 渍涝发生时期与区域　西南地区是中国马铃薯的主栽区域,同时也是自古以来洪涝灾害频发且较为严重的区域之一,西南的广西、重庆、四川、贵州和云南五省(区、市)地形结构复杂,降水量特点总体表现为总量大、雨量充沛、暴雨集中、降水空间和时间分布严重不均的特点,即冬干夏湿的水资源分布特征十分显著。其中夏、秋两季降水占全年的68.6%,6月底至7月底是西南地区降水最为集中的时段,此阶段也是"旱涝急转"现象极易出现的时间段。芦佳玉等(2017)对 1961—2015 年西南地区降水及洪涝指数空间分布研究分析表明,西南地区连续性大雨分布形态表现为"南高北低、东高西低"的特征,高值中心位于滇南、滇西以及黔西南地区,连续日数往往超过 41 d,低值中心位于川西高原,连续性日数通常在 17.5 d 以下,次低值中心位于川东南部、滇东北部及黔西北部接壤处,连续性日数在 25 d 以下。连续性暴雨日数与连续性大雨日数分布特征相似,但是高值中心位于四川盆地以及东北部、滇南地区,连续性日数通常在 7 d 以上,其中江城站达到了 28 d;次中心位于贵州东部及南部、重庆全部及滇中地区。洪涝强度指数呈由东北向西南递减的分布特征;降水总量越多的地区,洪涝强度反而越低。

西北地区地处亚洲内陆腹地,地形复杂,高山众多,气候多样,主要特征表现为干旱少雨,降水时空分布不均,在西北地区东部,夏季 7 月、8 月是降水最多和最集中的季节,且多以强降水的形式出现,容易造成极端降水事件,西北干旱半干旱区洪涝灾害发生频次虽然没有湿润半湿润地区多,但是危害极大,尤其在黄土高原土质疏松地区容易发生洪涝灾害。黄建平等(2019)通过对西北地区洪涝灾害发生规律的分析认为,该区域极端降水事件的次数普遍偏少,但在天山以北、西藏东南部和甘肃南部极端事件频发,进入 21 世纪以来每年平均 5 次以上,局部可达 8 次;春季极端降水事件大部分地区呈增加态势,夏季 110°E 以西增多,110°E 以东减少;秋季在河套地区、陕甘宁交界区、甘肃南部地区是极端降水事件增多比较明显的区域;冬季新疆最北部极端降水明显增多。

黄河和长江中下游地区、华南地区、东北的三江原地区地势平坦,河流众多,自古以来是中国的富饶之地、稻米之乡,马铃薯种植占比小。长江流域干流的主汛期一般在 7—8 月,湖南、江西两省南部多水期一般在 4—5 月、北部多水期一般在 5—6 月。沅水、乌江多水期一般在6—7 月,汉江多水期一般在 7—9 月,如遇气候异常,干流和支流水量汇集,容易对流域内农田造成洪涝灾害。黄河中下游渍涝主要有春季凌汛、夏秋暴雨引起洪涝,这一区域有雨日呈显著减少趋势,而特大暴雨日数和 24 h 最大降雨量呈增加趋势,极端降雨事件频率和强度增加使洪涝灾害发生的风险加大。

2. 渍涝的应对措施

(1)积极采取排水措施 生产中如果遇到渍涝灾害,要及时清沟沥水、排水防涝,清除沟渠内的杂草淤泥,确保马铃薯田块不受水淹或被淹后尽快排水,及时扶正倒伏的植株、清洗沉积在叶片表面的泥沙,促使尽快恢复正常的生理活动。退水后积极抢墒中耕松土,改善土壤通透性。极端降雨季节应注意天气预报,洪涝发生前,如马铃薯接近成熟,应及时抢收,以免洪涝灾害损失。

(2)加强水利设施建设 在易发生渍涝灾害的丘陵山坡地区,田块周围增加排水沟,采取深沟、高畦耕作,可迅速排除畦面积水,确保雨涝发生时,雨水及时排出。规模化种植马铃薯的农户应统一规划排涝沟、撇洪沟、排渍泵站,形成完整的排水体系,将渍涝水排到可以承载的河沟或水库。对于涝害较轻、且地形坡降较缓的地块,可利用鼠洞犁排水,即沿着等高线方向打鼠洞,水从地面渗入后沿等高线方向排出。水旱连作地区要做到排灌分家,避免水田和旱田用水相互矛盾。

(3)其他农艺措施 渍涝农田由于经过长期淹水,潜育化严重亏缺,一般表现为磷素亏缺氮素过剩,后期应加强平衡施肥,增施有机肥。可选用碳化稻壳、玉米秸秆粉碎物等土壤改良剂,提高土壤通透性,改善土壤理化性状。

二、温度胁迫

气候变暖已成为当今气候变化的主要特征,气候变化加剧了极端气候事件如高温、低温、干旱、冰雹、洪涝等的发生,对农业、生态环境等产生了重大影响,从而加剧了农业的波动性,甚至带来更严重的农业灾害,影响农业生产及其相关产业,威胁国家和全球粮食安全。马铃薯是一种喜凉作物,但不耐受低温。马铃薯在适宜温度范围 20～25 ℃能够正常生长,16～18 ℃为块茎生长最适温度,较低的温度就会影响马铃薯的生长,属于低温霜冻敏感型作物,容易受到冷冻伤害,尤其是霜冻损害。而高温更是会抑制马铃薯的正常生长发育,当气温高于 29 ℃时,块茎停止生长,超过 39 ℃茎叶停止生长。因此,温度是限制马铃薯后期生长发育的重要环境因子之一。

(一)低温胁迫

马铃薯适宜生长的温度范围在 20～25 ℃,块茎生长最适温度为 16～18 ℃,幼芽生长最适宜温度在 10～12 ℃。温度过低或过高均会对马铃薯的正常生长发育带来不利影响,最终影响产量和品质。马铃薯块茎在温度低于 2 ℃时芽眼会受损,幼苗在−0.5～0.8 ℃时受冷害,−2 ℃受冻害,成株在−4 ℃时整株死亡,在温度低于马铃薯的临界温度时,就会对植株产生冷害及冻害。

1. 发生时期　云南、湖南等南方冬作区利用冬闲田进行马铃薯生产时,一般在 12 月中下旬播种,翌年 4—5 月收获,播种至萌发期为 12 月至翌年 2 月,是全年气温最冷的季节,生长旺盛期在 2—3 月,期间气温迂回变化,频发倒春寒。冬作区马铃薯最易受到低温胁迫。

西北、内蒙古等北方一作区,春播秋收,播种期因各地小气候差异有所不同,基本在 3—5 月。春季是一年当中气象变化无常最易出现的季节,北方地区 3—4 月气温回升较快,又经常受到强冷空气袭击时气温快速下降,"倒春寒"普遍存在,对春播马铃薯萌芽、幼苗生长均会带来不利影响。

华北北部、东北高纬度地区气候寒冷,无霜期短,初霜来得早,晚熟马铃薯品种容易受早霜的危害,不能正常成熟。

2. 低温胁迫的影响　低温胁迫包括冷害和冻害两个方面,冷害是指 0 ℃以上的低温伤害,冻害则是指冰冻以下的低温胁迫引起的植物组织结冰造成的伤害。冷害和冻害都会使马铃薯各项生命活动受到阻碍甚至死亡。

(1)低温胁迫对马铃薯生理生化的影响　在受到低温胁迫时,马铃薯体内也会发生多方面的生理生化变化。在低温胁迫下,细胞膜系统会受到冷害影响,细胞器膜结构的破坏是植物遭受寒害损伤和死亡的根本原因。因此,细胞质膜组成与抗寒性密切相关,特别是脂肪酸组分的变化与质膜的流动性和稳定性关系密切。渗透调节物质,如脯氨酸、可溶性糖、可溶性蛋白等的增加有助于缓解细胞因低温脱水造成的渗透胁迫。在低温胁迫下,马铃薯叶片中上述物质都会出现一定程度的积累,从而保护植物。此外,低温还会诱导马铃薯中产生大量新的蛋白条带,这些蛋白质的产生与积累也在马铃薯响应低温胁迫的过程中具有一定作用。低温胁迫能够破坏细胞内活性氧代谢的平衡,从而导致活性氧或超氧化物自由基的产生,这种氧化会对细胞膜造成很大的损伤,丙二醛作为膜脂过氧化的主要产物之一,含量也会显著上升。此外,植物信号物质,如植物激素脱落酸、细胞内重要第二信使——钙离子等的含量也会出现上升。辛翠花等(2012)研究了低温胁迫对马铃薯幼苗生理生化特性的影响,结果表明,低温处理后叶绿素含量和 SOD 活性先降后升再降,MAD 含量先升后降再升,POD 活性先升后降,"大西洋"对4 ℃低温胁迫的耐受时间极限约为 24 h,超过这个时间低温将对其造成伤害。

(2)马铃薯抗低温胁迫机制　冷害发生时,作物可通过产生各种功能分子或改变某些分子的状态来对抗低温,主要有提高不饱和脂肪酸的含量来提高抗寒性,膜脂不饱和脂肪酸含量越高、膜脂的相变温度越低,马铃薯的抗寒性也就随时提高。增加质膜的稳定性,避免细胞内结冰有利于减弱或者防止冻害的发生。低温条件下,细胞脱水会引起原生质和质膜收缩,为了不使质膜受到机械损伤,膜脂就会依附于质膜的外表面,糖蛋白也以分散状分布于质膜中,增强质膜的流动性和表面张力。

(3)马铃薯低温驯化　低温驯化是将植物置于低温环境中(0～12 ℃)经过一段时间,植物体内发生一系列生理生化变化,产生对低温的适应性反应,从而提高低温的抵抗能力的过程。马铃薯的抗寒性不仅取决于种类和品种,也与低温驯化相关。有研究认为,通过 3 周的逐步降低温度,具有驯化能力的马铃薯就能够达到低温驯化效果,如果直接暴露在连续的昼夜低温下,2 周就能达到低温驯化的效果,且认为马铃薯低温驯化的最佳温度是 2 ℃。马铃薯的抗寒性分为 3 类,即抗寒性马铃薯品种,能够低温驯化;霜冻敏感型马铃薯,能够低温驯化;霜冻敏感型、寒冷敏感型不能够低温驯化。杨超英等(2014)介绍,以 9 个马铃薯品种为试材,试验结果是青薯 9 号的冷驯化能力最强,品种间差异显著。魏亮等(2012)从品种的低温驯化与抗寒性的关系,抗寒性的生理机制(细胞膜组成与抗寒性的关系,脱落酸与抗寒性的关系,渗透调节物质脯氨酸、糖类、蛋白质与抗寒性的关系,丙二醛与抗寒性的关系),抗寒性的遗传,抗寒性的基因工程(转基因)等方面介绍了马铃薯抗寒性的研究进展。

3. 应对措施

(1)选用抗(耐)寒品种 低温胁迫是限制马铃薯生产区域和产量的主要原因,马铃薯野生种被认为是最有价值的耐霜冻种质资源,目前报道耐寒性最强的品种是 *Solamum acanle*(无茎薯)。在南方马铃薯冬作区,需要选择耐寒性较强的品种,李文章等(2013)在个旧市进行的冬季马铃薯品种筛选试验结果表明,云薯 301,紫云 1 号适宜当地种植。李丽淑等(2017)在广西进行的冬季马铃薯品种筛选结果表明,中薯 7 号、中薯 8 号、中薯 13 号、宜薯 2 号适宜广西地区推广种植。张兰芬等(2012)报道丽薯 6 号适宜红河州区域冬季种植。

(2)施用防冻剂 早春、晚秋及初冬季节易发生倒春寒和霜冻,此阶段应关注天气预报,在寒流或霜冻到来之前喷施一些能够增加细胞膜稳定性、加速细胞质流动、诱导植物产生抗低温因子的植物防冻剂,一方面能够提高作物对低温的抵抗力,另一方面可促进受到冷害的作物迅速恢复正常生长。对马铃薯无菌苗培养基中添加脱落酸(ABA),在常温下培养半个月,也能有效地诱导马铃薯苗的抗寒性。主要的防冻剂有碧护、磷酸二氢钾、寡糖素、S-诱抗素等。

(3)综合农艺措施 在易发生霜冻的地区,马铃薯定植时采用地膜覆盖,对早春幼苗期的倒春寒有较好的预防效果;在播种面积较小的田块亦可在倒春寒或霜冻发生前覆盖稻草、秸秆等进行保温预防;其次可提前进行灌水,灌水能够增加土壤热容量,提高低层空气的温度,缓和温度下降,达到预防霜冻目的;还可采用晴天夜间熏烟,即在霜冻来临前的晴天夜间进行熏烟,燃烧放热增温,同时烟幕笼罩在农田上空,有效减弱地面辐射造成的气温下降。

(二)高温胁迫

1. 高温胁迫的影响 高温胁迫对马铃薯的直接伤害主要表现在对其生理代谢和生长发育的影响,最终体现在马铃薯产量和品质受到不利影响。高温对分枝期马铃薯光合作用和生长发育有一定的积极作用,但在结薯期,如遇高温环境可使其净光合速率变慢,马铃薯出现缺水、枯萎、叶边缘褪绿、变褐上卷等症状。罗玉等(2000)研究了不同品种马铃薯试管薯对高温的响应,结果表明,在(30±2 ℃)条件下,试验的三个品种切段结薯均受到不同程度的抑制,结薯数目、薯块鲜重均显著低于常温下马铃薯试管薯。冯朋博等(2019)研究了马铃薯块茎形成期对高温胁迫的反应,结果表明,在自然温度(29±2 ℃)、低温(25±2 ℃)、高温(35±2 ℃)条件下连续处理 7 d 后,低温(25±2 ℃)使净光合速率处于较高的水平,更有利于马铃薯的光合作用,短暂的高温会提高热耗散量子比率,增加热消耗,不利于光合作用的进行。高温对马铃薯抗氧化特性的研究结果表明,高温处理后根系活力下降,功能叶片的丙二醛(MDA)含量升高、脯氨酸(Pro)大量积累,超氧化物歧化酶、过氧化氢酶两种植物保护酶的活性快速增加,高温胁迫加速了叶片的衰老速度。马铃薯块茎形成期的适宜温度在 25 ℃左右,高于 30 ℃会受到不同程度的高温胁迫症状,对产量和品质造成负面影响。

种薯萌芽期的适宜温度一般在 5~7 ℃,此阶段温度过高,则出现芽条增粗、基部膨大等现象。刘奎彬等(1993)研究了温度对马铃薯萌芽及抗病性的影响,结果表明,高温下萌芽的种薯后代根、茎、叶和鲜重均低于低温下萌芽的种薯,高温萌芽后代马铃薯植株生育进程提前,但生长势、根系活力和光合强度等代谢机能均减弱。种薯萌芽期高温胁迫还可引起后代植株对病毒病(PVX、PVY)的抗病能力减弱,即萌芽高温加速了种薯的退化进程。

2. 发生时期与区域　在全球气候变暖的大背景下,尤其是 21 世纪以来,极端高温事件更为频繁。中国高温频发地区主要是西北地区和东南地区,超过 35 ℃的年高温日数一般有15～30 d。西北干旱区极端高温易发区主要分布在东部和西北部,即吐鲁番、河西走廊一带、土哈盆地以及准噶尔盆地西部,7—8 月是极端高温天气的易发时段,有时气温可达 35～40 ℃。华北以南的东部地区在夏季风作用下高温中心呈明显的季节内变动。6 月的高温主要在长江以北地区,7 月中旬随着梅雨季节的结束,长江中下游地区进入高温伏旱期,伏旱期的典型特征是高温持续时间长,往往伴随着干旱,可直接造成叶片失水、叶缘褪绿、叶片枯死上卷等症状,容易对产量和品质造成不良影响。

3. 应对措施

(1)选用耐高温品种　掌握马铃薯的抗旱机理,开展抗旱、耐高温品种选育,种植时因地制宜选择耐热性强、丰产性好的优良品种。西北地区夏秋主栽的马铃薯中晚熟品种一般抗旱性、耐高温性都比较好,如大西洋、克新 1 号、陇薯 3 号、陇薯 7 号、冀张薯 8 号、冀张薯 12 号等。西南地区马铃薯周年种植,可根据不同种植时间选用适宜的抗旱耐高温品种,可选用的品种有云薯 304、云薯 401、镇薯 1 号、紫云 1 号、米拉、威芋 3 号、宣薯 2 号、毕引 1 号、黔芋 1 号等。长江中下游地区可选择中薯系列、克新系列等适应性强、抗逆性强的品种。

(2)调节播期,使关键生育时期避开高温　适期播种是马铃薯获得高产的重要因素之一,中国地域辽阔,气候类型多样,各地气候差异显著,土地状况也不尽相同,应根据各地具体情况确定适宜的播期。极端高温易发地区应结合每年的气象数据,推迟或提前播种。5 月中下旬至 6 月初是北方一熟区的适宜播种时间,中纬度二熟区春播时间一般在 2 月中下旬播种,冬播单膜栽培时间一般在 12 月中下旬至 1 月上旬,双膜栽培可提前至 11 月底开始到12 月中旬结束。低纬度多熟制地区可根据播种季节、区域气候条件、市场需求等综合因素确定播种时间,避免马铃薯结薯期与当地极端高温时期结合。

三、盐碱胁迫

由于人口增加、人类对单位土壤的耕种产出需求不断增长和现代农业生产中化肥长期过量使用、设施栽培、灌溉水质量不断下降等多种原因,加快了土壤盐碱化和盐渍化的速度。中国盐碱地总面积约为 3600 万 hm^2,主要分布在海滨、冲积平原、内陆荒漠半荒漠地区以及部分极端干旱地区,盐碱土类型主要分为盐土、碱土、盐化和碱化土壤三大类。马铃薯属于对盐碱表现敏感的作物,盐碱胁迫会抑制马铃薯的生长发育、降低光合速率、蛋白合成受阻,最终对马铃薯产量和品质带来不利影响。

(一)盐碱胁迫对马铃薯生理活动的影响

孙晓光等(2009)以紫花白品种为试验材料,在离体条件下研究了 NaCl 和 Na_2SO_4 两种混合盐胁迫下马铃薯脱毒苗叶片中几种渗透性物质含量的变化。结果表明,两种混合盐胁迫下,马铃薯叶片脯氨酸含量随着盐浓度的升高而升高,蛋白质含量和可溶性糖含量则随着盐浓度的升高而降低。盐浓度对马铃薯叶片可溶性糖含量、可溶性蛋白含量及脯氨酸含量影响极显著;盐组合对叶片可溶性蛋白含量影响极显著,但对可溶性糖含量和游离脯氨酸含量影响不显著;盐浓度和盐组合交互作用对马铃薯叶片可溶性糖含量、可溶性蛋白含量及脯氨酸含量影响不显著。

柳永强等(2011)以渭源黑麻土壤(非盐碱土壤)为对照,研究了景泰次生盐碱土壤和古浪戈壁残余盐碱土壤对马铃薯形态特征、水势、渗透调节物质含量和 K^+、Na^+ 选择性吸收的影响。结果表明:土壤盐碱化使马铃薯植株变小、茎变细、叶片变小,主根生长减慢,毛根数增加,匍匐茎数减少;盐碱土壤中,马铃薯水势下降,脯氨酸和可溶性糖累积,Na^+ 吸收增加,K^+ 吸收减少;戈壁残余盐碱土壤对马铃薯生长和渗透调节功能影响比景泰次生盐碱土壤大。说明盐碱土壤中,马铃薯通过叶片变小,主根变短,毛根数增加等形态结构变化适应盐碱环境;也通过积累脯氨酸、可溶性糖和大量吸收无机离子,增强自身渗透调节能力,适应盐碱胁迫。

祁雪等(2014)试验表明,经盐胁迫处理后,参试马铃薯品种的丙二醛(MDA)含量、超氧化物歧化酶(SOD)活性、过氧化物酶(POD)活性都升高,叶绿素含量、过氧化氢酶(CAT)活性下降。叶绿体是对盐碱胁迫最敏感的细胞器,在盐碱胁迫下,马铃薯叶片的细胞结构被破坏,出现类囊体排列紊乱、基粒排列方向改变、基粒和基质片层的界限模糊、嗜锇颗粒增大增多等变化。

(二)应对措施

1. 选用耐盐碱品种 祁雪等(2014)试验表明,在盐碱胁迫下,东农308对盐碱耐受力较强;刘芳等(2010)对107个马铃薯品种进行了耐盐性试验,结果表明,宁薯5号、NS880407为耐盐性较强的品种,74个品种为中度盐敏感品种,其中,安农5号、丰收、川6-36、川375-85、呼薯4号、Jemseg、坝薯9号、388192-1、大名红10个品种的耐盐性优于其他品种。梁春波等(2006)通过观察65份马铃薯材料的耐盐性试验,鉴定出7份材料达到耐盐标准,25份材料达到中等耐盐标准,筛选出15份耐盐性显著优于生产上常用品种的材料,为耐盐品种选育提供了科学依据。

2. 添加外源钙缓解盐胁迫 魏翠果等(2013)以克新1号品种为试验材料,研究了不同浓度 NaCl 胁迫下马铃薯脱毒苗氮代谢的影响,探讨了钙对 NaCl 胁迫下马铃薯的调控机制。结果显示,随着 NaCl 胁迫浓度的增加,马铃薯脱毒苗叶片硝态氮含量先升高后降低,氨态氮含量持续升高,全氮和可溶性蛋白含量以及硝酸还原酶(NR)和谷氨酰胺合成酶(GS)活性持续下降。添加 $CaCl_2$ 后,马铃薯脱毒苗各器官 Na^+ 含量明显降低,Cl^- 含量显著增加,K^+、Ca^{2+}、Mg^{2+} 含量升高,P含量先降低后升高。说明在 NaCl 胁迫下添加外源钙,能够有效改善马铃薯脱毒苗体内的离子平衡,促进营养吸收,Na^+ 向叶片选择运输能力降低,K^+、Ca^{2+}、Mg^{2+} 向地上部的选择运输能力增强,缓解 NaCl 胁迫对马铃薯的伤害。

3. 多措施改良盐碱地

(1)增施有机肥 盐碱地土壤结构差,有机肥通过分解微生物、形成腐殖质,促进土壤团粒形成,增加土壤通气透水性,提升土壤缓冲能力,并和 Na_2CO_3 作用形成腐殖酸钠,从而降低土壤碱性,同时腐殖酸钠还具有刺激植物生长的作用,增强其抗盐性。腐殖质肥料中有机质分解会形成有机酸,不仅能中和土壤碱性,还能加强养分的分解,增强磷的有效性。所以,合理施用有机肥对于改良盐渍土,增强土壤肥力有着重要作用。

(2)生物改良措施 植物地上生长部分具有遮蔽作用,能够降低土壤水分蒸发,减弱地表积盐速度,植物吸收盐分能降低土壤盐含量,植物根系穿插土壤中能改变土壤物理性质,促进土壤脱盐,且植物根系的生化作用还能改善土壤养分及化学性质,抑制土壤盐碱化的发生。相比物理、化学改良措施而言,生物措施成本低,环保有效,同时可以产生经济效益,颇受广大农民的喜爱。

(3)综合改良措施 物理措施成效快,但工程量大,成本较高,不具有长久性,而且受水资源的限制,不易推广。生物措施能减少土壤盐分,但不能完全解决盐渍化问题。土壤盐渍化是个比较复杂的过程,仅用某一种防治措施并不能达到改良的最佳效果。近年来,干旱、半干旱地区多使用淋洗脱盐、深翻松耕及广泛栽植耐盐植物等综合治理措施解决土壤盐渍化问题。土壤盐渍化对作物形成盐胁迫是一个长期而复杂的累积过程,原因也是多种多样的,因此要消除盐害也是一个复杂而漫长的过程。在农业生产中推广深松耕、秸秆还田、增加有机肥用量减少化肥用量对减轻盐渍化的形成均有积极意义,在马铃薯生产中均应大力提倡。

四、应对灾害性天气

(一)灾害性天气种类及发生时期

中国地域辽阔,自然条件复杂,气候类型多样,因此灾害性天气种类繁多,不同地区又有较大差异。灾害性天气主要有干旱、暴雨、大风、沙尘暴、龙卷风、冰雹、寒潮、强冷空气、霜冻、地质灾害等。

中国境内80%的暴雨天气集中在7—8月出现,暴雨最早出现在4月中下旬,最晚在10月上旬结束,暴雨天气出现过程中,容易引起农田中的作物倒伏、冲走或掩埋,同时还会引发病虫灾害,对马铃薯生长发育极为不利。

冰雹灾害是一种中小尺度的强对流天气,主要特点是发生范围小、为害大,冰雹容易打烂生长发育阶段的马铃薯叶片,并引起茎叶冻害,受伤部位容易引起病虫害的侵染,严重影响马铃薯的产量和品质。冰雹一般在夏季或春夏之交强对流天气时容易发生,中国除广东、湖南、湖北、福建、江西等省份冰雹较少外,其余地区每年都会受到不同程度的冰雹灾害,尤其是北方的山区及丘陵地区。

西北地区和华北北部由于独特的地理环境,4—5月期间,出现大风天气,这一区域冬春季干旱少雨,地表异常干燥松散,抗风蚀能力弱,大风往往伴随着沙尘暴,沙尘轻则造成叶片蒙尘、使作物光合作用减弱、降低产量,重则苗死花落,造成绝收。

(二)灾害性天气应对措施

气象部门需加强气象灾害预警预报的能力,做到灾害发生前防御。对于一些容易发生灾害的地区,应建立监测站和自动化观测站网,不断发展和提升监测能力,大规模的种植园区或乡镇可以开展智慧农业气象服务,建设农田小气候监测站,及时对灾害性天气提出应急响应方案。农业部门、种植户需强化防灾减灾意识,应特别关注重要天气过程,对灾害性天气提前做好预防工作。

在暴雨、寒潮、霜冻等灾害性天气发生前可根据马铃薯成熟程度及时收获,降低损失。夏季冰雹灾害后叶片受损、剧烈降温会导致马铃薯组织受伤或坏死,对坏死部分进行摘除,重点做好病虫害防控,主要预防细菌性病害。对正值生长发育期的马铃薯可进行追施速效氮、补施钾肥等措施,积极促进作物恢复生长,减轻灾害损失。

参考文献

柏庆顺,颜鹏程,蔡迪花,等,2019.近56a中国西北地区不同强度干旱的年代际变化特征[J].干旱气象,37
　　(5):722-729.

包开花,蒙美莲,陈有君,等,2015.覆膜方式和保水剂对旱作马铃薯土壤水热效应及出苗的影响[J].作物杂志
　　(4):102-108.

蔡春雷,2017.马铃薯田间除草剂防治杂草效果比较[J].农村科技(7):38-39.

曹春梅,李文刚,张建平,等,2009.马铃薯黑痣病的研究现状[J].中国马铃薯(3):171-173.

陈爱昌,魏周全,骆得功,等,2012.马铃薯炭疽病发生情况及室内药剂筛选[J].植物保护,38(05):162-164.

陈爱昌,魏周全,孙兴明,等,2015.8种药剂拌种对马铃薯黑痣病的防效试验[J].甘肃农业科技(4):48-50.

陈庆华,周小刚,郑仕军,等,2011.几种除草剂防除马铃薯田杂草的效果[J].杂草科学,29(1):65-67.

陈雯廷,蒙美莲,曲延军,等,2015.马铃薯黑痣病综合防控技术的集成[J].中国马铃薯,29(2):103-106.

陈云,杨俊伟,岳新丽,等,2015.马铃薯黑胫病及其防治[J].农业技术与装备(12):40-42.

陈占飞,常勇,任亚梅,等,2018.陕西马铃薯[M].北京:中国农业科学技术出版社.

陈志杰,张淑莲,张锋,等,2013.设施蔬菜根结线虫防治基础与技术[M].北京:科学出版社.

程玉臣,张建平,曹丽霞,等,2011.几种土壤处理除草剂防除马铃薯田间杂草药效试验[J].内蒙古农业科技
　　(4):58-58.

程玉臣,赵存虎,贺小勇,等,2014.68.6%嗪草酮·乙草胺乳油防除马铃薯田一年生杂草试验研究[J].内蒙
　　古农业科技(5):47-48.

程玉臣,赵存虎,路战远,等,2015.23.2%砜嘧磺隆·嗪草酮·精喹禾灵油悬浮剂防除马铃薯田杂草防效及
　　安全性[J].内蒙古农业科技(3):52-54,76.

邓成贵,刘小娟,2016.4种除草剂对马铃薯田杂草的防效[J].甘肃农业科技(9):44-46.

丁俊杰,2013.马铃薯地上垄体栽培模式中杂草化学防除技术[J].农药,52(4):298-300.

丁思年,2018.马铃薯干腐病的辨别及防治方法[J].园艺与种苗,38(7):24-25,28.

丁玉梅,马龙海,周晓罡,等,2013.干旱胁迫下马铃薯叶片脯氨酸、丙二醛含量变化及与耐旱性的相关性分析
　　[J].西南农业学报,26(1):106-110.

范国权,白艳菊,高艳玲,等,2014.我国马铃薯主产区病毒病发生情况调查[J].黑龙江农业科学,11(3):
　　68-72.

范国权,白艳菊,高艳玲,等,2019.中国马铃薯病虫害检测技术标准解析[J].中国马铃薯,33(4):227-237.

冯朋博,慕宇,孙建波,等,2019.高温对马铃薯块茎形成期光合及抗氧化特性的影响[J],38(9):2719-2726.

冯秋红,史作民,董莉莉,2008.植物功能性状对环境的响应及其应用[J].林业科学,44(4):125-131.

付春娜,张丽莉,石瑛,等,2016.生物炭与干旱对马铃薯初花期生长特性的影响[J].贵州农业科学,4(10):
　　18-21.

高赟,张建明,赵鑫,等,2018.不同地膜覆盖对渭源县二阴山区马铃薯田杂草多样性影响[J].中国马铃薯(4):
　　219-224.

宫香余,李鹏,魏民,2012.丙炔噁草酮防除马铃薯田杂草效果初报[J].中国植保导刊,32(4):45-47.

郭良芝,郭青云,魏有海,等,2014.240 g/L收乐通防除马铃薯田野燕麦及对马铃薯安全性评价[J].中国马铃
　　薯,28(3):169-171.

海滨,卢扬,邓禄军,2006.马铃薯晚疫病发病机理及防治措施[J].贵州农业科学,34(4):76-81.

韩娜,张鑫玉,2019.8种杀菌剂对马铃薯黑胫病病毒或细菌毒力的测定研究[J].集宁师范学院学报,41(04):
　　14-16.

郝智勇,2017.马铃薯种薯粉痂病形成因素、为害及防治措施[J].黑龙江农业科学(2):139-140.

黄丹,余琨,陈建斌,等,2015.马铃薯病毒 PVY,PVS 和 PLRV 多重 RT-PCR 检测[J].云南农业大学学报,30(4):535-540.

黄建平,冉津江,季明霞,2014.中国干旱半干旱区洪涝灾害的初步分析[J].气象学报,72(6):1096-1107.

黄建平,陈文,温之平,等,2019.新中国成立 70 年以来的中国大气科学研究:气候与气候变化篇[J].中国科学:地球科学,49(10):1607-1640.

季万红,刘琴,王艳,等,2012.砜嘧磺隆水分散粒剂防除马铃薯田杂草效果研究[J].杂草科学,30(1):61-63.

贾平安,李金华,符家安,等,2012.江汉平原马铃薯晚疫病发生特点与绿色防控[J].湖北植保(5):41-42.

江俊艳,汪有科,2008.不同灌水量和灌水周期对滴灌马铃薯生长及产量的影响[J].干旱地区农业研究,26(2):121-125.

焦志丽,李勇,吕典秋,等,2011.不同程度干旱胁迫对马铃薯幼苗生长和生理特性的影响[J].中国马铃薯,25(6):329-333.

金红云,胡效刚,孙艳艳,等,2016.主要杂草系统识别与防治图谱[M].北京:中国农业科学技术出版社.

金日,闫嘉琦,许震宇,等,2017.25% 砜嘧磺隆水分散粒剂对马铃薯田杂草防除效果及产量的影响[J].黑龙江农业科学(9):52-54.

康绍忠,1998.新的农业科技革命与 21 世纪我国节水农业的发展 [J].干旱地区农业发展,16(1):11-17.

抗艳红,赵海超,龚学臣,等,2010.不同生育期干旱胁迫对马铃薯产量及品质的影响[J].安徽农业科学,38(30):16820-16822.

雷玉明,郑天翔,张建朝,等,2016.马铃薯坏疽病的诊断与综合防治[J].中国蔬菜(7):89-91.

雷仲潮,雷玉明,郑天翔,2016.精异丙甲草胺对马铃薯田杂草防除效果[J].农业技术与装备(1):14-16.

李德友,吴石平,何永福,等,2009.贵州马铃薯害虫种类调查及防治技术[J].贵州农业科学,37(8):95-97.

李斐,姚满生,宋喜娥,等,2013.40% 扑·乙 EC 不同施药期对马铃薯田杂草防效[J].现代农药(1):51-53.

李桂英,孙中,杨春仓,等,2017.大同市主要作物田杂草种类及综合防除策略[J].中国农业信息(22):42-44.

李洪浩,杨晓蓉,向运佳,等,2019.6 种药剂对马铃薯粉痂病的防治效果[J].四川农业科技(2):26-27.

李建武,王蒂,雷武生,2007.干旱胁迫对马铃薯叶片膜保护酶系统的影响[J].江苏农业科学(3):100-103.

李江涛,杨茹薇,徐琳黎,等,2018.马铃薯疮痂病药剂筛选试验[J].农村科技(9):20-21.

李莉,杨静,刘文成,2017.马铃薯软腐病的辨别及防治方法[J].园艺与种苗(8):63-64,79.

李丽淑,杨鑫,唐洲萍,等,2017.广西冬种马铃薯不同品种耐寒性比较[J].福建农业学报(6):587-592.

李芒,梁冬英,刘斌,等,2017.20% 砜嘧磺隆 OF 对马铃薯田一年生杂草的防除效果[J].湖北农业科学,56(3):476-477.

李明聪,2017.马铃薯地杂草除草剂药剂筛选试验[J].农家参谋(24):57.

李倩,刘景辉,张磊,等,2013.适当保水剂施用和覆盖促进旱作马铃薯生长发育和产量提高[J].农业工程学报,29(7):83-90.

李威,范刚强,2019.黔东南州马铃薯主要病虫草害的综合防治技术[J].农技服务,36(1):76-77.

李文章,管绍云,王润,等,2013.个旧市冬季马铃薯新品种筛选试验[J].云南农业科技(2):25-27.

李燕山,白建明,许世坤,等,2015.不同灌水量对膜下滴灌冬马铃薯生长及水分利用效率的影响[J].干旱地区研究,33(6):8-13.

李扬汉,1998.中国杂草志[M].北京:中国农业出版社.

李章田,黄廷祥,陈际才,等,2019.不同除草剂对冬马铃薯杂草的防治效果分析[J].农业科技通讯(10):102-103.

李宗红,2014.马铃薯晚疫病发病机理及防治措施[J].农业科技与信息(23):12-14.

连彩虹,漆文选,2019.马铃薯高产高效综合集成栽培技术[J].蔬菜(5):48-50.

梁春波,韩秀峰,邸宏,等,2006.马铃薯新型栽培种耐盐性鉴定与筛选[J].中国马铃薯,20(2):68-72

梁胖,2010.安徽省蒙城县保护地栽培马铃薯田杂草化学除草技术[J].安徽农学通报,16(7):142-142.

梁玉娥,宾光华,黄主龙,等,2015.冬植马铃薯田杂草种类调查[J].广西植保,28(2):25-26.

刘芳,王培伦,杨元军,等,2010.不同马铃薯品种对盐胁迫反应的差异研究[J].西南大学学报(自然科学版),32(10):47-53.

刘惠芳,陈秋芳,2019.浅析马铃薯环腐病症状及防治关键[J].现代园艺,42(17):147-148.

刘奎彬,刘梦芸,门福义,1993.马铃薯种薯在高温下萌芽的生物学效应[J].马铃薯杂志,7(2):78-83.

刘立文,王道瑛,师占海,等,2019.70%丙森锌可湿性粉剂防治马铃薯粉痂病试验[J].河北北方学院学报(自然科学版),35(09):39-41,53.

刘林峰,梁晓青,2017.洛南县马铃薯病虫草害综合危害损失评估试验初探[J].陕西农业科学(11):21-24.

刘琼光,陈洪,罗建军,等,2010.10种杀菌剂对马铃薯晚疫病的防治效果与经济效益评价[J].中国蔬菜(20):62-67.

刘顺通,段爱菊,刘长营,等,2008.马铃薯田地下害虫危害及药剂防治试验[J].安徽农业科学,36(28):12324-12325.

刘甜甜,秦玉芝,林丽婷,等,2018.马铃薯种质资源的晚疫病抗性评价[J].分子植物育种,15(4):1289-1293.

刘巍,李春花,郝丽萍,2018.480 g/L灭草松水剂防治马铃薯田一年生阔叶杂草田间试验研究[J].种子科技(8):89.

刘向东,2013.25%砜嘧磺隆水分散粒剂防除马铃薯田杂草田间药效试验[J].现代农业科技(22):113-113.

刘洋,2017.11%砜嘧磺隆·高效氟吡甲禾灵可分散油悬浮剂防除马铃薯田杂草田间药效试验[J].黑龙江农业科学(6):40-44.

刘宇,李易初,王冠,2015.25%砜嘧磺隆水分散粒剂防除马铃薯田一年生杂草试验研究[J].黑龙江农业科学(12):60-62.

刘志明,2015.马铃薯细菌性病害的发生与防治[J].农民致富之友(8):87.

刘秩汝,吴凤芝,2016.内蒙古呼伦贝尔市马铃薯杂草种类及防治方法[J].农业工程技术(26):28.

柳永强,马廷蕊,王方,等,2011.马铃薯对盐碱土壤的反应和适应性研究[J].土壤通报,42(6):1388-1391.

龙光泉,马登慧,李建华,等,2013.6种杀菌剂对马铃薯晚疫病的防治效果[J].植物医生(4):39-42.

芦佳玉,延军平,曹永旺,2017.1961—2015年西南地区降水及洪涝指数空间分布特征[J].长江流域资源与环境,26(10):1711-1720.

鲁传涛,2014.农田杂草识别与防治原色图鉴[M].北京:中国农业科学技术出版社.

陆国军,崔鸿鹄,2012.北方寒地马铃薯病害及防治[J].养殖技术顾问(3):251.

路兴涛,张田田,张勇,等,2011.砜嘧磺隆的除草活性及对马铃薯的安全性[J].农药,50(11):845-847.

吕爽,2018.马铃薯块茎生理病害的识别与预防[J].吉林蔬菜(21):53.

罗玉,田洪,张铁,2000.高温下马铃薯试管薯的诱导[J].马铃薯杂志,14(1):4-8.

马宏,2007.我国马铃薯软腐病防治的研究进展[J].生物技术通报(1):42-44.

马胜,贾小霞,文国宏,等,2017.草铵膦对转Bar基因马铃薯的药害及田间杂草的防治效果[J].中国马铃薯,31(6):353-358.

牛小霞,牛俊义,2017.不同轮作制度对定西地区农田杂草群落的影响[J].干旱地区农业研究,35(4):223-229.

祁雪,张丽莉,石瑛,等,2014.盐碱胁迫对马铃薯生理和叶片超微结构的影响[J].作物杂志(4):125-129.

秦爱国,高俊杰,于贤昌,2009.温度胁迫对马铃薯叶片抗坏血酸代谢系统的影响[J].应用生态学报,20(12):2964-2970.

邱彩玲,范国权,申宇,等,2017.马铃薯生产中马铃薯纺锤块茎类病毒的综合防治[J].中国马铃薯,31(03):154-159.

邱广伟,夏平,夏静波,等,2009.48%排草丹液剂防除马铃薯田杂草研究[J].安徽农学通报,15(17):146-146.

沙俊利,2014.马铃薯环腐病的发生与防治[J].农业科技与信息(22):28-30.

施林林,沈明星,蒋敏,等,2013.长期不同施肥方式对稻麦轮作田杂草群落的影响[J].中国农业科学(2):

310-316.

宋志荣,2004.马铃薯对旱胁迫的反应[J].中国马铃薯,18(6):330-332.

孙晓光,何青云,李长春,等,2009.混合盐胁迫下马铃薯渗透调节物质含量的变化[J].中国马铃薯,23(3):129-132.

孙业民,张俊莲,李真,等,2014.氯化钾对干旱胁迫下马铃薯幼苗抗旱性的影响及其机制研究[J].干旱地区农业研究,32(3):29-34.

谭岩,杨敏,2015.精异丙甲草胺乳油不同浓度马铃薯田间杂草防效试验初报[J].农业科技与信息(15):71-71.

田丰,张永成,张凤军,等,2009.不同品种马铃薯叶片游离脯氨酸含量、水势与抗旱性的研究[J].作物杂志(2):73-76.

田伟丽,王亚路,梅旭荣,等,2015.水分胁迫对设施马铃薯叶片脱落酸和水分利用效率的影响研究[J].作物杂志(1):103-108.

王宝地,2011.冀西北马铃薯田间杂草化学防治研究[J].安徽农业科学,39(9):5297-5298.

王翠颖,孙思,2015.7种杀菌剂对马铃薯晚疫病病菌菌丝的抑菌效果测定[J].中国园艺文摘(2):41.

王金凤,刘雪娇,冯宇亮,2015.北方马铃薯常见病害及综合防治措施[J].现代农业科技(21):152-152.

王丽,王文桥,孟润杰,等,2010.几种新杀菌剂对马铃薯晚疫病的控制作用[J].农药,49(4):300-302,305.

王文慧,刘小娟,莫娟,等,2019.陇西县干旱山区马铃薯田杂草发生情况调查[J].农艺农技(4):18-19.

王喜刚,郭成瑾,庞全武,等,2019a.不同除草剂防除马铃薯田杂草效果及安全性评价[J].宁夏农林科技,60(07):21-24.

王喜刚,郭成瑾,沈瑞清,2019b.宁夏马铃薯田杂草种类及其群落特征[J].植物保护,45(3):183-18.

王兴涛,范向斌,何江,2015.朔州市马铃薯田杂草初步调查研究[J].农业技术与装备(9):15-16,19.

王艳霞,李威,2008.常见马铃薯病害发生及防治对策[J].吉林蔬菜(3):91.

王燕,杨克俭,龚学臣,等,2016.全国主栽马铃薯品种的抗旱性评价[J].种子,35(9):82-85.

魏翠果,张婷婷,蒙美莲,等,2013.钙对NaCl胁迫下马铃薯脱毒苗氮代谢的影响[J].植物生理学报(10):1041-1046.

魏亮,李飞,徐建飞,等,2012.马铃薯抗寒性研究进展[J].贵州农业科学,40(2):44-47.

吴明,2019.豫南农田杂草分类,危害及化学防除技术[J].农业工程技术(14):26.

吴仁海,孙慧慧,苏旺苍,等,2018.几种除草剂对马铃薯安全性及混用效果[J].农药,57(1):61-63.

吴石平,何永福,杨学辉,等,2012.贵州马铃薯病害调查研究[J].农学学报,2(6):31-34.

吴之涛,魏佳峰,夏爱萍,等,2018.23.2%砜喹嗪草酮对不同马铃薯品种除草效果及产量的影响[J].黑龙江农业科学(10):19.

武少春,2015.澜沧县马铃薯病草害发生特点和综合防治对策[J].植物医生(3):17-19.

夏阳,万雪丽,严小冬,等,2016.中国西南地区春季降水的时空变化及其异常的环流特征[J].气象学报,74(4):510-525.

肖国举,仇正跻,张峰举,等,2015.增温对西北半干旱区马铃薯产量和品质的影响[J].生态学报,35(3):830-836.

谢春晖,李存桂,2016.湟中县马铃薯田间杂草发生及防除技术[J].青海农技推广(2):34-35.

谢奎忠,陆立银,罗爱花,2013.不同栽培措施对连作马铃薯土壤真菌、真菌性病害和产量的影响[J].中国蔬菜(2):70-75.

辛翠花,蔡禄,肖欢欢,等,2012.低温胁迫对马铃薯幼苗相关生化指标的影响[J].广东农业科学(22):19-21.

徐正浩,戚航英,陆永良,等,2014.杂草识别与防治[M].杭州:浙江大学出版社.

许桂英,2016.马铃薯枯萎病防治技术[J].现代农村科技(5):19.

闫嘉琦,郎贤波,吴京姬,等,2017.96%精异丙甲草胺乳油对马铃薯田一年生杂草防治效果及马铃薯产量的影响[J].黑龙江农业科学(10):14.

严登华,罗先香,郑晓东,2012.变化环境下黄河中下游洪涝灾害发展新趋势[J].水土保持通报,32(3):194-197.

杨超英,王芳,王舰,2014.低温驯化对马铃薯半致死温度的影响[J].江苏农业科学(4):80-81.

杨春,2011.马铃薯苗后除草剂的筛选[J].陕西农业科学,57(2):271-273.

杨金辉,林萱,宋勇,2014.马铃薯抗低温胁迫研究进展[J].中国园艺文摘(10):67-68,188.

杨巨良,2010.马铃薯虫害及其防治方法[J].农业科技与信息(23):30-31.

杨艳丽,王利亚,罗文富,等,2007.马铃薯粉痂病综合防治技术初探[J].植物保护(3):118-121.

杨艺玲,侯丽英,莫建军,等,2018.马铃薯青枯病的发生与防治[J].南方农业,12(12):17-19.

姚春馨,丁玉梅,周晓罡,等,2013.水分胁迫下马铃薯抗旱相关表型性状的分析[J].西南农业学报,26(4):1416-1419.

姚满生,石志达,郭万国,等,2009.土壤处理与茎叶处理防除马铃薯田杂草的比较试验[J].中国马铃薯,23(2):90-91.

叶文斌,杨小录,王让军,2015.甘肃省西和县马铃薯田间杂草调查及其防治技术[J].生物灾害科学,38(4):328-332.

尹绍忠,2019.有机农业中的病虫草害防治技术[J].农业与技术(27):27-29.

于金萍,白鹏华,李琦,等,2019.76%扑草净·乙草胺·噻吩磺隆乳油防除马铃薯田一年生杂草的效果及安全性[J].天津农业科学,25(11):84-87.

阅凡祥,王晓丹,胡林双,等,2010.黑龙江省马铃薯干腐病菌种类鉴定及致病性[J].植物保护,36(4):112-115.

张斌,张桃林,1995.南方东部丘陵区季节性干旱成因及其对策研究[J].生态学报,15(4):413-419.

张斌,陈国奇,余杰颖,等,2018.贵州马铃薯田杂草群落调查[J].植物保护(4):138-143.

张成礼,2004.马铃薯黄萎病的发生与防治[J].植物医生(5):6.

张春强,王胜亮,赵爱菊,等,2010.马铃薯田除草剂筛选试验[J].山东农业科学(5):98-99.

张翠梅,张秋红,2019.永寿县麦田杂草的发生特点及防治措施[J].中国农技推广,35(10):91-92.

张等宏,沈艳芬,陈娥,等,2017.90%乙草胺乳油对马铃薯田狗尾草的室内生物活性研究[C].马铃薯大会论文集,501-503.

张等宏,肖春芳,高剑华,等,2018.恩施州马铃薯田间草害流行规律及危害调查研究[C].马铃薯大会论文集,428-433.

张华普,张丽荣,郭成瑾,等,2013.马铃薯地下害虫研究现状[J].安徽农业科学,41(2):595-596,651.

张建朝,费永祥,邢会琴,等,2010.马铃薯地下害虫的发生规律与防治技术研究[J].中国马铃薯,24(1):28-31.

张建平,程玉臣,巩秀峰,等,2012.华北一季作区马铃薯病虫害种类、分布与为害[J].中国马铃薯,26(1):30-35.

张金兰,王仲符,曾庆财,等,1993.马铃薯坏疽病[J].植物检疫(2):123-125.

张兰芬,赖丽芳,王孟宇,等,2012.红河州石屏县冬季马铃薯品种比较试验研究[J].中国种业(8):39-41.

张雷,2017.近50年东北地区夏季降水变化特征[J].黑龙江农业科学(10):15-16.

张丽莉,石瑛,祁雪,等,2015.干旱胁迫对马铃薯叶片超微结构及生理指标的影响[J].干旱地区农业研究,33(2):75-80.

张胜,白艳姝,崔艳,等,2010.马铃薯硼素吸收分配规律及施肥的影响[J].华北农学报,25(1):194-198.

张淑敏,宁堂原,刘振,等,2017.不同类型地膜覆盖的抑草与水热效应及其对马铃薯产量和品质的影响[J].作物学报,43(4):571-580.

张文解,王成刚,2010.马铃薯病虫害诊断与防治[M].兰州:甘肃科学技术出版社.

张颖慧,2014.马铃薯常见虫害及其防治措施[J].吉林农业(14):85.

张永福,刘泽民,沈忠元,等,2014.马铃薯田除草剂的优选试验[J].农业技术与装备(24):48-49.

张玉慧,康爱国,乔普海,等,2016.480 g/L 嗪草酮 SC 防除马铃薯田杂草效果研究[J].农技服务,33(1):
113-114.

张玉慧,康爱国,赵志英,等,2014.冀西北马铃薯田杂草群落分布及防控对策[J].杂草科学,32(2):10-13.

张钰薇,何宏斌,程俊康,等,2019.不同施肥管理对"多花黑麦草-水稻"轮作系统杂草防控效应的影响[J].生
态环境学报,28(9):1793-1801.

赵爱民,2013.浅析农田杂草的危害及其分类[J].农业与技术,33(7):140-140.

赵媛媛,石瑛,张丽莉,2018.马铃薯抗旱种质资源的评价[J].分子植物育种,16(2):633-642.

中国科学院中国植物志编辑委员会,1990.中国植物志[M].北京:科学出版社.

周广鑫,2019.马铃薯地膜覆盖高产种植技术[J].现代畜牧科技(12):40-41.

朱富春,2015.马铃薯晚疫病偏重发生的原因与绿色防控对策[J].科学种养(11):35-36.

朱振东,1992.马铃薯黑粉病的发生与防治[J].马铃薯杂志(6):107-109.

Jeffery S,Verheijen F G A,Veldwa M,et al,2011. A quantitative review of the effects of biochar application to
soil on crop productivity using meta-analysis[J]. Agriculture,Ecosystems and enviroment,144(1):175-187.

第十章 马铃薯品质与利用

第一节 马铃薯品质

一、马铃薯块茎营养品质

(一)概述

马铃薯块茎含有大量的淀粉。淀粉是食用马铃薯的主要能量来源。一般早熟种马铃薯含有 11%～14% 的淀粉,中晚熟种含有 14%～20% 的淀粉,高淀粉品种的块茎可达 25% 以上。块茎还含有葡萄糖、果糖和蔗糖等。成熟块茎养分齐全,含有淀粉、蛋白质、脂肪、膳食纤维、维生素、矿质元素等。

马铃薯蛋白质营养价值高。块茎含有 2% 左右的蛋白质,薯干中蛋白质含量为 8%～9%。据研究,马铃薯的蛋白质营养价值很高,其品质相当于鸡蛋的蛋白质,容易消化、吸收,优于其他作物的蛋白质。而且马铃薯的蛋白质含有 18 种氨基酸,包括人体不能合成的各种必需氨基酸。人们高度评价马铃薯的营养价值,是因其块茎含有高品位的蛋白质和必需氨基酸——赖氨酸、色氨酸、组氨酸、精氨酸、苯丙氨酸、缬氨酸、亮氨酸、异亮氨酸和蛋氨酸。

马铃薯块茎含有多种维生素和无机盐。食用马铃薯有益于健康与维生素的作用是分不开的。特别是维生素 C 可防止坏血病,刺激造血机能等,在日常吃的大米、白面中是没有的,而马铃薯可提供大量的维生素 C。块茎中还含有维生素 A(胡萝卜素)、维生素 B_1(硫胺素)、维生素 B_2(核黄素)、维生素 pp(烟酸)、维生素 E(生育酚)、维生素 B_3(泛酸)、维生素 B_6(吡哆醇)、维生素 M(叶酸)和生物素 H 等,对人体健康都是有益的。此外,块茎中的无机盐如 Ca、P、Fe、K、Na、Zn、Mn 等,也是对人的健康和幼儿发育成长不可缺少的元素。

吴巨智等(2009)介绍,马铃薯的块茎中含有大量碳水化合物,含量约为 16.5%,其中大部分为淀粉,占 9%～30%,并含有少量的非淀粉性多糖、蔗糖、还原糖等,是人类获得碳水化合物的一个重要来源。马铃薯的块茎中蛋白质的含量为 1.5%～2.3%,若以无水物计算,则为 9.8%,高于稻米中蛋白质的含量(8.9%)。马铃薯的蛋白质为完全蛋白,其中含有人体需要但体内又不能合成的 8 种必需氨基酸。这些氨基酸的含量和比例符合人体需要,因此,马铃薯的蛋白质具有很高的营养价值。马铃薯的块茎中维生素的含量很丰富,可与蔬菜、水果媲美。每 100 g 中含维生素 C27 mg,是芹菜的 3.4 倍、番茄的 1.4 倍、苹果的 6.8 倍。每 100 g 中含维生素 E 0.34 mg、维生素 B_1 0.08 mg、维生素 B_2 0.04 mg,胡萝卜素 30 mg,其中维生素 B_1 的含量居常用蔬菜之冠。马铃薯的块茎中还含有多种矿物质,每 100 g 中含 Ca 8 mg、Fe 0.8 mg、Zn 0.37 mg、P 40 mg,还含有 Se、K、Na、Mg 等元素。

陈鹰等(2009)对贵州推广的 13 个马铃薯品系中的淀粉、蛋白质、还原糖、维生素 C、干物质进行了分析测定。结果表明,甘农薯 3 号淀粉、维生素 C 及干物质含量均最高,是加工及营养品质均较好的品种,威芋 1 号、W 26-27、S01-295 的还原糖含量较低,适合油炸马铃薯片加工。

阳淑等(2015)对紫色马铃薯基本营养成分进行了分析,采用氮氨基酸评分标准模式、鸡蛋蛋白模式和模糊识别等方法对其营养价值进行了评价。结果说明紫色马铃薯比普通马铃薯营养价值更高。

(二)影响马铃薯块茎品质的因素

张小静等(2010)介绍,光照、温度、水分、土壤等自然因素以及种植密度、施肥等人为因素都对马铃薯块茎品质性状有明显影响。

刘喜平等(2011)研究结果,马铃薯块茎还原糖含量的试点间差异大于品种间差异。蛋白质含量的试点间差异大于品种间差异。

营养品质评价目前尚无统一方法,植物生长调节剂、施肥量(N 肥、P 肥、K 肥)、气候等因素对马铃薯营养品质影响较大,贮藏期、生育期内马铃薯营养品质也有所不同。施肥量对马铃薯块茎品质有显著影响,马铃薯块茎淀粉含量、维生素 C 含量、还原糖含量和质量分级均随着施肥量的增加而增加,但施肥量过多,品质和质量分级出现下降趋势。

1. 日照长度对马铃薯块茎品质的影响　马铃薯普通栽培品种是喜光的长日照作物,而原始栽培种都是短日照植物。对于普通栽培品种而言,地上部茎叶的生长需要强光和长日照。在生长期间日照时间长、光强度大,有利于进行光合作用。相反,在弱光条件下,光照不足,养分积累少,抑制植株生长,甚至提早死亡。刘梦芸等(1994)研究认为,长日照条件下块茎淀粉含量高于短日照处理下块茎淀粉含量。日本学者村松嘉和(1995)研究表明,在日照充足的条件下,光合产物多,淀粉含量有显著的提高。西部幸男(1990)认为,在块茎发育初期,日照量与淀粉含量两者呈极高的正相关。李会珍(2004)试验也发现,在一定时间范围内,延长光照时间有利于试管薯的淀粉累积。李灿辉(1997)试验表明,在田间条件下,长日照处理的块茎淀粉含量都比短日照处理的块茎淀粉含量高,尤其是幼小块茎淀粉含量差异显著。长日照且高温条件下,马铃薯块茎蛋白质含量也比在潮湿、阴冷气候条件下高,普通栽培品种马铃薯块茎的形成却要求短日照。黑暗而潮湿的条件有利于匍匐茎发育,在光照情况下,匍匐茎会变成地上茎,而不能形成块茎。宋学锋等(2003)的研究表明,马铃薯进入淀粉积累后期和成熟期时,日照有利于块茎干物质的积累,进而影响产量。

2. 海拔和纬度对马铃薯块茎品质的影响　阮俊等(2009)研究指出,马铃薯干物质、蛋白质、淀粉含量随海拔的变化呈现开口向上的抛物线特征,干物质在海拔 2000～2200 m 出现最低值;还原糖含量随海拔的变化,特征与干物质及蛋白质等相反,海拔 2000～2200 m 出现最大值;维生素 C 含量在海拔 1800 m 以下随海拔升高而增加,但在海拔 1900 m 以上几乎没有变化,宿飞飞等(2009)将 8 个马铃薯品种分别种植在不同纬度的生态区,分析了纬度及生态因子对淀粉含量及淀粉黏度指标的影响。结果表明,马铃薯淀粉含量呈现东北和西北地区较高,而华北地区较低的变化趋势。因此,在栽培马铃薯时应该合理密植,避免植株间相互遮光,影响光合作用。

3. 温度对马铃薯块茎品质的影响　温度是影响马铃薯块茎形成与膨大生长的重要因素。姚玉璧等(2010)研究表明,气温对马铃薯产量形成除采收期外,均为负效应,块茎膨大期对气温变化十分敏感。谢世清(1992)研究指出,块茎形成不仅要求一定的温度,而且要在一定的温度(16 ℃左右)条件下进行,块茎膨大的适宜温度为 14~22 ℃,而最适温度为 17~19 ℃。多年来研究证明温度对马铃薯生长有明显影响,低温下结薯较早,高温结薯延迟,16~18 ℃,最高不超过 21 ℃,为块茎生长最适温度。王新伟等(1997)分析表明,在马铃薯生育期内随气温昼夜温差的增加,淀粉含量明显升高,在结薯期的正相关关系达极显著水平。结薯期和淀粉积累期的昼夜温差增大会使淀粉含量升高。另有研究认为,昼夜温度的变化还能克服连续光照对植物的伤害,如克服有些品种在连续光照下的褪绿和矮化等,使植株的光合作用增强,块茎干物质积累增多。土壤温度对马铃薯光合产物在块茎中的积累有重要作用,较低的土壤温度有利于马铃薯块茎干物质的形成和积累,最适合马铃薯块茎生长的土壤温度为 16~18 ℃。长期高温会导致块茎比重下降、单株小块茎增多、干物质向块茎中转移受阻,进而影响马铃薯的品质。

4. 水分对马铃薯块茎品质的影响　马铃薯生育期间需水量大,对干旱胁迫比较敏感。生长期间土壤湿度以田间最大持水量的 60%~80% 为宜。孙慧生等(2001)认为,土壤水分亏缺会抑制或延迟块茎萌发,减少功能叶面积,降低光合速率,干物质积累减少。马铃薯不同发育阶段,块茎对水分的需求不同,以块茎形成期为需水关键期,块茎膨大期为耗水量最大的时期。水分供应过多时,马铃薯块茎品质下降,表现为淀粉含量降低,还原糖含量升高,加工品质变差。生长期间降水量过多也将导致块茎维生素 C 含量及活性的降低。土壤过湿或干湿交替会引起马铃薯块茎的次生生长,使得块茎脐部淀粉含量下降,糖分含量迅速升高。

5. 土壤对马铃薯块茎品质的影响　马铃薯块茎的生长发育与土壤结构、通透性、保水保肥性等紧密相关。土壤结构疏松,有利于块茎膨大过程中同化物向块茎运输,提高干物质在块茎中的分配率。李军等(2004)的研究认为,降低土壤的通气性,块茎的淀粉含量明显降低,改变土壤的通气性,可以提高块茎的淀粉含量。土壤的保水性能在以灌溉为主的地区并不显得很重要,但在以降水为主要水源的地区,土壤的保水性能决定了马铃薯的生产能力。程天庆(1990)的研究表明,轻质壤土透气性好,具有较好的蓄水、保肥能力,有利于马铃薯块茎淀粉含量提高。马铃薯虽然对土壤的适应性较广,但不同的土壤类型对马铃薯的生长发育及其块茎品质影响不同。康玉林等(1997)对“常干旱”和“常湿润”两个处理以观察地和水分含量马铃薯淀粉含量的影响,结果表明:“常湿润”处理的马铃薯产量显著高于“常干旱”处理,而两者的淀粉含量没有明显差别,土壤质地对块茎淀粉含量的影响,总体上看沙土地淀粉含量要高于黏土地,最多可高出 2 个百分点以上。主要因为轻质壤土有利于马铃薯块茎的膨大生长,减少了能量消耗所致。在常湿润条件下,黏土地上收获的马铃薯淀粉含量较低,干旱条件下生长的马铃薯,其淀粉含量高于经常灌溉的马铃薯。

二、马铃薯淀粉

(一)马铃薯淀粉种类与结构

1. 种类

(1)单粒　每一个淀粉粒通常只有一个脐点,环绕着脐点有无数层纹;呈圆球形、类圆球形、椭圆形、卵圆形、多面体形,也有半球形、棒槌形或梨形,少见三角形、类三角形、两面凸形、三面凸形或不规则形。脐点位于中心或一端,一至数个,明显或不明显,层纹有或无。

(2)复粒　由若干分粒组成,每一个复粒淀粉具有 2 个或多个脐点,每一个脐点各有层纹环绕着。淀粉粒由若干分粒相聚合而成。有2粒复合、3粒复合、4粒以上(不超过10粒)复合或10粒以上复合,复粒中的每一分粒呈多面体形、盔帽形、碗形或带有一面圆的多边形,脐点少见或不明显,层纹少见或无。

(3)半复粒 在复粒淀粉粒外周又有共同的层纹将各分粒包围在内。呈类圆球形、椭圆形、梨形或扇形,脐点2个或多个,层纹明显或不明显。在鉴定时,除了注意单粒的形态之外,还应观察脐点及层纹,一般认为淀粉粒层纹的形成是由于它在生长过程中质体的周期性活动的结果,各层之间的密度及含水量各不相同,形成了环状纹理,即层纹。有时脐点偏于一边,层纹也成为偏心形同心环,淀粉的中心部分质体特别集中和密集,折光现象特别强,形成了一个点状或叉形、人字形、飞鸟形、短条形或木字形的点,即为脐点,一般一个淀粉粒只有1个脐点,但也有特殊的脐点。

(4)马铃薯块茎淀粉从结构上有支链淀粉和直链淀粉之分 洪雁等(2008)介绍,蜡质马铃薯的支链淀粉含量占总淀粉含量的95%以上。而区别支链淀粉与直链淀粉的一个重要指标是蓝值。直链淀粉的线性聚合度(DP)很高,与碘液能形成螺旋结构的络合物,呈蓝色,蓝值较大,一般在0.8~1.2.而支链淀粉分支度较高,蓝值较小。蓝值的大小可以作为衡量直链淀粉含量的有效方法之一。

马铃薯中有直链淀粉和支链淀粉,其中约70%为支链淀粉,马铃薯中直链淀粉的链较长,取向困难,回生慢,马铃薯淀粉不易凝沉,故可用于低温存储食品。与玉米淀粉相比,马铃薯的淀粉P含量比较高、糊化度高、糊化温度低、黏结力强、透明度好,常常被用于果冻布丁、冰淇淋、膨化食品等,用途广(见表10-1)

表10-1 几种常用淀粉的性质(张攀峰等,2010)

	马铃薯淀粉	木薯淀粉	玉米淀粉	小麦淀粉
粒形	大粒成卵、小粒圆形	椭圆形或卵形	圆形或多角形、棱角显著	大粒圆形、小粒卵形
粒径	15~120 μm	15~50 μm	4~26 μm	3~38 μm
老化性能	低	低	很高	高
粒径	15~120 μm	15~50 μm	4~26 μm	3~38 μm
老化性能	低	低	很高	高
抗剪切力	差	差	低	中低
冷冻稳定性	好	稍差	差	差
透明度	很透明	透明	不透明	不透明
糊丝长度	长	长	短	短
凝沉现象	强度低	强度低	强度较高	强度高
峰值黏度	高	高	中等	中等
凝胶强度	很弱	很弱	强	强
蒸煮难易	快	快	慢	慢
蒸煮稳定性	差	差	好	好

借助荧光显微镜、透射电子显微镜、X-射线衍射仪等先进研究手段有助于其结构研究。最新研究报告表明:不同来源及统一来源不同结构的淀粉颗粒具有不同形态,在电子显微镜放大条件下淀粉呈现为圆形、卵形、椭圆形、多角形、不规则形等,淀粉粒形状受淀粉来源、部位、生长条件、成熟度、直链淀粉含量及胚乳结构的影响。

现阶段研究者认为淀粉主要由直链淀粉和支链淀粉构成,直链淀粉为 α-D-葡萄糖通过 α-D-1,4 糖苷键连接聚合,聚合度(DP)与淀粉品种、加工状况有关,禾谷类直链淀粉聚合度为 1000~6000;支链淀粉结构高度分支,α-D-葡萄糖通过 α-D-1,4 糖苷键连接形成主链(C 链),支链(A 链、B 链)通过 α-D-1,6 糖苷链与主链连接,分支以双螺旋形式存在,并构成小结晶区。

淀粉颗粒内部是很复杂的结晶组织,用偏光显微镜观察淀粉颗粒,淀粉颗粒有轮纹结构,还具有晶体结构。淀粉颗粒是球晶体,不过晶体结构在淀粉颗粒中只占一小部分,大部分是非晶区,所以淀粉具有弹性变形现象。

直链淀粉的颗粒小,分子链与分子链间缔合程度大,形成的微晶束晶体结构紧密,结晶区域大。而支链淀粉一分支端的葡萄糖链平行排列,彼此以氢键缔合成束状,形成微晶束结构。所以支链淀粉中结晶区域小,晶体结构不太紧密,淀粉颗粒大。

无论是直链淀粉分子还是支链淀粉分子都不是以整个分子参与一个微晶束的,而是以其分子链中的各个部分分别参与几个微晶束的组成。其中也有一部分链段则不参与构成微晶束,而成为淀粉颗粒的非晶区,即无定形区。

2. 结构

(1)形态结构　不同来源的淀粉,其大小和形状都不同。小麦淀粉呈扁豆状或圆球状,直径 5~40 μm;玉米淀粉为多角形或圆形,直径 5~25 μm;马铃薯淀粉为椭圆形,直径 15~100 μm。

(2)晶体结构　淀粉是有一定晶体形态的构造,通过 X-衍射图谱的不同可以把淀粉分为 A、B、C 三种类型。玉米和小麦淀粉属于 A 型、马铃薯淀粉属于 B 型。

(3)轮纹　在 400~500 倍显微镜下观察可以看到淀粉颗粒外部与树木年轮相似的轮纹结构,各轮纹围绕的一点叫粒心,根据粒心和轮纹情况可将淀粉粒分为单粒、复粒和半复粒三种。小麦淀粉和马铃薯淀粉都是只有一个粒心,但是小麦淀粉是同心排列,马铃薯淀粉是偏心排列;玉米淀粉是半复粒,内部有两个单粒,各有各的粒心和环层,但最外面的几个环轮是共同的,因而构成的是一个整粒。马铃薯淀粉粒在 3000 倍电镜下形状如图 10-1 所示。

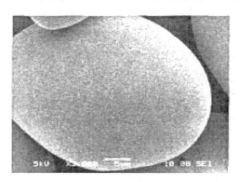

图 10-1　天然马铃薯淀粉粒电镜观察(×3000 倍)(赵米雪等,2018)

(二)马铃薯淀粉的物理性质和胶体化学性质

1. 淀粉的物理性质

(1)粒径大　不同品种的马铃薯淀粉其粒径大小也是不同的,通常情况下,马铃薯淀粉的粒径一般为 35~105 μm。椭圆形的一般为大粒径的马铃薯淀粉,圆形的为小粒径马铃薯淀粉。给予一定的营养条件和环境因素,马铃薯淀粉粒径会发生一系列的变化导致其比燕麦淀粉、紫薯淀粉和小麦淀粉的粒径都要大。

(2)黏性大　马铃薯淀粉的黏度取决于其直链淀粉的聚合度。将马铃薯淀粉、玉米淀粉、燕麦淀粉和小麦淀粉进行糊浆黏度实验比较,实验研究结果是马铃薯支链淀粉的含量高达79%以上,马铃薯淀粉峰值平均达2988BU,比玉米淀粉(589BU)、燕麦淀粉(999BU)和小麦淀粉(298BU)的糊浆黏度峰值都高。

(3)糊化温度低　马铃薯淀粉的糊化温度平均为64℃,比玉米淀粉(72℃)、小麦淀粉(73℃)以及薯类淀粉中的木薯淀粉(65℃)和甘薯淀粉(80℃)的糊化温度都低。虽然马铃薯淀粉颗粒较大,但是马铃薯淀粉的分子结构中存在着相互排斥的磷酸基团电荷,且内部结构较弱,所以马铃薯淀粉的膨胀效果非常好。

(4)吸水力强　众所周知,淀粉具有一定的吸水能力,并且其吸水能力随着温度的变化而发生相应的改变。在适当的温度和环境条件下,马铃薯淀粉膨胀时可以吸收比其自身的质量多398~598倍的水分。

(5)淀粉不会受到膨化和糊化的影响　影响马铃薯淀粉糊浆透明度的原因是因为其化学分子结构式中有缩合的磷酸基及不具有脂肪酸。P元素作为马铃薯淀粉分子中最重要的元素,并在马铃薯淀粉中以共价键的形式存在。马铃薯淀粉中近300个左右的葡萄糖基中都含有磷酸基,维持磷酸基上的平衡离子大部分是有机离子,并对马铃薯淀粉在胶化的反应步骤中发挥着不可替代的作用。马铃薯淀粉中的磷酸基在水溶液中显示带负电荷,并且不与带负电荷的其他物质相结合,在整个胶化的反应步骤中也十分重要,不可替代,导致马铃薯淀粉可以迅速和溶液中的水结合并且达到膨胀的效果,所以马铃薯淀粉与水黏合度增高,产生了淀粉糊。

2. 淀粉的胶体化学特性

(1)淀粉颗粒的化学组成　在20℃、相对湿度65%时,玉米淀粉、小麦淀粉和马铃薯淀粉的水分含量分别为13%、14%和19%;类脂物含量分别为0.8%、0.8%和0.05%;蛋白质含量分别为0.35%、0.4%和0.06%;灰分含量分别为0.1%、0.15%和0.4%;磷(干基)含量分别为0.015%、0.06%和0.08%。

(2)淀粉的分子结构　玉米和小麦淀粉的直链淀粉含量约28%,马铃薯淀粉约为21%。由于直链淀粉和支链淀粉结构的差别,一般常用碘检测淀粉,便是利用直链淀粉遇碘显蓝色,支链淀粉遇碘显紫红色这一特性。

张根生等(2010)研究了马铃薯淀粉的物化性质。研究涉及马铃薯淀粉的组成、颗粒形貌、粒径大小及溶解度与膨润力、透明度、凝沉性、糊化方面的性质,并与绿豆、玉米淀粉进行比较。结果表明,马铃薯淀粉的蛋白质含量为0.27%,直链淀粉含量为20.4%,颗粒为椭圆形,平均粒径为40μm;马铃薯淀粉的溶解度与膨润力较高;马铃薯淀粉的透明度为66.8%,凝沉性高于豆类淀粉,峰值黏度为2000BU。

吕振磊等(2010)采用快速黏度分析仪(rapid viscosity analyzier,RVA)测定淀粉浓度、pH、蔗糖、柠檬酸、卡拉胶等对马铃薯淀粉糊化特性和凝胶特性的影响。结果表明:随着淀粉浓度的增加,马铃薯淀粉糊的热稳定性和凝沉性变差,凝胶性增强,容易回生;在pH值为7时马铃薯淀粉的热稳定性、凝沉性和凝胶性较差,马铃薯淀粉不易回生;添加蔗糖、卡拉胶、明矾、食盐或苯甲酸钠,马铃薯淀粉的热稳定性、凝沉性、凝胶性增强;添加柠檬酸后马铃薯淀粉的热稳定性和凝沉性增强,凝胶性减弱。

方国珊等(2013)以马铃薯淀粉为材料,制备氧化淀粉、醋酸酯淀粉、氧化醋酸酯淀粉,比较其理化性质,并通过红外光谱(FT-IR)、电子扫描显微镜(SEM)等对其结构进行分析。结果表明:氧化淀粉、醋酸酯淀粉、氧化醋酸酯淀粉比原淀粉透明度高、流动性好、附着力强、涂抹性好。FT-IR 实验表明氧化淀粉有羧基的特征吸收峰,而氧化醋酸酯淀粉酯化改性过程中有醋酸酯基团的生成。SEM 扫描实验显示氧化淀粉的外形比较规整多为球状或椭球状,表面较光滑;醋酸酯淀粉颗粒形状未发生大的改变,但规整度很差;氧化醋酸酯淀粉颗粒完整,表面粗糙,低取代度的酯化反应仅发生在淀粉颗粒表面。

蔡旭冉等(2012)研究不同种类以及不同浓度的盐对马铃薯淀粉以及马铃薯淀粉-黄原胶复配体系糊化性质以及流变学性质的影响。结果表明:盐的加入均增加了马铃薯淀粉的成糊温度和回升值,降低了峰值黏度、终值黏度和崩解值,且马铃薯淀粉糊的黏度值随着盐浓度的增加先降低后升高,成糊温度随着盐浓度的增加呈现先显著升高后略微下降的趋势。对于马铃薯淀粉-黄原胶复配体系,盐的加入升高了复配体系的成糊温度、峰值黏度和崩解值,并且复配体系的黏度值随着盐浓度的增加而增加。流变学性质表明盐引起马铃薯淀粉糊的假塑性增强,并随着盐浓度的增加假塑性先增强后略有减弱,相反盐引起马铃薯淀粉/黄原胶复配体系的假塑性减弱,并与盐浓度之间没有明显的规律性。

郭俊杰等(2014)介绍了马铃薯淀粉的回生方法,包括酶解法、微波法、酸解法、晶种促进法、挤压法和压热处理。

尤燕莉等(2013)介绍了紫马铃薯的理化性质。紫马铃薯淀粉颗粒大小、形态及晶体与普通马铃薯相似。总淀粉含量与普通马铃薯无差异。但直链淀粉含量高于普通马铃薯淀粉。紫马铃薯淀粉的透光率、冻融稳定性、抗老化作用低于普通马铃薯,沉降体积、峰值黏度高于普通马铃薯,糊化过程中消耗能量较少。

(三)影响马铃薯淀粉含量和品质的因素

既有环境因素,也有人为措施的影响。

1. 地理位置　宿飞飞等(2009)将 8 个马铃薯品种分别种植在不同纬度的生态区,收获后分析纬度生态因子对淀粉含量和淀粉黏度指标影响。结果表明,马铃薯淀粉含量变化总趋势为东北和西北地区较高、华北地区较低。在 $40°06' \sim 48°04'N$ 范围内淀粉含量随纬度升高逐渐增加。在同纬度地区,淀粉含量随海拔的升高而增加。淀粉黏度随纬度变化趋势与淀粉含量基本一致。

2. 生长调节剂　宫占元等(2011)介绍了他们于 2007 年的试验。研究了不同植物生长调节剂对马铃薯还原糖及淀粉含量的影响。在大田栽培条件下,以马铃薯品种荷兰 212 为材料,叶面喷施不同植物生长调节剂,通过比较叶片、匍匐茎及块茎内还原糖和淀粉含量的变化,研究喷施植物生长调节剂对马铃薯碳代谢的调控效应。结果是 2-N,N-二乙氨基乙基己酸酯(DTA-6)可以显著降低取样末期匍匐茎内淀粉和还原糖的含量,同时还能降低块茎内还原糖的含量,提高叶片内还原糖的积累量;烯效唑(S3307)可以极显著提高块茎内淀粉积累量并极显著促进取样末期匍匐茎内淀粉的转移,而且还可降低取样后期块茎内还原糖含量、极显著提高叶片内淀粉的积累量;SOD 模拟物 SODM 与 S3307 的效果相似。

3. 环境条件　张新永等(2004)介绍了马铃薯的淀粉含量是由一个复杂的微效多基因控制的数量性状,它的高低主要是由品种的遗传特性决定的,但环境条件的变化也会对淀粉含量产生一定的影响。马铃薯的生长发育阶段可分为发芽期、幼苗期、发棵期、结薯期和休眠期等五个主要阶段。马铃薯在生长和发育的各个时期,对环境条件都有不同的要求。这些条件能否得到满足,决定着它的植株生长是否旺盛和协调,是否能获得较高的淀粉含量和产量。因此应对环境条件的影响进行深入、全面、综合的研究,以确定环境条件影响淀粉合成及积累过程的机理。

4. 温度　西部幸男(1990)研究认为,淀粉含量与最高气温有密切的相关性,一般气温在22～23 ℃时块茎中淀粉的分配率最高,两者呈极显著的正相关;而在块茎膨大盛期,平均温度范围在14～19 ℃时,淀粉的积累量最多,表明适当的低温有利于块茎中淀粉积累。昼夜温度的变化更有利于块茎的形成和淀粉的积累(陈伊里等,1988)。王新伟等(1997)的研究分析表明,在马铃薯生育期内平均气温昼夜温差的增加,淀粉含量也随之明显升高,二者间呈显著正相关,特别是在结薯期,这种相关关系达极显著。证明结薯期的昼夜温差和淀粉积累期的昼夜温差增大会使淀粉含量明显升高。

5. 水分　吴泽军(2002)认为,马铃薯生育后期的降雨过多,会影响淀粉含量的积累。王新伟等(1997)研究认为,马铃薯在整个生育期淀粉的积累与水分相关,而结薯期却随着农田水分的增多,干物质积累减少,可达到显著水平,这说明在马铃薯结薯期间,降雨量不足时块茎淀粉含量提高,而土壤过湿或干湿交替则造成块茎次生生长,则使淀粉含量下降。

6. 光照　张永成等(1996)认为日照时数与茎叶鲜重呈极显著的正相关,即日照时数越长,茎叶鲜重越高。王新伟等(1997)研究认为,日照时数与淀粉含量呈不显著的正相关,结薯期短日照有利于同化产物向块茎运转,促进马铃薯块茎淀粉含量的提高。Wang 等(2003)认为,随着日照时数增加,叶片光合速率也越快,植株干物质含量迅速增加,叶子中同化产物向外运输速度加快,使淀粉逐渐沉积。

试验认为,在块茎膨大初期,日照量与淀粉含量呈极高的正相关。试验也发现,在0～16 h范围内,光照时间的延长有利于试管薯内干物质含量、淀粉含量的累积。在光照时间长的地方种植马铃薯,可获得淀粉含量较高的块茎。

刘梦芸等(1994)认为,长日照条件下块茎淀粉含量明显高于短日照条件下处理的块茎淀粉含量,淀粉含量差异显著。李灿辉等(1997)指出对同一级别块茎进行长日照处理与短日照处理,长日照处理块茎的淀粉含量比短日照处理淀粉含量高,其淀粉含量有显著的差异。如果日照不足,光合产物减少,则引起马铃薯植株茎叶枯黄,导致马铃薯块茎淀粉含量下降,这与村松嘉和(1995)的研究结果一致。

7. 土壤　晋小军等(1996)指出,最适宜种植马铃薯的土壤是沙性轻壤土,因为这种土壤疏松通气性好,有机质含量比其他土壤高得多,生产的马铃薯块茎淀粉含量较高。刘学清(1994)研究认为,在黏质土中栽培马铃薯,有机质易被耗尽或土壤被压实,致使马铃薯块茎的形状差、干物质少和淀粉含量低。经常保持土壤湿润对马铃薯产量有一定的促进作用(康玉林等,1997)。而常干旱处理和常湿润处理对马铃薯淀粉含量影响都不显著,干旱时土壤质地对马铃薯淀粉含量影响不显著;湿润时沙土地收获的块茎,其淀粉含量要高于黏土收获的块茎。

8. 施用肥料　马铃薯是高产作物之一,对各种肥料的要求都很高。肥料是形成马铃薯块茎产量的基础,没有足够的肥料营养,马铃薯就无法获得较高产量,从而影响马铃薯淀粉的产量。试验研究表明,每生产 500 kg 马铃薯块茎,要从土壤中吸收 N 2.5～3 kg、P 0.5～1.5 kg、K 6～6.5 kg(陈伊里等,1997)。有关施肥与马铃薯块茎淀粉含量的研究国外报道比较多,施肥的多少在很大程度上会影响马铃薯的产量和品质。

磷钾肥:有研究表明施加磷钾肥可以增加马铃薯块茎淀粉含量(Prosba,1992),也有人认为磷钾肥可以降低马铃薯块茎的淀粉含量(Mazur et al.,1991;Westermann et al.,1994)。李国琴(2005)研究指出,在马铃薯栽培生产中应适当加大 P 肥施用量,会使马铃薯块茎的淀粉含量和产量得到一定程度的提高。马铃薯是需 K 肥较多的作物之一,施用 K 肥有明显的增产和改善品质的作用,国内外对其报道较多(陆引罡,2003;宋家宝,2004;徐德钦,2007;Moinuddin,2004;Parveen et al.,2007)。并且适量施 K 肥可以提高马铃薯块茎的淀粉含量,但随着 K 肥用量的增加,淀粉含量则呈下降趋势(殷文,2005)。

氮肥:N 肥有提高马铃薯光合生产率的作用,并能增加叶绿素含量,使茎叶生长茂盛,提高光合效率,增加有机物质积累。李英男(1995)研究表明,随着施 N 量的增加,马铃薯块茎淀粉含量呈下降趋势。王季春(1994)也指出,随施 N 肥量增多,淀粉含量呈下降趋势,而淀粉产量却逐渐增加。

氮磷钾肥:郑若良(2004)研究指出,当施用 N 肥与 K 肥的比值增加时,可使马铃薯块茎的蛋白质含量升高,N/K 比值降低时,马铃薯块茎中淀粉、还原糖、总糖、维生素 C、干物质等主要营养成分的含量随之增加,但其中 K 的百分比过高时又会使块茎中的主要营养成分含量降低,马铃薯块茎的品质下降。孔令郁等(2004)研究得到,一定比例的 N、P、K 肥的平衡施用,可增加马铃薯块茎产量及淀粉含量。张学智等(1996)指出,腐殖酸氮磷钾复合肥有显著提高马铃薯块茎淀粉含量的作用。

有机肥:郭建芳等(2005)研究指出,在施肥适量的情况下,施用有机肥比施用无机复合肥所得到的马铃薯淀粉含量高。李国琴(2005)认为,在马铃薯生产中,农家肥是重要的肥源之一,其可提高马铃薯的淀粉含量和产量,还能改善土壤结构,提高土壤有机质的含量。

其他肥:在马铃薯的生长发育中还需要 B、Ca、Mg、S、Zn、Cu、Mo、Fe、Mn 等微量元素,这些都是马铃薯植株生育期间所必不可少的营养元素。将不同浓度 B、Cu、Mn、Zn 等微量元素喷施的效果表明,多种微量元素配合施用对马铃薯的生育性状、生理指标、产量和品质都有明显的影响(王海泉,2005)。微量元素用量越多,淀粉含量越高,淀粉品质可以得到明显改善,产量有显著的增加。宋志荣(2005)指出施用适量的 Mn 可以促进植物的生长发育,提高马铃薯产量和淀粉含量。Petolino 等(1985)指出,过量的 Mn 能使马铃薯的抗逆性降低,抑制匍匐茎生长,使叶片失绿,降低光合速率,淀粉含量降低(Clairmont et al.,1986;Macfie et al.,1992)。Mn 毒害程度随植物种类、基因型及环境条件变化而不同(Wang et al.,1994)。

三、马铃薯蛋白质

(一)马铃薯蛋白质种类

马铃薯中蛋白质含量约占 2%,在块茎类作物中含量最高。相比于其他蔬菜和主粮,其氨基酸种类更加丰富,富含 8 种必需氨基酸,具有很高的营养价值;其他谷物赖氨酸含量很低,而马铃薯的赖氨酸含量却很高。

马铃薯蛋白质可分为 3 种:马铃薯糖蛋白,含量约为 40%;蛋白酶抑制剂,含量约为 50%;其他高分子蛋白,含量约为 10%。其中马铃薯蛋白酶抑制剂具有抗癌、抗菌活性,同时可使人体获得高饱腹感,具有减肥效果。

以可溶性蛋白质而论,一般可分为水溶性蛋白、盐溶蛋白、醇溶蛋白。卢戟等(2014)选取12 个不同品种(系)马铃薯为材料,探索和建立较完备的马铃薯可溶性蛋白质分析技术体系。采用考马斯亮蓝法测定可溶性蛋白含量和聚丙烯酰胺凝胶电泳分别进行水溶蛋白、盐溶蛋白和醇溶蛋白分析。结果表明,马铃薯不同品种间可溶性蛋白含量有较大差异,同一品种内几种可溶性蛋白也存在差异,电泳分析显示不同品种马铃薯水溶蛋白、盐溶蛋白和醇溶蛋白均表现出一定的多态性。

(二)马铃薯蛋白质的营养价值

马铃薯蛋白是一种极具潜力的保健食品。马铃薯提取物含丰富的蛋白质、粗纤维、碳水化合物,能为人类提供有益的营养元素。马铃薯蛋白含有大量黏体蛋白质,黏体蛋白质是一种多糖蛋白的混合物,能预防心血管系统的脂肪沉积,保持动脉血管的弹性,防止动脉粥样化的过早发生,还可防止肝、肾中结缔组织的萎缩,保持呼吸道和消化道的润滑。马铃薯蛋白和甘薯蛋白一样可以防治胶原病。马铃薯蛋白也是一种对中老年人极有价值的保健食品,并具有重要的保健生理功能。马铃薯蛋白的营养价值很高,不仅仅表现在其较高的蛋白质含量上,而且其氨基酸的组成也优于其他蛋白的组成,是一种优良的蛋白质来源。因此,不管作为人类食用蛋白还是作为动物饲料蛋白都非常适合。在工业发酵方面,马铃薯蛋白也是很好的氮素来源。

张泽生等(2007)采用国际上通用的营养价值评价方法,对马铃薯蛋白(PP)的营养价值进行了综合评价。马铃薯蛋白的必需氨基酸含量较高,占其氨基酸总量的47.9%,利用模糊识别法得出马铃薯蛋白的贴近度为0.912,高于大豆分离蛋白(SPI)的0.837,接近于1。利用化学评价法得出PP的第一限制氨基酸为色氨酸,第二限制氨基酸为含硫氨基酸-蛋氨酸和胱氨酸。蛋白质的氨基酸评分(AAS)、化学评分(cs)、必需氨基酸指数(EAAI)、生物价(Bv)、营养指数(NI)和氨基酸比值系数(SRCAA)分别为88.0、52.7、87.8、84.0、36.9、76.9。结果表明,马铃薯蛋白是良好的蛋白质来源。

刘素稳等(2008)以内蒙古卓资县的马铃薯蛋白粉与酪蛋白进行比较,结果表明:马铃薯蛋白质可明显促进动物的生长发育。其食物利用率、生物价、蛋白质净利用率、蛋白质功效比值等评价指标,均与酪蛋白接近,且动物发育正常。因此,马铃薯蛋白质的营养价值不亚于酪蛋白,是一种天然的优良蛋白质,可开发利用。

侯飞娜等(2015)为了解中国不同品种马铃薯全粉中蛋白质的营养品质,收集了中国马铃薯主栽品种22个,分别制备成全粉,采用国际通用的世界卫生组织/世界粮农组织(WHO/FAO)氨基酸评分模式及化学评分等评价方法对其蛋白质营养品质进行评价,并比较了不同品种间的差异。结果表明,22个品种马铃薯全粉粗蛋白含量范围为6.57~12.84 g/100 g DW,除色氨酸外,第一限制性氨基酸是亮氨酸;平均必需氨基酸含量占总氨基酸含量的41.92%,高于WHO/FAO推荐的必需氨基酸组成模式(36%),接近标准鸡蛋蛋白。从氨基酸评分、化学评分、必需氨基酸指数、生物价和营养指数可综合反映出大西洋蛋白的营养价值最高,夏波蒂、一点红次之;青薯9号、陇薯3号、中薯9号和中薯10号的蛋白营养价值较低,中薯11号最低。

(三)马铃薯蛋白质的抗氧化性

大量研究证实了马铃薯蛋白水解物具有较强的抗氧化活性,其主要本质为含有特定氨基酸残基的小分子肽,即马铃薯抗氧化肽,其抗氧化活性的大小与提纯及水解过程中的多种因素有关,因此通过优化提纯及水解工艺获得高抗氧化活性的马铃薯水解物具有广阔的研究空间。同时,马铃薯工业废水中,通常含有一定量的维生素及多酚类物质,该类物质通常也具有较强的抗氧化活性,如何在马铃薯蛋白的回收及水解过程中,同时获得废水中的其他抗氧化物质,从而获得协同抗氧化的马铃薯工业副产物具有现实意义。

潘牧等(2012)以从马铃薯生产淀粉的废液中提取的蛋白粉作为原料,对马铃薯蛋白质进行酶解,优化酶解工艺,并比较酶解前后马铃薯蛋白质的抗氧化性变化。研究发现,当酶解条件为 pH 7.9,温度 45 ℃,底物浓度 5.0%,E/S 3.0%时马铃薯蛋白质的水解度达到最大。而且酶解液与蛋白质溶液相比,抗氧化性有了明显提高。

常坤朋等(2015)以淀粉工业的马铃薯渣为原料,采用碱溶酸沉法提取马铃薯蛋白,再分别用碱性蛋白酶、中性蛋白酶、木瓜蛋白酶、胃蛋白酶、胰蛋白酶等 5 种蛋白酶对其进行水解,获得水解产物。通过对比水解液,对 DPPH 自由基、羟自由基、超氧阴离子的清除能力和 Fe^{2+} 螯合能力来分析水解液的抗氧化活性。研究发现,胰蛋白酶水解所得到的马铃薯蛋白水解液的抗氧化活性最高,DPPH 自由基清除率为 $69.82\% \pm 1.60\%$,羟自由基清除率为 $71.01\% \pm 1.54\%$,超氧阴离子清除率为 $50.56\% \pm 1.52\%$,Fe^{2+} 螯合率为 $96.51\% \pm 1.69\%$。因此,确定胰蛋白酶为制备马铃薯抗氧化多肽的最佳水解酶。

(四)马铃薯蛋白质的氨基酸组成

马铃薯蛋白中氨基酸的组成比例比较平衡,具有较高的营养价值。马铃薯是块茎类作物中蛋白质含量最高的,它能供给人体大量的黏体蛋白质。马铃薯的蛋白质富含其他粮食作为缺乏的赖氨酸和缬氨酸。氨基酸评分为 88.0,并有报道马铃薯蛋白粉的营养价值明显优于豆粕。

侯飞娜等(2015)分析了 22 个马铃薯品种的蛋白质营养品质,结果表明,马铃薯全粉中平均必需氨基酸质量占总氨基酸质量的 41.92%,高于 WHO/FAO 推荐的必需氨基酸组成模式(36%),接近标准鸡蛋蛋白。

张泽生等(2007)研究得到马铃薯蛋白粉样品的蛋白质由 19 种氨基酸(已测的)组成,19 种氨基酸总量为 42.05%,其中,必需氨基酸含量为 20.13%,非必需氨基酸含量为 21.92%。马铃薯蛋白质的必需氨基酸含量占氨基酸总量的 47.9%,而大豆分离蛋白中必需氨基酸含量占其氨基酸总量 38.5%,高于大豆蛋白。其必需氨基酸含量与鸡蛋蛋白(49.7%)相当,明显高于 FAO/WHO 的标准蛋白(36.0%)。马铃薯蛋白和大豆分离蛋白氨基酸组成见表 10-2 和表 10-3。

表 10-2　非必需氨基酸组成(mg/g. pro)(张泽生等,2007)

非必需氨基	马铃薯蛋白	大豆分离蛋白
丙氨酸(Ala)	49.0	35.5
精氨酸(Arg)	53.3	61.7
天冬氨酸(Asp)	119.4	89.4
谷氨酸(Glu)	120.6	171.0
甘氨酸(Gly)	43.3	34.7
组氨酸(His)	23.1	24.8
脯氨酸(Pro)	43.5	31.4
丝氨酸(Ser)	50.9	38.4
牛磺酸(Tau)	15.7	未检测
总量	518.8	486.9

表 10-3　必需氨基酸组成(mg/g. pro)(张泽生等,2007)

必需氨基酸	马铃薯蛋白	大豆分离蛋白	全鸡蛋蛋白	FAO/WHO 模式 a
异亮氨酸(Ile)	45.9	40.9	54	40
亮氨酸(Leu)	103.4	67.6	86	70
赖氨酸(Lys)	74.4	47.9	70	55
蛋氨酸+胱氨酸(Met+Cys)	31.4	16.9	57	35
苯丙氨酸+酪氨酸(Phe+Tyr)	104.6	70.6	93	60
苏氨酸(Thr)	53.0	30.1	47	47
色氨酸(Trp)	8.8	10.1	17	10
缬氨酸(Val)	59.5	42.7	66	50
总量	481.0	326.8	490	36

注:a(FAO/WHO)1973。

赵凤敏等(2014)表示马铃薯中的蛋白质最接近动物蛋白,含量在 1.5～2.5 g/100 g 之间,比大豆蛋白更优质。马铃薯蛋白质中含有大量的氨基酸,除 8 种人体必需氨基酸外(Essential Amino Acid,EAA),半必需氨基酸(如精氨酸 Arg、组氨酸 His 等)含量也十分丰富,还含有鲜味氨基酸(如天冬氨酸 Asp)、甜味氨基酸(如甘氨酸 Gly、苏氨酸 Thr、脯氨酸 Pro、丙氨酸 Ala 等)、芳香氨基酸(如图氨酸 Tyt、苯丙氨酸 Phe)及药效氨基酸(亮氨酸 Leu、异亮氨酸 Ile、赖氨酸 Lys)等,是一般粮食作物所不能比拟的。

(五)马铃薯蛋白质的影响因素

马铃薯块茎营养丰富,其中淀粉、蛋白质、糖类和维生素等营养物质是衡量马铃薯块茎品种的主要指标,而这些营养物质含量的多少除由遗传学控制外,还因光照、温度、水分、土壤特性等自然生态环境因素和种植密度、施肥、病虫害等人为栽培因素的不同而存在差异。

例如,张凤军等(2008)通过实验比较了在西北地区不同生态条件下的马铃薯蛋白质含量的差异。结果表明 7 个地点平均蛋白质含量为 2.32%,定西最高,其中甘肃定西试点的平均蛋白质含量最高为 2.68%,青海海南州试点的平均蛋白质含量最低为 1.86%。

刘喜平等(2011)为了提高马铃薯品质,增加经济效益,探讨不同马铃薯品种适宜的种植区,对青薯 168、宁薯 4 号、陇薯 3 号、青薯 6 号 4 个马铃薯参试品种在宁夏 4 个不同生态条件下的还原糖、蛋白质、干物质含量进行方差分析。结果表明:还原糖含量表现为试点之间的差异大于品种之间的差异,品种×试点的差异达极显著水平;蛋白质含量表现为试点之间的差异大于品种之间的差异,品种×试点的差异不显著。

焦峰等(2013)研究结果显示,N 肥水平对块茎形成前期的粗蛋白质积累影响较大,这与很多学者的研究结果相一致。同时本试验结果还表明,N 肥与马铃薯块茎蛋白质含量关系密切,较高的 N 肥水平有利于粗蛋白质的积累,并为马铃薯成熟至收获期的粗蛋白质的维持和提高创造了较好的基础。

彭慧(2014)经过研究测试发现,不同土壤类型以及施肥量都会对马铃薯的产量和品质产生不同影响,在每亩的河流冲积土、紫色土、石灰岩红壤、板页岩红壤和第四纪红土中施 N、P、K 的复合肥 100 kg 时,马铃薯的产量都能够实现最大值。马铃薯中干物质、蛋白质和维生素

C 含量是对马铃薯品质评价的重要指标。经过测试发现,每亩紫色土、板页岩红壤、第四纪红土和石灰岩红壤中施 N、P、K 复合肥 100 kg 时,所生长的马铃薯品质最为优质;而在河流冲击土中施 N、P、K 复合肥 125 kg 时,所生长的马铃薯品质最为优质。

罗凌娟等(2017)以合作 88 马铃薯品种为试验材料,采用田间试验研究复混肥、高钾水溶肥和单质肥料不同施用量对马铃薯蛋白质含量的影响。结果表明:各施肥处理的马铃薯蛋白质含量均高于对照,并以播种时施 50 kg/亩复混肥作基肥的马铃薯蛋白质含量最高,为0.5139%;施 57 kg/亩复混肥其次,为 0.4961%;不施肥(CK)处理最低,为 0.332 6%。

张凤军等(2008)运用双向电泳和质谱技术,以耐旱品种青薯 9 号和干旱敏感品种费乌瑞它为试验材料,分析干旱胁迫下耐旱性不同的马铃薯品种在盛花期叶片蛋白质的差异变化。结果表明:2 个品种盛花期叶片中共鉴定出 81 个差异蛋白,其中 78 个有明确生理功能。耐旱性强的品种青薯 9 号共鉴定出 45 个差异蛋白,干旱敏感品种费乌瑞它共鉴定出33 个差异蛋白,对其进行初步功能分类,这些差异蛋白涉及光合作用、物质能量代谢、抗逆、信号传导和生长发育等相关生理生化过程,这些蛋白可能与马铃薯的抗旱性密切相关。

四、马铃薯膳食纤维

据梅新等(2014)介绍,Hipslev 于 1953 年首次提出膳食纤维(Dietary fiber,DF)的概念。将不能被人体肠道消化吸收的植物细胞壁组成部分定义为 DF,其中包括纤维素、半纤维素和木质素等。目前研究表明 DF 中还包括寡聚糖、果胶、树胶及蜡质等物质。膳食纤维包括不溶性膳食纤维和可溶性膳食纤维两大类,其中可溶性膳食纤维具有较强的生理功能,而大多数天然膳食纤维其可溶性膳食纤维所占比例较小。

(一)马铃薯膳食纤维含量

马铃薯膳食纤维是食物中不被胃肠道消化酶所消化的植物性成分的总称。马铃薯渣是马铃薯淀粉生产过程中的副产物,生产 1 t 马铃薯淀粉约产生 2～3 t 薯渣,薯渣含水量约 80% 以上,干物质主要成分为膳食纤维残余淀粉,因其蛋白含量低,粗纤维含量高,作为饲料使用营养价值低。与水稻、小麦相比,马铃薯的纤维含量约为水稻、小麦的 10 倍,而马铃薯渣总膳食纤维含量高达 80% 左右,是极好的膳食纤维资源。

(二)马铃薯膳食纤维的物理化学特性

膳食纤维作为功能性食品具有诸多的生理功能,而生理功能与其物理化学特性(如持水力、持油力、溶胀性等)相关联,而物化特性除与原料来源、化学组成、加工工艺等有关外,还与颗粒粒度、颗粒形状、结晶状态等有关。

盖春慧等(2009)以马铃薯渣为对照,对先酶处理后粉碎样品和先粉碎再酶处理样品两种样品的持水力、持油力、溶胀性分别进行了 4 组平行测定。可以知道,马铃薯渣的粒径越小,其品质越差。因为在粉碎作用下,部分细胞破碎,膳食纤维的组织结构被破坏,虽然颗粒的比表面积增大,但是裂片增加,且膳食纤维长链减少、断链增加,其个体结合水或油的能力减小,导致整体对水分和油的束缚力减弱。

何玉凤等(2010)采用 L-抗坏血酸结合六偏磷酸钠浸提法制备马铃薯渣水溶性膳食纤维,通过考察液料比、六偏磷酸钠浓度、提取时间、提取温度、助剂 L-抗坏血酸用量对提取率的影响,获得了马铃薯渣水溶性膳食纤维的最佳提取工艺:即在质量分数为 0.5% 的六偏磷酸钠溶液 150 mL 中加入 5.0 g 马铃薯淀粉渣和 75 mg 助剂;沸水浴条件下处理 2.5 h;乙醇用量为 150 mL 时,SDF 产率最高可达 43.4%,比未加 L-抗坏血酸的 SDF 产率 35.0% 高。所得产品在 pH=7,温度 37 ℃ 条件下具有良好的水溶性、持水力和膨胀力,分别为 56.15%、7.72 g/g 和 7.56 mL/g。

张艳荣等(2013)采用黏度法测定马铃薯膳食纤维的平均相对分子质量和聚合度,并对其红外谱图表征进行分析;对马铃薯膳食纤维的持油力、持水力和膨胀力等物化特性进行测定。结果表明:马铃薯膳食纤维的平均相对分子质量为 170333,聚合度为 1051;马铃薯膳食纤维具有 $C=O$ 键、$C-H$ 键、COOR 和游离的 $\cdot O-H$ 等糖类的特征吸收峰,单糖中有吡喃环结构,可溶性膳食纤维中具有糖醛酸和羧酸二聚体;持油力为 1.90 g/g,持水力为 7.00 g/g,膨胀力为 7.37 mL/g,物化特性优于未经功能化处理的玉米皮及大豆皮纤维。

梅新等(2014)以马铃薯渣为原料,采用酶法制备马铃薯渣膳食纤维,以马铃薯渣为对照,分析了 pH、NaCl 浓度和温度变化对马铃薯渣膳食纤维持水性、持油性、吸水膨胀性等物化特性的影响。结果表明,在相同条件下,马铃薯渣膳食纤维持水性、持油性和吸水膨胀性明显高于马铃薯渣,而黏度低于马铃薯渣,随着 pH 的升高,膳食纤维持水性降低、吸水膨胀性升高、黏度呈"Z"字形变化;随着 NaCl 质量分数的升高,膳食纤维持水性降低、吸水膨胀性先上升后降低、黏度升高;随着温度的升高,膳食纤维持水性、持油性、吸水膨胀性和黏度均呈上升趋势。

张建利等(2018)为明晰不同提取方法对马铃薯膳食纤维化学组成和理化性质的影响,分别采用酸解法、复合酶法、酶碱法提取马铃薯膳食纤维,比较了提取的膳食纤维化学组成、持水力、膨胀力、阳离子交换能力和胆固醇、亚硝酸根吸附能力。结果表明,酸解法、复合酶法提取的膳食纤维的持水力、膨胀力和阳离子交换能力显著高于酶碱法;复合酶法、酶碱法提取的膳食纤维具有较强的胆固醇、亚硝酸根吸附能力。

(三)马铃薯膳食纤维的保健作用

马铃薯膳食纤维包括纤维素、半纤维素、木质素、甲壳素、果胶、海藻多糖等,主要存在于植物性食物中。大量研究表明,许多常见病如便秘、结肠癌、胆石症、动脉粥样硬化、肥胖等都与膳食纤维的摄入量不足有关。自 20 世纪 70 年代以来,膳食纤维的摄入量与人体健康的关系越来越受到人们的关注,被誉为第七大营养素。

1. 利于减肥　一般肥胖人大都与食物中热能摄入增加或体力活动减少有关。而提高膳食中膳食纤维含量,可使摄入的热能减少,在肠道内营养的消化吸收也下降,最终使体内脂肪消耗而起减肥作用,可以说是目前较有效的安全减肥方法。

2. 预防结肠和直肠癌　这两种癌的发生主要与致癌物质在肠道内停留时间长,和肠壁长期接触有关。增加膳食中纤维含量,使致癌物质浓度相对降低,加上膳食纤维有刺激肠蠕动作用,致癌物质与肠壁接触时间大大缩短。学者一致认为,摄取过量的动物脂肪,再加上摄入纤维素不足是导致这两种癌的重要原因。

3. 防治痔疮　痔疮的发生是因为大便秘结而使血液长期阻滞与瘀积所引起的。由于膳食纤维的通便作用,可降低肛门周围的压力,使血流通畅,从而起防治痔疮的作用。

4. 促进钙质吸收　膳食中摄入钙质(RDI=800~1200 mg/d)只有 30% 被吸收利用,70% 被排出体外。水溶性膳食纤维对钙生物利用率有影响:提高肠道钙吸收、钙平衡和骨矿密度作用。

5. **降低血脂,预防冠心病**　由于膳食纤维中有些成分,如:果胶可结合胆固醇,木质素可结合胆酸,使其直接从粪便中排出,从而消耗体内的胆固醇,由此降低了胆固醇,从而有预防冠心病的作用。

6. **改善糖尿病症状**　膳食纤维中的果胶可降低食物在肠内的吸收效率,起到降低葡萄糖的吸收速度,使进餐后血糖不会急剧上升,有利于糖尿病病情的改善。近年来,经学者研究表明,食物纤维具有降低血糖的功效,经实验证明,每日在膳食中加入 26 g 食用玉米麸(含纤维91.2%)或大豆壳(含纤维 86.7%),结果在 28～30 d 后,糖耐量有明显改善。因此,糖尿病膳食中长期增加食物纤维,可降低胰岛素需要量,控制进餐后的代谢,可作为糖尿病治疗的一种辅助措施。

7. **改善口腔及牙齿功能**　现代人由于食物越来越精和柔软,大力使用口腔肌肉和牙齿的机会越来越少,因此,牙齿脱落、龋齿出现的情况越来越多。而增加膳食中的纤维素自然增加了使用口腔肌肉和牙齿咀嚼的机会,长期下去,则会使口腔得到保健,功能得以改善。

8. **防治胆结石**　胆结石的形成与胆汁胆固醇含量过高有关。由于膳食纤维可结合胆固醇,促进胆汁的分泌、循环,因而可预防胆结石的形成。有人每天给病人增加 20～30 g 的谷皮纤维,一月后即可发现胆结石缩小,这与胆汁流动通畅有关。

9. **预防妇女乳腺癌**　据流行病学发现,乳腺癌的发生与膳食中高脂肪、高糖、高肉类及低膳食纤维摄入有关。因为体内过多的脂肪促进某些激素的合成,形成激素之间的不平衡,造成乳房内激素水平上升。

10. **消化系统疾病**　大分子水溶性膳食纤维是指植物中天然存在的、提取的或合成的碳水化合物的聚合物,其聚合度 DP≥3,不能被人体消化吸收、对人体有健康意义的植物可食成分,被称为人体必需的"第七大营养素"(苹果胶原)。大分子水溶性膳食纤维,在人体内形成保护膜,吸取重金属与有害物质等一起排泄,达到排毒养颜和保护身体健康的功能,由于苹果胶原不溶于酒精和分解油脂的特性,可加快酒精、油脂和有毒物质的排泄,起到护肝强体的作用。

马铃薯膳食纤维不仅可通过吸附葡萄糖减少血液中葡萄糖的含量,而且还可以增加肠液黏度,减少对葡萄糖的吸收速度,降低血糖;马铃薯膳食纤维可吸附胆汁酸,即胆固醇的代谢产物,降低血液胆固醇,从而达到预防心血管疾病的目的。除吸附作用外,膳食纤维对 α-淀粉酶抑制能力达到 31.64%(梅新等,2014)。

五、马铃薯块茎维生素

马铃薯也是所有粮食作物中维生素含量最全的,其含量相当于胡萝卜的 2 倍、大白菜的3 倍、番茄的 4 倍,B 族维生素更是苹果的 4 倍。特别是马铃薯中含有禾谷类粮食所没有的胡萝卜素和维生素 C,其所含的维生素 C 是苹果的 10 倍,且耐加热。100 g 马铃薯块茎中含有维生素含量及种类(表 10-4)。

表 10-4　100 g 马铃薯块茎含有的维生素种类及含量(崔杏春,2010)

成分	含量(mg/100 g)
维生素 A(胡萝卜素)	0.05
维生素 B_1(硫胺素)	0.05～0.2

续表

成分	含量(mg/100 g)
维生素 B_2(核黄素)	0.01～0.2
维生素 B_3(泛酸)	0.2～0.3
维生素 B_6(吡哆醇)	0.9
维生素 C	10～25
维生素 pp(烟酸)	0.4～2
维生素 E	0.34

(一)维生素 C

马铃薯块茎中含有大量的维生素 C,是人类获得维生素 C 的一个重来源。维生素 C 在块茎中是以还原型(抗坏血酸)和氧化型(脱氢抗坏血酸)两种形式存在的,而脱氢抗坏血酸在生物体内可以被还原成抗坏血酸。这两种形式的维生素 C 总量在 100 g 鲜薯中的含量为 1～54 mg,大多数为 10～25 mg。脱氢抗坏血酸约占总维生素 C 含量的 12%～15%。维生素 C 含量在邻近维管系统的部位较高,在髓部和表皮含量较低。另外,芽端的维生素 C 含量要比脐端高。

维生素 C 是人体正常代谢必不可少的,如果缺乏维生素 C,将严重影响人体及生命健康,如大航海时代的坏血病,严重情况下,会出现牙齿脱落、肝斑出血等典型症状。适当补充维生素 C,可以降低心脏疾病、癌症以及其他慢性疾病的发生风险。

维生素 C 是一种水溶性维生素,且具有较强的还原性,加热或在溶液中易氧化分解。许多研究报道表明,马铃薯冷藏期间维生素 C 水平会迅速下降,大约损失 60%,因此,寻求合理的存储方式,是避免马铃薯块茎内维生素 C 大量流失的有效途径。

(二)维生素 A

维生素 A 是一种脂溶性的维生素,易溶于油,对热、氧、光不稳定,是一种有效的生物抗氧化剂,能清除人体内的自由基,提高免疫能力。人体过量摄入维生素 A 将出现皮肤干燥、脱屑和脱发等症状。

(三)维生素 M(叶酸)

叶酸是一种重要的水溶性维生素,研究表明,当孕妇叶酸缺乏会导致胎儿脊柱裂、无脑畸形等神经性缺陷,也会导致人类心血管疾病、贫血等病症。叶酸摄入不足仍是世界性难题,新鲜马铃薯块茎中可提供超过现日均摄入量 10% 的叶酸,将马铃薯并入日常主食是解决叶酸缺乏最有效的途径之一。

(四)维生素 B_6

马铃薯是维生素 B_6 的重要来源。维生素 B_6 是许多酶的辅助因子,也是叶酸代谢的辅助因子,特别是在蛋白质代谢中发挥了重要作用。维生素 B_6 还具有抗癌、抗氧化、参与细胞内代谢、参与血红蛋白合成的功能,是非常理想的抗衰老食品。

（五）维生素 E

维生素 E,又名生育酚,是强抗氧化剂,具有抗衰老和维持人类生殖机能的作用,还具有维持骨骼肌、平滑肌和心肌结构的功能;对促进毛细血管增生、改善微循环、降低对氧化脂质、抑制血栓形成、防治动脉硬化和心脏血管疾病有一定作用。

第二节　马铃薯加工与利用

一、食用

中国是世界马铃薯生产第一大国,种植面积和总产量均居世界第一位,全国种植面积占世界的 25%,总产量约占世界的 19% 和亚洲的 70%。据中国食品工业协会马铃薯专业委员会统计,目前中国马铃薯产业正在形成区域化发展格局,地处北部和西南部的内蒙古、甘肃、云南和贵州 4 个省(区)产量就占全国总产量的 45%。据不完全统计,全世界以马铃薯为原料,经过初加工和深加工的产品达 2000 余种之多。通常马铃薯深加工产品可分为 3 个大类,即马铃薯精淀粉及其衍生物;马铃薯全粉(颗粒全粉、雪花全粉);马铃薯快餐及方便休闲食品(薯条、薯片及各类复合薯片等)。在发达国家,一般马铃薯总产的 30%～40% 鲜食,30%～40% 加工,10%～20% 作淀粉及其深加工,5% 作种薯,5% 损耗。目前中国马铃薯加工业发展明显滞后于国外发达国家,马铃薯加工生产技术相对落后,加工转化率仅在 15% 左右。中国马铃薯加工是马铃薯产业中的薄弱环节,严重制约了整个产业的发展,只有通过技术引进和技术改造,积极发展马铃薯加工业,实现增值,形成具有一定技术规模和生产能力的大型龙头企业,才能保证中国马铃薯产业的持续发展。

（一）粮用

经过数百年的栽培种植,马铃薯已成为中国重要的食品之一。在人口增加、耕地面积减少、水资源缺乏、水稻、小麦和玉米三大粮食作物种植面积下降以及粮食生产基础还比较脆弱、抗御自然灾害能力不强等因素的影响下,中国食物安全存在着潜在的危机。由于三大粮食作物的平均单产已远高于世界平均水平,且近年来其单产基本没有增加,因此,三大粮食作物的总产量亦将呈下降趋势。虽然目前这种变化趋势对中国食物安全的影响不是十分明显,但随着这一趋势进一步发展及人口的自然增加,将可能危及中国食物供给的安全,绝不可小视。与此相反,由于目前中国马铃薯的平均单产水平远低于世界平均水平,且各地区单产水平相差较大,因此单产增加的潜力较大。随着良种的使用、种植技术的改善,平均单产水平将得到逐步提高,马铃薯单位面积产值将会快速增加。同时,由于中国现有的耕地面积中,60% 以上耕地为旱地,后备耕地资源也多分布于干旱少雨地区,在水分条件受限的条件下,各种粮食作物的水分利用率均不及马铃薯高。马铃薯产量随着生产季节的延长而逐步提高,即使后期严重干旱,也不至于绝收。而其他以收获种子为生产目的的粮食作物,一旦生育期遭遇严重干旱条件,可能导致颗粒无收。这一优势已在内蒙古地区近几年所遭遇的严重旱灾中得到充分体现。马铃薯产业的不断发展,将对缓解中国食物安全压力起到重要作用。马铃薯主粮化已经形成一种趋势。

目前,对马铃薯的食用方式主要分两大类,即直接食用和加工后食用。加工产品主要包括冷冻马铃薯、薯片和全粉。以美国为例,1970—2010年,美国马铃薯的食用方式发生了明显的变化,1970年,以直接食用为主,占总食用量的51%,其次是冷冻马铃薯占23%;而到2010年,以上两种食用方式的地位发生了反转,直接食用的比例显著减少至32%,冷冻马铃薯的比例增加至44%,成为目前的主要食用方式。薯片和脱水产品占总食用量的比例变化不大,分别占16.5%和12.1%。然而,随着人们对饮食健康的关注,近10年来,美国人对冷冻马铃薯的消费有所下降。见图10-2。

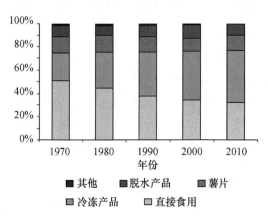

图10-2 美国马铃薯食用方式占比(李文娟等,2015)

马铃薯主食产品在中国的开发,并不能仅着眼于薯条和薯片加工产品的研发,而要结合中国人的饮食习惯,发展具有中国特色的马铃薯主食产品,在保证吃得营养的同时,满足广大消费者对食物的多样化需求。

首先,中国马铃薯新产品的研发,要从不同的加工层次入手,通过初加工,将马铃薯简单清洗、切丝或块,为家庭烹饪提供便利,以增加菜用这一传统的消费方式;通过精加工,推出符合中国人饮食习惯的马铃薯馒头、面条、米粉等主食产品,实现马铃薯的主食消费;通过精深加工,提取营养物质制成保健与营养食品或药品,促进多用途产业开发,提升马铃薯的营养健康消费水平。其次,中国马铃薯新产品的研发,要考虑到不同消费群体的特殊需求。据统计,在美国有老人和孩子的家庭对马铃薯的消费量要高出平均消费量的20%。但在中国市场上却少有针对特定群体的马铃薯产品。如马铃薯婴幼儿食品在中国市场上一直较为罕见。其实,质地松软的土豆泥,是宝宝辅食的最佳选择;口感绵软的土豆粒、土豆块还是宝宝锻炼吞咽能力的理想食材;用土豆做成的饼干还能成为宝宝磨牙时的伴侣。再次,中国地理跨度大,南北方饮食习惯差异较大,各地方要结合当地饮食习惯,在继续保持马铃薯现有消费方式的同时,开发出适合当地消费者需求的主食产品。最后,中国马铃薯主食产品的开发,还应学习西方现代主食加工理念,注重主食加工业的规范化、标准化、现代化。中国的饮食文化博大精深,仅在《中国人如何吃马铃薯》一书中,就记录了300多种马铃薯的烹饪方法。但这些做法却不易让每个人所掌握,如果这些马铃薯菜品,经过初加工后,都能实现"傻瓜式"的烹饪,相信大家都会爱上马铃薯。

(二)菜用

马铃薯别名洋芋、土豆、山药蛋等,兼有粮食和蔬菜的功能,与水稻、麦、玉米和高粱一起被称为世界五大农作物。马铃薯营养成分齐全且容易被人体吸收,虽然"其貌不扬""圆不溜秋"的土豆很难引起人们的注意,但在西方土豆甚至成为人们餐桌上的主食。在法国,马铃薯被称为"地下苹果",在欧美有"第二面包"的称号。土豆现在全国各地均有栽培。日常食用的是土豆地下块茎。土豆的营养价值很高,虽富含淀粉,但却不易使人发胖,是"懒人"必不可少的食材。每100 g 含蛋白质 1.7 g,脂肪 0.3 g,碳水化合物 19.6 g,膳食纤维 0.3 g,叶酸 21 μg,钙 47 mg,磷 64 mg,钾 302 mg,维生素 5 μg,维生素 C 16 mg,维生素 E 0.34 mg,硒 0.78 μg,营养价值较高。

传统医学认为马铃薯具有健脾、补气、消炎,以及治胃痛、吐泻、腮腺炎、烫伤等功效,对消化不良有一定的效果。美国科学家认为,每餐只吃土豆和牛奶,便可以得到人体所需的一切营养物质。马铃薯含钾量较高,经常食用能有效预防中风。马铃薯食用方法很多,可炖、炒、烤、凉拌等,也可利用马铃薯中的淀粉,做成粉丝、凉粉等。

1. 马铃薯泥

(1)材料　马铃薯 1 颗,奶油 1 小匙,黑胡椒粉少许,盐少许,牛奶 100 mL,百里香少许,培根碎末 1 小匙,巴西里少许。

(2)做法

① 将马铃薯洗净放入锅内,加水至淹过马铃薯。

② 先以大火煮开,再转小火煮约 20 分钟,至马铃薯熟软后捞起去皮,压碎成泥。

③ 将马铃薯泥、奶油、黑胡椒粉、盐、牛奶、百里香拌匀后,挖成圆球状放入烤盘。

④ 将培根碎末炒香,与巴西里一起撒在作法③得到的薯泥球上,放入烤箱以 180 ℃烤约 3 min 即可。

2. 麻婆马铃薯

(1)材料　马铃薯 1 颗,蒜头 3 粒,葱 1 支,猪绞肉 100 g,甜面酱 1 小匙,豆瓣酱 2 小匙,料理米酒 1 小匙,酱油 1 大匙,胡椒粉少许,花椒粉少许,水 100 g,鸡粉 1/2 小匙。

(2)做法

① 马铃薯洗净并沥干水分;将蒜头洗净去皮切末;葱洗净并沥干水分,切成葱花,备用。

② 将作法①的马铃薯放入沸水中煮熟,捞起并沥干水分切块后盛盘,备用。

③ 起锅烧热后放入适量的沙拉油,将猪绞肉放入锅中拌炒至变色,再放入甜面酱、豆瓣酱炒匀。

④ 加入蒜末略炒后,再加入葱花煮至略收汁。

⑤ 再加入料理米酒、酱油、胡椒粉、花椒粉及葱花略煮一下。

⑥ 再将作法⑤的酱汁淋上作法②中马铃薯块上即可。

3. 土豆炖排骨

(1)材料　猪小排,土豆,盐,冰糖,葱,姜,蒜,八角,桂皮,干辣椒,料酒,生抽,老抽,香叶,油。

(2)做法

① 排骨冲洗干净之后,用洗米水添加一点料酒浸泡,去除血污,20 min 后再次冲洗,沥干水分;小土豆洗净,去皮。

② 锅烧热,下层薄油,依次摆放进排骨,反正面煎至微黄取出。

③ 利用锅内的油,爆香葱姜蒜、干红辣椒、八角、香叶、桂皮,同时下入冰糖翻炒,下入煎好的排骨和小土豆大火翻炒。

④ 烹入料酒、生抽和老抽翻炒上色,添加没过食材的热水,大火烧开,撇净浮沫。转中火

慢炖至排骨和土豆基本熟透。

⑤ 添加盐调味,继续小火慢炖至排骨和土豆软烂,大火收汁即可。

4. 爽口马铃薯丝

(1)材料 马铃薯 1 颗,小黄瓜 1/2 条,鱼卵适量,水 50 g,米醋 40 g,味淋 15 g,细砂糖 10 g,酱油 6 mL,芥末仔酱 10 g,橄榄油 5 g。

(2)做法

① 马铃薯洗净去皮后,切成薯片再切细丝条,再浸泡冷水去除多余淀粉后捞起并沥干水分,备用。

② 小黄瓜洗净并沥干水分后,切圆薄片备用。

③ 将水、米醋、味淋、细砂糖、酱油放入锅中,拌匀后煮沸后放至一旁冷却后,加入芥末仔酱、橄榄油一起拌匀即成甘醋酱汁。

④ 将作法①的马铃薯丝放入沸水中汆烫约 1 分钟后,捞起并浸泡冰水中充分冷却。

⑤ 将作法④的马铃薯丝捞起并沥干水分后,再加入作法②的小黄瓜片一起拌均匀后盛盘。

⑥ 再撒上适量的鱼卵,淋上作法③的甘醋酱汁即完成。

5. 马铃薯薯条

(1)材料 马铃薯 1 颗,玉米粉 1 大匙,蘸酱适量。

(2)做法

① 马铃薯洗净、去皮后,用刀切成厚约 1 cm 的长条。

② 将切好的马铃薯条用水略洗后,沥干水分。

③ 马铃薯条放入盆中,加入玉米粉拌匀,让马铃薯条表面沾上薄薄的一层玉米粉。

④ 热油锅至约 160 ℃,将作法③的马铃薯条下锅炸约 1 min,至表面略变硬定型即捞起。

⑤ 再将油锅加热至约 180 ℃后,再次将作法④的薯条下锅,以中火炸约 1 min 至表面金黄酥脆起锅、沥干油分,食用时可依喜好搭配蘸酱食用。

6. 芝麻拌马铃薯

(1)材料 芦笋 150 g,马铃薯 1 个约 200 g,白芝麻(炒熟的)1 茶匙 10 g,蜂蜜、生抽各 1 茶匙 5 mL,高汤 1 汤匙 15 mL。

(2)做法

① 芦笋削去根部老硬部分,切成 5 cm 长的段。马铃薯洗净去皮,切成 5 cm 长的条状。

② 大火烧开锅中的水,分别放入切好的芦笋条和马铃薯条,汆烫熟,捞出,用凉开水过凉,沥去水分备用。

③ 取一个容器,放入芦笋条和马铃薯条,调入蜂蜜、生抽、高汤及捣碎的白芝麻,拌匀即可。

7. 马铃薯面包

(1)简介 不同国家都有自己独特的烤制马铃薯面包的方法。面包中的马铃薯可为人体提供钾和维生素 C 及维生素 B_6。

(2)材料 砂糖 3 汤匙,活性干酵母 1 袋,马铃薯泥 450 g,低脂(1%)牛奶 240 mL,奶油(牛油)2 汤匙,盐 1/2 茶匙,中筋面粉 450 g,大鸡蛋 1 个,放入 1 汤匙牛奶打散(作淋面料)。

(3)做法

① 小碗中倒入 60 mL 温水(约 45 ℃),搅入 1 汤匙糖和酵母,静置 5 min,待起泡。搅至

溶解。

② 马铃薯泥、牛奶、剩余的 2 汤匙糖、奶油和盐倒入小锅,拌匀。加热至奶油融化,然后将混合物倒在滤网上,用刮刀将汁液滤入大碗,滤掉薯块。搅入酵母水和 360 g 面粉,做成面团。

③ 面板上撒 120 g 面粉,将面团放到面板上,揉 10 min 左右,至面团光滑、富有弹性。揉面时,可按需要添加面粉,以防沾黏。将面团放入抹了薄薄一层油的大碗,翻转一下,使面团表面均匀沾上油。盖上保鲜膜,置于温暖的地方,发酵约 1 个小时,至面团发至两倍大。

④ 取一个 23 cm×13 cm 的面包烤模,薄薄抹上一层奶油。用拳头压扁面团,揉几下,放入面包烤模,四个角压紧。盖上保鲜膜,置于温暖的地方,发酵约 45 min,至面团发至两倍大。

⑤ 烤箱预热至 180 ℃。面团顶部刷一层淋面料。用有锯齿的刀在面团中央纵向刻一道 1.5 cm 深的槽。

⑥ 放入烤箱烤 40～45 min,至面包表面金黄,面包与烤模边缘稍稍脱离即可出炉。放在冷却架上,晾置至少 1 h 后切片。

(三)制作风味食品

1. 马铃薯全粉

薯片、薯条厂的边角余料→蒸煮→干燥→粉碎→筛分→检验→包装。

(1)马铃薯淀粉加工工艺流程

薯片、薯条厂的边角余料→磨碎→筛分→调淀粉乳 pH 值→沉淀→洗涤→脱水→干燥→包装。

(2)马铃薯全粉虾片加工工艺流程

配料→煮糊→混合搅拌→成型→蒸煮→老化→切片→干燥→包装→半成品→油炸→成品。

操作要点如下:

① 配料　虾片基本配方为马铃薯淀粉与马铃薯全粉质量之和为 100 g,虾仁 15 g,味精 2 g,蔗糖粉 4 g,食盐 2 g,加水按一定比例混合。

② 煮糊　将总水量 3/4 倒入锅中煮沸,同时加入味精、蔗糖粉、食盐等基本调味料,另取 20%左右的淀粉与剩余 1/4 的水调和成粉浆,缓缓倒入不断搅拌着的料水中(温度＞ 70 ℃),煮至糊呈透明状。

③ 混合搅拌　将剩余淀粉、马铃薯全粉、虾仁倒入搅拌机内,同时倒入刚刚糊化好的热淀粉浆,先慢速搅拌,接着快速搅拌,不断搅拌到使其成为均匀的粉团,约需 8～10 min。

④ 成型　将粉团取出,根据实际要求制成相应规格的虾条。

⑤ 蒸煮　用高压锅(压力为 1.2 MPa)蒸煮,一般需要 1～1.5 h,使虾条没有白点,呈半透明状,条身软而富有弹性,取出自然冷却。

⑥ 老化　将冷却的虾条放入温度为 2～4 ℃的冰箱中老化,使条身硬而有弹性。

⑦ 切片　用切片机将虾条切成厚度约 1.5 mm 的薄片,厚度要均匀。

⑧ 干燥　将切好的薄片放入温度为 50 ℃的电热鼓风干燥箱中干燥。

⑨ 油炸　用棕榈油炸。

2. 不同马铃薯品种加工油炸薯片

(1)样品预处理　取不同品种的马铃薯块茎 2～3 个,擦拭干净后,随机选取一半样品室温条件下去皮,用四分法取可食部分打浆,进行主要理化成分的测定。其他马铃薯样品每个沿短

径处切成厚度为 1 mm 的薄片 4～5 片,按照如下工艺进行油炸薯片加工:

原料→清洗、去皮→切片(厚度 1 mm)→护色→漂烫→冷却→油炸(市售棕榈油, 170 ℃,3 min)→品质测定。

(2)马铃薯原料主要理化成分测定方法 参考国内外相关标准和马铃薯加工企业对原料品质要求,筛选出与马铃薯加工特性相关的 8 个主要指标分别为还原糖、总糖、淀粉、水分、灰分、可溶性固形物、维生素 C 和蛋白质。实验室测定分析方法采用国标或国标推荐方法进行测定,具体如表 10-5 所示。

表 10-5   马铃薯各指标测定方法(张小燕等,2013)

项目	检测方法依据	备注
水分	GB5009.3-2010 食品中水分的测定	烘干法
淀粉	GB/T5009.9-2008 食品中淀粉的测定	酸解法
还原糖	GB/T5009.7-2008 食品中还原糖的测定	直接滴定法
蛋白质	GB5009.5-2010 食品中蛋白质的测定	凯氏定氮法
总糖	NY/T1278-2007 蔬菜及其制品中可溶性糖的测定	
可溶性固形物	GB12295-1990 水果、蔬菜制品可溶性固形物含量的测定	折射仪法
灰分	GB5009.4-2010 食品中灰分的测定	
维生素 C	GB/T6195-1986 水果、蔬菜维生素 C 含量测定法	2,6-二氯靛酚滴定法

马铃薯油炸薯片品质指标测定方法主要测定油炸薯片品质指标 4 个:蛋白质、感官得分、脆性(最大压断力)及白度。薯片蛋白质根据国标方法测定;薯片感官评价采用评价小组打分制确定,具体评价标准参照国家现有薯片企业标准进行细化;薯片脆性采用美国 FTC 公司 TMS-PRO 物性质构仪进行测定,下降速度为 2 mm/s,下降距离为 15 mm,应用三点弯曲探头测定薯片样品断裂时的剪切力大小;薯片白度采用国产 WSD-Ⅲ型白度计进行测定。见表 10-6。

表 10-6   马铃薯油炸薯片感官得分评价标准(张小燕等,2013)

项目	感官评价标准	得分
形态(共 2 分)	圆形或椭圆形,片形完整	2
	圆形或椭圆形,片形较完整,有少量碎片	1
	不规则片较多,碎片率高	0
色泽(共 2 分)	浅黄色或金黄色,色泽均匀,小于等于美国休闲食品协会薯片颜色标准 3 级	2
	黄色或深黄色,色泽基本均匀,美国休闲食品协会薯片颜色标准 4～6 级	1
	深褐色,美国休闲食品协会薯片颜色标准 7 级及以上	0
滋味气味(共 2 分)	马铃薯特有的薯香味,无焦苦味、哈喇味或其他异味	2
	马铃薯特有的薯香味,轻微哈喇味	1
	严重异味	0
口感(共 2 分)	具油炸马铃薯片特有的薄脆的口感	2
	口感较硬,酥脆感不足	1
	其他不良口感	0

项目	感官评价标准	得分
	无正常视力可见的外来杂质	2
杂质(共 2 分)	少数杂点或焦斑	1
	较多杂质,粘黏严重	0

试验以国内外广泛种植的 74 个品种的马铃薯为原材料,分别测定原料的 8 个加工指标(水分、淀粉、还原糖、总糖、灰分、可溶性固形物、维生素 C、蛋白质)及油炸薯片的 4 个品质指标(蛋白质、感官得分、脆性、白度),随机选取 56 个样品为校正集,其余 18 个样品为验证集,应用相关性分析、主成分分析、逐步回归分析方法建立薯片综合评价指标与马铃薯原料加工指标 $X_1 \sim X_8$ 之间的回归模型,模型决定系数 $R_2 = 0.607$,调整后 $R_2 = 0.585$,$F = 26.815$,sig. $= 0.000$,拟合度较高,回归模型显著。通过 K-means 聚类法对 74 个马铃薯品种加工适宜性进行初步划分,筛选出适宜加工薯片的品种 15 个,评价结果与实际应用现状相符。所建模型可应用于实际马铃薯油炸薯片加工适宜性评价。

3. 膨化土豆酥的加工

(1)原料配比　土豆干片 10 kg,玉米粉 10 kg,调料若干。

(2)加工流程

原料→切片粉碎→过筛混料→膨化成型→调味涂衣→成品包装。

(3)加工要点

① 切片粉碎　将选好的无伤、无病变、成熟度在 90% 以上的土豆清洗干净,用切片机切成薄片,用烘干机烘干,取烘干后的土豆片用粉碎机粉碎。

② 过筛混料　取上述粉好的土豆粉,过筛以弃去少量粗糙的土豆干片后,再取质量等同的玉米粉混合均匀,再加 3%~5% 的洁净水润湿。

③ 膨化成型　将混合料置于成型膨化机中膨化,以形成条形、方形、卷状、饼状、球状等各种初成品。

④ 调味涂衣　膨化后,应及时加调料调成甜味、咸味、鲜味等多种风味,并进行烘烤,即成膨化土豆酥。膨化后的新产品可涂上一定量融化的白砂糖,滚黏一些芝麻,则成为芝麻土豆酥。涂上一定量的可可粉、可可脂、白砂糖的混合融化物,则可得到巧克力土豆酥。

⑤ 成品包装　将调味涂衣后的新产品置于食品塑料袋中,密封后即为成品,可上市。

4. 土豆发糕的加工

(1)原料配比　土豆干粉 20 kg,面粉 3 kg,苏打 0.75 kg,白砂糖 3 kg,红糖 1 kg,花生米 2 kg,芝麻 1 kg。

(2)加工流程

原料→混合发酵→蒸料→涂衣→成品包装。

(3)加工要点

① 混料发酵　将土豆干粉、面粉、苏打、白砂糖加水混合均匀,然后将油炸后的花生米混匀其中。在 30~40 ℃下对混合料进行发酵。

② 蒸料涂衣　将发酵好的面团揉制均匀,置于铺有白纱布笼屉上铺平,用旺火蒸熟。等蒸熟后(一般要在 30 分钟以上),取出趁热切成各式各样的形状,并在其一面上涂上一定量融化的红糖,滚黏上一些芝麻,冷却即成土豆发糕。

③ 成品包装　将新产品置于透明的食品塑料盒中或塑料袋中,密封后上市。

5. 仿菠萝豆的加工

(1)原料配比　土豆淀粉 25 kg,精面粉 12.5 kg,薄力粉 2 kg,葡萄糖粉 1.25 kg,脱脂粉 0.5 kg,鸡蛋 4 kg,蜂蜜 1 kg,碳酸氢钠 25 g。

(2)加工流程

配料→制作成型→烘烤包装。

(3)加工要点

① 制作成型　将上述原料充分混合均匀,加适量清水搅拌成面,然后做成菠萝豆形状。

② 烧烤包装　将上述做好的成型菠萝豆置于烤箱烤熟,取出冷却,然后装入食品塑料袋中,密封后上市。

6. 油炸薯条

(1)原料配比　土豆 100 kg,大豆蛋白粉 1 kg,碳酸氢钠 0.25 kg,植物油 2 kg,偏重亚硫酸钠 45 kg,柠檬酸 100 g,食盐 1 kg,各种调味品适量。

(2)加工流程

原料→切条护色→脱水烘炸→调味包装。

(3)加工要点

① 切条护色　挑选大小适中,皮薄芽眼浅,表面光润的土豆清洗干净,按要求去皮切条,然后放入 1% 的食盐水溶液中浸渍 3～5 min,捞出后沥干。将偏重亚硫酸钠和柠檬酸用水配成溶液,浸泡沥干的土豆条(以淹没薯条为宜),约 30 min 后取出用清水冲洗,至薯条无咸味即可。

② 脱水烘炸　将薯条用纱布包好后放到脱水桶内脱水 1～2 min。在一个较大的容器中,将备好的大豆蛋白粉、碳酸氢钠、植物油等充分混合均匀,然后涂抹在薯条表面,使其均匀,静置 10 min 后,放入微波炉中烘炸 10 min 至熟。

③ 调味包装　将烘制好的薯条直接撒拌上调味品即为成品。

椒盐味:花椒粉适量,用 1% 的食盐水拌匀。

奶油味:喷涂适量的奶油香精即可。

麻辣味:适量的花椒粉和辣椒粉与 1% 的食盐拌匀。

海鲜味 喷涂适量的海鲜香精即可。用铝塑复合袋,按每袋 50 g 成品薯条装入,包装机中充氮密封包装上市。

7. 橘香土豆条

(1)原料配方　土豆 100 kg,面粉 11 kg,白砂糖 5 kg,柑橘皮 4 kg,奶粉 1～2 kg,发酵粉 0.4～0.5 kg,植物油适量。

(2)加工流程

选料→土豆制泥→橘皮制粉→拌料炸制→风干→包装。

(3)加工要点

① 制土豆泥　选无芽、无霉烂、无病虫害的新鲜土豆,浸泡 1 h 左右,用清水洗净表面,然后置蒸锅内蒸熟,取出去皮,粉碎成泥状。

② 橘皮制粉　洗净柑橘皮,用清水煮沸 5 分钟,倒入石灰水浸泡 2～3 h,再用清水反复冲洗干净,切成小粒,放入 5%～10% 的盐水中浸泡 1～3 h,并用清水漂去盐分,晾干,碾成粉状。

③ 拌料炸制　按配方将各种原料放入和面机中,充分搅拌均匀,静置 5～8 min。将适量

植物油放入油锅中加热,待油温升至 150 ℃左右时,将拌匀的土豆泥混合料通过压条机压入油中。当泡沫消失,土豆条呈金黄色即可捞出。

④ 风干包装。将捞出的土豆条放在网筛上,置干燥通风处自然冷却至室温,用食品塑料袋密封包装即为成品,可上市。

8. 马铃薯全粉蛋糕

马铃薯全粉蛋糕的制作工艺如图 10-3:

蛋白、白砂糖、塔塔粉、食盐→打发→蛋白糊

↓

蛋黄、白砂糖、植物油、水→搅拌→蛋黄糊→调糊→浇模→烘烤→冷却→出模→成品

↑

筛入低筋面粉、马铃薯全粉、泡打粉

图 10-3　马铃薯全粉蛋糕制作工艺流程(贺萍等,2015)

操作要点:

(1)蛋黄糊调制　将蛋黄、蛋清用分蛋器进行分离。先将蛋黄打散,加入白砂糖(总添加量的 30%)、植物油、水搅打均匀,后筛入低筋面粉、马铃薯全粉和泡打粉,搅匀。

(2)蛋白糊调制　在蛋白中先加入塔塔粉、食盐,用打蛋器搅打,后加入剩余的白砂糖(总添加量的 70%)搅打至干性发泡即可。

(3)调糊搅拌　用刮刀先取 1/3 蛋白糊加入蛋黄糊中,用刮刀上下翻动搅匀;继续加入剩余 2/3 的蛋白糊,搅至面糊均匀一致,入模。

(4)蛋糕焙烤、冷却　烤箱预热 30 min 后,先在面火 150 ℃、底火 135 ℃的条件下烤制45 min,再放入面火 170 ℃、底火 150 ℃的条件下烤制 5 min;出炉后立即倒扣冷却。

二、产品加工

(一)食品加工

1. 马铃薯加工饴糖　马铃薯含有丰富的淀粉及蛋白质、脂肪、维生素等成分,用马铃薯加工的饴糖,口味香甜、绵软适口、老少皆宜,具有广阔的市场前景,其加工方法如下:

(1)麦芽制作方法　将六棱大麦在清水中浸泡 1～2 h(水温保持在 20～25 ℃),当其含水量达 45%左右时将水倒出,继而将膨胀后的大麦置于 22 ℃室内让其发芽,并用喷壶给大麦洒水,每天两次。4 d 后当麦芽长到 2 cm 以上时便可使用。

(2)马铃薯渣料制备　将马铃薯渣研细过滤后,加入 25%谷壳,然后把 80%左右的清水洒在配好的原料上,充分拌匀放置 1 h,分 3 次上屉,第一次上料 40%,等上气后加料 30%,再上气时加入最后的 30%,待大气蒸出起计时 2 h,把料蒸透。

(3)糖化方法　将蒸好的料放入木桶,并加入适量浸泡过麦芽的水,充分搅拌。当温度降到 60 ℃时,加入制好的麦芽(占 10%为宜),然后上下搅拌均匀,再倒入些麦芽水。待温度下降到 54 ℃时,保温 4 h,温度再下降后加入 65 ℃的温水 100 kg,继续让其保温,经过充分糖化后,把糖液滤出。

(4)熬制饴糖　将糖液放置锅内加温,经过熬制,浓度达到 40 波美度时,即成为马铃薯饴糖。

2. 马铃薯精淀粉 马铃薯淀粉具有其他各类淀粉不可替代的特性,与其他淀粉相比,马铃薯淀粉具有最大的颗粒、较长的分子结构、较高的支链含量(80%)和最大的膨化系数,同玉米、小麦淀粉相比,可节省2/3的用量。广泛用于食品、造纸、纺织、医药、漂染、铸造、建筑、油田钻井和纸品黏合等行业。同时,又是制造味精、柠檬酸、酶制剂、淀粉糖等一系列深加工产品的原料,在发酵工业领域也有十分广泛的应用。与玉米淀粉相比,马铃薯淀粉存在着成本和售价高、生产中水解产物收率较低的实际问题,因此不可能无限替代玉米淀粉或其他淀粉。

马铃薯精淀粉生产工艺为:

马铃薯→清洗→锉磨→汁水分离→筛洗→除砂过滤→旋流分离→脱水→干燥→计量包装→成品。

3. 马铃薯变性淀粉 马铃薯淀粉再加工的产品种类很多,主要有变性淀粉。按照国家有关淀粉分类标准的概念,变性淀粉是指原淀粉经加工处理,使淀粉分子异构,改变其原有的化学、物理特性的淀粉。再细分又包括酸处理淀粉、焙烘糊精、氧化淀粉、淀粉酯、淀粉醚、交联淀粉、接枝共聚淀粉、物理变性淀粉等门类。

由于变性淀粉品种众多,具有比原淀粉更好的特性,所以用途也更加广泛,在食品、饲料、医药、造纸、纺织、化工、冶金、建筑、三废治理以及农林业等各领域均有应用。

4. 马铃薯全粉 马铃薯全粉生产过程中注意保持薯块植物细胞的完整,最大限度地保留马铃薯所含的全部营养成分,复水后可重新获得鲜薯的营养和品味。马铃薯全粉是加工各类马铃薯复合加工制品的基础原料,除可直接调制土豆泥外,主要用于加工复合薯片、复合薯条、薯泥、薯饼、膨化食品等,在方便、休闲食品生产中具有不可替代的重要地位。马铃薯全粉可作为复合薯片等的主要原料,以及作为婴儿食品、复合冲调饮品、饼干、面包、香肠、方便面等多种食品的添加料。

5. 马铃薯雪花粉 在雪花粉生产过程中,蒸煮、破碎工序仍可能引起一定数量的细胞破裂,造成少量水溶性成分的流失,最终产品还含有7%左右的游离淀粉,所以在后续加工中表现出黏度较大的特性,同时,采用滚筒干燥工艺,成品粒度较大,容重较小,储运费用较高。但工艺流程短、能耗较低的技术特征,使雪花粉赢得了广大市场,并呈现持续发展的态势。

雪花粉生产采用滚筒烘干工艺。其生产工艺流程如下:

原料→清洗→蒸汽去皮→切片→蒸煮→破碎→滚筒干燥→破碎→计量→包装→成品入库。

6. 马铃薯颗粒粉 马铃薯颗粒粉生产特别强调保持薯体细胞完整,工艺中采用了气流/流化床干燥和大量回填的路线,使薯块在干燥过程中自然破裂为粉状。因此马铃薯颗粒粉粒度较细,容重较高,储运中稳定性优于雪花粉。其固有缺陷是生产流程长、能耗较高,设备投资偏大,生产成本亦略高于雪花粉。但由于细胞破裂少,颗粒粉黏度较低,下游产品生产中可加入一些成本较低的预糊化淀粉调节黏度,实际成本反而低于直接使用雪花粉,因而也颇受厂家欢迎。颗粒粉生产采用的是气流干燥+流化床干燥和回填工艺。

其生产工艺流程为:

原料→清洗→蒸汽去皮→切片→漂烫→蒸煮→混合→气流干燥→冷却→流化床干燥→筛分→计量→包装→成品入库。

7. 马铃薯雪花颗粒粉 雪花颗粒粉是在颗粒粉生产流程中用雪花粉替代颗粒粉回填,因而具有介于雪花粉、颗粒粉之间的品质特性。

8. 马铃薯冷冻薯条 冷冻薯条又称法式薯条,是西式快餐的主要品种之一,在欧美国家非常流行。近年来,西式快餐在中国大中城市及沿海地区日趋风行,薯条的需求量也与日俱增。

速冻薯条生产有严格的质量标准。生产过程中除加少量护色剂之外,不添加任何其他物质;生产过程连续化和操作控制自动化程度很高;必须建立贮运冷链;而且对加工用薯有特定要求,一般对原料薯的控制指标包括:还原糖含量低于 0.25%,耐低温贮藏,比重介于 1.085~1.100 之间,浅芽眼,长椭圆形或长圆形。国内薯条加工专用薯产量不足,制约了薯条生产的发展。

速冻薯条的生产工艺流程如下:

原料→清洗→去皮→修整→切条→分级→漂烫→脱水→油炸→沥油→预冷→速冻→计量包装→成品入(冷)库。

9. 马铃薯薯片　薯片食品因采用原料和加工工艺不同,又可分为油炸薯片和复合(膨化)薯片。

油炸薯片以鲜薯为原料。生产过程对生产设备、技术控制、贮藏运输、原料品质等的要求与冷冻薯条基本相同。中国目前已有 40 余条油炸薯片生产线,总生产能力近 10 万 t。

其生产工艺流程为:

原料→清洗→去皮→修整→切片→漂洗→漂烫→脱水→油炸→沥油→冷却→调味→计量包装→成品入(冷)库。

复合薯片以马铃薯全粉为原料,加入调味料等其他辅料制成。与油炸薯片相比,复合薯片具有许多优点:第一,它改善了食品的风味;第二,食用更加方便;第三,膨化食品更容易消化;第四,易于储存;第五,可长年连续生产。

复合薯片生产工艺流程为:

供料→称量→搅拌→压片→切片→炸片→调味→翻片排列→装罐→成品。

10. 马铃薯膨化食品　马铃薯膨化食品与复合薯片类似,属于薯粉调配成型加工产品,是目前国内市场休闲食品中的大宗产品。由于膨化食品一般采用多种原料复配(除马铃薯全粉外,还可使用玉米及其他谷物淀粉),因此生产比较灵活,品种、花色较多,生产线规模差异较大。

11. 紫马铃薯全粉加工　紫马铃薯全粉加工工艺路线在参考目前马铃薯全粉加工工艺的基础之上,提出了如下紫马铃薯全粉加工的工艺路线:

(1)紫马铃薯全粉加工操作要点　选择无发芽、冻伤、发绿及病变腐烂,且成熟的紫马铃薯。

① 去皮切片　将紫马铃薯去皮后切成厚度为 3~5 mm 的片状。

② 护色　将切片的紫马铃薯进行护色处理,使用护色剂(0.1%氯化钙液、0.2%柠檬酸、0.15%抗坏血酸)处理 20 min。

③ 蒸煮　对紫马铃薯片进行蒸煮,蒸煮温度设定为 100 ℃,时间为 10~15 min。

④ 热风干燥　根据设计要求设定干燥温度和干燥时间,将蒸煮熟化的紫马铃薯片送入热风干燥箱中进行干燥。

⑤ 过筛粉碎包装　根据设计要求选择粉碎目数,将紫马铃薯干片用粉碎机进行过筛粉碎。将合格的紫马铃薯全粉经称重计量后装入不透明自封铝箔袋封口,进行避光干燥保存,成为成品。

(2)按照确定的工艺路线,选取干燥温度、干燥时间和粉碎目数进行单因素实验:

① 在干燥时间为 10 h 条件下,干燥温度选取 50 ℃、55 ℃、60 ℃、65 ℃、70 ℃进行干燥处理(水分含量在 9%~10%范围内),观察紫马铃薯干片的品质并打分(满分 100),考察不同干燥温度对紫马铃薯干片品质的影响。

② 选定干燥温度单因素实验中获得紫马铃薯干片品质最为优良的温度,干燥时间选取 8 h、9 h、10 h、11 h、12 h 进行干燥处理,观察紫马铃薯干片的品质并打分(满分 100),考察不同干燥时间对紫马铃薯干片品质的影响。

③ 选定获得紫马铃薯干片品质最为优良的干燥温度和干燥时间,粉碎粒度选取 40~60 目、60~80 目、80~100 目、100 目以上进行粉碎处理,观察紫马铃薯全粉的品质并打分(满分 100),考察不同粉碎粒度对紫马铃薯全粉品质的影响。见表 10-7。

表 10-7　不同干燥时间对紫马铃薯干片品质的影响(崔璐璐等,2014)

干燥时间(h)	紫马铃薯干片品质	综合评定
8	紫色,基本无薯香味,干片自然皱褶。	78
9	紫色,略有薯香味,干片自然皱褶。	82
10	深紫色,薯香味明显,干片自然皱褶。	90
11	局部发暗,薯香味明显,干片边缘略有卷曲。	65
12	整体发暗,褐变,略有焦味,干片边缘略有卷曲。	58

(二)制作马铃薯粉丝

1. 原料选择　挑选无虫害、无霉烂的马铃薯,洗去表皮的泥沙和污物。

2. 磨装　马铃薯洗净后,用石磨或饲料粉碎机磨成浆汁。

3. 沉淀过滤　每 10 kg 薯浆加入 50 g 菜油,拌匀,撇去浮沫,用滤网过滤。沉淀 1 h 后去掉上层清液,这样反复操作 3 次。用白滤布将沉淀的马铃薯粉包起来,吊在阴凉通风处沥干,直到马铃薯粉手捏能成团,松开即散为止。

4. 淀粉加工　加入适量酸浆并搅拌沉淀(酸浆水由第一次沉淀的浮水单独存放而成),酸浆用量视气温而定。气温若在 10 ℃左右,pH 值应调到 5.6~6.0;气温若在 20 ℃以上,pH 值应调到 6.0~6.5。将沉淀好的粉汁迅速排除浮水挖去上层黑粉再加一次清水用木棒搅匀,沉淀、排水、起粉吊包,以增加黏力使得淀粉洁白,吊包后可用手掰成片状置于密闭容器。

5. 打芡和面　在盆内按淀粉重量的 2 倍加 50 ℃温水,边加水边搅和成稀粉糊,再将开水迅速倒入调好的稀粉糊内,用木棒顺时针方向迅速搅拌,至粉透明均匀即成粉芡。再将粉芡与湿淀粉混合,粉芡的用量占和面比例为冬季 5%、春夏秋季为 4%,和面温度为 30 ℃左右;天冷时将和面盆放于 40 ℃左右的温水中。和成的面含水量为 48%~50%,和面前还要加入淀粉总量 0.3%~0.6%的白矾粉末。

6. 蒸熟　将铝盆放入开水锅里加热并不断搅动,直到马铃薯粉浆烫手时,漏粉成型将和好的粉面装入漏粉瓢内,再边漏边拍打边加粉面。将粉浆全部移到装有热水的盆里(60 ℃恒温)。待粉线下漏均匀后再转倒锅上,粉瓢与锅内水面距离 45~55 cm,每 10 kg 生粉再加入热水 30 kg,搅拌 20 min,直到能用竹筷挑起 60 cm 的粉丝即可。

7. 混揉　将 7 kg 生粉加入 10 kg 原粉浆中,进行生熟混揉,至不黏手为止。

8. 抽丝　往漏瓢里添加已揉好的马铃薯粉团,使其从瓢底的漏孔(漏孔的粗细,控制着粉丝的粗细)中呈线状流进开水锅里。待粉丝煮熟浮起后,用粗竹筷捞出装进有冷水的大缸(缸里的水要经常换，以不热为宜）里冷却，然后扯成 30 cm 长，晒干包装即为成品。

9. 冷却与晾晒 锅内水要保持与出粉时持平，以便将经过煮的粉丝出锅浸入冷水。冷却水要勤换。捞粉要轻，吊粉要齐。捞出的粉丝在粉竿上晾干，粉丝晾干后即可打捆出售。

三、提取和制备

（一）提取蛋白质

1. 马铃薯块茎蛋白质提取方法 三氯乙酸/丙酮沉淀与乙酸铵/甲醇沉淀相结合的两步沉淀法提取马铃薯块茎蛋白质，具有良好的除杂效果和高效富集碱性区域蛋白质的作用，是提取马铃薯块茎蛋白质的最佳方法。

两步沉淀法：第一步沉淀为三氯乙酸/丙酮沉淀。称取 2 g 马铃薯块茎，液氮研磨后，加入 10 mL 提取缓冲液（50 mmol/LTris-HCl，25 mmol/LEDTA，500 mmol Thiorea，2 mmol/LPMSF，0.07% β-巯基乙醇，pH8.0），冰浴 30 min，4 ℃下 12000 g 离心 15 min。收集上清液，加入 5 倍体积预冷丙酮。涡旋振荡后，−20 ℃沉淀重悬于等体积预冷丙酮溶液 2 次。4 ℃下 12000 g 离心 15 min。第二步沉淀为乙酸铵/甲醇沉淀。第一步沉淀样品加 6 mL 0.1 mmol/L Tris-HCl 提取缓冲液（pH 8.0），涡旋后 4 ℃静置 20 min，加入等体积的水饱和酚轻摇 10 min。15 ℃下 12000 g 离心 15 min 收集酚层溶液，加入 12 mL 0.1 mmol/L 乙酸铵/甲醇溶液。−20 ℃沉淀过夜。4 ℃ 12000 g 离心 10 min。沉淀加入 10 mL 预冷丙酮溶液，涡旋振荡后−20 ℃静置 20 min。4 ℃下 12000 g 离心 5 min，重复该步骤 2 遍。沉淀经真空干燥，得到的粗蛋白质粉末进行称质量后，于−80 ℃保存备用。

蛋白质提取：称取粗蛋白质干粉 10 mg，以 1:20（mg/μL）加入样品裂解液。涡旋振荡后于 30 ℃水浴 2 h。4 ℃下 12000 g 离心 15 min，上清液即为待分析的蛋白质溶液，于−80 ℃保存于双向电泳分析。

蛋白质定量：用牛血清蛋白（BSA）作标准曲线，测定 595 nm 处的吸光度。用绘图软件，以蛋白浓度为纵坐标（y）、D595 nm 为横坐标（x）作标准曲线，计算蛋白质浓度。如图 10-4 所示。

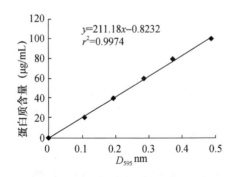

图 10-4 牛血清白蛋白标准曲线（唐世明，2016）

2. 马铃薯淀粉废水中提取蛋白质 回收淀粉废水中的蛋白质主要是将其中溶解性蛋白质提取出来作为饲料蛋白或者它用，为其后续生物处理减轻负荷。当前主要有以下 4 种方法。

（1）絮凝沉淀法 通过添加绿色无毒絮凝剂，使蛋白质胶体脱稳沉淀析出，处理成本低，回收效果明显。此类絮凝剂有蒙脱土、海藻酸钠、羧甲基纤维素、生物絮凝剂、壳聚糖等天然絮凝剂,其中中小型企业回收马铃薯蛋白最适合使用羧甲基纤维素。采用改性方法制备了蒙脱土基絮凝吸附材料,应用于马铃薯淀粉废水的处理。对 COD 吸附量最高达 245 mg/g,浊度去除率最高达 93%,处理后废水 pH 4.7~7.0,因蒙脱土和淀粉废水本身都无毒害作用,故经絮凝后吸附材料和大量蛋白质等营养物质沉淀下来,可用作家禽饲料或有机化肥。以壳聚糖为絮凝剂处理马铃薯淀粉废水,回收蛋白质。pH 4.5,壳聚糖投加量 0.05 g/L 时,蛋白质回收率达 62.7%。壳聚糖无毒、无二次污染,故絮凝得到的蛋白质可作为动物饲料。通过加热将废水中的蛋白质絮凝、沉淀,再浓缩,每 1 t 废水可回收蛋白饲料 35 kg,其粗蛋白质质量分数为 24%~40%。客观地讲,加热絮凝法既能耗高又导致蛋白质变性;絮凝过程易发生共沉淀而使杂质包裹于蛋白质絮状物中,直接降低产品纯度。

(2)超滤法 目前超滤技术是回收蛋白质常用的方法。超滤法是依靠半透膜选择透过性,以压力或浓度为驱动力,截留废水中蛋白质。膜分离技术过滤过程简单、易于控制,已广泛应用于各行业。而且兼有分离、浓缩、纯化和精制功能,以及高效、节能、环保和分子级过滤等特征。常用超滤膜有醋酸纤维素膜、聚砜膜、聚酰胺膜等。采用此法处理马铃薯淀粉生产废水,既属处理效果好的纯物理过程,不引入化学试剂,无二次污染,又属环保性水处理方法。高效节能的超滤法,在回收过程中保持常温又不添加药剂,保证了回收蛋白质的质量和安全性。

先以渗滤法预浓缩,再以截留相对分子质量为 5~150 ku 的亲水聚醚砜、亲水聚偏氟乙烯和新型再生纤维素 3 种膜材料,回收废水中的蛋白质,回收率均达 82%。

采用聚砜中空纤维内压式超滤膜组件回收马铃薯废水蛋白质,在室温 22 ℃,pH5.8,操作压力为 0.10 MPa 的条件下,回收率达 80.46%。

以超滤技术结合泡沫分离技术回收马铃薯蛋白质。在压力 0.15 MPa,流量 30 L/h 时,截留相对分子质量 15 ku 的醋酸纤维素膜适合蛋白质回收,回收率达 85%。

采用截留相对分子质量 20 ku 的聚乙烯膜在 25 ℃、压力 0.2 MPa、进口流量 160 L/min 时,蛋白质回收率和 COD 截留率分别高于 90% 和 50%。

超滤法设备投资较高,适宜大型企业,且超滤膜易吸附蛋白质、糖类等,造成膜堵塞和膜污染影响持续工作,可通过改变膜特性、渗透条件和料液湍流程度等方式来减轻膜堵塞。

(3)碱提酸沉法 采用碱提酸沉提取废液蛋白质,在此基础上结合超滤进一步提取蛋白,以期在有效减轻直接超滤对膜造成损耗的前提下,充分提取废液中的蛋白质。

碱提酸沉法提取马铃薯淀粉废水蛋白:淀粉废水→碱液提取→6000r/min 离心→调酸沉淀→8000r/min 离心取上清液→碱液提取→6000r/min 离心→调酸沉淀→8000r/min 离心→蛋白质沉淀→冷冻干燥→粗蛋白粉。

酸沉上清液中蛋白超滤提取:使 10 ku 聚砜膜在压强 0.12~0.15 MPa、温度 25 ℃ 的条件下对酸沉上清液进行超滤,采用考马斯亮蓝法测定超滤浓缩液的蛋白质含量,并以蛋白质回收率为指标进行评价。最终总提取率可达 93.42%。

蛋白质含量的测定:溶液中蛋白质含量测定采用考马斯亮蓝法。在 595 nm 波长下进行比色,以牛血清白蛋白浓度 1 g/L 为标准液,绘制标准曲线,然后测定各样品。

蛋白提取率(%)=(提取后上清液蛋白含量/原液蛋白含量)×100

(4)单细胞蛋白的回收 某些菌种本身含有丰富蛋白质,又能利用废水中营养物质生产蛋白质,可用来提取单细胞蛋白。利用热带假丝酵母菌发酵处理马铃薯淀粉废水。控制温度 28 ℃,pH5.0,接种量 15%(体积比),发酵时间 28h,CODCr 去除率达 75.4%,可回收单细胞蛋白 7.43 g/L。

3. 马铃薯渣提取蛋白质

(1)马铃薯皮渣中水溶性蛋白质提取工艺　用碱解方法从马铃薯皮渣中提取水溶性蛋白。

稀碱溶液提取蛋白质,其流程为:新鲜马铃薯皮→洗净、粉碎、烘干→称量→控温碱解→抽滤→盐酸调至 pH 值 4.5→离心→过滤(弃上清液)→干燥→称重→计算得率(PR%)。

碱法提取马铃薯皮渣中的水溶性蛋白质的最佳条件为:提取液浓度为 0.6%NaOH、提取时间 50 min、液固比 17：1 以及温度 65 ℃。在此条件下,所提取的得率为 40%。

(2)马铃薯废渣中提取蛋白质　酸热法提取马铃薯蛋白质。将废渣用两层纱布过滤,在5000r/min 的转速下离心 20 min,取上清液用砂芯漏斗抽滤,对滤液进行蛋白质测定,并稀释到蛋白质质量浓度为 10 g/L。将马铃薯废水在磁力搅拌下,用盐酸调 pH。利用高压锅提供蒸气,将装有废水的锥形瓶放入高压锅内,水沸腾后将压力维持在 0.15 MPa,计时 10 min,之后取出锥形瓶,冷却,在 5000r/min 转速下离心 20 min,取出上清液并干燥,称出蛋白质沉淀质量,利用凯氏定氮法测定蛋白质含量,计算回收率。当 pH 为 4.9 时,处理时间为 1.125 h时马铃薯蛋白质的沉淀量达到最大值。马铃薯蛋白质的沉淀量为 6.8%。

4. 马铃薯蛋白质酶解制备多肽工艺　以马铃薯蛋白质为原料,用蛋白酶催化水解制备多肽。

马铃薯蛋白质水解:称取适量马铃薯蛋白质,加入一定量的缓冲液。加热至所需温度,恒温 20 min,加入一定量的蛋白酶,水解一定时间后,灭酶(80 ℃水浴恒温 5 min),离心,上清液即为马铃薯蛋白质水解液。

水解度的测定:取一定量的马铃薯蛋白质水解液于试管中,加入一定量的蒸馏水、显色剂,混匀定容后,置于沸水浴中加热 15 min,同时作空白实验。利用公式计算水解度:

$$DH/\% = [n/(6.25 \times N)]/5.1 \times 100$$

式中:n 为氨基含量/(μmol/mL);N 为蛋白质含量/(mg/mL);5.1 为每克马铃薯蛋白质的肽键毫摩尔数(mmol/g)。

马铃薯蛋白质水解制备多肽的最佳工艺条件为马铃薯蛋白质质量分数 8%,加入 5.0 mg中性蛋白酶(缓冲溶液 pH7.0),在 45 ℃温度下水解 3 h,水解度可达 23.4%。所得产品总蛋白含量 70.26%、灰分 4.12%、水分 4.97%。

(二)淀粉的分离和产物制备

1. 分离淀粉　马铃薯淀粉在世界范围内产量极高,居第二位,仅次于玉米淀粉,具有重要的研究意义。

马铃薯淀粉的分离过程如图 10-5 所示:

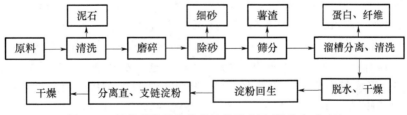

图 10-5　马铃薯淀粉的分离过程示意图(郭俊杰,2014)

马铃薯淀粉的分离程序:

(1)洗涤和磨碎　洗涤是马铃薯淀粉分离提取的第一道工序。将马铃薯中各种杂质、泥土及其他污物清除干净,经清洗之后的马铃薯进行磨碎处理。

(2)筛分 筛选是马铃薯淀粉分离提取的重要工序。马铃薯的筛分是将马铃薯磨碎后采用离心筛进行离心式筛选。在筛分过程中加水洗涤,筛分下来的物质即为淀粉成分。

(3)流槽分离和清洗 从筛分工段来的淀粉乳先在流槽内分离蛋白质等杂质,再在清洗槽内进行清洗。从流槽中分出带有淀粉的黄浆水送入流槽回收淀粉,再经清洗槽得到次淀粉。

(4)脱水干燥 淀粉清洗后,离心脱水,得到含水量约45%的湿淀粉,并经气流干燥得到水分为20%左右的干淀粉。

(5)直链淀粉和支链淀粉的分离 将马铃薯淀粉与水混合,调体系的pH值为6.0,95 ℃下加热20 min,120 ℃高压加热30 min后冷藏过夜。然后加入淀粉酶,在90 ℃水浴锅中酶解6 h,离心分离,弃去上清液,沉淀用去离子水洗涤三次得到纯化的回生淀粉,离心后将得到的沉淀放入蒸发皿中即得马铃薯回生淀粉。将马铃薯回生淀粉溶于KOH中,用HC1调节pH值为中性,向其中加入3倍体积的正丁醇,离心得到马铃薯直链淀粉沉淀,含有支链淀粉的上清液浓缩后,用乙醇析出沉淀,离心分离。将所得直、支链淀粉置于干燥箱中50 ℃干燥至恒重。

淀粉回生的本质是糊化的淀粉分子在温度降低时由于分子运动减慢,此时直链淀粉分子和支链淀粉分子的分支都回头趋向于平行排列,互相靠拢,彼此与氢键结合,重新组成混合微晶束。

2. 产品制备

(1)马铃薯淀粉制备磷酸寡糖 磷酸寡糖是由麦芽低聚糖中的葡萄糖残基与磷酸根共价连接得到的一类低聚糖。磷酸寡糖具有对人体健康有益的特殊生理功能,它在弱碱性条件下能与钙离子结合成可溶性复合物,抑制不溶性钙盐的形成,从而提高小肠中有效钙离子的浓度,促进人体对钙质的吸收,且不被口腔微生物发酵利用。它还有加强牙齿釉质再矿化的作用,达到防止齿质损害的效果,同时还具有抗淀粉老化的功效。

利用全酶法并结合使用低压蒸汽喷射液化技术,使液化彻底,制备出低DE值的麦芽低聚糖浆。同时,使用201×4强碱性苯乙烯系阴离子交换树脂从所制备的麦芽低聚糖浆中分离出磷酸寡糖。

① 制备低DE值麦芽低聚糖浆工艺路线

马铃薯淀粉→调浆→配料→调节pH值→加液化酶→低压蒸汽喷射液化→一次板框压滤→液化保温→快速冷却→加真菌酶糖化→二次板框压滤→活性炭脱色→检测。

具体操作步骤:向配料罐里注入水,而后在不断搅拌下,徐徐投入1 t原料淀粉,用玻美计进行在线检测,直到浆料浓度为10°Be,然后加入0.6~0.7 kg CaCl₂作为酶活促进剂,用HCl和NaCO₃将浆料调至pH 5.4,加入100 mL新型耐高温α—淀粉酶。料液搅拌均匀后,用泵将物料泵入喷射液化器,在喷射器中,粉浆和蒸汽直接充分相遇,喷射温度110 ℃,并维持4~8 min,控制出料温度为95~97 ℃。喷射液化后的料液进入层流罐,在95 ℃条件下保温30 min,碘试反应显碘本色时,通蒸汽灭酶。同时经过一次板框压滤,开始压力应不低于0.6 MPa,待滤饼形成阻力增大时再增加压力,但以不超过2 MPa为宜,料液应保持一定温度,以增加其流动性,但不应高于100 ℃。将料液冷却至60 ℃,向糖化罐中加入100 mL真菌淀粉酶和50 mL普鲁兰酶,调节pH值为5.2,反应2~4 h,然后通入高压蒸汽100 ℃条件下灭酶2~3 h。糖化后糖液随着管道进入脱色罐,罐中含有活性炭,保持罐温为80 ℃左右,糖液通入后,在不断搅拌的情况下,活性炭吸附糖液所含的色素以及部分无机盐,随后活性炭随同糖液一并进入板框压滤机,经过压滤除去活性炭。

利用公式测定麦芽低聚糖DE值:

$$DE 值 = (还原糖含量/干物质含量) \times 100\%$$

还原糖含量采用直接滴定法进行测定;干物质量(总固形物含量)使用阿贝折光仪测定。

麦芽低聚糖浆相关理化指标如表10-8所示:

表10-8 麦芽低聚糖理化指标(杨文军 等,2010)

试验指标	固形物(%)	液化DE值(%)	糖化DE值(%)
麦芽低聚糖浆	55	16	35

② 强碱性苯乙烯系阴离子交换树脂分离磷酸寡糖 201×4强碱性苯乙烯系阴离子交换树脂活化后,使用移液器吸取麦芽低聚糖液上样。首先用去离子水将未被吸附的中性糖洗去,再使用0.4 mol/L NaCl洗脱被吸附的磷酸寡糖,使用自动收集器收集流出液。苯酚—硫酸法检测收集管中的收集液的糖含量,最后将出峰处各管合并收集,旋转蒸发仪浓缩后,采用透析袋脱盐处理,最后,冷藏条件下贮存备用。分离条件为:洗脱液为0.4 mol/L NaC1,洗脱速度为1.4 mL/min。经红外光谱定性分析,结果显示样品为结合有磷酸基团的糖类物质。

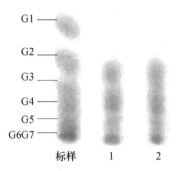

图10-6 磷酸寡糖的薄层层析图(杨文军等,2010)

③ 磷酸寡糖的薄层层析 将分离制备的磷酸寡糖样液进行薄层分析。展开剂为乙酸乙酯:甲醇:水:氨水=10:18:2:3;显色剂:苯胺—二苯胺—磷酸;样品浓度为0.4%,点样量为2 mL。推断出磷酸寡糖主要成分为麦芽二糖至麦芽七糖,以二糖至五糖居多。图10-6为磷酸寡糖的薄层层析图。

④ 磷酸寡糖的结构分析 将收集的磷酸寡糖样品,浓缩脱盐处理后,使用冷冻干燥机将其冻干,然后将冻干样品和马铃薯淀粉磷酸酯样品通过溴化钾压片法进行红外光谱分析,将二者红外光谱图进行对照。显示样品为结合有磷酸基团的糖类物质。图10-7a为马铃薯淀粉磷酸酯的红外光谱图,图10-7b为磷酸寡糖红外谱图。

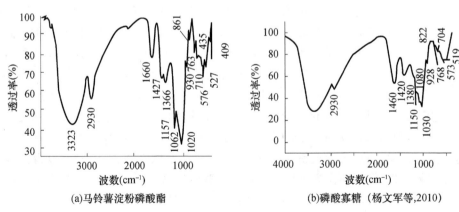

图10-7 马铃薯淀粉磷酸酯及磷酸寡糖红外光谱图

(2)马铃薯淀粉制备高麦芽糖浆酶法液化 高麦芽糖浆是以淀粉为原料,经液化、糖化和精制工艺加工而成的麦芽糖含量在 60%～70%,葡萄糖含量相对较低的中等转化糖浆。其甜度仅为蔗糖的 1/2,因清亮透明,熬煮温度高,抗结晶,甜度适中,保湿性好,防潮能力强等优点,在食品、医药、化工等方面得到了广泛应用。在高麦芽糖浆的生产中,液化是淀粉制糖工业中十分重要的环节,其程度直接关系到产品中麦芽糖的产率。合理控制液化 DE 值是生产高麦芽糖浆的关键,液化 DE 值为 10% 对糖化最有利。

液化工艺流程及操作要点:

以马铃薯淀粉为原料,制备高麦芽糖浆的酶法液化工艺流程如下:马铃薯淀粉→调浆→调节 pH→液化→灭酶→液化液。

淀粉调浆:依据淀粉乳质量分数称取一定量的马铃薯淀粉,加入一定量的无水 $CaCl_2$ 和蒸馏水,搅拌均匀;

调节 pH:用 0.1 mol/L 的 NaOH 溶液调节 pH;

液化:加入一定量的耐高温 α-淀粉酶,与淀粉乳混合均匀,升温至所需温度,保温一定时间;

灭酶:液化结束后,立即用 1 mol/L 的 HCl 溶液,调节 pH<3。

测定:液化液冷却至室温,测透光率;并取适量液化液,在 4000 r/min 条件下离心 30 min,取上清液测定 DE 值。

选取液化 DE 值为 10% 作为理想指标,采用单因素和响应面试验设计相结合的试验方法,研究出马铃薯淀粉制备高麦芽糖浆酶法液化工艺的最佳条件为:在液化温度 96 ℃、液化时间 15.55 min、耐高温淀粉酶添加量 15.13 U/g 淀粉、淀粉乳质量分数 21.4、pH 值为 6.2 以及无水 $CaCl_2$ 添加量为 0.10 的条件下,马铃薯淀粉液化液的理论预测 DE 值为 9.99,可以制备 DE 值最接近于 10 的液化酶解产物。

(3)马铃薯氧化淀粉的制备　马铃薯淀粉易老化、耐高温性差,但是在酸、碱、中性介质中,与氧化剂作用,使淀粉氧化得到一种化学变性淀粉,淀粉分子链断裂,分子量降低,并引入了羰基或羧基,具有稳定性高、抗老化力强、黏性强、透明度好、糊化度低且安全性高的特点。同时,因为生产工艺简单且成本低,在食品、纺织、造纸和建筑业都有广泛的应用。不同的氧化剂对于淀粉的氧化具有不同程度的影响,目前常用的氧化剂有次氯酸盐、过氧化氢、二氧化氯、高锰酸钾等,其中 NaClO 在工业上应用最广泛。

① 以次氯酸盐为氧化剂　NaClO 是工业化生产中最常用的淀粉氧化剂,因其价格便宜,来源充足,易于操作而应用广泛。但是,NaClO 作为氧化剂时需要严格的控制反应条件,反应的 pH、温度和氧化剂的加入速度都对反应结果有影响。NaClO 在不同的酸碱条件下存在形式不同,在酸性条件下,NaClO 能很快转变为 Cl_2,然后与淀粉羟基作用产生 HCl 和次氯酸酯,最后反应生成酮基。在碱性条件下,能够产生带负电荷的淀粉钠,次氯酸离解成带负电的 ClO^- 它们相互排斥影响氧化反应进行,不过在弱碱性时淀粉保持中性,反应速率较快。中性条件下,淀粉和 NaClO 反应得到次氯酸淀粉酯和 H_2O,进一步反应生成酮基和 HCl。由于羧基可以降低淀粉老化,改善淀粉性能,因此反应往往在碱性条件下进行,以得到羧基含量更高的氧化淀粉。以 NaClO 作为氧化剂氧化马铃薯淀粉,以羧基含量为指标测定氧化淀粉最佳条件:NaClO 用量 3%,pH10,温度 30 ℃,时间 2 h,而且氧化淀粉的羧基含量与其消化性能成正比。故 NaClO 可以用于制备人体易消化淀粉,解决人体对食品中含有抗性淀粉的消化问题,也为 NaClO 作为淀粉氧化剂奠定了理论基础。但是,使用 NaClO 容易在淀粉中残留氯化物,影响食品质量,危害人体健康。

② 以过氧化氢为氧化剂 H_2O_2 是一种无污染的氧化剂,反应过程中会自动分解为氧气和水,作为淀粉氧化剂应用在食品中,更易被接受,不过其氧化效率低于次氯酸盐,常用来制备氧化程度较低的产品。氧化淀粉的透明度与羧基含量成正相关,但其凝沉性与羧基含量呈负相关。为了获得性质更加优良的淀粉,通常将 H_2O_2 与 Cu^{2+} 和 Fe^{2+} 一起使用时,氧化效果更好。H_2O_2 与 Fe^{2+} 的混合物称为芬顿试剂,H_2O_2 在 Fe^{2+} 的催化作用下可以产生具有非常强的氧化力的自由基 OH^-。马铃薯淀粉经芬顿试剂选择性氧化 C^6 位上的伯羟基为羧基,得到氧化淀粉。选用芬顿试剂氧化马铃薯淀粉,通过单因素实验分析,再用响应曲面优化,以氧化淀粉羧基含量为响应值,通过对回归方程优化计算,得到氧化最优工艺条件为 0.3 g $FeSO_4$,25 mL 浓度为 $30\%H_2O_2$,反应温度 50 ℃,pH10,氧化时间 4 h。在最优条件下,得到氧化淀粉羧基含量为 1.46%,与 1.47% 的理论值接近。过氧化氢是一种氧化性较强的氧化剂,与传统氧化淀粉的制备方法相比,H_2O_2 对降低生产成本、减少环境污染具有重要的意义。

③ 以二氧化氯为氧化剂 ClO_2 是一种水溶性氧化剂,具有氧化性强、用量少、适用广、反应快以及反应产物无毒等优点。ClO_2 的氧化能力是 $NaClO$ 的 2.8 倍,是 Cl_2 的 2.6 倍。ClO_2 能够释放出新生态氧原子,使淀粉的糖苷键断裂,将淀粉分子葡萄糖单元上的羧甲基转化成羰基,再氧化成羧基,得到含有较低聚合度的羰基和羧基的氧化淀粉。在马铃薯氧化淀粉的制备过程中,以 ClO_2 氧化马铃薯淀粉,添加 0.15% 的 ClO_2、0.0125% 活化剂,在 35 ℃下反应 2.5 h,制备的氧化淀粉的羰基含量为 0.0548%,羧基含量为 0.1862%,黏度 15.69Pa·s,凝沉性为 0.647,透光率为 19.23%,原淀粉经 ClO_2 氧化后,其透光率和凝沉性分别提高了 69.4% 和 21.6%,黏度是原淀粉的三倍。由电镜扫描可知,马铃薯原淀粉经 ClO_2 氧化后,淀粉颗粒表面出现裂纹,变得粗糙。由红外光谱可知,体系中醇羟基的含量减少,而 COO^- 含量明显增加。使用 ClO_2 作为氧化剂制备食用马铃薯氧化淀粉,提高了食品生产的安全性、高效性和稳定性。

④ 以高锰酸钾为氧化剂 $KMnO_4$ 氧化淀粉主要有两种工艺:酸性条件下制备和碱—酸两步法制备。一般不会在碱性条件下进行反应,因为在碱性条件下制备氧化淀粉会产生黑色 MnO_2 沉淀,影响产品纯度。$KMnO_4$ 作为氧化剂时反应过程中能够通过颜色变化来观察反应进程,常用来制备氧化度高,黏结性好的淀粉。在酸性条件下,$KMnO_4$ 氧化淀粉的最佳条件是质量比为淀粉:$KMnO_4$:H_2SO_4=100:4:6,并随着 $KMnO_4$ 和 H_2SO_4 用量的增加,活性氧增加,羧基含量增加;升高温度能够加速反应进行,减少反应时间,但对羧基的含量影响很小。在淀粉乳中加入 $KMnO_4$ 后,溶液很快由紫红色变为棕色,而从棕色变为白色较慢,主要是 MnO_2 起的作用。用 $KMnO_4$ 作氧化剂的碱—酸两步法的淀粉氧化工艺,并研究了 H_2SO_4 和 $KMnO_4$ 用量对反应和淀粉性能的影响。$KMnO_4$ 碱—酸两步法有效地改善了工艺条件,减少了氧化剂 $KMnO_4$ 的消耗,并得出最佳条件质量比为 100%淀粉、$150\%H_2O$、0.8% $KMnO_4$、$3\%H_2SO_4$、$0.4\%NaOH$。

⑤ 其他氧化剂 以 45%马铃薯淀粉液为原料,55 ℃条件下加入 150 mL 0.5 mol/L 盐酸,3.0%过二硫酸铵,反应 50 min,得到具有良好抗凝沉性和最低黏度的氧化淀粉。过二硫酸铵在酸性环境条件下迅速分解,生成具有强氧化性的活性氧,它能使糖苷键断开,并氧化淀粉上的基团,而且氧化和酸解反应共同进行,显著地减少了反应时间。但是,过二硫酸铵有刺激性,对皮肤有腐蚀性,吸入后可引起鼻炎、咽喉炎、呼吸急促和咳嗽的症状,若过二硫酸铵过量,会存在安全隐患。高碘酸盐作为氧化剂具有较强的选择性,只可以将邻二醇型的化合物氧化为二醛,不会氧化为羧基,所得淀粉被称为双醛淀粉。

⑥马铃薯氧化淀粉在食品工业中的应用　在焙烤食品中的应用：烘焙食品不仅包括面包、饼干和蛋糕，还包括许多传统食品，如烙饼、馅饼和锅盔。在面包中添加马铃薯氧化淀粉能够改善面团的结构特性，提高面团的持气能力，增大面包比容和持水性，改善面包的结构，降低面包硬度，增加面包的弹性，减少发酵时间，减缓老化程度，延长货架期。氧化淀粉本身的黏度较高，能够使面筋的网络间隙充满淀粉颗粒和无法自由流动的水分，有利于提高面包的水分含量。在饼干和糕点生产中，添加适量马铃薯氧化淀粉能够有效控制饼干和糕点的吸潮力，延长货架期。这是因为添加氧化淀粉，凝胶化作用促进形成面筋网络结构，避免空气中的水分进入，保持饼干的脆性。

在蒸煮食品中的应用：在面团中添加适量马铃薯氧化淀粉，能够适当地改善面团的拉伸、粉质和糊化特性。它能够改善面团的吸水率，降低黏度和糊化温度，减小回生值和衰减值；增加面团稳定时间和粉质指标；降低面团弱化值，拉伸阻力和拉伸能量。在馒头生产中，添加适量的马铃薯氧化淀粉能够增加馒头的比容、色泽，改善硬度、弹性，提高馒头的耐嚼性，延长馒头的货架期。在面条生产中，添加适量的马铃薯氧化淀粉，能够提高面条的蒸煮特性和食用品质，如回复性、耐煮性、耐嚼性、色泽鲜亮程度、汤浊现象等；还能够降低干面条的弯曲折断率和面条的蒸煮断条率，浊度也大大减少，面条整体感官品质显著提升。

在冷冻食品中的应用：在冰淇淋生产中添加适量马铃薯氧化淀粉，能够提高其稳定性，口感更细腻光滑，这是因为氧化淀粉黏度小，糊化温度较低，但是受热时稳定性好，可作为低黏度的增稠剂。因为马铃薯氧化淀粉能溶解在冷水里，且具有很强黏度和吸水性，把马铃薯氧化淀粉加到汤圆的面皮中，增加了糯米粉面团之间黏结力的结构强度，使汤圆的冻裂率下降，减少了汤圆制作过程中的偏心，塌陷现象，总之，很大程度上改良了汤圆的品质。在水饺生产当中，水饺易出现裂口，淀粉的老化和蛋白质变性的现象，添加适量马铃薯氧化淀粉能够降低速冻水饺食用品质的物理变化，完善面筋网络的形成，提高面皮亲水性和保水性，可以有效地降低速冻饺子的冻裂率，改善速冻饺子的食用品质。有人以马铃薯氧化淀粉作为韭菜猪肉馅水饺面皮的添加剂，添加后冻裂率降低，口感有所改善。

在其他食品中的应用：将一定比例的马铃薯氧化淀粉添加到哈尔滨红肠中，能够有效改善红肠的弹性、硬度和咀嚼性，同时红肠的成品率明显增加，而解冻损失显著降低。氧化淀粉用作产品的增稠剂和稳定剂，能够替代琼脂和果胶来生产软糖和胶冻类产品，可以降低加工成本，提高产品口感和食品安全性。低氧化度淀粉有很好的黏结力，可以作为油炸食品的裹粉，使其口感酥脆。由于氧化淀粉成膜性良好，可用于涂在坚果食品的表层，成膜光泽透明鲜亮。在调料中，氧化淀粉的加入能增加其在食品中的附着力，改善食品品质。另外，氧化淀粉总量的80%以上都用于造纸行业，作为造纸的湿部添加剂、表面施胶剂、涂布纸胶黏剂，氧化淀粉良好的成膜性、相容性和黏度特性，能够很好地改善纸张质量。氧化淀粉的添加能增加纤维的结合力，提高纸张的物理强度、平滑度等。在制药工业中，氧化淀粉是一种很好的赋形剂，在制药片剂中起到填充、黏结和崩解的作用。双醛淀粉可以用于治疗肾功能衰竭。人体的肾功能出现故障，身体的水和代谢物无法顺利排出，短时间内过多的废物在体内堆积，可能导致人的死亡，而双醛淀粉与体内的尿素和胺类物质结合后，随排泄物排出体外，以缓解肾功能障碍患者的伤痛。

(4)马铃薯淀粉制备高果糖浆　高果糖浆口感纯正、吸湿与保潮性好，是高甜度的淀粉糖，可以补充蔗糖供应量的不足，供糖尿病患者食用。

马铃薯淀粉制备高果糖浆工艺流程：马铃薯淀粉→调浆、护色→糊化→淀粉水解→活性炭脱色→抽滤→离子交换→初浓缩→异构化→脱色离子交换→再浓缩→马铃薯淀粉高果糖浆成品。

操作要点及工艺优化：

① 马铃薯淀粉多酶协同水解　在体系中加入 0.1％无水氯化钙、中温 α-淀粉酶与糖化酶，水解过程中通过调节不同因素间作用来调节水解效果。在多酶体系中，前期淀粉液化程度过高或过低都不适合后续的糖化过程，不利于糖化酶与底物生成络合结构，影响催化效率。而其体系协同作用本质，即中温 α-淀粉酶为糖化酶不断提供新的非还原末端，提高了糖化酶的底物浓度，同时糖化酶不断消耗中温 α-淀粉酶的产物，因此双酶酶解体系对淀粉水解效率明显优于单酶体系。

② 糖化液精制　用真空泵对水解液抽滤 3 遍，除去可见的不溶杂质。将糖化液连续 2 遍通过 D311 型大孔丙烯酸系弱碱性阴离子交换树脂和 701 型强酸性苯乙烯系阳离子交换树脂串联的树脂组柱，以除去糖液中的灰分、有机杂质和有色物质等杂质。测定精制后的 DE 值。

③ 糖化液异构化　在精制除杂后的糖化液中通过添加葡萄糖异构酶，使其中一部分葡萄糖转化为果糖，由于葡萄糖异构为果糖是可逆反应，当异构反应达到平衡时，果糖和葡萄糖含量最高可达 1∶1。

马铃薯水解优化处理后分析可以得出：在多酶体系下，水解马铃薯淀粉效果显著；多酶体系情况下的优化水解参数为水解温度 70 ℃，水解 pH 值 4.5，酶量比例 80∶120，水解时间 24 h；其马铃薯淀粉水解转化率 DE 平均值高达 96.32％。通过对马铃薯淀粉进行响应面设计优化葡萄糖异构化工艺，得到葡萄糖异构参数为异构酶用量 6.5 mg/g，溶液 pH 值 7.5，异构温度 74 ℃，异构时间 40 h，最终得到果糖含量为 37.51％的高果糖浆高品质成品。

四、酿造

(一)酿酒

马铃薯可以作为酿酒的原料之一。以马铃薯为辅料，可以酿制黄酒、啤酒、白酒等。

1. 马铃薯作为辅料酿造黄酒　结合黄酒酿造的传统工艺和现代工艺，利用活性干酵母，采用两次喂饭法，以新鲜马铃薯为辅料进行黄酒酿造。

(1)原料处理　采用新鲜马铃薯作为辅料。新鲜马铃薯洗净切成截面约为 0.3 cm×0.3 cm 的薯条，于常压下蒸煮 10 min，在洁净通风处摊开蒸煮好的马铃薯，使其温度降低到 27 ℃左右。

(2)酿造方法　采用两次喂饭法进行黄酒酿造。总量 400 g，其中糯米 200 g，新鲜马铃薯 200 g(按淀粉比马铃薯占 16.7％，糯米占 83.3％)。取 200 g 糯米，进行浸泡、蒸煮冷却后，拌入活化酵母(10 倍于酵母量的 2％葡萄糖溶液，34 ℃活化 20 min)、麦曲和糖化酶的水中放入恒温培养箱 28 ℃恒温发酵。24 h 第一次喂饭，48 h 第二次喂饭。第一次喂饭加入 40％马铃薯(80 g)，第二次喂饭加入 60％马铃薯(120 g)，同时按比例加入酵母、麦曲、糖化酶。在发酵进行到 15 h 左右进行第一次开耙，36 h 左右进行第二次开耙，65 h 左右进行第三次开耙，80 h 左右进行第四次开耙，以便排除 CO_2 和其他杂气，同时通入新鲜的空气利于酵母的生长繁殖。主发酵(120 h)结束后，密闭于 15 ℃恒温培养箱中进行后发酵，后发酵成熟的标志是酒精含量基本稳定、酒醅沉静。历时约为 16~20 d。

（3）发酵条件优化方法　整个试验分 3 个阶段进行。首先通过单因素试验，以主发酵结束时的酒精度为指标，确定以马铃薯为辅料的黄酒主发酵的基本条件；然后，用 L8(26)正交试验确定主发酵过程中影响酒精度和酸度的主要因素；最后，通过中心组合试验，以感官评分为响应值，拟合正交试验中最优点附近的响应模型，并分析优化得出最佳发酵条件。

酵母和麦曲添加量是影响以马铃薯为辅料的黄酒发酵和品质的最主要的因素。以马铃薯为辅料的黄酒的最佳发酵条件为：酵母添加量 0.114%（原料量的 0.114%）、主发酵温度 28 ℃、麦曲添加量 14.0%（原料量的 14.0%）、料水比 1∶0.7、每 100 g 原料添加 425 μL 糖化酶、发酵初始 pH 值 4.0。以马铃薯为辅料的成品黄酒呈橙黄色，清亮透明，无沉淀；有典型的黄酒风格；口味醇和，酒体协调，风味柔和，鲜味突出；游离氨基酸含量为 7063.4 mg/L，是普通黄游离酒氨基酸含量的 1.2~2.5 倍，具有较高营养价值。

2. 大米马铃薯混酿小曲白酒　采用大米马铃薯为混酿小曲白酒，不仅能够丰富小曲白酒的品种，还能拓展马铃薯资源的利用和深加工，创造良好的经济效益和社会效益。

大米马铃薯混酿小曲白酒工艺流程：

马铃薯→蒸煮　　小曲　　　　　糖化酶
　　　↓　　　　↓　　　　　　↓
大米→浸泡→蒸饭→摊晾→拌曲落埋→培菌糖化→投水发酵→蒸馏→勾兑→小曲白酒

操作要点：马铃薯、大米蒸煮：马铃薯洗净后通过蒸汽加热蒸煮至完全软化透心。大米经浸泡、沥干，置于蒸饭机、接入蒸汽蒸煮至均匀熟透的米饭。

拌曲、糖化发酵与蒸酒：将大米饭与蒸熟的马铃薯按比例用捣饭机捣烂成混匀的饭薯料，注意分散饭薯料不结块儿。当饭薯料摊晾至 28~30 ℃时撒入酒饼粉拌匀、装入酒埕，当装料至埕高 4/5 时于料中央挖一空洞，以利于足够的空气进入醅料进行培菌糖化。当糖化至酒埕中下部出现 3~5 cm 酒酿时即表示糖化过程基本结束。之后投水、添加糖化酶进行液态发酵。当酒醅发酵至闻之有扑鼻的酒芳香、尝之甘苦不甜且微带酸味时，表明发酵基本结束。发酵完毕采用蒸馏甑、接入蒸汽蒸馏取酒。蒸酒期间控制流酒温度 38~40 ℃，出酒时掐去酒头约 5%，当流酒的酒精度降至 30% 以下时，即截去酒尾。

大米马铃薯混合发酵有利于酒精发酵，将大米/马铃薯（90∶10）的饭薯糖化后混合发酵，酒醅的酒精度达 13.2%，比以全米发酵的酒精度（11.4%）提高 15.8%。马铃薯的块茎中含有的碳水化合物等营养，有利于促进酵母菌的生长繁殖，并有利于提高其酒化能力。

料水比和发酵期影响大米马铃薯的酒精发酵：料水比过高或过低均不利于大米马铃薯混合发酵。料水比为 1∶2.0，醅液中的酒精发酵充分，酒精度高达 13.2%，符合酿造高产酒的要求。不同处理料水比的酒醅，发酵前期酒精度指标依次升高，当发酵 7 d 后，醅液中的酒精度平稳不再上升，因此，适宜的混合发酵时间为 7 d。

发酵温度影响成品酒的总酯含量：大米马铃薯醅液置于 30 ℃发酵的总酯量积累较快，总酯最高，有利于酿造优质酒的要求。

优化的大米马铃薯混酿工艺：大米马铃薯混酿最优发酵条件为米薯比 90∶10，料水比 1∶2.0，于 30 ℃下发酵 7 d。成品酒兼具薯香、醇香清雅，具有蜜香型小曲白酒的典型风格。

3. 添加马铃薯辅料酿制高氨基酸营养啤酒

（1）制备马铃薯丝干　先将新鲜马铃薯制成马铃薯干。将新鲜马铃薯去皮后，用切片机切成薯丝，经 0.05% 的 $NaHSO_3$ 溶液浸泡 10 min 护色处理后，于强烈日光下晒干，制得马铃薯丝干。

（2）制备添加马铃薯辅料的麦汁　将马铃薯丝干用植物粉碎机粉碎，过 60 目筛。称取 15 g 马铃薯粉，添加 1∶5 料水比的加水量和 6u/g 马铃薯粉的耐高温 α-淀粉酶添加量，85 ℃ 糊化 25 min，将马铃薯粉糊化，得到糊化醪。同时，将麦芽用植物粉碎机粉碎，过 60 目筛。称取 35 g 麦芽粉置于 EBC 糖化仪的糖化罐中，加水在 45 ℃条件下，进行蛋白质休止 60 min 后立即加入上述的马铃薯粉糊化醪，在 EBC 糖化仪中，升温到糖化温度 65 ℃，并加入 65 ℃的水 100 mL，进行糖化。糖化结束后，升温至 78 ℃杀酶 10 min，在 10～15 min 内冷却到室温。补水至内容物为 450 g，过滤。将所得的滤液煮沸 1.5 h，按 0.8 g/L 麦汁的添加量添加酒花，在初沸、沸腾 40 min 及煮沸结束前 10 min 时，各添加 1/3 量的酒花。煮沸后将麦汁定型到 12Bx°，冷却至 12 ℃，准备接种酵母，进行进一步的发酵。

（3）酿造高氨基酸啤酒　参照实际生产中添加大米辅料啤酒的酵母添加量，将上述定型麦汁，按每升麦汁中含 9×10^6 个酵母的接种量接入酵母，于 12 ℃下进行发酵。添加马铃薯辅料的发酵液在发酵至第 5 d 时，真正发酵度达到 65% 以上，确定主发酵结束。从第 6 d 开始将发酵液急速降温到 2 ℃，并在 2 ℃下维持 20 d，进入后发酵，最后发酵得到啤酒。

（二）酿醋

食醋已成为人们日常生活中不可缺少的酸性调味品，它不仅具有调味功能，而且还具有多种营养保健功能和医疗价值。

醋酸发酵试验：取 100 g 马铃薯乳，加入适量的大米和一定比例的水，同时加入用温水活化好的生料高效神粬种，装入 1000 mL 的三角瓶中混合均匀，封上封口膜置于 30 ℃的恒温培养箱中培养，间歇振荡，定时测定酒精度，直到酒醪澄清为止。将不同酒度的马铃薯酒醪，拌入不同比例的谷糠与麸皮，然后接入不同量活化好的中科 ASI.41 醋酸菌液，置于不同温度的恒温培养箱中进行醋酸发酵，待醋醪温度上升到 40 ℃时进行翻醅，之后每天翻醅一次。每隔一天测定醋酸含量随时间的变化情况。

总酸的测定标准滴定法：取 2 g 样品，加入 100 mL 蒸馏水稀释，滴 2～4 滴酚酞指示剂，用邻苯二甲酸氢钾标定过的 0.1 mol/L NaOH 溶液滴定至溶液呈微红色，30 s 内不褪色，即为终点，重复一次，记录消耗 NaOH 溶液的体积。由乙酸来代替各种酸，计算出醋样中总酸含量。按下式计算总酸含量：

$$总酸度(\%)=\frac{c\times k\times v\times v_0\times100}{m\times v_1}$$

式中：c 为 NaOH 摩尔浓度（mol/L）；m 为样品质量（g）；v 为滴定时消耗 NaOH 体积（mL）；v_0 为样品稀释液总体积（ml）；v_1 为滴定时吸取样品液体积（mL）；k 为换算为主要酸的系数，即 mmolNaOH 相当于主要酸的克数。分析调味品、酒类用乙酸表示，$k=0.06$。

马铃薯生料酿醋中醋酸发酵的最佳工艺参数是：谷糠与麸皮的比例 6∶4，酒精度 7%（V/V），接种量 5%，温度 32 ℃。

五、综合利用

（一）薯渣的综合利用

1. 马铃薯渣的成分　马铃薯渣含水量高，化学成分包括淀粉、纤维素、半纤维素、果胶、游离氨基酸、寡肽、多肽和灰分等可利用成分,具有很高的开发利用价值。其中淀粉占干基含量的37%,纤维素、半纤维素占干基总量的31%,果胶占干基含量的17%,而蛋白质/氨基酸仅占干基含量4%。具体含量见表10-9。由于马铃薯渣中含有较高质量分数的果胶,同时马铃薯渣量大,是一种很好的果胶来源。另外,其还含有大量的纤维素和半纤维素,可用来提取膳食纤维。

表10-9 鲜薯渣中主要组成成分(史静等,2013)

成分	固体物含量	灰分	淀粉	纤维素	半纤维素	果胶	蛋白质/氨基酸
湿基%(w/w)	13.0	0.5	4.9	2.2	1.8	2.2	0.5
干基%(w/w)	—	4	37	17	14	17	4

2. 马铃薯渣的加工利用

(1)制备膳食纤维 膳食纤维(DF)是食物中不被人类胃肠道消化酶所消化的植物性成分的总称,它包括纤维素、半纤维素、木质素、甲壳素、果胶、海藻多糖等,主要存在于植物性食物中。

马铃薯渣中膳食纤维的提取:将马铃薯打浆,分离淀粉后的残渣,自来水冲洗3~5次,60 ℃下烘干,粉碎后过100目筛备用。取干燥后马铃薯渣按料液比1:10(m/V),加水悬浮,100 ℃下糊化10 min,冷却至室温,调节pH至5,加入α-淀粉酶,60 ℃下酶解30 min,100 ℃下灭酶,酶解液4500r/min离心30 min,弃上清,沉淀加水至原体积,调节pH至4.5,加入糖化酶60 ℃下酶解30 min,100 ℃下灭活,酶解液4500r/min离心30 min,去上清液收集沉淀,60 ℃下干燥得到马铃薯渣DF,DF粉碎过100目筛备用。α-淀粉酶和糖化酶质量分数均为1.0%(m/V),酶液用量为每克薯渣0.5 mL。

用马铃薯渣制成的膳食纤维产品外观白色,持水力、膨胀力高,有良好的生理活性。

(2)提取果胶 马铃薯渣含有丰富的果胶,约占干基的17%,是一种良好的果胶提取原料,马铃薯渣中的果胶乙酰化程度高、分子量低、分支度低。这不仅增加马铃薯加工的附加值,也丰富了果胶生产的原料来源。果胶工业化生产主要采用沸水抽提法、酸法、酸法结合微波、萃取法从薯渣中提取果胶。常用方法主要有盐析法和酸解乙醇沉淀法。

超声波辅助法提取马铃薯渣中的果胶工艺流程:湿马铃薯渣(含水分80%)→酶解→加热灭酶→离心→醇洗→滤渣→风干→粉碎→超声波提取→浓缩→乙醇沉淀→冻干→成品。

超声波提取马铃薯渣果胶的最适条件:超声功率为400 W,提取温度70 ℃,提取时间45 min,料液比1:20,pH值为1.6,和传统酸法相比,用超声波取代了传统的搅拌,简化了工艺,并且使超声提取温度从90 ℃降低到70 ℃,提取时间90 min缩短到45 min,果胶得率从10.47%提高到14.6%,相对提高率为39.45%。

(3)生产高蛋白饲料 通过微生物发酵技术,薯渣的蛋白含量和营养价值大大提高。同时,可以改善粗纤维的结构,产生清香味,增加适口性。用发酵后的马铃薯渣饲料饲喂家畜,家畜日增重和相关动物产品质量也随之提高。

薯渣生产高蛋白质饲料的生产工艺流程如下:马铃薯渣→配料→拌匀→接种→拌匀→密封→半固态发酵→第二次发酵→包装→产品→贮藏。

在菌种用量15%,温度30%,料渣含水量65%,无氧条件下生产出的单细胞蛋白质质量最优。贮藏条件最佳方式为密闭贮藏。

（4）其他

① 生产有机物 以马铃薯渣为基质，通过接种不同的微生物进行发酵，制备燃料酒精、氢气、乳酸、聚丁烯、果糖、普鲁兰糖等。其中，最常见的是生产燃料级酒精，缓解了"人畜争粮"的粮食危机。

② 生产种曲、醋、酱油及可食性膜 利用马铃薯渣制备饲料种曲、醋和酱油、以及方便面料包可食性膜，是一种比较实用生产方法。此方法用马铃薯渣代替部分粮食原料，可节约生产成本，提高经济效益。

③ 生产化工原料 马铃薯渣，经过一系列物理和化学过程，可以制成新型吸附材料。有研究表明，用马铃薯渣制成的纤维对 Pb^{2+}、Hg^{2+} 具有较强的吸附作用，并且吸附量大、吸附速度快。另外，还可以制作可光降解的塑料、超强吸水剂、可降解的内包装减震物等。这些产品轻便、成本低、可生物降解，变废为宝，充分利用了资源。

（二）秧藤的利用

1. 马铃薯秧藤及其青贮产品的营养成分 马铃薯鲜秧藤、自然干秧藤及秧藤青贮产品的营养成分见表10-10。马铃薯鲜秧藤的特点是水分高、糖分低，这是造成其单独青贮不易成功的主要原因。秧藤青贮后水分降低，具有较高的营养价值。

表 10-10 马铃薯秧藤及青贮产品的营养成分（张雄杰等，2015）

营养成分	鲜秧藤（%）	风干秧藤（%）	秧藤青贮（%）
干物质	8.30	86.00	23.00
粗蛋白	1.80	16.20	2.10
粗脂肪	0.40	1.80	1.30
粗纤维	1.80	18.60	6.10
粗灰分	1.40	6.00	1.40
钙	0.14	1.39	0.27
磷	0.03	0.14	0.03
胡萝卜素（mg/kg）	80.00	1.80	—

2. 秧藤利用方法

（1）马铃薯秧藤混合青贮法 马铃薯茎叶单独青贮品质较差，添加米糠可以很好地吸收水分，且米糠可提高马铃薯茎叶的青贮品质。在以15%米糠为吸收剂的马铃薯茎叶中，添加4%小麦麸即能达到良好的青贮品质。另外，添加马铃薯渣能为乳酸菌的生长提供充足的发酵底物，为成功青贮提供良好基础。马铃薯茎叶不宜直接做青贮发酵饲料，发酵效果以马铃薯茎叶水分含量为65%和甲酸添加量为1.5%的组合最佳。

（2）马铃薯秧藤添加活菌青贮法 添加不同生物制剂以及降低马铃薯茎叶含水量对青贮马铃薯茎叶品质有很大改善。添加乳酸菌能较好地抑制蛋白质的分解，添加酶贮制剂能有效降解纤维类物质，乳酸菌和纤维分解酶混合制剂则从各方面表现出良好的青贮添加特性，而且马铃薯茎叶经过预干处理后添加混合制剂的青贮效果更佳。综合效果最佳的生物制剂处理为：含水量70%，添加混合制剂的处理为70%茎叶＋牛用乳酸菌制剂。

参考文献

蔡旭冉,顾正彪,洪雁,等,2012.盐对马铃薯淀粉及马铃薯淀粉-黄原胶复配体系特性的影响[J].食品科学,33(9):1-5.

曹艳萍,杨秀利,薛成虎,等,2010.马铃薯蛋白质酶解制备多肽工艺优化[J].食品科学,31(20):246-250.

常坤朋,高丹丹,张嘉瑞,等,2015.马铃薯蛋白抗氧化肽的研究[J].农产品加工(7):1-4.

陈萌山,2004.中国马铃薯产业发展现状及展望[C]//中国(昆明)第五届世界马铃薯大会文集.昆明:云南美术出版社,2004:81-83.

陈蔚辉,苏雪炫,2013.不同热处理对马铃薯营养品质的影响[J].食品科技(8):200-202.

陈伊里,王永智,腾宗璠,1988.黑龙江省马铃薯种植区划的研究[J].马铃薯杂志,2(2):65-71.

陈鹰,乐俊明,丁映,2009.贵州马铃薯主要品系营养成分测定[J].种子(1):75-76.

程天庆,1990.马铃薯需要的营养与施肥[J].农业科技通讯(11):29-30.

迟燕平,姜媛媛,王景会,等,2013.马铃薯渣中蛋白质提取工艺优化研究[J].食品工业(1):41-43.

崔璐璐,林长彬,徐怀德,等,2014.紫马铃薯全粉加工技术研究[J].食品工业科技(5):221-224.

崔杏春,2010.马铃薯良种繁育与高效栽培技术[M].北京:化学工业出版社.

村松嘉和,1995.马铃薯的品质改良[J].国外农学—杂粮作物(2):50-51.

邓春凌,2010.商品马铃薯的贮藏技术[J].中国马铃薯,24(2):86-87.

丁丽萍,2003.马铃薯加工饴糖[J].农业科技与信息(8):41.

方国珊,谭属琼,陈厚荣,等,2013.3种马铃薯改性淀粉的理化性质及结构分析[J].食品科学,34(1):109-113.

盖春慧,林炜创,钟振声,2009.粒度对马铃薯渣膳食纤维功能特性的影响[J].现代食品科技,25(08):896-899.

高福成,吴如国,1991.龙虾片挤压食品研究[J].无锡轻工业学院学报(2):13-18.

葛文光,2001.新版方便食品配方[M].北京:中国轻工业出版社.

宫占元,项洪涛,李梅,等,2011.植物生长调节剂对马铃薯还原糖及淀粉含量的影响[J].安徽农业科学,11(1):68-72.

郭建芳,成学,陆欣,等,2005.SV肥对马铃薯的产量及品质的影响[J].陕西农业科学(4):13-15.

郭俊杰,康海岐,吴洪斌,等,2014.马铃薯淀粉的分离、特性及回生研究进展[J].粮食加工,39(6):45-47.

郭献榜,简国华,2008.马铃薯粉丝制作技术[J].农村新技术(20):53.

郝琴,王金刚,2011.马铃薯深加工系列产品生产工艺综述[J].食与食品工业(5):12-14.

何林夫,杨重卫,2011.马铃薯食用价值及早春大棚套种促早栽培技术[J].现代园艺(16):27.

何贤用,杨松,2005.马铃薯全粉产品的品质与生产控制[J].食品科技(3):31-33.

何玉凤,张侠,张玲,等,2010.马铃薯渣可溶性膳食纤维提取工艺及其性能研究[J].食品与发酵工业,36(11):189-193.

贺萍,张喻,2015.马铃薯全粉蛋糕制作工艺的优化[J].湖南农业科学(7):60-62,66.

洪雁,顾正彪,顾娟,2008.蜡质马铃薯淀粉性质的研究[J].中国粮油学报,23(6):112-115.

侯飞娜,木泰华,孙红男,等,2015.不同品种马铃薯全粉蛋白质营养品质评价[J].食品科技(3):49-56.

黄洪媛,王金华,石庆楠,等,2010.马铃薯的品质分析及利用评价[J].贵州农业科学,38(11):24-28.

回振龙,李朝周,史文煊,等,2013.黄腐酸改善连作马铃薯生长发育及抗性生理的研究[J].草业学报,22(4):130-136.

回振龙,王蒂,李宗国,等,2014.外源水杨酸对连作马铃薯生长发育及抗性生理的影响[J].地区农业研究,32(4):1-8.

焦峰,彭东君,翟瑞常,2013.不同氮肥水平对马铃薯蛋白质和淀粉合成的影响[J].吉林农业科学,38(4):38-41.

晋小军,黄鹏,温随良,1996.甘肃主要土壤的理化性质对马铃薯品质的影响[J].甘肃农业大学学报,31(3):257-262

康玉林,高占旺,刘淑华,等,1997.马铃薯块茎产量淀粉与土壤质地含水量的关系[J].中国马铃薯(4):201-204.

孔令郁,彭启双,熊艳,等,2004.平衡施肥对马铃薯产量及品质的影响[J].土壤肥料(3):17-19.

李灿辉,龙维彪,1997.马铃薯块茎形成机理研究[J].中国马铃薯,11(3):182-185.

李芳蓉,韩黎明,王英,等,2015.马铃薯渣综合利用研究现状及发展趋势[J].中国马铃薯,29(3):175-181.

李芳蓉,贺莉萍,王英,等,2018.马铃薯淀粉生产废水资源化处理及综合利用[J].粮食与饲料工业(6):31-37.

李国琴,2005.农家肥、氮肥、磷肥配施对马铃薯产量的影响[J].中国马铃薯,19(5):262-265.

李军,李长辉,刘喜才,等,2004.土壤通气性对马铃薯产量的影响及其生理机制[J].作物学报(03):279-283.

李会珍,2004.利用试管薯诱导途径探讨马铃薯品质形成及其调控研究[D].杭州:浙江大学.

李文娟,秦军红,谷建苗,等,2015.从世界马铃薯产业发展谈中国马铃薯的主粮化[J].中国食物与营养,21(07):5-9.

李英男,1995.施肥对马铃薯加工品质的影响[J].马铃薯杂志,9(3):186-187.

刘梦芸,蒙美莲,1994.光周期对马铃薯块茎形成的影响及对激素的调节[J].马铃薯杂志,8(4):193-197.

刘素稳,张泽生,杨海延,等,2008.马铃薯蛋白的营养价值评价[J].营养学报(02):208-210.

刘喜平,陈彦云,任晓月,等,2011.不同生态条件下不同品种马铃薯还原糖、蛋白质、干物质含量研究[J].河南农业科学,40(11):100-103.

刘学清,1994.保护土壤资源,促进马铃薯生产[J].马铃薯杂志,8(3):187-189.

卢戟,卢坚,王蓓,等,2014.马铃薯可溶性蛋白质分析[J].食品与发酵科技,50(3):82-85.

陆引罡,2003.马铃薯平衡施肥中的钾素效应研究[J].中国农学通报,19(5):143-145.

罗凌娟,杨若鹏,张德刚,2017.不同肥料施用量对冬马铃薯品质的影响[J].贵州农业科学,45(10):88-91.

吕文河,白雅梅,1994.马铃薯块茎中的维生素C[J].马铃薯杂志(2):105-106.

吕振磊,李国强,陈海华,2010.马铃薯淀粉糊化及凝胶特性研究[J].食品与机械,26(3):22-27.

梅新,陈学玲,关健,等,2014.马铃薯渣膳食纤维物化特性的研究[J].湖北农业科学,53(19):4666-4669,4674.

聂洪光,2010.我国马铃薯产业化发展现状及策略[J].农业科技与装备,192(6):118-119.

彭慧,2014.不同土壤类型对马铃薯生长的影响[J].北京农业,(03):40.

潘牧,陈超,雷尊国,等,2012.马铃薯蛋白质酶解前后抗氧化性的研究[J].食品工业(10):102-104.

屈冬玉,谢开云,2008.中国人如何吃马铃薯[M].新加坡:世界科技出版公司.

任琼琼,张宇昊,2011.马铃薯渣的综合利用研究[J].食品与发酵科技,47(4):10-12,15.

任琼琼,陈丽清,韩佳冬,等,2012.马铃薯淀粉废水中蛋白质的提取研究[J].食品工业科技,33(14):284-287.

阮俊,彭国照,罗清,等,2009.不同海拔和播期对川西南马铃薯品质的影响[J].安徽农业科学,37(05):1950-1951,1953.

石林霞,吴茂江,2013.风味马铃薯食品加工技术[J].现代农业(8):14-15.

史静,陈本建,2013.马铃薯渣的综合利用与研究进展[J].青海草业,22(1):42-45,50.

宋家宝,2004.灌溉条件下早熟马铃薯施钾肥增产效果研究[J].中国马铃薯,18(2):86-87.

宋巧,王炳文,杨富民,等,2012.马铃薯淀粉制高麦芽糖浆酶法液化工艺研究[J].甘肃农业大学学报,47(4):132-142.

宋学锋,侯琼,2003.气候条件对马铃薯产量的影响[J].中国农业气象(02):36-39.

宋志荣,2005.施锰对马铃薯产量和品质的影响[J].土壤肥料科学,21(3):222-223.

宿飞飞,陈伊里,石瑛,等,2009.不同纬度环境对马铃薯淀粉含量及淀粉品质的影响[J].作物杂志(4):27-31.

孙成斌,2000.直链淀粉与支链淀粉的差异[J].黔南民族师范学院学报(5):36-38.

孙慧生,杨元军,2001.环境对马铃薯生育的影响[J].青海农技推广(04):15-17.

唐世明,曹君迈,陈彦云,等,2016.马铃薯块茎蛋白质提取方法的筛选[J].江苏农业科学,44(09):326-329.

王海泉,2005.微量元素与植物生长调节剂配合对马铃薯生理指标及产量的影响[J].黑龙江农业科学(5):15-20.

王季春,1994.不同施氮量对马铃薯的影响[J].中国马铃薯,8(2):76-80.

王润润,王东霞,张小微,等,2019.用于蛋白质组分析的两种马铃薯块茎蛋白质提取方法的比较[J].甘肃农业大学学报,54(1):89-95.

王新伟,洪乃武,1997.不同来源马铃薯品种淀粉含量的差异[J].马铃薯杂志,11(3):148-151.

王秀康,杜常亮,邢金金,2017.基于施肥量对马铃薯块茎品质影响的主成分分析[J].分子植物育种,15(5):2003-2008.

王雪娇,赵丽芹,陈育红,等,2012.马铃薯生料酿醋中醋酸发酵的影响因素研究[J].内蒙古农业科技(2):54-56.

吴巨智,染和,姜建初,2009.马铃薯的营养成分及保健价值[J].中国食物与营养(3):51-52.

吴娜,刘凌,周明,等,2015.膜技术回收马铃薯蛋白的基本性能[J].食品与发酵工业,41(8):101-104.

吴泽军,2002.马铃薯适宜环境和田间管理[J].湖南农业(2):2-4.

伍芳华,伍国明,2013.大米马铃薯混酿小曲白酒研究[J].中国酿造,32(10):85-88.

西部幸男,1990.马铃薯块茎淀粉重的年份变异和气象条件的关系[J].国外农学,57(2):39-42.

夏锦慧,吴巧玉,何天久,2014.马铃薯蕾期去顶去叶对其产量及淀粉含量的影响[J].贵州农业科学,42(9):95-97.

谢世清,1992.温度对马铃薯块茎形成膨大的影响[J].云南农业大学学报(04):244-249.

徐德钦,2007.马铃薯增施钾肥增产效果的研究[J].上海交通大学学报.25(2):147-149.

徐亚姣,李长慧,2009.不同生物制剂对青贮马铃薯茎叶品质的影响[J].安徽农业科学,37(27):13010-13012,13066.

阳淑,郝艳玲,牟婷婷,2015.紫色马铃薯营养成分分析与质量评价[J].河南农业大学学报,49(3):311-315.

杨全福,王首宇,2005.马铃薯渣半固态发酵生产单细胞蛋白饲料研究[J].饲料广角(15):31-32.

杨文军,刘霞,杨丽,等,2010.马铃薯淀粉制备磷酸寡糖的研究[J].中国粮油学报,25(11):52-56.

杨希娟,孙小凤,肖明,等,2009.超声波辅助提取马铃薯渣中的果胶[J].食品与发酵工业,35(11):156-159.

姚立华,何国庆,陈启和,2006.以马铃薯为辅料的黄酒发酵条件优化[J].农业工程学报,22(12):228-233.

姚玉璧,张秀云,王润元,等,2010.西北温凉半湿润区气候变化对马铃薯生长发育的影响——以甘肃岷县为例[J].生态学报,30(01):100-108.

殷文,2005.钾肥不同用量对马铃薯产量及品质的效应[J].土壤肥料(4):44-46.

尤燕莉,孙震,薛丽萍,等,2013.紫马铃薯淀粉的理化性质研究[J].食品工业科技,34(9):123-127.

余光云,2011.马铃薯粉丝的制作[J].农家之友(7):25.

曾凡逵,许丹,刘刚,2015.马铃薯营养综述[J].中国马铃薯,29(4):233-243.

张凤军,张永成,田丰,2008.马铃薯蛋白质含量的地域性差异分析[J].西北农业学报,17(1):263-265.

张高鹏,吴立根,屈凌波,等,2015.马铃薯氧化淀粉制备及在食品中的应用进展[J].粮食与油脂,28(8):8-11.

张根生,孙静,岳晓霞,等,2010.马铃薯淀粉的物化性质研究[J].食品与机械,25(5):22-25.

张建利,张正茂,张芯蕊,等,2018.不同提取方法对马铃薯膳食纤维化学组成和理化性质的影响[J].中国粮油学报,33(11):33-38.

张景云,白雅梅,于萌,等,2010.二倍体马铃薯对$NaHCO_3$胁迫的反应[J].园艺学报,37(12):1995-2000.

张立宏,冯丽平,史春辉,等,2015.酵母发酵马铃薯淀粉废弃物产单细胞蛋白的能力强化[J].东北农业大学学报,46(7):9-15.

张敏,马添,彭彰文,等,2017.马铃薯淀粉制备高果糖浆工艺优化及品质评价[J].农产品加工(10):25-29.

张攀峰,陈玲,李晓玺,等,2010. 不同直链/支链比的玉米淀粉分子质量及其构象[J].食品科学,31(19)：157-160.

张世仙,刘长益,金茜,2018. 马铃薯皮渣中水溶性蛋白质提取工艺研究[J].南方园艺,29(1)：5-8.

张小静,李雄,陈富,等,2010. 影响马铃薯块茎品质性状的环境因子分[J].中国马铃薯,24(6)：366-369.

张小燕,赵凤敏,兴丽,等,2013. 不同马铃薯品种用于加工油炸薯片的适宜性[J].农业工程学报,29(8)：276-283.

张新永,郭华春,2004. 马铃薯淀粉含量与生长特性相关性的研究进展[J].作物杂志(1)：48-50.

张雄杰,卢鹏飞,盛晋华,等,2015. 马铃薯秧藤的饲用转化及综合利用研究进展.畜牧与饲料科学[J].36(5)：50-54.

张学智,魏芝,杨珍,1996. 腐殖酸氮磷钾复合肥对马铃薯商品率及淀粉含量的影响[J].马铃薯杂志.10(2)：90-92

张艳荣,魏春光,崔海月,等,2013. 马铃薯膳食纤维的表征及物性分析[J].食品科学,34(11)：19-23.

张永成,田丰,等,1996. 环境条件对马铃薯生长发育的影响[J].马铃薯杂志,10(1)：32-34.

张喻,熊兴耀,谭兴和,等,2006. 马铃薯全粉虾片加工技术的研究[J]农业工程学报,22(8)：267-269.

张赟彬,何国庆,2004. 添加马铃薯辅料酿制高氨基酸营养啤酒的研究[J].酿酒(1)：83-84.

张泽生,刘素稳,郭宝芹,等,2007. 马铃薯蛋白质的营养评价[J].食品科技(11)：219-221.

赵凤敏,李树君,张小燕,等,2014. 不同品种马铃薯的氨基酸营养价值评价[J].中国粮油学报,29(09)：13-18.

赵米雪,包亚莉,刘培玲,2018. 淀粉颗粒微观精细结构研究进展[J].食品科学,39(11)：284-294.

赵韦,白雅梅,徐学谱,等,2007. 马铃薯早熟品种产量和维生素 C 含量在不同生育阶段的表现[J].中国马铃薯,21(6)：334-336.

赵晓燕,马越,2004. 中国马铃薯淀粉生产现状及前景分析[J].粮油加工与食品机械(11)：67-68,71.

郑若良,2004. 氮钾肥比例对马铃薯生长发育、产量及品质的影响[J].江西农业学报.16(4)：39-42.

周颖,刘春芬,安莹,等,2009. 低糖马铃薯果脯的加工工艺研究[J].科技创新导报(23)：101-102.

Clairmont K B,Hagar W Q,Davis E A,1986. Manganese toxicity to Chlorophyll synthesis in Tobacco Callus[J]. Plant Physiol. 80：291-293.

Macfie S M,Taylor G J,1992. The effects of excess manganese on photosynthetic rate and concentration of Chlorophyll in Triticum aestivum grown in solution culture[J]. Physiol Plant. 85：467-475.

Mazur T,Krefft L. 1991. The effect of different rates of nitrogen,potassium and magnesium fertilizers on yield and tuber starch and protein content in two potato cultivars. Acts Academia Agricultural ac Technical Olstenensis[J]. Agriculture,53：181-188.

Moinuddin K,2004. Influence of potassium fertilizer on growth,yield and economic parameters of potato[J]. Joumal of Plant Nutrition. 27(2)：239-259.

Parveen K,Pandey S K,Singh B P,et al,2007. Influence of source and time of potassium application on potato growth yield economics and crisp quality[J]. Potato Research. 50(1)：1-13.

Petolino J F,Collins G B,1985. Manganese toxicity in Tobacco Callus and seedlings[J]. Plant Physiol. 118：139-144.

Prosba B U,1992. Effect of planting date and nitrogen fertilizers applicant on potato yield and quality roczniki Nauk Roniczych Seria A[J]. Produkcja Roslinna,109(3)：133-141.

Wang J,Nielsen M T and Evangelou B P,1994. A solution study of manganese tolerant and sensitive tobacco genotypes[J]. J. Plant Nutrit. ,17(7)：1079-1093.

Wang S H,Ji Z J,Liu S H,et al,2003. Relationships between balance of nitrogen supply-demand and nitrogen location and senescence of different position leaves on rice[J]. Agricultural Sciences in China. 12(7)：747-751.

Westermann D T,James D W,Tindsll T A et al,1994. Nitrogen and potassium fertilization of potatoes：Sugars and starch[J]. American Potato Journal,71(7)：433-453.